余杭水务志

《余杭水务志》编纂委员会　编

方志出版社
Publishing House of Local Records

图书在版编目（CIP）数据

余杭水务志：1958～2012/《余杭水务志》编纂委员会编．—北京：方志出版社，2015.7
ISBN 978－7－5144－1636－7

Ⅰ．①余… Ⅱ．①余… Ⅲ．①区（城市）—水利史—杭州市—1958～2012 Ⅳ．①TV－092

中国版本图书馆 CIP 数据核字（2015）第 152795 号

余杭水务志（1958～2012）

编　　者：《余杭水务志》编纂委员会
责任编辑：李志瑜

出 版 人：冀祥德
出 版 者：方志出版社
地址　北京市朝阳区潘家园东里 9 号（国家方志馆 4 层）
邮编　100021
网址：http：//www.fzph.org
发　　行：方志出版社发行中心
电话（010）67110500
经　　销：各地新华书店
印　　刷：杭州余杭人民印刷有限公司

开　　本：889×1194　1/16
印　　张：65.5
字　　数：1499 千
版　　次：2015 年 7 月第 1 版　2015 年 7 月第 1 次印刷
印　　数：0001～1000 册

ISBN 978-7-5144-1636-7　　定价：500.00 元

《余杭水务志》编纂委员会

顾　问：黄洪奎　朱张荣　张朝才　舒贤龙

主　任：李冰石

副主任：韩建荣　陈　潜

委　员：叶善赞　田培虎　胡华龙

陈高良　陈　国　戴　青

主编：李民宏

编务：林　兰

宏畔自来水

宏畔自来水厂(供水规模 13 万立方米/日,2006 年 6 月建成运行)

二沉池

余杭污水处理厂(一期规模1.5万吨/日于2007年9月投入试运行、二期规模4.5万吨/日于2011年10月通水运行)

南苑供水加压泵站(规模 4 万立方米/日、2010 年 8 月建成运行)

临平污水总泵站(一期规模 25 万吨/日、2013 年 5 月建成运行)

余杭县临平自来水厂(地表水源)净水车间(1991 年 7 月建成供水)

余杭县第一座自来水厂——塘栖镇自来水厂净水车间(1960 年 1 月建成供水)

深井水源水厂——星桥镇水厂取水泵房(1984 年 9 月建成供水)

1999 年 5 月 28 日，余杭市首个跨乡镇行政区域的城乡一体化供水工程开工典礼在獐山镇奉口村新建水厂厂址举行

余杭市委副书记、市长何关新在开工典礼上讲话

余杭市副市长张竟成主持开工典礼

2000年1月7日，余杭市部分人大代表、政协委员视察在建的临平、塘栖供水工程

建设中的临平、塘栖供水工程——铺设供水管道

管长50米、重35吨的DN1400横跨运河输水管桥

DN800输水管桥

2001年5月8日，余杭区委副书记、常务副区长、临平塘栖供水工程领导小组组长张炳火（中）检查临平塘栖供水工程（一期）竣工运行情况

2003年2月28日，余杭区政协副主席劳伟民（中）、区人大城建环保工委主任郑立夫（右）莅临供水集团公司2003年供水工作会议

2003 年 3 月 6 日，瓶窑供水工程（一期）竣工通水，余杭区委副书记、区长刘庆龙（左五）等区“四套班子”相关领导参加通水典礼

2006 年 12 月 31 日，余杭区临平塘栖供水二期工程竣工典礼在新建的宏畔自来水厂举行，余杭区委书记、区人大常委会主任何关新（中），区委副书记、区长姜军（右四），区委常委、塘栖镇党委书记沈昱（右三）等区领导参加竣工典礼，副区长楼建忠主持典礼

2003年5月8日，余杭区副区长楼建忠主持塘栖污水处理工程开工典礼

2003年8月28日，余杭区委书记何关新（中）、区长刘庆龙（右四）、副区长楼建忠（左四）等领导参加余杭、良渚组团污水处理厂BOT项目签约仪式

2004 年 8 月 26 日，全国农村改水管理研讨会在杭州余杭供水集团公司召开

余杭区爱卫会主任、副区长黄莉（中）参加全国农村改水研讨会，杭州余杭供水集团公司董事长、总经理黄洪奎（右一）做大会交流发言

2004年12月20日，余杭区纪委书记汪宏儿(右)听取供水集团党委书记黄洪奎(左)汇报公司党风廉政建设

2006年7月27日，余杭区副区长楼建忠(右三)、政协副主席丰章生(右二)冒高温慰问宏畔自来水厂工程建设者

余杭区政协领导、政协委员视察山区农民饮用水工程

视察现场

浙江省水利厅副厅长陈岳军（右一）调研运河镇农村二次改水工程（2006年4月）

2007 年 4 月，余杭区委副书记、区长姜军(右二)调研中泰乡山区村民饮用水

2010 年 5 月 11 日，余杭区委常委、常务副区长沈昱(右一)考察三白潭备用水源

2011 年 7 月 13 日，杭州市委常委、余杭区委书记朱金坤（前排左三）视察在建的仁和自来水厂

2013 年 8 月 30 日，杭州市委常委、余杭区委书记徐立毅（中），区委常委、纪委书记方东晓（右三）调研临平第二污水系统主干管工程建设

2014 年 4 月 16 日，杭州市委常委、余杭区委书记徐文光(左二)陪同省政府党组副书记、省政府顾问王建满(左一)调研南苑街道高地区块截污纳管工程

2013 年 10 月 21 日，余杭区委副书记、区长朱华(左三)，副区长施建华(左四)、李红良(左五)调研疏港大道污水工程

2014年6月25日，杭州市人大常委会主任王金财(中)、副主任朱金坤(左三)调研仁和自来水厂

2014年5月19日，中国工程院院士李圭白(右二)一行在水务公司董事长李冰石(右一)的陪同下做客宏畔自来水厂进行技术指导

杭州余杭水务有限公司职工代表大会

代表们认真听取报告

职工代表行使表决权

党委书记、董事长李冰石作水务工作报告

党委委员、财务处处长胡华龙作财务工作报告

董事长与分公司负责人签订各项责任状

代表分组讨论，各抒己见

余杭区政协副主席、总工会主席莫炳法(中)莅临供水集团工会第一次会员代表大会(2002年4月8日)

杭州余杭供水集团第一次团员代表大会(2002年4月19日)

杭州余杭水务有限公司第一次妇女代表大会(2013年11月22日)

余杭供水集团公司青年志愿者服务总站成立大会(2001年7月31日)

杭州余杭供水集团党委举行“七一”党员集中教育

党员宣誓

杭州余杭供水集团公司廉政教育动员大会

1999 年 12 月 29 日，余杭市行风建设领导小组办公室陈松林（右二）参加临平、塘栖供水工程廉政责任书签字仪式

供水系统民主评议行风会议

杭州余杭水务有限公司党委委员、纪委书记叶善赞结对帮困

居民生活自来水价格调整听证会(2006.3.24)

杭州余杭供水集团公司团员青年开展便民服务

全国社区先进志愿者夏建民为群众维修供水设施

青年志愿者义务为用户清理屋顶水箱

水厂开放日欢迎群众参观

群众参观余杭污水处理厂

抢修阀门

抢修管道

管道检漏

井下作业演练

液氯泄漏演练

消防灭火演练

水务公司举行学习实践科学发展观活动知识竞赛

水务公司举行爱岗敬业主题教育知识竞赛

青工技能应知比赛

抄表竞赛

管道安装竞赛

水质化验竞赛

水务公司薪酬绩效制度改革启动大会

水务公司中层干部竞岗演讲

水务公司中层干部竞岗民主测评

水务公司青年拓展训练

开幕式

蓝球

田径

乒乓球

拔河

跳绳

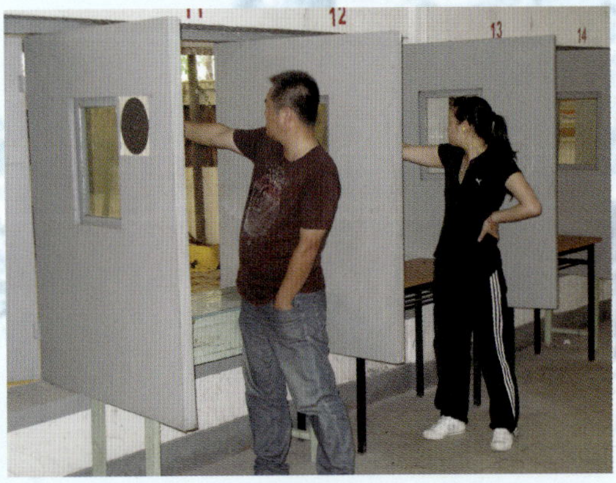
射击

水务职工运动会(2004 年、2007 年、2011 年)

水务职工文艺表演(2010 年 9 月 28 日、临平大剧院)

CQC
职业健康安全管理体系认证证书
证书编号：00113S20207R0M/3300
兹证明
杭州余杭水务有限公司
浙江省杭州市余杭区藕花洲大街23
建立的职业健康安全管理体系已经符合如下
OHSAS 18001:2007
GB/T 28001-2011
本证书适用于与下述相关的所有活
自来水生产、供水服务、污水处理及相关管理
首次发证日期：2013年2月1日 本次发证日期：2013年2月1日 有效期
Signed by: Wang Kejiao
中国质量认证中
中国·北京·南四环西路188号9区 10007
http://www.cqc.com.cn
S 0013196

CQC
环境管理体系认证证书
证书编号：00113E20327R2M/3300
兹证明
杭州余杭水务有限公司
浙江省杭州市余杭区藕花洲大街231号
建立的环境管理体系符合标准：
ISO14001:2004
GB/T 24001-2004
通过认证范围如下：
自来水生产、供水服务、污水处理及相关管理活动
首次发证日期：2006年11月22日
E 0008816

CQC
质量管理体系认证证书
证书编号：00111Q29341R1M/3300
兹证明
杭州余杭水务有限公司
杭州市余杭区临平藕花洲大街231号
建立的质量管理体系符合标准：
ISO9001:2008
GB/T 19001-2008
通过认证范围如下：
自来水生产及供水服务
首次发证日期：2008年12月17日 本次发证日期：2011年10月19日 有效期至：2014年10月18日
Signed by: Wang Kejiao
中国质量认证中心
中国·北京·南四环西路188号9区 100070
http://www.cqc.com.cn
Q 0082953
2009年版

质量、环境、职业健康安全管理体系认证

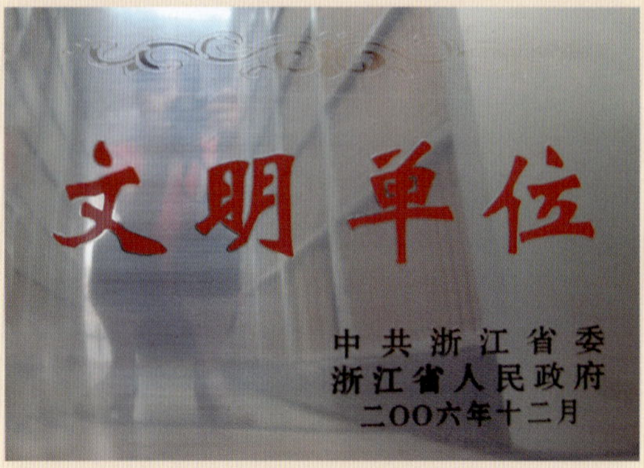

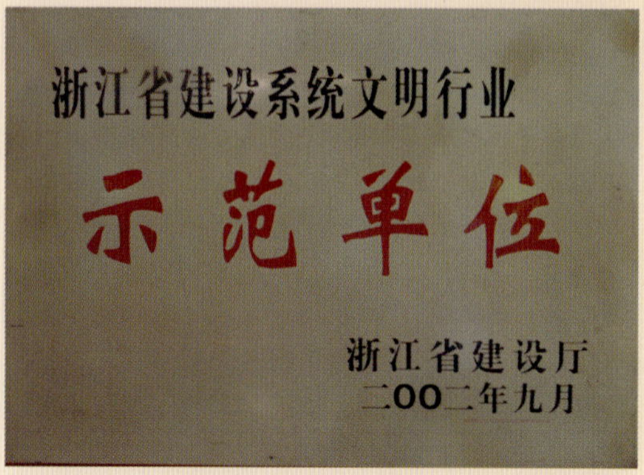

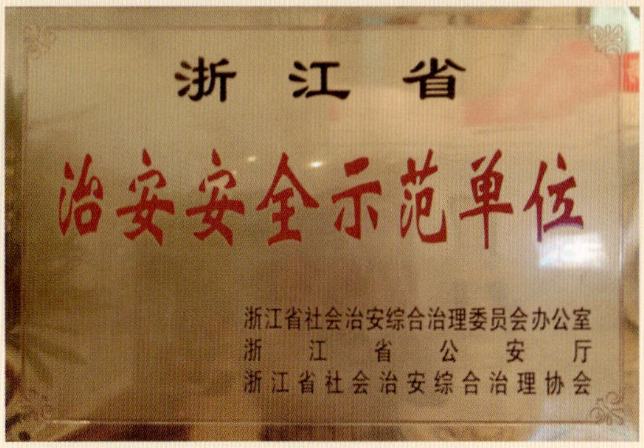

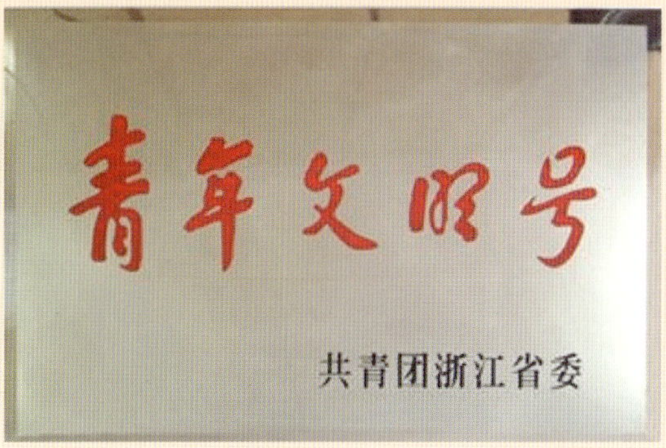

余杭水务企业获全国、浙江省各类荣誉的部分奖牌

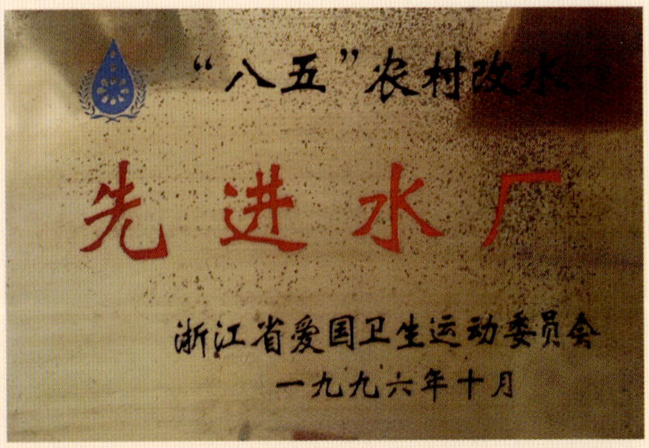

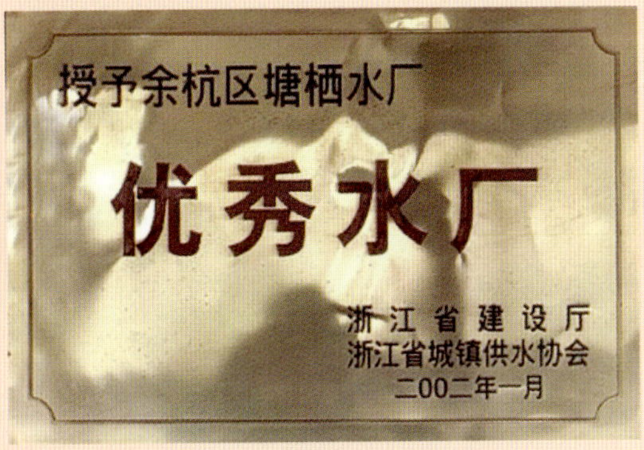

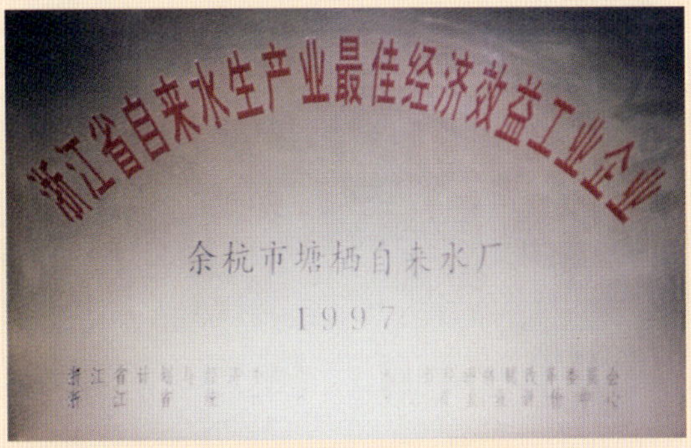

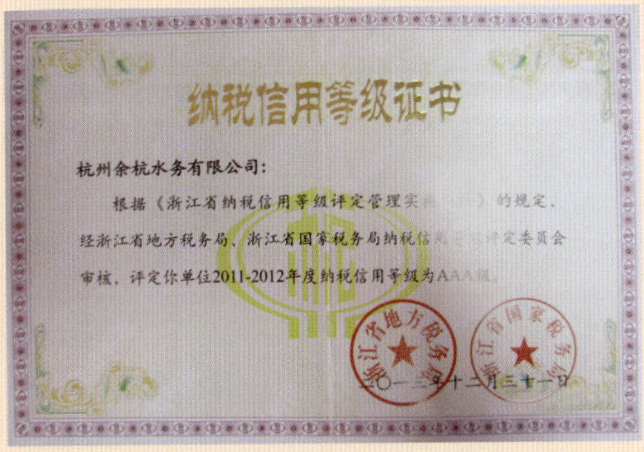

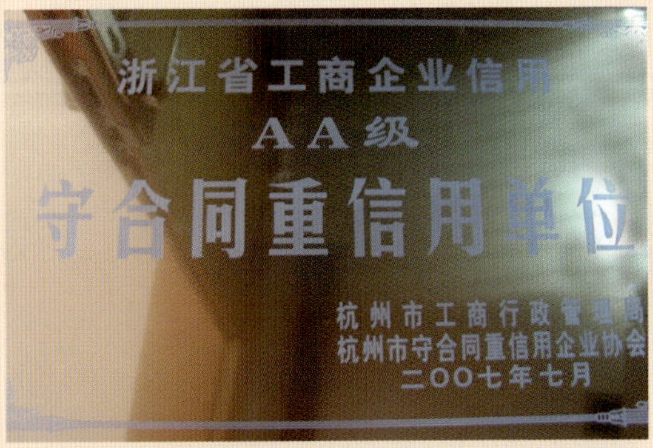

余杭水务企业获浙江省、杭州市各类荣誉的部分奖牌

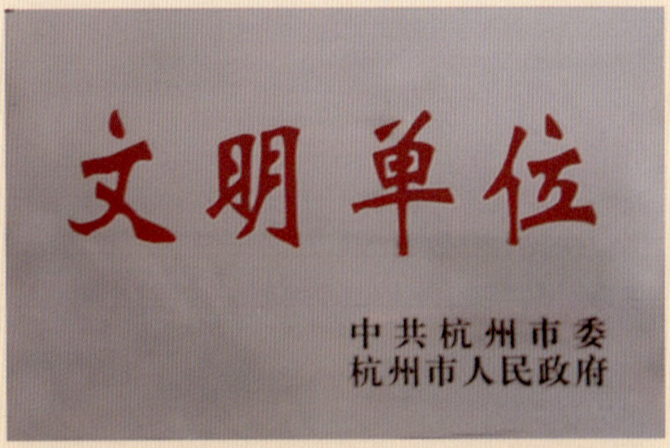

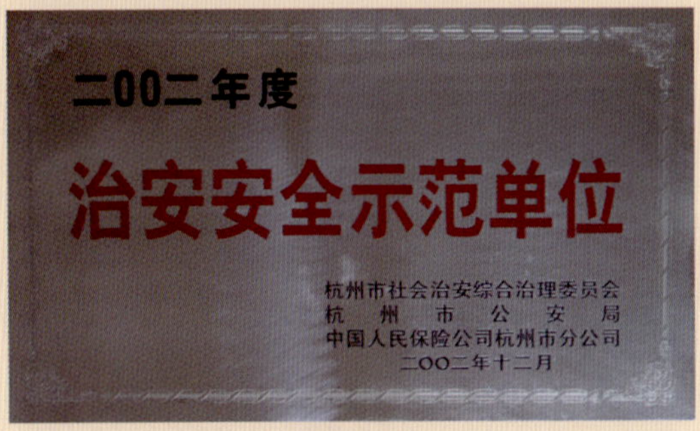

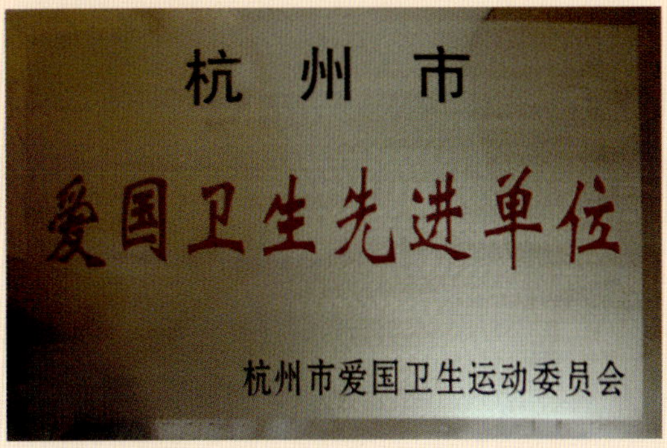

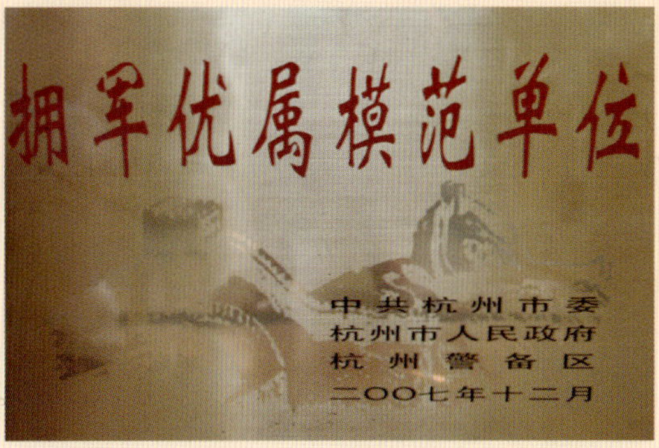

余杭水务企业获杭州市各类荣誉的部分奖牌

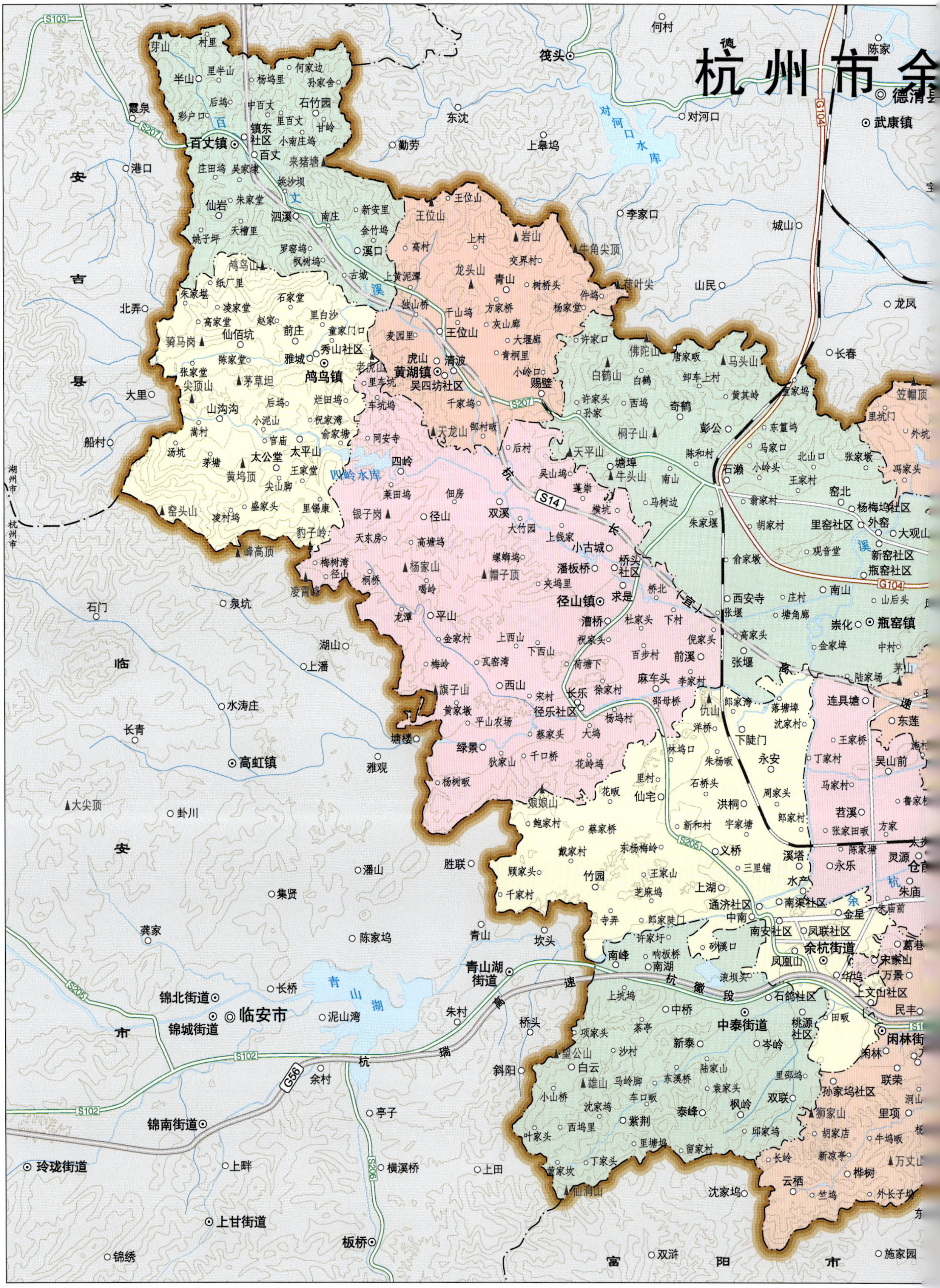

杭州市余
德清县
武康镇
安吉县
临安市
湖州市
杭州市
富阳市
百丈镇
鸬鸟镇
黄湖镇
径山镇
瓶窑镇
余杭街道
中泰街道
闲林街道
仓前
高虹镇
锦北街道
锦城街道
锦南街道
玲珑街道
上甘街道
青山湖街道
对河口水库
四岭水库
青山湖
芽山
村里
半山
里半山
杨坞里
何家边
孙家舍
石竹园
后坞
中百丈
彭户口
镇东社区
里百丈
小南庄坞
甘岭
百丈
来猪塘
庄田坞
吴家埭
姚沙坝
仙岩
朱家堂
泗溪
南庄
新安里
金竹坞
溪口
天槽里
姚子坪
罗窑坞
枫树坞
鸬鸟山
纸厂里
古城
上黄泥潭
朱家堪
石家堂
凌家堂
里白沙
高家堂
赵家
仙佰坑
前庄
童家门口
骑马岗
秀山社区
陈家堂
雅城
老虎山
张家堂
尖顶山
茅草坦
里车坑
后坞
山沟沟
烂田坞
车坑坞
小泥山
祝家湾
蔺村
官庙
俞家塘
汤坑
太公堂
太平山
茅塘
黄坞顶
王家堂
尖山脚
窑头山
盛家头
里锡康
凌村坞
豹子岭
峰高顶
王位山
上村
岩山
高村
交界村
龙头山
青山
树桥头
牛角尖顶
荷叶尖
仲坞
方家桥
杨家堂
千山坞
茨山廊
大堰廊
猫山桥
王位山
麦园里
虎山
清波
青桐里
吴四坊社区
小岭口
赐壁
千家坞
鄱村畈
天龙山
同安寺
四岭
后村
吴山坞
天平山
莱田坞
佃房
双溪
银子岗
径山
大竹园
天东房
高塘坞
上钱家
小古城
杨家山
潘板桥
螺蛳坞
帽子顶
夹坞里
梅树湾
径山
桐桥
鸡岭
龙潭
平山
金家村
上西山
下西山
瓦窑湾
梅岭
西山
旗子山
黄家墩
平山农场
宋村
长乐
径乐社区
绿景
蔡家头
大坞
狄家山
千口桥
杨树畈
娘娘山
麦苗岭
凌家山
湖山
上潘
水涛庄
长青
塘楼
雅观
大尖顶
卦川
潘山
胜联
集贤
龚家
陈家坞
青山
坎头
长桥
泥山湾
朱村
桥头
余村
斜阳
亭子
上畔
横溪桥
上田
板桥
锦绣
双浒
施家园
石门
泉坑
港口
霞泉
北弄
大里
船村
勤劳
东沈
筏头
何村
陈家
对河口
上皋坞
李家口
城山
山民
龙凤
长春
笠帽顶
里坑门
外坑
冯家头
佛陀山
唐家畈
马头山
许家口
白鹤山
白鹤
卸车上村
黄其岭
董家坞
许家头
孙家
西坞
奇鹤
彭公
东篁坞
马家口
桐子山
北山口
张家墩
陈和村
小岭头
王家村
塘埠
牛头山
南山
石濑
窑北
杨梅坞社区
马树边
俞家村
胡家村
里窑社区
外窑
大观山
朱家堰
观音堂
新窑社区
俞家墩
瓶窑社区
西安寺
庄村
南山
山后头
张堰
塘角廊
崇化
高家头
金家埠
中村
张堰
陆家场
茅山
杭长高速
桥头社区
桥北
求是
杜家头
下村
倪家头
祝家头
百步村
前溪
荷塘下
徐家村
麻车头
李家村
邵母桥
杨坞村
仇山
郎家湾
落塘埠
沈家村
洋桥
下陡门
永安
林坞口
朱杨畈
石桥头
周家头
连具塘
东莲
王家桥
丁家村
吴山前
马家村
花岭坞
里村
花畈
仙宅
洪桥
郎家村
苕溪
鲁家村
新和村
宇家塘
张家田畈
方家
鲍家村
蔡家桥
东杨梅岭
义桥
陈家塘
灵源
戴家村
三里铺
溪塔
永乐
顾家头
竹园
王家山
水产
千家村
芝麻坞
上湖
通济社区
南渠社区
金星
朱庙
中南
寺弄
郎家陡门
许家圩
砂溪口
南安社区
凤联社区
南峰
响板桥
南湖
凤凰山
宋家山
万景
葛巷
上坑坞
中桥
滚坝头
石鸽社区
上文山社区
民丰
项家头
茶亭
新泰
岑岭
桃源社区
田畈
闲林
望公山
沙村
陆家山
里邵坞
联荣
白云
雄山
马岭脚
东溪桥
袁家头
孙家坞社区
洞山
小山桥
沈家坞
车口畈
泰峰
枫岭
双联
狮家山
里项
叶家头
西坞里
紫荆
邱家坞
胡家店
牛坞畈
董家坎
丁家头
里塘坞
留家村
长岭
新凉亭
万丈山
仙洞山
沈家坞
云栖
竺坞
桦树
外长子坞
S103
S207
S14
S205
S102
S206
G104
G56
杭徽高速
杭瑞高速

区政区图
清
县
桐乡市
海宁市
余杭区
拱墅区
下城区
江干区
西湖区
上城区
滨江区
杭州市
乾元镇
新盟
雷甸镇
下高桥
和睦
东新
杨墩
下舍镇
舍北
舍东
孙家桥
新安镇
城头
和平
钱塘
马鸣
清河
永丰
大麻镇
许村镇
双联
花园
前进
乔司
塘栖镇
仁和街道
崇贤街道
临平街道
东湖街道
运河街道
南苑街道
星桥街道
乔司街道
良渚街道
半山街道
丁桥街道
笕桥街道
九堡镇
下沙街道
白杨街道
三墩镇
留下街道
西湖街道
浦沿街道
超山
皋亭山
杭州湾
杭州绕城高速
杭浦高速
杭甬高速
沪杭高速二通道
运河
上塘河
余杭塘河
西湖
钱塘江
西溪国家湿地公园
西湖风景名胜区
乔司农场
图例
设区市政府
县（市、区）政府
乡（镇）政府、街道办事处
行政村、社区居委会
设区市界
县（市、区）界
乡、镇（街道）界
山峰
河流、桥梁
铁路客运专线
铁路
S16 高速公路及编号
S14 规划、在建高速公路
G104 国道及编号
S103 省道及编号
地铁及始末站
隧道
杭州市勘测设计研究院　编制
注：底图资料由浙江省测绘与地理信息局提供。
本图界线仅供参考，不作划界依据。
地图审图号：浙S〔2012〕260号
2012年12月
内部用图　注意保存

杭州市余杭区

百丈镇
安吉县
黄湖镇
黄湖溪
鸬鸟镇
四岭水库
仕村溪
径山自来水厂
四岭水库径山水厂取水口
瓶窑镇
瓶窑自来水厂
北苕溪
径山镇
北湖滞洪区
水涛庄水库
临安市
中苕溪
临安市
余杭街道
南苕溪
余杭自来水厂
南湖泄洪区
南苕溪洋桥余杭水厂取水口
中泰街道
青山水库
富阳市

系分布示意图

N
0.5 2
0 1 3 4 km
博陆备用水源取水口
塘栖污水厂排放口
苕溪仁和水厂取水口
三白潭备用水源取水口
（塘栖、运
水厂取水口
杭州祥符
水口
运河自来水厂
塘栖自来水厂
仁和自来水厂
獐山自来水厂
宏畔自来水厂
崇贤污水厂排放口
良渚污水厂排放口
临平污水厂
（在建）
临平污水厂排放口
放口
东
仁和街道
塘栖镇
运河街道
临平街道
东湖街道
星桥街道
南苑街道
崇贤街道
良渚街道
乔司街道
五常街道
京
杭
大
运
河
上
塘
河
丁桥
海宁市
江干区
拱墅区
西湖区
钱塘江
图 例:
区 界
镇、街道界
河 道
取水口
排放口

杭州市余杭区

(城乡一

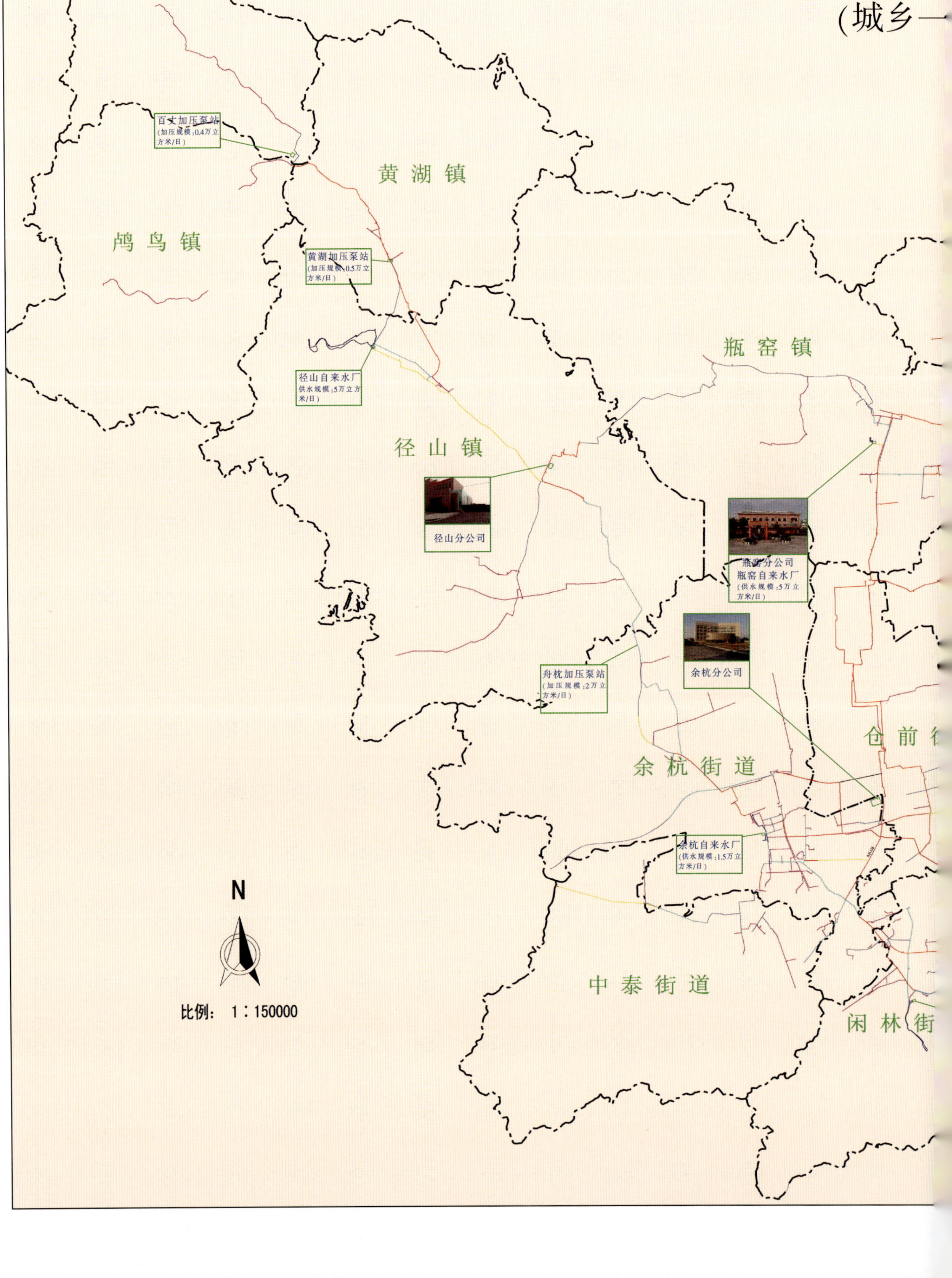

百丈镇
百丈加压泵站
(加压规模:0.4万立方米/日)
黄湖镇
鸬鸟镇
黄湖加压泵站
(加压规模:0.5万立方米/日)
径山自来水厂
供水规模:5万立方米/日)
瓶窑镇
径山镇
径山分公司
瓶窑分公司
瓶窑自来水厂
(供水规模:5万立方米/日)
余杭分公司
舟杭加压泵站
(加压规模:2万立方米/日)
仓前街
余杭街道
余杭自来水厂
(供水规模:1.5万立方米/日)
N
比例: 1:150000
中泰街道
闲林街

水管网平面图

水区域)

图例：

DN1600	DN500
DN1400	DN400
DN1200	DN300
DN1000	原水管
DN800	规划管线
DN600	

二〇一三年十二月制

杭州市余杭区

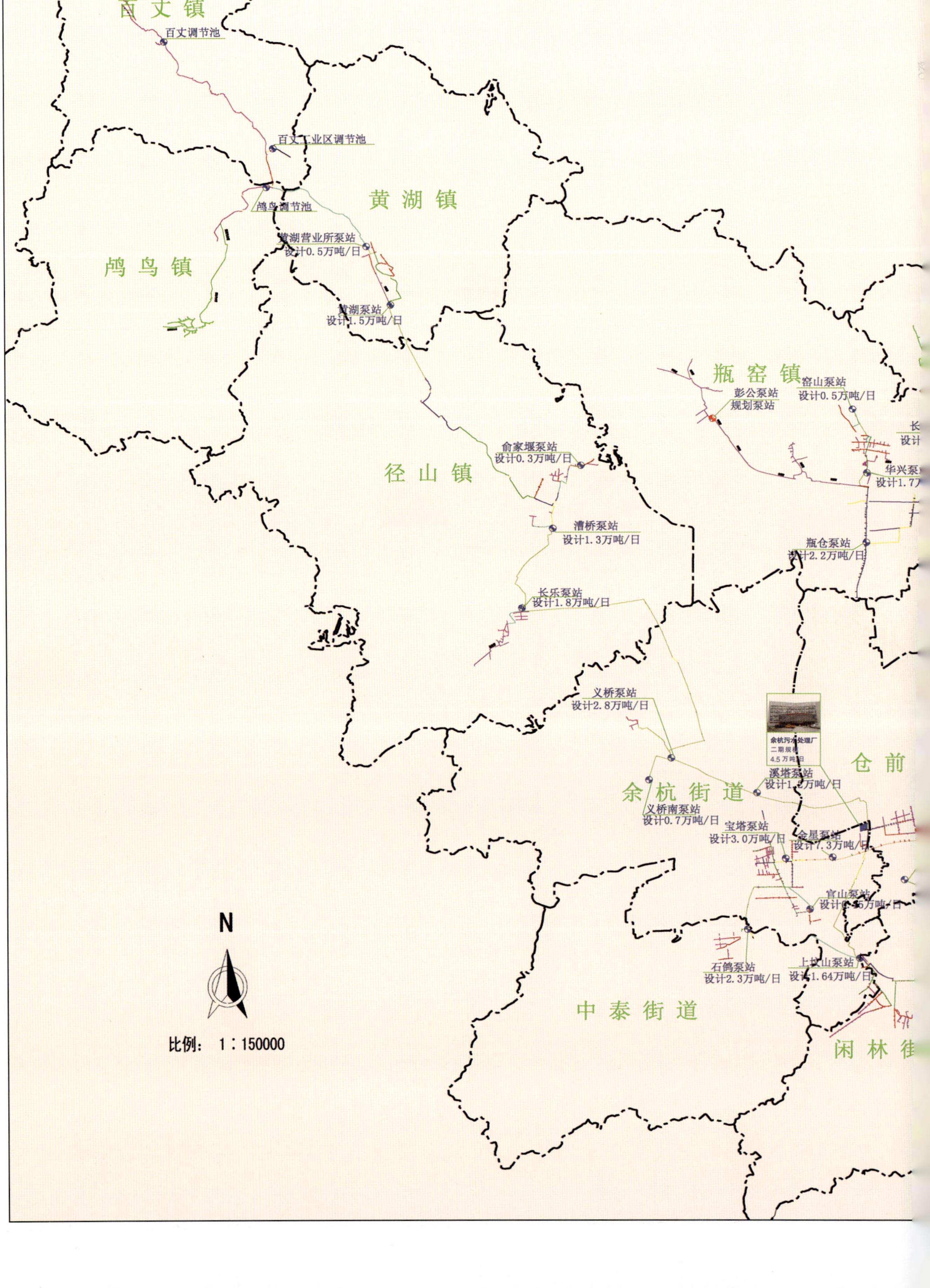

百丈镇
百丈调节池
百丈工业区调节池
黄湖镇
鸬鸟调节池
鸬鸟镇
黄湖营业所泵站
设计0.5万吨/日
黄湖泵站
设计1.5万吨/日
瓶窑镇
彭公泵站
规划泵站
窑山泵站
设计0.5万吨/日
俞家堰泵站
设计0.3万吨/日
径山镇
漕桥泵站
设计1.3万吨/日
瓶仓泵站
设计2.2万吨/日
长乐泵站
设计1.8万吨/日
义桥泵站
设计2.8万吨/日
余杭污水处理厂
仓前
余杭街道
溪塔泵站
义桥南泵站
设计0.7万吨/日
宝塔泵站
设计3.0万吨/日
金星泵站
设计7.3万吨/日
官山泵站
石鸽泵站
设计2.3万吨/日
上拉山泵站
中泰街道
N
比例： 1：150000

水管网平面图

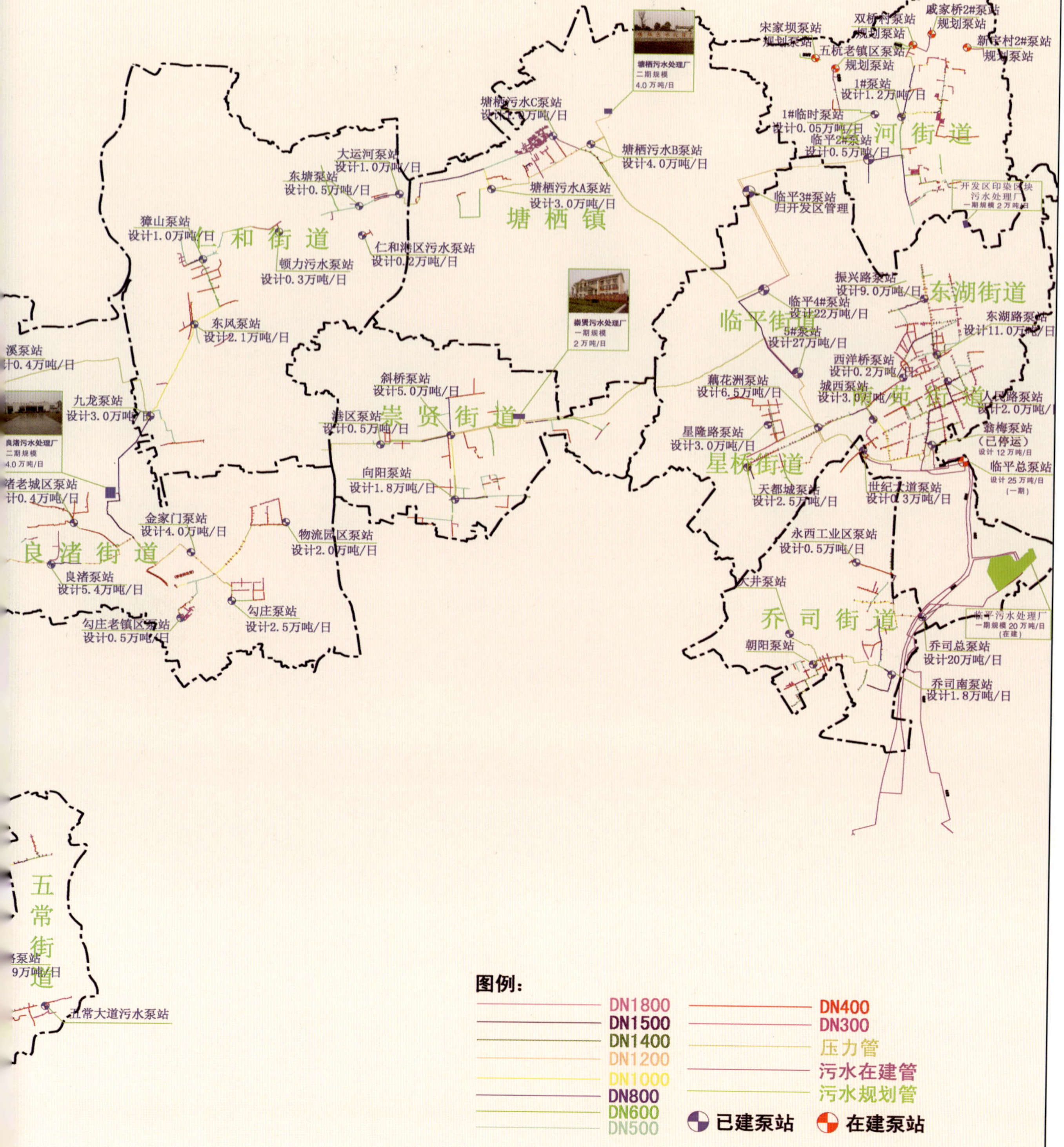

二〇一三年十二月制

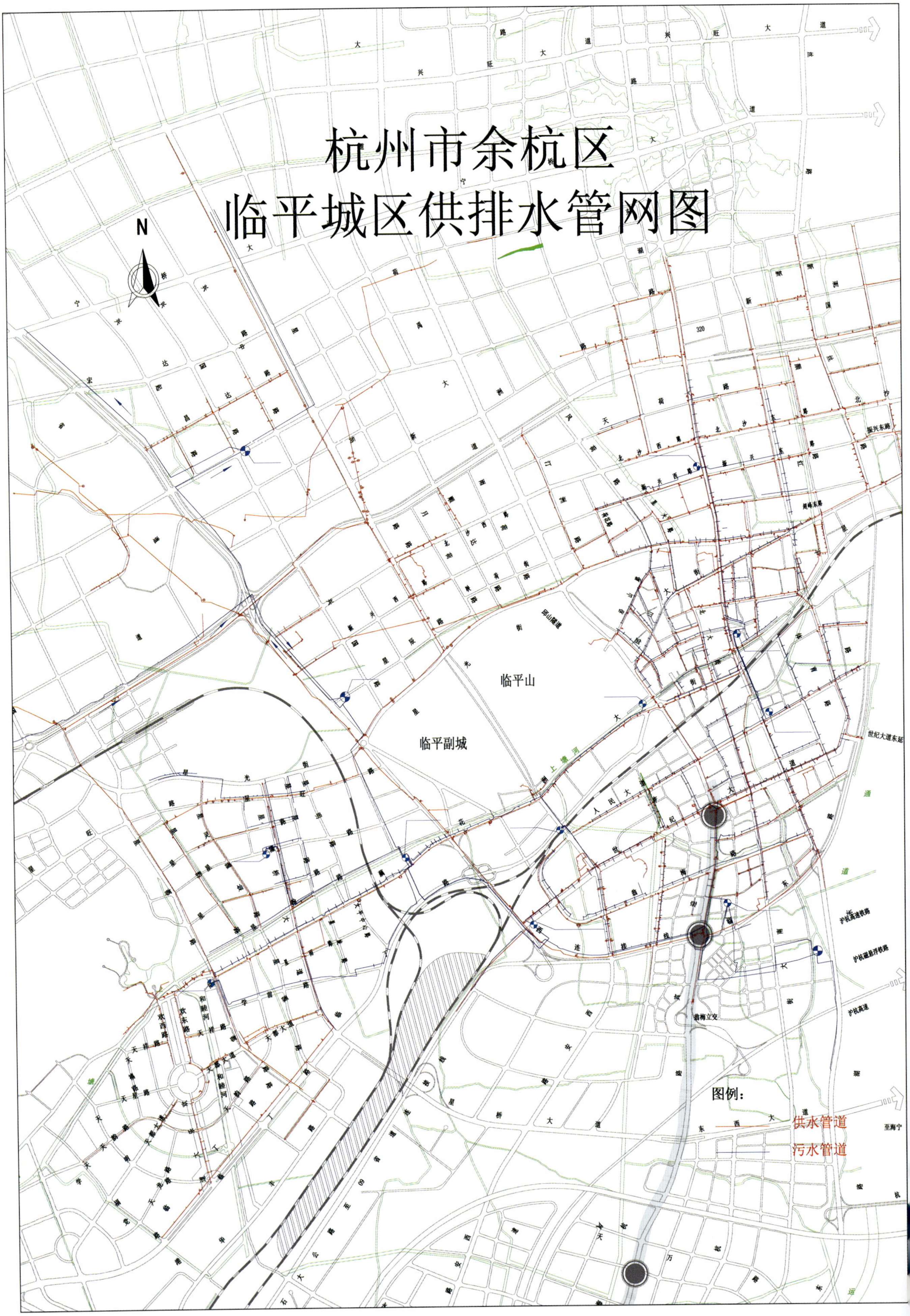
杭州市余杭区
临平城区供排水管网图
N
临平山
临平副城
世纪大道东延
沪杭高速铁路
沪杭磁悬浮铁路
沪杭高速
翁梅立交
至海宁
振兴东路
图例：
供水管道
污水管道

序　一

编史修志是我国民族之优良传统，是文化建设的系统工程。编纂《余杭水务志》是我们多年来的夙愿，是借鉴历史，指导当今，有益后世的千秋大业。首部《余杭水务志》经编纂人员的辛勤笔耕，同仁相助，前辈指教，各方支持，现今问世，是余杭水务史上的一大佳绩，可喜可贺！

余杭区（县、市）自1958年塘栖镇筹建第一座自来水厂起，全区的供水事业从无到有、从小到大，经历了城镇供水、农村改水和城乡一体化供水的发展历程，全区城乡自来水实现了同网、同质、同价、同服务，供水规模、供水质量和服务水平走在全省各县（市、区）的前列。境内的城镇排（污）水，自1992年启动建设临平污水治理排江工程，至今排（污）水管网已覆盖临平副城和各镇、街道的集镇、工业园区及周边农村，各座污水处理厂实现有序规范运行，尾水排放达到国家一级A标准。同时，农村生活污水治理自2004年启动，现已全面展开，全区城乡生活污水和工业废水处理实现全覆盖。

余杭区在发展水务事业的进程中，历届党委、政府高度重视，财政给予大力支持，各有关部门和镇乡、街道给予密切配合，水务战线上的广大员工为余杭供、排（污）水的改革、发展和服务做出了不可磨灭的贡献，呈现出许多可歌可泣的辉煌业绩，谱写了光荣而自豪的奋斗历史，今出版的《余杭水务志》记述了他们的足迹。

总结过去是为了更好地发展未来，盛世修志是为了保存史料，存史立照，以史为鉴，以史育人。《余杭水务志》的出版发行，必将发挥其“存史、资政、教化”的积极作用，启迪后人，指导未来，在再创余杭供、排（污）

水新业绩中产生积极作用。

党的十八大报告提出了“全面建成小康社会和全面深化改革开放的目标”，余杭区围绕这一目标，正在加速建设最适宜居住的“品质之城、美丽之洲”，肩负建设品质之城中与人民生活和经济社会建设息息相关的余杭水务人，任重而道远。

全面深化改革，为我们水务人施展才华、建功立业提供了更加广阔的舞台，为实现新跨越提供了前所未有的机遇，我们将站在新的历史起点上，为建设和谐幸福新余杭携起手来，改革创新、锐意进取、务实有为，推进余杭水务迈向崭新的一页。

值此，余杭水务事业发展迈进五十五周年、全区实施城乡一体化供水十五周年、杭州余杭水务有限公司成立五周年之际，编纂出版《余杭水务志》一书，以示纪念和献礼。

2012年12月

（本序者为：杭州市余杭区人民政府办公室副主任、党组成员，曾任杭州市余杭区住房和城乡建设局副局长、党委委员，兼任杭州余杭水务有限公司董事长、党委书记）

序　　二

盛世修志，继往开来。

《余杭水务志》经过编纂人员的数年辛勤劳作，终于出版问世，确是一项很大的成就，今本书付梓之际，受余杭水务陈潜总经理所托，忝为作序，实为荣幸之至，略贡贺词。

余杭与水结缘，因水而兴。余杭之名源于大禹治水传说，清嘉庆《余杭县志》载：“禹杭者，夏禹东去，舍舟登陆，因以为名。”余杭历史文化悠久，名人荟萃，名胜古迹众多。改革开放以来，余杭的经济发展充满活力，取得了巨大的发展成就。

我与余杭水务渊源颇深，早在四十年前，就曾与余杭塘栖水厂、临平水厂协作共事。从第一代余杭水务人开篇至今，我亲眼见证了余杭水务从无到有、从小到大、从弱到强的发展历程，余杭水务从一个乡镇水厂发展到目前日供水能力78.0万立方米，日污水处理能力34.5万吨的供排水一体化的规模国有企业，惠及90余万余杭人民。特别是近十年间的发展，我目睹了余杭水务在发展建设上的突飞猛进，制水工艺从常规处理逐步向深度处理工艺发展，大力推进城乡供水一体化、实现供排水一体化，保障和助推地区经济腾飞，更让我看到了余杭水务人可贵的勤恳、朴实、奋进的品质。可以说，余杭水务是我省为数不多的在管理、工艺、建设上立足高远、规划超前的市区级水司，各项业绩都走在同级水司的前茅。

《余杭水务志》实乃余杭水务发展史，简明扼要地记载着余杭水务55年来的变迁，记载着所有余杭水务人的奋斗史和光辉业绩。通志八篇，洋洋百余万字，有史有实、脉络清晰，将余杭水务55年来的发展历程进行了详细的展现，图文并茂，跃然纸上，既真实地记录了余杭水务发展的历史轨迹和建设成就，又较为全面系统地展示了余杭水务发展过程中的企业管理、人物荣誉等，一张水务发展的全景画卷跃然于眼前。读此志，叫人温故知新，实乃开卷有益。

当此国家全面深化改革号角吹响之际，余杭水务在“五水共治”行动、服务百姓和地区经济发展上担负着更为重大的历史使命。作为余杭水务的老朋友，我由衷地祝愿余杭水务在未来的发展中激流勇进，书写更多绚丽辉煌。

2014年11月

（本序者为：浙江省城市水业协会秘书长）

凡　例

一、《余杭水务志》以邓小平理论、“三个代表”重要思想和科学发展观为指导，遵循辩证唯物主义和历史唯物主义原理，客观、系统地记述余杭供水、排（污）水的历史和现状，展现余杭水务事业的发展成就。力求资料性、科学性、思想性统一，为余杭水务事业的科学发展服务。

二、本志记载上限自1958年塘栖镇筹建余杭第一座自来水厂起，下限至2012年年底，个别事件下延至2015年。

三、全志由概述、大事记、专志各篇和丛录组成。首冠设概述、大事记，中贯专志，以章、节、目、分目层次横排门类、纵叙史实，卷末设丛录、后记。全志按饮用水源、城镇供水、农村改水、城乡一体化供水、城镇排（污）水、农村生活污水治理、水费和人物·荣誉，分设8篇38章166节。

四、全志以文为主，辅以图、表、照片，表随文出。行文采用现代语体文，记述体，述而不议，寓观点于记述之中，体现余杭不同时期供、排（污）水的真实情况。所用数据，以史料所载为依据，系统的数据整理成表格，缺项的表内为空白。书中文字、标点、数字、计量等按国家规定的统一规范书写，个别计量单位仍沿用旧制。

五、余杭建制多变，志中的余杭区（县、市）、区公所、乡镇（公社、街道）、村（生产大队、社区）名均以当时名谓和境域为准。

六、本志资料主要来自余杭区档案馆、杭州余杭水务有限公司档案室所存档案，佐以《余杭县志》、《余杭市志》、《余杭年鉴》、有关镇志、部门资料、报刊资料及实地调查，口碑资料经考证入志。各资料一般不注明出处，志中有关国民经济和社会发展的数据源自区（县、市）政府相关工作报告及统计部门资料。

七、本志人物，简述在全区（县、市）水务机构工作的杭州市和余杭区（县、市）劳动模范、全国和浙江省先进人物、余杭区（县、市）党代表、人大代表、政协委员和杭州余杭水务有限公司领导。各供、排（污）水机构负责人的任职年月和职务按任职先后列名。任职起止时间，用文号“—”表示，对本志出版时仍在职的，在文号“—”后留空白。

八、本志荣誉，记述余杭区（县、市）水务管理机构、供排（污）水企业及相关部门获得杭州市及以上各单位、部门颁发的荣誉。

九、本志彩图、插图和供水、排水管网图由杭州余杭水务有限公司、杭州市余杭区排水管理办公室、杭州市余杭区水资源水土保持监督管理站和杭州市余杭区生态与植物保护管理总站（农村能源办）提供。

目　录

第三篇　农村改水

第四篇　城乡一体化供水

第五篇　城镇排（污）水

第六篇　农村生活污水治理

第七篇　水　　费

第八篇　人物　荣誉

从　　录

概　　述

概　述

杭州市余杭区（县、市）位于杭嘉湖平原南端，西依天目山、南濒钱塘江，处在北纬30°09′～30°34′，东经119°40′～120°23′之间，东西长约63千米，南北宽约30千米，总面积约1220平方千米。余杭区从东、北、西三面成弧形拱卫省会杭州主城区，东与海宁市接壤，东北与桐乡市交界，北面与德清县毗连，西北与安吉县相交，西面与临安市为邻，西南与富阳市相接。

余杭县始建于秦代，历朝以来几经变迁。宋太平兴国四年（979年）设钱塘、仁和、余杭三县至清末，民国元年（1912年）合并钱塘、仁和为杭县，与余杭县并存。

1949年5月，余杭、杭县解放，其建制未变。1958年4月，撤销杭县建制，原辖区设4个区归属杭州市郊区。1958年10月，余杭县建制撤销，并入临安县。1960年1月，改建为钱塘联社（县级）。1961年3月，原余杭县辖区从临安县析出，与钱塘联社合并。4月，钱塘联社撤销，恢复县建制，定名余杭县，县治设临平镇。1994年4月，撤销余杭县，设立余杭市。2001年3月，撤销余杭市，设立杭州市余杭区，区政府驻地临平街道。

2012年，杭州市余杭区辖14个街道、6个镇，共有建制村188个、社区143个，年末户籍人口89.04万人。全区实现生产总值（GDP）834.93亿元，按户籍人口计算，人均GDP为94499元。全区财政总收入167.04亿元，其中地方财政收入104.65亿元。城镇居民人均可支配收入36464元，农村居民人均纯收入20304元，全区经济社会实现又好又快持续发展。

水是生命之源、生产之要、生态之基，人类生存离不开水，经济社会发展不可缺水。余杭水务事业历经55年的创业，成绩斐然。余杭区（县、市）自1958年启动建设余杭县第一座自来水厂——塘栖镇自来水厂、1963年建设第一座县属自来水厂——临平自来水厂、1982年经农村改水建成第一座乡村自来水厂——五杭公社五杭大队自来水厂、1989年开始在县城敷设污水管道、1992年着手建设临平污水治理排污工程、2003年建设区内第一座污水处理厂——塘栖污水处理厂、2004年在农村试点生活污水治理之后，余杭水务企业从无到有、从小到大、从弱到强。至2012年，余杭区供水能力达到77.19万立方米/日，自来水受益人口达到86.9万人，实现了城乡一体化供水，城乡居民共享同网、同质、同价和同服务的自来水；全区污水收集处理能力达到34.5万吨/日，城镇生活污水处理率达82.5%，临平城区污水处理率达96.6%；已完成农村分散式生活污水治理项目451个，近3万农户的生活污水实行了无害化处理，城郊农村的生活污水截污纳管工程已全面启动。全区城乡实行供排（污）水一体化管理，保障和助推了余杭经济的腾飞和人民生活质量的提高。

一

余杭城镇居民的饮用水在1958年之前主要依赖井水、苕溪水、运河水及集镇周围的河港、池塘水，有雨天缸贮“天落水”的习惯。自20世纪60年代开始，随着工业的发展和人口不断增加，河道逐年受废水污染，生活和生产用水发生困难。为改善居民用水条件和解决工业生产用水，1958年10月，塘栖镇启动建设余杭县内第一座自来水厂，1960年1月建成供水，由此，开创了余杭对水进行净化加工和供应自来水的历史。县治所在地的临平镇及余杭镇、瓶窑镇相继于1963年、1971年、1975年开始建造自来水厂，分别于1965年、1973年、1978年建成。四座自来水厂通过简单的原水净化、消毒处理，向临平城区和各建制镇集镇范围内的部分居民和单位供水。

在1978年中国共产党的十一届三中全会召开之前，余杭县只有临平、塘栖、余杭和瓶窑等四座城镇自来水厂。在供水初期，水厂规模小、供水量有限，四座水厂合计供水能力只有7563立方米，其中，临平自来水厂4920立方米/日，塘栖镇自来水厂643立方米/日，余杭镇自来水厂1500立方米/日，瓶窑镇自来水厂500立方米/日。因此，只有部分企业能装表供水，居民生活用水主要在各集镇安装公用水龙头供给。中共十一届三中全会后，改革开放促进了余杭经济社会快速发展，自来水供需矛盾突出。为此，余杭县、镇两级政府加大投入，同时结合农村改水，加快了城镇（集镇）自来水厂的建设。

至1998年，在余杭市23个镇、4个乡中建成了市属的临平自来水厂、临平第二水厂和镇属的星桥、亭趾、博陆、塘栖、崇贤、东塘、良渚、安溪、余杭、闲林、仓前、长乐、瓶窑、黄湖、潘板、鸬鸟镇自来水厂共18座。此外彭公、中泰等2个乡的集镇由当地的乡属自来水厂供水，五杭镇集镇由五杭镇唐公村自来水厂供水，双溪镇集镇由双溪镇双溪村自来水厂供水，勾庄镇和五常乡等2个集镇分别由杭州祥符自来水厂与九溪自来水厂供水，獐山镇、云会乡和百丈镇等3个集镇尚未供自来水，居民仍就近从河、井中取水饮用。在已建自来水厂的城镇，工业企业逐步取消自备水（河水、塘水、井水），改用自来水。居民用水也陆续取消公用水龙头，以房产单位或住宅楼为供水单位装总表计量供水。

各城镇自来水厂通过各级政府的不断投入和自来水厂的积极努力，供水规模不断扩大，生产设备逐步更新，制水工艺得到改进，经营管理日趋完善。其中，供水规模在1万立方米/日以上的临平、塘栖、余杭、瓶窑等四座城镇自来水厂的供水能力，至1998年发展到每日10.20万立方米，比1978年每日7563立方米，增长了12.49倍。四座城镇自来水厂的供水能力占当年余杭市城乡自来水厂供水总能力17.72万立方米/日的57.56%。其中，临平自来水厂达到6万立方米/日（不包括：供临平第二水厂农村3万立方米/日和地下深井水备用1万立方米）、塘栖镇自来水厂1.5万立方米/日、余杭镇自来水厂1.5万立方米/日、瓶窑镇自来水厂1.2万立方米/日。各水厂供水区域从建厂初期的只限于向本镇内的集镇范围供水，发展到面向全镇行政范围内的集镇和农村供水，其中临平自来水厂管网还延伸向周边镇乡供水。

四座供水规模在1万立方米/日以上的城镇自来水厂，1998年实际供水量合计达到1913.3万立方米（不包括临平自来水厂供临平第二水厂的水量），占当年余杭市城乡各水厂供水总量3013.68万立方米的63.49%，平均日供水量为5.24万立方米，占四座水厂日供水总能力的51.37%。由此，缓解了四个镇自来水的供需矛盾，供水量能满足当时当地城镇居民生活 和企事业单位的用水需求，自来水的质量均符合国家规定的生活饮用水卫生标准。

1998年，四座城镇自来水厂供水受益人口共18.02万人，其中，临平自来水厂供水7.86万人（不包括临平自来水厂供临平第二水厂的农村自来水受益人口），塘栖镇自来水厂供水4.88万人，余杭镇自来水厂（不含永建水厂）供水3.12万人，瓶窑镇自来水厂供水2.16万人。四座水厂供水人口占当年四个镇总人口30.81万人（含四个镇的农村人口）的58.49%，为余杭市当年城乡自来水受益人口42.32万人的42.58%，占余杭市户籍人口78.58万人的22.93%。城镇供水事业的发展促进了城镇经济社会发展，保障了当地居民生活用水需要。

余杭市在统筹城乡区域发展中，为进一步确保城乡供水量、提高供水质量、提升服务质量，自1999年起，开始实行城乡一体化供水。

二

余杭农村居民的生活饮用水，在旧时，主要从就近居住处的河、溪、湖、塘、漾等水源处取水，或打井取水及收集天落水，取水方式以手提、肩挑为主。

中华人民共和国成立后，党和政府十分重视农村饮水卫生问题。在20世纪50年代初期开展爱国卫生运动时提倡挖新井、改旧井，建设“卫生井”及开展饮水消毒工作；中期、后期大搞血防时，提倡分塘、分段用水，挖掘“血防井”；60年代前期，在全县开展社会主义教育运动时，发动群众挖掘“四清井”“社教井”，改善饮用水。在70年代以前，由于各方面条件的限制，余杭县农村还没有自来水。

1977年，百丈公社石竹园大队甘岭生产队农民自发利用山涧水源，通过敷设自来水管引山涧水入农家，受益人数340人，此为余杭县农村最早的简易自来水设施。

改革开放后，党和政府十分重视农村改水工作。1981年浙江省人民政府首次拨给余杭县农村改水经费4万元，1982年余杭县人民政府再拨出4万元改水经费，由县卫生防疫站派技术人员到农村指导改水工作。当年3月余杭县农村第一座自来水厂——五杭公社五杭大队自来水厂建成，该水厂以运河水为水源，通过原水净化、消毒，把水输送到全村每家每户。群众非常高兴，村民们为表达对自来水的喜爱，在水塔筒身上写了四个字“为民造福”，从此，揭开了全县农村改水的序幕。

1983年11月，为切实搞好农村改水，余杭县成立以副县长任组长和县级有关部门负责人组成的“农村改水领导小组”，领导全县的农村改水工作。改水领导小组下设办公室，具体负责全县农村改水项目的计划制订、项目审批、组织实施和监督管理。

余杭市（县）农村改水方式分为挖浅井和建造自来水厂，挖浅井改水为农村改水的初级形式，由农村各家庭或联户挖井，井深一般不超过地下不透水层，水源以地表水渗透为主。农户取水方式多用吊桶、轱辘或小型水泵。全县至1990年累计挖井48320口，使用井水的农户67738户，受益人口317137人，占当年农村人口的44.6%，1991年以后，随着自来水厂建设的发展，使用井水人数逐年减少。至1989年，全县累计建成小型自来水厂（供水站）289座，饮用自来水的农户60995户，受益人口288283人，占当年农村人口的41.2%。1990年以后，部分小型水厂（供水站）淘汰，至1998年，余杭市在线运行的农村水厂有208座（不包括同时向当地农村供水的临平自来水厂和塘栖、余杭、瓶窑等3座镇属自来水厂），合计日供水能力7.52万立方米（含临平第二水厂供水能力），占当年全市城乡自来水厂供水能力17.72万立方米的42.44%。1998年农村水厂合计供水量1100.38万立方米（包括临平第二水厂供水量，不包括塘栖、余杭、瓶窑等3个镇属水厂供当地农村的供水量），占余杭市当年城乡供水量3013.68万立方米的36.51%。农村供水受益人口24.30万人（不包括临平、塘栖、余杭、瓶窑等4座水厂供当地农村的自来水受益人口），为当年余杭市城乡自来水受益人口42.32万人的57.42%，占余杭市1998年78.58万户籍人口的30.92%。

余杭县农村的改水经费主要通过省、杭州市、余杭县政府补助，世界银行贷款（无息）和各乡镇财政投入、村级集体经济支助、企事业单位赞助及受益农户出资等多种渠道筹集。

自1999年开始，余杭市根据杭州市人民政府提出的“要把改水工作的重点放到提高水质，提供安全、卫生水上来”的要求和杭州市爱国卫生运动委员会部署的“建设完善的水处理、消毒系统，确保水质，实现区域集中供水”的农村改水发展目标。余杭市全面推行了农村二次改水，组织实施除山区镇、村外的各镇乡、街道实行城乡一体化供水。

三

余杭区（县、市）在20世纪八九十年代的农村改水中由各镇乡、村、组各自建设的小型水厂（供水站），在当时乡镇工业还不发达，环境污染小的情况下，小型水厂对于改善农村饮用水条件，普及自来水发挥了积极作用。随着乡镇、村工业企业的逐年发展、小城镇建设步伐的加快和人们对提高生活质量的要求，逐步暴露出农村小型水厂的先天不足，普遍存在缺乏合格的水源、水厂规模小、设施简陋、缺资金、缺技术、缺专业人才，供水数量和供水水质难以保证，农村水厂发展面临种种困境。农村小型水厂存在的问题如长期得不到妥善解决，会影响农村经济的发展，影响村民生活质量的提高，甚至会影响到农村社会的稳定。

与此同时，余杭区（县、市）的区（县、市）属临平自来水厂和塘栖、余杭、瓶窑镇的自来水厂虽有一定的规模、有一定的技术力量、有较规范的管理措施，并能生产符合国家《生活饮用水卫生标准》的自来水。但要发挥这些资源的作用，扩大供水量，扩大供水范围，使附近农村的居民也能享受到和城镇居民一样的自来水待遇，也存在一定的阻力。区（县、市）、镇属的自来水厂因受投资产权、管理体制等方面的制约，水厂只能在本镇地域范围内供水，使企业缺少发展空间，形不成规模，制约了供水企业的进一步发展。同时，临平自来水厂和塘栖等部分镇、村属水厂的水源取之运河，随着运河水污染的逐年加重，水源水质已不符合饮用水水源卫生要求，为此，选择新的水源列入了余杭发展供水事业的议事日程。

为选用苕溪水取代运河水为各自来水厂的水源，同时改变农村水厂和城镇水厂的发展困境，使城乡供水满足全区经济社会快速发展和提高人民生活质量的需要，余杭区（市）自1999年开始建设城乡一体化供水工程，同时，实行供水体制改革，打破区（市）、镇乡、村水厂的属地管理权限，实施城乡一体化供水。

为实施城乡一体化供水，余杭坚持科学规划，明确发展目标，用规划指导城乡一体化供水工程建设。自2000年至2005年先后编制《余杭市城乡供水规划》《余杭区供水专业规划》及“一副三组团”供水专业规划。2012年3月，又修编《余杭区供水专业规划》。由于各规划标准高、起点高、可操作性强，指导余杭区（市）的城乡一体化供水有序推进、健康发展。

按照《余杭区供水专业规划》，为充分发挥区属水厂的优势，解脱乡镇属水厂的发展困境，扭转村、组水厂（供水站）不适应供（改）水事业发展的状况，余杭区（市）自1999年7月开始，对乡镇与村、组水厂（供水站）的管理体制进行了全面的改革。各乡镇属水厂和个别村属水厂的产权与管理权由当地乡镇（村）政府移交给区（市）属供水企业。自1999年7月至2007年9月，余杭区（市）自来水总公司和杭州余杭供水集团公司先后共兼并乡镇、村属自来水厂（站）21座，其中，乡镇属水厂18座、镇属水管站1座、村属水厂2座。

在理顺供水企业管理体制的同时，余杭区（市）加快加大了城乡一体化的供水基础设施建设。自1999年至2012年先后实施临平塘栖供水工程（一期、二期）、余杭闲林供水工程（余杭至闲林应急输水管道工程、杭州至余杭闲林趸售供水管道工程）、瓶窑（良渚）供水工程（一期、二期）、径山黄湖供水工程（一期、二期）、三白潭备用水源工程、南苑供水加压泵站工程、仁和水厂供水工程（一期）和鸬鸟、百丈给水工程等区域性供水工程，新建獐山、塘栖、宏畔、瓶窑、径山、仁和等6座区属自来水厂，并扩（改）建运河自来水厂，这些工程的实施进一步提高供水保障率和供水安全性。

在建设城乡一体化供水工程的同时，为完善全区供水网络，在18个镇乡、街道实施26项农村供水管网的建设与改造。通过新建区域性的供水主干管，延伸各乡镇（街道）至各村的配水管，改造村内入户管，形成覆盖供水区域的城乡一体化供水网络，确保了供水安全。至2012年，在全区城乡一体化供水区域内累计在线运行的DN2000～DN15不同口径的供水管道有7986.27千米，其中，DN80及以上供水主干管2659.34千米。

为进一步提高供水质量，减轻居民总表用户因分摊损耗水量而增加的水费负担，自1998年起，杭州余杭供水集团公司、杭州余杭水务有限公司对城镇居民多层住宅原有的总表用户进行“一户一表、计量出户”改造；对农村原有村、组总表用户，结合二次改水进行“一户一表”管理；对城乡居民生活用水的新开户直接按“一户一表”安装。至2012年，全区共改造城镇原总表用户为“一户一表、计量出户”的用户47503户，同时为66662户城镇自来水新开户实行一户一表管理；为农村居民原总表用户改为“一户一表”管理的用户有32995户，同时为101297户农村自来水新开户实行“一户一表”管理。2012年，全区城乡居民自来水“一户一表”用户达到248457户，占当年城乡居民总用户249591户的99.55%。

余杭区在实施平原地区农村二次改水，实现城乡一体化供水的同时，针对山区、半山区由于地形复杂、地势较高、村庄分散等原因，难以实现城乡一体化的大管网供水的状况，自2007年至2009年，以政府投资为主，实施山区农村二次改水工程。通过新建拦水堰坝、建地埋式蓄水池、山塘水库引水、打深井和新建清水消毒池、滤池、安装净水设施、敷设供水管网及延伸区域性供水管网加压供水等措施，解决山区7个乡镇中的39个行政村、1个社区和1个林场的24347户、81176人（不含外来人口）的饮水不安全及饮用水困难问题，改善山区农村居民的饮水条件。

余杭区通过实施城乡一体化供水，全面普及城乡自来水。2012年，全区自来水受益人口为86.93万人，占全区城乡户籍人口89.04万人的97.6%。全区供水能力显著提高，确保自来水满足全区城乡居民生活和经济社会发展的需要。2012年，余杭城乡一体化供水区域内供水能力达到77.19万立方米/日。同时，在城乡一体化供水区域内城乡自来水实现同网、同质、同价、同服务，创建和谐供用水的良好环境。供水企业实现做大、做强、做精，为建设现代化的水厂提供发展平台。2012年，杭州余杭水务有限公司的资产总额达到42.22亿元，供水能力达到77.19万立方米/日，年供水量达到1.21亿立方米，列浙江省内各县（市、区）供水企业供水量的前列。实施城乡一体化供水后，使余杭区供水事业迈上健康快速的发展步伐，为全区城乡居民提供安全、卫生的“放心水”，满足全区经济社会快速发展的用水需求。

四

余杭城镇排（污）水始于1952年，余杭镇在城区建设排水系统，雨污合流排入南渠河。1954年，临平城区在修建街巷时，始设下水道，增筑窨井、雨污合流就近排入下水道。1989年根据城市市政配套建设的需要，在县政府所在地的临平镇开始敷设污水管道。1992年，着手准备建设污水治理工程。次年，临平污水治理排江工程经浙江省计划委员会批准立项。1994 年 4 月，余杭撤县设市，推进了污水治理工程的建设筹备。1995 年 4 月，临平污水治理排江工程管道部分开工建设。1997 年，临平污水治理工程被列为杭州市重点工程和浙江省重点建设项目，是年 6 月，浙江省政府制订的治理太湖流域水污染工作计划，明确余杭市依傍于运河和苕溪的塘栖、瓶窑、余杭三镇的水体污染也要治理。是年，余杭市着手对全市的污水治理工程进行规划与建设。1998 年 7 月，浙江省计划与经济委员会《关于余杭市污水处理工程项目建议书的批复》，将临平、塘栖、瓶窑、余杭四镇一并列入余杭市污水治理工程，一期规模为日处理污水 12 万吨。是年 11 月，国家发展计划委员会批准，将余杭污水治理工程列为太湖流域城市污水治理项目之一。2000 年 12 月，与杭州市合建的七格污水处理厂开工建设，余杭部分的污水处理设施于 2001 年 11 月投入试运行，一期工程污水处理规模 6 万吨/日。

2001 年 3 月，余杭撤市设区后，根据杭州市总体规划，余杭区划设临平副城、塘栖组团、余杭组团和良渚组团。后调整为：临平副城、良渚组团、余杭组团和瓶窑组团。按照“一副三组团”区域规划，2003 年 6 月，余杭区编制完成《杭州市余杭区污水总体布局规划研究》。次年，编制完成《余杭区塘栖组团污水排水专项规划》《余杭区余杭组团污水排水专项规划》《余杭区良渚组团污水排水专项规划》。2008 年 1 月，修编《杭州市余杭区污水工程专项规划》。

余杭区污水工程专项规划，将全区分为六大污水处理系统，分别是：（一）临平污水系统：服务范围包括临平城区、南苑街道、星桥街道、余杭经济技术开发区、钱江经济开发区、运河街道和乔司街道。（二）塘栖污水系统：服务范围包括塘栖镇规划城区、塘栖工业园区、仁和街道大运河工业区。（三）良渚污水系统：服务范围包括瓶窑镇、良渚街道和仁和街道（部分）。（四）余杭污水系统：服务范围包括余杭街道、仓前街道、中泰街道、闲林街道和五常街道。（五）崇贤污水系统：服务范围为崇贤街道集镇区块及崇贤工业区。（六）西北部各镇污水处理系统：余杭区西北部的径山、黄湖、百丈、鸬鸟等山区四镇，由于地形分散，污水处理设施由各镇分块建设。2008 年 9 月后，西北部四镇污水汇集到余杭污水系统。

余杭区自 1995 年开工建设污水工程起，先后实施了临平污水治理排江工程（临平第一污水系统工程）、塘栖污水系统工程、良渚污水系统工程、余杭污水系统工程、临平第二污水系统应急工程、仁和大运河工业区污水工程、崇贤污水处理工程、藕花洲泵站工程、翁梅泵站扩建工程、塘栖崇贤污水南排工程、临平污水南排工程、余杭经济技术开发区印染区块污水处理厂工程、良渚污水处理厂扩建工程、余杭污水处理厂扩建工程、径山污水工程、西部三镇污水工程、临平污水总泵站工程、临平污水处理厂工程和各镇、街道的截污纳管等重点污水工程。经过 18 年的努力，至 2012 年，基本建成了全区污水收集处理系统，日收集处理污水能力为 34.5 万吨（包括 2011 年 1 月起暂停运行的塘栖污水处理厂，不包括开发区污水预处理厂的污水处理能力）。建成污水处理厂 5 座，其中，塘栖污水处理厂污水处理规模 4 万吨/日、崇贤污水处理厂污水处理规模 2 万吨/日、良渚污水处理厂污水处理规模 4 万吨/日、余杭污水处理厂污水处理规模 4.5 万吨/日，余杭经济技术开发区印染区块污水处理厂污水预处理规模2万吨/日。临平副城污水收集输送到七格污水处理厂处理的污水南排规模20万吨/日。累计敷设污水管道718.59千米，建成污水泵站96座（其中井式泵站41座）。在建污水处理厂一座，临平污水处理厂设计规模40万吨/日，一期在建工程规模20万吨/日。

全区自2000年至2012年，共有污水纳管入网单位3247家，其中与杭州余杭水务有限公司已签订的《污水委托处理合同》的排（污）水户有1102户（不含机关事业单位和城镇居民生活排污户），合同约定日处理污水共74982吨。

2012年，余杭区污水处理量为6431.20万吨（日均17.62万吨），其中，临平副城收集输送污水到七格污水处理厂处理4321.20万吨（11.84万吨/日），良渚污水处理厂处理963.50万吨（2.64万吨/日），余杭污水处理厂处理935.40万吨（2.56万吨/日），崇贤污水处理厂处理211.10万吨（0.58万吨/日）。余杭经济技术开发区印染区块污水处理厂污水预处理181.40万吨（0.50万吨/日）。塘栖污水处理厂自2011年1月起，因塘栖区块污水实行南排暂停运行。

2012年，全区城镇生活污水处理率达82.5%，临平城区污水处理率达96.6%。

五

余杭区随着农村经济的快速发展、村民生活方式的逐渐转变、外来人口的大量集聚，使农村生活污水的排放量逐步攀升，且生活污水分布面广而散。大量农村生活污水因直接排放到河流、湖泊、农田，造成全区水环境日益恶化。为改善农村生态环境，提高农村居民生活品质，加快社会主义新农村建设步伐，促进农村经济和社会的可持续发展，余杭区于2004年试点开展实施农村生活污水治理工作。

当年，在运河镇滩里村新农居点采用国家“八五”重要科技成果之一的厌氧净化处理技术，进行了农村生活污水治理试点，取得了很好效果。利用该技术可分散处理生活污水，并达到国家二级排放标准，其中COD、BOD达到一级排放标准。该技术且具有投资少、工期短、适应范围广、运行不耗能、管理费用低、安全性能佳、占地面积少等优点，试点显示该项技术很适合治理农村面源污染，有利改善农村生态环境。

在农村生活污水治理试点取得成功的基础上，为推进全区农村生活污水治理，实现农村生活污水减量化排放、无害化处理和资源化利用，自2005年7月起，余杭区先后印发了《关于采用无动力厌氧技术处理农村生活污水的实施意见》《余杭区百村千点农村生活污水治理工作实施办法》《余杭区农村生活污水治理方案》《余杭区农村生活污水治理工作实施方案（2011—2012）》《余杭区农村生活污水治理及长效管理考核办法》等文件，各镇、街道按照相关文件的要求认真组织实施。

余杭区在组织开展农村生活污水治理中，区委、区政府十分重视，多次专题研究，就治理农村生活污水的指导思想、规划目标、基本原则、主要内容、建设规模、基本模式、资金投入、实施步骤、保障措施等方面逐一做出明确规定。2008 年至 2010 年连续三年将农村生活污水治理列入区政府为民办“十件实事”项目之一。自 2009 年以来，农村生活污水治理工作被列入区政府对镇、街道年度重点工作目标、生态建设目标、环境保护责任制和瓶窑组团生态补偿机制等多项考核。余杭区的农村生活污水治理在政策与资金的扶持和各部门的紧密配合下，呈现良好的治理氛围，实现全面稳步推进。

自 2005 年至 2012 年，余杭区共实施农村分散式生活污水治理项目 451 个。污水治理方式以无动力厌氧生化池治理模式为主，其次为微动力好氧治理模式、厌氧净化器治理模式、人工湿地治理模式和无动力厌氧生化池 + 人工湿地治理模式。通过治理，至 2012 年年底，全区已有 29953 户农户（农家乐）的生活污水实行了无害化处理，生活污水中的污染物得到有效去除，治理后出水水质达到国家污水综合排放标准二级以上，改善了农村居住环境，提高了村民环保意识，推进了美丽乡村建设。

余杭区全面深入的农村生活污水治理还在继续实施之中，在深入抓好分散式农村生活污水治理设施建设和完善运行管理的同时，对城郊农村和部分美丽乡村创建村的生活污水将通过截污纳管，统一纳入市政污水管网，输送到污水处理厂集中处理。

余杭区人民政府于 2014 年 3 月批复实施《余杭区供水专业规划》（修编）和《余杭区污水工程专项规划（修编）》，规划远期 2020 年全区供水规模达到 121 万立方米/日，在解决供需矛盾的基础上适度超前，使供水行业适应经济社会发展的需要，同时，进一步提高供水水质，建立城乡饮用水安全保障体系。规划远期污水工程目标为建成覆盖全区的污水处理体系，污水处理厂排放标准优于一级 A 标准，全面实施再生水利用，进一步改善城市水环境。

大 事 记

大 事 记

1958年前

余杭城乡居民的生活饮用水主要从就近居住处的河、溪、湖、塘、漾等水域取水或打井取水及收集天落水，取水方式以手提、肩挑为主。

1958年

10月 塘栖镇人民政府筹建塘栖镇自来水厂，同年成立筹建小组。

1959年

1月 塘栖镇自来水厂动工兴建，厂址设在塘栖镇幼儿园路圣塘洋边。

11月 塘栖镇自来水厂建成滤池、清水池、木结构水塔各一座，日产水量约200立方米。

1960年

1月1日 塘栖镇自来水厂对埋设50米的DN150陶土管进行试通水，因陶土管难承压力，试水失败。

是年 塘栖镇改用陶瓷管为送水主管，埋设数量占全镇主街道的1/4，开始向西石塘、市心街、北小河一带供水。

1963年

4月 塘栖镇自来水厂得到上级有关部门的拨款，开始用铸铁管更换建厂时敷设的陶瓷管。当年将水厂至广济桥的DN150总管改造为铸铁管道。

11月16日 余杭县人民委员会成立临平自来水厂筹建领导小组，由副县长夏行权任组长，县计划委员会、财政局、工业交通局、物资局、卫生局和临平镇人委的负责人任组员，具体工作人员从工业交通局和临平镇干部中抽调。

1964年

是年 临平自来水厂在临平山南麓太阳殿开工建设，以地质勘测队普查地下水资源时自涌的地下水为水源，建成沉箱井1口及山腰100立方米圆形储水池1只。

1965年

2月 临平自来水厂建成，日产水量500立方米。采用水泵提升直接供水的方式向西大街、东大街、北大街一带单位开始供水。水厂隶属县工业交通局领导。

9月 杭州市祥符桥水厂开始向余杭县三墩镇集镇供水。

1966年

6月 隶属塘栖镇二轻系统的塘栖镇自来水厂改由塘栖镇环卫站代管，并成立革命领导小组。在“文化大革命”期间，水厂将水塔改成砖混结构，阀门由木阀改为铁阀，水泵改为7.5千瓦，供水量增至每日643立方米左右。

1968年

2月 临平自来水厂在太阳殿与景星观前开深井2口，时产水量90立方米，通水后，原沉箱井因自涌水量逐渐枯竭而停用。

1971年

2月 余杭镇革命委员会筹建余杭镇自来水厂，组建由镇革委会副主任任组长的水厂筹建小组。

4月1日 余杭镇自来水厂正式成立，厂址设立在余杭镇车站路11号。

是年 余杭镇自来水厂打深井一口，敷设管网1550米。

1973年

5月 余杭镇自来水厂开始向镇内部分居民和单位供水，供水方式由深井泵提升直供，日供水能力约1000立方米。

1974 年

3 月 余杭镇自来水厂在龙船头南渠河建取水头部，设大小二台水泵，取水后不净化，直接供水，日供水量约 1500 立方米。建成后原深井水因含铁量高而停用。

1975 年

1 月 瓶窑镇人民政府、浙江省煤炭大队和浙江省物探大队三单位联合筹建瓶窑镇自来水厂，厂址选在窑山顶。

5 月 浙江省煤炭大队退出联办的瓶窑镇自来水厂。

1976 年

年初 浙江省工业设计院勘测队一〇三机组进入临平山北，帮助临平水厂打井扩源。

1977 年

是年 百丈公社石竹园大队甘岭生产队农民利用山涧水水源，敷设自来水管引山涧水入农家，此为余杭县农村最早的简易自来水设施，有 340 人受益。

1978 年

是年 临平自来水厂完成山北 1 号、2 号、3 号深井 3 口，并网供水，增加时产水量 160 立方米。景星观前深井水因含铁量高而停用，直至 1983 年沿山路建设时拆除。

1979 年

是年 塘栖镇自来水厂恢复由镇领导。至 1985 年，先后建起 120 立方米/时水力加速澄清池、快滤池、机泵房各一座，并改造原清水池增加储水量，日产水量增至 5000 立方米。同时，将镇内街道中留存的陶瓷管全部改造为铸铁管道。

1980 年

8 月 7 日 余杭县计划委员会批复临平自来水厂扩建地面水厂，水源选在超山汪家洋。在对汪家洋水检监测中发现锰、氨氮指标超标严重，最终放弃该项目。

12 月 25 日 浙江省物探大队退出联办的瓶窑自来水厂，瓶窑镇自来水厂由镇政府独办。

是年 余杭镇自来水厂开始筹建苕溪制水车间。

是年 余杭县农村水改共新建农村水厂 6 座，新增自来水受益人口 1495 人。

1981 年

1 月 余杭镇自来水厂苕溪制水车间净水设施建设正式破土动工，建设规模为 2500 立方米/日，工艺采用重力式无阀滤池。

4 月 13 日 经县长办公会议批准，临平自来水厂扩建小组向临平周边地区寻找开发地下水资源。

5 月 临平自来水厂扩建小组在亭趾公社建设大队褚家坝建深井 1 口，产水量 80 立方米/时。

6 月 省水文勘测队对超山踏勘找水，是月，进场施工打井。

8 月 临平自来水厂在太阳殿深井北边建成 80 立方米/小时普通快滤池 1 只、爆气台 1 座（50 平方米）及生产管理用房 1 座（60 平方米）；临时从亭趾到临平太阳殿敷设 DN200 铸铁管 1 条，对亭趾建设大队深井水进行除铁、锰处理。并开始用漂白粉对水进行消毒，处理后并网供水。

11 月 2 日 临平自来水厂超山 2 号井成井，试验出水量约 1200 立方米/日。

12 月 28 日 临平自来水厂在厂区内拆除部分仓库，新建机修车间及宿舍（三层），于 1982 年 5 月 21 日竣工交付使用。

是年 浙江省人民政府拨给余杭县 4 万元农村水改专款。

是年 临平自来水厂化验室建成，开始开展日常常规水质检测。

是年 瓶窑镇自来水厂在原有的基础上增加供水设备，新增 60 立方米/日澄清池和配套滤池一组，使日供水量增至 2500 立方米。

是年 余杭县农村水改共新建农村水厂 11 座，新增自来水受益人口 2593 人。

1982 年

年初 余杭县人民政府拨出 4 万元水改经费，余杭县卫生防疫站派员指导农村水改。

3 月 五杭公社五杭大队自来水厂建成。这是余杭县首次有组织地进行农村水改，在有关技术人员指导下建成的第一座农村水厂。该水厂以河水为水源，通过原水净化、消毒，把水输送到全村每家每户，群众非常高兴，村民们为表达对自来水的喜爱，在水塔筒身上写了四个醒目的大字：“为民造福。”

是月 余杭县人民政府组织各区分管卫生工作的领导和有关人员，在五杭大队召开余杭县第一次农村水改现场会。副县长顾文浩在会上做动员报告，中共五杭大队支部书记俞泉勇在会上做经验介绍。参加会议的同志参观了五杭大队的自来水设施，从此揭开余杭县农村水改的序幕。

3月4日 超山4号井建成，试验出水量约800立方米/日。

4月 星桥公社水厂、北湖公社张埝大队水厂、博陆公社长子大队水厂陆续动工建设。

8月 余杭县第一篇有关农村水改的科学试验报告《五杭水厂水质净化效果观察》，在县医学会《医学文选》刊物上发表（作者：俞其根）。

是年 塘栖镇自来水厂配置1台柴油发电机组，停电时能保证正常供水。

是年 余杭县农村水改共新建农村水厂28座，新增自来水受益人口6754人。

1983年

年初 浙江省爱国卫生运动委员会将余杭县列为农村水改世界银行贷款项目县。

3月 余杭县领导决定把超山深井2500立方米/日水量输送临平。5月19日，县计委下达续建计划，实施超山到临平的输水管工程。6月，开始建造超山二级供水泵站。7月开始建造临平山北（1号深井位置）三级泵站，同期进行沿线DN300输水管线施工。

4月12日至26日 在山北3号井边打深井1口（即3号付孔），日产水量240立方米。5月，装泵并网，缓解当年临平供水的当务之急。

6月 余杭县首次举办农村水改培训班，22人参加学习，培训期8天。

8月24日 杭州市人民政府为改善余杭县的沾桥、崇贤、塘栖、三墩一带农村因受杭州工业废水污染，造成生活用水困难，补助65万元（其中，省补助25万元、市补助40万元）。同时，余杭县人民政府再增加补助5万元。用于12个乡镇127个村打大井1393口、打小井6072口，沾桥、崇贤、勾庄3个小集镇建3座小型水厂，塘栖镇自来水厂增加制水能力，三墩镇延伸供水管道。对农村饮用水水池进行养殖水浮莲生物净化试验，以解决群众的生活用水困难。

9月4日至6日 余杭县人民政府召开全县农村卫生水改工作现场会议。县长王又春、副县长李小花及有关部门和各乡镇政府负责人共计115人参加会议，省爱卫会办公室副主任王者帅莅临指导。会期参观了星桥乡、彭公乡冷水坞、北湖乡张堰、鸬鸟乡全城坞和后畈、博陆乡长子村、亭趾乡亭趾等7个农村自来水厂（站），并部署下阶段农村水改工作。

9月15日 余杭镇自来水厂苕溪制水车间建成，建设澄清池、无阀滤池、清水池（400立方米）和进、出水泵房各一座，50千瓦变压机一台、化验室一间，于10月1日正式向余杭镇居民供水。

11月4日 余杭县人民政府建立由副县长李小花任组长的"余杭县农村水改领导小组"，下设办公室。1986年4月，县政府将"余杭县农村水改领导小组办公室"更名为"余杭县农村改水项目办公室"，其简称"县水改办"更名为"县改水办"。县改水办属县卫生局领导的全民事业单位，改水办办公地点设在县卫生防疫站内。

是年 临平自来水厂隶属关系从余杭县工业交通局划归余杭县城乡建设环境保护局。

是年 余杭县农村水改共新建农村水厂16座，新增自来水受益人口7422人。

1984年

1月7日 浙江省爱卫会召开水改贷款会议，要求各地及时做好水改贷款准备工作。是年11月，余杭县人民政府召开水改领导小组会议，讨论和步骤全县水改贷款的准备工作。会后，余杭县政府抽调二十余人分别到五杭唐公村、沾桥裘家斗村等地踏勘。同时，委托浙江省建筑设计院进行水厂设计。根据全国爱卫会改水办要求"早动手、早受益"的精神，决定1985年先搞10个贷款水改单位。

1月14日 浙江省委办公厅根据国务院、全国爱卫会精神和省委领导的意见，下发省委办公厅抄告单，同意余杭、金华、德清、乐清、慈溪五个县（市）设立农村改水项目办公室，人员编制由县（市）根据实际需要自行确定。

3月 超山至临平输水工程完工通水。通水后发现超山4号、5号井相互贯通不能同时开采，将5号井作为4号井的备用水源。3月24日余杭县计划委员会下达临平自来水厂续建计划，继续进行打井扩源。

4月29日 县长办公会议讨论决定，将临平自来水厂改为公用事业单位，改编日从1月1日算起。

是月 临平自来水厂完成镇内总管改造，对13家用水较大工厂的工业用水实施分质供水。

5月下旬 余杭县地方病防治领导小组办公室组织人员，对全县56个乡（镇）的8~15岁青少年的全部人群进行地方性氟中毒调查，结果双溪、崇贤、超山、沾桥4个乡12个村有地方性氟中毒流行。造成氟中毒流行的主要原因是当地农民饮用当地氟石矿的高氟水或杭钢及造纸厂等单位排放的废水、废气的污染之故。防治对策最有效的措施是"改水"，即使高氟水变成低氟水，同时解决工业"三废"的排污问题。

6月 临平自来水厂扩建小组在超山龙洞打井。8月29日打成深井一口，水量56立方米/日。1985年10月与超山5号井管路连接供水。

6月30日 菲律宾农村饮用水卫生参观团一行七人，到下沙乡参观农村水改情况，县委宣传部部长李小花接见来宾，欢迎莅临指导。

7月 临平自来水厂扩建小组请上海机械化施工公司凿井队对亭趾、博陆一带踏勘找地下水源，确定在博陆南园、博陆螺蛳桥、亭趾杨家墩三口深井位置。

8月9日 余杭县计划委员会批复临平自来水厂日供水2万立方米的配套设施建设计划。

是日 世界银行顾问林平华先生、全国爱国卫生运动委员会农村改水项目办公室（以下简称全国爱卫会改水办）刘家义工程师到余杭县考察农村改水贷款准备工作。县政府副县长刘永根和县委宣传部部长李小花接见二位客人。林平华先生一行参观星桥乡水厂、博陆乡新圩村三组水厂。

8月22日 临平自来水厂博陆南园深井成井，用10JD－140型深井泵抽样试验，单位出水量16.3立方米/米。

9月8日 临平自来水厂亭趾杨家墩深井成井，用10JD－140型深井泵抽样试验，单位出水量10立方米/米。

9月25日 临平自来水厂博陆螺蛳桥深井成井，用10JD－140型深井泵抽样试验，单位出水量35立方米/米。

10月 临平自来水厂山北泵站设置液氯投加设备，开始采用液氯对原水消毒处理。

是月 余杭县水改项目办公室购进原翁梅石矿的一幢2层楼办公室旧房（坐落在景星观），共16间，516平方米。经修缮并扩建仓库棚110平方米后，水改办公室从县卫生防疫站迁出，迁入新址办公。同年11月，水改办购买BJ632A型旅行车一辆、S3型水准仪一架、经纬仪一架、大平板仪一架、四门橱六副、写字台十八副等仪器、用具。

11月 临平自来水厂亭趾深井水净化处理车间开工兴建。同期施工敷设亭趾到临平DN400清水输水管5千米，博陆到亭趾的深井水DN200原水输水管2千米、DN300管3千米。

是月 余杭县水务行业第一次在卫生部主管的全国性学术刊物《环境与健康杂志》上发表学术文章《余杭县农村饮用浅井水人口比例与痢疾发病率关系的调查》（作者：俞其根）。

是年 余杭镇自来水厂对镇内供水主管道进行大改造，敷设DN300铸铁总管5.5千米、DN200管1千米、DN150管4千米、DN100管6千米。

是年 余杭县农村水改共新建农村水厂37座，新增自来水受益人口13390人。

是年 余杭县人民政府常务会议决定将余杭、瓶窑、塘栖三个镇的自来水厂由镇办集体企业改为镇办集体公用事业单位。从1985年1月起向用户征收自来水开发资金（自来水增容费）。

1985年

5月9日 世界银行董事会与我国政府正式签署了包括余杭县在内的《中国农村供水项目开发信贷协定》和《中国农村供水项目协定》。

7月 余杭县人民政府副县长劳伟民出席全国爱卫会在辽宁省金县召开的“中国农村改水准备工作会议”。

8月24日 全国爱卫会改水办公室副主任杜学勤工程师到余杭县检查农村改水工作。

9月26日至27日 浙江省农村改水项目办公室在余杭县召开浙江省农村改水项目准备会议。参加会议的有省计委、省财政局、省审计局分管农村改水项目的同志，五个贷款县（余杭、德清、慈溪、乐清、金华）项目办主任等共36人。

10月 中国城镇供水协会浙江省分会成立，临平自来水厂为该协会成员单位。

11月 临平自来水厂亭趾深井水净化处理车间净水处理设施完工通水。

是月 余杭县人民政府召开全县农村水改工作会议，明确农村水改有关规定：余杭县财政局为县政府贷款代表，余杭县水改办为县政府贷款提款代表并负责贷款改水实施；贷款水改单位可享受工程总造价40%的贷款、15%的国家补助（其中，5%为省财政补助、10%为县财政补助），其他资金由水改单位自行筹集；水改贷款偿还期为10年，其中前3年为宽限期，后7年每年归还贷款本金的1/7。

12月 沾桥乡、良渚镇、百丈乡泗溪村、长乐乡梅林村、长乐乡斜坑村、长乐乡西山村、双溪乡四岭村、五杭乡唐公村、五常乡天竺桥村、五常乡西坝村等10个单位首批执行的农村水改项目基本完成。

12月底 沾桥水厂、良渚水厂、五杭唐公村水厂化验室落成。

是年 余杭县农村水改共新建农村水厂27座，新增自来水受益人口36777人。

1986年

5月14日 余杭县人民政府与浙江省爱国卫生运动委员会和浙江省财政厅签署了世界银行农村供水项目转贷协议。协议贷款额为3281837个特别提款权，项目执行结果超提12874.16个特别提款权，余杭县实际得到世界银行贷款3294711.16个特别提款权（折合人民币16015040.65元，其中外汇损益7033231.20元）。

是日 临平自来水厂超山管山头打井施工，7月18日竣工，出水量56立方米/时。

5月22日 闲林镇人代会通过镇政府提出的筹建闲林镇自来水厂的决定。同时开始筹建水厂，新建闲林水厂项目被列入省水改重点项目。

5月至7月 上海机械化施工公司凿井队第二次进入亭趾乡为临平自来水厂打井，共钻孔2眼，成井1口（亭趾道家圩深井）。因施工未达预期目标，亭趾杨家墩村委边钻的井为干孔，道家圩井的水产量较小（为8立方米/时），施工暂告段落。

7月 临平自来水厂为平衡生活用水，在临平公园儿童乐园处开始建一座调节储水池（1824立方米），1987年2月底竣工，7月投入使用。

7月21日 临平自来水厂请浙江省水文地质大队对亭趾、博陆一带进行物理勘探，继续寻找地下水资源，野外勘探工作于8月7日结束。

8月 闲林镇自来水厂正式开工建设，厂址选在方家山脚文卫路27号。

8月中旬 经水文地质大队物探后确定，临平自来水厂在博陆南石桥村2组打成深井1口（立新泵）。

9月17日 临平自来水厂在超山百马坑打井，于10月31日竣工，出水量36立方米/时。

10月 临平自来水厂亭趾深井水净化处理车间一期工程全面完工。

是年 塘栖镇自来水厂增建120立方米/时的澄清池、快滤池一组和化验室综合楼一座，延伸西小河、东小河DN100管二条，水厂至广济桥DN300供水管一条，日供水能力增至7000立方米。并改装加氯设备，采用液氯对水消毒。

是年 塘栖镇、余杭镇、瓶窑镇3座自来水厂加入“浙江省城镇供水协会”，成为协会成员单位。

是年 余杭县农村改水共新建农村水厂33座，新增自来水受益人口52113人。

1987年

1月 余杭镇自来水厂在余杭镇车站路11号新建560平方米的二层办公楼一座。

2月1日开始 杭州市区的污水自祥符桥、马角洋、余杭塘上3处倒流入三墩地区，受害水域380余公顷（5700余亩），死亡成鱼27吨、老口6.25吨、仔口135万尾。

3月 余杭镇自来水厂苕溪制水车间第二套净水设施生产线开工建设，新增规模2500立方米/日。

5月16日、17日 世界银行农村改水项目中期检查考察团成员国成员、世界银行卫生工程师、加拿大籍黄唯荣（John Huang）先生，世界银行顾问、土木工程教授、美国人毛里斯·阿尔博森（Maurice Alberson）先生，世界粮食计划署驻华助理项目、土耳其人梅米尔·加法尔（Mehmel Djaer）先生，西德技术合作公司代表、西德人韩里西哈克（Heinrich Hach）先生及我国政府代表一行10人，在全国爱卫会办公室副主任张明昭的陪同下，到余杭县考察农村改水工作。县长程德鑫、副县长劳伟民及县科委、审计、卫生局、改水项目办公室等领导陪同检查了闲林、沾桥、崇贤水厂，考察团对余杭改水工程质量较为满意。

11月27日 临平自来水厂博陆金家埭村渡船桥边深井施工，12月9日竣工成井，单位涌水量5.8立方米/时。

12月25日 闲林镇自来水厂建设完工，试行供水。

是月 临平自来水厂亭趾深井净化处理车间二期工程开工建设，增建爆气台、无阀滤池各一座。

是年 余杭县被杭州市爱卫会评为“1987年度改水达标先进县”，闲林镇自来水厂被浙江省爱国卫生运动委员会评为“‘七五’农村自来水建设先进水厂”。

是年 余杭县农村改水共新建农村水厂32座（包括闲林），新增自来水受益人口62328人。

1988年

8月27日 浙江省卫生厅、爱卫会、城乡建设厅就农村项目水厂归属问题联合发文明确：经省政府同意，农村项目水厂统一由各级农村改水项目办公室领导，执行中央爱卫办制定的《中国农村改水项目生产运行管理暂行规定》等制度与办法。

是月 临平自来水厂金家埭与立新3口深井输水管路（DN300）与博陆到亭趾输水总管连通供水。

是月 余杭县农村改水项目办公室委托浙江省城乡规划设计研究院完成临平区给水工程建设可行性研究报告。

9 月 临平自来水厂亭趾深井净化处理车间二期扩建工程完成。

11 月 杭州市科技咨询中心土建学会咨询部、土建给排水学术委员会编写临平自来水厂（地面水）给水扩建工程可行性研究报告。

12 月 余杭镇自来水厂苕溪制水车间第二套净水设施生产线竣工，日供水量扩大到 5000 立方米。

是年 临平自来水厂博陆至亭趾供电专线建成（博陆变水加线）。

是年 余杭县农村改水新建农村水厂 27 座，新增自来水受益人口 63841 人。

1989 年

1 月 17 日 副县长劳伟民到县改水办研究项目水厂归还世界银行贷款问题，确定还贷有关事项。

1 月 18 日 副县长劳伟民在县改水办接待浙江省爱卫会常务副主任王祥长、省爱卫会改水办主任刘焕武等人，讨论临平区给水工程水源问题，并在县改水办主任何忠福的陪同下踏看德清百亩洋。

是月 全国爱国卫生运动委员会批准余杭县改水办关于临平区给水工程的可行性研究报告。

2 月 14 日 副县长劳伟民、县府办副主任陈荣泉、县改水办主任何忠福等一起到杭州市人民政府，与戴庭耀副秘书长商量余杭县运河水污染地区改水补助问题，戴副秘书长同意落实部分补助经费。

2 月 23 日 临平自来水厂地面水扩建工程可行性报告论证会议在临平召开，参与论证会的有：省计委、杭州市计委、城乡建委、土管局和县政府及县有关部门共 18 个单位代表及专家 30 余人。

2 月 24 日 浙江省审计局总会计师吴永昌在县审计局局长吴治中、副局长李文斌的陪同下，到崇贤镇考察农村改水，肯定崇贤镇的改水成果。

4 月 3 日 杭州市副市长许运鸿在副县长陈惠德陪同下，视察塘栖运河污染区，了解有关农村改水情况。

4 月 4 日 县长陈德鑫，副县长陈惠德、劳伟民召集县计委、财税、城建、改水等部门协调临平区给水工程与临平镇给水扩建工程合并问题，拟定两项工程合并建设。

4 月 8 日 浙江省计划经济委员会下达关于临平自来水厂扩建一期工程计划任务书。

4 月 10 日 副县长劳伟民与县改水办研究杭州市拨 20 万元改水补助费分配问题。6 月 23 日，县政府办公室将 20 万元污染补助费分配给沾桥乡、宏磻乡、崇贤镇、塘栖镇各 5 万元。

4 月 13 日 副县长陈惠德、劳伟民和县财税局副局长余锦木、县改水办主任何忠福等到省政府办公厅，向副秘书长马寿根汇报临平区给水工程与临平镇给水扩建工程合并问题，马副秘书长认为两项工程合并是合理的。

4月28日 浙江省爱卫会改水办主任林武（新任）到余杭县了解农村改水情况，实地检查崇贤水厂运行管理情况。

5月26日至27日 杭州市城乡建委在临平主持召开由中国市政工程华北设计院设计的《余杭县临平给水扩建工程初步设计》会审会议。省、市、县27家单位的50余名代表和专家参加会议。

是月 瓶窑镇自来水厂投资47.7万元，在窑山顶进行净水设施扩建和取水口移位改造等工程。

6月2日 副县长劳伟民、县府办副主任陈荣泉、改水办主任何忠福，到沾桥、崇贤、塘栖、宏磻等乡镇了解改水进度及落实杭州市污染补助款的使用等问题。

6月8日 余杭县改水办委托浙江省规划设计研究院完成临平区给水工程初步设计。

6月9日 浙江省城乡建设厅批复余杭县临平给水扩建工程初步设计。

8月11日至9月2日 临平自来水厂在博陆南石桥村一组补打深井一口（港口深井），单位出水量21立方米/时。

9月 临平自来水厂地表水扩建工程净水厂一期工程在亭趾杨家墩开工建设。

10月5日 副县长劳伟民、县计委副主任沈志忠、县府办副主任陈荣泉及县改水办主任何忠福、副主任沈国健等到省爱卫会改水办汇报临平区给水工程与临平镇给水扩建工程合并的具体事项。

10月21日 瑞士国家水资源和水污染控制研究所项目官员威格林先生（Mr，Wegel in Mart in Andras）和夫人（Mrs，Wegel in Asra Rosa）考察闲林水厂，威格林先生对闲林水厂给予较好评价。

10月28日 余杭县人民政府颁发《余杭县博陆镇喜庵港水域保护规定》。

是月 临平自来水厂地面水扩建工程郎家兜取水头部项目在博陆新圩村破土动工，同时博陆到亭趾DN800原水输水管线全面展开建设。

11月21日 余杭县改水办为博陆、星桥、潘板、鸬鸟、中桥和亭趾费庄村水厂化验室配备化验设备及用品，购置费800元。

12月12日 余杭县改水办发文转发浙江省爱卫会办公室《关于农村自来水厂（站）税收问题的答复》，根据省财税有关规定，明确乡村办的自来水厂，包括使用世界银行贷款兴建的项目水厂，免征营业税、所得税、城市维护建设税。

12月13日 浙江省城乡建设厅和浙江省爱国卫生运动委员会改水办联合批复临平区给水工程与临平镇给水扩建工程合建。

12月20日 浙江省城乡规划设计研究院完成临平区、临平镇二个给水工程合建的《临平给水工程（扩初）补充设计》。

是月 余杭镇自来水厂开始筹备建设南湖净水调节工程，在宝塔村11组、12组及凤凰村6组征地3330平方米（5亩）。建设规模1万立方米/日，分二期建设，以解决余杭镇居民在苕溪枯水期自来水厂水源受污染时的饮水问题。

是年 塘栖镇自来水厂实施了东塘五福桥引水工程，敷设DN400输水管4.75千米和新建取水泵站一座，取水口从圣塘洋迁移到东塘五福桥。同时延伸水厂东到2号小区、水厂西至热电厂DN200、DN150供水管线各一条。

是年 闲林镇自来水厂完成了城区供水管网配套，供水能力达到1500立方米/日，被杭州市爱国卫生运动委员会评为“改水先进乡镇”。

是年 余杭县农村改水共新建农村水厂6座，新增受益人口31277人。

是年 余杭县根据城市市政配套建设的需要，在县政府所在地临平镇开始敷设污水管道。

1990年

1月4日 瓶窑镇自来水厂扩建工程竣工通水，日供水能力提升到7500立方米，日取水能力增至1.2万立方米。

1月16日 余杭县计委组织有关部门在县政府第一招待所西三楼会议室会审通过临平给水工程补充设计（临平镇水厂扩建工程与临平区水厂合建的工程设计），参加会议的有浙江省城乡建设厅郭松贤处长、省改水办林武主任和县政府劳伟民副县长等。

4月2日 副县长劳伟民接待全国爱卫会改水办刘家义高级工程师和全国爱卫会改水办技术顾问刘学功高级工程师及省改水办主任林武，商量临平水厂审批问题，并到博陆、亭趾察看临平区水厂取水头部和净水厂建设状况。

4月23日 县长程德鑫主持召开协调会议，商定临平自来水厂扩建工程和临平区水厂合建的有关问题。

4月24日 在杭州市政府二楼会议室，杭州市政府办公室副秘书长戴庭耀召集余杭、肖山两县（市）分管农村改水的县（市）长等领导，商定农村改水增益贷款项目——肖山挂靠余杭问题。

5月8日 卫生部印发“关于浙江省余杭县临平水厂（扩初）补充设计的批复”，同意将原临平区农村供水项目与临平水厂扩建工程合建。浙江省爱卫会办公室5月20日转发该批复。

5月18日 余杭县改水办制订并组织实施《余杭县农村改水项目水厂水质管理试行办法》，对农村水厂的水质管理提出指导意见。

7月19日 余杭县人民政府为加强水厂合建工程领导，建立临平水厂合建领导小组及其办公室，副县长洪吉根、劳伟民分别担任领导小组组长、副组长。

7月23日 副县长洪吉根、劳伟民在双桥乡召开县长现场办公会议，专题研究双桥等乡镇受运河水系污染地区的农民饮水问题，帮助群众解决吃水难题。

7月中下旬 三墩区部分乡镇由于受内河水位下降，滞留在运河内的杭州综合污水多次倒灌涌入，危害极为严重，造成部分乡镇外荡水面漆黑一片，部分内塘和居民的水井也受污水污染，致使大量鱼种死亡，人民群众的生活用水陷入困境。

是月 临平自来水厂扩建工程博陆取水头沉井、博陆至亭趾原水管线和亭趾净水厂内1号水力澄清池建成。采用在博陆沉井上和亭趾1号无阀滤池边设临时泵，利用深井处理厂中供水设施，应急用地面水补充供水。同时开工建设亭趾至临平DN800清水输水管线。

是月 瓶窑镇自来水厂（办公楼）迁至西溪街60号。

是月 余杭县物价委员会批准，调整生产经营性用水价格，临平、余杭、瓶窑自来水厂由每立方米0.25元调整为0.35元，塘栖自来水厂由每立方米0.30元调整为0.40元。居民生活用水价格不变，临平、余杭、瓶窑自来水厂为每立方米0.25元，塘栖自来水厂为每立方米0.20元，调整的水价自10月份抄表日起执行。

9月19日 余杭县人民政府建立临平区给水工程领导小组及临平区水厂筹建办公室，由杜永林任组长，娄永强、何忠福任副组长。

11月5日至8日 杭州市爱卫会副主任王学斌带领杭州市"七五"期间农村改水达标验收组到余杭县考核检查。

12月31日至1991年1月1日 浙江省爱卫会办公室副主任王芹源带领"七五"期间农村改水达标考核复核组到余杭县复核检查，复核组对余杭县农村改水给予较好评价。

是年 闲林镇自来水厂被浙江省爱国卫生运动委员会评为"'七五'农村改水先进水厂"。副县长劳伟民被浙江省爱国卫生运动委员会评为"'七五'农村自来水建设先进工作者"。

是年 余杭县农村改水共新建农村水厂5座，新增受益人口5544人。

1991年

3月8日 由世界银行贷款的余杭区最大改水项目——临平区水厂动工建设，工程总投资概算2965万元。其中，向世界银行贷款40%、县财政配套资金10%，其余50%资金由农村集资。工程完工后，日供水量为3万立方米，可解决乾元、小林、星桥、翁梅、乔司、大井、九堡、下沙等8个镇乡和乔司农场、少管所、六监等单位的工农业生产与生活用水，覆盖18万人口。是年，自临平长途汽车站边的五号接水点至乔司加压站9千米长的总管铺设完成，其中管径800毫米的4千米、管径600毫米的5千米。

4月16日 四川、云南农村改水参观团共21人，在浙江省改水办有关人员陪同下到余杭县参观，并到崇贤水厂踏看。

7月3日 卫生部国外贷款办公室聂健、刘黎、纪彬3人，到余杭县了解世界银行供水贷款情况，副县长劳伟民陪同接待。

7月8日 浙江省爱卫会常务副主任王祥长、省改水办主任林武，到余杭县检查临平区水厂建设情况。

是月 临平自来水厂扩建工程地表水一期工程正式完工通水。通水后城区供水缓解，城镇居民用水入户安装启动。亭趾、博陆一线深井除南园深井为博陆镇继续供水外，其他深井作为备用，停止开采。

8月26日 县长程德鑫召开县长办公会议，明确临平镇、区两个供水工程运行管理中的责、权、利、债等关系。

10月 闲林镇自来水厂为降低供水电耗，在里山桥泵房增设108立方米/小时离心泵两台，在水位高时用离心泵供水。

11月8日 余杭县计划委员会批复同意建立“浙江省余杭县临平区水厂”，经济性质为集体事业单位，隶属临平区公所领导，业务上受县改水办指导。同时，对临平区内各乡镇给水站实行管理。

11月9日 副省长李德葆、省爱卫会常务副主任王祥长、省改水办主任林武到余杭县检查临平区水厂建设情况。副县长洪吉根、劳伟民接待。

11月15日 全国爱卫会改水办工程师刘家义、全国爱卫会改水办顾问刘学功高级工程师到闲林、瓶窑水厂参观。

是月 临平区水厂乔司加压站和大井乡的100立方米水塔开工建设。

12月5日 副县长洪吉根带领县财政局、城建局、环保局等部门负责人，到余杭镇召开余杭镇自来水厂南湖调节工程建设协调会议，县人大常委会副主任宋竹友参加会议。会议认为，南湖调节工程是当余杭镇自来水厂的苕溪水源被污染时，解决居民饮用水的有效途径。

是年 塘栖镇自来水厂在厂区内着手扩建东塘饮水工程的配套净水处理设施工程。

是年 余杭县农村改水项目办公室俞其根被全国爱卫会评为“全国农村改水先进工作者”。

是年 余杭县农村改水共新建农村水厂4座，新增自来水受益人口9125人。

是年 余杭县环境保护局在《余杭县地面水环境保护功能区划分》和《余杭县城镇饮用水源保护区划分》的技术报告中，提出临平镇污水综合整治的设想。

是年 余杭县人民政府组织力量，对水污染的环境和发展趋势作综合调查、分析，并对污水的排放去向、处理规模进行探讨。

1992年

1月20日 仓前镇水厂举行竣工通水典礼，仓前水厂通水后使仓前片1.2万人吃上自来水。该水厂以3口深井为水源，井深均为100米，每天可供1500立方米。水塔高41米，水塔蓄水池的蓄水量为150立方米，并首次采用“多层平台式曝气技术”建水厂。

是日 余杭县人民政府向杭州市人民政府报告《要求将余杭县污水治理工程列入世界银行贷款项目》。

4月11日、22日 洪吉根、劳伟民、陈荣泉、娄森培、何忠福等领导与杭州市城乡建委、规划局、自来水公司领导商定祥符水厂二期工程完成后向沿线乡镇供水问题。

5月1日 临平自来水厂经批准开始征收水厂建设基金，每立方米水0.05元。塘栖、余杭、瓶窑镇自来水厂于1994年3月1日开始征收。建设基金与水费同时收缴，按月划到财政专户储存管理，用于水厂还贷和配套设施建设。

5月17日 临平区水厂举行通水典礼。浙江省爱卫会常务副主任王祥长、省改水办主任林武和余杭县委、县府及其有关部门负责人参加典礼活动。沿线乾元、小林、乔司、九堡、下沙等乡镇和乔司农场、省六监、少管所等单位通上自来水。

是月 临平自来水厂扩建工程季家滩挡污闸破土开工建设，1993年5月建成投入使用。

6月13日 余杭县部分乡镇的水系受杭州市工业废水、生活污水的污染日趋严重，影响人民群众生活用水，杭州市政府同意在祥符水厂水源保护二期工程完成后，供双桥、勾庄、运河地区清水13500立方米/日（包括原三墩地区供应的4500立方米/日清水），供良渚、肇和地区原水6500立方米/日。

6月19日 副县长劳伟民在乔司加压站召开乔司、九堡、下沙、临平等乡镇长会议，部署各乡镇内部管道安装工作，要求年内尽可能使较多的农民饮用上自来水。

7月15日 余杭县人民政府向浙江省环保局报告《要求将余杭县污水治理工程列为世界银行贷款项目》，并先后分列填报了贷款草表、正表各一次。

7月16日 余杭县城乡建设局、余杭县环境保护局和余杭县重点建设项目办公室联合向余杭县计划委员会提交关于兴建临平镇污水治理工程的报告，附件为"余杭县临平镇污水综合治理工程项目建议书"。

7月30日 三墩镇近半个月来因杭州城北污水倒灌，36个村、200多个村民小组饮水困难，300公顷（4500亩）外荡渔业损失严重。杭州市副市长叶德范率环保局、建委领导现场考查，拨出资金供村民用船载水15天。

9月1日 余杭县计划委员会向浙江省计划与经济委员会上报临平镇污水治理工程项目建议书，提出临平镇污水治理项目一次规划，分二期实施，第一期工程为6万吨/日处理量。

9月15日 余杭县计划委员会批复《临平给水二期扩建工程》。10月，临平自来水厂扩建二期工程开工建设，1993年7月竣工投产。临平自来水厂日供能力6万立方米的地表水改水扩建项目全面完工。投入生产后，超山深井群除二号井（陈家木桥）继续供小林集镇外，其他深井作为备用，停止开采。

9月19日 余杭县城建、环保等部门会同省、市有关单位实地察看临平污水治理工程污水排放口位置设置。

9月25日 浙江省爱卫会常务副主任王祥长到瓶窑镇调查研究改水改厕工作。

10月22日 余杭县物价委员会、余杭县城建局、余杭县财政局联合批准调整自来水价格，临平镇居民生活用水由0.25元/立方米调整为0.35元/立方米；生产经营用水由0.35元/立方米调整为0.50元/立方米。塘栖、瓶窑、余杭三个镇居民生活用水统一调整为0.35元/立方米，生产经营用水统一调整为0.50元/立方米，调整后的水价自11月1日起执行。

10月25日 全国初级卫生保健会议代表参观乔司加压站。

11月13日 在临平召开由省河口海岸研究所与省环保科研所共同承担的临平污水治理工程涉及钱塘江水环境影响评价工作大纲评审会议，省、市有关单位专家和县人大常委会副主任宋竹友等近40人参加评审。

11月30日 余杭县物价委员会批复，核定临平地区水厂（临平第二水厂）自来水价格暂定为每立方米0.60元（不分用水类别），核定的水价自自来水试供水之日起执行。

12月8日 杭州市爱国卫生考察团到余杭县考核爱国卫生工作，杭州市改水技术指导站站长林根荣专题考核改水工作。

是年 余杭县农村改水共新建农村自来水厂2座（包括临平区水厂），新增自来水受益人口106029人。

是年 瓶窑镇自来水厂被杭州市爱国卫生运动委员会评为“杭州市先进水厂”。

1993年

2月14日至17日 超山龙洞（看山河村）3间平房西边墙基中部发生陷落，临平自来水厂于18日将龙洞深井停止开采。

3月3日 临平自来水厂请浙江省地球物理、地球化学勘查院对龙洞陷落墙基进村实地勘察，12日勘察报告认为墙基陷落与深井水大量开采有因果关系，建议龙洞深井更换小泵，小量开采。因村民反对开采，此井后一直未恢复生产。

5月15日 中共余杭县委决定建立余杭县自来水总公司。

是月 浙江省计划与经济委员会批复同意余杭县利用外国政府贷款建设临平镇污水治理工程的项目建议书（该项目第一次立项）。

6月4日 杭州市市长王永明、副市长叶德范，召集余杭县政府、杭州市城乡建委、环保局、财税局、市政公用局、林水局及市自来水公司负责人，就余杭县三墩镇改水和奉口船闸管理问题召开协调会议。会议明确，同意三墩镇接祥符水厂清水8900立方米/日（包括已供4500立方米/日），主要解决居民生活用水；新增水量免交增容费、工程建设费；市政府一次性补助三墩镇改水经费210万元；同意奉口船闸由余杭县林水局管理。

6月8日 瓶窑镇自来水厂实施长命片改水工程，1996年10月23日完成主管道敷设，共敷设DN200~400主管道5.3千米，投资264万元，沿线5000村民受益。

是月 闲林镇自来水厂实施完成永乐村改水。

7月19日 余杭县人民政府发文明确：余杭县自来水总公司为副局级行政性公司，系县政府工作部门之一。其主要职责是：负责全县城镇自来水事业发展规划的编制和实施中的组织、指导、协调、监督、检查等工作，负责全县农村改水的规划编制、项目审批和组织实施中的指导、协调、监督、检查等工作，负责对全县各镇乡水厂实行行业管理。

是日 余杭县自来水总公司与余杭县农村改水项目办公室实行二块牌子一套班子。

8月13日 余杭县计划委员会批复《临平自来水厂扩建工程项目建议书》，扩建供水规模6万立方米/日。

8月30日 浙江省环境保护局批复余杭县临平镇污水治理排江工程水环境影响报告书。一期工程采用一级处理，经100米入江管排放；二期工程建二级污水处理厂，污水经处理达标后实施江心深水排放。

是月 崇贤镇沾桥水厂实施扩建改水工程，于1996年10月20日竣工。投资110万元，新增一套60立方米/小时水处理设施，延伸DN100～200主干管4.1千米。解决周介村、北庄村、独山中学3100人吃水问题。

9月15日 余杭县人民政府批复“同意对非本县属单位新开户或增量的生产、经营自来水用户的自来水增容费按800元/立方米收取”。

9月20日 三墩经济区管理委员会在县政府四楼会议室召开“三墩经济区给水工程初步设计”会审会议。27号，县计划委员会对该项目初步设计给予批复，工程进入施工。1995年5月18日竣工通水，日供水能力3万立方米。1996年5月，因三墩行政区域改变，水厂划归杭州市自来水总公司。

9月22日 县长洪吉根、副县长劳伟民召集县府办、三墩镇、县财政局、县自来水总公司的主要领导，在三墩镇政府召开该镇农村改水项目协调会议。会议明确该项目为农村改水项目，实施主体是三墩镇政府，建设资金杭州市补助210万元，余杭县补助按农村改水规定的口径补助，自来水总公司负责对该项目进行业务指导。

9月27日 余杭县计划委员会批准“三墩经济区给水工程初步设计”，该工程按6万立方米/日的供水规模一次规划，分二期实施，一期工程供水规模为3万立方米/日，投资概算2364万元。

10月16日 余杭县人民政府建立临平自来水厂扩建工程项目领导小组，由副县长劳伟民任组长，下设办公室设在县自来水总公司。

10月21日 余杭县编制委员会批复同意成立“余杭县临平镇污水治理排江工程办公室（筹）”。该筹建办公室后于1996年4月24日经余杭市编制委员会批复，更名为“余杭市临平污水治理排江工程办公室”。2003年7月9日，经余杭区机构编制委员会批复，再次更名为“杭州市余杭区排水管理办公室”。

10月27日 余杭县自来水总公司批复同意三墩镇农村改水项目开工。11月1日，工程正式实施，1994年3月完成。1996年5月，三墩镇行政区域划归杭州市西湖区。

是月 闲林镇自来水厂敷设闲富公路、杭昱公路DN300管道500米和DN200～300管道630米。

12月 余杭镇自来水厂南湖净水调节工程（南湖制水车间）一期项目竣工，新增日供水能力5000立方米，余杭镇自来水厂合计供水能力提高到10000立方米/日。

1994年

1月4日 余杭县人民政府颁发《余杭县苕溪水域污染防治管理实施办法》，明确苕溪水域饮用水源的保护区范围、保护职责、违规处理办法。

1月10日 闲林镇人民政府决定将闲林镇自来水厂自1月起划归镇城建办公室管理。

1月25日 余杭镇永建自来水厂实施扩建改水工程，9月竣工。新增深井1口，延伸管道2.5千米，洪洞、永丰、溪塔三个村农户用上自来水。

2月17日 余杭县物价委员会批准调整自来水价格，临平和余杭、塘栖、瓶窑等四座水厂实行同一价格，居民生活用水调整为0.45元/立方米，生产经营用水调整为0.70元/立方米，调整后的水价自3月1日起执行。

是月 实施潘板镇陶村桥改水工程，9月竣工，543户村民1565人受益。

3月15日 浙江省计划与经济委员会批复"余杭临平污水治理排江一期工程可行性研究报告"，一期工程建设污水预处理厂、郊区输污管道、加压泵站和入江管。

4月5日 勾庄镇实施农村改水工程，从杭州祥符桥水厂引水。10月完成至集镇总管敷设，1995年1月27日与祥符水厂接通水源，1997年6月—1998年1月完成东、西线工程，1999年11月—2000年11月完成东北线工程，整个工程投资1500万元。

4月11日 余杭县计划委员会批复同意"临平自来水厂应急扩建工程项目建议书"，应急扩建改造工程由6万立方米/日制水能力达产改造和新增3万立方米/日供水能力两项建设内容。工程建成后使临平自来水厂供水能力达到9万立方米/日（不包括地下水部分）的规模。

4月14日 余杭县物价委员会批复调整临平区水厂（临平第二水厂）供水价格，水价由0.60元/立方米调整为0.70元/立方米（水厂与各乡镇水管站结算价）。水厂和各水管站直接供水到户的价格为：居民生活、党政机关、学校、卫生院最高水价不得超过0.95元/立方米。其他用户的水价不得超过1.25元/立方米，调整后的水价自5月1日起执行。

是月 余杭撤县设市。余杭县自来水总公司更名为余杭市自来水总公司。

5月8日 实施临平东湖路320国道三根自来水管加固工程，24日竣工。

5月 崇贤镇自来水厂实施改水扩建工程，1995年3月竣工。新增深井1口、40立方米水塔一座、延伸DN80～100镀锌管道至朱家浜、水洪庙、南山三个村1600人受益。

7月30日 临平自来水厂应急扩建改造工程初步设计会审通过。8月16日，余杭市计划委员会批复同意初步设计，要求确保1995年6月底建成。

是日 余杭市编制委员会批准"余杭市临平区水厂"更名为"余杭市临平第二水厂"，隶属余杭市自来水总公司领导，单位的集体事业性质不变，实行自收自支，企业化管理，核定编制20名。

是月 实施临平镇屯里村改水工程，2908人受益。

8月3日 余杭市人民政府转发《杭州市城市供水管理规定》，余杭市各镇、乡（村）供水管理参照该规定执行。

8月12日 杭州市公用事业管理局通过临平自来水厂、塘栖镇自来水厂、余杭镇自来水厂、瓶窑镇自来水厂的城镇供水资质评审，四家水厂首次获得了省城乡建设厅颁发的"供水资质"证书。

8月16日 余杭市计划委员会批复余杭、塘栖、闲林等3个镇的自来水厂应急扩建改造工程项目。

是月 余杭市计划委员会批复同意“临平自来水厂应急扩建工程初步设计”，工程投资概算控制在3000万元以内，资金来源通过自筹、贷款、财政补助解决。

8月21日 瓶窑发现肠道传染病人，并在瓶窑东苕溪、安溪镇大桥段、运河东塘段、临平自来水厂季家滩挡污闸外的运河水体中均发现肠道传染病菌。余杭市自来水总公司加强对各自来水厂的化验和消毒管理监督，并采取措施取缔取水口附近的污染源，至9月4日疫情期间确保了各水厂的供水水质安全。

8月22日 余杭市市长洪吉根主持召开临平及余杭、塘栖、闲林镇自来水厂应急扩建项目有关问题协调会议，副市长劳伟民和市府办、计委、财税局、城建局、环保局、自来水总公司、建设银行及临平自来水厂的负责人参加了会议，会议商定了扩建工程的必要性、扩建方案、财政资金补助等问题。

9月16日 开始实施高速公路余杭入口段管道移位加固工程，1995年11月16日全面竣工。工程共移位、改造和加固管道27处，DN800~600各类主管近2千米。

10月18日 临平自来水厂应急扩建改造工程在亭趾净水厂破土动工。

是月 实施塘栖镇泰山村改水工程，1996年1月中旬竣工，受益人口1090人。

11月10日 余杭市人民政府印发《余杭市城镇计划用水、节约用水管理暂行办法》，办法明确余杭市人民政府节约用水办公室为城镇计划用水、节约用水主管部门。办法规定了计划用水、节约用水的实施部门、计划用水量的核定办法和自来水增容费、超计划用水加价收费的管理办法等相关措施，该办法自发文之日起执行。

12月6日 浙江省计划与经济委员会批复“余杭临平污水治理排江一期工程初步设计”。工程建设规模为：一期工程日处理排放污水6万吨，污水按一级处理达标后排入钱塘江，核定总概算13300万元，其中申请外国政府贷款490万美元。

12月31日 余杭市编制委员会批复明确“余杭市人民政府节约用水办公室”，为全民事业单位，隶属余杭市自来水总公司领导，定编3名，经费在管理费中开支。

是月 闲林镇自来水厂实施项家畈新井和方家山顶无阀滤池工程，为二次输水工程建设打下基础。

1995年

2月16日 余杭市副市长劳伟民主持召开东湖北路施工有关问题的协调会议，会议提出要抓紧制订整个工程涉及的污水、自来水和电力三线移位方案，会议商定临平自来水厂日供水3万立方米应急扩建工程方案中的管道埋设至5号接点，并提出接点南侧管网建设要抓紧制订方案。

3月16日 临平污水治理排江工程（一期）列入余杭市一九九五年基础设施及社会发展建设项目计划，项目投资13300万元，当年安排投资额2563万元，4月破土动工建设。

是月 闲林镇自来水厂完成供水设施配套，二期输水工程竣工，共投入资金148万元，增加日供水能力1500立方米。

4月26日 余杭市副市长张炳火主持召开对全市基础设施社会公益事业项目实行全过程管理会议，会议明确实施全过程管理的必要性、管理的工作程序、全过程管理的责任部门和管理工作步骤。会议确定：临平自来水厂应急扩建工程、临平镇供水管网改造配套工程等13个工程列入全过程管理的项目名单。

5月4日 余杭市人民政府节约用水办公室正式启动工作。10月，成立塘栖、瓶窑、余杭、闲林等四个镇和三墩经济开发区共5个节约用水小组。

5月15日 余杭市市长洪吉根主持召开全市自来水工程建设协调会议。会议对闲林镇水厂、塘栖镇水厂、余杭镇水厂和瓶窑镇水厂扩建工程提出了实施要求，同时明确了市财政对项目的补助政策；对临平自来水厂3万立方米/日应急扩建工程项目和临平镇及临平镇以南地区自来水建设规划及当前要解决的问题进行了商定。

5月26日 余杭市物价委员会批复调整临平第二水厂水价：水厂与各乡镇水管站结算水价由0.70元/立方米调整为0.90元/立方米；向用户收取的水价为居民生活、党政机关、学校、卫生院的用水价最高不超过1.10元/立方米，其他用户不超过1.40元/立方米，调整后水价自5月抄表日起执行。

5月31日 余杭市物价委员会批复调整临平等四个镇自来水价格，临平镇按杭州市物价局批复的标准：居民生活用水由0.45元/立方米调整为0.50元/立方米，机关事业单位用水调整为0.70元/立方米，工业用水调整为0.90元/立方米，商业及其他用水调整为1.10元/立方米。余杭、瓶窑、塘栖镇自来水厂同价执行，调整后水价自5月抄表起执行。

是月 临平污水治理排江一期工程开工建设。开工后，由于资金一直困难，工程进展缓慢。至1996年，先后与多家外商洽谈引资，均因对方只提供设备而不提供资金，且设备价格昂贵而未能谈成引资。

6月20日 乔莫线DN600、DN800管道移位800米，于9月10日竣工。

6月25日 临平自来水厂应急扩建工程平流叠加沉淀池和虹吸滤池生产线完工，30日试运行一次成功投入生产，12月18日工程基本结束，项目通过验收，1996年5月工程全面竣工。

是月 塘栖镇自来水厂东塘引水配套净水处理设施工程竣工投产，共投入资金137万元，新增日供水能力0.5万立方米。

7月14日 余杭市人民政府办公室转发临平镇污水治理排江工程办公室《关于污水治理排江工程建设拆迁征地等有关政策的意见》，明确征地补偿标准、借用土地价格标准、拆除农村房屋补偿标准等政策。

8月4日 杭州市市长王永明、副市长叶德范召集余杭市、临安县政府及有关部门负责人就实施余杭镇青山引水工程作了专题调研，杭州市人大常委会副主任胡万里参加会议。会议认为，余杭镇的引水问题在继续大力抓好污染治理的同时，实施引水工程很有必要，并就工程的性质问题、实施问题、资金问题和建成后的管理问题商定了意见。

是日 临平东湖立交DN800管199.5米管线移位，于10月22日竣工。

8月17日 余杭市人民政府建立“余杭镇自来水引水、供水工程领导小组”，副市长劳伟民任组长，余杭镇人民政府镇长胡忠烈、自来水总公司总经理朱张荣任副组长，领导小组下设办公室，余杭镇人民政府邹有才任办公室主任。

8月18日 余杭市计委批复瓶窑镇自来水厂扩建工程项目。1996年7月5日竣工，投资208万元，实施了窑山顶320立方米/时澄清池、滤池各一座，1400立方米清水池一座，新增日处理能力7500立方米。

是日 临平自来水厂乔莫线超山至道古寺水管移位，10月10日结束，共移位903米。

10月31日 杭州市城乡建设委员会、杭州市计划委员会对“青山引水工程”可行性研究方案设计下达批复，就工程性质、工程规模、实施部门作了明确，该项目引水工程管线全长13.45千米，工程动态总投资暂定2059万元。

是月 临平自来水厂在丘山隧道前兴建综合办公用房，1996年6月竣工。

11月20日—27日 苕溪受上游工业废水影响发生重大水污染事件，余杭镇自来水厂自23日起被迫停产一周，镇居民及村民300余人到杭州市政府反映，受到省、杭州市及余杭市三级人大和政府的高度重视，采取用车辆运水和青山水库放水及关停一批污染企业等应急措施，解决群众饮用水。经紧急协调处理后，苕溪水质于1996年1月19日还清。余杭老百姓派代表敲锣打鼓向省人大献“苕溪还清”匾致谢。1997年1月19日，值苕溪还清一周年之际，镇、村居民在余杭镇西门桥西侧北岸竖立一块“苕溪还清纪念碑”，以宣传保护苕溪水源。

是月 余杭镇自来水厂南湖净水厂二期扩建工程实施，1996年6月28日竣工，投入资金156万元，新增日供水能力0.5万立方米，使余杭镇自来水厂的供水能力提高到1.5万立方米/日。

11月底至12月初 余杭市三墩经济区蒋村办事处所属各村的大部分水域受杭州啤酒厂、杭州中药二厂等企业排出的污水污染，受污染水域达100公顷（1500亩），导致包建、王家桥等8个村近万名村民无法饮水，多数村民都要到几里外的五常等地运水、挑水。原蒋村乡在1987年投资140多万元建造的蒋村自来水厂的水源（千金洋取水处）也受到严重污染，自11月29日该水厂停止供水一周。

12月22日 余杭市委书记徐志祥、市长洪吉根、副市长劳伟民在余杭镇召开余杭镇自来水引水、供水工程领导小组扩大会议，会议按照杭州市人民政府《关于实施余杭镇引水工程的会议纪要》要求，就引水工程方案的实施工作等有关问题进行了研究和布置，并确定余杭镇自来水厂为工程建设业主单位。

是年 临平第二水厂、瓶窑、闲林、余杭永建、塘栖泰山、博陆金家埭等水厂新增设了自来水消毒设施。

1996年

1月2日 余杭镇人民政府成立“余杭镇青山引水工程指挥部”，由镇长杜坚强任总指挥，副镇长白希奎、市自来水总公司副总经理黄洪奎任副总指挥。指挥部下设办公室，由白希奎兼任主任。

2月29日 临平自来水厂、塘栖镇自来水厂被中共余杭市委、余杭市人民政府命名为余杭市文明单位。

是月 良渚镇自来水厂原水由原从良渚港取水改由从三墩经济区水厂在东苕溪安溪大桥东面取水途经良渚的输水管道中提取原水（核定每日一万立方米）。

3月8日 余杭市副市长劳伟民召集市计委、建设局、财政局、下沙乡等部门研究污水工程郊区污水管道施工用地和污水处理厂用地的征、借地工作。

3月10日 余杭市计划委员会批复“临平污水治理排江工程污水处理厂项目”，同意将七格污水处理厂建设列入1996年基建计划，核算投资733.41万元（一级处理），同意污水处理厂建设征用土地5.47公顷（82亩）。

3月25日 实施中泰乡九峰村改水，9月20日竣工。11月20日实施跳头村改水，1997年5月竣工供水。1997年7月20日实施中桥水厂扩建改水工程，于9月5日完工通水。

3月29日 余杭市土地统征办与下沙乡七格村签订5.47公顷（82亩）污水处理厂征地协议，征地价为43.5万元/公顷（2.9万元/亩）。后于1999年6月3日召开的上塘河水污染治理工作专题会上，将原征地价补至78.0万元/公顷（5.2万元/亩）。2000年11月，鉴于下沙七格污水处理厂已由杭州市与余杭市合建，杭州市建设委员会与余杭市人民政府签订协议，将余杭市已征的5.47公顷（82亩）土地作价为631万元（约每亩7.7万元）。

4月8日 余杭镇青山引水工程开工建设。

4月21日至6月20日 实施临平东湖路经济开发区段DN800管线移位，总长408.5米；9月15日至30日，实施东湖路横塘桥南至320国道375米DN800管道移位。

5月9日至12日 余杭市自来水总公司和余杭市卫生防疫站对全市城镇水厂进行水质检查。检查结果：临平自来水厂、余杭镇自来水厂被评为优秀，瓶窑镇自来水、闲林镇自来水、临平第二水厂被评为良好，塘栖镇自来水厂被评为合格。

6月8日至11日 余杭市自来水总公司组织系统供水企业水质化验员赴江苏南通水司考察学习。

6月30日 由于6月下旬雨量大，瓶窑镇自来水厂所有房屋进水，滞留时间长达120多小时，造成仓库、辅助用房及部分电器设备备件、化验仪器、药品损坏，城镇多处管道冲毁，瓶窑镇自来水厂开展自救。

7月 余杭镇自来水厂扩建南湖商业用房，面积1000平方米。

8月 亭趾镇滩里村实施了改水工程，从临平第二水厂穿越该村的DN400管上接口，村中尚留的90余户农户全部通上自来水。

是月 临平自来水厂投资10万元，添置化验室仪器设备，使水质自检项目从18项增至28项。

是月 应急启动的“余杭青山引水工程”，在余杭境内除中南村至老平桥1.7千米管道有待规划与新水厂协调而未敷设外，境内工程基本告一段落，共敷设DN800管道7.146

千米，投资概算1940万元。后因上游临安段未实施，工程未通水。

9月10日 实施临平东湖路5号接点至恒达桥管线延伸工程（西侧），1998年7月10日竣工。延伸DN1000主管0.4千米、DN800主管1.1千米。

9月27日 临平南苑商贸城南环区DN200管竣工通水。

是月 彭公乡自来水厂开工建设，1998年3月完工，共投资150万元，敷设DN100至300主干管7千米，解决集镇及附近四个村的村民饮用水，受益人口约5000人。

10月1日 临平自来水厂首次建立供水服务承诺制度，向社会承诺供水水量、水质、水压、供水管网报修、突发事故抢修、生活用水接水服务、用户投诉处理和年老体弱及离退休干部优先服务等八个项目。同时，公开受理电话与投诉电话，并明确违约责任。

10月14日至11月17日 实施临平东湖立交335米DN800管道移位（二期）。

是月 五常乡接杭州自来水实施改水工程，1997年11月竣工，共敷设DN300至500主干管8.09千米。

11月8日 余杭市物价委员会批准临平自来水厂和塘栖、余杭、瓶窑镇自来水厂调整自来水价格。居民用水从0.5元/立方米调为0.6元/立方米；机关事业单位从0.7元/立方米调为0.9元/立方米；工业生产用水从0.9元/立方米调为1.2元/立方米；其他用水从1.1元/立方米调为1.6元/立方米。水价中含水资源费：居民生活用水含0.015元/立方米，其他用水含0.02元/立方米；建设基金：塘栖镇自来水厂为0.4元/立方米，临平自来水厂和余杭、瓶窑镇自来水厂为0.2元/立方米。自来水增容费（只对生产经营用水征）：临平自来水厂供水的余杭市属企业为800元/立方米、杭州市属企业为1000元/立方米，其他镇属水厂供水的各企业为600元/立方米。调整后水价自11月1日起执行。

11月12日 杭州市人大常委会公布《杭州市苕溪水域水污染防治管理条例》，自1997年1月1日起执行。

11月26日 余杭市物价委员会批复调整临平第二水厂水价。其中，临平自来水厂向临平第二水厂结算价为：居民生活用水（占92%）0.60元/立方米，其他用水（占8%）1.00元/立方米；临平第二水厂向各乡镇水管站结算价为居民生活用水1.25元/立方米，其他用水1.50元/立方米；各乡镇向用户收取的最终水价为：居民生活、党政机关、学校、卫生院用水每立方米不超过1.25元/立方米，其他用水每立方米不超过1.80元，调整后的水价自11月1日起执行。

11月28日 余杭市人民政府根据国务院《取水许可制度实施办法》《浙江省城市节约用水管理实施办法》《浙江省取水许可制度实施细则》等有关规定，对1994年印发的《余杭市城镇计划用水、节约用水管理暂行办法》进行了修改，修改后的《余杭市城镇计划用水、节约用水管理办法》自发文之日起执行，原“暂行办法”同时废止。

1997年

1月1日 余杭市自来水总公司编印的《余杭供水》简报创刊。

1月9日 全国“环保世纪行”记者团到余杭采访水质治理问题。

1月19日 余杭镇千余群众自发集会，庆贺苕溪还清一周年，宣传保护苕溪水源，在余杭镇西门桥西侧苕溪北岸竖起一块“苕溪还清纪念碑”。

2月28日 余杭市人民政府成立“余杭市饮用水源保护领导小组”，由副市长劳伟民任组长。领导小组下设办公室，设在环保局内。

是月 仓前镇自来水厂管网延伸工程开工建设，7月竣工。葛巷村、通义村、网具村等九个村民小组1060人受益，共敷设DN100干管1.25千米。

3月5日 亭趾镇南横港村改水工程开工建设，6月17日竣工。敷设DN80～150水管2.8千米，全村287户村民受益。

4月28日 余杭镇永建自来水厂延伸DN80～100管道2.92千米，东塘村、洪洞村、永安村、仙宅村共24个组，2600人受益。工程于11月15日完工，投资49.5万元。

5月13日 余杭市自来水总公司首次在全市供水系统中组织开展行风评议活动，并与各水厂签订行风建设目标责任书。

5月16日至6月5日 实施临平东湖路干河罕至恒达桥段212米DN800管移位。

5月27日 余杭市人民政府办公室转发余杭市环保局制订的《余杭市创建合格饮用水地表水源保护区工作方案》，方案明确饮用水保护划定范围、污染整治、管理和水质监测要求。

5月29日 实施临平北沙路DN400管延伸工程，总长1.32千米；7月31日北沙路与振兴路DN200管道连通，总长0.37千米。

是月 临平第二水厂配置工程抢修车，塘栖、瓶窑、良渚镇属等水厂也先后配置工程抢修车，以保障安全供水，提高服务质量。

7月4日 杭州市人民政府对余杭市上报的东塘、獐山、云会三个乡（镇）改水方案给予答复，认为三乡（镇）若建水厂，则应直接从苕溪取水为宜，建议修改方案，建一座规模较大的水厂集中供水。

是月 余杭市人民政府办公室印发《余杭市自来水总公司职能配置、内设机构和人员编制方案》方案明确：余杭市自来水总公司为余杭市政府直属副科（局）级事业单位，受委托履行有关行政执能，核定事业编制23名。

7月9日 余杭市人民政府印发《余杭市博陆喜庵港饮用水源环境保护管理规定》和《余杭市余杭镇饮用水源环境保护管理规定》，该两项规定均自发文之日起执行。

7月24日至9月2日 实施乔莫线海宁东西大道接口处106米DN600管线移位加固工程。

7月 临平自来水厂自筹资金，投资10万元购置气相色谱仪一台，化验室自检能力提高到32项。

8月 潘板桥镇水厂实施水厂扩建和管网延伸工程，1998年5月下旬管网延伸工程结束，2950人受益。1999年12月10日，水厂建设的清水池、水力循环澄清池等工程全部完工，共投入资金227.85万元。

9月2日 临平余杭经济开发区荷花东路340米DN600管延伸工程竣工。

9月19日 余杭市副市长劳伟民、陈祥荣在余杭镇政府召开协调会议，就因西险大塘加固而涉及到余杭镇自来水厂泵房拆迁的问题进行专题研究商定。

10月30日 余杭市副市长劳伟民先后于当日和11月13日两次带领余杭市计经委、财政局、自来水总公司的领导和工程技术人员，分别到勾庄镇、五常乡调研农村改水实施情况。

11月17日 余杭市卫生局印发“贯彻执行《浙江省集中式供水单位卫生许可证发放管理规定》的通知”，通知明确凡本市区内集中式供水单位及生活饮用水供水点均必须领取卫生许可证，方可集中供水或经营供水。

11月18日 余杭市人民政府批复同意由余杭市自来水总公司委托浙江省城乡规划设计院编制的《余杭市市区给水专业规划》。

是日 余杭市人民政府办公室转发余杭市环保局关于“余杭市全面实行环境保护排污许可证制度的意见”。

11月20日 博陆镇螺丝桥村动工自建自来水厂，于1998年8月竣工。村内308户村民和老板集团的饮用水与博陆镇自来水厂分离，由村属自来水厂直接供水。

是日 余杭市副市长董建国、陈祥荣主持召开青山水库大修断流期间确保苕溪水质清洁和群众生活饮水安全有关问题的协调会议。会议要求，市自来水总公司要密切注意苕溪水质的变化，加强对各水厂取水口水质的检查，科学抽样，搞好水质处理，确保人民群众吃上卫生水、安全水。

是月 为配合西线大塘加固工程，余杭镇自来水厂苕溪制水车间取水头埠及泵房等部分设施移位改造，工程于12月底完成。

是年 临平污水治理工程被列为杭州市重点工程、浙江省重点建设项目。

是年 浙江省爱卫会授予余杭市“八五”农村改水先进市，瓶窑镇自来水厂、闲林镇自来水厂评为省级农村改水先进水厂。余杭市自来水总公司总经理朱张荣被全国爱卫会和卫生部评为“八五”时期全国农村改水先进工作者；同时，朱张荣和瓶窑镇自来水厂厂长任正义被评为省级农村改水先进个人。

1998年

1月8日 临平第二水厂、良渚镇自来水厂、闲林镇自来水厂经杭州市市政公用局资质审查合格，获得“浙江省城市供水企业资质证书”。

3月 余杭市、下沙经济开发区和杭州市三方达成“统一规划、统一设计、统一建设、统一管理”原则，合建七格污水处理厂。

4月17日 中共余杭市委决定，建立中共余杭市自来水总公司党组，党组由朱张荣、黄洪奎、李民宏等三人组成，朱张荣任党组书记。

4月29日 中共余杭市委直属机关工作委员会批准，成立中共余杭市自来水总公司机关总支部委员会。6月4日，经机关全体党员大会选举，总支部委员会由李民宏、许征、张益清等三人组成，由李民宏任总支部书记。

是日 余杭镇自来水厂苕溪泵房新取水泵站投入运行，取水能力1.5万立方米/日，投资130万元。该项目结合西险大塘改造于1997年11月开工建设，新泵站的投入运行，提高了夏季供水高峰的取水能力。

是月 余杭镇自来水厂完成了消毒设施改造，用液氯取代漂白粉消毒，提高供水水质的保障能力。

5月20日至30日 实施东湖路余杭经济开发区段DN800管延伸工程，总长90米。

5月22日 余杭市自来水总公司决定在1996年临平自来水厂推行社会服务承诺制的基础上，自6月1日起，临平第二水厂、塘栖、余杭、瓶窑、闲林和良渚镇自来水厂同时全面推行供水服务承诺制，以提高供水服务质量，确保各单位、各部门生产用水以及广大群众用上安全放心的饮用水。

是月 实施临博公路改道工程中褚家坝段DN1000、800、400三根管线移位，总长度149.33米，7月10日竣工。

是月 杭州市七格污水处理厂工程建设指挥部成立，指挥部负责七格污水处理厂的统一建设。其间，余杭境内的污水治理排江工程仍由余杭市人民政府投资建设。

7月3日 余杭市人民政府建立余杭市临平、塘栖供水工程领导小组，领导小组组长由市委常委、常务副市长张炳火担任，副组长由副市长张竟成担任。领导小组下设办公室，设在市自来水总公司，总经理朱张荣任办公室主任，副总经理黄洪奎任办公室副主任。

7月8日 余杭市节约用水办公室在临平召开全市创建节水型企业动员会议，参加会议的有用水大户和有关部门领导。会议经过交流节水经验，增强企业节水意识，争创节水型城市。

7月18日 完成红丰路荷花东路至北沙路段DN400管线延伸工程，总长0.62千米，投资35.8万元。

7月24日 浙江省计划与经济委员会批复同意建设余杭市污水治理工程，服务范围扩大到临平、塘栖、瓶窑、余杭等四镇，工程总投资约3.2亿元。其中，子项目临平污水治理排江工程为省计经委的第二次立项，投资概算仍为1.33亿元。

7月25日 黄湖镇自来水厂实施管网延伸工程，增加水厂50千伏安变压器一台。延伸DN80～100的管道2.1千米及DN25～50的镀锌管0.9千米，工程于1999年10月8日完工，共投入资金34.5万元，新增受益人口650人。

7月28日 余杭市计划与经济委员会转发浙江省计划与经济委员会对《余杭市临平、塘栖供水工程项目建议书》的批复。8月26日通过项目可行性报告，10月16日通过项目工程环境影响评价，10月31日项目被列入1998年度浙江省重点建设项目，12月8日项目初步设计经省计划与经济委员会批复。

7月至9月 实施獐山奉口村奉东、奉西两个组的临时供水设施建设，投资11万元。

8月3日 余杭市人民政府印发《余杭市城市排水许可管理办法》。办法规定凡直接或间接向城市排水设施排水的单位和全体经营户，均须执行排水许可制度，自一九九八年七月一日起施行。

8月4日 余杭市人民政府批复同意成立“余杭市城市污水治理公司”，为国有独资企业。是年11月12日，余杭市机构编制委员会批复，明确污水治理公司为企业化管理的自收自支全民事业单位，与原临平污水治理排江办公室实行二块牌子一套班子。1999年3月5日，余杭市人民政府根据省、杭州市有关部门意见，将污水治理公司更名为“余杭市城市排水有限责任公司”。

8月6日 实施沪杭高速公路翁梅互通区匝道DN600管移位工程，总长120米，25日竣工，工程费用15万元。

8月13日 临平、塘栖供水工程水源论证会议在临平召开。会议认为该工程水源地选择在东苕溪奉口河段是现实可行的，取水保证率能达到95%的取水量要求，现状水质较好。

8月14日 由于入夏以来降雨量显著小于往年，且高温时间长，导致闲林镇自来水厂取水与附近农田灌溉用水发生矛盾，当地村民阻挠水厂取水，把取水泵的皮带卸掉，水厂自晚上7时14分开始被迫停止供水，断续停水一个多星期。其间，闲林镇自来水厂借来二辆洒水车，从中泰乡和余杭镇自来水厂运水供应闲林镇部分居民生活用水。同时，经闲林镇政府协调，增加上游水库的放水量。

9月2日 《临平、塘栖供水工程环境影响评价工作大纲》评审会在临平召开。会期，与会人员对环评大纲进行了充分的讨论，认为该大纲内容全面，重点突出，评价目的明确，实施方案文本详细，基本符合环境评价技术导则，经适当修改补充后，上报批复可作为环评工作根据。

9月9日 余杭市副市长张竟成主持召开临平自来水厂博陆取水口取水水源保护有关问题协调会议。会议明确，博陆喜庵港取水口上游1000米、取水口下游至运河拦河闸范围河段内严禁任何形式的养鱼、养草，堆放杂物及污水排放，市环保局等有关部门要加强对取水口水源保护区范围内污染情况的监督、检查，发现问题及时查处。

9月11日 由余杭市政协副主席劳伟民带队，组织政协提案委员会和城建财贸委员会部分委员，邀请市府办、环保局、卫生局、自来水总公司、博陆镇政府、卫生防疫站、临平自来水厂等单位的领导，对临平自来水厂的水源进行专题视察。视察后建议要加强宣传教育，提高干部群众的环保意识和水源保护意识，要加强水源和陆域的管理，同时提出备用水源必不可少。

9月29日 余杭市物价局批准临平、塘栖、余杭、瓶窑等四座水厂调整自来水价格，到户价（含建设基金0.2元/立方米）：居民生活用水0.8元/立方米，机关事业用水1.2元/立方米，工业企业用水1.3元/立方米，商业企业用水1.7元/立方米，宾馆、饭店、建筑用水2元/立方米，调整后的供水价格自10月1日抄表之日起执行。

10月16日 余杭市人民政府邀请省、杭州市专家对《余杭市临平、塘栖供水工程环境影响评价报告书》进行评审，经与会人员讨论后认为：报告书内容全面，重点突出，评价标准、评价模式选择合适，结论基本可信，符合国家及省有关环保技术规范要求。同时，专家对报告书提出了一些意见和建议。

10月31日 余杭市临平、塘栖供水工程被列入浙江省重点建设项目。

11月5日 杭州市副市长陈继松主持召开关于余杭市临平等地饮用水源建设等有关

问题的协调会议。会议原则同意余杭市在奉口建设取水为2.10立方米/秒的临平、塘栖供水工程，取水口设在距杭州祥符水厂奉口取水口下游500米处的等相关事项。

11月13日 余杭市物价局核定临平第二水厂供水价格，临平第二水厂供各乡镇代管点价格为生活用水1.30元/立方米，其他类用水1.70元/立方米；临平第二水厂直管点价格为生活用水1.40元/立方米，其他类用水1.80元/立方米；各乡镇最终到户价为生活用水1.60元/立方米，其他类用水1.90元/立方米，核定后的新水价自11月抄表之日起执行。

11月21日 国家发展计划委员会批复，将余杭市污水治理工程列为利用日元贷款的浙江省太湖流域城市污水治理项目（第三次立项），规模为日处理污水12万吨（其中，临平6万吨，塘栖、瓶窑、余杭合计6万吨），项目总投资3.2亿元，并列为国债项目。

是月 鸬鸟镇自来水厂实施水厂扩建和管道延伸工程，1999年11月完工，水厂日供水量从300立方米增至1000立方米，新增受益人口500人。

12月初 余杭市自来水总公司总经理朱张荣参加省农村改水工作会议，会上以《余杭市农村改水面临的形势及对策》为题作交流发言；12月28日又在杭州市城镇供水工作会议中以《抓住机遇、转变观念、深化供水改革》为题向大会交流了余杭市实施城市供水向农村延伸，积极发展区域供水的体会。

12月8日 余杭市自来水总公司转发《浙江省城市供水职工职业道德规范（试行）》，要求各城镇水厂对照“规范”完善和修订行风建设计划，推进余杭市供水系统的行风建设。

12月15日 实施临平镇工农村给水工程，1999年1月30日完工，共敷设DN150管道0.85千米、DN100～150的无缝钢管0.11千米、DN15～80的镀锌管19.12千米，投入资金68.17万元，2387人受益。

1999年

1月14日 余杭市副市长张竟成主持召开协调会议，专题研究讨论余杭、闲林两镇供水工程方案的有关问题。会议认为，建设余杭、闲林供水工程十分必要，会议决定：两镇的供水工程采用合建方案，改变余杭、闲林现有供水体制，余杭、闲林两镇政府同意将余杭水厂、永建水厂、闲林水厂并给市自来水总公司，余杭、闲林供水工程由余杭市自来水总公司投资建设。

1月26日 经杭州市改水技术指导站考核验收，星桥乡自来水厂、彭公乡自来水厂、博陆镇螺丝桥村自来水厂获得“浙江省农村自来水厂水质卫生合格证”。

2月5日 瓶窑镇举行瓶窑镇自来水厂供水大楼落成仪式，余杭市人大常委会副主任董吉人、瓶窑镇镇长孙继良、市自来水总公司总经理朱张荣等参加了落成仪式，并为大楼剪彩，供水大楼投资近百万元。

2月10日 杭州铁路分局乔司站与余杭市自来水总公司签订《联合开发土地协议》。杭州铁路分局乔司站同意余杭市自来水总公司选址于临平镇藕花洲大街的22号、23号地块（属铁路用地）兴建供水集团公司管理大楼及附属设施，余杭市自来水总公司一次性支付杭州铁路分局乔司站30年借地费用170万元。

2月24日　余杭市人民政府《关于公布取消第六批涉企业费项目的通知》，取消“城市供水设施增容费”，自发文之日起停止征收。

3月24日　余杭市市长何关新主持召开供水工程建设会议，会议专题研究了临平、塘栖联合供水工程，余杭、闲林供水工程和政府为民办实事工程（供水）的组织实施问题。同时，明确市自来水总公司对临平、塘栖、余杭、闲林等水厂实行成建制合并。

是月　临平、塘栖供水工程被列为余杭市政府一九九九年为民办“十件大事”之首。

是月　五杭镇道墩坝村实施改水，利用西湖磨擦件厂深井敷设DN80～100总管1.86千米，到用户的DN15～50镀锌管14.66千米。12月完工，投资43万元，全村7个组393户，1587人用上自来水。

是月　因省重点工程西险大塘安溪段退堤加固工程建设需要安溪镇自来水厂进行易地迁移扩建水厂，一期规模1500立方米/日，新水厂于11月30日建成，投资431.12万元。使桥南、杜城、三合等八个行政村及集镇的8000人受益，用户从原来的310户扩展到480户。

5月5日　为切实加强对污水治理工程建设的领导和管理，确保顺利实施，余杭市人民政府成立余杭市污水治理工程建设领导小组，由副市长张竟成任组长，领导小组办公室设在建设局。

5月13日　为确保临平、塘栖供水工程建设，余杭市自来水总公司组建工程项目公司——余杭市供水有限公司，朱张荣兼任公司法人。

5月28日　临平、塘栖联合供水工程开工奠基仪式在獐山镇奉口村新建水厂厂址举行。省、杭州市有关部门的领导、余杭市四套班子领导和余杭市市级有关部门、有关镇乡的领导及兄弟水司负责人，设计单位、施工单位、监理单位负责人近200人参加了开工典礼。

6月8日　余杭、闲林供水工程在余杭镇新长途汽车客站站前广场举行开工仪式。余杭市四套班子有关领导、市级有关部门负责人、余杭片各镇乡党委与政府领导、余杭市供水系统有关单位负责人等100余人参加开工仪式。省改水办、杭州市改水技术指导站和杭州市城镇供水协会的负责人应邀参加开工仪式。

6月12日　临平老320国道道古寺至隧道段DN600管道改建工程开工建设，9月28日竣工，管道长2.7千米，投资245万元。11月8日，隧道至红丰路（即环东路）段管道改建工程开式建设，2000年7月2日竣工，全长敷设DN600管0.576千米、DN800管2.392千米，投资430万元。

6月24日　余杭市自来水总公司根据余杭市推广厂务公开工作领导小组制定的《余杭市推行厂务公开制度实施意见》，组织公司直属各水厂，结合本厂实际，制定厂务公开实施办法，并组织实施。

6月30日　因连续暴雨，余杭市遭遇历史罕见洪水，余杭市自来水总公司机关全体干部下基层水厂协助抗洪，采取各种措施确保供水和及时解决受淹群众吃水困难问题。7月2日，总公司紧急通知，要求各水厂加强洪涝期间的出厂水质管理，出厂水余氯不低于0.5毫克/升，被水淹过的供水设备必须清洗、消毒，并协助卫生防疫部门指导城镇使用二次供水的用户，尤其是地下水池遭淹过的用户实施一清、二洗、三消毒措施，确保灾期饮水卫生安全。7月20日，余杭市委、市政府召开1999“6·30”抗洪救灾总结表彰大会，余杭市自来水总公司李民宏、临平自来水厂张益清和余杭镇自来水厂马可根获“抗洪救灾先进个人”称号。

是月 崇贤镇自来水厂在沾桥实施独山村总管延伸改造工程，于11月22日完工，投入资金40.82万元，共敷设DN300管2.45千米。

7月20日 浙江省计划与经济委员会批复余杭市污水治理工程可行性研究报告，建设规模（2005年）为日处理污水9.7万吨，其中临平镇日处理污水5万吨，塘栖、余杭、瓶窑分别为2万吨/日、1.5万吨/日、1.2万吨/日，总投资概算32184万元。

7月28日 仓前镇自来水厂太炎路管网延伸工程开工建设，敷设DN150总管1.3千米。9月6日，工程竣工投入使用，投入资金20.18万元，沿线镇中心小学、卫生院等单位和居民受益。

7月29日 余杭镇自来水厂、余杭镇永建自来水厂、闲林镇自来水厂成建制移交余杭市自来水总公司，8月11日塘栖镇自来水厂成建制移交余杭市自来水总公司。8月30日原余杭镇自来水厂和原永建自来水厂合并更名为余杭市余杭自来水厂，原闲林镇自来水厂更名为余杭市闲林自来水厂，原塘栖镇自来水厂更名为余杭市塘栖自来水厂。

是月 原计划利用日元贷款的污水治理工程，因需国内配套资金数额大，难以筹集，同时，为避汇率风险，余杭市取消了日元贷款申报。

8月19日 余杭市机构编制委员会批复同意余杭市自来水总公司增设组织人事科。

是日 瓶窑镇自来水厂扩建方案讨论会在瓶窑镇自来水厂召开。会议由瓶窑镇政府主持。与会人员对瓶窑镇自来水厂扩建工程可行性研究报告进行了讨论，并提出了修改意见和建议。

9月6日 余杭市自来水总公司建立厂务公开领导小组，朱张荣任组长、李民宏任副组长。下设办公室，李民宏兼办公室主任，韩建荣、卜迎迎为副主任。各直属水厂开始全面推行实施厂务公开制度。

9月7日 余杭市自来水总公司工程师范发庆荣获“余杭市优秀科技工作者”称号。

9月30日 余杭、闲林供水工程一期应急管线工程竣工，并试通水成功。工程于6月8日开工建设，当年9月建成通水，工程将全长7.5千米的DN600、DN500管道从余杭自来水厂埋设到闲林镇，解决了闲林镇及管道沿线由于闲林自来水厂原水水源不足而导致夏季供水高峰期及秋季干旱期间的缺水问题。

10月 博陆镇运河桥输水管移位工程竣工，移位二根DN800输水管共计长度570米，投入资金125万元。

11月2日 瓶窑镇自来水厂扩建工程可行性研究报告通过评审，副市长张竟成参加评审会，要求各有关部门密切配合，大力支持瓶窑镇自来水厂的扩建。

11 月 9 日 余杭市人民政府印发《关于实施余杭市城市污水截流入网管理的通知》，规定各排污单位排放的污水应当通过管线接入城市污水收集管网，经集中处理后，实行统一排放。

是月 五杭镇唐公村水厂安装了一台二氧化氯消毒器，改变原用漂白粉消毒效果不稳定的状况，这在余杭市供水系统尚属首次。同时，唐公村水厂还建立全市首座村级水厂化验室，提高了供水安全性。

12 月 6 日 余杭市机构编制委员会批复同意将临平自来水厂更名为余杭市供水集团有限公司，同时将临平第二水厂、塘栖自来水厂、余杭自来水厂、闲林自来水厂和在建的獐山自来水厂及临平、塘栖供水工程的项目公司（余杭市供水有限公司）并入余杭市供水集团有限公司，实行一级法人、二级核算的管理体制。余杭市供水集团有限公司隶属余杭市自来水总公司，在业务上归口余杭市建设局。

12 月 29 日 临平、塘栖供水工程廉政建设责任书在临平大酒店举行签字仪式。工程建设各标段的施工单位、监理单位和主要材料设备供货单位的法人代表共 24 人与余杭市自来水总公司总经理签订了项目建设期间确保工程质量、确保按期竣工、确保工程安全、确保工程廉政的责任书，余杭市行风办领导参加了签字仪式。

是日 余杭市自来水总公司临平供水管理大楼开工建设。

2000 年

2 月 12 日 余杭市自来水总公司成立余杭市供水集团有限公司筹建领导小组，朱张荣任组长，黄洪奎、李民宏、张益清任副组长，下设办公室和资产清理小组。5 月 8 日，临平自来水厂、临平第二水厂、塘栖自来水厂、余杭自来水厂、闲林自来水厂等五家水厂和临平塘栖供水工程的项目公司——余杭市供水有限公司合并重组，注册成立余杭市供水集团有限公司。余杭市供水集团有限公司成立后逐步实施统一生产计划、统一财务核算、统一付息还贷、统一供水价格、统一服务标准和统一人事调配的管理新格局。

3 月 20 日 临平世纪大道给水管道建设工程开工（包括南大街 DN400 管和东湖南路 DN600 管延伸到世纪大道工程），2002 年 7 月 20 日整个工程竣工投入使用。共投资 135 万元，敷设 DN600 管 1.245 千米、DN400 管 0.224 千米、DN300 管 0.958 千米、DN150 ~ 200 管 0.1 千米。

3 月 28 日 余杭市自来水总公司制订并组织实施“余杭市供水企业水费管理办法”。

4 月 余杭市自来水总公司组织编制《余杭市城乡供水规划（年限 20 年）》，12 月 21 日通过专家论证。2001 年 3 月 12 日余杭市人民政府批复要求：“认真组织实施，并做好规划的深化工作。”

6 月 25 日 临平、塘栖供水工程的咽喉部位——DN1400 运河斜拉桥顺利合龙，吊装的钢管长 50 米，重 35 吨，通过精心的吊装准备，一次吊装成功。余杭市领导宋福友、张竟成、劳伟民到现场视察工程施工，慰问全体施工人员。

8月2日 余杭市自来水总公司根据余杭市委转发的《杭州市党政机关与所办经济实体脱钩工作的实施意见》，开展对所属三产单位脱钩工作。2003年4月3日，公司举行余杭市自来水工程公司转制投标会议，蔡国华以174.3888万元中标，自来水工程公司转制完成。至此，原余杭市自来水总公司所属的四家经济实体的改革工作基本结束。

8月18日 良渚镇自来水厂举行建厂15周年暨新水厂落成典礼，杭州市爱卫办、杭州市改水技术指导站、杭州市城镇供水协会的领导应邀参加庆典。新水厂占地0.68公顷(10.24亩)，设计供水总规模2万立方米/日，1999年11月8日开工建设，2000年5月28日通水试运行，一期日供水量5000立方米，建设投资367万元，使良渚镇供水上了一个新台阶。

8月21日 实施临平结网村改水工程，10月1日竣工通水，延伸DN50～100主干管2.67千米，敷设DN15～40到户镀锌管13.05千米，投资49.5万元，该村9个组1708人受益。

是月 实施临平镇龙安村改水工程，敷设DN100～40主干管2.7千米，投资31.3万元，293户农户1116人受益。

9月3日—11月30日 为配合临平、塘栖供水工程塘栖新水厂与老城区的供水连接，实施了塘栖镇城区供水管网工程。敷设DN800管1.6千米、DN600管1.8千米、DN400管0.3千米，投资500万元。

10月3日 实施东大街DN300管改建工程，2001年1月18日竣工，全长0.405千米。

是月 实施亭趾镇费庄村改水工程，敷设DN200～80主干管3千米、DN50以下支管10千米，投资78.8万元，全村11个组，486户农户1769人受益。

12月6日 余杭市四套班子的离退休老领导在副市长张竟成、老干部局副局长骆家武和市自来水总公司领导的陪同下，视察基本竣工的临平、塘栖供水工程，参观新建的獐山自来水厂、塘栖自来水厂，听取市自来水总公司有关工程情况的汇报。在座谈时，老干部归纳该工程是“三大四好”：建设该项工程市委、市政府领导决心大，工程规模大，资金投入大；水厂设备好，供水水质好，厂区绿化好，环境条件好。

12月13日 闲林镇民丰村自来水厂资产并入余杭市自来水总公司，民丰村的自来水由余杭市自来水总公司直属的闲林自来水厂负责供应和服务。

是日 由原余杭镇自来水厂为实施主体的青山引水工程资产划入余杭市自来水总公司。

12月18日 星桥镇供水工程开工建设，于2002年5月工程完工。

12月28日 临平、塘栖供水工程（一期）建成通水，并在新落成的塘栖自来水厂举行隆重的通水典礼。余杭市四套班子有关领导、部分退休老领导和省、杭州市有关部门的领导、余杭市级机关各部门负责人，临平、塘栖供水区域各镇乡的党委、政府负责人，兄弟水司、改水办等单位负责人及承担临平、塘栖供水工程建设的设计、施工、监理与主要材料设备供货单位负责人等350余人参加通水典礼。该工程（一期）日供水能力16

万立方米，投资1.97亿元。工程建成后，临平、塘栖等13个乡镇的47.1万人口从此饮用上用苕溪水净化而成的自来水。

是日 全国爱国卫生运动委员会办公室发来贺电，祝贺：“临平、塘栖供水一期工程的设计、设备、质量在全国农村供水系统中均达到一流的水平，为实现本地区域城乡供水一体化迈出了坚实的步伐。”

是年 余杭市供水集团有限公司临平营业分公司被浙江省建设厅、省青年文明号活动指导委员会评为浙江省青年文明号，临平营业公司青年志愿者服务站被共青团浙江省委、省青年志愿者协会评为浙江省先进青年志愿服务站。

是年 临平自来水厂营业所被评为余杭市模范集体与杭州市模范集体，余杭市自来水总公司工程技术科科长范发庆被余杭市人民政府评为余杭市劳动模范。

2001年

1月19日 余杭市人大常委会主任程德鑫、政协副主席劳伟民带领部分人大代表和政协委员视察临平、塘栖供水工程，在视察獐山、塘栖自来水厂后，区领导和人大代表、政协委员对临平、塘栖供水工程的建设表示了充分的肯定，并对下一步的工作提出了要求。

3月19日 余杭市塘栖、余杭、瓶窑等三镇污水治理工程经浙江省发展计划委员会批复立项。建设规模为日处理污水：塘栖2.0万吨、余杭1.5万吨、瓶窑1.2万吨，污水处理工艺均采用氧化沟工艺。

3月25日 余杭撤市设区，余杭市自来水总公司更名为杭州市余杭区自来水总公司。

是月 浙江省发展计划委员会下达《余杭七格污水处理厂初步设计批复》（合建中的余杭部分），工程规模一期为：构筑物按10万吨/日一次建成，厂部分工程为5万吨/日（合建的杭州七格污水处理厂污水处理设施为5万吨/日一组），工程核定概算7629万元。

4月20日 余杭区人民政府第33次常务会议决定将瓶窑镇自来水厂成建制划转给区自来水总公司，7月9日，正式交接。

5月8日 位于临平藕花洲大街231号的余杭供水服务管理大楼投入使用。该大楼集生产自控调度、水质化验、供水热线、人才培训、水费收缴等中心和供水管理与服务于一体。同时，该大楼的落成使用也标志省重点工程——临平塘栖供水（一期）工程全面竣工。

5月18日 余杭区自来水总公司召开年度供水系统工作会议，会上宣读了临平营业分公司戚卫峰荣获由余杭区委宣传部、共青团余杭区委、余杭区青年联合会、余杭日报和余杭区广播电视局等部门组织评选的“余杭区十大杰出青年”的光荣称号。公司同时做出全区供水系统的团员、青年向戚卫峰同志学习的决定。

5月28日 余杭区自来水总公司举行了供水服务管理大楼落成典礼，区长何关新、区人大常委会副主任肖勤、副区长张竟成、区政协副主席劳伟民、省改水办主任石汝发等领导和区级有关部门的负责人参加典礼。

6月22日 杭州市政协副主席徐兆骥率杭州市政协文体委员会部分委员，在副区长钱杭根、政协副主席劳伟民的陪同下，视察余杭区农村改水工程，先后察看塘栖自来水厂、区供水服务管理大楼自控调度中心和水质化验中心，并听取余杭区农村改水工作汇报。杭州市政协委员充分肯定余杭的农村改水工作的成就，认为实行城乡一体化供水是今后杭州市农村改水工作的主导方向。

7月12日 东塘、獐山、云会三镇乡供水管网工程开工建设，至2003年12月工程基本结束，总投入3684万元。敷设了DN800管道0.3千米、DN600管道1.3千米、DN500管道7.5千米、DN400管道5千米、DN300管道4.5千米、DN200管道10千米、DN150管道24.5千米、DN100管道7千米，43个行政村1400余农户受益，实现了村村通上自来水。

7月31日 余杭区供水集团有限公司召开供水集团青年志愿者服务总站成立暨临平营业分公司获省级青年文明号表彰大会。余杭供水集团有限公司青年志愿者服务总站在公司所属的8个分支机构各设立青年志愿者服务分站。

8月2日 临平体育场路到南环线DN200给水管工程开工建设，9月20日竣工，总长0.87千米。

8月22日、8月29日 余杭区物价局批复，在杭州余杭供水集团公司所属的供水范围内调整自来水价格和开征污水处理费。供水价格：居民生活用水1.235元/立方米、机关事业单位用水1.58元/立方米、工业企业用水1.43元/立方米、商业企业用水1.98元/立方米、建筑企业用水2.28元/立方米；水资源费：居民生活用水0.015元/立方米、其他性质用水均为0.02元/立方米；污水处理费：临平、东湖、南苑三个街道居民生活用水和工业企业用水的污水处理费为0.25元/吨，其他性质用水的污水处理费为0.3元/吨；塘栖、余杭、瓶窑、乔司镇和星桥街道各种性质用水的污水处理费均按0.1元/吨收取，调整后的水价自8月份抄表之日起执行。

是月 余杭区级机关机构改革，余杭区自来水总公司不再保留。9月，区自来水总公司与区供水集团有限公司合并组建区政府直属的杭州余杭供水集团公司。

9月27日 余杭区委办公室根据区级机构改革方案，发文明确：原由区自来水总公司承担的计划用水、节约用水和农村改水等有关行政职能划归区建设局，在区建设局设立余杭区供水、改水办公室（挂计划用水、节约用水办公室牌子）。11月，杭州余杭供水集团公司和区建设局完成职能移交及人员调配。

9月28日 瓶窑自来水厂总规模5万立方米/日（一期2.5万立方米/日）的供水工程初步设计经专家和区政府有关部门审查通过。杭州余杭供水集团公司组建“余杭区瓶窑供水工程办公室”，由黄洪奎任主任、田培虎任副主任，下设综合、财务、技术、现场四个工作小组。

10月18日至25日 临平城南片九个行政村改水同时开工建设，于12月28日至2002年1月31日各村先后竣工，敷设DN300～100主干管19千米、DN80～50支管22.7千米，投资869万元，4711户农户17129人受益。

11月28日 瓶窑供水工程瓶窑新水厂（一期）项目在瓶窑镇羊山村动工兴建。

11月29日 中共杭州余杭供水集团委员会和中共杭州余杭供水集团纪律检查委员会建立，黄洪奎任党委书记，李民宏任党委副书记、纪委书记。

12月初 实施临平梅堰小区供水改造工程，至2002年3月完成该区2316户居民的直供水改造，其中1628户改造成“一户一表”计量方式，投入资金27.36万元。

12月26日 杭州余杭供水集团公司营业服务大厅（位于藕花洲大街231号供水管理大楼一楼）投入使用。改变了原位于沿山路的临平自来水厂收费室地方小、交通不便的状况，为用户带来方便，有利提高服务质量。

2002年

1月30日 余杭区发展计划局主持召开余杭—闲林地区区域供水工程初步设计论证会，与会领导和专家一致认为，该项目是杭州市与余杭区二级政府为民办实事工程，初步设计的技术方案可行，通过项目论证。工程初步设计概算4780万元，由杭州市与余杭区分段投资建设。

2月3日 全国爱卫会顾问郑幼德在副区长张竟成的陪同下，视察余杭区“九五”农村改水工作，现场查看了塘栖镇三官塘村农村改水、塘栖自来水厂、獐山自来水厂和杭州余杭供水集团公司调度中心与中心化验室。郑顾问对余杭区的城镇供水、农村改水和计划用水、节约用水实行统一管理工作予以充分肯定，认为余杭区实行城乡一体化区域性供水工作走在了全国的前头，代表了今后农村改水的方向，杭州市和余杭区爱卫会有关负责人陪同视察。

2月28日 良渚镇村内供水管网工程开工建设，5月完成主干管和加压站建设。

3月13日 余杭区总工会批复同意杭州余杭供水集团建立工会，原隶属各镇工会的水厂工会组织调整隶属关系，转入供水集团工会。4月8日，杭州余杭供水集团召开第一次工会会员代表大会，余杭区政协副主席、区总工会主席莫炳法应邀出席会议，大会选举产生杭州余杭供水集团工会第一届委员会和经费审查委员会、女职工委员会。李民宏任工会主席、叶善赞任工会经费审查委员会主任，卜迎迎任女职工委员会主任。集团工会下设公司机关、城北、塘栖、獐山、余杭、闲林、瓶窑自来水厂和临平营业分公司、乔司营业分公司共九个基层工会组织。

4月15日 共青团杭州余杭供水集团委员会经团区委批准成立，下设公司机关、城北水厂、塘栖水厂、獐山水厂、瓶窑水厂、余杭与闲林水厂、临平与乔司营业公司七个团支部。19日召开了第一次团员代表大会，选举产生共青团杭州余杭供水集团第一届委员会，韩建荣任书记。

5月15日 区长何关新主持召开区政府第39次常务会议，研究关于污水治理工程建设事项。会议明确：1. 成立全区污水治理工程领导小组，负责规划、协调全区的污水处理工程等有关事项。2. 要抓抢机遇，加大污水治理的市场化运作力度。

5月17日 浙江省发展计划委员会批复调整余杭区临平污水治理排江一期工程建设内容：取消一级处理厂和七格泵站，增加翁梅综合泵站和七格二级处理厂，增建禾丰港和梅堰河两座截污闸，增加藕花洲西段污水管、城西泵站增容及乔司泵站功能增加，增建“三遥”自动控制系统，调整后总概算仍为13300万元（不包括已批复的七格二级污水处理厂）。

是月 杭州余杭供水集团公司启动ISO 9001管理体系质量论证工作。8月8日，编制完成第一版《质量手册》，并颁布实施。8月23日，ISO 9001质量管理体系投入试运行。11月18日，经CCIC质量论证中心验收通过，获得“ISO 9001:2000质量管理体系认证证书”。

是月 杭州向余杭闲林区域供水管道工程开工建设，引杭州九溪自来水厂水源，经苗圃泵站加压送余杭、闲林，向该区域趸售供水。杭州余杭供水集团公司实施计量点后区域管网敷设工程，并负责通水后的供水管理、经营与服务。11月28日，工程竣工投入运行，余杭区投资1417万元。杭州核定趸售水量每日4.5万立方米，后陆续提高到每日10.0万立方米。

是月 为加强实施全区污水治理工程，余杭区人民政府成立区污水治理工程领导小组，由区纪委汪宏儿、区政府张竞成负责协调，区发展计划局局长施树屏任组长，区建设局副局长章雪梅任副组长。下设政策组、招商引资组，负责规划、协调全区污水处理工程等有关事宜。同时，成立塘栖、余杭、良渚等三个组团的污水治理工程建设协调小组，负责各组团污水治理工程建设有关事宜。

6月5日 余杭区建设局主持召开余杭区污水总体布局规划研究报告评审会。

8月1日 仓前镇自来水厂和崇贤镇 自来水厂（含沾桥水厂）并入杭州余杭供水集团公司，分别更名为杭州余杭供水集团公司余杭自来水厂仓前营业所和杭州余杭供水集团公司塘栖自来水厂崇贤营业所。

是日 临平第一污水系统城西泵站开工建设。

9月1日 中泰乡自来水厂（含中桥自来水厂）并入杭州余杭供水集团公司，更名为杭州余杭供水集团公司余杭自来水厂中泰营业所。

9月13日 余杭区建设局主持召开余杭区塘栖污水工程专项规划评审会。

9月26日 临平第一污水系统乔司泵站开工建设。

9月30日 开始实施仓前供水工程，至2004年3月11日工程竣工，敷设DN400～300管道13.9千米、DN200～100管道17.4千米，投入资金2358万元。

是月 杭州余杭供水集团公司网站http://www.hzyhgs.com建成试运行。向社会推出多项便民服务，用户可通过网站了解公司各种信息，办理用水申请、网上报修、网上缴费、水价查询，并可在留言册中提建议和投诉。

11月7日 余杭区人民政府批复同意实施由浙江省城乡规划设计研究院编制的《杭州市余杭东部分区污水工程专项规划》。

11月8日 余杭区建设局主持召开余杭区余杭组团污水排水专项规划评审会。

11月17日 余杭区人民政府批复同意实施由浙江省城乡规划设计研究院编制的《杭

州市余杭区塘栖污水工程专项规划》。

11 月 29 日 余杭区人民政府同意塘栖污水治理工程开展“投资—建设—运营—移交”的投融资模式招商（以下简称“BOT”）。

11 月 30 日 余杭区发展计划局主持召开塘栖污水工程初步设计评审会。

是月 临平污水治理排江一期工程投入试运行，日均收集输送处理污水约 5000 吨。

12 月 12 日 杭州余杭供水集团公司召开行风建设评议总结大会。区纠风办、区满意不满意单位评选办公室的领导及公司聘请的 18 位行风评议监督员参加了会议。

是日 杭州临平工业区管理委员会和杭州市余杭区发展计划局联合批复同意余杭区塘栖污水处理厂项目建议书，塘栖污水处理厂选址于杭州临平工业区塘栖姚家埭村。

12 月 31 日 星桥街道自来水厂并入杭州余杭供水集团公司，更名为杭州余杭供水集团公司临平营业公司星桥营业所。

是年 杭州余杭供水集团公司被中国城镇供水协会评为“全国优秀县镇供水企业”，被浙江省建设厅评为“浙江省建设系统文明行业示范单位”。

是年 杭州余杭供水集团公司临平营业分公司戚卫峰被评为“杭州市劳动模范”。

2003 年

1 月 17 日 杭州余杭供水集团公司被中共杭州市委、杭州市人民政府评为杭州市文明单位。

1 月 15 日 余杭区人民政府批复同意实施由上海同济大学建筑设计研究院编制的《杭州市余杭组团污水排水专项规划》。

1 月 21 日 临平工业区管理委员会和余杭区发展计划局联合批复塘栖污水工程（塘栖污水处理厂项目）初步设计，总规模 4 万吨/日，一期规模 2 万吨/日，项目总投资 4850 万元。

1 月 24 日 副区长张竟成主持召开三个组团污水治理工程建设前期工作有关问题协调会议，会议明确：三组团污水工程 2003 年目标任务不变，抓紧塘栖污水工程 BOT 招商，如确保 6 月份开工建设，则对余杭、良渚二个组团污水治理工程仍采用 BOT 方式进行建设。

1 月 28 日 良渚组团污水治理工程项目建议书经余杭区发展和改革局批复立项。

1 月 29 日 瓶窑镇瓶仓大道管网建设工程开工，共埋设 DN800 管 3.8 千米，于 6 月 18 日通水，并向良渚、仓前供水。

2 月 11 日 临平工业区管理委员会和余杭区发展计划局联合批复塘栖污水工程项目中的提升泵站、管网收集系统初步设计。建设 A、B 泵站和管网收集系统总投资 4059 万元。

2 月 18 日 杭州余杭供水集团公司闲林自来水厂更名为杭州余杭供水集团公司闲林营业分公司。

2 月 27 日 余杭区项目管理办公室召开塘栖污水治理工程项目招商讨论会。

3月3日 余杭区委书记何关新主持召开塘栖、余杭、良渚三组团污水处理工程有关建设问题会议，区委副书记、代区长刘庆龙，区委副书记、副区长张竟成及有关部门的负责人参加会议。会议要求各部门高度重视、自加压力、敢挑重担、不折不扣、按时保质建设好污水治理工程。

3月6日 瓶窑供水工程（一期）全面竣工，在新建的瓶窑自来水厂举行通水典礼，区四套班子有关领导参加通水典礼。

3月10日 余杭组团污水治理工程项目建议书经余杭区发展和改革局批复立项。

3月14日 杭州余杭供水集团公司城北自来水厂扩建工程开工建设，工程总投资2453.8万元，扩建规模为3万立方米/日。11月，扩建工程通水试运行，2004年3月18日工程竣工，城北自来水厂日供水总规模增加到12万立方米。

3月17日 为解决乔司监狱集中用水时水压偏低的状况，实施双路供水方案，新敷设DN300总管一根，从新华桥至六分监狱，全长5156米，四分监狱和九分监狱新敷设DN200管一根，全长1896米，分四个施工队进行分段施工，在4月30日前全面完成该监狱供水管道改造工程。

3月25日 余杭区发展计划局主持召开余杭组团污水工程初步设计评审会。

4月8日 余杭区排水管理办公室召开塘栖污水工程招商专家评审会。

4月15日 新丰路DN300给水工程开工建设，12月17日竣工，共敷设DN300管道1.504千米，安装消火栓13组。

4月25日 杭州余杭供水集团公司成立非典型肺炎防治工作领导小组，对公司内防治非典工作统一领导，有效预防、及时控制和清除非典型肺炎在公司内的发生和流行。

5月1日 因非典影响，根据上级通知，自5月1日抄见水量起对旅游饭店水费减半收取。

5月8日 塘栖污水处理厂开工建设，一期工程（BOT项目）批复，建设规模为2万吨/日，实际建成1万吨/日。

5月18日 西安路污水管道工程开工建设。

5月28日 副区长楼建忠召集有关部门和单位负责人，就进一步加快塘栖、余杭、良渚三组团污水处理工程建设步伐进行专门研究协调。

是日 余杭区人民政府授权余杭区建设局与杭州余杭污水处理有限公司（上海同济大学环保联合体组建的塘栖污水处理工程的项目公司）草签BOT特许权协议。

6月1日 因镀锌钢管在使用过程中容易生锈，易造成二次污染等问题，杭州余杭供水集团公司决定自即日起，在集镇建成区、工业园区、商贸区和新建农居点的给水管材禁止使用镀锌钢管，一律选用钢塑管、PP－R管等特色给水管材及相应配件。并自2003年10月10日起，在供水集团供水范围内，全部禁用镀锌钢管。

6月8日 瓶窑镇张堰村农村改水工程开工，9月28日通水，共埋设DN200～DN400管约10千米。

是日 建设塘栖污水处理厂的项目公司进场。

7月3日 乔司镇政府撤销乔司镇水管站，原乔司镇水管站供水管理职能移交杭州余杭供水集团公司，由乔司营业分公司承担。

7月4日 余杭区建设局与杭州余杭污水处理有限公司（BOT项目公司）正式签订《塘栖污水处理厂工程项目特许权协议》，由项目公司投资、建设、运行并最终移交日处理能力为2万吨塘栖污水处理厂。

7月10日 余杭区建设局主持召开良渚组团污水排水专项规划评审会。

7月14日 余杭区建设局主持召开塘栖、余杭、良渚三组团环境评价评审会。

7月15日 良渚镇自来水厂（含安溪水厂）成建制并入杭州余杭供水集团公司，变更为杭州余杭供水集团公司良渚自来水厂。7月28日，更名为杭州余杭供水集团公司良渚营业分公司。

7月25日 余杭区人民政府批复同意实施由上海同济大学建筑设计研究院编制的《余杭区良渚组团污水排水专项规划》。

7月28日 杭州余杭供水集团公司城北自来水厂更名为杭州余杭供水集团公司运河自来水厂。

7月28日至29日 国家质量认证中心对杭州余杭供水集团公司ISO 9001质量管理体系运行情况进行监督验审，抽查公司相关六个科室和三个分支机构，认为公司自去年通过认证后，严格按质量体系要求运行，情况令人满意，通过监督验审。

8月4日 浙江省发展计划委员会批复塘栖污水处理工程（一期）可行性研究报告、良渚组团污水处理工程（一期）可行性研究报告和余杭组团污水处理工程（一期）可行性研究报告。

8月22日 浙江省发展计划委员会主持召开良渚组团污水工程初步设计评审会。

8月28日 余杭区建设局与杭州余杭污水处理有限公司（BOT项目公司）签订《浙江省杭州市余杭区余杭、良渚、塘栖污水处理工程项目投资—建设—运营—移交特许权协议》（此协议内容涵盖2003年7月4日签订的《塘栖污水处理厂工程项目特许权协议》。由项目公司投资、建设、运行，并最终移交处理能力为7万吨/日的塘栖、良渚、余杭污水处理厂）。

是月 瓶窑至良渚供水主干管通水，原良渚自来水厂停止制水，良渚镇的自来水由瓶窑自来水厂和獐山自来水厂供给。

是月 为了缓解乔司供水加压泵站的运行负荷，最大限度保证乔司镇、南苑街道及周边地区的正常供水，沿乔司港新敷设乔司西线DN800供水总管一根，全长6800米，并与原DN600总管连接，该工程12月完工。

9月3日 杭州市和余杭区档案局（馆）组织专家与领导对杭州余杭区供水集团公司的档案工作申报市级达标进行验收。经评审，杭州余杭供水集团公司档案工作目标管理获杭州市级达标单位。

9月10日 良渚污水处理厂开工建设，一期工程（BOT项目）建设规模为2万吨/日。

9月17日 杭州余杭供水集团公司与在建供水工程的十五个施工单位、监理单位和主要材料设备供给单位签订供水工程廉政建设责任书，明确双方的职责和纪律，确保供水工程清白廉洁，保质保量如期建成。

9月23日 鉴于塘栖、良渚、余杭三组团污水处理厂均以BOT形式建设，余杭区政府研究同意，三组团污水处理厂建设业主为杭州余杭污水处理有限公司。

9月27日 临平、塘栖供水二期工程初步设计通过审定。

9月29日 翁梅路DN300供水管道工程开工建设，2004年6月22日竣工。共敷设DN300管1.767千米，安装消火栓12只。

9月30日 余杭污水处理厂开工建设，一期工程（BOT项目）批复建设规模为3万吨/日，实际建成1.5万吨/日。

10月5日 禾丰港、梅堰两座截污闸改造开工建设。

10月16日 临丁路DN300～400供水管道工程开工建设，2004年4月29日竣工，共敷设DN400管0.267千米、DN300管3.317千米，沿路安装消火栓22只。

10月23日 良渚供水工程主干管通过竣工验收。该工程自2002年2月28日开工建设，2003年5月30日建成。

10月26日 卫生部疾病控制司副司长代欣言一行，在省改水办、市改水技术指导站等有关部门领导的陪同下，到余杭区视察农村改水工作。实地察看了塘栖自来水厂的运行情况，当看到塘栖自来水厂的出厂水浊度只有0.08NUT，远远低于国家标准时，连连称赞余杭的供水工作和改水工作做得好，并对余杭的农村改水工作予以高度评价，认为余杭改水投入大，技术含量高，体制和机制有创新，为老百姓提供了物优价廉的自来水。余杭区爱卫会主任、副区长黄莉和有关部门负责人陪同视察。

10月至12月 杭州余杭区供水集团公司首次实施部分中层干部职位竞争上岗，经本人报名、资格审查、书面考试、竞岗演讲、民主测评和组织考察后胡华龙、王邕、丁来水分别被聘任了相应的职务。

11月5日 浙江省发展计划委员会批复余杭区良渚组团污水处理工程（一期）初步设计，核定工程概算为14283万元，建设规模为2万吨/日，项目服务范围为良渚镇、瓶窑镇和仁和镇（部分）。

11月6日 禾丰港、梅堰两座截污闸改造竣工。

11月17日 城西污水泵站工程竣工，建成规模为3万吨/日。

12月12日 瓶窑供水工程通过水源保护区验收。

12月10日 浙江省发展计划委员会主持塘栖、余杭两组团污水工程初步设计评审会。

是日 乔司（污水）泵站工程竣工，建成规模为6万吨/日。

12月15日 梅堰小区截污试点工程自10月开工建设，是日竣工，敷设纳污管道3.7千米。

12月19日 东湖南路DN400管道工程开工建设，2004年4月22日竣工。敷设DN400管0.852千米，安装消火栓6只。

是年 杭州余杭供水集团公司临平营业分公司夏建民被中国社会工作者协会评为“全国社区志愿者先进个人”。

2004 年

1月7日 副区长楼建忠到运河自来水厂察看3万立方米/日扩建工程建设情况。扩建工程自2003年3月开工建设，克服“非典”影响和用电紧张等不利因素，解决新老净水设施工艺的平衡衔接，于2003年9月完成主体工程建设，2003年11月通水试行，使运河自来水厂的供水能力提高到12万立方米/日。楼副区长要求继续做好厂区道路、绿化、装修扫尾等工程。

1月12日 浙江省发展计划委员会批复余杭区余杭组团污水处理工程（一期）初步设计，核定工程概算13547万元，建设规模为3万吨/日。服务范围为余杭镇、仓前镇、闲林镇（含五常开发区）和中泰乡。

1月15日 浙江省发展计划委员会批复余杭区塘栖组团污水处理工程（一期）初步设计，核定工程概算8909万元，一期工程建设规模为2万吨/日。服务范围为塘栖规划城区、塘栖工业园区、仁和镇东塘工业园区。

是月 塘栖自来水厂被全国爱国卫生运动委员会授予“全国农村优秀水厂”。

2月4日 余杭区政府决定“三组团”污水项目收集系统建设及投资形式为：主干管收集系统由区建设局实施建设，所需资金由区财政和受益镇乡各出资50%，涉及主干管建设征地及拆迁费用由建设局核准；支管收集系统由受益镇乡自行建设，所需资金全部由受益镇乡出资。

3月11日 余杭自来水厂位于余杭镇城东路（宝塔村）的新办公综合大楼开工建设，12月28日工程竣工。2005年1月5日，余杭自来水厂迁入新综合楼办公。该工程由综合楼、仓库、食堂、车库及传达室组成，总建筑面积2882.45平方米。

3月18日 运河自来水厂3万立方米/日扩建工程全面竣工，副区长楼建忠出席竣工典礼，工程投资2453.8万元，建成后解决了运河自来水厂在夏季供水高峰期设备超负荷运转状况，满足临平区域不断增长的用水需求，特别是临平工业区建设和发展的需要。

是月 开始敷设塘栖污水主干管。

3月20日至4月24日 杭州余杭供水集团工会召开首届职工运动会，比赛项目设9个大项12个小项，各基层工会组建10支代表队，有253名运动员参赛。83名运动员在单项比赛中分别获得个人第1名至第6名，机关、余杭、运河代表队分别获得团体1~3名。

4月8日 瓶窑自来水厂二期（2.5万立方米/日）扩建工程开工建设，12月28日竣工投入生产，投资740万元，日供水能力扩大到5万立方米。

是月 杭州余杭供水集团公司开展首次自来水用户普查，核查用户基本信息、查清不同性质用户数量。经普查，截至4月15日，公司共有自来水用户62097户（包括总表用户），其中：居民生活用户56375户、机关事业单位用户756户、工业企业用户1485户、商业企业用户 3182 户，建筑宾馆行业用户 299 户。

5 月 14 日 浙江省城市水业协会在余杭区召开五届二次理事会，省内各市、县的供、排水企业在会上交流生产管理、改革发展的经验与思路。杭州余杭供水集团公司在会上介绍了余杭区实行城乡一体化供水的经验和做法。

5 月 18 日 临平塘栖供水二期（省重点工程建设项目）工程开工建设。

是月 由于宏观调控等外部因素，良渚污水处理厂自 2004 年 5 月—2005 年 4 月暂停施工、余杭污水处理厂自 2004 年 5 月—2005 年 5 月暂停施工。

6 月 8 日 塘栖污水处理厂通过余杭区质检站竣工验收。

6 月 17 日 乔司污水泵站正式运行。

是月 西安路污水管道工程竣工，塘栖 B 泵站开工建设。

7 月 28 日 余杭区委书记何关新在区林水、环保部门负责人的陪同下，调研杭州余杭供水集团公司，详细了解苕溪的水质情况，要求供水部门会同环保、林水部门加强水源水质的监测力度，立足长远，未雨绸缪，做好供水工作，确保全区人民能用上优质安全的自来水。

8 月 4 日 红丰南路 DN400 给水工程开工建设，于 10 月 17 日竣工。敷设 DN400 管 0.306 千米、DN300 管 0.446 千米，安装消火栓 5 只。

8 月 18 日 杭州余杭供水集团公司与空军临平雷达站签署《军民共建结对公约》，结成了共建对子。公司在自来水安装、供水设施维护、提供社会生活见习场所等方面为部队提供帮助，雷达站在职工军事技能培训、突发性事件应急处理等方面为公司提供帮助。结成对子后，有利增加军政军民团结，密切军政联系。

10 月 解决良渚镇 26 个行政村（村规模调整前的行政村）的良渚供水工程全面完工。工程于 2002 年 2 月 28 日开工建设，投资 4493 万元，经过近两年建设，新增自来水用户 5970 户，受益人口 23295 人。

11 月 杭州余杭供水集团公司组织编制《余杭区供水专业规划》，于 2005 年 6 月编制完成。

是年 余杭区农业局在运河镇滩里村新农居点采用国家“八五”重要科技成果之一的厌氧净化处理技术，进行农村生活污水治理试点，取得了投资少、工期短、适用范围广、运行不耗能、管理费用低、安全性能佳等效果。

是年 杭州余杭供水集团公司基建科科长范发庆被评为“杭州市劳动模范”。

2005 年

3 月 22 日 运河自来水厂 DN1200 原水管移位工程开工建设，投资 2735 万元。

3 月 25 日 瓶窑镇彭公自来水厂并入杭州余杭供水集团公司，原彭公自来水厂停止制水，原彭公片自来水由杭州余杭供水集团公司瓶窑自来水厂供水和服务。

5 月 8 日 良渚污水处理厂厂区主体工程开工建设。

5月12日 运河镇亭趾自来水厂、博陆自来水厂、五杭唐公村自来水厂等三座水厂撤销，供水管网并入杭州余杭供水集团公司（厂区土地、设施已转制不并入），原三座水厂的供水区域由杭州余杭供水集团公司运河自来水厂负责供水和服务。

5月13日 杭州余杭供水集团公司建立运河改水工程办公室，李民宏任主任，陈高良、孙欣杰任副主任，人员从运河自来水厂和公司相关部门调配，开始实施运河镇改水工程。

5月15日 长树路给水工程开工建设，敷设DN300管0.418千米，安装消火栓3只，于7月14日竣工。

5月17日 余杭区物价局印发通知，自5月1日起，中小学校、幼儿园、中等职业学校的用水按照居民用水价格执行。

6月6日 余杭污水处理厂厂区主体工程开工建设。

6月21日 余杭区物价局批准调整余杭区污水处理费征收标准：1. 居民生活用水的污水处理费：原执行0.25元/吨的调整到0.4元/吨；原执行0.1元/吨的维持不变；原未开征的按0.1元/吨标准征收。2. 临平副城和“三组团”范围内各镇乡、街道、管委会的机关事业、工业企业、商业企业和建筑行业的污水处理统一执行1.0元/吨。3. 黄湖、鸬鸟、百丈和径山四镇范围内暂不开征。污水处理费仍随自来水水费一并收取。

7月6日 余杭区物价局印发通知，自7月1日起将社区办公、公益服务、儿童福利院、敬老院的用水价格按居民用水价格执行（不包括经营性和出租房用水）。

7月7日 余杭区人民政府办公室印发《关于采用无动力厌氧净化技术处理农村生活污水的实施意见》的通知，明确农村实施生活污水处理的必要性、实施范围和对象、领导与职责 、建设程序、资金筹集与管理等事项，启动全区治理农村面源污染，改善农村生态环境工作。

8月9日 杭州余杭供水集团公司成立内部审计中心，下设财务、工程两个专业审计组。

9月6日 为加强安全生产领导和管理力度，杭州余杭供水集团公司成立安全管理科，陈潜任科长。

9月16日 召开的余杭区污水处理费收缴工作协调会议明确：对纳管企业（如啤酒厂、热电厂）产品含水量大，按扣除产品含水量后的实际用水量计征污水处理费；对未纳管企业分别不同情况予以征收，其中有污水处理设施，且污水达标排放的企业，不予征收污水处理费；有污水处理设施，但不能稳定达标排放的，按应缴额的50%计征；未建任何污水处理设施，污水直接排入自然水体的，全额征收污水处理费；对涉农企业使用地下水、自备水用于农业灌溉而不排污的不予征收污水处理费。

11月23日 杭州余杭供水集团公司营业综合管理信息系统通过竣工验收。实现公司信息与银行的联网，为客户提供更加方便的缴费方式。

12月9日 杭州市水源保护创建验收小组通过对瓶窑自来水厂生活饮用水源达标区的考核验收。

2006 年

1 月 10 日　副区长楼建忠召集区国土分局、建设局、供水集团公司、塘栖镇政府等单位的有关负责人，就塘栖镇要求土地置换事宜进行专题协调。会议原则同意将塘栖镇四小区西苑村地块与塘栖自来水厂营业所用地进行同面积置换，置换出来的土地由区土地储备中心收回后进行公开挂牌出让。

2 月 2 日　中共余杭区委、余杭区人民政府《关于全面推进社会主义新农村建设的决定》提出：加快推进农村饮用水改造工程，努力实现城乡供水同网、同质、同价；到2010年，建成50个农村生活污水治理点，加快供水管网建设，改善山区农民生活用水条件。

2 月 16 日　余杭区人民政府调整“三组团”污水工程收集系统投资形式。其中，主干管收集系统出资比例不变（区财政和受益镇乡各50%），涉及为其他镇乡服务的主干管建设资金，由区财政出资；支管收集系统建设资金由镇乡出资并负责建设，工程竣工后经审核，由区财政补助工程决算价30%。

2 月 17 日　崇贤污水处理厂工程项目建议书经余杭区发展和改革局批复立项。

2 月 23 日　余杭区的市、区人大代表视察三组团污水工程。

4 月 5 日　余杭区物价局批复同意改进水价分类和调整自来水价格。水价分类由居民生活用水、机关事业单位用水、工业企业用水、商业企业用水和建筑企业用水等五类，改进为居民生活用水、非经营性用水、经营性用水和特种行业用水等四类。污水处理费的分类与改进后的供水价格分类相一致。调整后的供水价格为：居民生活用水：1.35 元/立方米，非经营性用水 1.90 元/立方米，经营性用水中的工业企业 1.75 元/立方米、商业企业 2.0 元/立方米、建筑行业 2.30 元/立方米，特种行业用水为 4.0 元/立方米，调整后的水价自 4 月 15 日（用水时间）起执行。

是日　余杭区人民政府办公室公布《余杭区突发性饮用水源污染事故应急预案》，应急预案明确处置突发性饮用水源污染事故的指导思想和原则、适用范围、事故定义和分级、应急组织及职责、相关政府及部门职责、责任追究等事项。

4 月 8 日　杭州余杭供水集团公司启动 ISO 14001 环境管理体系认证工作。

4 月 11 日　径山镇自来水厂成建制并入杭州余杭供水集团公司，更名为杭州余杭供水集团公司径山自来水厂，承担径山、黄湖供水工程范围内的供水管理工作。

4 月 20 日　杭州余杭供水集团公司启用经工商余杭分局审核备案的《供用水合同》（范本）。合同范本分适用于单位用户的《供用水合同》（工商备案为 2006－2－1－01）和适用于居民一户一表的《供用水合同》（工商备案号为 2006－2－1－02），这是余杭区首次启用经工商部门核准备案的供用水合同范本。

4 月 25 日　鉴于“非典”影响早已清除，余杭区物价局同意将原“非典”期间规定的旅游宾馆用水临时执行的价格自 2006 年 4 月 15 日水价调整实施时间起，恢复执行经营性用水中的商业企业用水价格。

4月27日 余杭区委书记何关新主持召开会议，专题研究全区污水处理工程项目推进工作。会议要求要进一步统一思想认识，加强组织领导，推进污水工程项目建设进度，确保三个污水处理厂年底前建成。同时，对工程建设涉及的有关问题作了相关明确。

是月 瓶窑自来水厂水质自动监测站建成启用，该自动水质监测站配备了美、德等国家最新的在线监测仪，主要监测氨氮、溶解氧、悬浮物、pH等8个水质参数，以进一步提升饮用水源监测，提高供水安全可靠性。

5月16日 余杭区建设局与BOT项目公司（杭州余杭污水处理有限公司）签订《浙江省杭州市余杭区余杭、良渚、塘栖污水处理工程项目投资—建设—运营—移交特许权协议解除协议》（简称BOT解除协议）。协议确定以2005年10月14日作为特许权协议解除截止日，余杭区建设局以收购方式对项目公司在截止日之前投入到三组团污水处理厂的资产予以收购。经审计，收购总价为82597067.04元。

是日 在BOT协议解除后，为保证污水处理厂工程如期完工，余杭区建设局指定杭州余杭城市排水有限责任公司作为解除特许权协议后三组团污水处理厂项目的建设业主。同时与杭州余杭污水处理有限公司（原BOT项目公司）签订《工程建设委托管理协议》，委托原BOT项目公司代为管理良渚、余杭污水处理厂范围内的一切工程建设内容，代管期限自2005年10月15日起，至两厂建成并通过竣工验收止，项目建设资金由排水公司负责筹措。

6月25日 临平、塘栖供水二期工程通水试运行。二期工程设计新增供水规模14万立方米/日。其中，獐山自来水厂扩建1万立方米/日（已于2005年4月28日竣工投入使用），新建宏畔自来水厂规模为13万立方米/日（2005年9月开工建设）；敷设供水管道23.5千米，与一期工程的管网形成南北双路供水的格局，既满足了临平、塘栖供水区域的水压和水量，也大大提高了该区域的供水安全性，工程投资概算1.49亿元。

6月30日 杭州余杭供水集团公司编制完成公司“十一五”发展规划，规划从经济目标、保障供水安全、提高供水水质、优化供水成本、改善供水服务、提高技术和管理水平等方面制订了“十一五”的发展目标和相应的措施，为公司“十一五”期间的发展提供了纲领性、总体性的指导依据。

7月6日 径山自来水厂综合办公楼项目开工建设，总用地面积4817平方米。

7月10日 杭州余杭供水集团公司客户服务中心成立，中心主要承担客户服务项目的策划和组织实施，负责对各分支机构客户服务和管理工作进行指导与监督检查，开展客户回访和供水服务质量测评，受理客户来电等工作。

8月7日 为进一步提高自来水厂出厂水的水质，及时应对原水的各种突发污染事件给制水所带来影响，杭州余杭供水集团公司在宏畔自来水厂首次实行高锰酸钾、氢氧化钠、PAM（聚炳稀酰胺）等多种药剂的投加试验，取得预期效果。通过试验，加深了对多品种药剂投加的认识，为提高水处理效果提供了经验。

8月14日 余杭区饮用水源保护领导小组办公室印发《关于加强苕溪流域生活饮用

水源保护的若干意见》。意见明确了生活饮用水源保护的责任和措施，以确保全区人民的饮用水安全。

8月15日 上午，苕溪奉口取水水源受到太湖水倒灌引起蓝藻影响，对安全优质供水构成较大的威胁。杭州余杭供水集团公司通过加强水质监测、掌握蓝藻动态、及时调整供水调度方案、合理调整制水工艺、迅速确定应急工艺方案等保障措施后，确保了各水厂的制水生产运行正常，供水水质各项指标均符合国家有关规定。到8月18日下午2时，经杭州国家水质监测站的水质监测，苕溪奉口取水水源蓝藻的含量已经在有关规定的范围内，对原水水质没有大的影响。

8月22日 国家环保总局环境监察局副局长陈善荣率队专程到余杭区苕溪奉口取水口就蓝藻爆发进行现场调研。副区长孔祥华和省、市、区环保部门相关负责人以及供水集团公司负责人陪同察看现场，陈善荣要求余杭密切监测，采取切实有效措施，千方百计保证饮用水安全。

8月24日至25日 杭州余杭供水集团公司首次开展ISO 9001和ISO 14001双体系认证，在原ISO 9001:2000《质量手册》的基础上，根据ISO 9001:2000和ISO 14001:2000标准，新编制了《质量环境手册》。

是月 经浙江省国家税务局和浙江省地方税务局的联合评定，授予杭州余杭供水集团公司为纳税等级中的最高荣誉“AAA级”信用单位。

9月19日 副区长楼建忠召集区发改局、财政局、供水集团公司等单位的负责人，就建设仁和水厂事宜进行专题协调，会议讨论同意建设仁和水厂。

9月28日 杭州余杭供水集团公司为进一步深化行风建设，提高服务水平，优化服务质量，方便用户联系，新开通全省统一联网的供水客户服务热线“96390”，原供水热线“86243333”捆绑“96390”继续可使用，方便广大用户。

10月13日 余杭区人民政府决定：各镇乡的市政公用（园林、绿化、环卫）用水，统一按居民用水价格（包括污水处理费）标准计量收费；村委办公、公益服务用水，参照社区办公与公益服务用水的标准，按居民生活用水价格（包括污水处理费）标准计量收费；村委的各项经营性用水和村委办公室的其他非经营性用水仍按物价规定，另行单独装表，按标准计量收费。

是月 杭州余杭供水集团公司完成公司供水管网的普查工作。管网普查自2005年11月开始，历时一年，通过普查显示，截至2005年年底，公司拥有DN80及以上供水管道1384千米。同时，也基本查清了不同年份、不同管材、不同口径管道的长度和各类附属设施的数量及DN 80以下管道长度等供水管网的基础情况，为确保供水管网资产完整和安全运行，实行供水管网数字化管理打好基础。

11月17日 杭州余杭供水集团公司余杭自来水厂生活饮用水源通过杭州市生活饮用水源达标区创建考核验收。

11月18日 径山至余杭的供水连通管道竣工通水。连通管项目是径山、黄湖供水工程的重要组成部分，管径DN800～DN600，全长12.2千米，自3月18日开工建设，历时8

个月。连通管道的全线通水，使径山自来水厂与余杭自来水厂的主干管实现了连通，使两个区域的供水安全性进一步得到保证，同时让余杭镇的部分居民喝上四岭水库原水的优质自来水。

12月27日 杭州余杭排水有限责任公司与杭州余杭污水处理有限公司（原BOT项目公司）签订《塘栖污水处理厂试运行调试合同》，委托原BOT项目公司对塘栖污水处理厂进行整体试运行和污水、污泥处理工艺调试，调试期限为自2006年12月27日—2007年9月30日。实际调试至2007年12月24日，经一年的调试，塘栖污水处理厂出水水质仍不能达到初步设计的要求。经余杭区环保局的水质分析和同济大学国家重点实验室的微生物镜检结果，分析原因为进水水质与设计工艺完全不符，在纳管的污水中，工业废水比例达100%（设计要求工业废水比例为30%，生活污水比例为70%）。

12月31日 浙江省重点工程建设项目——临平、塘栖供水二期工程竣工典礼在宏畔自来水厂举行。区委、区人大、区政府、区政协领导和有关部门负责人参加竣工典礼。（注：二期工程自2004年5月18日开工建设，扩建的獐山自来水厂已于2005年4月28日竣工投入运行，新建的宏畔自来水厂于2008年6月25日通水试运行，通水以来，出厂水质全部达到或优于国家标准。二期工程供水能力设计规模为14万立方米/日，实际能力有18万立方米/日，其中，獐山自来水厂设计扩建规模1万立方米/日，实际建成新增2万立方米/日，合计能力为3万立方米/日；宏畔自来水厂设计规模为13万立方米/日，实际建成供水能力为15万立方米/日，工程运行的各项参数都符合设计要求）。临平、塘栖供水二期工程的建成，进一步提高了临平、塘栖供水区域的供水能力和供水安全性。

2007年

1月10日 塘栖组团污水处理工程（一期）投入通水调试。该工程于2003年5月8日开工建设，其中塘栖污水处理厂为BOT项目，设计一期建设规模为2万吨/日，实际建成为1万吨/日，污水采用二级生物处理，工艺采用SBR法，尾水排放执行国家一级B标准。

1月15日 临平第二污水系统应急工程项目建议书经余杭区发展和改革局批复立项。

1月16日 经余杭区人民政府第25次常务会议讨论通过的《余杭区百村千点农村生活污水治理工作实施办法》由区政府办公室印发。办法明确：按照农村生活污水减量化排放、无害化处理和资源化利用的思路。在2005年至2010年期间，分类分步推进“百村千点”农村生产生活污水治理工程。

2月8日 良渚污水处理厂工程通过余杭区质检站竣工验收。

3月16日 仁和镇大运河工业区污水工程项目初步设计经余杭区发展和改革局批复，投资概算3200万元，建设0.5万吨/日污水泵站一座，DN400～DN1000污水管道6.2千米。

3月28日 杭州余杭供水集团公司在各分支机构启动供水服务“连续百日无投诉”

竞赛活动，通过竞赛提高供水服务质量，减少用户投诉，提升供水行业作风。

3月30日 杭州余杭供水集团公司举行径山自来水厂综合楼竣工典礼，径山镇镇长宋祖建等领导参加典礼。综合楼及配套用房是径山、黄湖供水工程的重要组成部分，承担该供水区域的营业、安装和供水服务。综合楼总建筑面积2616平方米。

4月24日 区长姜军察看中泰乡枫岭村的山区农村饮用水工程，并与黄湖、百丈两镇主要负责人共商改善和解决山区农民饮用水安全问题，区林水局、财政局等部门领导随同调研。

4月26日 杭州市生态建设督查组领导到余杭区调研污水工程生态建设。

是日 临平第二污水系统应急工程项目可行性研究报告经余杭区发展和改革局批复，建设地点为塘栖镇、杭州钱江经济开发区、星桥街道、余杭经济开发区。

4月28日 余杭区政协主席汪宏儿督查《邱山大街地下污水管网改造的建议》提案答复情况。

是日 崇贤污水处理厂项目可行性研究报告经余杭区发展和改革局批复，项目服务范围为崇贤镇。

是月 杭州余杭供水集团公司闲林分公司经理魏安荣被余杭区人民政府评为“余杭区劳动模范”。

5月14日 余杭区发展和改革局批复同意建设仁和水厂项目。仁和自来水厂设计规模为近期20万立方米/日、远期40万立方米/日，建设地点为仁和镇葛墩村。

5月16日 余杭区人民政府办公室印发《余杭区山区农村饮用水工程建设管理实施意见》。意见提出余杭区山区农村饮用水工程建设的指导思想和原则、目标任务和内容、操作管理方法和组织领导，从而全面启动了余杭区山区农村的二次改水工作。

5月18日 杭州余杭供水集团公司网站（www.hzyhwater.com）正式开通，“96390”客户服务热线系统正式启用。

5月22日 余杭区物价局牵头，邀请区民族宗教事务局、供电局和供水集团公司召开宗教场所水、电价格协调会。经协商，对有门票等经济收入来源的合法宗教场所的水价，仍按非经营性用水类（含污水处理费）的价格标准执行，但对其中的生活用水执行居民生活用水类价格标准；对无门票等经济收入来源的合法宗教场所，参照执行居民生活用水类价格标准，优惠价格自2007年6月份抄见水量起执行。

6月14日 余杭区人大视察组视察三组团污水处理厂。

6月21日 区长姜军主持召开2007年第五次区长办公会议。会议明确，为增强供水集团公司的融资能力，促进供水事业发展，同意将历年来由财政、各镇乡、开发区投入到供水集团公司用于城乡供水基础设施建设资金中的13120万元，转作注册资本，将供水集团公司的资本增加到21800万元。

8月12日 径山、黄湖供水一期工程全线通水。工程于2006年3月11日开工建设，径山自来水厂水源取之四岭水库的优质水，日供水能力1.5万立方米，总投资4700万元，一期工程的通水改善了径山镇和黄湖镇供水区域的供水条件。

8月14日 杭州市委常委、余杭区委书记朱金坤主持召开全区污水治理工作会议。会议明确，余杭区的污水处理系统建设要分近、中、长三期建设目标，要制定好规划。会议要求区各有关部门要切实履行职责，加强协调配合，形成工作合力，各镇乡要承担污水支管配套建设的责任。

8月17日 十二届余杭区委常委会召开第14次会议，其中研究了国有公司改革重组事项，建立“区国有公司改革重组领导小组”，启动国有公司改革。

9月4日 黄湖镇自来水厂并入杭州余杭供水集团公司，更名为杭州余杭供水集团公司径山自来水厂黄湖营业所。

是日 余杭区发展和改革局批复径山、黄湖供水二期项目计划。二期项目建设供水规模为4.0万立方米/日，总投资3356万元。

9月12日 北京建工金源环保集团杭州分公司受委托派员进驻余杭污水处理厂指导试运行管理、开展调试技术服务，时间三个月。至12月12日，污水厂出水水质达标，日进污水量2500吨。

9月13日 余杭区发展和改革局批复三白潭备用水源项目建议书，建设地点仁和镇三白潭村，取水规模30万立方米/日。

9月24日 杭州市委常委、余杭区委书记朱金坤主持召开临平副城、地铁一号线地块污水处理规划工作会议。会议明确：临平副城污水处理规划要具有前瞻性，要加快临平第二污水系统应急工程的前期工作进度，污水处理技术、减排标准要与省、市衔接。

是日 区长姜军主持召开第5次区政府常务会议，讨论和决定了供水集团公司提出的建设三白潭备用水源工程有关事项，明确实施三白潭备用水源工程建设要坚持水源保护第一的原则，整治、保护、论证同步进行，确保项目的可靠性。

是月 良渚组团污水处理工程（一期）投入通水调试。该工程于2003年9月10日开工建设。其中，良渚污水处理厂工程为BOT项目，一期规模为2万吨/日，污水处理采用DE氯化沟工艺，尾水排放达到国家一级B标准。

9月19日至10月23日 杭州余杭供水集团工会利用节假日举办第二届职工运动会，各基层工会组织13支代表队337人参赛。比赛设10个大项16个小项，有13人打破5项公司记录，91名运动员在11个单项比赛中，分别获得第1名至第5名，余杭自来水厂、公司机关和径山自来水厂代表队分别获得团体第一名至第三名。

10月8日 北京建工金源环保集团杭州分公司受委托，派员进驻良渚污水处理厂指导试运行管理、开展调试技术服务，时间三个月。至2008年1月18日，污水厂出水水质达标，日进污水量1500吨。

10月10日 余杭区物价局印发《关于贯彻落实浙江省物价局调整太湖流域杭嘉湖地区污水处理费政策的实施意见》。根据浙江省物价局的规定，太湖流域杭嘉湖地区污水处理费定价由授权市、县人民政府定价统一调整为由省物价局定价。调整后余杭区污水处理费收费标准为：非经营性用水污水处理费标准调整为1.5元/吨；经营性用水中的商业服务业为1.5元/吨、一般工业（含建筑业）为1.80元/吨、高污染工业为2.20元/吨；

特种行业为1.50元/吨，调整后的污水处理费标准自2007年11月1日（用水时间）起执行。

10月12日 余杭组团污水处理工程（一期）中的前期1.5万吨/日进入通水调试。该工程于2003年9月30日开工建设，其中，余杭污水处理厂工程为BOT项目，一期设计规模为3万吨/日，通水调试时建成1.5万吨/日，污水处理采用DE氧化沟工艺，尾水排放执行国家一级B标准。

是日 余杭污水处理厂工程通过余杭区质检站竣工验收。

10月16日 余杭区物价局、余杭区教育局印发《转发浙江省物价局、浙江省教育局关于〈高校水电气价格有关问题的通知〉》。通知规定对学校教学和学生生活用水的水价按居民用水价格，自2007年10月1日起执行。

是日 区长姜军视察良渚、余杭组团污水处理厂。

10月22日 临平第二污水系统应急工程初步设计经余杭区发展和改革局批复，主要建设内容为：塘栖污水处理厂规模在原基础上扩建到8.5万吨/日，敷设DN500～DN1200污水管道20千米，新建三座污水提升泵站（星隆路泵站、塘栖4号泵站、5号泵站）总投资概算30195万元。后于2008年9月25日，该工程的建设内容和投资概算进行了调整。

11月14日 区政府办公室召集区财政局、建设局、发改局、崇贤镇政府和供水集团等单位相关负责人，专题协调崇贤污水处理厂项目有关问题。会议明确：为加快项目建设，变更项目建设主体，由供水集团公司承担崇贤污水处理厂建设主体，项目的泵站和管网仍由崇贤镇政府建设。并明确了资金、招投标等有关问题。

11月23日 浙江省水利厅在杭州主持召开《余杭区仁和水厂取水工程水资源论证报告书》评审会，专家评审认为，仁和水厂近期以东苕溪奉口至德清河段为主水源，以三白潭漾为备用水源，符合《余杭区城乡饮用水安全保障规划》，报告书通过专家评审。

11月26日 区长姜军主持召开2007年度第11次区长办公会议，听取和讨论水务公司筹建方案。会议明确，新成立的水务公司将承担污水处理、供水等职能，区排水办的职能仍由区排水办承担，区水务公司定性为企业性质，相关人员按照“老人老办法，新人新办法”原则管理，区建设局排水办的有关人员可自由选择去留单位，但必须在新公司工作3个月，确保相关工作顺利衔接，新公司成立办法按照最简易的程序操作。

12月3日 余杭区人大视察组视察余杭组团污水处理工程。

是日 十二届余杭区委常委会召开第20次会议。其中，关于区水务公司筹建事项，会议认为：合并重组杭州余杭水务有限公司，有利于进一步理顺水务管理体制，实现供排水资源优化配置，推进城乡水务一体化建设；有利于水务产业进一步做大做强，促进余杭经济社会可持续发展。会议决定，将杭州余杭供水集团有限公司与杭州余杭排水有限责任公司合并重组为杭州余杭水务有限公司，并明确了新建水务公司的职能、管理体制、人员安排和资产移交等事项。

12月20日 杭州余杭供水集团公司根据区委、区政府关于“将杭州余杭供水集团有限公司与杭州余杭排水有限责任公司合并重组为杭州余杭水务有限公司”的决定，为使供、排水公司在合并期间有序开展各项相关工作，使排水工作顺利交接，供水集团公司抽调骨干力量设立了临平排水分公司、塘栖排水分公司、良渚排水分公司、余杭排水分公司、水务设施安装分公司和排水处、绩效管理处等七个筹建组，承担排水公司交接期间的排（污）水工程建设和运行管理工作。

是日　杭州市建委领导调研余杭区半山地区污染整治情况。

12 月 26 日　为有序组建杭州余杭水务有限公司，自 2007 年 12 月 26 日—2008 年 1 月 31 日，杭州市余杭区排水管理办公室和杭州余杭供水集团公司就杭州余杭城市排水有限责任公司的资产组织清点核实、污水工程进行交接、污水处理设施进行现场调试、职工划转、财务委托审计，财务交接基准日为 2007 年 12 月 31 日。

是月　为有序、规范地做好排水公司的交接和交接期间的污水处理与相关的排水工作，杭州余杭供水集团公司建立“吸收排水公司工作组”，组长：李民宏，副组长：胡华龙。杭州余杭城市排水有限责任公司建立“排水公司移交工作组”，组长：舒贤龙，副组长：夏阳明。

2008 年

1 月 10 日　余杭区委办公室批转区国资办拟订的《杭州市余杭区国有资产经营公司年薪制考核办法（试行）》，办法明确区国有公司考核范围、考核原则、考核对象、考核内容、年薪内容、考核和兑现、考核期限等事项。

1 月 22 日　崇贤污水处理厂项目初步设计经余杭区发展和改革局批复，一期工程投资概算 9552 万元，建设规模为 2 万吨/日，处理后尾水达到一级 A 排放标准。

1 月 30 日　杭州市委常委、余杭区委书记朱金坤主持召开全区污水工程专项规划专题研究会议，区领导孙炳松、沈昱、楼建忠、良管委领导张俊杰、杜永林，区有关部门及镇乡主要负责人参加会议。会议就全区污水工程专项规划编制、“十一五”减排形势和 2008 年污水工程建设有关事项进行了专题研究。

2 月 3 日　为加快完善临平副城区域污水系统工程建设，着力改善城市水环境，余杭区人民政府成立由常务副区长任总指挥的余杭区污水南排工程指挥部，负责南排工程的协调、指导和建设工作。

指挥部下设办公室，设在区建设局，具体负责污水南排工程的实施建设和相关的组织协调工作。

2 月 22 日　余杭区国有资产管理委员会办公室关于供水和排水公司合并相关事宜批复明确：为了按最简单的办法顺利做好杭州余杭城市排水有限责任公司与杭州余杭供水集团有限公司的合并工作，先将杭州余杭城市排水有限责任公司吸收并入杭州余杭供水集团有限公司，吸收合并完成后，再办理名称变更，将原杭州余杭供水集团有限公司更名为杭州余杭水务有限公司。

3 月 10 日　三白潭备用水源工程开工建设，项目占地 7900 平方米（11.85 亩），水源取自三白潭，取水规模 30 万立方米/日，敷设 DN1600 原水输水管 1.8 千米，设计概算 3260 万元。

3 月 11 日 余杭区人民政府办公室印发《余杭区农村生活污水治理方案》，方案明确余杭区农村生活污水治理的指导思想和规划目标、建设规模、资金投入与实施步骤、补助政策、保障措施等事项，以全面推进农村生活污水治理。

3 月 25 日 杭州市政府副秘书长王光荣受杭州市委常委、副市长杨戍标委托，主持召开临平污水南排工程建设有关问题的专题会议。会议原则同意临平副城进入杭州七格污水处理厂的污水容量由原来的 10 万吨/日增加到 20 万吨/日，同意临平污水南排工程的管径走向。会议要求市、区各相关部门要予以高度重视，全力配合，使工程早日建成并投入使用。

3 月 26 日 临平污水南排工程项目建议书经余杭区发展和改革局批复立项。

是日 余杭经济开发区印染区块污水处理厂工程项目建议书经余杭区发展和改革局批复立项。

3 月 2-8 日 《余杭区径山—黄湖供水工程（二期）水资源论证报告》通过专家评审。

3 月 31 日 杭州余杭水务有限公司正式挂牌成立，在城乡导报刊登成立公告。

4 月 2 日至 3 日 浙江省饮用水卫生监督量化管理检查组在市、区卫生监督所有关人员的陪同下，对杭州余杭水务有限公司有关分支机构创建饮用水卫生监督量化管理工作进行考核验收，检查组在听取汇报、查看现场、查阅资料、水质抽检后，一致认为公司饮用水卫生监督量化管理申报单位均通过 A 级考核验收。

4 月 10 日 由杭州余杭水务有限公司主办的《余杭水务报》创刊。

4 月 24 日 余杭经济开发区印染区块污水处理厂项目可行性研究报告经余杭区发展和改革局批复。

4 月 29 日 杭州市政协主席孙忠焕一行 70 余人在余杭区人民政府、崇贤镇人民政府相关领导的陪同下，到崇贤污水处理厂一期工程现场进行视察，对施工进度、施工质量、施工安全措施 、施工后勤保障等方面予以肯定，并对施工人员进行了慰问。

5 月 3 日 三白潭备用水源工程开工建设，取水规模 30 万立方米/日，投资概算 3260 万元。

5 月 12 日 副区长寿伟义主持召开崇贤镇污水管网建设有关问题专题会议，会议明确崇贤镇政府要抓紧时间与有关部门沟通办理相关手续，推进污水管网建设，有关部门要全力支持，积极做好相关工作。

5 月 16 日 为加快临平污水处理厂建设的前期工作，余杭区人民政府成立由常务副区长任组长的临平污水处理厂前期工作领导小组。

领导小组下设办公室，设在区建设局，负责具体日常工作，包尚利任办公室主任。

2010 年 9 月，因人事调动，临平污水处理厂前期工作领导小组成员作调整充实。

是日 临平污水南排工程项目可行性研究报告经余杭区发展和改革局批复。

5 月 21 日 杭州城乡建设设计院、华东勘测设计院、杭州市城市规划设计研究院及余杭区相关部门专家组成专家组，对仁和水厂可行性研究报告进行了评审，并一致通过。

5月23日 杭州市人大督察组一行30余人，在区长姜军的陪同下，视察崇贤污水处理厂建设工地，深入施工现场，慰问施工人员。

是日 临平污水南排工程项目初步设计经余杭区发展和改革局批复，项目建设南排2号泵站（乔司总泵站）规模为20万立方米/日，敷设DN1800～DN1600污水管线16千米，核定工程投资概算21680万元。

6月2日 原杭州余杭城市排水有限责任公司并入杭州余杭供水集团有限公司有关人员、资产、工程建设项目等事项的交接签字仪式在余杭区财政局大楼十二楼会议室举行。余杭区建设局分管领导和杭州余杭城市建设集团有限公司、杭州市余杭区排水管理办公室、原杭州余杭供水集团有限公司、原杭州余杭城市排水有限责任公司的主要负责人参加，并共同签字确认《杭州余杭城市排水有限责任公司交接纪要》。

6月5日 杭州市委常委、余杭区委书记朱金坤专题调研污水治理和截污纳管工作，区领导凌美娟、楼建忠、黄莉以及区有关部门负责人陪同调研。会议就污水南排工程、截污纳管工程、临平污水处理厂和泵站建设、污水工程专项规划和供水管道建设费等事项统一认识，明确相关部门的责任、工作要求及有关政策。朱金坤强调一定要用“铁的手腕”打好减排攻坚战，下军令状，确保减排目标的完成。

6月19日 副区长楼建忠主持召开全区截污纳管工程推进工作专题会议，会议就截污纳管有关政策问题、考核问题和相关的几个具体问题作了统一明确。

6月27日 区长姜军主持召开第十三次区政府常务会议，听取区建设局关于《余杭区污水工程专项规划》有关情况的汇报，讨论同意区建设局提出的意见，明确：余杭区污水系统规划总体布局由临平、良渚、余杭组团、西北部山区四大系统组成，径山镇不再单独建设污水处理厂。同时，就加快推进截污纳管工作实施方案进行了专题讨论。会议明确：截污纳管工作采用“统一规划、分类建设、统一管理”的模式，并明确和落实各有关部门、镇乡街道和单位的建设与管理责任，加大考核力度，加快推进全区污水管道建设和运行管理工作。

7月3日 重庆市各级爱卫办领导一行40余人在杭州市爱卫办、余杭区爱卫办领导的陪同下，参观杭州余杭水务有限公司塘栖供水分公司。

7月8日 余杭经济开发区印染区块污水处理厂初步设计经余杭区发展和改革局批复，一期规模2万吨/日，投资概算7100万元，尾水排放标准执行《污水排入城市下水道水质标准》。

7月23日 《杭州市余杭区截污纳管工作实施方案》经余杭区人民政府第十三次常务会议讨论通过，并转发各镇乡、街道和区政府各部门、各直属单位贯彻执行。

是日 余杭区委常委、余杭经济开发区党工委书记沈昱主持召开余杭经济开发区印染区块污水处理厂工程推进工作专题协调会议。会议明确了开发区污水厂建设用地、项目招投标、工程款、供电、消防审批、污水预处理费及相关手续办理等问题。

7月31日 中共杭州市余杭区委十二届六次全体会议通过《关于实施“环境立区”

战略，进一步优化发展环境的决定》，决定明确实施“环境立区”战略的重要意义、指导思想、基本原则、主要指标和政策措施。

8月4日 余杭区人民政府办公室批转实施《杭州市余杭区排水管理实施办法（试行）》。

8月22日 区长姜军主持召开2008年第13次区长办公会议，会议就径山镇污水工程问题进行讨论。会议明确，将径山镇污水处理项目建设方案进行优化，不再单独建造径山污水处理厂，径山镇污水收集后输送到余杭污水处理厂处理；确定水务公司为径山污水工程项目的实施主体，同时明确了其他相关事项。

8月27日 副区长楼建忠召集区有关部门和镇政府负责人，就径山污水工程建设有关问题作专题研究。会议明确了工程计划、项目审批、招投标、供电、土地、资金、政策、借地和项目督察等问题。

9月3日 区长姜军主持召开会议，专题研究污水管网建设和截污纳管工作，区有关部门和有关镇、开发区等单位主要负责人参加会议。会议明确要加大建设力度，加大督察力度，加大协调力度，加强研究力度，加强考核力度，确保顺利完成各项目标任务。

9月11日 余杭区排水管理办公室就房产项目排水审批入网登记事项明确为：居民住宅或商住类小区的污水入网，如项目地块上只有一个总排污口连接市政管网的，则由房产开发单位或小区物业管理公司履行审批手续后，凭区排水办出具的“排水管理备案意见表”到杭州余杭水务有限公司办理污水入网登记等相关手续，不再另行发放“城市排水许可证”。

9月25日 余杭区发展和改革局批复调整临平第二污水系统应急工程项目初步设计，经调整后投资概算为29617万元。

是月 优化后的径山污水工程开工建设，径山镇不单独建污水处理厂，污水收集后输送到余杭污水处理厂处理。项目建设0.3万吨/日～2.8万吨/日泵站6座，敷设DN800～DN300污水管线43千米。工程服务范围为径山镇长乐片、泮板片、双溪片和余杭镇义桥片、余杭苕溪北片等。

12月5日 余杭区物价局《关于明确居民住宅小区有关价格问题的通知》规定：凡各级政府价格主管部门明确制定有“居民生活类”公用事业价格政策的，居民家庭生活使用或居民公共配套服务的各项公用事业价格，按“居民生活类”价格政策执行；住宅小区物业公司办公和小区营业房、出租房等从事生产经营活动的，按非居民生活类相应类别价格政策执行。

12月10日 良渚污水处理厂二期扩建工程和余杭污水处理厂二期扩建工程项目建议书经余杭区发展和改革局批复立项。

12月17日 余杭区人民政府批转《余杭区太湖流域水污染防治应急预案》。

12月28日 中共余杭区委十二届七次全体会议审议通过“项目建设三年行动计划”。在加快基础设施项目建设方面提出要“加大水源工程、水厂和污水处理厂建设力度，力争到2011年新增污水纳管量8万吨/日”。

是日 崇贤污水处理厂通水试运行。

是月 临平第二污水系统应急工程项目中的塘栖污水处理厂扩建单体建筑物建成，通水试运行。扩建工程于2008年3月28日开工建设，将塘栖污水处理厂的规模从1万吨/日扩建到4万吨/日，工程概算4810万元，2009年3月全面竣工。

2009年

1月12日 中共余杭区委批复同意将中共杭州余杭供水集团委员会更名为中共杭州余杭水务有限公司委员会，隶属于中共杭州余杭城市建设集团有限公司委员会管理。

1月中下旬 獐山奉口饮用水源因受到东苕溪支流湘溪港（德清县）的污水倒灌，影响供水安全，余杭区迅速启动了饮用水源污染事故应急预案。在省、市、区政府和环保、林水部门的高度重视下，采取加大青山水库、水涛庄水库下泄水量，关闭湘溪港大闸，切断污染源等措施，使受到污染的水体向奉口取水口下游推进，保证了奉口饮用水源的水质基本稳定。

是月 为更好落实2009年—2010年截污纳管建设计划，加强组织领导和协调，余杭区人民政府成立由常务副区长任组长的余杭区截污纳管工作领导小组。领导小组下设办公室（设在区建设局）。

2月9日 余杭区人民政府办公室批转《余杭区截污纳管工作实施细则》。实施细则就明确职责、加强领导，提早谋划、尽早落实，设施移交、理顺关系，精心组织、文明施工，加强合作、确保纳管和资金政策、规范管理等方面做出了具体的要求。

是日 余杭区人民政府办公室批转《余杭区2009—2010年截污纳管建设计划》。截污纳管计划共需敷设污水管338.12千米，建设泵站24座，估算总投资12.96亿元。

3月3日 区长姜军主持召开崇贤地区环境污染综合整治工作会议，会议就崇贤镇截污纳管工作提出要加大工作力度，建立由崇贤镇、区水务公司、环保局、建设局等部门为成员的崇贤镇截污纳管专项工作组。

3月30日 浙江省发展和改革委员会批复仁和水厂供水工程项目建议书，批复明确，该项目的建设有利于缓解临平、塘栖、良渚、乔司等区域供水紧张问题，提高供水保证率，促进区域经济社会和谐发展。

3月初至4月底 杭州余杭水务有限公司根据上级的安排，派遣专业技术人员朱恒杰赴四川地震灾区，帮助设计和指导青川县白家乡松盖集镇和华尖村供水工程。项目建设2个供水站、近10千米供水管网，使700多户3000余人的饮用水实现一户一表管理。

4月7日 区长姜军主持召开2009年第6次区长办公会议，其中就黄湖、鸬鸟、百丈污水处理工程建设问题讨论后明确：3个镇污水处理采用外排放方案，3个镇污水收集后，接入径山污水系统，输送到余杭污水处理厂处理。

是日 临平污水总泵站工程项目建议书经余杭区发展和改革局批复立项。

4月12日 余杭区发展和改革局批复瓶窑镇农村二次改水工程，项目建设内容为：

对瓶窑镇窑北、凤山、长命、南山四个村的1964户农户进行二次改水，实行一户一表管理，敷设DN20～DN400供水管道7.9千米，总投资概算1005万元。

4月22日　西部三镇（黄湖、鸬鸟、百丈）污水工程项目建议书经余杭区发展和改革局批复立项。

4月24日　临平污水处理厂一期工程项目建议书经浙江省发展和改革委员会批复立项。该项目的实施将大幅度削减临平副城范围的污染物，为完成余杭区污染物减排任务提供基础保障，并有效解决临平、乔司和下沙北片的污水出路问题。

是月　杭州余杭水务有限公司开展第二次自来水用户普查，普查基准日为4月1日。经普查，公司共有自来水用户232048户，比第一次普查（2004年4月）时增加用户169951户，增加2.74倍（增加的户数除新开户外，主要是原城乡居民总表用户改造为“一户一表”用户）。其中，居民生活用水户213198户，非经营性用水户1264户，经营性工业用水户5090户、商业用水户10838户、建筑业用水户1154户，特种行业用水户504户。

5月11日　仁和水厂供水工程接受可行性研究报告的专家评估和论证，专家们基本认同方案可行。

5月18日　三白潭备用水源工程全面竣工并正式投入使用。工程建设30万立方米/日取水泵站一座，敷设DN1600原水管线1.8千米，与临平、塘栖供水一期工程的DN1400原水管连通，可持续不间断取水3～5天。

5月29日　余杭污水处理厂二期工程可行性研究报告经余杭区发展和改革局批复。

是月　临平第二污水系统应急工程全面建成，项目包括扩建塘栖污水处理厂、新建三座污水提升泵站、敷设DN500～DN1200管道22.43千米。工程于2007年10月开工建设，2008年年底完成塘栖污水处理厂的扩建工程，并投入试运行，泵站及管线于2009年5月全部完工，并完成试压工作，项目的建成通水是对临平第一污水系统的补充，有效缓解临平副城的污水出路问题、

6月3日　区委常委俞和良和区有关部门与南苑街道办事处等单位负责人专题研究南苑街道项目建设有关事项，就临平污水南排工程的拆迁、补偿问题和临平污水处理厂的选址问题进行了协调。

6月5日　余杭区人民政府办公室批转《东苕溪奉口饮用水源地表水环境综合整治方案》，整治范围为仁和镇、良渚镇、瓶窑镇。整治目标要求集中力量解决影响水源水质的环境问题，确保东苕溪奉口饮用水源地水质达到国家规定标准，使居民饮用水安全得到保障。

6月7日　东苕溪奉口取水口下游1千米处，一艘运输石料的航运船只在装货过程中因操作不当，于当晚21时左右造成船上大量燃料柴油、动力系统中的机油等泄漏，当时逢苕溪水流为逆流，污染带向取水口的方向移动。杭州余杭水务有限公司仁和供水分公司在8日上午8时30分发现取水口附近水面有油污漂浮，水源受到威胁时，立即从附近调运大量稻草，组织人员编织成隔油带，对取水口的油污进行隔离、吸附。同时，海事、航运部门也立即采取措施，对苕溪取水口段实行封航，第一时间组织人力对已沉船只进

行打捞，防止了事态的进一步恶化，至6月9日上午，沉船打捞完毕，污染源也随即清除。

6月16日 良渚污水处理厂二期工程可行性研究报告经余杭区发展和改革局批复。

6月17日 区长姜军主持召开2009年第10次区长办公会议，其中，讨论和同意由区林水局拟订的《余杭区山区农村饮用水工程运行管理办法》，会议明确，山区农村饮用水工程运行管理的责任主体为当地镇乡人民政府，在具体的运行过程中，要建立可持续性的良性保障机制，同时实行绩效考核。实施范围为百丈、鸬鸟、黄湖、径山、余杭、闲林、中泰、瓶窑等8个镇乡的山区农村饮用水工程，实施目标是为确保10万山区农村人口饮水安全率达100%。

6月30日 乔司镇农村二次改水工程建成通水，改善了五星、朝阳、葛家车、永西、方桥、和睦桥、良熟等7个行政村的饮用水条件，特别是解决夏季高峰用水的困难。工程自2008年9月开工建设，投资4000多万元，敷设管道73千米，实行一户一表管理，使5000多农户受益。

7月9日 西部三镇（黄湖、鸬鸟、百丈）污水工程可行性研究报告经余杭区发展和改革局批复。工程服务范围为西部三镇集镇区和百丈工业区，建设污水收集和输送系统，将三镇污水收集输送到余杭污水处理厂处理。

7月20日 余杭区人民政府办公室印发《余杭区太湖流域水环境综合治理实施方案》，明确治理的指导思想、主要任务、具体措施和重点建设项目。

7月21日 受区政府委托，良渚遗址管委会副主任、塘栖镇党委书记杜永林主持召开会议，专题研究塘栖C泵站建设有关问题，会议就塘栖C泵站的选址、拆迁主体、拆迁补偿、费用分担、时间节点相关纠纷处理等问题做了明确，并要求各部门加强协作，提高工作效率，确保C泵站按时建设。

7月31日 崇贤污水处理厂全面竣工，该工程是杭州半山地区环境整治工程的重点项目之一。污水处理厂位于崇贤镇大安村，占地33000平方米（49.5亩），一期工程污水处理规模为2万吨/日。工程于2008年4月开工建设，12月28日通水试运行，2009年5月13日通过余杭区质检站的预验收。该项目主要处理崇贤镇范围内的生活和工业污水，污水处理厂采用先进的生产工艺和设备，污水处理后尾水排放标准为一级A，工程投资概算9552万元。

8月3日 西部三镇（黄湖、鸬鸟、百丈）污水工程初步设计经余杭区发展和改革局批复，建设内容为：敷设污水输送管线19千米，压力管管径为DN150～DN500，重力管管径为DN300～DN800；三镇截污纳管工程敷设DN300～DN600排水管线总长15千米（含部分雨水管改造）；在百丈镇和鸬鸟镇各建污水调节池一座，项目总投资概算7600万元。

8月20日 经余杭区政府研究同意，对径山镇、黄湖镇已纳入杭州余杭水务有限公司供水管网的自来水用户，自2010年1月1日起，其供水价格和污水处理费，根据“同网、同价”原则，按全区供水价格和污水处理费的政策标准执行。

8月22日 余杭区委常委、常务副区长沈昱主持召开城建集团重点建设项目推进工作专题会议。会议就余杭污水处理厂二期扩建工程、良渚污水处理厂二期扩建工程有关的概算调整、用地报批、初步设计、参保办理和时间节点等问题做了明确。

8月28日 余杭区国有资产管理委员会办公室批复同意成立法人独资的杭州余杭水务水质监测有限公司，经营范围为自来水和污水的水质监测和相关服务，注册资本10万元 。12月11日，余杭区国有资产管理委员会办公室批复同意注册资本由10万元增加至50万元，所增注册资本由杭州余杭水务有限公司以货币形式出资10万元，以化验设备等出资30万元。

9月15日 浙江省建设、发改、水利、交通等多部门组成的检查组，在副区长屠冬冬的陪同下，对塘栖污水处理厂进行实地检查。检查组领导听取了区水务公司领导对塘栖污水处理厂建设情况、工艺流程、污水收集、污水处理等基本情况介绍，并对中控室、SBR池等生产上的主要环节进行实地查看，检查组对塘栖污水处理厂各方面的工作给予一致认可和好评。

10月12日 余杭区委、区政府专题研究项目建设推进工作，区领导朱金坤、沈昱、王云联、孔祥华和区有关部门，各镇乡（街道）主要负责人参加会议，会议就径山污水处理工程、良渚污水厂扩建工程等22个项目推进工作明确了要求。

10月13日 余杭区委常委、宣传部部长沈旭微和副区长楼建忠主持召开全区截污纳管推进工作专题会议，会议就截污纳管中的泵站交地等13个问题做了明确，并强调要高度重视，坚定目标，明确责任，推进截污纳管工作。

10月20日 副区长屠冬冬主持召开余杭区水体污染控制治理科技重大专项领导小组第二次会议，区长助理何云峰及领导小组成员单位、浙江大学课题组负责人参加会议，会议原则同意专项领导小组办公室提出的《太湖流域苕溪农业面源污染漂流综合整治技术集成与示范工程项目实施意见》，要求各部门做好对接工作，规范项目建设，切实发挥示范效应。

10月31日 杭州余杭水务有限公司召开第二次工会会员代表大会暨二届一次职工代表大会，109名会员（职工）代表和29名列席代表出席大会。会议听取并审议了第一届工会委员会工作报告、第一届工会经费审查委员会工作报告。叶善赞当选第二届工会主席，张建明当选经费审查委员会主任，陈文武当选女职工委员会主任。

11月10日 临平污水总泵站（一期工程）项目可行性研究报告经余杭区发展和改革局批复，总规模为50万吨/日，其中一期工程建设规模为25万吨/日。项目服务范围包括临平城区四个街道、余杭经济开发区、杭州钱江经济开发区，运河镇（部分）、塘栖镇（部分）、崇贤镇（部分）。

11月16日 杭州市生活饮用水水源达标区创建验收小组对余杭区三白潭饮用水源达标区创建工作进行考核验收。验收小组通过查看现场、审阅资料，一致认为三白潭饮用水源符合《生活饮用水水源达标区创建标准》，同意通过考核验收。同时，提出要进一步加强宣传，提高环保意识，落实长效管理机制等建议。

11月19日 杭州市组成专家团队，对余杭区2009年生态建设与环境保护目标责任制进行技术考核，并对余杭区省级生态区创建工作进行预验收。专家组认为余杭区基本符合省级生态区验收的八项基本条件，达到十一项考核指标要求，同意余杭创建省级生态区通过予验收。

12月4日 余杭组团污水处理一期工程续建的1.5万吨/日项目竣工投入试运行。续建工程于2009年3月12日开工建设，建成后的余杭污水处理厂（一期）污水处理规模达到3万吨/日。

12月15日 余杭区发展和改革局批复塘栖镇农村一户一表改造项目。项目建设内容为对塘栖镇超丁村、超山村、丁河村、丁山河村、西苑村、塘栖村和莫家桥村等七个村实行二次改水，自来水用户实行一户一表管理，敷设DN100以上管道11.8千米，总投资概算4260万元。

12月24日 余杭区人民政府第三十三次常务会议讨论通过《余杭区主要污染物排放总量调剂利用管理实施意见（试行）》。

12月30日 中共余杭区委十二届九次全体会议在抓好城市建设方面提出：要抓好供水工程建设，做好城乡供水管网改造和新建管网工作，切实保障城乡居民用水安全；要抓好污水管线敷设和泵站建设，不断增加污水处理量和城镇生活污水处理率。

是年 余杭区全面推进截污纳管工程建设，至12月底，全区截污纳管累计敷设污水管道256.8千米，建设泵站23座（其中，竣工7座、具备通水条件7座、在建9座），当年新增纳管污水量4.73万吨/日。

是年 余杭区全面完成山区农民饮用水工程建设，共投入建设资金20176万元。在百丈、鸬鸟、黄湖、径山、瓶窑、闲林、中泰等7个乡镇的山区村，新建了百丈镇水厂一座，日供水规模800立方米；从山塘水库引水36处，建造山泉（溪）取水口35处，拦水堰坝106座，打深井54眼，沉井6眼，建地埋式蓄水池6座，清水消毒池237处，慢滤池40座，敷设管网2801.9千米，使山区24347户农户、81176人的饮用水得以改善。余杭镇的竹园、仙宅、义桥等3个山区村，在2008年至2009年由杭州余杭供水集团公司实施了城乡一体化供水管网延伸，通过加压供水，使1499户、5395人受益。

2010年

1月7日 余杭污水处理厂二期工程初步设计经余杭区发展和改革局批复，扩建规模为1.5万吨/日，扩建后总规模达到4.5万吨，新增4.5万吨/日规模深度处理设施，出水水质达到一级A排放标准。项目服务范围为余杭镇、闲林镇、仓前镇、五常街道、中泰乡、径山镇、黄湖镇、鸬鸟镇、百丈镇。投资概算为12000万元。

1月27日 塘栖、崇贤污水南排工程项目建议书经余杭区发展和改革局批复立项。项目服务范围为塘栖镇、崇贤镇、余杭经济开发区、杭州钱江经济开发区、星桥街道。

是月 余杭镇仙宅、竹园、义桥给水工程竣工通水，此项工程的建成，解决了余杭镇山区片农民的饮水难问题，通过加压供水，使该三个村与余杭平原地区联网供水，提高了供水质量和数量。工程投资735万元，敷设DN300～DN20的管道95千米。

2月12日　余杭区委副书记、副区长楼建忠等一行领导专程到水务公司生产调度中心，看望慰问水务职工，详细询问入冬以来的防冻供水形势，再三嘱咐一定要确保全区人民在春节期间的正常用水。

3月1日　余杭区人民政府办公室印发经区政府同意由区生态办拟定的《余杭区主要污染物排放总量控制方案》。

3月2日　区政府同意实施鸬鸟、百丈供水工程，将径山供水管网延伸至鸬鸟、百丈两镇。管网从径山双溪村接入—黄湖集镇—鸬鸟白沙区块—百丈溪口集聚点—百丈工业区—百丈集镇。工程由区城建集团负责实施，并承担供水主干管、加压泵站的建设费用，支管建设费用由所在镇政府承担。

3月19日　杭州余杭水务有限公司径山分公司、临平排水分公司、塘栖排水分公司、良渚排水分公司、余杭排水分公司被中共余杭区委、余杭区人民政府评为“余杭区文明单位”。至此，杭州余杭水务有限公司及下属各分公司均为文明单位。

3月19日至21日　浙江省计量认证评审专家组一行4人，对杭州余杭水务监测有限公司实验室进行资质认定（计量认证）首次评审，评审结论为基本符合。

4月27日　由浙江省爱卫会办公室主任邱雪挺带队，省、市爱卫会专家组成的“瓶窑镇巩固国家卫生镇省级督查组”一行5人，对瓶窑镇国家卫生镇运行情况进行实地调查。其间，专程到瓶窑供水分公司进行实地检查，对瓶窑自来水厂的生产工艺流程、厂区卫生等工作给予充分肯定。

是月　杭州余杭水务有限公司余杭供水分公司永建营业所所长候永生，被余杭区人民政府评为“余杭区劳动模范”。

5月13日　余杭区发展和改革局批复同意实施《余杭区鸬鸟、百丈供水项目》，项目敷设DN200以上供水管道22.5千米，建设加压泵站2座，总投资概算4034万元。

5月23日　为配合在建设中的仁和水厂至塘栖DN1400原水管的敷设，确保在停水接点期间，相关水厂的正常运行，三白潭备用水源首次正式启用。上午8时30分开始，三白潭漾内的原水通过DN1400管道开始向塘栖、运河自来水厂输送，至5月25日凌晨1时30分，取水泵关闭，持续取水41小时，取水量约20万立方米。

是月　杭州余杭水务有限公司水质监测中心通过省级实验室计量资质认定。

6月8日　中午起，余杭区主要饮用水源地獐山奉口取水口锰超标，最高值达1.85毫克/升，远远超过《地表水环境质量标准》规定的0.1毫克/升的标准限值，威胁到全区供水安全。9日，省环保局会同杭州市和湖州市环保局等部门对苕溪两岸污染开展全面普查，确认德清县康丰矿业有限公司和杭州余杭仁和镇石料加工厂等石料加工企业的生产废水排入东苕溪，是造成奉口水质猛超标的主要原因。经监测，该二厂排放废水中锰浓度分别高达78.3毫克/升和5.69毫克/升，属严重超标排放（《污水综合排放标准》规定的一级排放标准中锰≤2.0毫克/升）。余杭区环保局为确保苕溪饮用水源水质安全，根据《杭州市生活饮用水源保护条例》的相关规定，责令仁和镇石料加工厂实施紧急停产。

是日 因东苕溪獐山奉口水源水锰含量严重超标，通过青山水库增大下泄流量，使污染带下移。同时，杭州余杭水务有限公司于18时应急启用三白潭备用水源，供塘栖、运河水厂原水，取水至9日上午10时，累计运行16个小时。此属三白潭备用水源工程自2009年5月18日全面竣工后的第二次应急启用，使本次水污染造成的影响降低到最低限度。

6月10日 塘栖、崇贤污水南排工程可行性研究报告经余杭区发展和改革局批复。

6月11日 余杭区副区长屠冬冬在区环保局、水务公司及仁和镇政府相关人员的陪同下，到东苕溪奉口取水口，调研苕溪流域水质情况，要求水务公司加强水质监测，全力以赴确保安全优质供水。

6月25日 余杭区国有资产管理委员会办公室印发《余杭区国有资产经营公司经营者薪酬年度考核实施意见》，实施意见明确考核范围、考核对象、考核原则、考核内容、考核办法、薪酬兑现及其他事项。

7月1日 杭州余杭水务有限公司闲林供水分公司办公经营地址从闲林镇文卫路27号移迁到位于学校路（联胜三组）边新建的办公综合楼。新址占地面积4240平方米(6.36亩)，综合楼建筑面积2147平方米，传达室建筑面积34.1平方米。

7月7日 塘栖、崇贤污水南排工程初步设计经余杭区发展和改革局批复，工程规模为南排污水5万吨/日，敷设南排污水管线9.89千米、泵站设备进行更新，项目投资概算6506万元。

7月26日 杭州余杭水务有限公司为进一步加强安全生产工作的监督和管理，在公司机关设立安全监督处，负责公司安全生产的监督管理工作。

7月30日 径山—黄湖供水二期工程全面竣工，正式投入使用。二期工程供水规模在原有1.5万立方米/日的基础上扩大到5万立方米/日，工程于2009年9月开工建设，2010年6月20日投入试运行，7月30日通过竣工验收，项目投资概算3356.12万元。

8月6日 余杭区副区长屠冬冬主持召开全区饮用水源保护工作领导小组会议，会议明确了饮用水源地保护管理、备用水源地保护管理、工作保障及其他相关问题。会议要求各成员单位要积极发挥作用，加大督查，及时协调解决水源地保护管理工作存在的问题。

8月22日 杭州余杭水务有限公司新购置的应急送水车首次启用，为瓶窑镇羊城大道附近停水的用户送水，使因突发事件停水后的居民和企业得到基本用水需求。

10月8日 良渚污水处理厂二期工期项目初步设计经余杭区发展和改革局批复，扩建规模为1.9万吨/日，扩建后规模达到3.9万吨/日，新建3.9万吨/日（实际达到4.0万吨/日）规模深度处理设施，处理后尾水排放执行一级A标准，总投资概算10200万元。

10月19日 余杭区排水管理办公室主持召开《全区饮用水源保护区域污水处理工程规划方案》审查会，会议原则通过由浙江省城乡规划设计研究院编制的《余杭区饮用水源保护区域污水处理工程规划方案》。

是年 余杭区截污纳管工程继续全面推进，至12月底，全年累计敷设污水管道133.73千米，建成泵站11座，调节池3座，新增纳管污水量2.79万吨/日，全面完成了

2009年—2010年全区截污纳管工作目标。

2011年

1月5日 杭州余杭水务有限公司根据国家安全生产管理局有关《生产经营单位安全生产事故应急预案编制导则》（AQ/T 9002-2006）的规定和预案保护及更新的要求，修订并发布《杭州余杭水务有限公司液氯事故应急救援预案》。

1月10-14日 獐山奉口取水口受上牵埠污水及下游湘溪港污水倒灌影响，原水氨氮上升为1.0毫克/升~2.5毫克/升，通过上纤埠船闸封航和青山水库放水后原水水质恢复正常。

1月20日 临平污水总泵站（一期工程）项目初步设计经余杭区发展和改革局批复，一期工程建设25万吨/日污水泵站一座，敷设重力流污水管线5.9千米，压力管线4.3千米，建筑面积3811.9平方米，投资概算19033万元。

3月15日 杭州余杭水务有限公司余杭分公司办公地址从余杭镇城东路整体搬迁到余杭镇金星村余杭污水处理厂内。

4月26日 为实施“环境立区”战略，加强水环境整治和饮用水源保护，余杭区成立“水环境整治及饮用水源保护领导小组”，区长姜军任组长，副区长楼建忠、屠冬冬、祝振伟任副组长，成员由区级有关部门和各镇乡街道主要负责人组成。下设办公室和4个工作指导小组，办公室设在区环保局。

5月17日 副区长屠冬冬主持召开运河大麻断面周边地区生态环境综合整治专题会议，会议讨论明确，建立日常协调机构，完善整治工作方案，加快截污纳管前期工作，对接好全区工作计划，加大财政扶持力度，优化各项整治政策。

6月3日 临平污水处理厂一期工程可行性研究报告经浙江省发展和改革委员会批复，污水处理厂选址于杭浦高速公路以南、老航海路以北、规划运河二通道以东，用地规模为17.53公顷（263亩）。排放口选址于钱塘江九堡大桥上游1千米处，排放口离岸距离为距防洪堤外口200米处。

6月4日晚至9日 南苕溪上游临安青山工业园区内企业排放污水，苕溪水中半挥发性有机物含量异常（二氢化茆、丙烯基苯、二聚环戊二烯等）使原水臭味明显，导致余杭自来水厂停止制水4天，余杭镇改为全部由杭州水业集团供水；瓶窑自来水厂投加粉末活性炭并限制供水，瓶窑、良渚两镇为居民送水；獐山、宏畔、塘栖、仁和自来水厂启用三白潭备用水源2天，运河自来水厂启用博陆备用水源1天。

6月30日 瓶窑镇人大第二代表小组的区人大代表定向视察苕溪饮用水源保护工作，区人大常委会副主任凌美娟在视察时指出，苕溪饮用水源保护任重道远，必须保持长效管理，要加大相关法律、法规宣传力度，加大水源保护力度，巩固水源保护措施，建立长效管理监督机制，要形成合力，确保饮用水源安全。

7月14日 崇贤污水南排工程顺利通水，有效改善了运河水质。

8月11日 杭州余杭水务有限公司与支付宝合作，开通支付宝水费在线缴纳业务，为用户开辟了更为便捷的自来水缴费方式。

8月16日 余杭区林业水利局印发《关于加强余杭区水资源费征收管理的通知》，根据国家相关法规和规定，进一步明确了水资源费缴纳义务人、水资源费征收标准、水资源费计量点、计量设施、计量装置检定、计量确认与年度用水量核定和收费方式等相关规定。

9月8日 杭州市委常委、余杭区委书记朱金坤率队对临平污水泵站进行安全检查，朱书记强调：临平污水泵站是一重大民生工程，工程的进度要保证，质量更要保证，要努力将临平总泵站打造成花园式泵站。

9月19日至21日 中国检验认证集团浙江省有限公司审核考察一行四人对杭州余杭水务有限公司的质量环境体系进行再认证审核，审核组认为，水务公司自运行质量环境体系以来，管理规范、工作有序，顺利通过再认证审核。

9月26日 16点30分，临平污水南排主干管（翁梅泵站至乔司泵站的DN1800污水主干管）突发爆管事故，经过近40小时的全力抢修，于9月28日中午12时恢复正常的污水输送工作。

10月8日 区长姜军在临平污水南排主干管突发爆管事故及处理情况的报告上批示：处理及时，应予肯定；总结经验，防患未然。10日，区委常委、常务副区长沈昱批示：要举一反三，对经常发生管线被损坏的事故要有效措施，化被动为主动，确保供排水安全运行。

10月17日 余杭区人民政府办公室印发《杭州市余杭区城市污水系统运行突发事件应急预案（试行）》。

11月1日 余杭区人民政府批复同意由浙江省城乡规划设计研究院编制的《杭州余杭经济开发区污水专项规划》，规划面积51.34平方千米，设12个排水分区。规划近期（2015年）污水量6万吨/日，远期（2020年）污水量10万吨/日，远景（2030年）污水量20万吨/日。

11月5日至6日 杭州余杭水务有限公司举办第三届职工运动会，比赛设田径、游泳等9个大项、18个小项（含3个集体项目、15个个人项目、1个表演项目），有15个代表队，380名运动员参加比赛。创造了男子100米，男、女跳远等三项新的职工运动会记录，运河、塘栖、城北分公司代表队分享团体总分前三名。

12月15日 余杭区物价局印发《调整非居民生活用水和特种行业用水价格的通知》。非经营性用水、经营性（工业用水）、经营性（商业用水）价格调整为2.30元/立方米，经营性（建筑用水）价格维持2.30元/立方米不变，特种行业用水价格调整为5.00元/立方米。其中为减轻工业企业负担，工业用水暂不执行调整后的价格，仍按1.75元/立方米计。调整的水价自2011年12月1日（用水时间）起执行。同时，改进用水分类，将现行的非经营性用水、经营性（工业用水）、经营性（商业用水）、经营性（建筑用水）等四类合并为“非居民生活用水”，改进后的供水类别分为居民生活用水、非居民生活用水和特种行业用水等三类。

12月16日 临平污水处理厂一期工程初步设计经浙江省发展和改革委员会批复，项目新建20万吨/日污水处理厂1座（含30吨DS/日污泥半干化处理设施和4150平方米附属用房），新建污水处理厂至高位井的DN1800尾水排放管10.482千米，新建20万吨/日规模的尾水排放口1座。污水处理采用“水解池十多点进水倒置A/A/0+絮凝沉淀+纤维过滤+紫外线消毒”的三级污水处理工艺；污泥处理采用机械浓缩脱水、超圆盘干化的处理工艺。尾水排放受纳体为钱塘江，污水处理厂出水排放水质按《城镇污水处理厂污染物排放标准》（GB18918－2002）一级A标准执行。工程服务范围为：临平副城的临平、东湖、南苑、星桥街道，余杭经济技术开发区、杭州钱江经济开发区、乔司街道、崇贤街道、塘栖镇及下沙北片（部分）。

2012年

3月31日 运河自来水厂备用水源保护区污水工程开工建设，新建规模为3300吨/日污水井式泵站6座，敷设DN160～DN400污水管10.7千米，投资概算2617万元。

4月16日 余杭区林水局主持召开《三白潭备用水源地扩容保护工程方案》讨论会，区水务公司、仁和街道办事处和林水局等部门的代表和专家听取由浙江省水利水电勘测设计院关于《三白潭饮用水源地扩容保护工程专题研究报告（初稿）》，经讨论后，对部分项目及总估算作了调整。

4月19日 余杭区住建局主持召开《良渚组团和瓶窑镇污水工程专项规划》评审会，区级有关部门和良渚街道、仁和街道、瓶窑镇、良渚组团管委会、农副物流中心管委会等相关部门负责人参加会议。会议原则通过由省城乡规划设计研究院编制的《良渚组团和瓶窑镇污水专项规划》，并提出部分修改意见。

4月24日 杭州市政府副秘书长率领杭州市相关部门负责人冒雨调研仁和水厂施工现场，水务公司董事长李冰石陪同，并向市领导一行介绍仁和水厂项目概况、取水水源、净水工艺和供水范围等基本情况。

5月4日 杭州市环保局副局长劳新祥率检查组对余杭污水处理厂2011年“创模”复检工作进行检查指导，区环保局副局长倪子荣陪同检查。检查组实地察看污水处理现场、处理后水质和“创模”台账后，表示对此检查结果表示满意。

5月15日 余杭区发展和改革局主持召开《余杭区供水专业规划（修编）》评审会，省、杭州市、余杭区有关建设、规划、环保、水利方面的专家和有关镇街、部门的分管领导参加评审会。规划（修编）按全区城市规划总体结构调整后的需要，确定余杭的供水发展方向，科学指导全区给水工程建设、城乡饮用水保障等工作，为余杭经济社会的可持续发展做好保障。

是日 余杭污水处理厂二期扩建工程各标段全部通过综合验收，污水处理规模由3万吨/日扩建到4.5万吨/日。项目投资概算12000万元，工程于2009年12月开工建设，同时新建4.5万吨/日规模深度处理设施，使出水水质由原一级B提升到一级A排放标准。

5月31日 临平污水总泵站一期工程通过竣工验收。工程于2009年12月开工建设，设计规模为50万吨/日，其中一期工程25万吨/日，占地23131平方米（34.695亩），项目概算19033万元。项目的竣工使临平副城污水南排的输送能力由原来的12万吨/日增加到25万吨/日，大大提升了污水输送的保障能力。

6月6日 运河街道人大常委会主任戚明强带队辖区内区人大代表20余人走访视察杭州余杭水务有限公司运河分公司，在察看了博陆喜庵港备用水源取水口、运河水厂备用水源保护区污水工程现场和运河自来水厂后进行了座谈交流。人大代表认为目前饮用水安全基本得到保障，对水务公司工作给予肯定。建议要加大备用水源保护力度，维护生态环境安全，各方共同努力，确保饮用水安全。

6月19日 副区长施建华主持召开会议，专题研究截污纳管工作，会议明确要修编完善污水收集系统专项规划，要加大排查工作力度，加大截污纳管工作力度，加大雨污分流力度，加大工作创新力度，加大监督考核力度，采取有效措施，推进全区截污纳管工作。

6月25日 为严格实行区域主要河流和跨行政区域河流交接断面水质保护管理，促进水环境综合治理和水环境质量改善。余杭区人民政府办公室印发《余杭区行政区域主要河流和跨行政区域河流交接断面水质保护管理考核办法》。

6月28日 余杭区政协副主席黄莉率区政协城建与人口资源委员会一行20余人参观宏畔自来水厂，对宏畔水厂整洁的环境、先进的生产检测设备及科学的管理方式给予充分肯定。

6月30日 良渚污水处理厂二期工程完成初步验收，二期工程的土建、绿化、自控建设圆满完成，9月18日进入调试运行阶段。二期工程设计新增规模2万吨/日，使良渚污水处理厂总规模扩建到4.0万吨/日，投资概算10200万元。

7月2日 杭州余杭水务有限公司塘栖分公司营业大厅入驻塘栖镇市民之家。

7月24日 杭州余杭水务限公司组织中层以上干部走进省第四监狱，接受一次特殊的党风廉政和反腐败警示教育。

8月1日 仁和水厂供水工程（一期）正式并网供水。该工程于2009年12月开工建设，被列为省、市的重点工程，余杭区的重要民生项目。设计规模为40万立方米/日，一期工程20万立方米/日，投资概算54865万元。一期工程并网后，使余杭区供水能力提高到77.19万立方米/日，有效缓解夏季供水高峰的压力。

8月3日 杭州余杭水务有限公司仁和分公司营业大厅从獐山自来水厂内整体搬迁至仁和街道仁和大道38号，宽敞明亮的大厅、规范的服务标准和清晰的业务流程，大大方便 了仁和街道广大用户。

8月15日 副区长施建华专题调研饮用水安全保障有关工作，区有关部门、相关镇街和良渚组团管委会有关负责人参加会议。会议明确三白潭备用水源周边污水处理工程和良渚安溪北片截污纳管工程建设涉及的相关事项。

8月17日 杭州市九三学社主委会一行七人，到杭州余杭水务有限公司塘栖分公司就民众所关心的饮用水安全问题开展主题调研。

8月24日 杭州余杭水务有限公司为规范各营业厅服务行为，提升客户满意度，提高文明服务水平，更好塑造水务窗口新形象，制订并组织实施《营业厅服务与经营标准化手册》。

是月 杭州余杭水务有限公司投资40余万元，购置一台进口原子吸收光谱仪，经调试运行，提升了水质监测中心的监测能力。

9月18日 余杭区民政局、余杭区物价局联合印发《关于做好社区居委会公益性服务设施实行居民用水、用电、用气价格手续申办工作的通知》，通知明确社区居委会公益性服务设施的范围界定、手续申请办理程序和相关要求。

是日 杭州余杭水务有限公司良渚分公司办公地址从良渚周家里村一组移迁到良渚村四组（冯家桥）污水处理厂内。

10月23日 杭州余杭水务有限公司完成“三体系”认证工作，今年在体系认证中新增加职业健康安全标准（GB/T 28001－2011），并把污水运营纳入到“三体系”认证之中，“三体系”的运行，实现公司的各项主营业务全覆盖。

11月28日 杭州余杭水务有限公司在百丈镇设立径山分公司百丈营业所，负责百丈、鸬鸟两镇的供排水工作。

11月29日至12月2日 德清湘溪港劣Ⅴ类水倒灌东苕溪，仁和水厂取水口处氨氮异常偏高，氨氮、铁、猛严重超过饮用水源水质标准，水厂投加粉末活性炭、高锰酸钾处理原水，并启用三白潭备用水源2天。

12月11日 杭州余杭水务有限公司仁和分公司办公地址从獐山自来水厂迁至新落成的仁和自来水厂内。

12月17日 杭州余杭水务有限公司为保证企业及人民生命财产的安全，防止突发性重大甲醇事故的发生，根据相关法律法规的规定，结合本单位实际，制订《杭州余杭水务有限公司甲醇事故应急救援方案》，预案自2013年1月1日起施行。

第一篇
水资源与饮用水源

余杭地处杭嘉湖平原和浙西丘陵山地的过渡地段，地势由西向东倾斜。西部为山地丘陵地带，东部为平原水网地带，东苕溪为这两种地形的分界。西部多山，沿北苕溪两岸分布有较大面积的低丘洼地；东部平原区，除零星分布一些弧丘外，地势平坦，分为水网平原和滩涂平原。运河流域水网平原地势低平，河荡密布，以中部和东北部运河沿岸为最低，东南部的滩涂平原地势高亢平坦，微向北倾。

余杭境内有东苕溪、大运河及上塘河三大水系及擦境而过的钱塘江。东苕溪自西向东折北贯穿区境西北，大运河由南而北穿越区境中部，上塘河从西向东横贯临平城区，三大水系相互沟通，从多支流河道汇集其间。因地势差异，分成东西两片水系，东部水系多属人工开凿的河流，以大运河和上塘河为骨干，河港交错，湖塘棋布，呈网状形；西部水系为天然河流，以东苕溪为主干，支流众多，呈羽状汇集。

水是人类生存和发展不可替代的资源，是经济社会可持续发展的基础。余杭虽地处平原水乡，但水资源并不丰富。境内因受季风影响明显，降水年际变化较大，同时降雨径流年内分配不匀，降雨的季节变化十分明显，降水空间分布差异大。全区多年平均降水量1391.8毫米，年降雨日130天~145天，降水总量17亿立方米左右。由于储水条件不足，大部分降水以洪水形式流失境内。全区多年平均水资源总量为91527.50万立方米，其中，地表河川径流量为84932.64万立方米，地下水资源量为19434.74万立方米，地下水资源与地表水资源间的重复计算量为12838.88万立方米。按2012年全区户籍人口计算，人均水资源量仅1027.9立方米，只占杭州市2012年人均2513.8立方米的40.89%。尽管东苕溪有上游过境水量加入和下游太湖倒灌水量补偿，但水资源利用仍不乐观，尤其是部分水环境已被污染，降低了水的使用功能，使境内缺少优质的饮用水源，水质性缺水已逐渐成为制约余杭经济社会可持续发展的重要因素。

第一章　水资源

水资源主要来源于大气降水，降水形成的地表和地下产水量，即为水资源总量。地表水是指河流、湖泊等地表水体中由当地降水形式的，可以逐年更新的动态水量，用天然河川径流量表示，地下水是指地下水资源中参与水循环可以逐年更新的动态水量。

余杭属亚热带季风气候区，四季分明，雨水充沛。但大气降水在年际之间，地域之间差异较大，使降雨径流在年度之间有差异，地域之间分配不均。同时，降雨的季节变化十分明显，每年降雨集中在春夏之间的梅雨期和夏秋之间的台风雨期，由于降雨集中，绝大部分产流以洪水径流的形式排泄，能够控制利用的水资源量较少。

第一节　自然环境

一、地理位置

杭州市余杭区位于杭嘉湖平原南端，西倚天目山，南濒钱塘江，中贯东苕溪和大运河。地理坐标为北纬 30°09′～30°34′、东经 119°40′～120°23′。东西长约 63 千米，南北宽约 30 千米，呈东西较长、南北较短的地域范围形态，总面积约 1220 平方千米。

余杭从东、北、西三面成弧形拱卫省会杭州主城区，东面与海宁市接壤，东北与桐乡市交界，北面与德清县毗连，西北与安吉县相交，西面与临安市为邻，西南与富阳市相接。余杭是杭州通往沪、苏、皖的门户，是长江三角洲的圆心地。

二、地形、地貌

余杭地处杭嘉湖平原和浙西丘陵山地的过渡地带，大体以东苕溪为界，西部为山地丘陵河谷，长期基本稳定；东北部为水网平原区，东南部为滩涂平原。从公元前 5 世纪起，历尽沧桑变迁，随文明进步而逐步开拓，形成如今地貌。境内地势由西北向东南倾斜，西北与西南部属天目山东麓，山体顺南、中、北 3 条苕溪谷地两侧呈马蹄形展布，重峦迭嶂，海拔 500 米以上山峰大多在此。东部平原主要分布在京杭运河两侧，平畴一片，荡漾棋布，是闻名的杭嘉湖水乡平原。东南部为滩涂平原，分布于星桥周杨村至亭趾一线以南，地势略高亢平坦。地貌分山地、丘陵、平原 3 个类型：

山地　主要分布在鸬鸟、百丈、黄湖、径山等镇，面积约 69 平方千米（10.35 万亩），占全区总面积的 5.63%。海拔 1000 米以上的山峰有窑头山（1095 米）和红桃山

（1029米）2座，海拔500米～1000米之间的山峰有鸬鸟山（870米）、峰高岭（708米）、王位山（726米）、红山顶（640米）、径山（616米）等13座。由火山岩、侵入岩、沙页岩组合。这一区域年降水量在1600毫米以上，多暴雨，气候垂直差异明显。自然植被为毛竹、小竹山、松、杉等。

丘陵　可分为高丘、低丘、孤丘、谷地四类，总面积约403平方千米（60.45万亩），占全区总面积的32.87%。高丘（海拔350米～500米）面积约213平方千米（31.95万亩），占全区总面积的17.31%，主要分布在黄湖、径山、瓶窑、鸬鸟、中泰、闲林等镇街，海拔在353米～493米之间的山峰有百丈镇上大山（493米）、鸬鸟镇棋盘岭（482米）、余杭街道舟枕山（398米）、径山镇帽子顶（468米）、瓶窑镇白鹤山（480）米、良渚街道大遮山（483米）、中泰街道洞山（425米）、闲林街道午潮山（497米）等18座，均为岩熔发育微弱的褶皱山体，由白云质灰岩和沙页岩组成。低丘，海拔低于350米的面积约201平方千米（30.15万亩），占全区面积的16.43%，主要分布在良渚、瓶窑、径山、余杭、闲林、中泰等镇街，气候条件与平原相近，海拔100米～350米的山峰有26座。孤丘，海拔27米～361米的面积约58平方千米（8.7万亩），占全区土地总面积的4.73%。谷地，海拔5米～10米不等，主要分布在南、中、北3条苕溪的中上游。

平原　按其成因可分为水网平原、滩涂平原和河谷平原3类，平原面积约754平方千米（113.10万亩），占全区面积的61.50%。水网平原主要分布于京杭运河两侧，属杭嘉湖水乡平原，海拔在2.5米～4.5米之间。滩涂平原分布于星桥街道周杨村与亭趾一线以南，是在海积作用为主，冲击湖积作用为辅的条件下形成的，地势略高亢平坦，地面高程在4.5米～7.5米之间。河谷平原主要分布在南、中、北三苕溪谷口至东苕溪一带，地势稍高而微倾，比较平坦，海拔3.5米～5米，北接低山丘陵，南连水网平原，三者呈渐变过渡。

三、气候

余杭属亚热带季风气候区，温暖湿润、雨量充沛、光照充足、四季分明。一年中，随着冬、夏季风逆向转换，季节性变化明显，形成春多雨、夏温热、秋气爽、冬干冷的气候特征。由于季风气候影响，余杭历来是暴雨、洪水、台风、干旱等灾害多发地区之一。

1956年，上海气象局在杭州茶叶试验场建立浙江余杭气候站，1957年1月开始气候观测，制作气象月、年报表。1958年10月，余杭县撤销并入临安县，气候站交杭州茶叶试验场管理，改为场办气候站。1960年2月，在临平镇西南郊外，筹建钱塘联社气象站。1961年4月，恢复余杭县建制后改名为余杭县气象站，1962年4月，因精简机构而撤销，余杭县气象服务由杭州市气象台承担。2009年3月22日，成立杭州市余杭区气象局，并在各镇乡（街道）及中心城镇设立25个气象监测站，开展境内气象服务。

气温　20世纪20年代至40年代，气候逐渐变暖，气温升高，年平均气温15.8℃～16.2℃。1951年至1990年，余杭年平均气温为16℃～16.5℃，1991年至2000年，年平均气温为16.8℃，2001年至2005年，年平均气温为17.7℃。1950年至2000年，年平均高温（35℃以上）天气22.5天。2001年至2005年，年平均高温天气为43.5天。等温线横穿境内中部，受地形、海拔影响，水网平原和滩涂平原年均气温稍高，为15.9℃～16.2℃，河谷平原为15.8℃，西部山区则低于15.5℃。在山区年平均气温的垂直递减率为0.41℃/100米，递减率各月不同，以8月最大，为0.56℃/100米，11月最小，为0.26℃/100米，且呈随着气温升高而递减率增大的趋势。山区气温除海拔影响外，还与波向、开阔度等地形条件有关。如百丈地处狭窄的山谷中，日照短，冷空气易堆积；而径山东面山坡，开阔向阳，冷空气不阻滞，又在逆温层中，海拔虽高出百丈，而气温反高于百丈。年最高温度有记录的为40.7℃，最低温度为－14.9℃（1977年1月5日）

日照　年日照为1800小时～2000小时，日照百分率为41%～44%。境内东部日照约2000小时，日照百分率为54%；西部由于受山体遮蔽影响，日照时数少于1800小时，日照百分率小于41%；东部比西部日照偏多200小时以上。冬春作物和夏秋作物的光照条件，东部平原均比西部山区优越。年内日照以8月最多，平均为251.9小时。2月份最少，平均不到120小时，最小月与最多月相差一倍以上。日照时数在年际间存在明显的差异，最多年达2124.2小时，最少年1507.1小时，极差为617.1小时；相当于全年时数的1/3。

蒸发　境内水域面积大，水体效应明显，属湿润地区。年平均蒸发量等值线东部大于西部，平原大于山区，等值线值在700毫米～750毫米之间。年平均水面蒸发量681.5毫米，蒸发量小于降水量。蒸发量的大小与气温的高低基本一致，气温高则蒸发量大，气温低则蒸发量小。因地形影响，平原年水面蒸发量高于山区。年内月水面蒸发量最大为7月、8月，约占年蒸发量的25.8%，最小为1月、2月，约占年蒸发量的3%～4%。汛期水面蒸发量占全年水面蒸发量的75.7%。

20世纪80年代，年水面蒸发量呈减少趋势，90年代存在较大幅度的波动。2000年以后略呈上升趋势。据百丈水文站记载，1981年至2002年平均年水面蒸发量为655毫米，最大为1994年816.7毫米，最小为1999年580.7毫米，差值236毫米，年蒸发量最大值是最小值的1.4倍。百丈站位于西北山丘区，较平原区年蒸发量小。

雪、霜、雾　20世纪中叶，气温逐渐转暖。据1985年—2004年气象记录分析，余杭境内初雪期在12月下旬，终雪期在3月中旬，年平均降雪日数2天～3天，积雪期在1月—2月，2月为最多，积雪日数平均3.1天。

平原地区无霜期为243天左右。常年于11月15日初霜，3月17日终霜。但随着年际冷空气出现早迟，初霜期迟早相差39天，无霜期长短相差52天。在海拔200米以下的半山区，无霜期为231天左右；海拔200米以上地区，初霜较平原早7天左右，无霜期缩短12天左右。海拔500米以上山地，无霜期为209天左右。

雾在一年四季均有出现，以秋冬季节较为多见，约35天左右。山区和半山区在秋冬季常有大雾弥漫，形成一定范围的小气候。平原地区年有雾日在15天～30天左右，日变化规律显见，一般生成于下半夜至清晨日出之前，日出升温2小时～3小时消散。

四、自然灾害

余杭地处杭嘉湖平原与浙西山区的过渡地带，西部山区及上游天目山脉系浙江省暴雨中心之一，又是境内南、中、北苕溪的源头，溪道坡陡水急，洪水暴涨暴落；东部平原离杭州湾沿海较近，常遭台风侵袭，且河网交错，地势低平，上游洪水直下，下游太湖水顶托，极易洪涝成灾；上塘河流域及部分山区地势高、水源缺，常易发生干旱。余杭暴雨、洪水、干旱、台风等灾害频繁。

1. 暴雨

日雨量≥50毫米为暴雨，日雨量≥100毫米的为大暴雨。境内由东向西递增，瓶窑、余杭以西出现较多，百丈、太平等山区属暴雨中心。暴雨类型有：梅雨暴雨、台风暴雨、强对流暴雨。

梅雨暴雨　发生在春夏之交，降雨一般集中在6月初至7月上旬的梅汛期间，个别年份也有提前至4月—6月，其特点是持续时间较长，一般连续降雨可达3天～7天，有的年份持续时间更长。如1977年4月24日至5月2日阴雨长达28天。降雨范围大，强度相对较均匀。平均梅雨期为23天，梅雨期长的年份如1954年，达77天，降雨量1136.50毫米，占全年降水量的48%。

台风暴雨　在每年7月至9月，境内常受台风暴雨袭击，其特点是历时短、强度大、范围相对集中。1956年8月1日至2日，第12号台风暴雨，东苕溪上游天目山区市岭雨量站测得12小时降水量487毫米，24小时降水量687毫米，3日降水量688.2毫米。

强对流暴雨　即热雷雨，境内各地均有发生，其特点是局部地区发生，历时短（一般3小时左右）、强度大，易形成小流域山洪与地质灾害。2011年9月8日23时至24时，瓶窑站1小时雨量103.5毫米，最大3小时降雨量150毫米～200毫米。

2. 洪水

发生洪涝的直接原因是降水强度大或长期连续阴雨，同时与地形植被及水利条件有关。历史资料显示，余杭水灾频繁发生，故有“大灾三六九，小灾年年有”之说，尤其是东苕溪流域，因上游天目山等地暴雨，造成苕溪流域洪水频发。明成化年间（1471）夏，余杭大水冲决化湾堤塘，淹没农田，灾及杭州。清康熙五十五年（1716），大水冲坍安溪陡门。民国11年（1922）因洪水，中北苕溪水淹屋顶。民国31年（1942）5月至7月三个月降雨878.9毫米，其中塘栖950.8毫米（相当于全年降雨量的42%），引发大范围水灾。由于历史原因，这些灾情记述比较简单，详情无从查考。

1949年至2010年，境内发生大洪水据实测资料主要有：1951年7月、1954年5月、1956年8月、1963年9月、1983年6月、1984年6月、1996年6月、1999年6月等8次，苕溪瓶窑均超过危险水位。1999年7月1日最高水位达到9.18米，7月2日大运河塘栖最高水位5.48。东苕溪洪水瓶窑站水情基本情况见表1－1。

3. 干旱

境内干旱主要发生在7月至8月、9月至10月、11月至次年1月这3个时段，分别为

表 1－1　　东苕溪洪水瓶窑站水情基本情况

大洪水（年）	洪峰水位		洪峰流量		降水量（毫米）					
	水位（毫米）	发生时间（月日）	流量（立方米/秒）	时间（月日）	一日		三日		七日	
					雨量	日期（月日）	雨量	日期（月日）	雨量	日期（月日）
1951	8.48	7月18日	—	—	111.9	7月16日	191.2	7月15日至7月17日	245.0	7月11日至7月17日
1963	8.62	9月13日	753	9月13日	289.1	9月12日	346.0	9月11日至9月13日	367.7	9月8日至9月14日
1984	8.97	6月14日	795	6月14日	227.7	6月13日	288.6	6月12日至6月14日	327.4	6月7日至6月13日
1990	8.57	9月1日	785	9月1日	151.7	8月31日	179.3	8月29日至8月31日	186.8	8月30日至9月5日
1996	9.07	6月30日	750	6月30日	142.5	6月30日	263.6	6月29日至7月1日	332.6	6月25日至7月1日
1999	9.18	7月1日	648	7月1日	88.4	6月24日	191.7	6月24日至6月26日	372.6	6月24日至6月30日

伏旱、秋旱和冬旱，造成干旱的原因主要是天晴无雨，气温高，蒸发大引起，其次与水利设施、土壤蓄水性能等因素有关。山区、半山区和平原高亢区最易受灾。上塘河以南地区（即上塘河灌区），因地势较高，加上钱塘江水含盐度高，难以引灌，每年的早稻播种期间就开始缺水，仅靠临平小林的横山一、二级翻水站提运河水和杭州德胜坝泵站翻运河水补充上塘河来缓解用水紧张的矛盾。西部山区、半山区为旱情受灾的重点地区；其次是运河地区的一些高水区，如余杭、五常、闲林、崇贤等地也时有旱情发生。据统计，从 1949 年至 2010 年中，连续 60 天无雨的有 1973 年和 1988 年。

新中国成立后，在干旱突出的年份中，部分支流河道曾出现断流、甚至河床干涸的（“河干”）现象。据余杭县水文站监测，1934 年 8 月 26 日，瓶窑站最低水位 1.63 米；1968 年 10 月 9 日，东苕溪余杭站断面河干；1964 年 9 月 17 日，瓶窑站断面最小流量为 －10.0 立方米每秒（因太湖水倒流所致）；1978 年 9 月 9 日大运河塘栖水位仅 2.03 米；1985 年 12 月 1 日上塘河临平河干。

4．台风

台风是夏秋季影响余杭的重要灾害性气候，其影响大小与台风路径、强度、环流形势及天文潮汐等因素有关。凡台风中心进入北纬 25 度～30 度、东经 115 度～125 度区间，对余杭均有不同程度的影响。若从海上登陆或近海转向北上，则对余杭东部、北部影响较大，其暴雨中心多数出现在东苕溪流域。台风主要发生在 7 月中旬至 9 月中旬，但亦有特殊年份，最早的台风出现在 5 月下旬（1964 年第 2 号台风），最迟在 10 月上旬（1964 年第 23 号台风、1994 年第 30 号台风）。在 1956 年至 2010 年 54 年中，影响余杭的台风共有 92 次，平均每年 1.5 次。台风影响历时一般 3 天至 5 天，最长达 7 天，最短仅 1 天。

新中国建立以来，危害余杭最大的一次台风发生于 1956 年 8 月第 12 号台风。8 月 1

日凌晨遭台风袭击，风力达到 11 级，瞬时风速超过 35 米/秒，境内普降暴雨，百丈一天降雨量达 190 毫米，东苕溪上游临安市岭 1 日降雨 563.9 毫米，临安青山镇龙王塘冲毁，洪水直冲中桥、泰山，紧逼南湖，石门桥龙舌嘴堤塘冲坍 20 米缺口，洪水直冲余杭集镇，毁房百余间，余杭镇居民和中桥、泰山部分农民上宝塔山避险。除水利、交通、电力、通信设施损坏以外，吹塌房屋 9456 间，受伤 486 人，死亡 53 人。

5．冰雹

冰雹大风（龙卷风）境内时有发生，尤以 4 月—7 月出现概率多，几乎每年都有。1960 年—2005 年，出现 22 次，有时危及一两个镇乡，有时危及十几个镇乡。降雹来势猛，时间短，一般仅 10 分钟 ~ 20 分钟，降雹常常伴有大风，大风可持续数小时。冰雹小的如黄豆，大的如鸡蛋，旧县志记载有大如茶杯、汤碗的。境内冰雹有两个多发区，中泰、余杭、径山、鸬鸟等地和运河、塘栖、乔司等地。冰雹大风的路径有 3 条：一路是从天目山来的雹风，朝东袭击中泰、余杭一线；一路经窑头山，袭击鸬鸟、径山、瓶窑、仁和、塘栖一线；一路从莫干山由北向南袭击塘栖、临平、乔司一线。除冰雹大风外，局部地区大风也常有发生。

第二节　水文水系

一、水文观测

第四纪古地理研究表明，余杭境内水文可上溯至距今 10 万年前。因境内地形背山濒江，暴雨及洪水强度大，宣泄不畅，水害严重。

余杭区水文观测始于民国 11 年（1922 年）2 月，设余杭水文站。民国 17 年（1928 年）6 月，设余杭、瓶窑雨量站观测雨量。民国 19 年（1930 年）2 月设黄湖雨量站和潘板水位站。民国 20 年（1931 年）设塘栖、临平、三墩雨量站。中华人民共和国成立后的 1950 年 5 月，置瓶窑水文站，观测降水量、水位、流量、含沙量、水面蒸发量等项目。同年，置余杭水文站。1952 年，置长乐、张堰水文站。1954 年，置百丈、塘栖、临平水文站。1965 年，置黄湖雨量站。上述水文站记录东苕溪、大运河、上塘河水位。1969 年，设南湖、北湖滞洪区水位台。1972 年设四岭水库水文站，1995 年设良渚水位台，2003 年 5 月全区 5 座小（一）水库设水位、雨量站，2005 年 5 月 22 座小（二）水库设水位站。2010 年 5 月，新建黄湖、北湖、南湖滞洪区内、何家徒门、中北苕溪之间（汤湾渡）、余杭—德清交界处共 6 个水位台和泮板、长乐 2 处测流缆道。

水文测报方式从木船定位、手工操作、电报电话报汛，发展到电动缆道测流、集成电路显示、遥测自动测报系统等观测水文。

二、水文特征

经水文观测分析，余杭水文特征主要表现为降水受季风和地形影响，年间不均，因降水量不均而造成的河流水位变幅大，流量和径流量差距大等特征。

降水量　余杭区1956年—2000年平均降水量1391.8毫米，年降雨日130天~145天，平均降水总量17亿立方米。降水年际变化较大，年际变化最大值与最小值之比值在2.1~2.4之间。据1950年—2010年余杭各水文站资料显示，瓶窑站最大年降水量为1954年1953.4毫米，最小年降水量为2003年920.9毫米；塘栖站最大年降水量为1999年1907.6毫米，最小年降水量为2003年822.2毫米；余杭站最大年降水量为1954年2077.1毫米，最小年降水量1979年917毫米；百丈站最大年降水量1973年2141.5毫米，最小年降水量1978年1000.1毫米。年内分配不匀：3月—6月冷暖气流交替频繁，形成春雨绵绵和初夏梅雨，以6月降水量最多，平均211.3毫米，占全年平均降水量1391.8毫米的15.2%；7月—8月盛夏，高温少雨；8月—9月台风活动增多，冷空气开始南侵，出现台风暴雨或连续阴雨；10月至翌年2月北方冷空气控制，降水较少；10月、11月、12月甚至出现降水量为零的月份。4月—10月汛期降水量为1031毫米，约占全年平均降水量74.1%，其中6月、7月、8月3个月占全年降水量40%左右。降水量地域差异明显，山区降雨量多于平原，随地形增高而由东向西递增。临平、塘栖等平原地带，年平均降水量在1200毫米左右；百丈、鸬鸟、黄湖等山区，年平均降水量在1500毫米以上。据1965年—2010年雨量记录资料显示，多年平均降水量百丈站1571.6毫米，临平站为1266.7毫米，相差100毫米~300毫米。

水位、流量　水位、流量与该控制区域的降水、河道断面比降、流程长短密切相关。每年汛期，特别是梅汛期降水丰沛，河道流量大，水位上升；非汛期降水较少，河流水量减少，水位下降。降水季节变化大，河道流量季节变化也大。1999年6月23日至7月2日，受台风影响，普降大到暴雨，河道水位猛涨；7月1日，东苕溪瓶窑站最高水位达9.18米，大运河塘栖站最高水位为5.45米，均为有记载以来最高水位，瓶窑站洪峰流量达649立方米/秒（历年最大流量为1984年6月14日，达795立方米/秒）。而1964年9月17日，因长期干旱，下游太湖水逆流倒灌，瓶窑站流量为-10立方米/秒，当日零点瓶窑水位3.3米（瓶窑最低水位1.63米，时间1934年8月6日）。

径流　河川径流的补给源主要是降水，故年径流量空间分布、年际变化、年内分配与降水量情况相似。据瓶窑水文站实测，境内年平均径流深695.3毫米，其中西苕溪区为985.4毫米，东苕溪区786.0毫米，京杭运河区624.1毫米，上塘河区541.6毫。径流量8.4933亿立方米，径流量年内分配最大月为6月，占全年径流量的15.4%；4月至10月汛期，占全年径流总量78.7%；7月至8月干旱期径流量为24.4%，非汛期11月至3月径流为全年的21.3%。境内河流流量与降水量年际变化、季节变化相一致。年径流量年际变化很大，平均年河川径流量为8.4933亿立方米。东苕溪年平均降水1474.5毫米，径流量为9.85亿立方米；多水年（1954年）年径流量20.76亿立方米，少水年（1978年）年径流量仅4.24亿立方米。运河年平均降水1326.1毫米，径流量为3.39亿立方米。上塘河年平均降水1256.2毫米，径流量为0.7亿立方米。

1950年—2010年余杭区（县、市）各站水文特征值见附表1-2。

表 1－2

1950 年—2010 年余杭区各站水文特征值情况表

站名	年降水量（毫米）				长历时降雨统计（毫米）						水位（米）				流量（立方米/秒）			
					1 日		3 日		7 日									
	年最大值	年份	年最小值	年份	最大	时间	最大	时间	最大	时间	最高	日期	最低	日期	最大	日期	最小	日期
瓶窑	1953.4	1954	920.9	2003	289.1	1963.9.12	346.0	1963.9.11	372.6	1999.6.24	9.18	1999.7.1	2.17	1978.9.9	795	1984.6.14	－10.0	1964.9.17
余杭	2077.1	1954	917.0	1979	282.9	1963.9.12	354.3	1963.9.11	372.0	1963.9.10	11.21	1996.7.2	河干	1968.10.9	—	—	—	—
百丈	2141.5	1973	1001.0	2003	267.6	1963.9.12	382.1	1963.9.11	431.0	1963.9.8	—	—	—	—	—	—	—	—
黄湖	2105.2	1968	850.3	1978	181.6	1984.6.13	241.6	1984.6.12	347.9	1999.6.24	—	—	—	—	—	—	—	—
塘栖	1907.6	1999	822.2	2003	265.2	1963.9.12	297.4	1963.9.4	387.5	1999.6.24	5.45	1999.7.2	2.03	1978.9.9	—	—	—	—
临平上	—	—	—	—	—	—	—	—	—	—	6.63	1983.7.6	河干	1985.12.1	—	—	—	—
临平下	1907.3	1993	854.4	1978	252.4	1963.9.12	306.5	1996.6.29	408.7	1997.7.6	5.41	1999.7.1	河干	1994.3.28	—	—	—	—

三、河流水系

余杭境内有东苕溪、大运河、上塘河三大水系。东苕溪自西向东折北贯穿区境西北，大运河由南而北穿越区境中部，上塘河从西向东横贯临平城区，三水系相互沟通，众多支流河道汇集其间，全区有各类河道559条，其中东苕溪为省级河道，大运河、上塘河、余杭塘河为市级河道，区级河道51条，其余为镇乡级河道，总长度1596千米。东南部平原水网地带，湖泊荡漾，星罗棋布，百亩以上潭漾有31处，总面积5.24平方千米（7865亩）。

（一）东苕溪

1．干流

苕溪流域系浙江省八大水系之一，有东、西苕溪两大源流，分别发源于天目山南、北两侧，东苕溪入余杭境内，流经德清县入导流港，在湖州市白雀桥与西苕溪汇合后，经长兜港入太湖。

东苕溪由南、中、北三溪汇合而成，其干流南苕溪发源于临安市境内天目山脉马尖岗（1271米）南麓的水竹坞。南宋《咸淳临安志》称南苕溪为南溪，明万历年间（1573—1619）称苕溪，因溪岸多苕花得名。清乾隆四十四年（1779）《杭州府志》记有“临安……苕溪历县界七十三里。”清光绪四年（1878）重修，《浙西水利备考》所载之《杭嘉湖三府总图》，记有临安“南苕、中苕二水道汇人苕溪。”民国21年至24年（1932—1935）《浙西水利局总报告》称南苕溪为东苕溪主源，民国38年（1949）年初《重修浙江通志稿》称南苕溪出临安县西北天目山之鸡笼夹。

东苕溪干流的起讫河段，习惯以北苕溪汇入处的瓶窑镇龙舌嘴为界，以上称南苕溪，瓶窑以下至德清称东苕溪。1992年省水利厅发文以余杭镇通济桥为界，桥以上为南苕溪，桥以下为东苕溪（1998年出版的《浙江省水利志》和2010年出版的《苕溪运河志》亦以此为界），而2008年8月14日省水利厅河道管理总站行文批复东苕溪划界时，称南苕溪与中苕溪汇流处汤湾渡为东苕溪起点。本志仍以通济桥为分界点记述。

干流南苕溪自源流水竹坞，经双溪口、浪口汇南溪后称南苕溪，南流至里畈水库，流经桥东村，汇聚南部各溪流后，东流至临安城区入青山水库，出水库东流至汪家埠入余杭境，经中泰至余杭通济桥，以上即为南苕溪（自河源至通济桥全长63.1千米，河道高差779米，平均比降12.3‰，通济桥以上流域面积720平方千米，其间青山水库控制集雨面积603平方千米）。再贯穿余杭街道，折向北流，经仓前街道之吴山、瓶窑镇汤湾渡有中苕溪汇入，至龙舌嘴有北苕溪汇入，经良渚街道安溪、仁和街道之獐山，至劳家陡门入德清县境。从汪家埠至劳家陡门境内河道全长41.9千米。德清以上流域面积1588平方千米，其中瓶窑以上1420平方千米。

东苕溪干流可分为三段：（1）余杭街道通济桥以上63.1千米为山溪性河道，在通济桥上游16千米处建有青山水库（位于临安市境内）。（2）余杭街道至德清大闸河段40.60千米，右岸的西险大塘是保护杭嘉湖东部平原防洪安全的主要堤防。在余杭、瓶窑两集镇附近，有建于东汉和唐代的南湖和北湖两个滞洪区。（3）德清以下至湖州为新中国建立后新开的导流河道（注：东苕溪河水原来是从德清流入运河地区）。

2．支流

中苕溪　发源于临安市天目山之穆公山（2009年版《杭州水利志》称东天目山东北的姜岭坑），主源猷溪向东南流经大山村、龙头舍、龙上坞、石门、水涛庄、于下城汇仇溪后称中苕溪，至高虹折向东，流经安村至雅观汇白水溪，经横畈镇下塘接入径山镇之绿景塘村，经长乐村与发源于径山的斜坑溪汇合，再由长乐集镇至仇山北侧，穿杭长铁路信桥至瓶窑镇之汤湾渡汇入东苕溪，其主流（自发源地至汤湾渡）全长47.80千米，比降17.9‰，境内长18.85千米，长乐以上流域面积229平方千米。1999年12月，在临安市横畈镇水涛庄村兴建水涛庄水库，集雨面积58平方千米，总库容2888万立方米，2003年竣工。中苕溪主要支流有两条。一条是仇溪，又名洽溪、学溪，别名药溪，发源于穆公山南麓，于下城入中苕溪，集雨面积30.3平方千米，河长11.3千米；另一条为白水溪，发源于横畈镇窑头山，于勾山脚入中苕溪，集雨面积46平方千米，河长13千米。

北苕溪　由鸬鸟溪、太平溪、百丈溪组成。发源于安吉县山川乡之石门山（2009年版《杭州水利志》称余杭毛塘坞），流经赵家堂人鸬鸟镇后畈称鸬鸟溪，在河溪头与百丈溪汇合进入黄湖镇称黄湖溪，至径山镇双溪竹山村与太平溪汇合后称北苕溪，经径山镇之双溪、潘板和瓶窑镇之北湖至瓶窑龙舌嘴汇合于东苕溪，主流长度（从发源地至龙舌嘴）46.50千米。瓶窑镇张堰村以上流域面积310平方千米，比降16.9‰。北苕溪主要支流太平溪，发源于安吉县高坞里，东南流经前村、太平，入四岭水库，出库后流经四岭村，于竹山村注入北苕溪。

东苕溪洪水特征　苕溪水多，流域面积大，又是暴雨中心，各支流源短、坡陡、流急，每逢暴雨山水直下，若遇旱季，又会断流，故常有洪涝与旱灾发生。据南苕溪、中苕溪流域9个水文站，1956年至1999年43年长系列降水量资料统计，多年平均降水量1567.4毫米，其中5月至8月为809.3毫米，占全年总降水量的51.7%。主源南苕溪，支流中、北苕溪河道比降分别为12.3%、17.9%、16.9%，源短流急，当上游出现暴雨时，地处平原的下游易受洪涝灾害。1949年至2010年62年间，东苕溪流域发生较大洪水21次。

东苕溪干流及支要支流基本情况见附表1－3，东苕溪干流主要水文站洪水特征值与东苕溪干流主要水文站之间洪峰传播时间见附表1－4、1－5。

表1－3　　东苕溪干流及主要支流基本情况

特征 河道		起点	止点	流域面积（平方千米）	河道长度（千米）	河宽（米）	河底高程（米）	实测最大水位	
								水位（米）	时间（年月日）
干流	南苕溪	汪家埠	通济桥	720.00	7.72	60－100	2.06－2.68	11.21	1976－07－02
	东苕溪	通济桥	德清界	1588.00	34.18	45－300	0.80－3.00	9.18	1999－07－01
支流	中苕溪	市地	何家陡门	229.00	18.85	95	—	—	—
	北苕溪	双江口	龙石嘴	310.40	18.30	130	—	—	—

表 1-4 **东苕溪干流主要水文站洪水特征值**

站名	流域面积(平方千米)	实测最高水位		实测最大流量		警戒水位(米)	保证水位(米)	备注
		水位(米)	发生时间(年月日)	流量(平方米/秒)	发生时间(年月日)			
桥东村	233	88.64	1996-06-03	1430	1956-08-02	—	—	1998年已撤站
青山水库	603	33.86	1996-07-03	637	1996-07-02	27.50	32.00	建库后建站
余杭	720	11.21	1996-07-02	—	—	8.50	10.50	—
瓶窑	1420	9.18	1999-07-01	795	1984-06-14	7.50	8.50	—
德清	1588	6.43	1999-07-01	745	1984-06-14	—	—	德清大闸

表 1-5 **东苕溪干流主要水文站之间洪水传播时间**

站名 / 传播时间(小时) / 距离(千米) / 站名	桥东村	临安	青山水库	余杭	瓶窑	德清
桥东村		1~1.5	3	5	13.5	165
临安	12		1.5	3.5~4	12	14
青山水库	25	13		1.5	4~6	6~8
余杭	35	23	10		2.5	4.5
瓶窑	52	40	27	17		2
德清	76	64	51	41	24	

（二）大运河

大运河即京杭运河，始凿于隋朝，经历代拓展延伸，成为世界上最长人工河道，全长1800千米，纵贯京、津、冀、鲁、苏、浙六省市，沟通海河、黄河、淮河、长江、钱塘江等五大水系，是中国唯一南北走向的水运大动脉。

余杭境内属运河水网区域面积有667.03平方千米，地形平衍，地势自西南向东北倾斜，其西南沿钱塘江一带地面高程5米~8米，腹地面积高程3米~4米。运河水网主要承接东苕溪以南的中泰、闲林、五常、良渚、仓前等地以及杭州西部江干、西湖、拱墅区部分径流，通过运河干流，分别注入太湖和黄浦江，一部分通过七堡船闸入钱塘江。

干流 京杭运河南段，自长江至钱塘江一段又称江南运河。自杭州主城至江苏平望为浙江段。运河余杭段从杭州江涨桥流至良渚街道之谢村入境，经武林头穿过塘栖镇，至运河街道博陆入桐乡市，全长34.17千米，又称杭申线东线。其中博陆东至江涨桥为古运河。1988年6月至1999年9月，为保护塘栖广济桥古桥，解决狭窄阻水及通航困难问题，实施运河塘栖段改道工程，从镇西半路凉亭处向北，绕开塘栖集镇，新开河道3.64千米。

支流　运河余杭段主要支流有余杭塘河、西塘河、东塘港、崇贤港、沿山港、内排港、禾丰港等河道入流。余杭塘河有闲林港、蒋家潭港、五常港、一方庙港汇入。西塘河有贝家桥港、良渚港入流。东塘港上连西塘河，南接獐山港；崇贤沿山港连接鸭兰港、新桥港、莲花港；内排港与鸭径桥港、桥头港、横山港相通；禾丰港与上塘河、钱塘江沟通。运河两岸河网交织，河荡星罗棋布，平时水源充沛，旱时河水倒流，灌溉便利，但地势低洼，地下水位高，易受内涝和渍害。

运河水系主要河道现状基本情况见附表1－6。

大运河水系河道基本情况

表1－6　　（2004年资料）

序号	河道名称	所在镇、街道	起点	止点	长度（千米）	河宽（米）	河底高程（米）	功能	河道级别
1	大运河	良渚、崇贤、仁和、塘栖、运河	谢村	桐乡大麻	34.17	50～115	0.00	航运、排灌	市
2	余杭塘河	余杭、仓前、五常	余杭镇东门桥	五常港出口	12.31	7.5～60	－2.00	航运、排灌	市
3	良渚港	良渚	长命桥	西塘河	8.40	70	0.50	排灌	区
4	毛家洋港	良渚	双桥	叶家桥	5.30	50	1.50	排溉	区
5	西塘河	良渚	上牵埠	金家渡	10.30	52	1.60	排灌	区
6	七贤桥港	良渚	五龙漾	毛家漾	4.00	30	1.50	排灌	区
7	沿山村	良渚	连埧塘	七贤桥	3.80	30	1.50	排灌	区
8	潘塘港	良渚	良渚港	西塘河	3.80	40	1.50	—	区
9	郁宅港	良渚	西塘河	大运河	4.40	30	4.10	—	区
10	前山港	良渚	安溪陡门	长命桥	3.00	30	1.60	—	区
11	石目港	塘栖	超耐厂	八字桥	3.10	70	1.30	—	区
12	桥头港	塘栖	丁山河漾	大运河	4.20	55	1.80	—	区
13	鸭径桥港	塘栖	桥头港	内排港	4.70	55	1.70	—	区
14	横山港	塘栖	莲花港	内排港	4.90	30	1.60	—	区
15	造桥港	塘栖	泉漳	龙光桥	1.78	40	1.60	—	区
16	斜弓港	塘栖	泉漳	五杭	4.33	70	1.50	—	区

续表 1－6

序号	河道名称	所在镇、街道	起点	止点	长度（千米）	河宽（米）	河底高程（米）	功能	河道级别
17	莲花港	临平	横山二级	农药厂	2.25	21	1.50	—	区
18	禾丰港	临平、运河	新一号桥	大运河	10.76	32	1.50	—	区
19	亭趾港	临平、运河	潘公闸	大运河	9.29	58	1.70	—	区
20	陆水湾港	临平、运河	禾丰港	亭趾港	3.01	35	1.70	—	区
21	小林港	临平	白洋涧闸	禾丰港	7.86	17	1.60	—	区
22	叶家桥港	临平	小林港	禾丰港	3.47	13.5	1.30	—	区
23	红旗河	临平	双林港	亭趾港	1.75	14	1.80	排灌	区
24	五常港	五常	沿山河	范家桥	5.00	35	－1.00～0.80	排灌	区
25	和睦沿山港	五常、闲林	留下	庄子里	6.70	1～19	1.00～2.20	排灌	区
26	闲林港	闲林、仓前	闲林埠	余杭塘河口	9.60	40	－0.60～0.40	排灌	区
27	梧桐港	闲林	童家河头	光明桥	3.67	28	1.20	排灌	区
28	蒋家潭港	中泰、余杭	南泄闸	沈家店桥	4.50	25	0.50～2.80	排灌	区
29	通义港	仓前	汪罗桥	五龙漾	9.00	25	－3.0～0.60	排灌	区
30	高桥港	仓前	吴山前	九曲港	4.26	42	－0.14～0.50	排灌	区
31	九曲港	仓前	长桥	九曲漾	1.80	26	－0.50～1.00	排灌	区
32	连琪港	仓前	吴山	连琪塘	2.50	28	1.00～2.00	排灌	区
33	贝家桥港	良渚	吴洋桥	狭里斗	2.90	30	1.60	排灌	区
34	打铁桥港	星桥	上塘河	横山港	3.10	16.5	3.00	排灌	区
35	双林港	临平	上塘河	桐乡大洋	5.92	15	1.60	排灌	区
36	石前港	崇贤	杨店桥	鸭兰港	3.80	35	2.20	排灌	区
37	鸭兰港	崇贤	前村港	大运河	4.80	40	2.00	排灌	区
38	沿山港	崇贤	半山	超耐厂	19.93	30	2.30	排灌	区
39	新桥港	崇贤	沿山港	内排港	5.80	20	1.80	排灌	区
40	北庄港	崇贤	鸭兰港	新桥港	3.60	30	1.80	排灌	区
41	前村港	崇贤	沿山港	鸭兰港	2.40	25	1.80	排灌	区
42	栅庄桥港	仁和	西塘河	大运河	8.60	50	1.00	排灌	区
43	东塘港	仁和	分庄洋	武林头	5.65	60	0.25	排灌	区
44	獐山港	仁和	上牵埠	王家庄	9.20	60	0.25	排灌	区
45	内排港	塘栖	马家桥	泉漳	16.35	50	1.80	排灌	区

（三）上塘河

上塘河又名漕运河，秦称陵水道，唐称夹官河，贞观八年（635）于海宁筑长安坝，而成上河。明洪武年间筑德胜坝，其南始称上塘河。源出杭州西湖，于艮山门承内外城河之水，过上塘河东去入大运河。自杭州施家桥（艮山门）至海宁盐官上河闸全长51.37千米，流域面积455平方千米。从杭州江干区丁桥（余杭区星桥街道岳庙渡）进入境内星桥街道，贯穿临平城区至施家堰入海宁市，境内长11.38千米，流域面积170平方千米，河面宽16米～30米，河底高程2.1米～2.5米，常水位比运河高1.5米左右，旱时通过闸站提运河水补充。主要支流有和睦港、乔司港、赭山港，其间由方桥港、羊坝头港互相串通；和睦港过七堡船闸与钱塘江沟通；乔司港过外乔司船闸与月牙河沟通；上塘河北岸有白洋涧、龙兴闸、施家堰、贺家堰，并建有双林船闸与运河地区的禾丰港沟通。

和睦港　20世纪70年代曾称大寨港，南起钱塘江边七堡船闸，向北经九堡镇东，止于余杭区上塘河（星桥洞口），河长11.44千米，其中余杭境内7.44千米，河面平均宽度28米，最大河面宽35米。1970年，建七堡船闸时在和睦港河段截弯取直，并从和睦联桥延伸至九堡，与丰收水库接通。既沟通航运又可引钱塘江淡水，后因七堡段江水含沙量较大，20世纪90年代起该闸已停止从钱塘江引水。

乔司港　北起保障桥，南至外乔司，长7.65千米，河底高程2米，乔司港北接上塘河，南经外乔司船闸沟通下沙围垦区月牙河。

上塘河水系河道基本情况附表1－7。

上塘河水系河道基本情况表

表1－7　（2004年资料）

序号	河道名称	所在镇街	起点	止点	长度（千米）	河宽（米）	河底高程（米）	功能	河道级别
1	上塘河	星桥、南苑、临平、东湖	岳庙渡	贺家堰	11.38	16～30	2.6	排灌	市级
2	和睦港	星桥	九堡	上塘河	7.44	28.00	3.20	排灌	区级
3	乔司港	乔司	乔司船闸	保障桥	7.65	28.00	3.50	排灌	区级
4	方桥港	乔司	和睦港	乔司港	3.90	23.00	3.20	排灌	区级
5	月牙河注①	乔司	船闸	下沙	4.35	25.00	4.20	排灌	区级
6	王家畈港	南苑	分水墩	赭山港	1.33	19.00	3.45	排灌	区级
7	赭山港	南苑	幸福港	卫星河	6.67	23.00	2.65	排灌	区级
8	洋头坝港	南苑	乔司港	赭山港	2.20	23.00	2.65	排灌	区级

注：月牙河为下沙区块河道，通过外乔司闸沟通上塘河水系

（四）钱塘江

钱塘江是浙江省内第一大河，也是中国东南沿海一条独特的河流，以其雄伟壮观的

涌潮闻名中外，为中国的名川之一。钱塘江余杭段位于县境东南侧，沿江北岸为下沙、九堡两乡镇区块（南岸为萧山区），自杭州市七堡入境至海宁界，境内长度18.84千米。20世纪70年代后，九堡上游建有七堡船闸，通过新开和睦港（时称大寨港），引钱塘江水灌溉上塘河地区农田，同时沟通钱塘江与上塘河航线。在下沙区块内沿江建有四格闸，出江闸，为引江水灌溉农田和排除下沙地区农田之内涝。1996年8月，下沙、九堡划归杭州市江干区，钱塘江堤由杭州市林水局管理。

（五）平原荡漾

境内东南部为水网平原地区，湖泊荡漾星罗棋布，主要分布在运河、塘栖、仁和、崇贤、良渚等地，百亩以上潭漾31处5.24平方千米（7865亩）。其中，仁和街道三白潭村与德清县雷甸镇交界处的三白潭漾为最大，由头白、二白、三白三潭相连，呈圆形，面积0.97平方千米（1452亩），平均水深2.7米，相当于半个西湖，是余杭最大的淡水湖。2009年5月列为余杭区饮用水的备用水源，建有取水规模30万立方米/日的泵站一座。余杭区百亩以上潭漾情况见附表1－8。

表1－8　　余杭区百亩以上潭漾基本情况表

名称	面积（亩）	所在地			湖泊功能
		镇、街道	村	自然村	
北塘泾漾	215	运河街道	唐公村	前后南水渭	养殖
庙河漾	173	运河街道	唐公村	尤家埭	灌溉
南塘泾漾	125	运河街道	唐公村	前后南水渭	养殖
丁山河漾	463	塘栖镇	丁山河村	郑家埭	养殖
北太漾	459	塘栖镇	莫家桥村	莫家兜外	养殖
麻滩漾	300	塘栖镇	三星村	小麻滩	养殖
大石头漾	300	塘栖镇	泰山村	张湾坞	养殖
西太漾	296	塘栖镇	姚家埭村	贾家埭	养殖
洪仁头漾	260	塘栖镇	丁山河村	鲶鱼角	养殖
龙头漾	260	塘栖镇	塘栖工业园		养殖
王家漾	200	塘栖镇	超丁村	丁山桥	养殖
张泗漾	171	塘栖镇	酒店埭村	俞家木桥	养殖
翁家塘漾	148	塘栖镇	塘栖村	马家墩	养殖
芦荡漾	141	塘栖镇	塘栖村	长河圩	养殖
黄家漾	137	塘栖镇	超丁村	南庞家墩	养殖
三白潭漾	1452	仁和街道	东塘村	黄家墩	养殖、居民用水
官塘漾	414	仁和街道	葛墩村	秧田湾	航运、养殖

续表 1－8

名称	面积（亩）	所在地			湖泊功能
		镇	村	自然村	
鸦雀漾	353	仁和街道	花园村	章桥	航运、养殖
上塘漾	217	仁和街道	洛阳村	洛阳桥	养殖、居民用水
范家漾	193	仁和街道	葛墩村	张家墩	养殖、居民用水
葛墩漾	185	仁和街道	葛墩村	沈家兜	养殖、居民用水
古荡漾	171	仁和街道	永泰村	朱家角	养殖、居民用水
南山漾	126	仁和街道	云会村	王家门	养殖
豆腐漾	115	仁和街道	东山村	豆腐桥	航运、养殖、居民用水
大鱼池漾	100	仁和街道	东塘村	黄家墩	养殖
堰马漾	100	仁和街道	东塘村	堰马	养殖、居民用水
青壳螺漾	188	崇贤街道	北庄村	青孔路	养殖
红源滩漾	105	崇贤街道	北庄村	杨石兜	养殖
龙旋珠漾	102	崇贤街道	龙旋村	龙旋子	养殖
潭头漾	270	良渚街道	石桥头	石桥头	养殖
沙田漾	126	良渚街道	马家角	马家角	养殖

（六）水库

水库大多建在苕溪上游西部山区、半山区。早在明洪武二十八年（1395）就有在县北古城、唐坞等地，开掘27处河塘储水的记载。民国37年（1948）彭公石门水库、舟枕官塘水库动工兴建，分别于中华人民共和国成立后的1951年、1952年完工，蓄水量均不到10万立方米。50年代，农业合作化期间，依靠集体力量，利用冬春农闲季节，发动群众兴建山塘水库。1956年建成蓄水60万立方米的七贤乡（今良渚街道）大湖畈水库。1962年2月，建成蓄水百万立方米以上的库门水库。20世纪60年代后，国家投入大量资金，选择有利地形，陆续建成多个水库。2003年开始实行水库保安工程和标准化建设，至2010年，余杭共有山塘水库971座。其中，有库容1000万立方米以上的中型水库一座：四岭水库；有库容100万立方米以上的小（一）型水库5座，分别是位于良渚街道安溪村（原良渚镇安溪村）东苕溪左（北）岸的库门水库、位于瓶窑镇奇鹤村（原彭公乡奇坑村）东苕溪支流白鹤溪上的奇坑水库、位于瓶窑镇塘埠村（原彭公乡石门村）北苕溪支流石门溪上的石门水库、位于鸬鸟镇仙伯坑村（原鸬鸟乡后畈村）北苕溪支流鸬鸟溪上的仙伯坑水库和位于鸬鸟镇山沟沟村（原太平乡嵩村）北苕溪支流太平溪上的馒头山水库；还有库容10万立方米以上100万立方米以下的小（二）型水库21座；还建有山塘（小于水库的储水池，用于丘陵山区农田灌溉）944座，其中蓄水1万立方米至10万立方米的264座，蓄水量733.51万立方米；蓄水量1万立方米以下的680座，蓄水量166万立方米，灌溉面积666.7公顷（1万亩）。这些山塘、水库在防洪、灌溉、水产养殖的同时，对调节水源也发挥了一定作用。余杭区10万立方米以上水库见附表1-9。

四岭水库 四岭水库为余杭区境内唯一的中型水库，位于北苕溪径山镇四岭村（原双溪乡四岭村），属太湖流域东苕溪水系，集雨面积71.6平方千米。水库始建于1964年12月，历经一年半建成。后几经扩建，达到总库容2838万立方米，正常库容1219万立方米。水库以蓄洪为主，结合灌溉、发电、养鱼。自2004年10月起，被列为径山自来水厂的水源地，取水规模为5万立方米/日。

附：青山水库 位于临安市境内的青山水库在余杭街道南苕溪上游，集雨面积603平方千米。是一个以防洪为主，结合灌溉，发电养鱼的综合利用水库，同时，也为南苕溪沿岸余杭自来水厂提供水源。水库设计总库容2.15亿立方米，正常库容0.38亿立方米，水库下泄流量经余杭街道后泄入东苕溪干流。水库下泄流量的大小与水质好坏，直接影响沿岸自来水厂的生产。经2007年—2009年南苕溪水质监测资料分析，在未受周围环境污染情况下，除氨氮和总磷个别站点为Ⅳ类水外，其余指标均符合Ⅲ类水要求，青山水库为轻度富营养化状态。

表1-9 余杭区现有库容10万立方米以上水库基本情况表

类型	座数	水库名称	坝型	集雨面积（平方千米）	总库容（10^4立方米）	正常库容（10^4立方米）	坝顶高程（米）	堰顶高程（米）	坝高（米）	坝顶长（米）	建成时间（年月）	位置
中型	1	四岭水库	浆砌石重力坝	71.6	2838.00	1219.00	82.21	79.50	44.50	202.00	1966-05	径山镇四岭村
小一型	1	康门水库	黏土心墙土坝	4.65	147.26	97.61	31.15	28.14	17.30	168.50	1960	良渚街道安溪村
	2	仙佰坑水库	混合硬壳坝	20.41	122.85	86.78	158.28	153.27	30.50	129.40	1989	鸬鸟镇仙佰坑村
	3	馒头山水库	硬壳坝	28.25	180.55	132.72	163.87	159.94	32.10	138.33	1993-03	鸬鸟镇山沟沟村
	4	石门水库	浆砌石双曲拱坝	4.95	110.50	105.90	124.96	123.49	35.00	155.00	1980-06	瓶窑镇塘埠村
	5	奇坑水库	黏土心墙堆石坝	3.41	119.74	96.92	80.49	77.75	25.00	98.00	1980-06	瓶窑镇奇鹤村
小二型	1	孙家坞水库	黏土心墙土坝	0.53	20.13	13.74	52.11	49.45	11.00	142.00	1962	闲林街道孙家坞村
	2	椅子坞水库	黏土心墙土坝	0.184	10.06	7.47	151.99	149.09	12.64	63.00	1981	闲林街道桦树村
	3	长溪水库	黏土心墙土坝	5.54	15.18	8.98	82.81	80.73	11.20	63.00	1958	闲林街道桦树村
	4	上塘弄水库	黏土心墙土坝	0.173	10.12	7.84	68.54	67.30	11.50	50.00	1961	闲林街道桦树村
	5	甘岭水库	黏土心墙土坝	1.68	76.13	56.25	52.69	50.94	17.10	116.50	1969-12	余杭街道仙宅村
	6	官塘水库	黏土心墙土坝	0.48	56.86	47.82	53.11	51.77	13.26	99.50	1979	余杭街道竹园村
	7	外大坞水库	黏土心墙土坝	0.732	10.86	7.39	44.93	42.28	11.00	100.00	1978	余杭街道义桥村
	8	里湖塘水库	黏土心墙土坝	0.47	10.35	8.70	63.16	62.10	14.70	73.00	1952	余杭街道仙宅村
	9	龙兴桥水库	黏土心墙土坝	3.66	11.39	6.89	62.48	60.37	8.85	150.00	1976-03	黄湖镇赐壁村

续表 1－9

类型	座数	水库名称	坝　　型	集雨面积（平方千米）	总库容（10^4立方米）	正常库容（10^4立方米）	坝顶高程（米）	堰顶高程（米）	坝高（米）	坝顶长（米）	建成时间（年月）	位　置
小二型	10	石扶梯水库	黏土斜墙土坝	3.93	41.37	30.24	127.03	124.15	18.30	123.00	1970	黄湖镇青山村
	11	龙坞水库	浆砌块石堆石混合坝	1.79	37.74	19.60	115.73	113.79	22.00	114.00	1981	黄湖镇青山村
	12	狭石弄水库	土工膜斜墙土坝	0.154	12.04	10.60	78.53	76.93	14.00	58.50	1975－12	黄湖镇王位山村
	13	龙潭水库	浆砌石拱坝	6.00	75.80	66.03	49.99	48.46	23.00	101.79	1981－04	径山镇平山村
	14	金刚塘水库	黏土心墙坝	1.25	15.79	11.08	70.98	68.04	14.30	159.00	1976	径山镇西山村
	15	茶草湾水库	黏土心墙土坝	0.47	15.62	12.36	52.04	50.86	11.72	120.50	1969	径山镇西山村
	16	上皇庙水库	黏土斜墙土坝	1.89	17.40	11.24	116.24	113.70	13.00	85.00	1959－12	中泰街道桐岭桥村
	17	西舍水库	均质土坝	1.55	10.58	6.66	27.18	24.91	12.70	75.00	1956	中泰街道岑岭村
	18	皮山坞水库	黏土心墙土坝	0.68	44.95	40.78	100.82	98.57	26.90	100.00	1983－04	百丈镇泗溪村
	19	鱼石岭水库	浆砌块石重力拱坝	6.93	20.19	14.32	53.80	51.36	17.20	79.50	1975－04	百丈镇石竹园村
	20	湖北坞水库	黏土心墙土坝	2.34	28.78	23.50	44.70	42.61	18.80	74.30	1986	瓶窑镇彭公村
	21	西中水库	黏土心墙土坝	1.10	28.12	24.09	61.13	58.37	24.50	178.00	2000	瓶窑镇窑北村

注：资料来源于《余杭水利志》

第三节　水资源

一、水资源分布

浙江省水文局2005年编制的《余杭区水资源调查评价及供水水源论证》根据余杭区内自然地理、气候、地形、地貌等和水资源的开发利用条件，按照适当保持行政区域、流域水系、水利设施的完整性的原则，将余杭区分为四个水资源分区，即西苕溪区、东苕溪区、京杭运河区和上塘河区，水资源总面积1221.5平方千米。

西苕溪区　位于余杭区百丈镇西北部山丘区，总面积12.1平方千米，该区河道属苕溪水系。

东苕溪区　位于余杭区西部，包括百丈镇一部分、余杭街道一部分、黄湖镇、鸬鸟镇、径山镇、瓶窑镇一部分、良渚街道一部分、中泰街道一部分，总面积543.9平方千米。其中平原区面积206.7平方千米，山丘面积337.2平方千米，本区河道属苕溪水系。

京杭运河区　位于余杭区中部，范围包括中泰街道一部分、余杭街道一部分、瓶窑镇一部分、良渚街道一部分、仓前街道、闲林街道、仁和街道、塘栖镇、崇贤街道、运河街道、五常街道、东湖街道、临平街道、南苑街道一部分、星桥街道一部分，总面积

600平方千米。其中，平原区面积532.3平方千米，山丘区面积67.7平方千米，该区河道属杭嘉湖水系。

上塘河区　位于余杭区东部，范围包括乔司街道、南苑街道一部分、星桥街道一部分，总面积65.5平方千米。区内均为平原区，本区河道属杭嘉湖水系。

水资源包括地表径流和地下水两部分，大气降水是水资源总的补给源，故降水量的多寡决定水资源量的丰枯。境内1956年—2000年平均水资源总量为91527.50万立方米，其中地表河川径流量为84932.64万立方米，地下水资源量为19433.74万立方米，地下水资源与地表水资源间的重复计算量为12838.88万立方米。潜水蒸发量（平原区地下水河川径流不重复）为6594.86万立方米，平均每平方千米产水74.9万立方米。余杭区水资源量分区情况见附表1－10。

表1－10　　余杭区水资源量分区情况表

水资源区	计算面积（平方千米）	地表水资源（河川径流）（万立方米）	河川基数（万立方米）	潜水蒸发（万立方米）	地下水资源（万立方米）	地表水与地下水间重复计算量（万立方米）	水资源总量（万立方米）	降水入渗系数	产水系数	产流模数（万立方米/平方千米）
西苕溪	12.1	1192.31	208.48		208.48	208.48	1192.31	0.104	0.59	98.5
东苕溪	543.9	42749.57	5809.96	1686.96	9074.92	7387.96	44436.53	0.108	0.55	81.7
京杭大运河	600.0	37443.47	1166.47	4358.04	9188.13	4830.09	41801.51	0.104	0.53	69.7
上塘河区	65.5	3547.29		549.86	962.21	412.35	4097.15	0.107	0.50	62.6
全区	1221.5	84932.64	7184.91	6594.86	19433.74	12838.88	91527.50	0.106	0.54	74.9

注：资料来源于浙江省水文局编印的《余杭区水资源调查评价及供水水源论证》2005年1月

二、水量

水资源主要来源于大气降水，降水形成的地表和地下产水量，即为水资源总量。余杭虽地处平原水乡，但水资源并不丰富，全区多年平均水资源总量为91527.50万立方米。按2012年全区户籍人口（89.04万人）计算，人均水资源量仅1027.9立方米，只占杭州市2012年人均2513.8立方米的40.89%，更低于全省平均水平。究其原因主要是储水条件不足，大部分降水以洪水形式流失。

（一）降水量

余杭区1956年—2000年平均降水量1391.8毫米，年降雨日130天～145天；降水总量17亿立方米左右。降水年际变化较大，降水量最大年为1999年1841.8毫米，降水量最小年为1978年933.8毫米（详见附表1－11）。

年内降水分配不均；3月—6月冷暖气流交替频繁，形成春雨绵绵和初夏梅雨，以6

月降水量最多；7月—8月盛夏，高温少雨；8月—9月台风活动增多，冷空气开始南侵，出现台风暴雨或连续阴雨；10月至翌年2月，北方冷空气控制，降水较少，10月、11月、12月甚至出现降水量为零。降水量地域差异明显，山区降雨量多于平原，随地形增高由东向西递增。临平、塘栖等平原地带，年平均降水量在1200毫米左右；百丈、鸬鸟、黄湖等山区，年平均降水量在1500毫米以上。

表1－11　　1956年—2000年余杭区降水量

年份	降水量（毫米）	降水总量（万立方米）	年份	降水量（毫米）	降水总量（万立方米）	年份	降水量（毫米）	降水总量（万立方米）
1956	1570.5	191840.25	1972	1151.5	140656.55	1988	1209.0	147682.19
1957	1364.2	166631.5	1973	1839.9	224743.98	1989	1504.6	183788.55
1958	1251.5	152873.25	1974	1378.3	168357.32	1990	1513.6	184882.95
1959	1493.9	182482.18	1975	1559.8	190532.29	1991	1453.1	177495.62
1960	1577.3	192669.03	1976	1178.3	143928.88	1992	1185.0	144742.72
1961	1604.2	195957.24	1977	1664.2	203280.67	1993	1751.1	213896.21
1962	1394.6	170351.24	1978	933.8	114058.15	1994	1277.5	156045.17
1963	1501.4	183392.17	1979	995.8	121642.35	1995	1410.6	172308.69
1964	1207.6	147502.88	1980	1450.0	177120.87	1996	1593.7	194676.2
1965	1223.8	149483.26	1981	1457.3	178009.03	1997	1300.4	158842.16
1966	1309.9	160010.23	1982	1127.7	137751.2	1998	1422.7	173777.9
1967	1098.3	134156.3	1983	1629.7	199068.97	1999	1841.8	224974.05
1968	1306.5	159584.3	1984	1590.5	194277.9	2000	1191.4	145535.03
1969	1249.2	152594.62	1985	1422.5	173759.19	平均	1391.8	170005.16
1970	1500.7	183315.99	1986	1190.9	145473.59	—	—	—
1971	1253.7	153137.78	1987	1497.7	182942.12	—	—	—

注：资料来源于浙江省水文局2005年1月编印的《余杭区水资源调查评价及供水水源论证》

（二）地表水量

地表水主要来自大气降水，地表水量是指河流、湖泊等地表水体中由当地降水形成的、可以逐年更新的动态水量，用天然河川径流量表示。气候因素（降水、蒸发、气温等）和下垫面条件（土壤、植被、地质等）是影响径流形成的主要因素。降水是地表径流的主要来源，雨水降落地面后如果雨强小于土壤入渗率则地面降水全部渗入土壤；如果雨强大于土壤入渗率时，一部分雨水按入渗率渗入土壤；多余部分在地面形成坡面漫流，汇入河槽。入渗的雨水一部分通过植被根系、土壤毛细管被蒸发，另一部分则沿土层以下隔水层以渗流方式汇入河槽水文站控制断面，实测河川径流则是上述两部分径流之和。余杭区多年（1956年—2000年）平均河川径流量为84932.64万立方米，占水资源总量91527.50万立方米的92.79%。历年天然径流见附表1－12。

表 1－12 **1956 年—2000 年余杭区天然径流表**

年份	径流深（毫米）	河川径流量（万立方米）	年份	径流深（毫米）	河川径流量（万立方米）
1956	881.9	107720.0	1979	225.5	27543.2
1957	606.2	74050.7	1980	756.7	92432.1
1958	547.9	66922.4	1981	764.1	93332.5
1959	802.8	98062.2	1982	416.5	50879.9
1960	890.8	108805.0	1983	947.0	115681.0
1961	863.6	105491.0	1984	905.2	110567.0
1962	698.6	85337.4	1985	727.3	88838.9
1963	808.9	98801.2	1986	484.2	59147.7
1964	500.9	61185.1	1987	807.2	98595.5
1965	518.0	63277.4	1988	557.5	68101.9
1966	608.8	74362.1	1989	814.2	99454.7
1967	385.0	47033.1	1990	823.0	100526.0
1968	602.9	73646.1	1991	760.8	92935.8
1969	544.7	66529.3	1992	478.3	58429.6
1970	808.9	98803.8	1993	1076.0	131454.0
1971	549.4	67107.3	1994	576.9	70472.8
1972	441.3	53908.1	1995	716.2	87489.5
1973	1163.0	141995.0	1996	908.2	110938.0
1974	681.0	83186.6	1997	600.8	73384.2
1975	871.1	106403.0	1998	791.0	96625.4
1976	470.6	57483.6	1999	1199.0	146468.0
1977	983.1	120082.0	2000	485.2	59261.1
1978	239.2	29217.3	平均	695.3	84932.6

注：资料来源于《余杭区水资源调查评价及供水水源论证》2005 年 1 月

由于大气降水在地域之间，年季之间差异较大，不均衡现象极为明显。

1. 地域之间差异

余杭区多年平均径流深在面上变化趋势与降水相似，西北部、西南部山丘是径流高值区，东部平原是低值区。变化趋势由东向西递增。1956 年—2000 年的径流均值等值线高值区在西北百丈镇附近为 950 毫米～1000 毫米，低值区在五杭、博陆、亭趾一带为 500 毫米。全区平均年径流深 695.3 毫米，其中，西苕溪区 985.4 毫米、东苕溪区 786.0 毫米、京杭运河区 624.1 毫米、上塘河区 541.6 毫米。

全区地表水平均产水模数为 69.5 万立方米/平方千米，只相当于全省平均产水模数 90.8 万立方米/平方千米的 76.5%，人均地表水资源量为 950 立方米。余杭区各计算区多年平均河川径流量统计见附表 1－13、余杭区各计算区不同保证率河川径流量见附表 1－14。

表 1－13　余杭各计算区多年平均河川径流量统计表

分区名	径流深（毫米）	面积（平方千米）	河川径流量（万立方米）	人口（万人）	人均（立方米）	产水模数（万立方米/平方千米）
西苕溪	985.4	12.1	1192.31	0.076	15688	98.5
东苕溪	786	543.9	42749.57	20.0158	2136	78.6
京杭运河	624.1	600	37443.47	59.1486	633	62.4
上塘河区	541.6	65.6	3547.29	10.1639	349	54.2
全区	695.3	1221.5	84932.64	89.4043	950	69.5

表 1－14　余杭各计算区不同保证率河川径流量表

分区名	面积（平方千米）	20%河川径流量（万立方米）	50%河川径流量（万立方米）	75%河川径流量（万立方米）	90%河川径流量（万立方米）	95%河川径流量（万立方米）	97%河川径流量（万立方米）
西苕溪	12.1	1487.3	1154.2	926.6	750.2	656.4	599.4
东苕溪	543.9	53951	41198	32592	25961	22477	20389
京杭运河	600	49403	35371	26267	19604	16227	14277
上塘河区	65.5	4913.2	3243.4	2221.2	1513.8	1179.2	996.4
全区	1221.5	109057	81294	62826	48822	41576	37356

注：资料来源于《余杭区水资源调查评价及供水水源论证》2005 年 1 月

2．年际之间变化

根据余杭区 1956 年—2000 年河川径流量系列计算，全区多年平均河川径流量为 8.4933 亿立方米。最丰年份为 1999 年，河川径流量为 14.6468 亿立方米；最枯年份是 1979 年，为 2.7543 亿立方米，最丰年份是最枯年份河川径流量的 5.3 倍。而全区最丰年与最枯年降水量之比为 2.0 倍，说明受下垫面变化影响，河川径流量的年际变化较降水更为不均。在 1956 年—2000 年的 45 年间，全区河川径流量偏丰（年总量大于 10.9 亿立方米）的年份从多到少依次为 1999、1973、1993、1977、1997、1983、1996、1984 年共 8 年，河川径流量偏枯（年总量小于 6.3 亿立方米）的年份从少到多依次为 1979、1978、1967、1982、1972、1976、1992、1986、2000、1964 年共 10 年。丰、枯年出现年数各为 8 年和 10 年。

3．月季分配不匀

根据 1956 年—2000 年月径流资料齐全的代表站瓶窑站，统计分析多年平均及 6 种典型年（P＝20%、50%、75%、90%、95%、97%）的天然径流量月分配，其中，最大月平均径流为 6 月份，占全年 15.4%，汛期 4 月—10 月份径流量占全年 78.7%，干旱期 7

月—8月份径流量占全年24.4%，非汛期11月—翌年3月份径流量占全年21.3%。余杭区代表站典型年及多年平均天然径流量月分配见附表1–15，余杭区雨量代表站典型年及多年平均降水量月分配见附表1–16。

（三）地下水量

地下水是指地下水资源中参与水循环且可以逐年更新的动态水量。境内地下水资源按其赋存条件与水动力特性有三类：一是松散岩类孔隙水，又分潜水和承压水，潜水主要分布于西部条带状河谷地带、塘栖及乔司一带的湖海冲积平原；承压水主要沿苕溪古河道呈宽带状分布，由上而下为余杭街道、仓前街道、崇贤街道沾桥、运河街道亭趾、博陆一线的古河道冲积层。二是碳酸盐岩裂隙——岩溶水，主要分布在闲林、五常及中泰一带，超山、佛日坞等有零星分布。三是基岩裂隙水，主要分布在西部山区及临平山麓。三类地下水中，以平原潜水居多，松散岩类孔隙水，富水条件较好，溶洞水比例较小。经山丘区、平原区分区计算，余杭浅层地下水资源量为19434万立方米。分布在东苕溪地区9075万立方米，西苕溪地区209万立方米，运河地区9188万立方米，上塘河地区962万立方米。可供开发利用及有潜力的地下水主要为河谷冲积层潜水、平原区孔隙承压水及局部地段岩溶水和基岩裂缝水。而平原区孔隙潜水渗透性能弱，水量小；山区地下水富水性不均一，属难利用的资源。且境内地下水由于受全新世海浸的影响，形成从上游向下游逐渐由淡变咸，同时，普遍含铁离子较多。

境内地下水开发利用始于20世纪60年代。1965年县城临平建水厂，在临平山麓打第一口百米深井，年开采量8.76万立方米，次年又打深井数口。1971年余杭镇建水厂，在尹家坝打深井一口，日取水100立方米。1986年起临平水厂又陆续在超山、亭趾、博陆等地建深井；至1989年该厂共建成深井22口，日产水量1.8万立方米，年供水量518万立方米。其间还有工厂、企业、单位自行打井，取水量无从统计。

据1997年浙江省地质环境监察总站编制的《余杭市地下水资源调查报告》显示：境内开采地下水大致可分为三个阶段：1965年至1980年为少量开采期，年均开采量84.39万立方米；1981年至1990年为大量开采期，以年增15.3%的速度逐年递增，1990年达1153.27万立方米，为历史最高；1991年至1996年为平稳开采期，因临平水厂改取运河水，多数深井停采或减采，年均开采量为837.9万立方米。1996年开采量为858.47万立方米，有开采井77口（不含民用浅井），主要集中在星桥、临平、博陆、崇贤、余杭等地，都为企事业单位自备供水及乡村水厂。

地下水开采过量，容易引起地面沉降，勾庄至祥符桥及亭趾两地曾出现降落漏斗。1985年12月9日，因超山开采岩溶水影响，临平陈家木桥发生地面塌陷，在距井200米农田中形成直径13.43米、深7米的塌陷坑。次日，又在其旁形成直径4.50米、深2米的塌陷坑。为防过度开采，避免地面沉降情况的发生，2002年起，平原地区不再审批新的地下水开采项目，已批准开采的，分阶段实施限采。余杭县（市）1965年至1996年地下水开采量情况见附表1–17，1996年各乡镇地下水开采量情况见附表1–18。

表 1－15　　**余杭区代表站典型年及多年平均天然径流量月分配**　　径流量单位：万立方米

测站名称	所在		典型年	出现年份	天然径流量													汛期	
	河流	五级区			1月	2月	3月	4月	5月	6月	7月	8月	9月	10月	11月	12月	全年	起止月份	天然径流量
瓶窑	东苕溪	东苕溪	偏丰年（P＝20%）	1991	6681	4398	16230	21630	15920	24270	27980	9928	6215	2355	258.5	641.7	136500	4－10	108300
			平水年（P＝50%）	1985	1989	5783	21720	5950	4689	7549	16520	15870	9061	6172	5324	2780	103400	4－10	65810
			偏枯年（P＝75%）	1958	1028	1451	9386	10940	21980	7243	931.1	3210	15230	7834	1264	645.2	81150	4－10	67370
			枯水年（P＝90%）	1972	267.8	8958	2287	2831	4073	6779	2971	14445	4882	7054	6650	2953	64150	4－10	43035
			特估年（P＝95%）	1979	770.3	486	1873	9647	8028	3835	8969	6087	12670	1836	512.2	517.5	55230	4－10	51070
			特估年（P＝97%）	1978	3403	3874	4842	6989	13090	8953	2537	1514	2166	1730	222.2	578.4	49900	4－10	36980
			多年平均	—	2885	4501	9895	9968	12730	16600	14950	11320	12570	6485	3308	2296	107500	4－10	84620

注：资料来源于《余杭区水资源调查评价及供水水源论证》2005 年 1 月

表 1－16　**余杭区雨量代表站典型年及多年平均水量月分配表**　降水量单位：毫米

雨量站名	所在五级区	所在行政区	典型年	出现年份	降水量 1月	2月	3月	4月	5月	6月	7月	8月	9月	10月	11月	12月	全年	汛期 起止月份	汛期 降水量
临平	上塘河	临平街道	偏丰年 20%	1984	71.9	51.4	117	89.9	131.1	456.2	146.4	117	104.4	49.1	48.7	53.5	1436.6	4～10	1094.1
			平水年 50%	1974	75	70.6	60.3	120.9	70.9	163.5	146.9	140.8	27.4	116.6	118.8	137	1248.7	4～10	787
			偏枯年 75%	1965	1	147.2	90.2	144.8	95.6	131.2	81.5	132.9	103.7	53.7	43.3	84.8	1109.9	4～10	743.4
			枯水年 90%	1967	39.5	65.6	162.1	165.4	205.6	69.4	167.1	0	15.1	18.5	77.2	9.3	994.8	4～10	641.1
			特枯年 95%	1979	48.1	19.5	110.6	96.1	66.1	145	87	168.1	75	0	58.5	55.7	929.7	4～10	637.3
			特枯年 97%	1978	75.3	43.5	95.2	81.1	195.3	35.2	59.3	56.4	138.4	46.9	23.2	39.2	889	4～10	612.6
			多年平均	56～00	59.1	73.1	118.6	117	135.4	195.6	132.3	128.9	134.8	72.1	50.5	43.2	1260.6	4～10	916.1
塘栖	京杭运河	塘栖镇	偏丰年 20%	1984	108	51.7	130.5	102.5	116.9	454.1	140.1	100	77.5	47.6	48.3	51.8	1429	4～10	1038.7
			平水年 50%	1974	82.5	77.3	56.8	105.4	61.7	160.4	204.9	114.7	31.9	101.9	112.7	131.8	1242	4～10	780.9
			偏枯年 75%	1965	3.3	135.6	88.5	120.8	76.1	116.4	96.9	151.9	128.9	63.8	43.3	78.9	1104.4	4～10	754.8
			枯水年 90%	1967	34.3	63.8	162.4	168	191.7	56.1	119	43.1	58.1	16.1	69.4	7.5	989.5	4～10	652.1
			特枯年 95%	1979	62.8	18.3	114.6	102.8	65.9	146.5	107.1	124.2	98	0	35	49.7	924.9	4～10	644.5
			特枯年 97%	1978	63	26.6	84.4	105.6	202.4	59.9	116.5	0.6	132.3	28.7	32.9	31.7	884.6	4～10	646
			多年平均	56～00	60	71.6	116.7	116.9	132.9	191	131.5	136.5	132.3	70.1	52.1	42.3	1253.9	4～10	911.2

续表 1－16

雨量站名	所在 五级区	所在 行政区	典型年	出现年份	降水量 1月	2月	3月	4月	5月	6月	7月	8月	9月	10月	11月	12月	全年	汛期 起止月份	汛期 降水量
横湖	东苕溪	黄湖镇	偏丰年 20%	1984	106.1	60	151.8	132.2	121.2	476.5	232.3	163.5	151.1	55.5	50.2	58.1	1758.5	4～10	1332.3
			平水年 50%	1974	63.7	60.8	41.2	78.4	95.8	205.1	305.8	296.3	23.5	102.2	114.9	116.2	1503.9	4～10	1107.1
			偏枯年 75%	1965	11.4	172.4	117.1	136.5	63.9	115.4	104.8	263.3	126.1	68.7	54.9	83.5	1318	4～10	878.7
			枯水年 90%	1967	37.2	63.1	139.4	191.1	193.6	86.1	104.4	71.8	64.1	26.8	175.7	11.7	1165	4～10	737.9
			特枯年 95%	1979	41.9	20.2	133.2	91.1	65.5	131.8	238	138.1	150.3	0	34.4	34.8	1079.3	4～10	814.8
			特枯年 97%	1978	63.1	51.5	118.3	88.2	234.8	88.5	130.8	9.7	143.6	34.8	33.6	29.2	1026.1	4～10	730.4
			多年平均	56～00	63.8	77.5	133.1	127.4	154.2	223	181.6	205.1	167	86	57.3	45.9	1521.9	4～10	1144.3
余杭	东苕溪	余杭街道	偏丰年 20%	1984	143.6	71.8	146.2	107.7	131.7	458.8	165.5	123	83.6	50	53	53.1	1588	4～10	1120.3
			平水年 50%	1974	75.3	69.2	57	123.4	106.2	196.7	262.9	111.2	77.7	85.6	90.1	114.1	1369.4	4～10	963.7
			偏枯年 75%	1965	7.8	135.4	114.2	167.3	139.1	106.3	89.9	182	87.5	43.7	43.1	92.3	1208.6	4～10	815.8
			枯水年 90%	1967	45.5	86.6	146.4	178.9	280.3	70.5	140.9	4.8	24.5	17.4	67.5	12.7	1076	4～10	717.3
			特枯年 95%	1979	69.3	18.1	125.1	104.9	83.3	151.5	91.3	114.6	161.7	0	26.7	54.5	1001	4～10	707.3
			特枯年 97%	1978	63.5	37.4	102.4	105	200.2	71.6	106.4	29.7	143.6	34.6	31.8	28.5	954.7	4～10	691.1
			多年平均	56～00	64.1	77	126	124.5	157.8	216.8	148.6	152.1	147.5	73.7	53.5	42.5	1384.1	4～10	1021

注：资料来源于《余杭区水资源调查评价及供水水源论证》2005 年 1 月

表 1－17 **1965 年—1996 年余杭县（市）地下水开采量情况** 单位：万立方米

年份	孔隙潜水	孔隙承压水	岩溶水	基岩裂隙水	合 计
1965	—	—	—	8.76	8.76
1966	—	—	—	8.76	8.76
1967	—	—	—	17.52	17.52
1968	—	—	—	17.52	17.52
1969	—	—	—	21.46	21.46
1970	—	—	—	21.46	21.46
1971	—	—	—	21.46	21.46
1972	—	25.21	—	21.46	46.67
1973	—	27.01	—	21.46	48.47
1974	—	27.01	—	31.97	58.98
1975	—	27.01	—	53.00	80.01
1976	60.00	27.01	—	63.59	150.60
1977	60.00	27.01	—	68.98	155.99
1978	60.00	27.01	5.40	102.61	195.02
1979	60.00	27.01	13.28	119.22	219.51
1980	60.00	27.01	53.73	137.25	277.99
1981	60.00	57.57	54.46	240.32	412.35
1982	60.00	147.26	63.22	240.32	510.8
1983	65.48	183.52	63.22	240.32	552.54
1984	65.48	207.69	63.22	240.32	576.71
1985	70.96	245.69	105.98	240.32	662.95
1986	70.96	316.59	173.57	240.32	801.44
1987	70.96	430.38	207.26	240.32	948.92
1988	82.78	580.03	210.58	199.88	1073.27
1989	83.69	593.07	237.54	729.08	1643.38
1990	83.69	602.96	237.54	229.08	1153.27
1991	83.69	424.24	156.95	213.39	878.27
1992	83.69	492.55	125.42	166.88	868.54
1993	83.69	421.25	125.75	190.03	820.72
1994	83.69	392.18	116.86	204.98	797.71
1995	83.69	387.85	127.93	198.53	798.00
1996	83.69	384.20	174.09	216.49	858.47
合计	1516.14	6108.32	2316.00	4273.06	14273.52

注：摘自 1997 年《余杭市地下水资源调查报告》

1996年余杭市各乡镇地下水开采量情况

表1-18 单位：万立方米/口（井）

乡 镇	孔隙潜水	孔隙承压水	岩溶水	基岩裂隙水	合 计
临平镇	—	—	43.80/1	94.17/7	137.97/8
星桥乡	—	—	84.25/6	66.58/3	150.83/9
鸬鸟镇	—	—	—	1.32/1	1.32/1
黄湖镇	10.96/2	—	—	—	10.96/2
潘板镇	3.65/1	—	—	—	3.65/1
长乐镇	69.08/3	—	—	—	69.08/3
瓶窑镇	—	43.80/1	—	5.77/2	49.57/3
余杭镇	—	32.28/5	2.70/2	36.88/3	71.86/10
仓前镇	—	19.38/3	—	—	19.38/3
中泰乡	—	34.32/5	—	6.13/1	40.45/6
勾庄镇	—	16.40/5	—	—	16.40/5
崇贤镇	—	67.53/2	—	—	67.53/2
塘栖镇	—	19.35/2	—	—	19.35/2
五杭镇	—	36.35/4	—	—	36.35/4
博陆镇	—	101.69/6	—	—	101.69/6
亭趾镇	—	9.86/1	—	—	9.86/1
闲林镇	—	—	27.38/4	5.64/3	33.02/7
五常乡	—	3.24/1	—	—	19.20/4
全 市	83.70/6	384.20/35	174.09/16	216.49/20	858.47/77

注：摘自1997年《余杭市地下水资源调查报告》

（四）入境水量

余杭区入境河流为苕溪水系，其各控制站多年平均入境总水量5.17亿立方米（详见附表1-19）。

表1-19 **河流入境水量表**

水系	控制站	流域面（平方千米）	平均流量（立方米/秒）	径流量（亿立方米）
苕溪	水涛庄水库	58	1.57	0.50
苕溪	青山水库	603	14.8	4.67
合 计		661	—	5.17

注：资料来源于《2003年杭州市水资源公报》，上表中计算得出的径流量作为入境流量

（五）太湖倒灌水量

余杭区水资源总量9.15亿立方米，经预测小于2020年95%保证率需水量9.37亿立方米，加上该地水资源利用率较低，所缺水量由太湖倒灌水量及钱塘江引水水量解决。

东苕溪瓶窑—杭长桥河段属平原型河道，德清以下称导流港，河宽一般在140米左右，河底高程在－3.0米左右，平均水深在5.0米左右。德清以上段河宽在46.8米～94.0米之间，平均约为77.0米，河床最低点高程在－0.05米～－1.32米之间，平均为－0.67米。平均水深一般在3.5米左右。

杭嘉湖区1978年由于大旱出现最低水位1.99米，除杭嘉湖区地势较高的少数耕地供水比较困难外，其余地区供水都可以得到满足，而杭嘉湖95%保证率水位为2.54米，供水不会发生困难。加上2001年实施的引江太调水工程，当太湖水位在汛期低于3.40米，非汛期低于3.50米，望虞河泵站即开泵引水，因此杭嘉湖平原塘栖站出现1978年特枯水位的情况今后不可能再现，所以在杭嘉湖平原取水的可靠性大大提高。根据1991年—2003年实测资料统计，枯季东苕溪水源主要来自太湖倒灌，平均每年有13.58亿立方米水量经城西大桥进入东苕溪干流和东部平原，平均逆流天数297天，平均逆流量52.9立方米/秒，逆流最远可上溯至瓶窑以上。1991年—2003年间，瓶窑站平均每年倒灌天数为4天，最大倒灌流量为3.75立方米/秒。瓶窑水厂取东苕溪水，獐山水厂正常情况取上游东苕溪水，当在上游来水量较小或河道水位较低时所取水量主要为太湖倒灌水量。

同时，根据杭州市2002年水资源公报，杭州市为改善市区河道水环境质量，实施由钱塘江调水对市区河道进行配水，每月配水量1亿立方米左右，全年配水达14亿立方米，增加了余杭区河道的可供水量和改善了河道的水质状况。

三、水资源特征

年际变化大、丰枯悬殊　余杭境内受季风影响明显，年际变化较大，并有连续丰水年和枯水年出现的特征。据1956年—2000年水资源总量系列统计，水资源总量最丰年为1999年达153063万立方米，最枯年为1979年，水资源总量34138万立方米，丰枯值之比为4.48倍。

而全区最丰年与最枯年降雨量之比为2.0倍，说明受下垫面变化影响，水资源总量的年际变化较降水更为不均匀。

年内分配不均　余杭区降雨径流年内分配不均，降雨的季节变化十分明显。大气降水形成的地下和地表产水量季节变化突出，每年降雨主要集中在春夏之间的梅雨期和夏秋之间的台风雨期，由于降雨集中，绝大部分产流以洪水径流的形式排泄，能够控制利用的量不多。各月平均径流量最大为6月，占年径流量15.4%，汛期4月—10月径流量为年78.7%，非汛期11月—翌年3月为全年径流量的21.3%，故一年之中有局部地区发生缺水断流或内涝成灾现象。

与土地资源分布不匹配　余杭区境内西部山区和东部平原面积差异大，水资源占有量差异悬殊。全区水资源量的分布与耕地分布不均，按2010年耕地面积42.24万亩计算，亩均水资源占有量为 2166.8 立方米，其中：上塘河区耕地多，亩均水资源量仅 998 立方米，而西苕溪山区因耕地少，亩均水资源量高达 9523 立方米。

与人口分布不相配　按 2012 年全区户籍人口 89.04 万人计算，人均水资源占有量 1027.9 立方米，仅为杭州市 2012 年人均占有量 2513.8 立方米的 40.89%。其中，上塘河区人口稠密，人均水资源量 403 立方米左右，而西北部山区人口稀疏，人均水资源量超过 15000 立方米。

降水空间分布不同　余杭区降水在空间上分布与地形吻合，西北部、西南部山丘区是雨量高值区，东部是低值区，总的趋势是由东向西随地形增高而递增。虽各地降水分布不一，由于储水条件不足，大部分降水以洪水形式流失境内。

水资源在各不同保证率供需不一　山区与平原地区水资源在不同保证率供需不一，2003 年水资源量为水平年，苕溪山区年用水保证率 75%，需水量 21073 万立方米，可供水量 27209 万立方米，余水 6136 万立方米；年用水保证率 90%，需水量 24647 万立方米，可供水量 25839 万立方米，余水 1192 万立方米；年用水保证率 95%，需水量 26811 万立方米，可供水量 23175 万立方米，缺水 3636 万立方米；年用水保证率 97%，需水量 26811 万立方米，可供水量 20811 万立方米，缺水 6000 万立方米。境内杭嘉湖平源区年用水保证率 75%，需水量 38884 万立方米，可供水量 52633 万立方米，余水 13749 万立方米；年用水保证率 90%，需水量 43967 万立方米，可供水量 52584 万立方米，余水 8617 万立方米；年用水保证率 95%，需水量 47019 万立方米，可供水量 52559 万立方米，余水 5540 万立方米；年用水保证率 97%，需水量 47019 万立方米，可供水量 52539 万立方米，余水 5520 万立方米。

水的污染加重了饮用水资源的供需矛盾　余杭境内水资源虽不丰富，但东苕溪上游有过境水量加入和下游太湖倒灌水量补偿，大运河流域内尚可以客水补给，水源相对充裕。但水资源利用不乐观，部分水环境已被污染。监测资料表明，全区各河流均受到不同程度的污染，特别是京杭运河、上塘河区水质均为劣Ⅴ类水。东苕溪水质基本上为Ⅲ类水，余杭、瓶窑断面粪大肠菌群遇超标时为Ⅳ～Ⅴ类水。水体的污染降低了水的使用功能，尤其是缺少优质的饮用水源，使饮用水源的供需矛盾更为突出。

第二章　饮用水源

饮用水源分为地表水和地下水两大类，地表水源有江水、河水、溪水、湖水、水库水等，地下水源有浅井水、深井水、泉水等。地表水和地下水都是来源于雨、雪、冰雹等大气降水，只是由于地形地势的不同，有的汇集到江、河、湖、溪、塘、水库成了地表水，有的直接渗入地下或通过河流渗入地下形成地下水。20世纪以前，井水也是余杭的重要饮用水源之一。

余杭区地处杭嘉湖平源和浙西丘陵山地的过渡地段，属亚热带季风气候区，温暖湿润，雨量充沛，境内东苕溪、大运河、上塘河及其各支流常年流水不止，众多的山塘水库分布各地，虽水源相对充裕，但水资源利用仍不乐观，尤其是部分水资源已被污染，降低了水的使用功能，使境内缺少优质的饮用水源。按照生活饮用水水源卫生要求，要符合《地表水环境质量标准》和《地下水质量标准》的生活饮用水源不多。

图1-1　东苕溪饮用水源

第一节　各时期的饮用水源

饮用水源选择要考虑水文和水质两大因素，水文方面指河流的径流变化及地下水的储量是否能满足取水量的需要（包括补给水量），水质方面反映水的理化成分及含沙量等是否符合生活饮用水水源的卫生要求。余杭区随着环境的变化和供水体制的改变，饮用水源的选择也随之变化。

一、城乡居民使用自来水之前的饮用水源

余杭境内水系丰富，河流纵横，在使用自来水以前，城乡居民世世代代以手提肩挑等方式在居住地附近的河、溪、湖、塘等处取水或打井取水，水源清澈，少有污染，取回的水也不作处理和消毒，直接作为生活饮用水。

余杭区由于地域较广，各镇乡、街道的地形地势有异，饮用水源选择也各有侧重。旧时临平城区取井水饮用，靠河水或池塘水洗涤，并有缸贮“天落水”的习惯，或远至临平山夕照庵挑饮山泉水。晴旱时，居民在半夜到公井打水，全镇有水井233口。新中国建立后，随着工业发展和人口增加，河道受废水污染，影响居民生活，机关、工厂先后设置接水设备，但因水源有限、水质不佳而不能解决用水困难。直至1965年2月，临平自来水厂建成供水，开始逐步改变临平城区饮用水状况。

塘栖镇旧时四周河港密布，水源充足，晶莹清澈，居民以取河港水为主。50年代后期，受工业污染，水质逐年变差，尤其是大运河受杭州市工业废水排放影响，河水污黑臭秽，不能直接饮用。直至1960年1月，塘栖镇自来水厂建成供水，逐步改变居民饮用水质量。

余杭镇居民多数饮用苕溪水，少数饮用井水，南渠河水洗涤。一些人专以挑水卖水为生。在天旱时，木竹河断流，南渠河就干涸。1966年，在苕溪建余杭闸，引苕溪水注入南渠河。1969年，再建高2米苕溪活动坝，提高苕溪水位，旱时苕溪水过水闸注入南渠河。直至1973年5月，余杭镇自来水厂建成供水，逐步改变居民直接取用苕溪水习惯。

瓶窑镇居民多数饮用苕溪水，少数饮用井水。直至1978年6月，瓶窑镇自来水厂建成供水，直接从苕溪取水的居民逐年减少。

良渚镇居民饮用水主要取之良渚港，部分挖井取水。直至1986年8月，良渚镇自来水厂建成供水。

闲林镇居民多数饮用井水，直至1987年12月，取灵项溪水的闲林镇自来水厂建成供水。

全区其他镇、乡居民的饮用水源多数选择房前屋后的河港、池塘取水或挖浅井取水，山区居民习惯饮用山间溪水或筑坝蓄水。自20世纪80年代初起，随着农村改水事业的推进，各镇乡及村、组陆续兴建自来水厂（供水站），从而改变了人们的用水习惯。

二、分散建造小型自来水厂时期的饮用水源

余杭区自1958年塘栖镇兴建第一座自来水厂后，各镇、乡（公社）、村（大队）和部分组（生产小队）陆陆续续在当地兴建自来水厂，通过实施城镇供水和农村改水工程，全区先后建造了不同规模的水厂和供水站289座，水源主要为就地就近的河（溪）水或井水。

余杭区最早兴建的城镇自来水厂是塘栖镇自来水厂，于1958年10月开工建设，1960年1月试供水，厂址位于塘栖镇幼儿园路圣塘洋边（木鸭埭），水源为地表水。初期，采用超山脚下的丁山河水源，虽水质清，但水量不足，后同时取运河水系圣塘洋的水，取水后只通过滤池简单的过滤就直接供水。后因圣塘洋水污染逐年严重，加之用水量的逐年增加，1989年取水口迁移到京杭运河的支流——东塘港五福桥。

区属临平自来水厂建于1963年11月，1965年2月开始供水，厂址位于临平镇景星观西侧、临平山南麓夕照庵附近。水源初期为深井地下水，临平自来水厂先后累计建成深

井22口，1989年年底，水厂日产水量近1.8万立方米。期间，因地质、水源和水质变化先后停用报废4口，其余18口深井一直使用到1991年后逐步停止取水，于1993年全部停用。由于地下水资源的局限性，尽管每年打井扩充水量，但供水形势依然紧张，给人民生活和企事业的正常生产与工作带来影响。1988年余杭县人民政府决定筹建取用地表水的新一轮供水基础设施建设，新水源选择运河，取水口位于博陆镇新圩村的喜庵港。1991年7月，临平自来水厂新建的一期3万立方米/日供水工程竣工通水，从此，水源由运河地表水取代了原深井地下水。

余杭镇自来水厂建于1971年4月，1973年5月向部分居民供水。厂址位于余杭镇安乐西路，水源为深井水，在尹家坝打深井一口，取地下水。因深井水含铁量很高，不宜饮用，1974年3月，在余杭镇龙船头（现在供电所门口）南渠河里设置了取水头埠，水源由地下水改为地表水。1980年因苕溪水质陆续出现污染，南渠河水质也日趋变差，水厂开始筹建具有净水构筑物的供水车间。1981年1月，在余杭镇张家弄底南苕溪余杭闸边挖凿一口直径4米、深3米的干砌块石沉井，水源为南苕溪。

瓶窑镇自来水厂建于1975年1月，1978年6月向部分用户供水。制水车间位于瓶窑镇窑山顶，水源为东苕溪，取水口位于新窑坝头。1981年，水厂扩建，取水口移到西溪街60号苕溪边。

良渚镇自来水厂建于1985年，1986年8月建成供水，厂址位于荀山村老104国道良渚大桥边，水源为良渚港。1996年因良渚港被污染，水厂从途径良渚的三墩经济开发区水厂从安溪大桥边取水的管道上接原水，水源为东苕溪，取水口在安溪。原良渚镇水厂的取水口留作备用。

闲林镇自来水厂建于1986年5月，1987年12月试供水。厂址位于闲林镇文卫路27号处（方家山脚），水源为山间溪水，取水口位于里山桥山溪边，建直径5米、深10米大口井一口，积聚山间溪水。由于原水量有限，1994年12月在项家畈新辟一个深井水取水点，开挖直径8米，深10米的大口径取水。

余杭区在推行城乡一体化供水前的1998年年底，在运行的不同规模自来水厂和供水站共有215座（个），各水厂原水的水源类型与供水规模见附表1－20。

三、城乡一体化供水时期的饮用水源（2001年之后）

由各镇、乡、村各自建造的农村水厂由于规模小、水源缺、资金少、技术含量低、管理水平差，水量、水质难保证等问题，不适应余杭区经济社会的快速发展和人民生活水平提高的需要。为此，为加快供（改）水事业的发展，提高供水质量，确保供水数量，余杭区自1999年开始，统筹城乡发展，走城乡一体化供水的发展路子。通过实施区域性的临平塘栖供水工程（一期、二期）、余杭闲林供水工程、瓶窑供水工程（一期、二期）、径山黄湖供水工程（一期、二期）、三白潭备用水源工程、仁和水厂供水工程和各镇乡供水管道的延伸及农村管网的改造工程后，余杭区除山区的个别村外，各镇、乡、村属的自来水厂和各供水站（点）陆续关停，至2007年，全区基本实现了城乡一体化供水。

表 1－20　**1998 年余杭市自来水厂（站）原水水源与供水规模**

水厂权属	水厂数量（座）	地表水												地下水									合计	
		河水			山间溪水			水库水			小计			深井水			浅井水			小计				
		座	设计供水量 立方米/日	设计供水量 占全市（%）	座	设计供水量 立方米/日	设计供水量 占全市（%）	座	设计供水量 立方米/日	设计供水量 占全市（%）	座	设计供水量 立方米/日	设计供水量 占全市（%）	座	设计供水量 立方米/日	设计供水量 占全市（%）	座	设计供水量 立方米/日	设计供水量 占全市（%）	座	设计供水量 立方米/日	设计供水量 占全市（%）	设计供水量（立方米/日）	占全市百分比（%）
市属水厂	2	2	90000	53.9	0	0	0	0	0	0	2	90000	53.9	0	—	—	—	—	—	—	—	—	90000	53.9
镇乡属水厂	21	8	48400	29.0	3	5950	3.6	1	1000	0.6	12	55350	33.1	8	9460	5.7	1	1000	0.6	9	10460	6.3	65810	39.4
村属水厂	41	6	375	0.2	10	860	0.5	5	278	0.2	21	1513	0.9	17	6472	3.9	3	360	0.2	20	6832	4.1	8345	5.0
自然村（组）供水站（点）	151	0	0	0	139	1890	1.1	0	0	0	139	1890	1.1	2	37	0	10	999	0.6	12	1036	0.6	2926	1.7
合计	215	16	138775	83.1	152	8700	5.2	6	1278	0.8	174	148753	89.0	27	15969	9.6	14	2359	1.4	41	18328	11.0	167081	—

注：1. 上述汇总表的供水量不含勾庄镇和五常乡由杭州自来水总公司分别核定供清水 6900 立方米/日和 10000 立方米/日；
2. 勾庄镇由杭州祥符自来水厂供水，水源为地面水，来自东苕溪；
3. 五常乡由杭州九溪自来水厂供水，水源为地面水，来自钱塘江全区实施城乡一体化供水后，区属各自来水厂的原水水源主要取之苕溪及四岭水库，运河水源留作备用，同时新增三白潭漾备用水源。2012 年，余杭区城乡一体化供水的自来水厂原水水源与供水规模见附表 1－21。

图 1－2　三白潭饮用水源（备用）

表 1－21　　2012 年余杭区城乡一体化供水自来水厂原水水源与供水规模

类别	水厂名称	投产年月	厂　　址	水源	取水口位置	供水规模（万米^3/日）		供水范围
						设计	实际	
区属运行水厂	运河自来水厂	1991.07	运河街道兴旺村 27 号	东苕溪	獐山奉口	12	12	运河、乔司、临平、东湖、南苑、星桥等街道
	塘栖自来水厂	2000.12	塘栖镇工业园区（09 省道边）	东苕溪	獐山奉口	6	9	塘栖镇和临平、东湖、南苑、星桥、乔司等街道
	宏畔自来水厂	2006.12	塘栖镇三星村塘康公路边	东苕溪	獐山奉口	13	15	塘栖镇和崇贤、临平、东湖、南苑、乔司等街道
	獐山自来水厂	2000.12	仁和镇奉口村	东苕溪	獐山奉口	2	3	仁和街道、良渚街道
	瓶窑自来水厂	2003.03	瓶窑镇闻溪路 1 号杭州公交 348 路站对面	东苕溪	羊山湾	5	5	瓶窑镇、良渚街道
	径山自来水厂	2004.10	制水车间：径山镇四岭村海拔约 45 米的小山头山顶；厂址：径山镇龙皇大道	四岭水库	水库发电厂出水的潜水管处	5	5	径山、黄湖、百丈、鸬鸟、余杭、瓶窑等镇、街道

续表 1－21

类别	水厂名称	投产年月	厂址	水源	取水口位置	供水规模（万米³/日） 设计	供水规模（万米³/日） 实际	供水范围
区属运行水厂	仁和自来水厂	2012.8（并网供水）	厂址：仁和街道葛墩村；取水泵站：仁和街道永胜村	东苕溪	杭宁高速公路下游1.8KM处（东苕溪奉口至德清段）	20（一期）	20（一期）	临平、东湖、南苑、星桥、运河、塘栖、仁和、崇贤、良渚、瓶窑、乔司等镇、街道
	余杭自来水厂	1981.01	余杭街道张家弄底	南苕溪	南苕溪余杭闸附近	1.5	1.5	余杭街道
	小计	—	—	—	—	64.5	70.5	—
市属供水水厂	杭州九溪自来水厂	1996年	钱塘江畔珊瑚沙	钱塘江	珊瑚沙	趸售：10		余杭、闲林、仓前、中泰等街道
						直供：1		五常街道
	杭州祥符自来水厂	1958年	杭州城北祥符桥	东苕溪	獐山奉口	趸售：1		良渚街道
						直供：0.69		良渚街道勾庄区块
	小计	—	—	—	—	趸售：11		—
						直供：1.69		
区属备用取水泵站	博陆泵站	1991.07	运河街道新圩村	运河	博陆喜庵港	9	9	运河水厂备用
	三白潭泵站	2009.05	仁和街道三白潭村（三白潭东侧）	三白潭漾	三白潭漾的东侧	30	30	仁和水厂备用
	小计	—	—	—	—	39	39	—
合计	余杭区城乡一体化供水区域设计供水规模为77.19万立方米/日，实际供水能力为83.19万立方米/日。其中，杭州余杭水务有限公司直属的8座自来水厂设计供水规模为64.5万立方米/日，实际供水能力为70.5万立方米/日。杭州水业集团公司2座自来水厂核定趸售供水11万立方米/日，直接供水1.69万立方米/日。有8座自来水厂的原水水源为苕溪，取苕溪水的水厂合计实际供水能力为67.19万立方米/日，占实际总供水能力的80.77%。							

第二节 水源水质

一、水质监测

余杭区（县、市）的水利、卫生、环保和供水企业按照各自的职责对水源水质开展监测。

水利部门自20世纪70年代起，浙江省水文总站对杭州市主要河道开展水质监测，1981

年东苕溪列入监测范围，由瓶窑水文站定时从测站断面处取水样送省水文总站化验。80年代初，河道水质普遍较好，后因经济快速发展，水源污染问题开始突显，水资源监测逐渐加强。1995年2月，杭州市成立水资源监测中心，翌年建立水质化验室，东苕溪水样杭州市水文总站化验。2003年，杭州市水资源监测中心与市水文总站合并，成立杭州市水文水资源监测总站，并增挂“浙江省水资源监测中心杭州分中心”牌子，是年10月余杭区水文站更名为余杭区水文水资源监测站。2004年起，区境内又增加禾丰港、西塘河、运河3条河道开展水质监测，2006年又延伸到中、北苕溪和造桥港，共有测点7个，由瓶窑水文站负责取水样送杭州市化验。按照国家《地表水环境质量标准》（GB3838—2002）规定，地表水常规监测评价项目为pH值、溶解氧、五日生化需氧量、高锰酸盐指数、氨氮、氰化物、砷、挥发酚、六价铬、汞、硒、镉、铅、铜、锌、氟化物、总磷、总氮和阴离子表面活性剂等19项指标；重点城市供水水源地评价项目增加氯化物、硫酸盐、硝酸盐、铁和锰等5项指标；重要湖库营养化状况评价项目为高锰酸盐指数、总磷、总氮和透明度等4项指标。监测频次，一般断面每年监测6次，瓶窑、奉口、冷水桥每年监测12次。

卫生监督部门每年对各自来水厂的水源水质开展常规项目监测(详见附表4－44、4－45)。

环保部门的环境监测站自1981年始对运河、苕溪、上塘河等境内河流开展水质常规性监测。1983年—1989年，地表水必测项目为水温、pH值、总悬浮物、总硬度、溶解氧、化学需氧量、氨氮、挥发性酚、氰化物、六价铬、石油类等，个别项目委托杭州市环境监测站监测。1990年，境内地表水监测点位增至11个，监测项目增加电导率、硫化物、改化学需氧量为高锰酸盐指数。对饮用水源保护区分别增加浊度、总氮、总磷、细菌总数、大肠菌群等指标。1994年，监测点位增至16个，1996年，监测点位调整为18个。

2003年—2005年，余杭区环境监测站在境内设水环境监测点位共21个，分别为瓶窑大桥、落塘埠、奉口（临平、塘栖供水工程取水口）、五杭运河大桥、临平大桥、星桥、博陆一桐乡、宏磻桥、五杭一德清、勾庄桥、塘南酒厂渡口、仓前桥、瓶窑水厂取水口、余杭水厂取水口、禾丰港振兴桥、赭山港府前桥、邋遢港二号桥、乔司港保障桥、和睦港新安桥、亭趾港亭趾大桥、临平西洋桥。按水域划分，主要涉及运河水系、苕溪水系、上塘河和城市内河四大块 。按监测项目划分有五类监测点：a类是地表水常规监测点，共12个点位；b类是饮用水源地监测点，设临平、塘栖供水工程取水口，瓶窑水厂取水口，余杭水厂取水口3个点位；c类是 临平大桥农灌水、运河水厂（博陆）取水口监测点，分水功能区、饮用水源和城市内河共8个点位；d类是太湖流域公示监测点，有奉口、五杭运河大桥、宏畔桥、星桥4个点位；e类是重点流域月报监测点，有奉口、五杭运河大桥2个点位。地表水常规监测逢单月进行；饮用水源地监测、重点流域监测与太湖流域公示断面监测每月进行；城市内河上半年、下半年各监测1次。

2002年—2007年，杭州余杭供水集团公司对獐山水厂（塘栖、宏畔、运河水厂）、余杭水厂、瓶窑水厂、径山水厂的取水口和水源保护区范围的水源水质进行全面监测。其中：对各取水口每天进行常规项目的18项监测；设置了33个监测点，每月进行5个项目的监测；对各取水口和青山水库及德清取水口每月还进行29项的水质监测。

2008年—2012年，杭州余杭水务有限公司扩大监测范围，监测点增设到46个，同时，增加监测项目和频次，实时掌握原水水质。

2012年，余杭区苕溪张堰大桥、禾丰港繁荣桥、亭趾港金锁桥等3个市级水质监测自动站完成建设，并通过验收。

二、地表水水质

1．水质属性

余杭山清水秀，水质的自然属性较好，地表水水体均以低矿化度和低总硬度为主，属软水和极软水（详见附表1-22）。

表1-22　　瓶窑地表水水质化学参数及类型情况表

测站名	东经		北纬		矿化度	总硬度	$K^+ + Na^+$	Ca^{2+}	Mg^{2+}	CL^-	CO_3^{2-}	HCO_3^-	SO_4^{2-}	水化学类型 1^1
	度	分	度	分										
瓶窑	119	58	30	25	93.4	45.7	—	16.9	4.45	11.118	—	53.52	22.36	C_1^{ca}

注：C_1^{ca}为重碳酸盐类钙组第一型水。资料来源于《余杭区水资源调查评价及供水水源论证》2005年1月

地表水总硬度　西苕溪、东苕溪的大部分地区及京杭运河区獐山西北部和瓶窑镇附近的地表水总硬度为30毫克/升～55毫克/升。在京杭运河区、勾庄、亭趾以西、东苕溪区余杭部分的地表水总硬度为55毫克/升～85毫克/升。上塘河区及京杭运河区顾家桥、亭趾以东的地表水总硬度为85毫克/升～175毫克/升。

地表水矿化度　东苕溪区除百丈、良渚安溪以外的所有区域及京杭运河区安溪、顾家桥以西区域地表水矿化度小于100毫克/升。西苕溪、东苕溪区百丈和安溪及京杭运河区安溪、顾家桥、獐山、勾庄、良渚等地的地表水矿化度大于100毫克/升～200毫克/升。京杭运河区獐山、勾庄东部及整个上塘河区的地表水矿化度大于200毫克/升～300毫克/升。

地表水化学类型　除上塘河区乔司附近约占上塘河区三分之二面积为$C11^{ca}$型外，其余的水资源分区均为重碳酸盐类钙组第一型水（$C1^{ca}$型）。根据水资源面积计算，全区$C11^{ca}$型地表水约占3.6%，$C1^{ca}$型的地表水约占96.4%。

2．地表水水质

余杭境内的大运河、东苕溪、上塘河三大水系及主要支流河道的水体，在20世纪60年代之前都较清洁，尤其是东苕溪，除洪水期外，常年清澈见底，少有污染。但随着国民经济的发展，工矿企业逐年增多，废水排放量大增，治污能力低，造成河道水质不断被污染。运河余杭段、上塘河均由杭州主城区入境，东苕溪由临安市青山镇入境，境内河流水质好坏均受上游来水影响。自20世纪70年代起，杭州城区大量污水排入大运河、上塘河、余杭塘河，皆流入境内水域，造成水质污染。1981年杭州市对钢铁、发电、化工、制药等19家工厂统计，年污水排放量3277.5万吨；余杭境内94家厂矿统计（不含省、市属30余家厂），年排放污水量6471万立方米，当年全县施用各种农药1214吨，水

质污染日趋严重。另据调查，因水体污染，外荡养殖面积从1959年的0.25万公顷（3.82万亩）下降到1981的0.13万公顷（2.02万亩），总产量减少1115吨（2.23万担）。1977年至1981年五年中，因污染死鱼1280吨（2.56万担），经济损失110万元，当时全县有20余万人使用不清洁水。自20世纪80年代以后，余杭工业发展较快，废水排放量增大，大多未经处理直接排入河道，据1993年统计，余杭工业污水排放量6096立方米，加上上塘河生活污水和工业废水的流入，使大运河水发黄，上塘河水发黑、发臭，许多水质都在Ⅳ、Ⅴ类，有些河段水质为劣Ⅴ类。1995年11月，余杭镇上游临安境内工矿企业、生活污水流入南苕溪，水质被污染，一度严重影响余杭镇一带居民生活用水。

1996年后，采取多项措施，加强水资源保护，杭州城区和临平镇开展截污纳管，建立泵站将污水送入污水处理厂；东苕溪沿线关停大量石矿，禁养群鸭，限制采砂；大运河运输船只不得将生活污水倒入河内；上塘河实施配水稀释。经多方综合治理后，河流水质有所好转。2002年—2003年东苕溪河流水质良好，属Ⅲ类水，仅粪大肠菌群超标。运河区、上塘河区河流水质仍属Ⅴ～劣Ⅴ类。主要污染指标为溶解氧、五日生化需氧量、高锰酸盐指数、氨氮、总磷、石油类。工业废水及城镇生活污水经处理达标后，水质有所好转。2004年的水质监测报告，东苕溪瓶窑段、奉口至德清段现状水质为Ⅱ类～Ⅲ类标准。2008年，水质监测评价为：南苕溪汪家埠断面为Ⅱ类水质，东苕溪瓶窑断面与奉口断面为Ⅱ类～Ⅲ类水体，北苕溪四岭水库断面为Ⅲ类水体，运河塘栖大桥、五杭大桥断面和余杭塘河杭三大桥断面及禾丰港临平下断面的水质均Ⅴ类和劣Ⅴ类。2010年，东苕溪主要水质指标符合国家规定合格饮用水源标准。大运河余杭段及其支流余杭塘河、西塘河、内排港等水质为Ⅳ类～Ⅴ类；上塘河调蓄能力弱，又接纳杭州主城区综合污水，水体质量为Ⅴ类，在配水稀释后有好转。大运河和上塘河水资源处于劣质状态，水环境污染特征为有机污染。2010年余杭区主要河道水质状况见附表1－23。

表1－23　　2010年余杭区主要河道水质状况表

河流名称	测点断面名称	全年期		汛　期		非汛期	
		水质	主要超标项目（年均超标倍数）［年极值］	水质	主要超标项目（年均超标倍数）［年极值］	水质	主要超标项目（年均超标倍数）［年极值］
东苕溪	奉口	Ⅲ	—	Ⅳ	铁(8.81)[1.25] 锰(3.12)[0.27] 总磷(0.40)[0.219]	Ⅲ	—
运河	五杭大桥	劣v	总磷(1.22)[0.752] 氨氮(1.06)[3.55]	劣v	氨氮(1.44)[3.55] 总磷(1.20)[0.732] 石油类(0.07)[0.06]	劣v	总磷(1.25)[0.679] 氨氮(0.68)[2.459]
上塘河	临平铁路桥	劣v	总磷(0.63)[0.405] 氨氮(1.94)[3.526] 化学需氧量(0.57)[407]	劣v	氨氮(1.97)[3.526] 总磷(0.77)[0.405] 化学需氧量(0.78)[40]	劣v	总磷(0.50)[0.932] 氨氮(1.90)[3.114] 溶解氧[1.78]

2012年，余杭区水环境质量继续保持稳定，区内主要河流和交接断面水质有所改善。水环境污染类型以氮、磷、耗氧有机物、微生物为主的复合型污染。对全区61条主要河流开展交界断面水质监测，结果显示：苕溪流域各河流水质保持良好，均达到Ⅲ类水要求；运河、上塘河流域大部分支流未达到相应功能区要求，各镇街中心和人口稠密地区的主要河流水质以劣Ⅴ类为主。与2011年相比，全区主要河流水质为劣Ⅴ类的比例下降4.9%。

根据《浙江省水功能区水环境功能区划分方案》，余杭区共有21个水功能区，其中东苕溪系5个，杭嘉湖平原河网16个。水功能区现状水质优于Ⅲ类的有6个，Ⅳ类的有2个，Ⅴ类的有3个，劣Ⅴ类的有10个。与控制水质目标相比，能够符合控制水质目标的水功能区仅有6个，其余水功能区现状水质均不符合控制水质目标要求。余杭区水功能区划及水质现状见附表1－24。

通过对影响余杭区河流水质的分析，现状存在的污染物主要有工业污染物、城镇生活污水等点源污染物以及农村生活污水、畜禽养殖、水产养殖等面源污染，随着近几年工业产业结构调整，推行清洁生产，同时加大污水管网建设，工业污染逐渐减少。而农村生活污水、畜禽养殖、水产养殖等面源污染已成为余杭区污染物的主要来源。同时，入境水质也逐渐成为影响余杭区河流水质的重要原因。现状，京杭运河、上塘河上游均为杭州主城，上游携带大量污染物且以Ⅴ类或劣Ⅴ类为主的地表水流入余杭区内，严重降低了余杭区东部平原河网水质。西部的苕溪水系上游受临安青山湖工业园区、临安横畈工业园区、下游德清工农业发展以及太湖水倒灌的影响，河流水质面临污染风险加大。

表1－24　　余杭区水功能区划分及水质表

序号	名　称	河流（湖、库）	范围			2012年水质	目标水质
			起始断面	终止断面	长度（千米）		
1	南苕溪余杭饮用水源、农业用水区	南苕溪	汪家埠	余杭街道	8	Ⅲ	Ⅱ
2	东苕溪余杭瓶窑饮用水源区	东苕溪	余杭街道	上纤埠	30	Ⅱ	Ⅱ
3	东苕溪余杭饮用水源区	东苕溪	上纤埠	劳家陡门	4	Ⅱ	Ⅱ
4	中苕溪余杭保留区	中苕溪	临安—余杭县界	下木桥	17	Ⅲ	Ⅱ
5	北苕溪余杭保留区	北苕溪	独松	横塘村	43.5	Ⅲ	Ⅰ
6	运河余杭农业、工业用水区	京杭运河	洋湾	塘栖大桥	14.5	Ⅴ	Ⅳ
7	运河余杭农业用水区	京杭运河	塘栖大桥	运河博陆（桐乡交界）	14	Ⅴ	Ⅲ

续表 1－24

序号	名　称	河流（湖、库）	范　围			2012 年水质	目标水质
			起始断面	终止断面	长度(千米)		
8	上塘河余杭景观娱乐、工业用水区	上塘河	杭州—余杭交界	临平铁路桥	8	Ⅴ	Ⅳ
9	上塘河余杭农业用水区	上塘河	临平铁路桥	余杭—海宁交界	3	劣Ⅴ	Ⅲ
10	和睦港余杭农业用水区	和睦港	九堡村	上塘河交汇口	9	劣Ⅴ	Ⅳ
11	禾丰港余杭工业用水区	禾丰港	临平（朝阳桥）	孟家桥	5	劣Ⅴ	Ⅳ
12	禾丰港余杭农业用水区	禾丰港	孟家桥	五杭	5	Ⅳ	Ⅲ
13	亭趾港余杭工业用水区	亭址港	临平二号桥	螺蛳桥	8	劣Ⅴ	Ⅳ
14	亭趾港余杭农业用水区	亭址港	螺蛳桥	五杭	3	劣Ⅴ	Ⅲ
15	余杭塘河余杭农业、工业用水区	余杭塘河	余杭街道	杭州卖鱼桥	22	劣Ⅴ	Ⅲ
16	西塘河余杭农业用水区	西塘河	杭州小河	上牵埠	16	劣Ⅴ	Ⅲ
17	乔司港余杭农业用水区	乔司港	月牙河交汇口	上塘河交汇口	8.8	劣Ⅴ	Ⅲ
18	良渚港余杭农业、工业用水区	良渚港	西塘河魏塘	余杭塘河长桥	13.5	Ⅳ	Ⅲ
19	内排河余杭渔业用水区	内排河	运河马家墩	塘栖镇泉漳	14.5	Ⅳ	Ⅲ
20	东塘港余杭农业用水区	东塘港	运河武林头	上牵埠	9.5	劣Ⅴ	Ⅲ
21	喜庵港余杭饮用、农业用水区	喜庵港	运河街道博陆	桐乡交界	2	劣Ⅴ	Ⅲ

3. 主要河流水质

京杭大运河（余杭段）

20 世纪 50 年代初，京杭大运河塘栖附近酸碱度中性，氨氮 0.2 毫克/升～1.1 毫克/

升，化学需氧量 4.0 毫克/升 ~ 15.5 毫克/升。20 世纪 70 年代后，年污染指标升高。1980 年溶解氧为零，水有臭味，化学需氧量平均值为 115.7 毫克/升，氨氮平均值为 7.87 毫克/升。据杭州市环境保护监测管理总站调查，1983 年杭州市区未经处理的工业废水和生活污水有 1.64 亿吨排入大运河，1985 年排入污水 1.9 亿吨。艮山门至义桥段水体严重污染，终年黑臭，溶解氧为零，鱼虾绝迹。塘栖镇年排污量 224.6 万吨，德清县年排污 1600 万吨，运河及运河相通的河港，深受其害。1987 年，仅塘栖一地，受污染水面 880 余公顷，死亡成鱼 16.64 吨、鱼苗 225.4 万尾、珍珠蚌 3.89 万只。沾驾桥乡放养的水草，积集污染物质，羊食水草后患软骨病，肝硬化萎缩而死，饲养量 1984 年比 1980 年下降 62.5%。塘栖广济桥地表水监测点化学需氧量 73.4 毫克/升，硫化物 1.6 毫克/升。运河水劣于Ⅲ类水质标准。

1986 年—1990 年，运河干流的 pH 在 6.50 ~ 8.50；悬浮物、硬度、砷、汞、铅等基本未超标；化学需氧量除五杭运河大桥监测点达 III 类水质标准外，宏畔桥、塘栖酒厂渡口监测点劣于 V 类水质标准。支流水好于干流，但支流仓前桥段受仇山磁土矿污水污染，水体呈偏酸性状态。

1991 年—1995 年，运河干流、支流的 pH 值，硝酸盐氮、氰化物、砷和重金属指标均达到Ⅲ类水质标准；溶解氧、氨氮、化学需氧量、石油类均劣于Ⅴ类水质标准。

1996 年—2000 年，运河干流调整为 4 个监测断面，支流调整为 3 个监测断面。1999 年 7 月，塘栖 660 公顷外荡渔业水域受污染，致直接损失 151 万元。2000 年监测结果，运河大部分水质 V 类及劣于 V 类，部分上游支流为 IV 类水质。其中，干流 4 个断面 V 类水质占 25%，劣于 V 类水质占 75%；支流 3 个断面 IV 类水质占 66.7%，劣于 V 类水质占 33.3%。定类项目主要为总磷、高锰酸盐指数、溶解氧。主要污染指标为总磷、高锰酸盐指数、氨氮、五日生化需氧量、石油类等，运河污染以耗氧有机物污染为主。

2001 年—2005 年，运河流域继续加强工业污染治理，加块环境基础设施建设，推进新农村建设，加强农业面源污染控制，运河水质略有改善，运河干流综合污染指数为 9.47 ~ 12.33，综合污染平均指数为 1.89 ~ 2.45。主要污染物均值各项指标下降，其中高锰酸盐指数 2005 年比 2000 年下降 29.84%，五日生化需氧量下降 23.18%，氨氮下降 31.38%，总磷下降 114.24%，石油类下降 45.54%。

2005 年，经监测运河干流、支流 7 个断面均劣于Ⅴ类水质，主要是耗氧有机物污染。但从整体上看，运河流经余杭区后，虽然出境水质仍劣于Ⅴ类，但较之入境水质无转劣趋势，总磷等部分指标略好于上游来水。

2008 年余杭区环境监测站对运河（余杭段）干流 5 个监测点和支流 4 个监测点的监测，运河水系水质总体仍较差，9 个监测断面除武林头北点位为 V 类水质外，其余全部为劣 V 类水质，都不能达到余杭区水功能区规划的Ⅲ类标准（详见附表 1 – 25）。

表 1-25　　2008 年运河（余杭段）水系各点位水质评价结果

评价标准	水域	点位名称	水质类别	定类项目	超标项目
GB 3838-2002《地表水环境质量标准》Ⅲ类标准	干流	义桥	劣Ⅴ类	氨氮	氨氮、总磷、溶解氧
		宏畔桥	劣Ⅴ类	氨氮	氨氮、总磷、生化需氧量、溶解氧、石油类、粪大肠菌群
		塘南酒厂渡口	劣Ⅴ类	氨氮、总磷	氨氮、溶解氧、石油类、生化需氧量、高锰酸盐指数、总磷
		五杭运河大桥	劣Ⅴ类	氨氮	粪大肠菌群、氨氮、溶解氧、石油类、总磷、生化需氧量
		博陆桐乡界	劣Ⅴ类	氨氮	氨氮、溶解氧、总磷、石油类、生化需氧量
	支流	勾运桥（勾庄桥）	劣Ⅴ类	氨氮、总磷、生化需氧量	氨氮、高锰酸盐指数、总磷、石油类、生化需氧量
		新桥（仓前桥）	劣Ⅴ类	氨氮	氨氮、溶解氧、生化需氧量、石油类
		武林头北	Ⅴ类	氨氮	氨氮、总磷、溶解氧
		五杭德清界	劣Ⅴ类	氨氮	氨氮、溶解氧、生化需氧量、石油类、总磷

注：资料来源于《余杭区环境质量报告书》2008 年度

2012 年，运河干流水质为Ⅴ类，未达到Ⅲ类水环境功能区要求，但与上游相比，运河水质在余杭区境内有一定改善，大麻渡口、武林头北、荷花坟氨氮浓度分别比入境断面义桥下降 28.9%、21.1%和 24.6%，总磷浓度分别比义桥下降 22.8%、22.4%和 9.2%。

东苕溪（余杭段）：

东苕溪是余杭的母亲河，余杭区的獐山、塘栖、宏畔、运河、余杭、瓶窑和仁和自来水厂的原水均取之东苕溪。2012 年，在全区城乡一体化供水区域内供应的自来水总量为 12121 万立方米，其中，有 10291 万立方米自来水的原水取自东苕溪，占 84.9%。

东苕溪水环境容量较大，补给水源多，径流量充沛，丰水期自净能力较强。20 世纪 80 年代，苕溪水质污染超标，上游有临安县化工、造纸等行业未经处理的大量污水排入苕溪；余杭、瓶窑两镇年排入苕溪污水约 452.6 万吨。遇枯水期，余杭镇苕溪水体呈棕色，含高浓度污染物质。据 1985 年对东苕溪余杭段调查，化学需氧量 6.22 毫克/升、氨氮 0.38 毫克/升，还检出氰化物、汞、铬、铜等有机物质。

1986 年—1990 年，苕溪干流下游余杭镇西门大桥、瓶窑大桥等 3 个断面水质污染较严重，除悬浮物、硬度、硝酸盐氮未超标外，其他污染指标均超过 III 类水质标准。同期干流 pH 值超标率 16.70% ~ 83.30%，范围值 6.18 ~ 9.92；溶解氧超标率 16.70% ~ 33.30%，最劣值 2.24 毫克/升；化学需氧量超标率 16.70% ~ 50%，最大值 18.80 毫克/升；挥发酚超标率 16.70% ~ 66.70%，最大值 0.333 毫克/升；氨氮最大值 16.52 毫克/升；汞超标率 16.70%，最大值 0.0054 毫克/升；砷超标率 33.30%，最大值 0.355 毫克。溶解氧的最大值和各项污染物最小值都出现在上游，而各污染物最大值、溶解氧最小值和重金属污染指标最大值都出现在下游。

1991 年—1995 年，苕溪干流断面汪家埠水质极差。东苕溪瓶窑和奉口断面水质较差，挥发酚均值达Ⅴ类，最大值劣于Ⅴ类水质。中苕溪落塘埠下断面水质的主要污染物是化学需氧量和挥发酚，年均值达Ⅲ类水质标准。干流主要污染物与 1986 年—1990 年相比，除生化需氧量下降 1.90% 外，化学需氧量、氨氮和挥发酚分别上升 2.40%、69.90%、72.70%。

1996 年—2000 年，苕溪水质总磷偏高，未达到水功能区水质Ⅲ类标准，为Ⅳ类。主要污染物为总磷、高锰酸盐指数、非离子氨、亚硝酸盐氮、五日生化需氧量、石油类，该 6 项指标累计污染分担率为 96.61%。综合污染指数为 15.56 ~ 23.40，污染平均指数为 2.22 ~ 3.34。五日生化需氧量呈下降趋势，苕溪水质趋好。

2001 年—2005 年，通过对苕溪余杭段落塘埠、瓶窑大桥、奉口 3 个点位主要污染指标监测，综合污染指数为 4.75 ~ 7.75，污染平均指数为 0.79 ~ 1.29。苕溪主要污染物浓度 2005 年比 2000 年下降，其中氨氮下降 39.5%，总磷下降 34.9%，石油类下降 72.2%。苕溪流域开展水环境综合整治及禁止养鸭，2005 年，苕溪水质总体较好，饮用水源水质达标率 93%。但苕溪水质总磷、石油类、粪大肠菌群仍偏高，未能达到水功能区划水质Ⅲ类指标，为Ⅳ类 ~ Ⅴ类水质。主要污染物为石油类、高锰酸盐指数、氨氮、粪大肠菌群、总磷，该 5 项指标累计污染分担率为 93.2%。

2006 年—2012 年，继续开展苕溪流域污染治理，苕溪沿岸的企事业单位和广大群众，积极保护苕溪，保护母亲河，通过结合生态城区的创建和创模活动的开展，相继实施截污纳管、污水治理、关停整治污染企业、治理生态河道、开展农业面源污染防治和实施苕溪禁养等综合整治后，东苕溪水质总体稳定，除个别年份石油类、大肠菌群偏高外，能基本符合三类水体标准（详见附表 1 – 26）。

表 1－26　　2004 年—2012 年东苕溪原水主要水质指标监测值

日期 年	日期 月	pH	浊度 (NTU)	DO (mg/L)	COD_{Mn} (mg/L)	BOD_5 (mg/L)	NH_3-N	总磷 (mg/L)	总氮 (mg/L)	总铁 (mg/L)	锰 (mg/L)
地表水Ⅲ类标准限值		6～9	—	≥5	≤6	≤4	≤1.0	≤0.2	—	≤0.3	≤0.1
2004	2	7.2	18.6	12.2	3.51	1.6	0.94	0.05	4.59	0.36	0.12
	5	7.3	8.65	8.6	3.33	2.6	0.56	0.1	4.98	0.52	0.08
	8	7.2	84.2	6.22	4.12	2.1	0.86	0.13	3.87	0.13	0.11
	11	7.3	225	9.26	4.62	2.2	0.26	0.06	4.62	0.69	0.16
	平均	7.25	84.1	9.07	3.9	1.8	0.66	0.09	4.51	0.43	0.12
2005	2	7.3	23.4	12.32	4.23	2.2	1.45	0.04	4.36	0.45	0.08
	5	7.42	27.5	7.8	4.04	1.7	0.66	0.09	3.56	0.38	0.11
	8	7.19	10.2	6.2	4.36	2.3	0.42	0.15	4.59	0.2	0.14
	11	7.19	72.1	7.32	2.96	2.1	0.12	0.09	4.15	0.52	0.14
	平均	7.28	33.3	8.41	3.9	2.3	0.66	0.09	4.17	0.39	0.12
2006	1	7.41	20.1	6.73	3.07	2.8	1.29	0.07	4.01	0.2	0.10
	4	7.32	15.3	9.62	3.43	2.1	0.26	0.05	3.65	0.17	0.18
	7	7.42	9.4	7.66	2.83	2.7	0.38	0.12	3.57	0.22	0.15
	10	7.54	196	6.85	3.72	2.6	0.44	0.15	4.65	0.79	0.16
	平均	7.42	60.2	7.72	3.26	2.1	0.59	0.1	3.97	0.35	0.15
2007	1	7.53	19.1	9.68	3.64	1.6	0.50	0.05	3.45	0.22	0.16
	4	7.22	17.6	8.85	3.04	1.7	0.24	0.08	318	0.28	0.11
	7	7.24	65	5.5	4.01	1.7	0.17	0.08	3.79	0.24	0.15
	10	7.11	26.9	6.76	3.2	2.1	0.69	0.09	3.1	0.38	0.13
	平均	7.28	32.2	7.7	3.47	1.8	0.40	0.08	3.38	0.28	0.14
2008	2	7.12	10.5	8.55	4.06	1.8	0.42	0.05	3.56	0.22	0.16
	5	7.26	69.5	7.23	3.4	2.1	0.35	0.05	3.25	0.39	0.1
	8	7.56	45.2	6.12	3.58	1.6	0.15	0.08	3.02	0.18	0.08
	11	7.33	37.1	6.56	3.22	1.4	0.33	0.06	4.1	0.5	0.19
	平均	7.32	40.6	7.12	3.57	1.7	0.31	0.06	3.48	0.32	0.13

续表 1－26

日期 年	日期 月	pH	浊度 (NTU)	DO (mg/L)	COD_{Mn} (mg/L)	BOD_5 (mg/L)	NH_3-N	总磷 (mg/L)	总氮 (mg/L)	总铁 (mg/L)	锰 (mg/L)
地表水Ⅲ类标准限值		6～9	—	≥5	≤6	≤4	≤1.0	≤0.2	—	≤0.3	≤0.1
2009	2	7.15	15.6	8.56	3.26	1.6	0.56	0.04	3.13	0.18	0.15
	5	7.35	45.9	6.98	3.56	2	0.23	0.05	4.22	0.32	0.17
	8	7.4	29.7	6.21	3.32	1.7	0.20	0.08	3.22	0.17	0.11
	11	7.26	56.9	7.54	3.5	2.2	0.37	0.04	4.02	0.26	0.20
	平均	7.29	37	7.32	3.41	1.9	0.34	0.05	3.65	0.23	0.16
2010	1	7.20	14.6	10.32	4.73	<2	0.46	0.07	3.52	0.22	<0.05
	4	7.25	26.3	8.63	2.85	<2	0.24	0.06	3.51	0.20	0.06
	7	7.91	11.9	7.20	3.33	<2	0.72	0.06	2.81	0.16	<0.05
	10	7.35	11.4	8.66	2.77	<2	0.31	0.08	2.89	0.23	<0.05
	平均	7.43	16.1	8.70	3.42	<2	0.43	0.07	3.18	0.20	<0.05
2011	2	7.45	7.6	11.28	1.86	<2	0.66	0.06	3.31	0.27	0.05
	5	7.74	95.7	4.51	3.66	<2	0.45	0.16	2.49	0.38	0.07
	8	7.76	22.0	5.41	4.10	<2	0.79	0.06	2.72	0.48	0.05
	11	7.71	9.9	6.97	2.95	<2	0.33	0.08	2.71	0.42	0.07
	平均	7.67	33.8	7.04	3.14	<2	0.56	0.09	2.81	0.39	0.06
2012	1	7.59	26.3	10.34	3.61	<2	0.81	0.10	3.61	0.46	0.08
	4	7.68	24.7	8.11	1.64	<2	0.40	0.09	3.12	0.19	0.06
	7	7.42	10.1	5.05	3.17	<2	0.44	0.13	3.11	0.34	0.05
	10	7.68	129	7.6	2.94	<2	0.17	0.19	2.96	0.39	0.08
	平均	7.59	47.5	7.78	2.84	<2	0.46	0.13	3.2	0.35	0.07

注：资料来源于杭州余杭供水集团公司、杭州余杭水务有限公司水质监测中心

余杭区环境监测站2008年对苕溪（余杭段）水系干流和支流各2个监测点的水质监测，除汪家埠点位为Ⅲ类水质外，其余三个断面水质均为Ⅳ类，未达到标准。瓶窑大桥断面定类项目为粪大肠菌群、石油类，落塘埠断面、奉口断面定类项目为石油类（详见附表1－27）。从总体情况来看，2008年苕溪水质总体较好，但由于石油类、粪大肠菌群偏高，水质为Ⅳ类，有两个点位未能达到水功能区划目标（Ⅲ类）。除上述两项指标外，其他各项指标年均值达到Ⅲ类或优于Ⅲ类水质。与2007年相比苕溪（余杭段）水系水质

状况较上年有所好转，石油类、粪大肠菌群指标都有较大幅度削减，但氨氮指标受年初青山水库氨氮超标影响，有近40%的上升。

表1-27　　2008年苕溪（余杭段）水系各点位水质评价结果

评价标准	水域	点位名称	水质类别	定类项目	超标项目
GB3838-2002《地表水环境质量标准》Ⅲ类标准	干流	瓶窑大桥	Ⅳ类	粪大肠菌群、石油类	粪大肠菌群、石油类
		奉口	Ⅳ类	石油类	石油类
	支流	落塘埠	Ⅳ类	石油类	石油类
		汪家埠	Ⅲ类	氨氮	

注：资料来源于《余杭区环境质量报告书》2008年度

2012年，余杭区环境监测站监测苕溪水质总体较好，常规监测断面奉口、瓶窑大桥、落塘埠均达到Ⅲ类水功能区要求，断面达标率为100%。苕溪上下游水质保持稳定，入境断面汪家埠、径山，出境断面奉口水质均达到Ⅲ类功能区要求，上下游水质变化不大。与2011年相比，高锰酸盐指数、氨氮、总磷等主要污染物浓度基本持平。

在苕溪整治取得成效的同时，由于地理位置和苕溪功能等因素影响，也还存在水质隐患，主要有：

——当上牵埠内水位高于苕溪水位时，污水外流易导致水质下降。随着钱塘江向运河配水工程的实施后，使余杭区部分内河水位上升，但由于内河水质基本在Ⅴ类—劣Ⅴ类间，通过上牵埠船闸外流至苕溪，导致原水不同程度受到影响，致使东苕溪干流氨氮上升。

——航运污染造成水质下降。在獐山取水口水源保护区内每天来往和停泊装卸石料的船就有几百艘。特别在枯水期来时，因降雨量稀少，污染易浓缩，水体自净能力下降，过往的船只扰动水体，水源水质在局部断面、局部时间段有部分指标超标，其中，原水浊度波动较大，最高在1000NTU以上，同时原水耗氧量、氨氮、锰、铁、石油类等指标上升明显。

——湘溪港污水外流及太湖水倒灌，易导致水质下降。一旦苕溪水位较浅，以倒灌水作为补充时，湘溪港及下游太湖来水水质情况将直接关系到原水水质的优劣。由于湘溪港和太湖水水质还尚未有明显改善的趋势，加上极端天气增多，上游来水偏少，使倒灌天数基本占全年的一半以上。同时，太湖倒灌水水质的不确定性，而导致东苕溪（奉口段）水质的波动。

上塘河（余杭段）

上塘河原为西湖泄水道，地势较运河高，易枯易受污染，主要污染源为杭州市区综合污水，需引钱塘江水稀释。

1969年，水污染开始趋重，上塘河水质酸碱度小于6，偏酸性。1985年，溶解氧平均值1.98毫克/升，化学需氧量14.16毫克/升，氨氮为4.44毫克/升。

1986年—1990年，溶解氧超标率33.30%～100%，最大值10.01毫克/升，最小值

0.05毫克/升；化学需氧量超标率66.70%～100%，最大值27.40毫克/升，超标3.60倍；生化需氧量超标率33.30%～66.70%，最大值14.9毫克/升，超标2倍；氨氮超标率33.3%～100%，最大值27.4毫克/升，超标3.60倍。

1991年—1995年，主要污染物石油类、非离子氨、五日生化需氧量、化学需氧量、挥发酚等指标的年均值超Ⅴ类水质标准。

1996年—2000年，上塘河各断面水质均劣于Ⅴ类，上塘河综合污染指数为3.87～4.51，高锰酸盐指数、五日生化需氧量、氨氮、总磷指标均呈上升趋势，石油类则呈下降趋势。石油类指标下降与上塘河现在已不具备航行功能有关。

2001年—2005年，上塘河水质状况较差，各断面水质均劣于Ⅴ类。综合污染指数为9.16～9.79，污染平均指数为1.83～1.96。2005年主要污染物年均值高锰酸盐指数比2000年下降34.14%，五日生化需氧量下降2.98%，氨氮上升45.31%，总磷下降24.29%，石油类下降28.54%。上塘河流自杭州市区经余杭区后水质变化不大，自净能力较低。至2005年，采取搬迁污染企业、配水、筑坝等措施，水质有所改善，但仍处在Ⅴ类水平。

2008年余杭区环境监测站对上塘河（余杭段）水系3个监测点的水质监测，评价均为劣Ⅴ类，超标项目以氨氮、总磷、生化需氧量为主（详见附表1—28）。

表1-28　　2008年上塘河（余杭段）各点位水质评价结果

评价标准	点位名称	水质类别	定类项目	超标项目
GB3838-2002《地表水环境质量标准》Ⅳ类标准	三义村	劣Ⅴ类	氨氮、总磷	氨氮、总磷、溶解氧
	星桥	劣Ⅴ类	氨氮	生化需氧量、氨氮、总磷、粪大肠菌群
	临平大桥	劣Ⅴ类	氨氮、总磷	生化需氧量、氨氮、总磷

注：资料来源于《余杭区环境质量报告书》2008年度

2012年，上塘河总体水质仍为劣Ⅴ类，但在余杭区境内水质有大幅度改善。与入境断面三义村相比，出境断面渡船桥氨氮浓度下降55.2%，总磷浓度下降40.9%。与2011年相比，上塘河水质保持稳定，出境断面渡船桥氨氮和总磷浓度分别下降13.7%和8.0%。

城市内河

2008年度对区内城市内河6个监测点进行监测，按照余杭水功能区规划的Ⅴ类标准进行评价，城市内河六个监测点均不能达标，超标项目以氨氮、生化需氧量为主（详见附表1-29）。

表 1－29　　2008 年余杭区城市内河点位水质评价结果

评价标准	点位名称	水质类别	超标项目
GB3838－2002《地表水环境质量标准》中Ⅴ类标准	亭趾港亭趾大桥	劣Ⅴ类	氨氮、溶解氧、生化需氧量
	邋遢港二号桥	劣Ⅴ类	氨氮、生化需氧量
	赭山港府前桥	劣Ⅴ类	氨氮
	禾丰港振兴桥	劣Ⅴ类	溶解氧、氨氮、生化需氧量
	乔司港保障桥	劣Ⅴ类	氨氮、生化需氧量
	和睦港新安桥	劣Ⅴ类	氨氮

注：资料来源于《余杭区环境质量报告书》2008 年度

西部山区

2008 年对西部山区 5 个监测点进行监测，按照余杭区水功能区规划，执行Ⅲ类标准评价：除张堰大桥为Ⅴ类水质，定类项目为粪大肠菌群外，其余四个断面水质均为Ⅳ类，定类项目为粪大肠菌群、石油类，所有点位都未达到标准（详见附表 1－30）。从监测情况来看，西部山区水质总体较好，但由于石油类、粪大肠菌群偏高，未能达到水功能区划目标（Ⅲ类）。从高锰酸盐指数与氨氮两个指标看，自上游往下游水质呈稳定升高的趋势。

表 1－30　　2008 年西部山区水系各点位水质评价结果

相邻镇、街道	点位名称	水质类别	定类项目	超标项目
百丈镇－黄湖镇	溪口加油站	Ⅳ类	粪大肠菌群、石油类	石油类、粪大肠菌群
鸬鸟镇－黄湖镇	白沙桥	Ⅳ类	石油类	石油类
黄湖镇－径山镇	木鱼岭	Ⅳ类	粪大肠菌群、石油类	石油类、粪大肠菌群
径山镇－瓶窑镇	张堰大桥	Ⅴ类	粪大肠菌群	石油类、粪大肠菌群
瓶窑镇－东苕溪	瓶窑大桥	Ⅳ类	粪大肠菌群、石油类	石油类、粪大肠菌群

注：资料来源于《余杭区环境质量报告书》2008 年度

三、地下水水质

地下水是赋存于饱水带岩土空隙中的重力水。余杭区地下水类型分为孔隙潜水、孔隙承压水、岩溶水和基岩裂隙水。按《地下水质量标准》(GB/T 14848－93)，采用单指标评价法评价：

分布在丘陵河谷区的孔隙潜水、岩溶水、基岩裂隙水，地下水水质良好，为Ⅲ类；水化学类型以 HCO_3－Ca 型为主。

平原区孔隙承压水水质为劣Ⅴ类，因受原生环境和后期海侵的影响，水化学成分复杂，赋存于西部山区向平原区过渡地带的余杭街道段浅层“冲淡型”孔隙承压水，其水质自承压水边界向平原区由淡到咸；水化学类型也由 HCO_3－Ca 型过渡为 C1－Na 型。

塘栖镇三家村等地“封存型”淡水体水质分布：淡水体由中心向四周微咸水过渡，

C1、总硬度、固形物等主要指标含量相应增加；水化学类型也由 HCO_3-C_a、$HCO_3\cdot C1-Ca\cdot Na$ 逐渐变成 $C1\cdot HCO_3-N_a\cdot Ca$ 甚至 C1 – Na 型。

运河街道博陆、五杭、亭趾一带分布的孔隙承压淡水，水化学类型 HCO_3-Ca、$HCO_3-Ca\cdot Na$。

采用综合评价法，地下水质量类别好于单指标评价法，详见附表 1 – 31。

表 1 – 31　　**余杭区地下水质量综合评价情况表**

地下水类型		孔隙潜水			孔隙承压水			岩溶水			基岩裂隙水		
水质		淡			淡一咸			淡			淡		
项目		平均	水质类别	Fi	平均	水质类别	Fi	平均	水质类别	Fi	平均	水质类别	Fi
评价项目	pH 值	7.4	Ⅰ	0	7.5	Ⅰ	0	7.5	Ⅰ	0	6.7	Ⅰ	0
	总硬度	65.1	Ⅰ	0	579.4	Ⅴ	10	209.2	Ⅱ	1	91.4	Ⅰ	0
	固形物	99.6	Ⅰ	0	981.8	Ⅲ	3	308	Ⅱ	1	135.7	Ⅰ	0
	COD	0.7	Ⅰ	0	2.15	Ⅲ	3	0.6	Ⅰ	0	0.74	Ⅰ	0
	NO_3^-	2	Ⅰ	0	0.23	Ⅰ	0	1.51	Ⅰ	0	3.14	Ⅱ	1
	CL^-	8.9	Ⅰ	0	417.9	Ⅴ	10	30.55	Ⅰ	0	24.35	Ⅰ	0
	$SO4^{2-}$	19	Ⅰ	0	30.5	Ⅰ	0	28.7	Ⅰ	0	10.3	Ⅰ	0
	F^-	<0.1	Ⅰ	0	0.14	Ⅰ	0	0.12	Ⅰ	0	0.22	Ⅰ	0
	Cu	<0.005	Ⅰ	0	0.03	Ⅱ	1	<0.005	Ⅰ	0	<0.005	Ⅰ	0
	Pb	<0.005	Ⅰ	0	0.006	Ⅱ	1	<0.005	Ⅰ	0	<0.005	Ⅰ	0
	Zu	<0.02	Ⅰ	0	0.1	Ⅱ	1	0.08	Ⅱ	1	003	Ⅰ	0
	Cd	<0.002	Ⅲ	3	0.001	Ⅱ	1	<0.002	Ⅲ	3	<0.002	Ⅲ	3
	Cr^{6+}	0.005	Ⅰ	0	0.006	Ⅱ	1	0.004	Ⅰ	0	0.003	Ⅰ	0
	As	<0.01	Ⅱ	1	0.02	Ⅲ	3	0.003	Ⅰ	0	0.004	Ⅰ	0
	Hg	<0.0002	Ⅱ	1	0.0003	Ⅱ	1	<0.0002	Ⅱ	1	0.0001	Ⅱ	1
评价分值		2.13			7.26			2.15			2.13		
地下水类别		Ⅱ（良好）			Ⅴ（极差）			Ⅱ（良好）			Ⅱ（良好）		

注：资料来源于《余杭区水资源调查评价及供水水源论证》2005 年 1 月

余杭区开凿浅井取用地下水的历史可追溯到 1000 多年前的五代时期，而深井开凿始于 20 世纪 50 年代。2005 年，地下水开采量在城市供水总量中占 1.7%。20 世纪 80 年代后，地下水主要开采孔隙承压水、基岩裂隙小。据统计，2005 年尚有深井 21 眼，年开采量 124 万立方米，储存量为 19433.74 万立方米。

2001 年—2005 年期间，浙江省地质环境监测总站及地质矿产部浙江省中心实验室对余杭区地下水进行水质监测，采样点每年 2 个并保持基本固定。水质测试项目包括感官指标、常量组分及重金属等 30 余项。监测区范围包括径山山区基岩裂隙水、博陆平原地区的孔隙承压水。

径山山区基岩裂隙水直接接受大气降水补给，交替循环好。溶解性固形物含量普遍较低，基岩裂隙水除氟化物外，其余各项组分含量均符合国家饮用水卫生标准，是良好的饮用水水源，径山山区基岩裂隙水可作为优质源水瓶装销售。平原区孔隙承压水以透镜体形式分布于博陆等地，淡水水化学类型为 $HCO_3 \cdot Cl - Ca \cdot Na \cdot Mg$ 型。固形物含量 304.2 毫克/升～742.0 毫克/升，总硬度及固形物等超标，经处理可作为生活饮用水。

径山山区地下水质经多年动态分析，基岩裂隙水总硬度、固形物呈下降演化趋势，高锰酸盐指数呈上升演化趋势，氯离子基本稳定。博陆点孔隙承压水总硬度有所下降，其余皆基本稳定。区境内各类型地下水均未遭受污染。

根据《地下水质量标准》（GB/T 14848－1993）地下水质量类别划分五类，Ⅰ类、Ⅱ类反映地下水化学组分的天然背景含量，适用于各种用途；Ⅲ类以人体健康基准价为依据，适用集中式生活饮用水水源及工、农业用水；Ⅳ类以农业和工业要求为依据，除适用农业和部分工业用水外，适当处理后可作生活饮用水；Ⅴ类不宜饮用，其他用水根据使用目的选用。余杭区地下水质量均能达到良好级，符合国家饮用水卫生标准。径山山区基岩裂隙水单项组分除氟化物外基本属Ⅰ、Ⅱ类，地下水质量级别基本为优良、良好级，博陆淡水除总硬度及固形物等超标外，基本属Ⅰ类、Ⅱ类，地下水质量级别为良好级。

第三节　自来水厂取水口水质

余杭区在 20 世纪 90 年代前，由各镇、乡、村建造的各类自来水厂（供水站）因规模小，同时在当时水源污染也较轻，多数水厂没有水质检验设施，虽个别镇级水厂有化验室，但对原水取水口水质也没有系统监测的历史记载。

余杭区环境监测站自 1990 年以来对临平自来水厂、獐山（塘栖、宏畔、运河）自来水厂、余杭自来水厂、瓶窑自来水厂和径山自来水厂等主要水厂水源地取水口的原水水质监测表明，自 21 世纪初开始，各水厂取水口的原水水质按《地表水环境质量标准》（GB3838－2002）二类水体标准达标率较低。主要超标项目为氨氮、石油类、粪大肠菌群，其次为铁、锰等。按地表水质量的十一项指标（pH、溶解氧、高锰酸盐指数、化学需氧量、五日生化需氧量、氨氮、总磷、石油类、粪大肠菌群、铁和锰）评价：径山自来水厂取之四岭水库的原水常年为Ⅱ类水体，个别年份为Ⅲ类水体；獐山（塘栖、宏畔、运河）自来水厂、瓶窑自来水厂和余杭自来水厂取之苕溪的原水以Ⅲ类水体为主，部分年份为Ⅳ类水体；作为备用水源的原临平自来水厂（现为运河自来水厂）在运河博陆喜庵港取水口的水质以劣Ⅴ类水体为主，个别年份为Ⅴ类水体。

一、临平自来水厂（现运河自来水厂备用水源）取水口水质

临平自来水厂设在运河街道博陆喜庵港的取水泵房于 1991 年 7 月建成取水。该地在 20 世纪 80年代以Ⅲ至Ⅳ类水体为主，自 90 年代开始，随着运河受沿河工业废水和城市综合污水的污染，水质逐年变恶，按地表水环境质量标准基本项目评价为Ⅴ类至劣Ⅴ类水体。经监测，自 1990 年至 2012 年间的 22 年中（缺 1998 年资料），评价为Ⅳ类水的只有 3

年（2000年、2001年、2008年），评价为Ⅴ类水的为8年（1990年、1992年、1999年、2002年、2009年、2010年、2011年、2012年），其余11年均评价为劣Ⅴ类水。在监测指标中：氨氮超标尤其为严重，1995年氨氮平均值达4.76毫克/升，超过集中式生活饮用水地表水源地一级保护区标准（Ⅱ类水体≤0.5毫克/升）的8.52倍。其次超标项目为铁和锰，其中铁在监测的9年（2004年—2012年）中有4年超限值，锰在监测的12年（2001年—2012年）中年年超限值，次外在部分年份超过Ⅲ类水体标准的项目为石油类、总磷、高锰酸盐指数、五日生化需氧量和溶解氧等（详见附表1－32、1－33）。

图1－3　运河自来水厂备用取水口（博陆喜庵港）

为取用合格的饮用水水源，1999年5月，余杭市委、市政府决定，开工新建跨乡镇行政区域的临平、塘栖供水工程。2000年12月，临平自来水厂的水源由运河水改为苕溪水，取水口从博陆喜庵港移至獐山奉口，原取水泵房为应急备用。

二、獐山（塘栖、宏畔、运河）自来水厂取水口水质

獐山、塘栖、宏畔、运河四座自来水厂的原水取自东苕溪，四座水厂同一座取水泵房，取水口设在仁和街道的獐山奉口河段，于2000年12月临平、塘栖供水工程（一期）建成时投入运行。经监测，自2001年至2012年间，水厂取水口的水源水质较稳定，按地表水环境质量标准基本项目评价年平均为Ⅲ类水体。其中，部分年份超过Ⅲ类水体标准的项目主要有石油类和粪大肠菌群，石油类在监测的11年中有6年达Ⅳ类水标准（2002年、2004年、2005年、2006年、2007年、2008年），粪大肠菌群在监测的12年中有2年达Ⅴ类水标准（2005年、2007年），有3年达Ⅳ类水标准（2004年、2006年、2009年）。自2001年至2012年獐山奉口取水口原水监测项目监测值见附表1－34。

图1－4　獐山自来水厂取水口（东苕溪、奉口）

表 1 - 32　**1990 年—2000 年临平自来水厂取水口水质监测值**　取水口位置：运河博陆喜庵港

年份	监测次数	pH 值（无量纲）	溶解氧		高锰酸盐指数（COD_{Mn}）		化学需氧量（COD_{Cr}）		五日生化需氧量（BOD_5）		氨氮（NH_3-N）		总磷（以 P 计）		总氮（湖、库以 N 计）		石油类		粪大肠菌群		铁		锰	
		标准：6～9	mg/L	分类	mg/L	分类	mg/L	分类	mg/L	分类	mg/L	分类	mg/L	分类	mg/L	分类	mg/L	分类	个/L	分类	mg/L	限值 0.3	mg/L	限值 0.1
1990	2	7.50～7.59	4.50	Ⅳ	—	—	6.60	Ⅰ	4.68	Ⅳ	1.99	Ⅴ	—	—	—	—	—	—	—	—	—	—	—	—
1991	6	7.24～7.58	4.32	Ⅳ	—	—	5.50	Ⅰ	5.45	Ⅳ	3.12	劣Ⅴ	—	—	—	—	—	—	—	—	—	—	—	—
1992	3	6.83～7.66	6.47	Ⅱ	5.44	Ⅲ	—	—	—	—	1.83	Ⅴ	—	—	—	—	—	—	—	—	—	—	—	—
1993	3	6.99～7.15	5.20	Ⅲ	5.90	Ⅲ	—	—	—	—	4.70	劣Ⅴ	—	—	—	—	—	—	—	—	—	—	—	—
1994	3	6.78～7.15	3.27	Ⅳ	7.28	Ⅳ	—	—	—	—	3.28	劣Ⅴ	—	—	—	—	—	—	—	—	—	—	—	—
1995	3	6.87～7.18	4.21	Ⅳ	7.39	Ⅳ	—	—	—	—	4.76	劣Ⅴ	—	—	—	—	—	—	—	—	—	—	—	—
1996	3	7.15～7.21	6.94	Ⅱ	7.43	Ⅳ	—	—	—	—	3.84	劣Ⅴ	—	—	—	—	—	—	—	—	—	—	—	—
1997	3	7.01～7.49	—	—	6.93	Ⅳ	7.23	Ⅰ	—	—	4.72	劣Ⅴ	—	—	—	—	—	—	—	—	—	—	—	—
1998	—	（缺资料）	—	—	—	—	—	—	—	—	—	—	—	—	—	—	—	—	—	—	—	—	—	—
1999	6	7.10～7.41	—	—	6.23	Ⅳ	—	—	—	—	1.96	Ⅴ	—	—	—	—	—	—	—	—	—	—	—	—
2000	6	6.99～7.60	8.52	Ⅰ	7.12	Ⅳ	—	—	3.00	Ⅱ	2.72	—	—	—	—	—	—	—	—	—	—	—	—	—

注：资料来源于余杭区环境质量监测年报。每年监测 3 次或 6 次时间分别为平、丰、枯水期各一次或 2 个月一次

表 1－33

2001 年—2012 年运河自来水厂（原临平自来水厂运河水源）原水（备用）水质监测值

取水口位置：运河博陆喜庵港

年份	监测次数	pH 值（无量纲）	溶解氧		高锰酸盐指数（COD_{Mn}）		化学需氧量（COD_{Cr}）		五日生化需氧量（BOD_5）		氨氮（NH_3-N）		总磷（以 P 计）		总氮（湖、库以 N 计）		石油类		粪大肠菌群		铁		锰	
		标准：6～9	mg/L	分类	mg/L	分类	mg/L	分类	mg/L	分类	mg/L	分类	mg/L	分类	mg/L	分类	mg/L	分类	个/L	分类	mg/L	限值 0.3	mg/L	限值 0.1
2001	12	7.30～7.42	—	—	4.94	Ⅲ	—	—	—	—	1.43	Ⅳ	—	—	—	—	—	—	—	—	—	—	0.16	超
2002	12	7.30～7.65	—	—	5.99	Ⅲ	—	—	—	—	1.74	Ⅴ	—	—	—	—	—	—	—	—	—	—	0.16	超
2003	12	7.20～7.60	—	—	5.45	Ⅲ	—	—	—	—	2.15	劣Ⅴ	—	—	—	—	—	—	—	—	—	—	0.18	超
2004	12	7.1～7.8	5.75	Ⅲ	6.30	Ⅳ	—	—	—	—	2.34	劣Ⅴ	0.15	Ⅲ	4.63	—	0.05	Ⅲ	—	—	0.41	超	0.20	超
2005	12	7.3～8.2	6.61	Ⅱ	6.53	Ⅳ	—	—	—	—	3.24	劣Ⅴ	0.19	Ⅲ	4.33	—	0.09	Ⅳ	—	—	0.52	超	0.20	超
2006	12	7.2～7.7	6.29	Ⅱ	6.02	Ⅳ	15.6	Ⅲ	—	—	2.58	劣Ⅴ	0.21	Ⅳ	4.69	—	0.06	Ⅳ	—	—	0.58	超	0.18	超
2007	12	7.3～7.5	5.82	Ⅲ	5.73	Ⅲ	—	—	—	—	3.19	劣Ⅴ	0.24	Ⅳ	5.42	—	—	—	—	—	0.57	超	0.22	超
2008	12	7.25～7.60	6.01	Ⅱ	5.75	Ⅲ	14.6	Ⅱ	2.3	Ⅰ	1.45	Ⅳ	0.15	Ⅲ	5.68	—	0.09	Ⅳ	7250	Ⅲ	0.26	—	0.13	超
2009	12	7.12～7.87	5.68	Ⅲ	4.97	Ⅲ	12.1	Ⅱ	2.5	Ⅰ	1.92	Ⅴ	0.14	Ⅲ	4.57	—	0.10	Ⅳ	15654	Ⅳ	0.21	—	0.12	超
2010	12	6.87～7.55	5.27	Ⅲ	4.65	Ⅲ	13.9	Ⅱ	2.5	Ⅰ	1.85	Ⅴ	0.11	Ⅲ	4.62	—	0.06	Ⅳ	18972	Ⅳ	0.19	—	0.22	超
2011	12	6.98～7.61	5.64	Ⅲ	4.55	Ⅲ	12.7	Ⅱ	2.4	Ⅰ	1.78	Ⅴ	0.12	Ⅲ	4.24	—	0.05	Ⅲ	16834	Ⅳ	0.20	—	0.17	超
2012	12	7.04～7.72	5.48	Ⅲ	4.72	Ⅲ	15.1	Ⅲ	3.0	Ⅰ	1.66	Ⅴ	0.15	Ⅲ	4.89	—	0.05	Ⅲ	25671	Ⅴ	0.22	—	0.16	超

注：资料来源于杭州余杭供水集团公司、杭州余杭水务有限公司水质监测中心。上述监测值为每个月监测一次的平均值

2001 年—2012 年獐山（塘栖、宏畔、运河）自来水厂取水口水质监测值

表 1－34　　取水口位置：东苕溪獐山奉口河段

年份	监测次数	pH 值（无量纲）	溶解氧		高锰酸盐指数（COD_{Mn}）		化学需氧量（COD_{Cr}）		五日生化需氧量（BOD_5）		氨氮（NH_3-N）		总磷（以 P 计）		总氮（湖、库以 N 计）		石油类		粪大肠菌群		铁		锰	
		标准：6～9	mg/L	分类	mg/L	分类	mg/L	分类	mg/L	分类	mg/L	分类	mg/L	分类	mg/L	分类	mg/L	分类	个/L	分类	mg/L	限值 0.3	mg/L	限值 0.1
2001	6	6.86～7.71	6.43	Ⅱ	3.80	Ⅱ	—	—	2.04	Ⅰ	0.76	Ⅲ	—	—	—		—	—	2158	Ⅲ	—	—	—	—
2002	6	6.46～7.85	7.91	Ⅰ	2.91	Ⅱ	14.0	Ⅱ	1.61	Ⅰ	0.67	Ⅲ	0.126	Ⅲ	—		0.08	Ⅳ	6865	Ⅲ	0.18	—	0.04	—
2003	6	5.10～11.06	7.85	Ⅰ	2.95	Ⅱ	9.86	Ⅱ	1.66	Ⅰ	0.67	Ⅲ	0.096	Ⅱ	—		0.02	Ⅲ	6673	Ⅲ	0.123	—	0.01	—
2004	6	7.26～7.71	7.4	Ⅱ	3.80	Ⅱ	15.5	Ⅲ	1.71	Ⅰ	0.57	Ⅲ	0.114	Ⅲ	2.25		0.13	Ⅳ	14350	Ⅳ	0.011	—	0.014	—
2005	6	7.14～7.78	7.55	Ⅰ	3.63	Ⅱ	14.6	Ⅱ	1.53	Ⅰ	0.55	Ⅲ	0.130	Ⅲ	3.77		0.11	Ⅳ	28250	Ⅴ	0.165	—	0.003	—
2006	12	6.78～7.96	6.05	Ⅱ	3.59	Ⅱ	13.3	Ⅱ	2.28	Ⅰ	0.49	Ⅱ	0.130	Ⅲ	3.51	不参与评价	0.23	Ⅳ	18082	Ⅳ	0.018	—	0.013	—
2007	12	7.08～7.85	6.60	Ⅱ	3.76	Ⅱ	12.9	Ⅱ	2.35	Ⅰ	0.41	Ⅱ	0.109	Ⅲ	3.68		0.14	Ⅳ	26517	Ⅴ	0.362	超	0.045	—
2008	12	7.13～7.76	6.38	Ⅱ	3.34	Ⅱ	10.2	Ⅱ	2.48	Ⅰ	0.50	Ⅱ	0.090	Ⅱ	4.44		0.11	Ⅳ	9350	Ⅲ	0.180	—	0.050	—
2009	12	7.07～8.10	7.29	Ⅰ	3.21	Ⅱ	10.6	Ⅰ	1.67	Ⅰ	0.32	Ⅱ	0.090	Ⅱ	4.10		<0.05	Ⅰ	11100	Ⅳ	0.23	—	0.05	—
2010	12	7.20～7.84	6.72	Ⅰ	3.00	Ⅱ	10.0	Ⅰ	2.02	Ⅰ	0.37	Ⅱ	0.092	Ⅱ	4.02		<0.05	Ⅰ	5099	Ⅲ	0.18	—	0.04	—
2011	12	7.21～7.76	7.48	Ⅰ	3.39	Ⅱ	12.0	Ⅰ	3.15	Ⅲ	0.38	Ⅱ	0.110	Ⅲ	4.20		<0.05	Ⅰ	3710	Ⅲ	0.17	—	0.06	—
2012	12	7.16～8.07	7.05	Ⅰ	2.82	Ⅱ	8.21	Ⅰ	2.80	Ⅰ	0.35	Ⅱ	0.120	Ⅲ	3.67		<0.05	Ⅰ	4021	Ⅲ	0.20	—	0.06	—

注：资料来源于余杭区环境质量监测年报。每年监测 6 次的时间为每 2 个月一次，每年监测 12 次的时间为每个月一次

按地表水三类指标评价，个别项目在年度监测中，监测到的最大值有时超标，超标项目的严重度逐年也有所减轻，如高锰酸盐指数（三类水体标准限值为≤6毫克/升）的年最大值由2006年的6.96毫克/升，2007年下降到6.88毫克/升、2008年为5.99毫克/升，2009年为5.87毫克/升，2012年为5.85毫克/升；年小于6毫克/升大于4毫克/升的天数由2006年的142天，2008年减少到80天，2011年为71天，2012年为减少到64天。氨氮（三类水体标准限值为≤1.0毫克/升）的年最大值由2006年的3.45毫克/升，2007年与2008年下降到1.8毫克/升，2009年为1.44毫克/升，2012年为1.33毫克/升；年小于1.0毫克/升大于0.5毫克/升的天数，由2006年的57天，2008年减少到40天，2011年下降到20天，2012年为38天。总铁（标准限值为≤0.3毫克/升）的年最大值在年度间下降不稳定，2007年为1.85毫克/升，2008年为0.82毫克/升，2010年为0.86毫克/升、2012年为1.48毫克/升（详见附表1-35、1-36）。

表1-35　2006年—2012年东苕溪奉口取水口水质主要指标控制调查表　单位：天

项目		2006年	2007年	2008年	2009年	2010年	2011年	2012
氨氮（mg/L）	≤0.5	291	325	319	326	318	334	322
	0.5-1.0	57	33	40	37	41	20	38
	1.0-1.5	10	5	3	2	6	10	5
	1.5-2.0	7	2	3	0	0	1	0
	>2.0	0	0	0	0	0	0	0
COD_{Mn}（mg/L）	≤4	211	302	276	284	279	290	301
	4.0-6.0	142	58	80	72	83	71	64
	6.0-7.0	12	5	0	0	3	4	0
	>7.0	0	0	0	0	0	0	0
浑浊度（NTU）	≤50	72	170	195	197	274	290	302
	50-100	135	123	91	91	64	44	31
	100-200	121	60	71	64	18	20	24
	>200	37	12	8	13	9	11	8

注：资料来源于杭州余杭水务有限公司水质监测中心

表 1-36　　**2006 年—2012 年东苕溪奉口处取水口水质极值表**

日期		pH	色度（度）	浊度（NTU）	NH_3-N (mg/L)	COD_{Mn} (mg/L)	总铁 (mg/L)
年	月						
地表水Ⅲ类标准限值		6~9	—	—	≤1.0	≤6	≤0.3
2006	最大	7.50	15	292	3.45	6.96	1.40
	最小	6.90	5	5.5	<0.02	1.92	<0.05
	平均	7.18	9	60.7	0.35	3.65	0.33
2007	最大	7.52	25	333	1.80	6.88	1.85
	最小	6.94	8	3.7	<0.02	2.06	<0.05
	平均	7.22	13	30.1	0.46	3.41	0.25
2008	最大	7.50	30	227	1.80	5.99	0.82
	最小	6.92	8	4.8	0.15	2.08	0.05
	平均	7.20	15	25.3	0.39	3.29	0.2
2009	最大	8.70	19	1056	1.44	5.87	0.73
	最小	7.10	10	2.9	0.07	1.45	0.10
	平均	7.36	15	53.3	0.36	3.34	0.19
2010	最大	7.69	20	912	1.48	6.83	0.86
	最小	7.07	10	5.7	0.10	1.31	0.10
	平均	7.44	15	33.4	0.40	3.25	0.26
2011	最大	8.01	21	670	1.74	6.78	0.80
	最小	7.11	9	3.3	0.04	1.32	0.07
	平均	7.50	15	49.3	0.46	3.54	0.27
2012	最大	8.38	19	417	1.33	5.85	1.48
	最小	7.2	10	6.30	0.06	1.50	0.05
	平均	7.52	15	43.2	0.35	3.35	0.32

注：资料来源于杭州余杭水务有限公司水质监测中心

三、余杭自来水厂取水口水质

余杭自来水厂的原水取自南苕溪，取水口设在余杭镇张家弄底沿南苕溪的余杭闸边，于 1983 年 9 月建成取水。经监测，自 1992 年至 2008 年间水厂取水口的水源水质，除突发性水源污染事件（1995 年）外，水源水质相对稳定。按地表水环境质量标准基本项目评价多数年份为三类水。部分年份超过三类水体的项目主要有氨氮、石油类和粪大肠菌群，氨氮在监测的12年中有3年达到Ⅳ类水标准（1992年、1997年、2001年），石油类在监测的7年中有4年达到Ⅳ类水标准（2005年、2006年、2007年、2008年），粪大肠菌群在监测的9年中，有2年达到Ⅳ类水标准（2002年、2008年），3年达到Ⅴ类水标准（2003年、2006年、2007年），2年达到劣Ⅴ类水标准（2004年、2005年），余杭自来水厂取水口各年水质监测值见附表1-37。

图1-5　余杭自来水厂南苕溪取水口（余杭闸边）

四、瓶窑自来水厂取水口水质

瓶窑自来水厂的原水取自东苕溪，取水口在1978年6月水厂建成时设在东苕溪的新窑坝头，1981年水厂扩建时移至西溪路60号东苕溪边，2003年3月水厂异地扩建后，取水口设在西溪路60号东苕溪上游500米处对岸的羊山湾处。经监测：自1992年至2012年间，水厂取水口的水源水质较好，但不够稳定，按地表水环境质量标准基本项目评价，1992年至2012年间以Ⅲ类水为主，部分年份超过Ⅲ类水体的项目主要有氨氮、石油类和粪大肠群菌，氨氮在监测的20年中有2年达到Ⅳ类水标准（1992年、1995年），有1年达到Ⅴ类水标准（1994年）；石油类在监测的8年中有3年达到Ⅳ类水标准（2006年、2007年、2008年），粪大肠菌群在监测的13年中有4年达到Ⅳ类水标准（2002年、2003年、2004年、2005年），有3年达到Ⅴ类水标准（2000年、2006年、2007年）。1992年至2012年瓶窑水厂取水口水质监测值见附表1-38。

图1-6　瓶窑自来水厂东苕溪取水口（羊山湾）

五、径山自来水厂取水口水质

径山自来水厂原水取自四岭水库，取水口设在四岭水库发电厂出水的潜水管处，于2004年10月开始取水。经监测自2005年至2012年间水厂取水口水质，按地表水环境质量标准基本项目评价为水质良好，年评价均为Ⅱ类水。其中，有多数项目单项监测达Ⅰ类水标准，粪大肠菌群虽总体较低，但也有一年（2006年）达到Ⅲ类水标准（详见附表1－39）。

六、三白潭备用水源水质

余杭区属各自来水厂的原水除径山水厂取自四岭水库外，其他各水厂的原水均取之苕溪，单一的供水水源，给安全供水带来了隐患，一旦东苕溪突发水污染事件，将影响自来水厂不能正常生产与供应，会影响到全区经济社会发展和人民生活。为此，为进一步提高供水安全性，余杭区委、区政府于2008年启动建设三白潭备用水源工程，2009年5月建成备用。

图1－7　三白潭备用水源取水口（仁和、三白潭漾）

杭州余杭水务有限公司水质监测中心对三白潭漾水质监测表明，在静态状况下，三白潭漾水源水质基本符合Ⅲ类水标准（总氮不作评价、铁和锰有时略超标）见附表1－40至1－41。

表 1－37　　1992 年—2008 年余杭自来水厂取水口水质监测值　　取水口位置：南苕溪余杭闸边

年份	监测次数	pH 值（无量纲）	溶解氧		高锰酸盐指数（COD_{Mn}）		化学需氧量（COD_{Cr}）		五日生化需氧量（BOD_5）		氨氮（NH_3-N）		总磷（以 P 计）		总氮（湖、库以 N 计）		石油类		粪大肠菌群		铁		锰	
		标准：6～9	mg/L	分类	mg/L	分类	mg/L	分类	mg/L	分类	mg/L	分类	mg/L	分类	mg/L	分类	mg/L	分类	个/L	分类	mg/L	限值 0.3	mg/L	限值 0.1
1992	3	7.01～7.37	8.77	Ⅰ	3.42	Ⅱ	—	—	—	—	1.31	Ⅳ	—	—	—	—	—	—	—	—	—	—	—	—
1997	3	6.95～7.93	—	—	2.82	Ⅱ	—	—	—	—	1.49	Ⅳ	—	—	—	—	—	—	—	—	—	—	—	—
1999	6	7.25～7.95	—	—	3.05	Ⅱ	—	—	—	—	0.37	Ⅱ	—	—	—	—	—	—	—	—	—	—	—	—
2000	6	6.77～7.64	3.69	Ⅲ	3.80	Ⅱ	—	—	2.04	Ⅰ	0.55	Ⅲ	—	—	—	—	—	—	4733	Ⅲ	—	—	—	—
2001	6	7.30～9.56	6.66	Ⅱ	4.46	Ⅲ	—	—	2.32	Ⅰ	1.12	Ⅳ	—	—	—	—	—	—	5690	Ⅲ	—	—	—	—
2002	6	6.81～7.83	7.03	Ⅱ	3.03	Ⅱ	—	—	2.17	Ⅰ	0.76	Ⅲ	—	—	—	—	0.03	Ⅲ	11283	Ⅳ	—	—	—	—
2003	5	6.96～8.03	7.24	Ⅱ	2.95	Ⅱ	—	—	2.01	Ⅰ	0.71	Ⅲ	—	—	—	—	<0.02	Ⅰ	25400	Ⅴ	—	—	—	—
2004	6	7.41～7.88	8.01	Ⅰ	3.38	Ⅱ	—	—	2.24	Ⅰ	0.83	Ⅲ	—	—	—	—	0.05	Ⅰ	73533	劣Ⅴ	—	—	—	—
2005	6	7.00～7.87	6.08	Ⅱ	3.03	Ⅱ	20.3	Ⅳ	1.55	Ⅰ	0.53	Ⅲ	0.118	Ⅲ	2.31	—	0.06	Ⅳ	41317	劣Ⅴ	0.277	—	0.008	—
2006	6	6.98～7.81	6.89	Ⅱ	3.27	Ⅱ	—	—	2.86	Ⅰ	0.49	Ⅱ	—	—	—	—	0.10	Ⅳ	26650	Ⅴ	—	—	—	—
2007	12	7.54～8.08	7.15	Ⅱ	3.29	Ⅱ	10.4	Ⅰ	2.40	Ⅰ	0.30	Ⅱ	0.068	Ⅱ	3.74	—	0.13	Ⅳ	31250	Ⅴ	0.12	—	0.091	—
2008	12	7.28～8.11	8.45	Ⅰ	3.54	Ⅱ	11.8	Ⅰ	4.13	Ⅳ	0.306	Ⅱ	0.064	Ⅱ	3.67	—	0.109	Ⅳ	11683	Ⅳ	0.21	—	0.06	—

注：资料来源于余杭区环境质量监测年报。每年监测 3、6、12 次的时间分别为平、丰、枯水期各一次、2 个月一次、每个月一次

表 1－38　**1992 年—2012 年瓶窑自来水厂取水口水质监测值**　取水口位置：东苕溪干流瓶窑水厂取水口

年份	监测次数	pH 值（无量纲）	溶解氧		高锰酸盐指数（COD_{Mn}）		化学需氧量（COD_{Cr}）		五日生化需氧量（BOD_5）		氨氮（NH_3-N）		总磷（以 P 计）		总氮（湖、库以 N 计）		石油类		粪大肠菌群		铁		锰	
		标准：6～9	mg/L	分类	mg/L	分类	mg/L	分类	mg/L	分类	mg/L	分类	mg/L	分类	mg/L	分类	mg/L	分类	个/L	分类	mg/L	限值 0.3	mg/L	限值 0.1
1992	3	7.05～7.80	6.92	Ⅱ	3.75	Ⅱ	—	—	—	—	1.07	Ⅳ	—	—	—	—	—	—	—	—	—	—	—	—
1993	3	6.97～7.20	8.41	Ⅰ	4.21	Ⅲ	—	—	—	—	0.59	Ⅲ	—	—	—	—	—	—	—	—	—	—	—	—
1994	3	6.63～7.52	5.77	Ⅲ	4.32	Ⅲ	—	—	—	—	1.56	Ⅴ	—	—	—	—	—	—	—	—	—	—	—	—
1995	3	6.88～7.18	6.73	Ⅱ	3.01	Ⅱ	—	—	—	—	1.04	Ⅳ	—	—	—	—	—	—	—	—	—	—	—	—
1996	3	7.11～7.21	7.03	Ⅱ	4.00	Ⅱ	—	—	—	—	0.94	Ⅲ	—	—	—	—	—	—	—	—	—	—	—	—
1997	3	6.99～7.71	—	—	4.25	Ⅲ	—	—	—	—	0.92	Ⅲ	—	—	—	—	—	—	—	—	—	—	—	—
1998	—	（缺资料）	—	—	—	—	—	—	—	—	—	—	—	—	—	—	—	—	—	—	—	—	—	—
1999	3	7.01～7.59	—	—	4.47	Ⅲ	—	—	—	—	0.76	Ⅲ	—	—	—	—	—	—	—	—	—	—	—	—
2000	6	6.38～7.39	7.11	Ⅱ	3.61	Ⅱ	—	—	1.25	Ⅰ	0.80	Ⅲ	—	—	—	—	—	—	20217	Ⅴ	—	—	—	—
2001	6	6.86～7.71	6.61	Ⅱ	4.35	Ⅲ	—	—	1.25	Ⅰ	0.82	Ⅲ	—	—	—	—	—	—	1312	Ⅱ	—	—	—	—
2002	6	7.02～7.66	7.43	Ⅱ	3.62	Ⅱ	—	—	1.91	Ⅰ	0.82	Ⅲ	—	—	—	—	—	—	11717	Ⅳ	—	—	—	—
2003	6	6.89～8.01	8.56	Ⅰ	2.98	Ⅱ	—	—	2.11	Ⅰ	0.78	Ⅲ	—	—	—	—	—	—	10300	Ⅳ	—	—	—	—
2004	6	7.36～7.48	6.74	Ⅱ	3.95	Ⅱ	—	—	1.58	Ⅰ	0.67	Ⅲ	—	—	—	—	—	—	10350	Ⅳ	—	—	—	—
2005	9	7.24～7.75	7.08	Ⅱ	3.36	Ⅱ	25.2	Ⅳ	1.34	Ⅰ	0.44	Ⅱ	0.088	Ⅱ	3.31	—	0.03	Ⅲ	11866	Ⅳ	0.065	—	0.002	—
2006	11	7.02～7.69	6.03	Ⅱ	3.58	Ⅱ	25.9	Ⅳ	2.66	Ⅰ	0.47	Ⅱ	0.068	Ⅱ	3.44	—	0.10	Ⅳ	23654	Ⅴ	0.007	—	0.009	—
2007	12	7.27～7.77	6.67	Ⅱ	3.71	Ⅱ	13.2	Ⅰ	2.09	Ⅰ	0.30	Ⅱ	0.087	Ⅱ	3.53	—	0.10	Ⅳ	22792	Ⅴ	0.255	—	0.061	—
2008	12	7.23～7.90	7.90	Ⅰ	3.27	Ⅱ	11.8	Ⅰ	1.96	Ⅰ	0.409	Ⅱ	0.099	Ⅱ	3.43	—	0.089	Ⅳ	7297	Ⅲ	0.19	—	0.06	—
2009	12	7.26～7.96	7.40	Ⅰ	3.09	Ⅱ	11.7	Ⅰ	2.20	Ⅰ	0.32	Ⅱ	0.072	Ⅱ	3.49	—	<0.05	Ⅰ	6312	Ⅲ	0.24	—	0.07	—
2010	12	7.08～8.05	7.56	Ⅰ	2.91	Ⅱ	8.25	Ⅰ	1.80	Ⅰ	0.311	Ⅱ	0.068	Ⅱ	3.76	—	<0.05	Ⅰ	5740	Ⅲ	0.15	—	0.06	—
2011	12	7.28～7.80	7.96	Ⅰ	3.24	Ⅱ	10.21	Ⅰ	3.02	Ⅱ	0.263	Ⅱ	0.090	Ⅱ	4.03	—	<0.05	Ⅰ	3537	Ⅲ	0.15	—	0.07	—
2012	12	7.17～7.74	7.95	Ⅰ	2.59	Ⅱ	6.25	Ⅰ	2.52	Ⅰ	0.359	Ⅱ	0.096	Ⅱ	3.71	—	<0.05	Ⅰ	3763	Ⅲ	0.18	—	0.04	—

注：资料来源于余杭区环境质量监测年报。每年监测 3、6、12 次的时间分别为平、丰、枯水期各一次、2 个月一次、每个月一次

表 1－39　**2005 年—2012 年径山自来水厂取水口水质监测值**　取水口位置：四岭水库发电厂出水处

年份	监测次数	pH 值（无量纲）	溶解氧		高锰酸盐指数（COD_{Mn}）		化学需氧量（COD_{Cr}）		五日生化需氧量（BOD_5）		氨氮（NH_3-N）		总磷（以 P 计）		总氮（湖、库以 N 计）		石油类		粪大肠菌群		铁		锰	
		标准：6～9	mg/L	分类	mg/L	分类	mg/L	分类	mg/L	分类	mg/L	分类	mg/L	分类	mg/L	分类	mg/L	分类	个/L	分类	mg/L	限值 0.3	mg/L	限值 0.1
2005	5	7.37～7.72	8.37	Ⅰ	3.22	Ⅱ	—	—	2.11	Ⅰ	0.19	Ⅱ	0.031	Ⅱ	1.66	—	0.026	Ⅰ	475	Ⅱ	—	—	—	—
2006	8	7.20～8.49	9.86	Ⅰ	1.79	Ⅰ	—	—	1.87	Ⅰ	0.14	Ⅰ	0.021	Ⅱ	1.50	—	0.089	Ⅰ	2700	Ⅲ	0.004	—	0.013	—
2007	12	6.94～8.96	9.56	Ⅰ	1.72	Ⅰ	10.6	Ⅰ	1.66	Ⅰ	0.08	Ⅰ	0.052	Ⅱ	1.92	—	0.06	Ⅰ	1628	Ⅱ	0.022	—	0.006	—
2008	12	6.75～9.62	10.01	Ⅰ	1.72	Ⅰ	<5.00	Ⅰ	1.15	Ⅰ	0.299	Ⅱ	0.033	Ⅱ	2.16	—	0.073	Ⅰ	86	Ⅰ	0.08	—	0.04	—
2009	12	6.66～7.84	9.88	Ⅰ	1.42	Ⅰ	<10.0	Ⅰ	0.61	Ⅰ	0.13	Ⅱ	0.03	Ⅱ	2.25	—	<0.05	Ⅰ	1418	Ⅱ	0.06	—	0.06	—
2010	12	7.09～7.80	8.42	Ⅰ	1.40	Ⅰ	<10.0	Ⅰ	1.04	Ⅰ	0.13	Ⅱ	0.033	Ⅱ	4.02	—	<0.05	Ⅰ	1574	Ⅱ	0.09	—	0.04	—
2011	12	6.72～8.68	9.45	Ⅰ	1.53	Ⅰ	<10.0	Ⅰ	2.01	Ⅰ	0.128	Ⅱ	0.046	Ⅱ	4.2	—	<0.05	Ⅰ	1529	Ⅱ	0.08	—	0.04	—
2012	12	7.00～7.64	8.80	Ⅰ	1.31	Ⅰ	<10.0	Ⅰ	1.64	Ⅰ	0.093	Ⅰ	0.046	Ⅱ	2.46	—	<0.05	Ⅰ	1731	Ⅱ	0.06	—	0.04	—

注：资料来源于余杭区环境质量监测年报。上述监测值为每月监测一次的平均值。其中：2005 年只监测 8 月至 12 月每月 1 次共 5 次，2006 年只监测 1 月至 3 月和 8 月至 12 月共 8 次

表 1-40 2008 年—2012 年三白潭漾备用水源取水口主要水质指标监测值

日期 年	日期 月	pH	浊度 (NTU)	DO (mg/L)	COD_{Mn} (mg/L)	BOD_5 (mg/L)	NH_3-N (mg/L)	总磷 (mg/L)	总氮 (mg/L)	总铁 (mg/L)	锰 (mg/L)
地表水Ⅲ类标准限值		6~9	/	≥5	≤6	≤4	≤1.0	≤0.2	≤1.0(湖、库)	≤0.3	≤0.1
2008	2	7.33	5.5	10.2	4.01	1.2	0.66	0.08	3.66	0.33	0.1
	5	7.64	10.5	8.12	3.98	1.6	0.3	0.14	2.98	0.41	0.05
	8	7.35	26.5	5.61	4.1	1.7	0.39	0.06	3.21	0.16	0.12
	11	7.29	16.8	7.05	3.64	1.4	0.47	0.06	3.01	0.2	0.08
	平均	7.40	14.8	7.74	3.93	1.5	0.46	0.08	3.24	0.28	0.09
2009	2	7.33	23.5	11	4.12	1.5	0.53	0.04	2.58	0.19	0.08
	5	7.49	13.6	7.69	4.04	1.6	0.32	0.08	3.65	0.15	<0.05
	8	7.29	7.5	6.98	3.54	1.3	0.18	0.05	4.07	0.27	0.08
	11	7.35	10.2	7.55	3.25	1.2	0.22	0.06	3.65	0.26	0.1
	平均	7.36	13.7	8.31	3.74	1.4	0.31	0.06	3.49	0.22	0.08
2010	2	7.38	6.7	8.21	4.07	2.1	0.49	0.07	3.50	0.21	0.10
	5	7.40	3.3	7.63	4.28	<2	0.30	0.07	3.62	0.10	0.08
	8	7.40	2.2	6.68	5.04	2.6	0.13	0.06	3.53	0.14	0.07
	11	7.41	25.4	8.94	4.32	3.1	0.66	0.16	3.38	0.33	0.12
	平均	7.40	9.4	7.86	4.43	2.4	0.40	0.09	3.51	0.20	0.09
2011	2	7.40	8.8	9.36	4.36	<2	0.59	0.09	4.45	0.16	0.09
	5	7.50	20.6	7.04	4.60	<2	0.19	0.17	1.89	0.27	0.05
	8	7.35	15.0	6.65	3.87	<2	0.70	0.14	2.08	0.10	<0.05
	11	7.20	18.2	5.38	5.06	2	0.61	0.13	2.97	0.31	0.05
	平均	7.34	15.6	7.11	4.47	<2	0.52	0.13	2.85	0.21	0.06
2012	2	7.61	2.0	8.95	4.27	<2	0.26	0.07	3.36	0.09	<0.05
	5	8.20	25.0	6.65	5.89	<2	0.43	0.16	2.06	0.33	0.06
	8	7.61	8.50	7.04	4.98	<2	0.78	0.10	2.00	0.31	0.05
	11	7.37	56.7	7.01	4.23	<2	0.81	0.11	3.44	0.54	0.12
	平均	7.70	23.1	7.41	4.84	<2	0.57	0.11	2.71	0.32	0.07

注：资料来源于杭州余杭水务有限公司水质监测中心

表 1－41　　**2012 年三白潭漾水质监测值**　　采样时间：2012 年 12 月

序号	采样点项目	单位	一白潭	二白潭	三白潭
1	水温	℃	11.3	11.3	11.4
2	pH	/	7.53	7.51	7.44
3	浊度	NTU	32.5	11.8	8.2
4	色度	度	22	22	17
5	臭和味	级	1	1	1
6	铁（Fe）	mg/L	0.41	0.12	0.13
7	锰（Mn）	mg/L	0.15	0.07	0.10
8	铜（Cu）	mg/L	<0.04	<0.04	<0.04
9	锌（Zn）	mg/L	<0.05	<0.05	<0.05
10	挥发酚（C_6H_5OH）	mg/L	<0.002	<0.002	<0.002
11	阴离子合成洗涤剂	mg/L	<0.1	<0.1	<0.1
12	硫酸盐（SO_4^{2-}）	mg/L	53.9	48.1	45.2
13	氯化物（CL^-）	mg/L	47.7	35.8	46.1
14	硝酸盐氮（以 N 计）	mg/L	2.63	1.53	2.02
15	砷（As）	mg/L	<0.001	<0.001	<0.001
16	硒（Se）	mg/L	<0.001	<0.001	<0.001
17	汞（Hg）	mg/L	<0.0001	<0.0001	<0.0001
18	镉（Cd）	mg/L	<0.001	<0.001	<0.001
19	六价铬（Cr）	mg/L	0.006	<0.004	<0.004
20	铅（Pb）	mg/L	<0.005	<0.005	<0.005
21	氟化物（F^-）	mg/L	0.40	0.44	0.50
22	氰化物（CN^-）	mg/L	<0.002	<0.002	<0.002
23	氨氮（以 N 计）	mg/L	0.49	0.37	0.42
24	亚硝酸盐氮（以 N 计）	mg/L	0.029	0.044	0.030
25	总氮	mg/L	3.67	2.78	3.21
26	总磷	mg/L	0.08	0.06	0.08
27	总大肠菌群	MPN/100mL	430	30	38
28	COD_{Mn}（O_2 计）	mg/L	4.66	4.29	3.85
29	COD_{cr}	mg/L	14.5	13.2	11.7
30	BOD_5	mg/L	<2	2.3	2.1
31	硫化物	mg/L	<0.05	<0.05	<0.05
32	石油类	mg/L	0.05	0.05	0.05
33	溶解氧（O_2 计）	mg/L	6.84	7.90	7.55

注：资料来源于杭州余杭水务有限公司水质监测中心

三白潭漾取水后，其水量主要从东塘港补充，东塘港水来自运河及南部水域，随着外部水量补充，漾内水质将有一定程度下降。经监测，三白潭漾高锰酸盐指数和氨氮初始含量分别为4.85毫克/升（Ⅲ类）和0.44毫克/升（Ⅱ类）。取水后高锰酸盐指数和氨氮随补充水量的增加而提高，最高值分别为5.84毫克/升和1.94毫克/升，其中氨氮达到Ⅴ类水标准。取水七天后在正常水位时，按3.8立方米/秒或6.4立方米/秒取水，七天后漾内可取水量全部由运河及外部水补充，漾内的水质趋同运河水质，见附表1－42。

表1－42　　三白潭漾水量补充后水质变化过程表

来水条件	水质指标(mg/L)	取水流量3.8m³/s					取水流量6.4m³/s				
		取水时间					取水时间				
		0d	1d	3d	5d	7d	0d	1d	3d	5d	7d
运河70%、南部水域30%	高锰酸盐指数	4.85	5.13	5.68	5.84	5.84	4.85	5.31	5.84	5.84	5.84
	氨氮	0.44	0.86	1.69	1.94	1.94	0.44	1.14	1.94	1.94	1.94
运河60%、南部水域40%	高锰酸盐指数	4.85	5.10	5.60	5.75	5.75	4.85	5.27	5.75	5.75	5.75
	氨氮	0.44	0.82	1.59	1.82	1.82	0.44	1.09	1.82	1.82	1.82
运河50%、南部水域50%	高锰酸盐指数	4.85	5.08	5.53	5.66	5.66	4.85	5.23	5.66	5.66	5.66
	氨氮	0.44	0.79	1.49	1.70	1.70	0.44	1.03	1.70	1.70	1.70
运河40%、南部水域60%	高锰酸盐指数	4.85	5.05	5.45	5.57	5.57	4.85	5.19	5.57	5.57	5.57
	氨氮	0.44	0.76	1.39	1.58	1.58	0.44	0.97	1.58	1.58	1.58

注：资料来源于《余杭区三白潭备用水源工程初步设计》

图1－8　2012年12月27日，浙江省突发饮用水水源污染事故应急处置联动演习在余杭区径山镇成功举行

第三章　饮用水源保护

水是生命之源、生产之要、生态之基，保护饮用水源是关系到人民身体健康、经济社会发展和社会稳定的重大的课题，它具有十分重要的现实意义和深远的历史意义。余杭区历届政府、各级领导和广大群众都十分重视饮用水源的保护，通过广泛宣传发动，实施“环境立区”战略，建立水源水质保障体系（建立合格饮用水源），推进生态镇乡、村建设，全面开展水污染治理，加强供排水基础设施建设和水源水质监测等措施，使城乡饮用水源基本得到了保护。

图 1－9　饮用水源保护宣传牌

第一节　河道水质现状与目标

一、河道功能区划分

余杭区东苕溪水系、运河水系、上塘河水系各河道共划分为 28 个水功能区，其中Ⅱ类水质功能区 6 个，Ⅲ类水质功能区 17 个，Ⅳ类水质功能区 5 个，各河道水功能区划情况见附表 1－43。

表 1－43　余杭区主要河道功能划分

河段	功能区范围	功能区命名	控制目标
上塘河	余杭区段（11.38km）	Ⅳ类水质工业用水区	Ⅳ类
乔司港	乔司港（8.2km）	Ⅲ类水质农业用水区	Ⅲ类
和睦港	和睦港（11.72km）	Ⅲ类水质农业用水区	Ⅲ类
赭山港	赭山港（8.46km）	Ⅲ类水质农业用水区	Ⅲ类
南苕溪	江家埠—中洪（3.8km）	Ⅲ类水质集中式生活饮用水水源二级保护区	Ⅲ类
	中洪—余杭镇（4.5km）	Ⅱ类水质集中式生活饮用水水源一级保护区	Ⅱ类

续表 1－43

河段	功能区范围	功能区命名	控制目标
东苕溪	余杭镇—汤湾渡口（9.0km）	Ⅲ类水质集中式生活饮用水水源二级保护区	Ⅲ类
	汤湾渡口—瓶窑（6.7km）	Ⅱ类水质集中式生活饮用水水源一级保护区	Ⅱ类
	瓶窑—上纤埠（11.5km）	Ⅲ类水质集中式生活饮用水水源二级保护区	Ⅲ类
	上纤埠—北窑坞（2.0km）	Ⅱ类水质集中式生活饮用水水源一级保护区	Ⅱ类
	北窑坞—劳家陡门（7.0km）	Ⅲ类水质集中式生活饮用水水源二级保护区	Ⅲ类
中苕溪	中苕溪干流余杭段（18.0km）	Ⅲ类水质集中式生活饮用水水源二级保护区	Ⅲ类
北苕溪	北苕溪龙舌咀以上段（15.0km）	Ⅲ类水质集中式生活饮用水水源二级保护区	Ⅲ类
运河余杭段	义桥—塘栖大桥（9.3km）	Ⅳ类水质一般景观用水区	Ⅳ类
	塘栖大桥—青地坝博陆（20.3km）	Ⅲ类水质集中式生活饮用水水源二级保护区	Ⅲ类
余杭塘河	余杭段（15.7km）	Ⅲ类水质多功能区	Ⅲ类
	余杭镇区段（4.0km）	Ⅳ类水质农业用水区	Ⅳ类
良渚港	全线（7.5km）	Ⅲ类水质多功能区	Ⅲ类
西塘河	星桥—宦塘以南 1km（7.2km）	Ⅲ类水质集中式生活饮用水水源二级保护区	Ⅲ类
	宦塘以南 1km—上纤埠（6.5km）	Ⅱ类水质集中式生活饮用水水源一级保护区	Ⅱ类
内排河	马家墩—泉漳（15.0km）	Ⅲ类水质一般鱼类保护区	Ⅲ类
五福桥	五福桥上游 20km—下游 0.3km（20.3km）	Ⅱ类水质集中式生活饮用水水源一级保护区	Ⅱ类
东塘港	上纤埠—武林头（9.6km）	Ⅲ类水质集中式生活饮用水水源二级保护区	Ⅲ类
禾丰港	朝阳桥—孟家桥（5.0km）	Ⅳ类水质农业用水区	Ⅳ类
	孟家桥—五杭（5.0km）	Ⅲ类水质集中式生活饮用水水源二级保护区	Ⅲ类
亭趾港	临平二号桥—螺蛳桥（8.0km）	Ⅳ类水质工业用水区	Ⅳ类
	螺蛳桥—博陆—五杭（2.5km）	Ⅲ类水质集中式生活饮用水水源二级保护区	Ⅲ类
喜庵港	全线	Ⅱ类水质集中式生活饮用水水源一级保护区	Ⅱ类

注：资料来源于《余杭区水资源调查评价及供水水源论证》2005 年 1 月

二、河道水质现状与目标

根据余杭区河道整治规划，余杭区各水系河道水质现状与目标见附表 1－44、1－45、1－46、1－47。

表 1-44　　上塘河水系骨干河道水质

序号	河名	等级	起点	讫点	长度（m）	现状水质（2005 年）	水质目标	
							近期	远期
1	上塘河	市级	岳庙渡	贺价堰	11376	劣于Ⅴ类	Ⅳ类	Ⅲ类
2	王家畈港	区级	上塘河	赭山港	1500	劣于Ⅴ类	Ⅳ类	Ⅳ类
3	方桥港	区级	和睦港	乔司港	3900	劣于Ⅴ类	Ⅳ类	Ⅲ类
4	洋头坝港	区级	乔司港	赭山港	2200	劣于Ⅴ类	Ⅳ类	Ⅲ类
5	赭山港	区级	幸福闸	兴龙桥	7700	劣于Ⅴ类	Ⅳ类	Ⅲ类
6	乔司港	区级	王家畈港	乔司船闸	7650	劣于Ⅴ类	Ⅳ类	Ⅲ类
7	和睦港	区级	上塘河	九堡	7440	劣于Ⅴ类	Ⅳ类	Ⅳ类
8	月牙港	区级	乔司船闸	下沙	4350	劣于Ⅴ类	Ⅳ类	Ⅲ类
	小计	—	—	—	46116	—	—	—

注：1. 表 1-44 至表 1-47 中的水质目标依据杭州市余杭区河道整治规划

2. 表 1-44 至表 1-47 资料来源：《余杭区水资源调查评价及供水水源论证》2005 年 1 月

表 1-45　　运河东水系骨干河道水质

序号	河名	等级	起点	讫点	长度（m）	现状水质（2005 年）	水质目标	
							近期	远期
1	大运河	市级	谢村	大麻	36170	劣于Ⅴ类	Ⅳ类	Ⅲ-Ⅳ类
2	亭趾港	区级	潘公闸	大运河	9290	劣于Ⅴ类	Ⅳ类	Ⅲ-Ⅳ类
3	禾丰港	区级	上塘河	大运河	10760	Ⅴ类	Ⅳ类	Ⅲ-Ⅳ类
4	小林港	区级	上塘河	横丰港	7860	劣于Ⅴ类	Ⅳ类	Ⅳ类
5	横山港	区级	莲花港	内排港	4900	劣于Ⅴ类	Ⅳ类	Ⅳ类
6	打铁桥港	区级	上塘河	横山港	3100	劣于Ⅴ类	Ⅳ类	Ⅳ类
7	石木港	区级	桥头港	内排港	2950	劣于Ⅴ类	Ⅳ类	Ⅳ类
8	鸭径桥港	区级	桥头港	内排港	3400	劣于Ⅴ类	Ⅳ类	Ⅳ类
9	桥头港	区级	内排港	大运河	2900	劣于Ⅴ类	Ⅳ类	Ⅳ类
10	新桥港	区级	沿山港	内排港	5800	劣于Ⅴ类	Ⅳ类	Ⅳ类
11	内排港	区级	大运河	造桥港口	16350	劣于Ⅴ类	Ⅳ类	Ⅲ类
12	横丰港	区级	横山港	禾丰港	4200	劣于Ⅴ类	Ⅳ类	Ⅳ类
13	禾亭港	区级	禾丰港	亭趾港	4000	劣于Ⅴ类	Ⅳ类	Ⅳ类
14	叶家桥港	区级	小林港	禾丰港	3470	劣于Ⅴ类	Ⅳ类	Ⅳ类
15	莲花港	区级	新桥港	横山港	2250	劣于Ⅴ类	Ⅳ类	Ⅳ类
16	北庄港	区级	运河	新桥港	3600	劣于Ⅴ类	Ⅳ类	Ⅳ类
17	崇贤沿山港	区级	半山	莲花港	13930	劣于Ⅴ类	Ⅳ类	Ⅳ类
18	双林港	区级	上塘河	桐乡大洋	5920	劣于Ⅴ类	Ⅳ类	Ⅳ类
	小计	—	—	—	140850	—	—	—

表 1－46　**运河西水系骨干河道水质**

序号	河名	等级	起点	讫点	长度（m）	现状水质（2005 年）	水质目标	
							近期	远期
1	东塘港	区级	分庄洋	大运河	5650	Ⅴ类	Ⅳ类	Ⅲ类
2	獐山港	区级	上牵埠	大运河	9200	劣于Ⅴ类	Ⅳ类	Ⅳ类
3	栅庄桥港	区级	西塘河	运河	8600	劣于Ⅴ类	Ⅳ类	Ⅳ类
4	良渚港	区级	长命桥	西塘河	7800	Ⅳ－劣于Ⅴ类	Ⅳ类	Ⅲ类
5	七贤桥港	区级	五龙洋	毛家洋	4000	Ⅳ－Ⅴ类	Ⅳ类	Ⅳ类
6	高桥港	区级	吴山前	九曲港	4260	劣于Ⅴ类	Ⅳ类	Ⅳ类
7	郁宅河	区级	西塘河	大运河	4400	劣于Ⅴ类	Ⅳ类	Ⅳ类
8	余杭塘河	区级	余杭闸	五常港	12305	Ⅳ－Ⅴ类	Ⅳ类	Ⅲ－Ⅳ类
9	沿山河	区级	太家洋	化龙桥	5050	Ⅳ－劣于Ⅴ类	Ⅳ类	Ⅳ类
10	蒋家潭港	区级	南泄闸	沈家店桥	4500	劣于Ⅴ类	Ⅳ类	Ⅲ类
11	梧桐港	区级	沈家店桥	闲林港	3700	劣于Ⅴ类	Ⅳ类	Ⅲ类
12	西塘河	区级	上牵埠	金家渡	10300	劣于Ⅴ类	Ⅳ类	Ⅱ－Ⅲ类
13	洋塘港	区级	良渚港	西塘河	3800	劣于Ⅴ类	Ⅳ类	Ⅲ类
14	毛家洋港	区级	叶家桥	双桥	5300	劣于Ⅴ类	Ⅳ类	Ⅲ类
15	前山港	区级	安溪斗门	长命桥	3000	劣于Ⅴ类	Ⅳ类	Ⅲ类
16	九曲港	区级	长桥	蒋四房	565	Ⅴ类	Ⅳ类	Ⅲ类
17	闲林港	区级	闲林镇	余杭塘河	11600	Ⅳ－Ⅴ类	Ⅳ类	Ⅱ－Ⅲ类
18	通义港	区级	汪罗桥	五龙洋	5900	Ⅳ类	Ⅲ类	Ⅲ类
19	五常港	区级	栅桥头	范家桥	2450	Ⅳ－Ⅴ类	Ⅳ类	Ⅱ－Ⅲ类
20	贝家桥港	区级	章家坝	吴王桥	2870	劣于Ⅴ类	Ⅳ类	Ⅲ类
	小计	—	—	—	115250	—	—	—

表 1－47　**苕溪水系骨干河道水质**

序号	河名	等级	起点	讫点	长度（m）	现状水质（2005 年）	水质目标	
							近期	远期
1	东苕溪	省级	汪家埠	劳家陡门	40430	Ⅲ类	Ⅲ类	Ⅱ－Ⅲ类
2	中苕溪	区级	市地	东苕溪	16950	Ⅲ类	Ⅲ类	Ⅲ类
3	北苕溪	区级	双江口	东苕溪	15250	Ⅲ类	Ⅲ类	Ⅲ类
	小计	—	—	—	72630	—	—	—

三、河道水质主要超标指标

由表1－44至表1－47可见，2005年余杭区河道除东苕溪、中苕溪、北苕溪现状水质为Ⅲ类，能够达到水功能区水质要求，其余河道水质大部分为劣Ⅴ类，仅少数河段为Ⅳ～Ⅴ类，均超过了水功能水质要求。引起各水功能水质超标的原因是工业企业废水、城镇生活综合污水未经处理排放河道或虽经处理但未达标排入河道以及上游杭州市主城区的废水污水流入河道，使得排污量大于河道的纳污能力，造成河道水质超标，水质变差。

余杭区东苕溪水系水质虽基本符合水功能区近期Ⅲ类水目标，但部分河段有粪大肠菌群超标为Ⅳ～Ⅴ类。在枯水季东苕溪水源主要来自太湖倒灌，同时，在奉口至德清段新增仁和水厂取水后，太湖倒灌水量将大量增加。因此，太湖水质及变化趋势对东苕溪取水安全至关重要。根据太湖南部沿岸带小梅口、大钱、吴楼三个水质监测站水质监测资料评价，太湖南部沿岸水质为Ⅱ～Ⅲ类，偶尔会有个别指标超过Ⅲ类，总体水质较好。根据2000年—2003年水质监测资料分析，太湖南部沿岸带高锰酸盐指数、总磷、总氮、五日生化需氧量等指标有明显下降趋势，这表明近年来在实施引江济太调水和各地政府加强水污染治理措施后，太湖水质有所好转，随着治理措施的进一步落实，太湖水质、东苕溪水质将会进一步提高。

上塘河水系、运河水系水质主要指标溶解氧、五日生化需氧量、高锰酸盐指数、氨氮、总磷为Ⅴ类～劣Ⅴ类，超过水功能区近期Ⅳ类水目标，石油类指标符合水功能区近期Ⅳ类水目标。上塘河水系、运河水系水质严重污染，排污量已远远大于纳污量。经余杭区环保局水质监测，主要超标指标有以下六项：

1．溶解氧

上塘河水系2002年、2003年溶解氧为Ⅴ类～劣Ⅴ类，超过水功能区近期Ⅳ类水目标。运河水系2002年溶解氧为Ⅴ类，超过水功能区近期Ⅳ类水目标，2003年溶解氧为Ⅱ～Ⅳ类，达到水功能区近期Ⅳ类水目标。

2．五日生化需氧量

上塘河水系五日生化需氧量2002年为Ⅳ～Ⅴ类，2003年为Ⅴ类，超过水功能区近期Ⅳ类水目标。运河水系五日生化需氧量为Ⅳ类，2003年为Ⅲ～Ⅴ类，有部分地区超过水功能区近期Ⅳ类水目标。

3．高锰酸盐指数

上塘河水系高锰酸盐指数2002年为Ⅳ～Ⅴ类，2003年为Ⅳ类，基本符合水功能区近期Ⅳ类水目标，尚未达到水功能区远期Ⅲ类水目标。运河水系高锰酸盐指数2002年、2003年均为Ⅳ类，符合水功能区近期Ⅳ类水目标，尚未达到水功能远期Ⅲ类水目标。

4．氨氮

上塘河水系氨氮2002年、2003年均为劣Ⅴ类，超过水功能区近期Ⅳ类水目标。运河水系氨氮2002年为劣Ⅴ类，2003年为Ⅴ～劣Ⅴ类，超过水功能区近期Ⅳ类水目标。

5．总磷

上塘河水系总磷2002年、2003年均为劣V类，超过水功能区近期Ⅳ类水目标。运河水系总磷2002年为劣V类，超过水功能区近期Ⅳ类水目标，2003年为Ⅲ类~劣V类，部分地区超过水功能近期Ⅳ类水目标。

6．石油类

上塘河水系、运河水系2002年、2003年均为Ⅳ类，符合水功能区近期Ⅳ类水目标，尚未达到水功能区远期Ⅲ类水目标。

第二节　饮用水源保护区

浙江省人民政府办公厅1996年印发的《浙江省地面水环境保护功能区划分方案》，确定了余杭区饮用水源的水域及陆域一级保护区、二级保护区范围（见附表1－48）。2004年8月1日颁布实施的《杭州市生活饮用水源保护条例》，又增加了吴根挢取水口上下游的水源保护要求（见附表1－48中“*”的部分）。在省划定、市补充的余杭区饮用水源保护区范围内，明确了保护的水系、水体、保护范围、长度、现状使用功能，功能区类型和水质目标。在18处保护范围中列为饮用水源一级保护区、Ⅱ类水质目标的保护范围有7处，其余11处均列为饮用水源二级保护区、Ⅲ类水质目标。

2007年6月18日，余杭区人民政府公布的《余杭区主要水域名录》，再次明确了余杭区饮用水源保护区范围，并提出了改善饮用水质保护区范围的水质目标（见附表1－49）。

表1－48　余杭区饮用水源保护区划分表

序号	水系	水体	保护范围	长度（km）	现状使用功能（1996年）	功能区类型	水质目标
1	京杭运河	运河余杭段	塘栖大桥—青地坝博陆	20.3	饮用、工业、农业	饮用水水源二级保护区	Ⅲ
2	京杭运河	西塘河	星桥－宦塘以南1km 陆域：一、二级保护区水域沿岸纵深2000m	7.2	饮用、工业、农业	饮用水水源二级保护区	Ⅲ
3	京杭运河	西塘河	宦塘以南1km—上纤埠 陆域：一二级保护水域沿岸纵深500m	6.5	饮用、工业、农业	饮用水水源一级保护区	Ⅱ
4	京杭运河	五福桥	五福桥上游 20km—下游0.3km； 陆域：沿岸纵深200m	20.3	饮用、工业、农业	饮用水水源一级保护区	Ⅱ

续表 1-48

序号	水系	水体	保护范围	长度（km）	现状使用功能（1996 年）	功能区类型	水质目标
5	京杭运河	东塘港	上纤埠—武林头（9.6km）；陆域沿岸纵深 500m（含东塘獐山）	9.6	饮用、工业、农业	饮用水水源二级保护区	Ⅲ
6	京杭运河	禾丰港	孟家桥—五杭	5	工业、农业	饮用水水源二级保护区	Ⅲ
7	京杭运河	亭趾港	螺蛳桥—博陆—五杭	2.5	工业、农业	饮用水水源二级保护区	Ⅲ
8	京杭运河	喜庵港	全线	—	农业	饮用水水源一级保护区	Ⅱ
9	苕溪	南苕溪	江家埠—中洪	3.8	饮用、工业、农业	饮用水水源一级保护区	Ⅲ
10	苕溪	南苕溪	中洪—余杭镇； 陆域：南：泄洪镇坝 北：沿岸纵深 2000m	4.5	饮用、工业、农业	饮用水水源一级保护区	Ⅱ
11	苕溪	东苕溪	余杭镇—汤湾渡口 陆域：沿岸纵深 1000m	9	饮用、工业、农业	饮用水水源二级保护区	Ⅲ
12	苕溪	北苕溪	北苕溪龙舌咀以上段	15	饮用、工业、农业	饮用水水源二级保护区	Ⅲ
13	苕溪	中苕溪	中苕溪干流余杭段	18	饮用、工业、农业	饮用水水源二级保护区	Ⅲ
14	苕溪	东苕溪	汤湾渡口—瓶窑 陆域：沿岸纵深 1000m	6.7	饮用、工业、农业	饮用水水源一级保护区	Ⅱ
15	苕溪	东苕溪	瓶窑—上纤埠	11.5	饮用、工业、农业	饮用水水源二级保护区	Ⅲ
16	苕溪	东苕溪	上纤埠—北窑坞 陆域：沿岸纵深 500m	2	饮用、工业、农业	饮用水水源一级保护区	Ⅱ
17	苕溪	东苕溪	北窑坞－劳家陡门	7	饮用、工业、农业	饮用水水源二级保护区	Ⅲ
*18	苕溪	东苕溪	吴根桥取水口上游 1km 到下游 1km 范围； 陆域：沿岸纵深 500m	3	饮用、工业、农业	饮用水水源一级保护区	Ⅱ

注：资料来源于《余杭区水资源调查评价及供水水源论证》2005 年 1 月

表 1－49

余杭区饮用水水源保护区名录

水环境功能区名称	流域	水系	河流（湖、库）	范围：起始断面	地理坐标：东经	地理坐标：北纬	终止断面	地理坐标：东经	地理坐标：北纬	长度（千米）	2007 年水质	目标水质
饮用水水源一级保护区	太湖	杭嘉湖平原河网	喜庵港	博陆镇	120°18′00″	30°30′15″	桐乡交界	120°18′25″	30°28′45″	2	劣 V	Ⅲ
饮用水水源保护区	太湖	苕溪	南苕溪	汪家埠	119°51′48″	30°30′30″	余杭镇	119°55′35″	30°16′35″	8	Ⅲ	Ⅱ
饮用水水源二级保护区				汪家埠	—		中洪	—				Ⅲ
				陆域：沿岸纵深 50 米								
饮用水水源一级保护区				中洪	—		余杭镇	—				Ⅱ
				陆域：南：泄洪塘坝			北：沿岸纵深 2000 米					
饮用水水源保护区	太湖	苕溪	东苕溪	余杭镇	119°55′35″	30°16′35″	上牵埠	120°03′20″	30°25′50″	30	Ⅳ	Ⅱ
饮用水水源二级保护区				余杭镇	—		汤湾渡口	—				Ⅲ
饮用水水源一级保护区				陆域：沿岸纵深 1000 米								Ⅱ
				汤湾渡口	—		瓶窑	—				
饮用水水源二级保护区				陆域：沿岸纵深 1000 米								Ⅲ
				瓶窑	—		上牵埠	—				
				陆域：沿岸纵深 1000 米								
饮用水水源保护区	太湖	苕溪	东苕溪	上牵埠	120°03′20″	30°25′50″	劳家陡门	120°03′10″	30°27′35″	4	Ⅳ	Ⅱ
饮用水水源一级保护区				上牵镇	—		北窑坞	—				Ⅱ
饮用水水源二级保护区				陆域：沿岸纵深 500 米								Ⅲ
				北窑坞	—		杭宁高速下游1公里	—				
饮用水水源二一级保护区				陆域：沿岸纵深 200 米								Ⅱ
				杭宁高速下游1公里	—		劳家陡门	—				
				陆域：沿岸纵深 500 米								
饮用水水源二级保护区	太湖	苕溪	中苕溪	临安—余杭区界	119°48′10″	30°19′45″	下木桥	119°56′45″	30°20′55″	17	Ⅲ	Ⅲ
山区饮用水水源保护区	太湖	苕溪大运河	水源地上游的山溪、水库	—	—	—	—	—	—	—	Ⅰ、Ⅱ、Ⅲ	Ⅰ、Ⅱ Ⅲ

注：摘自《余杭区重要水域名录》余政发〔2007〕68 号文件

第三节　饮用水源保护

一、建立饮用水源保护规章制度

余杭区（县、市）历届政府和有关部门，对饮用水源环境保护工作十分重视，根据《中华人民共和国水法》《中华人民共和国水污染防治法》《浙江省水资源管理条例》《浙江省水污染防治条例》《杭州市生活饮用水源保护条例》《杭州市苕溪水域水污染防治管理条例》等法律法规的规定，结合余杭实际建立健全了饮用水安全防范体系，先后制定并组织实施了22项有关饮用水源保护的规章制度（见附表1－50）。这些规章制度，涵盖了全区各个饮用水源保护区，具体明确了保护饮用水源的目的要求、饮用水源保护范围、保护区内的环境保护规定、各有关部门与人民群众的保护责任，以及饮用水源发生突发性事件时的应急处理措施等，制度的建立使保护饮用水源做到有章可循。同时，为使饮用水环境保护管理规定为广大群众所知，各水厂均在取水口矗立了大幅宣传牌，全文刊登各相关的饮用水源环境保护管理规定，向过往取水口水源地的群众进行宣传，广而告知，使群众自觉遵守饮用水源的环境保护规定，使饮用水源不受污染。

图1－10　临平塘栖供水工程饮用水源环境保护管理规定宣传牌

表1－50　余杭区饮用水源保护规章制度

序	颁发部门	文　号	目　　录	发文日期
1	余杭县人民政府	余政〔1989〕38号	余杭县博陆喜庵港水域保护规定	1989.10.28
2	余杭县人民政府	余政〔1992〕7号	余杭镇自来水厂南湖调节水源保护规定	1992.4.30
3	余杭县人民政府	余政〔1994〕1号	余杭县苕溪水域污染防治管理实施办法	1994.1.4
4	余杭市人民政府办公室	余政办〔1997〕93号	余杭市创建合格饮用水地表水源保护区工作方案	1997.5.27
5	余杭市人民政府	余政发〔1997〕151号	余杭市余杭镇饮用水源环境保护管理规定	1997.7.9

续表 1－50

序	颁发部门	文　号	目　　录	发文日期
6	余杭市人民政府	余政发〔1997〕152 号	余杭市博陆喜庵港饮用水源环境保护管理规定	1997.7.9
7	余杭市人民政府	余政发〔2000〕199 号	余杭市临平、塘栖供水工程饮用水源环境保护管理规定	2000.12.25
8	杭州余杭供水集团公司	余水集司〔2003〕26 号	杭州余杭供水集团公司取水水源发生突发性污染时应急处理预案	2003.3.25
9	余杭区人民政府	余政发〔2003〕82 号	杭州市余杭区瓶窑供水区域饮用水源环境保护管理规定	2003.5.14
10	余杭区人民政府办公室	余政办〔2004〕230 号	余杭区饮用水源保护区划分工作方案	2004.10.26
11	余杭区人民政府办公室	余政办〔2006〕67 号	余杭区突发性饮用水源污染事故应急预案	2006.4.5
12	余杭区人民政府办公室	余政办〔2006〕81 号	关于加强苕溪饮用水源保护的实施意见	2006.4.14
13	余杭区饮用水源保护领导小组办公室	余饮水保护办〔2006〕2 号	关于加强苕溪流域生活饮用水源保护的若干意见	2006.8.14
14	余杭区人民政府办公室	余政办〔2006〕205 号	余杭区生活饮用水源保护规划	2006.9.19
15	余杭区饮用水源保护领导小组办公室	余饮水保护办〔2006〕3 号	余杭区余杭自来水厂生活饮用水源环境保护管理规定	2006.10.31
16	余杭区饮用水源保护领导小组办公室	余饮水保护办〔2006〕6 号	余杭区径山自来水厂饮用水源环境保护管理规定	2007.11.10
17	余杭区饮用水源保护领导小组办公室	余饮水保护办〔2008〕1 号	余杭区三白潭饮用水源环境保护管理规定	2008.9.26
18	余杭区人民政府办公室	余政办〔2008〕267 号	余杭区太湖流域水污染防治应急预案	2008.12.17
19	余杭区人民政府办公室	余政办〔2009〕166 号	余杭区山区农村饮用水工程运行管理实施意见（试行）	2009.6.24
20	余杭区人民政府办公室	余政办〔2011〕79 号	余杭区进一步加强饮用水源保护的实施意见	2011.4.2
21	余杭区人民政府办公室	余政办〔2011〕99 号	余杭区突发性饮用水源污染事故应急预案	2011.4.21
22	余杭区人民政府办公室	余政办〔2012〕155 号	余杭区行政区域河流和跨行政区域河流交接断面水质保护管理考核办法	2012.6.25

二、饮用水源保护区保护规定

图 1－11　三白潭饮用水源环境保护管理规定宣传牌

余杭区饮用水源保护规章制度规定，饮用水源保护区必须遵守《中华人民共和国水污染防治法》《饮用水水源保护区污染防治管理规定》《杭州市苕溪水域水污染防治管理条例》《杭州市生活饮用水水源保护条例》等相关规定，具体明确为：

1．在饮用水源二级保护区内应当遵守的规定

——禁止新建、扩建向水体排放污染物的建设项目，改建项目必须削减污染物排放量；

——禁止设置污水排放口，已有的污水排放应当限期拆除；

——禁止设立装卸生活垃圾、粪便、油类和有毒物品的码头；

——禁止堆放、填埋、倾倒剧毒、高残留农药等危险废物，及工业废物、生活垃圾、粪便、建设工程渣土和其他废弃物；

——禁止设立剧毒物品仓库、废物回收场、加工场和堆栈；

——禁止新建、扩建、改建船舶制造、修理厂；

——禁止破坏饮用水源涵养林、护岸林以及与饮用水源保护相关的植被；

——禁止开山采石、采砂和围水造田；

——禁止新建、扩建、改建规模化畜禽等动物养殖场、屠宰场，已有的规模化养殖场、屠宰场应当限期治理；

——禁止使用炸药、有毒物品捕杀动物；

——码头应当设置残油、废油、含油污水、船舶垃圾等废弃物的接收处理设施；

——风景区（点）应当设置生活污水和垃圾收集处理设施，防止污染饮用水源；

——运输剧毒物品的，应当经公安机关批准，并采用有效的防溢、防漏、防扩散等措施；

——存放、运输和使用酸液、碱液、油类、农药、化肥以及其他可能污染饮用水源的物品，应当采取防溢、防渗、防漏等措施和事故应急措施，防止污染饮用水源；

——法律、法规有关饮用水源保护的其他规定。

2．在饮用水源一级保护区内除遵守二级保护区规定外，还应当遵守以下的规定

——禁止新建、扩建与供水设施和保护饮用水源无关的建设项目；

——禁止向饮用水源水域排放污水；

——禁止设置码头；

——禁止设置油库和建立墓地；
——禁止从事畜禽等动物养殖和网箱养殖；
——禁止从事旅游、洗涤、游泳和其他可能污染饮用水源的活动；
——禁止与饮用水源保护无关的船舶停泊；
——禁止运输剧毒物品的车辆通行。

3．控制点源和面源污染，大力削减污染物排放总量

加强取水水源地上游生活污水和工业废水的治理，加强污水处理设施的建设，生活污水和工业废水必须经处理达标后排放河道，对污染严重的企业实行关、停、并、转，大力削减污染物排放总量，大力削减有机农药的使用量减少面源污染。

三、饮用水源保护主要措施

1．建立饮用水源保护领导机构

为切实加强饮用水源保护，余杭市于1997年2月成立了由副市长劳伟民任组长的“余杭市饮用水源保护区领导小组”，领导小组下设办公室，设在环保局内。因人事变动和工作需要，余杭区生活饮用水源保护工作领导小组成员先后于2001年12月、2004年12月和2010年9月进行了调整。

为进一步加强水环境整治和饮用水源保护，切实改善河道水环境质量，确保饮用水水源水质安全，余杭区人民政府于2011年4月成立了由区长姜军任组长、副区长楼建忠、屠冬冬、祝振伟任副组长的“余杭区水环境整治及饮用水源保护工作领导小组”。领导小组下设办公室（简称饮水办）和河道整治与保护开发、截污纳管、农业农村环境整治、饮用水源保护等4个工作指导小组。由此，余杭区开展了全方位、深层次的水环境整治和饮用水源的保护工作。

为进一步加大整治保护工作力度，确保饮用水源水质安全，2011年10月，区政府又建立了污染企业“关停并转”、备用水源综合整治、农业面源污染治理、可用备用水源调查、技术防范和处理等5个饮用水源保护整治工作小组。5个小组分别由区环保局、运河街道与仁和街道、区农业局、区林水局、区城建集团的主要负责人任组长，区相关部门和有关镇乡街道分管负责人任副组长，工作小组成员由区相关部门和有关镇乡街道分管负责人组成，各整治工作小组制订年度工作计划，责任到人，确保工作到位，并实行严格督查考核，确保取得实效。

2．创建和巩固饮用水源达标区

为保护与改善饮用水源地水质，确保供水安全，保障人体健康，余杭区历届政府和有关部门十分重视饮用水源达标区的创建和巩固工作，按照《杭州市生活饮用水源达标区创建标准（试行）》和《余杭区生活饮用水源保护规划》，在余杭区饮用水源保护区领导小组及其办公室的监督管理和相关部门的协调配合下，通过广泛开展饮用水源保护工作重要性的宣传，提高群众的饮用水源保护意识和加大力度对保护区范围内工业、农业和生活污染源的整治，自2002年9月至2009年11月，全区先后创建和巩固饮用水源达标区5个，分别是：临平、塘栖供水工程水源达标区、瓶窑供水工程水源达标区、余杭水厂水源达标区、径山水厂水源达标区和三白潭备用水源达标区。同时，对各水源达标区建立了长效保护措施。

3．做好区域和重点行业的环境污染整治

余杭区位于杭州主城区下游，在运河、上塘河主干道的污染因素中，工业污染负荷的70%、生活污染负荷的60%都来自于上游的主城区。按照环境共保的要求，余杭区以苕溪、运河、上塘河为重点开展水环境综合整治。2006年实施了太湖流域塘栖运河段综合治理，2007年实施了崇贤地区环境污染综合整治（列入杭州市半山地区环境综合整治）。对区内电镀行业、印染行业、矿山行业等污染水环境的行业开展全面综合整治，并对苕溪上游非法采矿、挖砂行为加强监督管理。同时，结合太湖流域提标工程，对苕溪流域的区控水重点源进行了限期治理，开展了百丈竹制品行业污染整治，拆除了一级保护区范围内的直接排污口，39千米干流实行全天候保洁。使全区水环境质量不断得到改善。为确保行政区域主要河流和跨行政区域河流交接断面的水质保护管理取得实效，自2011年3月起，余杭区对涉及主要河流和交接断面的各镇乡、街道（开发区）及区级有关部门实施严格的水源保护管理考核，主要河流和交接断面的水质每两月监测一次，每年考核一次。考核结果与各镇乡、街道（开发区）领导班子和领导干部综合考评相挂钩，与经济奖励和处罚相挂钩，并纳入区生态建设与环境保护目标责任制考核体系。通过对水质保护管理考核，促进水环境综合治理和水环境质量改善，巩固区域和重点行业的环境污染整治成果。

4．整改和关停（搬迁）重污染企业

在开展环境综合整治中，对影响水环境质量，不能稳定达标排放污水的企业，实行了限期整改和限期治理。2005年至2010年的六年中，限期整改治理企业518家，其中，崇贤喷水织机改造、杭州长岗纸业有限公司污水处理系统改造等均取得了预期效果。同时，对重点污染企业实行了关停和搬迁，2005年至2010年的六年中关停（搬迁）重污染企业120家，其中有苕溪流域上游的杭州西子纸业有限公司、杭州鸬鸟飞达化工厂、杭州余杭求是化工厂；有临平副城的杭州三元印染有限公司、余杭五杭五金塑料电镀厂；有崇贤地区的杭州叶顺机械制造有限公司、杭州余杭崇贤电镀塑化厂；有塘栖镇的杭州民生制胶有限公司、杭州运塘农药制造有限公司等重点排污企业。2010年6月，对杭州余杭仁和镇石料加工厂因堆场排放的废水锰浓度超标，污染苕溪獐山奉口取水口的水源，实行紧急停产。2011年，对杭州博利德电源有限公司等6家涉铅企业和临平印染厂等12家印染制革企业实行关停。2012年，完成杭州长岗纸业有限公司等42家企业关停搬迁，同时，完成电镀企业整治，启动印染、化工行业专项整治工作。通过对高污染行业“关停淘汰一批、整合入园一批、规范提升一批”，使主要污染物排放负荷有效降低，区域环境质量得到改善，减轻了对饮用水源的污染。

5．开展农业面源污染整治

为切实保护苕溪水资源、改善运河水环境，保护人民生活用水安全，余杭区狠抓农业面源污染整治，做好畜禽养殖业的污染防治。在余杭区域范围内划定了畜禽养殖区、限养区和禁养区。先后于 2005 年和 2007 年对苕溪流域和运河流域及敏感地区（临平副城）的范围内实施了畜禽禁养。全区共搬迁和停养的畜禽养殖户有 1700 余户，禁养生猪 10 万余头、羊 1 万余头、蛋鸭 80 万羽、肉鸭 350 万羽（其中苕溪流域 280 万羽）、奶牛 444 头，累计下拨禁养补助资金 1700 万元。同时，开展对外荡珍珠养殖的综合整治，禁养珠蚌 733.33 公顷。经禁养和治理后，经区环境监测站取样检测，苕溪流域氨氮消减了 70.5%，粪大肠菌群削减 80%；运河流域 2 个点，氨氮分别削减 75.8%和 83.7%，总磷分别削减 87.8%和 89.5%，禁养效果非常明显，水环境得到了改善。同时，苕溪流域自 2006 年开始（运河流域自 2008 年开始）把畜禽养殖业污染的综合整治工作重点转移到巩固禁养成果，建立长效管理机制，落实长效管理措施上，以确保禁养区域畜禽禁养不反弹。为促进农业废弃的处理和利用，深化农业农村面源污染治理，2011 年，余杭区全面开展了农业废弃物利用处理和面源污染治理工作，通过对畜禽养殖废弃物利用与污染治理，调整畜禽禁养区、限养区、促进水产生态养殖，实施“肥药双控”过程，开展农村生活污水治理，农村秸秆综合利用，农业“三品”（有机、绿色、无公害）认证、废弃农药包装物回收处理等措施，使全区农业面源污染有效被调解，水环境进一步得到改善。2012 年，治理饮用水源保护区范围内区级畜禽养殖场（点）19 个，对瓶窑镇辖区饮用水源保护范围内 60 家畜禽养殖户签订禁养协议，共禁养 30 余万羽。

6．实施农村生活污水治理

为改善农村生活环境，保护饮用水源水质，余杭区自 2004 年开始，由点到面实施农村生活污水治理。2004 年，在运河镇滩里村农居点投资建设了 280 立方米的生活污染水净化设施，日处理污水 80 吨（124 户农户生活污水），做到达标排放。2005 年，在径山镇双溪村等 4 个村开展农村生活污染处理工程建设。2006 年开始，余杭区开展“百村千点”农村生活污水治理，对全区统一截污纳管范围以外的区块，按照农村生活污水减量化排放、无害化处理和资源化利用的思路，分类分步推进“百村千点”农村生活污水治理工程。期间，选择径山镇台山自然村、里洪自然村、良渚镇行宫塘村等 15 个村（自然村）推广无动力厌氧生活污水处理技术，为农村生活污水集中式处理起到了示范作用。当年完成省、市、区三级农村生活污水治理项目 13 个，建成农村生活污水处理池 3055 立方米，使 2955 户农户和 5 家“农家乐”经营户等的生活污水达标排放。2007 年完成仁和镇云会村、良渚镇荀山村、瓶窑镇奇鹤村等省、市、区三级农村生活污水治理项目 52 个，建设农村生活污水处理池 7880 立方米，使 5195 户农户和 3 户“农家东”产生的生活污水达标排放。2008 年 3 月，区政府转发《余杭区农村生活污水治理实施方案》，同时，连续三年（2008 年—2010 年）将农村生活污水治理工程列为区政府 10 件“为民办实事”之一。生活污水处理方式主要采用无动力厌氮生化技术，以建设无动力厌氧池为主，人工湿地及后续处理技术为辅的处理方式。至 2008 年，已完成农村生活污水治理项目 102 项，建设污水处理池 1.27 万立方米，涉及农户 1 万余户。2009 年全区农村生活污水治理工程开始实行整村推进，首选鸬鸟镇山沟沟村整村治理试点，百丈镇仙岩村等 6 个村整村治理有序推进。当年，瓶窑组团5个镇中有16个村18个点实施农村生活污水治理，建设污水处理池2050立方米，收集1228户农户的污水，投入建设资金405万元。此外，塘栖镇西界河村、仁和镇九龙村等12个项目村的生活污水治理工程及中泰乡华立南湖花城的农家乐污染治理工程被列入杭州市级农村生活污水治理项目。当年建设农村生活污水治理项目103处，处理设施总容积1万多立方米，涉及16个镇乡、街道近百个自然村。

2009年至2010年在河道整治项目中集成应用多种农村生活污水治理技术，推进农村生活污水治理。在崇贤镇境内污染较为严重的7条河道沿岸9个村建生活污水处理点45个，治理设施容积4362立方米，可日处理生活污水1284吨，收集河道周边1827户农民日常排放的生活污水。

2010年，在余杭、闲林、仓前、良渚、瓶窑、径山、黄湖、百丈等8个镇19个村实施34项农村生活污水治理工程，建设污水处理设施4013立方米，污水接入1861户。

2011年完成14个镇、街道，124个农村生活污水治理项目，建成集中式污水处理设施7947立方米，受益农户5548户。

2012年，完成农村生活污水治理项目50个，建设污水处理设施5010立方米，受益农户3100余户。

截至2012年年底，全区共建成451个分散式农村生活污水治理工程，涉及18个镇街155个行政村，近3万户农户的生活污水得到处理，污水处理设施容积近6万立方米，可年净化污水428.36万吨左右。通过治理，有效改善了农村生活环境，减轻了饮用水源的污染程度。

7．建设城镇污水处理工程

为控制城镇生活污水和工业废水的随意排放，做到集中收集、规范处理、达标排放，以减轻对水环境，尤其是对生活饮用水源的污染，余杭区自1992年起，从城区到各集镇，统一规划建设污水处理设施。先后实施了临平污水治理排江工程、临平第二污水系统应急工程、塘栖污水系统工程、崇贤污水处理厂工程、良渚污水系统工程、余杭污水系统工程、径山污水工程、临平污水南排工程、余杭经济开发区印染区块污水处理厂工程及塘栖崇贤污水南排工程和临平城区及各镇乡、开发区的截污纳管工程。目前在建的工程有临平污水总泵站工程、临平污水处理厂工程等。至2012年年底，累计已投入污水处理厂和截污纳管工程建设资金31.02亿元，临平污水处理厂在建工程还需投入资金16.91亿元。至2012年全区污水处理能力达到34.5万吨/日（其中，收集输送到杭州七格污水处理厂的污水容量为20万吨/日），在建的临平污水处理厂（一期）工程建成后，全区污水处理能力将达到54.5万吨/日。

8．全面推进截污纳管

为加快城镇生活污水和工业废水的集中处理，余杭区于2009年和2010年在各镇乡、街道和开发区实施了全方位的截污纳管工程，区人民政府印发了《杭州市余杭区截污纳管工作实施方案》《余杭区截污纳管工作实施细则》和《余杭区2009年—2010年截污纳管建设计划》，全区实行了“统一规划、分类建设、统一管理”的截污纳管运行模式。通过二年的建设，新敷设污水管道 392 千米，新建污水泵站 25 座，概算投资 10.12 亿元。2011 年—2012 年继续扩大截污纳管范围，新建纳污管道 80.35 千米，增建无人值守的井式泵站 22 座，投资概算 1.68 亿元。2012 年，完成企事业单位雨污分流改造 380 家。通过 2009 年—2012 年四年的截污纳管工程建设，基本控制了污水外流污染水源的状况，2012 年全区污水处理量达到 6431.2 万吨，日均 17.62 万吨，全区城镇生活污水处理率达到 82.5%，临平城区污水处理率达到 96.6%。污水通过集中收集、统一处理后，有效控制了饮用水水源的污染。

四、饮用水源保护成效

“十一五”期间，余杭区通过对水环境的综合治理，尤其是加大对饮用水源的保护，水环境质量恶化的趋势基本得到遏制。水环境质量有明显改善，苕溪流域水质保持良好，运河、上塘河流域污染物浓度有较大削减，但离水功能区标准要求还有差距。

苕溪作为饮用水源，其水质在“十一五”期间有了很大改善，高锰酸盐指数、氨氮、总磷、石油类、粪大肠菌群五项指标都有所下降，原超标项目石油类、粪大肠菌群降幅尤其明显。2010 年，苕溪奉口、瓶窑两大取水口水质达标率为 100%，较“十一五”初期均提升了 33 个百分点。2012 年，常规监测断面奉口、瓶窑大桥、落塘埠均达到Ⅲ类水功能区要求，断面达标率为 100%。苕溪上下游水质，保持稳定，变化不大。

运河流域水质在区境内有较大幅度改善，污染物浓度呈显著下降趋势。2009 年开始运河干流总体水质已达到Ⅴ类水要求，部分支流为劣Ⅴ类水，出境断面大麻渡口 2010 年高锰酸盐指数、氨氮、总磷含量比“十五”末分别下降 40.8%、53.6% 和 66.0%。2012 年大麻渡口，氨氮、总磷浓度比入境断面义桥分别下降 28.9% 和 22.8%。

上塘河水质，虽然总体水质仍为劣Ⅴ类，但在区境内水质有大幅度改善。主要污染物浓度已有较大幅度削减，“十一五”末星桥、临平大桥氨氮浓度比“十五”末下降 80% 以上，总磷浓度比“十五”末下降 60% 以上。上塘河上游来水水质较差，余杭区境内通过配水水质得到明显改善，出境断面渡船桥水质虽然为劣Ⅴ类，但水质好于入境断面三义村。2010 年渡船桥氨氮浓度比三义村下降 45%，比“十五”末下降 36.1%。2012 年，渡船桥氨氮和总磷浓度比 2011 年分别下降 13.7% 和 8.0%。

余杭区不同流域经过断面水质变化见附表 1－51。

表 1－51　　2005 年—2012 年不同流域主要断面水质变化

断面名称	奉口	瓶窑大桥	落塘埠	五杭运河大桥	宏畔桥	临平大桥
流域	苕溪	苕溪	苕溪	运河	运河	上塘河
2005 年	Ⅲ	Ⅱ	Ⅲ	劣Ⅴ	劣Ⅴ	劣Ⅴ
2006 年	Ⅲ	Ⅲ	Ⅲ	劣Ⅴ	劣Ⅴ	劣Ⅴ
2007 年	Ⅱ	Ⅱ	Ⅲ	劣Ⅴ	劣Ⅴ	劣Ⅴ

续表 1-51

断面名称	奉口	瓶窑大桥	落塘埠	五杭运河大桥	宏畔桥	临平大桥
2008 年	Ⅱ	Ⅱ	Ⅲ	劣Ⅴ	劣Ⅴ	劣Ⅴ
2009 年	Ⅱ	Ⅱ	Ⅱ	Ⅴ	Ⅴ	劣Ⅴ
2010 年	Ⅱ	Ⅱ	Ⅱ	Ⅴ	Ⅴ	Ⅴ
2011 年	Ⅲ	Ⅲ	Ⅲ	Ⅴ	Ⅴ	劣Ⅴ
2012 年	Ⅲ	Ⅲ	Ⅲ	Ⅴ	Ⅴ	劣Ⅴ

附：

1982 年—2012 年余杭区（县、市）饮用水源突发污染事件选录

余杭区（县、市）自 1982 年至 2012 年间的 31 年中，发生较严重的饮用水源突发污染事件前后有 48 起，平均每年发生 1.55 起，给城乡居民的生活、身体健康和经济社会的发展及供水企业均带来了不同程度的影响。

在 48 次的饮用水源突发污染事件中，因取水口上游的工业企业不规范排污及劣质河（溪）水倒灌等原因造成的饮用水源突发污染事件有 30 起，占 62.50%；因人为因素造成的饮用水源突发污染事件有 9 起，占 18.75%；因企业不规范使用有毒药剂造成的饮用水源突发污染事件有 3 起，占 6.25%；因企业管理不善造成的饮用水源突发污染事件有 3 起，占 6.25%；因地下水污染而造成的饮用水源突发污染事件有 2 起，占 4.17%；因青山水库甲藻爆发污染事件 1 起，占 2.08%。在 48 起饮用水源突发污染事件中，苕溪流域发生的突发性污染事件有 39 起，占 81.25%。

1．运河水污染，两岸群众生活用水困难

1982 年 5 月上旬，因杭州市区未经处理的工业废水和生活污水排入大运河使河水受严重污染。沾驾桥、运河等地大批鱼虾死亡，仅国营塘栖水产养殖场死成鱼 1930 吨、鱼苗 310 万尾。两岸农民每天出动 500 多艘船向外地运水饮用。受污染范围遍及运河流域 16 个公社 164 个大队和三墩、塘栖两镇，22.3 万余人的吃水、用水造成极大困难。

处置措施：杭州市政府为改善余杭县的沾驾桥、崇贤、塘栖、三墩一带农村因受杭州工业废水污染，造成生活用水困难，补助 65 万元（其中省补助 25 万元）。同时，余杭县政府再增加补助 5 万元。用于受污染严重的 12 个公社、127 个生产大队，打大井 1393 口，打小井 16072 口，沾桥、崇贤、勾庄三个小集镇建三座小型水厂，塘栖自来水厂增加制水能力，三墩延伸供水管道，以解决群众用水困难。为进一步改善塘栖、三墩区 12 个公社因受杭州工业废水污染，群众饮用水困难的情况，余杭县政府在 1983 年和 1984 年又分别拨款 31 万元和 29 万元，帮助这些公社开展改水工作。

2．双桥乡五星油脂化工厂违规使用有毒药剂造成水域污染

1984 年 3 月 16 日—23 日，该厂未经审查，盲目将江苏江都农药厂除草醚下脚副产品

氯化钾60吨运来，擅自用作扩大加工氯化钾化工产品的原料。于3月16日、18日两次从祥符桥驳运，五丰村小港草鞋桥边卸货。在既不了解下脚中含有残毒，又粗心大意的情况下，使有残毒的下脚氯化钾撒落河面，还把部分洗船水倾入河中，导致在祥符桥驳运和草鞋桥卸货二处河流污染，水面达600余亩，使双桥乡的五星、五丰、水产、三桥、和平、红桥、红福村和勾庄乡等一部分村的沿河群众从3月17日至23日先后吃水带来困难。同时，由于祥符桥水面污染，使祥符水厂的水源也受到一定程度的影响。

处置措施：余杭县城乡建设环境保护局会同污染地沿河乡政府，责成该厂立即停止擅自扩大氯化钾产品的加工，对运来的下脚氯化钾作妥善处理，不得任意转让或继续加工。企业主要领导及村经委作书面检查，并罚款200元。

3．南苕溪水源污染，两岸居民吃水难

污染始于1980年，加重于1985年，严重于1990年，还清于1996年，历时15年。自1980年以来，南苕溪受上游的临安化工厂、临安化肥厂、临安澎润二厂、青山镇蒋阳印染厂、青山造纸厂、青山啤酒厂和余杭乳品厂、余杭自动 化仪表厂等工业企业排放的废水污染，导致余杭县沿南苕溪的舟枕、永建、余杭、仓前等镇乡人民的饮用水困难。其中，1985年10月—12月正当苕溪枯水期，三个月水质严重污染，余杭镇2万人吃水困难。1986年1月16日—20日，连续五天，整个苕溪变成一条黑色的“长龙”。1987年10月进入枯水期，到12月中旬，连续数天水质加剧污染，无法饮用。1989年9月1日—3日，苕溪又变成“黑龙翻滚”。1994年，青山水库以下地区建有染料、制衣、鞣革、酿造等行业共15家工厂，其枯水期时整条苕溪呈红黑色，臭气冲天，环保部门多次监测，多次指标不符合环保要求，水色度达90，上游邻县工厂排污口溪水近墨汁，水耗氧量达708.8毫克/升。1995年余杭镇自来水厂苕溪水源多次遭受污染，取水口化学需氧量、苯胺、苯酚、氨氮化合物和水色度等指标严重超标，水厂全年被迫停止供水75天。其中：11月23日起连续停止供水一周，镇、村居民300余人到杭州市政府反映，受到省、杭州市、余杭市三级人大和政府的高度重视，采取用车辆运水与加大青山水库放水量和关停整治一批污染企业等应急措施，解决群众饮用水。经紧急协调处理后，苕溪水于1996年1月19日还清，余杭老百姓派代表敲锣打鼓向省人大献“苕溪还清”匾致谢。1997年1月19日，值苕溪还清一周年之际，镇、村居民在余杭镇西门桥西侧北岸竖立一块“苕溪还清纪念碑”，以宣传保护苕溪水源。

处置措施：在浙江省、杭州市、余杭县（市）三级人大（人大代表）和各级政府的高度重视与关心下，经环保、供水等部门的努力，广大群众的支持和苕溪沿线排污企业的配合及新闻媒体的关注，使被污染15年的苕溪水质还清，主要措施：

——责令苕溪沿岸排污企业实行整改、停产、关闭、转产等措施，并建立长效机制，确保企业废水达标排放。

——颁发《杭州市苕溪水域水污染防治管理条例》和《余杭市余杭镇饮用水源环境保护管理规定》，以法规手段强化苕溪水域管理。禁止水域保护区内新建和扩建有严重污染的项目。

——强化执法和加强苕溪水质监测，增强监测点，发现水质异常及时采取措施。

——合理调控青山水库的下泄水量，补充南苕溪水。

——增加对苕溪整治的投入。

4．运河受杭州市综合污水大量倒灌，数万人饮水困难

1990年3月—5月，因3、4月份天气久晴少雨，加之5月份在农村“三抢”生产期间农田灌溉用水的大量增加，运河水位急剧下降，导致杭州市区综合污水大量倒灌余杭县三墩区的双桥、三墩、大陆、勾庄、运河、肇和、蒋村、五常、良渚等9乡镇的65个村，约400公顷（6000亩）的河道水面发黑，使13200多农户、55300多人的饮用水发生严重困难，大量鱼虾死亡，各乡镇水产村的渔业生产损失严重。

处置措施：

——余杭县政府多渠道筹集资金，加快污染地区农村改水，建造小型自来水厂，开挖各类水井，逐步解决群众的用水问题。

——政府补助，租借百余条船轮班运水，帮助村民解决暂时饮水困难。

——杭州祥符水厂增加供应余杭双桥、三墩、勾庄、运河地区自来水9000立方米/日，加上原已供的5000立方米/日，合计14000立方米/日；新增供应良渚、肇和地区原水6500立方米/日。

5．苕溪上游企业排污、水源受污染

1993年度，因临安上游化工厂、印染厂污水随意排放，造成余杭水厂水源全年累计污染56天。

处置措施：水厂加强水质监测，提高制水质量；多次反映，要求加强企业整治。

6．东风农药厂失火，化工原料严重污染周围水源

1994年3月22日，凌晨时，东风农药厂2号化工原料仓库失火，24种化工原料被烧毁，救火过程中冲泄的化工原料物资严重污染了周围水源。5月，该厂在为外单位加工生产除草剂过程中排泄的废水又一次对附近农作物和水源造成污染，严重影响当地村民饮水，两次污染给周围环境造成70.646万元损失（以补偿款计）。

处置措施：企业整治，并与村民协商赔偿处理。

7．杭州协力化工有限公司将有毒污水排入农田，污染水源

1994年8月，该厂在调试过程中，将含有甲醇、甲醛的工业污水直接排入沿山河华丰村段，华丰、荆山两村的部分农田、鱼塘遭受不同程度的污染，个别企业和部分村民的饮用水发生困难，由此引发“8·8”厂群冲突事件，经济损失近20万元。

处置措施：企业整治并与村民协商赔偿处理。

8．杭州恒升化工有限公司露天堆放的化工废查被大雨冲走，污染水源

1995年5月21日至26日，杭州恒升化工有限公司露天堆存的200余公斤化工废渣被大雨冲走，水源受到污染，苯酚、苯胺均超标。

处置措施：瓶窑水厂停止供水4天；污染企业整治。

9．余杭水厂水源污染

1995年11月21日至29日，临安上游化工厂、印染厂排污造成余杭水厂水源挥发酚超标。

处置措施：加强水质监测，提高制水质量。

10．余杭市三墩经济区蒋村办事处各村大部分水域受杭州工业废水污染，严重影响村民生活饮用水

1995年11月27日至12月初，蒋村办事处所属各村的大部分水域受杭州啤酒厂、杭州中药二厂等企业排出的废水污染，受污水域面积100公顷（1500余亩），导致包建、王家桥等8个村近万名村民无法饮水，各村每天有上千人到几里外的五常等地运水、挑水。原蒋村乡在1987年投资140多万元建造的蒋村自来水厂的水源（千金洋取水处）也受到污染。

处置措施：蒋村水厂自11月29日起停止供水一周；继续实施该区域的农村改水工程。

11．瓶窑水厂水源污染、停水3天

1996年9月9日至14日，因瓶窑水厂取水口上游水源受周围环境污染，原水色度200度，偏黄绿，有刺激异味，水厂停水3天。

处置措施：加强环境综合整治。

12．瓶窑水厂水源污染

1996年10月28日，因瓶窑水厂取水口上游水源受周围环境污染，原水色度80度，水色发黄。

处置措施：继续加强环境整治。

13．苕溪上游水污染

1997年，临安上游化工厂、印染厂排污，影响余杭水厂制水7天。

处置措施：加强水质监测。

14．祥符水厂奉口进水泵站附近水源污染

1998年7月21日，獐山镇奉口村村民对1992年杭州祥符水厂在奉口建造取水泵站后，因故未实施石河沟通工程，以至村民饮用水问题未根本解决。从而该村村民在21日上午将大粪倒入祥符水厂奉口取水泵站取水口，导致水源严重受污染，奉口进水泵站被迫停止取水，给祥符水厂生产造成严重影响。同时也影响了余杭市三墩区部分乡镇饮用祥符水厂的自来水。

处置措施：

——应急处理，余杭市投入10.66万元，在奉口泵站取水口前用潜水泵取水，埋设管道安装到户，向农户供应源水，并发放消毒药品，临时解决村民的饮用水。

——实施奉口村改水工程，投资30余万元，使村民饮用上安全卫生的自来水。

——对受污染的取水口进行清理、消毒。

15．苕溪上游企业排污，余杭水厂停水

1998年11月21日，临安上游化工厂排放污水，造成余杭水厂水源污染，挥发酚严重超标。

处置措施：水厂停水一天。

16．瓶窑水厂水源污染，停水 3 天

1998 年 11 月 24 日至 27 日，桓升化工有限公司污水排入苕溪，造成原水六价铬、挥发酚超标。

处置措施：水厂停水 3 天；加强企业整治。

17．临平镇梅家坞地下水遭到酸性废水的严重污染，不能饮用

1999 年 11 月上旬，余杭市化工轻工有限公司化工仓库，由于缺乏环保意识，擅自在仓库内冲洗盐酸槽车，使大量酸性水经地面渗透向环境排放，由于地势的关系，加上该化工仓库无截污和治理设施等措施，从而导致对梅家坞地下水井的地下水造成严重污染。经监测，现场水沟内水的 pH 值达 0.33，现场残留的流动水的 pH 值为 2.70，梅家坞水泵房地下水 pH 值为 5.05，相距 500 米外的丘山隧道北口地下水供水点取水泵房供应的水 pH 值为 4.60，梅家坞地下水已遭受酸性废水的严重污染，不能饮用。

处置措施：停止梅家坞地下水供应点的供水，卫生部门对该地下水质实施跟踪监测分析。

18．浓硫酸泻入北苕溪支流

2001 年 8 月 4 日，装硫酸的大卡车不慎翻入北苕溪上游的泮板老溪，9 吨浓硫酸泻入苕溪上游支流，引起瓶窑水厂水源 pH 轻度波动。

处置措施：加强水质监测，注意源水水质变化；将事故发生地溪水堵闸；运 10 吨石灰倒入溪中，进行中和稀释。

19．瓶窑水厂取水口水源污染事件

2002 年 4 月 19 日，恒升化工有限公司偷排污水，造成 pH、六价铬等超标。

处置措施：瓶窑水厂停水 5 小时；加强监测，报告环保局查处。

20．东苕溪流域水源污染

2002 年 11 月 10 日至 14 日，临安青山水库检修，大坝大流量开闸放水，使东苕溪水源氨氮超标。11 月 10 日氨氮达 8.36 毫克/升，为平时的 12 倍，超过标准 7 倍；总铁达 1.95 毫克/升，为平时的 2 倍；锰达 0.2 毫克/升，为平时的 4 倍；亚硝酸盐氮达 0.1 毫克/升，为平时的 10 倍。

处置措施：提高余杭乌龙涧橡皮坝高度，开启余杭闸分流至余杭塘河；减少青山水库下泄流量；对苕溪流域水质进行跟踪监测。

21．余杭、瓶窑、獐山水厂取水口氨氮严重超标

2003 年 2 月 14 日，临安青山水库枯水期开闸放水，造成余杭、瓶窑、獐山自来水厂取水口的氨氮值分别达到 3.2 毫克/升、2.2 毫克/升和 2.0 毫克/升，均严重超过标准。

处置措施：减少青山水库下泄流量；对苕溪流域水质进行跟踪监测。

22．余杭水厂取水口氨氮严重超标

2003 年 2 月 17 日，临安青山水库枯水期开闸放水，造成余杭水厂取水口氨氮值达到

3.6 毫克/升，瓶窑、獐山取水口水源也不同程度污染。

处置措施：开启余杭闸分流至余杭塘河；减少青山水库下泄流量。

23．瓶窑镇张堰村水厂原水污染

2003 年 5 月，张堰村水厂原水取之 27 米深的井水，经监测砷 0.125 毫克/升，铁 2.35 毫克/升，浊度 45NTU，均严重超过国家标准。原因是原水受周围环境污染，加之水厂设施简陋，工艺陈旧，水处理能力差，供水水质不符要求。

处置措施：停止张堰村水厂制水生产；实施瓶窑北湖片改水工程，由瓶窑自来水厂管网延伸供水。6 月 10 日开工建设，9 月 30 日建成通水。

24．东苕溪流域水源污染

2004 年 5 月 3 日至 5 月 8 日，青山水库因防洪需要，大流量开闸放水，每秒 50 立方米～70 立方米。导致余杭、瓶窑、獐山水厂原水受到不同程度污染，尤其氨氮超标严重。5 月 3 日上午 8：30，余杭水厂原水氨氮为 2.40 毫克/升，瓶窑水厂为 1.8 毫克/升，4 日上午 8：30 獐山水厂原水氨氮为 1.30 毫克/升。

处置措施：提高余杭乌龙涧橡皮坝高度，开启余杭闸分流至余杭塘河；减少青山水库下泄流量；对苕溪流域水域进行跟踪监测。

25．獐山水厂水源保护区氨氮超标

2005 年 1 月 5 日至 1 月 9 日，由于 2004 年 12 月以来，雨水少，河床水位低，在取水口下游三千米处德清方向 3 个养猪场的废水直接排放苕溪河中，由于水流方向为逆流，使苕溪水氨氮、总大肠菌群超标，其中在獐山水厂取水口附近氨氮最高时达 2.0 毫克/升。

处置措施：积极向有关部门反映德清方向污染源，搬迁养殖场；进一步加强该流域的水质检测；强化管理，进一步提高水厂净水效果。

26．瓶窑水厂取水口氨氮超标

2005 年 7 月 1 日至 4 日，因北苕溪沿岸企业污水大量超标排放，加之近期雨水偏少，北苕溪水流逆向，形成污水倒灌至新 104 国道前 2 公里处至瓶窑老桥码头，使瓶窑水厂取水口原水 7 月 2 日下午 4 时 30 分氨氮达到 1.5 毫克/升，7 月 3 日上午 7 时，原水氨氮上升到 7.0 毫克/升，严重影响制水。

处置措施：加强原水检测，掌握原水动态；进一步加强对该流域水质监测；水厂加大制水量，同时打开外面的排水阀排水，利用水厂自身制水来达到换水的目的。

27．临平都市之音小区管网水污染事件

2006 年 1 月 21 日，因都市之音小区对面印染厂高压锅炉止回阀失效，导致锅炉内的生产用水回流到公共供水管网，造成都市之音小区业主反映自来水有臭味（经 1 月 21 日监测，臭和味为 2 级，国家标准为无异臭、无异味），吃水后肚子痛等现象，用户多次投诉自来水质问题。

处置措施：责令印染厂内部管网整改，切断与公共供水管网沟通；向都市之音业主做好宣传、解释工作；举一反三，对全区企业内部管网与公共供水管网连通问题进行调查与整改。

28．獐山水厂取水口蓝藻事件

2006年8月15日—18日，因近段时间一直以来持续高温少雨，光照充足，水温适宜，为“蓝藻”的繁殖生产创造了适应的条件。8月15日上午，苕溪奉口取水口水源受到因太湖水倒灌引起的蓝藻成灾。当日上午监测，取水层表面藻类个数为4800万个/升，给供水安全构成较大威胁。

处置措施：加大苕溪上游来水，顶托太湖来水；加强水质监测，密切关注蓝藻的变化动态；各水厂调整工艺，加大投矾和投氯量，提高氧化杀菌效果；强化水处理，向原水中投加高锰酸钾和粉末活性炭。

29．獐山水厂取水口污染事件

2006年8月27日至9月4日，因太湖水倒灌，奉口下游德清养殖场和建星化工厂污水排放，导致取水口水源污染。经监测，取水口氨氮最大值达3.5毫克/升、嗅和味感强烈、锰最大值为1.2毫克/升、挥发酚为劣五类，均严重超标，给供水安全构成严重威胁。

处置措施：水厂投加高锰酸钾和活性炭，最大投加量为2.0公斤和30公斤左右；在污染最严重的9月1日至2日，进行原水管道冲洗；启用博陆备用水源，使用时间8小时左右；有关部门对化工厂进行关停并取缔；加强原水水质应急监测，掌握水质动态。

30．百丈硝酸浓液泄漏

2007年1月27日，04省道百丈镇泗溪村段发生交通事故，装有8吨40%硝酸浓液的油罐车不幸泄漏，部分流入百丈溪。

处置措施：青山水库和四岭水库加大流量；余杭区环保、交通部门采取投放石灰拦截分解、跟踪监测等办法使硝酸中和，沿线镇村停止取用地表水，到下午4时全线恢复正常。

31．青山水库下泄水污染苕溪水质

2007年2月2日，因临安污水处理厂排污和临安有关企业污水排放综合影响，青山水库水达五类水体。经2月2日监测，余杭水厂取水口的源水浑浊度为23.6NTU、氨氮0.95毫克/升、色度22度、铁0.55毫克/升、锰0.15毫克/升。其中氨氮为平时的3~4倍，色度为平时的2倍，铁为平时的2~3倍，超出了Ⅲ类水体标准，同时，藻类略高(250万/升)。

处置措施：争取临安支持，通过环境整治提高青山水库水质；加强水质监测，密切注意下泄水量水质；强化水处理，提高制水质量。

32．青山水库甲藻爆发

2007年2月初，青山水库甲藻爆发，水库水质发红，金属和有机物严重超标，南苕溪成污染河流，造成余杭水厂不得不停止取水达1个月之久。

处置措施：减少青山水库下泄流量，全面开启西险大塘余杭闸，升起乌龙涧船闸，使污水通过余杭塘河排入大运河。减少对瓶窑、奉口取水口影响。

33．临安市污水处理厂进水管破裂

2007年3月15日，临安市污水处理厂进水管破裂，原应接纳的污水未经处理直接进入青山水库，通过水库正常下泄，又污染了南苕溪，余杭水厂又停止供水 8 天。

处置措施：加大青山水库的泄量，使污水尽快稀释，全面开启余杭闸，升起乌龙涧船闸，使污水通过余杭塘河排入大运河。

34．东苕溪奉口取水口氨氮等超标

2007 年 5 月 22 日至 23 日，西塘河水经上牵埠船闸倒流污染东苕溪。

处置措施：关闭上牵埠船闸，东苕溪沿线闸门关闭，青山水库加大放水。加强日常水位监测。

35．瓶窑水厂取水口水质异常

2007 年 5 月 28 日至 6 月 5 日，因中苕溪长岗造纸厂和长荣纸业以及迪邦精细化工公司的污水排放，导致取水口水质有臭味，颜色发黑。经监测 6 月 3 日，取水口锰为 0.35 毫克/升严重超标、耗氧量 6.2 毫克/升，已超过三类水体标准。

处置措施：对迪邦精细化工公司实行关停；对长荣纸业停产治理；对长岗造纸厂减产减污；对苕溪沿线有关企业进行排查；利用上游青山水库、水涛庄水库放水冲洗。

36．中苕溪锰超标污染事件

2007 年 6 月 5 日至 14 日，中苕溪临安市企业污染物泄漏，锰超标严重，导致瓶窑水厂停止供水，祥符、獐山取水口受到威胁，减少取水量。

处置措施：区政府召开紧急会议，青山水库下泄 30 立方米/秒，水涛庄水库下泄 6.2 立方米/秒。通过苕溪上游水库科学调度，污染带一直控制在獐山取水口以下，最大程度减少了污染源对饮用水取水口的影响。13、14 日二天流域内普降小到大雨，污染带最终全部消失。

37．苕溪瓶窑水厂取水口氨氮超标事件

2008 年 1 月 30 日，上游临安青山水库、南苕溪汪家埠氨氮浓度超过了《地表水环境质量标准》中Ⅲ类水标准。

处置措施：对苕溪奉口取水口上下游实施实时跟踪监测，对苕溪流域沿岸重点污染企业进行污染源排查，瓶窑水厂减少取水量。

38．苕溪汪家埠、瓶窑水厂取水口氨氮超标事件

2008 年 3 月 27 日，汪家埠、瓶窑水厂取水口氨氮浓度超过了Ⅲ类水标准，奉口取水口、下游 9 千米处氨氮浓度达到Ⅴ类水标准，上下游均出现污染。

处置措施：启动突发性饮用水源事件应预案；对苕溪奉口取水口上下游实施实时跟踪监测；对苕溪流域沿岸重点污染企业进行污染源排查。

39．东苕溪奉口取水口下游 3 千米氨氮超标，对獐山水厂原水水质带来威胁

2009 年 1 月 14 日至 25 日，由于东苕溪支流湘溪港污染，在奉口取水口下游 3 千米水质出现异常，受污水倒灌影响，獐山取水口水质带来一定威胁。经监测，湘溪港内 7 千米流域一带水质为劣五类，其中氨氮最高为 4.14 毫克/升、耗氧量为 8 毫克/升。原因是附近许多养鸭场所排放的污水流入河道，加上 航运船只过多，造成石油类污染及生活污水污染所致。

处置措施：加强原水检测，掌握原水动态；投加高锰酸钾、粉末活性炭；加大南苕溪上游青山水库和中苕溪上游水涛庄水库下泄流量；争取德清的支持，对湘溪港一带的污染源进行彻底的排查和整治。

40．东苕溪奉口取水口沉船，柴油污染事件

2009年6月7日21：00，在距奉口饮用水取水口下游700米处的杨梅山石矿对面的码头（属地德清），一艘编号为浙余杭货01897载重198吨的货船在装货过程中下沉，船上近一吨左右的燃料柴油发生泄露，河道上近1.5千米的范围受到了柴油的污染。经监测，失事点石油类为16.8毫克/升，獐山口水厂取水口石油类为4.8毫克/升，严重超标。原水中带有明显的柴油味，出厂水也略有气味。

处置措施：启动突发性饮用水源事件应急预案；由于事故水域属德清管辖，余杭区海事紧急联系德清海事部门协助；对奉口取水口上下游实施实时跟踪监测；请上级环保部门协调调查处理；由德清县海事部门负责牵头清理河道内的漂浮油污带，余杭区海事部门、水务公司、环保局，对取水口周围采用铺设稻草和吸油毡的方式，共同清除河道内残余漂浮柴油。

41．被污染的太湖水倒灌，威胁水厂取水

2009年6月14日至7月24日，由于黄梅季节雨量少，长时间的干旱导致东苕溪水位下降，水流逆向，以太湖倒灌水为主。因水质较差的下游水逆流而上，导致水厂原水COD、浊度、锰、铁等指标偏高。

处置措施：7月24日开始降水，至7月31日，水位开始上升，各项指标恢复正常。

42．东苕溪奉口取水口锰严重超标，威胁供水安全

2010年6月8日15时至11日，由于东苕溪沿岸的德清县康丰矿业有限公司等石矿企业的清洗废水未经处理直接排入东苕溪，造成湘溪港至杭宁高速段水域中金属锰含量超标。同时，因近期降水量较小，导致苕溪水倒流，超标的水进入奉口取水口。经监测，6月8日下午，取水口的锰含量高达1.85毫克/升，造成水厂出厂水锰含量达0.3毫克/升~0.5毫克/升（标准0.1毫克/升）。经排查，6月9日，仁和镇杨梅山矿洗砂水、德清下柏村康丰矿业有限公司石矿排放水质锰含量分别高达5.69毫克/升、78.3毫克/升，大大超过地表水标准限值。

处置措施：

——启动突发性饮用水源事件应急预案；

——立即开展排查，确定东苕溪锰含量严重超标的范围：为獐山取水口至下游约4千米范围，其中湘溪港处为最高值；

——扩大监测范围，对奉口取水口上下游实时跟踪监测，掌握水质动态，水厂每小时对原水、出厂水进行化验；

——启动三白潭备用水源，调整取水方案，8日下午6时至9日上午，备用水源启用16个小时，减少东苕溪取水量；

——水厂高锰酸钾的投加量调整到千吨水1.0公斤，提高混凝和沉淀效果，适度缩短滤池的反冲时间，提高过滤效果；

——协调上游青山水库加大下泄水量，使污染带下移，6月8日18时—9日20时，青山水库下泄流量约30立方米/秒，对苕溪水质有较好的冲洗和稀释作用。6月11日，取水口锰含量有所反弹，青山水库于6月12日—14日再次连续放水进行冲洗；

——请上级环保部门协调处理，依法要求当地政府责令德清县康丰矿石公司停产；余杭区环保部门责令仁和镇石矿紧急停产，切断部分污染源。

43. 东苕溪奉口取水口氨氮超标事件

2011年1月9日15时30分至14日，因德清湘溪港倒灌水及杭州西塘河来水影响，东苕溪地表水中氨氮浓度突然增高，达1.0毫克/升~2.5毫克/升，上牵埠船闸内、外，湘溪港氨氮浓度远远超过了Ⅲ类水标准限值，严重危及饮用水源安全。

处置措施：启动突发性饮用水源事件应急预案，由应急办牵头，召集环保、水务、林水、宣传等部门集中处理；区环保局、水务公司负责，对苕溪沿线相关点位进行24小时跟踪采样监测，并及时向区政府汇报水质情况；区水务公司加大高锰酸钾和活性炭投放量，确保水处理效果；加大青山水库配水量，尽快修复上牵埠船闸，在船闸修理期间实行封航；区卫生局加强对饮用水卫生安全的跟踪监测；杭州市减少了祥符水厂取水量；启动三白潭备用水源应急使用预案；启动区域联动机制，向德清县环保局通报水质异常情况，要求德清县环保局对其境内湘西大闸、湘西大桥及湘西港段开展重点污染源调查与排查，及时控制和消除污染。

44. 东苕溪奉口取水口锰含量超标事件

2011年4月20日—30日，因湘溪港修理船闸导致千船只聚集东苕溪余杭与德清交界区域，水流受阻，下游石矿中锰流入水中，使锰浓度超标（最高时浓度达1.06毫克/升，超三类水标准10倍多）。

处置措施：对奉口取水口上下游实施24小时跟踪监测；獐山水厂加大高锰酸盐的投放量，对原水中的锰进行深度处理，确保出厂水达到国家标准；加大上游青山水库下泄水量；通报湖州市德清县环保局，加大奉口下游对岸企业及妙西港两侧企业的排查力度。

45. 东苕溪奉口取水口氟化物浓度超标事件

2011年5月10日，区环保局接到市环境监察支队通报，杭州祥符水厂取水口氟化物超浓度，超过了《地表水环境质量标准》中Ⅲ类水标准。区环保局立即采样，发现当日水流方向自北向南，上牵埠船闸下游均为太湖倒灌水，水质较浑浊。经监测表明德清方向来水奉口氟化物浓度超标，致使取水口氟化物浓度超标。

处置措施：启动余杭区突发性饮用水源环境污染事故应急预案；区环保局、水务公司负责对苕溪沿线相关点位进行24小时跟踪采样监测；及时向区委区政府、市环保局报告，并通报德清县政府，要求加强污染源管理工作；水务公司加密取水水质监控，实现部门联动、信息共享，确保水源安全。

46. 苕溪饮用水源有机物污染事件

2011年6月5日—9日，余杭镇部分居民在使用自来水时发现水存在异味，经监测

pH、COD、SS、氨氮、总磷等常规指标均正常，但水体中有类似柴油、香水类异味，水体表面无油污。当晚省站出报的监测结果显示，余杭区与临安交界处汪家埠等断面检出微量特征挥发性和半挥发性有机物质2，2'，5，5'－四甲基联苯及其同分异构体、4－苯甲基甲苯及其同分异构体、苯、甲苯、乙苯、二甲苯、苯乙烯、异丙苯、三甲苯、萘、1，2－二氢化茚、丙炔基苯、苯乙酮、α、α-二甲基苯甲醇等14种。经排查分析，污染源来自南苕溪上游的临安境内青山工业园区。对瓶窑取水口上游柏树庙点监测，苯、二甲苯等物质超日常浓度10～20倍。

处置措施：启动余杭区突发性饮用水源环境污染事故应急预案，组织环保、水务、林水、卫生等部门赶赴现场进行事故处置；区环保局、水务公司负责对苕溪沿线相关点位进行24小时不间断的采样、送检等工作，并及时向区政府汇报水质情况，区政府于6月6日向全区发布通告，根据省、市卫生疾控专家的意见，决定余杭水厂停止制水，余杭地区全部改用杭州水业集团供水；从6月6日下午4时开始，建议瓶窑水厂的出厂水（供瓶窑、良渚区域）居民不要饮用，高考学校由消防车供水，其他学校放假，生活小区定点供水，所有饮食、食品企业停产；獐山水厂启动三白潭备用水源应急供水，限制65家工业企业用水，其他工业企业分时段减压供水；区政府及时请示杭州市政府加大青山水库下泄水量，共下泄2215万方，加快水体流动更新，稀释污染物；区环保局分批安排71人次赴临安协助市局排查污染源；区水务公司、贸易、经发等部门全力做好应急供水储备、调配和监督管理工作。整个事件影响余杭、瓶窑、祥符、獐山四大取水口约每天55.5万吨的取水量，涉及饮水人口150万人左右。经临安市紧急切断污染源、青山水库加大下泄流量后，6月8日，经省、市环保部门专家论证，苕溪水质已达到《地表水环境质量标准》（GB3838－2002）所规定的要求，6月9日，经卫生部门专家组论证，所有出厂水质及末梢水质均已达到《生活饮用水卫生规范》的要求，余杭区人民政府发布《关于恢复正常供水的通告》，杭州余杭水务有限公司于6月9日11时起恢复正常供水，同时，做好瓶窑、良渚一带供水管网的冲洗排污工作，供水、环保部门继续对水源进行严格的跟踪监测。

47．东苕溪奉口取水口水污染事件

2001年10月30日下午4时起—11月1日，东苕溪奉口取水口周边1000米范围内水质出现异常，经检测石油类超标，达到0.46毫克/升，据分析，事故原因可能是下游航行船只漏油或者冲洗船只造成。

处置措施：水厂投加粉末活性炭；吸油毡和围油栏控制，防止污染带扩大等措施。到31日下午奉口取水口周边水质已基本恢复正常，石油类指标为0.1毫克/升；上游水库关水。

48．仁和水厂取水口处氨氮异常偏高

2012年11月29日至12月2日，德清湘溪港劣V类水倒灌东苕溪，使仁和自来水厂取水口处氨氮、铁、锰严重超过水质标准。

处置措施：仁和自来水厂投加粉末活性炭、高锰酸钾；启动三白潭备用水源2天。

第二篇

城镇供水

城镇供水的范畴按城建部门的统计口径一般是指县（市、区）治所在地的城镇供水。余杭因紧邻杭州主城区，城镇建设发展快，在县政府设区公所时期，临平镇（县政府、临平区公所驻地）、塘栖镇、三墩镇（1996年5月划归杭州市西湖区管辖）、余杭镇和瓶窑镇等五个区公所驻地的城镇规模较大。1992年5月，余杭县撤区扩镇并乡后，加快了调整后镇（乡）政府驻地的集镇建设，推进了城镇与集镇供水事业的发展。

《城镇供水》篇记述临平、塘栖、三墩、余杭、瓶窑等5个镇在全区实行城乡一体化供水之前（1958年至1998年间）的供水机构和5个城镇自来水厂的建设、生产、经营与服务的历史，简述良渚、闲林等16个集镇同期的供水状况。

1958年10月，塘栖镇以运河水为水源动工兴建自来水厂，1960年1月建成县内第一座自来水厂，日供水约200立方米，启动了余杭对水进行消毒处理，开始供应自来水的序幕。1965年2月，临平镇以地下深井水为水源，建成日供水约500立方米的自来水厂。之后，余杭、瓶窑、良渚和闲林镇自来水厂先后于1973年5月、1978年6月、1986年8月和1987年12月陆续建成供水。

各镇自来水厂建成初期，通过简单的原水净化、消毒处理后，向当地集镇范围内的居民和单位逐步供水。因水厂规模小，供水量有限，只有部分机关和企事业单位能装表供水，居民生活用水主要靠在集镇安装的公用水龙头供水。之后通过各镇自来水厂努力扩大供水规模、逐步更新生产设备、不断改进制水工艺、日趋完善经营管理，使自来水逐步满足城镇居民生活和当地经济社会发展的用水需要。至1998年，临平、塘栖、余杭、瓶窑、良渚和闲林等6座规模较大的城镇自来水厂日供水能力合计达到13.92万立方米，供水受益人口31.3万人（包括供乔司、九堡、下沙及农场人口）。自1999年开始，余杭市在统筹城乡区域发展中为进一步确保城乡供水量，提高供水质量，提升服务质量，开始推行城乡一体化供水。

城镇的节约用水工作在本篇单列一章，记述余杭县（市）人民政府节约用水办公室1995年—2000年对临平、塘栖、余杭、瓶窑、闲林等5镇和三墩经济区管委会范围内的企事业单位开展的计划用水、节约用水概况。

《城镇供水》篇由于前期供水机构分散，历史资料残缺，史料难全，有部分内容为水厂老职工口述，有待进一步考证。

第一章　供水机构

余杭市（县）自1960年至2000年间的城镇供水机构，在县（市）治所在地临平镇是县（市）政府投资建设的临平自来水厂和临平第二水厂（供临平部分区块自来水），塘栖镇、余杭镇、瓶窑镇等镇的集镇范围是当地镇政府投资建设的镇属自来水厂。2000年12月，余杭市首个跨乡镇行政区域的临平、塘栖供水工程（一期）建成通水后，境内平原地区各镇乡属的自来水厂陆续被区（市）属供水机构兼并，由余杭区（市）属的供水机构承担除山区之外的全区（市）城乡一体化供水。

第一节　临平自来水厂

一、机构沿革

图2－1　临平自来水厂综合楼(1983年8月—2000年5月)

临平城区居民在饮用自来水之前一直取井水饮用，靠河水或池塘水洗涤，有雨天缸贮“天落水”习惯。解放初，全镇有水井233口。

新中国成立后，随着工业发展和人口不断增长，河道受废水污染，生活和生产用水发生困难，开始创建自来水厂。

临平自来水厂筹建于1963年11月，1964年正式挂牌，成立地方国营余杭县临平自来水厂，为全民所有制国有企业，隶属于余杭县工业交通局。

1983年，在县级机构调整时，临平自来水厂从原工业交通局划归县城乡建设环境保护局。1984年1月，临平自来水厂隶属关系改为余杭县城乡建设局，同时将地方国营余杭县临平自来水厂更名为余杭县临平自来水厂。

1984年4月，余杭县政府决定将国营工业企业性质的临平自来水厂改为公用事业单位，改为日期从1984年1月起。改制后的临平自来水厂仍实行自收自支、企业化管理，会计核算继续执行国营工业会计制度。

1993 年 5 月，余杭县自来水总公司成立，为县政府直属的副局级全民事业单位。7 月，临平自来水厂从县城建局划归县自来水总公司管理，为余杭县自来水总公司直属的企业化管理的自收自支事业单位。

1999 年 12 月，余杭市机构编制委员会批复同意将临平自来水厂更名为余杭市供水集团公司。同时将临平第二水厂、塘栖、余杭、闲林自来水厂和在建的獐山自来水厂及临平、塘栖供水工程的项目公司（余杭市供水有限公司），并入余杭市供水集团公司，由此，余杭市开始组织实施城乡一体化供水。

2000 年 5 月 8 日，经工商登记注册，余杭市供水集团有限公司正式成立。余杭市供水集团有限公司隶属于余杭市自来水总公司。余杭市供水集团有限公司下属的原临平自来水厂的亭趾制水车间和博陆取水泵站组建为余杭市供水集团有限公司城北自来水厂，原临平自来水厂的营业所和安装队组建为余杭市供水集团有限公司临平营业分公司，经工商登记注册为余杭市供水集团有限公司临平营业公司。

2001 年 12 月，在余杭区级机关机构改革对，中共余杭区委、余杭区人民政府决定不再保留区自来水总公司，区自来水总公司和余杭区供水集团有限公司组建杭州余杭供水集团公司（工商登记注册为杭州余杭供水集团有限公司）。杭州余杭供水集团公司是区政府直属的国有独资公司，为自收自支的全民事业单位。原余杭区供水集团有限公司城北自来水厂更名为杭州余杭供水集团有限公司城北自来水厂，后于 2003 年 7 月更名为杭州余杭供水集团有限公司运河自来水厂。原余杭市供水集团有限公司临平营业公司更名为杭州余杭供水集团有限公司临平营业分公司。2006 年 10 月，再次更名为杭州余杭供水集团有限公司临平分公司。

2008 年 3 月，在余杭区国有公司改革重组时，中共余杭区委、余杭区人民政府决定将杭州余杭供水集团公司与杭州余杭排水有限责任公司合并重组为杭州余杭水务有限公司，其分支机构原杭州余杭供水集团有限公司运河自来水厂更名为杭州余杭水务有限公司运河供水分公司、原杭州余杭供水集团有限公司临平分公司更名为杭州余杭水务有限公司临平供水分公司。

2010 年 1 月，杭州余杭水务有限公司运河供水分公司更名为杭州余杭水务有限公司运河分公司。

2011 年 4 月，杭州余杭水务有限公司临平供水分公司拆分为二，分别建立杭州余杭水务有限公司城北分公司和杭州余杭水务有限公司城南分公司。

临平自来水厂于 1994 年获得浙江省建设厅核发的“供水企业资质证”，1998 年获得余杭市卫生防疫站核发的“卫生许可证”。

二、水厂规模

1. 内设机构

临平自来水厂内部设立总务科、行政科、技术科、供应科、营业所、净水车间、机修组等部门。1995 年 4 月，撤销总务科、技术科、供应科与厂部机修组，成立企业管理科和安装队，其余科室不变。1998年调整为办公室、财务科、生产科、供应科、机修车间、制水车间和营业所等机构。

2. 供水能力

深井水源时期

1965年建厂初期，一口深井，日产水量约500立方米。1968年在临平山太阳殿与景星观前，增打深井二口后，日产水量2160立方米（原临平山南麓的沉箱井因自涌水量逐渐枯竭而停用）。1978年，在临平山北凿深井三口后，日产水量4920立方米（景星观前一口深井因含铁量高而停用）。1981年亭趾褚家坝深井建成后，日产水量为6840立方米。1983年超山深井取水系统建成后，日产水量提高到9340立方米。1986年亭趾、博陆深井取水系统建成后，日产水量上升到15800立方米。1987年至1989年在博陆又打深井三口后，日产水量达到18000立方米。

地表水源时期

1991年7月，地表水源供水工程（一期）建成通水后，临平自来水厂新增日供水能力3万立方米，加上地下水源能日产水量1.8万立方米，合计日供水能力为4.8万立方米。

1993年7月二期工程竣工，新增日供水能力3万立方米，同时，地下深井水系统全部停用，临平自来水厂日供水能力达到6万立方米。

1995年6月，临平自来水厂应急扩建工程净水设施建成投入运行，又新增日供水能力3万立方米，合计日供水能力提高到9万立方米。

2004年3月运河（城北）自来水厂（原临平自来水厂制水车间）第三次扩建竣工，再新增日供水能力3万立方米，使运河（城北）自来水厂（原临平自来水厂制水车间）日供水能力提高到12万立方米，实际最高供水量可达13万立方米/日。

3. 土地

临平自来水厂共有四处土地，分别位于原临平镇、亭趾镇和博陆镇，总占地面积38118.2平方米（57.17亩），分别是：

厂部　位于临平景星观路西侧、临平山南麓，原有占地面积13500平方米（20.25亩）。其中，部分土地后因县政府建设第二招待所和临平邱山隧道需要使用，留用土地面积为4174平方米左右（6.26亩）；

生产厂区　位于亭趾镇杨家墩村，占地面积29929.1平方米（44.89亩）；

取水泵房　位于博陆镇新圩村，占地面积2893.4平方米（4.34亩）；

仓库及厂办企业区　位于临平镇星火村（临平山北麓），占地面积1121.7平方米（1.68亩）。

4. 建（构）筑物

1999年临平自来水厂共有建筑物面积6353.41平方米，构筑物占地面积5604.0平方米，分布于4处，分别是：

厂部（临平镇景星观路西侧）

建筑物建筑面积1320平方米。其中，综合办公楼944平方米（一幢四层）；食堂、仓库157平方米（一幢二层：一楼食堂、二楼仓库）；仓库219平方米（于2010年上半年邱山隧道扩建时拆除）。

生产厂区（亭趾镇杨家墩村）

建筑物建筑面积3303.46平方米（包括2003年新建519.6平方米）。其中，综合办公楼1000平方米，食堂220.5平方米，机修车间252平方米，加药加氯间723.6平方米，泵房配电间554.76平方米，传达室33平方米。在杭州余杭供水集团公司成立后的2003年，运河（城北）自来水厂（原临平自来水厂制水车间）新建送水泵房159.6平方米，变配电间360平方米。

构筑物占地面积5604.0平方米（包括2003年新建1434.3平方米）。其中，老制水系统有虹吸滤池2组476平方米（17×14×2），水力循环澄清池2只453.7平方米（D=17 3.14×8.5^2×2），清水池2只1682平方米（29×29×2），废水池1只123.7平方米（16.5×7.5）。新制水系统（1995年6月通水的应急扩建工程）有折板反应平流式沉淀清水池1座1107平方米（12.3×90），虹吸滤池1座327.3平方米（23.55×13.90）。在杭州余杭供水集团公司成立后的2003年，运河（城北）自来水厂（原临平自来水厂制水车间）进行第三次扩建，增建相同于1995年扩建工程规模的折板反应平流式沉淀清水池和虹吸滤池各一组。

2012年12月开工建设的运河水厂提标改造工程，拆除综合用房、水力循环澄清池、虹吸滤池、清水池等老设施，改造变配电间，新建4万立方米/日综合池、10万立方米/日规模沙滤池及活性炭滤池，新建生物接触氧化池、鼓风机房、臭氧接触池及中间提升泵房、反冲洗泵房、臭氧设备间，新建回用水池及排泥水调节池、污泥浓缩池、脱水机房和辅助生产用房等设施。

取水泵房（博陆镇新圩村）

建筑物建筑面积628.89平方米。其中，管理用房187.08平方米，配电间178.65平方米，泵房263.16平方米。

仓库及厂办企业用房（临平山北麓）

建筑物建筑面积1101.06平方米。其中，综合办公楼313.3平方米，仓库320.4平方米，企业用房459.36平方米，传达室8平方米。该地自2002年9月起改为杭州余杭供水集团公司水表校验中心。

5．管网

临平自来水厂供水管网始建于1964年，最早敷设的管道是从临平山南麓厂区至西大街、东大街、北大街一带。之后，随着供水范围的逐年扩大，供水管网陆续普及到临平城区并逐步延伸到临平农村。供水管材在建厂初期大部分输水干管采用铸铁管，少量采用陶瓷管，支管采用镀锌管（热度管）。70年代后期到80年代初，输水管道开始采用自应力或预应力水泥管。2000年以后镀锌管材逐步淘汰，采用球墨管、PE管、PPR管和钢塑管，过桥、过路等重要地段采用钢管。主要供水管道工程有：

1983 年，为解决临平镇生活用水，县政府决定把超山深井的 2500 立方米/日水输送到临平，敷设了超山到临平 DN300 铸铁管 8.2 千米。

1984 年，敷设博陆到亭趾深井水原水管道 DN300 管 2 千米、DN400 管 3 千米，亭趾至临平 DN400 清水管道 5 千米。

1985 年，敷设博陆至临平 DN400 铸铁管（部分自应力管）10 千米，临平镇内各街、路敷设 DN100 ~ DN200 管 9.8 千米。

1986 年，累计已敷设输水管道 40.3 千米。其中，干管（DN300 ~ DN400）18.2 千米，支管（DN100 ~ DN200）22.1 千米。

1990 年，在实施临平自来水厂（地表水）一期扩建工程时，敷设博陆郎家兜至亭趾净水厂 DN800 自应力水泥管 4 千米，亭趾至临平 DN800 自应力水泥管 4.3 千米。

1995 年，临平自来水厂应急扩建工程，敷设从博陆取水泵房至亭趾净水厂 DN800 原水管道 4.7 千米，敷设从净水厂至临平杭申公路 5 号接点 DN1000 清水管道 4.9 千米。

2000 年，临平自来水厂（5 月更名为余杭市供水集团有限公司临平营业公司和城北自来水厂两个分支机构）的输水管道经过 36 年的建设和运行，在一边淘汰旧管道的同时更新增设新管道，管网已覆盖到供水区域的各用户，累计在线运行的输水管道共有 591926 米，其中：DN800 及以上的主干管 35535 米，DN100 至 DN600 干管 74329 米，DN80 至 DN15 的支管 482062 米。管材中大于 DN100 管道以铸铁管、预应力管为主，小于 DN100 的管道以镀锌管为主。临平自来水厂 2000 年不同管径、不同管材的管道长度见附表 2 - 1：

表 2 - 1　　2000 年临平自来水厂不同管径、不同管材管道长度

不同管径管道长度

管径	长度（m）	管径	长度（m）	管径	长度（m）
DN1200	3404	DN300	16930	DN40	77392
DN1000	3768	DN200	15171	DN25	103255
DN800	28363	DN150	8496	DN20	174209
DN600	7666	DN100	10267	DN15	36754
DN500	1204	DN80	684	—	—
DN400	14595	DN50	89768	合计	591926

不同管材管道长度

管材	长度（m）	管材	长度（m）	管材	长度（m）
镀锌管	212231	自应力管	10925	其他	188830
铸铁管	43197	钢管	8679	—	—
预应力管	40259	钢塑管	87805	合计	591926

三、职工

临平自来水厂自1963年开始筹建，到1965年第一口深井建成供水，职工先后从临平镇搬运工会、市政、豆腐社、米厂、油厂、酿造厂、机械厂、五金厂等单位抽调。至1965年年底，有职工10人。之后，随着水厂规模的逐年扩大，职工队伍相继壮大。至1998年，临平自来水厂有固定职工86人，其中，共产党员16人，占18.6%；大专及以上学历职工16人，占18.6%；有专业技术人员12人，占14.0%；有技术工人37人，占43.0%。临平自来水厂不同发展时期职工概况见附表2－2。

表2－2　　临平自来水厂不同时期职工概况

年份	水厂发展阶段	日供水能力（万吨）	职工人数（固定工）	共产党员（人）	文化程度					专业技术人员		技术工人	
					小学	初中	高中中专	大专	本科	人	其中：工程师	人	其中：高级工
1965年	建厂初期	0.05	10	2	8	2	—	—	—	—	—	—	—
1981年	全面开发深井水时期	0.68	28	4	14	13	1	—	—	—	—	—	—
1989年	深井水开发基本结束，筹建地表水供水工程	1.8	37	9	10	21	3	3	—	—	—	1	—
1994年	地表水供水工程二期竣工通水，应急扩建工程启动	6.0	74	7	12	26	34	2	—	—	—	2	—
1999年	组建余杭市供水集团有限公司的前一年	9.0	86	16	8	32	30	13	3	12	3	37	4

第二节　塘栖镇自来水厂

一、机构沿革

旧时，塘栖镇四周河港密布，水源充足，水质清澈。20世纪50年代后期受工业废水污染，水质变差，尤其是大运河受杭州市工业废水排放影响，河水污黑臭秽，镇工业生产和居民生活用水受到严重影响，为此，1958年10月，塘栖镇开始筹建自来水厂。

1960年1月建成供水，是余杭县建立的第一座自来水厂，属镇办集体企业。自建厂至1965年水厂隶属于塘栖镇二轻系统，1966年至1978年隶属塘栖镇环卫站，1979年至

1999年7月，为塘栖镇政府直属单位。其间，因乡镇行政区划调整，1992年宏畔乡并入塘栖镇后，塘栖镇政府决定自1995年5月起，原宏畔乡自来水厂并入塘栖镇自来水厂。

1999年8月，余杭市自来水总公司成建制兼并了塘栖镇自来水厂，塘栖镇自来水厂更名为余杭市塘栖自来水厂，水厂性质由镇办集体企业转为市属国有企业。

1999年12月，根据余杭市机构编制委员会《关于同意组建余杭市供水集团公司的批复》的精神，余杭市塘栖自来水厂并入余杭市供水集团有限公司。2000年9月经工商注册登记，余杭市塘栖自来水厂更名为余杭市供水集团有限公司塘栖自来水厂。

2001年12月，杭州余杭供水集团公司（余杭区政府直属部门）成立后，余杭区供水集团有限公司塘栖自来水厂更名为杭州余杭供水集团有限公司塘栖自来水厂。

2008年3月，杭州余杭水务有限公司（杭州余杭城市建设集团有限公司直属的全资子公司）成立后，杭州余杭供水集团有限公司塘栖自来水厂更名为杭州余杭水务有限公司塘栖供水分公司。

2011年4月，杭州余杭水务有限公司塘栖供水分公司更名为杭州余杭水务有限公司塘栖分公司。

塘栖镇自来水厂于1994年获得浙江省建设厅核发的“供水企业资质证”，1998年获得浙江省爱国卫生运动委员会、浙江省卫生厅联合核发的浙江省农村水厂“水质卫生合格证”，1998年获得余杭市卫生防疫站核发的“卫生许可证”。

二、水厂规模

1. 内设机构

塘栖镇自来水厂内设制水车间（含化验室）、财务室、安装队和五福桥取水泵站等四个部门。1999年10月，余杭市塘栖自来水厂科室调整为办公室、营业所和净水车间等三个部门。其中，办公室负责行政事务、财务会计、行风建设、劳动纪律、工资福利、安全保卫及其他有关工作。营业所负责开户接水、抄表收费、管网安装、维护与抢修、仓库管理及其他有关工作。净水车间负责水源保护、取水、净水、化验、设备维护、技术改造及其他有关工作。

2. 供水能力

塘栖镇自来水厂在1960年建厂初期时日供水能力不足200立方米，1978年提高到643立方米，1985年扩建到5000立方米，1986年增加到7000立方米，1989年6月达到1万立方米，1995年5月提高到1.5万立方米，2000年12月塘栖自来水厂异地扩建后，日供水能力达到6万立方米。

3. 土地

塘栖镇自来水厂厂址位于塘栖镇木鸭埭11号，占地面积4686平方米（7.03亩），取水泵站位于东塘镇黄泥滩村（东塘港五福桥），占地面积553.1平方米（0.83亩）。2000年12月，塘栖自来水厂异地新（扩）建后，原厂区土地用于塘栖镇城镇开发建设，原取水泵站土地用于仁和镇大运河工业园区开发建设。

4．建（构）筑物

厂区的建筑物有办公楼（平房）、收费室、值班室、化验室、加氯间、仓库、送水泵房等1710平方米，五福桥取水泵房40平方米。

厂区制水车间构筑物有水力加速澄清池3座、无阀滤池3座、清水池2座和水塔1座。

厂区的建（构）筑物因塘栖镇城镇建设需要，于2005年被拆除。取水泵站设施先用于宏畔印染厂取工业用水，后由仁和镇大运河工业区开发建设时拆除。

图2－2　塘栖镇自来水厂东塘港五福桥取水口

5．管网

塘栖镇自来水厂在创建时，敷设DN150陶土管50米作为输水干管，因在试通水后陶土管难承压力，后改用陶瓷管。支管大部分从镇内各工矿企业和废品收购站收集的旧铁管代用。自1963年起，输水主干管逐步用铸铁管取代陶瓷管，后改用预应力管，小口径管道用镀锌管，过桥串路用钢管。管道总长度随着供水范围的扩大逐年延长，1991年为6699米，1995年为16329米，1999年为35950米，2000年为41754米，其中：DN1400管2372米、DN 1200管3444米、DN800管10231米、DN600管965米、DN500管88米、DN400管1639米、DN300管5791米、DN200管2348米、DN150管11984米、DN100管2892米。按不同管材分为：镀锌管15473米、预应力管12590米、铸铁管7817米、钢管5407米、球墨管291米、自应力管176米。

三、职工

塘栖镇自来水厂在建厂初期，职工从国营、二轻系统中的退职人员中招工入厂，80%的职工为小学文化程度。1962年（在供水后的第二年）水厂有职工7人。之后，随着企业的发展，职工人数相应增加，文化程度逐步提高。

1999年，全厂有固定工和合同工共41人，其中男性32人，女性9人。城镇户口34人，农业户口7人。其中有高中、中专学历7人；专业技术人员3人，技术工人3人。

另有农村临时工1人，退休职工7人。同时，还负担塘栖镇政府交办的在其他镇办企业退休而未参加社会养老保险的退休职工需付保养费的人员有40人。

第三节　余杭镇自来水厂

一、机构沿革

千百年来，余杭镇居民主要靠肩挑手提，从南苕溪、南渠河或挖井取水饮用，遇天旱时，余杭闸断流，南渠河就干涸。1966年余杭镇在苕溪建余杭闸，引苕溪水入南渠河。1969年，再建苕溪活动坝，提高苕溪水位，供居民取水饮用。为方便居民用水，1971年2月，余杭镇开始筹建自来水厂，1971年4月1日水厂正式成立，属镇办集体企业。1973年5月，水厂深井取水设施建成，开始向余杭镇部分居民供水。因深井水含铁量高，1974年3月，在余杭镇龙船头建成地表水供水设施后，深井水源停止开发生产。1980年12月，启动建设有净水构筑物的苕溪制水车间，1983年9月竣工供水后，龙船头供水设施停用。

自建厂至1999年7月，余杭镇自来水厂为余杭镇政府的直属单位，隶属镇工业办公室。

1999年7月，余杭市自来水总公司成建制兼并了余杭镇自来水厂和余杭镇永建自来水厂（1992年乡镇行政区划调正时永建乡并入余杭镇，原永建乡自来水厂更名为余杭镇永建自来水厂）。余杭镇自来水厂更名为余杭市余杭自来水厂，余杭镇永建自来水厂并入余杭市自来水总公司后更名为余杭市余杭自来水厂永建制水车间。余杭、永建两座水厂的性质由镇办集体企业转为市属国有企业。

1999年12月，根据余杭市机构编制委员会《关于同意组建余杭市供水集团公司的批复》精神，余杭市余杭自来水厂并入余杭市供水集团有限公司。2000年9月经工商注册登记，余杭市余杭自来水厂更名为余杭市供水集团有限公司余杭自来水厂。

2001年12月，杭州余杭供水集团公司（余杭区政府直属部门）成立后，余杭区供水集团有限公司余杭自来水厂更名为杭州余杭供水集团有限公司余杭自来水厂。2002年8月1日，杭州余杭供水集团公司兼并仓前镇自来水厂后，将其并入余杭自来水厂，更名为杭州余杭供水集团有限公司余杭自来水厂仓前营业所。2002年9月16日，杭州余杭供水集团公司兼并中泰乡自来水厂后，将其并入余杭自来水厂，更名为杭州余杭供水集团有限公司余杭自来水厂中泰营业所。

2008年3月，杭州余杭水务有限公司（杭州余杭城市建设集团有限公司直属的全资子公司）成立后，杭州余杭供水集团有限公司余杭自来水厂更名为杭州余杭水务有限公司余杭供水分公司。

2011年4月，杭州余杭水务有限公司余杭供水分公司更名为杭州余杭水务有限公司余杭分公司。同时，划出仓前镇的水务管理范围，仓前营业所划至闲林分公司管辖。

余杭镇自来水厂于1994年获得浙江省建设厅核发的“供水企业资质证”，1997年获得浙江省爱卫会、浙江省卫生厅联合核发的浙江省农村自来水厂“水质卫生合格证”，

1998 年获得余杭市卫生防疫站核发的“卫生许可证”。

二、水厂规模

1．内设机构

余杭镇自来水厂在 1975 年内设财务组、生产组、抄表组、管道安装维修组、传达室和仓库等机构，1981 年增设化验室，1983 年 10 月增设制水车间，1983 年 12 月内设机构调整，设置为调度室、财务室、化验室、传达室。调度室下设制水车间、安装维修、查勘组；财务室下设抄表组、供应组、仓库。

2．供水能力

1973 年 5 月，余杭镇车站路 11 号深井水取水设施建成，在试供水期间，日供水能力约 1000 立方米。1974 年 3 月，余杭镇龙船头南渠河地表水取水头埠建成，正式向部分居民供水，日供水能力约 1500 立方米。1983 年 9 月，在南苕溪余杭闸东侧第一座具有净水构筑物的制水车间建成，日供水能力为 2500 立方米。1988 年 12 月，南苕溪制水车间二期扩建竣工，日供水能力提高到 5000 立方米。1993 年 12 月，南湖净水调节工程（南湖制水车间）一期竣工，新增日供水能力 5000 立方米，水厂合计日供水能力达到 10000 立方米。1996 年 6 月，南湖净水调节工程二期竣工，再次新增日供水能力 5000 立方米，水厂两个制水车间总计日供水能力达到 15000 立方米。

2002 年 11 月，由杭州自来水总公司趸售供水的余杭闲林供水工程竣工通水，新增日供水能力 4.5 万立方米（含供应余杭镇、闲林镇、仓前镇和中泰乡）。

3．土地

余杭镇自来水厂总占地面积 12724.26 平方米（19.08 亩），其中：

厂部　建厂时位于余杭镇车站路 11 号（现安乐西路），占地面积 2991.25 平方米（4.49 亩）。2003 年 7 月，因余杭镇城镇建设需要，厂部拆除，临时迁入到余杭镇中南大酒店借地办公。2005 年 1 月，杭州余杭供水集团公司在余杭镇城东路（宝塔村）新建杭州余杭供水集团公司余杭自来水厂办公、营业综合楼，占地面积 5849.3 平方米（8.77 亩）。

苕溪制水车间、取水泵站　位于余杭镇张家弄底（余杭闸东侧），占地面积 1307.36 平方米（1.96 亩）。

南湖制水车间　位于余杭镇城西路（宝塔村），占地面积 5567.6 平方米（8.35 亩）。

图 2－3　余杭镇自来水厂苕溪制水车间（1983.9—2002.11，之后备用）

4．建（构）筑物

厂部　位于余杭镇车站路 11 号

的办公楼、车间、仓库、深井泵房等建筑面积1267.9平方米，2003年7月因余杭镇城建需要全部拆除。2005年1月迁入余杭镇城东路新建的办公综合楼，建筑面积共2858.38平方米，其中，办公楼2092.63平方米，仓库、传达室357.48平方米，食堂408.27平方米。

苕溪制水车间、取水泵站　综合用房（含化验室、传达室）160.47平方米，120立方米/时水力加速澄清池、重力式无闸滤池各二座、400立方米清水池一座，进、出水泵房各一座。

南湖制水车间　商业用房1000平方米（其中，二楼部分用房为水质化验室），240立方米/时折板反应斜管沉淀池、无阀滤池各二座，400立方米、600立方米清水池各一座，进、出水泵房各一座，加药房一间。

5. 管网

余杭镇自来水厂自创建至1974年，供水管道长度为1.55千米，其中，DN200管0.8千米、DN150管0.1千米、DN100管0.15千米、DN25管0.5千米。管材由于当时是计划经济时期，镇级的小水厂国家不分配钢材指标，在购买铸铁管时，正品管材很难买到，水厂一部分铸铁管是泰山煤矿用剩的管。

1978年管道延长至6.5千米。1984年进行主管道改造，敷设铸铁管16.5千米，其中：DN300管5.5千米，DN200管1千米、DN150管4千米、DN100管6千米。

1988年新敷设DN300铸铁管2.0千米，累计供水干管为18.5千米。1996年DN100及以上管道延长到25.3千米。

2000年主干管延长到37.24千米，加上各规格支管，供水管道总长度达到473824米(不包括未运行的青山引水工程管道)。其中，DN800管5068米、DN500管1291米、DN400管1466米、DN300管5104.5米、DN200管2250米、DN150管5725.5米、DN100管15016米、DN80管1315米、DN50管119358米、DN40管72097米、DN25管64603米、DN20管108005米、DN15管72525米。按不同管材分别为：镀锌管407352米、钢塑管32718米、铸铁管16492米、自应力管15474米、钢管923米、PE管469米、其他管材396米。

三、职工

余杭镇自来水厂在建厂初期的1974年3月有职工8人，1975年12月增加到12人。1999年，职工人数为51人，其中，男25人，女26人；城镇户口40人，农业户口11人；固定职工18人（全部城镇户口），合同制职工33人（城镇户口22人，农业户口11人）。其中有：大专及以上学历4人、高中学历8人；专业技术人员4人，技术工人15人。另有临时工8人，退休职工2人，保养工2人。

第四节　瓶窑镇自来水厂

一、机构沿革

瓶窑镇居民的饮用和洗涤用水，一直依赖苕溪水和井水，昔日窑山脚下的18条里弄均有水井。

1975年1月，由瓶窑镇人民政府、浙江省煤炭和物探大队等三个单位联合筹建自来水厂，厂址选在窑山上，1978年6月起正式向用户供水。在水厂筹建期间，经各投资方协商，省煤炭大队于1975年5月底退出联办。水厂建成后省物探大队也于1980年12月25日退出，自1981年起水厂产权全部归属瓶窑镇政府。

1980年4月，余杭县计划委员会批复瓶窑镇自来水厂为镇办集体企业。

2001年7月9日，瓶窑镇自来水厂成建制移交给余杭区自来水总公司，并更名为余杭区瓶窑自来水厂。水厂性质由镇办集体企业转为区属国有企业，同时并入余杭区供水集团有限公司。水厂更名为余杭区供水集团有限公司瓶窑自来水厂。

2001年12月，杭州余杭供水集团公司（余杭区政府直属部门）成立后，余杭区供水集团有限公司瓶窑自来水厂更名为杭州余杭供水集团有限公司瓶窑自来水厂。

2008年3月，杭州余杭水务有限公司（杭州余杭城市建设集团有限公司直属的全资子公司）成立后，杭州余杭供水集团有限公司瓶窑自来水厂更名为杭州余杭水务有限公司瓶窑供水分公司。

2011年4月，杭州余杭水务有限公司瓶窑供水分公司更名为杭州余杭水务有限公司瓶窑分公司。

瓶窑镇自来水厂于1994年获得浙江省建设厅核发的“供水企业资质证”，1996年获得浙江省爱卫会和浙江省卫生厅联合核发的浙江省农村自来水厂“水质卫生合格证”，1998年获得余杭市卫生防疫站核发的“卫生许可证”。

二、水厂规模

1. 内设机构

瓶窑镇自来水厂内设行政、供水、安装三个组。会计、出纳、化验、采购、供水、净水专人负责，保管员兼化验工作。

2. 供水能力

建厂初期的1978年日供水能力为500立方米，1981年提高到2500立方米，1990年1月增加到7500立方米（取水能力为1.2万立方米）。1996年7月净水能力达到1.5万立方米，由于取水能力限制，日供水能力为1.2万立方米。

2003年3月，羊山村新水厂一期工程建成，日供水能力为2.5万立方米，同时老水厂停止生产运行。2004年12月二期工程竣工，瓶窑自来水厂日供水能力达到5.0万立方米。

3. 土地

瓶窑自来水厂有土地4处，总占地面积31566.93平方米（47.35亩）分别是：

位于瓶窑镇窑山顶的瓶窑镇自来水厂制水车间，占地面积4950.4平方米（7.43亩）。

位于瓶窑镇西溪街60号的瓶窑镇自来水厂综合楼及其他设施区，占地面积2249.8平方米（3.37亩）。

位于瓶窑镇羊山村（闻溪路1号，杭州公交348路车起点站对面）的瓶窑自来水厂，占地面积23466.68平方米（35.2亩）。

位于瓶窑镇彭公集镇边山坡上原彭公乡自来水厂制水车间（2001年8月，乡镇行政区划调整，撤销彭公乡并入瓶窑镇，原彭公乡自来水厂停止制水，由瓶窑镇自来水厂供水），占地面积900.05平方米（1.35亩）。

4．建（构）筑物

瓶窑镇自来水厂（西溪街60号）

建筑物：合计建筑面积1471平方米，其中：综合楼863.6平方米，传达室（取水泵房）95.6平方米，食堂236.6平方米，仓库（四处）132.4平方米、52.7平方米、54.6平方米、35.5平方米。

瓶窑镇自来水厂制水车间（窑山顶）

1989年5月前构筑物：60立方米/小时澄清池和配套滤池2组、600立方米清水池1座；1989年5月后构筑物：320立方米/小时澄清池和无阀滤池各2座，600立方米和1400立方米清水池各一座，以及加氯间，值班室等。

图2－4　瓶窑镇自来水厂窑山顶制水车间（1978.6－2003.3）

瓶窑自来水厂（羊山村）

建筑物　合计建筑面积2947.41平方米，其中，综合楼1073平方米，加药间435平方米，送水泵房、配电间599平方米，机修、仓库、车库363平方米，传达室33平方米，食堂、宿舍377平方米，取水泵房67.41平方米。

构筑物　综合池（反应、沉淀、清水池）2座，单座占地面积1162.98平方米（99.4×11.70米），四阀滤池2座，占地面积分别为247.34平方米（29.8×8.3米）、203.15平方米（23.90×8.50米）。

5．管网

瓶窑镇自来水厂在建厂初期供水主干管口径以DN100为主，少量DN150。管材以铸铁管为主，部分为预应力管。自建厂至1979年年底敷设管线1657.2米，1980年增设管线2053.5米，1981年增设管线2046米，1982年—1985年增设管线4851米。自建厂至1985年年底，共敷设管线10607.7米（详见附表2－3）。

瓶窑镇随着经济社会的快速发展，自来水的供水范围逐年扩大，供水管网从集镇向长命等农村延伸，主干管口径由DN100增大到DN600。至2000年年底，瓶窑自来水厂共敷设DN100以上供水主干管27129米，其中，DN600管9米、DN400管881米、DN300管

4094米、DN200管2990米、DN150管5058米、DN100管14097米。不同管材的长度为：铸铁管16207米、自应力管10596米、钢管326米。其中，建厂初期敷设的预应力管和镀锌管至2000年已更换为铸铁管或自应力管。

三、职工

瓶窑镇自来水厂在建厂初期有职工3人，随着水厂规模的逐年扩大，水厂职工也相应增加。2001年6月，瓶窑镇自来水厂有职工21人。其中，男15人，女6人；城镇户口19人，农业户口2人。其中有大专学历2人，高中、中专学历11人；专业技术人员5人，技术工人5人。另有退休职工4人。

表2－3　**瓶窑镇自来水厂建厂初期供水主干管**

竣工日期	长度（m）	管材	管径（DN）	所在地段
1979年年底	310.0	铸铁	100	泵房—澄清池
	354.7	铸铁	150	出口—小学大门—区委
	131.0	铸铁	100	小学操场—通济桥南
	21.0	铸铁	150	后出口—标牌厂
	233.5	铸铁	100	
	34.0	铸铁	100	标牌厂—油库—公路东
	165.0	预应力	100	
	408.0	预应力	100	通济桥南—官口桥北
小计	1657.2	—	—	—
1980.3	336.0	预应力	100	标牌厂—皮革厂
1980.9.26	143.5	预应力	100	小学弄口—中学大门
1980.9.26	140.0	铸铁	100	
1980.11	200.0	铸铁	150	瓶窑区委—物资站—油库
1980.11.13	336.0	预应力	150	
1980.12.13	645.0	预应力	100	油库—物探门口
1980.12.27	253.0	铸铁	150	泵房—澄清池
小计	2053.5	—	—	—
1981.5.9	144.0	铸铁	100	大桥北—粮管所
1981.5.28	31.0	镀锌管	25	官口桥—官帝库（1984.4月更换100管径）
1981.5.28	89.0	镀锌管	50	

续表 2-3

竣工日期	长度（m）	管材	管径（DN）	所在地段
1981.10.1	1632.0	铸铁	150	后出口—煤炭大队
1981.10.1	150.0	铸铁	100	
小计	2046.0	—	—	—
1983.11	40.0	铸铁	100	官口桥北—木器车间
1984.1	742.0	预应力	100	木器车间—上窑龙头组
1984.4	1712.0	预应力	100	物探大队—西中
1984.7	300.0	预应力	100	柴草部—煤球厂
1985 底	2057.0	铸铁	100	中学门口—栲栳山
小计	4851.0	—	—	—
合计	10607.7	—	—	—

第五节　良渚镇自来水厂

一、机构沿革

良渚镇居民在饮用自来水前，一直来靠河水为生，辅以少数水井。

1985年，作为余杭县首批10个农村改水项目之一的良渚镇自来水厂动工兴建，1986年8月建成供水，厂址位于荀山村（老104国道良渚大桥边）。1999年11月，良渚镇自来水厂异地扩建，厂址位于周家里村一组（北临良渚港）。

自建厂至2003年6月，良渚镇自来水厂属良渚镇政府的镇办企业，在供水业务上受余杭区（县、市）农村改水项目办公室和余杭区（县、市）自来水总公司指导。

2003年7月，良渚镇政府将良渚镇自来水厂成建制移交给杭州余杭供水集团公司。同时，良渚镇自来水厂（含安溪水厂）更名为杭州余杭供水集团有限公司良渚营业分公司，水厂性质由镇办集体企业转为区属国有企业。2006年10月，再次更名为杭州余杭供水集团有限公司良渚分公司。

2008年3月，杭州余杭水务有限公司成立后，杭州余杭供水集团有限公司良渚分公司更名为杭州余杭水务有限公司良渚供水分公司。

2011年4月，杭州余杭水务有限公司良渚供水分公司更名为杭州余杭水务有限公司良渚分公司。

良渚镇自来水厂于1997年获得浙江省爱卫会、浙江省卫生厅联合核发的浙江省农村自来水厂“水质卫生合格证”，1998年获得浙江省建设厅核发的“供水企业资质证”和余杭市卫生防疫站核发的“卫生许可证”。

二、水厂规模

1. 内设机构

良渚镇自来水厂内设制水、供水、安装、收费、财务等五个组。

2. 供水能力

良渚镇自来水厂1986年8月水厂建成通水时，日供水量700立方米，1996年提高到2400立方米/日，2000年5月水厂异地扩建后，供水能力提高到5000立方米/日。2003年8月，良渚镇由瓶窑自来水厂供水，良渚自来水厂停止制水。

良渚镇安溪自来水厂于1998年12月建成供水，设计供水能力2500立方米/日，实际日供水量400立方米/日～500立方米/日。2003年6月，良渚集镇与安溪集镇并网供水后，安溪水厂停止制水。

3. 土地

位于荀山村（老104国道良渚大桥边）的良渚镇老水厂：面积1800平方米（2.7亩），2000年5月新水厂建成后，老水厂留用土地1140平方米（1.71亩），为集体土地。位于良渚镇良港村（原周家里村一组）的扩建水厂占地6827平方米（10.24亩），属国有土地出让。良渚镇安溪自来水厂（港南村一组）占地面积2866平方米（4.30亩）。

4. 建（构）筑物

位于老104国道良渚大桥边的良渚镇老水厂：综合办公楼建筑面积301平方米，泵房95.2平方米，变压器房9.0平方米，沉淀池、过滤池、清水池、高位水池各一座。

图2-5　良渚镇自来水厂制水车间（良渚大桥边，1986.8—2000.5）

位于良渚周家里村一组的扩建水厂：综合办公楼（七间四楼）建筑面积964.2平方米，一级泵房31.25平方米，二级泵房114.97平方米，机修车间（3间）78.9平方米，加药间92.61平方米，营业房（沿路10间）211.05平方米，仓库（3间）163.5平方米，配电间（1间）26.2平方米。沉淀池、无阀滤池、清水池各一座。

良渚镇安溪自来水厂：综合办公楼（2层）315平方米，泵房（2间）70平方米，配电间15平方米。澄清池、过滤池、清水池各一座。

5. 管网

至2003年6月，良渚镇自来水厂供水管网总长21075米。其中，DN500管36米，DN400

管 989 米，DN300 管 2300 米，DN200 管 1200 米，DN150 管 2950 米，DN100 管 13600 米。

良渚镇安溪自来水厂管网总长 2448 米，其中，DN200 管 810 米，DN150 管 1638 米

三、职工

良渚镇自来水厂在 2003 年 7 月并入杭州余杭供水集团公司前有职工 24 人，包括 1 名镇政府事业编制人员（厂长）和 1 名退休留用人员（会计）。其中有男 11 人，女 13 人；城镇户口 16 人，农村户口 8 人；大专学历 1 人，中专学历 3 人，高中学历 6 人；专业技术人员 2 人。

良渚镇安溪自来水厂有职工 3 人（含 2 名退休留用人员），其中男 2 人，女 1 人。

第六节　闲林镇自来水厂

一、机构沿革

闲林镇居民饮用水在自来水始现前主要取之井水，集镇有井 80 余口。1958 年，闲林供销社成立后，食品公司在 206 矿大门口的陈功井上装泵取水，方便居民使用。随着集镇的扩大，人口的增加，井水不能满足生活需要，1986 年 8 月闲林开始筹建自来水厂，1987 年 12 月建成供水，厂址位于闲林镇文卫路 27 号方家山脚。

图 2－6　闲林镇自来水厂（1987.12—2002.11，之后备用至 2010.7 拆除）

自建厂至 1999 年 7 月，闲林镇自来水厂属闲林镇政府的镇办企业，由副镇长分管自来水厂。在供水业务上受余杭县农村改水项目办公室和余杭县（市）自来水总公司指导。

1999 年 7 月，余杭市自来水总公司成建制兼并了闲林镇自来水厂。同期，更名为余杭市闲林自来水厂，为余杭市自来水总公司的直属单位。水厂性质由镇办集体企业转为市属国有企业。

1999 年 12 月，根据余杭市机构编制委员会《关于同意组建余杭市供水集团公司的批复》的精神，余杭市闲林自来水厂并入余杭市供水集团公司。2000 年 9 月，经工商登记注册余杭市闲林自来水厂更名为余杭市供水集团有限公司闲林自来水厂。

2001 年 12 月，杭州余杭供水集团公司（余杭区政府的直属部门）成立后，余杭区供水集团有限公司闲林自来水厂更名为杭州余杭供水集团公司闲林自来水厂。

2003年2月，余杭、闲林供水工程竣工通水后，闲林镇的自来水主要由杭州水业集团公司（九溪自来水厂）趸售供给。从而闲林自来水厂的制水职能减弱，以供水经营和服务为主，为加强对闲林镇的供水管理，供水集团公司将闲林自来水厂更名为杭州余杭供水集团有限公司闲林营业分公司。2006年10月，再次更名为杭州余杭供水集团有限公司闲林分公司。

2008年3月，杭州余杭水务有限公司（杭州余杭城市建设集团有限公司直属的全资子公司）成立后，杭州余杭供水集团有限公司闲林分公司更名为杭州余杭水务有限公司闲林供水分公司。

2011年4月，杭州余杭水务有限公司闲林供水分公司更名为杭州余杭水务有限公司闲林分公司。同时，划入原由余杭供水分公司管理的仓前营业所的管理范围与职责。

闲林镇自来水厂于1996获得浙江省爱卫会、浙江省卫生厅联合核发的浙江省农村自来水厂“水质卫生合格证”，1998年获得浙江省建设厅核发的“供水企业资质证”和余杭市卫生防疫站核发的“卫生许可证”。

二、水厂规模

1．供水能力

建厂初期2台深井泵取水量为30立方米/小时，1987年年底泵房改造后达到140立方米/时；1991年10月里山泵房增设离心泵2台，增加取水量108立方米/小时，合计取水量为248立方米/小时，实际供水能力为4800立方米/日。1994年12月增建项家畈备用泵房，2台深井泵出水量108立方米/小时，当里山泵房水源不足时，启动项家畈泵房补充取水。

2．土地

闲林镇自来水厂总占地面积3609.21平方米（5.42亩），其中，厂部1632.67平方米，方家山顶清水池、消毒池占地796.98平方米，里山桥泵房306.64平方米，项家畈泵房475.92平方米，陈公井397.00平方米。

3．建（构）筑物

闲林镇自来水厂位于文卫路27号的综合办公楼（172.36平方米）、里山桥泵房、项家畈泵房和闲林镇庙山中路等房屋建设面积共1256.82平方米。方家山顶清水池一座（800立方米）、120立方米/日无阀滤池一座。

2010年7月，为配合闲林镇改善生态环境，实行城镇综合改造，水厂上述占用的土地和建（构）筑物移交给闲林镇政府，闲林镇政府补偿水务公司资金358万元。杭州余杭水务有限公司选址于闲林镇学校路（联荣2队）边异地重建综合办公楼，新址占地4240平方米（6.36亩），综合楼建筑面积2147平方米，传达室建筑面积34.1平方米。

4．管网

至1998年，闲林镇自来水厂供水管网总长37318米。其中，原水管道DN200铸铁管二根，管长5580米，供水主干管DN300～DN100铸铁管共3865米，配水管DN50～DN25

的镀锌管共 27873 米。

三、职工

闲林镇自来水厂建成通水时全厂职工 7 人，1991 年 10 月为 11 人，1997 年 5 月为 20 人。1999 年 7 月，闲林镇自来水厂成建制并入余杭市自来水总公司时职工为 16 人，另有临时工 3 人，退休职工 2 人。在职职工中，男职工 9 人、女职工 7 人。其中：高中学历 3 人。

第七节　其他集镇自来水厂

余杭区（县、市）在 2000 年 12 月开始实施城乡一体化供水之前，临平镇、乔司镇由区属的临平自来水厂、临平第二水厂供水。塘栖、余杭、瓶窑、良渚、闲林等 5 个镇由规模较大（4800 立方米/日 ~ 15000 立方米/日）的当地镇属自来水厂供水。其余各镇的自来水厂规模均较小（300 立方米/日 ~ 2000 立方米/日），供水范围限于集镇区域，以供居民生活用水为主，各集镇水厂陆续建成的供水时间在 1984 年 9 月至 1998 年 12 月间。

2000 年 12 月开始，随着临平、塘栖供水工程（一期），余杭闲林供水工程，瓶窑供水工程（一期），径山黄湖供水工程（一期）等跨乡镇行政区域的供水工程建成供水后，各镇乡、村属的自来水厂陆续停产，由区属的自来水厂统一制水供水。供水机构为杭州余杭供水集团公司，供水模式为城乡一体化供水。2008 年 3 月，杭州余杭供水集团公司与杭州余杭排水有限公司合并组建杭州余杭水务有限公司后统一了全区的供水和排污管理。

余杭区（县、市）各镇、乡（集镇）在实施城乡一体化供水前后的各地供水机构见附表 2 – 4。

表 2－4　　1998 年余杭市各镇乡（集镇）供水机构

<table>
<tr><th rowspan="3">镇乡</th><th colspan="7">城乡一体化供水之前</th><th colspan="2">城乡一体化供水时期</th></tr>
<tr><th rowspan="2">供水机构</th><th rowspan="2">开始供水年月</th><th rowspan="2">水源类型</th><th rowspan="2">设计日供水量（立方米）</th><th colspan="3">1998 年</th><th rowspan="2">开始年月</th><th rowspan="2">供水机构</th></tr>
<tr><th>实际年供水量（万立方米）</th><th>职工（人）</th><th>厂长姓名</th></tr>
<tr><td>临平镇</td><td>临平自来水厂</td><td>1965.2</td><td>河水</td><td>90000</td><td>1199</td><td>86</td><td>张益清</td><td>2000.12</td><td rowspan="25">杭州余杭供水集团公司、杭州余杭水务有限公司</td></tr>
<tr><td>乔司镇</td><td>临平第二自来水厂</td><td>1992.5</td><td>临平自来水厂</td><td>(30000)</td><td>524</td><td>20</td><td>田培虎</td><td>2000.12</td></tr>
<tr><td>博陆镇</td><td>博陆镇自来水厂</td><td>1988.4</td><td>深井水</td><td>1500</td><td>30</td><td>8</td><td>徐兴勇</td><td rowspan="3">2006.12</td></tr>
<tr><td>亭趾镇</td><td>亭践镇自来水厂</td><td>1984.12</td><td>临平自来水厂</td><td>(1200)</td><td>15</td><td>8</td><td>姬杏富</td></tr>
<tr><td>五杭镇</td><td>五杭镇唐公村自来水厂</td><td>1986.1</td><td>深井水</td><td>1080</td><td>18.25</td><td>6</td><td>方金昌</td></tr>
<tr><td>星桥镇</td><td>星桥镇自来水厂</td><td>1984.9</td><td>深井水</td><td>1200</td><td>18</td><td>8</td><td>许金木</td><td>2001.12</td></tr>
<tr><td>崇贤镇</td><td>崇贤镇自来水厂</td><td>1986.2</td><td>深井水</td><td>700</td><td>25</td><td>7</td><td>王福培</td><td>2004.6</td></tr>
<tr><td>塘栖镇</td><td>塘栖镇自来水厂</td><td>1960.1</td><td>河水</td><td>15000</td><td>303</td><td>42</td><td>姚志良</td><td>2000.12</td></tr>
<tr><td>余杭镇</td><td>余杭镇自来水厂</td><td>1973.5</td><td>河水</td><td>15000</td><td>251</td><td>59</td><td>俞建荣</td><td>2002.11</td></tr>
<tr><td>仓前镇</td><td>仓前镇自来水厂</td><td>1992.1</td><td>深井水</td><td>1200</td><td>29</td><td>14</td><td>姚妙根</td><td>2004.6</td></tr>
<tr><td>中泰乡</td><td>中泰乡自来水厂</td><td>1998.1</td><td>深井水</td><td>360</td><td>1</td><td>3</td><td>方寿根</td><td>2005.1</td></tr>
<tr><td>五常乡</td><td>五常乡改水站</td><td>1998.12</td><td>杭州西溪水厂</td><td>(10000)</td><td>36</td><td>3</td><td>洪茂雪</td><td>2002.11</td></tr>
<tr><td>良渚镇</td><td>良渚镇自来水厂</td><td>1986.8</td><td>河水</td><td>5000</td><td>55</td><td>12</td><td>许国良</td><td rowspan="3">2004.6</td></tr>
<tr><td>安溪镇</td><td>安溪镇自来水厂</td><td>1998.12</td><td>河水</td><td>2500</td><td>7.2</td><td>3</td><td>徐玉照</td></tr>
<tr><td>勾庄镇</td><td>勾庄镇改水办公室</td><td>1997.12</td><td>杭州祥符水厂</td><td>(6900)</td><td>90</td><td>3</td><td>孟玉芳</td></tr>
<tr><td>闲林镇</td><td>闲林镇自来水厂</td><td>1987.12</td><td>山溪水</td><td>4800</td><td>52</td><td>19</td><td>魏安荣</td><td>2002.11</td></tr>
<tr><td>东塘镇</td><td>东塘镇自来水厂</td><td>1989.9</td><td>河水</td><td>300</td><td>7.7</td><td>4</td><td>何金水</td><td>2003.12</td></tr>
<tr><td>瓶窑镇</td><td>瓶窑镇自来水厂</td><td>1978.6</td><td>河水</td><td>12000</td><td>160.3</td><td>21</td><td>任正义</td><td>2003.3</td></tr>
<tr><td>彭公乡</td><td>彭公乡自来水厂</td><td>1997.1</td><td>山溪水</td><td>1000</td><td>7.3</td><td>3</td><td>董学顺</td><td>2005.3</td></tr>
<tr><td>潘板桥镇</td><td>泮板桥镇自来水厂</td><td>1987.5</td><td>河水</td><td>2000</td><td>60</td><td>10</td><td>喻风祥</td><td rowspan="3">2007.8</td></tr>
<tr><td>长乐镇</td><td>长乐镇自来水厂</td><td>1988.4</td><td>浅井水（大口井）</td><td>1000</td><td>15</td><td>1</td><td>郎志明</td></tr>
<tr><td>双溪镇</td><td>双溪镇双溪村自来水厂</td><td>1988.5</td><td>深井水</td><td>25</td><td>1.3</td><td>2</td><td>张观明</td></tr>
<tr><td>黄湖镇</td><td>黄湖镇自来水厂</td><td>1989.9</td><td>浅井水（大口井）</td><td>1000</td><td>10</td><td>5</td><td>黄锡荣</td><td>2007.9</td></tr>
<tr><td>鸬鸟镇</td><td>鸬鸟镇自来水厂</td><td>1986.10</td><td>水库水、深井水</td><td>1000</td><td>3.5</td><td>2</td><td>吴有法</td><td>2013.3（部分）</td></tr>
<tr><td>百丈镇</td><td>百丈镇自来水厂</td><td>2005.2</td><td>溪水</td><td>800</td><td>—</td><td>1</td><td>徐晓亮</td><td>2013.3（部分）</td></tr>
</table>

注：余杭市在 2000 年开始实施城乡一体化供水前的 27 个镇乡中，还有獐山镇、百丈镇和云会乡等三个集镇尚未供自来水

第二章　水厂建设

余杭市（县）在2000年实施城乡一体化供水前，城镇自来水厂的建设主体除城区的临平自来水厂由市（县）政府投资建设外，其他镇的自来水厂由当地镇政府筹资建设，市（县）财政给予一定的资金补助。城镇水厂的规模在初建时较小，后随当地经济社会的发展和人口的逐年增加，水厂逐年扩建，供水设施逐步完善，供水能力得到提高。

第一节　城区自来水厂建设（临平自来水厂）

一、深井水源时期（1964年—1991年）

1963年11月16日，余杭县人民委员会决定在县城临平镇建造自来水厂，厂址选在临平山南麓夕照庵附近。当年，成立了临平自来水厂筹建领导小组，由副县长夏行权任组长，县计划委员会、财政局、工业交通局、物资局、卫生局和临平镇人民委员会的负责人任组员，具体工作人员从工业交通局和临平镇干部中抽调。

1964年，临平自来水厂在临平山南麓太阳殿开工建设，水源取之原地质勘测队在普查地下水资源时自涌的地下水，年底建成沉箱井1口。同时，在山腰建造一座100立方米圆形储水池。

1965年2月，临平自来水厂建成，日产水量500立方米。采用提升井水至山腰储水池后，以重力流形式，向西大街、东大街和北大街一带的单位与居民（公用水龙头）开始供水，当年供水量为3.9万立方米。

1968年2月，随着自来水需求的增加，供需矛盾开始突出。为缓解供需矛盾，临平自来水厂委托上海凿井队，在临平太阳殿和景星观前，增打深井2口，时产水量90立方米，当年供水8万立方米。新井供水后，原沉箱井因自涌水量逐渐枯竭而停用。

1976年年初，浙江省工业设计院勘测队一〇三机组进入临平山北，帮助临平自来水厂打井扩水源。

1978年，临平自来水厂完成山北1号、2号、3号深井3口，并网供水，增加时产水量160立方米，当年供水37万立方米。原景星观的深井因含铁量高而停用，直到1983年建设沿山路时拆除。

1981年5月，临平自来水厂在亭趾公社建设大队褚家坝打深井1口，水量80立方米/时。6月，浙江省水文勘测大队在超山踏勘找水，同时进场施工打井。8月，临平自来水厂在太阳殿深井北边建成 80 立方米/小时普通块滤池 1 只、50 平方米爆气台 1 座、60 平方米生产管理用房一座。从亭趾到临平太阳殿临时敷设 DN200 铸铁管 1 条，对亭趾建设大队深井水进行除铁、除锰处理，并用漂泊粉对水进行消毒处理后并网供水。11 月，临平自来水厂超山 2 号井成井，试验出水量约 1200 立方米/日。12 月 28 日临平自来水厂在厂区内拆除部分仓库，新建机修车间及宿舍（三层），于 1982 年 5 月 21 日竣工交付使用。是年，临平自来水厂化验室建成，开始日常常规水质检验。

1982 年 3 月，超山 4 号井建成，试验出水量约 800 立方米/日。

1983 年 3 月，县领导决定把超山三口深井 2500 立方米/日水量输送临平。5 月 9 日，县计划委员会下达建设计划，实施超山到临平输水管道工程。6 月，开始建造超山二级供水泵站。7 月开始建造临平山北（1 号深井位置）三级泵站，同期进行沿线 DN300 输水管道施工。同年，4 月 12 日至 26 日，在山北 3 号井边打深井 1 口（即 3 号付孔），日产水量 240 立方米，5 月，装泵并网。是年，临平自来水厂供水量突破 100 万立方米，达到 109 万立方米，暂时缓解临平供水之急。

1984 年 3 月，敷设超山至临平 DN300 铸铁管 8.2 千米，工程完工通水后发现超山 4 号、5 号井相互贯通，不能同时开采，后将 5 号井作为 4 号井的备用水源。4 月，临平自来水厂完成镇内总管改造，对 13 家用水较大的工厂实施分质供水。6 月，临平自来水厂在超山龙洞村（看山河）三组打井。7 月，上海机械化施工公司凿井队对亭趾、博陆一带勘探寻找地下水源，并确定博陆南园、博陆螺蛳桥和亭趾杨家墩三口深井位置。8 月 22 日，南园深井成井，用 10JD－140 型深井泵抽样试验，单位出水量 16.3 立方米/米。9 月 8 日，杨家墩深井成井，用 10JD－140 型深井泵抽样试验，单位出水量 10 立方米/米。9 月 25 日，螺蛳桥深井成井，用 10JD－140 型深井泵抽样试验，单位出水量 35 立方米/米。10 月，临平自来水厂山北泵站设置液氯投加设备，开始采用液氯对原水消毒处理。11 月，临平自来水厂亭趾深井水净化处理车间开工兴建。同时，施工敷设亭趾到临平 DN400 清水输水管 5 千米、博陆到亭趾深井原水输水管 DN200 管 2 千米、DN300 管 3 千米。

1985 年 11 月，临平自来水厂亭趾深井水净化处理车间净水处理设施安装完工通水。

1986 年 5 月 14 日，临平自来水厂超山管山头打井施工，7 月 18 日竣工，出水量 56 立方米/时。5 月至 7 月，上海机械化施工公司凿井队第二次进入亭趾为临平自来水厂打井，共钻孔 2 眼，成井 1 口（亭趾道家圩深井），水量 80 立方米/时。7 月，临平自来水厂为平衡生活用水，在临平公园儿童乐园处建储水调节池一只，容积 1824 立方米，于 1987 年 2 月底竣工，7 月投入使用。8 月中旬，经水文地质大队物探后确定，在博陆镇南石桥村二组打成深井 1 口（立新泵）。9 月 17 日，在超山石马坑打井，于 10 月 31 日竣工，出水量 36 立方米/时。10 月，亭趾深井水净化处理车间一期工程全面竣工。是年，临平自来水厂供水量突破 200 万立方米，达到 261.36 万立方米。

1987 年 11 月 27 日，临平自来水厂在博陆镇金家埭村八组深井施工，12 月 9 日竣工成井，单位涌水量 5.8 立方米/米。12 月，亭趾深井水净化处理车间二期工程开工建设，于 1988 年 9 月竣工，工程增建爆气池、无阀滤池各一座。是年，临平自来水厂供水量接近 400 万立方米，达到 392.78 万立方米。

1988 年 1 月，临平自来水厂博陆镇金家埭村渡船桥边深井成井。8 月，金家埭与立新三口深井 DN300 输水管道与博陆到亭趾输水管道连通供水。是年，临平自来水厂博陆至亭趾的供电专线建成（博陆变水加线）。

1989 年，临平自来水厂在博陆镇南石桥村一组打深井 1 口（港口深井），单位出水量 21 立方米/米。是年，临平自来水厂供水量突破 500 万立方米，达到 517.97 万立方米。

临平自来水厂自 1964 年至 1989 年的 25 年间，共建成深井 22 口，日出水量 1.8 万立方米。深井分别分布在临平山南 2 口、临平山北 4 口、超山 7 口、亭趾 3 口、博陆 6 口。因地质、水源和水质变化，先后停用、报废 4 口井，其余 18 口井一直使用到 1991 年，后逐步停用，于 1993 年全部停止使用。

临平自来水厂在开发深井水期间先后建造清水池 6 座，总容量 2650 立方米；曝气池 2 座，面积 160 平方米；无阀滤池 1 座，容量 400 立方米；安装水泵 25 台，敷设输水主管道 40.3 千米，其中，干管（口径 30 厘米～40 厘米）18.2 千米，支管（口径 10 厘米～20 厘米）22.1 千米，并在亭趾杨家墩建成占地 3986 平方米（5.98 亩）、日处理能力 2 万立方米水量的深井水净化处理车间。

临平自来水厂在开发、建设深井水源水厂时期，余杭县财政和县城乡建设环保局先后补助水厂建设资金 263.4 万元。其中，在建厂初期的 1964 年拨款 50 万元，1982 年城市管道建设补助 11.5 万元，1983 年城市管道建设补助 15 万元，1984 年开发博陆深井补助 60 万元，1985 年补助水厂购买发电机 1.9 万元，1985 年供水总管道改造补助 4 万元，1986 年开发超山深井补助 35 万元，1987 年亭趾、超山深井扩建补助 10 万元，1988 年敷设博陆总管道补助 10 万元，1989 年城区管网改造补助 10 万元，1990 年拆迁补偿补助 6 万元，1990 年城镇管网改造补助 50 万元。

临平自来水厂在取用地下水源时期，由于水资源的局限性，虽然每年在勘探、开凿深井，但供水形势依然紧张，产水量仍满足不了县治临平镇经济社会快速发展的需要，供水能力与需求相比远远滞后。特别是每年夏季用水高峰季节经常出现无压断水状况，分布城区的 56 只公用水龙头，经常出现水桶排队等水现象。为保证居民的生活用水，县政府曾做出让镇内工业用水大户在供水高峰时期轮流停产，让水于民的紧急措施。并对企业用水采取限量供应，如临平啤酒厂和临平酒厂实际日需水量要 5000 立方米，计划日供水量为 2800 立方米。同时，提倡工矿企业利用冷却装置，实行自来水回收利用，如临平啤酒厂、临平酒厂、炭黑厂、县丝织厂、县工贸化纤厂等企业，其自来水回收利用率达到总供水量的 10%。由于供需的短缺，给人民生活带来极大不便，也严重影响了企业的正常生产。

二、地表水源时期（1991 年至今）

为扭转临平镇供水紧张局面，1988 年余杭县人民政府决定筹建以地表水为水源的新一轮临平自来水厂建设。同年 7 月，临平自来水厂成立了水厂扩建工程建设领导小组及办公室，开始筹建地表水厂。11月，杭州市科技咨询中心土建学会咨询部、土建学会给水工程学术委员会完成了临平自来水厂（地表水）给水扩建工程可行性研究报告。

1989年2月23日，临平自来水厂地表水扩建工程可行性研究报告论证会在临平召开。参加论证会的有：省计委、杭州市计委、城乡建委、土管局和余杭县政府及其有关部门共18个单位的代表与专家30余人。4月，中国市政工程华北设计院设计了临平自来水厂日供水规模6万立方米的地表水厂扩建工程初步设计。是月，浙江省计划与经济委员会下达了临平自来水厂扩建一期工程计划任务书，一期工程日供水规模为3万立方米。6月，浙江省城乡建设厅批复同意余杭县临平自来水厂扩建工程初步设计。9月，浙江省计划与经济委员会下文批准动工建设。是月，临平自来水厂地表水扩建工程净水厂一期工程在亭趾杨家墩开工建设。10月，临平自来水厂地表水扩建工程取水头部工程在博陆新圩村郎家兜破土动工，同时博陆到亭趾DN800原水输水管线全面展开建设。

在临平自来水厂地表水扩建工程开工建设的同时，余杭县人民政府为加快临平镇供水基础设施建设和临平地区农村改水项目建设，于1989年10月13日，分别向省城乡建设厅和省改水办提出要求将二个工程合并建设，合并的项目为：临平区给水工程（临平区水厂）的取水头部、净水厂和取水头部至净水厂的原水输送管道及净水厂至临平镇的清水输送管道的建设工程合并到临平自来水厂（地表水）扩建工程中。12月13日，省城乡建设厅和省爱卫委改水办联合发出文件，批复同意临平自来水厂扩建工程与临平区给水工程合并建设。12月20日，省城乡规划设计研究院完成临平区、临平镇二个给水工程合建的《临平给水工程（扩初）补充设计》。

1990年5月8日，卫生部批复同意将原余杭县临平区农村供水项目与临平自来水厂扩建工程合建。合建项目设计总供水能力为6万立方米/日，其中，农村供水量3万立方米/日。

1990年7月19日，余杭县人民政府为加强合建工程领导，建立了临平水厂合建领导小组及其办公室，副县长洪吉根、劳伟民分别担任领导小组组长、副组长。

临平自来水厂地面水扩建工程在开工建设不久后调整为与临平区水厂合建，在合建工程筹备期间，临平自来水厂扩建工程施工未中断，一边调整设计、一边继续施工。工程自1989年9月动工建设，一期工程（3万立方米/日）于1991年6月底竣工，7月通水。

临平自来水厂地表水的制水工艺为水力搅拌澄清池加虹吸滤池，是当时余杭县规模最大、工艺最优的水厂。地表水厂的建成通水，结束了临平自来水厂开凿深井取水的供水历史，临平城区的供水得到缓解。

1992年9月，余杭县计划委员会根据余杭县城乡经济发展和人民生活用水的需要，批复同意实施《临平给水二期扩建工程》，新增日供水能力3万立方米。10月，临平自来水厂扩建二期工程开工施工，于1993年7月竣工投产，临平自来水厂（地表水）日供水能力达到6万立方米。

临平自来水厂（地表水）扩建工程设计概算：一期原核定为990万元，与临平区水厂合建工程后，合建部分工程设计概算1545.32万元；二期工程设计概算300万元。实际

一、二期工程竣工总投资1660万元。资金来源于临平区水厂通过世界银行贷款300万元，乔司劳改农场等单位接水500万元，其余资金由临平自来水厂向银行贷款。

临平自来水厂（地表水）扩建工程一期和二期的建设内容主要有：

取水泵房　建在博陆镇新圩村，占地面积2893平方米（4.34亩）。取水采用岸边式固定取水头部，泵房建筑面积386平方米，配备16SA－9D水泵三台，10SH－9水泵一台，供水扬程最高为35米。抽取的原水由一根4.5千米DN800水管输送到亭趾净水厂，沿途建有跨度80米的运河管桥和跨度60米的前方桥管桥各一座。

净水厂　建在亭趾镇杨家墩村，占地面积19333平方米（29亩），后经扩建，占地面积为29929.1平方米（44.89亩）。厂内建有1250立方米/时改进型水力循环澄清池二座、1250立方米/时虹吸式滤池二座、有效容积3000立方米清水池二座，形成二条日产3万立方米制水能力的生产线。

送水泵房　面积480平方米，配备14SA－10A水泵4台（其中一台为液耦调速），最大送水压力控制在0.5兆帕。经DN800水管输送5千米到临平城区管网，进入城区管网节点压力不低于0.3兆帕。

同时，厂区还建有75平方米的加矾车间、68平方米的加氯车间和765平方米（后扩建为944平方米）的综合大楼等生产、管理及附属设施。综合楼底层设化验室，检测能力达18个项目。供电采用专线，泵房操作控制均采用水泵电机一体化控制。

中共的改革开放政策，给余杭县的经济注入了新的活力，临平镇作为县政府所在地，经济呈现跳跃式、超常规发展，用水需求大幅度增加，为缓解临平地区生活、工业用水的供需矛盾，改善投资环境，促进经济发展，余杭县人民政府决定再次扩建临平自来水厂。1993年8月，余杭县计划委员会批复同意临平自来水厂扩建6万立方米给水工程项目。10月，县政府建立了由副县长劳伟民任组长的 临平自来水厂扩建工程项目领导小组及办公室，办公室设在县自来水总公司。

1994年，临平自来水厂扩建工程经领导、专家审查论证后，决定先实施应急扩建工程，余杭县计划委员会批准了应急工程立项。7月30日，应急扩建工程的初步设计审查通过。8月16日，余杭市计划委员会批复同意临平自来水厂应急扩建工程初步设计。应急工程在原有6万立方米/日的基础上扩建3万立方米，并对原有1万立方米/日的备用深井水进行改造，使水厂综合供水能力达到10万立方米/日。应急工程的建设内容为：(1)博陆取水工程改造达到9万立方米/日的取水规模，(2)亭趾净水厂新建3万立方米/日规模的配套工程，包括：a：折板反应平流式沉淀池叠加4000立方米清水池；b：虹吸滤池；c：废水池，(3)净水厂新建加药间一座，(4)净水厂加矾、加氯监控工程和水泵变频调速系统，(5)净水厂送水泵房改造，(6)净水厂总平面和附属设施，(7)增设一条从博陆取水泵房至亭趾净水厂DN800的输水管道4.71千米，(8)增设一条从净水厂至临平杭申公路5号接点DN1000的供水管道4.9千米。

1994年10月18日，临平自来水厂应急扩建改造工程在亭趾净水厂破土动工，于1995年6月25日净水厂平流叠加沉淀池和虹吸滤池生产线完工，30日试运行一次成功投入生产。12月18日工程基本结束，项目通过验收。1996年5月，工程全面竣工。应急扩建工程设计概算3169.55万元，余杭市计划委员会批复概算不超过3000万元，工程竣工经审计总支出3286.73万元，其中概算项目内支出3024.55万元，概算外支出262.18万元，概算项目内的支出比设计概算节约145万元。资金来源为：余杭市财政补助900万元，余杭市自来水总公司拨款620万元，银行贷款1420万元，临平自来水厂等单位筹资318.43万元，其他28.30万元。

临平自来水厂应急扩建工程，选用了数项先进技术，在余杭市属首次推广：(1)是首次采用了折板反应平流式沉淀池；(2)是首次采用了变频调速技术，既节约了电能，又保证了管网压力恒定，减少了爆管，保证了用户用水压力；(3)是首次采用自动化控制技术，实现了自动加药、加氯，PLC全程监控生产过程。出厂水质大大提高，其中浊度由原来小于3NTU降低至0.5NTU以下，出厂水余氯数值稳定，同时降低了工人的劳动强度。工程投入运行后，临平地区供水紧张状况得以缓解，供水水质有了进一步提高，管网水水质合格率达到98.74%。

由于运河水源水质污染加重，为确保自来水的原水质量，1998年余杭市着手建设日供水30万立方米，引苕溪水的临平、塘栖联合供水工程。经前期各项准备后，一期工程(日供水16万立方米，其中，獐山自来水厂1万立方米/日、塘栖自来水厂6万立方米、临平自来水厂9万立方米)于1999年5月28日开工建设，2000年12月28日建成通水。取水口设在东苕溪獐山奉口。从此，城北自来水厂(原临平自来水厂制水车间)的原水改用东苕溪水，由獐山自来水厂从东苕溪提取原水后输送到塘栖自来水厂加压，再输送到城北自来水厂，原运河喜庵港取水泵站留作备用。城北自来水厂的水源地改为苕溪后，提高了原水的质量。

随着工业的发展和外来人员的增多，供水量逐年递增，特别是在夏季供水高峰期，城北自来水厂(原临平自来水厂制水车间)各项设备经常超负荷运行。为了提高供水可靠性，满足不断增长的用水需求，余杭区发展计划局于2002年11月29日批准城北自来水厂扩建工程初步设计，在原有9万立方米/日(地表水源)供水能力的基础上，扩建供水规模3万立方米/日，使城北自来水厂(原临平自来水厂制造车间)的供水能力达到12万立方米/日。工程建设内容为新建叠加式平流沉淀池、虹吸滤池、送水泵房与配电间等生产线一条，及仓库、宿舍、传达室等配套工程，对原总平面、自动化控制系统、老泵房送水机组、所有构筑物与建筑物进行改造或装饰。扩建工程自2003年3月14日开工，11月建成试通水。2004年3月18日竣工。工程设计概算2340.52万元(不包括敷设水厂至临博公路DN1000管0.83千米概算)，批准投资2453.8万元(其中，253.8万元为后新增补充批准敷设水厂至临博公路DN1000出水管0.83千米的概算)，决算审计2407.57万元，资金来源全部由杭州余杭供水集团公司向银行贷款。在工程建设期间，建设人员克服非典型肺炎流行、用电紧缺和持续高温等困难，解决了新老净水的衔接问题，确保了扩建工程与水厂运行两不误。水厂扩建后，基本满足了当时临平区域居民生活、工业生产的用水需求。

第二节　城镇自来水厂建设

一、塘栖镇自来水厂

塘栖镇人民政府为改善全镇居民的用水状况，于1958年10月集资10万元（其中，塘栖环卫站7.65万元）筹建自来水厂。镇政府成立自来水厂筹建小组，由沈玉林、罗琴康两位同志负责。于1959年1月在塘栖镇幼儿园路圣塘洋边，正式启动建设。由于当时杭州地区没有现成的小城镇水厂可参考，筹建小组在缺技术、缺设备的条件下，自己因地制宜设计了一个简易的水厂示意图和筹建方案，请浙江省城市基本建设局城市规划处帮助勘探、设计，选厂址、定规模。在招收的职工中派2人赴杭州市自来水公司参加培训，学习安装和化验技术。缺设备，采取土法上马，清水池、慢滤池的阀门用的是木闸，水塔用的也是木桶，输水管道则是陶土管，土建用的大量石块，是招用临时工去河边收集来的，并派船到超山等地掘黄泥叠成池基地，还专程到镇上及周边的丝厂和废品收购站收集铁管作安装支管。水源选择木鸭埭处，用来自超山脚下的丁山河水源，引入水厂储水池。

1959年11月，建成慢滤池、清水池和木结构水塔各一座，敷设DN150陶土管50米左右，安装取水泵1.7千瓦、送水泵2.8千瓦，于1960年1月1日试通水。由于陶土管难以承受压力，试水失败，后改用陶瓷管为输水总管，完成试通水，并开始向西石塘、市心街、北小河一带的单位先行供水。居民和消防用水，只装公共供水龙头，当时每天供水量不足200立方米。

供水初期，塘栖镇四分之一的主要街道铺设的供水管道均为陶瓷管，由于陶瓷管套筒受压能力差，经常破损，漏水严重，不仅用水户纷纷抱怨，称自来水为“不来水”，也使水厂自身运行困难，产生不了效益，经常连职工工资也发不出。1963年4月，上级有关部门对水厂进行拨款补助，是年，将水厂到广济桥的DN150陶瓷管改造为铸铁管。以后几年陆续得到上级补助，逐步将陶瓷管改造为DN80～150铸铁管，漏损减少，水厂的收支趋于平衡。

1966年6月，塘栖镇政府决定水厂由塘栖镇环卫站代管，并成立了革命领导小组。其间，水厂部分设备作了改造，主要是将木桶水塔改成砖混结构，阀门由木阀改为铁阀，水泵增大到7.5千瓦。1978年，市河、东小河、西小河填平改街，居民生活用水相应发生困难，县城建部门拨专款3万元扩建塘栖自来水厂，日供水量由200立方米增加到643立方米。1981年又拨款5万元建快滤水池，延伸管道。1982年水厂还安装了一台发电机组，成为余杭县首家在停电时间能供水的水厂。到1985年，用水量增长迅速，镇政府决定扩建水厂，先后建造了120立方米/时水力循环澄清池一只、快滤池一只、机房一座，并将供水泵改成37千瓦，改造原来的清水池增加储水量，同时将全镇管道中留存的陶瓷管全部改造为铸铁管。自来水厂的日供水能力猛增到5000立方米，使塘栖一号小区的楼房住宅也通上了自来水。是年，还将塘栖镇大部分分散水表集中改装为由总表计费。

1986年水厂自筹资金增建了一组120立方米/时的澄清池、快滤池，延伸了西小河、东小河二条DN100供水管及水厂至广济桥的DN300管线一条。使日供水能力增加到了7000立方米。同时，还新建了一座含有化验室的综合楼，并改进加药设备，开始采用液氯取代漂白粉对自来水进行消毒。至此，水厂设施趋于完善，效益也开始有所显现，每年盈余20万元左右。

1987年县财政拨款14万元，镇政府筹款2万元，进一步完善供水设施建设。全镇累计敷设供水管道达到16.5千米，其中，主干管道9.46千米，东到三文村、燃料批发部，南及西界河，西南到造船厂，西北到熏鸭厂、啤酒厂，北达磷肥厂。有250个单位、2503户居民用上自来水，并设有25处公共供水龙头，近2万余人饮用上自来水。工业用水除一般用水工厂建有水塔，取用河水外，对一些要求较高的精工生产单位和饮料、酿造等行业的用水也供应自来水，以保证人民生活的安全健康和加工优质产品的质量要求。1987年水厂供水总量达到87.78万立方米，其中工业用水67.86万立方米，占77.31%；生活用水19.92万立方米，占22.69%。

图2-7 塘栖镇自来水厂圣塘洋水源

随着运河上游工业生产的发展，污水排放量增加，塘栖镇自来水厂的水源受严重污染，水中锌、砷和总大肠菌群含量超过国家规定标准，有害人民群众的身体健康，同时供水量也不能满足全镇工业生产和人民生活的需要。在杭州市、余杭县政府和有关部门的重视和支持下，塘栖镇决定实施东塘五福桥引水工程。1988年2月，余杭县计划委员会批复，同意实施该工程。1989年年初，塘栖镇自来水厂东塘五福桥取水工程正式动工，在东塘五福桥征地553.1平方米（0.83亩），建取水泵房一座，敷设DN400铸铁管4.75千米，建跨20米大运河管桥，改建120立方米/小时澄清池二只。6月12日工程竣工通水，日供水能力提高到1万立方米。

该工程总投资185万元，其中，杭州市改水技术指导站拨款18万元，县财政拨款40万元，县城建局拨款13万元，塘栖镇各单位集资42万元，塘栖镇自来水厂筹资22万元，贷款50万元。同时，因塘栖镇工业发展迅速和小区建设加快，当年还敷设一条DN200铸铁管，从水厂东到二号小区，并连通一号小区的DN150铸铁管。还从水厂西到热电厂新敷设一条DN150－200供水管线，暂时缓解了当时的供需矛盾。

1991年，塘栖镇自来水厂投资30万元，实施厂内净水处理设施改造和敷设出厂输水管道。1992年又将原过滤池拆除改建为清水池，以增加蓄水量。1993年，余杭县自来水总公司对水厂改扩建工程进行指导、协调，并按建设程序规定，督促水厂补办了建设工程项目的所有手续。1994年8月，根据余杭市人民政府办公室《关于临平及余杭、塘栖、闲林自来水厂应急扩建项目有关问题的协调会议纪要》有关规定，塘栖镇自来水厂实施应急扩建工程。工程新建120立方米/时水力循环澄清池一座，240立方米/时重力式无阀滤池一座，敷设DN300铸铁管3千米及对厂内附属设施改造。工程投资137.1万元，其中余杭市财政拨款34.28万元，塘栖镇政府拨款20万元，塘栖镇自来水厂自筹82.82万元。工程于1995年5月竣工，新增加日供水能力0.5万立方米，使塘栖镇自来水厂的日供水能力提高到1.5万立方米。

自1994年到1997年间，水厂对塘栖3号、2号、1号三个居民小区和里仁路沿运河经热电厂到宏畔印染厂各安装了一条DN300输水总管；从塘栖经丁河到超山敷设了一条DN150输水管道，扩大了供水范围，增加了供水受益人口。

为提高供水质量，提高服务质量，降低运行成本，塘栖镇自来水厂于1996年引进3台美国原装真空加氯机，1997年对出水泵房配置了变频调速器，配置了工程抢修服务工程车，1998年安装2台管网测压仪，实行了供水服务社会承诺制，使水厂的经济效益和社会效益得到提高，提升了水厂的企业形象。

1999年5月28日，临平、塘栖联合供水工程开工建设，2000年12月28日，一期工程建成通水。该工程在09省道与塘良公路交叉口东500米的塘栖工业园区新建一座塘栖自来水厂，日供水规模6万立方米，占地30248.2平方米（45.37亩）。原塘栖镇自来水厂在新水厂通水后停产，新建的塘栖自来水厂隶属于余杭市自来水总公司。

二、余杭镇自来水厂

1971年2月，余杭县余杭镇革命委员会决定筹建余杭镇自来水厂，筹建组由徐小牛、范炳荣、董鼎先、叶信有等四人组成，由时任镇革命委员会副主任徐小牛全面负责。1971年4月1日正式成立余杭镇自来水厂，由余杭镇米厂工宣队负责人董鼎先全面负责水厂建设，厂址设在余杭镇安乐西路（原余杭镇车站路11号），占地2300平方米（3.45亩），厂房面积65平方米。在厂区尹家坝，利用建设兵团在余杭镇钻探时留下的钻孔打深井一口，安装深井泵一台（型号QJD－56），电机14千瓦，敷设管网1550米，其中，DN200管800米，DN150管100米，DN100管150米，DN75管500米。采用漂白粉液向井内加注消毒后，从深井提取水直接供应的简单工艺，于1973年5月，开始向余杭镇部分居民供水，日供水量约1000立方米。因深井水水质铁含量很高，不宜饮用，于1974年下半年停用。期间，1974年3月，在余杭镇龙船头（现供电所门口）南渠河中建取水头埠，设大小二台水泵，泵型为3BA－6A、4BA－8A各一台，建造了一座取地表水的简易泵站，取水后不净化，在吸水口加一点浸泡的漂白粉液进行消毒后直接供水，日供水能力约1500立方米，当年供水4.5万立方米。

1975年水厂有150平方米池塘一只，80平方米泵房一间，简砖混房约200平方米，生活办公楼一幢（8间），全厂固定资产除土地外，仅10万元。

图2－8　余杭自来水厂南苕溪制水车间泵房

自1980年开始，苕溪水质陆续出现污染，南渠河水质也日趋变差，同时，因原水没有净化处理，居民用户意见较大。为此，当年12月，余杭镇自来水厂投资15万元（其中县建设局补助5万元），以苕溪水为水源，建设余杭镇自来水厂第一座具有净水构筑物的制水车间（后称苕溪制水车间）。该项目由杭州自来水总公司邹祖培工程师设计，余杭建筑公司帮助建设。工程在余杭镇张家弄底余杭闸东侧的苕溪边，挖凿直径4米、深3米的干砌块石吸水井一口。在地面建120立方米/时的水力加速澄清池、重力式无阀滤池、400立方米容积清水池及进、出水泵房各一座。并设有50千伏安变压器一台，建40平方米标准化的小型化验室一间（能检测18个常规项目）及20平方米传达室一间等设施，日供水能力为2500立方米。工程于1983年9月15日竣工，并于10月1日正式向余杭镇居民供水。从此，余杭镇居民开始用上经过净化处理的自来水，结束了被老百姓戏称自来水厂是“翻水站”的局面，地表水源净水厂建成当年供水量达到22.44万立方米。

1984年，余杭镇城区供水总管进行改造。先后敷设DN300铸铁总管5.5千米、DN200总管1千米、DN150总管4千米、DN100总管6千米。经过改造，城镇供水状况得到改善，1985年供水量增加到37万立方米。

1987年1月，水厂在余杭镇车站路11号又征地1333.4平方米（2亩），建造了560平方米的二层办公楼、仓库用房一座，加上原建的厂部办公用房、深井泵房、车间、仓库等，建筑面积共1267.9平方米，水厂在此共用地3633.4平方米（5.45亩）。同年3月，在苕溪制水车间扩建第二套净水生产线，1988年12月竣工，使水厂日供水能力提高到5000立方米。1989年，投资40万元新敷设DN100及以上铸铁管11.5千米，当年供水量突破100万立方米，达到113万立方米。从此余杭镇居民结束了手提肩挑取河水，饮用、洗涤、排污共源的历史。

在全国经济改革热潮的推动下，余杭镇经济快速发展，供水趋于紧张。1989年12月，经余杭县政府、余杭区公所、余杭镇政府和余杭县建设局、环保局等有关部门论证确定，实施南湖净水调节工程，以解决余杭镇居民枯水期自来水厂水源受污染时的饮水问题。该工程征用宝塔村11组、12组及凤凰村6组土地共3333.5平方米（5亩）。工程由杭州自来水总公司设计处设计，工艺采用折板反应、斜管沉淀过滤方式。设计新增日净水能力 10000 立方米，分二期建设，一期日净水能力 5000 立方米，新建 240 立方米/时折板反应斜管沉淀池一座、无阀滤池一座、400 立方米清水池一座和泵房及其他生产附属设施。南湖净水调节工程的作用为：在苕溪水未污染时，从苕溪制水车间引水至南湖净水厂，经净化后供城区，增加水厂总供水能力；在苕溪水污染时，短期取用南湖水作为原水，经净化后向城区供水的两用功能车间。根据余杭县人民政府办公室《关于加快余杭镇自来水厂南湖调节工程建设进度的协调会议纪要》精神，经余杭镇政府和自来水厂的努力，1993 年 12 月，南湖一期净水调节工程建成投产，新增日供水能力 5000 立方米，余杭自来水厂两个制水车间日供水总能力达到 10000 立方米。一期工程投资 138.5 万元，其中，余杭县财政拨款 30 万元，杭州市城乡建设委员会和余杭县城乡建设局各补助 10 万元，财政借款 10 万元，其余资金由余杭镇政府和自来水厂筹集。

1995 年 11 月，根据余杭市人民政府办公室《关于临平及余杭、塘栖、闲林自来水应急扩建项目有关问题协调会议纪要》和《关于自来水工程建设工作协调会议纪要》精神，按照余杭县计划委员会《关于余杭镇自来水厂应急扩建改造工程实施方案的批复》的要求，实施南湖净水车间（第二条制水生产线）扩建工程（二期），增建 240 立方米/时折板反应斜管沉淀池、重力式无阀滤池和 400 立方米/时清水池与 600 立方米蓄水池各一座，新建生产综合用房 414.72 平方米。工程于 1996 年 6 月 28 日正式竣工通水，水厂净水能力又增加 5000 立方米，使余杭镇自来水厂日供水总能力达到 15000 立方米。二期工程投资 156.37 万元，其中，余杭市财政拨款 46.91 万元，余杭镇政府拨款 23.44 万元，水厂自筹资金 86.02 万元。

余杭镇自来水厂的水源——南苕溪，自 1985 开始污染逐年加重，1989 年后，原水水质多次超标，引起了各级政府和相关领导的高度重视。为改善余杭镇群众的饮用水源水质，1995 年 6 月 16 日，在省、杭州市和余杭市三级人大代表对苕溪水系现场视察后，在余杭镇政府二楼会议室召开的调研会议上提出了“从临安青山水库引水方案。”1995 年 8 月 4 日，杭州市市长王永明、副市长叶德范，召集余杭市、临安县政府及杭州市有关部门就实施余杭市余杭镇、临安县青山镇引水工程作了专题协调，杭州市人大常委会副主任胡万里参加会议。会议认为“余杭镇的饮用水问题，近年来当地群众多次强烈反映，要求改善饮用水水源水质的呼声很高，市、县（市）政府和有关部门做了大量工作，抓了污染企业内部治理，并关停了一批工厂，但苕溪河水质仍时好时差，尤其在枯水期青山水库下泄流量减少的情况下，余杭镇自来水厂水源水质达不到标准。因此，在继续大力抓好污染治理的同时，实施引水工程很有必要”。会后，杭州市人民政府印发了《关于实施余杭镇引水工程的会议纪要》，明确了引水工程的性质、实施方法、资金来源和管理部门。

是年 10 月 6 日，余杭镇政府向余杭市计委提出了“关于要求新建青山水库供水工程的报告”，余杭市计委于 10 月 10 日向杭州市计委提出“关于要求新建青山水库引水工程的请示”，杭州市城乡建设委员会和杭州市计划委员会于 10 月 31 日做出了“关于青山水库引水工程可行性研究方案设计的批复”，该批复重申了工程建设的重要性，是余杭镇、青山镇群众饮用水水源的应急工程，明确了工程由余杭市、临安县共同实施，并确定了工程规模和建设投资。

在开始筹建青山引水工程期间，自 1995 年 11 月 20 日起，苕溪又遭受上游工业废水污染，水厂原水指标严重超标。因时续时间长，余杭镇自来水厂自 11 月 23 日起被迫连续停止供水一周，严重影响了居民的生活。余杭镇居民及附近村民共 300 余人到杭州市人民政府反映，受到浙江省、杭州市及余杭市三级政府高度重视，从而加快推进了"青山引水工程"的筹建。为确保青山引水工程尽快上马，余杭市委书记徐志祥、市长洪吉根、副市长劳伟民于 12 月 22 日下午在余杭镇召开了余杭镇自来水厂引水、供水工程领导小组扩大会议，余杭市人大常委会副主任金银根也应邀到会。会议按照杭州市人民政府《关于实施余杭镇引水工程的会议纪要》要求，就引水工程方案实施的工作要求等有关问题进行了研究和部署，并确定了由余杭镇自来水厂为工程建设业主单位。

根据会议精神，余杭市建立余杭镇自来水厂引水、供水工程领导小组，由副市长劳伟民任组长，余杭镇镇长和余杭市自来水总公司总经理任副组长，组员由余杭市财政局、林水局、城建局、土管局、供电局、环保局、市府办、市计委和余杭镇政府相关领导组成，领导小组下设办公室，由余杭镇副镇长邹有财兼任办公室主任。1996 年 1 月，余杭镇人民政府成立了"余杭镇青山引水工程指挥部"，由镇长杜坚强任总指挥，副镇长白希奎、市自来水总公司副总经理黄洪奎任副总指挥。指挥部下设办公室，设立余杭镇政府。按照杭州市城乡建设委员会和杭州市计划委员会《关于青山水库引水工程可行性研究方案设计的批复》文件规定，引水工程取水口设在青山水库发电引水隧道微型电站处，末端为余杭镇南湖净水厂，输水管总长 13.45 千米。由余杭市和临安县按境内区域分段实施，其中余杭境内需敷设输水管道 7.146 千米。1996 年 4 月 8 日，应急的"余杭青山引水工程"开工建设，开工典礼在汪家埠九峰苕溪边举行。是年 7 月 7 日，余杭境内除中南村至老平桥 1.776 千米需待规划与新水厂协调衔接而未敷设外，余杭境内的引水管线敷设基本告一段落，共敷设 DN800 预应钢筋砼管道 5.370 千米。在工程筹建和施工期间因上游临安县采取措施，对污染源工厂实行了搬迁与整顿，对苕溪水源加大了保护力度，使苕溪水源于 1996 年还清，临安县境内的汪家埠至青山水库段管线未实施，工程缓建至今。

青山引水工程余杭段建设经审计，支出 699.10 万元，其中土建造价 308.18 万元，材料款 227.70 万元，征地、场租及青苗赔偿款 48.45 万元，借款利息 58.23 万元，图纸设计 14.34 万元，办公费及其他支出 42.20 万元。资金来源为：省财政拨款 200 万元、杭州市环保局补助 60 万元、余杭市财政拨款 200 万元、其余 239.10 万元为贷款及借款。

1996 年，余杭镇自来水厂在南湖净水厂地块建南湖商业用房，面积 1000 平方米。其中，二楼部分房间用作水质化验室。

1997 年 10 月，因建设西验大塘加固工程需要，根据余杭市人民政府办公室《关于余杭镇自来水厂拆迁问题协调会议纪要》和《关于加快余杭镇自来水厂拆迁进程有关问题协调会议纪要》精神及余杭市计划与经济委员会《关于余杭镇自来水厂泵房和取水头埠等拆建工程的批复》精神，余杭镇自来水厂实施了苕溪泵房拆迁改造工程，工程内容为移建15000立方米取水头埠，铺设穿塘DN300管80米、DN200管40米，拆建泵房150平方米及水泵、电机配套设施，改建泵房到通济路DN300供水管120米，工程投资140万元，12月底拆建工程基本完工。

图2-9　余杭镇自来水厂南苕溪取水头部

1999年6月，因闲林镇自来水厂水源不足，闲林镇供水告急，在余杭市领导的关心下，余杭市自来水总公司经与余杭镇政府、闲林镇政府协调，为缓解闲林镇的供水，利用余杭镇自来水厂当时尚余的部分供水能力，实施余杭至闲林应急输水管线工程，敷设了DN600管4.36千米、DN500管3.14千米，工程于当年9月建成通水，由余杭市自来水总公司投资670万元，同时，承担建设与管理。

2002年11月，杭州至余杭、闲林趸售供水工程竣工通水后，余杭镇自来水由杭州九溪水厂供给为主，余杭自来水厂补充。

三、瓶窑镇自来水厂

1975年1月，为改善瓶窑镇居民用水条件和解决工业生产用水，由瓶窑镇政府、省煤炭大队和物探大队等三个单位联合筹建瓶窑镇自来水厂。水厂以苕溪水为水源，取水口设在东苕溪新窑坝头，在窑坝头苕溪河边建泵房一座，在海拔52米的窑山上建60立方米澄清池及滤池各1座、600立方米清水池一座。用一根DN100铸铁管道将原水送到窑山顶，通过加矾、澄清、过滤后进入清水池，再用漂白粉消毒，利用地势高差实行重力流供水，于1978年6月正式向用户供水，日供水量500立方米。

随着瓶窑城镇的发展，1981年，瓶窑镇自来水厂在原有基础上增加设备，新增60立方米/小时澄清池和配套滤池一组，使自来水日供水能力达到2500立方米。1989年5月，水厂再次进行扩建，投入资金47.7万元，新建320立方米/小时澄清池、无阀滤池一组，拆除原来的净水设施，建600立方米清水池一只，使日净水处理能力提升到7500立方米。同时，考虑到水质等方面因素，将取水口移至西溪街60号东苕溪边，日取水能力扩增至1.2万立方米，该工程1990年1月4日竣工通水。是年9月，水厂迁到西溪街60号新建的办公楼办公、营业。

1993年，余杭县自来水总公司成立后，对瓶窑水厂实行行业管理。根据该镇发展需求，1995年8月，经余杭市计划委员会批准，实施供水设施配套扩建应急工程，在窑山顶上再建设时产水量320立方米的水力循环澄清池、重力式无阀滤池各一座、1400立方米的清水池一只以及加氯间，新增水厂的日净水处理能力7500立方米，使水厂日净水能力达到1.5万立方米。由于取水能力的限制，实际水厂的日供水能力为1.2万立方米。同时，为提高水质处理的稳定性，新增设了自动加矾装置，并改漂白粉消毒为液氯消毒。工程于1996年7月5日调试成功，7月8日通过验收。

瓶窑镇1997年被列为浙江省综合改革试验镇后，加快了经济发展，水厂原有的供水规模已不适应发展的需求。1998年，瓶窑镇政府着手准备实施瓶窑镇自来水厂扩建项目，余杭市计划与经济委员会于1998年5月《关于同意瓶窑水厂扩建项目立项的批复》批准扩建规模为2.5万立方米/日。1999年9月上海市市政工程设计研究院编制了《余杭市瓶窑水厂扩建工程可行性研究报告》。余杭市计划与经济委员会于1999年11月批准了瓶窑镇水厂扩建工程可行性研究报告。瓶窑镇政府在筹建瓶窑镇自来水厂扩建工程期间，水厂管理体制发生了变化，瓶窑镇水厂划归余杭区自来水总公司，扩建工程转由余杭区自来水总公司组织实施。经余杭区自来水总公司的进一步调研，并委托浙江省城乡规划设计院编制了瓶窑自来水厂扩建工程初步设计，2001年8月余杭区发展计划局《关于瓶窑水厂工程初步设计的批复》，明确新建瓶窑自来水厂的规模为5万立方米/日。其中，一期工程为2.5万立方米/日，于2001年11月28日在瓶窑镇羊山村开工建设，新水厂占地23467.84平方米（35.20亩），一期工程投资概算2919.97万元，竣工决算2905.24万元。其中，区财政拨款600万元，增容费划拨100万元。工程新建2.5万立方米/日综合池（反应、沉淀、清水池）和四阀滤池各一组，同时新建加药间、送水泵房、配电间、机修、仓库、车库、食堂和办公综合楼等，工程2003年3月6日竣工通水。二期扩建工程按余杭区发展计划局2004年1月文件批复实施，新增日供水能力2.5万立方米，投资概算740万元，竣工结算665.83万元。新建2.5万立方米/日综合池和四阀滤池各一组，并对一期设施进行适当增容调整，工程于2004年4月8日开工建设，是年12月28日竣工通水。建成后新的瓶窑自来水厂供水能力达到5万立方米，新水厂投入运行后原窑山顶制水车间停止运行。

图2－10　瓶窑镇自来水厂东苕溪窑坝头取水头部

四、三墩经济区自来水厂

余杭县原三墩镇居民多数饮用河水，少量用池塘水、井水。60年代后，河水受污染，赖船运杭州自来水饮用。自1965年9月起，三墩镇由杭州市祥符桥自来水厂供水，核定日供水4500立方米，1993年6月起核定水量提高到8900立方米/日，主要解决居（村）民生活用水。

随着三墩经济区建设的推进，杭州核定给三墩镇的供水量远远不能满足三墩经济区发展的需要，三墩经济区管委会决定投资建造自来水厂。余杭县计划委员会于1993年9月20日下达了《关于三墩经济区给水工程初步设计的批复》，该工程按6万立方米/日的供水规模一次规划，分二期实施。一期供水规模3万立方米/日，部分土建工程按6万立方米/日供水规模建设。水源取之东苕溪，取水口设在安溪。工程于1993年8月开工建设，1995年5月18日一期工程竣工供水，总投资4000万元。该工程北起安溪镇东苕溪，南至文三西路，从取水口至净水厂的进水管线长12千米，水厂至经济区的出水管线为10千米。管道途径安溪、良渚、三墩等3个镇、22个村，横穿西险大塘、104国道、宣杭铁路和大小20多条河流。水厂的建成大大改善了三墩经济区的投资环境，解决了投资者及区内居民用水的后顾之忧。

1996年5月，因余杭市行政区划调整，三墩镇（含三墩经济区）划归杭州市西湖区管辖，三墩经济区自来水厂同时划出余杭市。

第三节　集镇自来水厂建设

余杭区（县、市）在实施城乡一体化供水之前，县治所在地的临平自来水厂由县政府投资建设，各区公所所在地的塘栖镇、余杭镇和瓶窑镇自来水厂由当地镇政府为主投资建设，良渚镇、闲林镇自来水厂和其他各镇、乡的集镇自来水厂都列为农村改水项目，建设资金通过世界银行无息贷款、县（市）政府补助和当地镇乡政府多渠道筹资。农村改水项目各集镇水厂于1984年至1992年期间建造，水厂规模小、设施简陋（详见第三篇“农村改水”）。自2000年12月起，余杭区（市）各镇、乡陆续实施城乡一体化供水后，镇乡属的自来水厂陆续被区（市）属供水企业兼并后停产。

一、良渚镇自来水厂

良渚镇自来水厂建于1985年，是余杭县首批10个农村改水项目之一。当年镇政府组建镇自来水厂筹建办公室，采用三种渠道筹措建设资金，一是向世界银行贷款32.86万元，二是镇财政投入10万元购买自来水总管道，三是每家用户集资100元，再每户预收水费数百元。经艰苦创业，水厂于1986年8月建成供水，供水范围仅良渚老街一带，用户300余户，后扩大到500余户，受

图2－11　良渚镇自来水厂综合楼

益人口约2000人左右，日供水700立方米。

良渚镇自来水厂厂址位于荀山村（良渚港北岸、老104国道西面），毗邻良渚大桥，留用土地1140平方米（1.71亩）。水源为地表水，取之良渚港。同时，在荀山顶建设一个可储水600多立方米的储水池，水厂生产的自来水经增压后通过一根4千米的DN300球墨管输送到山顶储水池，以重力流向用户供水。1996年2月因良渚港污染加重，良渚镇自来水厂从途径良渚的三墩经济开发区水厂的原水管道上取水，水源为东苕溪，取水口设在安溪大桥东面，水厂供水能力提高到2400立方米/日。

1999年11月，良渚镇自来水厂异地扩建，水源仍取之三墩经济开发区水厂原水，良渚港取水口备用。厂址设在良港村（周家里），北临良渚港。水厂占地6827平方米（10.24亩）。一期工程于1999年11月8日开工建设，2000年5月28日建成供水，供水能力提高到5000立方米/日，最高供水量达7000立方米/日，投资367万元。

图2－12　良渚镇自来水厂周家里村制水车间（2000.5—2004.6）

新水厂建成后，供水管道开始向全镇农村延伸，2002年2月28日，良渚镇村内供水管网工程开工建设，至2004年10月，共铺设供水管道61千米。

2002年12月19日，良渚镇人民政府与杭州余杭供水集团公司签订《关于加快良渚供水基础设施建设和调整供水管理体制的协议》，协议约定村内供水管网包括到户管由杭州余杭供水集团公司投资建设，良渚镇自来水厂成建制移交给供水集团公司。

为提高良渚镇的供水质量，2003年8月，由杭州余杭供水集团公司实施的瓶窑至良渚的供水主干管建成通水，良渚自来水厂停止制水，良渚镇的自来水改由瓶窑自来水厂和獐山自来水厂供给。

2004年10月，经过二年的建设，良渚镇26个行政村（村规模调整前的行政村）的供水管网工程全面完工，用户实行“一户一表”管理，工程投资4493万元，其中，区财政补助500万元、良渚镇政府出资100万元，其余由区供水集团公司投入。供水管网工程竣工后，新增自来水用户5970户，受益人口23295人。

二、闲林镇自来水厂

为使闲林镇居民饮用上自来水，闲林镇人代会于1986年5月22日会议通过同意筹建闲林镇自来水厂。经余杭县城建局批准，把建设闲林镇自来水厂列入1986年县重点工程，同时，列入浙江省1986年农村改水重点项目，8月水厂开工建设，1987年12月建成供水。

水厂创建时，设计制水能力500立方米/日～1000立方米/日，规划供水面积1.8平方千米，受益人口9433人。水源为山溪水，取水口设在灵项溪上游里山桥溪边。取水处的大口井直径5米、井深10米，设每小时出水量30立方米的深井泵2台。在方家山顶建800立方米的清水池一座、漂白粉消毒池一只和120立方米/小时的无阀滤池一座，敷设取水泵房至方家山顶清水池的DN200铸铁原水管道1980米，敷设东线方向DN300～DN200供水管道500米。厂区建综合楼一座，面积172.36平方米，配备化验室和专职化验员1人，原水消毒用漂白粉。

通水次年，对里山泵房进行改造，投资19237.18元，改装10JDl40X7型深进泵2台，配用电机22千瓦，出水量为140立方米/小时。同时，延伸DNl50～DNl00的供水管道2500米。

1991年10月，投资7237.20元，在里山泵房增设离心泵2台，配用电机18.5千瓦，增加出水量为108立方米/小时。合计出水量为248立方米/小时，实际供水能力为4800立方米/日。

1994年12月，为使灵项溪水在干旱期优先保证农田灌溉，投资86.7万余元，在项家畈另建一个备用取水点，建造泵房一座，取水的大口井直径8米、井深10米。设深井泵2台，出水量108立方米/小时，配用电机为18．5千瓦。同时，敷设泵房至清水池DN200原水管3600米，西线方向敷设DNl50供水管道865米。

1997年5月，延伸西线方向DN50镀锌管2000米，敷设花园街DN50镀锌管500米。

1999年6月，因闲林镇自来水厂水源不足，闲林镇供水告急。在余杭市领导的关心下，余杭市自来水总公司经与余杭镇政府、闲林镇政府协调，为缓解闲林镇的供水问题，利用余杭镇自来水厂当时尚富余的部分供水能力，实施了余杭至闲林的应急输水管线工程，敷设DN600管4.36千米、DN500管3.14千米，工程于当年9月建成通水，由此，闲林镇的自来水由闲林自来水厂和余杭自来水厂两座水厂供给。

2002年11月，杭州至余杭、闲林趸售供水工程竣工通水后，闲林镇自来水由杭州九溪水厂供给为主，闲林自来水厂补充。

第三章　制　　水

余杭市（县）城镇自来水厂（临平、塘栖、余杭、瓶窑等自来水厂）的自来水生产，在水厂初建时能基本满足净水、消毒的要求。后通过几年的扩建、改造，引进先进的制水工艺、更新供水设施、安装自动化设备、建立水质化验室、实施较规范的操作方法后，使出厂水量逐年提高，出厂水水质符合国家规定的《生活饮用水卫生标准》。

第一节　原　　水

一、临平自来水厂原水

1．地下水源时期

临平自来水厂自1965年2月开始供水，至1991年6月止，自来水的原水均取之深井地下水，前后共开凿成的深井有22口，日出水量达1.8万立方米。地下水取水期前后分为岩层深井期和沙层深井期。

岩层深井　临平山山岩层深井取水期：1965年建厂初期，在临平山南麓成井一口，此后陆续在临平山北的梅家坞（水表校验中心位置）、邱山隧道北口、临平山公墓边成井，基本形成了临平山山体为依托的深井水取水体系，水质特点是清澈、甘甜，可直接送水入网。

超山山岩层深井取水期：1981年后，随着经济社会发展，临平山取水规模已不能满足当时需求量，供需矛盾十分突出，为解决这一矛盾，做出了向超山山岩层打井的决定。从1982年开始，先后在小林乡管山东、陈家木桥五组（小林陈家木桥村茶场）、屯里村十二组、超山乡龙洞村看山河自然村等地打井六口，成井取水四口。超山水系深井水，通过陈家木桥加压站送至临平山北加压泵，再送水入网。

沙层深井　迫于岩层深井的水资源开发局限性，1984年后将目标转向了沙层深井取水，除已建成的褚家坝深井外，先后在博陆镇螺蛳桥、金家埭、立新村、南石桥、运河边（南园）、亭趾镇杨家墩等处打井取水。并在杨家墩（现为运河分公司）建造加压泵和曝气除铁过滤池，对地下水进行简单曝气除铁处理，然后加压泵送水入网。该区域沙层深井水的主要缺点是含铁量过高。

2．地表水源时期

临平自来水厂自1991年7月至今，自来水原水均取之地表水，在2000年12月前取运河水，2000年年底至今取东苕溪水。

由于该地地质构造特性的原因，深井水源在成井初期出水量较为理想，经过一年或更长一个时期的不间断生产后，出水量会逐渐递减。为确保水源水量，1988年余杭县人民政府决定建设以地表水为取水水源的临平自来水厂，取水点设在当时为Ⅲ～Ⅳ类水体的运河博陆喜庵港，因为当时临平地区地表水质量普遍较差，选择该地水源也是无奈之举。水厂于1989年9月开工建设，1991年6月建成日供水能力3万立方米的一期工程，结束了临平自来水厂取用深井水的供水历史。二期工程于1992年10月开工建设，1993年7月竣工投产，日供水能力合计达到了6万立方米。1994年10月开工建设临平自来水厂应急工程，1995年6月应急工程净水设施建成投入试运行，日供水能力增加3万立方米，临平自来水厂合计达到日供水9万立方米的规模。2000年12月，临平、塘栖供水工程（一期）建成通水，城北自来水厂（原临平自来水厂制水车间）的原水改为水质较好的东苕溪水，由獐山自来水厂从东苕溪奉口提取原水后送塘栖自来水厂加压再输送到城北自来水厂（原临平自来水厂制水车间）。2003年3月，城北自来水厂（原临平自来水厂制水车间）进行第三次扩建，工程于2004年3月全面竣工，使运河（城北）自来水厂（原临平自来水厂制水车间）的合计日供水能力达到12万立方米。

3．水源保护

余杭县人民政府在1989年9月临平自来水厂地表水源一期工程开始建设期间，印发《余杭县博陆喜庵港水域保护规定》。1997年7月9日，余杭市人民政府印发《余杭市博陆喜庵港饮用水源环境保护管理规定》。后又印发《余杭市临平、塘栖供水工程饮用水源环境保护管理规定》。为落实县（市）政府做出的水域保护有关规定，临平自来水厂采取了相应的水源保护措施：

博陆喜庵港建拦河闸 临平自来水厂博陆喜庵港取水口，因遇运河水流入倒灌，会对原水水质造成影响。在一期工程建成运行后，临平自来水厂在博陆喜庵港交界大运河处，筑了拦河闸，平时关闭河闸，遇洪水时开闸泄洪，有效地提高了饮用水源的安全性。

禁养与禁捕鱼类 博陆喜庵港原是博陆水产大队渔民捕捞场，该地作为生活饮用水水源地后，禁止当地渔民下河捕捞和放养。为解决水产大队渔民生计，在一期工程建成后县财政和临平自来水厂补偿30万元，资助村里办厂，解决渔民就地就业问题。

图2－13 饮用水水源保护区告示牌

设置水源地保护警示牌 根据水域保护相关规定，临平自来水厂在取水口设置了水源地保护警示牌，告知群众水源保护目的，自觉遵守水源保护规定。

打捞取水口杂物 为保持取水口的清洁，临平自来水厂租用一条农用

船，对取水口的杂物每天进行一次打捞，确保取水口上游1000米、下游500米内的河道整洁。

清除保护区水域水草养殖，不准浸泡络麻　临平自来水厂自1997年1月至2001年12月，每年补偿博陆镇政府5万元，用于该镇落实取水口上游1000米、下游500米区域内在每年10月至次年3月间无水草养殖，其他时间严格控制水草养殖，不在喜庵港内浸泡络麻。

4. 水源地突发事件

临平自来水厂取用深井水时，发生了二起水源地事故，均未造成人员伤亡。

超山乡龙洞村看山河自然村地层塌陷事故　超山山体属石灰岩山体，溶洞遍布。1985年，由于地下水的大量开采造成超山乡龙洞村看山河深井附近的一块山地层塌陷，在无先兆的情况下，塌陷了一个约深4米，直径5米深坑，未造成人员伤亡事故，但危及民房安全，出于安全考虑，临平自来水厂停止了对该井的地下水开采。

小林乡屯里村十二组的农田塌陷事故　龙洞村看山河自然村地层塌陷后的次年，1986年正在开采中的屯里村十二组深井边的一块水稻田发生塌陷，塌陷处坑深1米，直径达10余米，未造成人员伤亡。

二、塘栖镇自来水厂原水

塘栖镇自来水厂的水源为地表水，自建厂至1989年6月上旬，原水取自运河水系，取水口设在塘栖镇幼儿园路圣塘洋边（木鸭埭）。1989年6月12日，东塘引水工程竣工通水后，取水口移至东苕溪通往京杭运河的支流——东塘港五福桥，原木鸭埭取水口备用。2000年12月28日，临平、塘栖供水工程一期竣工通水，新的塘栖自来水厂水源为东苕溪，原水由獐山自来水厂在獐山奉口取水口提取后输送到塘栖自来水厂制水，原五福桥取水口停用。

三、余杭镇自来水厂原水

1. 深井水时期

1973年在余杭镇安乐西路（原余杭镇车站路11号）尹家坝处，利用建设兵团在余杭镇钻探时留下的钻孔位置，打深井取水。虽该处水量较充沛，但因含铁量高，于1974年下半年停用。

2. 地表水时期

1974年下半年—1983年9月：水源为南苕溪，取水口设在余杭镇龙船头的南渠河边。

1983年9月18日至今：原水取之南苕溪，取水口设在余杭镇张家弄底余杭闸东侧的南苕溪边。

备用水源：1993年12月，南湖净水调节工程（一期）竣工，在南苕溪水受污染时，以南湖水为水源，供短期取用。

四、瓶窑镇自来水厂原水

瓶窑镇自来水厂水源为地表水，原水取之东苕溪。取水口自建厂初期至 1989 年 12 月，设在苕溪新窑坝头。1990 年 11 月，取水口移到西溪街 60 号东苕溪边。2003 年 3 月 6 日，瓶窑水厂异地重建一期工程竣工，取水口设在羊山湾处，原取水口停用。

五、良渚镇自来水厂原水

良渚镇自来水厂水源为地表水，1986 年 8 月至 1996 年 1 月原水取之良渚港。1996 年 2 月—2003 年 7 月从途经良渚的三墩经济开发区水厂的原水管道上取水，水源为东苕溪，取水口设在安溪大桥东面，良渚港取水口备用。2003 年 8 月，良渚镇自来水厂停止制水。

六、闲林镇自来水厂原水

闲林镇自来水厂水源为山溪水，取水口设在灵项溪上游里山桥边。1994 年 12 月，在闲林项家畈另建一个大口井备用取水点。

七、其他镇、乡（集镇）自来水厂原水

余杭区（县、市）在实施城乡一体化供水前，临平城区和各集镇范围制水供水的自来水厂原水来源见附表 2-5。

表 2-5　　1998 年余杭市镇、乡（集镇）自来水厂原水来源

水厂名称	原水来源	水厂名称	原水来源
临平自来水厂	运河	仓前镇自来水厂	深井
塘栖镇自来水厂	运河	中泰乡自来水厂	深井
余杭镇自来水厂	南苕溪	安溪镇自来水厂	东苕溪
瓶窑镇自来水厂	东苕溪	东塘镇自来水厂	运河
良渚镇自来水厂	东苕溪	彭公乡自来水厂	山溪
闲林镇自来水厂	山溪	潘板桥镇自来水厂	溪水
博陆镇自来水厂	深井	双溪镇双溪村自来水厂	深井
五杭镇唐公村自来水厂	深井	长乐镇自来水厂	浅井（大口井）
星桥镇自来水厂	深井	黄湖镇自来水厂	浅井（大口井）
崇贤镇自来水厂	深井	鸬鸟镇自来水厂	水库+深井

第二节　制　　水

一、临平自来水厂

（一）制水工艺

临平自来水厂建厂初期，设备较落后，制水工艺比较简单，没有化验设备。后经多次扩建改造，设备得到了更新，工艺日趋先进。1981 年建立了化验室，配备了化验设备和化验人员，开始常规日常水质检验。1984 年 10 月，消毒药剂由漂白粉改用液氯，经自动化设备，分前后二次自动加氯，确保了供水质量。

1．深井水水源时期

初期　临平山岩溶深井水，通过深井泵提升，经漂白粉消毒后，进入管网。

中期　超山岩溶深井水，经深井泵提水后输送到临平山山北（现水表校验中心位置）处理，再用水泵注入管网。

后期　在亭趾、博陆一带，凿井开采承压深井水，在亭趾公社联益大队（现运河街道杨家墩村）建设深井水处理水厂，经曝气、过滤、消毒后供临平城区用户。

2．地表水水源时期

规模 6 万立方米/日时期　一期 3 万立方米/日 1991 年 7 月通水，二期 3 万立方米/日 1993 年 7 月竣工投产。在亭趾拆除地下水处理设施，建地表水处理厂。通过博陆喜庵港取水输送到亭趾处理厂，然后加入絮凝剂，原水进入水力循环澄清池，水中的杂质与絮凝剂形成颗粒，沉淀下来的污泥通过排泥阀排出，直接排入厂东边河流。水力循环澄清池中的上清液进入滤池过滤，滤后水加液氯消毒进入清水池。滤池的反冲洗水直接排入厂边河流。清水池的水通过清水泵房输送到管网中供临平自来水厂、临平第二水厂用户使用。

应急扩建工程 3 万立方米/日时期　通过博陆喜庵港取水输送到亭趾处理厂，然后加入絮凝剂，原水进入平流式沉淀池，水中的杂质与絮凝剂形成颗粒，沉淀下来的污泥通过排泥行车排出，直接排入厂东边河流。平流式沉淀池中的上清液进入滤池过滤，滤后水加液氯消毒进入清水池。滤池的反冲洗水直接排入厂东边河流。清水池的水通过清水泵房输送到管网中供临平自来水厂、临平第二水厂用户使用。

第三次扩建 3 万立方米/日时期　工艺同应急扩建工程 3 万立方米/日。

（二）工艺流程

1．深井水水源时期

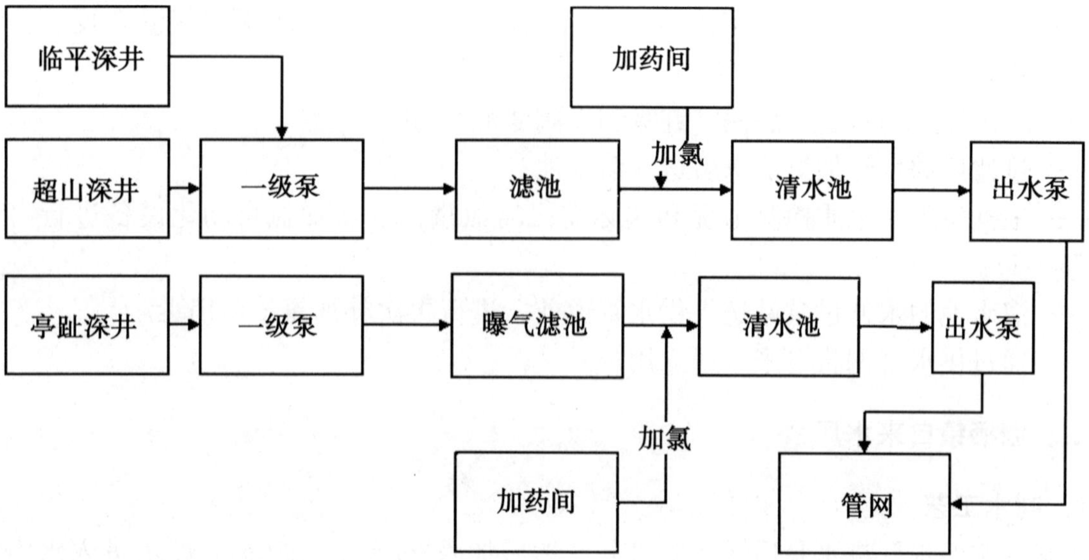

2．地表水水源时期

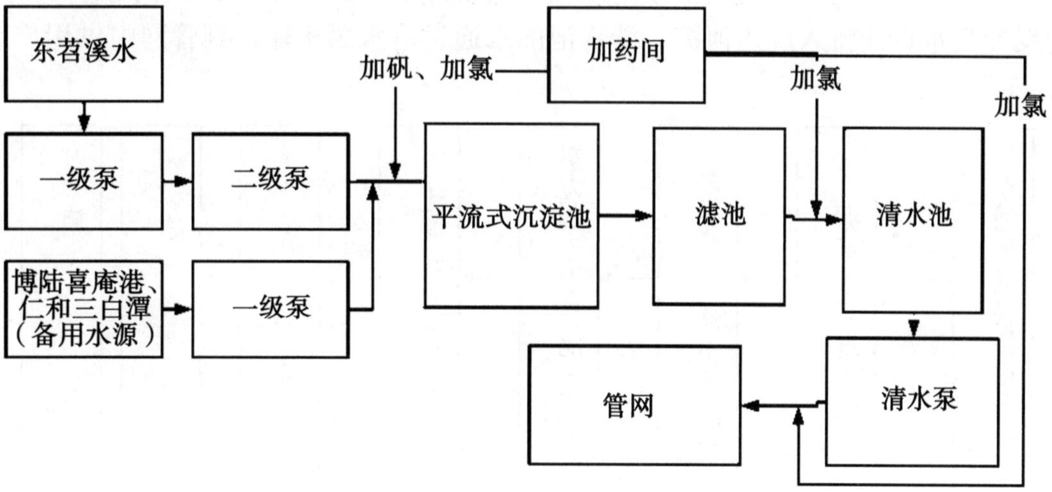

（三）工艺描述

临平自来水厂建厂初期，由于生产设备简陋，制水过程比较简单，没有化验设备，水质没有具体标准，以肉眼观察浊度低为准，当时重点是解决自来水从无到有的问题。随着经济的快速发展，自来水供需矛盾突出，临平自来水厂经多次扩建改造，供水规模逐年扩大，供水设备不断更新，引进先进的制水工艺，建立了化验室，添置化验设备和配备化验人员，对制水全过程进行水质检测，安装了自动化设备，实行自动加氯加矾，对水压、水量和水质进行自动控制。至 1998 年，临平自来水厂制水的操作更严密，更规范。

——首先对取水口水源加强保护，划定保护范围，设置明显标志（取水口上游 1000

米、下游500米），制定取水口水源保护规定，立牌于明显处，在保护区范围内禁养对水源有污染的鱼、鸭和水草等，确保取水口水源水质。

——取原水后将原水送入沉淀池（澄清池）加矾，使原水与矾进行混合反应，尔后沉淀（澄清）。

——将沉淀后的水送入滤池（虹吸和无阀滤池），进行过滤。

——过滤后的水经加氯消毒后送入清水池。

——根据每小时水质检测情况和实际需矾需氯量由加矾加氯自动化设备进行自动添加。

——清水池的水通过泵站送入供水管道前，进行再次补加氯杀菌消毒。

——通过供水管网将自来水送入用户。

二、塘栖镇自来水厂

1. 制水工艺

送来原水经水厂进水泵后送至配水井，然后加入絮凝剂（加矾），原水进入水力循环澄清池，水中的杂质与絮凝剂形成颗粒，沉淀下来的污泥通过排泥阀排出，直接排入厂边河流。水力循环澄清池中的上清液进入无阀滤池过滤，滤后水加液氯消毒进入清水池。滤池的反冲洗水直接排入厂边河流。清水池的水通过清水泵房输送到管网中供用户使用。

2. 工艺流程

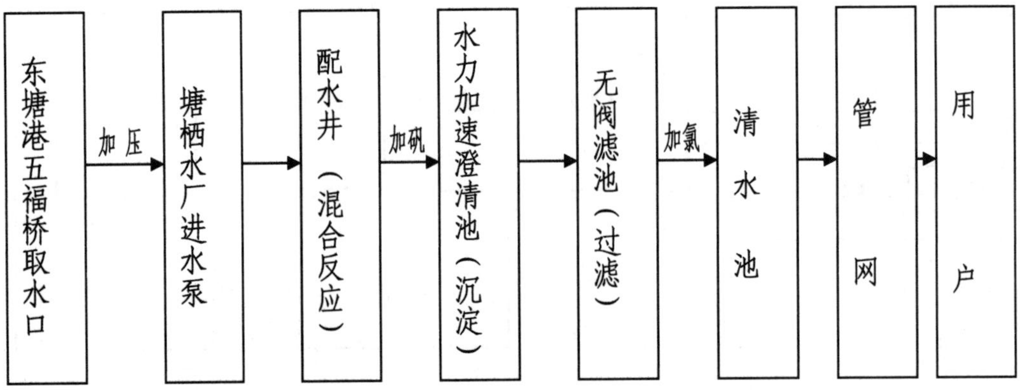

3. 技术革新

1960年输水管道由陶土管改为陶瓷管，减少爆管。

1963年由陶瓷管改为铸铁管，承受压力比陶瓷管大，减少破损和漏水。

1979年建造快滤池，提高水质。

1986年添置加氯机，提高消毒效果，减轻漂白粉人工加药的劳动力。

1994年建成2组水力加速澄清池及配套无阀滤池，提高制水量和制水效果，絮凝剂由人工搅拌明矾改为液体聚合氯化铝机械加入。

三、余杭镇自来水厂

1. 制水工艺

在深井水源时期，采用漂白粉液向井内加注消毒后，从深井提取水直接供应的简单工艺。

在南渠河取水时，原水不净化，用浸泡后的漂白粉氯液在泵前加药进行消毒后，直接供水。

在南苕溪余杭闸东侧取水时，一部分原水用作苕溪制水车间制水，另一部分原水送南湖制水车间制水。首先加氯杀菌，然后加入絮凝剂，原水进入澄清池，使原水与絮凝剂充分反应，水中的杂质与絮凝剂形成的颗粒，经沉淀下来的污泥通过阀门排出，再送到无阀滤池。滤后水加氯进入清水池，无阀滤池的反冲洗水向外排放。清水池的水通过二级泵房输送到管网中供用户使用。

2. 工艺流程

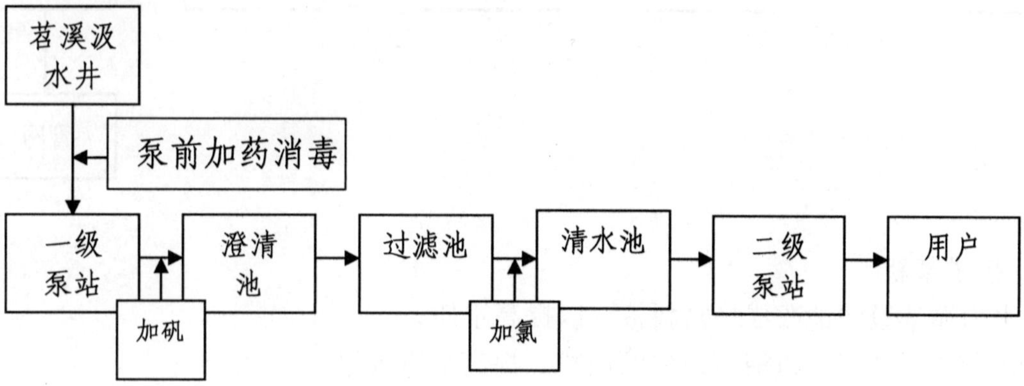

苕溪制水车间工艺流程

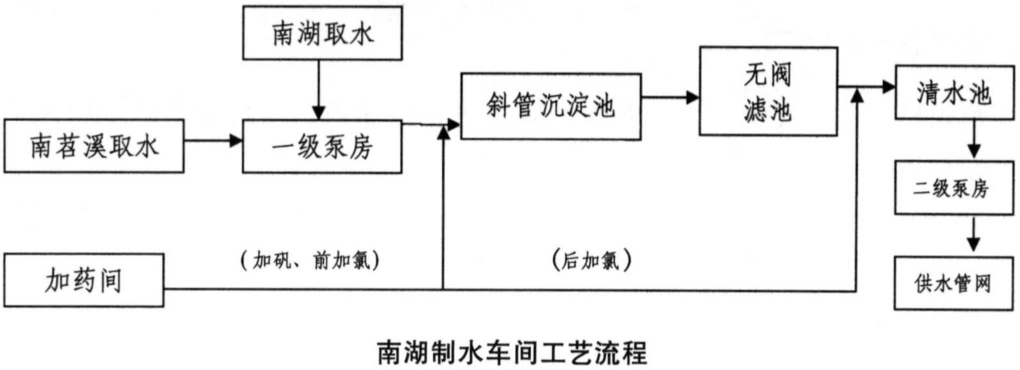

南湖制水车间工艺流程

3. 技术革新

1980年采用重力式无阀滤池、澄清池代替了原直供水的落后局面，是当时国内最流行的净水设备，优点是占地少、造价低，处理地表水效果好。

1980年苕溪制水车间用自动泵加药代替了手工加药。

1984年抢修总管时，用液压切割机代替了落后的锯弓割管。

1988年在总管出水口装置了电脑均速管流量仪，计量核算制水成本。

四、瓶窑镇自来水厂

1. 制水工艺

瓶窑镇自来水厂（窑山顶制水车间）制水工艺采用从河心岸岛式吸取原水，利用一根DN100铸铁管将原水送到窑山顶，通过加矾、澄清、过滤后进入清水池，消毒采用漂白粉（1996年7月8日应急扩建工程竣工通水后改用液氯消毒），利用地势差（山顶高位水池）重力流式向用户供水。

2. 工艺流程

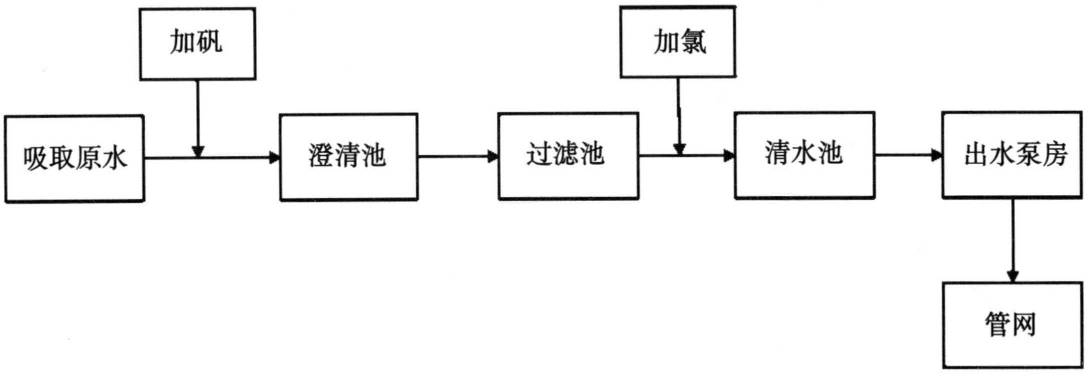

3. 技术革新

将水力循环澄清池改成蜂窝斜板，以提高水质；

1996年7月消毒液以液氯取代漂白粉，提高消毒效果；

将用于混后反应的固体明矾改成净水灵（聚合氯化铝），提高反应效果。

五、良渚镇自来水厂

位于荀山村（良渚大桥边）的老水厂制水工艺较简单，从良渚港吸取原水后，通过澄清、过滤后进入清水池，用漂白粉消毒后，泵至高位水池，以重力流向用户供水。

位于良港村（周家里）的扩建水厂，制水工艺进行了改进，新建无阀滤池替代一般的过滤池，改用液氯替代漂白粉消毒，新建二级泵房加压清水供至用户。

六、闲林镇自来水厂

闲林镇自来水厂的制水工艺较简单，由里山泵房吸取原水，加压送水到方家山顶无阀滤池，过滤后进入清水池，经漂白粉消毒后，利用地势差以重力流向用户供水。

七、其他镇、乡（集镇）自来水厂

余杭区在实施城乡一体化供水之前，除临平、塘栖、余杭、瓶窑等4座自来水厂的制水设施较齐全，良渚、闲林镇2座水厂的制水设施在完善之中外，其余14座为镇、乡集镇范围制水供水的自来水厂的制水工艺均很简单，设施简陋。在14座水厂中有5座水厂没有沉淀池，占35.7%；有1座水厂没有滤池，占7.1%，其余13座水厂虽有滤池设施，但其中有4座水厂是普通滤池，效果较差；有1座水厂没有消毒设施，另一座水厂在2001年之前没有消毒设施，各占7.1%；消毒剂在1998年之前全部用漂白粉，效果不稳定。1999年至城乡一体化供水时，有9座水厂改用二氧化氯消毒器消毒，只占64.3%。余杭市各镇乡（集镇）自来水厂制水设施见附表2-6。

表2-6　**余杭市镇、乡（集镇）自来水厂制水设施**

水厂名称	沉淀池	过滤池	消毒设施	消毒剂		
				前期	后期	
					品种	始用年月
临平自来水厂	有	虹吸	有	漂白粉	液氯	1984.10
塘栖镇自来水厂	有	无阀	有	漂白粉	液氯	1986.09
余杭镇自来水厂	有	无阀	有	漂白粉	液氯	1987.01
瓶窑镇自来水厂	有	无阀	有	漂白粉	液氯	1996.07
良渚镇自来水厂	有	无阀	有	漂白粉	液氯	2000.05
闲林镇自来水厂	无	无阀	有	漂白粉	漂白粉	（不变）
博陆镇自来水厂	有	无阀	有	漂白粉	二氧化氯	2000
五杭镇唐公村自来水厂	有	无阀	有	漂白粉	二氧化氯	1999.11
星桥镇自来水厂	有	无	无	无	无	（无）
崇贤镇自来水厂	无	无阀	有	漂白粉	二氧化氯	2000
仓前镇自来水厂	有	无阀	有	漂白粉	二氧化氯	2001
中泰乡自来水厂	无	普通滤池	有	无	漂白粉	2001
安溪镇自来水厂	有	无阀	有	漂白粉	二氧化氯	2001
东塘镇自来水厂	无	普通滤池	有	漂白粉	漂白粉	（不变）
彭公乡自来水厂	有	无阀	有	漂白粉	二氧化氯	2002
潘板镇自来水厂	有	无阀	有	漂白粉	二氧化氯	2004.10
双溪镇双溪村自来水厂	无	普通滤池	有	漂白粉	漂白粉	（不变）
长乐镇自来水厂	有	无阀	有	漂白粉	二氧化氯	2003
黄湖镇自来水厂	有	普通滤池	有	漂白粉	二氧化氯	2002
鸬鸟镇自来水厂	有	无阀	有	无	漂白粉	2001

第三节　生产调度

一、临平自来水厂

临平自来水厂自建厂初期至90年代中期自来水一直处于需大于供的状况，水厂实行满负荷生产。自来水主要满足居民用水需要，大部分企业仍然用自备水。后随着供水量的扩大，越来越多的企业停用自备水改用自来水，自来水仍不能满足需要，很多企业建有蓄水池利用夜间蓄水进行调节，供白天生产所用。居民楼房也都建有地下水池和屋顶水箱，以保证居民正常用水。供水高峰时，对生产企业实行计划供水和限量供水，以保证居民用水。水厂生产基本上满负荷运行，同时，配备备用水泵，加强设备维护，确保生产正常运行。到90年代中后期，水厂扩建速度加快，供需矛盾缓和，出现了供大于求的良好状况，水厂合理组织生产，降低生产成本，对取水泵房和送水水泵进行了改造，配备了大、中、小水泵，安装了自动变频系统，根据需水量的大小和供水高峰与低谷不同时间段进行自动切换，合理制水，既满足用水需要又降低生产成本。

二、塘栖、余杭、瓶窑、良渚、闲林镇自来水厂

塘栖、余杭、瓶窑、良渚、闲林镇自来水厂由于供水量不能满足社会需求，日常时间都是满负荷生产，在用水低谷时（冬季、晚上）按照清水池水位进行控制，来适时调度制水量，在不影响用户需要的情况下，降低生产成本。1997年之后，塘栖、余杭、瓶窑镇自来水厂安装了自动变频系统，根据用水需要，自动切换制水量。

三、其他镇自来水厂

其他各镇（集镇）由于自来水供需矛盾突出，水厂制水一般采用水塔进行调度用水峰谷，多数水厂是白天生产，晚上停产。

第四节　水质监测

一、水厂化验室检验

1. 临平自来水厂

临平自来水厂为确保生产的自来水符合国家规定的生活饮用水卫生标准，1981年建立了化验室，配备了化验设备和化验人员，并定期对化验人员组织培训和体检，持操作证、健康证上岗。对原水、半成品水、出厂水、管网水和龙头水，实行全过程检测和化

验。检测项目初期为常规 8 项，后增加到 18 项，检验人员初期为 2 人，后增加到 4 人。

原水　每日进行一次常规分析，分析项目主要有浑浊度、色度、臭和味、pH 值、铁、锰、总硬度、氯化物、耗氧量、细菌总数、总大肠菌群、需矾量、需氯量、肉眼可见物、总碱度、氨氮、亚硝酸盐氮和余氯等 18 个项目。每半年送样到余杭县卫生防疫站进行一次 24 个项目检测。每年分枯水期、丰水期取样送国家城市供水水质监测网杭州市供水水质监测站进行 36 项全分析。

半成品水　每两个小时对沉淀水、滤后水进行一次浊度和余氯的检测。

出厂水　每天进行一次常规分析，分析项目主要有浑浊度、色度、臭和味、pH 值、铁、锰、总硬度、氯化物、耗氧量、细菌总数、总大肠菌群、需矾量、需氯量、肉眼可见物、总碱度、氨氮、亚硝酸盐氮和余氯等 18 个项目。每两个小时进行一次浊度和余氯检测。每半年送样到余杭县卫生防疫站进行一次 24 个项目的全分析。每年送样到国家城市供水水质监测网杭州供水水质监测站进行一次 36 个项目的全分析。

管网水　每天进行一次浊度、色度和余氯的检测。每周对浑浊度、色度、臭和味、游离性余氯、细菌总数、总大肠菌群、耗氧量、铁等 8 项指标检测一次。每月取 4 个不同点的管网水水样送余杭县卫生防疫站进行一次 24 个项目的检测。

2．塘栖镇自来水厂

塘栖镇自来水厂水质化验室于 1986 年建立，至 1999 年配有化验员 2 名，自检项目 18 项。检验水样包括原水、半成品水、出厂水和管网水。

3．余杭镇自来水厂

余杭镇自来水厂于 1981 年 6 月开始筹建化验室，化验室设在苕溪制水车间，面积 40 平方米。同年 7 月，开始进行四大指标检测，8 月，开始进行 16 项常规分析，由参加过省级培训的宋玉琴任专职化验员。同时，请杭州市自来水总公司何建工程师来水厂进行化验指导。

1993 年 12 月，化验室搬到南湖制水车间的商业用房二楼，总面积约 100 平方米，检测项目增加到常规 18 项，并对原水、出厂水和管网水进行检测，化验员逐步增加到 4 人。

2005 年 4 月，化验室迁至新落成的杭州余杭供水集团公司余杭自来水厂新办公大楼二楼，面积 100 平方米。因离制水车间较远，取水样不方便，于 2007 年搬回南湖制水车间老化验室。自 2006 年开始，化验员增加到 5 人，对原水、半成品水、出厂水和管网水开展规范的检验。

4．瓶窑镇自来水厂

瓶窑镇自来水厂化验室建于 1991 年 9 月，设化验员 1 人，主要检验出厂水，检验项目为浊度、余氯 2 项。自 1995 年起，逐步形成较规范的水质检验制度。至 2001 年 6 月，检验水样包括原水、出厂水和管网水，检验项目为常规 18 项。检查次数为原水与出厂水每天检验 1 次，管网水一星期检验一次。

5．其他镇、乡（集镇）自来水厂

余杭区（县、市）在实施城乡一体化供水之前，水质检验工作在临平、塘栖、余杭、瓶窑等4座自来水厂较健全，化验室设施较全，检验人员稳定，检验项目按相关规定检验；良渚、闲林、博陆等3座自来水厂的水质检验工作在完善之中；崇贤、安溪、五杭唐公村等3座水厂只有1名检验员，检验项目距相关规定差距较大，其余10座为镇乡集镇范围制水、供水的自来水厂没有水质检验室，没有检验人员，对自来水生产过程中的水质和出厂水质，通过不定期委托有水质检验室的水厂进行检验，不能及时掌握水质变化（见附表2－7）

表2－7　　1998年余杭市镇、乡（集镇）自来水厂水质检验概况

水厂名称	检验员（人）	检验项目（项）	水厂名称	检验员（人）	检验项目（项）
临平自来水厂	4	18	仓前镇自来水厂	0	0
塘栖镇自来水厂	2	18	中泰乡自来水厂	0	0
余杭镇自来水厂	4	18	安溪镇自来水厂	1	8
瓶窑镇自来水厂	2	18	东塘镇自来水厂	0	0
良渚镇自来水厂	1	18	彭公乡自来水厂	0	0
闲林镇自来水厂	1	14	潘板镇自来水厂	0	0
博陆镇自来水厂	1	12	长乐镇自来水厂	0	0
五杭唐公村自来水厂	1	3	双溪镇双溪村自来水厂	0	0
星桥镇自来水厂	0	0	黄湖镇自来水厂	0	0
崇贤镇自来水厂	1	2	鸬鸟镇自来水厂	0	0

二、余杭县（市）卫生防疫站监测

1985年：每月对临平等四个水厂出厂水作全分析监测，检测结果见附表2－8：

表2－8　　1985年城镇水厂出厂水全分析检测结果

自来水厂	采样件数	检验总项次	其中合格项次	合格率	注
临平	10	210	200	95%	水源水采样品3个，共63项次，合格53项次。
塘栖	9	189	174	92%	
余杭	9	189	182	96.2%	
瓶窑	9	189	180	95.2%	

注：每件样品作水质全分析检验21个项目

1986年　对4个水厂进行了常年的水质定期监测，水质全分析48件，共得监测数据949个，总合格率为94%；末梢水细菌监测376件，共得数据752个，细菌总合格率99.63%。水质处理方面，以临平水厂为最好，塘栖水厂最差。

1987年　全年对城镇自来水厂抽查一次，共监测理化48件912项，合格817项，合格率89.6%，超标项目主要是铁、锌；细菌指标监测474件，合格437件，合格率92.2%。其中瓶窑水厂细菌超标最多，共14次。

1988年　监测建制镇以上水厂的细菌指标590件，合格513件，合格率86.9%；理化指标11件198个项目，合格183个，合格率92.4%。

1989年　对五大镇自来水厂的水质进行三定监测，共监测细菌样品584件，合格541件，合格率92.6%；全分析10件。在夏秋季节对建制镇以上的水厂进行了突击抽查，共抽查38件样品，合格20件，合格率为52.6%。

1990年　对五大镇自来水厂的水质进行3次监测，共监测细菌样品540件，细菌总数合格479件，合格率88.7%，大肠菌群540件，合格413件，合格率95.0%；全分析10件，200个项目，合格187个项目，合格率93.5%。

在夏秋季节对16家乡镇级以上水厂进行了水厂的防护设施情况，水厂自身检验情况，饮水消毒情况进行了突击检查，并抽检了41件水样，细菌总数合格19件，合格率为46.3%。

1991年　对五大镇自来水厂的水质卫生进行三定监测，样品565件，合格480件，合格率85.0%；全分析10件，210个项目，合格率204个项目，合格率97.1%。

在7.8月份对全县16家乡镇级水厂中的15家水厂的水源防护措施，水厂自身检验，饮水消毒进行了突击检查，并抽样作四大指标检验，余氯合格率为25.0%，浊度合格率为77.8%，细菌总数合格率为66.7%，大肠菌群合格率为83.3%。

1992年　对五大镇自来水厂的水质进行三定监测，共监测样品582件，合格513件，合格率88.1%；全分析9件，189个项目，合格187项，合格率98.9%。

对全县12家乡镇级水厂的水源防护措施，水厂自身检验，饮水消毒进行了突击检查，并抽查水样检验42件，12家乡镇级水厂中饮水消毒的仅6家，细菌指标合格率59.5%。

1993年　对五大镇自来水厂的水质进行末梢水监测，共252件，合格率88.1%，水质全分析9件，189个项目，合格率96.8%。完成省厅农村饮用水质与水性疾病监测。

1994年　对临平、塘栖、瓶窑、余杭、闲林自来水厂每月进行末梢水监测，共291件，细菌总数合格率86.2%，大肠菌群合格率89.0%（见附表2-9）。对10家乡镇级水厂分别在丰枯水期采样监测，共采样品40件。

上半年对临平、塘栖、余杭、瓶窑四大水厂的制水员进行了体检。结合《传染病防治法》执法检查，上半年对四大水厂的饮水卫生情况进行了检查。

1995年　对临平、塘栖、瓶窑、余杭、三墩自来水厂每月管网末梢水进行细菌指标监测，对以上五大水厂及闲林、乔司、博陆、良渚、潘板共10家水厂进行丰枯水期水质理化指标全分析监测30份。全年共监测细菌指标样本326份，合格299份，合格率为91.7%。组织临平水厂等四大水厂的制水员体检45人，未发现从业禁忌证者。

表 2-9　　1994 年各水厂水质监测结果

监测项目 自来水厂	细菌总数			大肠菌群数		
	监测数	合格数	合格率（%）	监测数	合格数	合格率（%）
临　平	113	107	94.7	113	110	97.3
余　杭	44	33	75.0	44	37	84.1
塘　栖	48	39	81.3	48	40	83.3
瓶　窑	58	46	79.3	58	48	82.8
闲　林	28	26	92.9	28	24	85.7
合　计	291	251	86.3	291	259	89.0

1996 年　共监测末梢水微生物样品 346 件，合格 313 件，合格率 90.5%。临平镇还逐月监测浊度、色度、余氯、锰。做好五大镇水厂及闲林、乔司、博陆、良渚、潘板水厂的丰枯水期监测，累计监测理化全分析样品 42 件。按要求督促各水厂做好健康体检工作，体检率达 100%。

1997 年　对临平、塘栖、瓶窑、余杭、闲林等水厂进行每月管网末梢水监测，检测微生物样品 401 件，合格率 96.8%。对 10 家水厂进行丰枯水期的水源监测。组织各水厂供水制水人员体检 105 人，对 37 名制水人员进行了卫生知识培训。开展了镇乡自来水厂基本情况调查，全市有 36.1 万人口受益。

1998 年　年初召开各水厂负责人会议，学习饮水卫生法规，明确饮水安全的重要性。举办水厂及供水店人员培训班 2 期，共计 125 人，培训合格率 100%。直接组织临平及第二水厂人员体检共 35 人，对符合基本要求的 8 家水厂发放了饮水卫生许可证，并建立了档案。扩大监督监测范围，末梢水监测由原来的四大镇水厂增加到七家，共监测末梢水 305 份，合格 291 份，合格率为 95.4%；对 10 家水厂的水源水、出厂水进行了丰、枯水期调查，监测样品 67 份。

1999 年　对基本符合要求的博陆水厂发放了饮水卫生许可证。年初会同自来水总公司召开了水厂负责人会议，布置工作任务，并在 4—5 月份对乡镇级以上的水厂进行了检查。6—9 月份对全市各类水厂进行了全面调查，对其中 70 家水厂的水质进行了采样检测，检测样品 284 件，合格 202 件，合格率为 71.1%。初步掌握了全市饮水卫生现状及水质情况。监测结果表明供水规模越大，水质合格率越高。

2000 年　监督检查饮用水单位 136 家次，按计划完成 10 个集中式供水单位丰、枯水期的出厂水、水源水、5 个区域性水厂的末梢水监测任务，监测各类水质样品 259 件，合格率 86.5%。新发“饮水卫生许可证”31 份。

第四章　供　　水

余杭市（县）城镇自来水厂因规模较小，供水能力在建厂后的较长一段时间内均不能满足当地经济社会发展和人民生活的需要，自来水的供需矛盾较为突出，城镇居民的饮用水前期由在当地集镇安装的公用水龙头供给，后逐步在居民宿舍楼安装计量总表供水，由水厂按总表计量抄表收费，总表后的各分表，由用户自行管理。

第一节　供水范围与自来水用户

一、临平自来水厂

临平自来水厂建厂初期因水量有限，供水范围仅限临平镇范围内部分城镇居民和镇内部分单位，后随着水厂多次扩建，制水能力得到提高，输水管道不断延伸，供水范围逐步扩大。

1965年2月，供水范围为临平镇西大街、东大街和北大街一带的单位和居民，用户数不足100户。

1980年供水范围扩大到临平镇的梅头堰以西、五常庙以北、西洋桥以东、罗庄以南地区，共有机关和企事业单位用户300余户，不包括56个居民接水站（公用龙头），以后每年用户以10%左右增长。

1983年—1985年，超山深井工程竣工后，陈家木桥2组、屯里村12组、超山龙洞村等成为第一批农村自来水用户。

1987年，临平镇机关和企事业单位已基本接上自来水，居民用自来水的人数为2.7万人，占临平镇总人口的73%。当年临平自来水厂供水量为392万立方米，其中，工业用水占57%，居民生活用水占43%。

1992年5月，临平自来水厂向临平区水厂（临平第二水厂）供清水，从此，临平自来水厂的供水范围除临平城区外，逐步扩大到临平区水厂供水范围的双林、小林、乾元、下沙、九堡、大井、翁梅、乔司等乡镇和五杭、亭趾、博陆、星桥等乡镇的部分地区及周边的省属劳改单位、铁路杭州乔司编组站，供水区域面积达125.15平方千米，供水范围内人口有18.11万人。

1998年，临平自来水厂直接供水服务的临平镇面积为77.41平方千米，其中城区面积12平方千米。全镇有城乡居民26756户、126807人，供水受益人口78641人，自来水普及率为62.02%。其中，城区13048户、58717人，供水受益人口58717人，自来水普及率为100%；城郊13708户、68090人，供水受益人口19924人，自来水普及率为29.26%。1998年，临平自来水厂有装表用户703户，其中，居民生活用水户（总表用户）463户、机关事业单位用户36户、工业企业用户42户、商业企业用户151户、宾馆饭店建筑企业用户11户。

1999年后，临平自来水厂供水范围进一步扩大，开始对余杭经济开发区和临平（南苑）新城供水，逐步实施城乡一体化供水。

2004年5月，杭州余杭供水集团公司开展了首次自来水用户普查，原临平自来水厂供水范围——杭州余杭供水集团公司临平营业分公司和杭州余杭供水集团公司运河自来水厂共有自来水用户12409户（含总表用户），其中，居民生活用户10747户，机关事业单位用户227户，工业企业用户299户，商业企业用户1021户，宾馆饭店建筑业用户115户。

二、塘栖镇自来水厂

塘栖镇最早供应自来水的地段在西石塘、市心街和北小河一带，单位用水直接装表供应，居民生活用水由公用水龙头供给。之后，随着水厂规模的逐年扩大，供水范围也随之增大，至1999年，不但塘栖集镇供水全覆盖，集镇周边农村也供上了自来水，供水范围为南到超山，北至姚家坝，西至宏畔，东至塘南，涉及30平方千米。自来水用户由建厂初期的50户，经逐年发展，至1999年达到2298户，其中，居民生活用水1648户（主要总表计量），机关事业单位35户，工业企业168户，商业企业428户，宾馆、饭店、建筑业19户。

2004年5月，杭州余杭供水集团公司开展了首次自来水用户普查，塘栖自来水厂供水范围内的塘栖镇（含原塘栖镇、丁河乡、塘南乡、超山乡、宏畔乡）共有自来水用户6401户（含总表用户），其中，居民生活用水户5048户，机关事业单位用户106户，工业企业用户282户，商业企业用户937户，宾馆饭店建筑业用户28户。

三、余杭镇自来水厂

1974年3月，地表水正式供水时，供水区域为余杭镇通济街（横街：大桥至葫芦桥）、南渠街（后河头）、龙船头（电厂）和直街（坝潭桥至东门桥）。设总表50只，供水受益人口约3000人。随着水厂的不断扩建，供水范围逐年扩大，自来水用户逐年增加。1989年，供水范围已从集镇扩展到城郊的宝塔村和舟枕乡的上湖、中南村及永建乡的永丰村等地。1998年余杭镇自来水厂有总表用户1848户，内设分表5660只。

1999年7月29日，余杭镇永建自来水厂成建制移交给余杭市自来水总公司（与余杭镇自来水厂同日），后并入余杭自来水厂，更名为余杭自来水厂永建制水车间。2004年1月永建制水车间停止制水，永建区块的自来水由余杭自来水厂供给。2002年8月1日，仓前镇自来水厂移交给杭州余杭供水集团公司后，并入余杭自来水厂更名为余杭自来水厂仓前营业所，原仓前水厂停止制水，仓前区块的自来水由杭州余杭供水集团公司余杭自来水厂承担供水服务。2002 年 9 月 16 日，中泰乡自来水厂移交给杭州余杭供水集团公司后，并入余杭自来水厂更名为余杭自来水厂中泰营业所，中泰区块的自来水由杭州余杭供水集团公司余杭自来水厂承担供水服务。2002 年 11 月后，余杭、永建、仓前、中泰等地的自来水由杭州九溪水厂趸售供水为主，余杭自来水厂补充。

2004 年 5 月，杭州余杭供水集团公司开展了首次自来水用户普查，在余杭自来水厂供水范围内包括余杭镇（含原余杭镇、永建乡、舟枕乡、石鸽乡部分村），仓前镇（含原仓前镇、吴山镇），中泰乡（含原中桥乡、泰山乡、石鸽乡部分村）的供水区域面积 210 平方千米。2004 年余杭镇自来水厂用户为 10468 户（含总表用户），其中：居民生活用户 9448 户，机关事业单位用户 121 户，工业企业用户 193 户，商业企业用户 646 户，宾馆饭店建筑业用户 60 户。

四、瓶窑镇自来水厂

瓶窑镇自来水厂，在建厂初期的供水范围主要在瓶窑集镇，以里窑、外窑用户为多，其中里窑安装公用水龙头 4 只供水，其他用户装表供水。通水后的第 2 年（1979 年）有总表用户 62 户（其中：居民用户 20 户、单位用户 42 户）。1985 年用户发展到 607 户（其中：居民用户 418 户，单位用户 189 户）。在集镇范围内已基本普及自来水后，逐步向农村延伸管网供水，2000 年供水范围为 25 平方千米。

2004 年 5 月，杭州余杭供水集团公司开展了首次自来水用户普查，在瓶窑自来水厂供水范围内的瓶窑镇（含原瓶窑镇、北湖乡、长命乡、彭公乡）有自来水用户 3120 户（含总表用户），其中，居民生活用户 2764 户，机关事业单位用户 59 户，工业企业用户 112 户，商业企业用户 175 户，宾馆饭店建筑业用户 10 户。

五、良渚镇自来水厂

良渚镇自来水厂自建厂至 2001 年 7 月，供水范围限于良渚集镇及周边村。2001 年 8 月，在镇乡行政区划调整时，撤销良渚镇、安溪镇、勾庄镇建制，合并设立新的良渚镇。镇政府将原安溪镇自来水厂（1998 年建于安溪镇后河村，日供水能力 2500 立方米）并入良渚镇自来水厂，原勾庄镇范围除杭州自来水总公司直供水区块仍旧由勾庄改水办管理供水外，其余区块由良渚镇自来水厂供水。2001 年 8 月后，良渚镇自来水厂供水范围扩大到良渚镇及周边村、安溪集镇及周边村和勾庄部分区块。

2004 年 5 月，杭州余杭供水集团公司开展了首次自来水用户普查，在良渚镇自来水厂供水范围内的良渚镇（含原良渚、安溪、勾庄集镇及周边村）有自来水用户 6143 户（以一户一表户为主），其中，居民生活用水户 5580 户，机关事业单位用户 65 户，工业企业用户 205 户，商业企业用户 284 户，宾馆饭店建筑业用户 9 户。

六、闲林镇自来水厂

闲林镇自来水厂供水范围，包括闲林镇及周边的杭州市属厂矿企业。2004 年 5 月，杭州余杭供水集团公司开展的首次自来水用户普查，在杭州余杭供水集团公司闲林营业分公司供水范围内有自来水用户 4863 户（以一户一表为主），其中，居民生活用水户 4582 户，机关事业单位用户 17 户，工业企业用户 121 户，商业企业用户 83 户，宾馆饭店建筑业用户 60 户。

七、其他镇、乡（集镇）自来水厂

余杭区（县、市）城镇自来水厂除临平、塘栖、余杭、瓶窑、良渚和闲林等 6 座水厂外，其他镇、乡（集镇）的自来水厂规模均很小，自来水用户数没有进行过普查。

第二节　供水方式

一、临平自来水厂

临平自来水厂在建厂初期，因受供水量和输水管道的限制，自来水尚不普及，供水对象主要是部分机关和企事业单位，居民用水采用公用水龙头供给，临平镇先后共设置公用水龙头 56 只、消防龙头 13 只。公用水龙头的自来水按担计价，每担水人民币 2 分(每担水以 40 公斤计算，折算每立方米水价为 0.50 元)。公用水龙头有专人管理，管理者按每立方米 0.25 元（每担水 1 分）的标准上缴水费外，差额作为个人报酬。

1991 年 7 月，临平自来水厂（地表水）扩建工程（一期）竣工通水后暂缓了供需矛盾，居民供水方式逐步由公用水龙头向职工宿舍（以每幢宿舍楼为单位）转变，对职工宿舍采用总表计量，至 2000 年，临平自来水厂共安装居民总表用户 845 户。为调节日夜间的用水量，预防用水高峰时断水，工矿企业都建有蓄水池，居民宿舍楼也建有蓄水池和屋顶水箱。此后，城区公用自来水龙头逐步停用，至 1993 年全部取消。

1995 年 6 月，临平自来水厂应急扩建工程建成通水，供水能力提高到 9 万立方米/日，自来水供需矛盾进一步得到缓解。在此基础上，为提高供水服务质量，消除二次污染造成的水质问题，减轻用户总表与分表水量损耗而产生的水费负担，1998 年临平自来水厂在邱山小区、星火小区开始进行直供水改造试点，对 42 幢楼的 42 只总表用户改造为直供水用户 838 户；1999 年至 2000 年，对荷花塘小区 52 幢楼的 66 只总表用户改为直供水用户 1574 户，2001 年对梅堰等小区 87 幢楼的 87 只总表用户改造为直供水用户 2968 户。在试点取得成功的基础上，2002 年，临平自来水厂开始全面推行多层住宅的直供水改造，逐步取消居民楼的蓄水池、屋顶水箱和企事业单位的蓄水池，实行“一户一表、计量出户”管理。直供水改造至 2010 年基本结束，前后近 13 年。2009 年年底止，原临平自来水厂供水范围内城镇多层住宅的 635 只总表用户已改造为“一户一表、计量到户”的用户有26807 户。

二、塘栖镇自来水厂

在建厂初期，除水厂周边的单位用户直接装表供水外，居民用水由公用水龙头供给，塘栖集镇先后共安装公用水龙头25只。公用水龙头请住在水龙头附近的居民代管，以一担水为计量收费，开始用户直接付现金，后来用户购水票取水。

自1980年起，逐步对居民用户实行集中式供水，以职工宿舍楼为单位安装水表（总表）计量供水。总表内各居民户用水量按户内各分表计费，损耗由总表内用户分摊。

三、余杭镇自来水厂

建厂初期的1973年至1978年，余杭镇设公用给水站（公用水龙头）11个，后增加到18个。居民水费实行包月制，按户计算收水费，小户1～2人，每月0.3元；中户3～5人，每月0.6元；大户6人及以上，每月0.9元。不包月的居民用水，每担0.01元，其中0.005元是给分管公用给水站人员的工资，多售多得。企事业单位生产用水按实计量收费，每立方米0.18元。1979年开始，居民生活用水逐步开始实行集中式供水，以职工宿舍楼为单位，安装水表（总表）计量供水。总表内各居民户用水量按户内分表计量，损耗数量由总表内用户分摊。为调节供水，居民楼设屋顶水箱485只。

四、瓶窑镇自来水厂

瓶窑镇自来水厂由于清水池设在海拔52米的窑山顶上，在2003年3月羊山村新水厂建成投入运行之前，都是以高位水池的落差实行重力流供水。对居民用户都实行总表计量供水，总表内各居民用户按户内分表计费，损耗由总表内用户分摊。单位用户按单位装表供水。

五、良渚镇自来水厂

位于良渚大桥边的良渚镇老自来水厂，因建有高位水池，靠落差实行重力流供水。位于周家里的新水厂投入运行后，老水厂停止供水，新水厂通过二次加压向用户供水，供水方式以一户一表结算为主，少量用户实行总表计量。

六、闲林镇自来水厂

闲林镇自来水厂清水池位于方家山顶，以高位水池的落差实行重力流供水。供水方式以一户一表结算为主，供民丰村和单位付费的职工宿舍楼实行总表计量。

七、其他镇、乡（集镇）自来水厂

余杭区（县、市）除临平、塘栖、余杭、瓶窑、良渚、闲林等6座城镇自来水厂外，其他镇、乡（集镇）自来水厂因用水户少供水方式多数直接供水结算到户，少数实行总表计量。

第三节　抄表收费

一、临平自来水厂

1. 抄表

临平自来水厂在供水初始阶段，居民用水都是以公用水龙头供给。后逐步对城镇居民用户以每幢职工宿舍楼为总计量单位装表计量。有些单位建造的职工宿舍较多，按同一单位在同一区块建造的几幢楼房装一只总表，向单位计收水费，居民单户装表的数量极少，工矿企业都是以企业为单位装一只水表计量，用户数量不多。

抄表采用人工上门抄见，水厂确定在编职工为固定抄表员，实行定期定区域抄表。在2005年前，主要是总表计量，抄表量较少，对居民和单位用水都是每月抄见一次水表。2005年后，由于城镇多层住宅一户一表改造的全面展开和农村二次改水的推进，城乡居民生活用水户大大增加，为此，实行城镇居民用户每2个月抄表一次，农村居民用户每三个月抄表一次的制度。2007年以后，随着用户不断增加，对农村水表还聘用编外人员（农村水工）抄表。

自2002年开始，杭州余杭供水集团公司对各分支机构抄表员实行水表抄见率和正确率考核，当月水表抄见率要达到100%，抄表正确率要达到99.8%。2008年后，增加了抄表正日率考核，单位用户抄表正日率为100%，居民用户抄表正日率要达到95%。

自2002年开始，临平营业公司（原临平自来水厂营业所）试用掌上机抄见水表，因抄表速度加快，效率得到提高，自2004年开始全面推广掌上机抄表，确保了抄表工作在规定的时间内完成，并减轻了抄表工的劳动强度。

2. 水费收缴

临平自来水厂初始供水时，用水户一般是以现金形式向水厂缴纳水费。80年代后期开始，企业用水户增加，单位建造的职工宿舍楼房增多，水厂采用通过银行托收的方式收取企事业单位用水水费和单位自管楼房居民用水的水费，其他居民用水仍然由居民向水厂现金缴纳。自2002年9月开始，居民用户也由现金缴纳逐步过渡到由银行代扣代收。

2007年开始，杭州余杭供水集团公司对各分支机构收缴水费实行百分制考核，居民客户月缴费率要达到88%以上，单位客户月缴费率要达到98%以上。月水费回收率要达到92%以上，年水费回收率要达到99%以上。临平营业公司（原临平自来水厂营业所）年水费回收率基本达到99.5%以上，只有个别企业因经营不善企业亏损或破产造成水费拖欠情况。

二、塘栖镇自来水厂

1. 抄表

塘栖镇自来水厂抄表方式由固定的抄表员上门抄表，以表卡记录用水度数。抄表周期为商业、企业单位一个月一抄，居民用户每4个月一抄。

2. 水费收缴

抄表员抄表后，按表卡记录的度数，发缴费通知单给用户，居民用户到水厂收费处缴费，单位用户一般经银行托收。

三、余杭镇自来水厂

1. 抄表

余杭镇自来水厂自取消公用给水站后，由抄表员（部分水表由管道工兼抄表）上门抄表，以表卡记录用水度数。单位水表和居民总表均每月抄见一次。

2. 水费收缴

用户水费实行每月收缴，居民用户到水厂缴纳现金，单位用户部分缴现金，部分通过银行托收。

四、瓶窑镇自来水厂

1. 抄表

瓶窑镇自来水厂抄表方式由兼职的抄表员上门抄表，以表卡记录用水度数。抄表周期为单位用户每个月抄表一次，居民用户每2个月抄表一次。

2. 水费收缴

居民用户凭水厂发的缴费通知单到水厂用现金交费，单位用户多数通过银行托收，少数单位也用现金交费。

五、良渚镇自来水厂

1. 抄表

良渚镇自来水厂的用户水表由抄表员上门抄表，抄表周期为单位用户每个月抄表一次，居民用户每3个月抄表一次。

2. 水费收缴

居民用户的水费按抄见周期直接到水厂缴纳现金，单位用户的水费多通过银行托收，少数到水厂缴纳现金。

六、闲林镇自来水厂

1. 抄表

闲林镇自来水厂的用户水表由抄表员上门抄表，单位用户和居民用户的抄表周期均为每月抄见一次。

2．水费缴纳

用户水费按抄见水量每月用现金缴费一次，缴费地址为前半个月到水厂办公室交费，后半个月到水厂设在南市街办事处的收费窗口缴费，以方便用户。

七、其他镇、乡（集镇）自来水厂

余杭区（县、市）城镇自来水厂，除临平、塘栖、余杭、瓶窑、良渚、闲林等6座水厂抄表收费较规范外，其他水厂抄表时间相对不固定，多数没有专职抄表员和收费员，部分水厂由厂长兼抄表员或兼收费员。

第四节　销售水量

一、临平自来水厂

临平自来水厂初始供水时，供水能力小、供水管线短，销售水量少，1965年建厂当年售水量为3.9万立方米，1967年售水量增加到10万立方米，1970年售水量达到20万立方米。之后的10年，每年售水量一直徘徊在20万～40万立方米左右。直至1982年，售水量突破100万立方米，达到104.88万立方米。之后，每年售水量增幅均在10%以上，1986年突破200万立方米，达到261.36万立方米。1989年突破500万立方米，达到517.97万立方米。1993年7月临平自来水厂（地表水）扩建工程（二期）竣工后，当年售水量突破1000万立方米，达到1105.19万立方米。1995年又猛增加到1541.22万立方米，在更名为余杭市供水集团有限公司的前一年（1999年），临平自来水厂销售水量达到1754.81万立方米。临平自来水厂1965年—2000年自来水供应量见附表2－10：

表2－10　　1965年—2000年临平自来水厂供水量　　单位：万立方米

年份	售水量	年份	售水量	年份	售水量	年份	售水量
1965	3.9	1974	20.0	1983	109.29	1992	771.69
1966	8.0	1975	20.0	1984	126.96	1993	1105.19
1967	10.0	1976	22.0	1985	164.21	1994	1465.40
1968	16.0	1977	33.0	1986	261.36	1995	1541.22
1969	16.0	1978	37.0	1987	392.78	1996	1625.53
1970	20.0	1979	43.0	1988	470.54	1997	1687.00
1971	20.0	1980	40.0	1989	517.97	1998	1724.00
1972	20.0	1981	62.45	1990	579.36	1999	1754.84
1973	20.0	1982	104.88	1991	677.37	2000	1795.46

注：1992年5月以后各年的售水量包括供临平第二水厂的自来水量

二、塘栖镇自来水厂

塘栖镇自来水厂1960年建成当年销售水量约5000立方米，1970年增加到约5万立方米，1985年突破50万立方米，达到54.81万立方米；1988年突破100万立方米，达到108万立方米；1992年突破200万立方米，达到229万立方米；1995年突破300万立方米，达到379.88万立方米，1999年8月塘栖镇自来水厂并入余杭市自来水总公司，更名为余杭市塘栖自来水厂。塘栖镇自来水厂1979年—2000年自来水供应量见附表2－11。

表2－11　　1979年—2000年塘栖镇自来水厂供水量　　单位：万立方米

年份	供水量	年份	供水量	年份	供水量
1979	16.90	1987	87.78	1995	379.88
1980	18.14	1988	108.00	1996	388.59
1981	23.47	1989	135.00	1997	334.14
1982	28.67	1990	175.00	1998	302.57
1983	35.42	1991	193.00	1999	280.61
1984	39.16	1992	229.00	2000	316.67
1985	54.81	1993	260.00	—	—
1986	77.30	1994	297.00	—	—

三、余杭镇自来水厂

余杭镇自来水厂在建厂初期的1974年，年供水量约4.5万立方米，1975年为11万立方米，1989年突破100万立方米，达到113万立方米；1997年突破200万立方米，达到212.87万立方米。1999年7月，余杭镇自来水厂并入余杭市自来水总公司，更名余杭市余杭自来水厂。余杭镇自来水厂1974年—2000年自来水供应量见附表2－12。

表2－12　　1974年—2000年余杭镇自来水厂供水量　　单位：万立方米

年份	供水量	年份	供水量	年份	供水量
1974	4.50	1979	14.90	1984	25.30
1975	11.00	1980	16.75	1985	37.00
1976	11.30	1981	20.58	1986	39.50
1977	12.60	1982	21.40	1987	57.00
1978	13.40	1983	22.44	1988	86.70

续表 2－12

年份	供水量	年份	供水量	年份	供水量
1989	113.00	1993	158.00	1997	212.87
1990	120.00	1994	165.00	1998	209.63
1991	147.00	1995	172.00	1999	191.89
1992	152.00	1996	189.00	2000	245.66

四、瓶窑镇自来水厂

瓶窑镇自来水厂自 1978 年 6 月开始向用户供水，销售水量逐年稳步递增，1991 年突破 100 万立方米，达到 105.60 万立方米，2000 年达到 172 万立方米，2001 年 7 月，瓶窑镇自来水厂并入余杭区自来水总公司更名为余杭区瓶窑自来水厂。1980 年至 2001 年瓶窑镇自来水供应量见附表 2－13。

表 2－13　1980 年—2001 年瓶窑镇自来水厂供水量　单位：万立方米

年份	供水量	年份	供水量	年份	供水量
1980	15.04	1988	67.20	1996	147.20
1981	21.58	1989	76.10	1997	151.46
1982	27.52	1990	89.70	1998	160.30
1983	31.20	1991	105.60	1999	151.00
1984	39.24	1992	122.80	2000	172.00
1985	44.07	1993	130.20	2001	190.00
1986	47.60	1994	135.00	—	—
1987	62.62	1995	143.60	—	—

五、良渚镇自来水厂

良渚镇自来水厂自 1986 年 8 月建成通水，当年供水量约 25.5 万立方米（日均 700 立方米），1998 年供水量为 55 万立方米，后逐年增加。2003 年 7 月，良渚镇自来水厂并入杭州余杭供水集团公司，当年销售水量约 130 万立方米（日平均 3560 立方米）。

六、闲林镇自来水厂

闲林镇自来水厂 1987 年 12 月建成供水，次年供水量约 26.3 万立方米（日平均 720 立方米），后逐年增加。1999 年 7 月，闲林镇自来水厂并入余杭市自来水总公司，并入前的 1998 年闲林镇自来水厂年供水量为 51.9 万立方米（日平均 1422 立方米）。2000 年，供水量为 79.80 万立方米（日均 2186 立方米）。

七、其他镇、乡（集镇）自来水厂

余杭区（县、市）在20座城镇（集镇）自来水厂中除临平、塘栖、余杭、瓶窑、良渚、闲林等6座水厂规模较大外，其他14座向集镇制水供水的水厂规模均小（日供水能力在2000立方米/日以下），1998年供水量均在60万立方米以下（见附表2-14）。

表2-14 1998年余杭市集镇自来水厂供水量

水厂名称	始供水年月	1998年供水量（万立方米）	水厂名称	始供水年月	1998年供水量（万立方米）
博陆镇自来水厂	1988.4	30.0	东塘镇自来水厂	1989.9	7.7
五杭唐公村自来水厂	1986.1	18.2	彭公乡自来水厂	1997.1	7.3
星桥镇自来水厂	1984.9	18.0	潘板镇自来水厂	1987.5	60.0
崇贤镇自来水厂	1986.2	25.0	长乐镇自来水厂	1988.4	15.0
仓前镇自来水厂	1992.1	29.0	双溪镇双溪村自来水厂	1988.5	1.3
中泰乡中桥自来水厂	1987.1	8.0	黄湖镇自来水厂	1989.9	10.0
安溪镇自来水厂	1998.12	7.2	鸬鸟镇自来水厂	1986.	3.5

第五节 经营效益

一、临平自来水厂

自1984年1月起，临平自来水厂被县政府确定为自收自支的公用事业单位，但水厂的财务管理仍执行国营工业会计制度。为全面落实国营工业会计制度，临平自来水厂结合本厂实际建立并实施了一整套内部财务管理制度，该套制度包括：内部会计管理制度、财务处理程序制度、内部牵制制度、稽核制度、原始资料管理制度、定额管理制度、计量验收制度、财务管理制度、现金管理制度、财务收支审批制度、成本核算制度、会计分析制度和票据管理制度等13部分，共有56条管理规定。同时，明确会计员、出纳员和财务物资核算、工资核算、成本费用核算、财务成本核算、总账报表、稽核、往来结算、会计档案等10个财务管理岗位人员的工作职责，从而确保了水厂生产经营有序进行。

临平自来水厂的供水价格按照城区价格管理的有关规定，经余杭区（县、市）物价局核定后需报杭州市物价局批准。

临平自来水厂对自来水的生产销售进行成本明细核算，设“基本生产、制造费用、折旧、管理费用、财务费用等”会计一级科目。临平自来水厂至1999年年底拥有总资产11910.6万元，其中净资产（所有者权益）6923.3万元。1999年实际销售自来水1754.8万立方米，销售收入1480.0万元；直接生产成本1008.8万元；当年实现利润227万元，在企业留利分配中上缴国家所得税74.8万元，自留净利152.2万元。临平自来水厂1981年—1999年经营效益见附表2－15。

表2－15　　1981年—1999年临平自来水厂经营效益

年份	销售水量（万立方米）	水费收入（万元）	自来水利润（万元）	其他利润（万元）	水厂总资产（万元）	净资产（万元）
1981	62.45	15.20	3.34	1.48	49.48	28.29
1982	104.88	25.23	6.88	2.02	79.33	51.48
1983	109.29	26.30	5.23	4.64	108.43	55.03
1984	126.96	30.36	15.98	9.42	283.24	170.48
1985	164.21	39.75	14.18	6.55	342.16	178.81
1986	261.36	65.18	23.01	11.15	467.58	354.19
1987	392.78	97.97	39.17	12.62	615.65	408.13
1988	470.54	116.10	50.48	21.90	707.05	519.84
1989	517.97	126.73	41.91	23.66	797.02	570.40
1990	579.36	152.49	52.53	25.49	945.78	590.75
1991	677.37	210.97	55.52	19.08	1113.67	574.84
1992	771.69	247.67	56.97	28.46	1152.01	731.19
1993	1105.19	389.04	89.32	19.41	3131.76	1304.91
1994	1465.40	536.81	90.82	41.94	4402.16	1795.02
1995	1541.22	681.56	99.03	37.24	7026.78	3768.91
1996	1625.53	865.48	119.47	29.02	7997.37	5714.31
1997	1687.00	1201.36	128.79	23.53	7880.20	5998.29
1998	1724.00	1206.79	139.52	19.38	8703.13	6446.59
1999	1754.84	1479.99	152.19	8.28	11910.60	6923.30

二、塘栖镇自来水厂

塘栖镇自来水厂属镇办集体企业，实行独立核算，自负盈亏，自来水价格由区（县、市）物价局核定。年度生产计划由塘栖镇政府工业办公室下达，在超额完成计划后，镇工办给予奖励，财务管理执行工业会计制度。自建厂至20世纪80年代中期，因水厂需陆续改造扩建，借贷负担较重。同时，因管材质量差，自来水漏损严重，加之销售水量较少，因此，生产运行成本高，经营效益差，除日常的生产、建设支出外，水厂没有结累。

自1987年后，随着水厂设施的逐步完善，供水量的逐年增加，经营效益开始有所显现，80年代末，每年盈余20万元左右，90年代起效益逐步提高。

1997年至1998年为深化企业改革，增强企业活力，强化企业管理，提高企业综合经济效益，确保集体资产保值增值，塘栖镇资产经营公司对塘栖镇自来水厂按照企业所有权与经营权适当分离的原则，实行水厂承包经营，厂长为承包者。承包形式实行利润总额与工资奖金挂钩，承包指标为1997年产值200万元、利润40万元，1998年产值220万元、利润45万元，超额完成指标后，承包者和职工按承包合同约定，提取奖金。通过承包经营，调动了全厂干部职工的积极性。1998年塘栖镇自来水厂销售水量302.57万立方米，自来水产值302.03万元，千立方米水制水成本1071.47元，千立方米水售水价格998.23元。自来水利润-22.16万元，管道安装等其他利润75.04万元，年度水厂总利润52.88万元。

1999年，为办理塘栖镇自来水厂隶属关系的变更，经对水厂资产清查审计，截至7月31日，全厂资产总额为964.42万元，负债总额81.24万元，净资产（所有者权益）883.18万元，其中固定资产净值554.33万元。

三、余杭镇自来水厂

余杭镇自来水厂属镇办集体企业，是独立核算、自负盈亏的法人单位。自来水价格由区（县、市）物价局核定。在经营管理上建立的管理制度主要有行政、财务、水源、制水、化验、安装、维修、电器、抄表、校表、物资、水质、水箱清洗和管网等管理制度，并上墙公布，监督执行。

财务管理执行工业会计制度。在建厂初期的1974年，当年产值6000元；1985年产值5.15万元，利润3.96万元；1989年产值15.6万元，利润8.37万元。

1996年，余杭镇自来水厂拥有固定资产313.48万元（不包括1996年建成南湖净水二期扩建工程投资额156.37万元）、经营总收入271.62万元，上缴国家税金7.9万元，上缴镇工办管理费0.67万元，当年实现利润26万元（不包括投资和借给中美保健食品厂的损失资金）。

1998年，余杭镇自来水厂售水量209.63万立方米，自来水产值205.44万元，千立方米水成本1012.91元，千立方米水售水价格980元，自来水利润为-6.90万元；安装等其他利润2.74万元，年度总利润-4.16万元。

1999年，为办理余杭镇自来水厂隶属关系变更，经对水厂资产清查审计，截至2月28日，全厂资产总额为796.09万元（不包括青山引水工程和永建自来水厂），负债总额653.89万元（包括投资和借给中美保健食品厂损失419.83万元），净资产（所有者权益）142.2万元，其中，固定资产净值447.62万元。

四、瓶窑镇自来水厂

瓶窑镇自来水厂属镇办集体企业，是独立核算、自负盈亏的法人单位。自来水价格由余杭区（县、市）物价局核定。水厂在经营管理上有较健全的管理制度，主要有财务制度、保管制度、工作与作息制度、安装工守则、泵房操作规程和水质检验制度等，对制度的落实执行情况每年进行检查考核。

财务的管理方式按工业会计制度执行，实行成本核算。建厂初期，由于投入大、供水量小，水厂基本没有积累。随着水厂逐年发展，呈现一定的经济效益，1997 年利润有 12.8 万元，1999 年利润为 8.42 万元。2000 年供水总量为 172 万立方米，水费收入 198.48 万元，安装业务收入 150 万元，利润为 16.25 万元。

2001 年 6 月，为办理瓶窑镇自来水厂隶属关系的变更，经对水厂资产清查审计，截至 5 月 31 日，全厂总资产 793.34 万元，负债总额 183.94 万元，净资产（所有者权益）609.40 万元，其中固定资产 528.97 万元。

五、良渚镇自来水厂

良渚镇自来水厂属镇办集体企业，自来水价格由镇政府核定。2003 年并入杭州余杭供水集团公司时，良渚镇自来水厂年销售水量约 130 万立方米、良渚镇安溪自来水厂年销售水量 16.2 万立方米。2003 年 6 月，为办理良渚镇自来水厂隶属关系的变更，经对水厂资产清查审计，截至 6 月 30 日，良渚镇自来水厂总资产（含安溪水厂并入资产）543.55 万元，负债总额 463.58 万元，净资产（所有者权益）79.97 万元，其中，固定资产 494.29 万元。

六、闲林镇自来水厂

闲林镇自来水厂属镇办集体企业，自来水价格由闲林镇政府核定。

1998 年实际供水量为 51.9 万立方米（1422 立方米/日），水费收入 55.93 万元，安装收入 10.91 万元，利润 12.95 万元（含意外保险返回金 4.4 万元）。

1999 年，为办理闲林镇自来水厂隶属关系变更，经对水厂资产清查审计，截至 2 月 28 日，全厂资产总额为 385.01 万元，负债总额为 132.47 万元，净资产（所有者权益）252.54 万元，其中固定资产 169.58 万元。

第五章　服务与管理

余杭市（县）城镇自来水厂的供水服务与管理，随着经济社会的发展和供水企业的不断成长逐步得到完善。各水厂均按照各自的能力和用户的要求开展承诺服务、延伸服务、计量管理和管网管理，供水职工的服务意识、服务态度、服务能力与管理水平不断提高。

第一节　承诺服务

一、临平自来水厂

1996年10月1日，临平自来水厂首次推行供水服务社会承诺制。1998年5月后，根据余杭市自来水总公司的要求，又不断完善和提升承诺服务内容与服务质量。就群众最关心的供水水量、水压、水质、用户接水办理时限和水管破裂修复时间等比较敏感的问题，以公开承诺的形式向全社会公布，自加压力，接受社会监督，强化行业作风建设，提升供水服务质量。临平自来水厂1998年公开承诺服务内容为：

水量　保证日供水能力9万立方米。

水质　达到国家生活饮用水卫生标准，四大指标（细菌总数、大肠菌群、余氯、浊度）综合合格率达98%。

水压　出厂水压力不低于0.35兆帕，临平城区主要供水区域，干管水压不低于0.15兆帕。

供水管网抢修（按报修时间计算）　DN100以下户外管24小时修复，DN100至DN300户外管36小时修复，DN400至DN600户外管60小时修复。

居民申请生活用水　接单后7天内查勘完毕，在具备施工条件下45天内完成。

发生突发性的供水事故　接到报告后1小时内赶到现场及时进行处理。

接到用户反映供水问题的报告　当天内查明原因给予答复，或及时进行处理。

年老体弱以及离退休干部申请接水，优先安装。

同时公布供水服务、抢修值班电话86243333（白天）、86211560（夜间），24小时受理用户电话求助，并公布余杭市自来水总公司受理的举报投诉电话86221299，接受群众监督。

通过公开承诺服务，加强了供水企业与人民群众的联系。人民群众或工矿企业用户，遇到供水方面的问题与困难可及时进行咨询和求助。临平自来水厂本着群众利益无小事，急用户所急的理念，做到有求必应，件件有落实，事事有回音，为人民群众办了很多实事，解决了很多难事，使供水服务方面的投诉逐年减 少，临平自来水厂 1997 年被投诉 216 次，1998 年投诉减少到 106 次，到 1999 年只有 26 次，公开承诺服务取得了显著的社会效益。

二、塘栖、余杭、瓶窑、良渚、闲林镇自来水厂

余杭市自来水总公司在总结临平自来水厂通过公开社会服务承诺，取得增强职工服务意识、提升行业作风的效果后，经与有关镇政府商定，于 1998 年 5 月开始，在塘栖镇自来水、余杭镇自来水厂、瓶窑镇自来水厂、良渚镇自来水厂和闲林镇自来水厂等五座镇属自来水厂同时开展供水服务承诺制，承诺内容包括供水量、水质、水压、抢修时间、接水开户时间、突发事故处理等方面。各承诺项目的服务标准按照各镇属水厂的规模、设施设备、职工业务水平等不同条件，提高服务标准对外承诺，以压力变动力，推进行业作风建设。

在公布对外承诺服务项目的同时，各镇属水厂公开服务热线电话和夜间抢修电话，公布余杭市自来水总公司受理投诉的监督电话，以方便群众服务需求，接受用户监督批评。通过向社会公布服务承诺，逐步提高了各水厂职工的服务意识、服务质量和服务态度，沟通了水厂与用户的联系，减少了用户的投诉。

三、其他镇、乡（集镇）自来水厂

余杭区（县、市）除临平自来水厂和塘栖、余杭、瓶窑、良渚、闲林等 5 座集镇属自来水厂及临平第二水厂（农村改水项目）自 1998 年 5 月起全面推行供水服务承诺外，其他镇、乡（集镇）的自来水厂由于规模小、人员少和设施条件的限制，没有公开社会服务承诺活动。

第二节　延伸服务

临平自来水厂和各镇属自来水厂对用户的服务界限，按照国家相关规定，是以计量表为界，表前（含计量表）发生所有供水问题由水厂负责处理，表后出现问题由用户自己解决。90 年代中期开始，余杭市自来水总公司开展行风建设活动，临平自来水厂积极响应，供水服务由表内逐渐向表外延伸，水厂成立志愿服务队，对用户内部水管破裂、漏水、水龙头损坏及抽水马桶漏水和下水道堵塞等问题，做到有求必应，力所能及做好服务工作，所更换的材料按成本收取。水厂团支部建立了“中信青年志愿服务站临平自来水厂分站”，实行志愿义务服务，对特困家庭、孤寡老人家庭，材料费则由水厂免费提供。此项活动培养了水厂员工的服务意识和奉献精神，也为广大居民群众解决了实际困

难，得到了社会的赞誉，树立了供水行业的良好形象。

第三节　计量管理

一、临平自来水厂

临平自来水厂一直以来都采用杭州水表厂和宁波水表厂生产的旋翼湿式（铁壳）水表，对用户用水情况进行计量。每月按时抄见，抄表完成后，即通知用户缴费。

当用户反映计量不准，对自己所用水量有异议时，水厂会派人上门进行调查：一查水表是否损坏，二查用户内部水管是否破裂，三查用户有否增加新的用水设备（施），查明原因酌情妥善处理，给予合理的解释。如发生水表损坏，一般情况都是更换新的水表芯继续使用。在检查中如未发现水表有异常，而用户仍坚持怀疑水表计量不准，当发生争议时，将该用户水表送杭州水表厂进行检测，以检测结果为准。如确因水表原因，更换新表。如水表良好，属用户内部用水管理不当，协助用户查找内部原因。

1996年，临平自来水厂出资20余万元，购置小型校验水表设备一套，并通过杭州市计量管理部门验收。对口径在DN50以上的大表用户，怀疑水表有问题时，送杭州市计量监督局指定单位校验或送生产厂家校验，并出具校验证明，以校验证明为准，调和供水双方矛盾。

二、塘栖、余杭、瓶窑、良渚、闲林镇自来水厂

供水计量全部为水表，水表的产权塘栖镇归用户，其他四个镇归水厂。检测水表准确度的方式，通过套表形式或送相关部门鉴定确定，如确定水表有问题时就更换水表。

三、其他镇乡（集镇）自来水厂

其他镇乡（集镇）自来水厂供水计量主要是水表，水表产权不一。由于居民用水量少，部分用户不装水表，以估算用水量付费。有部分水厂对水表长年不管理，水表淹埋或损坏不维修情况较多。

第四节　管网管理

临平自来水厂为确保供水管网在日常能连续安全运行，落实专职人员对管线进行定期巡查，主要是检查输水管有否漏水，检查暴露在地面的输水管和输水管覆盖土上有否新造建筑物以及堆放物，发现有安全隐患时及时采取措施予以处理，确保管线安全运营。对突发性水管破裂，即派人第一时间赶到现场，予以处理，并以最快的时间进行抢修。

日常维修需停水时一般都安排在晚上和深夜进行，确保用户用水需要。临平自来水厂成立了抢修维修队伍，配备了相应的抢修维修设备，确保水管破裂后能在最短的时间内及时修复。塘栖、余杭、瓶窑、良渚和闲林镇自来水厂都建立管网抢修维修队伍。

对水管的漏损探测，由于临平自来水厂和各镇属自来水厂没有探测设备，主要靠巡查人员肉眼观测为主，有些地下损漏仍很难发现。90年代初萧山自来水公司有了探测水管破损漏水设备，临平自来水厂每年一次请他们来对管辖范围内的水管进行查漏。1996年，余杭市人民政府节约用水办公室购置了管道定位和测漏仪各一台，定期不定期地对水厂提供免费服务，使临平自来水厂的查漏工作可以有计划地进行，自来水漏损得到了有效控制，漏损率明显减少，取得了较好的经济效益。

第六章　节约用水

余杭市人民政府根据1993年《浙江省城市节约用水管理实施办法》，于1994年11月10日印发《余杭市城镇计划用水、节约用水管理暂行办法》（该暂行办法于1996年11月28日经修订后，由余杭市人民政府以《余杭市城镇计划用水、节约用水管理办法》印发）。同时，余杭市建立“余杭市人民政府节约用水办公室”（简称“节水办”），为全市城镇计划用水、节约用水的主管部门，“节水办”设在余杭市自来水总公司。

1999年3月，余杭市取消“城市供水设施增容费”、1999年11月取消“超计划用水加价水费”之后，节水办的职能以宣传节水方针、交流节水经验、推动节水工作为主。

第一节　节水机构

1994年11月，余杭市人民政府节约用水办公室成立，为全民事业单位（自收自支），定编3人，驻余杭市自来水总公司，经费在管理费中开支。工作职责是：贯彻执行国家关于计划用水、节约用水的方针、政策和法令；考核用水单位用水定额，下达用水计划；会同有关部门审批节水措施，督促检查落实情况；依法查处违法违章用水行为；制订节水办法，交流节水经验，推动节水工作；按规定征收自来水增容费、超计划用水加价费。

按照《余杭市城镇计划用水、节约用水管理暂行办法》精神，临平自来水厂、临平第二水厂供水范围（临平镇）内的计划用水、节约用水管理工作由市节水办负责具体实施，塘栖、余杭、瓶窑、闲林镇和三墩经济区管委会各设立计划用水、节约用水管理小组，负责各水厂供水范围内的节水管理工作，管理小组组长由各水厂厂长兼任，并指定专人负责节水工作（由市节水办发委托证书）。

1996年，为便于节水工作的统一管理和规范操作，撤销各节水管理小组。同时，在塘栖、余杭、瓶窑等三镇设立节水管理办事处（三墩镇、三墩经济区于1996年5月划归杭州市，余杭镇与闲林镇因距离较近合设一个办事处）。办事处人员由市节水办直接聘用和委派（其中，余杭、瓶窑办事处人员暂向水厂借用）。

2001年3月，余杭撤市设区。9月，在余杭区党政机构改革时，区自来水总公司不再保留，计划用水、节约用水管理的行政职能划归区建设局，在区建设局新建立的“余杭区供水、改水办公室”挂“计划用水、节约用水办公室”牌子。

第二节　节水管理

1995年，余杭市节水办建立后，对临平镇的供水状况进行调查和分析，并按分析结果，有针对性地选择了用水量在100立方米/日以上、不同行业的20余家用水大户（省四监、县招待所、天虹集团、杭信公司、华佳丽、旺旺食品、啤酒厂、第一医院、华隆集团、临平车站、君临宾馆、阳光大厦、省二监、喜德宝、红丰印染等）进行了实地调研和走访。在此基础上，制订了“实施细则”。同时根据《给排水手册》中的各行业用水定额标准为依据（此标准为设计水厂日供水规模的依据），对照临平镇1993年各企业用户的实际用水量，划定出224家单位（日用水量均为30立方米左右），作为计划用水管理对象，进行用水指标核定，并向核定单位下达用水指标，按文件规定的年用水量3万立方米以上按月，3万立方米以内、2万立方米以上的按季，2万立方米以内、1万立方米以上的按半年，1万立方米以上的按年的考核期限进行定期考核。

1996年，先后在塘栖镇、余杭镇设立了2个节水管理办事处，办事处设立后，对辖区内凡使用自来水的企业单位进行普查和用水计划核定工作，并开展管理和考核。当时塘栖办事处纳入管理的企业为193家，余杭办事处纳入管理的企业为205家。1997年4月，瓶窑节水管理办事处设立，并开展计划用水管理工作。

1996年12月，余杭市人民政府修订印发了《余杭市城镇计划用水、节约用水管理办法》，市节水办和各办事处按新文件精神，开展了三项工作：一是调整降低了超计划用水加价的倍率，执行累进制分级计算加价费。二是对已核定用水计划指标的单位用户，用水指标按1995年实际用水量进行调整。三是对未纳入计划用水管理的非生活用水户进行排查和核定。至1997年年底，余杭市城镇供水范围内的非生活用水户基本都纳入计划管理，考核管理工作走上轨道。

自1995年起，节水办每年都利用全国节水宣传周和科普宣传日等活动平台，走上社会开展一系列的宣传活动。通过各种宣传途径大力宣传国家、省、市有关节水政策，节水对国家和个人带来的重要意义，科学利用水资源的措施、办法等内容宣传。宣传形式主要采用①余杭报刊登节水专刊，电视台播出节水标语和节水专题系列片。②各镇主要道路和各用水大户单位悬挂宣传横幅，向单位发放节水标语牌、宣传画。③上街设摊，展示节水设施、器具的实物和图片，散发节水资料。④组织用水大户对节水先进单位参观学习、召开节水交流座谈、节水专题黑板报展示和评比等。

根据生产发展需要，节水办对确需增加用水量的单位核定增量指标；对新建、扩建、改建的单位，会同有关部门审核用水量和节水工艺、设施，经审核确认增加容量的单位下达增容指标，并按规定征收自来水增容费。

在每年结束前，根据用水变动情况，节水办和各办事处按规定核定各用水户用水指标，向用户下达下年度的用水计划；根据用水量按年、季、月对用水单位用水额度进行考核，对超计划用水户按规定征收加价水费。

节水办对各单位内的冷却、洗涤和工艺循环用水设施、设备进行日常监督检查和落实。自1996年开始，贯彻《城市房屋便器水箱应用监督管理办法》，推广节水器具和节水型卫生洁具，推动一水多用、综合利用、提高工业用水重复利用率和生活节水。

节水器具主要推广品种有脚踏阀（浴室淋浴器用）、延时阀（公共厕所蹲坑用）、限流塞（集体宿舍水龙头用）、橡皮冲洗龙头（冲洗用）几种。节水型卫生洁具用于住宅坐便器，1996年在贯彻《城市房屋便器水箱应用监督管理办法》的当年节水办向房地产住宅推广防漏的新型洁具1177套，1997年推广1018套，1998年以后逐步减少，房产建设部门在采购时均能购买新型洁具。

在推动一水多用、综合利用方面，临平高级中学学生宿舍洗涤槽下安装集水箱，供下层冲厕用；天虹集团原冷却回用设施经改造后，使原直放的冷却水回用等方面取得好的经验。

按规定规范征收超计划加价水费和自来水增容费，两费收入实行财政专户存储。其中：80%用于城镇供水设施改扩建工程，使用前按有关程序审批，核准后根据项目批文划拨。20%作为统筹部分，主要用于节水宣传，节水办人员工资、福利，日常办公费用和小型供水项目改造补助支出。

第三节　节水服务

一、服务对象

余杭市临平自来水厂、临平第二水厂和塘栖、余杭、瓶窑、闲林镇自来水厂供水范围内的单位和个人及城镇规划区内的自建设施供水的单位和人。

二、服务内容

——宣传国家关于计划用水、节约用水的方针、政策和法规；

——核定用水单位定额，下达用水计划；

——会同有关部门审批节水措施，督促检查落实情况；

——依法查收违法违章行为；

——制订节水办法，交流节水经验，推动节水工作。

——节水办于1996年购置了管道定位和测漏仪各一台，对超计划较大用户免费进行查漏堵漏服务。其中，1996年查漏24次，1997年查漏79次。

三、服务标准

依据浙江省人民政府《浙江省城市节约用水管理实施办法》的规定和余杭市人民政

府印发的《余杭市城镇计划用水、节约用水管理办法》的通知执行。

四、服务程序

政策咨询→用水户随带基建项目审批报告、要求施工期间临时用水服务→领取临时通水表（一式三份）→基建竣工后报正式通水报告→填《余杭市城市房屋给水工程竣工验收记录》表→现场实地审查卫生设施器材是否使用合格产品→经实地审查合格后：

——（对企业单位）→核定用水户用水量→领取《用户接水（增量）审批表》→当地水厂营业所实地核实同意接水→到节水办交纳用水定额增容费→正式通水。

——（对生活用水）填发生活用水户（接水）通知单→到当地水厂营业所办理接水手续→正式通水。

凡计划用水户和生活用水户，在办理增量接水手续时，随带水、电施工队营业执照；建筑企业资质证书；水试压报告；有关证件复印件（产品质保单）。

第四节　节水成效

余杭市自1995年开展计划用水、节约用水管理以来，到2000年，主要取得的成效有：

一、贯彻节水目标导则、创建节水型城镇。按照建设部、国家经贸委、国家计划委员会联合发布的《节水型城市目标导则》和建设部发布的《节水型企业（单位）目标导则》的标准，节水办以抓重点用水企业为龙头，推动全市节水工作不断深化，形成创建节水型城镇的良好氛围。

二、加强洁具监督、控制洁具漏水。控制家庭、单位的卫生洁具漏水是节水工作的重要内容，自1996年开始，通过贯彻《城市房屋便器水箱应用监督管理办法》，推广新型节水洁具后，使城镇新建的住宅房屋全部应用了节水型的卫生洁具。基本解决了马桶洁具的漏水问题。1999年，余杭市在城建综合验收时，房屋内洁具合格率达100%。

三、缓解自来水供需矛盾，平衡生活、生产用水。余杭市在2001年之前，供水基础设施较薄弱，城镇水厂规模小，供水量不适应社会经济发展的需要，供用水矛盾突出。通过实施计划用水、节约用水，对当时的用水供需紧张局面起到了一定的平衡作用，缓解了暂时性的供需矛盾。

四、市民节水意识增强、节水措施得到落实。通过节约用水的宣传和计划用水的控制，大大提高了市民，特别是企业单位的节水意识。啤酒厂、省二监、四监、天虹、华佳丽等八家用水大户为龙头的企业单位，安排专人负责用水管理。通过对用水进行水平衡测试和控制，截至2000年年底的统计，余杭市工业用水重复利用率从节水办成立初的24%递增到73%。公共场所和居民家庭的卫生器具普遍开始采用节水型洁具和龙头。

五、征收自来水增容费和加价水费，缓解供水建设资金。余杭市1995年—2000年共征收自来水增容费578万余元，自来水加价水费631万余元，80%用于供水工程建设，为供水工程建设筹集了部分的资金，在一定程度上缓解了供水工程建设资金不足的压力。

余杭区1995年至2000年自来水增容费和加价水费历年收缴金额见附表2－16。

1995年—2000年

表2－16　余杭区（市）人民政府节约用水办公室规费收缴情况　单位：元

年份	增容费	加价水费	存款利息
1995	1267400.00	2562475.87	6317.84
1996	1364100.00	1687788.54	16735.05
1997	1207000.00	966978.99	12004.15
1998	1769200.00	726356.70	14728.75
1999	173200.00	215472.19	57633.45
2000	—	155579.36	2524.86
合计	5780900.00	6314651.65	109944.10

第三篇

农村改水

旧时，余杭县农村居民的生活饮用水主要从就近居住处的河、溪、湖、塘、漾等水域取水，或打浅井取水，取水方式以手提、肩挑为主，取水后不经过净化消毒就直接饮用。

新中国成立后，党和政府十分重视农村饮水卫生问题，在50年代初期开展爱国卫生运动时提倡挖新井、改旧井、建设“卫生井”及开展饮水消毒工作；中、后期大搞血防时，提倡分塘、分段用水，挖掘“血防井”；60年代前期，在全县开展社会主义教育运动时，发动群众挖掘“四清井”“社教井”，改善饮用水。在70年代前，由于各方面条件限制，余杭县农村还没有自来水。80年代初，余杭县开始实施农村改水，通过打井取水和建自来水厂供水，改变农村居民的饮水习惯，改善农村饮用水条件，提高村民饮用水卫生质量。

《农村改水》篇，记述余杭县（市）在1999年开始实施城乡一体化供水之前，全县（市）农村改水的历史足迹。在历届党委、政府的关心和各乡(镇)、村、组的努力及有关部门的支持下，至1990年，全县累计打水井48320口，建小型自来水厂289座，使61.09万村民受益，占当年全县农村人口85.9%。

为不断提高农村改水质量，使农村居民享受到与城镇居民一样安全卫生的自来水，余杭区（市）自1999年开始，陆续实施城乡一体化供水，使平原地区的城乡居民实现自来水同网、同质、同价、同服务。对山区、半山区的农村，在2007年至2009年，实施了山区农村二次改水（山区农村饮用水工程)，使山区的41个村、1个社区和1个林场的8.65万人口解决饮水安全及饮水困难问题。

余杭区（县、市）在实施农村改水中，余杭区（县、市）财政和省、杭州市有关部门给于资金扶持，自1981年至2012年，省、市、区（县、市）共补助农村改水经费2533.9万元，其中，省补助159.9万元、杭州市补助487.3万元、余杭区（县、市）补助1886.7万元（不包括山区农村二次改水补助资金)。同时，全县有58个农村改水项目得到世界银行贷款（免息），实际发放贷款金额1601.5万元。

第一章　改水机构

为加强对农村改水工作的领导、管理和服务，余杭县（市）人民政府建立由副县（市）长任组长、各有关部门负责人组成的农村改水领导小组。下设改水办公室，为农村改水的管理机构。同时，成立农村自来水服务站，为农村改水的服务机构，健全的改水机构使全区（县、市）的农村改水有序推进。

第一节　领导与管理机构

1983 年 11 月 4 日，余杭县人民政府成立余杭县农村水改领导小组。1986 年 4 月，更名为余杭县农村改水领导小组，领导小组成员由县级有关部门的负责人组成，统一领导全县农村的改水工作。

余杭县农村水改领导小组下设办公室（简称县水改办，1986 年 4 月更名为县改水办），为全县农村改水的管理部门。办公室主任由卫生局分管领导兼任，副主任由县卫生防疫站和县改水办相关人员担任。主要职责是：

——负责本县各改水项目的规划制定、组织实施和管理监督。

——负责管理和分配农村改水资金和物资，按计划向世行贷款受益人收缴贷款，编制本县改水项目财务计划和会计报表，监督本县项目施工计划的实施。

——承办中央、省、市改水项目办公室布置的各项工作，并定期按计划要求，报告项目执行情况。

——提出对水源污染地区的改水措施。

——指导和组织实施改水项目的建设和生产运行管理。

——指导和组织农村开展面上改水工作。

——负责改水项目的培训工作。

县改水办为县卫生局管辖的全民事业单位，成立时办公地点设在县卫生防疫站内。1984 年 10 月，余杭县水改办公室购进原翁梅石矿坐落在景星观的一幢 2 层楼的旧办公室，共 18 间，516 平方米。经修缮并扩建仓库棚 110 平方米后，水改办公室从县卫生防疫站迁出，迁入新址办公。同年 11 月，水改办购买了 BJ632A 型旅行车一辆、S3 型水准仪一架、经纬仪一架、大平板仪一架、四门橱六副、写字台十八副等仪器与办公用具，开展水改工作。

1985 年 8 月 13 日，余杭县人民政府第七次常务会议研究决定，水改办人员编制为 14 人。在 1993 年 5 月余杭县自来水总公司建立之前，水改办工作人员最多的年份为 1989

年，当年底共有干部、职工 27 人（包括日常工作与余杭县自来水服务站职工统一安排的集体事业编制人员），其中，行政编制 1 人、全民事业编制 13 人、集体事业编制 9 人、临时工 3 人、卫生局退休人员聘用 1 人。

余杭县农村水改办公室内设四个组，分别是：

行政财务组、工程技术组、物资供应组、业务培训组。

1986 年 4 月 16 日，为使改水组织的名称对内对外称呼一致，有利开展工作，余杭县人民政府办公室报经县政府领导同意，将余杭县农村水改领导小组办公室更名为余杭县农村改水项目办公室（简称“县改水办”）。

1993 年 5 月 15 日，中共余杭县委建立余杭县自来水总公司。同年 7 月 19 日，余杭县人民政府印发的“关于余杭县自来水总公司职责等有关事项的通知”明确：余杭县自来水总公司为副局级行政性公司，系县政府工作部门之一。县自来水总公司的主要职责除负责全县城镇自来水事业发展外，同时“负责全县农村改水的规划编制、项目审批和组织实施中的指导、协调、监督、检查等工作；负责对全县各镇乡水厂实行行业管理”。余杭县自来水总公司和余杭县农村改水项目办公室实行两块牌子一套班子，办公楼地点在临平镇保健路美味弄内。余杭县自来水总公司成立后，改水办原内设的 4 个组撤销，改水办日常工作由自来水总公司机关科室承担。

2001 年 10 月，在余杭区级机关（部门）机构改革时，撤销余杭区自来水总公司，组建杭州余杭供水集团公司。原由余杭区自来水总公司承担的农村改水和城镇供水、计划用水、节约用水的行政管理职能划转至余杭区建设局，经余杭区编制委员会批准，在区建设局内设立“余杭区供水、改水办公室”（挂“计划用水、节约用水办公室”牌子）。

第二节　服务机构

1984 年 9 月 22 日，余杭县计划委员会批准成立“余杭县农村自来水服务公司”，经济性质为集体所有制企业。归口余杭县水改领导小组办公室领导，实行独立核算，自负盈亏。经营范围：承担农村水改项目设计、施工、安装、维修及水改所需物资的采购、供应、管理和水厂运行管理、维修、水厂操作人员培训等。公司人员定编 15 人，同年底，公司人员有 9 人（包括临时工 2 人、看门工友 1 人），在日常工作时，公司人员与水改办人员统一安排。

1986 年 7 月 5 日，余杭县计划委员会根据国务院“关于进一步清理和整改公司的通知”精神，批复同意将余杭县农村自来水服务公司更名为余杭县农村自来水服务站，经济性质为自收自支的集体所有制事业单位，隶属于余杭县农村改水项目办公室领导。

1993 年 10 月 21 日，余杭县编制委员会批复同意，将余杭县农村自来水服务站更名为余杭县晶源发展总公司。更名后，自收自支的集体事业单位性质不变，定编 15 名，实行独立核算，企业化管理，隶属余杭县自来水总公司领导。

第二章　改水管理

余杭区（县、市）农村改水项目办公室（以下简称“改水办”）是全区（县、市）农村改水项目建设的管理部门，担负着指导和组织全区（县、市）农村自来水厂的建设与管理，为村民提供清洁卫生饮用水的任务。余杭县改水办自1983年建立后，坚持科学管理，制订并组织实施和不断完善多项管理制度，推进改水进程，抓好改水工程建设管理。在改水工程竣工投入运行后，逐步开展制水管理和水质管理。

第一节　人员培训

农村改水是一项技术性工作，工程建设需要技术人员，水厂建成后的生产运营、设备维修、保养及财务管理等均需要技术人员。县改水办成立后，一边指导改水，一边举办技术培训班，对具有初中及以上文化，愿从事农村改水工作的人员进行培训，具体人员由改水单位选派。县（市）改水办先后举办改水项目管理（2期）、工程技术（5期）、财务会计（35期）、水质化验（5期）、水质管理（1期）和厂长管理（3期）等培训班。经过培训班培训的人员安排在各乡镇、村的水厂工作，如需调动，须经县改水办同意。县（市）改水办自1983年至1999年，共举办了51期培训班，参加培训人员有257人，占农村各水厂职工总人数390人的65.9%。培训时间长的一期30天，短的一期6天，累计培训2935天，平均每人培训11.4天；累计投入培训经费20856元，平均每人培训经费81.15元。同时，县改水办工作人员还参加中央、省、市爱卫会和有关部门举办的提高改水办人员业务素质的培训有12人、19人次。此外，1990年18个乡镇水厂财会人员参加了省改水办举办的农村水厂运行管理培训。经过培训，提高改水人员的技术水平和管理能力，在农村改水中，发挥积极的作用。

第二节　设计与审批

余杭县农村改水工程设计年限按上级要求为10年，用水人口按改水地区的现有人口加12‰的人口增长率推算，生活用水量按每人每日用水80升计算，其他用水量则根据实际情况计算，以此标准设计改水地区的水厂规模。

贷款改水的工程设计由县改水办承担或由县改水办委托工程设计部门设计；不使用

贷款的改水工程各乡镇、村可委托县改水办设计，也可以自行委托其他有关部门设计。其中，临平区给水工程是余杭县农村改水的最大项目，县改水办委托浙江省城乡规划设计研究院设计。

余杭县各农村改水项目水厂的设计原则，按照省改水办和县改水办于 1985 年 4 月 24 日至 25 日召开的关于世界银行农村改水项目联合办公会议商定的以下要求进行：

一、项目水厂的设计必须达到的要求

——必须有组织部门和实施部门；

——设计图要有建筑图、水厂平面图、管网平面图、关键部位加局部剖面图；

——设计摘要封面增加总投资、现有人口、人均造价、人均年水费负担占人均纯年收入的百分比。

二、项目水厂建设必须达到的要求

——水厂的规划一般按中央项目办编的《中国农村饮用水供应和卫生规划手册》的基本原则，特殊情况例外；

——送水到户，装表计量；

——河水保证有净化设施和消毒，地下水至少保证消毒；

——有调节构筑物；

——按规定设防护带；

——有维修和办公辅助设施；

——每个水厂至少要有定期的浊度和余氯检测，中心水厂还要增加检测项目。

三、报批权限

设计的项目按规定权限报批，总投资小于 20 万元或人均投资小于 80 元、人均年水费与人均年收入之比小于 4%的项目由县改水办审批；总投资在 20 万 ~ 50 万元或人均投资大于 80 元、人均年水费与人均年收入之比大于 4%的项目由省改水项目办公室审批。

第三节　施工管理

改水工程的施工由县改水办统一部署，按照省〔1984〕建筑和安装工程定额标准实行承包，并确定有经验的施工管理人员实行施工监督，改水办有专人分管并参与验收。其中：土建施工主要是委托当地建筑工程队承包；管网工程由县改水办培养的农民技术队伍安装，实行统一技术指导、统一施工监督和统一组织竣工验收。

农村水厂的建设，因涉及土建技术、给水工程技术等内容，但当时建设单位缺懂这方面技术的人员，在各水厂建设过程中，县改水办成立施工监督小组，派技术人员深入

施工现场，进行施工监督和技术指导，发现问题及时帮助纠正，保证了改水工程施工的顺利进行，使农村水厂建一座成一座，没有返工等现象发生。

第四节　物资管理

改水物资有贷款项目物资和自行采购物资二类。县改水办成立物资管理组，由三人组成，专门从事贷款项目改水物资安排、物资供应和物资指标分配，并为农村水厂代购、代储改水物资。在改水项目中接受世界银行贷款的水厂主要是以物资形式提供，物资到货后县改水办落实专人管理，按批准的贷款指标进行安排。并建立进出库账目，如发现物资移用，由纪检部门追查责任。

因贷款提供的物资不能满足水厂建设需要，余杭县计划委员会再下达改水物资指标，由县改水办掌握分配。自1981年至1990年间，县计委共安排水泥指标4430吨、木材指标50立方米、钢材指标72吨、毛竹指标1000支（详见附表3－1）。同时，县改水办还为改水单位代购工程物资，因进货量较大，厂商愿降低价格，改水单位可得到实惠。代购的主要物资是水管、水泵、水表、水嘴及相关配件等。对质量达不到标准的物资，采取退货、换货、索赔等形式处理，使改水单位不受损失。其中，1987年共索赔物资款1.5万元，退换货17吨，对保证改水质量起了较好的作用。

物资管理的主要措施：一是制定和实施严格的物资管理制度，二是实施管理岗位责任制，三是物资进出仓库做到手续完备、账证齐全、账账相符、账物相符，四是物资仓库堆放整齐，实行分类分位，并贴有标签。在1990年全省农村改水物资联查评比中余杭县获得第一名。

表3－1　　1981年—1990年余杭县计委分配的改水物资指标

物资名称	1981—1983年	1984年	1985年	1986—1989年	1990年	合计
水泥（吨）	974	400	840	1866	350	4430
木材（立方米）	50	—	—	—	—	50
钢材（吨）	30	11	13	18	—	72
毛竹（支）	—	—	1000	—	—	1000

第五节　财务管理

自1984年11月开始，县改水办专门建立改水财务账册，配备会计、出纳各1名。改水财务管理除按当时国家财务政策执行外，还执行中央改水办制订的《中国农村供水财务执行办法》，包括财务管理制度、会计核算办法、水厂营运财务管理办法及水厂营运会计核算办法。各项目水厂按照要求统一建账，并及时填写报表。县财税局、审计局为财务检查、审计和财务管理指导单位。1985 年年底前，改水财务为二级预算单位，1986 年开始转为一级预算单位，凡贷款改水单位均须对改水财务进行独立建账。按世界银行要求，凡改水财务账目（包括县改水办账目、各贷款改水单位的改水财务）均须经县审计局审计。1985 年，县审计局专门派员对县改水办财务账目及沾桥乡等 10 个贷款改水单位的改水财务账务进行认真的审计，提出了改进意见。1987 年在审计决算过程中，发现不合理单项项目 25 个，剔除不合理的工程款 3 万余元，为项目水厂节约 3 万元资金。

县改水办在农村改水项目财务管理方面，做到及时、准确、完整、清晰地编报财务报表，按规定如数上交承诺经费和手续费，并指导农村水厂做好财务工作。在 1990 年全省农村改水项目财务评比中余杭县获第一名。

第三章　改水方式

余杭农村的改水方式，前期以挖浅井取水为主，后改为建自来水厂供水为主。通过改水，改变农村居民直接从河、溪、湖、塘、漾等水源取水，不经过净化、消毒，直接饮用的饮水习惯，从而提高村民饮用水卫生质量，方便村民取用饮用水。

第一节　挖浅井

挖浅井改水为农村改水的初级形式，由农村各家庭或者联户开挖，井深一般不超过地下不透水层，水源以地表水渗透为主，取水方式多用吊桶、轱辘或小型水泵。

余杭县挖井和使用井水人数最多年份为 1990 年，当年挖井 29459 口，历年累计挖井 48320 口，使用井水的农户有 67738 户，受益人口 317137 人，占当年全县农村人口 44.6%。1991 年之后，随着自来水厂建设的发展，使用井水的人口逐年减少。

余杭县农村历年建水井数量与农户受益情况见附表 3－2。

表 3－2　　余杭县农村建水井与农户受益情况一览表

年份	水井数量（口）		受益户数（户）		受益人数（人）		占全县农村人口%
	当年新建	累计	当年新增	累计	当年新增	累计	
1981 年前	—	5816	—	26700	—	109769	16.1
1981	1775	7591	5259	31959	23666	133435	19.5
1982	1055	8646	5025	36984	32993	166428	24.0
1983	4354	13000	4689	41673	21100	187528	26.9
1984	2253	15253	3512	45185	15804	203332	29.1
1985	1447	16700	4286	49471	19288	222620	32.4
1986	91	16791	800	50271	5000	227620	33.1
1987	220	17011	1130	51401	6800	234420	33.9
1988	1350	18361	870	52271	6075	240495	34.4
1989	500	18861	4460	56731	20090	260585	37.2
1990	29459	48320	11007	67738	56552	317137	44.6
1991	0	48320	－458	67280	－2235	314902	44.0
1992	0	48320	－1047	66233	－4816	310086	38.0

注：1991 年后，随着自来水厂建设的发展，井水使用人数逐年减少

第二节　建自来水厂

余杭县农村自1977年百丈公社石竹园大队甘岭生产队农民利用山涧水源，敷设自来水管引山涧水入农家，开创了我县农村最早的简易自来水设施。1982年3月，五杭公社五杭大队以运河水为水源，兴建了全县第一座原水经过净化、消毒的农村自来水厂。自农村开始兴建自来水厂后，逐步改变了农村居民的饮水习惯，提高了饮用水的卫生程度，对预防痢疾等肠道传染病有明显效果，深受广大农民欢迎。

余杭县农村自来水厂（供水站）累计建设最多的年份在1989年，当年年底全县有各类小型自来水厂（供水站）289座，喝自来水的农户有60995户，受益人口288283人，占农村人口的41.1%。1990年，淘汰了往年建的简陋小水厂23座，至1992年全县累计在运行的农村水厂277座，自来水受益农户85839户，受益人口408981人，占农村人口的50.1%。

图3－1　安溪镇自来水厂制水车间

余杭县各年份建自来水厂数量和农户受益情况见附表3－3。

表3－3　　余杭县农村自来水厂建设与农户受益情况一览表

年份	水厂数量（座）		受益户数（户）		受益人数（人）		占全县农村人口%
	当年新建	累计	当年新增	累计	当年新增	累计	
1980年前	—	66	—	—	—	10293	1.5
1980	6	72	—	335	1495	11788	1.7
1981	11	83	597	932	2593	14381	2.1
1982	28	111	1450	2382	6754	21135	3.0
1983	16	127	1780	4162	7422	28557	4.1
1984	37	164	2945	7107	13390	41947	6.0
1985	27	191	8172	15279	36777	78724	11.5
1986	33	224	10430	25709	52113	130837	19.0
1987	32	256	14150	39859	62328	193165	27.9

续表 3-3

年份	水厂数量（座）		受益户数（户）		受益人数（人）		占全县农村人口%
	当年新建	累计	当年新增	累计	当年新增	累计	
1988	27	283	14186	54045	63841	257006	36.8
1989	6	289	6950	60995	31277	288283	41.1
1990	+5-23	271	1179	62174	5544	293827	41.3
1991	4	275	2027	64201	9125	302952	42.7
1992	2	277	21638	85839	106029	408981	50.1

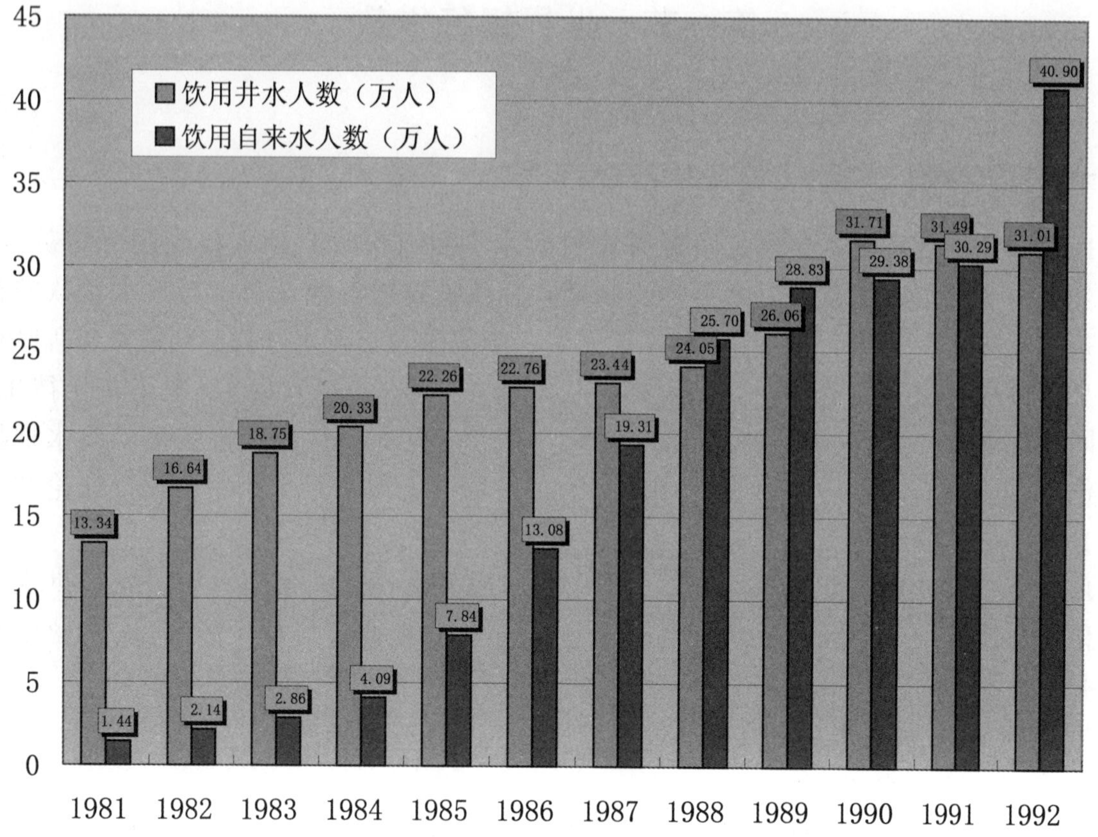

图 3-2　1981 年—1992 年余杭县农村改水饮用井水和自来水人数统计图

第四章　改水经费

余杭县农村改水经费主要由改水单位筹集，经费来源包括所在地乡镇政府拨款、村级集体经济支助、企事业单位赞助和受益农户出资等方面。其中，部分改水项目接受世界银行贷款（无息贷款），同时浙江省、杭州市和余杭县人民政府给予一定的资金补助。

第一节　世界银行贷款

一、贷款准备

1983年，浙江省爱卫会决定余杭县农村改水项目（部分）列入接受国际贷款计划。1984年1月7日，浙江省爱卫会召开改水贷款会议，要求各地及时做好改水贷款准备工作。是年8月9日，世界银行顾问林平华先生、中央爱卫会改水办公室刘家义工程师莅临余杭县考察农村改水的条件。县政府副县长刘永根、县委宣传部部长李小花接待来客。并陪同参观星桥乡水厂、博陆乡新圩村三组水厂。考察人员认为余杭县接受改水贷款准备工作基本达到要求。是年11月，余杭县人民政府召开改水领导小组会议，讨论和部署了全县改水贷款的准备工作。

1985年5月9日，世界银行董事会与中华人民共和国正式签署《中国农村供水项目开发信贷协定》和《中国农村供水项目协定》。余杭县在此项贷款中能享受3281837个特别提款权，按当时汇率折合人民币895.4万元的贷款，并根据国际金融升贬调整。贷款改水计划建造58座项目水厂，受益村238个，受益人口35.56万人，计划总投资4585.83万元。

根据中央爱卫会改水办提出的“早动手、早受益”的精神，余杭县人民政府决定在1985年先搞10个贷款改水单位，分别是：百丈乡泗溪村，长乐镇平山村梅林、斜坑村、西山村，双溪乡四岭村，沾驾桥乡，五常乡天竺桥村、西坝村，五杭乡唐公村以及良渚镇。截至年底，除五杭乡唐公村及良渚镇水厂尚待扫尾外，有8个水厂建成供水。

二、贷款使用方式

1985年11月，余杭县政府召开全县农村改水工作会议，作出贷款管理与使用等有关规定：县财税局为县政府贷款代表，县改水办公室为县政府贷款提款代表，并负责改水实施。接受贷款改水单位可享受工程总造价的40%贷款；国家再补助15%（其中，省财政补助 5%、县财政补助 10%），不足部分由改水单位自行筹集。

全部贷款以物资和土建费形式提供。

改水贷款偿还期为 10 年，其中前三年（1986 年—1988 年）为宽限期，后七年（1989 年—1995 年）每年归还贷款本金的 1/7。改水单位对贷款中未提取部分按 0.5%的年率向世界银行交付承诺费。对已提取而未偿还部分按 0.75%的年率向世界银行交付手续费。

三、贷款改水项目审批权限

工程总造价 50 万元以上的改水项目，由中央爱卫会改水办公室审批；50 万元以下、20 万元以上的项目，由浙江省爱卫会改水办公室审批；20 万元以下的项目，由县改水办公室审批。

四、贷款改水项目

余杭县列入世界银行贷款改水项目共有 58 项，其中县级改水项目 1 项，即：余杭县临平区给水工程（余杭县临平区水厂，1994 年 7 月更名为：余杭市临平第二水厂）；乡镇改水项目 16 项，分别是：星桥乡水厂、亭趾镇水厂、博陆镇水厂、宏畔乡水厂、崇贤镇水厂、沾驾桥乡水厂、良渚镇水厂、蒋村乡水厂、永建乡水厂、闲林镇水厂、中桥乡水厂、长乐镇水厂、瓶窑镇水厂、黄湖镇水厂、潘板桥镇水厂和鸬鸟乡水厂；村级改水项目 41 项，涉及 18 个镇乡中的 41 个村，其中，亭趾镇 3 项、博陆镇 1 项、五杭乡 2 项、崇贤镇 2 项、蒋村乡 2 项、五常乡 5 项、勾庄乡 1 项、安溪乡 4 项、舟枕乡 1 项、闲林镇 1 项、和睦乡 4 项、长乐镇 4 项、中桥乡 1 项、泰山乡 2 项、黄湖镇 1 项、双溪乡 3 项、潘板桥镇 3 项、百丈乡 1 项。

余杭县农村改水世界银行贷款项目见附表 3 - 4。

五、项目投资金额

全县 58 个农村改水项目总投资概算 4585.83 万元，实际投资 3919 万元，比概算减少 666.83 万元，其中，县级项目 1 个，投资概算 2965.46 万元，占 64.67%；镇乡级项目 16 个，投资总概算 1074.15 万元，占 23.42%，平均每个项目投资概算 67.13 万元；村级项目 41 个，投资总概算 546.22 万元，占 11.91%，平均每个项目投资概算 13.32 万元（详见附表 3 - 4）。

在 58 个项目中，投资概算大于 80 万元的项目有 6 个，分别是：临平区水厂、宏畔乡水厂、崇贤镇水厂、永建乡水厂、闲林镇水厂和瓶窑镇水厂；投资概算在 50 万 ~ 80 万元间的项目有 3 个，分别是：博陆镇水厂、沾驾桥乡水厂和良渚镇水厂；投资概算在 30 万 ~ 50 万元间的项目有 6 个，分别是：星桥乡水厂、亭趾镇水厂、蒋村乡水厂、蒋村乡五联片水厂、黄湖镇水厂和潘板桥镇水厂；投资概算在 10 万 ~ 30 万元间的项目有 23 个，分别是：亭趾镇章家河村水厂、亭趾镇费庄村水厂、博陆镇螺蛳桥村水厂、博陆镇新圩村水厂、五杭乡唐公村水厂、崇贤镇陆家桥村水厂、崇贤镇水洪庙村水厂、五常乡源谊村水厂、五常乡白庙村水厂、安溪乡下村水厂、舟枕乡中南村水厂、和睦乡梧桐村水厂、和睦乡华丰村水厂、和睦乡民丰村水厂、和睦乡和睦村水厂、长乐镇水厂、长乐镇斜坑村水厂、中桥乡水厂、中桥乡南头村水厂、泰山乡巴家桥村水厂、双溪乡泗岭桥村水厂、潘板桥镇漕桥村水厂和潘板桥镇钱家滩水厂；其余20个项目水厂投资概算均在10万元以下（详见附表3－4）。

58个项目实际总投资3919万元，按受益人口计算，人均投资105.46元。其中，人均造价大于125元的项目32个，人均造价在100元～125元之间的项目17个，人均造价小于100元的项目9个。

六、项目贷款金额

1985年5月9日，在世界银行董事会与我国签订农村供水项目信贷协定时，余杭县在此项贷款中能享受3281837个特别提款权，按当时汇率折合人民币895.4万元。至1990年年底，余杭县实际得到世界银行贷款3294711.16个特别提款权，比信贷协定增加12874.16个特别提款权。根据国际金融升贬，折合人民币共计16015040.65元，其中外汇损益7033231.20元。

全县58个世界银行贷款的农村改水项目，立项时批准贷款1056.14万元，实际发放给各项目贷款1356.24万元。其中，县级项目1个，批准贷款408万元，实际发放贷款5687796.95元（含项目周转金），占41.94%；乡镇级项目16个，批准贷款429.66万元，实际发放贷款5200156.24元，占38.34%，平均每个项目贷款325009.77元；村级项目41个，批准贷款218.48万元，实际发放贷款2674446.81元，占19.72%，平均每个项目贷款65230.47元（详见附表3－4）。

七、项目效益

全县58个使用世界银行贷款的农村改水项目，自1985年至1992年，全部实施完工，使266个村的371623人受益，占全县农村人口的45.52%。比项目原计划受益238个村、35.56万人分别增加受益村28个、增加受益人口1.6万人。其中，受益人口在100000人以上的项目1个（临平区水厂），受益人口在10001～15000人间的项目3个（宏畔乡水厂、崇贤镇水厂、瓶窑镇水厂），受益人口在5001～10000人间的项目7个（星桥乡水厂、亭趾镇水厂、博陆镇水厂、沾驾桥乡水厂、良渚镇水厂、闲林镇水厂、潘板桥镇水厂），受益人口在3001～5000人间的项目2个（五杭乡唐公村水厂、蒋村乡五联片水厂），受益人口在2001～3000人间的项目12个（亭趾镇费庄村水厂、博陆镇新圩村水厂、崇贤镇水洪庙村水厂、蒋村乡水厂、五常乡源谊村水厂、五常乡白庙村水厂、永建乡水厂、和睦乡民丰村水厂、长乐镇水厂、黄湖镇水厂、鸬鸟乡水厂、双溪乡泗岭村水厂），受益人口在1001～2000人间的项目24个，受益人口小于1000人的项目9个（详见附表3－4）。

农民吃上自来水后，告别了几十年来饮用河塘水的历史，肝炎、痢疾等肠道传染病明显减少。如崇贤镇裘家斗村和三家村，安装自来水前的1985年，共发生肠道传染病12

例，1986年两村村民吃上自来水后，仅发生肠道传染病3例，村民吃上自来水后，肠道传染病发病率下降75%。

同时，农村安装自来水后，一些农民像城里人一样用上了洗衣机、热水器等，减轻了家务劳动强度，促进了家庭和睦。

项目水厂的建设，对乡镇企业的发展有很大的作用，如长乐镇斜坑村装上自来水后，办起了毛笋加工厂，以自来水为生产用水，加工生产的罐头毛笋等产品不仅供应国内市场，还远销国际市场，取得较好的经济效益。

表3-4　　余杭县农村改水世界银行贷款和国家补助项目与金额

序号	项目水厂名称	受益人口（人）	总投资概算（万元）	贷款金额		国家补助（万元）
				批准贷款（万元）	实际发放贷款（元）	
1	临平区水厂	208990	2965.46	408.00	5687796.95	216.00
2	星桥乡水厂	5800	46.80	18.72	156669.88	7.02
3	亭趾镇水厂	5060	49.80	19.92	191847.80	7.47
4	亭趾镇南栅口村水厂	1260	9.70	3.88	75200.94	1.445
5	亭趾镇章家河村水厂	1359	10.20	4.08	84776.86	1.53
6	亭趾镇费庄村水厂	2500	18.50	7.40	107780.00	2.775
7	博陆镇水厂	8632	78.10	31.24	203503.84	11.715
	博陆镇螺蛳桥村水厂	1424	14.00	5.60		2.10
8	博陆镇新圩村水厂	2436	19.50	7.80	149918.91	2.925
9	五杭乡唐公村水厂	4500	17.80	7.12	117930.47	2.67
10	五杭乡郭信村水厂	890	8.60	3.44	3712.0.00	1.29
11	宏畔乡水厂	14164	140.00	56.00	278608.28	21.00
12	崇贤镇水厂	10641	150.74	60.30	878651.45	22.61
13	崇贤镇陆家桥村水厂	1468	11.90	4.76		1.785
14	崇贤镇水洪庙村水厂	2305	19.70	7.88		2.955
15	沾驾桥乡水厂	6149	58.90	23.56	557710.40	8.835
16	良渚镇水厂	5200	67.50	27.00	328609.23	10.125
17	蒋村乡水厂	2088	34.98	13.99	620977.54	5.247
18	蒋村乡合建村水厂	980	9.00	3.60		1.35
19	蒋村乡五联片水厂	4679	47.00	18.80		7.05

续表 3－4

序号	项目水厂名称	受益人口（人）	总投资概算（万元）	贷款金额		国家补助（万元）
				批准贷款（万元）	实际发放贷款（元）	
20	五常乡源谊村水厂	2550	19.00	7.60	100243.87	2.85
21	五常白庙村水厂	2760	20.00	8.00	62909.76	3.00
22	五常乡油车斗村水厂	950	9.30	3.72	37200.00	1.395
23	五常乡天竺桥村水厂	1125	7.00	2.80	34970.00	1.05
24	五常乡西坝村水厂	1600	7.95	3.18	34673.00	1.19
25	勾庄乡吴王村水厂	1027	8.00	3.20	77631.95	1.20
26	安溪乡安溪村水厂	1090	9.00	3.60	58216.00	1.35
27	安溪乡下村水厂	1035	20.00	8.00	106961.11	3.00
28	安溪乡中溪村水厂	944	9.40	3.76	45200.00	1.41
29	安溪乡上溪村水厂	942	8.40	3.36	43497.00	1.26
30	永建乡水厂	2480	93.98	37.59	346557.06	14.10
31	舟枕乡中南村水厂	1405	14.00	5.60	196789.89	2.10
32	闲林镇水厂	9400	123.75	49.50	659014.52	18.56
33	闲林镇灵溪村水厂	586	4.90	1.96	30600.00	0.735
34	和睦乡梧桐村水厂	1700	19.50	7.80	136308.49	2.925
35	和睦乡华丰村水厂	1860	22.70	9.08	162103.74	3.405
36	和睦乡民丰村水厂	2415	19.00	7.60	166896.39	2.85
37	和睦乡和睦村水厂	1700	29.50	11.80	177294.40	4.425
38	长乐镇水厂	2300	16.00	6.40	114914.35	2.40
39	长乐镇西山村水厂	1000	9.20	3.68	48056.64	1.38
40	长乐镇斜杭村水厂	1380	11.50	4.60	56100.73	1.725
41	长乐镇平山村梅林水厂	800	1.80	0.72	7213.30	0.27
42	长乐镇绿景塘水厂	1060	7.50	3.00	26091.26	1.125
43	中桥乡水厂（跳头）	1318	13.00	5.20	95700.00	1.95
44	中桥乡南头村水厂	1082	10.00	4.00	43914.97	1.50
45	泰山乡巴家桥村水厂	1450	10.44	4.17	64590.00	1.566
46	泰山乡铜岭桥村水厂	1450	9.80	3.92	37623.00	1.47

续表 3－4

序号	项目水厂名称		受益人口（人）	总投资概算（万元）	贷款金额		国家补助（万元）
					批准贷款（万元）	实际发放贷款（元）	
47	瓶窑镇水厂		13400	82.80	33.12	329639.81	12.42
48	黄湖镇水厂		2455	46.00	18.40	195478.69	6.90
49	黄湖镇白塔村水厂		860	5.00	2.00	15563.53	0.75
50	鸬鸟乡水厂		2823	22.70	9.08	31427.00	3.405
51	双溪乡双溪村水厂		1221	8.00	3.20	28275.13	1.20
52	双溪乡泗岭村水厂		2244	16.00	6.40	73669.86	2.40
53	双溪乡里洪村水厂		1000	5.89	2.35	23240.81	0.88
54	潘板桥镇水厂		5240	49.10	19.64	210846.39	7.365
55	潘板桥镇槽桥村水厂		1200	10.80	4.32	40757.81	1.62
56	潘板桥镇钱介滩村水厂		1670	16.00	6.40	125751.99	2.40
57	潘板桥镇前溪村水厂		766	6.50	2.60	24975.00	0.975
58	百丈乡泗溪村水厂		810	4.24	1.70	14400.00	0.636
合计	县级项目（1个）		208990	2965.46	408.00	5687796.95	216.00
	乡、镇、村	乡镇项目（16个）	97150	1074.15	429.66	5200156.24	161.12
		村级项目（41个）	65483	546.22	218.48	2674446.81	81.92
		小计（57个）	162633	1620.37	648.14	7874603.05	243.04
合　计（58个）			371623	4585.83	1056.14	13562400.00	459.04
其　他			—	—	—	2452640.65	—
世界银行贷款总计			—	—	—	16015040.65	—

第二节　政府补助

为支持和推进农村改水事业的发展，加快改水进度，使广大村民早受益，各级政府对农村改水项目均给于不同程度的资金补助，补助形式主要有三种类型：

一、使用世界银行贷款的改水项目补助

对列入世界银行贷款改水的项目，在贷款的同时，国家再给于投资额15%资金补助，其中：省财政补助5%、县财政补助10%。

县级改水项目——临平区水厂，投资概算2965.46万元，国家补助216.00万元，占7.28%；各镇、乡、村列入世界银行贷款的57个农村改水项目投资概算1620.37万元，各级政府共补助建设资金243.04万元，占15%。平均每个项目补助4.26万元。其中，补助10万元以上的项目有7个，补助5万~10万元的项目有7个，补助3万~5万元的项目有5个，补助1万~3元的项目有32个，补助1万元以下的项目有6个（详见附表3-4）。

二、不使用世界银行贷款的改水项目（即称“面上改水”）补助

对自身经济较好的改水单位或规模较小的农村水厂建设一般以自筹资金为主，不列入世界银行贷款。为支持和推进农村改水，余杭县政府对该类改水工程的建设，经竣工验收合格后，给于工程造价15%的改水资金补助，资金由余杭县财政承担。截至1988年，“面上改水”项目中受到县财政补助的有五杭乡五杭村等94个村（详见表3-5），先后实施“面上改水”项目137个。补助金额见附表3-7中余杭县人民政府1982年—1992年各年补助经费（包括世界银行贷款改水项目10%的补助）。

表3-5　余杭县农村“面上改水”项目资金补助单位

序	改水单位	序	改水单位	序	改水单位
1	五杭乡五杭村	33	泰山乡孟坞村	65	黄湖镇独山村1~8组
2	小林乡陈家木桥村5组	34	中桥乡铜山村1~9组	66	黄湖镇件坞村1~3组
3	双村乡东安村1~3组	35	中桥乡章岭村6组	67	黄湖镇牌楼山村1~4组
4	双林乡星火村1~7组	36	西行乡厨房斗村	68	黄湖镇上街村1~3组
5	亭趾镇亭趾村9~10组	37	西行乡大港桥村6组	69	黄湖镇孙家门村1~2组
6	亭趾镇费庄村	38	西行乡厚仁桥村1~3组	70	黄湖镇高村
7	下沙乡中沙村6组	39	西行乡杨家桥村1~3组	71	黄湖镇赐壁村狮子岭等组
8	博陆镇金家埭村	40	西行乡南阳坝村6组	72	鸬鸟乡后畈村1~8组
9	博陆镇长子村	41	西行乡五里塘村1、3组	73	鸬鸟乡施家边村2~7、10组
10	丁河乡张家墩村	42	安溪乡安溪集镇（桥南村）	74	鸬鸟乡白沙村2~4组
11	獐山镇奉口村燕湾等组	43	双桥乡方山村4、5、6组	75	鸬鸟乡全城坞村1~9组
12	超山乡龙洞村	44	五常乡顾家桥村	76	鸬鸟乡前庄村15组
13	云会乡水产大队	45	五常乡横板桥村	77	太平乡锡康村
14	长乐镇冷水桥村	46	五常乡荆山村4组	78	太平乡祝家湾村3组

续表 3－5

序	改水单位	序	改水单位	序	改水单位
15	长乐镇径山村	47	五常乡友谊村	79	太平乡嵩村
16	长乐镇小五山村	48	潘板桥镇汪家村 3 组	80	太平乡太公堂村
17	长乐镇长西村	49	潘板桥镇俞家堰村	81	太平乡上高村
18	舟枕乡上湖村	50	彭公乡两水坞村	82	太平乡后坞村 1～4 组
19	永建乡仇山村 1～4 组	51	彭公乡长岭村 5 组	83	北湖乡张埝村
20	永建乡永丰村	52	彭公乡东柽坞村 4～6 组	84	北湖乡西中村
21	永建乡溪塔村	53	彭公乡石门村 3～4 组	85	双溪乡竹山村东风、红星组
22	永建乡永联村	54	彭公乡集镇（翁家村）	86	双溪乡吴山村红卫组
23	仓前镇仓前村 1～3 组	55	彭公乡西坞村 1～6 组	87	百丈镇坪里村 1 组
24	仓前镇通义村 1～7 组	56	彭公乡板石村 1 组	88	百丈镇半山村
25	闲林镇联荣村 3 组	57	彭公乡大山村	89	百丈镇仙岩村 1～6 组
26	闲林镇连增村 1 组	58	彭公乡石濑村	90	百丈镇石竹园村 1～13 组
27	闲林镇闲林村 1～4 组	59	彭公乡白鹤村	91	百丈镇半山村东方红等 7 个组
28	闲林镇新建村	60	黄湖镇里山村	92	百丈镇百丈村 1～8 组
29	闲林镇里山桥村	61	黄湖镇浪河口村 1～7 组	93	百丈镇溪口村 1～7、11～13 组
30	闲林镇孙家坞村	62	黄湖镇塔边村 1～12 组	94	百丈镇八坪里村 2－12 组
31	泰山乡八角亭村	63	黄湖镇东坞村 1～2 组	—	—
32	泰山乡邱家坞村 1～4 组	64	黄湖镇东山村	—	—

三、专项改水补助

1983 年—1984 年，余杭县因受杭州“三废”排放，污染了饮用水源，浙江省和杭州市政府专项补助人民币 65 万元用于农村改水，其中省补助 25 万元、杭州市补助 40 万元。同时，余杭县政府再增补 5 万元，合计 70 万元和部分物资，专项补助三墩区、塘栖区 12 个乡和 2 个镇受污染较重地区的农村改水。该地区经改水后共打大井 1393 口、打小井 16072 口，沾桥、崇贤、勾庄三个小集镇建三个小型水厂，塘栖镇自来水厂增加制水能力，三墩镇延伸供水管道，对农村饮用水水池进行养殖水浮莲等生物净化试验等。补助给各镇乡的资金和物资分二次下拨（详见表 3－6）。

表 3－6　　补助水源污染乡镇改水建设经费和物资分配表

乡	第一次（1983 年 10 月 13 日）				第二次（1984 年 5 月 10 日）	补助经费合计（万元）
	经费（万元）	钢材（吨）	木材（立方）	水泥（吨）	经费（万元）	
崇贤乡	5.0	5	5	50	4.5	9.5
沾桥乡	5.0	5	5	50	4.3	9.3
云会乡	1.5	1.5	1.5	15	1.2	2.7
宏畔乡	2.0	2	2	20	2.2	4.2
丁河乡	2.0	2	2	20	1.5	3.5
西行乡	3.0	3	3	30	2.2	5.2
运河乡	2.0	2	2	20	2.2	4.2
肇和乡	2.0	2	2	20	1.0	3.0
勾庄乡	2.5	2.5	2.5	25	2.7	5.2
双桥乡	2.0	2	2	20	2.5	4.5
五常乡	2.0	2	2	20	2.2	4.2
蒋村乡	2.0	2	2	20	2.5	4.5
塘栖镇	6.0	—	—	—	—	6.0
三墩镇	2.0	—	—	—	—	2.0
合计	39.0	31	31	310	29.0	68.0

注：同时，另补助给崇贤乡建拦河橡皮坝 0.5 万元、环保部门用于改善群众饮用水调查及研究经费 1.5 万元

四、1981 年—2012 年省、市、区（县、市）补助改水资金

为支持和推进农村改水，浙江省、杭州市和余杭区（县、市）政府自 1981 年至 2012 年间共补助各乡镇、村的改水建设资金 2533.935 万元（不包括补助临平区水厂 216.00 万元）。其中，省政府补助 159.9 万元、杭州市政府补助 487.335 万元、余杭区（县、市）政府补助 1886.7 万元（详见表 3－7）。

表 3－7　　1981 年—2012 年省、市、区补助余杭农村改水经费　　单位：万元

年份	省政府	杭州市政府	区（县、市）政府	合计
1981	4.0	—	—	4.0
1982	4.0	—	4.0	8.0
1983	6.0	—	18.0	24.0

续表 3-7

年份	省政府	杭州市政府	区（县、市）政府	合计
1984	5.5+25.0	40.0	5.0+22.0	97.5
1985	（列入 86 年）	—	20.0	20.0
1986	44.2	—	60.0	104.2
1987	15.0	16.0	72.0	103.0
1988	10.0	—	65.0	75.0
1989	10.0	20.0	40.0	70.0
1990	24.2	100.0	20.2	144.4
1991	10.0	127.335	137.5	274.835
1992	2.0	—	104.59	106.59
1993	—	—	—	—
1994	—	—	35.0	35.0
1995	—	—	70.80（50.0）	70.80
1996	—	—	66.93（60.0）	66.93
1997	—	—	83.68（70.0）	83.68
1998	—	—	70.0（70.0）	70.0
1999	—	—	70.0（70.0）	70.0
2000	—	—	70.0（70.0）	70.0
2001	—	—	80.0（70.0）	80.0
2002	—	—	70.0（70.0）	70.0
2003	—	—	73.0（70.0）	73.0
2004	—	—	66.0（70.0）	66.0
2005	—	—	70.0（70.0）	70.0
2006	—	23.0	70.0（70.0）	93.0
2007	—	15.0	70.0（70.0）	85.0
2008	—	23.0	73.0（70.0）	96.0
2009	—	40.0	70.0（70.0）	110.0
2010	—	33.0	70.0（70.0）	103.0
2011	—	29.0	70.0（70.0）	99.0
2012	—	21.0	70.0（70.0）	91.0
合计	159.9	487.335	1886.7	2533.935

注：余杭区补助资金拦中括号内资金是当年列入财政预算数，括号外资金是实际补助数

上述省、市、区各年度的补助资金主要用于以下改水项目：

1. 在1984年补助经费中省政府补助的25万元、杭州市政府补助的40万元和县政府补助的5万元专项补助三墩区、塘栖区14个镇乡受杭州工业废水和生活污水污染而实施的改水项目。

2. 省政府各年度的补助资金中1981年至1984年为专项改水补助，1985年至1992年的补助为世界银行贷款改水项目投资额5%的配套资金。

3. 杭州市政府1987年补助16万元专项用于蒋村乡改水。1989年—1991年共补助的247.335万元，专项用于余杭县运河遭受水污染地区的改水项目。2006年—2012年的补助经费主要用于山区农村改水（山区农村二次改水）。

4. 余杭县（市）政府1982年—1994年的补助资金主要用于世界银行贷款改水项目投资额10%的配套资金和各镇乡、村“面上改水”项目投资额15%的补助资金及改水行政事业费补助。

5. 余杭区（市）1995年—2012年农村改水补助资金列入年度财政预算，专项用于农村改水项目。在18年间共列入区财政预算的农村改水补助资金共1230万元，实际补助1283.41万元，超预算资金补助53.41万元。补助资金用于各乡镇、村的农村改水项目合计243个，项目投资总额24896.83万元。项目竣工运行后新增农村自来水受益人口累计258995人、二次改水受益人口136941人（详见附表3-8）。平均每人受益自来水需投资628.81元，其中余杭区财政补助每位受益人32.41元。

表3-8　1995年—2012年余杭区（县、市）财政预算内资金补助改水金额

年份	补助对象（个）		改水项目投资金额（万元）	改水受益人口（人）		补助金额（万元）		备　注
	乡镇	改水项目		当年新增	二次改水	当年预算	实际补助	
1995年	7	7	585.49	12334	—	50	70.80	实际补助超预算20.8万元
1996年	7	8	495.82	13811	—	60	66.93	实际补助超预算6.93万元
1997年	9	9	38.33（不含续建项目）	53091	—	70	83.68	实际补助超预算13.68万元 环保部门另外补助43万元
1998年	14	14	1959.04	15036	—	70	70	—
1999年	14	15	636.50（不含续建项目）	10050	—	70	70	—
2000年	12	13	3432.50	21477	—	70	70	—
2001年	4	4	1351.00	19114	—	70	80	实际补助超预算10万元
2002年	12	12	1246.00	18870	—	70	70	—

续表 3－8

年份	补助对象（个）		改水项目投资金额（万元）	改水受益人口（人）		补助金额（万元）		备　注
	乡镇	改水项目		当年新增	二次改水	当年预算	实际补助	
2003 年	12	12	945.92	9140	22446	70	73	实际补助超预算 3 万元
2004 年	8	13	3113.50	18076	28700	70	66	实际补助比预算少 4 万元
2005 年	10	14	1131.90	30102	14742	70	70	—
2006 年	10	15	1744.70	8128	12486	70	70	杭州市另补助 23 万元
2007 年	6	15	1452.80	14260	1320	70	70	杭州市另补助 15 万元
2008 年	7	22	2144.60	7340	8453	70	73	实际补助超预算 3 万元 杭州市另补助 23 万元
2009 年	6	24	2512.99	8166	11550	70	70	杭州市另补助 40 万元
2010 年	5	18	688.74	—	25922	70	70	杭州市另补助 33 万元
2011 年	6	22	837.00	—	11322	70	70	杭州市另补助 29 万元
2012 年	6	6	580.00	—	—	70	70	杭州市另补助 21 万元
合计		243	24896.83	258995	136941	1230	1283.41	实际补助超预算 53.41 万元 杭州市另补助 184 万元

第五章　改水受益

1990年，是余杭县农村改水面最广，井水受益人口最多，自来水受益率快速增长的一年，全县5个区、1个县属镇、20个镇、30个乡，通过农村改水使85.9%的农村人口受益。

第一节　各区受益情况

1990年，余杭县的临平、塘栖、三墩、余杭、瓶窑等5个区和县直属的临平镇农村，通过改水后，使317137人饮用上了井水，293827人饮用上了自来水，合计改水受益人口610964人（包括部分井水和自来水重复饮用人口），占当年农村人口的85.9%。各区及临平镇农村改水受益情况见附表3－9。

表3－9　　1990年余杭县各区农村改水状况

区	井水		自来水		合计	
	受益人数	占农村人口%	受益人数	占农村人口%	受益人数	占农村人口%
临平区	137202	79.3	34906	20.2	172108	99.5
临平镇农村	18878	82.0	3025	13.1	21903	95.1
塘栖区	36110	23.2	58209	37.4	94319	60.6
三墩区	46045	35.0	39144	29.7	85189	64.7
余杭区	57583	45.9	60513	48.2	118096	94.1
瓶窑区	21319	22.5	66833	70.5	88152	93.0
其他（流动人口）	—	—	31197	—	31197	—
全县合计	317137	44.6	293827	41.3	610964	85.9

第二节　乡镇受益情况

1990年，全县20个镇、30个乡和临平镇农村，经改水后乡、镇的农村人口全部受益自来水和井水的有九堡、下沙、翁梅、星桥、乔司、崇贤、长乐、余杭和黄湖等9个乡镇；受益自来水和井水的农村人口在80%以上、100%以下的有：大井、小林、博陆、亭趾、临平镇农村、沾驾桥、和睦、中桥、泰山、闲林、百丈、鸬鸟、潘板、双溪、彭公和瓶窑等16个乡镇；受益自来水和井水的农村人口在60%以上、80%以下的有五杭、超山、塘栖、三墩、五常、安溪、肇和、运河、勾庄、良渚、石鸽、永建、太平等13个乡镇，其余的乾元、宏畔、东塘、云会、塘南、獐山、大陆、双桥、蒋村、仓前、舟枕、吴山、长命等13个乡镇受益自来水和井水的人口在60%以下，各乡镇1990年农村改水受益情况详见附表3－10至3－14。

表3－10　　1990年余杭县临平区、临平镇农村改水状况

乡镇	井水		自来水		合计	
	受益人数	占农村人口%	受益人数	占农村人口%	受益人数	占农村人口%
九堡镇	23365	100.0	—	—	23365	100.0
下沙乡	17678	100.0	—	—	17678	100.0
大井乡	11771	97.6	—	—	11771	97.6
翁梅乡	23022	100.0	—	—	23022	100.0
星桥乡	10342	72.5	3914	28.5	14256	100.0
小林乡	10426	83.9	1293	10.4	11719	94.3
乾元乡	6212	58.1	—	—	6212	58.1
博陆镇	1395	10.3	10339	76.4	11734	86.7
亭趾镇	5296	36.7	8296	57.5	13592	94.2
乔司镇	23642	81.5	5355	18.5	28997	100.0
五杭镇	4053	29.2	5709	41.2	9762	70.4
临平区合计	137202	79.3	34906	20.2	172108	99.5
临平镇农村	18878	82.0	3025	13.1	21903	95.1

表3－11　　1990年余杭县塘栖区农村改水状况

乡镇	井水		自来水		合计	
	受益人数	占农村人口%	受益人数	占农村人口%	受益人数	占农村人口%
崇贤镇	1796	11.3	14087	88.7	15883	100.0
宏磻乡	4186	29.5	858	6.0	5044	35.5
超山乡	5470	47.3	1501	13.0	6971	60.3
东塘镇	7798	37.4	560	2.7	8358	40.1
云会乡	2410	12.1	190	1.0	2600	13.1
沾桥乡	3624	17.7	14908	72.9	18532	90.6
塘南乡	6364	27.8	260	1.1	6624	28.9
獐山镇	1728	11.8	4708	32.3	6436	44.1
塘栖镇	2734	7.4	21137	57.4	23871	64.8
合计	36110	23.2	58209	37.4	94319	60.6

表 3－12　**1990 年余杭县三墩区农村改水状况**

乡镇	井　水		自来水		合　计	
	受益人数	占农村人口%	受益人数	占农村人口%	受益人数	占农村人口%
三墩镇	4187	22.7	9402	51.0	13589	73.7
大陆乡	5855	47.6	—	—	5855	47.6
五常乡	912	6.2	10005	68.0	10917	74.2
安溪乡	2663	19.4	6349	46.1	9012	65.5
双桥乡	6377	37.3	—	—	6377	37.8
蒋村乡	459	3.0	6482	42.8	6941	45.8
肇和乡	4912	61.1	822	10.2	5734	71.3
运河乡	5834	66.9	—	—	5834	66.9
勾庄乡	5212	51.7	2567	25.4	7779	77.1
良渚镇	9634	46.3	3517	16.9	13151	63.2
合计	46045	35.0	39144	29.7	85189	64.7

表 3－13　**1990 年余杭县余杭区农村改水状况**

乡镇	井　水		自来水		合　计	
	受益人数	占农村人口%	受益人数	占农村人口%	受益人数	占农村人口%
和睦乡	1462	13.3	7852	71.2	9314	84.5
长乐镇	6532	45.6	7785	54.4	14317	100.0
仓前镇	11732	51.1	508	2.2	12240	53.3
中桥乡	5085	60.8	2113	25.3	7198	86.1
泰山乡	5265	49.3	5233	49.0	10498	98.3
石鸽乡	6491	76.4	—	—	6491	76.4
余杭镇	725	3.9	17872	96.1	18597	100.0
舟枕乡	6385	41.4	2084	13.5	8469	54.9
闲林镇	5190	27.2	12382	64.9	17572	92.1
吴山镇	4143	37.1	—	—	4143	37.1
永建乡	4573	35.1	4684	35.9	9257	71.0
合计	57583	45.9	60513	48.2	118096	94.1

表 3－14　**1990 年余杭县瓶窑区农村改水状况**

乡镇	井　水		自来水		合　计	
	受益人数	占农村人口％	受益人数	占农村人口％	受益人数	占农村人口％
百丈镇	275	2.7	9589	92.8	9864	95.5
黄湖镇	2078	14.6	12124	85.4	14202	100.0
鸬鸟乡	1905	30.2	4283	67.9	6188	98.1
潘板桥镇	2876	23.5	7912	64.7	10788	88.2
太平乡	1392	21.9	3383	53.3	4775	75.2
双溪乡	1180	13.0	6310	69.3	7490	82.3
彭公乡	4652	37.6	6962	56.2	11614	93.8
长命乡	4477	32.3	864	6.2	5341	38.5
瓶窑镇	2484	11.7	15406	72.4	17890	84.1
合计	21319	22.5	66833	70.5	88152	93.0

第六章　农村水厂

余杭市（县）自20世纪80年代初开始进行农村改水，先后建成各类农村水厂（供水站）289座，经过十余年的建设和运行，部分水厂进行了调整和撤并，至余杭市开始实施城乡一体化供水前的1998年年底，余杭市在线运行的自来水厂（供水站、点）共有212座，日供水能力177171立方米（见附表3－15）。其中，余杭市属的临平自来水厂除主要供应临平城区用水外，同时还供应临平城郊农村和临平第二水厂供水范围内的自来水用户，其余211座水厂（包括临平第二水厂和塘栖镇、余杭镇、瓶窑镇延伸向农村供水的管网及其他各镇、乡、村水厂）均是在农村改水时新建或改、扩建的。

余杭市211座农村水厂，1998年日供水能力为107171立方米（含塘栖、余杭、瓶窑镇自来水厂供水能力），占余杭市城乡水厂供水能力的60.49%。1998年供水量1814.68万立方米（含塘栖、余杭、瓶窑等三个集镇供水量，不包括临平镇农村供水量），占余杭市城乡水厂供水总量的60.21%。供水受益人口36.45万人（含临平自来水厂供应城郊农村人口1.99万人），占余杭市城乡水厂供水受益人口的86.13%，占余杭市人口的46.38%。

余杭市属农村水厂1座——临平第二水厂，日供水能力30000立方米，占余杭市农村水厂供水能力的27.99%，占余杭市城乡水厂供水能力的16.93%。1998年供水量524.0万立方米，占当年余杭市农村水厂供水总量的28.89%，占余杭市城乡水厂供水总量的17.39%；供水受益人口3.63万人（乔司镇和临平镇农村部分人口），占余杭市农村受益人口的9.39%，占余杭市人口的4.62%。同时，还供应杭州市江干区的九堡镇、下沙乡和周边省、市监狱及农场等单位6.30万人用水。

乡镇属水厂18座，日供水能力65810立方米，占余杭市农村水厂供水能力的61.41%，占余杭市城乡水厂供水能力的37.14%。1998年供水量1098万立方米，占当年余杭市农村水厂供水总量的60.52%，占余杭市城乡水厂供水总量的36.44%。供水受益人口22.83万人，占余杭市农村受益人口的62.63%，占余杭市人口的29.05%。

村属水厂41座，日供水能力8435立方米，占当年余杭市农村水厂供水能力的7.87%，占余杭市城乡水厂供水能力的4.76%。1998年供水量148.87万立方米，占当年余杭市农村水厂供水总量的8.21%，占余杭市城乡供水总量的4.94%。供水受益人口4.76万人，占余杭市农村受益人口的13.06%，占余杭市人口的6.06%。

组属及自然村水厂（供水站、点）151座，日供水能力2926立方米，占当年余杭市农村水厂供水能力的2.73%，占余杭市城乡水厂供水能力的1.65%。1998年供水量43.51万立方米，占当年余杭市农村水厂供水总量的2.4%，占余杭市城乡水厂供水总量的1.44%。供水受益人口3.24万人，占余杭市农村受益人口的8.39%，占余杭市人口的4.12%。

余杭市1998年各类水厂基本概况见附表3－16。

表 3－15

1998 年余杭市自来水厂(站)概况

<table>
<tr><th colspan="3" rowspan="2">水厂类别</th><th rowspan="2">座</th><th colspan="2">供水能力</th><th colspan="2">实际供水量</th><th colspan="3">供水受益人口</th></tr>
<tr><th>立方米/日</th><th>占市内水厂(%)</th><th>万立方米/年</th><th>占市内水厂(%)</th><th>万人</th><th colspan="2">占全市人口(%)</th></tr>
<tr><td rowspan="11">余杭市内水厂</td><td rowspan="5">市级水厂</td><td rowspan="2">临平自来水厂</td><td rowspan="2">1</td><td rowspan="2">100000</td><td rowspan="2">56.44</td><td rowspan="2">1199.00</td><td rowspan="2">39.79</td><td>城区:5.87</td><td>7.47</td><td rowspan="2">10.00</td></tr>
<tr><td>城郊:1.99</td><td>2.53</td></tr>
<tr><td rowspan="2">临平第二水厂</td><td rowspan="2">1</td><td rowspan="2">(30000)</td><td rowspan="2">(16.93)</td><td rowspan="2">524.00</td><td rowspan="2">17.39</td><td>乔司镇:3.63</td><td colspan="2">4.62</td></tr>
<tr><td>九堡、下沙:6.30</td><td colspan="2">—</td></tr>
<tr><td>小计</td><td>2</td><td>100000</td><td>56.44</td><td>1723.00</td><td>57.18</td><td>11.49(市内)</td><td colspan="2">14.62</td></tr>
<tr><td colspan="2">乡镇级水厂</td><td>18</td><td>65810</td><td>37.14</td><td>1098.00</td><td>36.44</td><td>22.83</td><td colspan="2">29.05</td></tr>
<tr><td colspan="2">村级水厂</td><td>41</td><td>8435</td><td>4.76</td><td>148.87</td><td>4.94</td><td>4.76</td><td colspan="2">6.06</td></tr>
<tr><td colspan="2">组级水厂、供水站</td><td>151</td><td>2926</td><td>1.65</td><td>43.51</td><td>1.44</td><td>3.24</td><td colspan="2">4.12</td></tr>
<tr><td rowspan="2">合计</td><td>城市供水</td><td>1</td><td>70000</td><td>39.51</td><td>1199.00</td><td>39.79</td><td>5.87</td><td colspan="2">7.47</td></tr>
<tr><td>农村供水</td><td>211</td><td>107171</td><td>60.49</td><td>1814.68</td><td>60.21</td><td>36.45
(不含九堡、下沙)</td><td colspan="2">46.38</td></tr>
<tr><td colspan="2">全市水厂合计</td><td>212</td><td>177171</td><td>—</td><td>3013.68</td><td>—</td><td>42.32</td><td colspan="2">53.85</td></tr>
<tr><td rowspan="3">杭州水司供水</td><td colspan="2">勾庄镇</td><td>—</td><td>6900</td><td>—</td><td>90.00</td><td>—</td><td>0.89</td><td colspan="2">1.13</td></tr>
<tr><td colspan="2">五常乡</td><td>—</td><td>10000</td><td>—</td><td>36.00</td><td>—</td><td>1.30</td><td colspan="2">1.65</td></tr>
<tr><td colspan="2">小计</td><td>—</td><td>16900</td><td>—</td><td>126.00</td><td>—</td><td>2.19</td><td colspan="2">2.79</td></tr>
<tr><td colspan="3">全　市　总　计</td><td>—</td><td>194071</td><td>—</td><td>3139.68</td><td>—</td><td>44.51</td><td colspan="2">56.64</td></tr>
</table>

注:1.临平自来水厂供水能力含地下水源备用 1 万吨,临平第二水厂供水能力 3 万立方米的原水由临平自来水厂提供。2.1998 年全市人口 78.58万人,其中非农业人口 15.24 万人

1998 年余杭市各镇乡自来水厂（站）概况（2－1）

表 3－16　　供水能力：立方米/日；实际供水量：万立方米/年；人口：万人

水厂座落乡镇	市级水厂				乡镇级水厂				村级水厂				组级水厂（供水站）				小计					
	座	供水能力	实际供水	供水人口	座	供水能力	实际供水	供水人口	座	供水能力	实际供水	供水人口	座	供水能力	实际供水	供水人口	乡镇人口	水厂（座）	供水能力	实际供水	供水人口	普及率（%）
临平	1	100000	1199.0	7.86	（供水人口：临平水厂供水包括临平城区 5.87 万人、城郊 1.99 万人。）												12.68	1	70000	1199.00	7.86	61.99
乔司	1	(30000)	524.0	3.63	（供水人口：乔司水厂供水包括乔司镇 3.63 万人；不包括九堡镇、下沙乡及农场 6.3 万人。）												3.63	1	30000	524.00	3.63	100
博陆	—	—	—	—	1	1500	30.0	0.48	5	3050	19.70	1.02	—	—	—	—	1.50	6	4550	49.70	1.50	100
亭趾	—	—	—	—	1	1200	15.0	1.30	1	300	9.00	0.17	—	—	—	—	1.51	2	1500	24.00	1.47	97.35
五杭	—	—	—	—	—	—	—	—	3	2520	33.24	0.42	—	—	—	—	1.49	3	2520	33.24	0.42	28.19
星桥	—	—	—	—	1	1200	18.0	0.24	—	—	—	—	—	—	—	—	1.44	1	1200	18.00	0.24	16.67
塘栖	—	—	—	—	1	15000	303.0	4.88	1	100	1.50	0.10	1	30	1.1	0.20	9.00	3	15130	305.60	5.18	57.56
獐山	—	—	—	—	—	—	—	—	—	—	—	—	2	700	1.5	0.07	1.70	2	700	1.50	0.07	4.12
崇贤	（含沾桥水厂）			—	1	2200	55.0	2.59	—	—	—	—	—	—	—	—	3.87	1	2200	55.00	2.59	66.92
东塘	—	—	—	—	1	300	7.7	0.52	—	—	—	—	—	—	—	—	2.21	1	300	7.70	0.52	23.53
云会	—	—	—	—	—	—	—	—	1	15	0.54	0.02	—	—	—	—	2.08	1	15	0.54	0.02	0.96
良渚	—	—	—	—	1	2400	55.0	1.35	—	—	—	—	—	—	—	—	3.78	1	2400	55.00	1.35	35.71
五常	—	—	—	—	—	—	—	—	—	—	—	—	—	—	—	—	1.66	杭州水司直接供水	(10000)	(36.00)	(1.30)	78.31
勾庄	—	—	—	—	—	—	—	—	—	—	—	—	—	—	—	—	3.13		(6900)	(90.00)	(0.89)	28.43

注：临平自来水厂供水能力 100000 立方米，包括备用的地下水源供水能力 10000 立方米

1998 年余杭市各镇乡自来水厂（站）概况（2－2）

续表 3－16

供水能力：立方米/日；实际供水量：万立方米/年；人口：万人

水厂座落乡镇	市属水厂				乡镇属水厂				村属水厂				组属水厂（供水站）				合计					
	座	供水能力	实际供水	供水人口	座	供水能力	实际供水	供水人口	座	供水能力	实际供水	供水人口	座	供水能力	实际供水	供水人口	乡镇人口	水厂（座）	供水能力	实际供水	供水人口	普及率（%）
安溪	—	—	—	—	1	2500	7.20	0.30	3	88	3.31	0.17	—	—	—	—	1.47	4	2588	10.51	0.47	31.97
余杭	（不含永建水厂）				1	15000	261.0	4.38	1	300	18.25	0.21	3	52	1.64	0.05	5.35	5	15352	280.89	4.64	86.73
闲林	—	—	—	—	1	4800	52.0	1.39	6	685	19.50	0.68	3	65	2.05	0.05	3.10	10	5550	73.55	2.12	68.38
长乐	—	—	—	—	1	1000	15.0	0.40	5	290	7.30	0.42	2	20	0.72	0.03	1.62	8	1310	23.02	0.85	52.47
仓前	—	—	—	—	1	1200	29.0	1.23	—	—	—	—	—	—	—	—	3.50	1	1200	29.00	1.23	35.14
中泰	（含中桥水厂）				1	510	9.0	0.13	7	660	26.56	0.64	8	168	1.68	0.09	2.46	16	1338	37.23	0.86	34.96
瓶窑	—	—	—	—	1	12000	160.3	2.16	1	80	2.40	0.18	—	—	—	—	3.78	2	12080	162.70	2.34	61.90
黄湖	—	—	—	—	1	1000	10.0	0.50	—	—	—	—	37	862	10.00	0.71	1.39	38	1862	20.00	1.21	87.05
潘板	—	—	—	—	1	2000	60.0	0.70	2	80	2.30	0.10	7	306	4.10	0.24	1.37	10	2386	66.40	1.04	75.91
百丈	—	—	—	—	—	—	—	—	—	—	—	—	39	98	3.34	0.98	1.11	39	98	3.34	0.98	88.29
双溪	—	—	—	—	—	—	—	—	4	67	2.58	0.47	1	10	0.40	0.11	0.96	5	77	2.98	0.58	60.42
鸬鸟	—	—	—	—	1	1000	3.5	0.20	—	—	—	—	25	256	7.84	0.45	1.29	26	1256	11.34	0.65	50.39
彭公	—	—	—	—	1	1000	7.3	0.08	1	200	3.00	0.16	23	359	9.14	0.26	1.51	25	1559	19.44	0.50	33.11
合计	2	100000	1723.0	11.49	18	65810	1098.0	22.83	41	8435	148.87	4.76	151	2926	43.51	3.24	78.58	212	177171	3013.68	42.32	57.35
占全市水厂（%）	—	56.44	57.97	14.62	—	37.14	36.43	30.53	—	4.76	4.94	6.06	—	1.65	1.44	4.12	—	—	—	—	—	（不含五常乡、勾庄镇）

注：上表合计数不包括由杭州水司供水的五常乡和勾庄镇；包括该二镇乡在内全区 1998 年供水能力总计为 194071 万立方米，实际供水量总计为 3139.68 万立方米，供水人口总计为 44.51 万人，全区供水普及率为 56.64%

第一节　区（县、市）属农村水厂（临平第二水厂）

余杭县临平第二水厂（临平区水厂）是余杭县通过世界银行贷款建设的农村最大改水项目——临平区给水工程建成的水厂，位于乔司街道（乔司镇）乔井路1－1号。在临平区给水工程建设期间，余杭县于1991年成立浙江省余杭县临平区水厂，经济性质为集体事业，隶属临平区公所领导，业务上受县改水办指导，同时对区内（临平区）各乡镇给水站实行行业管理。

1994年7月30日，余杭市临平区水厂更名为余杭市临平第二水厂，隶属余杭市自来水总公司领导，单位的集体事业性质不变，实行自收自支，企业化管理，核定编制20名。

图3－3　临平第二水厂

1999年12月6日，为加强对自来水的统一管理，实行区域联片供水，余杭市成立余杭市供水集团公司（工商登记注册为余杭市供水集团有限公司）。余杭市供水集团公司由临平自来水厂更名，同时将临平第二水厂和塘栖、余杭、闲林自来水厂与在建的獐山自来水厂及临平、塘栖供水工程的项目公司（余杭市供水有限公司）并入集团公司。余杭市供水集团公司隶属余杭市自来水总公司。余杭市供水集团公司下属的原临平第二水厂2000年5月更名为余杭供水集团有限公司乔司分公司，2000年9月经工商登记注册为余杭市供水集团有限公司乔司营业公司。

2001年12月，杭州余杭供水集团公司成立后，原余杭区供水集团有限公司乔司营业公司更名为杭州余杭供水集团有限公司乔司营业分公司。2006年10月，再次更名为杭州余杭供水集团有限公司乔司分公司。

2008年3月，杭州余杭水务有限公司成立后，原杭州余杭供水集团有限公司乔司分公司更名为杭州余杭水务有限公司乔司供水分公司。2011年4月，再次更名为杭州余杭水务有限公司乔司分公司。

临平第二水厂于1998年获得浙江省建设厅核发的“供水企业资质证”、1996年获得浙江省爱国卫生运动委员会和浙江省卫生厅联合核发的浙江省农村水厂“水质卫生合格证”、1998年获得余杭市卫生防疫站核发的“卫生许可证”。

一、水厂创建

余杭县临平区的下沙、九堡、大井、乔司、翁梅等乡，位于余杭县的东南、钱塘江口北岸。该地区因地下水资源缺乏，村民吃水非常困难，主要饮用池塘水和苦咸井水，是当时余杭县肠道传染病的重流行区，同时消化系统肿瘤的发病率也明显高于其他地区。为改善村民的饮用水条件，保障村民身体健康，余杭县人民政府决定建设“临平区给水工程”。

1985 年 9 月 4 日，余杭县人民政府向省政府报告，要求增加改水无息贷款建设“临平区给水工程”。同时，建立了“临平区给水工程指挥部”，由副县长劳伟民任总指挥，开始了临平区给水工程的筹建工作。

1990 年 7 月，余杭县人民政府决定将临平区给水工程和临平自来水厂扩建工程合并建设。同时，建立了临平水厂合建领导小组及办公室，临平水厂合建领导小组由洪吉根（副县长）任组长、劳伟民（副县长）任副组长，合建办公室由娄永强任主任。

是年，卫生部批准临平区给水工程与临平自来水厂扩建工程合建。其中，临平区水厂设计规模为日供水 3 万立方米，供水范围为临平区的双林、小林、乾元、下沙、九堡、大井、翁梅、乔司等 8 个乡镇和五杭、亭趾、博陆、星桥等 4 个乡镇的部分地区，及周边的省属劳改单位与铁路杭州编组站。供水区域面积 61.84 平方千米，供水受益人口 20.90 万人。

临平区给水工程原设计概算 3738.22 万元，后经调整与临平自来水厂扩建工程合建，批准投资为 2965.46 万元。合建后设计概算比单独建设减少概算 750 万元，节约土地 2200 平方米（33 亩）。工程建设资金来源除由世界银行及财政周转金贷款 568.78 万元、省和县财政补助 216.0 万元外，其余自筹。

临平区给水工程中的合建部分，包括博陆郎家兜取水头部、亭趾净水厂和自取水头部经净水厂再到杭申公路旁的五号接水点（临平长途汽车站边）的输水总管道，由临平自来水扩建工程办公室负责实施。由临平区水厂（筹建办）负责的工程建设内容为：新建乔司加压站、敷设从 5 号节点到乔司加压站的输水总管道和加压站至临平区各乡镇出水口的输水干管及三座水塔。从乡、镇主管出水口到各村和村到各农户的供水支管网由各乡镇负责建设。

在各级领导的高度重视、各部门的支持和乡镇的配合下，临平区给水工程经各项准备后于 1991 年 3 月 8 日正式动工建设。11 月，乔司加压站和大井乡的 100 立方米水塔开工建设。

1992 年 5 月 17 日，临平区水厂供水主管线和乔司加压水厂（泵站）建成通水，并举行通水仪式。浙江省爱卫会常务副主任王祥长、省改水办主任林武和余杭县委、县政府及有关部门负责人参加通水典礼。是年，在合建工程中由临平区水厂负责建设的工程基本竣工，经建设银行余杭支行 1993 年 12 月结算审核，送审金额为 3129298.38 元，审核后金额为 3116563.02 元（不包括临平区各乡镇供水主干管到各村的配水管和各村到农户的供水支管建设造价）。

是月，余杭县撤区扩镇并乡。在撤销临平区公所期间，临平区水厂没有明确主管部门，由县农村改水项目办公室暂时接管。临平区水厂至各乡镇的供水主干管和各镇乡、村内部供水管网的建设继续推进。是年，水厂陆续向乔司镇、九堡镇、翁梅乡、乾元乡、亭趾乡、小林乡等部分地区供水。省乔司农场、省第六监狱、省少年犯管教所全部通水。

1993年年底，临平区给水工程全面竣工，临平区水厂负责供水服务到临平区各乡镇自来水管理站和周边省、市属单位。

二、水厂规模

1．厂区

临平第二水厂占地面积3608平方米（5.41亩）。建筑面积792.25平方米，其中，办公楼408.98平方米，泵房、配电间167.84平方米，宿舍、食堂、仓库148.75平方米，加药间45.18平方米，传达室21.5平方米。水厂设计日供水能力为30000立方米，水厂设置1800立方米清水池一座（最大储水量2000立方米）、加氯机一台、加压泵站一座、安装250S-39水泵三台，75千瓦。加压站设计日供水能力为20000立方米。水厂设化验室，主要检测管网水的余氯和浊度，出厂水检测由临平自来水厂承担，在日常接受卫生防疫部门的定期化验和监测。

2．管网

临平第二水厂和临平自来水厂输水主干管的分界点为杭申公路临平长途汽车站边5号连接点，5号接点至乔司段管道由临平第二水厂负责运行管理，5号接点到临平自来水厂段的管道由临平自来水厂负责运行管理。

临平第二水厂共有DN200及以上的输水主干管31739米，分别为：

总管：DN800-DN600管道共9399米。其中，自临平5号节点至翁梅理想车城为DN800，全长4096米；翁梅理想车城至乔司泵站为DN600，全长5303米。

支管：DN500—DN200管道共22340米。其中：

乔司至乔司监狱为DN500	全长1236米
亭趾至乾元中学为DN400	全长3937米
乔司至大井乡为DN400	全长3533米
乔司监狱至下沙乡为DN300	全长4592米
大井乡至九堡镇为DN300	全长4125米
乾元中学至小林乡为DN300	全长4095米
大井至大井水塔为DN200	全长822米

三、生产管理

1．水源

临平第二水厂不建取水泵房和制水车间，自来水由临平自来水厂取之运河的原水，经净化消毒处理后输送到二水厂，再经加压和补氯后供给乔司、大井、九堡、下沙等乡镇和乔司农场及省六监、省少管所、杭州市东郊监狱等用户，位于乔司的加压泵房设计加压供水能力为20000立方米/日。

同时，在临平至乔司输水主干管沿线，利用临平自来水厂出泵管道压力（设计服务压力为0.4兆帕）直接供给乾元、小林、翁梅、双林片用户，由临平第二水厂负责经营管理。

2．工艺流程

因临平第二水厂的自来水由临平自来水厂净化处理后供给，减少了临平第二水厂的取水和制水工艺环节。临平二水厂的工艺流程主要是二次加压和补加氯，详见下图：

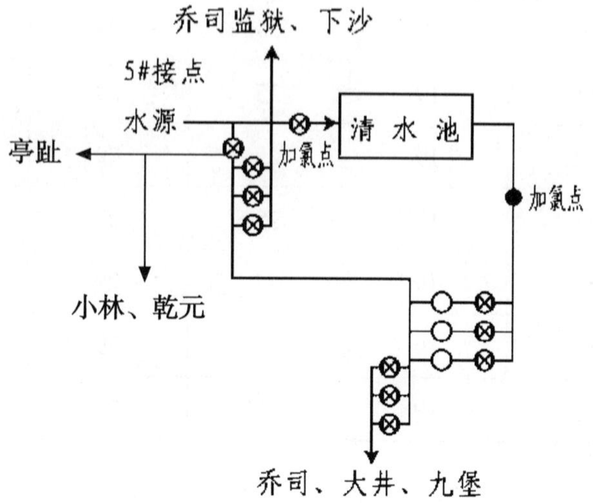

3．生产调度

根据水塔和自来水压力情况进行调度，用水高峰时压力调高，晚上及用水量少时压力调低。

4．技术革新

在试通水期间，采用旁通管供水方式，节约能源多年。后因建水塔调峰，利用超越阀、旁通管余压供水，取得了节约能源，降低设备消耗的作用，至1998年该项成果为水厂（加压泵站）节约了能源消耗及设备消耗。

四、经营管理

临平第二水厂内设财务科（财务室）、供水车间（生产车间）和营业所（抄表收费）三个部门负责经营管理。

1．供水范围

临平区农村12个乡镇、123个自然村和乔司各监狱、农场、铁路杭州乔司编组站等单位，供水人口20.9万人。

2．供水方式

采用总表制供水方式，临平第二水厂供水到各乡镇自来水管理站和部分单位用户。按总表计量的抄见数，向各乡镇自来水管理站和单位用户收取水费。

3. 自来水用户

临平第二水厂的居民生活用水和省属劳改单位等部门用水都是装总表计量，部分机关事业、工业企业、商业企业和建筑等单位单独装表，自1993年起至1999年供水用户数相对稳定，各年度供水用户数量见附表3-17。

表3-17　　1993年—1999年临平第二水厂自来水用户数

年份	用户总数	不同类型用户数					
		居民生活	机关事业	工业企业	商业企业	建筑宾馆	其他
1993	146	50	19	25	29	2	21
1994	147	51	19	25	29	2	21
1995	148	52	19	25	29	2	21
1996	148	52	19	25	29	2	21
1997	148	52	19	25	29	2	21
1998	148	52	19	25	29	2	21
1999	149	52	19	26	29	2	21

4. 销售水量

临平第二水厂以当年收到水费的水量为销售水量，当年已供水尚未收到水费的水量不计入当年的销售水量。其中，1992年（5月17日起供水）9.73万立方米、1993年168.11万立方米、1994年95.8万立方米、1995年359.48万立方米、1996年442.87万立方米、1997年461.04万立方米、1998年523.75万立方米、1999年560.25万立方米。自1992年至1999年的八年内共销售水量2621.03万立方米，平均每年327.63万立方米。

5. 供水服务

抄表方式　实行月抄制，抄表员抄到各乡镇、单位、自然村的总表为主，对乔司集镇内个别单位、经营户抄表到户，抄表人员均兼职。

收费方式　实行月收费，乡镇水管理站和单位用户一般为银行转账，部分用户现金交费。

计量管理　出厂表为管理表，用户总表为抄见计费表。计量表发现停走等情况及时更换水表。

损流探测　以管网巡查为主，目测漏损情况。

维修与抢修　用户总表（计费水表）前管道（含总表）由水厂负责日常的维修、保养和发生事故时抢修，并承担相关费用。总表至用户内部管网的日常维修和抢修由各乡镇自来水管理站或用户负责。

延伸服务　水厂协助乡镇自来水管理站及乔司监狱等单位，开展业务技术辅导和内

部管网的抢修、维修、指导等服务工作。

五、财务物资

临平第二水厂为一级核算单位，按工业会计制度，实行独立核算。水厂固定资产、流动资金和物资管理按国有企业资产管理制度执行。年度经营计划在1994年6月前，由临平区公所下达，之后由余杭市自来水总公司下达，经营利润用于企业发展。

六、职工

水厂在1992年试运行期，有职工9名，其中，厂长1名，会计1名，出纳1名，后勤1名，泵房、电工机修、抄表4名和门卫1名。1993年至1994年12名，1995年17名，1996年18名，1997年至1999年各为22名（各年均包括临时工）。

七、经营效益

1. 社会效益

乔司、下沙、九堡、大井、乔司监狱、六监、少管所、省军区农场等地方是钱塘江流域地区，在临平第二水厂建成前，这一带居民用水都是靠地下井水，但井水都是咸水，下沙当地居民有一句笑话：说做饭烧汤都不用放盐，说明农村居民饮用水极度困难，是严重缺水地区。临平第二水厂建成后，临平区各乡镇的自来水得到普及，当地农村居民吃上了自来水，不仅大大改善了村民的生活质量，而且减少了该区域传染病（霍乱）的高发，起到了防病的效果，对居民身心健康得到了有效的保证。

2. 经济效益

临平第二水厂自1992年5月17日建成通水，至2000年年底止，在近9年内，共销售自来水3155.59万立方米，平均每年350.62万立方米；水费收入共3382.82万元，平均每立方米水的水费为1.07元；水厂经营利润合计122.76万元，水厂总资产至1999年末为1550.62万元。各年度经营效益见附表3－18。

表3－18　　1992年—2000年临平第二水厂经营效益

年份	销售水量（万立方米）	水费收入（万元）	当年利润（万元）	水厂总资产（万元）
1992	9.73	5.84	—	1520.15
1993	168.11	83.25	—	1384.00
1994	95.80	67.08	5.95	1325.06
1995	359.48	287.57	18.86	1443.72
1996	442.87	398.58	23.33	1486.32

续表 3－18

年份	销售水量（万立方米）	水费收入（万元）	当年利润（万元）	水厂总资产（万元）
1997	461.04	512.07	19.00	1506.58
1998	523.75	489.81	12.33	1530.21
1999	560.25	782.11	16.16	1550.62
2000	534.56	756.51	27.13	（已并入余杭市供水集团有限公司）
合计	3155.59	3382.82	122.76	—
年平均	350.62	（1.07元/立方米）	13.66	—

注：销售水量以当年收到水费的水量为准，已供水但当年未收到水费的水量不计入当年销售水量

第二节　乡镇属水厂

一、各厂供水能力

余杭市至1998年年底，先后建成乡镇属的自来水厂18座，分别设在博陆、亭趾、星桥、塘栖（含宏畔）、崇贤（含沾桥）、东塘、良渚、安溪、余杭（含永建）、闲林、长乐、仓前、中泰（含中桥）、瓶窑、黄湖、潘板、鸬鸟和彭公等18个乡镇。其中：建成供水时间最早的乡镇属水厂是塘栖镇自来水厂，于1958年10月动工兴建，1960年1月开始供水（其中，1995年并入该厂的原宏畔乡自来水厂建成于1989年）。在20世纪70年代建成的乡镇属水厂有2座，分别是：余杭镇自来水厂，于1971年4月动工兴建，1973年5月开始供水（其中，同属余杭镇政府的原永建乡自来水厂建成于1990年7月）；瓶窑镇自来水厂，于1975年1月动工兴建，1978年6月开始供水。在20世纪80年代建成的乡镇属水厂有12座，分别是：星桥镇自来水厂1984年9月、亭趾镇自来水厂1984年12月、崇贤镇自来水厂1986年2月（其中，1997年5月并入该厂的原沾桥乡自来水厂建于1985年5月）、闲林镇自来水厂1987年12月、良渚镇自来水厂1986年8月、鸬鸟镇自来水厂1986年10月、中泰乡中桥自来水厂1987年1月、潘板桥镇自来水厂1987年5月、博陆镇自来水厂1988年4月、长乐镇自来水厂1988年9月、东塘镇自来水厂1989年9月、黄湖镇自来水厂1989年9月。在20世纪90年代建成的乡镇属水厂有3座，分别是：仓前镇自来水厂1992年1月、彭公乡自来水乡1997年1月、安溪镇自来水厂1998年12月。

余杭市18座乡镇属自来水厂设计日供水能力共65810立方米，占1998年余杭市水厂供水能力的37.14%。平均每座水厂日供水能力为3656立方米，其中，日供水能力在1万立方米及以上的水厂有3座，分别是：塘栖镇自来水厂1.5万立方米/日、余杭镇自来水

厂 1.5 万立方米/日、瓶窑镇自来水厂 1.2 万立方米/日。日供水能力在 1000～5000 立方米的乡镇属水厂有 13 座，分别是：闲林镇自来水厂 4800 立方米/日、安溪镇自来水厂 2500 立方米/日、良渚镇自来水厂 2400 立方米/日（后扩建到 5000 立方米/日）、崇贤镇自来水厂（含沾桥）2200 立方米/日、潘板镇自来水厂 2000 立方米/日、博陆镇自来水厂 1500 立方米/日、亭趾镇自来水厂 1200 立方米/日、星桥镇自来水厂 1200 立方米/日、仓前镇自来水厂 1200 立方米/日、长乐镇自来水厂 1000 立方米/日、黄湖镇自来水厂 1000 立方米/日、鸬鸟镇自来水厂 1000 立方米/日、彭公乡自来水厂 1000 立方米/日。日供水能力在 1000 立方米以下的乡镇属水厂 2 座，分别是：东塘镇自来水厂 300 立方米/日、中泰乡（含中桥）自来水厂 510 立方米/日；

二、水源类型与水处理设施

在 18 座乡镇属自来水厂中，水源为河水的水厂有 8 座，分别是：亭趾、塘栖、东塘、良渚、安溪、余杭（不含永建厂区）、瓶窑和潘板自来水厂；水源为深井水的水厂有 6 座，分别是：博陆、星桥、崇贤（含沾桥厂区）、长乐、仓前和中泰（不含中桥厂区）自来水厂；水源为山溪水的水厂有 2 座，分别是：闲林和彭公自来水厂；水源为浅井（大口井）的水厂是黄湖自来水厂；水源为水库水的水厂是鸬鸟自来水厂。此外，余杭镇自来水厂永建厂区水源为深井水，中泰乡自来水厂中桥厂区水源为山溪水。

在 18 座乡镇属自来水厂中，建有沉淀澄清池设施的水厂 14 座，没有沉淀澄清池设施的水厂 4 座（崇贤、东塘、闲林和中泰水厂）。在建有过滤池的水厂中，选用无阀滤池的水厂 15 座，选用普通快滤池的水厂 3 座（东塘、中泰、黄湖水厂）。建有消毒设施的水厂 16 座，没有消毒设施的水厂 2 座（星桥和中泰水厂）。

三、供水经营与企业管理

余杭市 18 座乡镇属自来水厂，1998 年共有职工 237 人（含临时工），平均每座水厂 13 人 。职工最多的厂为余杭镇自来水厂（不含永建厂区）有 59 人，其次是塘栖镇自来水厂 42 人，再次是瓶窑镇自来水厂 21 人。除上述三座水厂外，其他 15 座水厂共有职工 115 人，平均每座水厂有职工 7.6 人，其中职工最少的厂为鸬鸟镇自来水厂，只有 2 名职工。

1998 年 18 座乡镇属自来水厂年供水总量为 1098 万立方米，占余杭市农村水厂总供水量的 60.52%，占当年余杭市城乡水厂供水总量的 36.44%，平均每座水厂年供水量为 61.0 万立方米，日供水量 1671 立方米，占日供水能力的 45.71%。其中，供水量最大的乡镇属水厂为塘栖镇自来水厂，年供水量 303 万立方米；其次为余杭镇自来水厂（不含永建厂区），年供水量 251 万立方米；再次为瓶窑镇自来水厂，年供水量 160.3 万立方米。除上述 3 座水厂外的其他 15 座水厂合计年供水量 373.7 万立方米（不含永建厂区 10 万立方米），平均每座水厂的年供水量为 24.91 万立方米，其中，年供水量最小的乡镇属水厂为鸬鸟镇自来水厂，年供水量为 3.5 万立方米。

余杭市 18 座乡镇属自来水厂 1998 年供水人口为 22.83 万人（不含供杭州市九堡镇、

下沙乡人口)，占当年余杭市人口的29.05%。其中，供水人口最多的水厂为塘栖镇自来水厂供水4.88万人，其次为余杭镇自来水厂（不含永建厂区）供水3.12万人，再次为瓶窑镇自来水供水2.16万人。其余水厂供水人口依次为：崇贤镇自来水厂沾桥厂区供水1.68万人，闲林镇自来水厂供水1.40万人，良渚镇自来水厂供水1.35万人，亭趾镇自来水厂供水1.30万人，仓前镇自来水厂供水1.24万人，崇贤镇自来水厂崇贤厂区供水0.91万人，潘板镇自来水厂供水0.70万人，东塘镇自来水厂供水0.52万人，黄湖镇自来水厂供水0.50万人，博陆镇自来水厂供水0.48万人，长乐镇自来水厂供水0.40万人，安溪镇自来水厂供水0.30万人，星桥镇自来水厂供水0.24万人，鸬鸟镇自来水厂供水0.20万人，中泰乡自来水厂（不含中桥厂区）供水0.10万人，彭公乡自来水厂供水0.08万人。

各乡镇属水厂供水全都实行收费管理，水价类型主要分为生活用水和工业用水二大类。水价由当地乡镇政府制定（其中，塘栖、余杭、瓶窑镇供水价格报物价局批准），各水厂的生活用水价格平均每立方米为0.93元，其中，生活水价最高为每立方米1.30元（星桥镇自来水厂），最低生活水价为每立方米0.60元（鸬鸟镇自来水厂）；工业用水价格平均每立方米为1.22元，其中，工业水价最高为每立方米1.60元（星桥镇自来水厂），最低工业水价为每立方米1.00元（东塘、良渚、安溪、长乐、中泰、鸬鸟等水厂）。1998年各乡镇属自来水厂供水价格见附表7－8。

各乡镇属水厂受当地乡镇政府的直接领导，接受上级改水部门和卫生防疫部门的检查和指导，自主开展生产和经营管理。各厂均建有管理组织，并制订相应的供水管理制度。

余杭市1998年自来水厂概况见附表3－19。

第三节　村、组属水厂（供水站、点）

一、自来水厂（供水站、点）数量与分布

余杭市至1998年年底，在运行的村属自来水厂41座、组属（自然村）自来水厂（供水站、点）151座，分布在18个乡镇，其中：

41座村属水厂分布在14个乡镇：博陆镇5座、亭趾镇1座、五杭镇3座、塘栖镇1座、云会乡1座、安溪镇3座、余杭镇1座、闲林镇6座、长乐镇5座、中泰乡7座、瓶窑镇1座、潘板桥镇2座、双溪镇4座、彭公乡1座。

151座组属（自然村）自来水厂（供水站、点）分布在12个乡镇：塘栖镇1座、獐山镇2座、余杭镇3座、闲林镇3座、长乐镇2座、中泰乡8座、黄湖镇37座、潘板桥镇7座、百丈镇39座、双溪镇1座、鸬鸟镇25座、彭公乡23座。

二、供水能力和实际供水量

1. 村属水厂

1998年余杭市41座村属自来水厂，合计日供水能力8435立方米，占余杭市各水厂供

水能力的 4.76%，平均每座水厂的日供水能力为 205.7 立方米。1998 年实际年供水量各村属水厂合计为 148.87 万立方米，占余杭市水厂供水总量的 4.94%，平均每座水厂年供水量为 3.63 万立方米，日供水量 99.45 立方米。各村属水厂合计供水受益人口 4.76 万人，为余杭市人口的 6.06%。其中：

——日供水能力在 1000 立方米及以上的村属水厂 2 座，分别是：

五杭镇唐公村自来水厂：日供水能力为 1080 立方米，水源为深井水，1986 年 1 月建成供水，1998 年实际年供水量为 18.25 万立方米（包括向五杭集镇供水量），平均每日实际供水量 500 立方米，为日供水能力的 46.3%，供水受益人口为 2722 人。

博陆镇新圩村自来水厂：日供水能力为 1000 立方米，水源为深井水，1989 年 6 月建成供水，1998 年实际年供水量为 4 万立方米，平均每日实际供水 109.6 立方米，为日供水能力的 11.0%，供水受益人口为 2456 人。

——日供水能力在 500 立方米以上 1000 立方米以下的村属自来水厂有 3 座，分别是：

五杭镇郭信村水厂：日供水能力 960 立方米，水源为深井水，1987 年 9 月建成供水，1998 年实际年供水量为 12.8 万立方米，平均每日实际供水量为 350.7 立方米，为日供水能力的 36.5%，供水受益人口为 812 人。

博陆镇金家埭村自来水厂：日供水能力 800 立方米，水源为深井水，1995 年 1 月建成供水，1998 年实际年供水量为 2.5 万立方米，平均每日实际供水量为 68.5 立方米，为日供水能力的 8.56%，供水受益人口为 2045 人。

博陆镇戚家桥村自来水厂：日供水能力 600 立方米，水源为深井水，1992 年 1 月建成供水，1998 年实际年供水量为 3 万立方米，平均每日实际供水量为 82.2 立方米，为日供水能力的 13.7%，供水受益人口为 2428 人。

——日供水能力在 500 立方米以下 100 立方米（含）以上的村属自来水厂有 12 座，分别是：

五杭镇五杭村自来水厂：日供水能力 480 立方米，水源为深井水，1982 年 1 月建成供水，1998 年实际年供水量 2.19 万立方米，平均每日实际供水量为 60 立方米，为日供水能力为 12.5%，供水受益人口 626 人。

博陆镇螺蛳桥村自来水厂：日供水能力 450 立方米，水源为深井水，1998 年 8 月建成供水，次年实际年供水量 3.2 万立方米，平均每日实际供水量为 87.7 立方米，为供水能力的 19.5%，供水受益人口 1420 人。

亭趾镇费庄村自来水厂：日供水能力 300 立方米，水源为深井水，1984 年 4 月建成供水，1998 年实际年供水量 9 万立方米，平均每日实际供水 246.6 立方米，为日供水能力的 82.2%，供水受益人口 1749 人。

余杭镇中南村自来水厂：日供水能力 300 立方米，水源为深井水，1990 年 7 月建成供水，1998 年实际年供水量 18.25 万立方米，平均每日实际供水量 500 立方米，超过日供水能力的 66.7%，供水受益人口 2100 人。

博陆镇长子村自来水厂：日供水能力 200 立方米，水源为深井水，1983 年 6 月建成供水，1998 年实际年供水量 7 万立方米，平均每日实际供水量为 191.8 立方米，为日供水能力的 95.9%，供水受益人口 1876 人。

闲林镇和睦村自来水厂：日供水能力 200 立方米，水源为河水，1990 年 1 月建成供水，1998 年实际年供水量 5.84 万立方米，平均每日实际供水量 160 立方米，为日供水能力的 80%，供水受益人口 1600 人。

中泰乡孟坞村自来水厂：日供水能力 200 立方米，水源为山溪水，1987 年 1 月建成供水，1998 年实际年供水量 7.3 万立方米，平均每日实际供水量 200 立方米，为日供水能力的 100%，供水受益人口 1300 人。

中泰乡金村自来水厂：日供水能力 200 立方米，水源为山溪水，1980 年 8 月建成供水，1998 年实际年供水量 7.2 万立方米，平均每日实际供水量 197.3 立方米，为日供水能力的 98.6%，供水受益人口 550 人。

彭公乡石濑村自来水厂：日供水能力 200 立方米，水源为浅井水（大口井），1993 年 1 月建成供水，1998 年实际年供水量 3 万立方米，平均每日实际供水量 82.2 立方米，为日供水能力的 41.1%，供水受益人口 1600 人。

闲林镇灵溪村自来水厂：日供水能力 160 立方米，水源为山溪水，1987 年 6 月建成供水，1998 年实际年供水量 3.65 万立方米，平均每日实际供水 100 立方米，为日供水能力的 62.5%，供水受益人口 531 人。

闲林镇梧桐村自来水厂：日供水能力 150 立方米，水源为水库水，1990 年 6 月建成供水，1998 年实际年供水量 2 万立方米，平均每日实际供水 54.8 立方米，为日供水能力的 36.5%，供水受益人口 1760 人。

长乐镇绿景堂村自来水厂：日供水能力 100 立方米，水源为浅井水（大口井），1998 年 9 月建成供水，次年实际年供水量 1.8 万立方米，平均每日实际供水量 49.3 立方米，为日供水能力的 49.3%，供水受益人口 997 人。

以上 17 座日供水能力在 100 立方米及以上的村属自来水厂，水源为深井水的有 10 座、水源为浅井水（大口井）的有 2 座、水源为河水的有 1 座、水源为山溪水的有 3 座、水源为水库水的有 1 座。17 座村属自来水厂合计日供水能力为 7380 立方米，占全部村属自来水厂供水能力的 87.5%，平均每座水厂日供水能力为 434.1 立方米。1998 年 17 座水厂实际年供水量合计为 113.98 万立方米，占当年全部村属自来水厂供水总量的 76.6%，平均每座水厂年供水量为 6.7 万立方米，日供水 183.6 立方米，为供水能力的 42.3%。17 座村属自来水厂供水受益人口 26572 人，占全部村属自来水厂供水受益人口的 55.8%。

其余的 24 座村属小型自来水厂，日供水能力均在 100 立方米以下，其中最小的村属水厂为安溪镇上溪村自来水厂，日供水能力只有 8 立方米，水源为山溪水，1992 年 1 月建成供水，1998 年实际年供水量为 4320 立方米，平均每日实际供水量为 11.8 立方米，为日供水能力的 147.5%，供水受益人口为 797 人。24 座日供水能力小于 100 立方米的村属自来水厂，日供水能力合计为 1055 立方米，占全部村属水厂供水能力的 12.5%，平均每座水厂日供水能力为 44.0 立方米。1998 年 24 座小水厂实际年供水量合计为 34.89 万立方米，为全部村属水厂年供水总量的23.4%。平均每座水厂年供水量为1.45万立方米，平均日供水量为39.7立方米，为平均日供水能力的90.2%。24座村属小水厂供水受益人口为21028人，占全部村属水厂供水受益人口的44.2%。

2．组（自然村）属水厂（供水站、点）

1998年余杭市151家组属（自然村）水厂（供水站、点），日供水能力合计2926立方米，占全市水厂总供水能力的1.65%，平均每座水厂（供水站、点）的日供水能力为19.4立方米。1998年实际年供水量合计为43.51万立方米，占全市水厂供水总量的1.44%，平均每座水厂年供水量为2881立方米，平均日供水量为7.89立方米，为平均日供水能力的40.7%。151家组属水厂（站）供水受益人口3.24万人，为全市人口的4.12%。其中：

日供水能力在100立方米及以上的组属自来水厂（供水站）有7座，分别是：

獐山镇奉口村獐湾组自来水厂：日供水能力400立方米，水源为浅井水（大口井），1983年4月建成供水，1998年实际年供用量为10000立方米，平均每日供水量27.4立方米，为供水能力的6.85%，供水受益人口500人。

獐山镇奉口村燕湾组自来水厂：日供水能力300立方米，水源为浅井水（大口井），1982年6月建成供水，1998年实际年供水量为5000立方米，平均每日供水量13.7立方米，为供水能力的4.57%，供水受益人口的190人。

塘栖镇太山村供水站：日供水能力100立方米，水源为山溪水，1998年6月建成供水，次年实际年供水量为15800立方米，平均每日供水量43.3立方米，为供水能力的43.3%，供水受益人口1000人。

潘板桥镇钱家滩自来水厂：日供水能力100立方米，水源为浅井水（大口井），1988年8月建成供水，1998年实际年供水量为8000立方米，平均每日供水量21.9立方米，为供水能力21.9%，供水受益人口437人。

潘板桥镇钱家滩村小山坞供水站：日供水能力100立方米，水源为山溪水，1988年8月建成供水，1998年实际年供水量为10000立方米，平均每日供水量27.4立方米，为供水能力的27.4%，供水受益人口648人。

黄湖镇东山村梅大坞供水站：日供水能力100立方米，水源为浅井水（大口井），1984年6月建成供水，1998年实际年供水量11200立方米，平均每日供水量30.7立方米，为供水能力的30.7%，供水受益人口612人。

黄湖镇高村供水站：日供水能力100立方米，水源为山溪水，1988年1月建成供水，1998年实际年供水量12100立方米，平均每日供水量33.2立方米，为供水能力的33.2%，供水受益人口918人。

以上7座日供水能力在100立方米至400立方米的组属水厂（供水站），水源为浅井水（大口井）的有4座、水源为山溪水的有3座。7座水厂（供水站）合计日供水能力为1200立方米，占全部组属水厂（供水站）日供水能力的41.0%。1998年实际年供水量为7.21万立方米，为组织水厂（供水站）当年供水总量的16.57%，供水受益人口4305人，占组属水厂（供水站）供水受益人口的13.3%。

其余的144座组属水厂（供水站、点），日供水能力均在100立方米以下，其中最小的组属供水点为百丈镇石竹园村水竹塘水池供水点，日供水能力为0.6立方米，水源为山溪水，1984年12月建成供水，1998年实际年供水量为220立方米，平均每日供水量0.60立方米，为日供水能力的100%，供水受益人口143人。

144座日供水能力小于100立方米的组属水厂（供水站、点），合计日供水能力为1726立方米，为全部组属水厂（供水站、点）供水能力的59.0%。平均每座水厂（供水站、点）的日供水能力为11.99立方米。1998年144座水厂（供水站、点）实际年供水量为36.30万立方米，为组属水厂（供水站、点）供水总量的83.43%。平均每座水厂（供水站、点）年供水量为0.25万立方米，日供水6.85立方米，为平均日供水能力的57.1%。供水受益人口28095人，占全部组属水厂（供水组）供水受益人口的86.7%。

三、水处理设施与经营管理

1. 村属水厂

余杭市41座村属水厂，建有沉淀澄清池设施的水厂有16座，占39.0%。在过滤池设施中有18座水厂采用无阀滤池，14座水厂采用普通滤池，1座水厂用净水机过滤，其余8座水厂无过滤设施。建有消毒设施的村属水厂有16座，占39.0%，全部用漂白粉消毒，其余水厂没有消毒设施。全部村属水厂均没有水质检验设备和检验人员。供水管材有6座水厂为镀锌管，其余35座水厂为塑料管。建有供水管理组织的水厂有35座，占85.4%，制定管理制度或部分制度的水厂有27座，占65.6%。至1998年，村属水厂的自来水全部免费供应。

2. 组属水厂（供水站、点）

余杭市151座组属水厂（供水站、点），建有沉淀澄清池设施的水厂只有44座，占29.1%。建有过滤池设施的水厂有119座水厂（供水站、点），采用普通滤池方式，其余32座水厂（供水站、点）没有过滤设施。全部组属水厂（供水站、点）均没有消毒设施、没有水质检验设备和检验人员。供水管材大部分是用塑料管。供水管理组织不健全，只有17座水厂（供水站）有较明确的管理组织，占11.3%。制定简单管理制度的组属水厂（供水站、点）有13座，占8.6%。至1998年，各组属水厂（供水站、点）的自来水全部免费供应。

余杭市1998年各镇乡、村、组水厂（供水站、点）水处理设施与生产管理概况见附表3-19。

第四节　农村水厂管理

一、制水工艺

余杭县在农村改水时期建的农村简易自来水厂，按照不同水源、不同制水工艺，主要分为三类：

1．深井水源自来水厂

全县有深井式自来水厂29座，其中：乡镇属6座、村属19座、组属4座。如星桥镇、崇贤镇、博陆镇长子村、北湖乡张堰村自来水厂等，工艺形式主要有二种：

消毒（曝气过滤→清水池之间）　水塔（二级泵→用户之间）

——深井水→深井泵→曝气过滤——→清水池→二级泵——→用户（长子村、张堰村等水厂工艺）

消毒（深井泵→高位池之间）

——深井水→深井泵→高位池——→用户（星桥镇等水厂工艺）。

2．地表水源自来水厂

余杭县地表水资源丰富，全县有182座农村自来水厂（供水站、点）采用地表水，其中，采用河水的水厂有15座（其中，县属水厂1座、乡镇属水厂8座、村属水厂6座），采用浅井水（大口井）的水厂有14座（其中，乡镇属水厂1座、村属水厂3座、组属水厂10座），采用水库水的水厂5座（其中，乡镇属水厂1座、村属水厂4座），采用山涧溪水的水厂148座（其中，乡镇属水厂2座、村属水厂8座、组属水厂及供水站138座），工艺形式主要有六种：

加矾（河水→一级泵之间）　消毒（混凝、沉淀→清水池之间）　水塔（二级泵→用户之间）

——河水→一级泵→混凝、沉淀→清水池→二级泵→用户。

消毒（浅井水→一级泵之间）　水塔（一级泵→用户之间）

——浅井水→一级泵→用户。

消毒（过滤→高位清水池之间）

——水库水、山涧水、山泉水→过滤→高位清水池→用户。

消毒（浅井水→一级泵之间）

——浅井水→一级泵→压力罐→用户。

消毒（压力滤器→高位清水池之间）

——水库水→压力滤器→高位清水池→用户。

加矾、消毒（一级泵→净水机之间）　水塔（二级泵→用户之间）

——河水→一级泵→净水机→二级泵→用户。

3. 延伸式自来水

20世纪80年代，余杭县有一部分农村居民靠近城镇水厂管网，相关的镇乡或村便与附近的有关水厂商定，把城镇的自来水引进农户。如临平镇、塘栖镇、瓶窑镇自来水厂及杭州市祥符桥自来水厂都根据周边村民的要求，将管网延伸到农村，由村、组设立供水站向农户供水。其中，双林乡星火村、超山乡龙洞村、丁河乡张家墩村、北湖乡西中村等农村自来水均由附近的城镇水厂延伸管网供水到村。原三墩镇大港桥村、厚仁桥村等从杭州市祥符桥水厂延伸管道引进自来水。延伸式自来水的水源主要以河水为主的地面水，经城镇水厂消毒处理后直接供应农村用户，这是余杭区（县、市）最早的城乡一体化局部区域的供水形式。

二、水质管理

为充分发挥农村水厂的社会效益，使供水水质符合国家《生活饮用水卫生标准》，防止肠道传染病经水传播，保障群众饮水安全与卫生，余杭县改水办于1989年1月对农村水厂的水质管理提出了要求：

——各地要根据水源实际情况，制定水源保护规定，并付诸实施。

——合理利用水质净化设施，做好水质净化工作，并搞好厂区环境卫生和绿化工作。

——开展供水消毒工作，特别是利用地面水作水源的农村水厂，供水消毒一定要落到实处。

——各乡、村属水厂均要建立化验室，每天化验浊度、pH值、余氯三项指标。乡属水厂还要根据实际情况，增加化验项目。

5. 搞好管网维护，发现管网漏水要及时修复。向有毒物产生的企业单位供水，要有严格的措施，防止毒物进入供水管网。

同时还制订并组织实施了《水源卫生防护要求》和《农村水厂供水消毒办法》。

三、管理结果

1. 水源保护

余杭市211座农村水厂，在水源取水点周围半径100米的区域内，设置水源保护标志的有46座，占余杭市农村水厂的21.8%。其中，余杭市属农村水厂1座、乡镇属水厂16座、村属水厂19座、组属水厂（供水站）10座（见附表3-19）。

2. 水处理

在211座农村水厂中，水处理经原水沉淀、过滤和消毒措施的水厂有23座，占全市农村水厂的10.9%。其中，余杭市属农村水厂1座、乡镇属水厂有14座、村属水厂8座，自然村和组属的水厂均无处理设施（见附表3-19）。

3. 供水企业资质证

余杭市211座农村水厂，获得浙江省建设厅核发的“供水企业资质证”的水厂有八座，分别是：临平第二水厂、塘栖镇自来水厂、余杭镇自来水厂、闲林镇自来水厂、瓶窑镇自来水厂、博陆镇自来水厂、良渚镇自来水厂和潘板桥镇自来水厂（见附表3－20）。

4．水质卫生合格证

余杭市211座农村水厂中获得浙江省爱国卫生运动委员会和浙江省卫生厅联合核发的浙江省农村水厂“水质卫生合格证”的水厂有17座，分别是：临平第二水厂、塘栖镇自来水厂、余杭镇自来水厂、闲林镇自来水厂、瓶窑镇自来水厂、博陆镇自来水厂、博陆镇螺狮桥村自来水厂、五杭镇唐公村自来水厂、亭趾镇自来水厂、星桥乡自来水厂、崇贤镇沾桥自来水厂、良渚镇自来水厂、仓前镇自来水厂、彭公乡自来水厂、黄湖镇自来水厂、潘板镇自来水厂和长乐镇自来水厂（见附表3－20）。

上述获得“水质卫生合格证”的17座自来水厂中，水源为河水的有7座、水源为溪水的有2座、水源为深井水的有7座、水源为浅井水（大口井）的有1座（见附表3－19）。在全市农村水厂中，水处理消毒剂用液氯的有5座；用二氧化氯消毒的有10座，其中，有7座原用漂白粉消毒的水厂自2001年后改用二氧化氯消毒；用漂白粉消毒的有2座（见附表3－20）。

5．卫生许可证

余杭市211座农村水厂，获得余杭市卫生防疫站核发《卫生许可证》的水厂有12座，分别是：临平第二水厂、塘栖镇自来水厂、余杭镇自来水厂、闲林镇自来水厂、瓶窑镇自来水厂、博陆镇自来水厂、仓前镇自来水厂、良渚镇自来水厂、潘板桥镇自来水厂、崇贤镇自来水厂、黄湖镇自来水厂和五杭镇唐公村自来水厂（见附表3－20）。

6．水质检验

余杭市建有水质化验室的农村水厂有13座，共有检验人员18人。检验项目根据化验室规模不同，一般为4－18项。其中，临平第二水厂化验室（出厂水由临平自来水厂检验）有检验人员1人，化验项目17项；塘栖镇自来水厂化验室有检验人员2人，化验项目18项；余杭镇自来厂化验室有检验人员4人，化验项目18项；闲林镇自来水厂化验室有检验人员1人，化验项目14项；瓶窑镇自来水厂化验室有检验人员2人，化验项目18项；博陆镇自来水厂化验室有检验人员1人，化验项目12项；五杭镇唐公村自来水厂化验室有检验人员1人，化验项目4项；崇贤镇沾桥自来水厂化验室有检验人员1人，化验项目4项；良渚镇自来水厂化验室有检验人员1人，化验项目18项；安溪镇自来水厂化验室有检验人员1人，化验项目8项；潘板桥镇自来水厂化验室有检验员1人，化验项目4项；黄湖镇自来水厂化验室有检验员1人，化验项目16项；仓前镇自来水厂化验室有检验员1人，化验项目4项（见附表3－20）。

7．获“水质卫生合格证”水厂供水概况

获得“水质卫生合格证”的17座农村自来水厂，共有日供水能力9.14万立方米，占余杭市农村水厂供水能力10.72万立方米（不包括临平自来水厂供临平城区和农村的日供水7.0万立方米能力）的85.26%，其中，日供水能力最大的农村水厂是临平第二水厂，日供水能力为3.00万立方米。

获得“水质卫生合格证”的17座农村自来水厂，1998年实际年供水总量合计为

1581.05万立方米，占当年全部农村水厂供水总量1814.38万立方米的87.14%，实际日供水量平均为4.33万立方米，占17座水厂平均日供水能力9.14万立方米的47.37%，占当年农村水厂实际日供水量4.97万立方米的87.12%。其中，实际供水量最大的临平第二水厂，1998年日平均供水量为1.44万立方米，占该厂供水能力的48%。

余杭市获得“水质卫生合格证”的17座农村自来水厂，1998年供水受益人口为23.55万人（不含供杭州市的九堡、下沙镇及周边农场人口），占当年余杭市63.34万农业人口的37.18%，占余杭市农村供水受益人口36.45万人的64.61%（见附表3-20）。

表 3－19　　**1998 年余杭市城乡一体化供水前全市自来水厂（站）概况**

序号	厂址	厂(站)名称	级别	职工人数(人)	培训人数(人)	负责人姓名	投产年月	设计日供水量(立方米)	实际年供水量(万立方米)	已供水人口数(人)	水源类型	水源防护标志牌	取水周围污染源	沉淀澄清池设施	混凝剂及用量(吨/年)	过滤池类型	消毒设施及使用	管材类型	检验室及人数	检验项目数	水价(元/立方米) 生活	水价(元/立方米) 工业	管理组织	管理制度
1	临平镇	临平自来水厂	市	86	25	张益清	65.2	10 万	1199	7.86 万	河水	有	无	有	464.6	虹吸	有	镀锌	4	18	0.8	1.3	有	有
小　计			—	85	25	—	—	10 万	1199	7.86 万	—	—	—	—	—	—	—	—	—	—	—	—	—	—
2	乔司镇	临平二水厂	市	20	11	田培虎	92.5	（3 万）	524	3.63 万	河水	有	无	有	—	虹吸	有	镀锌	1	17	1.3	1.7	有	有
小　计				20	11	—	—	（3 万）	524	3.63 万	（不含市外供水人口）			—	—	—	—	—	—	—	—	—	—	—
3	博陆镇	博陆镇水厂	镇	8	3	徐兴勇	88.4	1500	30	4812	深井	有	无	有	无	无阀	有	镀锌	1	12	1.0	1.5	有	有
4	博陆镇	螺蛳桥村水厂	村	4	1	沈掌虎	98.8	450	3.2	1420	深井	无	—	有	无	无阀	无	—	无	无	—	—	有	无
5	博陆镇	新圩村水厂	村	2	1	朱明华	89.6	1000	4.0	2456	深井	无	—	有	无	无阀	漂	—	无	无	—	—	有	有
6	博陆镇	金家埭村水厂	村	2	1	张咬金	95.1	800	2.5	2045	深井	无	无	无	无	无阀	无	塑管	无	无	—	—	有	无
7	博陆镇	戚家桥村水厂	村	2	1	蒋法根	92.1	600	3.0	2428	深井	无	无	有	无	无阀	无	塑管	无	无	—	—	有	部分
8	博陆镇	长子村水厂	村	2	1	沈有兴	83.6	200	7.0	1876	深井	无	无	有	无	无阀	漂	塑管	无	无	—	—	有	部分
小　计			—	20	8	—	—	4550	49.7	15037	—	—	—	—	—	—	—	—	—	—	—	—	—	—
9	亭趾镇	亭趾镇水厂	镇	8	1	姬杏富	84.12	1200	15.0	13000	河水	有	无	有	无	—	有	镀锌	无	无	1.1	1.5	有	有
10	亭趾镇	费庄村水厂	村	2	2	金炳富	84.4	300	9.0	1749	深井	有	无	无	无	普快	漂	塑管	无	无	—	—	有	有
小　计			—	10	3	—	—	1500	24.0	14749	—	—	—	—	—	—	—	—	—	—	—	—	—	—
11	五杭镇	五杭村水厂	村	2	2	陆林桥	82.1	480.0	2.19	626	深井	有	无	有	无	无阀	无	塑管	无	无	—	—	有	有
12	五杭镇	郭信村水厂	村	3	3	杨子青	87.9	960.0	12.8	812	深井	有	无	有	无	无阀	漂	塑管	无	无	—	—	有	有

续表 3－19

序号	厂址	厂(站)名称	级别	职工人数(人)	培训人数(人)	负责人姓名	投产年月	设计日供水量(立方米)	实际年供水量(万立方米)	已供水人口数(人)	水源类型	水源防护标志牌	取水周围污染源	沉淀澄清池设施	混凝剂及用量(吨/年)	过滤池类型	消毒设施及使用	管材类型	检验室及人数	检验项目数	水价(元/立方米)		管理组织	管理制度
																					生活	工业		
13	五杭镇	唐公村水厂	村	6	5	方金昌	86.1	1080.0	18.25	2722	深井	有	无	有	无	无阀	漂	塑管	1	3	—	—	有	有
		小　计	—	11	10	—	—	2520.0	33.24	4160	—	—	—	—	—	—	—	—	—	—	—	—	—	—
14	星桥镇	星桥镇水厂	镇	8	3	许金木	84.9	1200.0	18.0	2356	深井	无	无	有	无	无	无	镀锌	无	无	1.3	1.6	有	部分
		小　计	—	8	3	—	—	1200.0	18.0	2356	—	—	—	—	—	—	—	—	—	—	—	—	—	—
15	塘栖镇	塘栖镇水厂	镇	42	12	姚志良	60.1	1.5万	303.0	48800	河水	有	无	有	138	无阀	有	镀锌	2	18	0.8	1.3	有	有
16	塘栖镇	太山村供水站	村	2	—	—	98.6	100.0	1.58	1000	山溪水	无	无	无	无	无	无	塑管	无	无	—	—	有	无
17	塘栖镇	超山村山西供水站	组	2	—	朱永根	91.12	30.0	1.10	2000	大口井	无	无	无	无	无	无	塑管	无	无	—	—	有	无
		小　计	—	46	12	—	—	15130.0	305.6	51800	—	—	—	—	—	—	—	—	—	—	—	—	—	—
18	獐山镇	奉口村燕湾组水厂	组	1	—	钱永水	82.6	300	0.5	190	大口井	无	无	无	无	无	无	塑管	无	无	—	—	无	无
19	獐山镇	奉口村獐湾组水厂	组	1	—	俞志山	83.4	400	1.0	500	大口井	无	无	无	无	无	无	塑管	无	无	—	—	有	无
		小　计	—	—	—	—	—	700	1.5	690	—	—	—	—	—	—	—	—	—	—	—	—	—	—
20	崇贤镇	崇贤镇水厂	镇	7	1	王福培	86.2	700	25.0	9045	深井	无	无	无	无	无阀	无	镀锌	无	无	1	1.2	有	有
		(沾桥水厂)		10	2	王福培	85.5	1500	30.0	16810	深井	无	无	无	无	普快	有	镀锌	1	2	1	1.2	有	有
		小　计	—	17	3	—	—	2200	55.0	25864	—	—	—	—	—	—	—	—	—	—	—	—	—	—
21	东塘镇	东塘镇水厂	镇	4	1	何金山	89.9	300	7.7	5200	河水	有	无	无	无	普快	有	镀锌	无	无	0.8	1.0	有	部分
		小　计	—	4	1	—	—	300	7.7	5200	—	—	—	—	—	—	—	—	—	—	—	—	—	—
22	云会乡	水产村水厂	村	1	—	胡作金	88.8	15	0.54	203	河水	无	无	无	无	无	漂	塑管	无	无	—	—	有	部分

续表 3-19

序号	厂址	厂(站)名称	级别	职工人数(人)	培训人数(人)	负责人姓名	投产年月	设计日供水量(立方米)	实际年供水量(万立方米)	已供水人口数(人)	水源类型	水源防护标志牌	取水周围污染源	沉淀澄清池设施	混凝剂及用量(吨/年)	过滤池类型	消毒设施及使用	管材类型	检验室及人数	检验项目数	水价(元/立方米)		管理组织	管理制度
																					生活	工业		
		小　计	—	1	—	—	—	15	0.54	203	—	—	—	—	—	—	—	—	—	—	—	—	—	—
23	良渚镇	良渚镇水厂	镇	12	6	许国良	86.8	2400	55.0	13453	河水	有	无	有	有	无阀	有	镀锌	1	18	0.8	1	有	有
		小　计	—	12	6	—	—	2400	55.0	13453	—	—	—	—	—	—	—	—	—	—	—	—	—	—
24	安溪镇	安溪镇水厂	镇	3	—	徐玉照	98.12	2500	7.2	3000	河水	有	无	有	有	无阀	有	镀锌	1	8	1.0	1.0	有	有
25	安溪镇	安溪村水厂	村	2	—	李雪梅	88.3	50	1.8	500	河水	无	无	有	无	无阀	漂	塑管	无	无	—	—	有	部分
26	安溪镇	中溪村水厂	村	2	—	梅雪跃	87.12	30	1.08	450	河水	无	无	有	无	无阀	漂	塑管	无	无	—	—	有	部分
27	安溪镇	上溪村水厂	村	2	—	张寿法	92.1	8	0.432	797	山溪水	有	无	有	无	无阀	漂	塑管	无	无	—	—	有	部分
		小　计	—	9	—	—	—	2588	10.51	4747	—	—	—	—	—	—	—	—	—	—	—	—	—	—
28	余杭镇	余杭镇水厂	镇	59	22	俞建荣	73.5	15000	251.0	31200	河水	有	无	有	49	无阀	有	镀锌	4	18	0.8	1.3	有	有
		(永建水厂)		8	1	何树虎	90.7	2000	10.0	12580	深井	有	无	有	无	无阀	有	镀锌	无	无	—	—	无	无
29	余杭镇	仇山村1组供水站	组	1	—	孟建新	85.1	15	0.54	150	大口井	无	无	无	无	无	无	塑管	无	无	0.3	—	有	部分
30	余杭镇	仇山村4组供水站	组	1	—	肖国营	85.12	15	0.54	165	深井	无	无	无	无	无	无	塑管	无	无	0.2	—	有	部分
31	余杭镇	仇山村2组供水站	组	1	—	马天启	86.6	22	0.56	175	深井	无	无	无	无	无	无	塑管	无	无	0.3	—	有	部分
32	余杭镇	中南村水厂	村	9	2	李春龙	90.7	300	18.25	2100	深井	无	无	无	无	普快	无	塑管	无	无	—	—	无	无
		小　计	—	79	25	—	—	17352	280.9	46370	—	—	—	—	—	—	—	—	—	—	—	—	—	—
33	闲林镇	闲林镇水厂	镇	19	9	魏安荣	87.12	4800	52.0	13957	山溪	有	无	无	无	无阀	有	镀锌	1	14	0.99	1.43	有	有
34	闲林镇	和睦村水厂	村	3	1	万全法	90.1	200	5.84	1600	河水	无	—	有	矾	净水机	漂	镀锌	无	无	—	—	有	无

续表 3－19

序号	厂址	厂(站)名称	级别	职工人数(人)	培训人数(人)	负责人姓名	投产年月	设计日供水量(立方米)	实际年供水量(万立方米)	已供水人口数(人)	水源类型	水源防护标志牌	取水周围污染源	沉淀澄清池设施	混凝剂及用量(吨/年)	过滤池类型	消毒设施及使用	管材类型	检验室及人数	检验项目数	水价(元/立方米) 生活	水价(元/立方米) 工业	管理组织	管理制度
35	闲林镇	华丰村水厂	村	2	1	孙姣华	90.6	80	4.80	1700	深井	无	—	有	无	无	无	镀锌	无	无	—	—	有	无
36	闲林镇	孙家坞村水厂	村	1	—	—	93.1	60	2.04	915	深井	无	—	无	无	无	无	塑管	无	无	—	—	无	无
37	闲林镇	灵溪村水厂	村	1	—	徐明林	87.6	160	3.65	531	山溪	无	—	无	无	无	无	塑管	无	无	—	—	无	无
38	闲林镇	项家畈村水厂	村	1	—	—	92.4	35	1.17	341	深井	有	无	无	无	无	无	塑管	无	无	—	—	无	无
39	闲林镇	里山村 12 组供水站	组	1	—	—	96.12	25	0.71	170	山溪	无	无	无	无	无	无	塑管	无	无	—	—	无	无
40	闲林镇	里山村 2 组供水站	组	1	—	—	94.3	20	0.68	136	山溪	无	无	无	无	无	无	塑管	无	无	—	—	无	无
41	闲林镇	里山村 4 组供水站	组	1	—	—	95.4	20	0.66	161	山溪	无	—	无	无	无	无	塑管	无	无	—	—	无	无
42	闲林镇	梧桐村水厂	村	3	3	周纪法	90.6	150	2.0	1760	水库	无	无	有	无	无阀	无	镀锌	无	无	—	—	有	无
小　计			—	21	14	—	—	5550	73.55	21271	—	—	—	—	—	—	—	—	—	—	—	—	—	—
43	长乐镇	乐长镇水厂	镇	1	0	郎志明	88.4	1000	15.0	4000	深井	有	无	有	无	无阀	有	镀锌	无	无	0.8	1.0	有	部分
44	长乐镇	西山村水厂	村	—	—	陈继明	84.4	50	1.8	980	水库	有	无	有	无	普快	无	塑管	无	无	—	—	有	有
45	长乐镇	绿景堂村水厂	村	1	1	—	98.9	100	1.8	997	大口井	有	废水	无	无	无阀	漂	塑管	无	无	—	—	有	部分
46	长乐镇	斜坑村水厂	村	1	1	孙梅华	84.3	50	1.0	1080	水库	有	无	无	无	普快	无	塑管	无	无	—	—	有	部分
47	长乐镇	冷水桥村水厂	村	1	0	蒋志与	79.5	60	1.9	688	大口井	有	生污	无	无	无阀	无	塑管	无	无	—	—	有	有
48	长乐镇	径山村水厂	村	1	1	盛志明	85.7	30	0.8	485	山溪	有	无	无	无	普快	无	塑管	无	无	—	—	有	部分
49	长乐镇	平山村后阴供水站	组	—	—	盛迎新	97.1	10	0.36	184	大口井	有	无	有	无	普快	无	塑管	无	无	—	—	有	部分
50	长乐镇	平山村塀岭供水站	组	—	—	富勇奇	93.4	10	0.36	160	山溪	有	无	有	无	普快	无	塑管	无	无	—	—	有	部分

续表 3－19

序号	厂址	厂(站)名称	级别	职工人数(人)	培训人数(人)	负责人姓名	投产年月	设计日供水量(立方米)	实际年供水量(万立方米)	已供水人口数(人)	水源类型	水源防护标志牌	取水周围污染源	沉淀澄清池设施	混凝剂及用量(吨/年)	过滤池类型	消毒设施及使用	管材类型	检验室及人数	检验项目数	水价(元/立方米) 生活	水价(元/立方米) 工业	管理组织	管理制度
小计			—	5	3	—	—	1310	23.02	8574	—	—	—	—	—	—	—	—	—	—	—	—	—	—
51	仓前镇	仓前镇水厂	镇	14	2	姚妙根	92.1	1200	29.0	12350	深井	有	无	有	无	无阀	有	镀锌	无	无	0.9	1.3	有	有
小计			—	14	2	—	—	1200	29.0	12350	—	—	—	—	—	—	—	—	—	—	—	—	—	—
52	中泰乡	中泰乡水厂	乡	3	1	方寿松	98.1	360	0.98	1000	深井	有	无	无	无	普快	无	镀锌	无	无	1.0	1.0	有	有
		(中桥水厂)		2	—	方寿松	87.1	150	8.0	300	山溪	有	无	无	有	普快	有	镀锌	无	无	0.6	—	有	有
53	中泰乡	孟坞村水厂	村	1	1	黄金伟	87.1	200	7.3	1300	山溪	有	无	无	无	普快	无	塑管	无	无	—	—	有	部分
54	中泰乡	邱家坞村水厂	村	1	1	鲍永今	84.6	25	0.91	450	山溪	有	无	无	无	无	无	塑管	无	无	—	—	有	部分
55	中泰乡	金村水厂	村	1	1	吴妙水	80.8	200	7.2	550	山溪	无	无	无	无	普快	无	塑管	无	无	—	—	有	部分
56	中泰乡	铜岭桥村水厂	村	2	1	丁武祥	87.1	50	0.25	1417	山溪	有	无	无	无	普快	无	塑管	无	无	—	—	有	部分
57	中泰乡	九丰村水厂	村	2	—	陶志根	93.1	80	1.0	250	山溪	无	无	无	无	无	无	塑管	无	无	—	—	有	保护
58	中泰乡	南头村水厂	村	2	—	汪寿洪	86.1	50	1.5	1000	山溪	无	无	无	无	普快	无	塑管	无	无	—	—	有	保护
59	中泰乡	巴家乔村供水站	村	1	1	马成明	86.9	55	8.4	1466	山溪	有	无	无	无	无阀	漂	塑管	无	无	—	—	有	部分
60	中泰乡	章岭村六组供水站	组	5	—	李志清	83.5	40	1.2	220	山溪	无	无	无	无	普快	无	塑管	无	无	—	—	无	无
61	中泰乡	桐山村6组供水站	组	2	—	朱其新	93.6	5	0.07	25	山溪	无	无	无	无	普快	无	塑管	无	无	—	—	无	无
62	中泰乡	桐山村2组供水站	组	2	—	历善根	93.5	25	0.012	80	山溪	无	无	无	无	普快	无	塑管	无	无	—	—	无	无
63	中泰乡	铜山村天井湾供水站	组	2	—	楼永跃	83.3	40	0.1	250	山溪	无	无	无	无	普快	无	塑管	无	无	—	—	无	无
64	中泰乡	桐山村6组供水站	组	2	—	马继法	83.6	30	0.07	125	山溪	无	无	无	无	普快	无	塑管	无	无	—	—	无	无

续表 3-19

序号	厂址	厂(站)名称	级别	职工人数(人)	培训人数(人)	负责人姓名	投产年月	设计日供水量(立方米)	实际年供水量(万立方米)	已供水人口数(人)	水源类型	水源防护标志牌	取水周围污染源	沉淀澄清池设施	混凝剂及用量(吨/年)	过滤池类型	消毒设施及使用	管材类型	检验室及人数	检验项目数	水价(元/立方米)		管理组织	管理制度
																					生活	工业		
65	中泰乡	桐山村7组供水站	组	2	—	陈土法	97.5	8	0.012	16	山溪	无	无	无	无	无	无	塑管	无	无	—	—	无	无
66	中泰乡	桐山村9组供水站	组	2	—	陶方灿	92.6	15	0.036	60	山溪	无	无	无	无	无	无	塑管	无	无	—	—	无	无
67	中泰乡	八角亭新村供水站	组	1	1	—	83.6	5	0.182	110	山溪	无	无	无	无	普快	无	塑管	无	无	—	—	无	无
小　计			—	33	7	—	—	1338	37.22	8619	—	—	—	—	—	—	—	—	—	—	—	—	—	—
68	瓶窑镇	瓶窑镇水厂	镇	21	8	任正义	78.6	1.2万	160.3	21596	河水	有	无	有	34.2	无阀	有	镀锌	2	18	0.8	1.3	有	有
69	瓶窑镇	张堰村水厂	村	1	1	钱元昌	85.6	80	2.4	1807	深井	无	种植	有	无	普快	无	塑管	无	无	—	—	有	部分
小　计			—	22	9	—	—	1.28万	162.7	23403	—	—	—	—	—	—	—	—	—	—	—	—	—	—
70	黄湖镇	黄湖水厂	镇	5	5	黄锡荣	89.9	1000	10.0	5000	大口井	有	无	有	无	普快	有	镀锌	无	无	1	1.2	有	有
71	黄湖镇	里三村石扶梯供水站	组	1	—	沈金火	82.5	30	0.32	352	山溪	无	无	无	无	普快	无	塑管	无	无	—	—	无	无
72	黄湖镇	塔边村1组供水站	组	1	—	徐宝法	85.7	10	0.1	76	山溪	无	无	无	无	普快	无	塑管	无	无	—	—	无	无
73	黄湖镇	东坞村4-7组供水站	组	1	—	淡炳泉	85.9	20	0.24	258	山溪	无	无	无	无	普快	无	塑管	无	无	—	—	无	无
74	黄湖镇	东坞村5组供水站	组	1	—	王明奎	85.9	10	0.1	98	山溪	无	无	无	无	普快	无	塑管	无	无	—	—	无	无
75	黄湖镇	牌头山村3-4组供水站	组	1	—	张茂新	87.1	20	0.22	238	大口井	无	无	无	无	普快	无	塑管	无	无	—	—	无	无
76	黄湖镇	牌头山村5-6组供水站	组	1	—	—	87.11	20	0.29	357	大口井	无	无	无	无	普快	无	塑管	无	无	—	—	无	无
77	黄湖镇	仲坞村2组供水站	组	1	—	黄和平	98.9	20	0.27	145	山溪	无	无	无	无	普快	无	塑管	无	无	—	—	无	无
78	黄湖镇	仲坞村1组供水站	组	1	—	杨阿华	98.9	10	0.1	92	山溪	无	无	无	无	普快	无	塑管	无	无	—	—	无	无
79	黄湖镇	仲坞村3组供水站	组	1	—	杨阿华	90.1	20	0.19	134	山溪	无	无	无	无	普快	无	塑管	无	无	—	—	无	无

续表 3－19

序号	厂址	厂(站)名称	级别	职工人数(人)	培训人数(人)	负责人姓名	投产年月	设计日供水量(立方米)	实际年供水量(万立方米)	已供水人口数(人)	水源类型	水源防护标志牌	取水周围污染源	沉淀澄清池设施	混凝剂及用量(吨/年)	过滤池类型	消毒设施及使用	管材类型	检验室及人数	检验项目数	水价(元/立方米)		管理组织	管理制度
																					生活	工业		
80	黄湖镇	半坞村 1－2 组供水站	组	1	—	薛永根	87.8	50	0.48	190	山溪	无	无	无	无	普快	无	塑管	无	无	—	—	无	无
81	黄湖镇	半坞村 3 组供水站	组	2	—	张浙敏	86.11	20	0.2	40	山溪	无	无	无	无	普快	无	塑管	无	无	—	—	有	部分
82	黄湖镇	半坞村 4－5 组供水站	组	1	—	虞万松	86.9	12	0.1	70	山溪	无	无	无	无	普快	无	塑管	无	无	—	—	无	无
83	黄湖镇	半坞村 6 组供水站	组	1	—	郎壮林	86.5	10	0.05	32	山溪	无	无	无	无	普快	无	塑管	无	无	—	—	无	无
84	黄湖镇	半坞村练同坞供水站	组	1	—	虞永水	86.1	10	0.2	50	山溪	无	无	无	无	普快	无	塑管	无	无	—	—	无	无
85	黄湖镇	半坞村 4－5 组(马坞)供水站	组	1	—	虞士加	86.9	10	0.2	60	山溪	无	无	无	无	普快	无	塑管	无	无	—	—	无	无
86	黄湖镇	半坞村 6 组(练同坞)供水站	组	1	—	虞银泉	86.1	10	0.2	60	山溪	无	无	无	无	普快	无	塑管	无	无	—	—	无	无
87	黄湖镇	半坞村 4 组(梅大坞)供水站	组	1	—	虞宝泉	86.1	20	0.24	121	山溪	无	无	无	无	普快	无	塑管	无	无	—	—	无	无
88	黄湖镇	赐壁村石堂头供水站	组	1	—	俞定国	86.8	50	0.58	456	山溪	无	无	无	无	普快	无	塑管	无	无	—	—	无	无
89	黄湖镇	狮子岭供水站	组	1	—	张静南	86.8	30	0.29	270	山溪	无	无	无	无	普快	无	塑管	无	无	—	—	无	无
90	黄湖镇	大树头供水站	组	1	—	马连荣	86.5	10	0.14	20	山溪	无	无	无	无	普快	无	塑管	无	无	—	—	无	无
91	黄湖镇	小岭口供水站	组	1	—	蒋彩荣	86.8	20	0.2	76	山溪	无	无	无	无	普快	无	塑管	无	无	—	—	无	无
92	黄湖镇	东山村梅家坞供水站	组	1	—	沈目财	84.6	100	1.12	612	大口井	无	无	无	无	普快	无	塑管	无	无	—	—	无	无
93	黄湖镇	白塔村 4 组供水站	组	1	—	蒋连生	86.5	20	0.29	174	山溪	无	无	无	无	普快	无	塑管	无	无	—	—	无	无
94	黄湖镇	白塔村 3 组供水站	组	1	—	白洪万	86.1	20	0.24	121	山溪	无	无	无	无	普快	无	塑管	无	无	—	—	无	无
95	黄湖镇	白塔村 2 组供水站	组	1	—	洪至通	86.1	20	0.29	218	山溪	无	无	无	无	普快	无	塑管	无	无	—	—	无	无
96	黄湖镇	中街 1 组供水站	组	1	—	相志坤	98.9	10	0.24	150	山溪	无	无	无	无	普快	无	塑管	无	无	—	—	无	无

续表 3－19

序号	厂址	厂(站)名称	级别	职工人数(人)	培训人数(人)	负责人姓名	投产年月	设计日供水量(立方米)	实际年供水量(万立方米)	已供水人口数(人)	水源类型	水源防护标志牌	取水周围污染源	沉淀澄清池设施	混凝剂及用量(吨/年)	过滤池类型	消毒设施及使用	管材类型	检验室及人数	检验项目数	水价(元/立方米)		管理组织	管理制度
																					生活	工业		
97	黄湖镇	上街2组供水站	组	1	—	蒋月开	88.5	10	0.2	121	山溪	无	无	无	无	普快	无	塑管	无	无	—	—	无	无
98	黄湖镇	上街3组供水站	组	1	—	陈肖泉	87.6	15	0.21	146	山溪	无	无	无	无	普快	无	塑管	无	无	—	—	无	无
99	黄湖镇	孙家门村花园里供水站	组	1	—	王金荣	84.1	30	0.35	310	山溪	无	无	无	无	普快	无	塑管	无	无	—	—	无	无
100	黄湖镇	孙家门村孟家供水站	组	1	—	杨盛余	84.1	30	0.31	280	山溪	无	无	无	无	普快	无	塑管	无	无	—	—	无	无
101	黄湖镇	高村供水站	组	1	—	葛其生	88.1	100	1.21	918	山溪	无	无	无	无	普快	无	塑管	无	无	—	—	无	无
102	黄湖镇	独山村1组供水站	组	1	—	何小山	85.12	20	0.24	259	山溪	无	无	无	无	普快	无	塑管	无	无	—	—	无	无
103	黄湖镇	独山村2组供水站	组	1	—	唐友实	85.12	10	0.15	173	山溪	无	无	无	无	普快	无	塑管	无	无	—	—	无	无
104	黄湖镇	独山村3组供水站	组	1	—	俞益没	85.8	10	0.1	107	山溪	无	无	无	无	普快	无	塑管	无	无	—	—	无	无
105	黄湖镇	浪河口村4组供水站	组	1	—	杨松平	84.11	15	0.14	105	山溪	无	无	无	无	普快	无	塑管	无	无	—	—	无	无
106	黄湖镇	浪河口村3组供水站	组	1	—	朱国华	84.1	20	0.1	110	山溪	无	无	无	无	普快	无	塑管	无	无	—	—	无	无
107	黄湖镇	浪河口村2组供水站	组	1	—	王志林	83.6	20	0.1	115	山溪	无	无	无	无	普快	无	塑管	无	无	—	—	无	无
小　计			—	43	—	—	—	1862	20	12114	—	—	—	—	—	—	—	—	—	—	—	—	—	—
108	潘板镇	潘板镇水厂	镇	10	4	喻凤祥	87.5	2000	60	7000	河水	有	无	有	—	无阀	有	镀锌	无	无	1.0	1.2	有	全
109	潘板镇	漕桥村水厂	村	1	—	孙信荣	89.8	50	1.5	600	河水	无	无	无	无	无阀	无	镀锌	无	无	—	—	有	有
110	潘板镇	前溪村水厂	村	1	—	沈国仁	87.1	30	0.8	400	河水	无	无	无	无	无阀	无	镀锌	无	无	—	—	有	有
111	潘板镇	羊棚坞供水站	组	1	—	艾校根	88.1	6	0.15	190	山溪	有	无	无	无	普快	无	塑管	无	无	—	—	有	有
112	潘板镇	东岳庙供水点	组	1	—	陈瑞春	88.1	5	0.1	190	山溪	有	无	无	无	无	无	塑管	无	无	—	—	有	有

续表 3－19

序号	厂址	厂(站)名称	级别	职工人数(人)	培训人数(人)	负责人姓名	投产年月	设计日供水量(立方米)	实际年供水量(万立方米)	已供水人口数(人)	水源类型	水源防护标志牌	取水周围污染源	沉淀澄清池设施	混凝剂及用量(吨/年)	过滤池类型	消毒设施及使用	管材类型	检验室及人数	检验项目数	水价(元/立方米) 生活	水价(元/立方米) 工业	管理组织	管理制度
113	潘板镇	招远弄供水点	组	1	—	鲍观良	88.1	5	0.15	200	山溪	有	无	无	无	无	无	塑管	无	无	—	—	有	有
114	潘板镇	湖羊场水厂	组	1	—	鲍申坤	79.1	40	1.5	522	山溪	有	无	无	无	无	无	塑管	无	无	—	—	有	有
115	潘板镇	钱家滩中山水厂	组	1	—	李阿才	88.8	50	0.4	222	山溪	有	无	无	无	无	无	塑管	无	无	—	—	有	有
116	潘板镇	钱介滩小山坞供水站	组	1	—	施德峰	88.8	100	1.0	648	山溪	有	无	无	无	普快	无	塑管	无	无	—	—	有	有
117	潘板镇	钱介滩水厂	组	1	—	陈传兴	88.8	100	0.8	437	大口井	有	无	无	无	普快	无	塑管	无	无	—	—	有	有
		小　计	—	19	4	—	—	2386	66.4	10409	—	—	—	—	—	—	—	—	—	—	—	—	—	—
118	百丈镇	塘里水厂 (百丈坪 1.2 组)	组	—	—	杨洁权	80.4	3	0.036	178	山溪	无	无	有	无	普快	无	—	无	无	—	—	无	无
119	百丈镇	梦沟凹水池 (坪里 7.8 组)	组	—	—	杨洪祖	79.1	5	0.15	240	山溪	无	无	有	无	普快	无	—	无	无	—	—	无	无
120	百丈镇	桥西水池 (坪里 3.4.5.6 组)	组	—	—	白喜文	78.1	5	0.048	478	山溪	无	无	有	无	普快	无	—	无	无	—	—	无	无
121	百丈镇	下村水池(古城村)	组	—	—	叶士义	90.12	1.5	0.054	152	山溪	无	无	有	无	普快	无	—	无	无	—	—	无	无
122	百丈镇	流山背弯水池(古城村)	组	—	—	王云实	81.12	2	0.066	168	山溪	无	无	有	无	普快	无	—	无	无	—	—	无	无
123	百丈镇	金竹塘水池(古城村)	组	—	—	张明德	84.12	5	0.175	198	山溪	无	无	有	无	普快	无	—	无	无	—	—	无	无
124	百丈镇	罗公塘水池 (溪口村 13 组)	组	—	—	朱德龙	84.12	1.5	0.54	130	山溪	无	无	有	无	普快	无	—	无	无	—	—	无	无
125	百丈镇	罗公塘水池 (溪口村 7 组)	组	—	—	徐如龙	84.12	2	0.066	107	山溪	无	无	有	无	普快	无	—	无	无	—	—	无	无

续表 3－19

序号	厂址	厂(站)名称	级别	职工人数(人)	培训人数(人)	负责人姓名	投产年月	设计日供水量(立方米)	实际年供水量(万立方米)	已供水人口数(人)	水源类型	水源防护标志牌	取水周围污染源	沉淀澄清池设施	混凝剂及用量(吨/年)	过滤池类型	消毒设施及使用	管材类型	检验室及人数	检验项目数	水价(元/立方米) 生活	水价(元/立方米) 工业	管理组织	管理制度
126	百丈镇	新安时里水池(溪口村1组)	组	—	—	何庆良	84.10	1	0.036	400	山溪	无	无	有	无	普快	无	—	无	无	—	—	无	无
127	百丈镇	下村水池(泗溪11组)	组	—	—	泮国友	84.1	5	0.175	416	山溪	无	无	有	无	普快	无	—	无	无	—	—	无	无
128	百丈镇	上村水池(泗溪村8.9组)供水站	组	—	—	夏妙山	84.1	2	0.06	187	山溪	无	无	有	无	普快	无	—	无	无	—	—	无	无
129	百丈镇	姚妙头水池(泗溪11组)供水站	组	—	—	陈道福	84.12	1	0.036	90	山溪	无	无	有	无	普快	无	—	无	无	—	—	无	无
130	百丈镇	南北塘水池(泗溪1.2组)	组	—	—	王以芳	83.12	1	0.036	160	山溪	无	无	有	无	普快	无	—	无	无	—	—	无	无
131	百丈镇	上溪、下溪水池(百丈1组)	组	—	—	郑加平	90.12	1	0.036	122	山溪	无	无	有	无	普快	无	—	无	无	—	—	无	无
132	百丈镇	桥上水池(百丈村2组)	组	—	—	翁连根	83.12	2	0.066	240	山溪	无	无	有	无	普快	无	—	无	无	—	—	无	无
133	百丈镇	小湾毛山上水池(百丈村3组)	组	—	—	胡正祥	83.12	2	0.066	270	山溪	无	无	有	无	普快	无	—	无	无	—	—	无	无
134	百丈镇	外小湾里湾水池(百丈村4组)	组	—	—	郑志华	83.12	1	0.036	140	山溪	无	无	有	无	普快	无	—	无	无	—	—	无	无
135	百丈镇	章家塘水池(百丈村5组)	组	—	—	马何毛	97.12	2	0.066	178	山溪	无	无	有	无	普快	无	—	无	无	—	—	无	无
136	百丈镇	桐塘里水池(百丈村6组)	组	—	—	张火根	83.12	1	0.036	50	山溪	无	无	有	无	普快	无	—	无	无	—	—	无	无
137	百丈镇	天紫塘水池(百丈村7组)	组	—	—	王金祥	85.12	2	0.066	200	山溪	无	无	有	无	普快	无	—	无	无	—	—	无	无

续表 3－19

序号	厂址	厂(站)名称	级别	职工人数(人)	培训人数(人)	负责人姓名	投产年月	设计日供水量(立方米)	实际年供水量(万立方米)	已供水人口数(人)	水源类型	水源防护标志牌	取水周围污染源	沉淀澄清池设施	混凝剂及用量(吨/年)	过滤池类型	消毒设施及使用	管材类型	检验室及人数	检验项目数	水价(元/立方米) 生活	水价(元/立方米) 工业	管理组织	管理制度
138	百丈镇	九东山水池(仙岩村 1 组)	组	—	—	郑生校	90.12	3	0.108	256	山溪	无	无	有	无	普快	无	—	无	无	—	—	无	无
139	百丈镇	朱家塘水池(仙岩村 4.5.6 组)	组	—	—	郑志祥	94.12	10	0.36	935	山溪	无	无	有	无	普快	无	—	无	无	—	—	无	无
140	百丈镇	九东山水池 3 只(仙岩村 2 组)	组	—	—	杨交荣	94.12	5	0.1	300	山溪	无	无	有	无	普快	无	—	无	无	—	—	无	无
141	百丈镇	后塘前山水池(半山村)	组	—	—	洪海巴	83.12	1	0.036	154	山溪	无	无	有	无	普快	无	—	无	无	—	—	无	无
142	百丈镇	余塘水池(半山村 1.2 组)	组	—	—	王小海	83.12	1	0.036	150	山溪	无	无	有	无	普快	无	—	无	无	—	—	无	无
143	百丈镇	雪加山水池(半山 4.5 组)	组	—	—	俞秋生	83.12	2	0.066	400	山溪	无	无	有	无	普快	无	—	无	无	—	—	无	无
144	百丈镇	外半山水池(半山 6 组)	组	—	—	俞永明	84.12	1.5	0.054	206	山溪	无	无	有	无	普快	无	—	无	无	—	—	无	无
145	百丈镇	朱山坞水池(半山村 8.9.10 组)	组	—	—	俞何狗	84.12	5	0.1	663	山溪	无	无	有	无	普快	无	—	无	无	—	—	无	无
146	百丈镇	牙山泉水池(半山 13 组)	组	—	—	李结兴	84.12	5	0.075	150	山溪	无	无	有	无	普快	无	—	无	无	—	—	无	无
147	百丈镇	独松水库水池(半山 11.12)	组	—	—	王道明	84.12	5	0.07	100	山溪	无	无	有	无	普快	无	—	无	无	—	—	无	无
148	百丈镇	后山水池(石竹园村)	组	—	—	王先法	84.12	1	0.036	155	山溪	无	无	有	无	普快	无	—	无	无	—	—	无	无
149	百丈镇	水竹塘水池(石竹园村)	组	—	—	林朝荣	84.12	0.6	0.022	143	山溪	无	无	有	无	普快	无	—	无	无	—	—	无	无

续表3-19

序号	厂址	厂(站)名称	级别	职工人数(人)	培训人数(人)	负责人姓名	投产年月	设计日供水量(立方米)	实际年供水量(万立方米)	已供水人口数(人)	水源类型	水源防护标志牌	取水周围污染源	沉淀澄清池设施	混凝剂及用量(吨/年)	过滤池类型	消毒设施及使用	管材类型	检验室及人数	检验项目数	水价(元/立方米) 生活	水价(元/立方米) 工业	管理组织	管理制度
150	百丈镇	南北塘水池(石竹园1组)	组	—	—	陈夏根	84.12	1.2	0.043	260	山溪	无	无	有	无	普快	无	—	无	无	—	—	无	无
151	百丈镇	石竹园小学水池(石竹园12组)	组	—	—	—	84.12	1.5	0.054	262	山溪	无	无	有	无	普快	无	—	无	无	—	—	无	无
152	百丈镇	阳交地羊塘水池(石竹园村)	组	—	—	胡泽明	84.12	4	0.144	454	山溪	无	无	有	无	普快	无	—	无	无	—	—	无	无
153	百丈镇	吴山水池(石竹园村)	组	—	—	何荣根	84.12	1.8	0.063	180	山溪	无	无	有	无	普快	无	—	无	无	—	—	无	无
154	百丈镇	羊水塘水池(石竹园村)	组	—	—	何茂勇	84.12	1	0.036	210	山溪	无	无	有	无	普快	无	—	无	无	—	—	无	无
155	百丈镇	汪家塘水池(石竹园村)	组	—	—	洪卫根	84.12	1.5	0.054	300	山溪	无	无	有	无	普快	无	—	无	无	—	—	无	无
156	百丈镇	后山塘水池(石竹园村)	组	—	—	支黎明	84.12	1	0.036	163	山溪	无	无	有	无	普快	无	—	无	无	—	—	无	无
小计			—	—	—	—	—	98.1	3.343	9845	—	—	—	—	—	—	—	—	—	—	—	—	—	—
157	双溪镇	四岭村水厂	村	2	—	高阿祥	91.8	20	0.8	2016	水库水	有	无	无	无	普快	漂	塑管	无	无	—	—	有	部分
158	双溪镇	吴山村水厂	村	1	—	白洪奎	96.7	12	0.44	789	深井	有	无	无	无	普快	漂	塑管	无	无	—	—	有	无
159	双溪镇	里洪村水厂	村	1	—	蔡黄光	93.2	10	0.037	890	山溪	无	无	无	无	普快	漂	塑管	无	无	—	—	无	无
160	双溪镇	双溪村水厂	村	2	—	张观良	88.5	25	1.3	1052	深井	有	无	无	无	普快	漂	塑管	无	无	—	—	有	有
161	双溪镇	竹山水厂	组	1	—	潘敏华	95.3	10	0.4	1087	深井	无	无	无	无	普快	漂	塑管	无	无	—	—	有	部分
小计			—	7	—	—	—	77	2.977	5834	—	—	—	—	—	—	—	—	—	—	—	—	—	—
162	鸬鸟镇	鸬鸟镇水厂	镇	2	1	吴有法	86	1000	3.5	2000	水库	有	无	有	无	无阀	有	镀锌	无	无	0.6	1.0	有	无
163	鸬鸟镇	白沙村4组水厂	组	—	—	杜丘明	79	5	0.18	120	山溪	无	无	有	无	普快	无	塑管	无	无	—	—	无	无

续表 3－19

序号	厂址	厂(站)名称	级别	职工人数(人)	培训人数(人)	负责人姓名	投产年月	设计日供水量(立方米)	实际年供水量(万立方米)	已供水人口数(人)	水源类型	水源防护标志牌	取水周围污染源	沉淀澄清池设施	混凝剂及用量(吨/年)	过滤池类型	消毒设施及使用	管材类型	检验室及人数	检验项目数	水价(元/立方米) 生活	水价(元/立方米) 工业	管理组织	管理制度
164	鸬鸟镇	白沙村2组水厂	组	—	—	冯观海	79	5	0.18	200	山溪	无	无	无	无	普快	无	塑管	无	无	—	—	无	无
165	鸬鸟镇	上高水厂(上高村3组)	组	—	—	杨宝荣	93.11	25	0.03	520	山溪	无	无	无	无	普快	无	塑管	无	无	—	—	无	无
166	鸬鸟镇	王坑塘坞7组供水站	组	—	—	王科新	95.7	20	0.82	430	山溪	无	无	无	无	普快	无	塑管	无	无	—	—	无	无
167	鸬鸟镇	宋村供水站	组	—	—	徐仁荣	84.1	25	0.91	500	山溪	无	无	无	无	普快	无	塑管	无	无	—	—	无	无
168	鸬鸟镇	后塘村供水站	组	—	—	高丰良	93	15	0.548	400	山溪	无	无	有	无	普快	无	塑管	无	无	—	—	无	无
169	鸬鸟镇	太公堂前山供水站	组	—	—	张先村	88.5	10	0.25	78	山溪	无	无	有	无	普快	无	塑管	无	无	—	—	无	无
170	鸬鸟镇	太平羊毛衫厂(供水站)	组	—	—	陈福根	99.1	20	0.47	100	山溪	无	无	无	无	无	无	塑管	无	无	—	—	无	无
171	鸬鸟镇	下余村2组	组	—	—	张国方	98.7	10	0.36	50	山溪	无	无	无	无	无	无	塑管	无	无	—	—	无	无
172	鸬鸟镇	下余村2组供水站	组	—	—	周金元	97.8	11	0.396	110	山溪	无	无	无	无	普快	无	塑管	无	无	—	—	无	无
173	鸬鸟镇	石门(下斜塘村)供水站	组	—	—	张宝堂	98.6	5	0.09	40	山溪	无	无	无	无	普快	无	塑管	无	无	—	—	无	无
174	鸬鸟镇	后庄(前庄村8组)供水站	组	—	—	陈星海	90	10	0.35	100	山溪	无	无	无	无	普快	无	塑管	无	无	—	—	无	无
175	鸬鸟镇	全城坞村4组供水站	组	—	—	凌阿炎	78.11	10	0.35	250	山溪	无	无	无	无	无	无	塑管	无	无	—	—	无	无
176	鸬鸟镇	凌家堂水厂	组	—	—	施秀强	78.11	10	0.35	260	山溪	无	无	无	无	普快	无	塑管	无	无	—	—	无	无
177	鸬鸟镇	施家边村4组供水站	组	—	—	泮雪标	78.11	10	0.3	200	山溪	无	无	无	无	普快	无	塑管	无	无	—	—	无	无
178	鸬鸟镇	东山岭水厂	组	—	—	陈杏春	79.8	5	0.18	85	山溪	无	无	无	无	普快	无	塑管	无	无	—	—	无	无
179	鸬鸟镇	石门水厂	组	—	—	胡义易	79.5	8	0.2	120	山溪	无	无	无	无	普快	无	塑管	无	无	—	—	无	无
180	鸬鸟镇	余家畈水厂	组	—	—	徐正强	79.6	6	0.2	80	山溪	无	无	无	无	普快	无	塑管	无	无	—	—	无	无

续表 3－19

序号	厂址	厂(站)名称	级别	职工人数（人）	培训人数（人）	负责人姓名	投产年月	设计日供水量(立方米)	实际年供水量(万立方米)	已供水人口数（人）	水源类型	水源防护标志牌	取水周围污染源	沉淀澄清池设施	混凝剂及用量（吨/年）	过滤池类型	消毒设施及使用	管材类型	检验室及人数	检验项目数	水价(元/立方米)		管理组织	管理制度
																					生活	工业		
181	鸬鸟镇	后畔 7 组水厂	组	—	—	朱国立	78	5	0.18	85	山溪	无	无	无	无	普快	无	塑管	无	无	—	—	无	无
182	鸬鸟镇	后畔 6 组水厂	组	—	—	高明炎	79	5	0.18	78	山溪	无	无	无	无	普快	无	塑管	无	无	—	—	无	无
183	鸬鸟镇	后畔 5 组水厂	组	—	—	谷青兰	78	5	0.18	79	山溪	无	无	无	无	普快	无	塑管	无	无	—	—	无	无
184	鸬鸟镇	后畔 4 组水厂	组	—	—	严文生	78.11	5	0.18	85	山溪	无	无	无	无	普快	无	塑管	无	无	—	—	无	无
185	鸬鸟镇	后畔 3 组水厂	组	—	—	严文华	79.2	8	0.3	145	山溪	无	无	无	无	普快	无	塑管	无	无	—	—	无	无
186	鸬鸟镇	后畔 2 组水厂	组	—	—	王玉村	78	8	0.3	150	山溪	无	无	无	无	普快	无	塑管	无	无	—	—	无	无
187	鸬鸟镇	后畔 1 组水厂	组	—	—	应妙文	78	10	0.36	230	山溪	无	无	无	无	普快	无	塑管	无	无	—	—	无	无
小　计			—	—	—	—	—	1256	11.35	6495	—	—	—	—	—	—	—	—	—	—	—	—	—	—
188	彭公乡	彭公乡水厂	乡	3	2	董学顺	97.1	1000	7.3	800	山溪	有	污	有	有	无阀	有	镀锌	无	无	1.0	1.2	有	有
189	彭公乡	石濑村水厂	村	2	—	龚跃坤	93.1	200	3.0	1600	大口井	无	无	有	无	无阀	无	镀锌	无	无	—	—	无	无
190	彭公乡	长岭陆家塘供水点	组	—	—	杨南生	84.5	15	0.5	60	山溪	无	无	无	无	无	无	塑管	无	无	—	—	无	无
191	彭公乡	长岭俞家口供水点	组	—	—	俞月高	83.6	25	0.63	80	山溪	无	无	无	无	无	无	塑管	无	无	—	—	有	部分
192	彭公乡	长岭 2 组供水点	组	—	—	阮培元	95.5	20	0.3	98	山溪	无	无	无	无	无	无	塑管	无	无	—	—	无	部分
193	彭公乡	长岭 1 组供水点	组	—	—	汤树根	96.5	15	0.2	165	山溪	无	无	无	无	无	无	塑管	无	无	—	—	无	无
194	彭公乡	大山石门坑供水点	组	—	—	—	96.5	12	0.21	50	山溪	无	无	无	无	无	无	塑管	无	无	—	—	无	无
195	彭公乡	西坞六组供水点	组	—	—	田玉连	89.6	20	0.21	150	山溪	无	无	无	无	无	无	塑管	无	无	—	—	无	无
196	彭公乡	西坞五组供水点	组	—	—	赵金荣	88.8	30	0.53	186	山溪	无	无	无	无	无	无	塑管	无	无	—	—	无	无

续表 3－19

序号	厂址	厂(站)名称	级别	职工人数(人)	培训人数(人)	负责人姓名	投产年月	设计日供水量(立方米)	实际年供水量(万立方米)	已供水人口数(人)	水源类型	水源防护标志牌	取水周围污染源	沉淀澄清池设施	混凝剂及用量(吨/年)	过滤池类型	消毒设施及使用	管材类型	检验室及人数	检验项目数	水价(元/立方米) 生活	工业	管理组织	管理制度
197	彭公乡	西坞三组供水点	组	—	—	田培兴	88.8	20	1.095	180	山溪	无	无	无	无	无	无	塑管	无	无	—	—	无	无
198	彭公乡	西坞四组供水点	组	—	—	刘如泉	88.8	30	0.43	200	山溪	无	无	无	无	无	无	塑管	无	无	—	—	无	无
199	彭公乡	西坞二组供水点	组	—	—	胡金生	88.8	20	0.995	150	山溪	无	无	无	无	无	无	塑管	无	无	—	—	无	无
200	彭公乡	白岳阴尤坞供水点	组	—	—	—	88.9	14	0.73	59	山溪	无	无	无	无	无	无	塑管	无	无	—	—	无	无
201	彭公乡	白岳买义坞供水点	组	—	—	—	88.9	14	0.246	82	山溪	无	无	无	无	无	无	塑管	无	无	—	—	无	无
202	彭公乡	白岳上家坞供水点	组	—	—	—	88.9	4	0.146	15	大口井	有	无	无	无	无	无	塑管	无	无	—	—	无	无
203	彭公乡	白岳上家坞供水点	组	—	—	—	98.8	5	0.183	37	山溪	无	无	无	无	无	无	塑管	无	无	—	—	无	无
204	彭公乡	奇坑供水点	组	—	—	—	97.5	10	0.2	67	山溪	无	无	无	无	无	无	塑管	无	无	—	—	无	无
205	彭公乡	大山黄其岭供水点	组	—	—	—	88.5	15	0.265	60	山溪	无	无	无	无	无	无	塑管	无	无	—	—	无	无
206	彭公乡	两水坞 4 组供水点	组	—	—	—	78.4	10	0.36	160	山溪	无	无	无	无	无	无	塑管	无	无	—	—	无	无
207	彭公乡	两水坞 1 组供水点	组	—	—	—	78.4	20	0.65	212	山溪	无	无	无	无	无	无	塑管	无	无	—	—	无	无
208	彭公乡	板石五坑桥供水站	组	—	—	—	87.6	25	0.7	150	山溪	无	无	无	无	无	无	塑管	无	无	—	—	无	无
209	彭公乡	东皇村杨家山供水点(1)	组	—	—	—	91.9	9	0.186	60	山溪	无	无	无	无	无	无	塑管	无	无	—	—	无	无
210	彭公乡	东皇村杨家山供水点(2)	组	—	—	—	91.9	8	0.16	160	山溪	无	无	无	无	无	无	塑管	无	无	—	—	无	无
211	彭公乡	东皇坞鹏肖岭供水点	组	—	—	姚健康	88.1	10	0.12	82	山溪	无	无	无	无	无	无	塑管	无	无	—	—	无	无
212	彭公乡	东皇坞东岭供水点	组	—	—	—	91.9	8	0.091	150	山溪	无	无	无	无	无	无	塑管	无	无	—	—	无	无
小　计			—	—	—	—	—	1559	19.44	5013	—	—	—	—	—	—	—	—	—	—	—	—	—	—
合　计			—	479	151	—	—	17.72 万	3013	42.32	—	—	—	—	—	—	—	—	—	—	—	—	—	—

表 3－20　**余杭市农村自来水厂资质证概况(截止 2000 年)**

序号	水厂名称	投产年月	水源类型	供水(万 m^3)			混凝剂	消毒剂	水质化验		获得《供水企业资质证》年份	获得《水质卫生合格证》年份	获得《卫生许可证》年份	供水受益人口(万人)
				能力	1998 年供水				项目(项)	人员(人)				
					年供水	日供水								
1	临平第二水厂	1992.5	河水	3.0	524	1.44	(由临平镇水厂制水、临平第二水厂补加氯)		17	1	1996	1996	1998	3.63(不含九堡、下沙)
2	塘栖镇自来水厂	1960.1	河水	1.5	303	0.83	聚含氯化铝	液氯	18	2	1994	1998	1998	4.88
3	余杭镇自来水厂	1973.5	河水	1.5	251	0.69	聚含氯化铝	液氯	18	4	1994	1997	1998	3.12
4	闲林镇自来水厂	1987.12	溪水	0.48	52	0.14	—	漂白粉	14	1	1998	1996	1998	1.39
5	瓶窑镇自来水厂	1978.6	河水	1.2	160.3	0.44	硫酸铝	液氯	18	2	1994	1996	1998	2.16
6	博陆镇自来水厂	1988.4	深井水	0.15	30	0.08	—	漂白粉	12	1	2000	1998	1999	0.48
7	博陆镇螺蛳桥村自来水厂	1998.8	深井水	0.05	3.2	0.01	—	漂白粉	—	—	—	1999	—	0.14
8	五杭镇唐公村自来水厂	1986.1	深井水	0.11	18.25	0.05	—	漂白粉	4	1	—	2000	—	0.27
9	亭趾镇自来水厂	1984.12	河水	0.12	15	0.04	(由临平水厂制水、消毒)		—	—	—	2000	—	1.30
10	星桥镇自来水厂	1984.9	深井水	0.12	18	0.05	—	漂白粉	—	—	—	1999	—	0.24
11	崇贤镇沾桥自来水厂	1985.5	深井水	0.15	30	0.08	—	漂白粉	4	1	—	1996	—	1.68
12	良渚镇自来水厂	1986.8	河水	0.24	55	0.15	硫酸铝	漂白粉	18	1	1998	1997	1998	1.35
13	仓前镇自来水厂	1992.1	深井水	0.12	29	0.08	—	漂白粉	—	—	—	1998	1998	1.23
14	彭公乡自来水厂	1997.1	溪水	0.1	7.3	0.02	硫酸铝	漂白粉	—	—	—	1999	—	0.08
15	黄湖镇自来水厂	1989.9	浅井	0.1	10	0.03	—	漂白粉	—	—	—	1998	—	0.5
16	安溪镇自来水厂	1998.12	河水	0.25	7.2	0.02	—	漂白粉	8	1	—	—	—	0.3
合计(不含安溪水厂)		—	—	8.74	1506.05	4.13	—	—	(10 座)	15	(7 座)	(15 座)	(8 座)	22.45
占全市农村水厂(%)		—	—	81.73	83.01	83.10	—	—	—	—	—	—	—	61.59

注:在 2001 年后新增获得“供水企业资质证”的水厂有潘板自来水厂。获得“水质卫生合格证”的水厂有:潘板自来水厂、长乐自来水厂。获得“卫生许可证”的水厂有潘板自来水厂、黄湖自来水厂、崇贤自来水厂、五杭唐公村自来水厂。新建化验室的水厂有:潘板镇自来水厂(1 人、4 项)仓前自来水厂(1 人、4 项),黄湖自来水厂(1 人、16 项)。消毒剂由漂白粉改为二氧化氯的水厂有:博陆自来水厂、五杭唐公村自来水厂、崇贤自来水厂、仓前自来水厂、彭公自来水厂、余杭自来水厂永建制水车间、安溪自来水厂、黄湖自来水厂;新增二氧化氯消毒的水厂有潘板自来水厂、长乐自来水厂。新增漂白粉消毒的水厂有中泰水厂、鸬鸟水厂

四、水质监测

余杭县农村水厂由于数量多、规模小、分布散，且大多数水厂没有建立水质化验室。因此，县改水办、县卫生防疫部门和县环保部门对农村水厂的水质监督管理工作十分重视，开展经常性的水质检查、监督，以保证农村饮用水的卫生和安全。

1. 浅井水水质监测

由于浅井水多数来自地表水渗透，虽比河、湖、溪、港、塘中的水相对清洁，但用户取水后大部分未经过消毒处理就直接饮用，因此还达不到卫生水的要求。1982 年县卫生防疫站调查，直接饮用浅井水预防痢疾等肠道传染病的效果不明显（附表 3-21）。

表 3-21　　1982 年饮用浅井水与河水人口痢疾发病率比较

地区	饮用水	饮水人口（人）	痢疾病例（人）	发病率（%）	比　　较
乔司	浅井水	18064	73	0.4041	饮用浅井水比饮用河水的痢疾发病率少 7.63%
丁河	河水	14856	65	0.4375	

浅井水仍易引起痢疾发病的原因，经调查 139 口浅井，其中有 133 口井的周围 30 米范围内有厕所、粪池、粪坑等污染源，占浅井数的 96%。同时，浅井水提取后多数未经过消毒处理，因此易引发痢疾等肠道传染病。

而同期调查，饮用自来水人口的痢疾发病率比饮用浅井水、河水人口的发病率就显著降低（附表 3-22）。

表 3-22　　1982 年饮用浅井水、河水与自来水人口痢疾发病率比较

地区	饮用水	饮水人口（人）	痢疾病例（人）	发病率（%）	比　　较
乔司	浅井水	32920	138	0.4192	饮用自来水比饮用浅井水与河水的人痢疾发病率少 72.09%
丁河	河水				
百丈	自来水	5129	6	0.1170	

注：表 3-21、3-22 资料来源于《环境与健康杂志》1984 年第 1 卷第六期“余杭县农村饮用水人口比例与痢疾发病关系的调查”，作者俞其根

2. 自来水水质监测

农村简易自来水厂，由于设施简陋、工艺简单、净化消毒设施不全、运营不够规范，加上生产与管理自来水人员的技术水平低，同时群众对饮水的卫生意识较淡薄，因此农村简易自来水仍存在不卫生的状况。

余杭县卫生防疫站 1984 年根据浙江省卫生厅《杭州地区生活饮用水水质调查方案》，开展了全县水源情况普查，初步摸清了余杭县城乡生活用水状况，约有五种情况：（1）自来水 125 处（含临平、塘栖、余杭、瓶窑镇水厂），饮用人数占全县总人口的 11.9%；（2）井水 13465 处，饮用人数占 35.6%；（3）江、河水饮用人数占 38.2%；（4）溪泉水、水库水饮用人数占 4.9%；（5）塘水饮用人数占 9.4%。山区及半山区居民主要饮用溪、

泉水及水库水；沿钱塘江平原区居民饮用河水和苦咸井水；水网平原区居民主要饮用上塘河、运河及其支流的水，经常受到工业“三废”的污染。

1984年，余杭县卫生防疫站对山区、河网及沿江平原地带分别采用网格式选点方法，选择临平、塘栖、余杭、瓶窑镇及博陆、五杭、下沙、沾桥、安溪、闲林、北湖、泰山、舟枕、长乐、彭公、太平、百丈等17个乡镇，分别于5月（丰水期）、12月（枯水期）各进行一次定点水质采样检验，共检验34个样品，288个数据，合格率为35%。

1985年，又按上年选定的点进行水质卫生监测，农村采样13个点，细菌指标全部超过限额，有6个点理化指标超过标准。并每月对临平、塘栖、余杭、瓶窑镇水厂的出厂水进行分析检测（每件样品检验21个项目），其中临平水厂采样10件，检验210项次，合格200项次，合格率95%；塘栖、余杭、瓶窑镇水厂各采样9件，各检验189项次，合格项次分别为174、182、180次，合格率分别为92.1%、96.3%、95.2%。

1987年，对已竣工通水的崇贤、沾桥、五杭唐公村等自来水厂开展水质监测，并对临平地区准备建水厂的水源地进行水质监测共135项次。同时，对临平、塘栖、余杭、瓶窑镇水厂进行定点监测，其中理化指标监测样品48件、192项，总合格率92.19%。

1988年，监测农村自来水厂样品23件，理化指标合格率60.9%，细菌指标合格率34.8%。并对临平等6个镇自来水厂作水质监测，细菌指标样品590件，合格率86.94%；理化指标样品11件，合格率92.4%。

1989年，对闲林、良渚水厂建立定期监测制度；对博陆、潘板、五杭唐公村水厂，作不定期水质监测，采水样121个样品，检验387次（不包括农村水厂化验室自行监测）；并对农村生活饮用水做出动态监测全分析、细菌检验各24件；零星监测全分析77件、细菌检验111件。并对临平等5大镇自来水厂进行“三定”（定点、定时、定监测项目）监测，监测小样584件，其中细菌指标合格541件，合格率为92.64%；全分析10件100个项目，合格项目95个，合格率95%。夏、秋节突击抽查，建制镇以上水厂小样38件，合格20件，合格率52.63%。

1990年，对临平等6大镇自来水厂进行“三定”（定点、定时、定项目）采样监测，共采小样本540件，合格率为88.7%。

1992年，对临平等5大镇自来水厂的水质“三定”（定点、定时、定项目）采样监测，共采小样582件，合格率88.14%。对12家乡镇级和6家村级水厂采集小样抽验，细菌检查合格率分别为59.5%、33.33%。县改水办在抓好改水进度过程中，指导农村水厂做好水质管理，推进农村水厂化验室的建设，到1992年全县有11家农村水厂建立化验室。经监测，1992年，农村水厂供水水质100%的指标达到农村供水三级水质要求（最低要求），92.7%的指标达到二级水质要求（常规要求），85.7%的指标达到一级要求（期望要求）。

1993年，对临平等5大镇自来水厂的水质进行末梢水监测，监测小样252件，合格222件，合格率88.1%。

1994年，对临平等5大镇自来水厂的水质进行监测，监测小样291件，其中细菌总数合格251件，合格率86.3%；大肠菌群数合格259件，合格率89%。

1998年，余杭市卫生防疫站对全市212座各类水厂（供水站、点）进行了全面调查，调查和检测结果为：2座余杭市属水厂采用液氯消毒；18座乡镇属水厂3座采用液氯消毒、9座使用漂白粉消毒、6座无消毒设施；41座村属水厂仅2家能正常进行消毒，且过滤池多数已年久失修，微生物指标检测合格率18.2%、浊度合格率68.2%；151座自然村、组水厂（供水站、点）大部分在山区，均无消毒设施，多数利用蓄水池的高位自然压力向用户供水，微生物指标检验合格率仅为3.4%、浊度合格率86.2%。当年对2座余杭市属水厂、18座乡镇属水厂、22座村属水厂和29座自然村、组属的水厂、供水站的水质进行了采样检测，检测结果是：各水厂综合指标合格率平均仅为14.08%，其中：市属水厂合格率为100%，乡镇属水厂合格率为44.44%，村和组属水厂的合格率均为0。按不同指标分类的平均合格率分别是：感官性状指标合格率为81.69%，一般化学指标合格率为67.61%，毒理学指标合格率为100%，细菌学指标合格率为14.08%。不同级别的水厂出厂水水质监测情况见表3-23。

表3-23　　1998年不同属别水厂出厂水水质检测结果

水厂归属	监测份数	感官指标		一般化学指标		毒理学指标		细菌学指标		综合指标	
		合格数	合格率（%）	合格数	合格率（%）	合格数	合格率（%）	合格数	合格率（%）	合格数	合格率（%）
市属	2	2	100	2	100	2	100	2	100	2	100
镇（乡）属	18	16	88.89	10	55.56	18	100	8	44.44	8	44.44
村属	22	15	68.18	15	68.18	22	100	0	0	0	0
组属	29	25	86.21	21	72.41	29	100	0	0	0	0
合计	71	58	81.69	48	67.61	71	100	10	14.08	10	14.08

注：资料来源于《余杭市农村水厂卫生调查分析》余杭市卫生监督所　赵金锁

检测反映感官性状指标中肉眼可见物和臭味的合格率为100%，浊度合格率最低为81.70%。细菌学指标中细菌总数合格率47.90%为最高，游离余氯合格率仅14.08%。一般化学指标中挥发性酚类、阴离子合成洗涤剂、硫酸盐、铜的合格率为100%，锰的合格率最低为87.30%。

同时，对71座各类水厂共抽取管网末梢水146份，浊度、细菌总数、总大肠菌群、游离余氯四项指标综合合格25份，合格率为17.12%。其中，浊度合格率为82.40%，细菌总数合格率为47.90%，总大肠菌群合格率为28.10%，游离余氯合格率为17.80%。不同类水厂管网末梢水综合指标合格率分别是：余杭市属水厂为100%、镇（乡）属水厂为44.1%、村属和组（自然村级）属水厂合格率均为零。

监测结果反映：余杭市自来水厂综合指标合格率仅为14.08%，造成综合指标合格率低的主要因素为细菌学指标超标，而细菌学指标中以游离性余氯的合格率最低，说明绝大多数水厂缺乏消毒设施或没有实施消毒。从不同类别水厂水质监测合格率来看，水厂规模越大水质合格率越高，村属和组（自然村）属小水厂全部不合格，其主要原因与水厂的净化处理和消毒设施等因素有关。余杭市属自来水厂由于规模较大，设施设备齐全，消毒处理到位，生产营运管理规范，因此出厂水和管网末梢水的水质均合格，符合国家《生活饮用水卫生标准》。而镇乡、村及组（自然村）属的农村水厂多数属不完全处理或不处理的简易水厂，这类水厂无论从净化消毒设施，还是从检测指标上都明显存在不安全因素。供应的自来水多数只能称方便水，称不上卫生合格的自来水，难以保证饮用者的身体健康与安全。

3．水质与疾病

一个地区的居民生活饮用水卫生状况与肠道传染病的发病率有着密切联系，1990 年—1998 年全省霍乱、痢疾、甲肝、伤寒等四种肠道传染病的年平均发病率为 163.67/10 万。而余杭市明显高于全省平均水平，1990 年—1998 年余杭市霍乱、痢疾、甲肝、伤寒等四种肠道传染病的年平均发病率为 291.72/10 万，占甲、乙类传染病年平均总发病率的 71.24%。同时痢疾、伤寒等肠道传染病水型暴发点也常有发生。

在 1994 年—1998 年，余杭市发生了五起由简易自来水引起的肠道传染病暴发事件，经调查认为预防肠道传染病的有效措施是提高和改善居民的生活饮用水质量。

附：

五起农村简易自来水引起肠道传染病暴发的调查

赵金锁（余杭市卫生防疫站）

1994 年—1998 年余杭市境内曾发生 5 起由农村简易自来水引起的伤寒、细菌性痢疾等肠道传染病暴发疫情，共发生伤寒 104 例、细菌痢疾 36 例、霍乱 13 例。

一、五起暴发疫情

1．1994 年 9 月，塘栖镇塘南丝厂发生 1 起自备简易自来水引起的水型霍乱暴发。历时 5 天，共发生霍乱 9 例。发病者均匀为安徽、四川籍外来民工。该厂简易自来水以京杭大运河为水源，制水工艺不符合卫生要求，没有混凝沉淀、过滤和消毒设施，用水泵直接将原水提升至水塔，供应该厂生产和职工生活饮用。据调查，发病者均用该自来水作生活饮用水，并有喝生水的习惯。疫情发生后，从该厂自来水中检出霍乱弧菌。经采取以自来水过氯消毒为主的综合性预防措施后疫情迅速得到控制。

2．1995 年 1 月，獐山镇镜内的杭州市洛山轧石厂发生一起自备简易自来水引起的水型伤寒暴发。历时 26 天，共发生伤寒 61 例，罹患率 12.29%。该厂自来水以东苕溪支流河水为水源，制水工艺基本符合卫生要求，但水质未经消毒处理。据调查，发病者均用该厂自来水作生活饮用水，未饮用该水的本厂职工均未发病。从现场调查发现，该厂自来水的取水点上游 50 米处有 1 只公共厕所化粪池，粪水长期满溢并排入河中，严重污染水源。经采取以严格的水质消毒为主的综合性预防措施后，疫情得到有效控制。

3．1995 年 5 月，仓前镇境内的余杭市祥发工艺品厂发生 1 起自备简易自来水引起的水型细菌性痢疾暴发。历时 8 天，共发生细菌性痢疾 36 例，罹患率 18.20%。该厂自备自来水以大口井为水源，用水泵将井水直接提升到水塔，未经过滤和消毒处理，将该水作为本厂生产和职工生活饮用水。据调查，发病者均饮用该厂自来水，未饮用该水的职工未发病。经现场调查，该厂自来水水源处的大口井旁边 1.5 米处有 1 只公共厕所的化粪池，粪便直接渗漏至水井。经采取以停止使用自来水为主的综合性预防措施后，疫情迅速得到控制。

4．1995 年 10 月，闲林镇镜内的杭州钱江水泥厂发生 1 起自备简易自来水引起的水型霍乱暴发。历时 7 天，共发生霍乱 4 例，检出带菌者 3 例。该厂自来水直接用河水作水源，未经过滤和消毒作为本厂生产和职生活饮用水。发病者和带菌者均以该自来水为生活饮用水，并有喝生水的习惯，未饮用该水的本厂职工均未发病。疫情发生后，从该厂自来水和取水口原水中均检获霍乱弧菌。经采取以停止供应该自来水为主的综合性预防措施后，疫情及时得到控制。

5．1998 年 1 月—4 月，安溪镇下溪村发生 1 起由村办自来水厂引起的水型伤寒暴发。疫情持续 101 天，共发生伤寒 43 例，罹患率为 3.82%。该村 1125 名村民均饮用本村自来水。该村自来水厂的制水工艺基本符合卫生要求，但水质未经消毒处理。经现场调查，该村自来水取水口的上游 100 米范围内有 2 个石料输送码头，码头周围全天有近百只驳船在此等候装运石料，船民的粪便等生活污水均倒入河中，严重污染水源。经采取以停止供自来水为主的综合性预防措施后，疫情得到有效控制。

（2004 年 9 月，余杭某工业区内因饮用自备井水引发职工硝酸盐中毒，共发生 43 例中毒事件。）

二、暴发的原因分析

1．制水工艺不符合卫生要求。

上述 5 家简易自来水厂制水工艺有 3 家没有混凝、沉淀、过滤和消毒设施，名叫自来水，实际上是方便水。有 2 家制水工艺虽然基本符合卫生要求，但有了混凝、沉淀、过滤和消毒设施而没有正常使用，生产供应的水仍不符合国家《生活饮用水卫生标准》。未经消毒的自来水一旦原水受到肠道致病菌的污染就会引起肠道传染病的水型暴发。

2．水源选择不当，缺乏水源保护措施。

根据《生活饮用水卫生标准》，自来水水源取水点的上游 1000 米至下游 100 米的水域内不得排入工业废水和生活污水；周围半径 100 米的水域内严禁停靠船只等。上述 5 家水厂有 4 家以河水为水源，有 1 家用井水为水源，水源选择和水源保护都不符合国家《生活饮用水卫生标准》。其中：安溪镇下溪村水厂的取水点上游 100 米以内设有 2 个码头，每天有近百只船停靠在取水点周围。杭州洛山石料厂自备自来水厂的取水点上游 50 米处有 1 公共厕所的化粪池排污口。选择河水为水源，缺乏水源保护措施的自来水，其原水随时可能受到肠道致病菌的污染，从而造成肠道传染病暴发流行。

3．缺乏饮用水卫生管理措施。

据调查，以上 5 家水厂对饮水卫生管理都不够重视，没有制订饮用水卫生管理制度，明明知道水源受到严重污染也没有及时采取措施，对蓄水设施没有进行定期清洗和消毒，对破损的管道也没有及时进行修复，从而使水质不能得到保证。

第七章　二次改水

余杭区（县、市）在20世纪七八十年代农村改水时的改水工程设计时限为10年，到20世纪90年代末，当时建的改水工程已不适应经济社会发展和提高人民生活质量的用水需要，同时，农村水厂的水源多处遭到污染。为此，余杭区自90年代末开始，逐步实行农村二次改水，其中：平原地区农村与当地城镇实行城乡一体化供水，使农村居民享受与城镇居民一样安全卫生的自来水，山区农村实施了山区农村饮用水工程建设（山区农村二次改水），解决了山区农村饮水不安全及饮水困难问题。

第一节　平原地区农村二次改水（实施城乡一体化供水）

20世纪七八十年代，余杭区（县、市）由各乡、镇和各村、组就地建设的农村水厂（供水站），为当地的村民饮用自来水提供了方便。随着人口的增加和乡镇企业的发展，工业废水与生活污水浸入河道，自来水的水源遭到了污染，至20世纪90年代时，多数农村水厂已缺乏合格的饮用水源。同时，由于农村水厂的规模小、设施简陋、技术力量弱、加上缺资金，水厂无力更新和改造，使多数农村水厂的供水量和供水水质难以保证。

为进一步改善农村饮用水状况，提高村民的生活质量，余杭区（市）自1999年5月起，着手统筹城乡自来水发展，全面实施以提高自来水质量和保证供水数量为重点的农村（平原区块）二次改水。先后建设了临平、塘栖供水工程（一、二期），余杭、闲林供水工程（应急管道工程、杭州趸售供水管道工程），瓶窑供水工程（一、二期）和径山、黄湖（平原区块）供水工程（一、二期）等城乡一体化供水工程。工程实施后，将区（市）属自来水厂生产的符合国家《生活饮用水卫生标准》的自来水输送到了农村，使广大村民享受到了与城镇居民一样安全、卫生的自来水。

在实施农村（平原区块）二次改水中，余杭区（市）属的供水企业随着城乡一体化供水工程的推进，陆续兼并了当地的镇（乡）属水厂，各村、组的小型水厂（供水站）也随着区域性供水管网的改造和延伸，逐步停止生产和经营，余杭区城乡（平原区块）自来水统一由区（市）属供水企业负责生产和经营服务。

余杭区农村（平原地区）经过二次改水后，使农村的自来水由改水初期为农户解决手提肩挑送“方便水”为主，转变为向农户供应安全、卫生的“放心水”。农村的自来水已由普及型向质量型发展。至2012年年底，全区除部分山区、半山区的村庄因地势高，不能满足区域性大管网供水的地块外，基本实现了城乡一体化供水，城乡居民实现自来水“同网、同质、同价和同服务”的受益人口达到77.18万人，占当年全区人口的86.68%。

余杭区平原地区农村二次改水实施情况详见第四篇：“城乡一体化供水”。

第二节　山区农村二次改水（实施山区农村饮用水工程）

一、组织领导与改水目标

余杭区在实施平原地区农村二次改水（城乡一体化供水）的同时，针对山区、半山区由于地形复杂、地势较高、村庄分散等原因，难以实行大管网延伸供水。同时，原在20世纪七八十年代农村改水时的改水工程设计年限为10年，当时建造的只有6～10立方米大的蓄水池，已不能满足当地村民的用水要求，加上这些水池年久失修，缺乏长效管理，多已废弃。山区农户以单家独户或联户从山沟接管引水或建的小水池没有消毒设施，达不到卫生部确定的农村饮用水安全标准。还有部分山区农户，一年中有2～5个月不能足额用水。针对山区农村居民的饮用水水质难达标和季节性缺水问题，直接影响山区群众的正常生产生活。为切实解决山区村民的吃水困难，促进共建共享生活品质之城，余杭区在实施平原地区城乡一体供水化的同时，根据浙江省人民政府《关于加强实施“千万农民饮用水工程”的通知》的精神，自2004年开始启动实施山区农村二次改水（即：千万农民饮用水工程、山区农村饮用水工程）。

2004年10月14日，余杭区林业水利局成立余杭区农村饮用水工程领导小组，负责对尚未纳入全区城乡一体化供水的农村饮用水工程建设领导，重点是山区或半山区农村的饮用水工程。领导小组组长：许雪奎（区林水局局长）、副组长：黄洪奎（区供水集团公司总经理）、申屠成松（区林水局副局长）。

同时，区林水局公布《余杭区农民饮用水工程项目和资金管理办法》。根据余杭区的实际，对尚未纳入全区城乡一体化供水区域（山区、半山区农村）的农民饮用水工程的立项管理、建设管理、资金管理、验收管理和建后运行管理等事项，提出了具体的管理办法。

2005年3月，余杭区人民政府办公室印发《关于认真做好全区农村饮水调查和饮水安全工程规划编制工作的通知》，决定在全区范围内开展饮水现状调查评估与“十一五”饮水安全规划编制工作，同时，建立了余杭区农村饮水调查与规划领导小组。

2005年7月，为进一步加强全区千万农民饮用水工程建设领导，余杭区人民政府建立由副区长孔祥华任组长的余杭区千万农民饮用水工程领导小组，领导小组下设办公室设在区林水局。

是年8月，余杭区人民政府办公室批复同意由杭州市城市规划设计研究院编制的

《余杭区供水专业规划》，并要求按此规划认真组织实施。规划把全区供水分为四个区域：临平、塘栖供水区域，瓶窑、良渚供水区域，余杭、闲林供水区域和山区分散供水区域。百丈镇、鸬鸟镇和黄湖、径山、瓶窑、中泰、闲林、余杭等乡镇的山区村因地势高差较大，难纳入全区城乡一体化供水，列为山区分散供水区域。

余杭区通过对山区农村饮用水现状调查、农村饮用水安全工程规划编制和山区农村饮用水工程建设项目的立项及建设职责、建设资金的落实，并经2004年至2006年实施的黄湖集镇片与王位山、虎山村供水工程，百丈集镇片与溪口、仙岩村供水工程及余杭、瓶窑镇城镇管网延伸农村进行二次改水试点取得经验的基础上，自2007年开始，余杭区全面推行山区农村饮用水工程建设。

图3－4 山区农村二次改水工程管道施工

2007年5月，余杭区人民政府办公室印发了《余杭区山区农村饮用水工程建设管理实施意见》，明确到2009年年底前，全面解决百丈、鸬鸟、黄湖、径山、瓶窑、余杭、闲林、中泰等八个镇乡中，没有纳入区供水集团大管网供水的山区村中存在饮水困难的8.7万人的饮水安全问题。同时，余杭区人民政府在2007年至2009年连续三年将建设山区农村饮用水工程列为政府为民办实事的十件大事之中。通过区、有关镇乡、村和各部门的共同努力，余杭区山区农村饮用水工程建设如期完成，使山区农村居民与平原地区的居民同步提高了饮用水质量，保证了饮用水数量。

二、实施范围

余杭区山区农村饮用水工程（山区农村二次改水、千万农民饮用水工程）的建设范围为2007年前未纳入全区城乡一体化供水的百丈、鸬鸟、黄湖、径山、瓶窑、余杭、闲林、中泰等8个镇乡中的山区、半山区村，共涉及42个村、1个社区（百丈镇东社区）和一个林场（长乐林场）。其中，余杭镇的竹园、仙宅、义桥等3个山区村，由杭州余杭供水集团公司实施城乡一体化供水管网延伸后，通过加压供水。

三、职责分工

余杭区人民政府办公室印发的《余杭区山区农村饮用水工程建设管理实施意见》明确：余杭区林水局是山区农村饮用水工程建设的主管部门，具体负责全区山区片农村饮用水的项目审查、进度质量、资金拨付、工程验收等工作，区发改局、财政局负责农村饮用水工程项目立项、资金筹集、拨付、监督、管理；区审计局负责工程建设的财务审计、监督；区卫生局负责工程运行水质安全监测；其他有关部门按照各自职责密切协作。

各镇乡人民政府是山区农村饮用水工程建设的实施主体，负责宣传发动、制订初步方案、筹措建设资金、组织项目实施、保证工程质量、负责资金管理、提供项目检查验收的所有资料和落实运行管理措施等工作。

四、资金筹措

余杭区山区农村饮用水工程实行“政府补助、群众自筹、村组集资、企业资助”的办法筹集建设资金。余杭区人民政府根据各镇乡财务状况和工程建设难易程度进行补助（含上级补助资金），补助标准为：

水源工程　闲林镇、余杭镇、中泰乡和瓶窑镇按工程直接费的80%补助；百丈镇、黄湖镇、鸬鸟镇和径山镇按工程直接费的90%补助，不足部分资金由各镇乡财政补足。水源工程包括水库引水、修建山塘、堰坝、打井、翻水泵站、蓄水池等工程。

管网及其他工程　以镇乡为单位按户补助，其中，闲林镇、余杭镇、中泰乡和瓶窑镇每户补助1500元；百丈镇、黄湖镇、鸬鸟镇和径山镇每户补助1800元。当管网及其他工程确实投资很大时，百丈镇、黄湖镇、鸬鸟镇、径山镇补助资金最高额度不超过总造价的60%，其余镇乡不超过总造价的50%。不足部分资金由受益农户出资300元/户～600元/户，以及农户投工投劳等予以补足。

工程建设资金管理　各镇乡政府实行专户储存、专款专用，工程建设资金按工程进度拨款。同时，区财政、审计、林水部门对年度工程建设资金进行专项审计调查，保证资金的正常使用。

2009年年底，余杭区全面完成山区农村饮用水工程建设，共投入资金20176万元（不包括余杭镇竹园、义桥、仙宅等3个山区村由区供水集团公司管网延伸加压供水的工程建设资金735万元）。其中，省财政补助509万元，区财政投入13528万元，镇乡、村和农户筹资6139万元。

五、建设内容

余杭区山区农村饮用水工程建设的主要内容包括新建拦水堰坝、建地埋式蓄水池、山塘水库引水、打深井和新建清水消毒池、慢滤池、安装净水设施、敷设供水管网及延伸区域性供水管网加压供水等。

建堰坝　利用山溪水，在山坞汇水区域修建堰坝，拦蓄水后用引水管将水引至清水消毒池，经处理后接入配水管，靠重力流至各农户。

建地埋式蓄水池　利用山溪水，在山坞汇水区域修建地埋式蓄水池，拦蓄地表水及地下水后用引水管将水引至清水消毒池，经处理后接入配水管网，靠重力流至各农户。

山塘水库引水　利用村庄上游原有的水库或小山塘，在坝脚新建清水消毒池，通过坝内涵管或倒虹吸将水引至清水池，经处理后接入配水管网，靠重力流至各农户。

打深井　对缺乏地表水汇流，又没有山塘水库的区域采用打深井取水办法。通过水泵管道在深井中提水至高位水池，经消毒处理后接入配水管网，靠重力流至各农户。

图 3-5　百丈镇仙岩村高踏步堰坝

图 3-6　黄湖镇王位山村大坞里地埋式蓄水池

六、建设管理

1．建设流程

为确保改水工程建设质量，改水工程严格按照工程建设的相关规定，规范工程建设管理。工程建设实行项目法人制、招标投标制、施工监理制、质量监督制。任务明确后，各镇（乡）、村先寻找水源点，提出初步方案报区林水局初审，初审后对水源地原水进行取样化验，符合饮用水源水质标准后由各镇乡政府委托有资质的设计单位编制实施方案，方案由区发改、财政、林水、卫生等有关部门领导和上级水利专家共同审查，报区政府同意后，由镇乡人民政府报区发改局立项审批，同时所有水源工程的施工图经过专家审查，再进入招投标程序。施工过程中各镇乡十分注重施工质量，通过外聘监理和质量监督加强质量管理。工程完工后，对供水水质进行化验，达到标准后进行工程审计和竣工验收。余杭区山区农村饮用水工程建设流程见下一页。

2．建设标准

为使工程建设具有前瞻性，在方案设计中除达到国家规定的农村安全饮水标准的前提下，将人均日生活用水量从 20 升～60 升绝大部分提高到 100 升～120 升，并实施全部供水到户。同时，针对山区水源不稳定，余杭区还提出了保证水源工程断流不断水的更高标准，使山区农村的供水大多达到与城市供水一样有 95%保证率，确保了工程建成后水质达标、水量保证和如期发挥社会、经济效益，成为保障农民身体健康、提高生活质量、开展新农村建设中最重要的基础设施。

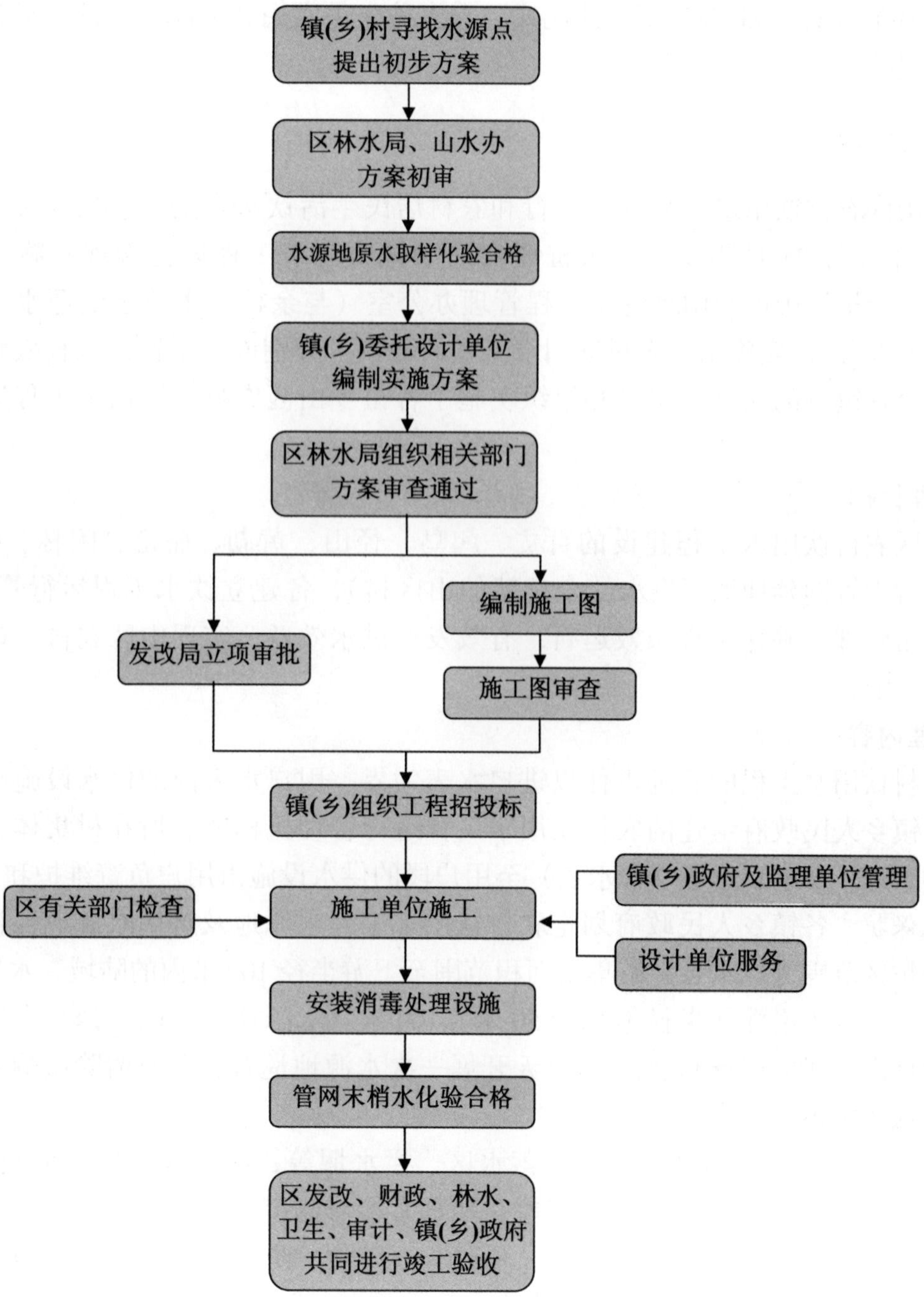

图 3－7　余杭区山区农村饮用水工程建设流程图

3. 材料设备

在山区饮水工程建设中，余杭区积极推广新材料、新技术、新工艺。工程所需的管材、配件和消毒设施实行全区统一公开招标、乡镇购买，在保证质量的前提下，降低了建设成本。推广选用的新型 PE100 高密度 HDPE 型管与铸铁管道、球墨管等传统管材相比，新管材具有投资省、品质好、不生锈、韧性强、施工方便等优点。在小管径管材中针对山区地形起伏大的特点，尽量选用 PE 盘管，方便在山区复杂地形中施工，既节约管材成本，又减少短管焊接而产生的各种风险。在水处理环节中，大力推广使用获国家专利的“CL缓释消毒器”和“ZD型一体化式”等多种先进实用新型净水、消毒设备，使供水质量得到提高。

七、运行管理

为保障山区农村饮用水工程良性运行和农村居民生活饮水安全，余杭区人民政府办公室于2009年6月24日印发了《余杭区山区农村饮用水工程运行管理实施意见（试行）》，并建立余杭区山区饮用水建设工程管理办公室（与余杭区水政水资源水土保持监督管理站合署办公）。实施山区农村饮用水工程的各镇乡分别成立了饮用水长效管理领导小组，并结合各镇乡的实际，制订并组织实施了各镇乡山区农村《饮用水工程运行管理实施办法》。

1．管理目标

实施山区农村饮用水工程建设的百丈、鸬鸟、径山、黄湖、瓶窑、闲林、中泰等7个镇乡（不含大管网延伸加压供水的余杭镇的山区村），各建立饮水工程运行管理制度，通过加强日常管理，确保工程长效运行，有效发挥供水效益，实现山区农村人口饮水安全率100%的目标。

2．管理内容

山区农村饮用水工程的管理责任以进户水表为界。用户水表前的供水设施产权归集体所有，由镇乡人民政府组建的农村饮用水工程运行管理机构或者所在村集体经济组织负责维护和管理；从进户水表（含水表）至用户段的供水设施由用户负责维护和管理。

水源地保护　各镇乡人民政府划定农村饮用水工程水源地及备用水源地保护区。地表水水源保护区范围为取水点上游集雨面积范围至下游半径100米内的陆域、水域；地下水水源保护区范围为沿深井半径不小于50米～100米。水源地保护区由镇乡人民政府负责设立公示标志，建立巡查制度，每10天开展一次水源地巡查，及时清除影响水源安全的因素，确保水源不受污染。

水源工程　水源工程包括引水管、蓄水区、拦水堰等，由镇乡人民政府负责管理。各镇乡运行管理机构建立水源工程定期检查和日常检修制度，发现漏水、设施损坏等及时报告并修复；加强对水源工程的巡查，采取有效措施，防止枯枝落叶、动物及其尸体等进入蓄水区；一旦进入及时清除，防止输水管道阻塞，保持蓄水区水体卫生。

净水工程　净水工程包括过滤池、清水池、消毒设施等，由各镇乡人民政府负责管理。为保持水质良好，水池经常清淤或冲洗，池底每年定期清淤不少于二次；在暴雨时期，及时关闭引水设施，防止泥沙进入过滤池、清水池和管道；当过滤设施的出水水质达不到《农村实施〈生活饮用水卫生标准〉准则》要求时，镇乡运行管理机构及时清洗、更换过滤设施内的滤料或调整消毒计量。

输水设备　输水设备主要包括供水管道、阀门、水表、水泵、电机等，由各镇乡人民政府负责管理。镇乡运行管理机构经常进行设备养护与检修，确保输水设备正常运行。

水费计收　农村饮用水工程实行“定额管理、计量供水、有偿使用”原则，用水户必须安装水表，管理人员定期抄表到户，按量收费，并出具统一票据。收取的水费用于饮水工程运行管理、维修、更新改造、消毒药剂购买、水质检验及管理人员工资等，任何单位和个人不得摊派、截留和挪用水费。

3．管理措施

管理职责　农村饮用水工程运行管理实行统一管理与分级、分部门管理相结合的制度。

各镇乡人民政府是农村饮用水工程运行管理的责任主体，各地建立工程运行管理机构，落实专职管理人员，建立各项规章制度，落实长效管理经费，加强运行管理、水价核定、计量收费、养护维修、水源保护、节约用水、宣传指导等工作。

区林水局是全区山区农村饮用水工程建设与运行管理的主管部门，负责工程建设和运行管理的监督、指导和协调工作。

区卫生局负责农村饮用水工程的管理人员卫生知识培训、管网末梢水水质监测和水质情况通报等工作，每年对管网末梢水水质进行不少于二次检测，特殊情况下应当加强水质检测，并及时将监测结果向镇乡人民政府和区林水局进行通报。

区发改、财政、环保、农业、监察、审计、建设等有关部门和各镇乡人民政府相互配合，信息共享，按照各自的职责范围，配合做好项目运行管理的监督检查和考核管理。

管理制度　各镇乡人民政府建立健全水源保护、水质检测、岗位责任、档案管理、运行操作、维护保养、供水管理、计量收费等各项规章制度并张贴上墙，进行规范管理。管理人员应具备相应的技术业务能力，责任心强、办事公道、身体健康。各级管理人员须持区卫生防疫部门颁发的健康证，并经主管部门培训合格方可上岗从业。

保护措施　农村饮用水工程的拦蓄水、引水、消毒、输配水等工程设施均属于水利工程设施，任何单位和个人均有保护的义务，不得侵占和毁坏，不得擅自拆除和改建。镇乡人民政府划定农村饮水工程管理与保护范围并予以公示，禁止在管理与保护范围内从事爆破、勘探、开采、开垦、畜禽养殖等危害工程安全和污染水质的活动。

水质检测　由区林水局负责水源地原水水质检测工作，区卫生局负责管网末梢水水质检测工作，镇乡人民政府负责管网末梢水（龙头水）水质进行余氯指标简易检测工作。

宣传培训　区林水局和卫生局负责供水业务技术指导，对工程管理人员经常进行培训，提高管理水平和业务素质。区林水局、卫生局、环保局等部门和各镇乡人民政府要采取多种形式向广大群众宣传水资源保护、环境卫生、饮水卫生、节约用水等知识，提高农村居民的节约用水、饮水安全和健康意识。

绩效考核　区财政每年安排一定的农村饮用水工程运行管理经费，用于对镇乡长效管理工作的奖励。由区林水局牵头每年年底前组织考核，考核内容包括管理机构、管理制度、水源水质保护、设施维护管理、水费征收使用等五部分，实行百分制考核。经考核对做出显著成绩的镇乡人民政府，给予表彰和奖励。对管理制度不健全、职责不明确、管理效益低下的有关镇乡及相关责任人进行通报批评；对因管理不善造成水源污染、工程设施损坏严重或发生长时间停水等不良事件的，取消镇乡年度考核评比和当年水利综合奖项评比，对相关责任人进行问责追究。

余杭区山区农村饮用水工程2010年—2012年运行管理考核奖励见附表3－24。

表3－24　2010年—2012年余杭区山区农村饮用水工程运行管理考核奖励

镇、街道	2010年		2011年		2012年	
	奖励等次	奖励金额（万元）	奖励等次	奖励金额（万元）	奖励等次	奖励金额（万元）
中泰街道	一	27.7	一	27.71	一	27.5
闲林街道	一	6.9	二	5.48	二	6.0
百丈镇	一	20.0	一	19.9	三	12.0
鸬鸟镇	二	14.8	二	14.82	一	17.5
径山镇	二	18.6	二	18.63	三	14.0
黄湖镇	三	8.3	三	8.31	二	11.5
瓶窑镇	三	8.0	三	8.0	三	8.0
合计		104.3		102.85		96.5

注：1. 奖励标准：镇、街考核得分在85分（含）以上的按得分高低设一、二、三等奖。一等奖按受益户数50元/户奖励，二等奖按受益户数40元/户奖励，三等奖按受益户数30元/户奖励。2. 余杭街道的竹园、仙宅、义桥等3个山区村由区水务公司供水管网延伸加压供水，不列入运行管理考核奖励

八、建设成果

1. 2007年—2009年山区农村饮用水工程建设成果

余杭区2007年—2009年共实施了229个水源点的山区农村饮用水工程（山区农村二次改水工程），其中，新建百丈镇水厂1座、日供水量800立方米，新建拦水堰坝106座、地埋式蓄水池6座、山泉（溪）取水口35处、山塘水库引水36处，打深井54眼、沉井6眼，新建（修建）清水消毒池237座，慢滤池40座，加压泵站3座，敷设各类供水管网2801.9千米，安装一体化净水设施23套，缓释消毒器185套，拦蓄优质水源约30万立方米。(见附表3－25)。

通过实施山区农村饮水工程（山区农村二次改水，不包括由水务公司管网延伸加压供水的余杭镇竹园、仙宅和义桥等3个山区村）解决了百丈、鸬鸟、黄湖、径山、瓶窑、闲林、中泰等7个山区镇乡39个行政村、1个社区和1个林场中24347户、81176人（不包括外来人口）的饮水不安全及饮水困难问题（见附表3－25)。

2. 2011年山区农村饮用水安全改造工程建设成果

为确保山区农村饮用水工程正常运行，保障饮水安全，结合在使用过程中存在的安全隐患等问题，余杭区于2011年对部分镇、街的饮用水源点进行了安全改造，其中：

闲林街道饮用水安全改造工程　于2011年5月开工建设，同年8月完工。主要建设内容为：安装消毒设施钢棚6座（云栖村长岭、灵溪；桦树村竹坞、毛竹坞水库、长子坞、里项村水竹坞），毛竹坞水库安全护栏200米，子子坞水塘备用水源饮水设施750米等。项目工程投资26.0104万元，其中，区财政补助18万元。

百丈镇饮用水改造工程　于2011年6月开工建设，同年8月完工。主要建设内容为：安装钢管安全护栏和安全钢丝网1150米，44只清水池出入口加锁，安全警示牌和水源保护宣传牌44块，银毛里、孙家舍里、南庄坞、后坞里处蓄水池档墙增高等。项目工程投资46.095万元，其中区财政补助32万元。

百丈镇增建釜托寺饮水工程　于2010年12月开工建设，2011年竣工。新建水源工程1个，其中120米深井1口，泵房1间，200立方水池1座，敷设DN50～110的PE管道1300米，安装缓释性消毒器一台，日供水30立方米。工程总投资50.3208万元，其中，工程审计造价45.0151万元，政策处理等其他费用5.3057万元。该项目的完工，使百丈山区农村饮用水全覆盖。

3．2012年山区农村饮用水安全提升及备用水源建设工程建设成果

自2007年起，余杭区山区各镇、乡、村陆续实施的山区农村饮用水工程，通过几年的供水运行，呈现部分项目在设计建设时的部分指标已不能满足新农村用水的习惯需求；部分水源点水源存在偏少、水质发生变化等原因，导致部分水源供应无法满足群众需求。为此，余杭区于2012年组织实施了山区农村饮用水提升及备用水源建设工程。项目涉及百丈、鸬鸟、黄湖、径山、瓶窑、中泰、闲林等7个镇、街道的33个村，投资1831万元，建设取（引）水口21处、水池38座、深井4口、沉井6口、堰坝9处、引水改造11处、利用水库4处、泵房5座、简易房5座、敷设管网65.56千米、安装一体化处理设备6套等。通过实施山区农村饮用水安全提升工程和山区备用水源工程，使山区村民能用足安全卫生的自来水。余杭区山区各镇、街道2012年农村饮用水安全提升及备用水源建设内容见附表3－26。

表 3－25　　　　余杭区山区农村饮用水工程受益人口及基本情况汇总表

镇（乡）	行政村	水源点	水源点类型	清水消毒池		水处理方式	供水区域	受益人口	受益户数	外来人口	供水规模L/人日	建成时间	备注
				数量	容量（立方米）								
百丈镇7个行政村（社区）	仙岩村	九东山	水库	1	—	CL缓释消毒器HKD—JII型	九东山	281	83	15	100	2007年	
		姚子坪	山坑水	1	—		姚子坪	255	69	15	100	2007年	
		王家堂	山坑水	1	—		王家堂	443	141	21	100	2008年	
		高踏步	山坑水	1	—		朱家堂	483	152	28	100	2007年	
	小计	4	—	4	—	—	—	1462	445	79	—	—	
	溪口村	古城	山坑水	1	—	CL缓释消毒器HKD—JII型	古城	329	103	100	100	2007年	
		金竹坞	水库	1	—		金竹坞	199	61	80	100	2007年	改用皮山坞
		罗窑坞	山坑水	1	—		罗窑坞、浦前	656	201	200	100	2007年	
				1	—		罗窑坞	68	23	0	100	2008年	
		新安里	山坑水	1	—		新安里、溪口	651	201	250	100	2007年	
		坪里	山坑水	1	—		坪里、塘里	742	229	2000	100	2007年	2012年提升
	小　计	5	—	6	—	—	—	2645	818	2630	—	—	
	镇东社区	集镇水厂	百丈溪	1	—	一体化	镇东社区、百丈村2组	1788	606	2560	120	2007年	改用大管网
	小计	1	—	1	—	—	—	1788	606	2560	—	—	
	石竹园村	中百丈后山	山坑水	1	—	CL缓释消毒器HKD—JII型	中百丈后山	85	31	50	120	2008	
		中百丈前山	山坑水	1	—		中百丈前山	130	45	100	120	2008	
		里百丈	山坑水	1	—		里百丈	150	52	40	120	2008	
		南庄坞	山坑水	1	—		南庄坞	93	33	300	120	2008	
		甘岭阴靠坞	山坑水	1	—		甘岭阴靠坞	112	37	30	120	2008	
		甘岭大岭上	山坑水	1	—		甘岭大岭上	327	113	50	120	2008	2012年提升
		石竹园	山坑水	1	—		石竹园	253	85	300	120	2008	2012年提升
		孙家舍杨树坑	山坑水	1	—		孙家舍杨树坑	200	75	100	120	2008	
		孙家舍河山	山坑水	1	—		孙家舍河山	172	48	100	120	2008	
		何家边	山坑水	1	—		何家边	337	106	200	120	2009	
		羊坞里	山坑水	1	—		羊坞里	153	46	150	120	2008	
	小计	11	—	11	—	—	—	2012	671	1420	—	—	

续表 3－25

镇（乡）	行政村	水源点	水源点类型	清水消毒池		水处理方式	供水区域	受益人口	受益户数	外来人口	供水规模L/人·日	建成时间	备注
				数量	容量（立方米）								
百丈镇7个行政村（社区）	泗溪村	姚沙坝	山坑水	1	—	CL缓释消毒器HKD—JII型	泗溪姚沙坝	198	61	46	120	2008	2012年提升
		上村	山坑水	1	—		泗溪上村	215	65	84	120	2008	
		下村	山坑水	1	—		泗溪下村	349	121	182	120	2008	
		南庄坞	山坑水	1	—		泗溪小南庄坞	148	49	65	120	2008	
		皮山坞水库	水库	1	—	一体化	南庄、上下凉亭	331	105	155	120	2008	
	小计	5	—	5	—	—	—	1241	401	532	—	—	
	半山村	独松村里	山坑水	1	—	CL缓释消毒器HKD—JII型	独松村里	160	51	180	120	2008	
		独松道寺坞	山坑水	1	—		独松道寺坞	226	68	50	120	2008	
		外半山	山坑水	1	—		外半山	465	146	120	120	2008	2012年提升
		里半山凉亭边	山坑水	1	—		里半山凉亭边	212	63	—	120	2008	
		里半山银毛坞	山坑水	1	—		里半山银毛坞	168	47	50	120	2008	
		方家塘牛角岭	牛角岭水库	1	—		方家塘牛角岭	75	25	—	120	2008	
		方家塘前山坞	山坑水	1	—		方家塘前山坞	60	22	—	120	2008	
		后坞里	山坑水	1	—		后坞里	179	51	100	120	2008	
		余坞里	山坑水	1	—		余坞里	223	68	40	120	2008	2012年提升
		采坞口	山坑水	1	—		采坞口	236	71	—	120	2008	
		牙山	山坑水	1	—		牙山1	41	10	—	120	2008	
			山坑水	1	—		牙山2	43	12	—	120	2008	
			山坑水	1	—		牙山3	41	11	—	120	2008	
	小计	11	—	13	—	—	—	2129	645	540	—	—	
	百丈村	百丈村大湾反背	山坑水	1	—	CL缓释消毒器HKD—JII型	百丈村大湾反背	403	138	60	120	2008	
		百丈村下凹	山坑水	1	—		百丈村下凹	205	69	25	120	2008	
		百丈村毛山郎	山坑水	1	—		百丈村毛山郎	307	90	150	120	2008	
		百丈村胡家埭	山塘	1	—		百丈村胡家埭	271	78	170	120	2008	
	小计	4	—	4	—	—	—	1186	375	405	—	—	
	合计	41	—	44	—	—	—	12463	3961	8166	—	—	

续表 3－25

镇（乡）	行政村	水源点	水源点类型	清水消毒池		水处理方式	供水区域	受益人口	受益户数	外来人口	供水规模L/人·日	建成时间	备注
				数量	容量（立方米）								
黄湖镇4个行政村	王位山村	大坞里	山坑水	1	—	—	大坞里	666	200	—	100	2007年	
				1	—	—	—	—	—	—	—	2007年	
				1	—	—	—	—	—	—	—	2007年	
		宝幢寺	山坑水	1	—	—	宝幢寺	134	40	0	100	2007年	
		走马堂	山坑水	1	—	—	走马堂	100	30	5	100	2007年	
		黄泥潭	水库	1	—	—	黄泥潭	558	155	25	100	2007年	
		王位山村六组	山坑水	1	—	—	王位山村六组	70	20	0	100	2007年	2012年提升
				1	—	—	—	—	—	—	—	2007年	
		独山段大片	山坑水	1	—	—	独山段大片	202	56	10	100	2007年	
				1	—	—	—	90	20	—	100	2007年	
		牛城坞	山塘水	1	—	—	牛城	117	36	0	120	2008年	2012年提升
		狭石弄水库	水库水	1	—	—	太平山	125	43	0	120	2008年	备用
	小计	8	—	12	—	—	—	2062	600	40	—	—	
	虎山村	里阴山	山坑水	1	—	—	里阴山	424	140	20	100	2007年	2012年提升
		拖柴坞	山坑水	1	—	—	拖柴坞	364	120	10	100	2007年	
		绿丰湾	山坑水	1	—	—	绿丰湾	182	60	30	100	2007年	备用
		赵家弄	山坑水	1	—	—	赵家弄	243	80	30	100	2007年	备用
		火线湾	深井	—	—	—	观霞岭	121	40		100	2008年	备用
		泉城坞	山坑水	1	—	—	泉城坞	243	80	40	100	2007年	备用
		羊岩坞	山坑水	1	—	—	羊岩坞	334	110	50	100	2007年	备用
	小计	7	—	6	—	—	—	1911	630	180	—	—	
	青山村	干坞	山坑水	1	—	—	干坞	231	61	0	120	2008年	
		交界村	山坑水	1	—	—	交界村	101	26	0	120	2008年	
		龙坞水库	水库水	1	—	—	里三村	880	280	0	120	2008年	2012年提升
					—	—	东坞	617	190	0	120	2008年	
					—	—	塔边	593	165	0	120	2008年	
					—	—	方家桥	134	41	0	120	2008年	

续表 3－25

镇（乡）	行政村	水源点	水源点类型	清水消毒池		水处理方式	供水区域	受益人口	受益户数	外来人口	供水规模L/人·日	建成时间	备注
				数量	容量（立方米）								
黄湖镇4个行政村	小计	3	—	3	—	—	—	2556	763	0	—	—	
	赐璧村	龙坞水库	水库水	1	—	—	山岭廊	93	29	0	120	2008年	
					—	—	大堰廊	96	35	0	120	2008年	
					—	—	青桐岭	158	42	0	120	2008年	
					—	—	灰山廊	142	51	0	120	2008年	
					—	—	花坟头	132	45	0	120	2008年	
		栗树坞水库	水库水	1	—	—	牌楼山	263	72	0	120	2008年	
					—	—	小弄里	136	32	0	120	2008年	
		件坞	山坑水	1	—	—	件坞	177	50	0	120	2008年	
		杨家坞	山坑水	1	—	—	杨家坞	113	32	0	120	2008年	
		炼桐坞	山坑水	1	—	—	炼桐坞	98	25	0	120	2008年	
		神仙坞	山坑水	1	—	—	神仙坞	343	87	0	120	2008年	2012年提升
		半坞里	山坑水	1	—	—	半坞里	211	66	0	120	2008年	
		龙兴桥水库	水库水	1	—	—	赐璧	535	180	0	120	2008年	
		小岭口	山坑水	1	—	—	小岭口	26	8	0	120	2008年	
		牌楼山石门底	山坑水		—	—	—	—	—	—	—	2012年	
	小计	9	—	9	—	—	—	2523	754	0	—	—	
	合计	27	—	30	—	—	—	9052	2747	220	—	—	
中泰乡8个行政村	双联村	里邵坞	深井2口	2	160	CL缓释消毒器HKD－JII型	1－3组	331	93	—	100	2007年	
		岭脚底	深井	1	80		6组	134	37	85	100	2007年	
		外邵坞	深井	1	80		4－5组	238	60	—	100	2008年	
		邱家坞	深井	1	80		15－16组	231	62	—	100	2008年	
		孟坞	泉点	1	80		7、8、10组	328	91	—	100	2005年前	
		盛家头	泉点	1	80		9、11、12组	278	74	—	100	2005年前	
		桃岭山1－2	泉点2个	2	160		4、17－20组	636	154	—	100	2005年前	
		董家田	泉点	1	80		13组	75	25	—	100	2005年前	
	小计	10	—	10	—	—	—	2251	596	85	—	—	

续表 3 – 25

镇（乡）	行政村	水源点	水源点类型	清水消毒池		水处理方式	供水区域	受益人口	受益户数	外来人口	供水规模 L/人·日	建成时间	备注
				数量	容量（立方米）								
中泰乡8个行政村	紫荆村	上皇庙	沉井	1	120	CL 缓释消毒器 HKD – JII 型	铜岭桥	728	179	44	100	2008 年	
		凤凰山	沉井深井	1	120		巴家桥	973	278	27	100	2007 年	
		欧东坞										2008 年	
		里塘坞	泉点	2	80		7、8、11 组	430	118	10	100	2005 年前	
		洞山坞	泉点	1	80		车口畈	296	63	5	100	2005 年前	
		北家坞	泉点	1	80		15 – 19 组	470	150	28	100	2005 年前	
		九龙坞	沉井	—	—		—	—	—	—	—	2012	
	小计	7	—	6	—	—	—	2897	788	114	—	—	
	枫岭村	张坞	深井	1	80	CL 缓释消毒器 HKD – JII 型	张坞	371	95		100	2007 年	
		杨家门	深井	1	80		杨家门	265	72	8	100	2007 年	备用
		杨家门	泉点	1	100		—	—	—	—	—	2012 年	
		李家坞	深井	1	80		李家坞	365	112	—	100	2007 年	
		金村	深井	1	80		金村	230	71	40	100	2007 年	
		花园里	深井	1	80		花园里	236	65	15	100	2007 年	
		沙坑坞	泉点	1			—	—	—	—	—	2012 年	
	小计	7	—	7	—	—	5	1467	415	63	—	—	
	泰峰村	袁家头	深井	1	50	CL 缓释消毒器 HKD – JII 型	袁家头	229	62	30	100	2007 年	
		泰山脚、李家头	深井 2 口	1	80		4 – 6 组	622	165	40	100	2007 年	
		东坞里	深井	1	50		2、3、8 组	317	106	—	100	2008 年	
		留家村	深井	1	100		9 – 14 组	547	154	—	100	2008 年	
		思古山	深井、泉点	1	120		15 – 19 组	601	159	—	100	2008 年	2012 年提升
	小计	6	—	5	—	—	—	2316	646	70	—	—	

续表 3－25

镇（乡）	行政村	水源点	水源点类型	清水消毒池		水处理方式	供水区域	受益人口	受益户数	外来人口	供水规模L/人·日	建成时间	备注
				数量	容量（立方米）								
中泰乡8个行政村	白云村	天井湾上	泉点	—	—	CL缓释消毒器HKD－JII型	天井湾	—	—	—	—	2012年	
		天井湾	深井	1	120		天井湾	632	220	25	100	2007年	
		黄石坎	深井	1	80		黄石坎	610	205	7	100	2007年	
		章家岭	深井	1	100		章家岭	335	98	5	100	2007年	
		白石桥	深井	1	100		白石桥	440	131	6	100	2007年	
		陈家墩	深井	1	100		陈家墩	290	89	7	100	2007年	
		笼里	山泉水	1	40		笼里	101	34		100	2007年	
	小计	7	—	6	—	—	—	2408	777	50	—	—	
	南峰村	项家头	深井	1	40	CL缓释消毒器HKD－JII型	九峰片						备用
		洞霄宫	泉点	1	40		11、13、14、17、18组	397	111	—	100	2008年	
		白龙庵	泉点	1	120								
		小坞里	深井泉点	2	200		南头片	939	280	—	100	2009年	
		九曲岭	泉点	1	120		大竹园	405	119	50	100	2008年	
	小计	5	—	6	—	—	—	1741	510	50	—	—	
	新泰村	新武岭	深井	1	100	CL缓释消毒器HKD－JII型	19－20组	268	71	—	100	2008年	
		马岭脚	深井	1	100		18组	156	45	—	100	2008年	
		岑家弄	深井	1	100		16－17组	180	52	—	100	2008年	
		东溪桥	深井	1	100		10－15组	504	153	157	100	2008年	
		沙塘上	深井	1	100		6－9组	410	121	—	100	2008年	
		八角亭	深井	1	100		1－5组	442	124	32	100	2008年	
		大坞	泉点	1	—		—	—	—	—	—	2012年	跨村暂未启用
		庙山脚	泉点	1	—		—	—	—	—	—	2012年	跨村暂未启用
		东溪坞	泉点	1	—		—	—	—	—	—	2012年	
	小计	9	—	9	—	—	—	1960	566	189	—	—	

续表 3－25

镇（乡）	行政村	水源点	水源点类型	清水消毒池		水处理方式	供水区域	受益人口	受益户数	外来人口	供水规模L/人·日	建成时间	备注
				数量	容量（立方米）								
中泰乡8个行政村	中桥村	马里	深井	1	60	CL缓释消毒器HKD－JII型	马里	321	104	148	100	2008年	
		里马里	深井	1	60		里马里	325	108	158	100	2008年	
		沙村	深井	1	60		沙村	367	115	119	100	2008年	
		杨桥	深井	1	60		杨桥	325	97	87	100	2008年	
		邵尖坞	深井	1	60		邵尖坞	320	94	237	100	2008年	
		应家头	深井	1	60		应家头	335	112	71	100	2008年	
		茶亭	泉点	1	40		后田	311	99	180	100	2008年	
	小计	7	—	7	—	—	—	2304	729	1000	—	—	
	南湖村	市坞	泉点	—	—	—	市坞	30	130	—	100	2012	
		上坑坞	泉点	1	—		上坑坞	40	160	—	100	2012	
		上坑坞中	泉点	1	—		上坑坞中	30	110	—	100	2012	
		小坞	泉点	—	—		小坞	20	90	—	100	2012	
	小计	4	—	2	—	—	—	120	490	—	—	—	
	合计	62	—	58	—	—	—	17344	5027	1621	—	—	
鸬鸟镇6个行政村	仙伯坑	元宝头	山坑水	1	100	CL缓释消毒器HKD—JII型	凌家堂	510	146	70	120	2008年	
		苦青坞	山坑水	1	200		沈家堂	920	263	150	120	2008年	
		王婆岭	山坑水	1	150		后畈	841	240	220	120	2008年	
		郎塘坞	山坑水	1	50		陈家塘	175	50	50	120	2008年	
		石门里	山坑水	1	50		东山岭	285	81	120	120	2008年	
		施家边	山坑水	1	100		施家边	340	100	60	120	2009年	
		洪家岭	山坑水	1	—		—	—	—	—	—	2012年	
		小岭头	山坑水	1	—		—	—	—	—	—	2012年	
		高家堂	山坑水	1	100		高家堂	112	32	40	120	2008年	备用
	小计	9	—	9	—	—	—	3183	912	710	—	—	

续表 3－25

镇（乡）	行政村	水源点	水源点类型	清水消毒池		水处理方式	供水区域	受益人口	受益户数	外来人口	供水规模L/人·日	建成时间	备注
				数量	容量（立方米）								
鸬鸟镇6个行政村	前庄	平天堂脚	山坑水	1	50	CL缓释消毒器HKD—JII型	游家村	250	71	50	120	2008年	
		大坞山脚	山坑水	1	100		后庄	235	67	100	120	2008年	
		芝坞坑	山坑水	1	100		芝坞里	550	157	120	120	2008年	
		西摩岭	山坑水	1	100		西摩岭	264	75	50	120	2008年	
		石家塘	山坑水	1	100		石家塘	124	23	40	120	2008年	
	小计	5	—	5	—	—	—	1423	393	360	—	—	
	太公堂	义大才	山坑水	1	50	CL缓释消毒器HKD—JII型	凌村坞右岸	114	35	50	120	2008年	
		水坑头	山坑水	1	50		凌村坞左岸	100	38	30	120	2008年	
		石门里	山坑水	1	50		尖山脚	300	91	30	120	2008年	
		桃花坞	山坑水	1	100		太公堂	351	106	120	120	2008年	
	小计	4	—	4	—	—	—	865	270	230	—	—	
	太平山村	新坟头	山坑水	1	100	CL缓释消毒器HKD—JII型	里雪坑	532	152	100	120	2008年	
		王家塘	山坑水	1	50		外雪坑	209	65	110	120	2008年	
		塘坞里	山坑水	1			塘坞里	182	52	30	120	2008年	
	小计	3	—	3	—	—	—	923	269	240	—	—	
	山沟沟村	坞石塔	山坑水	1	150	CL缓释消毒器HKD—JII型	汤坑上	305	96	150	120	2008年	
		高大坑	山坑水	1	100		汤坑下	480	145	120	120	2008年	
		斗坞坑	山坑水	1	100		斗坞	230	77	100	120	2008年	
		毛塘坑	山坑水	1	100		毛塘	155	47	150	120	2008年	
		斗坞新片	山坑水	—	—		—	105	33	—	120	2012年	
	小计	5	—	4	—	—	—	1275	398	520	—	—	
	馒头山水厂	山沟沟	水库	2	—	一体化	—	1326	442	611	120	2009年	
		太平			—		—	2023	674	205			
		前庄			—		—	453	151	180			
		雅城					—	933	311	300			
	小计	1	—	—	—	—	—	4735	1578	1296	—	—	
	合计	27	—	25	—	—	—	12404	3820	3356	—	—	

续表 3－25

镇（乡）	行政村	水源点	水源点类型	清水消毒池		水处理方式	供水区域	受益人口	受益户数	外来人口	供水规模 L/人·日	建成时间	备注
				数量	容量（立方米）								
闲林镇3个行政村	云栖村	安坞里片	深井	1	60	CL缓释消毒器HKD—JII型	安坞里片	80	30	—	100	2008年	
		胡家岭片	深井	1	60		胡家岭片	128	38	—	100	2008年	
		灵溪片	深井	2	110	一体化	灵溪片里、外	539	178	—	100	2008年	2012年提升
		长岭片	深井	2	60	CL缓释消毒器HKD—JII型一体化	长岭片里、外	299	60	—	100	2008年	
		胡家店片	深井	1	60	CL缓释消毒器HKD—JII型	胡家店片	229	63	—	100	2008年	
		寺前片	深井	1	60		寺前片	252	69	—	100	2008年	
	小计	8	—	8	410	—	—	1527	438	0	—	—	
	里项村	童家头	沉井	1	100	—	童家头	437	115	100	120	2008年	
		大毛坞	水库水	1	200	一体化	里项村委片	1966	511	400	120	2008年	
		龙庆寺	—	1	—	—	—	—	—	—	—	2012年	
	小计	3	—	3	300	—	—	2403	626	500	—	—	
	桦树村	长子坞	深井	1	60	—	长子坞	335	120	—	120	2008年	
		洪家凉亭	深井	1	60	—	洪家凉亭	343	77	—	120	2008年	
		桐村，竺坞	水库水、深井	2	100	一体化	桐村，竺坞	532	140	—	120	2008年	
	小计	4	—	4	220	—	—	1210	337	0	—	—	
	合计	15	—	14	940	—	—	5140	1401	500	—	—	
瓶窑镇3个行政村	彭公村	姚郎坞	水库水	1	1400立方	CL缓释消毒器HKD—JII型	姚郎坞	179	51	—	100	2008年	
		两水坞	山坑水	1	450立方		两水坞	224	57	—	100	2007年	
		钱家坞	水库水	1	2.0万方		钱家坞	342	102	—	100	2007年	
		东皇坞点	山坑水	1	667立方		东皇岭脚、岗岭	930	302	—	100	2007年	
		岗岭	山坑水	1	600立方								

续表 3－25

镇（乡）	行政村	水源点	水源点类型	清水消毒池		水处理方式	供水区域	受益人口	受益户数	外来人口	供水规模L/人·日	建成时间	备注
				数量	容量（立方米）								
瓶窑镇3个行政村	彭公村	东皇坞葬坟岭	山坑水	1	600立方	CL缓释消毒器HKD—JII型	葬坟岭	263	85	—	100	2007年	
		彭公黄其岭点	山坑水	1	2000立方		大山黄其岭	422	120	—	100	2007年	
		大山石扶梯点	山坑水	1	640立方		石扶梯	635	172	—	100	2007年	
		彭公卸车点	山坑水	1	2447立方		卸车二级	919	235	—	100	2008年	
		板石桃坞点	水库水	1	1.2立万方		板石桃坞	366	99	—	100	2007年	
		板石松子坞点	水库水	1	2.5立万方		松子坞	—	—	—	100	2007年	
		板石王坑桥点	山坑水	1	600立方		王坑桥	88	25	—	100	2007年	
		童家坞	山坑水	1			童家坞	—	—	—	—	2012年	
		卸车上村沈潘岭	山坑水	1			沈潘岭	—	—	—	—	2012年	
		板石马家口点	山坑水	1	600立方		马家口	224	54	—	100	2007年	
	小计	15	—	15	—	—	—	4592	1302	0	—	—	
	塘埠村	陆家坞	山坑水	1	1.0万方	CL缓释消毒器HKD—JII型	陆家坞、王家村	622	161	—	100	2007年	
		石门水库	水库	1	120.5万方		塘埠.石门.六谷山	2405	702	—	100	2007年	2012年提升
		西坞	山坑水	1	1.0万方		西坞、东坞	429	117	—	100	2007年	
		银山坞	水库水	1	1.0万方		石门	169	48	—	100	2007年	
		西坞小岭	山坑水	1	—		—	—	—	—	100	2012	
		石门蒋家头	山坑水	1	—		石门	—	—	—	100	2012	
		长岭龙池	水库水	1	—	一体化净水设施	长岭顶	450	116	—	100	2007年	2012年提升
	小计	7	—	7	1260方	—	—	4075	1144	0	—	—	
	奇鹤村	长岭脚下	山坑水	1	286方	CL缓释消毒器HKD—JII型	白鹤片	604	155	—	100	2008年	
		介岭	山坑水	1	96.62万方		介岭片	150	38	—	100	2008年	
		奇坑水库	水库水	1	113.6	一体化净水设施	奇坑片	803	208	—	100	2008年	
	小计	3	—	3	113.6	—	—	1557	401	0	—	—	
	合计	25	—	25	—	—	—	10224	2847	0	—	—	

续表 3 – 25

镇(乡)	行政村	水源点	水源点类型	清水消毒池 数量	清水消毒池 容量(立方米)	水处理方式	供水区域	受益人口	受益户数	外来人口	供水规模 L/人·日	建成时间	备注
径山镇8个行政村1个林场	四岭村	胜坞坑	山坑水2	1	—	—	千岱坑	1001	341	50	120	2009年	2012年提升
		菜田坞	山坑水	1	—	—	菜田坞	443	130	—	120	2009年	
		大坞坑	山坑水	1	—	—	瓦窑坞	200	46	—	120	2009年	
		车坑坞	山坑水	1	—	—	里外车坑	769	246	—	120	2009年	
				—	—	—	小桥头	—	—	—	120	2009年	
		美女山	深井	1	—	—	沙塘一部	410	90	—	120	2009年	
	小计	6	—	5	—	—	—	2823	853	50	—	—	
	径山村	应洞坑	山坑水	1	—	—	纸业组农业组	308	96	65	120	2009年	
				—	—	—	—	—	—	—	120	2009年	
		高塘坞	山塘水	1	—	—	里洪斗组	239	83	—	120	2009年	
				—	—	—	—	—	—	—	120	2009年	
		南坞	山坑水	1	—	—	径山组	170	63	—	120	2009年	
		大伟里	山坑水	1	—	—	菜园组	143	42	—	120	2009年	
		百步里	山塘水	1	—	—	老里洪村	752	235	—	120	2009年	
	小计	5	—	5	—	—	—	1612	519	65	—	—	
	双溪村	南坞	山坑水	1	—	—	五星组	939	300	260	120	2009年	
		水车坞	山坑水	1	—	—	红旗组胜利组	712	285	—	120	2009年	
		大港坞	山坑水	1	—	—	后村红星组	282	87	—	120	2009年	
		明家坞	山坑水	1	—	—	凉亭头	369	121	—	120	2009年	
		大坞里	山坑水	1	—	—	坑西片	416	136	—	120	2009年	
	小计	5	—	5	—	—	—	2718	929	260	—	—	
	西山村	大石塔	山坑水	1	—	—	蔡家畈	338	91	150	120	2009年	
					—	—	中西山横坑桥	—	—	—	120	2009年	
		金岗塘水库	水库	1	—	—	大山坪	—	—	—	120	2009年	
					—	—	上下西山	512	138	—	120	2009年	
		大山坪	山坑水	1	—	—	—	179	92	—	—	—	
		石门坎水塘	水库水	1	—	—	上中下茶山	363	124	—	120	2009年	

续表 3－25

镇（乡）	行政村	水源点	水源点类型	清水消毒池		水处理方式	供水区域	受益人口	受益户数	外来人口	供水规模L/人·日	建成时间	备注
				数量	容量（立方米）								
径山镇8个行政村1个林场	西山村	茶草湾水库	沉井	1	—	—	苦子山邵家畈	631	257	—	120	2009年	2012年提升
					—	—	黄泥岭	—	—	—	120	2009年	
	小　计	5	—	5	—	—	—	2023	702	150	—	—	
	平山村	龙潭水库	水库	1	—	—	老斜坑村	2811	563	60	120	2009年	
				1	—	—	梅岭	—	33	—	120	2009年	
		喝岭	山坑水	1	—	—	喝岭	109	35	—	120	2009年	
	小计	2	—	3	—	—	—	2920	631	60	—	—	
	绿景村	箬青坞	山坑水	1	—	—	汗岭	370	107	100	120	2009年	2012年提升
		延山坞	山坑水	1	—	—	狄家山千口桥西	274	162	—	120	2009年	
		石门坑	山坑水	1	—	—	千口桥东	262	40	—	120	2009年	
	小计	3	—	3	—	—	—	906	309	100	—	—	
	潘板桥村	潘步岭	山坑水	1	—	—	夹坞里	302	86	—	120	2009年	2012年提升
		螺丝坞	山坑水	—	—	—	螺丝坞	388	120	—	—	—	
		棺材坞	山坑水	1	—	—	羊棚坞	410	111	85	120	2009年	
	小计	3	—	2	—	—	—	1100	317	85	—	—	
	小古城村	大坞山脚	山坑水	1	—	—	吴山坞	161	87	50	120	2009年	2012年提升
		法华寺	山坑水	1	—	—	法华寺	141	148	—	120	2009年	
	小计	2	—	2	—	—	—	302	235	50	—	—	
	长乐林场	水塘边水井	山塘水	1	—	—	西山林场	95	34	—	120	2009年	备用
		龙潭水库	水库	1	—	—	缸窑	50	15	—	120	2009年	备用
	小计	1	—	2	—	—	—	145	49	0	—	—	
	合计	32	—	32	—	—	—	14549	4544	820	—	—	
全区总计7个乡镇、39个行政村、1个社区、1个林场		229	—	—	—	—	—	81176	24347	14683	—	—	

注：以上不包括杭州余杭供水集团公司2008年—2009年建设的余杭镇竹园、仙宅、义桥等3个山区村，实行的城乡一体化供水管网延伸加压供水工程。项目受益户数1499户，受益人口5395人。

表 3-26　2012 年余杭区山区农村饮用水安全提升及备用水源建设项目

序号	项目名称	建设管理单位	项目主要内容	项目涉及范围	投资概算（万元）
1	百丈饮水提升工程	百丈镇人民政府	建设取水口 9 处，水池 5 座、简易房 1 座、一体化处理设备 1 套，边坡修理，敷设管网 8.3 千米。	石竹园、溪口、泗溪、百丈、半山、仙岩村	143
2	鸬鸟饮水提升工程	鸬鸟镇人民政府	建设取水口 2 处，水池 2 座、增压泵及泵房 1 座，敷设管网 12.365 千米。	山沟沟、太公堂、太平山、前庄、仙伯坑村	196
3	黄湖饮水提升工程	黄湖镇人民政府	建设取水口 1 处，深井 2 口，简易房 2 座，一体化设备 2 套、净水设备 1 套，库区清淤，敷设管网 4.1 千米。	虎山、王位山、赐壁村	159
4	径山饮水提升工程	径山镇人民政府	建设取水口、堰坝 5 处，水池 6 座、简易房 2 座，敷设管网 3.55 千米。	绿景、四岭、潘板桥、西山、小古城村	207
5	瓶窑饮水提升工程	瓶窑镇人民政府	建设引水口、堰坝 4 处，，水池 7 座，泵房 2 座，一体化净水设备、增压泵各 1 套，敷设管网 2.2 千米。	塘埠、奇鹤、彭公村	466
6	中泰饮水提升工程	中泰街道办事处	建设深井 1 口、沉井 4 口，水池 18 只，引水改造 11 处、利用水库 4 处，敷设管网 28 千米	南峰、南湖、中桥、新泰、白云、枫岭、双联、紫荆、泰峰村	490
7	闲林饮水提升工程	闲林街道办事处	建设取水泵房、设置一体化净水设备，深井 1 口、沉井 2 口，敷设管网 7.045 千米	里项、云栖村	170
合计	—	（7 个镇、街道）	—	（33 个村）	1831

注：资金来源于涉及西部生态保护的镇，工程直接费由区财政全额承担；其他镇（街道）按原山区农村饮用水工程政策执行

第四篇
城乡一体化供水

自20世纪末开始，余杭区（市）在统筹城乡发展中，为加快发展供水事业，缩小城乡居民饮用自来水的差别，实行了供水改革。改革供（改）水管理体制，改变供水经营模式，打破城乡水厂属地供水权限，实施了城乡一体化供水，使城乡居民享受到同网、同质、同价与同服务的自来水。

余杭区（县、市）实现城乡一体化供水经历探索准备、推广实施和完善发展三个阶段。在探索准备阶段（1993年—1998年），实施了城镇供水和农村改水统一的行业管理，探索建成了区内首座跨乡镇行政区域供水的农村水厂（临平第二水厂）。在推广实施阶段（1999年—2007年），制订了区域性的城乡供水发展规划，并按照城乡一体化供水规划，区属供水企业先后兼并了乡镇村水厂（站）21座；实施了临平、塘栖供水工程，余杭、闲林供水工程，瓶窑（良渚）供水工程，径山、黄湖供水工程等城乡一体化供水工程。在完善发展阶段（2008年至今），理顺了水务管理体制，实现供排水资源优化配置，巩固和发展城乡一体化供水成果，完善供水基础设施建设，新建了鸬鸟、百丈供水工程，仁和水厂工程，三白潭备用水源工程，南苑供水加压泵站工程和运河水厂提标改造工程等城乡一体化供水工程。

通过建设城乡一体化供水工程，新建了塘栖、獐山、宏畔、瓶窑、径山、仁和等区属自来水厂6座，扩建（改造）自来水厂1座（运河），供水能力达到77.19万立方米/日；建设供水主管道180.82千米，延伸农村供水管网633.8千米，改造市政（开发区）供水管网496.05千米，实施城乡居民一户一表改造（新建）248457户。累计投入建设资金28.4亿元，其中由区（市）财政和水务公司（供水集团公司）投入资金15.51亿元，占54.61%。

通过实施城乡一体化供水，余杭区全面普及了城乡自来水，至2012年，全区城乡居民实现自来水同网、同质、同价与同服务的受益人口有78.28万人，占当年全区自来水受益人口的90.05%。供水能力和供水质量的提高，满足了城乡居民生活和全区经济社会发展的用水需要，同时，也发展壮大了供水企业。

第一章　供水改革

余杭区（市）为统筹城乡自来水发展，改变城乡居民不同的自来水待遇。同时，解决农村自来水厂的发展困境，开拓区（市）属自来水厂的发展空间，共享有限的饮用水资源。自1999年开始，实行供水改革，改革城乡供水管理体制，改变供水经营模式，实施城乡一体化供水。

第一节　改革由来

余杭区（县、市）在1993年5月以前，县治临平镇的自来水由隶属于县城建部门管理的临平自来水厂供给，日供水能力为6万立方米。临平自来水厂有一定规模，且供水服务较规范、水量水质能保证，临平镇居民饮用自来水基本得到普及。而广大农村和集镇居民的饮用水，主要由各乡镇政府管理的乡镇、村所属的水厂供给。乡镇、村的水厂不仅规模小，而且管理不够规范，水量、水质难保证，农村居民饮用自来水的普及率远远不及城镇，使城镇与农村间、乡镇与乡镇间的饮用水存在较大差距。

一、农村水厂发展面临的困境

余杭县自20世纪80年代初起，随着农村改水工作的深入开展，各乡、镇、村陆续兴建水厂，到1989年先后建立各种小型水厂（站）289座。当时，在乡镇工业还不发达，环境污染很小的情况下，小型水厂对于改善农村饮用水条件，普及自来水发挥了作用。但是，随着乡镇、村企业的逐年发展、小城镇建设步伐的加快和人们提高生活质量的要求，逐步暴露出农村小型水厂的先天不足，主要反映在：

农村水厂缺乏合格的水源　受城市综合污水和工业废水的侵蚀，农村水体日趋恶化，水厂的水源污染日趋严重，众多的小水厂难以寻找合格的水源。按照国家规定，每个取水口的水源都应受到保护，但从实际情况看，需要保护的水源点太多，实际难以保护到位。

农村供水设施简陋　农村供水设施建设资金来源以集体和群众筹资为主。为节约投资，大部分水厂采用极简易的供水工艺与设备，土法上马，建成简陋的小型水厂，净化效果不理想，水质检测手段不完备，有的村、组属水厂只有一人一井一开关，很难保证供水质量。说其是水厂，还不如实说是一个“抽水泵站”或“翻水站”。

管理人员专业水平低　许多小型水厂管理人员文化程度较低，业务知识贫乏，专业技能较差，多数管理人员是初中以下文化程度，没有对口专业的技术人员，滞后于供水事业新技术的推广应用。

供水量和水质难以保证　从总体上看，小型水厂供水相对农民在河、塘取水，在用水方便上有一定程度的改善。但乡镇、村水厂由于规模小、制水能力低，供水量不能满足当地居民生活和经济发展的需要。尤其是在水质管理方面存在许多隐患，不少小型水厂在生产过程中未加净水剂和消毒剂，没有进行水质检测，可以说大部分的村级水厂只能称得上向农户供应“方便水”，而达不到供应安全、卫生“放心水”的要求。

缺资金、缺技术、缺更新改造能力　因农村小型水厂供水规模过小，水厂难以累积资本（村、组属水厂极大部分免费供水），无力更新改造。同时，当时的镇乡、村也因财力有限，要扩大供水规模、提高供水质量受到限制，导致水厂运行恶性循环，制约了当地供水事业的发展。

由于以上诸多原因，余杭区（县、市）的农村水厂大多数没有获得“供水企业资质证”“水质卫生合格证”“卫生许可证”（详见第三篇第六章第四节“农村水厂管理”）。同时，多数水厂也没有《营业执照》，按理不能向社会供水，但要单纯取缔这些不规范的水厂也不现实，因广大村民的饮用水还要靠各水厂供给。如果农村小型水厂存在的问题长期得不到妥善解决，势必会影响农村经济的发展，影响村民生活质量的提高，甚至会影响到农村社会的稳定。因此，尽快改变余杭农村当时的供水现状，引起了余杭各级政府的高度重视。

二、城镇水厂发展存在的制约因素

余杭县（市）的城镇水厂尤其是县属的临平自来水厂，虽有一定的规模、有一定的技术力量、有较规范的管理措施，并能确保生产符合国家《生活饮用水卫生标准》的自来水。但要发挥这些资源的作用，扩大供水量、扩大供水范围，使附近农村的居民也能享受到和城镇居民一样的自来水待遇，也存在一定的阻力。因为各水厂受产权、管理体制、供水区域的等方面的制约，各镇的水厂只能允许在本镇地域范围内供水，使企业缺少发展空间，形不成规模，新技术的应用跟不上时代发展的步伐，难以提高企业效益，制约了供水企业的进一步发展。因此，面对现实，要发展城镇供水企业，必须要解放思想、深化改革，打破地域界限，实施区域性供水，才能使城镇水厂得到进一步发展，也才能根本改变农村供水状况。余杭区（县、市）的第一家城镇自来水厂——塘栖镇自来水厂，建成通水于1960年，当时日供水能力为200立方米，只向塘栖集镇居民供水，至1998年日供水能力才扩大到1.5万立方米。38年来，该水厂日供水能力只增加1.48万立方米，平均每年新增日供水能力只有389立方米，其供水发展速度远远跟不上塘栖镇经济社会的发展需要。1999年12月28日建成的余杭市第一个跨乡镇行政区域的供水项目临平、塘栖供水工程（一期）竣工通水后，新建的塘栖自来水厂日供水能力从原塘栖镇自来水厂的1.5万立方米猛增到6万立方米，新建水厂不但满足了塘栖镇经济社会发展和人民生活的用水需求，同时还向附近的乡镇、村供水，使自来水企业迅速得到了发展。塘栖自来水厂也从一个简陋的镇办水厂转变为一座现代化的花园式工厂，有力地改善了当地的投资环境，促进了经济社会的发展。

第二节　改革内容

一、改革供水管理体制

将区（县、市）、乡镇、村、组的各级自来水厂由原不同部门管理，归口为区属供水企业实行统一管理，并逐步通过对镇乡属水厂的兼并重组，统一区属各自来水厂的生产与运行、统一供水经营与服务、统一供水设施的建设与维护。改革供水管理体制分两步实施：

1．统一行业管理

1993年5月，余杭县人民政府组建了余杭县自来水总公司，属副局级行政性公司，系县政府工作部门之一，为全额拨款的全民事业单位。受委托履行全县城镇供水、农村改水和计划用水、节约用水的政府职能，同时承担余杭县农村改水项目办公室的职责，实行“两块牌子，一套班子”，县政府的“节约用水办公室”也设在自来水总公司内。

余杭县自来水总公司成立后，将原隶属于县城建局的临平自来水厂和原隶属于临平区公所的余杭县临平区水厂（后更名为余杭市临平第二水厂）划归县自来水总公司管理；同时，与县改水办合署负责农村水厂的行业管理。由此，全县城乡供（改）水实行统一发展规划、实施统一的行业管理。从而，改变了城镇供水和农村改水二张皮的状况，为实施区域性供水奠定了基础。

2000年5月，为使区域性供水经营上规模、管理上水平，余杭市自来水总公司根据市机构编制委员会的批复，将直属的临平自来水厂、临平第二自来水厂和已兼并入公司的原塘栖镇自来水厂、余杭镇自来水厂、闲林镇自来水厂与在建的獐山自来水厂及临平、塘栖供水工程的项目公司（余杭市供水有限公司）进行合并，资产重组，成立了余杭市供水集团有限公司，隶属于余杭市自来水总公司。由此，在余杭市内扩大了自来水厂的统一管理，推进了区域连片供水。

2001年9月，在区级机构改革时，余杭区自来水总公司与供水集团有限公司合并，组建新的杭州余杭供水集团公司，该公司为区政府直属的自收自支事业单位，是区国资委授权经营的国有资产营运机构。公司实行企业化管理，注册资本8680万元。新公司的组建，将余杭区内除部分山区镇、村外的城乡供水全部纳入由供水集团公司统一管理，实现城乡供（改）水统一规划、统一标准、统一建设、统一经营、统一服务，使全区城乡一体化供水得到稳步实施。

2008年3月，按照区委关于国有公司改革重组的意见，为进一步理顺水务管理体制，实现供排水资源优化配置，杭州余杭供水集团公司与杭州余杭城市排水有限责任公司合并重组杭州余杭水务有限公司，从而使全区城镇供、排（污）水实行了统一管理。水务一体化后，全区城乡一体化供水进一步得到完善、巩固和创新、发展。

2．重组供水企业

1999年7月前，余杭区（市）的乡镇属自来水厂普遍存在规模小、设施简陋、技术含量低、管理水平差、水量和水质难保证的状况，而村、组属水厂基本上是一座“翻水站”，原水不净化、不处理、不消毒，水泵抽取水后直接供给用户饮用，存在着安全隐患。为此，为推进城乡一体化供水，自1999年7月开始，余杭区（市）属供水企业逐步兼并乡镇属水厂和有一定规模的村属水厂。在兼并水厂的同时，通过新建、改（扩）建和异地重建等形式，至2007年，先后新建（改建）了运河、塘栖、獐山、宏畔、瓶窑、径山等6座区属自来水厂，日供水设计能力达到39.5万立方米。2009年6月开工建设了供水规模40万立方米/日的仁和自来水厂，其中，一期供水规模为20万立方米/日，已于2012年8月1日并网供水。

在新（扩）建区属自来水厂的同时，由区属供水企业负责连通、改造和新建各乡镇、村间的供水管网，实行跨区域连片供水。区属供水企业对区属的各自来水厂和供水管网均实行统一规划、统一投入、统一建设、统一日常维护和统一运行管理。

自1999年至2007年，余杭区（市）属供水企业先后兼并了18座乡镇属水厂、1个镇属水管站和2座村属水厂。在兼并的21座水厂（站）中，原塘栖镇和瓶窑镇的自来水厂由区属供水企业在当地另行选址进行了扩大重建，兼并时在建的径山镇自来水厂进行了优化扩建，余杭镇和闲林镇自来水厂的制水系统留作备用，其余16座兼并的乡镇、村水厂的原制水系统在新建的区属水厂建设期间承担过渡性制水，区属新水厂投入运行之后，原乡镇村属水厂即停止生产，原乡镇属水厂厂址多数改建为当地的供水营业场所。

在城乡一体化供水区域内原各村、组的近200座小型水厂（供水站），随着城乡一体化供水管网的延伸，陆续停止了制水和供水，村、组属水厂的资产和人员由当乡镇、村自行处理。至2007年，余杭区在城乡一体化供水区域内的各自来水厂全部隶属于杭州余杭供水集团公司，由公司统一负责全区供水基础设施的建设、维护，自来水的生产、销售和供水管理与服务。

二、改变供水经营模式

2001年9月，余杭区组建了国有独资的杭州余杭供水集团公司，在兼并乡镇水厂，关、停村组水厂的同时，为优化和推动国有资产的重组和合理配置，更好地实现国有资产收益的最大化和集约化，进一步提高供水企业的服务水平和服务能力，促使企业做大、做强、做精。杭州余杭供水集团公司实行了“一级法人，二级核算”的管理体制，将区属各自来水厂和营业公司设为杭州余杭供水集团公司下属的一个分支机构，为非独立核算单位，改变以往各自来水厂“独立核算，自负盈亏”的经营体制，实行统一供水规划、统一生产计划、统一工程建设、统一财务管理、统一供水价格、统一服务标准、统一人事调配和统一制度管理的城乡一体化经营模式。公司对各分支机构的年度经济指标完成情况和各项生产成本、经营费用及服务质量等项目实行监督考核管理。

2008年3月，杭州余杭水务有限公司成立后，水务体制进一步优化，水务监督和考核管理也进一步完善，全区城乡一体化供水的经营模式得到社会的广泛认可。在实行城乡一体化供水的区域内，各乡镇间的供水管网相互贯通，各区属自来水厂按国家标准生产同一质量的自来水，物价部门核定城镇居民和农村居民统一标准的自来水价格，供水企业对城乡居民实行统一标准的供水服务，使全区城乡一体化供水实现“同网、同质、同价、同服务”。

第三节　改革措施

余杭区（县、市）推行城镇供水和农村改水改革，实行城乡一体化供水，先后经历了探索准备、推广实施和完善巩固三个阶段。

一、探索准备（1993年—1998年）

1. 探索建设跨乡镇行政区域的自来水厂

余杭县在1993年年底，利用世界银行贷款，建成了全县第一个区域性的农村改水工程——临平区给水工程，建成了全县第一座跨乡镇供水的自来水厂——浙江省余杭县临平区水厂（1994年7月更名为：余杭市临平第二水厂）。

临平第二水厂的取水、制水工程和净水厂至临平镇的供水主干管与县属的临平自来水厂扩建工程合建，并由临平自来水厂负责运行管理。临平镇至临平区内各乡镇的配水干管和乔司加压站工程，由临平第二水厂承担建设和管理。临平区内各乡镇、村内部的给水支管由各乡镇、村负责建设和管理。

临平第二水厂的供水范围为余杭县临平区的双林、小林、乾元、下沙、九堡、大井、翁梅、乔司等8个乡镇和五杭、亭趾、博陆、星桥等4个乡镇的部分地区（1992年5月余杭县撤区扩镇并乡前工程立项时的乡镇名称），及周边的省属劳改单位与铁路杭州乔司编组站。供水区域面积61.84平方千米，供水受益人口20.90万人。在该工程供水区域范围内的12个乡镇中除博陆、亭趾、星桥3个乡镇建有3座乡镇属小型水厂、9座村属小型水厂外，其他各个乡镇及村、组均没有单独建造自来水厂。该区域性供水工程建成通水后，村民饮用的自来水由县属临平自来水厂生产后输送到临平第二水厂，经加压和补加氯后再由临平第二水厂供给各乡镇及有关单位。但由于供水服务的管理体制仍按行政区域没有改变，在供水区域范围内的各乡镇均各自建立改水管理站，负责各镇乡内自来水用户的开户、抄表、收费、管网维护和供水服务工作。

临平第二水厂的建成，增加了在该厂供水区域内各乡镇城乡居民自来水的受益率。至1998年（建厂通水后的第五年），由临平第二水厂实行跨乡镇区域供水的乔司（含改水初期的大井乡）、博陆、亭趾等三个镇的城乡居民自来水平均受益率达到99.40%，而当时余杭县内由各镇乡、村、组自建自来水厂（供水站）属地供水的獐山、东塘、云会、良渚、安溪、长乐、仓前、中泰、黄湖、潘板、百丈、双溪、鸬鸟和彭公等14个镇乡的城乡居民自来水厂平均受益率只有39.05%（见附表4－1)。实施跨乡镇区域供水比由当地各镇乡村水厂属地供水 居民自来水的受益率提高60.35个百分点，实行跨乡镇区域供水对普及城乡自来水发挥了积极的作用。

由于当时余杭县（市）城镇供水和农村供（改）水工作分别由县城建局、农村改水项目办公室和各乡镇政府等多个部门的分别领导与管理，各地自来水厂的建设、运行管理和产权分别属于各自的投资主管部门。因此，虽然在1993年年底探索建成了全县第一座跨乡镇供水的区域性自来水厂，并也发挥了区域性供水的优势，但由于其他各镇乡、村的自来水厂受管理体制和产权归属的制约，在1994年至1998年间，余杭市农村仍然维持由属地水厂供水为主。

表4－1　　1998年余杭市不同供水方式自来水受益情况

镇乡	供水方式	水厂（座）				供水能力（立方米/日）	实际年供水量（万立方米）	自来水受益情况		
		市属	镇乡	村	组			镇乡人口（万人）	受益人数（万人）	受益率（%）
临平镇	由市属临平自来水厂和临平第二水厂供水	1	—	—	—	70000	1199	12.68	7.89	61.99
小计	—	1	—	—	—	70000	1199	12.68	7.89	61.99
乔司镇	由市属临平第二水厂实行跨乡镇的区域性供水	1	—	—	—	30000（含供博陆、亭趾等地）	524.00	3.63	3.63	100.00
博陆镇			1	5	—	4550	49.70	1.50	1.50	100.00
亭趾镇			1	1	—	1500	24.00	1.51	1.47	97.35
小计	—	1	2	6	—	36050	597.70	6.64	6.60	99.4
五杭镇	部分地块由临平第二水厂实行跨乡镇区域供水	—	—	3	—	2520	33.24	1.49	0.42	28.9
星桥镇		—	1	—	—	1200	18.00	1.44	0.24	16.67
小计	—	—	1	3	—	3720	51.24	2.93	0.66	22.52
塘栖镇	由当地镇属自来水厂供水为主	—	1	1	1	15130	305.60	9.00	5.18	57.56
崇贤镇		—	1	—	—	2200	55.00	3.87	2.59	66.92
余杭镇		—	1	1	3	17352	280.89	5.35	4.64	86.73
闲林镇		—	1	6	3	5550	73.55	3.10	2.12	68.38
瓶窑镇		—	1	1	—	10080	162.70	3.78	2.34	61.90

续表 4－1

镇乡	供水方式	水厂（座）				供水能力（立方米/日）	实际年供水量（万立方米）	自来水受益情况		
		市属	镇乡	村	组			镇乡人口（万人）	受益人数（万人）	受益率（%）
小计	—	—	5	9	7	50312	877.74	25.10	16.87	67.21
獐山镇	分别由当地镇乡、村和组的水厂（供水站）属地供水	—	—	—	2	700	1.50	1.70	0.07	4.12
东塘镇		—	1	—	—	300	7.70	2.21	0.52	23.53
云会乡		—	—	1	—	15	0.54	2.08	0.02	0.96
良渚镇		—	1	—	—	2400	55.00	3.78	1.35	35.71
安溪镇		—	1	3	—	2588	10.51	1.47	0.47	31.97
长乐镇		—	1	5	2	1310	23.02	1.62	0.85	52.47
仓前镇		—	1	—	—	1200	29.00	3.50	1.23	35.14
中泰乡		—	1	7	8	1338	37.23	2.46	0.86	34.96
黄湖镇		—	1	—	37	1862	20.00	1.39	1.21	87.05
潘板镇		—	1	2	7	2386	66.40	1.37	1.04	75.91
百丈镇		—	—	—	39	98	3.34	1.11	0.98	88.29
双溪镇		—	—	4	1	77	2.98	0.96	0.58	60.42
鸬鸟镇		—	1	—	25	1256	11.34	1.29	0.65	50.39
彭公乡		—	1	1	23	1559	19.44	1.51	0.50	33.11
小计	—	—	10	23	144	17089	288.00	26.45	10.33	39.05
五常乡	由杭州水司直接供水	—	—	—	—	10000	36.00	1.66	1.309	78.31
勾庄镇		—	—	—	—	6900	90.00	3.13	0.89	28.43
小计	—	—	—	—	—	16900	126.00	4.79	2.19	45.72
合计	—	2	18	41	151	177171	3013.68	78.58	44.51	56.04

2．实行全县城镇供水和农村改水统一的行业管理

为逐步理顺全县城乡供（改）水的管理体制，1993 年 5 月，余杭县建立了统一负责全县城镇供水和农村改水的行业管理部门——余杭县自来水总公司。县自来水总公司对县属的临平自来水厂和临平第二水厂实行直接的领导管理，对乡镇及村组属的自来水厂（供水站）在 1999 年 6 月前实行行业管理，水厂的产权不变。1999 年 7 月以后，逐步兼并镇乡属水厂，改变水厂产权后实行直接的领导管理。

余杭县自来水总公司建立后，为理顺全县供（改）水管理体制，为实施全县城乡一体化供水作了各项准备工作：

——全面普查，明确现状 1993年5月，余杭县自来水总公司成立后，对2座直属自来水厂和全县238座镇乡、村组水厂的企业基本概况、供水现状和社会需水情况进行全面调查。通过调查，掌握了当时占全县水厂总量92%的农村小水厂，普遍存在五方面问题：一是水厂分布面广规模过小，供水设施差，工艺简陋；二是众多小水厂因供水量小，资本积累困难，资金筹措有限，无力更新改造，水厂建设滞后于人民生活和经济社会发展的需求；三是全县城乡自来水的供需矛盾异常突出，尤其是广大农村，自来水受益人口只有51%，群众对自来水的要求呼声很高；四是部分地区早建的改水项目因取水水源的水质遭受污染，需面临另辟水源，任务很急；五是农村水厂普遍存在生产管理人员文化程度低，管理水平低，与供水企业的发展很不适应。

——分类管理，抓好运行 余杭市自来水总公司根据调查反映的现状，在1994年制订《关于完善我市供水企业管理体制若干问题的具体方案》，将全市各自来水厂划分为三类分别进行管理。其中，将市属的临平自来水厂、临平第二水厂和镇属的塘栖、瓶窑、余杭、闲林等6座水厂划为一类水厂，将其余18座乡镇属水厂划为二类水厂，将216座各村、组办的水厂（供水站）划为三类水厂。余杭市自来水总公司针对各类水厂不同的现状，实行分类指导和管理。对一类水厂重点实施进一步完善企业管理制度，加强供水运行管理，开展企业上资质的申报工作和创建水质合格单位活动，并带动其他乡镇、村水厂做好生产、管理工作。对二类水厂重点建立健全各类管理制度，努力提高制水水平，开展经常性的检查、督促。为使一、二类水厂管理有章可循，余杭市自来水总公司制定了《城镇供水管理暂行规定》，报请余杭市政府同意，要求各地认真执行。对三类水厂采取加强与当地乡镇、村联系，明确供水职责、标准，帮助水厂建立相应的管理制度。同时，发挥临平、塘栖、余杭、瓶窑等大镇水厂的技术设备优势，分片结对周边小水厂给予管理指导、技术交流及承担水质化验等方面的帮助，带动该类水厂在管理技术、供水业务等方面的改进提高。为能有效地监督和促进水厂的管理，市自来水总公司对一、二类水厂实行了年度百分制考核制度，通过对具体的、可操作性的管理指标和措施的考核，使各水厂的管理水平逐年得到提高。

通过加强管理，在1994年—2006年间，在余杭市自来水厂中有临平自来水厂、临平第二水厂和塘栖、余杭、闲林、瓶窑、良渚、博陆镇自来水厂等8座水厂获得了浙江省建设厅核发的“供水企业资质证”；临平第二水厂和塘栖、余杭、闲林、瓶窑、博陆、博陆螺蛳桥村、五杭唐公村、亭趾、星桥、崇贤沾桥、良渚、仓前、彭公、黄湖镇自来水厂等15座水厂获得了省爱卫会核发的农村水厂“水质卫生合格证”，从而使水厂管理上了一个新台阶。

——扩建城镇水厂，完成农村改水 为提高全县自来水的覆盖面，满足用户的用水需要，余杭县自来水总公司于1993年12月制定《1994年—2000年余杭县自来水发展规划》。该规划分析了全县供水现状，提出了发展目标和对策措施，明确了为使余杭县的供水事业适应于经济社会发展和人民生活的需要，必须加快供水基础设施建设，要努力改善饮用水条件，尤其是扩大供水规模和扩大农村自来水覆盖面为迫在眉睫的主要任务。之后五年余杭县自来水总公司围绕发展规划，积极争取各有关部门、各乡镇政府的大力支持，经供水企业广大干部职工的共同努力，主要城镇的应急供水工程和农村改水项目陆续竣工，缓解了当时的自来水供需矛盾。

其中，临平、塘栖、余杭、瓶窑4个镇所在地自来水厂的供水能力在1993年前为5.25万立方米/日，至1996年提高到13.2万立方米/日，3年增加了7.95万立方米/日，增长了1.5倍。建成的应急供水工程有：临平自来水厂（地表水）二期扩建工程（1993年）和临平自来水厂应急扩建工程（1994年—1995年），两项工程竣工后，使临平自来水厂的供水能力由1993年前的3万立方米/日，提高到9万立方米/日；塘栖自来水厂应急扩建工程（1994年—1995年），使塘栖自来水厂的供水能力从1989年的1.0万立方米/日，提高到1.5万立方米/日；余杭自来水厂南湖净水调节工程（一期1993年、二期1996年），使余杭自来水厂的供水能力由1988年的0.5万立方米/日，提高到1.5万立方米/日；瓶窑自来水厂应急扩建工程（1995年—1996年），使瓶窑自来水厂的供水能力从1990年的0.75万立方米/日，提高到1.2万立方米/日。

同时，余杭县（市）自来水总公司继续对全县（市）农村的改水工程项目抓好建设管理，尤其是全面完成了由世界银行贷款的58个改水项目，并针对农村水厂规模小、分布散的状况，协助当地乡镇、村组对水厂进行了适当的调整，至1998年，全县农村自来水厂（供水站）由1989年的289座调整为211座，农村供水受益人口由1989年的28.83万人提高到1998年的36.45万人。

二、推广实施（1999年—2007年）

1. 制定区域性供水规划，统筹城乡一体化供水

余杭区（市）自来水总公司于2000年委托上海同济规划建设设计研究总院编制《余杭市城乡供水规划》。2005年杭州余杭供水集团公司又委托杭州市城市规划设计研究院编制了《余杭区供水专业规划》及“一副三组团”供水专业规划，区政府批复要“按此规划认真组织实施”。规划实施过程中，杭州余杭供水集团公司对实施方案不断加以完善。

余杭区（市）供水规划经八年实施，至2007年在余杭区14个镇1个乡5个街道、1220平方千米、82.69万户籍人口中，建成了四个供水管道相互贯通的供水区域，基本实现了城乡一体化供水。

——临平、塘栖供水区域　供水范围为临平、东湖、南苑、星桥等4个街道和乔司、运河、仁和、塘栖、崇贤等5个镇，区域面积316平方千米，规划（自来水）受益人口42.89万人（不包括向杭州市江干区的九堡、下沙镇及附近的省市属劳改单位的供水人口）。该供水区域由区供水集团公司所属的运河、獐山、塘栖、宏畔等4座自来水厂供水，日供水能力33万立方米（水厂设计规模）。2007年，在该区域实现城乡一体化供水的受益人口为41.93万人，占规划应受益人口的97.76%。

——余杭、闲林供水区域　供水范围为余杭镇、闲林镇、仓前镇、中泰乡和五常街道，区域面积291平方千米，规划受益人口13.90万人（包括杭州直接供五常街道的人口）。该区域由杭州水业集团有限公司向该区域趸售供水为主，核定趸售日供水量为10万立方米。同时，区供水集团公司所属的余杭自来水厂和闲林营业分公司原有的制水系

统有1.5万立方米/日的备用供水能力。此外，杭州水业集团公司核定直接供五常街道（不含永福村）自来水每日1万立方米。该区域共有日供水能力为12.5万立方米。2007年，在该区域实现城乡一体化供水的受益人口为12.84万人（包括杭州直接供水受益1.84万人），占规划受益人口的92.4%。

——瓶窑、良渚供水区域　供水范围为瓶窑镇、良渚镇和仁和镇的部分区块，区域面积230平方千米，规划受益人口13.20万人（包括杭州直接供良渚镇勾庄片的人口）。该区域由区供水集团公司所属的瓶窑自来水厂供水为主，獐山自来水厂供部分水，日供水能力5万立方米（不含獐山水厂）。同时，杭州水业集团公司向该区域良渚镇核定趸售日供水量1万立方米、核定日直接供良渚镇勾庄片（原良管委会区块）自来水0.69万立方米，该区域共有日供水能力6.69万立方米。2007年，在该区域内实现城乡一体化供水的受益人口为12.69万人（包括杭州直接供水受益1.31万人），占规划可受益人口的96.14%。

——山区、半山区供水区域　区域范围包括鸬鸟镇、百丈镇以及径山镇、黄湖镇、中泰乡、闲林镇、瓶窑镇、余杭镇的部分山区及半山区的行政村。该区域分二种形成供水：一是径山镇和黄湖集镇及周边的行政村，由区供水集团公司所属的径山自来水厂供水，日供水能力5万立方米。该区块实行城乡一体化供水范围为129平方千米，规划受益人口3.73万人，2007年该区块实现城乡一体化供水的受益人口为2.03万人，占规划可受益人口54.42%。二是其余的山区镇乡、村由当地镇乡、村的小型水厂和供水站供水。山区分散供水区域的39个村（社区）和1个林场在2007年至2009年实施了“山区农村饮用水工程”，改善了饮用水条件。

余杭区实现城乡一体化供水的面积合计966平方千米，占全区面积1220平方千米的79.18%。2007年城乡一体化供水区域内的供水能力为57.19万立方米/日，规划实行城乡一体化供水的受益人口为73.72万人，占全区当年82.69万户籍人口的89.15%。全区至2007年已基本实现自来水“同网、同质、同价、同服务”的受益人口为69.49万人（包括由杭州水业集团直接供水3.15万人），占规划受益人口的94.26%，占全区户籍总人口的84.04%。

余杭区城乡一体化供水概况见附表4－2。

《余杭市城乡供水规划》和《余杭区供水专业规划》的编制，为余杭全面推进城乡一体化供水描绘了供水事业发展的美好蓝图，为推进区域发展、实施城乡一体化供水提供了科学的规划，促使了余杭区（市）的城乡一体化供水有序推进、健康发展。

2．兼并乡镇属水厂、关停村组属水厂

按照《余杭区供水专业规划》，余杭区（市）自1999年7月开始，对乡镇（街道）与村、组水厂（供水站）的管理体制进行了全面的改革。其中，各乡镇属水厂（个别村属水厂）的产权和管理权由当地乡镇政府移交给杭州余杭供水集团公司（2001年12月前为余杭市自来水总公司），成为区（市）属供水企业，实行统一领导、统一规划、统一投资、统一建设和统一经营管理。

至2007年9月，余杭区属供水企业先后共兼并了乡镇、村属的自来水厂（站）21座，其中，乡镇属水厂18座、镇属水管站1座、村属水厂2座。兼并前，20座水厂（不含1座水管站）的日供水能力合计为80463立方米，平均每座水厂的日供水能力为4023立方米。其中，规模最大的镇属水厂的日供水能力为1.5万立方米（余杭镇自来水厂、塘栖镇自来水厂），规模最小的乡属水厂日供水能力只有360立方米（中泰乡自来水厂）。

20座水厂（不含1座水管站）的占地面积合计为75183.39平方米（112.77亩），平均每座水厂占地3759.17平方米（5.64亩）。其中占地面积最大的水厂为余杭镇自来水厂，面积11028.61平方米（16.54亩），占地面积最小的水厂为中泰乡自来水厂，面积234.08平方米（0.35亩，不含废弃厂区）。

兼并的水厂移交资产总额为5129.95万元，其中负债总额1736.18万元，负债率33.84%；净资产（所有者权益）3393.77万元，固定资产净值为3031.5万元。移交水厂中资产总额最高的水厂为塘栖镇自来水厂（964.42万元），资产总额最低的水厂为瓶窑镇彭公自来水厂（0.64万元）。负债总额最高的水厂为余杭镇自来水厂（653.89万元），负债率82.14%；不负债的水厂有星桥街道水厂、闲林镇民丰水厂、瓶窑镇彭公水厂和运河镇的亭趾、博陆、五杭唐公村水厂等6座自来水厂。兼并水厂中移交净资产最多的水厂为塘栖镇自来水厂（883.18万元），移交净资产最少的水厂为崇贤镇自来水厂（-49.61万元）。

兼并的21座水厂（水管站），移交前共有在职和退休职工338人。其中，移交给供水集团公司管理的职工为270人，乡镇水厂剥离职工68人。在移交至供水集团公司的职工中有原为固定工和合同工180人、临时工31人、退休职工18人、保养工41人。在移交管理的270名职工中有169人已参加各类社会养老保险，其中，参加机关事业养老保险的3人、参加企业社会养老保险的148人、参加民政养老保险的3人、参加人寿保险的15人，其余101名职工（含临时工、已退休职工和保养工）均未参加养老保险。

兼并的自来水厂基本情况见附表4-3、4-4：

各村、组的水厂（供水站）由于受区属水厂的新（扩）建和区域性供水管网的延伸，使农村的供水量、水质和供水服务都显著优于当地的村、组水厂，深受广大农户的欢迎，随后各村、组的水厂（供水组）就自然地逐步关停，结束了村、组水厂的使命。

表 4－2　余杭区城乡一体化供水概况　　单位：面积：平方千米；人口：万人；供水能力：万立方米/日

供水区域		范围		2007 年			2012 年			水厂设计供水能力				自来水厂	
		镇乡、街道	面积	规划受益人口	受益人口	受益率（%）	规划受益人口	受益人口	受益率（%）	小计	区属水厂	杭州核定供水		座（区内）	厂　名
												趸售	直供		
城乡一体化供水区域	临平、塘栖供水区域	临平、东湖、南苑、星桥、崇贤、仁和、乔司、运河街道和塘栖镇	316	42.89	41.93	97.8	44.92	44.61	99.3	53.0	53.0（含獐山）	—	—	5	运河、塘栖、獐山（部分）、宏畔、仁和自来水厂
	余杭、闲林供水区域	余杭、闲林、仓前、中泰和五常街道	291	13.9	12.84	92.4	16.29	15.77	96.8	12.5	1.5	10.0	1.0	2	杭州九溪水厂趸售，余杭、闲林制水补充
	瓶窑、良渚供水区域	瓶窑镇、良渚街道和仁和街道部分区块	230	13.2	12.69	96.1	14.42	14.13	98.0	6.69	5.0（不含獐山）	1.0	0.69	1(2)	瓶窑、獐山（部分）自来水厂，杭州祥符水厂趸售
	径山、黄湖供水区域	径山镇和黄湖集镇及周边的行政村	129	3.73	2.03	54.4	3.91	2.67	68.3	5.0	5.0	—	—	1	径山自来水厂
	合计	（4 个镇、14 个街道）	966	73.72	69.49	94.3	79.54	77.18	97.0	77.19	64.5	11.0	1.69	9	（不含杭州水厂）
山区分散供水区域		百丈、鸬鸟 2 个镇和黄湖、径山、瓶窑、闲林、中泰 5 个镇街的山区村（共 41 个村 1 个社区 1 个林场）	254	8.97	—	—	9.5	8.66	91.2	—	—	—	—	—	（2007 年至 2009 年实施山区农村饮用水工程受益人口）
全区总计		（6 个镇 14 个街道）	1220	82.69	69.49	84	89.04	85.84	96.4	—	—	—	—	—	—

注：1.余杭、闲林供水区域包括杭州九溪水厂直接供五常街道的自来水受益人口；瓶窑、良渚供水区域包括杭州祥符水厂直接供良渚街道勾庄片的自来水受益人口。2.人口指当年区内户籍人口，不含外来人口。3.闲林自来水厂补充供水至 2010 年 7 月止。4.仁和自来水厂一期工程（20 万吨/日）于 2012 年 8 月 1 日并网供水

表 4－3

杭州余杭供水集团公司兼并镇、村水厂基本情况(一)

(1999 年 7 月—2007 年 9 月)

兼并顺序	水厂兼并前名称	企业性质	建厂年月	移交日期	移交前日供水能力(m^3)	资产(万元)：资产总额	资产(万元)：负债总额	资产(万元)：净资产(所有者权益)	资产(万元)：其中:固定资产净值
1	余杭镇自来水厂	镇办	1971 年 4 月	1999 年 7 月 29 日	15000	796.09	653.89	142.2	447.62
		(青山饮水工程)	1996 年 1 月－8 月	2000 年 12 月 13 日	—	(669.11)	(282.4)	(386.71)	(负债另处理)
2	余杭永建自来水厂	镇办	1990 年 7 月	1999 年 7 月 29 日	2000	86.67	41.15	45.52	65.35
3	闲林镇自来水厂	镇办	1987 年 12 月	1999 年 7 月 29 日	4800	385.01	132.47	252.54	169.58
4	塘栖镇自来水厂	镇办	1958 年 10 月	1999 年 8 月 11 日	15000	964.42	81.24	883.18	554.33
5	闲林镇民丰水厂	村办	1988 年 6 月	2000 年 12 月 13 日	300	12.68	0	12.68	12.68
6	瓶窑镇自来水厂	镇办	1975 年 1 月	2001 年 7 月 9 日	12000	793.34	183.94	609.40	528.97
7	仓前镇自来水厂	镇办	1992 年 1 月	2002 年 8 月 1 日	1200	55.56	10.16	45.4	43.85
8	崇贤镇自来水厂(沾桥自来水厂)	镇办	1986 年 3 月	2002 年 8 月 1 日	1300	64.95	114.56	－49.61	40.77
9		镇办	1985 年 5 月		1500				
10	中泰乡自来水厂(中桥自来水厂)	乡办	1998 年 1 月	2002 年 9 月 16 日	360	27.55	0.05	27.5	25.28
11		乡办	1987 年 1 月		100				
12	星桥街道自来水厂	街道办	1984 年 9 月	2002 年 12 月 13 日	1200	391.16	0	391.16	391.16
13	乔司镇水管站	镇办	1990 年	2003 年 7 月 3 日	(公司供水)	—	24.47(欠水费)	－24.47	(镇到各村管网 27000 米)
14	良渚镇自来水厂(安溪自来水厂)	镇办	1986 年 8 月	2003 年 7 月 15 日	5000	543.54	463.57	79.97	494.29
15		镇办	1999 年 11 月		2500				
16	瓶窑镇彭公自来水厂	镇办	1997 年 1 月	2005 年 3 月 25 日	1000	0.64	0	0.64	0.48
17	运河镇亭趾自来水厂	镇办	1984 年 12 月	2005 年 5 月 12 日	1200	(原供水管网移交后全部重建)	0	0	0
18	运河镇博陆自来水厂	镇办	1988 年 4 月		1500				
19	运河镇五杭唐公村水厂	村办	1986 年 1 月		1000				
20	径山镇自来水厂(含原长乐水厂)	镇办	2004 年 2 月	2006 年 4 月 11 日	12500	63.46(经营)	11.19	52.27	31.5
						719.20(工程)		719.2	
21	黄湖镇自来水厂	镇办	1989 年 9 月	2007 年 9 月 4 日	1000	225.64	19.49	206.16	225.64
	合计(不含青山引水工程)	(镇办 16 座、乡办 2 座、街道办 1 座、村办 2 座)	—	—	80463	5129.91	1736.18	3393.73	3006.5

杭州余杭供水集团公司兼并镇、村水厂基本情况(二)

表 4－4

(1999 年 7 月— 2007 年 9 月)

兼并顺序	水厂兼并前名称	水厂土地面积(含未办证面积)	职工(人) 移交前人数	移交人数 小计	在职职工 固定工合同工	在职职工 临时工	退休职工	保养工	移交时在职职工养老保险情况(人) 事业养老保险	企业养老保险	民政养老保险	人保养老保险	小计	移交时退休职工养老情况
1	余杭镇自来水厂	11028.61(16.54 亩)	62	62	51	8	2	1	1	50	0	0	51	社保委剥离
2	余杭永建自来水厂	1097.66(1.65 亩、厂区)	8	8	8	0	0	0	0	0	0	0	0	—
3	闲林镇自来水厂	3609.21(5.41 亩)	21	21	16	3	2	0	0	0	0	15	15	人保养老
4	塘栖镇自来水厂	4686.0(7.03 亩)	89	89	41	1	7	40	0	41	0	0	41	社保养老
5	闲林镇民丰水厂	888.17(1.33 亩)	2	0	0	0	0	0	0	0	0	0	0	—
6	瓶窑镇自来水厂	7318.83(10.98 亩)	25	25	21	0	4	0	1	20	0	0	21	社保养老
7	仓前镇自来水厂	1098.0(1.65 亩)	8	3	0	3	0	0	0	3	0	0	3	—
8 9	崇贤镇自来水厂 (沾桥自来水厂)	2431.8(3.65 亩) (二个厂区)	19	10	1	9	0	0	0	0	0	0	0	—
10 11	中泰乡自来水厂 (中桥自来水厂)	234.08(0.35 亩) (办公楼)	4	2	1	1	0	0	0	0	0	0	0	—
12	星桥街道自来水厂	(办公楼属借用)	6	4	4	0	0	0	0	1	3	0	4	—
13	乔司镇水管站	(办公楼不移交)	12	7	1	6	0	0	1	0	0	0	1	—
14 15	良渚镇自来水厂 (安溪自来水厂)	9332.4(14.0 亩,新、旧厂区) 2866.38(4.3 亩、厂区)	26	25	22	0	3	0	0	22	0	0	22	社保委养老 1 人,镇政府一次性补偿 2 人
16	瓶窑镇彭公自来水厂	899.9(1.35 亩、厂区)	3	0	0	0	0	0	0	0	0	0	0	—
17 18 19	运河镇亭趾自来水厂 运河镇博陆自来水厂 运河镇五杭唐公村水厂	(不移交)	22	3	3	0	0	0	0	0	0	0	0	—
20	径山镇自来水厂	26838.39(40.25 亩)	26	7	7	0	0	0	0	7	0	0	7	—
21	黄湖镇自来水厂	2853.96(4.28 亩)	5	4	4	0	0	0	0	4	0	0	4	—
	合计 (不含青山引水工程)	75183.39 (112.77 亩)	338	270	180	31	18	41	3	148	3	15	169	—

3. 建设城乡一体化供水工程，提高供水质量，确保供水数量

——实施区域性供水工程，新（扩）建区（市）属自来水厂

余杭区为实施城乡供水一体化，自1999年开始，加快加大了城乡一体化供水的区域性供水工程建设，投资12.49亿元，先后实施了临平、塘栖供水工程（一期、二期），余杭、闲林供水工程（应急输水管线工程、杭州趸售供水工程），瓶窑供水工程（一期、二期），径山、黄湖供水工程（一期、二期），三白潭备用水源工程，南苑加压泵站工程，鸬鸟、百丈供水工程，仁和水厂工程和运河水厂提标改造等9项区域性供水工程，新建了獐山、塘栖、宏畔、瓶窑、径山、仁和等6座自来水厂，扩（改）建了运河（临平）自来水厂。至2012年，全区城乡一体化供水区域合计供水能力（设计规模）达到77.19万立方米/日（含杭州趸售11万立方米/日、杭州直供1.69万立方米/日，余杭备用1.5万立方米/日）。比在实行城乡一体化供水前的1998年，全区合计供水能力19.41万立方米/日，增加了57.78万立方米，增长2.98倍。余杭区城乡一体化供水工程建设概况见附表4－5。

——实施农村管网建设（改造），完善城乡供水网络

为推进城乡一体化供水，余杭区（市）自1999年开始，在新（扩）建区（市）属自来水厂的同时，全面实施农村供水管网改造。通过新建区域性的供水主干管，延伸各乡镇（街道）至各村的配水管网，改造村内入户管网，形成了较完善的城乡一体化供水网络。

余杭区（市）在推进农村供水管网改造过程中，按照“有序、整体、规范”的原则进行。根据各乡镇、村的要求和具备的条件，通过调查，每年选择几个乡镇或几个连片的行政村实行整体推进。在管网改造的乡镇中实行配水管和支管同步立项建设，按照严格的建设程序，规范的施工要求，高标准的建设质量，对每一工程进行认真的监督管理，确保改造后的农村供水管网水量充足、水压稳定、水质优良，惠及每一农户。

自1997年起至2012年止，余杭区整片建设（改造）的农村供水管网工程主要有26项（见附表4－6），涉及区内的各个镇乡、街道。工程投资总概算5.21亿元，敷设DN1000～DN100的供水主干管和配水管633.8千米。同时，对村内原有的入户管网全部进行了改造，淘汰了镀锌管，选用了钢塑管、PE、PPR等绿色、环保管材，保证了到户的供水质量，完善了城乡的供水网络。

——改造（新建）市政（开发区）管网，沟通乡镇间供水管道

为使城乡一体化供水有序推进，余杭区在新（扩）建区域性供水的自来水厂和加快实施农村供水管网建设（改造）的同时，对市政供水管网、开发区内供水管网和乡镇间的供水管道，按照轻重缓急并结合道路改（扩）建时，全面进行了改造（新建）。在改造（新建）时淘汰旧管材，选用新型环保管材，同时适当扩大管道口径和提高安装质量，以确保城乡各地的供水量、水质和水压能满足人民生活与经济社会发展的用水需求。

全区自2001年至2012年间，经区发展和改革局（发展计划局）立项建设的市政、开发区、镇乡间的供水管道主要建设工程有151项，敷设DN1600～DN200间不同口径的供水管道496.05千米，批复工程概算10.70亿元（详见附表4－7）。

表 4－5　**1999 年—2012 年余杭区（市）城乡一体化供水工程主要项目建设情况**

工程名称		项目批件	设计供水规模（万立方米/日）		水厂建设		主管道建设				工程投资		其中：主管道造价		建设年月
					厂名	设计规模	功能	口径	长度（千米）	管材	批复概算（万元）	决算审计（万元）	概算（万元）	占总概算（%）	
临平、塘栖供水工程	一期	省经投〔1998〕827 号	33（其中，运河水厂 2004 年 3 月扩建 3 万立方米）	16 +3	獐山	1	原水管	DN1400～1200	26.0	预应力钢砼管、钢管	19700	18520.86	7490（管材价）	38.02	1999 年 5 月—2000 年 12 月
					塘栖	6	清水管	DN800	13.5						
					运河	9（12）									
	二期	余计建〔2003〕103 号		14	獐山	1	原水管	DN1200	10.2	预应力钢砼管、钢管	14900	15109.64	4365.29	29.30	2004 年 5 月—2006 年 12 月
					宏畔	13	清水管	DN1400	8.2						
余杭、闲林供水工程	应急输水管线	余计经建〔1999〕77 号	1.5（余杭、闲林）		（余杭水厂清水输送至闲林）		清水管	DN600～500	7.53	预应力混凝土管	670	637.85	670.00	100.0	1999 年 6 月—9 月
	趸售输水管线	余计经建〔2002〕34 号	11.0（工程竣工通水时为 4.5）		（九溪水厂供余杭组团 10 万立方米，祥符水厂供良渚 1 万立方米）		清水管	DN800～400	11.30	预应力钢砼管、钢管	1417	1032.77	1417.00	100.0	2002 年 3 月—11 月；良渚：2007 年 7 月
瓶窑供水工程	一期	余计建〔2001〕53 号	5	2.5	瓶窑	2.5	原水管	DN600	0.12	钢管	2920	2905.24	376.04	12.88	2001 年 11 月—2003 年 3 月
							清水管	DN800～600	3.6	预应力钢砼管					
	二期	余计建〔2004〕11 号		2.5		2.5	原水管	DN600～400	0.065	钢管	740	665.83	6.55	0.89	2004 年 4—12 月
径山、黄湖供水工程	一期	余发改中心〔2006〕11 号	5	1.5	径山	1.5	原水管	DN500	3.1	球墨铸铁管	4700	（待审计）	1788.0	38.04	2006 年 3 月—2007 年 8 月
							清水管	DN600	8.1	自应力水泥管					
							连通管	DN600～400	18.9	球墨铸铁管					
	二期	余发改中心〔2007〕318		3.5		3.5	原水管	DN1000	3.1	PCCP 管	3356	（待审计）	1781.86	53.09	2009 年 9 月—2010 年 7 月
							清水管	DN1000	8.1						
仁和水厂工程	一期	浙发改投资〔2009〕215 号	20（二期达到 40）		仁和	20	原水管	DN2000～1000	11.4	钢管、PCCP 管	54865	（待审计）	18618.86	33.94	2009 年 12 月—2012 年 8 月
							清水管	DN1600～1200	23.3						
三白潭备用水源工程		余发改中心〔2007〕331 号	30（取水）		三白潭取水泵站		原水管	DN1600	1.8	钢管	3260	（待审计）	708.53	21.73	2008 年 3 月—2009 年 5 月
南苑加压泵站工程		余发改中心〔2008〕336 号	（加压供水 4 万立方米/日）		建加压泵站、虹吸滤池、清水池等			—	—	—	1429	（待审计）	—	—	2009 年 5 月—2010 年 5 月
鸬鸟、百丈供水工程		余发改中心〔2010〕205 号	（径山水厂供水）		（建加压泵站 2 座，管道 22.5 千米）			DN200～500	22.5	球墨铸铁管、钢管	4034	（待审计）	3750.0	92.96	2010 年 6 月—2012 年 12 月
运河水厂提标改造工程		余发改中心〔2012〕584 号	（12 万立方米预处理＋深度处理＋淤泥处置）		—			—	—	—	12955	（在建）	—	—	2012 年 12 月—
合计		供水能力（设计规模）：2012 年年底为 77.19 万立方米（含杭州趸售 11.0 万立方米，杭州直供 1.69 万立方米，余杭备用 1.5 万立方米）						—	180.82	—	124946	—	40972.13	32.79	—

表 4－6　**1999 年—2012 年余杭区(市)农村供水管网建设(改造)主要工程概况**

乡镇街道	工程名称	项目批件	建设内容			批复概算(万元)			资金来源	建设年月
			管径(≥DN100)	数量(米)	总概算	其中 主干管	配水管	村内管网		
运河镇	运河镇供水工程	余发改中心〔2005〕2 号	DN400～DN100	28	4500(其中:安装费 3994)	—	1420	2574	运河镇政府 2752.28 万元及工程建设的前、后期费用。其中:配水管 600 万元。	2005.4—2006.12
乔司镇	乔司自来水二次改造工程	余发改中心〔2008〕350 号	DN400～DN100	16	3756(其中:安装费 3083)	—	946	2137	乔司镇政府 2000 万元及工程建设前、后期费用。其中配水管 200 万元。	2008.8—2009.6
崇贤镇	崇贤、塘栖(塘南、丁河、超山、宏畔片)供水工程(其中,塘南片推迟施工,后调整概算)	余计建〔2002〕206 号	DN800～DN100	40.8	6988(其中:崇贤 3638,塘栖 3350)	2056	962	620	区财政 500 万元,千万农民饮用水工程 50 万元,塘南办事处 329.85 万元,塘康公路 15 万,崇贤镇政府 409 万元,塘栖镇政府 152.256 万,合计 1456.106 万元(不含村内管网和工程前、后期费用)。	2002.8—2004.6
塘栖镇						550	1392(1038)	1408		
塘南办事处			DN400～DN150	50.72	(1654)	—	(659.7)	(994.3)	塘南办事处 1073.53 万元及工程建设前、后期费。其中:配水管 329.85 万元,村内管网 743.68 万元。	2005.8—2006.7
塘栖镇	塘栖农村(丁河等 7 个村)二次改水工程	余发改中心〔2009〕679 号	DN400～DN100	11.8	4260	—	1452	2808	塘栖镇政府 2757 万元(含工程建设前、后期费用)。其中:安装费 1553 万元。	2010.3—2010.12
仁和镇	獐山、东塘、云会供水管网工程	余计经建〔2001〕153 号	DN800～DN100	60.1	3684	801	1532	1351	区财政 800 万元,农村改水办公室 204 万元。獐山镇政府 25 万元,东塘镇政府 10 万元,云会乡政府 10 万元及各镇乡工程建设前、后期费用。	2001.7—2003.12

续表 4－6　**1999 年—2012 年余杭区(市)农村供水管网建设(改造)主要工程概况(4－2)**

乡镇街道	工程名称	项目批件	建设内容		批复概算(万元)				资金来源	建设年月
			管径(≥DN100)	数量(米)	总概算	其中				
						主干管	配水管	村内管网		
余杭镇	余杭镇(舟枕、永建片)管网延伸工程	余计建〔2003〕163 号	DN500～DN150	32.12	2336	—	1377	959	千万农民饮用水工程 25 万元,余杭镇政府 100 万元及工程建设前、后期费用。	2003.6—2005.12
	余杭镇竹圆、仙宅、义桥给水工程	余发改中心〔2008〕322 号	DN300～DN100	20.3	735	—	450	285	余杭镇政府 450 万元及工程建设前、后期费用。	2008.9—2008.12
闲林镇	闲林镇水乡片五个村供水管网工程	余计建〔2002〕195 号	DN200～DN100	8.2	265	—	265		区改水资金补助 8 万元,其余闲林镇政府筹资建设。	2002.10—2004.8
中泰乡	中泰乡供水管网延伸工程	余计中心〔2004〕88 号	DN400～DN100	25.0	1543	—	1093	450	千万农民饮用水工程补助 35 万元,中泰乡政府 200 万元及工程建设前、后期费用。	2003.4—2005.1
仓前镇	仓前镇供水管网工程	余计建〔2002〕216 号	DN400～DN100	42.0	2358	—	1538	820	区财政 100 万元,省改水办 40 万元,仓前镇政府 450 万元及工程建设前、后期费用。	2002.9—2004.6
良渚镇	勾庄镇改水工程	余计建〔1994〕100 号	DN300～DN100	15.3	1145	245	900		区改水办补助 33 万元,环保补助 15 万元,其余勾庄镇政府筹资。	1997.10—1999.12
	良渚供水工程	余计建〔2002〕300 号	DN1000～DN100	61.0	4493	2214	1276	1003	区财政 500 万元,良渚镇政府 99 万元及工程建设前、后期费用。	2003.1—2004.6
	良渚镇勾庄片五个村供水管网工程	发改中心〔2008〕199 号	DN400～DN100	16.8	2193	—	716	1477	良渚镇政府 1000 万元及工程建设前、后期费用。	2008.7—2009.3
	安溪北片 DN500 供水管道工程	余发改中心〔2011〕382 号	DN600～500	14	1994	1994	—	—	(配合截污纳管工程实施)	2012.12

续表 4－6　**1999 年—2012 年余杭区（市）农村供水管网建设（改造）主要工程概况（4－3）**

乡镇街道	工程名称	项目批件	建设内容		批复概算（万元）				资金来源	建设年月
			管径（≥DN100）	数量（米）	总概算	其中				
						主干管	配水管	村内管网		
瓶窑镇	瓶窑管网延伸工程	余计建〔2002〕104 号	DN400～DN100	37.7	2366	—	1421	945	千万农民饮用水工程 45 万元，节水办 10 万元，瓶窑镇政府 262.5 万元及工程建设前、后期费用。	2003.6—2005.5
	瓶窑镇农村二次改水工程	余发改中心〔2009〕141 号	DN400～DN100	4.5	1005	—	350	655	瓶窑镇政府 538 万元及工程建设前、后期费用。	2009.4—2010.5
径山镇	径山、黄湖供水工程（一期）中的配水管与村内管网建设	余发改中心〔2006〕11 号	DN300～DN100	45.07	4073	—	1368	2705	径山镇政府 200 万元及工程建设前、后期费用。	2006.7—2010.12
黄湖镇			DN150～DN100	2.2	323	—	50	273	村内管网由黄湖镇政府筹资建设	2007.9—2010.12
临平街道	临平镇建富村、庄里村改水工程	余计经建〔2000〕285 号	DN200～DN100	9.7	127	—	72	55	改水村筹资建设	2000.10—2001.3
	临平街道丁山、石坝、南公河、乾元、万陈、建富、庄里等 7 个村管网工程	区政府办公室抄告单〔2002〕381 号	DN200～DN100	22.4	314	—	166	148	区财政 40 万元，其余临平街道筹资建设	2002.9—2005.2

续表 4－6　　1999 年—2012 年余杭区(市)农村供水管网建设(改造)主要工程概况(4－4)

乡镇街道	工程名称	项目批件	建设内容			批复概算(万元)				资金来源	建设年月
			管径(≥DN100)	数量(米)	总概算	其中					
						主干管	配水管	村内管网			
东湖街道	东湖街道红旗村管网工程	余计建〔2002〕129 号	DN200～DN100	3.2	88	—	88			区财政补助 30 万元,其余东湖街道筹资建设。	2002.9—2003.7
东湖街道	东湖街道双林、丁塘、新塘、塘湾等 4 个村改水工程	余计建〔2003〕202 号	DN300～DN100	7.64	289.5	—	289.5			区财政补助 30 万元,其余东湖街道筹资建设。	2004.10—2005.6
东湖街道	东湖街道红丰、横塘村给水工程		DN300～DN100	5.65	225	—	225			东湖街道筹资建设	2005.10—2006.4
南苑街道	临平镇城南等改水工程	余计建〔2000〕285 号	DN300～DN100	19.0	869	—	700	169		区财政补助 70 万元,其余临平镇筹资建设	2001.6—2002.1
南苑街道	南苑街道长树新安、东湖村二次改水工程	余计建〔2002〕344 号	DN300～DN100	8.0	387	—	387			南苑街道筹资建设	2003.3—2003.12
星桥街道	星桥供水工程	余计经建〔2000〕180 号	DN800～DN100	17.7	933	110.2	422	400.8		区财政 200 万元,区节水办 100 万元,星桥街道 392.03 万元	2000.12—2001.12
五常街道	五常改水工程	余计经建〔1997〕153 号	DN400～DN300	8.9	838(加压站概算 138 万元未建)	250	450			区改水补助 35 万元,环保补助 20 万元,其余五常乡政府筹资建设。	1996.11—1998.12
合计		(26 项)	DN1000～DN100	633.8	52087.5	8220.2	43867.3			—	—

注:“资金来源”除各项目注明的资金外,其余工程建设资金由杭州余杭供水集团公司承担

2001 年—2012 年
表 4-7　余杭区市政、开发区、乡镇间供水管道工程建设主要项目

序号	项目名称	项目批件	工程内容(规模)		批复概算(万元)
			管径	数量(千米)	
1	藕花洲大街西延工程	余计经建字〔2001〕154 号	DN800	5.4	702
2	体育路、南环路工程		DN200	0.87	20
3	人民大道东延工程		DN600 ~ DN300	1.20	90
4	藕花洲大街至道古寺段工程	余计建〔2001〕188 号	DN800	1.40	237
5	世纪大道东延工程		DN150 ~ DN400	1. 61	190
6	东湖路南延工程		DN200 ~ DN400	1.00	
7	南大街南沿工程		DN300	1.10	
8	人民路西延工程		DN400	0.72	
9	09 省道藕花洲大街至迎宾大道工程	余计建〔2002〕132 号	DN1000 ~ DN800	3.74	521
10	红丰路供水管道工程	余计建〔2002〕190 号	DN400 ~ DN300	1.60	89
11	新临博路京杭运河至兴旺路工程		DN800 ~ DN400	4.20	370
12	新临博路兴旺路至北缘路工程		DN1000 ~ DN800	1.56	225
13	新丰路工程	余计建〔2002〕220 号	DN300	1.65	72
14	世纪大道西延工程		DN600	2.26	216
15	瓶仓大道瓶窑段工程	余计建〔2002〕338	DN800	3.60	459
16	西安路供水管道工程	余计建〔2003〕36 号	DN600 ~ DN400	1.33	80
17	翁梅路供水管道工程		DN300	2.64	115
18	临平至乔司西线供水管工程	余计建〔2003〕102 号	DN800 ~ DN600	7.61	980
19	02 省道(上坟山至荆山岭)工程	余计建〔2003〕162 号	DN500	7.9	557
20	文一路供水管道工程		DN800 ~ DN300	19.09	1569
21	临平工业园区供水主干管工程	余计建〔2003〕193 号	DN1000 ~ DN200	35.3	3750
22	104 国道(绕城至铁路箱函)给水管道工程	余计中心〔2004〕249 号	DN800 – 600	2.02	285
23	北绿路供水管道工程	余计中心〔2005〕1 3 号	DN600	6.80	545
24	(塘栖)DN1200 管道移位	余计中心〔2005〕49 号	DN1400 ~ DN1200	8.50	2735
25	东湖北路管线移位工程	余发核〔2005〕100 号	DN800	0.98	145

续表 4－7

序号	项目名称	项目批件	工程内容(规模)		批复概算(万元)
			管径	数量(千米)	
26	(星桥)星都大道管道工程	余发核〔2005〕134 号	DNl000～DN800	3.49	830
27	(塘栖)绿荫大道管道工程	余发核〔2005〕135 号	DN600～DN400	1.74	128
28	东西大道(余杭连通)工程	余发改中心〔2006〕171 号	DN800	2.79	379
29	高教路一期管道管道工程	余发改中心〔2006〕172 号	DN800	1.85	301
30	北绿路(东延)管道工程	余发改中心〔2006〕171 号	DN800	2.28	669
31	巨能路给水管道工程		DN600	1.77	—
32	东湖路南延供水管道工程	余发改中心〔2007〕39 号	DN800	7.10	1330
33	勾仁大道管道工程		DN1000	3.10	672
34	(径山)双径路供水工程		DN1000	0.81	171
35	人民路西延二期给水管道工程		DN400	0.94	36
36	西安路西延二期给水管道工程		DN600	0.90	153
37	乔司镇南片主干管工程		DN400	3.40	270
38	西安路(藕花洲大街至乔司港)供水管道工程	余发改中心〔2007〕236 号	DN800	2.30	462
39	人民路(西安路至世纪大道)供水管道工程		DN400	0.86	73
40	人民路(红丰路至东连)		DN600	0.43	51
41	长新路(东湖路至东连接线)供水管道工程		DN400	1.74	136
42	体育路(排水泵站至长新路)供水管道工程		DN300	0.31	18
43	东湖路(沪杭铁路至人民路)供水管道工程		DN800	0.26	67
44	东湖路(迎体路至东连接线)供水管道工程		DN600	0.59	81
45	迎宾路(人民大道至连纪大道)供水管道工程		Dlq800	0.55	137
46	南大街(世纪大道至长体路)供水管道工程		DN600	0.34	55
47	迎体路(东湖路至迎宾路)供水管道工程		DN600	0.98	114
48	翁梅路(南大街至迎宾路)供水管道工程		DN400	0.53	41
49	东西接线(城标至污水处理厂)供水管道工程		Dlq800	0.44	85
	小　　计		DN800～DN300	9.33	1320

续表 4－7

序号	项目名称	项目批件	工程内容(规模)		批复概算(万元)
			管径	数量(千米)	
50	石大线(乔司段)给水管道工程	余发改中心〔2007〕281 号	DN800	4.83	790
51	祥彭线(瓶窑段)给水管道工程		DN500 ~ DN300	5.45	699
52	和睦路给水管道工程(闲林)		DN1000 ~ DN400	2.24	581
53	高教路二期(海曙路至常余路)供水管道工程	余发改中心〔2007〕139 号	DN800	4.23	1352
54	邱山大街(红丰路至藕花洲大街)供水管道工程		DN600	2.79	557
55	张家墩路(运河大桥至圆满路)供水管道工程		DN600 ~ DN400	2.50	361
56	人民路东延(红丰路至余杭海宁界)供水管道工程		DN600	1.20	312
57	世纪大道南延(石大公路至 09 省道)供水管道工程		DN800	7.05	1964
58	东湖中路(星光街至清水弄)供水管道工程		DN800	0.94	273
59	闲林中路改造给水管道工程	余发改中心〔2008〕198 号	DN600	0.86	184
60	320 国道环城绿化(巨能路至中心大道段)管道工程		DN1000	5.77	1406
61	(余杭)风新东路管道工程		DN1000	1.46	392
62	南湖项目 02 省道管道移工程	余发改中心〔2008〕451 号	DN600（另加 DN200 临时管 1000 米）	2.20	480
63	(塘栖)望梅路(原小白线)管道工程	余发改中心〔2008〕471 号	DN400	3.00	290
64	崇贤东西大道(申嘉湖杭崇贤连接线)管道工程	余发改中心〔2009〕157 号	DN600	3.50	626
65	世纪大道南延(石大线至 09 省道)管道工程	余发改中心〔2009〕158 号	DN800	7.00	4400
66	古墩路北延(杭州界至良渚文化村)管道工程		DN800	7.00	—
67	(余杭)南湖东路管道工程		DN800	4.20	1270

续表 4－7

序号	项目名称	项目批件	工程内容(规模)		批复概算(万元)
			管径	数量(千米)	
68	西安路南延(石大线至 09 省道)管道工程	余发改中心〔2008〕218 号	DN800 ~ DN600	5.00	1446
69	龙超线(320 国道至小白线)管道工程		DN300	6.00	369
70	迎宾路(天万路至人民大道)管道工程		DN800	3.00	983
71	闲林东路(良胜支路至 一号路)管道工程		DN600	2.00	411
72	星桥大道(杭海路至临丁路)管道工程		DN800	4.00	578
73	小白线二期(龙超线以北)管道工程		DN400	0.60	71
74	西洋桥环岛处管线移位工程		DN800 ~ DN600	0.20	73
75	南大街南延(杭海路至临丁路)管道工程		DN600 ~ DN400	6.00	896
76	东湖北路改建(320 国道至运河路)管道工程		DN1200 ~ DN800	3.00	553
	小　　计		DN1200 ~ DN300	29.80	5380
77	勾良路(巨洲路至勾仁大道)管道工程	余发改中心〔2008〕218 号	DN800	1.80	1467
78	杭行路(勾良路至郁宅路)管道工程		DN600	1.30	
79	巨洲路与康桥路管道工程		DN400	1.80	
80	木桥浜路与龙王塘路管道工程		DN300	1.20	
81	藕花洲大街东延(东大街至东湖路)管道工程		DN400	0.60	
82	九曲营路(红丰路至东湖中路)管道工程		DN300	0.80	
83	星旺路北延至 320 国道管道工程		DN300	2.30	
84	东大街(梅堰路至红丰路)管道工程		DN300	0.60	
85	星旺路至运河路管道工程		DN600 ~ DN400	3.00	
	小　　计		DN800 ~ DN300	13.40	

续表 4－7

<table>
<tr><th rowspan="2">序号</th><th rowspan="2" colspan="2">项目名称</th><th rowspan="2">项目批件</th><th colspan="2">工程内容(规模)</th><th rowspan="2">批复概算（万元）</th></tr>
<tr><th>管径</th><th>数量(千米)</th></tr>
<tr><td>86</td><td colspan="2">西安路南延(09 省道—乔石路)管道工程</td><td>余发改中心〔2009〕218 号</td><td>DN800 ~ DN400</td><td>6.90</td><td>1477</td></tr>
<tr><td>87</td><td colspan="2">星旺路(固废中心—星韵路)管道工程</td><td rowspan="5">余发改中心〔2009〕371 号</td><td>DN600 ~ DN400</td><td>2.53</td><td>348</td></tr>
<tr><td>88</td><td colspan="2">大东安区块路网工程(藕花洲大街东延)</td><td>DN400 ~ DN300</td><td>0.80</td><td>76</td></tr>
<tr><td>89</td><td colspan="2">勾良路一期(巨洲路—老宣杭铁路)管道工程</td><td>DN800</td><td>1.80</td><td>350</td></tr>
<tr><td>90</td><td colspan="2">杭行路(勾良路—郁宅港)管道工程</td><td>DN400</td><td>1.30</td><td>195</td></tr>
<tr><td>91</td><td colspan="2">东大街东延管道工程</td><td>DN400</td><td>0.61</td><td>40</td></tr>
<tr><td>92</td><td colspan="2">瓶窑镇新窖路、风溪路管道改造管道工程</td><td>余发改中心〔2009〕372 号</td><td>DN300 ~ DN50</td><td>2.74</td><td>115</td></tr>
<tr><td>93</td><td colspan="2">瓶窑镇彭公开发区至彭公村管道工程</td><td rowspan="3">余发改中心〔2009 〕556 号</td><td>DN400</td><td>3.00</td><td>298</td></tr>
<tr><td>94</td><td colspan="2">(乔司镇)杭海路东湖路至博卡路管道工程</td><td>DN600 ~ DN400</td><td>0.90</td><td>161</td></tr>
<tr><td>95</td><td colspan="2">(中泰乡石鸽)幸福北路至中泰路管道工程</td><td>DN300</td><td>0.40</td><td>37</td></tr>
<tr><td>96</td><td colspan="2">拱康路延伸一期管道工程</td><td>余发改中心〔2009〕661 号</td><td>DN800</td><td>0.72</td><td>243</td></tr>
<tr><td>97</td><td rowspan="10">余杭组团(创新基地)供水管道工程</td><td>海曙路(绿汀路)到荆长公路</td><td rowspan="10">余发改中心〔2010〕66 号</td><td>DN800 ~ DN400</td><td>4.60</td><td rowspan="10">2556</td></tr>
<tr><td>98</td><td>常二路(常兴路 至海曙路)</td><td>DN500</td><td>2.20</td></tr>
<tr><td>99</td><td>创新路(良睦路至常二路)</td><td>DN300</td><td>2.00</td></tr>
<tr><td>100</td><td>红卫北路(绿灯路至良睦路)</td><td>DN300</td><td>2.00</td></tr>
<tr><td>101</td><td>仓南路(文一西路至海曙路)</td><td>DN200</td><td>0.80</td></tr>
<tr><td>102</td><td>水城北路(文一西路至海曙路)</td><td>DN400</td><td>1.00</td></tr>
<tr><td>103</td><td>一号路(绿汀路至创景路)</td><td>DN200</td><td>0.70</td></tr>
<tr><td>104</td><td>刘景路(文一西路至海曙路)</td><td>DN300</td><td>0.90</td></tr>
<tr><td>105</td><td>良睦路(创新路至余杭运河)</td><td>DN800</td><td>2.00</td></tr>
<tr><td></td><td>小　　计</td><td>DN800 ~ DN200</td><td>16.20</td></tr>
<tr><td>106</td><td colspan="2">01 省道(迎宾路至东湖南路)</td><td>余发改中心〔2010〕118 号</td><td>DN600</td><td>1.50</td><td>218</td></tr>
</table>

续表 4－7

序号	项目名称	项目批件	工程内容(规模)		批复概算(万元)
			管径	数量(千米)	
107	文一西路至瓶仓大道应急工程	余发改中心〔2010〕119 号	DN800	10.40	1989
108	仁和至良渚供水管道工程	余发改中心〔2010〕159 号	DN1000	7.50	2265
109	拱康路延伸二期供水管道工程	余发改中心〔2010〕160 号	DN800～DN300	13.60	2083
110	鸬鸟、百丈供水工程	余发改中心〔2010〕205 号	DN1000～DN600	22.50	4034
111	015 省道(东西大道至老 015 省道)及临余公路、塔山路供水管道工程	余发改中心〔2010〕712 号	DN1000～DN400	15.80	3536
112	乔司永玄路(乔中路至世纪大道)延伸工程	余发改中心〔2010〕713 号	DN800	2.30	486
113	崇杭街(丽水路至塘康公路)管道工程	余发改中心〔2010〕714 号	DN600～DN400	3.00	450
114	临丁路二期(星桥大道至西安路)	余发改中心〔2010〕715 号	DN800	3.40	773
115	储运路(02 省道至文卫路)	余发改中心〔2010〕864 号	DN400	3.45	427
116	闲富路(巨洲路至铁路新线)	余发改中心〔2010〕856 号	DN400	1.34	216
117	疏港大道供水管道工程	余发改中心〔2011〕82 号	DN1600～DN800	10.50	6637
118	仁和高新大道供水管道工程	余发改中心〔2011〕381 号	DN600	1.41	296
119	临平新城三号北路供水管道工程	余发改中心〔2011〕553 号	DN200	0.27	8
120	临平新城五号路供水管道工程		DN400	0.81	90
121	临平新城八号东路供水管道工程		DN300	0.29	15
122	临平新城六号路供水管道工程		DN300	1.42	80
123	临平新城八号路供水管道工程		DN400	1.80	173
124	临平新城二号路供水管道工程		DN300	2.92	143
125	临平新城七号路供水管道工程		DN500	1.68	208
126	临平新城七号北路供水管道工程		DN300	1.60	133
127	临平新城站北路供水管道工程		DN500	1.70	250
128	临平新城站南路供水管道工程		DN300	0.80	65
129	临平新城站西路供水管道工程		DN300	0.70	56
130	临平新城新丰路供水管道工程		DN300	0.30	176
131	临平新城站前路供水管道工程		DN800	1.10	250

续表 4－7

序号	项目名称	项目批件	工程内容(规模)		批复概算(万元)
			管径	数量(千米)	
132	临平新城南苑路供水管道工程	余发改中心〔2011〕553 号	DN800	2.70	600
133	临平新城南大街供水管道工程		DN600～DN800	1.00	203
134	临平新城三号支路供水管道工程		DN800	0.33	24
135	临平新城四号支路供水管道工程		DN300	0.33	23
136	临平新城二号支路供水管道工程		DN300	0.65	41
137	临平新城七号南路供水管道工程		DN300	1.1	88
138	临平新城三号路(迎宾路—海宁界)供水管道工程		DN400	0.77	165
139	临平新城八号路(临东路—玩月街)供水管道工程		DN400	0.9	187
140	临安余杭 DN1000 供水工程	余发改中心〔2012〕113 号	DN1000	7.2	2879
141	余杭良睦路(余杭塘河—宣杭铁路)供水管道工程	余发改中心〔2012〕228 号	DN1600	0.75	374
142	秋石路延伸(疏港大道—09 省道塘栖)管道工程	余发改中心〔2012〕357 号	DN800～DN1400	7.2	1300
143	荷禹路延伸供水管道工程	余发改中心〔2012〕358 号	DN800	6.8	1700
144	仁和先进制造基地规划一路	余发改中心〔2012〕87 号	DN300	1.0	60
145	仁和先进制造基地规划支路及四支路	余发改中心〔2012〕135 号	DN300	0.86	52
146	仁和至余杭供水工程	余发改中心〔2012〕41 号	DN1600	25.0	26000
147	崇贤新城八号路供水管道工程	余发改中心〔2012〕675 号	DN400	1.8	140
148	崇贤新城沾贺桥路供水管道工程		DN300	2.66	100
149	崇贤新城横十一路供水管道工程		DN300	1.50	493
150	崇贤新城横十路供水管道工程		DN400	1.0	80
151	大东安区块绸厂路供水管道工程	余发改中心〔2012〕681 号	DN300	0.20	10
合　　计			DN1600～DN200	496.05	107010

4．开展城乡居民用户“一户一表”管理，提升城乡供水服务水平

余杭区（县、市）在 20 世纪末之前，供水企业对城乡居民生活用水一般管理到总表，其中，对城镇居民用户是抄表并管理到住宅楼或单位宿舍楼群的总表，总表以内的管网由用户或房屋产权单位负责维护管理，发生水量损耗的水费由用户分摊或住宅单位承担；对农村居民用水如由县（市）属水厂供水的则抄表管理到乡镇管理站，如由乡镇水厂管理站供水的则抄表管理到行政村或自然村，村内管网由各组或用户自行管理，发生水量损耗的水费由用户分摊。自1999年开始，余杭区（市）开始实行城乡一体化供水后，杭州余杭供水集团公司为进一步提高供水质量，减轻用户分摊损耗水量水费的负担，在实施供水管网建设（改造）的同时，陆续开始对城乡居民生活用水实行“一户一表”管理。其中，对城镇居民多层住宅原有的总表用户进行“一户一表、计量出户”改造；对农村原有村、组总表用户，结合二次改水进行“一户一表”管理；对城乡居民生活用水的新开户直接按“一户一表”建设，通过改造和新建“一户一表”，进一步提高了供水质量，减轻了用户的水费承担，深受群众欢迎。

——城镇居民多层住宅实行“一户一表、计量出户”改造

余杭区（市、县）的供水管网，在20世纪末之前，由于受供水管材质量和供水企业供水量的限制，城乡各水厂的供水水压普遍较低。因此，多数多层建筑的屋顶上设置水箱，部分还设有地下储水池，对昼夜用水量进行调节，以达到在较低压力的条件下也能满足白天用水的需求。同时，在停水、停电时可延长供水时间。但屋顶水箱与地下蓄水池普遍存在着水质的二次污染，影响了供水质量。同时，当时的城镇居民住宅楼大部分是由住户的工作单位建造，分配给职工租住的。实行的是以单幢住宅楼或单位楼群式的总表管理，供水企业抄表管理到总表，总表之后的管网和各户分表用由房屋产权单位或用户自行管理，总表和各分表之间的水量损耗造成的水费损失由各用户分摊或由房屋产权单位承担。这不但增加了用户的水费负担，而且，还增添了总表用户内对各户分表抄表收费的麻烦工作。期间，还有部分用户因拖欠水费，影响了供水企业的经营管理。由于当时是总表管理也难以对欠费用户实行停水催费措施，造成供水企业的损失。随着人民生活质量的提高和供水企业的发展，为改变供水企业对用户实行总表管理的被动状况，提高供水服务质量，自20世纪末开始，余杭区（市）供水企业将推行用户一户一表管理列入改革的议事日程。

余杭区（市）供水企业对城镇居民多层住宅供水的总表用户实行“一户一表、计量出户”改造，先由临平自来水厂于1998年在临平镇邱山小区和星火小区开始试点，其中，邱山小区有42幢楼（总表42只）678户，星火小区有10幢楼（总表10只）160户，当年经改造后成为“一户一表”管理的直供水用户共838户。1999年继续在临平镇荷花塘小区改造试点，该小区有48幢楼（总表64只），经改造后成为“一户一表”管理的直供水用户为1484户。2000年又对临平镇荷花塘小区天虹集团宿舍的2幢楼（1只水表）48户和临建公司宿舍2幢楼（1只水表）42户的总表用户进行改造，该两处集体宿舍改造后有90户用户成为“一户一表”的直供水用户。同时，当年还对6个房产公司新建的1112套居民住宅，实行“一户一表”直供水安装。2001年临平自来水厂扩大试点，对临平镇梅堰小区的57幢楼（总表57只）2316户和其他小区30幢楼（总表30只）的652户进行直供水改造，当年共有2968户用户成为“一户一表”的直供水用户。临平自来水厂自1998年至2001年四年间，共对191幢多层住宅楼的205只总表进行了“一户一表”的直供水改造，改造后实行“一户一表、计量出户”管理的用户共有5380户，改造后的供水服务对象比改造前的总表用户数增加了5175户，增长25.20倍。实行“一户一表”直供水改造，深受广大用户的欢迎，并有利供水企业的管理。

在试点改造取得经验的基础上，余杭区自2002年开始，全面推行已建多层住宅，“一户一表、计量出户”的直供水改造。

杭州余杭区供水集团公司于2002年10月15日印发了“已建住宅‘一户一表、计量出户’改造的实施意见”。意见明确，实施范围为临平城区和塘栖、余杭、闲林、瓶窑等集镇。实施步骤为先在具备直供水条件的区块实施“一户一表，计量出户”改造，对尚未具备直供水条件的区块，将在5年内完成直供水改造，并同步实施“一户一表、计量出户”。改造原则为用户自愿申请，并须以单元整体为单位报装。

改造用的管材、配件及附属设施选用已取得国家和省建设行政主管部门颁发的“推广认可证书”的新型给水管材，以PP－R管、钢塑管等绿色环保管材为主，并明确禁止使用镀锌钢管。

改造费用按照余杭区物价局“关于居民住宅自来水一户一表、计量出户改造收费标准的批复”文件执行。改造收费标准为“自2002年10月1日起，已建住宅的改造费用按照供水企业和用户共同负担的原则，不论户型结构或层高，统一向用户收费480元/户。对民政部门认定的最低生活保障户，供水集团公司在改造收费上应给予减免照顾”。

在实施“一户一表、计量出户”改造时，取消屋顶水箱和地下水池，计量水表采用落地式或嵌墙式两种形式，对原分户水表在室内的移至室外，计量出户改造主要采用“落地式”，即水表设于住宅外墙边公共部位的水表井或专用水表箱内，表后水管沿管廊往上延伸入住宅；原分户水表在住宅公共部位的，主要采用“嵌墙式”。也有根据户型、结构等情况，两种形式在同一单位结合运用。对暴露在外的管道及附属设施，都用防护罩保护，改造后的水表主要选用普通机械表，少部分试用远传智能表。

余杭区城镇多层住宅“一户一表、计量出户”改造，自1998年至2001年在临平城区试点、示范，2002年在区内主要集镇全面推广后，至2012年除个别住宅因结构复杂等原因不能改造和个别原因用户不愿意改造外，全区的“一户一表”改造工程基本结束，前、后近15年。至2012年共改造原总表用户为“一户一表、计量出户”的用户47503户（见附表4－8）。余杭区在2002年全面开始对已建多层住宅实行“一户一表、计量出户”改造的同时，对城镇新建的多层住宅均实行“一户一表、计量出户”安装，安装费用由房产开发商列入建设成本。自2000年至2012年，城镇新建住宅共直接安装“一户一表，计量出户”用户66662户（见附表4－8）。

——农村居民自来水用户结合农村二次改水，实行“一户一表”管理

在对城镇自来水用户实行“一户一表、计量出户”改造和建设的同时，余杭区在城乡一体化供水区域内对农村自来水用户结合二次改水，全面推行“一户一表”管理。通过取消乡镇水管站和村、组的计量总表，由杭州余杭供水集团公司直接抄表管理到农户。同时，取消了乡镇、村组各级供水管理服务组织（人）原加价的供水管理服务费，统一按照余杭区物价局公布的水价，直接抄表管理到户，减轻了农户的水费负担，深受农户欢迎。

余杭区（市）农村居民用水户实行“一户一表”管理措施是在区（市）属供水企业兼并乡镇、村水厂后，结合农村二次改水，在供水管网延伸、改造过程中同步实施。其中，在二次改水前，已供水的用户，通过更换绿色环保管材、更换水表、调整管径、改变水表安装位置并做好管网及附属设施的防冻保暖工作等改造措施后，供用水双方签订《供用水合同》，落实双方的责任和权力，实行“一户一表”供水到户的服务管理新模式。对在二次改水前，尚未通水的农村居民户，按照当地乡镇、村的二次改水计划，在实施改水时，直接延伸供水管网，按照“一户一表”管理形式进行接水安装。农村实行“一户一表”管理的改造安装费用，列入改水工程建设成本。

余杭区（市）入户供水管材主要选用钢塑管和 PE 管，加之农村住户较分散，入户管线较长，故成本较高。入户管网的建设费用因各乡镇规模不同，造价不一，一般平均每户需 1800 元～3200 元左右，建设资金由当地乡镇政府筹集，资金来源一是当地乡镇财政补助，二是村级集体经济支助，三是所在乡镇的企事业单位赞助，四是受益农户投入，农户承担的费用因各乡镇条件不同，一般每户承担 500 元～1300 元左右。

余杭区（市）农村成片实行供水“一户一表”管理，最早在星桥街道的农村（原星桥镇）开始。该镇于 2000 年 12 月 6 日动工实施了“星桥供水工程”，投资 993 万元，工程于 2001 年 12 月竣工。竣工后原星桥集镇与周边农户已用上自来水的 663 户（2386 人）经管网改造后全部实行“一户一表”管理，同时星桥农村原未用上自来水的 2988 户农户（10577 人）也接通了自来水，并都实行“一户一表”管理。通过二次改水，星桥街道直接受益户达到 3651 户（12963 人），使该街道的自来水普及率从二次改水前的 17.06%提高到改水后的 92.70%（2002 年），提高了 75.64 个百分点。

仁和镇（原獐山镇、东塘镇、云会乡），于 2001 年 7 月开始实施了“东、獐、云给水工程”，投资 3684 万元，工程于 2003 年 12 月竣工，新老用户都实行“一户一表”管理，原东塘镇、獐山镇和云会乡的 4 座乡镇、村水厂停止生产供水，由区域性的临平、塘栖供水工程的管网延伸供水到农户，仁和镇的自来水受益人口由 6100 人提高到 49716 人，自来水普及率由原来的 10.48%提高到工程竣工后的 85%（2003 年年底），增加了 74.52 个百分点。

2002 年开始，塘栖镇、崇贤镇、仓前镇、闲林镇、良渚镇、中泰乡、余杭镇、瓶窑镇、运河镇、径山镇、黄湖镇、乔司镇等乡镇先后陆续开始农村二次改水。各镇乡通过改变供水主体，改造和延续供水管网，使农村的新、老自来水用户都由区（市）属供水企业实行“一户一表”管理。其中，对原自来水普及率比较高的运河镇和乔司镇，重点是对老用户进行改造，取消镇、村供水管理服务部门，实行“一户一表”供水管理，减轻用户水费负担。运河镇在实施二次改水前的 2004 年年底，自来水受益户为 10904 户，受益人口 38795 人，自来水普及率为 86%；2006 年 12 月，运河镇改水工程结束后，自来水受益户为 11992 户，受益人口 44916 人，受益率提高到 96%，提高了 10 百分点。乔司镇在实施“乔司自来水二次改水工程”前的 2007 年，自来水受益户为 10461 户，受益人口 38052 人，自来水普及率为 98.6%；2009 年 6 月，二次改水工程竣工后，自来水受益户为 10530 户，受益人口 38269 人，受益率提高到 99.2%，提高了 0.6 个百分点。尤其是改水后由区属供水企业直接供水到用户，原镇水管站和村水管员的服务费在水价中取消，减轻了用户水费负担，使广大用户受益。

余杭区（市）自 2002 年至 2012 年，在实施城乡一体化供水的区域内对各镇乡农村自来水实行二次改水后，全部由区（市）属供水企业对农村用户实行“一户一表”管理，其中，改造老用户 32995 户，新接水安装“一户一表”用户 101297 户（见附表 4 - 8）。

全区（市）城乡自 1998 年至 2012 年，共改造城镇和农村的自来水总表用户为“一户一表”用户 80498 户，新建城镇和农村自来水“一户一表”用户（新开户）167959 户（见附表 4 - 8）。至 2012 年底，全区在城乡一体化供水区域内居民自来水用户为 249591 户，其中，一户一表用户 248457 户，占 99.55%，总表用户 1134 户，占 0.45%。通过对城乡“一户一表”改造和农村二次改水，推进了城乡一体化供水进程，加快了农村自来水的普及率，减轻了农户水费负担，提高了城乡供水质量和服务质量。

三、完善发展（2008 年—2012 年）

余杭区在 2007 年基本实现城乡一体化供水后，自 2008 年开始，进一步实施城乡一体化供水的完善和巩固工作，至 2012 年主要实施了三项措施：

1. 组建杭州余杭水务有限公司，实现供排（污）水一体化

为进一步理顺余杭区水务管理体制，实现供排水资源优化配置，推进城乡水务一体化建设，有利于水务产业进一步做大做强，促进余杭经济社会的可持续发展。2007 年 12 月 3 日，余杭区委第十二届常委会研究决定，将杭州余杭供水集团有限公司与杭州余杭城市排水有限责任公司合并，组建“杭州余杭水务有限公司”。

经一段时间的筹建后，杭州余杭水务有限公司于 2008 年 3 月 31 日正式成立，水务公司负责全区供排水系统的统一管理和运行。水务公司建立后，在理顺全区排水体系的同时，结合排水的特点，进一步完善供水基础设施建设，完善供水管理措施，巩固和发展城乡一体化供水的成果，通过优化公司供排水资源，为供排水用户提供更便捷、优质的服务。至 2012 年，余杭区在城乡一体化供水区域内城乡居民享受同网、同质、同价、同等服务标准的自来水用户，在 2007 年 94%的基础上再提高了 3 个百分点，达到 97%。

2. 完善供水管理制度，提高供水服务水平

杭州余杭水务有限公司成立后，对原杭州余杭供水集团公司在 2007 年 8 月编印的供水管理制度，结合供排水一体化管理的需要，先后于 2008 年 8 月、2009 年 8 月和 2012 年 12 月进行了三次修订、补充，内容涉及部门职责、议事规则、党群、人事、生产、供水、水质、财务、建设、物资、安全管理和应急预案等方面。在原有制度上经调整、增添和完善了一批操作性、针对性较强的管理规定。并通过创新机制，建章立制，构筑了水务公司科学管理的新平台。在实践制度中，通过公司各管理层和广大员工的共同努力，各项制度均得到了较好的落实，供水服务管理水平不断得到提高，推进了全区城乡一体化供水的深化与发展。

表 4－8　**余杭区（市）城乡一体化供水区域历年居民生活用水户分类表**　单位：户

类型 年份	城乡居民用户总数	分类用户						一户一表新开户（当年）			一户一表改造户（当年）		
		总表用户			一户一表用户								
		小计	其中		小计	其中		小计	其中		小计	其中	
			城镇	农村		城镇	农村		城镇	农村		城镇一户一表改造	农村二次改水
1998	1353	515	463	52	838	838	0	0	0	0	838	838	0
1999	2837	515	463	52	2322	2322	0	0	0	0	1484	1484	0
2000	4039	515	463	52	3524	3524	0	1112	1112	0	90	90	0
2001	8689	515	463	52	8174	8174	0	1682	1682	0	2968	2968	0
2002	16658	1000	577	285	15658	10970	4688	5670	1645	4025	1814	1151	663
2003	32506	1229	737	300	31277	15471	15806	12708	3131	9577	2911	1370	1541
2004	74285	1358	1034	324	72927	23399	49528	30378	4775	25603	11272	3153	8119
2005	103805	1431	1051	380	102374	33506	68868	11468	2418	9050	17979	7689	10290
2006	143634	1448	1054	394	142186	49057	93129	29191	7649	21542	10621	7902	2719
2007	172814	1457	1055	402	171357	67807	103550	20357	10133	10224	8814	8617	197
2008	193078	1463	1057	406	191615	81105	110510	15159	8477	6682	5099	4821	278
2009	214707	1499	1093	406	213208	92772	120436	12666	7626	5040	8927	4041	4886
2010	229681	1512	1106	406	228169	99231	128938	9584	4806	4778	5377	1653	3724
2011	241599	1329	1111	218	240270	107109	133161	10543	6748	3795	1558	1130	428
2012	249591	1134	974	160	248457	114165	134292	7441	6460	981	746	596	150
合计	—	—	—	—	—	—	—	167959	66662	101297	80498	47503	32995

3．完善供水基础设施建设，确保城乡一体化供水持续健康发展

为持续确保城乡供水的优质安全和健康发展，2008年至2012年，杭州余杭水务有限公司继续加强和完善供水基础设施建设，五年内续建新建的城乡一体化供水工程主要有：三白潭备用水源工程、南苑供水加压泵站工程、径山黄湖供水二期工程、仁和水厂一期工程、鸬鸟、百丈给水工程和运河水厂提标改造工程（详见附表4－5）。

同时，为提高供水安全性，杭州余杭水务有限公司在广泛调研的基础上，提出的“02省道供水管道工程”（临安至余杭供水管道工程）和“余杭仁和至余杭（组团）供水管道工程”，先后于2012年3月、2013年10月由余杭区发展和改革局批准了工程初步设计。其中，02省道临安至余杭组团供水管道工程投资2879万元，敷设临安汪家埠至02省道与南湖东路交叉口DN1000供水管道7.2千米，将临安市自来水厂富余自来水引入余杭组团，该工程已于2013年7月开工建设。余杭仁和至余杭（组团）供水管道工程，投资估算1.93亿元，敷设DN1000～DN1800供水管道21.68千米，将仁和自来水厂的部分自来水输送到余杭组团和良渚组团，该工程已于2013年12月开工建设。该二项供水管道工程的建设，将使余杭组团区域内的自来水由杭州趸售供水与临安、余杭仁和等3路供水，以满足余杭组团和良渚组团快速的经济发展和提高人民生活质量的用水需要，大大提高城乡一体化的供水安全性。

第四节　改革成果

余杭区（市）自1999年开始统筹城乡自来水发展，全面推行城乡一体化供水后，至2012年已取得显著成果，主要表现在：

一、城乡自来水全面普及

余杭区（县、市）在1999年推行城乡一体化供水之前，县（市）属自来水厂、乡镇属自来水厂、村组属自来水厂（供水站），分别归属不同的办厂主体，在行业管理上分别受城建部门、爱卫会、改水办、新农村建设组织和乡镇、村等不同部门的管理。由于受多方管理，导致缺乏全区（县、市）统一的城乡供水发展规划，多而分散的农村小型水厂（站）难适应当地社会经济的发展；而不同层次水厂的生产管理，难以做到向城乡居民提供统一卫生标准水质的自来水。城乡居民存在的饮用水差别，不利于社会的稳定；同时，多头管理的各主管方，当基层水厂在发展中遇到困难，需要支持帮助时，相互扯皮现象时有发生，不利于基层供水企业的发展。实行城乡一体化供水后，余杭区除个别山区的村组外，由国有供水企业——杭州余杭水务有限公司承担全区城乡的统一供水，理顺了多头管理的供水弊病。在余杭区委、区政府的高度重视和关心支持下，水务公司以科学发展观，制定全区城乡统一供水的发展规划，并按计划认真踏实地组织实施。全区至2012年，在实施城乡一体化供水区域内城乡居民自来水的受益人数达78.28万人，受益率达到97.9%（详见附表4－9），比在实施城乡一体化供水前的1998年全区城乡居民自来水的受益人数 44.51 万人，受益率 56.6%（详见附表 3－15），增加了 33.77 万人，提高了 41.3 个百分点，使全区城乡居民自来水得到全面普及。

表 4－9　　2012 年余杭区各镇、街道城乡一体化供水受益率

供水区域	镇、街道	户籍人口		供水受益人口		
		户	人	户	人	受益率
临平、塘栖供水区域	临平街道	16433	58795	16433	58795	100.0
	东湖街道	11848	37728	11848	37728	100.0
	南苑街道	15528	58651	15528	58651	100.0
	星桥街道	6020	21615	6020	21615	100.0
	乔司街道	10926	44662	10915	44658	99.9
	运河街道	12349	49933	12324	49833	99.8
	仁和街道	16574	66504	16408	65839	99.0
	崇贤街道	11314	45997	11314	45997	100.0
	塘栖镇	26146	95542	25780	94204	98.6
	小　计	127138	479427	126570	477320	99.6
余杭、闲林供水区域	余杭街道	17242	50303	16855	49528	98.5
	闲林街道	7318	24613	7318	24613	100.0
	仓前街道	8365	32827	8106	31809	96.9
	中泰街道	2555	8976	2361	8294	92.4
	五常永福村	1084	5917	1084	5917	100.0
	小　计	36564	122636	35724	120161	98.0
瓶窑、良渚供水区域	良渚街道	21974	84915	21666	83726	98.6
	瓶窑镇	12169	42108	12096	41855	99.4
	小　计	34143	127023	33762	125581	98.9
径山、黄湖供水区域	径山镇	9881	30861	6719	20986	68.0
	黄湖镇	1902	5326	1543	4319	81.1
	小　计	11783	36187	8262	25305	69.9
余杭水务公司供水范围合计		209628	765273	204318	748367	97.8
杭州直接供水范围	五常街道	4898	21374	4898	21374	100.0
	良渚勾庄片	3347	13055	3347	13055	100.0
	合　计	8245	34429	8245	34429	100.0
城乡一体化供水区域	总计	217873	799702	212563	782796	97.9
	占全区（%）	88.8	89.8	89.2	90	—
山区分散供水区域	总计	27546	90652	25846	86571	95.5
	占全区（%）	11.2	10.2	10.8	10	—
全区总计		245419	890354	238409	869367	97.6

注：（1）镇、街道的户籍人口按《2012 年余杭统计年鉴》；（2）区水务公司供水受益人口指享受同网、同质、同价和同服务的人口；（3）山区分散供水区域受益人口指 2009 年年底完成的山区农村二次改水受益人口（包括百丈、鸬鸟、径山、黄湖、瓶窑、中泰、闲林、余杭等 8 个镇、街的 42 个山区村、1 个社区和 1 个林场）

二、供水能力满足全区城乡居民生活和经济社会发展的需要

余杭区在实行城乡一体化供水之前，全区没有统一的城乡供水规划，各镇乡也未制定当地的供水发展规划，往往在发生自来水供需矛盾突出时，才考虑扩大水厂建设，使供水事业滞后于经济社会发展的需要。同时，部分镇乡、村由于经济条件的限制，也制约了供水基础设施的建设。余杭区自 1999 年开始，在推行城乡一体化供水过程中，先后于 2000 年和 2005 年制定了《余杭市城乡供水规划》与《余杭区供水专业规划》，从而全区的供水事业在规划的统一指导下，迅速发展壮大。在城乡一体化供水区域内，原各镇乡、村、组办的自来水厂（供水站）除余杭、闲林二座水厂的制水系统留作备用外，其他水厂全部关停或拆除，由杭州余杭水务有限公司按照规划新建和扩建区属自来水厂。新建（扩建）的区属自来水厂规模大，制水工艺和设施、设备先进，自动化程度高，水质管理严格规范，供水水质达到全部符合、部分超过国家规定的生活饮用水卫生标准，供水能力超出全区城乡居民生活和经济社会发展的用水需要。

2012 年，全区城乡一体化供水区域内日供水能力（设计规模）为 77.19 万立方米（包括杭州趸售 11 万立方米、杭州直供 1.69 万立方米、余杭备用 1.5 万立方米）（详见附表 4－27）。比实施城乡一体化供水前的 1998 年余杭市各水厂合计供水能力 19.41 万立方米/日（详见附表 3－15），增加了 57.78 万立方米/日，增长了 2.98 倍。同时，为确保供水安全，在 2009 年余杭区还建成了取水规模 30 万立方米/日的三白潭备用水源工程。

2012 年，杭州余杭水务有限公司在全区城乡一体化供水区域内的供水总量为 12120.55 万立方米，平均日供水量为 33.21 万立方米。其中，区属自来水厂的出厂水量最高日为 44.08 万立方米（7 月 6 日），占区属水厂设计供水能力（64.5 万立方米/日）的 68.34%。由于供水能力做到超前储备、充足有余，全区自来水的供应量确保了城乡居民生活和经济社会快速发展的用水需求。

三、实现城乡自来水同网、同质、同价、同服务，创建和谐供用水的良好环境

杭州余杭水务有限公司在全区城乡一体化供水范围内实施临平、塘栖，余杭、闲林，瓶窑、良渚与径山、黄湖 4 个区域供水，分布在各地的运河、塘栖、獐山、宏畔、仁和、瓶窑、径山等七座自来水厂和余杭备用制水系统均按国家生活饮用水卫生标准制水。并且各供水区域间的供水管网相互连通，可以相互补充供水，提高了各地供用水的安全性。

为确保供水质量，水务公司制定并实行了高于国家规定的生活饮用水卫生内控标准，各水厂按水质内控指标进行自来水的生产与供应，使城乡居民饮用的自来水达到相同的水质，改变了原各城镇水厂和农村水厂供水水质不一的状况，尤其是使农村的自来水由改水初期为群众解决手提肩挑送“方便水”，已转为向农村提供安全卫生的“放心水”，显著提高了农村居民的饮用水质量。

余杭区在城乡一体化供水区域内的各类用水户，不管在城区、郊区、还是在农村，不论用户离水厂路近还是路远，都按照物价部门批准的供水价格供应到户。改变了以往

乡镇供水因多级管理，增加服务成本，导致水费高且价格又不统一的状况，减轻了用户的水费负担。

水务公司为提高在自然垄断情况下的供水服务质量，实行了向社会公开的承诺服务。同时，还开展了志愿者服务，公布服务联系电话与投诉举报电话，方便与用户沟通。并在公司内部建立了严格、规范的规章制度与考核、奖惩措施。每年在做好自查自评的同时，分片召开用户代表恳谈会和行风监督员会议，并组织上门走访用户征求意见，研究提高服务质量的改进措施，确保城乡自来水实现同网、同质、同价和同服务，促使全区城乡实现和谐供用水。

四、减轻镇乡财政负担，改善镇乡投资环境，推进镇乡经济发展

余杭区各镇乡在“十五”“十一五”期间的经济社会发展中，城乡供水基础设施建设的项目多，需求资金量大。自全区实行城乡一体化供水后，新（扩）建自来水厂、敷设供水主干管和部分供水配水管建设的资金由余杭区财政和杭州余杭水务有限公司承担，大大减轻了各镇乡为改善本地供水条件而需承担的供水基础设施建设资金。自 1999 年至 2012 年，全区实施的临平塘栖供水工程、余杭闲林供水工程、瓶窑供水工程、径山黄湖供水工程、仁和水厂工程、三白潭备用水源工程、南苑供水加压泵站工程、鸬鸟百丈供水工程和运河水厂提标改造工程等 9 项主要的区域性供水工程，共投入建设资金 12.49 亿元（详见附表 4－5），全部由区财政和区水务公司承担。同期实施的各镇乡供水管网建设（改造）工程共投入资金 5.21 亿元（祥见附表 4－6），其中，区财政和区水务公司承担了供水主干管和 1/2 配水管的建设资金共计 3.02 亿元。两部分合计自 1999 年至 2012 年余杭区财政和杭州余杭水务有限公司为统筹城乡区域发展，实施城乡一体化供水共投入供水基础设施建设资金 15.51 亿元。此项资金如按实现城乡一体化供水区域内的 18 个镇乡、街道（不含鸬鸟镇、百丈镇）分摊，平均每个镇乡需负担 8616 万元。

实行城乡一体化供水的区属各自来水厂是现代化的供水企业，规模大、工艺先进、管理精细，自来水水质、供水量有保障、供水服务好，显著提高了各镇乡街道的投资环境。如不实行城乡一体化供水，不改变供水管理体制，以原有的镇乡、村的小水厂（供水站）是很难引进大项目、高新企业来投资发展的。城乡一体化供水的实施，促进了各镇乡街道经济社会的快速发展和村民生活质量的提高。

五、做大、做强、做精供水企业，为建设现代化的水厂提供了发展平台

余杭县（市）在 1999 年推行城乡一体化供水前的临平自来水厂，有供水能力 10 万立方米/日（含地下水源 1 万立方米/日），并有一定的技术力量，也有较规范的管理措施。而各镇乡属的自来水厂，规模最大的为 1.5 万立方米/日，小的只有 300 立方米/日，全县 18 座乡镇属水厂合计供水能力为 65810 立方米/日，平均每座水厂供水能力为 3656 立方米/日；41 座村级小水厂合计供水能力为 8435 立方米/日，平均每座水厂供水能力为 206 立方米/日；151 座组级水厂（供水站），合计供水能力为 2926 立方米/日，平均每座水厂供

水能力为19立方米（见附表3－15)。各镇乡、村组的各类水厂按当时的基础条件是很难发展壮大的，由于水厂产权和行政管理体制等的原因，各水厂都占有一块供水区域，但水厂之间不能相互促进发展。尤其是县属的临平自来水厂，虽然有规模、有技术、有能力，但是未经乡镇同意，供水管网也不能延伸到附近的农村供水。造成了想发展的乡镇、村水厂没有基础、没有能力，有基础有能力的县属供水企业没有发展空间，阻碍了供水企业的发展。余杭区（市）自1999年开始改革供水管理体制，打破城乡供水区域限制，使区（市）属供水企业迅速壮大，而镇乡、村组的小型水厂逐步自然淘汰，走进了良性的发展之路。杭州余杭供水集团有限公司、杭州余杭水务有限公司的先后组建，使余杭区供水事业迈上了健康快速的发展历程。2012年，杭州余杭水务有限公司资产总额达到42.22亿元，供水能力达到77.19万立方米/日。现代化的自来水厂为全区城乡居民提供了安全、卫生的“放心水”，满足了全区经济社会快速健康发展的用水需求。

第二章　供水机构

余杭区（市）承担城乡一体化供水的机构先后是余杭区（市）自来水总公司、杭州余杭供水集团公司和杭州余杭水务有限公司。余杭区（市）自来水总公司自 1993 年 5 月起实施城乡一体化供水模式的调研探索和启动建设城乡一体化供水工程，杭州余杭供水集团公司自 2001 年 9 月起实施全面建设城乡一体化供水工程和实行城乡一体化供水的运行管理，杭州余杭水务有限公司自 2008 年 3 月起进一步完善城乡一体化供水系统建设和提升运行管理水平。

第一节　余杭区（县、市）自来水总公司

余杭区（县、市）自来水总公司位于临平街道（临平镇）邱山社区美味弄内。

一、机构性质

余杭县自来水总公司建立于 1993 年 5 月 15 日。为副局级行政性公司，系县政府工作部门之一，是财政全额拨款的事业单位。

1994 年 4 月，余杭撤县设市后，在 1997 年编制的“三定”方案中明确“余杭市自来水总公司为市政府直属的副科（局）级事业单位，受委托履行有关行政职能”。

图 4－1　余杭区（县、市）自来水总公司办公楼（1993 年 5 月—2011 年 4 月）

2001 年 9 月 5 日，区自来水总公司与区供水集团有限公司组建杭州余杭供水集团公司，杭州余杭供水集团公司为区政府直属的、实行企业化管理的自收自支事业单位。

区自来水总公司原承担的行政职能移交给区建设局。为理顺工作关系，在区建设局设立余杭区供水、改水办公室（挂计划用水、节约用水办公室牌子），为全民事业单位，隶属建设局领导。

二、公司职责

1．余杭县自来水总公司主要职责是：

——负责全县城镇自来水事业发展规划的编制和实施中的组织、指导、协调、监督、检查等工作。

——负责全县农村改水的规划编制、项目审批和组织实施中的指导、协调、监督、检查等工作。

——负责对全县各镇乡水厂实行行业管理。

2．余杭县自来水总公司与余杭县农村改水项目办公室实行两块牌子，一套班子。

3．临平自来水厂的隶属关系，由县城乡建设局改为县自来水总公司，为该公司直属全民事业单位，仍实行企业化管理。

1994年11月10日，建立余杭市人民政府节约用水办公室（简称市节水办），市节水办设在市自来水总公司。

1997年7月4日，余杭市人民政府办公室《关于印发〈余杭市自来水总公司职能配置、内设机构和人员编制方案〉的通知》，明确市自来水总公司加强的职能主要是：“强化城镇供水规划和农村改水规划的实施和管理，强化供水行业和计划用水、节约用水的法制工作和行政执法监督，强化供水基础设施建设资金和国家政策性资金的监督使用和管理”。其主要职责和任务是：

——贯彻执行国家、省有关供水事业的法律、法规和方针、政策；制定全市供水行业发展的有关政策，经批准后实施，并监督执行。

——负责全市城镇供水事业发展规划的编制和实施中的组织、指导、协调、监督、检查等工作。负责城镇供水基础设施建设的勘测设计、施工质量等监督管理工作。配合有关部门做好饮用水水源保护工作。

——负责全市农村改水的规划编制、项目审批和组织实施中的指导、协调、监督、检查等工作。负责农村改水工作的勘测设计、施工质量等监督管理工作，并对工程进行竣工验收和经费审核。

——负责对全市各镇乡（村）水厂实行行业管理。

——负责对全市城镇、农村供水企业的水质检测工作，负责全市供水企业的资质申报工作。

——负责全市城镇的计划用水、节约用水工作。下达用水计划，审批节水措施，制定节水办法，检查、落实用水定额。负责节水的宣传工作。

——对全市自来水增容费、建设基金、超计划加价水费等政策性专项资金的征收、使用进行监督和管理。

——考核总公司直属的事业、企业单位的领导干部，加强干部、职工队伍的自身建设，指导和管理直属单位的人事工作。管理和监督所属企事业单位的国有资产正常运行，确保国有资产安全、完整、增值。

——完成市委、市政府交办的其他任务，承担上级有关部门交办的其他工作。

三、内设机构与人员编制

1993年10月21日，余杭县编制委员会《关于同意县自来水总公司设立科室和核定编制的批复》明确：余杭县自来水总公司内设办公室、计划财务科、企业管理科、工程技术科。核定总编制23名（含县改水办公室已定编制14名）。其中，总经理保留行政编制，其余为全民事业编制。

1997年7月4日，余杭市人民政府办公室印发的余杭市自来水总公司“三定”方案再次明确：市自来水总公司设四个职能科室，分别是办公室、计划财务科、工程技术科、企业管理科。市自来水总公司事业编制23名。

1999年8月19日，余杭市编制委员会《关于同意余杭市自来水总公司增设组织人事科的批复》明确：同意余杭市自来水总公司增设组织人事科，不增编制，所需人员内部调剂。

四、直属单位

余杭区（县、市）自来水总公司自1993年5月至2001年11月期间，先后划转和建立的直属单位共12家，其中，供水企业8家，经济实体4家。

2000年5月，余杭市供水集团有限公司成立后，原隶属于自来水总公司的自来水厂划转隶属市供水集团有限公司，经济实体仍隶属于自来水总公司。

2001年12月，杭州余杭供水集团公司建立后，原余杭区自来水总公司（含余杭区供水集团有限公司）各直属单位全部隶属于杭州余杭供水集团公司。

余杭市（县）临平自来水厂（城北自来水厂、临平营业公司）

1993年7月，余杭县人民政府决定将“临平自来水厂的隶属关系，由城乡建设局改为县自来水总公司，为该公司的直属全民事业单位，仍实行企业化管理。”

1999年12月6日，临平自来水厂更名为余杭市供水集团有限公司，同时将临平第二水厂、塘栖自来水厂、余杭自来水厂、闲林自来水厂和在建的獐山自来水厂及临平塘栖供水工程的项目公司并入余杭市供水集团有限公司。实行一级法人、二级核算的管理体制。供水集团有限公司隶属市自来水总公司。

临平自来水厂1993年在职职工74人，供水能力为6万立方米/日。年销售水量1105.19万立方米，年利润108.73万元；水厂总资产3131.76万元，净资产1304.91万元。1999年在变更为余杭供水集团有限公司时在职职工86人，供水能力为9万立方米/日，年销售水量1754.84万立方米，年利润160.47万元，水厂总资产11910.60万元，净资产6923.30万元。

2000年5月，余杭市供水集团有限公司成立时，原临平自来水厂一分为二，原临平自来水厂亭趾制水车间与博陆取水泵站组建为余杭市供水集团有限公司城北自来水厂，原临平自来水厂营业所与安装队等部门组建为余杭市供水集团有限公司临平营业公司。

余杭市临平第二水厂（乔司营业公司）

1994年7月30日，余杭市临平区水厂更名为余杭市临平第二水厂，隶属余杭市自来水总公司领导，单位的集体事业性质不变，实行自收自支，企业化管理。1999年12月，临平第二水厂并入余杭市供 水集团有限公司，余杭市供水集团有限公司隶属余杭市自来水总公司。

临平第二水厂供水规模为3万立方米/日，其中，加压供水能力为2万立方米/日，自来水由临平自来水厂提供。1993年在职职工12人，销售水量168.11万立方米，当年未产生利润，水厂资产1384.00万元；1999年在并入余杭市供水集团有限公司时有在职职工22人，销售水量560.25万立方米，年利润16.16万元，水厂总资产1550.62万元。

2000年5月，余杭市供水集团有限公司成立时，临平第二水厂更名为余杭市供水集团有限公司乔司营业公司。

余杭市余杭自来水厂

1999年7月，余杭市自来水总公司成建制兼并了余杭镇自来水厂（含余杭镇永建自来水厂），更名为余杭市余杭自来水厂，水厂性质由镇办集体企业转为市属国有企业。1999年12月，余杭自来水厂并入余杭市供水集团有限公司。

余杭自来水厂供水能力为1.5万立方米/日，1998年水厂在职职工51人，销售水量209.63万立方米，水费收入159.15万元，安装收入74.66万元，利润－18.95万元。

截至1999年2月28日（水厂移交前的资产清查基准日），水厂资产总额796.09万元，负债总额653.89万元，净资产142.2万元（其中，固定资产净值447.02万元）。

余杭市闲林自来水厂

1999年7月，余杭市自来水总公司成建制兼并了闲林镇自来水厂，更名为余杭市闲林自来水厂，水厂性质由镇办集体企业转为市属国有企业。1999年12月，闲林自来水厂并入余杭市供水集团有限公司。

闲林自来水厂供水能力为4800立方米/日，在枯水期因水源水量小，实际供水量达不到4800立方米/日。1998年水厂在职职工16人，销售水量51.9万立方米，水费收入55.93万元，安装收入10.91万元，利润8.55万元。

截至1999年2月28日（水厂移交前的资产清查基准日），水厂资产总额为385.05万元，负债总额132.47万元，净资产252.28万元（其中固定资产净值169.58万元）。

余杭市塘栖自来水厂

1999年8月，余杭市自来水总公司成建制兼并了塘栖镇自来水厂，更名为余杭市塘栖自来水厂，水厂性质由镇办集体企业转为市属国有企业。1999年12月，塘栖自来水厂并入余杭市供水集团有限公司。

塘栖自来水厂供水能力为1.5万立方米/日，1998年在职职工41人，销售水量302.57万立方米，水费收入302.03万元，安装收入118.20万元，利润52.88万元。

截至1999年7月31日（水厂移交前的资产清查基准日），水厂资产总额964.42万元，负债总额81.24万元，净资产883.18万元（其中固定资产净值554.33万元）。

余杭市瓶窑自来水厂

2001年7月，瓶窑镇自来水厂成建制划转给余杭区自来水总公司，更名为余杭区瓶窑自来水厂，水厂性质由镇办集体企业转为区属国有企业。同时，瓶窑自来水厂并入余杭市供水集团有限公司。

瓶窑自来水厂供水能力为1.2万立方米/日（取水能力为1.5万立方米/日），2000年在职职工21人，销售水量172.0万立方米，水费收入198.48万元，安装收入150.0万元，利润16.25万元。

截至2001年5月31日（水厂移交前的资产清查基准日），水厂总资产793.34万元，负债总额183.94万元，净资产609.40万元（其中，固定资产净值528.97万元）。

余杭市供水有限公司

余杭市自来水总公司于1999年6月组建了国有独资的余杭市供水有限公司，注册资金200万元，属临平、塘栖供水工程和余杭、闲林供水工程的项目公司，主要承担供水工程建设中的融资和管理等工作。

1999年12月，余杭市供水有限公司并入余杭市供水集团有限公司。

余杭市供水集团有限公司

1999年12月6日，临平自来水厂更名为余杭市供水集团公司，同时将临平第二水厂、塘栖自来水厂、余杭自来水厂、闲林自来水厂和在建的獐山自来水厂及临平、塘栖供水工程的项目公司（余杭市供水有限公司）并入余杭市供水集团有限公司。实行一级法人、二级核算的管理体制。供水集团有限公司隶属于市自来水总公司。组建供水集团有限公司后，确定事业编制控制数为150人（包括临平自来水厂、临平第二水厂事业人员108人），原各自来水厂的人员、编制性质不变。今后生产发展需要新增人员的编制性质一般根据所在厂的性质确定。公司增加技术骨干或管理人员，需要使用事业编制的，由公司提出意见，报编办审批。

瓶窑镇自来水厂因在2001年7月后才成建制划入余杭市自来水总公司，故在同期参照余杭、闲林、塘栖等水厂并入余杭市供水集团有限公司。

余杭市供水集团有限公司系余杭市自来水总公司出资组建的国有独资公司，经工商登记，注册资本8480万元。资金来源以临平自来水厂、临平第二水厂、余杭自来水厂、闲林自来水厂和塘栖自来水厂五家水厂截至2000年3月31日的净资产投入。五家水厂共计净资产85050956.06元，在净资产中的8480万元转作公司投入资本，其余250956.06元，转作资本公积。各水厂资产见附表4－10。

表4－10　余杭市供水集团有限公司工商注册资金来源　　单位：元

水厂名称	资产总额	负债总额	净资产
临平自来水厂	167634668.52	101288107.05	66346561.47
临平第二水厂	11644028.88	3933781.55	7710247.33
余杭自来水厂	8104917.55	7122211.73	982705.82
闲林自来水厂	2203749.17	1204858.43	998890.74
塘栖自来水厂	9637264.90	624714.20	9012550.70
合　　计	199224629.02	114173672.96	85050956.06

注：资料来源于2000年3月31日，杭州天辰会计事务所验资报告“杭州天辰验字〔2000〕第343号”附件三

余杭市供水集团有限公司于2000年5月8日办理登记注册后，上述五家自来水厂的企业法人资格终止。在办理水厂企业法人注销登记的同时，办理了各水厂的营业执照，成为余杭市供水集团有限公司的分支机构。

2001年9月5日，在余杭区党政机构改革时，余杭区自来水总公司与余杭区供水集团有限公司组建杭州余杭供水集团公司。

余杭区（市）供水集团有限公司的生产经营运行年月为2000年5月—2001年11月。其中，2000年（包括1月—4月、不含瓶窑自来水厂）自来水销售总量2437万立方米，自来水产值3092万元，自来水利润-82.14万元；安装利润203.85万元。2001年（包括12月、不含瓶窑自来水厂），自来水销售总量2600万立方米，自来水产值3497万元，自来水利润-201.54万元，安装利润257.84万元。

余杭区（县、市）自来水工程公司

余杭自来水工程公司于1993年9月7日经余杭县计划委员会批准，由余杭县自来水总公司投资开办，注册资本128万元。公司经济性质为集体所有制企业，实行独立核算、自负盈亏。

公司在编制内的职工为4人，公司经理、副经理由余杭市自来水总公司相关人员兼任，同时外聘一名业务经理。

余杭自来水工程公司主要从事城镇供水工程的建设和农村改水工程的施工安装，工程业务主要来源余杭市自来水总公司、杭州余杭供水集团公司下属各分支机构的安装业务，由于企业资质为市政四级（当时标准），在社会市场上缺少竞争能力。公司成立初期，外聘俞美忠任业务经理，由其组织人员实行承包经营，1994年，应上缴承包金10万元，结果未上交。1998年7月，余杭市自来水总公司职工蔡国华要求承包余杭自来水工程公司，经批准同意，并聘任为公司副经理，负责他本人承接的业务。蔡国华与自来水总公司签订承包协议，每年上缴承包款5万元，在承包期间工程业务由其本人承接、资金自筹、施工自己组织，财务单独核算，每年除上交承包款外，其他收入归蔡国华个人所有。

2002年3月26日—29日，余杭区财政局综合科、财政监督科共同组成调查组，对杭州余杭供水集团公司的资产负债等情况进行了调查核实，调查报告确认："杭州余杭自来水工程公司由原自来水总公司（国有独资企业）投资开办，名为集体企业，实际资产均为国有资产，截至2002年2月28日，账面资产总额2224.97万元，负债2097.11万元，账面所有者权益127.86万元。"

余杭自来水工程公司截至2002年5月16日，经杭州天辰资产评估有限公司评估，公司账面总资产19448719.08元，总负债16485132.32元，净资产2963586.76元。

杭州余杭供水集团公司根据余杭区经济体制改革委员会办公室于2002年5月8日印发的《关于杭州余杭供水集团公司所属经济实体改革有关问题的协调会议纪要》的要求，按照"公开、公平、公正"的原则和企业转制规定的程序及要求，对余杭自来水工程公司实行招标出让，其中，不转让资产1219707.83元，划入供水集团公司。转制资产1743878.93元，经公开招标，结果由蔡国华受让，中标价1743888元。转制结果于2003年

4月11日经余杭区企业改革指导委员会《关于杭州余杭自来水工程公司转制方案的批复》予以确认，杭州余杭自来水工程公司整体改制为有限责任公司。

余杭区（县、市）晶源发展总公司

1993年10月21日，原县改水办所属的集体事业单位余杭县自来水服务站更名为余杭县晶源发展公司。更名后，集体事业单位性质不变，定编15名，实行独立核算、企业化管理，隶属余杭县自来水总公司领导。在公司登记注册时公司名称为余杭县晶源发展总公司，余杭撤市设区后更名为杭州余杭晶源发展总公司。总公司下设轻纺分公司、物资分公司、贸易分公司和门市部等共4个部门。晶源发展总公司还投资创办（联营）了余杭县（市）晶源物资公司和余杭市银源化工实验厂。

余杭县（市）晶源物资公司，于1994年2月25日建立。公司为集体所有制企业，注册资金68万元，实行独立核算，自负盈亏，隶属县晶源发展总公司管理。晶源物资公司1994年销售总值60.65万元，成本59.09万元，各项费用12.13万元，上缴税金222.36元，经营亏损10.60万元。由于经营不景气，1995年6月公司停止营业。1999年9月，该公司经工商余杭分局行政处罚决定：注销余杭市晶源物资公司，债权债务由晶源发展总公司负责处理。2002年5月，该公司并入晶源发展总公司的资产为－273817.42元。

余杭市银源化工实验厂，于1994年6月10日，由余杭市晶源发展总公司与余杭市临博自行车另件厂联营建办。经济性质为集体与集体联营，实行独立核算，自负盈亏。注册资金51万元，其中，晶源发展总公司投入35万元，占68.6%。企业主要生产化工助剂、轻纺助剂、黏接剂、化学试剂。经营地址在亭趾镇泗河。该公司1994年投入银行设备贷款24万元，流动项目贷款5万元，库存产品5.69万元，库存原料5万元，应收款1.26万元，应付款0.631万元，年底仍未正常生产。1995年5月9日，该厂经工商部门核准注销。

杭州余杭晶源发展总公司在编制内的职工有7人。公司工商登记注册的法人代表为余杭县自来水总公司办公室主任，但其一直来未参加过公司经营。公司总经理由余杭县（市）自来水总公司总经理兼任。

杭州余杭晶源发展总公司经营资金来源主要向临平自来水厂、临平第二水厂借款和由余杭市供水集团公司担保向银行贷款。公司1994年完成产值1242.98万元，利润14.75万元，上缴税金34.73万元。1998年公司完成产值115.46万元，利润－5.82万元（轻纺部分）。

2002年3月26日至29日，余杭区财政局综合科、财政监督所共同组成调整组，对供水集团公司的资产负债等情况进行了调查核实，调查报告确认：杭州余杭晶源发展总公司由于经营不善，已严重资不抵债。截至2002年2月28日，账面资产总额142.98万元，负债711.86万元，所有者权益－568.87万元。在负债项目中，主要为欠集团公司借款514.80万元。后在2002年3月，用原办公大楼的拆除赔偿款，抵还供水集团公司的借款109.30万元，欠付集团公司的借款从514.80万元下降到405.50万元。另外向农业银行短期贷款190万元，由集团公司担保，该笔贷款已逾期，晶源发展总公司已处于歇业状态，丧失偿还能力。

经杭州天辰会计事务所对杭州余杭晶源发展总公司审核，截至2002年5月16日，该公司流动资产3292468.10元，固定资产237155.02元，流动负债6625742.92元，所有者权益－3096119.70元。

2002年，在杭州余杭供水集团公司所属经济实体改革时，余杭区经济体制改革委员会办公室5月8日印发的《关于杭州余杭供水集团公司所属经济实体改革有关问题的协调会议纪要》明确："杭州余杭晶源发展总公司、余杭区晶源机电设备公司已资不抵债，经营无法维系。按有关程序和要求，由供水集团公司组织机关人员分别成立清算组，具体负责两单位资产及债权债务的清理，落实好相关责任，办理好有关手续。两单位职工划归供水集团公司，也可以参与自来水工程公司转制。"

杭州余杭供水集团公司在经济实体改革中，对该公司作了如下处理：（1）公司歇业(如实行破产或注销，应收款及预付款更难收回)，（2）流动资产中的应收款、预付账款落实专人催讨，（3）固定资产用于抵还银行借款，（4）流动负债由供水集团公司报上级有关部门审批同意核销后，进入账务处理，（5）职工根据本人要求，转入供水集团公司另行安排工作。

余杭区（县、市）晶源机电设备公司

余杭区晶源机电设备公司于1993年10月7日建立，注册资金300万元，经济性质为全民所有制企业，实行独立核算，自负盈亏，隶属于余杭县自来水总公司领导。

余杭县（市）晶源机电设备公司在编制内的职工有5人，公司经理的编制在余杭县（市）晶源发展公司。

1994年，公司销售产值206.71万元，成本158.25万元，各项费用22.39万元，上缴税金726.96元，当年利润26万元。1998年经营亏损11.75万元。2001年公司开始处于停业状态，2002年2月公司资产总额5.15万元，负债24.57万元，所有者权益－19.40万元。

2002年，在杭州余杭供水集团公司所属经济实体改革时，经杭州天辰会计事务所对该公司审核，截至5月16日该公司净资产－199126.47元，已资不抵债。

杭州余杭供水集团公司在经济实体改革中，对该公司作了如下处理：（1）公司维持现状歇业，（2）现有货币资金47228元，归还供水集团公司部分借款，余额支付职工住房公积金，（3）应付铁岭阀门厂187802元货款挂账，（4）职工根据本人要求，转入供水集团公司另行安排工作。

余杭区（市）给水排水勘测设计室

余杭市给水排水勘测设计室于1995年8月25日建立。主要职责是承担给排水工程设计。设计室为集体事业单位，定编6名，隶属于余杭市自来水总公司领导。

余杭市给水排水勘测设计室，实有编制内职工3人。首任设计室主任和二名副主任由余杭市自来水总公司领导和工程技术人员兼任。

设计室由于没有资质，主要为农村改水项目设计，业务量较小，年收支基本平衡，略有节余。截至2002年2月28日，资产总额18.33万元，负债2.38万元，所有者权益15.95万元。

2002年，在杭州余杭供水集团公司经济实体改革时，根据余杭区经济体制改革委员会办公室“关于杭州余杭供水集团公司所属经济实体改革有关问题的协调会议纪要”明确的“鉴于杭州余杭给水排水勘测设计室无资质，设计工作大部分由供水集团公司工程技术人员兼任，从供水事业发展需要出发，杭州余杭给水排水勘测设计室可成建制并入供水集团公司，资产、债权债务及人员由供水集团公司全面接收”。为此，杭州余杭供水集团公司报请区编委同意，设计室注销事业单位，保留牌子，成为供水集团公司的一个科室。设计室的资产、人员全部并入杭州余杭供水集团公司。

设计室资产经杭州天辰会计事务所审核，截至2002年5月16日，流动资产110941.34元，固定资产14640.00元，流动负债21730.27元，所有者权益103851.07元。至2003年3月31日止，其间发生费用43587.59元，净资产60263.48元，全部移交至供水集团公司。

余杭区自来水总公司2001年10月组织机构见图4－2。

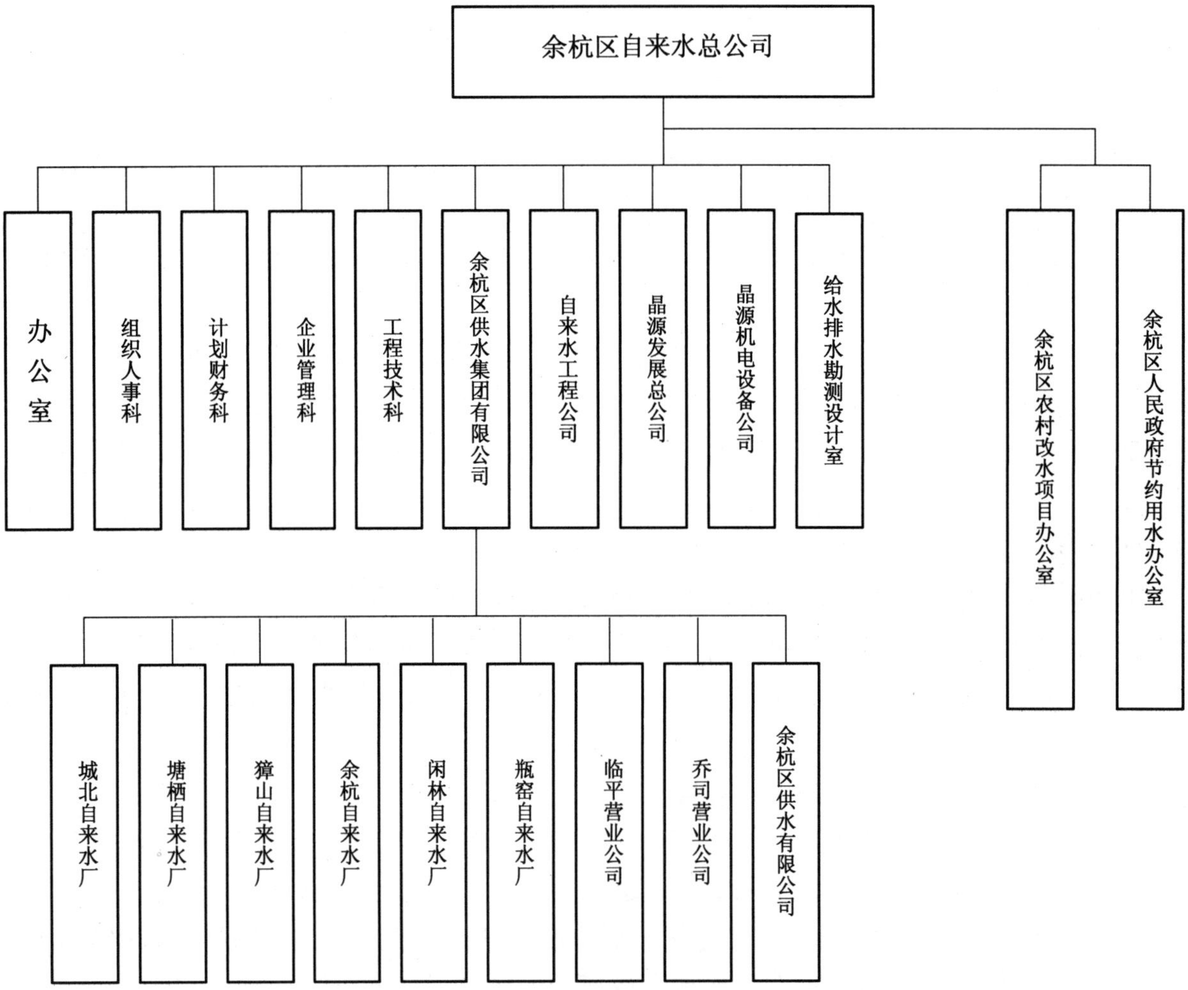

图4－2　余杭区自来水总公司结构图

五、中共党组织

1．组织机构

中共余杭县自来水总公司机关支部委员会建立于1993年11月，隶属中共余杭县直属机关工作委员会。

1998年4月，中共余杭市委建立中共余杭市自来水总公司党组。

6月，经中共余杭市直属机关工作委员会批准，建立中共余杭市自来水总公司机关总支部委员会，机关党总支下设自来水总公司机关党支部、临平自来水厂党支部（原隶属临平镇党委，成立于1969年），临平第二水厂党支部和余杭市人民政府节约用水办公室党支部等4个基层党组织。

2．党员

1993年11月，余杭县自来水总公司党支部成立，当年公司机关党支部有共产党员7名（其中1名为余杭县农村自来水服务站党员）。临平自来水厂党支部有共产党员9名。

2001年10月，余杭区自来水总公司撤并时，公司所属各部门共有共产党员45名，其中，公司机关党支部有党员13名，临平自来水厂党支部有党员20名，临平第二水厂党支部有党员6名，区政府节水办党支部有党员6名（包括公司经济实体单位的党员3名）。

六、群团组织

1．工会　余杭区（县、市）自来水总公司机关工会成立于1994年3月，隶属于余杭区（县市）直属机关工会。公司工会委员会由5人组成。设主席1人、委员4人。至2001年机关工会会员21人。

2．共青团　共青团余杭区（市）自来水总公司机关支部成立于1996年5月，隶属于共青团余杭区（市）直属机关工作委员会，划归经委团工委管理。公司机关团支部委员会由3人组成，设书记1人、委员2人。至2001年公司机关有共青团员9人。

3．青年志愿者服务站　1999年7月，余杭市自来水总公司会同共青团余杭区委，在所属的临平自来水厂成立“中信青年志愿者服务站临平水厂分站”，有志愿者10人。2001年7月，志愿者队伍扩大，建立余杭区供水集团有限公司青年志愿者服务总站，下设8个分站，有青年志愿者78人。

第二节　杭州余杭供水集团公司

杭州余杭供水集团公司位于杭州市余杭区南苑街道藕花洲大街231号。

一、机构性质

2001年9月，杭州余杭供水集团公司成立。杭州余杭供水集团公司为区政府直属单位，归口区建设局。属企业化管理的自收自支事业单位，是余杭区国有资产管理委员会授权经营的国有资产运行机构。公司实行企业化管理，经工商登记注册，公司的企业名称为“杭州余杭供水集团有限公司”。

图4-3　杭州余杭供水集团公司综合楼（2001年5月8日建成启用）

在组建杭州余杭供水集团公司过程中，根据区委办《关于调整有关部门行政职能的通知》和余杭区编制委员会《关于区自来水总公司行政职能移交给区建设局有关问题的通知》的精神，余杭区自来水总公司将原承担的有关供水、改水和节约用水方面的行政职能移交给余杭区建设局。在区建设局内设立余杭区供水、改水办公室（挂计划用水、节约用水办公室牌子），该办公室为全民事业单位，核定编制10名，其中，从原余杭区人民政府节约用水办公室划转4人，在余杭区自来水总公司系统内的干部职工中选调了4人到新建的余杭区供水改水办公室工作。

二、公司职责

余杭区人民政府《关于同意杭州余杭供水集团公司组建方案的批复》明确，杭州余杭供水集团公司的主要职责是：

——贯彻执行国家、省、市有关供水事业的法律、法规和方针、政策，根据《余杭区城乡供水规划》制订公司发展计划，承担授权经营国有资产的保值增值责任；

——根据《余杭区城乡供水规划》，负责供水范围内的组织实施工作；

——生产符合国家《生活饮用水卫生标准》的自来水，满足人民生活和经济发展的需要；

——通过向全资、控股和参股企业委派产权代表、董事、监事或财务负责人，参与企业重大决策，监管国有资产；

——按照《中华人民共和国公司法》的有关规定，行使出资人权利，依照产权比率对全资、控股和参股企业的合并、分立、歇业、增减资产和破产等重大产权重组、处置事项做出决策，并享受国有资产经营利益；

——负责确定所投资企业国有资产的保值增值指标，建立出资人代表责任制和激励约束机制；

——制定公司内部基本管理制度，决定内部管理机构设置；

——发挥整体优势，提高供水服务质量，不断提高社会效益。

经营范围为：以供水服务为主，开展管道安装、设备维修、机电服务、工程设计、物资供应、水质化验和供水计量检测等业务。同时，公司以授权经营的国有资产，通过控股、参股、投资、购并、转让、承包、租赁等形式从事资本经营业务。

三、内设机构

杭州余杭供水集团公司按现代企业制度组建法人治理机构，设立公司董事会、监事会和经营班子。同时，建立集团党委、纪委及工会、团委等群团组织。

公司机关设办公室、总工程师办公室、组织宣传科、人力资源科、财务科、生产科、供水科、水质科、基建科和物资科等10个科室。2007年1月调整为办公室、总工程师办公室、组织人事科、生产科、供水科、财务科、水质科、建设科和物资科等9个科室。各科室分别下辖生产（中控）调度、水质化验（监测）、机电设备维修、水表校验、客户服务（供水热线）、人才培训（职工学校）、内部审计、信息管理等8个中心和物资仓库。2007年1月，在总工程师办公室增挂设计室牌子、增设招标管理中心。

公司下设运河、塘栖、宏畔、獐山、余杭、瓶窑、径山等7座自来水厂和临平、乔司、良渚、闲林等4个分公司与一个管道安装（检漏）分公司共12个分支机构。

公司在编职工，在组建时的2001年9月为313人，至2008年2月为464人。其中，公务员编制3人、事业编制172人、企业编制289人。

杭州余杭供水集团公司组织结构见图4－4。

四、分支机构

杭州余杭供水集团公司下设运河（城北）、塘栖、宏畔、獐山、余杭、瓶窑、径山等7座自来水厂，临平、乔司、良渚、闲林等4个分公司和管道安装分公司共12个分支机构。

杭州余杭供水集团公司运河（城北）自来水厂

运河自来水厂的前身为临平自来水厂亭趾制水车间，位于运河街道（镇）兴旺村27号，占地面积为29929.1平方米（44.89亩），备用取水泵房位于运河街道（镇）（博陆）新圩村喜庵港，占地面积2893.1平方米（4.34亩）。2000年5月，更名为余杭市供水集团有限公司城北自来水厂，2003年7月，更名为杭州余杭供水集团公司运河自来水厂。

水源在2000年12月底前为运河水，取水口设在博陆喜庵港。2000年12月28日，临平塘栖供水工程（一期）竣工通水后，水源改为苕溪水，取水口设在獐山奉口。由獐山自来水厂取原水送塘栖自来水厂加压后输送到运河自来水厂制水。

运河自来水厂供水范围为运河街道（镇）、临平街道、东湖街道、南苑街道、星桥街道和乔司街道（镇）等地。供水管理服务区域为运河街道（镇）。

2007年，运河自来水厂的设计供水规模为12万立方米/日。供水管道总长116079米，其中DN100及以上管道73602米。

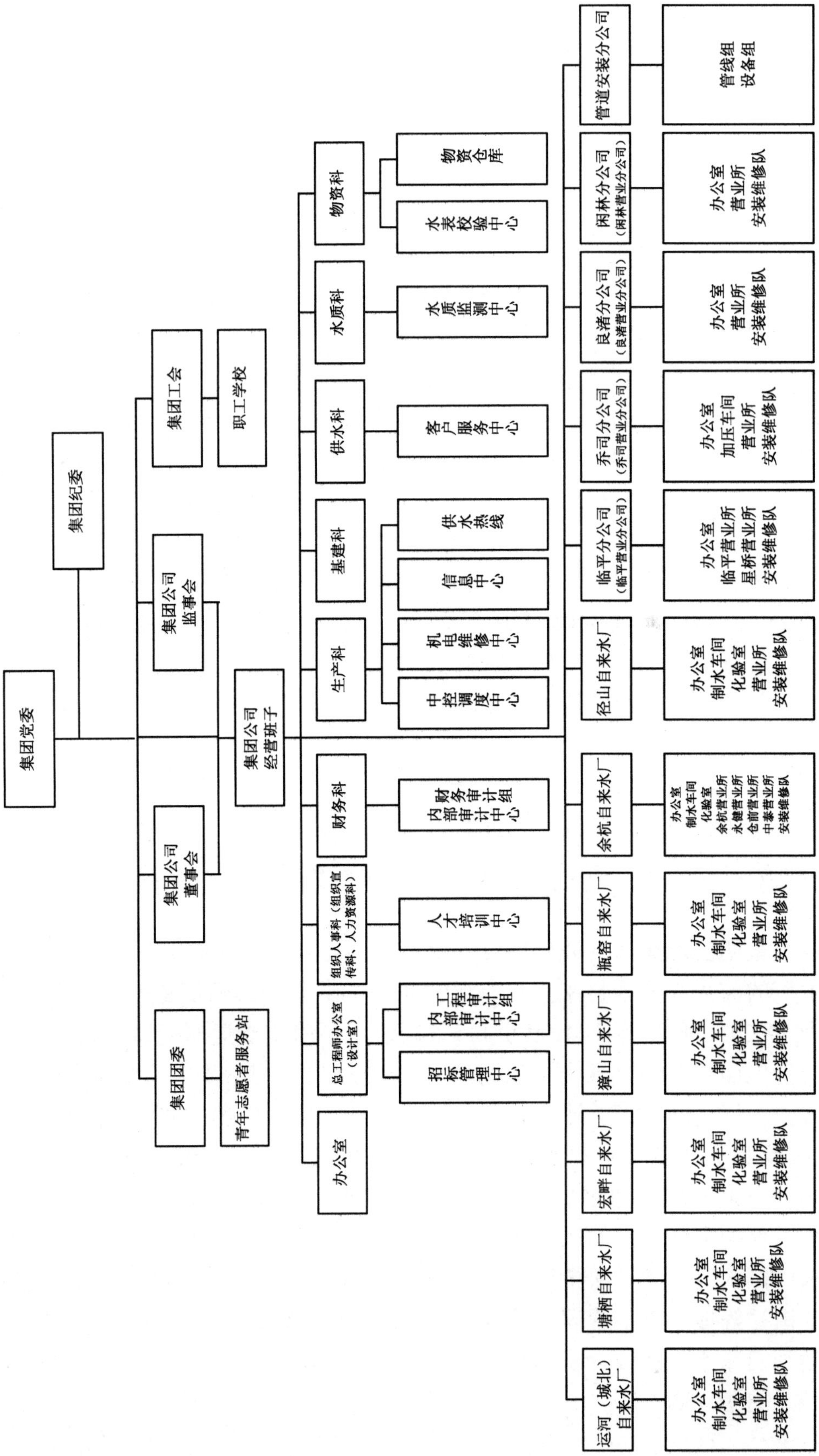

图 4-4　杭州余杭供水集团公司结构图

（2001年10月—2008年2月）

2007年，运河自来水厂供水客户为10541户，其中，居民生活用户9849户、非经营性用户36户、经营性用户656户（工业企业用户399户、商业用户251户、建筑业用户6户）。当年销售水量5217031立方米，占公司年售水总量的6.00%。

2007年，运河自来水厂在编职工为36人。内设办公室、制水车间（生产课、生产科）、化验室、营业所、安装维修队等五个科室。

杭州余杭供水集团公司塘栖自来水厂

塘栖自来水厂是余杭市临平、塘栖供水工程（一期）新建的自来水厂。原塘栖镇自来水厂于1999年8月由余杭市自来水总公司兼并，新水厂建成后，老水厂停止运行，原生产厂房和设备后因塘栖镇城镇建设需要拆除。

新水厂坐落在塘栖镇钟家墩村，塘栖工业区内（09省道边），厂区占地面积30248.2平方米（45.37亩），仓储用地位于水厂西侧，占地面积16591.8平方米（24.89亩）。

水厂于1999年5月28日开工建设，2000年12月28日竣工通水。设计供水规模6万立方米/日，2005年1月应急工程（扩大供水规模）竣工，实际供水能力增加到9万立方米/日。同时，水厂具有12万立方米/日的原水加压能力，将獐山自来水厂送来的原水经加压后输送到运河自来水厂。

塘栖自来水厂水源为苕溪水，由獐山自来水厂从獐山奉口的苕溪中提取原水后输送到塘栖自来水厂制水。

塘栖自来水厂供水范围为塘栖镇、杭州钱江经济开发区、临平街道、东湖街道、南苑街道、星桥街道和乔司镇。供水管理服务区域为塘栖镇（不含莫家桥村、三星村、西河村、宏畔村、柴家坞村和泰山村）和钱江经济开发区。

塘栖自来水厂2007年供水管道总长398333米，其中DN100及以上管道132689米。

2007年，塘栖自来水厂供水客户为18434户，其中，居民生活用户16825户、非经营性用户51户、经营性用户1518户（工业企业用户339户、商业用户1151户、建筑业用户28户），特殊行业用户39户、其他用户1户。当年销售水量7690296立方米，占公司年售水总量的8.73%。

2007年，塘栖自来水厂在编职工为38人。厂内设办公室、制水车间（生产课、生产科）、化验室、营业所、安装维修队等五个科室。

杭州余杭供水集团公司宏畔自来水厂

宏畔自来水是余杭区临平、塘栖供水工程（二期）新建的自来水厂，坐落在塘栖镇三星村（塘康公路边），占地面积57793.8平方米（86.69亩）。

水厂于2005年9月1日开工建设，2006年12月31日竣工通水。设计供水规模为13万立方米/日，实际供水能力能达到15万立方米/日。

宏畔自来水厂水源为苕溪水，由獐山自来水厂在獐山奉口取原水后输送到宏畔自来水厂制水。

宏畔自来水厂供水范围为崇贤街道（镇）、临平街道、东湖街道、南苑街道和乔司街道（镇）。供水管理服务区域为崇贤街道（镇）和塘栖镇的莫家桥村、三星村、西河村、宏畔村、柴家坞村及泰山村。

2007年，宏畔自来水厂供水管道总长501232米，其中DN100及以上管道108989米。宏畔自来水厂2007年供水客户16095户，其中，居民生活用户15312户、非经营性用户31户、经营性用户744户（工业企业用户372户、商业用户357户、建筑用户15户）、特种行业用户4户、其他用户4户。当年销售水量5458838立方米，占公司年售水总量的6.20%。

2007年，宏畔自来水厂在编职工35人。厂内设办公室、制水车间、化验室、营业所、安装维修队等五个科室。

杭州余杭供水集团公司獐山自来水厂

獐山自来水厂是余杭市临平、塘栖供水工程新建的自来水厂，坐落在仁和街道（獐山镇）奉口村（东苕溪边），占地面积22738.3平方米（34.11亩）。

水厂一期工程于1999年5月28日开工建设，2000年12月28日竣工通水，设计供水规模为1万立方米/日；二期扩建工程于2004年7月26日开工建设，当年12月31日竣工通水，原设计规模为新增1万立方米/日，实际二期扩建工程竣工后合计供水能力能达到3万立方米/日。同时，水厂有30万立方米/日的取水能力，除本厂制水外，供塘栖、宏畔和运河自来水厂原水。

獐山自来水厂水源为苕溪水，取水口设在东苕溪奉口。獐山自来水厂供水范围为仁和街道（镇）（2001年8月前为东塘镇、獐山镇、云会乡）和良渚街道（镇），供水管理服务区域为仁和街道（镇）。

獐山自来水厂2007年供水管道总长631521米，其中DN100及以上管道135927米。

2007年，獐山自来水厂有供水客户16723户，其中，居民生活用户16150户、非经营性用户36户、经营性用户530户（工业企业用户323户、商业用户190户、建筑业用户17户）、特种行业用户7户。当年销售水量4203383立方米，占公司年售水总量的4.78%。

2007年，獐山自来水厂在编职工33人。厂内设办公室、制水车间（生产课、生产科）、化验室、营业所、安装维修队等五个科室。

杭州余杭供水集团公司余杭自来水厂

1999年7月，余杭市自来水总公司兼并余杭镇自来水厂和余杭镇永建自来水厂，更名为余杭市余杭自来水厂。2000年5月更名为余杭市供水集团有限公司余杭自来水厂，2001年12月，杭州余杭供水集团公司成立后，更名为杭州余杭供水集团公司余杭自来水厂，厂址分为三处：苕溪制水车间坐落在余杭街道（镇）张家弄底余杭闸东侧，占地面积1307.36平方米（1.96亩）；南湖制水车间坐落在余杭街道（镇）城西路（宝塔村），占地面积5567.6平方米（8.35亩）；厂部办公楼原在余杭街道（镇）车站路11号（现安乐西路），占地面积3633.4平方米（5.45亩）。2003年7月，因余杭街道（镇）城镇建设需要厂部办公楼拆除。2005年4月，杭州余杭供水集团公司在余杭街道（镇）城东路（宝塔村）新建水厂综合办公楼，占地面积5849.3平方米（8.77亩）。

余杭自来水厂设计供水规模为1.5万立方米/日。水源为南苕溪水（南湖水为备用水源），取水口设在余杭闸东侧的南苕溪边。

2002年8月1日与2002年9月16日，杭州余杭供水集团公司先后兼并了仓前街道（镇）自来水厂和中泰街道（乡）自来水厂后，将该两水厂并入余杭自来水厂，并关停了两水厂的制水生产系统，供水管网连通后，由余杭自来水厂供水。原仓前、中泰水厂分别更名为余杭自来水厂仓前营业所和中泰营业所。

图4－5　杭州余杭供水集团公司余杭自来水厂综合楼

2002年11月，由杭州自来水总公司（九溪水厂）趸售供水的余杭、闲林供水工程竣工通水，在仓前街道（镇）林场村的DN800管道和闲林街道（镇）文卫路三岔路口的DN400管道上共开通2个趸售点，核定趸售水量为4.5万立方米/日（包括供应余杭镇、闲林镇、仓前镇和中泰乡）。2006年5月和11月，先后又在02省道五常荆山村的DN600管道和文一西路嘉泰学院的DN1000管道上新增2个趸售点，核定趸售水量提高到10万立方米/日，基本满足了余杭组团自来水的需求，余杭自来水厂的1.5万立方米/日供水能力留作备用。

余杭自来水厂的供水管理服务区域为余杭街道（镇）、仓前街道（镇）和中泰街道（乡）。

2007年，余杭自来水厂供水管道总长1100757米，其中，DN100及以上管道242560米。

2007年，余杭自来水厂有供水客户26276户，其中，居民生活用水23880户、非经营性用户166户、经营性用户2100户（工业企业用户445户、商业用户1604户、建筑业用户51户）、特种行业用户126户、其他用户4户。当年销售水量7808040立方米，占公司年售水总量的8.87%。

2007年，余杭自来水厂在编职工60人。厂内设办公室、制水车间（生产课、生产科）、化验室、余杭营业所、永建营业所、仓前营业所、中泰营业所、安装维修队等八个科室。

杭州余杭供水集团公司瓶窑自来水厂

瓶窑自来水厂是原瓶窑镇自来水厂异地新（扩）建的自来水厂。瓶窑镇自来水厂于2001年7月由余杭区自来水总公司兼并，新水厂一期工程竣工通水后，老水厂停止生产运行。新水厂坐落在瓶窑镇闻溪路1号（杭州公交348路站对面），占地面积23466.68平方米（35.2亩）。老水厂留用土地分为三处：制水车间（瓶窑镇窑山顶），占地面积4950.4平方米（7.43亩）；办公楼、取水泵房、仓库等（西溪街60号），占地面积2249.8平方米（3.37亩）；彭公制水车间（彭公集镇边山坡上原彭公乡自来水厂），占地面积900.25平方米（1.35亩）。

瓶窑自来水厂异地新建一期工程于2001年11月28日开工建设，2003年3月6日竣工通水，设计供水规模2.5万立方米/日；二期扩建工程于2004年4月8日开工建设，当年12月28日竣工通水，新增供水规模为2.5万立方米/日，二期工程合计供水规模为5万立方米/日。

瓶窑自来水厂水源为苕溪水，取水口设在东苕溪羊山湾。

瓶窑自来水厂供水范围为瓶窑镇和良渚街道（镇），供水管理服务区域为瓶窑镇。

2007年，瓶窑自来水厂供水管道总长382933米，其中DN100及以上管道107131米。

2007年，瓶窑自来水厂有供水客户11502户，其中，居民生活用户10606户、非经营性用户96户、经营性用户782户（工业企业用户277户、商业用户470户、建筑业用户35户）、特种行业用户18户。当年销售水量3950766立方米，占公司年售水总量的4.49%。

2007年，瓶窑自来水厂在编职工37人。厂内设办公室、制水车间（生产课、生产科）、化验室、营业所、安装维修队等五个科室。

杭州余杭供水集团公司径山自来水厂

径山自来水厂的前身是潘板镇自来水厂，2004年2月开始异地重建，2006年4月由杭州余杭供水集团公司兼并后再优化扩建。水厂新址分二处：制水车间位于径山镇四岭村海拔45米的小山头山顶，占地面积10098.8平方米（15.15亩）；办公经营综合楼位于径山镇龙皇大道（潘板桥村），占地面积4817.1平方米（7.23亩）。老水厂占用土地分为三处：潘板镇自来水厂取水泵房（感塘村）338.9平方米（0.51亩）；潘板镇自来水厂办公楼（潘板集镇）1547.3平方米（2.32亩），长乐净水厂区690平方米（1.03亩，含山顶水池、原为长乐镇自来水厂）。

径山自来水厂异地重建工程于2004年2月开工建设，当年10月厂区和主干管初步建成，通水至双溪、潘板桥和长乐三集镇（未供水到村），供水规模为1.25万立方米/日。2006年6月，杭州余杭供水集团公司优化径山供水工程，实施径山、黄湖供水工程，供水规模扩大到1.5万立方米/日（一期），并将供水管道逐步延伸到村供水到户，径山、黄湖供水一期工程于2007年8月建成通水。

2007年9月，杭州余杭供水集团公司兼并黄湖镇自来水厂，并入径山自来水厂，更名为径山自来水厂黄湖营业所，原黄湖镇自来水厂停止制水，由径山自来水厂供水。

径山、黄湖供水二期工程于2008年6月开工建设，2010年7月竣工，供水规模扩大到5万立方米/日。

径山自来水厂水源为四岭水库水，取水口设在水库发电厂出水口的潜水管处。

径山自来水厂供水范围为径山镇、黄湖镇，富余水供瓶窑镇和余杭街道（镇）。供水管理服务区域为径山镇和黄湖镇。

2007年，径山自来水供水管道总长131151米，其中DN100及以上管道28366米。

2007年，径山自来水厂有供水客户4784户，其中，居民生活用水户4549户、非经营性用户36户、经营性用户199户（工业企业用户95户、商业用户97户、建筑业用户7

户)。当年销售水量1588441立方米，占公司当年售水总量的1.80%。

2007年，径山自来水厂在编职工25人。厂内设办公室、制水车间(生产科)、径山营业所、黄湖营业所、安装维修队等五个科室。

杭州余杭供水集团公司临平分公司(临平营业分公司)

临平分公司前身是余杭市供水集团有限公司临平营业分公司，于2000年5月由原临平自来水厂营业所和安装队等部门组成。2006年10月更名为杭州余杭供水集团公司临平分公司。分公司地址设在临平景星观路西侧、临平山南麓，占地面积29929.1平方米(44.89亩)。

临平分公司经营的自来水按照供水集团公司生产调度中心的调度，由运河自来水厂、塘栖自来水厂或宏畔自来水厂提供。

临平分公司供水管理服务区域为临平街道、东湖街道、星桥街道、南苑街道(不含万常、天万、西安、联盟、红联、联胜、翁梅、高地、钱塘等社区及村)和余杭经济开发区。

2007年临平分公司供水管道总长946858米，其中DN100及以上管道254539米。

2007年，临平分公司有供水客户40972户，其中，居民生活用户36429户、非经营性用户326户、经营性用户3987户(工业企业用户547户、商业用户3372户、建筑业用户68户)、特种行业用户230户。当年销售水量30144896立方米，占公司年售水总量的34.24%。

2007年，临平分公司在编职工35人。分公司内设办公室、临平营业所、临平客户服务中心(2006年8月1日公司客户服务中心成立后撤销，营业厅划为临平营业所管理)、星桥营业所、安装维修队等四个科室。

杭州余杭供水集团公司乔司分公司(乔司营业分公司)

乔司分公司的前身是余杭市供水集团有限公司乔司营业分公司，于2000年5月由原临平第二水厂更名设立，2006年10月更名为杭州余杭供水集团公司乔司分公司。分公司地址设在乔司街道(镇)乔井路1-1号，占地面积3608平方米(5.41亩)。

乔司分公司经营的自来水按照供水集团公司生产调度中心的调度，分别由运河自来水厂、塘栖自来水厂或宏畔自来水厂提供。

乔司分公司供水管理服务区域为乔司街道(镇)和南苑街道的万常、天万、西安、联盟、红联、联胜、翁梅、高地、钱塘等社区(村)及杭州市江干区的九堡镇、下沙镇的部分区块与周边省、市属农场、监狱、铁路乔司编组站等单位。

2007年，乔司分公司供水管道总长483016米，其中，DN100及以上管道116312米。

2007年，乔司分公司有供水客户15692户，其中，居民生活用户14868户、非经营性用户51户、经营性用户768户(工业企业用户525户、商业用户235户、建筑用户8户)、特种行业用户4户，其他用户1户。当年销售水量12216148立方米，占公司年售水总量的13.87%。

2007年，乔司分公司在编职工22人。分公司内设办公室、加压车间(生产科)、营业所、安装维修队等四个科室。

杭州余杭供水集团公司良渚分公司（良渚营业分公司）

良渚分公司的前身是良渚镇自来水厂，2003年7月，杭州余杭供水集团公司兼并良渚镇自来水厂后，因水厂取用的良渚港水源达不到饮用水源卫生标准，关停了水厂的制水生产系统，改由瓶窑自来水厂和獐山自来水厂供水。同时，更名为杭州余杭供水集团公司良渚营业分公司，2006年10月，再度更名为杭州余杭供水集团公司良渚分公司。分公司地址设在良渚街道（镇）良港村，占地面积6827平方米（10.24亩）。同时，良渚街道（镇）老水厂（荀山村）留用土地1140平方米（1.71亩），良渚街道（镇）安溪水厂（港南村1组）留用土地2866平方米（4.30亩）。

良渚分公司经营的自来水由瓶窑自来水厂和獐山自来水厂提供。

良渚分公司供水管理服务区域为良渚街道（镇）（不含由杭州祥符水厂直接供水的良渚遗址管理区块）。

2007年，良渚分公司供水管道总长407653米，其中DN100及以上管道112982米。

2007年，良渚分公司有供水客户15134户，其中，居民生活用户14163户、非经营性用户76户、经营性用户871户（工业企业用户404户、商业用户435户、建筑业用户32户）、特种行业用户24户。当年销售水量5112342立方米，占公司年售水总量的5.81%。

2007年，良渚分公司在编职工26人，分公司内设办公室（生产科）、营业所、安装维修队等三个科室。

杭州余杭供水集团公司闲林分公司（闲林自来水厂）

1999年7月，余杭市自来水总公司兼并闲林镇自来水厂后，更名为余杭市闲林自来水厂。2000年5月更名为余杭市供水集团有限公司闲林自来水厂，2001年12月，更名为杭州余杭供水集团公司闲林自来水厂，2003年2月更名为杭州余杭供水集团公司闲林营业分公司，2006年10月更名为杭州余杭供水集团公司闲林分公司。分公司地址在闲林街道（镇）文卫路27号方家山脚（闲林公园内），总占地面积3609.21平方米（5.42亩）。其中，分公司驻地占地面积1632.67平方米（2.45亩），制水设施在方家山顶（闲林公园山顶）占地面积796.98平方米（1.20亩），里山桥泵房306.64平方米（0.46亩）、项家畈泵房475.92平方米（0.71亩）、陈公井397平方米（0.60亩）。

闲林自来水厂设计供水规模为0.48万立方米/日，水源为山溪山，取水口设在灵项溪上游里山桥的溪边，建大口井取水。1994年12月在项家畈另建一个备用的大口径取水点。由于水源地在夏季和冬季干旱时期水量少，同时要优先满足农田灌溉需要，因此，水源不能满足水厂的制水需要。

1999年6月至8月，余杭市自来水总公司实施了余杭至闲林的应急输水管道工程，将余杭自来水厂暂时富余的自来水转供给闲林镇，暂缓了闲林镇自来水的供需矛盾。2002年11月，由杭州自来水总公司九溪水厂趸售供水的余杭、闲林供水工程竣工通水，核定趸售水量为4.5万立方米/日（包括供应余杭镇、闲林镇、仓前镇和中泰乡）。2006年11月，核定趸售水量提高到10万立方米/日，由此，满足了闲林镇的用水需求，闲林自来水厂的供水能力留作备用（备用至 2010 年 7 月，因闲林镇城镇建设需要，里山桥取水泵房和方家山顶制水设施拆除，场地另用）。

闲林分公司的供水管理服务区域为闲林街道（镇）。

2007 年，闲林分公司供水管道总长 256929 米，其中 DN100 及以上管道 80545 米。

2007 年，闲林分公司有供水客户 10835 户，其中，居民生活用户 10187 户、非经营性用户 32 户、经营性用户 599 户（工业企业用户 210 户、商业用户 367 户、建筑业用户 22 户）、特种行业用户 15 户、其他用户 2 户。当年，销售水量 4655180 立方米，占公司年售水总量的 5.29%。

2007 年，闲林分公司在编职工 20 人，分公司内设办公室、营业所、安装维修队等三个科室。

杭州余杭供水集团公司管道安装分公司

管道安装分公司成立于 2006 年 1 月，位于临平景星观路西侧、临平山南麓，驻临平分公司内。前身是隶属于供水科的供水管道安装维修检漏中心。分公司的主要职责是：

——负责公司新建或改造 DN500（2007 年 12 月调整为 DN800）及以上输配水管网自建工程的施工建设管理及管线工程招标项目施工管理工作。2007 年 12 月新增职责：负责 DN800（含）以上供水管网建设和安装业务工程招投标管理工作，编制招标文件，包括编制工程量清单和标底；工程竣工通过后，移交相关分支机构负责日常维护管理。

——负责公司 DN500 及以上输配水管网的抢修、维修工作。

——负责公司供水区域内输配水管网的检漏工作。

——会同其他分支机构负责公司 DN500 及以上输配水管网的巡查和日常养护工作。

——负责对其他分支机构安装维修队的管道抢修、维护与安装工作进行业务指导，必要时参与抢修和安装工作。

——负责公司大型安装设备和专用车辆的维护保养和日常管理工作。

——创造条件，积极对外承担安装业务。

——完成公司领导布置的其他工作。

2007 年，管道安装分公司在编职工 10 人。

五、服务中心、仓库

杭州余杭供水集团公司根据生产运行和经营服务需要，先后设立 9 个服务中心与 1 个仓库，分别隶属于机关的相关科室。

机电设备维修中心

机电设备维修中心原为公司直属中心，成立于 2001 年 12 月，2003 年 2 月调整隶属于生产科管理，中心驻塘栖自来水厂。主要职责：负责编制公司各分支机构的设备大修计划；负责公司机关和各分支机构的微机管理；负责对各分支机构生产设备的大修、抢修、保养，指导各分支机构的设备维护；负责在线仪表的检修、校验；负责塘栖自来水厂内部设备、高配的维护、维修。

2007年，机电设备维修中心在编职工3人。

水表校验中心

水表校验中心建立时名称为水表校验管网检测中心，为公司直属中心，成立于2001年1月。2003年2月，中心承担的管网检漏职能划入供水管道安装维修中心，更名为水表校验中心，职能调整后隶属物资科管理。中心驻临平星火村（临平山北麓）原临平自来水厂仓库。主要职责：负责公司各水厂计量用户的水表校验、维修；承接用户内部水表维护、校验业务。

2007年，水表校验中心在编职工5人。

水质监测（化验）中心

水质化验中心建立于2001年12月，驻公司管理大楼九楼，隶属水质科。主要职责：负责对各分支机构原水、出厂水每月一次的全分析，每周一次对各供水网点管网水的检测；负责指导、监督、抽查各水厂化验室的日常常规化验项目，督促水厂化验室遵照《生活饮用水卫生标准》和化验室内部标准做好水质常规化验工作；处理各水厂在水处理过程中的有关水质技术问题；负责对各水厂水处理中的原材料分析；负责对水厂化验仪表的校正和标准溶液的标定。

2007年，水质化验中心在编职工5人。

中控调度中心

中控调度中心建立于2001年12月，驻公司管理大楼四楼，隶属生产科。主要职责：负责对各水厂及在线管网的运行监测控制；负责对各水厂的生产运行 进行调控；晚上承担供水热线的服务职责。

2007年，中控调度中心在编职工4人。

客户服务中心（供水热线）

供水热线由余杭市自来水总公司于2000年5月建立，驻公司管理大楼四楼。2001年12月杭州余杭供水集团公司机关科室设置后，隶属于生产科。主要职责：受理客户来电咨询、投诉和举报，接受客户的批评和建议；宣传供水、节水有关法律、法规、政策和各项规定，宣传公司的制度、行风建设标准和职业道德规范。

客户服务中心于2006年8月1日建立，2007年1月，供水热线并入客户服务中心。客户服务中心（含供水热线），隶属供水科管理。晚间供水热线来电时，由中控调度中心人员代为受理，次日办好来电交接。

主要职责：

——负责客户服务项目的策划和组织实施；

——负责对各分支机构客户服务工作进行指导和监督检查；

——负责对各分支机构客户管理进行指导和监督检查；

——负责制定对客户的管理和服务规范；

——负责呼叫中心的工作（承担供水热线的职能）；

——负责管理客户期望，对涉及供水服务的客户信访（来电、来信、来访和电子邮件）进行统计分析，提出改进措施；

——负责组织开展对客户的回访调查、供水服务质量的测评等；

——完成公司领导和供水科布置的其他工作。

2007 年，客户服务中心在编职工 5 人（其中，供水热线 2 人）。

招标管理中心

招标管理中心建立于 2007 年 1 月，隶属总工程师办公室，负责公司工程建设、物资采购等招标投标的日常管理工作。主要职责：

——根据招投标的相关法律、法规和规定，负责拟定公司招标投标管理办法；

——负责上报由公司组织的招标计划，确定招标实施方案；

——负责协调和办理进入区交易中心招标项目的招标手续（一般为公开招标项目）；

——负责公司组织的招标日常管理工作（一般为邀请招标项目）；

——负责推荐各类评标专家参加公司招投标专家库；

招标管理中心在公司招标领导小组的领导下开展工作，接受供水集团纪委和公司监事会的监督。

招标管理中心人员由总工程师办公室人员兼任。

信息中心

信息中心建立于 2007 年 1 月，隶属于生产科。主要职责：

——负责公司计算机软件管理，确保公司各信息系统高效、安全和规范运行；

——负责牵头公司信息系统的建设、完善和维护工作；

——负责各项外购应用软件的安装、升级、维护工作；

——负责对各部门软件使用情况的监督和管理工作；

——负责公司计算机的采购、调配和维修工作，协助各部门做好计算机的日常管理和维护工作；

——负责公司网站的日常管理工作；做好网络配置和设置工作；做好网站管理权限保密工作；定期对系统进行检查；定期升级杀毒软件和查杀计算机病毒；保证系统正常运行；对系统或网站出现的异常现象，及时组织人员进行分析，制订处理方案，采取积极措施，保证网站网页不得含有危害国家和社会稳定的信息和不健康的内容，及时做好数据的备份工作，做好归档工作。

2007 年，信息中心在编职工 2 人。

内部审计中心

内部审计中心设立于 2005 年 8 月，在总经理直接领导下开展工作，依照国家法律、法规和政策，以及公司的内部审计制度，对公司的经营管理活动独立进行审计监督，对总经理负责并报告工作，审计业务自觉接受审计局的指导和监督。主要职责：

——负责制定公司内部审计制度；

——负责制订公司年度审计计划；

——负责审计公司年度预算和执行情况；

——负责审计公司财务收支及有关经济活动；

——负责审计各分支机构经济指标执行情况和有关经济活动；

——负责工程概、预算和竣工决算的审计；

——负责总经理交办的其他审计事项；

——负责接受区审计局的委托审计或要求配合审计的事项。

内部审计中心下设财务和工程两个专业审计组，分别设在财务科和总工程师办公室。

人才培训中心、职工学校

人才培训中心建立于2001年1月，隶属于人力资源科。主要职责：负责管理公司专业技术人员的继续教育，组织在编职工开展技术培训、岗位技能培训和上岗证培训，负责职工在职学历教育管理工作。培训中心管理人员由人力资源科人员兼任。

2006年2月，公司在原人才培训的基础上成立了在党委统一领导下的杭州余杭供水集团公司人才培训中心和杭州余杭供水集团公司职工学校，实行“一套班子、二块牌子”运行管理，中心与学校隶属于组织人事科。活动场所设在公司三楼，主要职责：

——制订公司干部、职工的技能培训计划并组织实施；制定和完善人才培训中心和职工学校的有关制度和规定；建立和完善干部职工的学习培训档案。

——学习、贯彻落实集团党委的各项指导要求，引导干部、职工把思想统一到党委各项决策上来，落实到实际工作中去。

——有组织、有计划地举办各类学习、教育培训班。抓好中层干部轮训、党员和入党积极分子培训、职工专业技能集训等工作。

——结合上级要求和公司理论教育、思想政治工作、干部管理与考核、党建工作与供水工作的实际，适时开展理论研究，为党委当好参谋助手。

物资仓库

公司物资仓库设立于2001年12月，位于临平景星观路西侧、临平山南麓，驻临平分公司内。隶属于物资科。主要职责：负责公司物资材料的采购、供应、调配、进出仓、发送等工作，确保生产所需物资；负责对仓库物资的保管及防火、防盗等安全工作，做好仓储管理，保证物资供应；负责山北富达日用炊具厂、超山泵房机器设备、闲置资产的保管。

2007年年底，物资仓库在编职工4人。

六、排水机构筹建组

2007年12月，杭州余杭供水集团公司根据余杭区委、区政府关于组建杭州余杭水务有限公司的决定，为保证在组建期间有序地开展各项相关工作，有利排水管理工作平稳过渡。在水务公司正式成立之前，供水集团公司在公司机关设立了排水处筹建组、绩效管理处筹建组等2个处室，同时设立临平、塘栖、良渚、余杭等4个排水分公司筹建组和1个水务设施安装分公司筹建组等5个部门，各筹建组分别负责在杭州余杭排水有限公司交接期间的日常排水管理和排水工程建设管理等相关工作。

七、中共党组织

1. 组织机构

中共杭州余杭供水集团委员会、中共杭州余杭供水集团纪律检查委员会于 2001 年 11 月 29 日建立，分别隶属于中共杭州市余杭区委员会和中共杭州市余杭区纪律检查委员会。

杭州余杭供水集团党委下设 13 个基层党组织，其中，中共杭州余杭供水集团公司机关支部委员会同时隶属区直机关党工委。

2008 年 3 月，杭州余杭供水集团公司与杭州余杭排水有限责任公司合并重组为杭州余杭水务有限公司。中共余杭区委 2009 年 1 月 12 日批复："同意将中共杭州余杭供水集团委员会更名为中共杭州余杭水务有限公司委员会，隶属中共杭州余杭城市建设集团有限公司委员会管理。"城建集团公司党委于 2009 年 6 月 5 日发文任命了杭州余杭水务有限公司党委书记，6 月 30 日发文任命了水务有限公司党委委员和纪律检查委员会书记。

在 2008 年 3 月—2009 年 6 月期间，杭州余杭水务有限公司党的组织工作仍由原供水集团党委班子承担。

2. 党员

2001 年 11 月，在组建杭州余杭供水集团公司时，有 4 个基层党支部，其中，隶属供水集团党委的党支部有临平自来水厂党支部、临平第二水厂党支部和余杭区人民政府节约用水办公室党支部等 3 个基层党组织，供水集团公司机关党支隶属区直机关党工委。供水集团公司共有共产党员 50 名（包括退休职工党员 9 名），其中，正式党员 46 名，预备党员 4 名。

2002 年 1 月，经中共余杭区委组织部批准，将兼并到供水集团公司的塘栖自来水厂、余杭自来水厂、闲林自来水厂和瓶窑自来水厂的党支部隶属关系由原所在地的镇党委管理调整至供水集团党委管理。由此，杭州余杭供水集团党委建立了城北、塘栖、獐山、余杭、闲林、瓶窑自来水厂党支部和临平营业分公司、乔司营业分公司党支部及供水集团联合党支部等 9 个基层党组织，供水集团公司机关党支部隶属于区直机关党工委。当年供水集团公司共有共产党员 85 名（包括退休职工党员 9 名），其中，正式党员 80 名、预备党员 5 名。

2008 年 2 月，杭州余杭供水集团党委将基层党组织调整为运河、塘栖、宏畔、獐山、余杭、瓶窑、径山自来水厂党支部和临平、乔司、闲林、良渚分公司党支部及管道安装分公司党支部等 12 个党支部，供水集团公司机关党支部隶属于区直机关党工委。当年供水集团公司共有正式党员 132 名（包括退休职工党员 8 名）。

自 2001 年 11 月至 2008 年 2 月，供水集团党委先后发展新党员 35 名，新招职工和调入的职工中有党员 47 名（其中预备党员 10 名）。先后有 45 名预备党员经组织考察后，全部按期转为中共正式党员。历年供水集团基层党组织和党员概况见附表 4－11。

表 4－11　　　　**杭州余杭供水集团历年党组织和党员概况**

年、月	党支部			党员总人数（人）	正式党员			预备党员			公司在编职工（人）	党员占职工人数比例（%）
	个	隶属关系			小计（人）	其中		小计（人）	其中			
		区直机关党工委	集团党委			在编职工党员	退休职工党员		公司发展新党员	新招和调入职工中的预备党员		
2001.11	4	1	3	50	46	37	9	4	1	3	324	15.43
2002.1	10	1	9	85	80	71	9	5	0	5	343	24.78
2003.3	10	1	9	89	84	77	7	5	3	2	341	26.10
2004.3	11	1	10	108	99	91	8	9	9	0	394	27.41
2005.4	11	1	10	115	105	99	6	9	9	0	398	28.89
2006.2	13	1	12	118	113	106	7	5	5	0	409	28.85
2007.2	13	1	12	133	125	117	8	8	8	—	456	29.17
2008.2	13	1	12	132	132	124	8	0	—	—	464	28.45
小计	—	—	—	—	—	—	—	45	35	10	—	—

八、群团组织

1．工会　杭州余杭供水集团工会成立于 2002 年 4 月，隶属于杭州市余杭区总工会。成立当年下设 9 个基层工会，有工会会员 348 人，至 2007 年有基层工会 13 个，工会会员 461 人。供水集团工会委员会由 5 人组成，设主席 1 人、副主席 1 人、委员 3 人；工会经费审查委员会由 3 人组成，设主任 1 人、委员 2 人；工会女职工委员会由 3 人组成，设主任 1 人、委员 2 人。

2．共青团　杭州余杭供水集团团委成立于 2002 年 4 月，隶属于共青团杭州市余杭区委员会。成立当年下设 7 个团支部，有共青团员 82 名（其中超龄团员 30 名），至 2007 年，基层团支部调正为 6 个，有共青团员 79 名。共青团杭州余杭供水集团委员会由 5 人组成，设书记 1 人、副书记 1 人、委员 3 人。

3．青年志愿者服务站　2002 年 4 月，原余杭区供水集团有限公司青年志愿者服务总站更名为杭州余杭供水集团公司青年志愿者服务总站，下设 12 个分站，至 2007 年有团员、青年志愿者 167 人。

第三节　杭州余杭水务有限公司

杭州余杭水务有限公司位于杭州市余杭区南苑街道藕花洲大街231号。

一、机构性质

2008年3月，杭州余杭供水集团有限公司与杭州余杭城市排水有限责任公司合并重组为杭州余杭水务有限公司。

杭州余杭水务有限公司为企业化管理的国有独资公司，隶属于杭州余杭城市建设集团有限公司。水务公司员工按照“老人老办法、新人新办法”原则，实行“身份保留、分类管理”。按照《中华人民共和国公司法》和国有公司法人治理机构，建立相应组织框架。

图4－6　杭州余杭水务有限公司综合楼

2013年5月，杭州余杭水务有限公司划归杭州市余杭区住房和城乡建设局管理。

二、主要职责

杭州余杭水务有限公司主要职责是：负责供排水系统的统一管理和运行；负责经营供排水系统国有资产，促使国有资产保值、增值；参与供排水工程规划、设计、建设和中水回用；发挥行业优势，多渠道吸纳人才、资金和管理经验，加速推进供排水设施建设步伐；依托技术、管理、资本、人才等优势，促进水务产业不断壮大。

杭州余杭水务有限公司在2008年3月成立时，资产总额为17.02亿元，其中，流动资产4.04亿元，固定资产12.98亿元。公司负债10.59亿元，净资产6.43亿元。公司注册资本2.68亿元。经过五年的发展，至2012年年底，公司资产总额达到42.22亿元，其中，流动资产13.98亿元，固定资产28.24亿元。公司负债25.42亿元，净资产16.80亿元。

三、内设机构

杭州余杭水务有限公司设立董事会、监事会和经营班子。同时，公司建立党委、纪委及工会、团委、妇委会等群团组织。

公司机关在2008年3月—2011年3月设立办公室、组织人事处（内设职工学校）、绩效管理处、规划设计处（内设招标管理中心、内部审计中心、同时挂设计室牌子）、生产处（内设生产调度中心、信息中心）、供水处（内设客户服务中心）、排水处、财务处、建设处和物资处（内设水表校验中心）等 10 个处室、6 个中心、1 座学校。其中，组织人事处和绩效管理处实行“二块牌子一套班子”合署办公。

2011 年 4 月，公司机关设置调整为办公室、人力资源部、财务部（内设内部审计中心）、规划审计部、生产运行部（内设生产调度中心、信息中心）、工程建设部、营业服务部（内设客户服务中心、水表校验中心）和物资管理部（内设物资仓库）等 8 个部室、5 个中心和 1 个仓库。

2013 年 7 月，将生产运行部管理的信息中心单列，设立公司信息管理部。

公司分支机构在 2008 年 1 月—2011 年 3 月设立临平供水分公司、乔司供水分公司、运河供水分公司（2010 年 1 月，更名为运河分公司）、塘栖供水分公司、宏畔供水分公司、仁和供水分公司、良渚供水分公司、余杭供水分公司、闲林供水分公司、瓶窑供水分公司、径山供水分公司（2008 年 12 月更名为径山分公司）和临平排水分公司、塘栖排水分公司、良渚排水分公司、余杭排水分公司与水务设施安装分公司、水质监测中心等 17 个部门。

2011 年 4 月公司分支机构设置调整为城北分公司、城南分公司、乔司分公司、运河分公司、塘栖分公司、崇贤分公司、仁和分公司、良渚分公司、余杭分公司、闲林分公司、瓶窑分公司、径山分公司、水务设施安装分公司和水质监测中心等 14 个部门。

水务公司职工人数在 2008 年 3 月成立时有在编职工 644 人，编外用工 126 人，合计 770 人。至 2012 年年底，有在编职工 828 人（含外借人员）、编外用工 296 人，合计 1124 人。

杭州余杭水务有限公司组织结构图见图 4－7。

四、分支机构

城北分公司（2008 年 3 月—2011 年 4 月为临平供水分公司和临平排水分公司管理临平城北区块）

负责印染区块污水处理厂的生产；负责临平·东湖街道、余杭经济技术开发区（部分）的供排水管理与服务、污水收集与水处理设施的建设和管理工作。内设办公室、污水处理车间、水质监测室、营业所、工程科等五个部门。

城南分公司（2008 年 3 月—2011 年 4 月为临平供水分公司和临平排水分公司管理临平城南区块）

负责南苑街道（部分）和星桥街道的供排水管理与服务、污水收集与水处理设施的建设和管理工作。内设办公室、泵站管理所、营业所、工程科等四个部门。

乔司分公司（2008 年 3 月—2011 年 4 月为乔司供水分公司和临平排水分公司管理乔司区块）

负责乔司和南苑加压泵站的管理，负责乔司街道、南苑街道（钱塘、五科、高地、翁梅、联胜、红联、天万、万常等 8 个村）的供排水管理与服务、污水收集与水处理设施的建设和管理工作。内设办公室、泵站管理所、营业所、工程科等四个部门。

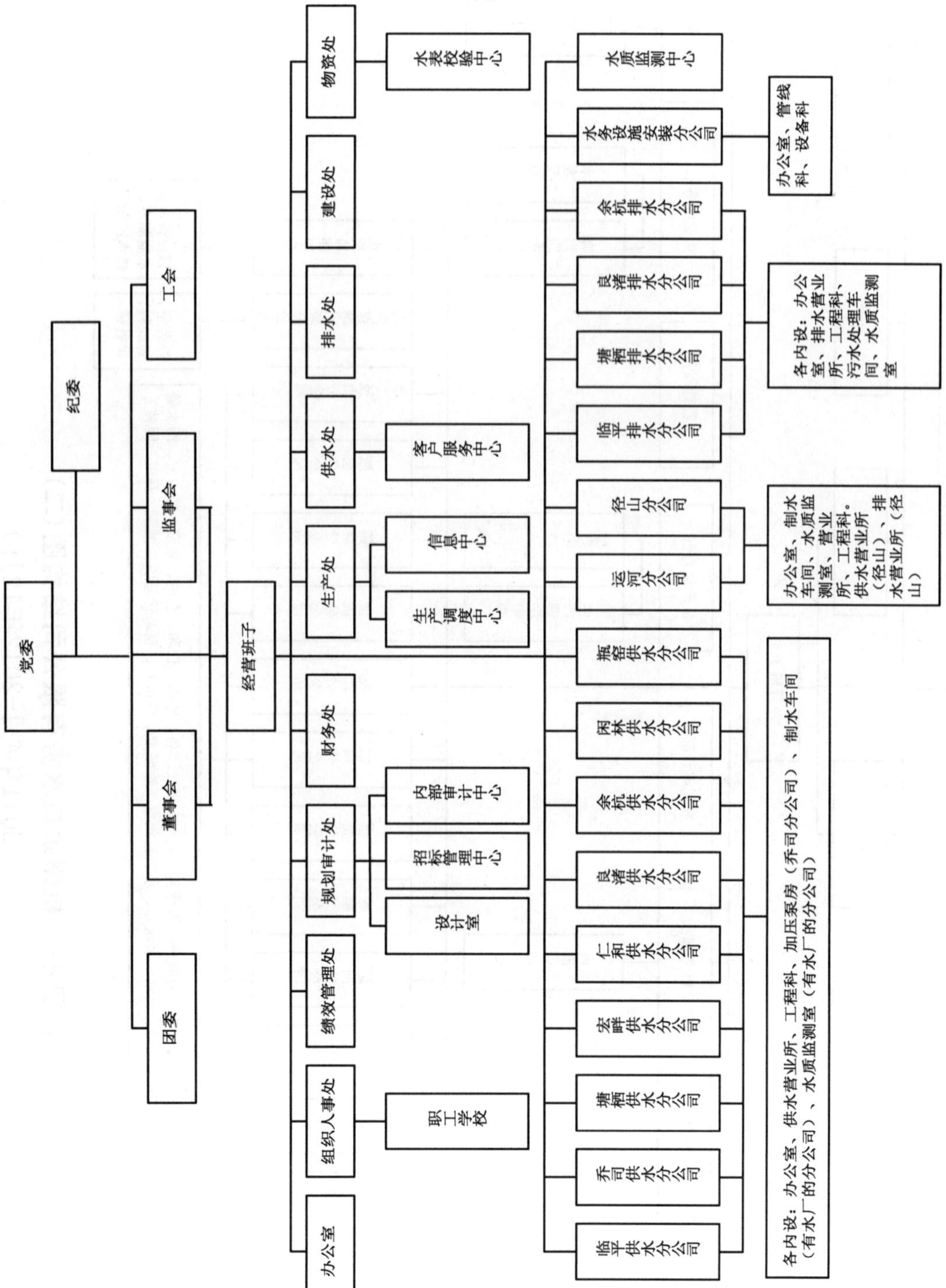

图 4-7　杭州余杭水务有限公司结构图（一）

（2008年3月-2011年3月）

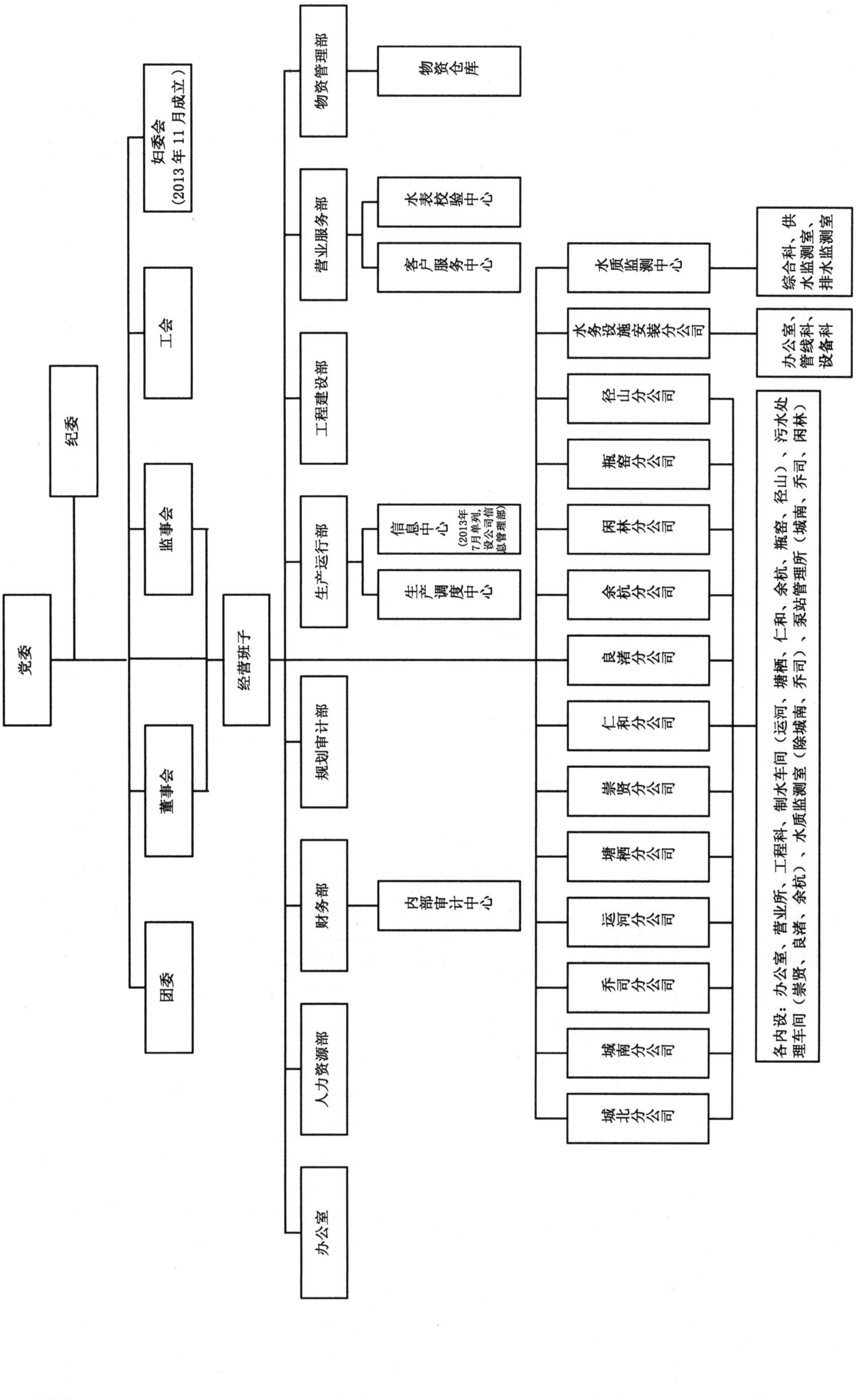

续图 4-7　杭州余杭水务有限公司结构图(二)

（2011年4月-2012年12月）

运河分公司（2008 年 3 月—2010 年 1 月为运河供水分公司和临平排水分公司管理运河区块）

负责运河自来水厂的生产和博陆取水口的管理工作，负责余杭经济技术开发区（部分）、运河街道的供排水管理与服务、污水收集与水处理设施的建设和管理工作。内设办公室、制水车间、水质监测室、营业所、工程科等五个部门。

塘栖分公司（2008 年 3 月—2011 年 4 月为塘栖供水分公司、宏畔供水分公司和塘栖排水分公司管理塘栖区块）

负责塘栖、宏畔自来水厂的生产和塘栖污水处理厂的管理；负责塘栖镇和杭州钱江经济开发区的供排水管理与服务、污水收集与水处理设施的建设和管理工作。内设办公室、塘栖制水车间、宏畔制水车间、水质监测室、营业所、工程科等六个部门。

崇贤分公司（2008 年 3 月—2010 年 4 月为宏畔供水分公司和塘栖排水分公司管理崇贤区块）

负责崇贤污水处理厂的生产；负责崇贤街道的供排水管理与服务、污水收集与水处理设施的建设和管理工作。内设办公室、污水处理车间、水质监测室、营业所、工程科等五个部门。

仁和分公司（2008 年 3 月—2011 年 4 月为仁和供水分公司和塘栖排水分公司管理仁和区块）

负责獐山自来水厂和仁和自来水厂的生产，负责临平塘栖供水区域的取水工作和三白潭取水口的管理；负责仁和街道、大运河工业区的供排水管理与服务、污水收集与水处理设施的建设和管理工作。内设办公室、制水车间、水质监测室、营业所、工程科等五个部门。

良渚分公司（2008 年 3 月—2011 年 4 月为良渚供水分公司和良渚排水分公司管理良渚区块）

负责良渚污水处理厂的生产，负责良渚街道的供排水管理与服务、污水收集与水处理设施的建设和管理工作。内设办公室、污水处理车间、水质监测室、营业所、工程科等五个部门。

余杭分公司（2008 年 3 月—2011 年 4 月为余杭供水分公司和余杭排水分公司管理余杭区块）

负责余杭自来水厂和余杭污水处理厂的生产；负责余杭街道、中泰街道的供排水管理与服务、污水收集与水处理设施的建设和管理工作。内设办公室、制水车间、污水处理车间、水质监测室、余杭营业所、永建营业所、中泰营业所、工程科等八个部门。

闲林分公司（2008 年 3 月—2011 年 4 月为闲林供水分公司和余杭排水分公司管理闲林区块）

负责闲林街道、仓前街道和五常街道的供排水管理与服务、污水收集与水处理设施的建设和管理工作。内设办公室、泵站管理所、水质监测室、闲林营业所、仓前营业所、工程科等六个部门。

瓶窑分公司（2008 年 3 月—2011 年 4 月为瓶窑供水分公司和良渚排水分公司管理瓶窑区块）

负责瓶窑自来水厂的生产；负责瓶窑镇的供排水管理与服务、污水收集与水处理设施的建设和管理工作。内设办公室、制水车间、水质监测室、营业所、工程科等五个部门。

径山分公司（2008 年 3 月—12 月为径山供水分公司管理区块）

负责径山自来水厂的生产和舟枕泵站的管理工作，负责径山镇、黄湖镇、鸬鸟镇、百丈镇的供排水管理与服务、污水收集与水处理设施的建设和管理工作。内设办公室、制水车间、水质监测室、径山营业所、黄湖营业所、百丈营业所、工程科等六个部门。

水务设施安装分公司

2008 年 3 月，在原供水集团公司管道安装分公司的基础上建立。2009 年 4 月公司驻地从景星观路西侧迁至临平街道建富村（五洲路）。

负责供排水主干管的安装和维修；负责自来水厂、污水厂、供水加压泵站、污水泵站和管线仪表等设备的安装和维修；负责供排水管道的检漏工作。内设办公室、管线科、设备科等三个部门。

2013 年 10 月，在水务设施安装分公司的基础上，成立“杭州余水市政工程有限公司”。

2014 年 2 月，分公司设备科划入公司生产运行部，更名为设备维修中心。

水质监测中心

2009 年 6 月，中心驻地从公司管理大楼九楼迁至星桥街道藕花洲大街西段 158 号。

负责供排水的水质监督检验工作，负责临平（部分）、乔司区域供排水水质检验工作，协助生产运行部做好水质管理工作。内设综合科、供水监测室、排水监测室等三个部门。

杭州余杭水务有限公司各分公司管理服务范围见附表 4 - 12。

表 4 - 12　　杭州余杭水务有限公司各分公司管理范围

序号	分公司	供排水管理与服务范围	厂、供水泵站	污水泵站（截至 2013 年）
1	城北分公司	临平、东湖街道、余杭经济技术开发区（北起运河分公司和塘栖分公司管辖分界线，南至临平上塘河）。	余杭经济技术开发区印染区块污水处理厂	振兴路泵站、东湖路泵站、五洲路泵站、道古寺泵站、保健路泵站（井式）
2	城南分公司	南苑街道（新丰、新安、长树、东湖、苏家村和东安、新城、河南埭、保障桥社区、西安和联盟村）和星桥街道（北起临平上塘河，南至乔司分公司管辖分界线和星桥街道）。	—	人民路泵站、临平总泵站、城西泵站、世纪大道泵站（井式）、火车站泵站（井式）、藕花洲泵站、星隆路泵站、天都城泵站、长运宿舍泵站（井式）、星隆西路泵站（井式）

续表 4－12

序号	分公司	供排水管理与服务范围	厂、供水泵站	污水泵站
3	乔司分公司	乔司街道和南苑街道（万常、天万、钱塘、五科、翁梅、高地、联胜、红联村）	南苑供水加压泵站、乔司供水加压泵站	乔司泵站、乔司总泵站、乔司南泵站、青石泵站（井式）、金鼎泵站（井式）、朝阳泵站（井式）、大井泵站（井式）、方桥泵站（井式）
4	运河分公司	运河街道、余杭经济开发区（部分）	运河自来水厂、博陆备用泵站	运河 1＃污水泵站、戚家桥 2＃泵站（井式）、新宇村 2＃泵站（井式）、双桥村泵站（井式）、亭五路泵站（井式）、宋家坝泵站（井式）、五杭老镇区泵站（井式）
5	塘栖分公司	塘栖镇、杭州钱江经济开发区	塘栖自来水厂、宏畔自来水厂、塘栖污水处理厂	塘栖工业区泵站、塘栖西界河泵站、塘栖镇区泵站、钱江经济开发区 3＃泵站（代管）、超山泵站（井式）
6	崇贤分公司	崇贤街道	崇贤污水处理厂	斜桥泵站、港区泵站、向阳泵站、向阳村泵站（井式）
7	仁和分公司	仁和街道、仁和大运河工业区	獐山自来水厂、三白潭备用泵站、仁和自来水厂	东风泵站、九龙泵站、獐山泵站、港区泵站（井式）、顿力泵站（井式）、东塘泵站、大运河泵站
8	良渚分公司	良渚街道	良渚污水处理厂	勾庄泵站、金家门泵站、物流园区泵站、良渚泵站、大陆泵站、良渚老镇区泵站、勾庄老镇区泵站、安溪泵站、良博馆泵站（井式）
9	余杭分公司	余杭街道、中泰街道	余杭自来水厂、余杭污水处理厂	溪塔泵站、宝塔泵站、金星泵站、义桥泵站、义桥南泵站、官山泵站（井式）、石鸽泵站、义桥西泵站（井式）
10	闲林分公司	闲林街道、仓前街道、五常街道	—	上坟山泵站、高教路泵站、永福泵站、五常大道泵站、葛巷泵站、羊锅村泵站（井式）、云凤路泵站（井式）
11	瓶窑分公司	瓶窑镇	瓶窑自来水厂	瓶仓泵站、凤都泵站、华兴泵站、窑北泵站、长命泵站、彭公泵站（井式）、竹制品市场泵站（井式）、南山泵站（井式）、彭公老集镇泵站（井式）、大地海洋泵站（井式）

续表 4－12

序号	分公司	供排水管理与服务范围	厂、供水泵站	污水泵站
12	径山分公司	径山镇、黄湖镇、鸬鸟镇、百丈镇	径山自来水厂、舟枕供水加压泵站	长乐泵站、俞家堰泵站、漕桥泵站、黄湖营业所泵站、黄湖泵站（供排一体）、百丈坪里泵站（供排一体）、太平 1 号泵站（井式）、太平 2 号泵站（井式）、长乐桥南泵站（井式）、鸬鸟调节池、百丈营业所调节池、百丈溪口调节池

五、中共党组织

1．组织机构

中共杭州余杭水务有限公司委员会于 2009 于 1 月 12 日由中共杭州余杭供水集团委员会更名后建立，水务公司党委隶属于中共杭州余杭城市建设集团有限公司委员会。

2013 年 5 月，水务公司划归余杭区住房和城乡建设局管理，党组织关系一并划转，由住建局党委管理。

因水务公司党委书记于 2009 年 6 月 5 日由区城建集团公司党委任命、党委委员于 2009 年 6 月 30 日由区城建集团党委任命，故自 2008 年 3 月 31 日水务公司成立至 2009 年 6 月 4 日期间，杭州余杭水务有限公司的党组织工作仍由原杭州余杭供水集团党委班子承担。

中共杭州余杭水务有限公司纪律检查委员会于 2009 年 6 月 30 日经中共杭州余杭城市建设集团有限公司委员会批准建立。

杭州余杭水务有限公司在 2008 年 3 月成立，当年建有基层党支部 17 个，其中，机关党支部隶属区直机关党工委（供水集团党委未变更水务公司党委时期），另有 12 个基层党支部按照水务公司分支机构设立的名称由原供水集团公司基层党支部名称变更。

2009 年 11 月 26 日，水务公司机关党支部隶属关系由区直机关党工委转为公司党委。是日，水务公司党委成立公司水质监测中心党支部。2009 年，公司共有基层党支部18 个。

2011 年 4 月 13 日，因水务公司所属部门的组织结构优化调整，基层党组织也随之调整，公司党委下辖 15 个党支部。

2．党员

2008 年 3 月杭州余杭水务有限公司成立时，共有共产党员 119 名，其中，正式党员 118 名（含退休职工党员 8 人），预备党员 1 名，党员数占公司在编职工 644 人的 18.48%。

2012 年年底，公司共有共产党员 218 名，其中，正式党员 214 名（含退休职工党员 10 人），预备党员 4 名，党员数占公司在编职工 828 人的 26.33%。

五年间，公司新增党员 99 名，其中，公司发展新党员 26 名，新招工和调入职工中有党员 73 名（含预备党员 7 名）。

杭州余杭水务有限公司 2008 年至 2012 年各年基层党组织和党员的数量见附表 4－13。

表 4－13　　2008 年—2012 年杭州余杭水务有限公司党组织和党员概况

<table>
<tr><th rowspan="3">年、月</th><th colspan="3">党支部</th><th rowspan="3">党员总人数（人）</th><th colspan="3">正式党员</th><th colspan="3">预备党员</th><th rowspan="3">公司在编职工（人）</th><th rowspan="3">党员占职工人数比例（%）</th></tr>
<tr><th rowspan="2">个</th><th colspan="2">隶属关系</th><th rowspan="2">小计（人）</th><th colspan="2">其　中</th><th rowspan="2">小计（人）</th><th colspan="2">其　中</th></tr>
<tr><th>区直机关党工委</th><th>水务公司党委</th><th>在编职工党员</th><th>退休职工党员</th><th>公司发展新党员</th><th>新招和调入职工中的预备党员</th></tr>
<tr><td>2008.03</td><td>17</td><td>1</td><td>16</td><td>119</td><td>118</td><td>110</td><td>8</td><td>1</td><td>0</td><td>1</td><td>644</td><td>18.48</td></tr>
<tr><td>2009.11</td><td>18</td><td>1
（至 6 月）</td><td>17＋1</td><td>185</td><td>177</td><td>166</td><td>11</td><td>8</td><td>6</td><td>2</td><td>704</td><td>26.28</td></tr>
<tr><td>2010.11</td><td>18</td><td>/</td><td>18</td><td>196</td><td>188</td><td>177</td><td>11</td><td>8</td><td>6</td><td>2</td><td>737</td><td>26.60</td></tr>
<tr><td>2011.11</td><td>15</td><td>/</td><td>15</td><td>207</td><td>195</td><td>185</td><td>10</td><td>12</td><td>11</td><td>1</td><td>787</td><td>26.30</td></tr>
<tr><td>2012.12</td><td>15</td><td>/</td><td>15</td><td>218</td><td>214</td><td>204</td><td>10</td><td>4</td><td>3</td><td>1</td><td>828</td><td>26.33</td></tr>
</table>

六、群团组织

1．工会　杭州余杭水务有限公司工会于 2009 年 10 月由原杭州余杭供水集团工会更名、并吸收原杭州余杭城市排水有限公司工会会员后建立。水务有限公司工会隶属于杭州余杭城市建设集团有限公司工会（2013 年 5 月，调整隶属于杭州市余杭区住房和城乡建设局工会）。至 2012 年，水务有限公司工会下设 15 个基层工会，有工会委员 784 人。水务有限公司工会委员会由 5 人组成，设主席 1 人、副主席 1 人、委员 3 人；工会经费审查委员会由 3 人组成，设主任 1 人、委员 2 人，工会女职工委员会由 3 人组成，设主任 1 人、委员 2 人。

2．共青团　杭州余杭水务有限公司团委于 2009 年 12 月由原杭州余杭供水集团团委更名、并吸收原杭州余杭城市排水有限公司团员后建立。水务有限公司团委隶属于杭州余杭城市建设集团有限公司团委（2013 年 5 月，调整隶属于杭州市余杭区住房和城乡建设局团委）。至 2012 年，水务有限公司团委下设 15 个基层团支部，有团员 296 人。共青团杭州余杭水务有限公司委员会由 5 人组成，设书记 1 人、副书记 1 人、委员 3 人。

3．妇委会　杭州余杭水务有限公司妇女委员会成立于 2013 年 11 月，隶属于杭州市余杭区住房和城乡建设局妇女委员会。公司妇委会由 5 人组成，设主任 1 人、副主任 1 人、委员 3 人。2013 年公司有女职工 216 人，占职工总人数的 26.1%。

4．青年志愿者服务站　杭州余杭水务有限公司青年志愿者服务总站由原杭州余杭供水集团公司青年志愿者服务总站更名后建立，下设 14 个分站。至 2012 年有团员、青年志愿者 583 人。

第三章　供水工程

余杭区（市）自1999年开始实施城乡一体化供水后，至2012年先后建设了临平、塘栖供水工程（一期、二期），余杭、闲林供水工程（余杭至闲林输水管线应急工程、杭州趸售供水管道工程），瓶窑（良渚）供水工程（一期、二期），径山、黄湖供水工程（一期、二期），鸬鸟、百丈供水工程，南苑供水加压泵站工程，仁和水厂工程（一期），三白潭备用水源工程和运河水厂提标改造工程（在建）等区域性供水工程。各项供水工程的建设、运行，确保了城乡一体化供水的有序推进，实现了城乡自来水同网、同质、同价、同服务。

第一节　临平、塘栖供水工程

临平、塘栖供水工程被列为浙江省1998年度重点建设项目，1999年余杭市政府为民办“十件实事”之首，2010年余杭区基础设施建设重点项目之一，是余杭区第一个跨乡镇行政区域的城乡一体化供水工程。项目服务范围为临平、塘栖、崇贤、星桥、乔司、五杭、亭趾、博陆、东塘、獐山、云会等11个镇乡358平方千米，设计供水规模30万立方米/日。

一、临平、塘栖供水一期工程

临平、塘栖一期工程于1998年4月开始启动，7月25日经浙江省计划与经济委员会批复立项，8月21日奉口取水口水源论证经省、市、专家评审通过，8月26日通过项目可行性报告，10月16日通过项目工程环境影响评价，12月8日省计经委批复项目初步设计工程，设计概算1.97亿元。

图4－8　塘栖自来水厂送水泵房

一期工程建设规模为16万立方米/日，建设内容为：(1) 在獐山奉口新建取水规模为30万立方米/日的取水泵站（包括取水头部、进水井、取水泵房）。土建按规模一次建成，设备按一期16万立方米/日安装。(2) 新建獐山自来水厂（1万立方米/日），塘栖自来水厂（6万立方米/日）和厂内原水加压泵站（9万立方米/日），原水加压后输送到运河亭趾净水厂。（3）敷设输水管线39千米，其中，原水管DN 1400从取水泵房出水管道至塘栖自来水厂进水调节池11.5千米，DN1200从塘栖自来水厂原水增压泵站至运河（亭趾）水厂14.0千米，清水管DN800从塘栖自来水厂至临西13.5千米。（4）在临平城区新建供水管理大楼建筑面积7620平方米。

余杭区供水管理大楼坐落在临平藕花洲大街231号。大楼占用的土地权属为杭州铁路分局乔司站，土地面积总计为2730平方米（4.095亩）。大楼落成后，根据杭州市余杭区土地勘测队2002年6月24日《共用宗分摊土地面积计算方法》确认，该宗地总实用面积为2043.30平方米（3.065亩），公用土地面积为686.70平方米（1.03亩）。该宗土地于1999年2月10日，由余杭市自来水总公司与杭州铁路分局乔司站签订《联合开发土地协议》后使用，协议自签订之日起30年内有效。余杭市自来水总公司一次性支付杭州铁路分局乔司站30年土地开发费用170万元。协议期满后明确“余杭市自来水总公司可以参照本协议续订协议，支付给杭州铁路分局乔司站的费用按铁路有关规定，及当时的市场价格商定”，该协议经杭州铁路分局土地管理中心确认并鉴证。

临平、塘栖供水一期工程于1999年5月28日开工建设，2000年12月28日竣工通水。其中，供水管理大楼于1999年12月29日开工建设，2001年5月8日投入使用。

一期工程的设计单位为：浙江省城乡规划设计研究院、浙江高信建筑设计事务所有限公司和上海同大建筑设计事务所。

监理单位为：杭州信安建设监理有限公司和杭州中新建筑工程监理有限公司。

图4－9　临平塘栖供水工程管桥吊装

为加强临平、塘栖供水工程（一期）的建设领导，余杭市人民政府于1998年7月3日建立了余杭市临平、塘栖供水工程建设领导小组，余杭市委常委、常务副市长张炳火任领导小组组长，副市长张竟成任副组长，成员由余杭市计经委、市自来水总公司、建设局、市府办、财政局、林水局、卫生局、土管局、交通局、供电局和临平镇、塘栖镇、亭趾镇、东塘镇、獐山镇、云会乡等相关领导组成。领导小组下设办公室，设在市自来水总公司，总经理朱张荣任办公室主任，副总经理黄洪奎任办公室副主任。办公室内设综合组、拆迁组、管道组、电气自控组等4个工作小组，具体管理与协调工程建设。

二、临平、塘栖供水二期工程

临平、塘栖供水二期工程被列为浙江省2004年重点建设项目B类，是余杭区2004年、2005年基础设施建设重点项目之一。

二期工程设计建设规模为新增14万立方米/日，建成后临平、塘栖供水工程总规模达到30万立方米/日。余杭区发展计划局于2003年6月18日批复二期工程项目建议书，

8月18日批复项目的可行性研究报告，12月17日批复工程的初步设计，设计概算1.49亿元。

二期工程建设内容为：

——利用临平、塘栖供水一期工程已建的取水头部及集水井等设施，新增取水泵房机器设备至30万立方米/日，取水规模，建成后实际取水能力达到33万立方米/日。

——扩建獐山自来水厂，设计供水规模由1万立方米/日扩建至2万立方米/日，建成后实际供水能力能达到3万立方米/日。

——新建宏畔自来水厂，设计供水规模为13万立方米/日，建成后实际供水能力能达到15万立方米/日。

——敷设输水管线18.4千米，其中，原水管DN1200从獐山取水泵房至宏畔自来水厂10.2千米，清水管DN1400从宏畔自来水厂送往临西8.2千米。

二期工程于2004年5月18日开工建设，2006年6月25日通水，12月31日竣工。

二期工程由浙江省城乡规划设计研究院设计，杭州中新建筑工程监理有限公司监理。

图4－10　临平塘栖供水二期工程竣工典礼

为加强临平、塘栖供水工程（二期）的建设领导，余杭区人民政府于2003年12月26日建立了余杭区临平、塘栖供水工程（二期）建设领导小组，由副区长楼建忠任领导小组组长，区政府办公室、区发展计划局、杭州余杭供水集团公司相关领导任副组长，成员由区财政局、国土局、交通局、林水局、环保局和仁和镇、塘栖镇、崇贤镇、临平街道、星桥街道等相关领导组成。领导小组下设办公室，设在杭州余杭供水集团公司，由总经理黄洪奎任办公室主任，办公室内分综合组、财务组、厂区组、管线组、物资组等5个工作小组，承担工程建设的管理与协调工作。

三、临平、塘栖供水工程续建项目

运河（城北）自来水厂扩建工程

临平、塘栖供水一期工程通水后，为配合杭州临平工业区启动建设的用水需求，余杭区发展计划局于2002年2月18日批复了临平城北自来水厂扩建工程项目建议书，11月29日批复扩建工程初步设计。扩建工程规模为：城北水厂就地扩建3万立方米/日供水能力，使扩建后形成12万立方米/日的供水规模，以满足临平工业区近期开发建设的需要。

扩建工程于2003年3月14日开工建设，11月通水试运行。2004年3月18日工程竣工。工程投资2453.8万元，使运河（城北）自来水厂的供水能力提高到12万立方米/日。解决了运河（城北）自来水厂在夏季供水高峰期设备超负荷运转状况，满足临平区域不断增长的用水需求，特别是临平工业区建设和发展的用水需要。

塘栖自来水厂应急改造工程

在临平、塘栖供水二期工程建设初期，为满足塘栖宏畔片的用水需要，于2004年11月至2005年1月，对塘栖自来水厂进行技术改造，通过增建一根DN800原水管，增大进水量等措施，使塘栖自来水厂的供水能力从6万立方米/日（设计规模）提高到9万立方米/日。

临平、塘栖供水区域通过实施临平、塘栖供水工程一期、二期和运河自来水厂扩建工程及塘栖自来水厂改造工程后，至2006年年底。区域内四座自来水厂的实际供水能力达到39万立方米/日，其中，运河自来水厂12万立方米/日、塘栖自来水厂9万立方米/日（设计规模6万立方米/日）、獐山自来水厂3万立方米/日（设计规模2万立方米/日）、宏畔自来水厂15万立方米/日（设计规模13万立方米/日）。

第二节　余杭、闲林供水工程

余杭、闲林供水工程在1999年与临平、塘栖供水工程一起同时被余杭市人民政府列入为民办“十件实事”之首，是余杭区2000年、2001年、2002年基础设施建设重点项目之一，为余杭区第二个跨乡镇行政区域的城乡一体化供水工程。项目服务范围为：余杭、闲林、仓前、中泰等4个镇乡266平方千米。

一、余杭至闲林输水管线应急工程

为解决闲林镇在夏季和秋冬干旱期因闲林自来水厂山溪水源水不足，自来水供需矛盾突出的问题，余杭市计划与经济委员会于1999年3月批复《余杭、闲林供水工程项目建议书》，4月批复同意实施《余杭至闲林输水管线应急工程》，工程设计概算670万元。

余杭至闲林应急输水管道工程建设内容为：敷设余杭自来水厂南湖制水车间至闲林镇输水管道7.42千米，其中DN600管4.36千米，DN500管3.06千米，并对余杭自来水厂南湖制水车间送水泵房作适当改造，将当时余杭自来水厂生产的部分富余自来水（约0.5万立方米/日）输送至闲林，解决闲林镇及管道沿线用户的缺水问题。

应急管道工程于1999年6月8日开工建设，当年9月建成通水。

应急管道工程由上海市政工程设计院设计，杭州中新建筑工程监理有限公司监理。

二、杭州趸售供水管线工程

杭州向余杭—闲林地区趸售供水工程主干管由杭州市自来水总公司和杭州余杭供水集团公司分段投资建设。具体位置为节点5（仓前林场DN800管计量点）和节点8（闲林集镇DN400管计量点），计量点前（杭州苗圃泵站至节点5、节点8）由杭州自来水总公司投资建设与维护（包括计量器具），计量点后由余杭供水集团公司投资建设与维护。余杭段建设的主干管为：从节点5向北沿机耕路至仓前街道（镇）（7号节点）敷设DN500管2790米，从节点5向西沿农田至余杭街道（镇）（6号节点）敷设DN800管4760米，从8号节点向南沿道路至闲林街道（镇）敷设DN600管1340米，从8号节点向西沿道路至余杭街道（镇）（11号节点）敷设DN500管685米，由杭州余杭供水集团公司组织实施。杭州余杭供水集团公司实施的杭州趸售供水的主干管工程还包括在供水区域内敷设余杭街道（镇）内部环状DN600主干管1160米，往中泰街道（乡）敷设DN400管网3150米。合计敷设DN800～DN400供水管道13885米。同时，利用已建成的DN600～DN500供水管道4090米，将杭州苗圃泵站的出水输送到余杭街道（镇）、闲林街道（镇）、仓前街道（镇）和中泰街道（乡）。余杭段工程设计概算1417.0万元。

杭州至余杭、闲林趸售供水工程主干管杭州段于2002年3月下旬开工建设，余杭段于5月中旬进场施工，当年11月28日竣工通水。

杭州至余杭趸售供水工程（余杭段）由浙江省城乡规划设计研究院设计，杭州中新建筑工程监理有限公司监理。

工程竣工后，供水管理范围按行政区域划分，余杭、闲林、仓前、中泰等街道（镇乡）行政区域内的用户由杭州余杭供水集团公司承担供水管理、供水服务和供水管网维护维修。工程通水后，杭州自来水总公司核定趸售水量为4.5万立方米/日，随着文一路延伸段DN1000供水管道和02省道DN600供水管道的陆续通水，杭州趸售供水主干管的供水能力提高到10万立方米/日。

第三节　瓶窑（良渚）供水工程

瓶窑供水工程被列为余杭区人民政府2001年（一期）、2004年（二期）基础设施建设重点项目，2002年区政府“为民办实事”项目之一，为余杭区第三个跨乡镇行政区域的城乡一体化供水工程，项目服务范围为瓶窑镇和良渚街道（镇）。

一、瓶窑供水一期工程

瓶窑供水工程（一期）为原瓶窑镇自来水厂（异地）扩建工程，1998年，瓶窑镇政府着手准备实施瓶窑镇自来水厂扩建项目，在瓶窑镇政府筹建瓶窑镇自来水厂扩建工程期间的2001年6月，瓶窑镇自来水厂划归余杭区自来水总公司。瓶窑水厂扩建工程由瓶窑镇政府移交余杭区自来水总公司组织实施。为深化、完善工程建设方案，按照瓶窑水厂要承担区域性供水职责，余杭区自来水总公司重新委托浙江省城乡规划设计研究院编制瓶窑供水工程初步设计。余杭区发展计划局于2001年9月28日，批复瓶窑供水工程初步设计，工程总规模为5万立方米/日，其中一期工程规模为2.5万立方米/日，设计概算2919.97万元。

瓶窑供水工程（一期）建设内容为：（1）新建取水泵站一座，水源为苕溪水，取水头部与取水泵房合建，位于西险大塘外苕溪边的滩涂上。（2）新建净水厂一座，厂址位于新104国道北侧，东苕溪东岸羊山村，一期供水规模2.5万立方米/日。工程建设内容有新建反应沉淀池、四阀滤池、清水池、加矾加氯间、送水泵房、配电间、废水池、机修车间、仓库和综合楼等。（3）敷设原水输水管线DN600管120米，穿越西险大塘。

一期工程于2001年11月28日开工建设，2003年3月6日竣工通水。瓶窑新水厂（一期）建成运行后，原供水能力1.2万立方米/日（取水能力1.5万立方米/日）的瓶窑镇自来水厂（瓶窑镇窑山顶）停止制水。

瓶窑供水工程（一期）由浙江省城乡规划设计研究院设计，杭州中新建筑工程监理有限公司监理。

二、瓶窑供水二期工程

瓶窑供水二期工程建设方案经余杭区发展计划局2004年1月14日批复建设，建设内容为：将瓶窑自来水厂供水规模由2.5万立方米/日扩建到5万立方米/日，（1）新建2.5万立方米/日综合池和四阀滤池各一座，（2）对厂区总平面按一、二期工程内容作合理性调整，（3）对取水泵房、送水泵房、废水池、加药间等设备、电气、自控等在一期工程设施的基础上按实际情况作适当增容调整，工程设计概算740.0万元。

二期工程于2004年4月8日开工建设，当年12月28日竣工通水。

瓶窑供水二期工程由浙江省城乡规划设计研究院设计，杭州中新建设工程监理有限公司监理。

第四节　径山、黄湖供水工程

径山、黄湖供水工程一期和二期分别是余杭区2006年—2007年、2009年—2010年的基础设施建设重点项目，为余杭区第四个跨镇行政区域的城乡一体化供水工程。项目服务范围为：径山镇的潘板、双溪、长乐集镇及该镇大部分的行政村和黄湖集镇及管道沿线的行政村。富余水量供余杭镇与瓶窑镇。2012年9月，鸬鸟、百丈供水工程竣工后，径山自来水厂出厂的自来水通过加压供鸬鸟、百丈供水工程服务区域。

一、径山、黄湖供水一期工程

径山、黄湖供水一期工程的前身为径山镇自来水厂异地扩建工程和黄湖镇自来水厂扩建工程。其中，黄湖镇自来水厂工程已完成黄湖集镇管网改建，净水厂由于土地未落实，没有开工建设。径山镇自来水厂扩建工程于2004年2月开工建设，当年10月，厂区制水系统和供水主干管（净水厂至潘板、双溪、长乐等三个集镇）建成通水（未通水至村）。

2005年12月，区政府决定“将径山镇自来水厂和黄湖镇自来水的资产全部划归区供水集团公司，由区供水集团公司负责两水厂今后的经营管理”。随后，供水集团公司将原径山供水工程经优化后重新向余杭区发展和改革局报批，区发展和改革局于2006年1月11日批复同意建设径山—黄湖供水工程（一期）。

径山、黄湖供水工程的水源为四岭水库水（海拔约70米），净水厂位于径山镇四岭村海拔约45米的小山头顶。

径山、黄湖供水一期工程的建设内容为：（1）将1.25万立方米/日规模的净水厂扩建到1.5万立方米/日规模，并完善厂区设施建设，（2）敷设一根至黄湖镇的DN400供水主干管3.4千米，（3）径山镇内敷设DN100～DN300配水管35.81千米，（4）敷设连接余杭、瓶窑供水区域的DN400～DN600连接管15.5千米，（5）建废水池有效容积400立方米，（6）建设供水营业综合楼、建筑面积2500平方米。径山、黄湖供水一期工程设计概算4700万元。

径山、黄湖供水一期工程于2006年3月11日开工建设，2007年8月12日竣工通水。

径山、黄湖供水一期工程由浙江省城乡规划设计研究院设计，杭州中新建设工程监理有限公司监理。

二、径山黄湖供水二期工程

径山、黄湖供水二期工程项目，经余杭区发展和改革局2007年9月4日批复建设。建设内容为：将供水规模由一期的1.5万立方米/日，扩建到5万立方米/日。包括（1）建设四岭水库至径山净水厂DN1000原水管3.1千米，（2）建设径山净水厂至径山集镇DN1000清水管8.1千米，（3）净水厂区新建日处理能力为4万立方米/日的沉淀池（含消毒池）、滤池各一座，建加药间、变配电间各一座，总建筑面积302平方米，（4）完善厂区自控、配电、工艺管道等系统及总平面布置。二期工程设计概算3356万元。

径山、黄湖供水二期工程于2009年9月开工建设，2010年7月30日全面竣工。

该工程的建设不仅满足了径山、黄湖两镇远期发展的用水需求，同时，清水经加压后供百丈、鸬鸟集镇及管道沿线各村，富余水向余杭、瓶窑方向输送。

径山、黄湖供水二期工程由浙江省城乡规划设计研究院设计，杭州中新建设工程监理有限公司监理。

第五节　鸬鸟、百丈供水工程

余杭区鸬鸟、百丈两镇属山区乡镇，按照《余杭区供水专业规划》山区乡镇、村由于地势高等原因，难列入全区城乡一体化供水区域，由当地建小型水厂就地供水。两镇在20世纪80年代实施农村改水的基础上，2007年至2009年又实施“余杭区山区农村饮用水工程”（千万农民饮用水工程）。鸬鸟镇自来水厂的水源为馒头山水库，经简单处理后，自来水沿漕雅线输送至鸬鸟集镇，供水范围为鸬鸟集镇及沿线用户。百丈镇自来水厂的水源为百丈镇政府南侧的百丈溪水，通过大口井取水，在夏季或枯水期时水量水质无法保证，供水范围为百丈集镇的部分居民。由于该两镇水厂的供水量不能满足城镇发展的需要、供水水质和供水安全性得不到保障。同时，在径山、黄湖供水二期工程竣工后，在满足径山、黄湖两地供水需求外，径山自来水厂尚有富余水量。2010 年 5 月余杭区发展和改革局批复实施“余杭区鸬鸟、百丈供水项目”。工程建设内容为：敷设 DN500—DN200 供水管道 22.5 千米，建加压泵站 2 座。供水规模为一期 0.25 万立方米/日（2015 年），二期 0.5 万立方米/日。供水范围为鸬鸟集镇、鸬鸟杭州老年养生休闲度假区和百丈集镇、百丈工业区及沿途农村，规划供水受益人口 0.6 万人（2020 年）。工程设计概算 4034 万元。

该工程水源由径山自来水厂提供，从径山自水厂出厂输水管线接出，沿黄湖溪、百丈溪和鸬鸟溪边侧敷设供水管线。因鸬鸟和百丈两镇地势偏高，需要多级加压，分别在黄湖供水营业所和百丈工业区设置 2 个供水加压站。黄湖供水营业所加压站供水规模为 2500 立方米/日（二期扩建到 5000 立方米/日），增压 65 米。百丈工业区加压站设置两套系统，其中一套系统加压后供百丈工业区，设计规模 800 立方米/日（二期扩建到 1500 立方米/日），增压 50 米；另一套系统加压后供百丈集镇区，设计规模 1200 立方米/日（二期扩建到 2500 立方米/日），增压 70 米。

鸬鸟、百丈供水一期工程于 2010 年 6 月 28 日开工建设，2012 年 12 月竣工。

鸬鸟、百丈供水一期工程由浙江省城乡规划设计研究院设计，杭州南越工程项目管理有限公司监理。

第六节　三白潭备用水源工程

余杭区临平、塘栖供水区城的自来水水源单一，全部取之东苕溪，如东苕溪突发水污染事件，将导致供水安全问题，会直接影响到人民的生活和经济社会的发展。为确保供水安全和社会稳定，余杭区发展和改革局于 2007 年 9 月 13 日批复同意建设三白潭备用水源工程，11 月 19 日批复该项目的初步设计。三白潭备用水源工程被列为余杭区 2008 年基础设施建设重点项目之一。

三白潭位于仁和街道（镇）东塘港北面，水域总面积 0.97 平方千米，正常水位 1.35 米，平均水深 2.1 米，正常蓄水量 200.8 万立方米。自南而北分为头白潭、二白潭、三白潭，三潭连成一片，水面开阔，四周鱼塘和

图 4－11　三白潭取水泵站

漾遍布。三白潭漾水源由东苕溪和北部水网补充水，已建有多处闸可进行调控。三白潭漾水质为Ⅲ类，饮用水源地水质达标率达到98%。当东苕溪水源因突发事件不能取水时，水厂可从三白潭漾取水过渡，其本身蓄水量可满足3天~4天左右的备用要求。

图4-12　三白潭取水泵站泵房

三白潭备用水源工程取水泵站建在三白潭中二白潭漾的东部，占地面积约8000平方米（12亩），设计取水规模为30万立方米/日，最大取水量能达到50万立方米/日。取水泵站通过1.8千米长的DN1600原水输水管线，与临平、塘栖供水工程DN1400原水管接通，原水供塘栖、运河、宏畔、獐山和仁和自来水厂。工程设计概算3260万元。

三白潭备用水源工程于2008年3月10日开工建设，2009年5月18日全面竣工并投入备用。该工程的建设，提高了余杭区核心区域的供水安全性。

三白潭备用水源工程由浙江省城乡规划设计研究院设计，浙江明康工程咨询有限公司监理。

第七节　南苑供水加压泵站工程

余杭区乔司区块的自来水由外围水厂供给，因输水管线长，单靠乔司加压泵站加压满足不了乔司区块的用水需求和供水压力。余杭区发展和改革局于2008年4月10日批复同意建设南苑供水加压泵站项目，8月8日批复同意该项目的初步设计，工程设计概算1429万元。

南苑供水加压泵站位于余杭区南苑街道高地社区东湖南路东边，总用地8106.4平方米（12.159亩），建设规模为4万立方米/日。建设内容为：虹吸滤池、清水池各一座，综合用房、加药、加氯间、加压泵房（安装五台水泵机组，其中，三台185千瓦、二台75千瓦，除一台185千瓦为外，其余4台均为可变频加压）。配电间总建设面积816平方米，采用双路供电，设高压配电间一座，安装315千伏安变压器2台，泵站安装自动化监控系统。

工程于2009年9月2日开工建设，2010年5月26日竣工，8月5日正式加压供水。

该泵站的建设与临平、塘栖供水区域内的各座自来水厂和区域性供水管网有机结合在一起，实现了优质供水、降低能耗、满足乔司区块各用户的用水需求。其中，南苑街道六个村、乔司农场、省六监、军区农场和下沙片的水压有了较大提高。同时，缓解了乔司泵站供水紧张局面，使乔司集镇、大井、九堡片的供水压力得到明显提高。

南苑供水加压泵站工程由浙江省城乡规划设计研究院设计，杭州中新建筑工程监理有限公司监理。

第八节　仁和水厂工程

为进一步提高供水水质，增强供水安全，根据《余杭区供水专业规划》，余杭区于2006年8月开始筹建仁和水厂，当年完成项目建议书报批，进入可行性研究阶段。2007年完成仁和水厂的项目立项、规划选址及可行性研究等有关工作，水资源论证报告于12月29日获省水利厅批复。2008年完成项目建议书、水土保持方案报告、环境影响报告和可行性研究报告评审等各项工作。2009年3月30日，项目建议书获省发改委批准；6月11日，项目选址获省住房和城乡建厅批准；7月1日，项目建设用地通过省国土资源厅预审；8月10日，可研报告获省发改委批复；10月12日，工程水土保持方案经省水利厅批复；10月14日，初步设计获省发改委批复。

仁和水厂工程在2007年和2008年被列为余杭区基础设施建设前期准备重点项目，2009年列为启动建设重点项目，2010年列为加快推进建设的重点项目，同时，被列为浙江省重点建设工程项目。服务范围为临平副城、良渚组团和瓶窑镇。

仁和水厂工程建设内容为：（1）苕溪取水工程，取水泵站位于仁和镇永胜村，取水口位于东苕溪东岸、杭宁高速公路下游1.8千米处（东苕溪奉口至德清交界河段K38+50处），占地9996平方米（约15亩）。取水规模40万立方米/日，取水口一次建成，取水泵站设备按20万立方米/日（一期）配备。（2）净水厂工程：净水厂位于仁和镇葛墩村的范家漾与葛墩漾之间，田头村的南面，高新大道的东侧，占地141827平方米（约213亩）。仁和水厂净水构筑物和附属生产的建、构筑物建设内容为：生物接触氧化池一座、折板反应、平流沉淀、清水池各一座、砂滤池一座、臭氧接触池一座、活性炭滤池一座、送水泵房一座、加药间一座、鼓风机房一座、水冲洗泵房一座、气冲洗泵房、臭氧发射器房一座、回用水调节池一座、污泥水调节泄一座、污泥脱水机房一座、综合用房一座、机修、仓库一座、传达室一座等。净水厂区土建按40万立方米/日规模施工，设备按20万立方米/日规模安装。（3）管道工程管道全长35.6千米，其中，取水口至取水泵房DN2000引水管2根，每根长1.1千米；DN1600原水管9.8千米，DN1200原水管1.2千米，DN1000原水管0.4千米；DN1600清水管9.3千米，DN1400清水管11.7千米，DN1200清水管1.0千米。

仁和水厂净水工艺采用接触氧化预处理十强化絮凝、沉淀、过滤、消毒常规处理十臭氧、生物活性炭深度处理的全套净水工艺，出厂水水质与国际先进水厂接轨，水质与欧盟标准和《浙江省城市供水现代化水厂评价标准》一致。一期工程设计概算54865万元。

仁和水厂管道工程于2009年12月开工建设，当年敷施DN1400清水管560米。2010年，在管线工程继续施工的同时，6月份取水泵站进场施工，8月份净水厂区进场施工，

2012 年 8 月 1 日开始并网运行。

仁和水厂工程项目由浙江省城乡规模设计研究院设计，杭州信安建设监理有限公司（净水厂、泵站）、杭州中新建筑工程监理有限公司（管道）监理。

第九节　在建重点供水工程

一、运河水厂提标改造工程

运河水厂提标改造工程项目按《城市供水水质标准》设计，供水水质符合国家《生活饮用水卫生标准》（GB5749）。对细菌总量超标的水源，采取技术措施净化处理最终能达到《浙江省城市供水现代化水厂评价标准》《城市供水行业 2010 年技术进步发展规划及 2020 年远景目标》中一类标准的要求。

图 4－13　运河自来水厂提标改造工程

运河水厂提标改造工程初步设计于 2012 年 10 月 31 日经余杭区发展和改革局批复。运河水厂改造后原设计规模不变，主要处理设施按现状实际运行规模 10 万立方米/日确定。改造内容主要为：拆除现状综合用房、水力循环澄清池、虹吸滤池、清水池等，改造变配电间和加药间，新建 4 万立方米/日综合池、10 万立方米/日规模砂滤池及活性炭滤池；新建生物接触氧化池、鼓风机房、臭氧接触池及中间提升泵房、反冲洗机房、臭氧设备间；新建回用水池及排泥水调节池、污泥浓缩池、脱水机房和辅助生产用房等。改造后的运河水厂采用预处理＋常规处理＋深度处理＋淤泥处置的先进制水工艺，进一步提高制水质量。运河水厂提标改造工程于 2012 年 12 月开工建设，计划 2015 年竣工，项目核定总概算为 11950 万元。

二、疏港大道供水管道工程

疏港大道供水管道工程初步设计于 2012 年 8 月 12 日经余杭区发展和改革局批复。工程敷设 DN800 ~ DN1600 供水管道 10.5 千米。

工程于 2011 年 10 月开工，随道路建设进度施工，2014 年 11 月竣工，项目投资概算 6637 万元。

三、临安至余杭供水管道工程

临安至余杭 DN1000 供水管道工程初步设计于 2012 年 3 月 30 日经余杭区发展和改革

局批复。工程敷设 DN1000（钢管）供水管道 7.2 千米（起点临安汪家埠，沿 02 省道，终点为 02 省道与南湖东路交叉口）。沿线设置管径为 DN300 的支管 17 处、DN200 排泥井 6 座、排气阀 13 只。

工程于 2013 年 7 月开工建设，2015 年 1 月竣工，项目投资概算 2879 万元。

四、仁和至余杭供水管道工程

余杭区仁和至老余杭供水管道工程初步设计于 2013 年 10 月 16 日经余杭区发展和改革局批复。工程建设仁和至余杭供水管道总长 21.68 千米。其中，敷设仁和水厂至疏港大道管径 DN1800 供水管道 5.1 千米，104 国道至大陆加压泵站管径 DN1600 供水管道 4.8 千米，仁和水厂至加压泵站间的供水管道预留管径 DN1000 的支管三处，管长 0.3 千米。大陆加压泵站至老余杭管径 DN1000 ~ DN1600 供水管道 11.48 千米。该项目的建设，将完善余杭区各供水区域的连通管道，满足良渚、余杭组团用水量日益增长的需求。

工程于 2013 年 7 月开工建设，随道路建设进度施工，计划 2017 年竣工，项目投资估算 19364 万元。

五、瓶窑至径山供水管道工程

瓶窑至径山供水管道工程初步设计于 2013 年 11 月 2 日经余杭区发展和改革局批复。工程敷设瓶窑至径山管径 DN800 供水管道 11.5 千米。将径山自来水厂富余的水量输送至瓶窑，进一步发挥径山水厂的投资效益，增强区域性供水保障。

工程于 2013 年 12 月开工建设，随道路建设进度施工，计划 2016 年竣工，项目投资估算 4503 万元。

六、瓶窑水厂原水管优化工程

瓶窑水厂原水管优化工程初步设计于 2013 年 11 月 8 日经余杭区发展和改革局批复。工程主要建设内容包括：迁建取水头部，采用取水口与取水泵房合建形式，规模为 5 万立方米/日。泵房设置潜水离心泵 6 台；敷设取水口沿西险大塘堤脚迎水面向北到原取水管道处 DN700 管 2 根，全长共计 2000 米。

工程于 2013 年 12 月开工建设，项目总投资 2920 万元，2014 年 12 月底完工并通工竣工验收。

七、千岛湖引水扩建工程（仁和水厂二期工程）

仁和水厂二期扩建工程，原水为千岛湖，暂定规模为 20 万立方米/日，投资估算 4 亿元，计划 2015 年年底开工建设，2017 年工程竣工进入调试运行。

八、第二水源原水管道（千岛湖原水主干管）工程

该工程管道走向为闲休水库通过隧道至绕城，沿绕城公路敷设管道至仁和水厂。管线长度约 40 千米（其中隧洞约 9.9 千米），管径为 DN3000 ~ DN2600，投资估算 12 亿元。计划 2015 年开工建设，按照杭州市千岛湖配水工程同步推进。

第四章　供水设施

余杭区城乡一体化的供水设施包括自来水厂、加压泵站和供水管网。至 2012 年，区属水厂有塘栖、獐山、运河、宏畔、瓶窑、径山、仁和和余杭（备用）自来水厂共 8 座，设计供水规模合计 64.5 万立方米/日（不包括杭州趸售和直供自来水核定的 12.69 万立方米/日），供水管网途中加压泵站有乔司、南苑、舟枕、黄湖和百丈泵站等 5 座，已建加压规模 8.41 万立方米/日；在线运行的不同管径、不同管材的供水管网总长 7986.3 千米。

第一节　自来水厂

余杭区（市）在 1998 年年底共有在线运行的各类自来水厂 212 座，供水能力 17.72 万立方米/日（详见附表 3－15）。自 1999 年开始推行城乡一体化供水后，区属供水企业先后兼并了 21 座乡镇、村属的自来水厂（站），其余村、组属的小型水厂（供水站），随着城乡一体化供水管网的延伸，陆续关停。至 2012 年年底，余杭区先后新建了獐山、塘栖、瓶窑、径山、宏畔、仁和等 6 座区属自来水厂，扩（改）建了运河自来水厂，区属水厂的设计供水规模达到 64.5 万立方米/日（含余杭水厂备用 1.5 万立方米/日）。

一、运河自来水厂

2000 年 5 月，由原临平自来水厂亭趾制水车间和博陆取水泵房组建城北自来水厂；2003 年 7 月，更名为运河自来水厂。

1. 厂址

运河自来水厂的厂址位于运河街道兴旺村 27 号（亭趾杨家墩）；取水泵房（现备用）位于运河街道（博陆）新圩村喜庵港。

2. 规模

占地面积　厂区占地面积 29929.1 平方米（44.89 亩），备用取水泵房占地面积 2893.1 平方米（4.34 亩）

图 4－14　运河自来水厂综合楼（提标改造前）

供水能力　1991 年 6 月，临平

自来水厂地表水一期工程建成通水时供水能力为3万立方米/日；1993年7月，二期扩建工程竣工后，供水能力提高到6万立方米/日；1995年6月应急扩建工程投入试运行时，供水能力提高到9万立方米/日；2004年3月，第三次扩建工程竣工，设计供水能力为12万立方米/日，实际供水能力能达到13万立方米/日。

图4－15　运河自来水厂厂区（提标改造前）

3．供水范围

运河自来水厂供水范围在实施城乡一体化供水前，主要是临平城区和为临平第二水厂供水区域提供清水。自1999年开始实行城乡一体化供水后，供水范围逐步扩大到临平、东湖、南苑、星桥、乔司、运河等街道，当日出厂水实际输送范围须根据塘栖、宏畔、仁和等自来水厂的生产调度后确定。

4．水源

1991年6月至2000年12月，水源为运河水，取水口设在博陆喜庵港。2000年年底开始，水源改为东苕溪，由獐山自来水厂在奉口取水口提取原水后送塘栖自来水厂加压，再输送到运河自来水厂制水。原博陆喜庵港运河水源备用。

5．制水工艺描述

由獐山自来水厂送来的原水，首先加氯杀菌，然后加入絮凝剂，遇原水水质变化时添加高锰酸钾杀菌除藻类及活性炭吸附。然后原水分别进入折板反应平流式沉淀池和水力循环澄清池，使原水与絮凝剂充分反应。进入平流式沉淀池，水中的杂质与絮凝剂形成的颗粒在平流池中靠重力自然沉淀；沉淀下来的污泥通过吸泥桁车排出，进入污泥沉淀池，再将较清的水排入河流；进入水力循环澄清池原水与絮凝剂利用水力作用充分反应后，通过斜管使清水进入滤池，杂质与絮凝剂形成的颗粒在斜管沉淀到池底部排出，再进入废水池沉淀后，再将较清的水排入河流。进入虹吸滤池过滤，滤后水加氯杀菌进入清水池。虹吸滤池的反冲洗水进入废水池。清水池的水通过高压泵、低压泵输送到管网中供用户使用。

图4－16　运河自来水厂博陆取水泵房（备用）

6．主要设备

高低配、加药系统、加氯系统、吸泥桁车、污水排水系统。高压电机及泵（10千伏/450千瓦/2台）、低压电机及泵（380伏/185千瓦/4台）、废水池（2套）、废水泵（5台）。

7．主要设施

水力循环澄清池（2套），折板反应平流

式沉淀池（2套），虹吸滤池（36个），清水池（4套）

8．工艺流程图（2003年至2012年）：

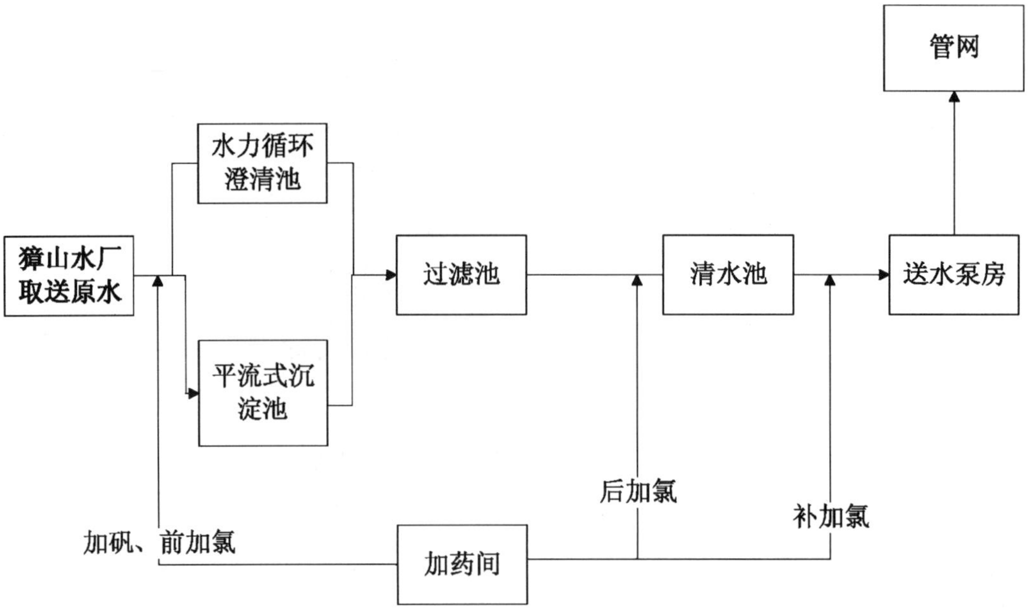

（其中，2003年10月加折板反应、平流式沉淀池＋滤池一套，增设高压泵房。）

9．提标改造

2012年10月31日，余杭区发展和改革局批复了运河水厂提标改造工程初步设计。水厂改造后原设计规模不变，采用先进的预处理＋常规处理＋深度处理＋淤泥处置工艺，进一步提高出厂水水质。改造工程建设内容为：拆除综合用房、水力循环澄清池、虹吸滤池、清水池等，改造变配电间和加药间，新建4万立方米/日综合池、10万立方米/日规模砂滤池及活性炭滤池，新建生物接触氧化池、鼓风机房、臭氧接触池及中间提升泵房、冲洗泵房、臭氧设备间；新建回用水池及排泥水调节池、污泥浓缩池、脱水机房和辅助生产用房等。项目于2012年12月开工建设，计划2015年竣工。

二、塘栖自来水厂

1．厂址

塘栖自来水厂是余杭区（市）第一个城乡一体化供水工程——临平、塘栖供水工程（一期）新建的自来水厂。厂址位于塘栖镇钟家墩村（09省道过境公路南侧、塘栖工业园区内）。

2．规模

占地面积　厂区占地面积30248.2平方米（45.37亩），位于水

图4－17　塘栖自来水厂综合楼

厂西侧仓储用地面积 16591.8 平方米（24.89 亩）。

供水能力　2000 年 12 月 28 日水厂竣工通水时，供水能力为 6 万立方米/日。2005 年 1 月，应急改造工程竣工时供水能力提高到 9 万立方米/日。同时，水厂具有 12 万立方米/日的原水加压能力，将獐山自来水厂送来的原水经加压后输送到运河自来水厂制水。

3．供水范围

塘栖自来水厂供水范围为塘栖镇和临平、东湖、南苑、星桥、乔司等街道。当日出厂水实际输送范围须根据运河、宏畔、仁和等自来水厂的生产调度后确定。

4．水源

水源为东苕溪，由獐山自来水厂在奉口取水口提取原水后输送到塘栖自来水厂制水。

5．制水工艺描述

由獐山自来水厂送来的原水，首先加氯杀菌，然后加入絮凝剂，原水进入折板反应区，使原水与絮凝剂充分反应。然后进入平流式沉淀池，水中的杂质与絮凝剂形成的颗粒在平流池中沉淀，沉淀下来的污泥通过行车排出，进入污泥沉淀池，再将较清的水排入河流。平流池中的上清液进入 V 型滤池过滤，滤后水加氯进入清水池。V 型滤池的反冲洗水进入废水池。清水池的水通过由清水泵房输送到管网中供用户使用。

6．主要设备

图 4－18　塘栖自来水厂加氯间

图 4－19　塘栖自来水厂加药间

高配、低配，加药系统，加氯系统。

7．主要设施

平流式沉淀池、清水池、V 型滤池、配水井、清水泵房、增压泵房、废水泵房。

8．工艺流程图

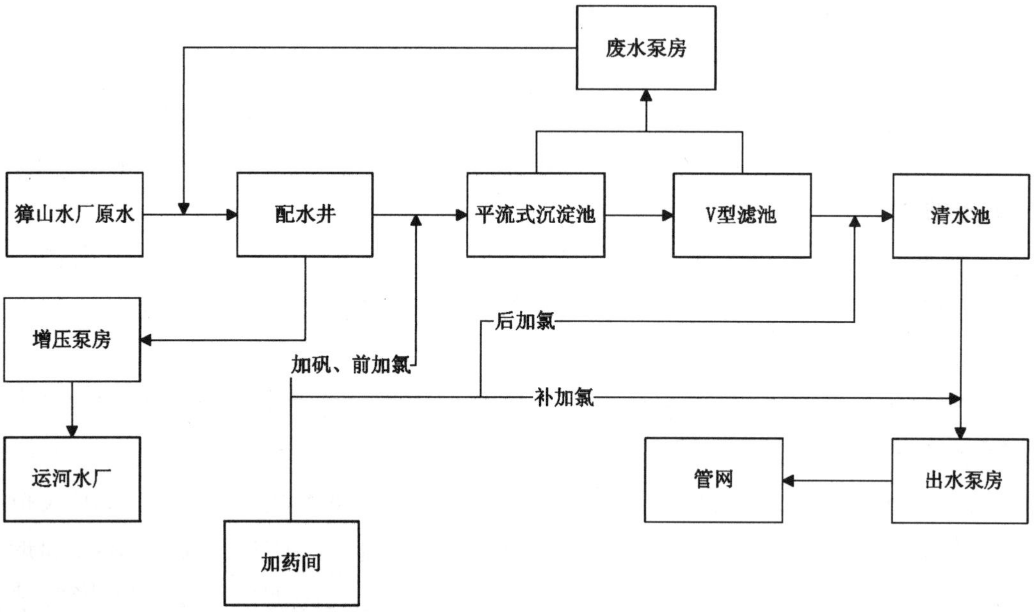

三、宏畔自来水厂

1. 厂址

宏畔自来水厂是余杭区城乡一体化供水工程——临平、塘栖供水工程（二期）新建的自来水厂。厂址位于塘栖镇三星村（塘康公路边）。

图 4－20　宏畔自来水厂综合楼

2. 规模

占地面积　宏畔自来水厂占地面积57793.8平方米（86.69亩）。

供水能力　2006年12月31日水厂竣工通水，设计供水规模为13万立方米/日，实际供水能力能达到15万立方米/日。

3. 供水范围

宏畔自来水厂供水范围为崇贤、临平、东湖、南苑、星桥、乔司等街道。

4. 水源

宏畔自来水水源为东苕溪，由獐山自来水厂在奉口提取原水后输送到宏畔自来水厂制水。

5. 制水工艺描述

由獐山自来水厂送来的原水，首先加氯杀菌，然后加入絮凝剂，原水进入折板反应区，使原水与絮凝剂充分反应。然后进入平流式沉淀池，水中的杂质与絮凝剂形成的颗粒在平流池中沉淀，沉淀下来的污泥通过行车排出，进入污泥浓缩池，再送至脱水机房将泥脱出。平流池中的上清液进入 V 型滤池过滤，滤后水加氯进入清水池。V 型滤池的反冲洗水进入回用水池，利用回用水泵将反冲洗水输送到原水管，进行再利用。清水池的水通过由二级泵房输送到管网中供用户使用。

6. 主要设备

高配、低配，加药系统，加氯系统，污泥脱水系统。

7. 主要设施

平流式沉淀池、V 型滤池、清水池、吸水井、泵房、污泥浓缩池、回用水池。

图 4－21　宏畔自来水厂全景

8. 工艺流程图

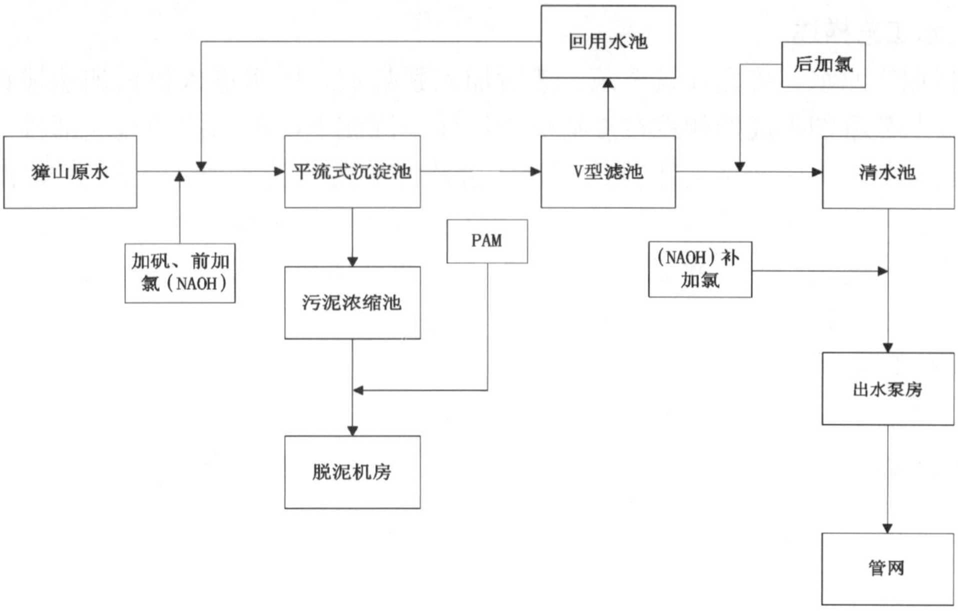

四、獐山自来水厂

1. 厂址

獐山自来水厂是临平、塘栖供水工程（一期）新建的自来水厂，厂址位于仁和街道奉口村（东苕溪边）。

图 4－22　獐山自来水厂综合楼

2. 规模

占地面积　獐山自来水厂占地面积 22738.3 平方米（34.11 亩）。

供水能力　2000 年 12 月 28 日，一期工程竣工通水，设计供水规模为 1 万立方米/日；2004 年 12 月 31 日，二期工程竣工通水，设计规模为新增 1 万立方米/日。实际一、二期工程合计供水能力达到 3 万立方米/日。同时，水厂有 30 万立方米/日取水能力，除该厂制水外，其余输送到塘栖、运河和宏畔自来水厂制水。

3. 供水范围

獐山自来水厂供水范围为仁和街道与良渚街道（部分区块）。

4. 水源

獐山自来水厂水源为东苕溪，取水口设在仁和街道獐山奉口。

5. 制水工艺描述

取水口取来原水，首先加氯杀菌，然后加入絮凝剂，原水进入机械加速搅拌澄清池，水中的杂质与絮凝剂形成的颗粒在澄清池中沉淀，沉淀下来的污泥通过底部排泥阀排出，进入污泥沉淀池，再将较清的水排入河流。澄清池中的上清液进入无阀滤池过滤，滤后水加氯进入清水池。无阀滤池的反冲洗水进入废水池。清水池的水通过由清水泵房输送到管网中供用户使用。原水水质发生变化时，可通过加药间的多品种投加系统在原水中投加高锰酸钾和活性炭（包括送塘栖和宏畔水厂的原水）。

6. 主要设备

高配、低配，加药系统，加氯系统，离心泵。

7. 主要设施

机械搅拌澄清池、沉淀池、清水池、无阀滤池、配水井、清水泵房、取水泵房、废水泵房。

图 4-23　獐山自来水厂滤池+清水池

图 4-24　獐山自来水厂沉淀池

8. 工艺流程图

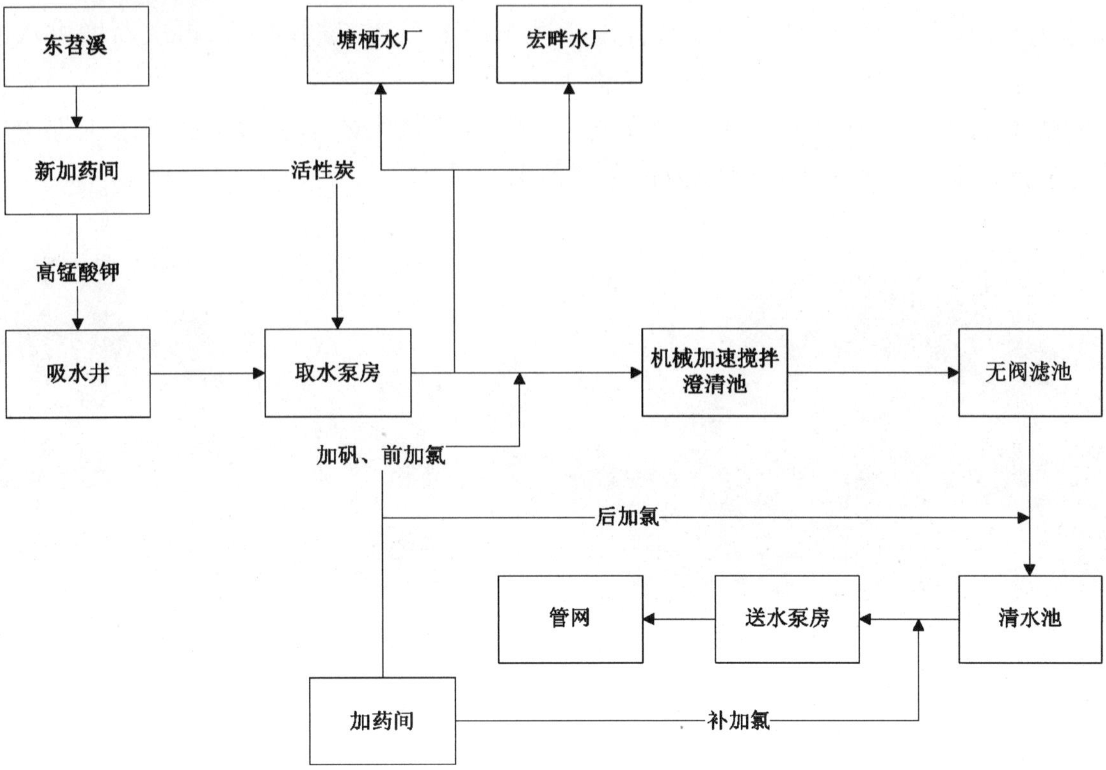

五、余杭自来水厂

1. 厂址

余杭自来水厂的前身为余杭镇自来水厂，设南苕溪制水车间和南湖制水车间。南苕溪制水车间位于余杭街道张家弄底南苕溪余杭闸边，南湖制水车间位于余杭街道城西南湖边。

2．规模

占地面积　南苕溪制水车间取水泵站占地面积1307.36平方米（1.96亩），南湖制水车间占地面积5567.6平方米（8.35亩）。

图4－25　余杭自来水厂苕溪厂区

供水能力　1981年9月，南苕溪制水车间建成供水，供水能力为2500立方米/日；1988年12月，南苕溪制水车间二期扩建竣工，供水能力提高到5000立方米/日；1993年12月，南湖净水调节工程（南湖制水车间）一期竣工，新增供水能力5000立方米/日，二处供水能力合计达到10000立方米/日；1996年6月，南湖净水调节工程二期竣工，再次新增供水能力5000立方米/日，两个制水车间合计供水能力达到15000立方米/日。

2002年11月，由杭州自来水总公司九溪水厂趸售供水的余杭、闲林供水工程竣工通水后，余杭自来水厂的供水能力作为补充与备用。

图4－26　余杭自来水厂清水池

图4－27　余杭自来水厂南湖厂区

3．供水范围

余杭自来水厂在实施城乡一体化供水之前，供水范围为余杭镇。1999年9月，余杭闲林应急输水管道工程通水后，供水范围延伸到闲林镇。2002年12月，由杭州趸售供水后，余杭水厂制水的补充供水范围为余杭、仓前、中泰等街道。

4．水源

余杭自来水厂水源为南苕溪，取水口设在南苕溪余杭闸边，南湖为备用水源。

5. **制水工艺描述**（南湖制水车间）

余杭苕溪泵房送原水到南湖泵房，首先加氯杀菌，然后加入絮凝剂，原水进入折板反应区，使原水与絮凝剂充分反应。然后进入斜管式沉淀池，水中的杂质与絮凝剂形成的颗粒在斜管中沉淀，沉淀下来的污泥通过阀门排出，再送至无阀滤池。滤后水加氯进入清水池，无阀滤池的反冲洗水进入清水池。清水池的水通过由二级泵房输送到管网中供用户使用。

6. **主要设备**

高配、低配，加药系统，加氯系统。

7. **主要设施**

水力循环澄清池、斜管沉淀池、无阀滤池、清水池、泵房。

8. **工艺流程图**

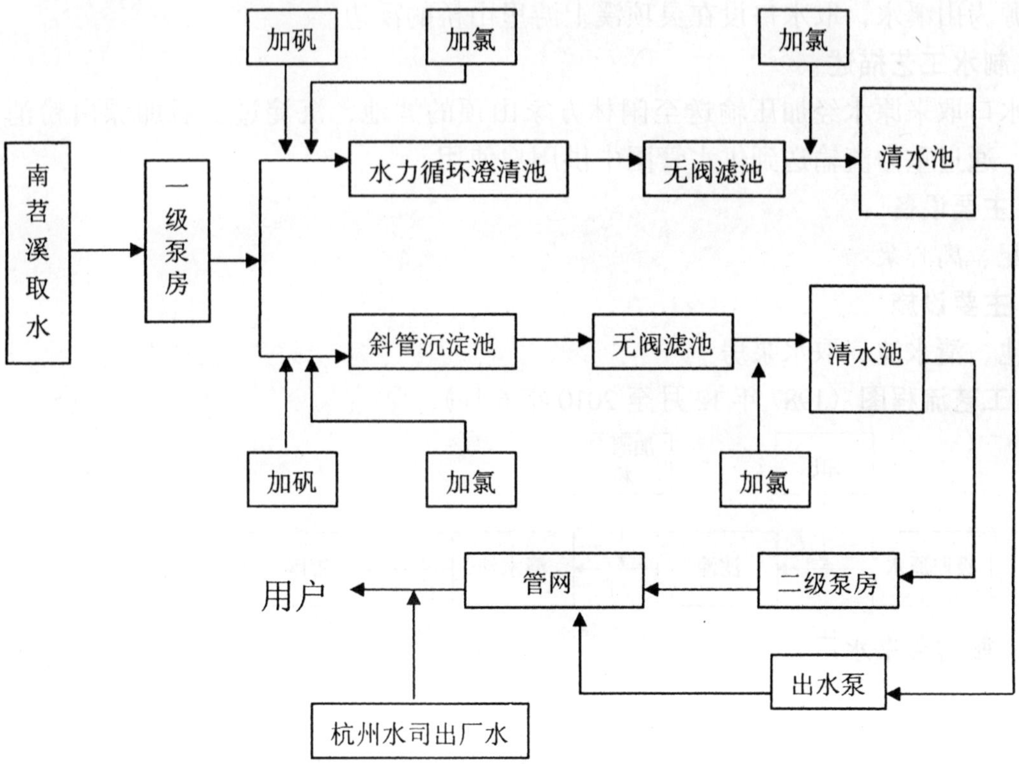

六、闲林自来水厂

1. **厂址**

闲林自来水厂的前身为闲林镇自来水厂，厂址位于闲林镇文卫路27号方家山脚，清水池、消毒池位于方家山顶，取水泵房位于灵项溪上游里山桥溪边。2010年7月，闲林分公司（2006年10月更名）办公、营业搬迁到闲林镇学校路（联荣2队）新建的综合楼。

2. **规模**

占地面积　方家山脚办公综合楼、仓库等占地面积1632.67平方米（2.45亩），方家山顶制水设施占地面积796.98平方米（1.20亩），里山桥泵房占地面积306.64平方米

(0.46亩)。闲林分公司位于学校路边新建的办公、经营场地，占地面积4240平方米(6.36亩)。

供水能力　闲林镇自来水厂1987年12月建成时，供水能力为720立方米/日；1991年扩大到4800立方米/日，在夏季和秋冬干旱时期由于水源不足，实际供水量达不到供水能力。

2002年11月，由杭州自来水总公司九溪水厂趸售供水的余杭、闲林供水工程竣工通水后，闲林自来水厂的供水能力作为补充与备用。2010年7月，因闲林镇城镇建设需要，取水和制水设施拆除，闲林分公司结束补充供水与备用制水职能。

3．供水范围

闲林自来水厂供水范围为闲林街道。

4．水源

水源为山溪水，取水口设在灵项溪上游里山桥的溪边。

5．制水工艺描述

取水口取来原水经加压输送至闲林方家山顶的滤池，沉淀过滤后加漂白粉消毒进入清水池，通过重力流输送到供水管网中供用户使用。

6．主要设备

低配、离心泵

7．主要设施

滤池、清水池、取水泵房

8．工艺流程图（1987年12月至2010年6月）

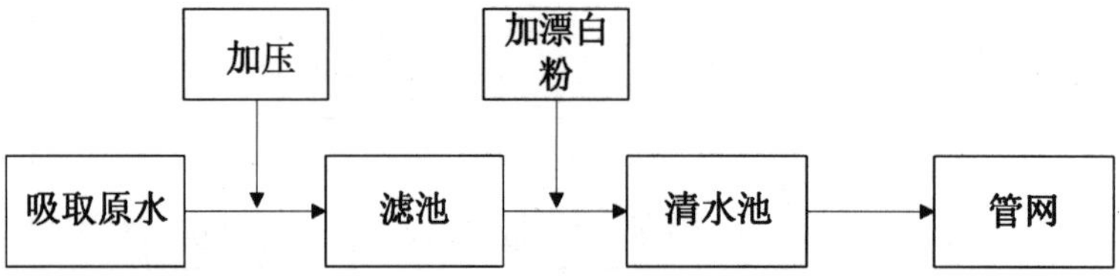

七、瓶窑自来水厂

1．厂址

瓶窑自来水厂是原瓶窑镇自来水厂于2001年11月28日开始异地新（扩）建的自来水厂，厂址位于瓶窑镇闸溪路1号（杭州公交348路车站对面）。老水厂制水车间位于瓶窑镇窑山顶，取水泵房、办公楼、仓库等位于瓶窑镇西溪街60号。

2．规模

占地面积　瓶窑自来水厂占地面积23466.68平方米（35.2亩）。原瓶窑镇自来水厂制水车间

图4-28　瓶窑自来水厂

占地面积4950.4平方米（7.34亩），取水泵房、办公楼、仓库等占地面积2249.8平方米（3.37亩）。位于瓶窑镇彭公集镇边山坡上原彭公乡自来水厂制水车间占地面积900.05平方米（1.35亩）。

供水能力　2003年3月6日，瓶窑自来水厂异地新建一期竣工通水，供水能力为2.5万立方米；二期扩建工程2004年12月28日竣工通水，新增供水能力2.5万立方米，一、二期工程合计供水能力为5.0万立方米/日。原瓶窑镇自来水厂制水车间在新水厂投入运行后停止制水。

3. 供水范围

瓶窑自来水厂供水范围为瓶窑镇和良渚街道（部分区块）。

4. 水源

水源为东苕溪，取水口设在东苕溪羊山湾。

5. 制水工艺描述

取水泵房自苕溪取原水，首先前加氯杀菌，然后加入絮凝剂，原水进入折板反应区，使原水与絮凝剂充分反应。然后进入平流式沉淀池，水中的杂质与絮凝剂形成的颗粒在平流池中沉淀，沉淀下来的污泥通过行车排出，进入污泥沉淀池，再将较清的水排入河流。平流池中的水进入四阀滤池过滤，滤后水经过后加氯进入清水池。四阀滤池的反冲洗水进入废水池。清水池的水经过补加氯后通过送水泵房输送到管网中供用户使用。

6. 主要设备

取水系统，加药系统，加氯系统，澄清系统。

7. 主要设施

综合池（折板反应池和平流式沉淀池）、清水池、四阀滤池、配水井、送水泵房、废水池。

图4－29　瓶窑自来水厂平流式沉淀池

图4－30　瓶窑自来水厂四阀滤池

8. 工艺流程图（2003年至今）

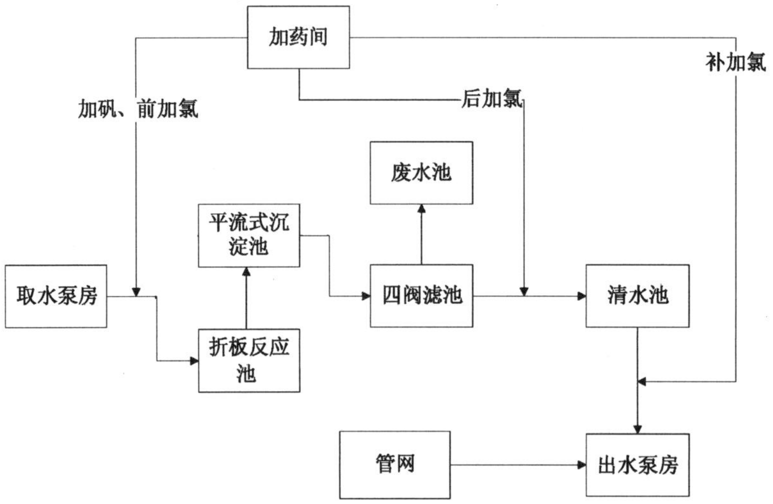

八、径山自来水厂

1. 厂址

径山自来水厂的前身是洋板镇自来水厂于2004年2月开始异地新（扩）建的自来水厂。制水间位于径山镇四岭村海拔45米高的小山坡上，办公经营综合楼位于径山镇龙皇大道（潘板桥村）。老水厂制水车间、取水泵房位于感塘村，办公楼位于潘板集镇。

图4－31　径山自来水厂综合楼

2. 规模

占地面积　制水车间占地面积为10098.8平方米（15.15亩），办公综合楼占地面积4817.1平方米（7.23亩）。老水厂制水车间、取水泵房占地面积338.9平方米（0.51亩），办公楼1547.3平方米（2.32亩）。位于径山镇长乐集镇边的原长乐镇自来水厂厂房（三间二屋）占地面积390平方米（0.58亩）、山顶水池等占地面积300平方米（0.45亩）。

供水能力　2004年10月，新水厂厂区和供水主干管初步建成，通水至双溪、洋板和长乐等三个集镇，供水能力为1.25万立方米/日。2006年6月，为实行城乡一体化供水，径山供水工程经优化续建，实施径山、黄湖供水工程，一期工程于2007年8月建成通水，供水能力提高到1.5万立方米/日；2010年7月二期扩建工程竣工，供水能力扩大到5万立方米/日。

3．供水范围

径山自来水厂的供水范围为径山镇、黄湖集镇及周边村。2012年鸬鸟、百丈供水工程竣工后，径山自来水厂的出厂水通过加压供水到鸬鸟集镇、百丈集镇，百丈工业区及沿途农村。径山自来水厂富余水量供余杭街道和瓶窑镇。

4．水源

径山自来水厂水源为水库水，取水口设在四岭水库发电厂出水口处。

5．制水工艺描述

图4－32　径山自来水厂制水车间

一期　四岭水库原水，首先加二氧化氯杀菌，然后加入絮凝剂，原水进入水力循环澄清池，使原水和絮凝剂利用水力旋转作用充分反应后，通过斜管拦截使清水进入无阀滤池，杂质与絮凝剂形成的颗粒在斜管沉淀到池底部排出，滤后水加二氧化氯再次杀菌进入清水池，清水池的水以重力流方式输送到管网中供用户使用（一期工艺已停用）。

二期　四岭水库原水，通过加矾、加氯后进入折板反应斜管沉淀池，然后进入虹吸滤池，通过后加氯进入清水池，再经补加氯后，分二路供水，一部分供径山镇的自来水以重力流方式直接输入管网供用户使用，另一部分供黄湖镇的自来水经加压泵房输送到管网中供用户使用。

6．主要设备

低配、加药系统、二氧化氯发生系统（一期）、加氯系统（二期）。

7．主要设施

一期　水力循环澄清池、无阀滤池、清水池、泵房。

二期　折板反应斜管沉淀池、虹吸滤池、清水池、出水泵房。

图4－33　径山自来水厂澄清池

图4－34　径山自来水厂滤池

8. 工艺流程图（二期）

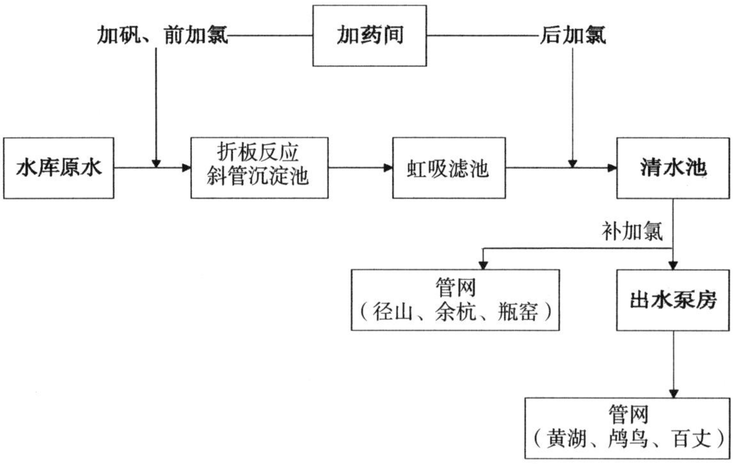

九、仁和自来水厂

1. 厂址

仁和自来水厂净水厂位于仁和街道葛墩村张田，葛墩漾以西、高新大道东侧；取水泵房位于仁和街道永胜村，闻家埭西北；取水口位于杭宁高速公路下游 1.8 千米处，大善桥村附近（东苕溪奉口至德清交界河段 K38 + 50 处）。

图 4－35　仁和自来水厂

2. 规模

占地面积　仁和自来水厂净水厂区占地面积为 142007 平方米（213 亩），取水泵房占地面积 1000 平方米（15 亩）。

供水能力　设计规模为近期 2011 年—2015 年 20 万立方米/日，远期 2016 年—2020 年 40 万立方米/日。一期工程于 2009 年 12 月开工建设，2012 年 8 月 1 日基本建成，并网供水，一期供水能力 20 万立方米/日。

3. 供水范围

仁和自来水厂供水范围为临平副城、良渚组团和瓶窑镇。2013 年开始实施的仁和至余杭供水管道工程竣工后，供水范围扩大到余杭组团。

4. 水源

仁和自来水厂水源为东苕溪奉口至德清干流段，仁和三白潭漾为备用水源。

图 4-36　仁和自来水厂东苕溪取水口（仁和永胜）

5. 制水工艺描述

仁和自来水厂采用生物预处理 + 常规处理 + 臭氧活性炭深度处理的三级净水工艺。

清源泵站通过原水泵作用将苕溪原水输送至仁和净水厂区，若原水出现水质问题时，则相应进行高锰酸钾及活性炭投加。原水进入净水厂区，首先进行生物预处理，通过生物作用去除水中氨氮和有机污染物；然后进入折板反应池，通过机械搅拌作用，使原水与絮凝剂充分反应；再进入平流沉淀池，通过重力作用，使原水中的杂质与絮凝剂形成的胶体自然沉淀，沉淀下的污泥通过底部刮泥机进入污泥池，进入脱水机房后进行脱水处理；上层沉淀水进入 V 型滤池进行过滤，滤池定期进行反冲洗，反冲洗废水进行回用处理；然后进入臭氧接触池、活性炭滤池进行深度处理，滤池定期进行反冲洗，反冲洗废水进行回用处理；活性炭滤池滤后水进入清水池，在清水池前后进行后加氯、补加氯、加氨操作，达到杀菌消毒作用；最终进入吸水井，利用送水泵将成品水输送至管网供用户使用。

6. 工艺流程图

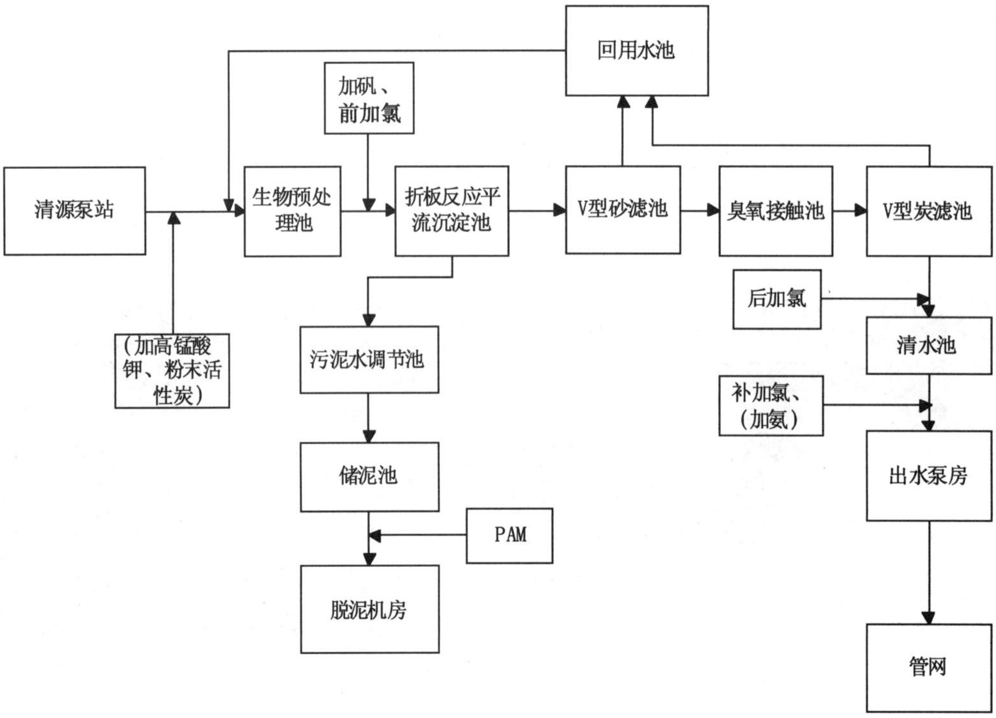

7. 主要设备

取水泵房　启闭机、机械格栅、原水泵、桁车、高锰酸钾、活性炭投加系统、高低配、电容无功补偿等系统、自动化控制系统。

净水厂区　曝气鼓风机、机械搅拌器、刮泥机、桁车、臭氧发生系统、臭氧尾气破坏装置、反冲洗水泵、送水泵。液氯吸收装置、液氨吸收装置、回用水泵、污水泵、污泥进料泵、离心式脱泥机、高低配、电容无功补偿等系统、自动化控制系统。加药系统：矾液投加系统、精制石灰投加系统、PAM 投加系统。加氯系统：加氯机、氯气过滤器、压力式自动切换装置、真空调节器、电子衡器、漏氯报警仪。加氨系统：加氨机、过滤器、压力式自动切换装置、真空调节器、电子衡器、漏氨报警仪。

8. 主要设施

图 4－37　仁和自来水厂厂区

取水泵房　综合井、取水泵房、加药间、变配电间

净水厂区　生物接触氧化池、鼓风机房、平流沉淀池、V 型砂滤池、臭氧接触池、V 型活性炭滤池、清水池、送水泵房、气冲洗泵房、水冲洗泵房、臭氧发生器间、变配电间、加药消毒间、加氯间、加氨间、回用水调节池、污泥水调节池、贮泥池、脱水机房。

第二节　加压泵站

余杭区（市）在实施城乡一体化供水时，为满足各终端用户的供水压力，除各座自来水厂的出厂水按设计标准保证供水压力外，对长距离供水的用户和略高于海拔 15 米的部分用户及高层住宅用户，通过供水管网途中加压、局部地块加压和高层住宅加压等方式来满足用户的用水压力。

一、管网途中加压泵站

为解决远离自来水厂的用户和距离较远、地势又较高用户的供水压力，杭州余杭水务有限公司自 1991 年 11 月至 2012 年 12 月，已建供水管网途中加压泵站 5 座。

1．乔司加压泵站

乔司加压泵站是原余杭县临平区给水工程建设内容之一，于 1991 年 11 月开工建设，1992 年 5 月建成通水。占地面积 3300 平方米 (5 亩)、加压规模为 2 万立方米/日，清水池最高水位 3.8 米。自来水由位于运河街道亭趾杨家墩的运河自来水厂（原临平自来水厂亭趾制水车间）生产，输水管道途经临平城区，将自来水输送到位于乔司街道乔井路 1－1 号 (杭州余杭水务有限公司乔司分公司内) 的乔司泵站，通过清水池，经加压、补氯消毒后供水到乔司街道、南苑街道（其中七个村）和江干区的下沙街道（部分）、省军区农场及周边的劳改单位。处理工艺流程图为：

图 4－38　乔司加压泵站综合楼（供水）

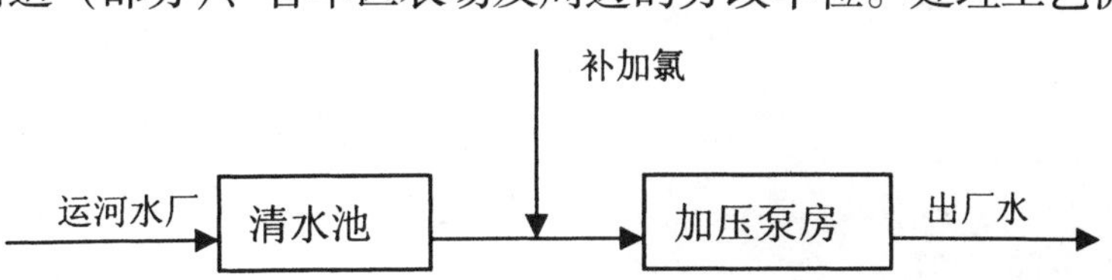

2．南苑加压泵站

随着城乡一体化供水的推进，乔司加压泵站供水区域的自来水用户逐年增加，用水量不断提升，为满足用户的供水压力，杭州余杭水务有限公司于 2009 年 5 月动工建设南

苑加压泵站，2010 年 8 月竣工通水。南苑加压泵站位于乔司街道东湖南路小星桥北 100 米，占地面积 8106 平方米（12.159 亩），加压规模为 4 万立方米/日，清水池最高水位 3.9 米。自来水由运河、塘栖、宏畔或仁和自来水生产，根据供水调度将自来水输送到南苑加压泵站。通过虹吸滤池、加矾、清水池加压和补加氯消毒后供水到乔司分公司供水区城的用户（南苑加压泵站供水管网与乔司加压泵的供水管网相互贯通）。处理工艺流程为：

图 4－39　南苑加压泵站（供水）

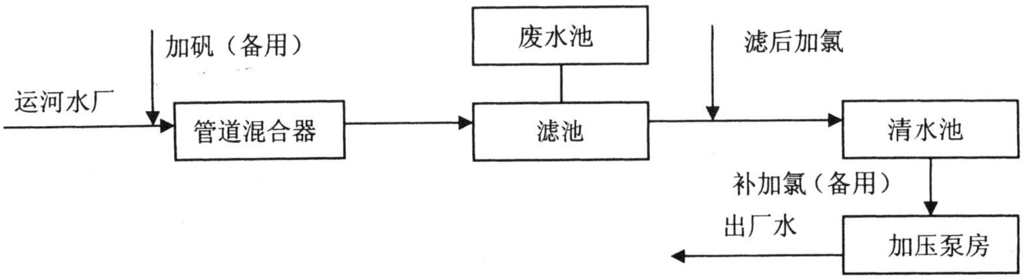

3．舟枕加压泵站

舟枕加压泵站位于余杭街道仙宅村林坞口，于 2007 年 12 月开工建设，2008 年 8 月竣工通水，加压规模为 2 万立方米/日。自来水由位于径山镇四岭村的径山自来水厂制水车间生产，经管道输送到泵站后通过管道加压和二氧化氯投加装置补氯后，供水到余杭街道用户。

图 4－40　舟枕加压泵站（供水）

4．黄湖加压泵站

黄湖加压泵站是鸬鸟、百丈供水工程（两镇地势较高，距水厂较运）的一级加压泵站，位于黄湖镇工业区（杭州余杭水务有限公司径山分公司黄湖营业所内）。于 2010 年 6 月开工建设，2012 年 12 月竣工通水，加压规模为 0.5 万立方米/日，一期已建 0.25 万立方米/日。自来水由位于径山镇四岭村的径山自来水厂制水车间生产，出厂水通过加压后输送到黄湖加压泵站，经过无负压设备加压和二氧化氯

图 4－41　黄湖加压泵站（供、排一体）

发生器补加氯消毒后，供水到黄湖镇王位山村及周边用户和百丈加压泵站。

5．百丈加压泵站

百丈加压泵站是鸬鸟、百丈供水工程的二级加压泵站，与黄湖加压泵站同期建设。加压规模为 0.4 万立方米/日，一期已建 0.16 万立方米/日。自来水由径山自来水厂生产输送到黄湖加压泵站加压后再输送到百丈加压泵站，通过无负压供水设备加压和二氧化氯发生器补加氯消毒后，供水到鸬鸟集镇、百丈集镇和百丈工业区等地的用户。

图 4－42　百丈加压泵站（供、排一体）

乔司、南苑、舟枕、黄湖、百丈等供水加压泵站概况见附表 4－15。

二、局部地块加压供水

为解决略高于海拔 15 米部分居民的用水需求，杭州余杭水务有限公司自 2003 年至 2012 年根据用户要求和附近已建供水管道的接水条件，通过安装无负压泵增压设备加压供水的用户共有 15 处（见附表 4－14）。无负压泵主要选用青岛三利工程设备有限公司生产的“青岛三利”无负压设备，少量选用“南京宁水”无负压设备。

表 4－14　　杭州余杭水务有限公司无负压泵加压设备安装情况

序	安装年份	安装位置	加压供水用户
1	2003 年	余杭街道仙宅村	长岗农场职工住宅小区生活用水
2	2003 年	闲林街道方家山社区	闲林埠钼铁矿生活小区用水
3	2004 年	闲林街道省西郊监狱	省西郊监狱用水
4	2004 年	良渚街道安溪村	原上溪村居民生活用水
5	2005 年	闲林街道孙家坞社区	孙家坞社区居民生活用水
6	2006 年	闲林街道省化工地质大队	省化工地质大队用水
7	2007 年	临平街道区“一馆四中心”	“一馆四中心”用水
8	2008 年	闲林街道杭州钱潮水泥厂	北山贩钱潮水泥厂宿舍职工生活用水
9	2008 年	余杭街道竹园村（舟青公路边）	余杭街道竹园、仙宅、义桥等三个村用水
10	2009 年	闲林街道省西郊监狱外	联荣村六组居民生活用水
11	2010 年	瓶窑镇彭公村陈和村组	陈和村组居民生活用水
12	2010 年	南苑街道西洋桥环岛公寓	环岛公寓居民生活用水
13	2012 年	仓前街道宋家山社区外	宋家山农居点居民生活用水
14	2012 年	闲林街道方家山公园外	方家山公寓住宅区居民生活用水
15	2012 年	闲林街道消防厂北山畈	消防器材厂职工宿舍生活用水

表 4－15　**杭州余杭水务有限公司供水管网途中加压泵站基本情况**

序号	名　称	坐落位置	加压类型	加压规模	泵站建设年月		泵站设备情况		加压供水范围	水源
					始建（年）	竣工（年）	名称	数量		
1	乔司加压泵站	乔司街道 乔井路 1－1 号	清水池加压	2 万立方米/日	1991.11	1992.5	送水泵	3 台	乔司街道、南苑街道（七个村）。江干区下沙、九堡（部分）、省军区农场及周边 3 个监狱。	运河、塘栖、宏畔、仁和等自来水厂
							加氯机	2 台		
2	南苑加压泵站	东湖南路 小星桥北 100 米	清水池加压	4 万立方米/日	2009.5	2010.8	送水泵	5 台		
							加矾泵	2 台		
							加氯机	2 台		
							空压机	1 台		
3	舟枕加压泵站	余杭街道 仙宅村林坞口	管道加压	2 万立方米/日	2007.12	2008.8	送水泵	3 台	余杭街道	径山自来水厂
							二氧化氯投加装置	1 套		
4	黄湖加压泵站	黄湖镇工业区	无负压供水	0.5 万立方米/日，近期 0.25 万立方米/日	2010.6	2012.12	送水泵	5 台	黄湖镇王位山村、百丈集镇、百丈工业区、鸬鸟集镇	
							二氧化氯投加装置	1 套		
5	百丈加压泵站	百丈镇坪里村	无负压供水	0.4 万立方米/日，近期 0.16 万立方米/日	2010.6	2012.12	送水泵	8 台		
							二氧化氯投加装置	1 套		

三、高层、小高层住宅加压供水

余杭区的高层、小高层住宅和高层办公楼宇的用户用水均由房产开发商或楼宇业主单位安装供水加压设备。杭州余杭水务有限公司以两种方式向该类用户供水：一是以小区为单元，实行总表计量供水，小区内用户分表由小区物业管理部门抄表收费，并承担总表以内供水管网、用户水表及附属设施的维护管理；二是小区内六楼（或五楼）以下住宅由杭州余杭水务有限公司直接供水到户，实行“一户一表”管理，六楼（或五楼）以上住宅用户，实行总表管理，由小区物业管理部门抄表收费，并承担供水管网、用户水表及附属设施的维护管理。

第三节　供水管网

一、城乡一体化供水前供水管网（1991 年—2000 年）

余杭区在 1999 年开始推行城乡一体化供水之前，城镇和农村的供水管网按照各座自来水厂的产权归属，分别由县（市）、乡镇和村、组属的供水企业建设和运行管理，管网线路短，管材质量较差。至 2000 年，在余杭区规划的城乡一体化供水区域内（临平、乔司、运河、塘栖、宏畔、獐山、良渚、余杭、闲林、瓶窑、径山等 11 个分支机构供水的镇乡范围），管径为 DN15 ~ DN1400 的供水管网总长 1555514 米，其中，DN80 及以上管网 390372 米，占 25.10%；DN80 以下供水管网 1165142 米，占 74.90%。管材以镀锌管为主，有 897865 米，占 57.72%，其他各种管材所占的比例均各在 10%以下。

余杭区在实施城乡一体化供水之前，不同时间段、不同管径供水管道长度见附表 4 - 16。

余杭区在实施城乡一体化供水之前，不同时间段，不同管材供水管道长度见附表 4 - 17。

二、城乡一体化供水时普查供水管网（2001 年—2005 年）

余杭区自 1999 年开始，在推进城乡一体化供水的进程中，通过新建区域性的供水工程、实施农村二次改水和城乡一户一表改造后，城乡供水管网呈现大范围的扩建、延伸和改造，管网长度逐年大幅度增加，管材质量选用绿色环保管材为主，供水安全性也大大提高。

为确保供水管网安全运行和资产完好，杭州余杭供水集团公司于 2005 年 12 月至 2006 年 3 月在獐山自来水厂供水范围进行了供水管网普查试点，在试点普查的基础上于 2006 年 4 月至 2006 年 9 月对公司供水区域内的供水管网进行了一次全面普查，普查基准日为 2005 年 12 月 31 日。

普查内容　供水范围内在贸易结算水表前，各口径供水管道（含原水管道）的长度、管材、质量和规格，管道通水年份、埋设深度和埋设位置，阀门、排污阀、排气阀、消火栓等管网附属设施的规格与数量。

普查方法　由各分支机构根据当地的地形图电子文档，采取查阅管道建设竣工资料与实地踏看调查的方式相结合进行普查。普查结果按规定填报供水管网普查登记表，并将普查实况清楚地标注在地形图电子文档上。

普查结果　2005年年底，余杭区城乡一体化供水区域内共有不同管径、不同管材的供水管网4589072米，比2000年增加3033558米，五年增长了1.95倍，平均每年增加管网606711.6米。其中，DN80及以上管道1381061米，占30.09%，DN80以下管道3208011米，占69.91%。

在各种管材中，镀锌管因在使用过程中易生锈，造成自来水污染，杭州余杭供水集团公司于2003年6月1日起逐步停止使用。至2005年，镀锌管、铸铁管、预应力管、自应力管使用量的比例逐年减少，钢管、钢塑管、PE管等环保管材使用量的比例逐年增加。

2000年—2005年余杭区城乡一体化供水区域不同管径供水管道长度见附表4－18；

2000年—2005年余杭区城乡一体化供水区域不同管材供水管道长度见附表4－20；

三、供水管网普查后各年管网（2006年—2012年）

余杭区自2006年开始，每年年底按照2005年供水管网普查内容与方法，将当年各项供水工程建设时新建、改建、移位的各类供水管网及当年废弃的供水管道和各种管网附属设施的变更情况进行核实核准，建立和完善管网台账，修正后标注管网地形图电子文档，全面真实反映余杭区城乡一体化供水区域供水管网的布局、数量和运行状况。

至2012年年底，余杭区城乡一体化供水区域内共有不同管径、不同管材的供水管网7986269.7米，比2005年增加了3397197.7米，增长74.03%，平均每年增加管网485314米。其中，DN80及以上管道2659344.1米，占33.3%，比2005年增加了1278283.1米，增长92.56%；DN80以下管道5326925.6米，占66.7%，比2005年增加了2118914.6米，增长66.65%。在各类管材中，镀锌管所占比例显著减少，由2005年的57.67%，下降到2012年的32.85%，减少了24.82个百分点；钢塑管使用比例显著上升，由2005年11.90%，增加到2012年的33.59%，增加21.69个百分点；球墨管使用比例由2005年的4.33%，2012年提高到9.05%；PE管使用比例由2005年的5.90%，2012年提高到9.38%；PPR管使用比例由2005年的0.07%，2012年提高到3.96%；预应力管和自应力管的使用比例继续下降，分别由2005年的3.67%、5.76%下降到2012年的2.17%、2.71%。同时，随着供水区域的扩大、供水管网的延伸，供水附属设施数量也相继增加。2012年供水管网中共安装闸阀、蝶阀、排污阀、排气阀、消火栓、管理水表、流量仪等附属设施31775只，比2005年的11666只，增加20109只，增长1.72倍。

2006年—2012年余杭区城乡一体化供水区域不同管径供水管道长度见附表4－19；

2006年—2012年余杭区城乡一体化供水区域不同管材供水管道长度见附表4－21；

2012 年，余杭区城乡一体化供水区域不同管径供水管网附属设施数量见附表 4－22。

余杭区在实施城乡一体化供水之前不同时间段不同管径供水管道长度

表 4－16　（2005 年供水管网普查资料）　单位：米

管　径		1991 年以前	1991 年—1995 年		1996 年—2000 年		2000 年不同管径比例（%）
			新建	累计	新建	累计	
DN1600		0	0	0	300	300	0.02
DN1400		0	0	0	10843	10843	0.70
DN1200		0	0	0	6848	6848	0.44
DN1000		0	975	975	2792	3767	0.24
DN900		0	0	0	0	0	0
DN800		12226	4140	16366	22228	38594	2.48
DN600		1422	5312	6734	11367	18101	1.16
DN500		0	1261	1261	4322	5583	0.36
DN450		0	0	0	0	0	0
DN400		3015	13698	16713	6507	23220	1.49
DN300		18396	32831	51227	6564	57791	3.72
DN250		626	9490	10116	0	10116	0.65
DN200		16097	16959	33056	8449	41505	2.67
DN150		22983	23906	46889	13526	60415	3.88
DN125		0	0	0	0	0	0
DN100		29657	31117	60774	24384	85158	5.48
DN80		7324	16759	24083	4048	28131	1.81
DN65		0	0	0	0	0	0
DN50		15746	103600	119346	129785	249131	16.02
DN40		10139	77576	87715	97764	185479	11.92
DN25		11397	87289	98686	120225	218911	14.07
DN20		16635	130255	146890	200214	347104	22.31
DN15		28980	97578	126558	37959	164571	10.58
合计		194643	652746	847389	708125	1555514	
其中	DN80 及以上	111746	156448	268194	122178	390372	25.10
	DN80 以下	82897	496298	579195	585947	1165142	74.90

余杭区在实施城乡一体化供水之前不同时间段不同管材供水管道长度

表 4-17　（2005 年供水管网普查资料）　单位：米

管材	1991 年以前	1991 年—1995 年		1996 年—2000 年		2000 年不同管材比例（%）
		新建	累计	新建	累计	
镀锌管	90830	515868	606698	291167	897865	57.72
铸铁管	60303	37038	97341	36240	133581	8.59
球墨管	0	198	198	291	489	0.03
预应力管	12001	12766	24767	41433	66200	4.26
自应力管	27815	80673	108488	14752	123240	7.92
钢　管	3596	6203	9799	13537	23336	1.50
钢塑管	0	0	0	120710	120710	7.76
PE	58	0	98	469	567	0.04
PCCP	0	0	0	300	300	0.02
其他管材	0	0	0	189226	189226	12.16
合　计	194643	652746	847389	708125	1555514	

2000 年—2005 年余杭区城乡一体化供水区域不同管径供水管道长度

表 4-18　（2005 年供水管网普查资料）　单位：米

管径	2000 年		2001 年		2002 年		2003 年		2004 年		2005 年	
	累计	%	新建	累计	新建	累计	新建	累计	新建	累计	新建	累计
DN1600	300	0.22	0	300	0	300	0	300	0	300	0	300
DN1400	10843	0.70	0	10843	0	10843	678	11521	0	11521	7942	19463
DN1200	6848	0.44	0	6848	0	6848	0	6848	8837	15685	2146	17831
DN1000	3767	0.24	340	4107	0	4107	6525	10632	715	11347	0	11347
DN900	0	0	0	0	0	0	485	485	0	485	0	485
DN800	38594	2.48	2601	41195	0	41195	29499	70694	8927	79621	454	80075
DN600	18101	1.16	3800	21901	2120	24021	16455	40476	11713	52189	10673	62862
DN500	5583	0.36	8234	13817	547	14364	21633	35997	19654	55651	494	56143
DN450	0	0	0	0	0	0	0	0	0	0	40	40
DN400	23220	1.49	5815	29035	13585	42620	15855	58475	30123	88598	13252	101850
DN300	57791	3.72	6588	64379	17834	82213	22334	104547	54660	159207	15223	174430
DN250	10116	0.65	0	10116	0	10116	0	10116	0	10116	0	10116
DN200	41505	2.67	7417	48922	22139	71061	24643	95704	44644	140348	28165	168513
DN150	60415	3.88	13319	73734	27432	101166	25532	126698	37363	164061	23546	187607
DN125	0	0	0	0	0	0	0	0	132	132	0	132
DN100	85158	5.48	22413	107571	33824	141395	34245	175640	70263	245903	36670	282573
DN80	28131	1.81	24011	52142	51699	103841	23248	127089	60277	187366	19926	20729
DN65	0	0	0	0	0	0	0	0	2934	2934	0	2934
DN50	249131	16.02	32068	281199	74405	355604	92360	447964	103318	551282	55986	607268
DN40	185479	11.92	22015	207494	75178	282672	80150	362822	79078	441900	36040	477940
DN25	218911	14.07	30927	249838	87139	336977	101457	438434	111925	550359	41902	592261
DN20	347104	22.31	58962	406066	138590	544656	144713	689369	196814	886183	65871	952051
DN15	164517	10.58	45098	209615	81884	291499	143820	435319	114263	549582	25972	575554
合计	1555514		283608	1839122	626376	2465498	783632	3249130	955640	4204770	384302	4589072
其中 DN80及以上	390372	25.10	94538	484910	169180	654090	221132	875222	347308	1222530	158531	1381061
其中 DN80以下	1165142	74.90	189070	1354212	457196	1811408	562500	2373908	608332	2982240	225771	3208011

注：当年管道累计长度 = 上年管道长度 + 当年新建管道长度—当年废弃管道长度

2006 年—2012 年余杭区城乡一体化供水区域不同管径供水管道长度

表 4－19　　　　单位：米

管径		2006 年	2007 年	2008 年	2009 年	2010 年	2011 年	2012 年
DN1600		300.0	300.0	300.0	300.0	300.0	300.0	300.0
DN1400		18213.0	19463.0	19463.0	26833.0	26833.0	26833.0	26833.0
DN1200		16935.0	17831.0	17831.0	17831.0	17831.0	17831.0	17831.0
DN1000		20645.0	20843.0	30966.0	30960.0	30960.0	37047.0	37107.0
DN900		3277.0	485.0	485.0	485.0	485.0	485.0	485.0
DN800		86081.0	82446.0	78354.0	83624.0	88664.3	96318.3	119226.3
DN600		58955.6	66389.6	68570.6	73330.6	76821.6	78553.6	86374.8
DN500		56577.0	56553.0	64687.0	67585.5	67838.0	67838.0	67847.0
DN450		0.0	40.0	40.0	40.0	40.0	40.0	40.0
DN400		108423.0	117334.0	129265.0	141239.9	153437.9	158311.0	170224.2
DN300		191868.5	211676.0	225412.0	269590.3	283962.8	299720.5	339588.8
DN250		626.0	574.0	543.0	543.0	543.0	0	0
DN200		192639.3	229921.0	262498.5	302846.5	323220.9	333050.9	351850.7
DN150		202557.4	223918.5	244988.5	476003.2	488847.9	494786.6	502787.5
DN125		132.0	4142.0	4142.0	132.0	132.0	132.0	132.0
DN100		311431.9	341726.5	409198.0	474010.4	498226.9	527032.9	552725.6
DN80		232998.5	256244.0	301928.0	336080.0	356438.5	374376.5	385991.3
DN65		2934.0	2934.0	4170.0	4170.0	4174.0	4174.0	4174.0
DN50		657797.5	708847.8	792413.8	869237.8	933169.8	969845.3	999348.8
DN40		522500.2	574152.4	647284.4	712776.4	761546.4	791199.9	808830.9
DN25		635484.8	675357.6	773947.1	937128.1	1039021.1	1087151.6	1119081.6
DN20		1046442.1	1141513.5	1316971.5	1480755.5	1579165.0	1627928.0	1675769.0
DN15		593998.8	603770.3	695705.3	700847.3	707344.3	713828.3	719721.3
合计（23 种规格）		4960817.6	5356462.2	6089163.7	7006349.5	7439003.3	7706783.4	7986269.7
其中	DN80 及以上	1501660.2	1649886.6	1858671.6	2301434.4	2414582.7	2512656.3	2659344.1
	DN80 以下	3459157.4	3706575.6	4230492.1	4704915.1	5024420.6	5194127.1	5326925.6

2000年—2005年余杭区城乡一体化供水区域不同管材供水管道长度

表4－20　（2005年供水管网普查资料）　单位：米

管材	2000年		2001年		2002年		2003年		2004年		2005年	
	累计	%	新建	累计	新建	累计	新建	累计	新建	累计	新建	累计
镀锌管	897865	57.22	228957	1126822	548224	1675066	522431	2197497	419574	2617071	29438	2646509
铸铁管	133581	8.59	10385	143966	3049	147015	5147	152162	40	152202	0	152202
球墨管	489	0.03	6061	6550	13759	20309	43000	63309	74056	137365	61581	198946
预应力管	66200	4.26	10861	77061	1840	78901	51626	130527	30313	160840	7394	168234
自应力管	123240	7.92	17693	140933	41089	182022	29747	211769	51351	263120	1227	264347
钢管	23336	1.50	6958	30294	13395	43689	32083	75772	36122	111894	11950	123844
钢塑管	1207100	7.76	2493	123203	2200	125403	65910	191313	150229	341542	204697	546239
CPVC	0	0	0	0	0	0	1252	1252	11629	12881	0	12881
PE	567	0.04	0	567	0	567	28816	29383	180524	209907	60972	270879
PPR	0	0	200	200	2800	3000	0	3000	0	3000	160	3160
PCCP	300	0.02	0	300	0	300	0	300	0	300	6000	6300
其他管材	189226	12.16	0	189226	0	189226	3620	192846	1802	194648	883	195531
合计	1555514	—	283608	1839122	626376	2465498	783632	3249130	955640	4204770	384302	4589072

2006年—2012年余杭区城乡一体化供水区域不同管材供水管道长度

表4－21　　单位：米

管材	2006年	2007年	2008年	2009年	2010年	2011年	2012年
镀锌管	2646525.1	2644583.1	2642765.1	2637674.1	2634124.1	2628272.1	2623117.3
铸铁管	150067.0	139070.0	129847.0	136614.0	129436.0	113109.0	110335.0
球墨管	252496.0	333045.9	411156.9	532960.5	598591.0	642637.0	722551.0
预应力管	168158.0	168468.9	163360.9	176382.9	175163.7	174827.7	173649.7
自应力管	257770.0	253632.0	249572.0	227249.0	222508.0	221044.0	216584.0
钢管	129875.7	141942.8	154699.0	172144.0	179461.1	191651.6	209264.9
钢塑管	781226.7	1044492.0	1579744.0	2024660.8	2327901.3	2520978.8	2682192.1
UPVC	12881.0	37848.0	37848.0	37958.0	37958.0	37958.0	37958.0
PE	334690.5	375065.9	491961.4	699391.5	720712.5	739660.5	748904.5
PPR	192642.0	193218.0	194505.0	269271.0	310512.0	311890.0	316546.0
PCCP	6300.0	6300.0	13940.0	16790.0	18200.0	26168.0	41315.0
其他	28185.6	18795.6	19764.4	75253.7	84435.6	98586.7	103852.2
合计	4960817.6	5356462.2	6089163.7	7006349.5	7439003.3	7706783.4	7986269.7

2012年余杭区城乡一体化供水区域不同管径供水管网附属设施数量

表4-22　　单位：只

口径	闸阀	蝶阀	排污阀	排气阀	消火栓	水表	流量仪	备注
DN15	101	0	0	0	0	20	0	121
DN20	4	1	0	8	0	0	0	13
DN25	145	0	0	51	0	56	0	252
DN40	569	0	23	63	0	282	0	937
DN50	4182	0	77	188	0	296	0	4743
DN65	2	0	0	2	0	0	0	4
DN75	2	0	0	7	0	0	0	9
DN80	2693	0	78	136	2	193	0	3102
DN100	9178	0	262	136	3625	1074	1	14276
DN150	2021	1	121	33	23	64	0	2263
DN200	2760	9	187	6	15	39	0	3016
DN250	61	2	37	0	0	0	0	100
DN300	948	653	130	1	0	2	1	1735
DN400	107	444	32	0	0	1	4	588
DN500	2	114	38	0	0	1	5	160
DN600	14	178	8	0	0	0	1	201
DN800	14	154	0	0	0	0	4	172
DN1000	0	52	0	0	0	0	1	53
DN1200	0	8	0	0	0	0	0	8
DN1400	0	12	0	0	0	0	0	12
DN1600	0	10	0	0	0	0	0	10
合计	22803	1638	993	631	3665	2028	17	31775

注：水表为水务公司分支机构的水量管理表，非用户计量水表

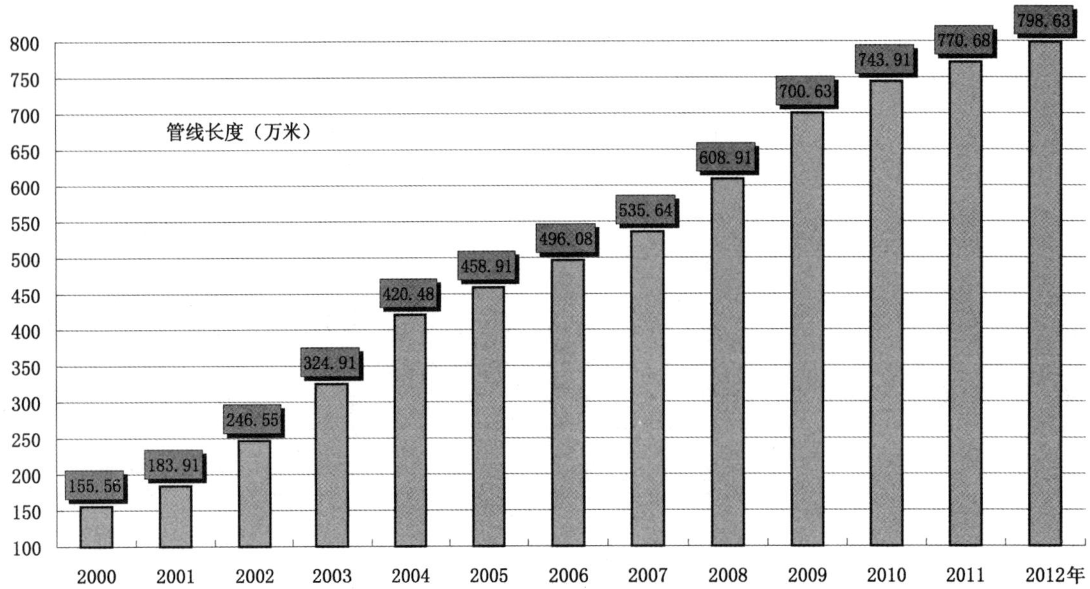

图 4－43　2000 年—2012 年余杭区 DN15～DN1600 供水管网历年总长度统计图

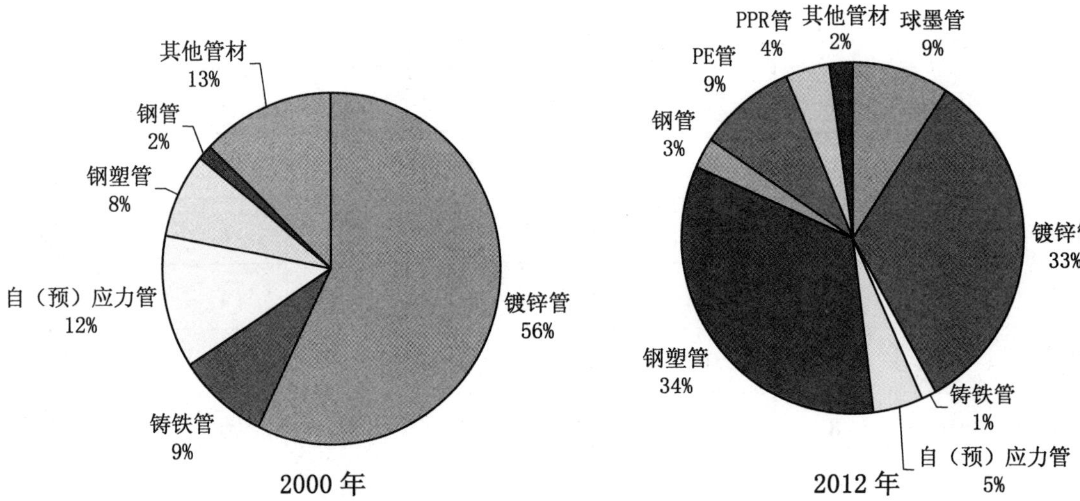

图 4－44　余杭区 2000 年与 2012 年供水管网不同管材长度占总长度比例统计图

第五章　自来水生产

余杭区（县、市）自来水总公司、杭州余杭供水集团公司和杭州余杭水务有限公司，在自来水生产上立足制足水、制好水和确保安全运行。对各水厂不同的生产规模、不同的制水工艺和不同的设施设备，针对性地抓好每座水厂的生产管理，确保供水量满足城乡一体化供水区域内居民生活和经济社会发展的需要，供水水质符合国家《生活饮用水卫生标准》，从未发生过重大安全生产事故。

第一节　供水能力

1993年后，余杭区（县、市）由于加快了供水基础设施建设，区（县、市）直属水厂的供水能力均显著大于供水区域内的用水需求量。临平自来水厂的日供水能力在1993年7月地表水二期工程竣工通水后达到6万立方米，1995年6月应急扩建工程竣工后提高到9万立方米。而年度间实际销售水量只有供水能力的46.89%～57.67%（详见附表4－23），历年日最高售水量也没有达到设计供水能力，呈现了供大于求的良好供水状况。

塘栖、余杭、闲林和瓶窑自来水厂并入余杭区（市）属供水企业后，随着城乡一体化供水的区域性供水工程建设，供水能力逐步提升。

塘栖和瓶窑自来水厂进行异地新建，其中，塘栖自来水厂的日供水能力在并入公司前为1.5万立方米，2000年12月底，新建的塘栖自来水厂竣工通水后，日供水能力提高到6万立方米，增加了4.5万立方米，而2001年塘栖自来水厂供塘栖镇的水量只为330.44万立方米，平均日供水0.91万立方米，为供水能力的15.17%。瓶窑自来水厂在2001年7月并入公司后，加快新水厂的建设，2003年3月一期工程建成通水后，日供水能力达到2.5万立方米，比原瓶窑镇自来水厂日供水能力1.2万立方米，增加了1.3万立方米，增长1.08倍，而2003年瓶窑自来水厂供水量只为224.18万立方米，平均日供水量0.61万立方米，为供水能力的24.40%。

余杭和闲林自来水厂，通过实施余杭闲林输水管道应急工程和杭州向余杭趸售供水管道工程后，缓解了当地自来水的供需矛盾。其中，原闲林镇自来水厂由于在枯水期水源不足，水厂虽有生产能力，但源水水量不足，严重影响了闲林镇居民生活和当地的经济建设。1999年9月，由余杭市自来水总公司投资建设的余杭、闲林输水管道应急工程通水后，缓解了闲林镇的供水矛盾。2002年11月，由余杭市自来水总公司与杭州自来水总公司联合实施的杭州向余杭趸售供水管道工程通水后，区域供水情况大大改善。当年杭州水司核定日趸售供水量为4.5万立方米，加上余杭和闲林两座水厂的日制水能力1.98万立方米（余杭1.5万立方米，闲林0.48万立方米），合计达到了6.48万立方米。比两座水厂在并入余杭市自来水总公司前的日供水能力增长了2.27倍，而2003年两座水厂实际供水量为575.76万立方米（余杭396.71万立方米，闲林179.05万立方米），平均日供水量为1.58万立方米，为供水能力的24.38%。

2001年12月，在组建杭州余杭供水集团公司时，所属的城北、塘栖、獐山、余杭、闲林和瓶窑等6座自来水厂供水能力为19.18万立方米/日。加上杭州自来水总公司直接供水1.69万立方米/日，合计20.87万立方米/日。

2008年3月，在组建杭州余杭水务有限公司时，所属的8座自来水厂（新增宏畔水厂、径山水厂）设计供水规模为41.48万立方米/日，实际供水能力有47.28立方米/日。加上杭州水业集团有限公司核定的趸售供水11万立方米/日、直接供水1.69万立方米/日，合计在余杭区城乡一体化供水区域实际供水能力有59.97万立方米。

2010年7月，径山、黄湖供水二期工程竣工和2012年12月8日仁和自来水厂并网供水后，区属的8座自来水厂（新增仁和自来水厂，闲林自来水厂于2010年7月因闲林镇城建需要拆除）设计供水规模为64.5万立方米，加上杭州水业集团有限公司核定的趸售供水11万立方米/日和直接供水量1.69万立方米/日，合计在余杭区城乡一体化供水区域供水能力有77.19万立方米/日（见附表4－24）。

表4－23　**临平（城北）自来水厂历年供水能力和销售水量**　单位：万/立方米

项目		1993年	1994年	1995年	1996年	1997年	1998年	1999年	2000年	2001年
日供水能力		6.0	6.0	9.0	9.0	9.0	9.0	9.0	9.0	9.0
年销售水量	临平自来水厂	937.08	1369.6	1181.74	1182.66	1225.96	1200.25	1194.59	1261.00	1416.04
	临平第二水厂	168.11	95.80	359.48	442.87	461.04	523.75	560.25	534.60	478.37
	合计	1105.19	1465.40	1541.22	1625.53	1687.00	1724.00	1754.84	1795.60	1894.41
平均日售水量		3.03	4.01	4.22	4.45	4.62	4.72	4.81	4.92	5.19
日售水量为日供水能力（%）		50.50	66.83	46.89	49.44	51.33	52.44	53.44	54.67	57.67

第二节　出厂水量

一、年出厂水量

余杭区城乡一体化供水区域各自来水厂的出厂水量在2001年时合计为34121318立方米，到2012年提高到130581801立方米，11年出厂水量增加了96460483立方米，增长

2.83倍。出厂水量平均每年递增13.28%，各年的增幅为2.33%~28.92%。加上杭州水业集团公司的趸售供水量，在2012年全年出厂水量达到149231367立方米（见附表4-25、4-26）。

表4-24　　余杭区城乡一体化供水区域供水能力　　单位：万立方米/日

供水机构			组建供水集团时（2001.12）		组建水务公司时（2008.3）		2012年12月	
			设计规模	实际能力	设计规模	实际能力	设计规模	实际能力
余杭区属水厂		运河（城北）自来水厂	9.0	9.0	12.0	12.0	12.0	12.0
		塘栖自来水厂	6.0	6.0	6.0	9.0	6.0	9.0
		宏畔自来水厂	0	0	13.0	15.0	13.0	15.0
		獐山自来水厂	1.0	1.0	2.0	3.0	2.0	3.0
		余杭自来水厂	1.5	1.5	1.5	1.5	1.5	1.5
		闲林自来水厂	0.48	0.48	0.48	0.48	（2010年7月，制水设施拆除）	
		瓶窑自来水厂	1.2	1.2	5.0	5.0	5.0	6.0
		径山自来水厂	0	0	1.5	1.3	5.0	5.0
		仁和自来水厂	0	0	0	0	20.0	20.0
		小计	19.18	19.18	41.48	47.28	64.5	71.5
杭州水司供水量	趸售	余杭组团	—		（4.5）10.0		10.0	
		良渚街道	—		（0.2）1.0		1.0	
	直供	五常街道	1.0		1.0		1.0	
		良渚勾庄	0.69		0.69		0.69	
合计			20.87	20.87	54.17	59.97	77.19	84.19

注：杭州趸售供水开始年月：余杭组团2002年11月2日，良渚街道2007年7月25日；杭州直接供水开始年月：良渚勾庄1995年1月27日，五常街道1997年11月

2001 年—2007 年余杭区城乡一体化供水区域自来水厂出厂水量

表 4－25　（杭州余杭供水集团公司时期）　单位：立方米

水　厂		2001 年	2002 年	2003 年	2004 年	2005 年	2006 年	2007 年
运河（城北）自来水厂		17360000	21023800	26122200	30915960	32054979	20669790	13894647
塘栖自来水厂		11524805	12959656	17657060	21622106	29500131	26440588	21579317
宏畔自来水厂		—	—	—	—	—	21063845	36265030
獐山自来水厂		（未计）	361390	1506245	2513277	4097931	4571460	6350315
余杭自来水厂		3329751	3158911	1900515	1762934	2574053	2677012	1558182
闲林自来水厂（分公司）		未计量	570730（8—12 月）	618792	411980	553180	574630	390580
瓶窑自来水厂		1906762	2084256	2241750	7422442	10090355	10493753	10326501
径山自来水厂		—	—	—	—	—	1104372	4352206
仁和自来水厂		—	—	—	—	—	—	—
小计	出厂水量	34121318	40608743	50496562	65098699	79320629	88045450	95166778
	比上年增加（%）	—	19.01	24.35	28.92	21.85	11.00	8.09
杭州趸售水量	余杭闲林	—	619900	5809987	8299432	8742514	9484069	10677159
	良渚勾庄	—	—	—	—	—	—	260250
	小计	—	619900	5809987	8299432	8742514	9484069	10937409
合计	出厂水量	34121318	41228643	56306549	73398131	88063143	97529519	106104187
	比上年增加（%）	—	20.83	36.57	30.35	19.98	10.75	8.79

2008 年—2012 年余杭区城乡一体化供水区域自来水厂出厂水量

表 4－26　（杭州余杭水务有限公司时期）　单位：立方米

水　　厂	2008 年	2009 年	2010 年	2011 年	2012 年
运河（城北）自来水厂	14884508	18734237	21614276	26145127	22449940
塘栖自来水厂	21409996	21050777	21967746	23071519	22511881
宏畔自来水厂	37828956	43860832	44012700	41253334	38597219
獐山自来水厂	7404362	7463603	7809860	8807974	8561822

续表 4-26　　单位：立方米

水　　厂		2008 年	2009 年	2010 年	2011 年	2012 年
余杭自来水厂		2239900	2232640	2282690	1776900	1213820
闲林自来水厂		420960	427400	257010	—	—
瓶窑自来水厂		12750418	14840373	16940848	18714662	18654482
径山自来水厂		4316709	4272836	5517719	7833785	10620131
仁和自来水厂		—	—	—	—	7972506（8—12 月）
小计	出厂水量	101255809	112882698	120402849	127603301	130581801
	比上年增加（%）	6.40	11.48	6.66	5.98	2.33
杭州趸售水量	余杭闲林	11743547	13763405	14869549	16701715	15811199
	良渚勾庄	683190	1131380	1315996	1658680	2838367
	小　计	12426737	14894785	16185545	18360395	18649566
合计	出厂水量	113682546	127777483	136588394	145963696	149231367
	比上年增加（%）	7.14	12.40	6.90	6.86	2.24

二、出厂水量最高日

自来水厂设计的供水能力，应大于水厂出厂水量最高日的供水量。出厂水量最高日常年集中在 7 月至 9 月的夏季用水高峰期。由于余杭区实行城乡一体化供水，各水厂按供水调度生产，出厂水量的最高日也会发生在其他时间段。自 2002 年至 2012 年间，有部分水厂在出厂水量最高日的水量已超过或接近当时水厂的供水能力。其中，运河自来水厂 2003 年 12 月 9 日的出厂水量为 101500 立方米，超过当时水厂的设计供水能力 9 万立方米/日；塘栖自来水厂 2005 年 9 月 29 日的出厂水量为 96841 立方米和 2006 年 4 月 3 日的出水量为 91456 立方米，均超过当时水厂的设计供水能力为 9 万立方米/日；宏畔自来水厂的设计供水能力为 13 万立方米/日，2006 年 9 月 3 日、2009 年 7 月 14 日、2010 年 7 月 30 日、2011 年 8 月 27 日、2012 年 7 月 6 日的出厂水量都超过 13 万立方米；獐山自来水厂 2010 年 7 月 17 日的出厂水量为 32752 立方米、2011 年 6 月 23 日出厂水量为 30760 立方米，超过当时水厂的设计供水能力为 3 万立方米/日；瓶窑自来水厂 2009 年 7 月 17 日、2010 年 8 月 2 日、2011 年 7 月 24 日、2012 年 11 月 27 日的出厂水量都超过水厂设计供水能力 5 万立方米/日（见附表 4-27）。

表 4－27　**2002 年—2012 年余杭区城乡一体化供水区域各水厂出厂水量最高日**　出厂水量单位：立方米

水厂		2002 年	2003 年	2004 年	2005 年	2006 年	2007 年	2008 年	2009 年	2010 年	2011 年	2012 年
运河(城北)自来水厂	最高日期	11 月 22 日	12 月 9 日	4 月 30 日	7 月 5 日	5 月 26 日	11 月 8 日	11 月 10 日	11 月 4 日	11 月 11 日	8 月 6 日	7 月 6 日
	出厂水量	82000	101500	111510	116170	11890	84230	86990	107080	107860	110200	116430
塘栖自来水厂	最高日期	11 月 27 日	9 月 2 日	6 月 18 日	9 月 29 日	4 月 3 日	7 月 3 日	11 月 10 日	11 月 4 日	11 月 11 日	9 月 24 日	4 月 24 日
	出厂水量	44082	68968	70242	96841	91456	73300	78236	85247	83725	81025	75396
宏畔自来水厂	最高日期	—	—	—	(建设中)	9 月 3 日	7 月 31 日	12 月 4 日	7 月 14 日	7 月 30 日	8 月 27 日	7 月 6 日
	出厂水量	—	—	—	—	136942	121114	127964	138240	151693	136784	139344
獐山自来水厂	最高日期	7 月 9 日	7 月 16 日	9 月 19 日	7 月 5 日	7 月 4 日	7 月 7 日	7 月 4 日	12 月 24 日	7 月 17 日	6 月 23 日	8 月 18 日
	出厂水量	1553	5891	10441	22035	18138	23609	26112	29169	32752	30760	27908
瓶窑自来水厂	最高日期	—	—	10 月 14 日	7 月 5 日	8 月 28 日	9 月 22 日	10 月 8 日	7 月 17 日	8 月 2 日	7 月 24 日	11 月 27 日
	出厂水量	—	—	30204	41071	39089	40558	46480	51316	59388	67028	64611
径山自来水厂	最高日期	—	—	—	—	(建设中)	9 月 27 日	3 月 24 日	8 月 6 日	7 月 22 日	7 月 23 日	7 月 30 日
	出厂水量	—	—	—	—	—	12855	15125	12942	21411	27098	37885
公　司	最高日期	—	—	7 月 18 日	7 月 5 日	8 月 2 日	8 月 31 日	7 月 24 日	7 月 21 日	8 月 3 日	7 月 30 日	7 月 6 日
	出厂水量	—	—	29 万	32 万	35 万	38 万	329826	375918	402706	430978	440817

注:仁和自来水厂 2012 年 8 月 1 日并网供水,当年出厂水量最高日为 12 月 12 日,当日出厂水量 132395 立方米

第三节　生产管理

一、设施、设备管理

净水构筑物是净水厂的核心设施，对增强制水能力、提高制水质量和降低运行成本起着举足轻重的作用。为充分发挥净水构筑物设施的最佳运行效率，对不同的设施分别制定了相关的管理制度，包括水力循环澄清池管理制度、沉淀池管理制度、无阀滤池管理制度、虹吸滤池管理制度、V 型滤池管理制度等，并严格按制度的规定组织实施。针对各自来水厂不同的生产工艺，先后制定了运河（城北）、塘栖、獐山、余杭、闲林、瓶窑、径山、宏畔和仁和等自来水厂的生产操作规程，一线生产工人严格按操作规程进行生产操作。公司职能部门进行定期和不定期的检查监督，在确保生产有序进行的同时，控制了能耗的浪费，保证了生产安全。

生产设备包括在制水和供水过程中相关的机械设备、电器设备、自动化设备和仪器仪表等，为使生产设备的正常运行，确保安全优质供水和降低运行成本，公司制订并规范实施了生产设备年度大修、日常保养与维修、日常巡查和突发性事故抢修等管理制度。明确年度生产设备大修计划的报批与组织实施、设备日常维修的范围与责任、设备日常巡查的路线内容与巡检要求。尤其是对重点设备（机械、配电、自动化设备）和有安检要求的区域（配电、氯库）做出更具体的巡检要求。对管网点设备的巡查，要确保现场和远传数据的准确性。对发生机电设备事故，明确了当班人员即刻报告和机电设备抢修人员限时赶到现场进行抢修的规定，其中，径山、瓶窑、余杭水厂和良渚、闲林分公司接到报告后，必须在 80 分钟内（临平出发）到达现场，獐山水厂在 60 分钟内到达现场进行抢修。为使生产设备始终处于良好的工况下运行，公司每年安排一定的设备日常维修费，并且逐年递增。其中，2002 年为 4.01 万元，至 2012 年达到 67 万元。2002 年至 2012 年的 11 年中，实际投入设备维修费 487.56 万元（详见附表 4－28）。

二、用电管理

电耗是自来水生产中单项最大的直接成本，2001 年至 2012 年，公司平均每千立方米水电耗为 288.5 千瓦时，每千立方米水电耗成本 226.43 元，占每千立方米水总成本 1881.74 的 12.03%。为加强用电管理，杜绝浪费和不合理支出。公司采取有效措施，降低电耗，减少制水成本。

——充分发挥各水厂不同生产工艺的最大优势，促使低投入（电）多产出（水）。

——建立“能源管理制度”，合理调度生产运行，提高能源利用率，降低物耗，使供水量和水压既满足社会需求又不浪费。

——及时改造落后设备，提高设备运行效率，公司先后对乔司、獐山和瓶窑等分支机构的供水设备进行了改造，供水能力得到改善，降低电耗效果明显。

表 4-28　　2002 年—2012 年余杭区城乡一体化供水设备维修费　　单位:万元

年份	合计	各分支机构												
		运河	城北	城南	临平	塘栖	宏畔(崇贤)	獐山	良渚	余杭	闲林	瓶窑	径山	乔司
2002	4.01	0.98	—	—	—	1	—	0.66	—	0.33	0.28	0.58	—	0.18
2003	3.83	0.44	—	—	—	0.93	—	0.69	0	0.87	0.26	0.36	—	0.28
2004	5.31	0.37	—	—	—	1.01	—	1.16	0.27	1.04	0.61	0.67	—	0.18
2005	42.82	9.75	—	—	—	12.06	—	5.58	1.21	5.91	0.42	5.43	—	2.46
2006	46.23	12.34	—	—	—	7.61	2.28	9.52	1.62	5.76	1	3.46	0.73	1.91
2007	50.1	12.47	—	—	—	8.18	2.28	11.62	1.5	4.52	1.35	7.53	0.43	0.22
2008	63	13.45	—	—	0.39	7.51	10.2	9.58	1.64	5.03	1.91	10.21	2.29	0.79
2009	69.72	16.58	—	—	0.31	6.05	13.48	13.42	1.65	4.9	2.03	8.71	1.82	0.77
2010	69.53	16.28	—	—	0.04	6.97	8.95	12.48	1.49	6.99	1.91	10.72	2.99	0.71
2011	66.01	12.37	0.07	0.29	—	16.21	0.58	13.3	0.68	5.34	3.91	8.36	1.91	2.99
2012	67	11.86	0.02	0.17	—	19.36	0.23	15.04	0	1.88	3.54	8.16	3.31	3.43
累计	487.56	106.89	0.09	0.46	0.74	86.89	38	93.05	10.06	42.57	17.22	64.19	13.48	13.92

——合理配置各分支机构的生产用电和非生产用电，尤其是对非生产用电中存在的不合理现象及时给予整改。

——充分发挥公司各台变压器的作用，在确保正常生产的前提下，每年报停部分厂区变压器，从2012年开始，部分电表基本电费计费方式改为最大需量计费方式，节约变压器基本电费。

——及时巡查供电线路运行情况，对外单位的搭电现象，及时处理，妥善收回电费。

——仔细核定电费发票和实际电表用量，查出不合理的电费及时与供电部门联系，追回不合理电费。

——实行电耗目标责任制管理。通过12年的努力，公司的每千立方米水电耗在2002年至2008年间逐年下降，由2002年的334.34千瓦时降到2008年的240.9千瓦时，2009年至2012年间，略有回升，但增幅不大，每千立方米水电耗在242.4千瓦时至288.48千瓦时之间。

——实行水厂自耗水目标责任制管理，减少水量损失，提高能耗利用率。自2002年后，各水厂的自耗水率逐年降低，至2012年，公司平均自耗水为3.0%（其中，运河水厂2.9%、塘栖水厂1.5%、宏畔水厂3.2%、獐山水厂5.4%、瓶窑水厂2.7%、仁和水厂1.2%、径山水厂5.50%），比2002年公司平均自耗水率6.30%（其中，城北水厂7%、塘栖水厂6%、獐山水厂6%）减少了3.3个百分点，下降52.38%，平均每年自耗水率下降5.238%。

——实行产销差率目标责任制管理。通过降低产销差率，把能耗利用率提高到最大限度，从而降低电耗成本。自2003年开始，公司通过综合措施，使产销差率逐年降低，至2012年公司的产销差率为18.06%，比2003年的25.80%减少了7.74个百分点，平均每年产销差率下降0.86个百分点。

三、用药管理

药耗虽占制水成本的比重不大，但与制水质量关系很大。公司2001年至2012年，每千立方米水药耗成本平均为39.66元，占每千立方米水总成本1881.74元的2.11%。其中，每千立方米水矾耗平均27.9公斤，每千立方米水氯耗平均2.7公斤。加药量的多少与原水的质量和公司水质内控标准紧密关联，2004年以后，因原水质量不稳定，氨氮时常超标，公司采取了增加投药量和选择多品种加药等措施，在提高水质内控标准情况下，药耗成本有所增加，但保证了制水质量的稳定，达到国家规定的《生活饮用水卫生标准》。

四、安全管理

制度管理　建立周密的安全管理制度，包括安全生产教育制度、安全生产责任制、安全生产重点防范制度、安全检查制度、安全生产事故报告和处理制度、安全生产工作例会制度、消防管理制度、易燃易爆有毒物品管理制度、防毒装置和安全设施管理制度、仓库安全管理制度、机动车辆安全运行规定、行政值班规定、保安（门卫）值班规定、特殊作业人员考核发证等制度。同时，建立安全工作考核实施办法，对安全制度的执行落实情况在平时进行不定期的检查，每年年终进行全面考核，考核结果与职工奖金分配挂钩。

安全生产目标责任制管理　公司主要领导和各部门主要负责人为安全生产第一责任人。2005 年 9 月，公司新设立安全监督（管理）科，负责公司的安全监管（管理）工作。

安全生产宣传　每年组织职工认真学习安全生产各项规章制度和法律法规，充分利用各种宣传工具和宣传形式，宣传安全生产知识。开展安全生产形势任务教育，打造人人重视安全工作的文化氛围。在职工中树立牢固的安全防范意识，对工作人员进行有关安全生产的基本常识教育和作业规程、施救方法的重点教育和培训，使作业人员、救援人员不断强化安全意识，掌握安全常识，提高安全防范能力，提高自救互救的能力。

安全技能培训　采用多种方式组织职工学习安全生产理论和实践知识，加强对关键岗位、特殊工种人员的培训，加强对新上岗人员、转岗人员的培训，努力培养人人懂安全、讲安全的高素质职工队伍，打好技术素质基础。公司自 2007 年起，按照区安全生产监督管理局的要求，开展全员安全生产培训。每年开展安全生产演习，对加氯、剧毒品储存保管人员、电工、安全管理人员、起重机械操作人员、液氯气瓶操作人员等进行安全生产上岗取证培训。

安全生产长效管理机制　通过建立健全各项安全生产制度，做到安全生产规范化、制度化，用制度规范安全行为。公司制定《安全工作考核实施办法》，做到安全生产工作有章可循、奖罚分明。公司通过层层签订安全责任书，明确了各部门、各层次、各人员的安全生产责任。

完善安全设施　通过保持和完善各种安全设施，建立处处能安全的硬件环境，打好有利安全的物质保障基础。公司对加氯车间配备防毒面具、空气呼吸器、洗眼器等防护器具和堵漏专用工具，安装了与 110 联网报警的漏氯自动报警装置与漏氯吸收装置。同时，设立视频监控。各分支机构均配备消火栓、灭火器。

开展“安全生产月”活动　每年 6 月，公司根据上级有关部门的统一部署，结合公司的实际，开展为期一个月的“安全生产月”专题活动。通过突出宣传、全面巡查、知识竞赛、技能比武和学习教育等形式，进一步增强干部职工的安全意识，进一步落实安全生产各项措施，整改安全隐患，确保生产安全运行。

安全检查考核　公司对各分支机构均实施安全工作考核。考核检查分每月检查和季度考核二部分，考核检查内容包括：安全工作管理、水质安全、管网运行安全、用氯安全、设备运行安全、安装业务施工安全、工程建设安全、财产安全、消防安全和行车安全和安全事故处理等十一个部分共 106 项检查考核项目。通过考核，不断增强广大职工的安全意识，减少和避免了安全隐患，确保了全区城乡一体化供水的安全稳定环境。经考核，各分支机构存在未落实安全工作的考核扣分逐年减少，其中，年度考核合计扣分数 2008 年为 159.4 分（一季度不含排水工作），2009 年为 282 分，2010 年为 25.55 分，2011

年为 12.7 分，2012 年为 16.2 分，各分支机构 2008 年至 2012 年度安全工作考核概况见附表 4－29。

五、生产调度

杭州余杭供水集团公司中控调度中心于 2001 年 12 月建立，承担生产监管与制水调度职能，实行 24 小时值班调度制度，定编 4 人。

图 4－45　中控调度中心

监管　主要对各水厂的净水工艺、生产运行、机电设备运行、水质情况和管网在线仪表数据（压力、浊度和余氯）进行连续监管，对出现的异常情况报有关部门进行及时处理。

调度　根据社会需求水量的大小、供水压力变化、水厂清水池水位高低和季节变化及节假日等因素，对水厂的生产运行、净水处理和出厂水量、供水压力实施调度。为使生产调度有序、规范，公司根据季节和社会需求水量的变化专项制订了夏季供水高峰调度方案、冬季供水调度方案以及春节等节假日与社会重大活动期间的供水调度方案，使自来水的生产既满足社会需求，又能降耗节能，最大限度降低制水运行成本，提高供水设备的运行效率。

公司中控调度中心自建立以来，数年连续正常运行，在确保安全优质供水、科学供水调度、实时监督管网及对供水事故的及时正确处理等方面，发挥了积极的作用。

表 4－29　　**2008 年－2012 年杭州余杭水务有限公司安全工作考核概况**

分支机构		2008 年			2009 年			2010 年			2011 年			2012 年			合计扣分（分）
		考核次数（次）	扣分项目（个）	扣分（分）	考核次数（次）	扣分项目（个）	扣分（分）	考核次数（次）	扣分项目（个）	扣分（分）	考核次数（次）	扣分项目（个）	扣分（分）	考核次数（次）	扣分项目（个）	扣分（分）	
临平	城北	4	15	15.5	6	25	50	4	6	1.9	3	1	0.15	4	2	0.6	70.75
	城南										3	2	0.4	4	5	2.2	
乔司		4	7	10	6	13	17	4	7	2	4	2	0.45	4	6	1.5	30.95
运河		4	7	11	6	12	16	4	5	2.1	4	2	0.6	4	2	0.6	30.3
塘栖		4	18	19.5	6	14	35	4	8	2.5	4	5	0.9	4	1	0.6	—
宏畔		4	8	10	6	11	14	4	7	2.25	—	—	—	—	—	—	87.75
崇贤		—	—	—	—	—	—	—	—	—	4	5	1.3	4	3	1.7	—
仁和		4	11	21	6	13	15	4	5	1.7	4	6	1.8	4	4	1.4	40.9
良渚		4	16	17	6	31	36	4	12	3.9	4	6	1.8	4	4	1.5	60.2
余杭		4	17	19.9	6	33	36	4	14	3.3	4	8	2.2	4	8	2.35	63.75
闲林		4	8	9.5	6	11	14	4	5	1	4	2	0.9	4	4	1.2	26.6
瓶窑		4	7	9	6	11	17	4	5	1.3	4	3	0.55	4	3	0.9	28.75
径山		4	7	9.5	6	16	21	4	8	2.1	4	4	1.2	4	3	1.2	35
水务设施		4	6	7.5	6	9	11	4	6	1.5	4	2	0.45	4	2	0.45	20.9
合计		—	—	159.4	—	—	282	—	—	25.55	—	—	12.7	—	—	16.2	495.85

注:1.每年考核 4 次为每季度一次,每年考核 6 次为每二个月一次。

2.2008 年第 1 季度考核为杭州余杭供水集团公司各分支机构;2008 年第二季度至 2011 年第一季度杭州余杭水务有限公司考核中的临平、塘栖、良渚、余杭等四个分支机构各包括供水分公司和排水分公司,其它分支机构均为供水分公司;2011 年第三季度至 2012 年第四季度考核的各分支机构均含供水和排水工作。

3.扣分值从 2010 年第一季度开始调整

第四节　制水成本

余杭区（县、市）自来水总公司、杭州余杭供水集团公司、杭州余杭水务有限公司十分注重对各座自来水厂的生产成本管理。通过加强成本核算、控制非生产性支出、开展技术革新与改造、做好挖潜增效等降耗节能措施，使自来水生产成本控制在较低程度。

受年度间消毒药剂、液氯、电价等的提价，原水水质的变化，镇属水厂兼并后人员增加，职工劳动工资的提高和2000年后开始支付临平、塘栖供水工程等城乡一体化供水工程的建设资金贷款利息及工程资产的折旧进入成本等因素的影响，自1997年至2012年间，各自来水厂的千立方米水成本在波动中递增。

电耗、矾耗和氯耗是制水过程中直接消耗的成本，其中，电耗占成本的12%左右，矾耗与氯耗占成本的2%左右。通过加强管理，电耗逐年有所下降，但不稳定，氯耗、矾耗按照确保原水消毒需要按规定使用。

临平自来水厂的制水耗电量通过对制水设备和供水管网的改造，自1999年后每千立方米水的电耗有所减少，由1998年的177.04元/千立方米水降到2001年的118.68元/千立方米水；临平自来水厂的药耗与氯耗，在2000年前取用运河原水时为每千立方米成本为40元左右，2000年底临平、塘栖供水工程竣工通水后，原水取之东苕溪，2001年的药耗降低到每千立方米水成本21.84元，矾、氯成本降低了45%左右（详见附表4－30）。

1997年至2001年，临平、塘栖、余杭、闲林等四座城镇自来水厂千立方米水成本为845.03元～1468.96元（详见附表4－31）。

2001年至2012年，实行城乡一体化供水时，公司年平均千立方米水成本为1881.74元，幅度在1433.16元～2307.23元之间（详见附表4－32）。其中，千立方米水电耗成本平均为226.43元，幅度度197.67元～259.16元（详见附表4－32），千立方米水矾耗氯耗成本平均为39.66元左右，幅度在24.12元～52.29元之间（详见附表4－33）。

表4－30　　临平（城北）自来水厂“三耗”成本　　单位：元/千立方米水

项目	临平自来水厂			城北自来水厂	
	1997年	1998年	1999年	2000年	2001年
矾耗	18.87	23.24	20.11	24.58	14.49
氯耗	21.42	17.60	10.83	18.90	7.35
小计	40.29	40.84	30.94	43.48	21.84
电耗	148.51	177.04	169.09	146.89	118.68
电量（千瓦时/千立方米水）	311.50	313.50	341.45	303.10	186.58

表 4－31　　**余杭市（县）城镇水厂自来水成本**　　单位：元/千立方米水

水厂		1997 年	1998 年	1999 年	2000 年		2001 年	
临平（城北）自来水厂	城北水厂	888.69	891.0	971.0	1001.92	346.19	1298.95	328.31
	临平营业公司					179.34		423.40
	乔司营业公司					476.39		546.78
塘栖（镇）自来水厂		1081.04	920.51	1040.82	1086.42		1468.96	
余杭（镇）自来水厂		1300.3	1012.91	1204.69	970.55		1244.49	
闲林（镇）自来水厂		1267.37	845.03	1212.07	867.58		1345.42	

2001 年—2012 年

表 4－32　　**余杭区城乡一体化供水区域各自来水厂千立方米水电耗**

年份	合计电耗（千瓦时）	各自来水厂电耗（千瓦时）											成本（元）		
		运河（城北）	塘栖		獐山		宏畔	余杭	闲林	瓶窑	径山	乔司（加压）	千立方米水成本	其中	
			清水	原水	清水	原水								千立方米水电耗成本	电耗成本占（%）
2001	315.20	194.08	238.19		—	79.33	—	479.06	279.66	—	—	31.72	1433.16	259.16	18.08
2002	334.34	182.48	159.80	56.72	515.9	86.71	—	642.76	274.12	271.6	—	91.33	1840.30	242.52	13.18
2003	326.00	174.68	171.52	62.93	630.06	88.49	—	384.87	160.49	233.2	—	113.16	1796.49	237.70	13.23
2004	325.59	150.09	162.92	83.73	462.12	94.5	—	409.07	214.40	235.71	—	90.51	1785.00	226.77	12.70
2005	327.98	142.81	168.72	91.70	354.96	114.03	—	354.07	204.85	215.5	—	94.04	1732.00	242.50	14.00
2006	331.01	157.65	150.46	86.05	160.15	109.72	—	338.30	175.07	205.82	18.75	94.66	1836.36	215.35	11.73
2007	259.00	155.09	157.11	85.43	162.74	104.32	147.47	365.68	178.71	180.71	3.2	89.63	1862.75	197.67	10.61
2008	240.9	148.6	161.7	90.0	146.5	100.3	153.8	351.5	183.8	222.5	19.2	113.6	1973.45	205.08	10.39
2009	242.4	146.7	171.6	91.8	163.7	114.5	151.6	358.3	197.4	233.7	—	115.2	2044.48	237.38	11.61
2010	243.5	146.5	165.6	92.0	169.8	122.9	151.5	393.3	183.6	229.6	22.1	100.1	1980.66	209.56	10.58
2011	261.2	152.8	175.7	105.2	126.7	132.9	151.6	402.3	—	237.5	16.4	97.34	1988.95	221.31	11.13
2012	254.7	152.8	170.9	95.2	165.6	132.7	147.0	389.7	—	227.0	12.0	98.0	2307.23	222.21	9.63
平均	288.48	158.69	165.08	85.52	278.02	106.70	150.50	404.91	205.21	226.62	15.27	94.11	1881.74	226.43	12.03

注：电耗＝耗电量÷出厂水量（余杭、闲林水厂按自制水量计算）

表 4－33　**2001 年—2012 年余杭区城乡一体化供水区域各自来水厂千立方米水矾耗、氯耗**

年份	合计		各自来水厂（公斤）																成本(元)		
	矾耗(公斤)	氯耗(公斤)	运河(城北)		塘栖		獐山		宏畔		余杭		闲林	瓶窑		径山		乔司	千立方米水成本	其中	
			矾耗	氯耗	矾耗	氯耗	矾耗	氯耗	矾耗	氯耗	矾耗	氯耗	氯耗	矾耗	氯耗	矾耗	氯耗	氯耗		千立方米水药耗成本	药耗成本占(%)
2001	21.4	2.8	24.6	3.1	22.5	2.4	—	—	—	—	21.3	5.9	2.2	—	—	—	—	0.2	1433.16	26.60	1.86
2002	20.2	2.6	25.9	2.9	21.1	2.3	31.2	6.6	—	—	27.0	8.4	3.1	22.0	2.6	—	—	0.4	1840.30	24.12	1.31
2003	29.5	3.0	35.6	2.9	25.9	2.8	29.2	3.8	—	—	19.3	3.7	3.9	18.1	2.7	—	—	0.5	1796.49	29.11	1.62
2004	47.9	2.9	61.9	2.6	38.2	2.7	47.2	3.8	—	—	34.9	6.1	6.0	23.9	3.0	—	—	0.4	1785.00	40.32	2.26
2005	36.0	2.6	47.6	2.6	32.6	2.3	30.7	3.5	—	—	41.6	3.0	6.0	32.1	3.9	—	—	0.7	1732.00	33.97	1.96
2006	31.8	2.6	45.9	2.7	30.0	2.6	35.3	3.7	—	—	48.8	5.4	6.0	38.5	3.7	—	—	0.3	1836.36	40.38	2.20
2007	24.4	3.0	32.1	2.7	21.1	2.6	21.7	3.1	21.1	3.0	48.1	4.2	6.0	36.7	3.7	13.8	2.8	0.4	1862.75	44.34	2.38
2008	21.7	2.9	28.8	2.6	17.3	2.6	22.6	3.2	19.6	2.8	44.3	3.6	6.6	26.7	3.3	12.4	1.8	0.2	1973.45	41.47	2.10
2009	23.0	2.5	29.5	2.6	26.7	2.7	27.4	3.4	25.1	2.8	39.2	4.4	—	24.1	3.0	13.9	1.7	—	2044.48	51.74	2.53
2010	24.1	2.4	28.7	2.2	25.6	2.6	28.9	4.0	30.1	2.7	30.1	4.1	—	24.9	2.8	13.4	1.5	0.2	1980.66	47.50	2.40
2011	28.2	2.5	34	2.2	23.8	2.7	27.4	4.1	26.3	2.4	40.9	4.4	—	32.0	2.6	21.3	1.5	1.5	1988.95	52.29	2.63
2012	26.4	2.5	30.3	2.0	19.9	2.4	25.3	3.9	22.6	2.6	46.4	4.5	—	27.0	2.5	25.2	2.3	0.4	2307.23	44.07	1.91
平均	27.9	2.7	35.4	2.6	25.4	2.6	29.7	3.9	24.1	2.7	36.8	4.8	5.0	27.8	3.1	16.7	1.9	0.5	1881.74	39.66	2.11

注：闲林自来水厂消毒剂为漂白粉，使用量按氯含量折为液氯；径山自来水厂 2010 年 7 月前消毒用二氧化氯，之后用液氯

第六章　水质管理

余杭区城乡一体化供水区域内各自来水厂的水源均为地表水，主要水源地的苕溪、运河等河流由于受城市综合污水和工业废水的影响，均受不同程度的污染。为确保供水水质，各自来水厂采取多种措施，加强水质管理，从原水开始到半成品水、出厂水、管网水、龙头水均建立严格的监测和监督管理措施。为确保各项水质管理措施落实到位，对各水厂实行水质管理目标责任制，每年进行严格的考核，考核结果与部门职工的奖金全面挂钩，促使水质管理目标的实现。

第一节　水源监控

一、建立水源保护机制

为切实加强饮用水源保护，余杭区（县、市）人民政府自1989年10月起，先后制定了博陆喜庵港水域、苕溪饮用水源、临平塘栖供水工程饮用水源、瓶窑供水区域水源、径山水厂饮用水源、三白潭饮用水源等水源保护管理规定。1997年2月，成立余杭市生活饮用水源保护工作领导小组，2001年12月，成立余杭区饮用水源保护区领导小组，2006年9月，编制《余杭区生活饮用水源保护规划》，2011年4月，建立《余杭区突发性饮用水源污染事故应急预案》。各项规定、规划、预案均明确了饮用水源保护的目的要求、保护范围、保护措施和各有关部门与人民群众的保护责任，制度的建立使保护饮用水做到有章可循。同时，各自来水厂为广泛宣传水源保护规定，在各取水口矗立大幅宣传牌，宣传饮用水源保护管理规定，并设置明显的保护标志，使群众自觉遵守饮用水源的环境保护规定。

为及时处置各水厂取水口的水源发生突发性污染，确保饮用水的卫生和安全，提高饮用水源污染的应急处理能力和落实应急处理措施，余杭区人民政府办公室于2011年4月印发了《余杭区突发性饮用水源污染事故应急预案》。预案明确了一旦遭受水源污染时各部门的职责和任务，迅速采取措施，使污染造成的影响减至最低的限度。

杭州余杭供水集团公司、杭州余杭水务有限公司对各自来水厂的水源保护、水源巡查和水质检测工作纳入各部门年度目标责任制管理，在抓好日常监管的同时，按月、季、年进行检查考核，促使各项水源保护措施得到落实。

二、完善水源水质监测体系和监测网络

余杭区城乡一体化供水区域有运河、塘栖、獐山、宏畔、余杭、瓶窑、仁和自来水

厂和杭州祥符自来水厂的原水取之苕溪。为实时掌握原水水质，公司充分利用各水厂和水质监测中心化验室的监测资源，在各水厂一、二级水源保护区内设置水质监测点，对水源水质进行日分析、周分析以及月全分析，及时详细了解水源水质变化。通过监测，及时发现上游来水水质变化，查清污染源，做好及时汇报，协助有关部门及时消除水源保护区内污染源。同时，在加强源头水质监测时，坚持日常管理与长效管理相结合，做到每天对水源保护区进行一次巡查，对有影响水源水质的各类活动及时劝导和制止，积极宣传和发动群众保护饮用水源。

杭州余杭供水集团公司、杭州余杭水务有限公司各自来水厂每天对水源保护区巡查不少于一次，对有影响水源水质的各类活动做到及时劝导和制止。对水源水质如氨氮、浊度、耗氧量等根据监测数据值，实行分级汇报制度。同时，对同一水源区的水厂实行水源水质数据的资源共享，源头水厂发现水质变化时及时通知同一区域的水厂，使它们能及时做好对水源水质变化作提前预警和反应，落实和合理安排好生产调度，严格按《内控标准》制水。

三、建立饮用水源预警系统，确保饮水安全

东苕溪是余杭区主要的饮用水源地，近些年因水系格局的变化，取水口位置受到东苕溪上游、中苕溪、北苕溪和下游太湖水倒灌以及运河水回流等三大水流的影响，这些区域中发生的各种工业、农业、服务业、交通运输等均会给余杭区饮用水源带来安全隐患。为防患于未然，确保全区饮用水源安全，区林水局会同环保、供水等部门，在省、市水利部门的指导和支持下，于2009年建立了《余杭区饮用水源预警系统》，预警系统利用区林水、环保、供水和上级水利等各部门现有的水位、流量、水质、雨情等监测资源，在保证能开展余杭区饮用水源安全预警的前提下，实行资源共享，共同及时应对风险，保障供水安全。

四、控制污染源

为进一步从源头控制污染，防止对饮用水源安全构成威胁，余杭区严格把好项目审批关，在一级饮用水源保护区内禁止新建、扩建与供水设施和保护饮用水源无关的建设项目。

五、创建合格饮用水源达标区

为增强应对突发饮用水源污染事故的能力，自2004年以来，余杭区认真开展创建活动，相继完成了余杭水厂、瓶窑水厂、径山水厂水源达标区创建工作并通过考核验收。完成了临平、塘栖供水工程和瓶窑供水工程合格饮用水源保护区创建工作。2009年年底顺利通过三白潭饮用水源（备用水源）达标区创建工作验收。

六、加大水源保护投入、全方位开展综合治理

为解决博陆喜庵港水产大队渔民因在取水口附近禁止捕捞与放养鱼类后的渔民生计

问题，余杭市自来水总公司拨款30万元资助村里办厂，解决渔民就地就业。为保护取水口的清洁，临平自来水厂租用一条农用船，对取水口杂物每天进行一次打捞，以确保取水口上游和下游各1000米内河道的整洁。为使取水口上游1000米、下游500米区域内在每年10月至次年3月间无水草养殖，其他时间严格控制水草养殖，并做到不在喜庵港内浸泡络麻，临平自来水厂1994年至1996年补助博陆镇政府5万元，用于落实该项措施。

结合太湖流域提标工程，余杭对苕溪流域的区控水重点源进行了限期治理，开展了对百丈竹制品行业等污染整治，拆除了一级保护区范围内的直接排污口，39千米干流实行全天候保洁。对苕溪所有干、支流水域禁止畜禽散养和规模性放养，并开展了外荡珍珠蚌养殖综合整治，巩固“禁养”成果，控制农业面源污染。同时，各水厂落实专人打捞取水口和一级保护区域水面的漂流物，保护水源清洁。

七、部门间沟通与协调

杭州余杭供水集团公司、杭州余杭水务有限公司加强与市、区的环保、水利、卫生防疫、港航等部门的沟通和协调，发现问题后及时通报，并尽快解决。同时，每年还会同卫生部门在丰、枯水期对苕溪流域保护区进行联合调查与监测工作。

八、及时分析和汇报

杭州余杭供水集团公司、杭州余杭水务有限公司在对原水水质进行趋势性、比较性分析研究时。根据水质监测情况，及时向有关部门和区领导书面反映饮用水源状况、发展趋势，提出水源保护工作的意见，为区委、区政府提供决策依据。

第二节　原水水质管理

一、水源巡查

1. 范围

余杭分公司（余杭自来水厂）　取水口上游至青山水库水域；下游至仁家陡门村水域及陆域，每周巡查不少于一次。

瓶窑分公司（瓶窑自来水厂）　上游南苕溪（瓶窑段）、中苕溪陡门闸和下木桥一带、北苕溪潘板大桥（三星工艺玻璃厂）到张堰桥一带；下游取水口至上牵埠全线水域及陆域，每周巡查不少于一次。

仁和分公司（仁和自来水厂）　上游至上牵埠船闸，下游至德清大闸的全线水域及陆域，巡查每周不少于一次；对湘溪港沿线至杭宣铁路桥每月不少于两次巡查，对三白潭备用水源每周巡查一次。

径山分公司（径山自来水厂）　四岭水库全库区水域及水库陆域四周纵深50米，北苕溪双溪景区、中苕溪长乐桥、长岗造纸厂周围一带，每周巡查不少于一次。

2．巡查内容

检查水源保护区界碑和告示牌是否完好，保护区内是否存在污水倒灌、排放和倾倒污染物、非法停靠船只、从事养殖活动等一切可能污染水源的情况。

如遇原水异常情况，相关分公司（水厂）增加巡检次数，扩大巡检范围，确定引起水质异常的原因。

做好巡检记录，记录每次巡检时间、参加人员、巡检情况等，每次巡检结束需交部门分管领导签字确认。对现有水源保护区内存在的违反有关规定的行为，分支机构能够协调处理的及时处理，难以处理的报请公司水质监测中心和生产运行部门，提出处理意见，报上级有关部门协调解决。

各分公司建立长效管理机制，落实专人对水源保护区及时做好取水口漂浮物打捞工作，保持取水口水源的清洁卫生。

二、水质监测

1．每日监测项目

余杭、径山、瓶窑、仁和分公司原水常规日班18项监测，余杭、瓶窑、仁和分公司中班及仁和分公司夜班做好浑浊度、色度、pH、COD_{Mn}、氨氮等共12个项目监测工作。

余杭、瓶窑、仁和分公司原水每两小时监测一次浊度、氨氮。

图4－46　水质检验

2．每周监测点和项目

余杭分公司　青山水库（常规18项中除需矾量、需氯量、余氯外，增加溶解氧、藻类计数两项）每周一次；蒋杨桥、汪家埠、丁桥、天竹园、乌龙涧（色度、氨氮、耗氧量）共5个监测点，水厂取水口增加溶解氧、藻类计数两项（5月—11月），监测时间为每周星期二、星期五。

图4－47　水质检验理化室

瓶窑分公司　北苕溪张堰桥、中苕溪下木桥、南苕溪羊桥、柏树庙、新104国道、瓶窑老桥、安溪大桥、中苕溪陡门闸（色度、臭和味、氨氮、耗氧量）共8个监测点，监测时间为每周星期二、星期五。

仁和分公司　从上牵埠船闸至德清取水口全线流域约12.8千米，断面共12个监测点和德清大桥监测点，每星期检测二次（星期二、五的上午），检测项目为氨氮、色度。在取水口、德清交界处增加溶解氧、藻类计数两项，每星期二、星期五监测一次。

径山分公司　四岭水库东、西、南、北（色度、氨氮）四个监测点，水厂取水口增加溶解氧、藻类计数两项，监测时间为每周星期二、星期五。

运河分公司　砖瓦厂、备用取水口、取水口与运河拦污闸中间以及拦污闸4个监测断面，每星期一次（星期三），监测项目为色度、pH、臭和味、氨氮、耗氧量、锰共6项。

3．每半月监测点和项目

余杭分公司　汪家埠、丁桥、乌龙涧三个监测点，监测项目为pH、色度、锰、COD_{Mn}、氨氮、亚硝酸盐氮六项。

瓶窑分公司　北苕溪张堰桥、中苕溪下木桥、中苕溪陡门闸、安溪大桥共四个监测点，监测项目为pH、色度、锰、COD_{Mn}、氨氮、亚硝酸盐氮六项。

仁和分公司　上牵埠内、湘溪大闸、湘溪大桥、德清余杭交界处、德清取水口、德清大桥、幸福桥等七个监测点，监测项目为pH、色度、浊度、锰、COD_{Mn}、氨氮、亚硝酸盐氮等七项。

径山分公司　四岭水库取水口、东、西、南、北、双溪桥等六个监测点，监测项目为pH、色度、锰、COD_{Mn}、氨氮、亚硝酸盐氮等六项。

4．水质监测中心监测点和项目

按GB3838—2002《地表水环境质量标准》，对青山水库和余杭、径山、瓶窑、仁和分公司取水口及德清取水口、三白潭备用水源取水口，共7个监测点进行每月一次29项全分析，以及其他特征指标进行检测。

在藻类高发季节，委托杭州水质监测站再进行每月1～2次藻类检测。当原水水质异常不能确定污染项目时，对可疑项目及时做好委托检测。

水务公司对供水水源和备用水源进行每年两次的水系调查及其水质检测和水质评价。

三、突发水污染检测

当水源保护区范围内水质受到污染（包括潜在性污染）或已取用受到污染的原水时，按照《取水水源发生突发性污染时应急处理预案》的有关规定做好处置。

水源发生水质异常时，水质监测中心需立即赶到现场；仁和分公司在45分钟到达现场，瓶窑、余杭、径山分公司在75分钟到达现场，根据污染程度和范围，会同分支机构制定水源污染应急监测方案并加以落实。

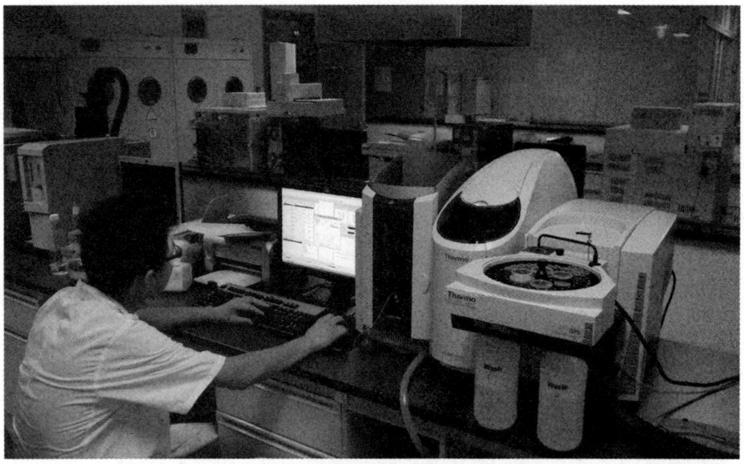

图4－48　水质污染应急检测

余杭区城乡一体化供水区域内的獐山（运河、塘栖、宏畔）自来水厂2001年至2012年原水水质主要项目的检验值见附表4－34至4－35。瓶窑、余杭、闲林、径山、仁和自来水厂和博陆备用水源原水水质主要项目的历年检验值从略。

2001 年—2007 年獐山（塘栖、宏畔、运河）自来水厂原水主要指标检验值

表 4－34　　（杭州余杭供水集团公司时期）采样地点：獐山自来水厂监测点

项目	单位	标准限值	监测值	2001 年	2002 年	2003 年	2004 年	2005 年	2006 年	2007 年
pH	—	6～9	最大值	7.66	7.30	7.60	7.50	7.92	7.50	7.52
			最小值	7.21	6.90	7.10	7.10	7.16	6.90	6.94
			平均值	7.40	7.20	7.30	7.27	7.45	7.18	7.22
浊度	NTU	—	最大值	87.1	56.4	124	467	138	292	333
			最小值	3.5	4.5	9.6	6.9	10	5.5	3.7
			平均值	15.8	18.6	43.7	100	34	60.7	30.1
色度	度	—	最大值	20	17	30	35	15	17	20
			最小值	7	7	12	17	5	10	10
			平均值	10	13	19	23	10	13	14
臭和味	级	—	最大值	0	0	0	2	2	2	2
			最小值	0	0	0	1	0	0	0
			平均值	0	0	0	1	1	1	1
铁	mg/L	0.3	最大值	0.47	1.17	2.16	4.18	1.46	1.40	1.85
			最小值	0.11	0.24	0.42	0.20	0.25	<0.05	<0.05
			平均值	0.24	0.65	1.31	1.03	0.56	0.33	0.25
锰	mg/L	0.1	最大值	0.22	0.42	0.30	0.26	0.31	0.26	0.13
			最小值	<0.05	<0.05	0.12	0.05	<0.05	<0.05	<0.05
			平均值	0.12	0.23	0.20	0.17	0.19	0.14	0.09
总磷	mg/L	≤0.2	最大值	—	—	—	—	0.09	0.29	0.18
			最小值	—	—	—	—	0.04	0.03	0.03
			平均值	—	—	—	—	0.06	0.08	0.11
氨氮	mg/L	≤1	最大值	—	—	—	1.15	1.45	3.45	1.80
			最小值	—	—	—	0.20	0.12	<0.02	<0.02
			平均值	—	—	—	0.63	0.54	0.35	0.46
硝酸盐氮	mg/L	10	最大值	2.11	1.19	2.11	1.24	2.32	2.37	4
			最小值	0.97	0.43	0.89	0.34	0.53	0.89	0.79
			平均值	1.35	0.81	1.67	0.67	1.06	1.13	2.2
耗氧量	mg/L	≤6	最大值	—	—	—	5.4	4.23	6.96	6.88
			最小值	—	—	—	3.3	2.83	1.92	2.06
			平均值	—	—	—	4.19	3.45	3.65	3.41
化学需氧量	mg/L	≤20	最大值	—	—	—	—	14.8	15.1	21.4
			最小值	—	—	—	—	4.90	4.50	7.40
			平均值	—	—	—	—	8.58	9.40	13.4
五日生化需氧量	mg/L	≤4	最大值	—	—	—	—	3.30	3.80	4.30
			最小值	—	—	—	—	2.80	1.60	1.40
			平均值	—	—	—	—	3.04	2.80	2.60
溶解氧	mg/L	≥5	最大值	—	—	—	—	8.90	9.80	10.31
			最小值	—	—	—	—	6.40	4.17	6.35
			平均值	—	—	—	—	7.47	7.60	8.24
石油类	mg/L	≤0.05	最大值	—	—	—	—	<0.05	0.07	0.08
			最小值	—	—	—	—	<0.05	<0.05	<0.05
			平均值	—	—	—	—	<0.05	0.06	0.07
总大肠菌群	MPN/100ML	—	最大值	1600	1600	920	1600	1600	1600	>1600
			最小值	287	170	240	540	240	172	240
			平均值	468	534	705	1051	516	828	800

注：标准限值指《地表水环境质量标准》（GB3838－2002）中Ⅲ类水的标准限值

2008 年—2012 年獐山（塘栖、宏畔、运河）自来水厂原水主要指标检验值

表 4 - 35　　（杭州余杭水务有限公司时期）　采样地点：仁和分公司监测点

项目	单位	标准限值	监测值	2008 年	2009 年	2010 年	2011 年	2012 年
pH	—	6 ~ 9	最大值	7.50	8.70	7.69	8.01	8.38
			最小值	6.92	7.10	7.07	7.11	7.20
			平均值	7.20	7.36	7.44	7.50	7.52
浊度	NTU	—	最大值	272	1056	912	670	471
			最小值	4.8	2.9	5.7	3.5	6.3
			平均值	25.3	53.3	33.4	49.3	43.2
色度	度	—	最大值	33	19	20	21	19
			最小值	8	10	10	9	10
			平均值	15	15	15	15	15
臭和味	级	—	最大值	2	2	2	2	2
			最小值	0	0	0	0	0
			平均值	1	1	1	1	1
铁	mg/L	≤0.3	最大值	0.82	0.73	0.86	0.80	1.48
			最小值	0.05	0.10	0.10	0.07	0.05
			平均值	0.20	0.19	0.26	0.27	0.32
锰	mg/L	≤0.1	最大值	0.29	0.65	1.47	0.67	0.46
			最小值	< 0.05	< 0.05	< 0.05	< 0.05	< 0.05
			平均值	0.07	0.12	0.15	0.16	0.13
总磷	mg/L	≤0.2	最大值	0.15	0.17	0.12	0.10	0.09
			最小值	0.02	0.01	0.02	0.02	0.02
			平均值	0.08	0.07	0.06	0.05	0.05
氨氮	mg/L	≤1	最大值	1.80	1.44	1.48	1.74	1.33
			最小值	0.15	0.07	0.10	0.10	0.06
			平均值	0.39	0.36	0.40	0.46	0.35
硝酸盐氮	mg/L	≤10	最大值	4.68	4.35	4.21	3.98	3.87
			最小值	1.69	1.54	1.4	1.45	1.51
			平均值	2.45	2.33	2.42	2.3	2.33
耗氧量	mg/L	≤6	最大值	5.99	5.87	5.87	6.78	5.85
			最小值	2.08	1.45	1.31	1.32	1.50
			平均值	3.29	3.34	3.25	3.54	3.35
化学需氧量	mg/L	≤20	最大值	15.1	16.8	14.2	12.5	12.6
			最小值	7.6	< 5	< 5	< 5	< 5
			平均值	11.3	9.6	9.4	8.5	8.4
五日生化需氧量	mg/L	≤4	最大值	3.1	3.4	3.2	2.8	2.7
			最小值	< 2	< 2	< 2	< 2	< 2
			平均值	2.4	2.4	2.2	2.3	2.2
溶解氧	mg/L	≥5	最大值	11.32	10.98	10.22	10.79	11.33
			最小值	4.52	5.11	5.4	5.6	5.31
			平均值	7.21	7.87	7.52	7.6	7.72
石油类	mg/L	≤0.05	最大值	0.11	0.1	0.32	0.12	0.09
			最小值	< 0.05	< 0.05	< 0.05	< 0.05	< 0.05
			平均值	0.05	0.05	0.06	0.06	0.05
总大肠菌群	MPN/100mL	—	最大值	1600	1600	1600	1600	920
			最小值	17	250	320	540	540
			平均值	517	853	652	675	753

注：标准限值指《地表水环境质量标准》（GB3838 - 2002）中Ⅲ类水的标准限值

第三节　半成品水和出厂水水质管理

一、检测项目和频率

——各有关水质监测室负责对沉淀水、滤后水、出厂水余氯、浊度为每 2 小时检测一次；出厂水浑浊度、色度、水温、氨氮、亚硝酸盐氮、臭和味、肉眼可见物、pH 值、总碱度、COD_{Mn}、锰、铁、余氯每班一次；菌落总数、总大肠菌群、耐热大肠菌群每天检测一次。

——制水运行班组配合专职化验人员进行抽样检查。

——水质监测中心负责对各水厂出厂水按《生活饮用水卫生标准》表 2、表 3 未能检测的项目每半年送检一次。

——当启用多品种投加时，各有关监测室对沉淀水、滤出水、出厂水每小时氨氮、色度检测一次；耗氧量每二小时检测一次。当水源出现异常或启用备用水源时，根据水质监测中心要求，增加检测项目和频率。

二、净水过程水质管理

——生产班组值班人员按各自工作要求每小时对反应池、沉淀池、滤池水处理情况进行巡查，确保水处理运行效果。

——根据各净水构筑物出水水质变化情况，及时做好对净水构筑物定期维护和保养。

——各水厂执行制水工艺的有关操作程序，合理加注氯、矾，确保水质符合公司《水质内控标准》和出厂水水质的稳定。

——水质监测室及时提交生产联系单，当发现出厂水余氯、浊度、氨氮、pH 等指标超《水质内控标准》或不合格时，及时通知制水车间，共同和有关人员进行复查和分析，必要时还应报告厂部分管领导和水质监测中心。

——根据公司要求及时启动多品种加药系统，同时根据公司规定配比浓度进行投加。

——加强净化工艺管理，做好需矾量、需氯量、多品种加药投加试验，根据水质变化指导水处理工作，在保证水质的基础上降低原材料消耗。

——按公司制订的《净水剂使用管理规定》要求，做好净水剂质量监督和抽查工作。

余杭区城乡一体化供水区域各自来水厂 2003 年—2012 年半成品水检验值见附表 4 - 36 至 4 - 37；塘栖自来水厂 2001 年—2012 年出厂水常规指标检验值见附表 4 - 38 至 4 - 39。獐山、运河、宏畔、余杭、闲林、瓶窑、径山和仁和自来水厂历年出厂水常规指标检验值从略。

2003年—2007年余杭区城乡一体化供水区域各水厂半成品水检验值

表4－36　（杭州余杭供水集团公司时期）　检验部门：各水厂化验室

水厂名称	水样类别	监验值	2003年		2004年		2005年		2006年		2007年	
			浊度 NTU	游离余氯 mg/L	浊度 NTU	游离余氯 mg/L	浊度 NTU	游离余氯 mg/L	浊度 NTU	游离余氯 mg/L	浊度 NTU	游离余氯 mg/L
运河（城北）水厂	沉淀水	最大值	3.55	0.30	2.43	0.20	3.83	0.20	2.73	0.20	1.69	0.20
		最小值	0.64	0.05	0.47	<0.05	0.45	0.05	0.49	0.05	0.58	0.10
		平均值	1.55	0.10	1.48	0.07	1.47	0.12	1.22	0.13	0.96	0.15
	滤后水	最大值	0.74	0.05	0.53	0.05	0.67	0.05	0.43	0.05	0.15	0.05
		最小值	0.12	<0.05	0.08	<0.05	0.09	<0.05	0.05	<0.05	0.05	<0.05
		平均值	0.20	<0.05	0.18	<0.05	0.20	<0.05	0.13	<0.05	0.12	<0.05
塘栖水厂	沉淀水	最大值	1.67	0.07	1.88	0.07	2.30	0.15	1.56	0.18	1.79	0.30
		最小值	0.51	0.05	0.44	0.05	0.42	0.05	0.31	0.05	0.48	0.05
		平均值	1.40	0.06	1.45	0.06	1.36	0.10	0.94	0.08	1.02	0.10
	滤后水	最大值	0.27	0.05	0.26	0.05	0.27	0.10	0.31	0.05	0.25	0.05
		最小值	0.08	<0.05	0.06	0.05	0.10	0.05	0.06	<0.05	0.06	<0.05
		平均值	0.15	0.05	0.15	0.05	0.17	0.05	0.14	<0.05	0.14	0.05
獐山水厂	沉淀水	最大值	2.25	0.20	2.56	0.15	1.94	0.25	1.69	0.30	1.22	0.25
		最小值	0.69	0.05	0.41	0.05	0.23	0.05	0.21	0.05	0.22	0.05
		平均值	1.67	0.08	1.52	0.07	1.38	0.12	1.30	0.17	1.20	0.16
	滤后水	最大值	0.45	0.10	0.56	0.10	0.33	0.15	0.25	0.15	0.25	0.15
		最小值	0.14	0.05	0.10	0.05	0.10	<0.05	0.08	<0.05	0.08	<0.05
		平均值	0.25	0.07	0.23	0.06	0.20	0.07	0.15	0.07	0.15	0.08
宏畔水厂	沉淀水	最大值	—	—	—	—	—	—	—	—	1.38	0.15
		最小值	—	—	—	—	—	—	—	—	0.28	0.06
		平均值	—	—	—	—	—	—	—	—	0.87	0.11
	滤后水	最大值	—	—	—	—	—	—	—	—	0.17	0.06
		最小值	—	—	—	—	—	—	—	—	0.06	0.05
		平均值	—	—	—	—	—	—	—	—	0.10	0.05
余杭水厂	沉淀水	最大值	3.09	0.10	2.65	0.10	2.47	0.25	1.46	0.25	1.42	0.20
		最小值	0.68	<0.05	0.68	<0.05	0.66	<0.05	0.46	0.08	0.65	0.05
		平均值	1.69	0.10	1.64	0.10	1.51	0.11	1.25	0.13	0.87	0.14
	滤后水	最大值	0.90	0.05	0.87	0.05	0.82	0.10	0.60	0.08	0.80	0.07
		最小值	0.38	<0.05	0.46	<0.05	0.40	<0.05	0.39	<0.05	0.40	<0.05
		平均值	0.62	<0.05	0.62	<0.05	0.60	<0.05	0.52	<0.05	0.59	<0.05
瓶窑水厂	沉淀水	最大值	2.50	0.35	1.85	0.17	1.71	0.25	1.52	0.25	2.03	0.20
		最小值	0.89	<0.05	0.64	0.05	0.59	0.05	0.41	0.05	0.42	0.05
		平均值	1.64	0.09	1.42	0.09	1.30	0.14	1.15	0.17	1.10	0.14
	滤后水	最大值	0.45	0.05	0.40	0.10	0.25	0.08	0.21	0.10	0.22	0.08
		最小值	0.15	<0.05	0.09	0.05	0.06	<0.05	0.07	<0.05	0.06	<0.05
		平均值	0.21	<0.05	0.19	0.06	0.14	0.05	0.14	0.05	0.13	0.06
径山水厂	沉淀水	最大值	—	—	—	—	—	—	4.97	—	2.22	—
		最小值	—	—	—	—	—	—	0.75	—	0.56	—
		平均值	—	—	—	—	—	—	2.26	—	0.98	—
	滤后水	最大值	—	—	—	—	—	—	0.46	—	0.39	—
		最小值	—	—	—	—	—	—	0.13	—	0.08	—
		平均值	—	—	—	—	—	—	0.25	—	0.17	—

2008年—2012年余杭区城乡一体化供水区域各水厂半成品水检验值

表4-37　　（杭州余杭水务有限公司时期）检验部门：各分公司水质监测室

水厂名称	水样类别	检验值	2008年		2009年		2010年		2011年		2012年	
			浊度 NTU	游离余氯 mg/L	浊度 NTU	游离余氯 mg/L	浊度 NTU	游离余氯 mg/L	浊度 NTU	游离余氯 mg/L	浊度 NTU	游离余氯 mg/L
运河水厂	沉淀水	最大值	2.45	0.30	1.65	0.35	1.42	0.35	1.94	0.25	1.62	0.40
		最小值	0.28	0.05	0.33	0.05	0.27	0.05	0.38	<0.05	0.40	<0.05
		平均值	0.75	0.12	0.88	0.11	0.76	0.10	0.81	0.07	0.76	0.07
	滤后水	最大值	0.22	0.05	0.35	0.05	0.27	0.08	0.35	0.08	0.31	0.06
		最小值	0.08	<0.05	0.07	<0.05	0.07	<0.05	0.09	<0.05	0.08	<0.05
		平均值	0.14	<0.05	0.14	<0.05	0.14	<0.05	0.14	<0.05	0.14	<0.05
塘栖水厂	沉淀水	最大值	2.13	0.35	3.24	0.30	1.66	0.25	1.79	0.35	1.54	0.50
		最小值	0.37	0.05	0.28	0.05	0.40	0.05	0.42	0.05	0.40	0.05
		平均值	0.91	0.14	0.87	0.15	0.86	0.12	0.83	0.05	0.84	0.05
	滤后水	最大值	0.37	0.10	0.45	0.08	0.41	0.07	0.35	0.10	0.31	0.08
		最小值	0.08	<0.05	0.07	<0.05	0.08	<0.05	0.09	<0.05	0.09	<0.05
		平均值	0.15	0.05	0.14	0.05	0.13	0.05	0.14	0.05	0.14	0.05
獐山水厂	沉淀水	最大值	1.89	0.25	2.34	0.30	3.67	0.35	2.77	0.30	2.33	0.30
		最小值	0.51	0.07	0.43	<0.05	0.40	<0.05	0.37	<0.05	0.35	<0.05
		平均值	1.45	0.16	1.32	0.15	1.25	0.13	1.04	0.12	0.95	0.12
	滤后水	最大值	0.40	0.10	0.37	0.08	0.37	0.08	0.42	0.10	0.40	0.10
		最小值	0.07	<0.05	0.08	<0.05	0.08	<0.05	0.09	<0.05	0.09	<0.05
		平均值	0.18	0.07	0.17	0.07	0.18	0.09	0.17	0.06	0.18	0.05
宏畔水厂	沉淀水	最大值	1.44	0.35	1.35	0.30	1.55	0.40	1.49	0.35	1.74	0.30
		最小值	0.26	0.08	0.22	0.05	0.22	<0.05	0.39	<0.05	0.32	<0.05
		平均值	0.68	0.13	0.65	0.15	0.60	0.15	0.69	0.12	0.72	0.08
	滤后水	最大值	0.18	0.08	0.21	0.07	0.24	0.07	0.22	0.07	0.24	0.07
		最小值	0.07	<0.05	0.08	<0.05	0.08	<0.05	0.09	<0.05	0.08	<0.05
		平均值	0.12	0.05	0.12	0.06	0.13	0.06	0.13	0.05	0.12	0.06
余杭水厂	沉淀水	最大值	2.35	0.40	1.67	0.50	2.05	0.30	2.35	0.30	4.36	0.45
		最小值	0.50	<0.05	0.59	<0.05	0.68	<0.05	0.72	<0.05	0.62	<0.05
		平均值	0.95	0.12	1.02	0.15	1.15	0.12	1.04	0.07	1.24	0.05
	滤后水	最大值	0.87	0.10	0.67	0.10	0.70	0.12	0.79	0.10	0.86	0.10
		最小值	0.37	<0.05	0.30	<0.05	0.35	<0.05	0.32	<0.05	0.36	<0.05
		平均值	0.57	<0.05	0.52	<0.05	0.50	<0.05	0.56	<0.05	0.58	<0.05
瓶窑水厂	沉淀水	最大值	1.74	0.25	2.06	0.20	2.30	0.35	1.88	0.30	1.73	0.30
		最小值	0.42	0.05	0.32	<0.05	0.32	<0.05	0.39	<0.05	0.40	<0.05
		平均值	1.15	0.10	0.85	0.08	0.76	0.08	0.83	0.05	0.89	0.05
	滤后水	最大值	0.35	0.07	0.49	0.07	0.40	0.07	0.37	0.07	0.35	0.05
		最小值	0.08	<0.05	0.08	<0.05	0.06	<0.05	0.08	<0.05	0.09	<0.05
		平均值	0.14	<0.05	0.13	<0.05	0.12	<0.05	0.14	<0.05	0.13	<0.05
径山水厂	沉淀水	最大值	6.87	—	2.36	—	3.48	—	1.76	0.30	1.54	0.25
		最小值	0.49	—	0.33	—	0.30	—	0.42	<0.05	0.35	<0.05
		平均值	1.12	—	0.87	—	0.75	—	0.80	0.05	0.79	0.05
	滤后水	最大值	0.66	—	0.47	—	0.37	—	0.33	0.07	0.32	0.08
		最小值	0.12	—	0.08	—	0.08	—	0.08	<0.05	0.08	<0.05
		平均值	0.17	—	0.15	—	0.14	—	0.14	<0.05	0.13	<0.05

2001 年—2007 年塘栖自来水厂出厂水主要指标检验值

表 4－38　　（杭州余杭供水集团公司时期）　　采样地点：塘栖自来水厂

项目	单位	标准限值	监测值	2001 年	2002 年	2003 年	2004 年	2005 年	2006 年	2007 年
总大肠菌群	MPN/100mL	不得检出	最大值	未检出	未检出	未检出	未检出	未检出	未检出	未检出
			最小值	未检出	未检出	未检出	未检出	未检出	未检出	未检出
			平均值	未检出	未检出	未检出	未检出	未检出	未检出	未检出
耐热大肠菌群	CFU/100mL	不得检出	最大值	—	—	—	—	未检出	未检出	未检出
			最小值	—	—	—	—	未检出	未检出	未检出
			平均值	—	—	—	—	未检出	未检出	未检出
菌落总数	CFU/ml	100	最大值	20	37	121	19	7	4	3
			最小值	1	1	1	1	1	1	<1
			平均值	9	9.17	14	7	4	2	2
pH	—	6.5～8.5	最大值	7.30	7.30	7.30	7.50	7.62	7.52	7.23
			最小值	7.00	7.00	6.90	6.80	6.95	6.95	7.02
			平均值	7.10	7.10	7.10	7.10	7.27	7.13	7.14
色度	度	15	最大值	5	5	<5	7	7	5	<5
			最小值	<5	2	<5	<5	<5	<5	<5
			平均值	5	2.8	<5	<5	5	<5	<5
浊度	NTU	1	最大值	0.44	0.30	0.46	0.69	0.31	0.21	0.23
			最小值	0.16	0.13	0.10	0.10	0.10	0.10	0.10
			平均值	0.29	0.22	0.28	0.22	0.19	0.15	0.15
臭和味	级	无异臭异味	最大值	0	0	0	0	0	0	0
			最小值	0	0	0	0	0	0	0
			平均值	0	0	0	0	0	0	0
肉眼可见物	-	无	最大值	无	无	无	无	无	无	无
			最小值	无	无	无	无	无	无	无
			平均值	无	无	无	无	无	无	无
硝酸盐氮	mg/L	10	最大值	2.11	1.81	2.75	2.67	2.34	2.65	4.01
			最小值	1.02	0.41	0.90	0.26	0.62	0.58	0.68
			平均值	1.65	1.08	1.74	1.23	1.54	2.20	1.89
总硬度	mg/L	450	最大值	135	124	135	143	168	152	142
			最小值	87	70	63	90	83	77	80
			平均值	112	97	88	116	126	115	115
铁	mg/L	0.3	最大值	<0.05	<0.05	0.26	0.17	0.16	0.12	0.1
			最小值	<0.05	<0.05	<0.05	<0.05	<0.05	<0.05	<0.05
			平均值	<0.05	<0.05	0.07	0.08	0.09	0.08	0.07
锰	mg/L	0.1	最大值	<0.05	<0.05	<0.05	0.07	0.16	0.05	<0.05
			最小值	<0.05	<0.05	<0.05	<0.05	<0.05	<0.05	<0.05
			平均值	<0.05	<0.05	<0.05	<0.05	0.09	<0.05	<0.05
耗氧量	mg/L	3	最大值	—	—	—	2.54	2.83	2.55	2.58
			最小值	—	—	—	1.18	1.33	1.55	1.45
			平均值	—	—	—	2.11	1.98	2.03	2.05
氨氮	mg/L	0.5	最大值	—	—	—	0.79	0.93	0.28	0.24
			最小值	—	—	—	0.09	<0.02	<0.02	0.03
			平均值	—	—	—	0.26	0.26	0.11	0.17
余氯	mg/L	≥0.3	最大值	0.75	0.75	0.75	0.75	0.70	0.75	0.65
			最小值	0.45	0.45	0.30	0.30	0.50	0.50	0.45
			平均值	0.65	0.65	0.50	0.56	0.60	0.61	0.55

注：标准限值为国家《生活饮用水卫生标准》（GB5749－2006）规定的标准

2008 年—2012 年塘栖自来水厂出厂水主要指标检验值

表 4－39　（杭州余杭水务有限公司时期）　采样地点：塘栖自来水厂

项目	单位	标准限值	监测值	2008 年	2009 年	2010 年	2011 年	2012 年
总大肠菌群	MPN/100mL	不得检出	最大值	未检出	未检出	未检出	未检出	未检出
			最小值	未检出	未检出	未检出	未检出	未检出
			平均值	未检出	未检出	未检出	未检出	未检出
耐热大肠菌群	CFU/100mL	不得检出	最大值	未检出	未检出	未检出	未检出	未检出
			最小值	未检出	未检出	未检出	未检出	未检出
			平均值	未检出	未检出	未检出	未检出	未检出
菌落总数	CFU/mL	100	最大值	7	2	2	18	1
			最小值	＜1	＜1	＜1	＜1	＜1
			平均值	1	＜1	＜1	2	＜1
pH	—	6.5～8.5	最大值	7.50	7.50	7.50	9.00	7.50
			最小值	7.00	6.80	7.00	7.10	6.91
			平均值	7.15	7.15	7.13	7.18	7.20
色度	度	15	最大值	6	5	5	5	6
			最小值	＜5	＜5	＜5	＜5	＜5
			平均值	＜5	＜5	＜5	＜5	＜5
浊度	NTU	1	最大值	0.35	0.30	0.35	0.31	0.27
			最小值	0.08	0.07	0.06	0.05	0.05
			平均值	0.16	0.15	0.13	0.13	0.15
臭和味	级	无异臭异味	最大值	0	0	0	1	0
			最小值	0	0	0	0	0
			平均值	0	0	0	0	0
肉眼可见物	—	无	最大值	无	无	无	无	无
			最小值	无	无	无	无	无
			平均值	无	无	无	无	无
硝酸盐	mg/L	10	最大值	4.11	4.16	3.89	3.62	3.86
			最小值	1.68	1.89	1.70	1.83	1.59
			平均值	2.47	2.25	2.33	2.44	2.23
总硬度	mg/L	450	最大值	143	140	159	147	149
			最小值	82	88	91	89	80
			平均值	93	107	104	110	108
铁	mg/L	0.3	最大值	0.25	0.24	0.27	0.28	0.29
			最小值	＜0.05	＜0.05	＜0.05	＜0.05	＜0.05
			平均值	0.06	0.06	0.05	0.05	0.05
锰	mg/L	0.1	最大值	0.07	0.12	0.38	0.28	0.30
			最小值	＜0.05	＜0.05	＜0.05	＜0.05	＜0.05
			平均值	＜0.05	＜0.05	＜0.05	＜0.05	＜0.05
耗氧量	mg/L	3	最大值	2.99	3.08	2.93	3.05	2.91
			最小值	0.64	0.56	0.63	0.70	0.48
			平均值	1.62	1.62	1.52	1.46	1.36
氨氮	mg/L	0.5	最大值	0.42	0.48	1.25	0.50	0.51
			最小值	＜0.02	＜0.02	＜0.02	＜0.02	＜0.02
			平均值	0.06	0.11	0.06	0.10	0.04
余氯	mg/L	≥0.30	最大值	0.75	0.75	0.75	1.00	0.75
			最小值	0.45	0.40	0.30	0.30	0.30
			平均值	0.55	0.52	0.53	0.55	0.45

注：标准限值指《生活饮用水卫生标准》（GB5749－2006）规定的标准

第四节　管网水水质管理

一、管网水监测点和检测项目及频率

——各水质监测室负责对管网水8项指标（浑浊度、色度、臭和味、余氯、菌落总数、总大肠菌群、COD_{Mn}、铁）每周检测一次。水质监测中心按《生活饮用水卫生标准》表一项目做好管网水每月全分析监测，当检测结果连续超标时，水质监测中心会同有关分支机构、营业服务部门查明原因，采取措施。

——管网水监测点分布及责任单位

水质监测中心负责监测乔司分公司、浙江省第六监狱、大井加油站、乔司西线、星桥村委、临平三中、区委党校、汽车南站、临平热电厂、大昌汽修厂共10个监测点。

运河分公司水质监测室负责监测运河街道办事处、华润雪花啤酒有限公司、西湖离合器厂、长虹村村委共4个监测点。

塘栖分公司水质监测室负责监测争光化工厂、沙木港、里仁桥、章河村村委共4个监测点。

崇贤分公司水质监测室负责监测华芳纺织、杭州圣隆纺织有限公司、崇贤中学共3个监测点。

仁和分公司监测室负责监测仁和街道办事处、云会卫生院、东塘金地织造公司共3个监测点。

瓶窑分公司水质监测室负责监测瓶窑镇政府、兽王皮件厂、益利素勒公司、窑山花园共4个监测点。

径山分公司水质监测室负责监测径山镇政府、陆羽山庄、潘板集镇、黄湖集镇共4个监测点。

余杭分公司水质监测室负责监测红十字会医院、永建营业所、中泰中学共3个监测点。

闲林分公司水质监测室负责监测群泰模具厂、闲林加油站、仓前集镇（仓前桥站）、仓前林场（卫生服务站）、和睦分院、闲林分公司共6个监测点。

良渚分公司水质监测室负责监测良渚骏马轴承有限公司、阿凯饭店、云华幼儿园、良渚分公司共4个监测点。

二、管网冲洗和消毒

——新装管道必须设置冲洗排放口，材质应符合国家有关规定。

——新建管道冲洗和已建管道排污，按照公司《管网冲洗消毒制度》要求执行，必须进行严格的冲洗和消毒，水质检测合格后方可通水。

三、输水过程中水质管理

——管网抢修或换表时将沟槽或表井内的积水排放干净，防止积水进入管道。

——各分支机构严格监督和制止企业内部管网存在不符合有关要求的行为，杜绝私自与公司供水管网相连接等行为，避免低质水流入公司管网，影响供水水质。

——凡开启、关闭阀门而使水流方向改变或改变供水区域时，由公司生产运行部门统一调度，必要时应对此造成水质变化的可能进行分析，增加对可能影响区域的水质检测。

——当管网水质受到污染时，按公司《管网水质污染应急预案》要求执行。

余杭区城乡一体化供水区域塘栖自来水厂（塘栖分公司）2001 年—2012 年管网水检验值见附表 4 – 40 至 4 – 41。獐山、运河、宏畔、余杭、闲林、瓶窑、径山和仁和自来水厂供水区块历年管网水主要指标检验值从略。

第五节　龙头水水质管理

龙头水检测项目、监测频率和要求

——各水质监测室负责做好供水区域内每个行政村（设 2 个采样点）社区（设 1 个采样点）龙头水浊度、余氯、色度的每月一次日常检测工作。

——各采样点设置做到有效性、代表性、及时性，能真实反映供水区域内的水质基本情况。

——用户有要求或对水质有疑问提出需要上门进行水质监测时应尽力满足；当用户投诉水质问题时，及时上门监测分析影响水质的原因。

——每年对全年龙头水水质情况做好总结和分析，提出相应建议和改进措施。

余杭区城乡一体化供水区域历年龙头水采样点水质检验值见附表 4 – 42 至 4 – 43。

2001 年—2007 年塘栖自来水厂管网水主要指标检验值

表 4 - 40　　（杭州余杭供水集团公司时期）　采样地点：塘栖水厂供水区域

项目	单位	标准限值	监测值	2001 年	2002 年	2003 年	2004 年	2005 年	2006 年	2007 年
总大肠菌群	MPN/100ml	不得检出	最大值	未检出	未检出	未检出	未检出	未检出	未检出	未检出
			最小值	未检出	未检出	未检出	未检出	未检出	未检出	未检出
			平均值	未检出	未检出	未检出	未检出	未检出	未检出	未检出
菌落总数	CFU/ml	100	最大值	18	7	10	46	17	13	6
			最小值	8	2	2	6	2	2	2
			平均值	11	5	6	27	11	7	4
色度	度	15	最大值	12	10	5	18	7	8	7
			最小值	<5	5	<5	<5	<5	<5	<5
			平均值	8	7	<5	7	<5	<5	5
浊度	NTU	1	最大值	1.67	1.30	0.96	1.36	0.60	0.89	0.53
			最小值	0.31	0.21	0.22	0.17	0.15	0.19	0.22
			平均值	0.06	0.57	0.34	0.58	0.45	0.41	0.34
臭和味	级	无异臭异味	最大值	0	0	0	0	0	0	0
			最小值	0	0	0	0	0	0	0
			平均值	0	0	0	0	0	0	0
铁	mg/L	0.3	最大值	0.18	<0.05	0.10	0.17	0.20	0.28	0.11
			最小值	<0.05	<0.05	<0.05	<0.05	<0.05	0.08	<0.05
			平均值	0.11	<0.05	0.06	0.08	0.09	0.14	0.08
耗氧量	mg/L	3	最大值	—	—	—	2.79	2.42	2.34	2.79
			最小值	—	—	—	1.72	1.49	1.12	1.66
			平均值	—	—	—	2.26	1.96	1.92	2.12
余氯	mg/L	≥0.05	最大值	0.45	0.30	0.50	0.15	0.15	0.15	0.20
			最小值	<0.05	0.05	0.10	0.05	0.10	0.10	0.10
			平均值	0.11	0.14	0.13	0.11	0.14	0.14	0.13

注：标准限值为国家《生活饮用水卫生标准》（GB5749 - 2006）规定的标准

2008 年—2012 年塘栖分公司管网水主要指标检验值

表 4-41　　（杭州余杭水务有限公司时期）采样地点：塘栖分公司供水区域

项目	单位	标准限值	监测值	2008 年	2009 年	2010 年	2011 年	2012 年
总大肠菌群	MPN/100mL	不得检出	最大值	未检出	未检出	未检出	未检出	未检出
			最小值	未检出	未检出	未检出	未检出	未检出
			平均值	未检出	未检出	未检出	未检出	未检出
菌落总数	CFU/mL	100	最大值	11	20	7	15	9
			最小值	<1	<1	<1	<1	<1
			平均值	5	3	3	4	2
色度	度	15	最大值	12	10	15	7	7
			最小值	<5	<5	<5	<5	<5
			平均值	6	5	5	5	5
浊度	NTU	1	最大值	0.56	0.71	0.68	0.54	0.62
			最小值	0.21	0.12	0.15	0.14	0.13
			平均值	0.48	0.46	0.40	0.38	0.36
臭和味	级	无异臭异味	最大值	0	0	0	0	0
			最小值	0	0	0	0	0
			平均值	0	0	0	0	0
铁	mg/L	0.3	最大值	0.28	0.35	0.46	0.27	0.21
			最小值	<0.05	<0.05	<0.05	<0.05	<0.05
			平均值	0.11	0.08	0.09	0.08	0.08
耗氧量	mg/L	3	最大值	3.21	2.86	2.94	2.67	2.90
			最小值	1.23	0.92	1.10	1.34	0.88
			平均值	2.23	1.96	2.08	2.21	2.15
余氯	mg/L	≥0.05	最大值	0.35	0.45	0.25	0.40	0.35
			最小值	0.05	<0.05	0.05	0.05	0.05
			平均值	0.12	0.10	0.08	0.10	0.12

注：标准限值指《生活饮用水卫生标准》（GB5749-2006）规定的标准

2004年—2007年余杭区城乡一体化供水区域各供水区块采样点龙头水检验值

表 4－42

（杭州余杭供水集团公司时期）

采样区块	项目	单位	标准限值	2004年			2005年			2006年			2007年		
				最大值	最小值	平均值	最大值	最小值	平均值	最大值	最小值	平均值	最大值	最小值	平均值
临平	色度	度	15	—	—	—	8	<5	5	8	<5	5	8	<5	5.6
	浊度	NTU	1	—	—	—	1.21	0.22	0.51	0.92	0.37	0.63	1.53	0.22	0.58
	余氯	mg/L	≥0.05	—	—	—	0.15	<0.05	0.06	0.10	<0.05	0.06	0.10	<0.05	0.06
乔司	色度	度	15	—	—	—	7	<5	5	7	<5	5	8	<5	5
	浊度	NTU	1	—	—	—	1.56	0.27	0.57	2.13	0.41	0.65	1.17	0.36	0.59
	余氯	mg/L	≥0.05	—	—	—	0.08	<0.05	0.05	0.10	<0.05	<0.05	0.10	<0.05	<0.05
运河	色度	度	15	—	—	—	—	—	—	—	—	—	7	<5	5
	浊度	NTU	1	—	—	—	—	—	—	—	—	—	1.67	0.19	0.49
	余氯	mg/L	≥0.05	—	—	—	—	—	—	—	—	—	0.10	<0.05	0.05
仁和	色度	度	15	—	—	—	—	—	—	7	<5	5	10	<5	5.25
	浊度	NTU	1	—	—	—	—	—	—	1.72	0.16	0.49	0.87	0.24	0.52
	余氯	mg/L	≥0.05	—	—	—	—	—	—	0.07	0.05	0.05	0.10	<0.05	0.06
塘栖	色度	度	15	7	<5	5.75	10	<5	5.25	10	<5	6.75	13	<5	7.75
	浊度	NTU	1	1.39	0.25	0.51	0.94	0.22	0.52	1.27	0.30	0.59	1.35	0.21	0.58
	余氯	mg/L	≥0.05	0.10	<0.05	0.05	0.11	<0.05	0.09	0.15	<0.05	0.09	0.15	<0.05	0.08
宏畔	色度	度	15	—	—	—	—	—	—	9	<5	6	12	<5	6.75
	浊度	NTU	1	—	—	—	—	—	—	0.77	0.25	0.47	0.77	0.08	0.44
	余氯	mg/L	≥0.05	—	—	—	—	—	—	0.30	<0.05	0.10	0.25	<0.05	0.08
良渚	色度	度	15	10	<5	5	7	<5	5	20	<5	5.5	7	<5	5
	浊度	NTU	1	1.68	0.34	0.7	1.22	0.34	0.57	2.05	0.31	0.58	0.84	0.26	0.54
	余氯	mg/L	≥0.05	0.1	<0.05	0.05	0.10	<0.05	0.06	0.10	<0.05	0.06	0.15	<0.05	0.06
余杭	色度	度	15	—	—	—	25	5	7	15	<5	7	10	<5	5
	浊度	NTU	1	—	—	—	1.55	0.42	0.71	2.36	0.39	0.65	1.22	0.45	0.66
	余氯	mg/L	≥0.05	—	—	—	0.45	<0.05	0.14	0.35	<0.05	0.15	0.25	0.05	0.12
闲林	色度	度	15	15	5	6.30	20	5	7	20	5	7	12	5	6.70
	浊度	NTU	1	0.95	0.37	0.61	3.22	0.25	0.65	1.67	0.36	0.59	1.12	0.39	0.62
	余氯	mg/L	≥0.05	0.40	<0.05	0.11	0.20	<0.05	0.06	0.15	<0.05	0.08	0.25	<0.05	0.09
瓶窑	色度	度	15	7.00	<5	4.70	12.00	<5	5.20	7.00	<5	5	8.00	>5	5.00
	浊度	NTU	1	2.06	0.37	0.61	1.88	0.28	0.64	1.49	0.23	0.62	0.95	0.21	0.52
	余氯	mg/L	≥0.05	0.10	<0.05	0.06	0.15	<0.05	0.07	0.20	<0.05	0.08	0.25	<0.05	0.08

2008年—2012年余杭区城乡一体化供水区域各供水区块采样点龙头水检验值

表 4－43

（杭州余杭水务有限公司时期）

采样区块	项目	单位	标准限值	2008年			2009年			2010年			2011年			2012年		
				最大值	最小值	平均值	最大值	最小值	平均值	最大值	最小值	平均值	最大值	最小值	平均值	最大值	最小值	平均值
临平	色度	度	15	12	<5	7	10	<5	7	15	<5	6	10	<5	7	10	<5	7
	浊度	NTU	1	3.65	0.31	0.66	2.35	0.29	0.64	2.30	0.25	0.60	3.11	0.29	0.64	3.11	0.29	0.64
	余氯	mg/L	≥0.05	0.2	<0.05	0.06	0.35	<0.05	0.06	0.35	<0.05	0.06	0.30	<0.05	0.06	0.30	<0.05	0.06
乔司	色度	度	15	20	<5	8	12	<5	8	15	<5	7	12	<5	7	10	<5	8
	浊度	NTU	1	2.15	0.41	0.69	3.71	0.38	0.66	2.01	0.35	0.64	1.89	0.37	0.68	1.46	0.41	0.67
	余氯	mg/L	≥0.05	0.10	<0.05	0.05	0.10	<0.05	0.05	0.25	<0.05	0.05	0.30	<0.05	0.05	0.20	<0.05	0.05
运河	色度	度	15	20	<5	7	15	<5	8	10	<5	7	12	<5	7	10	<5	7
	浊度	NTU	1	1.73	0.22	0.53	1.44	0.28	0.55	1.28	0.33	0.58	1.80	0.37	0.57	2.17	0.35	0.56
	余氯	mg/L	≥0.05	0.20	<0.05	0.05	0.25	<0.05	0.05	0.20	<0.05	0.06	0.25	<0.05	0.06	0.30	<0.05	0.06
仁和	色度	度	15	15	<5	7	12	<5	7	10	<5	6	10	<5	6	12	<5	6
	浊度	NTU	1	1.23	0.27	0.48	1.09	0.25	0.51	0.96	0.23	0.49	0.86	0.29	0.52	1.36	0.25	0.53
	余氯	mg/L	≥0.05	0.30	<0.05	0.08	0.25	<0.05	0.08	0.40	<0.05	0.08	0.30	<0.05	0.07	0.35	<0.05	0.07
塘栖	色度	度	15	10	<5	7	22	<5	7	15	<5	7	12	<5	7	15	<5	6
	浊度	NTU	1	1.09	0.21	0.46	2.45	0.20	0.45	3.06	0.18	0.51	2.54	0.17	0.55	1.36	0.22	0.52
	余氯	mg/L	≥0.05	0.30	<0.05	0.06	0.20	<0.05	0.07	0.20	<0.05	0.06	0.40	<0.05	0.06	0.25	<0.05	0.05
宏畔	色度	度	15	10	<5	6	12	<5	6	10	<5	5	10	<5	5	10	<5	5
	浊度	NTU	1	0.88	0.13	0.35	0.76	0.14	0.35	0.93	0.15	0.34	0.81	0.17	0.39	0.87	0.13	0.41
	余氯	mg/L	≥0.05	0.45	<0.05	0.08	0.40	<0.05	0.10	0.45	<0.05	0.10	0.40	<0.05	0.10	0.40	<0.05	0.11
良渚	色度	度	15	15	<5	8	12	<5	8	10	<5	7	12	<5	6	10	<5	6
	浊度	NTU	1	1.57	0.26	0.45	2.18	0.34	0.48	1.34	0.39	0.47	0.98	0.32	0.53	0.90	0.38	0.56
	余氯	mg/L	≥0.05	0.15	<0.05	0.05	0.10	<0.05	0.05	0.15	<0.05	0.06	0.15	<0.05	0.07	0.15	<0.05	0.05
余杭	色度	度	15	25	<5	8	17	<5	7	15	<5	8	12	<5	8	12	<5	7
	浊度	NTU	1	2.52	0.36	0.57	2.13	0.33	0.56	1.65	0.31	0.60	1.33	0.38	0.63	0.94	0.31	0.65
	余氯	mg/L	≥0.05	0.35	<0.05	0.07	0.40	<0.05	0.07	0.30	<0.05	0.05	0.30	<0.05	0.05	0.30	<0.05	0.07
闲林	色度	度	15	20	<5	7	17	<5	8	15	<5	7	10	<5	6	10	<5	8
	浊度	NTU	1	4.50	0.40	0.58	2.33	0.34	0.55	1.45	0.36	0.59	2.67	0.39	0.64	1.94	0.42	0.67
	余氯	mg/L	≥0.05	0.25	<0.05	0.07	0.30	<0.05	0.07	0.35	<0.05	0.08	0.35	<0.05	0.08	0.30	<0.05	0.07
瓶窑	色度	度	15	22	<5	7	25	<5	8	20	<5	7	15	<5	8	12	<5	7
	浊度	NTU	1	3.04	0.36	0.56	3.89	0.39	0.60	2.36	0.28	0.58	1.65	0.24	0.64	1.34	0.24	0.60
	余氯	mg/L	≥0.05	0.20	<0.05	0.06	0.25	<0.05	0.06	0.20	<0.05	0.06	0.20	<0.05	0.05	0.15	<0.05	0.05

第六节　水质监督监测

一、杭州余杭水务有限公司水质监测中心

杭州余杭水务有限公司水质监测中心的前身是临平自来水厂化验室，成立于1981年，实验面积约30平方米，共2间平房子，位于临平自来水厂办公楼后面。设化验人员1人，水质检测项目比较简单，主要是浑浊度、色度、菌落总数、总大肠菌群等几项检测指标。1991年6月，化验室搬迁至位于亭趾镇的临平自来水厂制水厂区办公楼一楼，实验面积约150平方米，建立了理化室、无菌室、仪器室等实验功能区，配制了分光光度计等一些简单水质分析设备，开展2班制化验，检测人员共5人。检测项目为水厂常规18项，每月的水质全分析项目委托杭州国家城市供水监测网杭州监测站检测。

1999年上半年筹建余杭供水集团中心化验室，2000年3月和7月公司选派6名大中专学历的员工先后到国家城市供水监测网杭州监测站、上海杨树浦水厂进行岗前培训学习。2000年7月水质化验中心正式成立，化验室位于临平藕花洲大街231号公司大楼九楼，实验面积近500平方米，购置近200多万元的检测设备，有了美国热电原子吸收仪、气相色谱仪、弱放射性测定仪等一批较先进的检测设备，并专门配置水质监测车一辆，用于日常水质采样等工作。中心化验室设化验员3人，开展《生活饮用水卫生标准》（GB5749－1985）中35项常规指标日常检测工作。2009年，水质化验中心更名为水质监测中心，下设综合科、监测室两个职能科室，同时负责10个分公司水质监测室业务管理，开展供排水一体化监测。

为适应水务检测工作发展，2009年11月经工商注册，成立了具有法人资格的杭州余杭水务水质监测有限公司。2010年5月，取得了省技术监督局核发的实验室计量认证证书，通过的检测能力为54项，在此范围内，出具的检测报告均具有向社会提供公正数据的法律效应。2010年7月，水质监测中心搬迁至藕花洲大街西段158号，实验面积750余平方米，实验功能划分为原吸室、气相室、小型仪器室、放射室、称量室、高温室等10个监测区域。配置了优质试验台柜、空调系统、独立抽风系统、电脑网络等系统，拥有包括原子荧光、原子吸收、气相色谱仪、弱放射性测量仪等各类监测仪器设备42台，设备固定资产达380余万元。2013年通过了资质认定复审，中心监测能力达158项，开展地表水、饮用水、废水三大类的检测，中心工作人员共19人，其中化验人员15人，包括硕士生3人、本科以上学历12人。水质监测中心按公司“水质监测管理制度”的相关规定，对各分支机构的水质检验和管理工作实行定期和不定期的监督检查，检查结果列入年度《分支机构目标责任制考核》内容，以推进和提高公司的水质管理水平。

公司的水质检测和管理工作同时主动接受并积极配合余杭区卫生监督等政府行政管理部门的监督检查，通过上级的监督检查，进一步完善公司的水质管理工作。

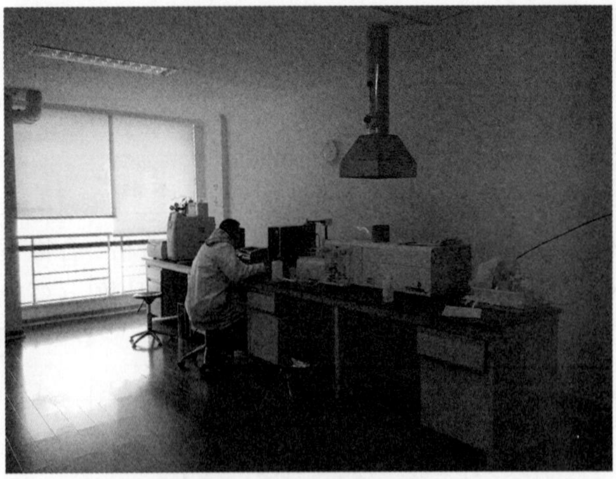

图 4-49　原子荧光室

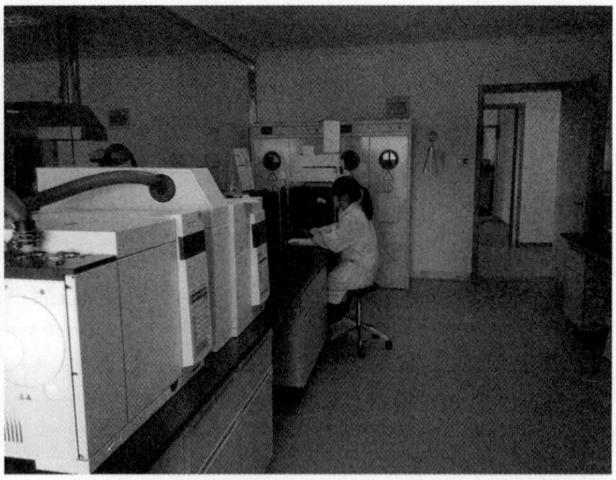

图 4-50　气相色谱室

二、余杭区卫生监督所

实施综合措施，保障饮用水安全：

——强化生活饮用水监测

每季度对各水厂的出厂水进行 31 项全分析抽样监测，在全区设定 10 个末梢水监测点，每月采样监测，2013 年监测 114 件，合格率为 95.6%；对 8 家集中式饮用水供水单位共采样检测 154 件，根据监测结果，余杭水务有限公司下属分公司的出厂水及末梢水综合合格率为 97.14%，其中出厂水合格率为 100%。同时加大对台风、暴雨和突发事件后饮用水的抽检力度。余杭区卫生监督所 2001 年—2012 年对全区城乡一体化供水区域供水水质监测情况见附表（4-44、4-45）。

——加大量化分级管理和日常监督力度

对 8 家集中式供水单位实施量化分级管理，其中 6 家已达到省 A 级，区卫生监督所每季对 8 家集中式饮用水单位开展一次监督检查，每年与住建局开展一次联合水质检查。

——加强饮用水卫生知识宣传

通过《城乡导报》、余杭卫生监督信息网、全区 20 个社区卫生服务中心的宣传栏重点介绍饮用水卫生知识，引导群众形成科学的饮用水安全理念和正确的饮用水安全行为；深入社区开展现场咨询活动，同时组织自来水公司工作人员开展现场快速检测服务，听取群众意见及建议。

——增加培训和应急演练

生活饮用水卫生突发事件波及范围大，危害程度高、社会影响严重，是卫生应急工作防范的重点之一。区卫生监督所每年组织饮用水突发事件处理的业务培训和应急演练，以提高卫生监督人员的风险防范意识和处置突发事件的能力。2013 年 10 月，区卫生监督所参加杭州市突发公共卫生事件监督应急演练，并取得了团体三等奖的好成绩。

2001年—2007年余杭区城市供水单位卫生监测汇总表

表4-44　　杭州市余杭区卫生监督所

年份	卫生监测											
	合　计			水源水			出厂水			末梢水		
	监测样品数	合格样品数	合格率（%）	监测样品数	合格样品数	合格率（%）	监测样品数	合格样品数	合格率（%）	监测样品数	合格样品数	合格率（%）
2001年	—	—	—	—	—	—	—	—	—	—	—	—
2002年	34	19	55.9	7	4	57.1	10	5	50.0	17	10	58.8
2003年	77	56	72.7	12	10	83.3	12	10	83.3	53	37	70.0
2004年	74	66	89.2	10	9	90.0	10	9	90.0	54	48	88.9
2005年	112	102	91.1	12	10	83.3	12	10	83.3	88	82	93.2
2006年	80	74	92.5	12	11	91.7	12	11	91.7	56	52	92.9
2007年	79	75	94.9	6	6	100.0	16	16	100.0	57	53	93.0

注：一、末梢水检测项目：1. 浑浊度；2. 臭和味；3. 肉眼可见物；4. pH；5. 菌落总数；6. 总大肠菌群；7. 耐热大肠菌群。

二、水源水、出厂水检测项目：1. 色度；2. 浑浊度；3. 臭和味；4. 肉眼可见物；5. pH；6. 铁；7. 锰；8. 铜；9. 锌；10. 氯化物；11. 硫酸盐；12. 溶解性总固体；13. 总硬度；14. 耗氧量；15. 挥发性酚；16. 阴离子合成洗涤剂；17. 砷；18. 镉；19. 铬；20. 铅；21. 汞；22. 硒；23. 氰化物；24. 氟化物；25. 亚硝酸盐氮；26. 菌落总数；27. 总大肠菌群；28. 耐热大肠菌群。

三、评价标准：依据国家生活饮用水卫生标准对检测结果进行评价，其中一个指标不合格即评定该样品为不合格

2008 年—2012 年余杭区城市供水单位卫生监测汇总表

表 4-45　　杭州市余杭区卫生监督所

年份	卫生监测											
	合　计			水源水			出厂水			末梢水		
	监测样品数	合格样品数	合格率（%）	监测样品数	合格样品数	合格率（%）	监测样品数	合格样品数	合格率（%）	监测样品数	合格样品数	合格率（%）
2008 年	57	53	93.0	7	6	85.7	13	12	92.3	37	35	94.6
2009 年	62	59	95.2	7	7	100	15	13	86.7	40	39	97.5
2010 年	108	102	94.4	9	8	88.9	17	15	88.2	82	79	96.3
2011 年	94	90	95.7	8	8	100	23	21	91.3	63	61	96.8
2012 年	131	126	95.5	7	7	100	29	29	100	105	100	95.2

注：一、末梢水检测项目：1. 浑浊度；2. 臭和味；3. 肉眼可见物；4. pH；5. 菌落总数；6. 总大肠菌群；7. 耐热大肠菌群；8. 铁；9. 锰；10. 锌；11. 色度。

二、水源水、出厂水检测项目：1. 色度；2. 浑浊度；3. 臭和味；4. 肉眼可见物；5. pH；6. 铁；7. 锰；8. 铜；9. 锌；10. 氯化物；11. 硫酸盐；12. 溶解性总固体；13. 总硬度；14. 耗氧量；15. 挥发性酚；16. 阴离子合成洗涤剂；17. 砷；18. 镉；19. 铬；20. 铅；21. 汞；22. 硝酸盐（以 N 计）；23. 氰化物；24. 氟化物；25. 亚硝酸盐氮；26. 菌落总数；27. 总大肠菌群；28. 耐热大肠菌群；29. 银；30. 钠；31. 氨氮（以 N 计）

三、余杭区疾病预防控制中心

余杭区疾控中心自 2005 年开始被列为浙江省农村生活饮用水监测项目监测点，每年对区内 10 个集中式供水水厂的水源水、出厂水和末梢水以及 10 个分散式供水的水源水进行采样检测。检测项目由最初的 18 项逐步增加到除放射项目外的水质常规项目全分析 35 项，历年监测合格率详见表 4-46：

表 4-46　　2005 年—2012 年省农村生活饮用水水质监测合格率

年份	样品数	合格数	合格率（%）
2005	84	28	33.3
2006	120	29	24.2
2007	120	57	47.5
2008	120	55	45.8
2009	120	75	62.5
2010	120	61	50.8
2011	120	39	32.5
2012	120	66	55.0

图 4-51　塘栖自来水厂综合池

第七章　供水管理

余杭区（县、市）在实施城乡一体化供水之前，乡镇、村属水厂归属当地乡镇政府领导，技术服务由县改水办指导。余杭区（县、市）自来水总公司成立后，对乡镇、村组属的自来水厂实行行业管理。实行城乡一体化供水后，乡镇属水厂被兼并、村组属水厂逐步关停，由杭州余杭供水集团公司、杭州余杭水务有限公司直属的各分支机构开展供水管理。供水管理项目包括行业管理、客户管理、经营管理、供水稽查、销售水量、自来水受益率等方面。

第一节　行业管理

余杭区（县、市）在实施城乡一体化供水的探索准备阶段（1993 年—1998 年）和推广实施阶段的前期（1999 年—2001 年），对未纳入城乡一体化供水的各镇乡、村、组的农村水厂，由余杭区（县、市）自来水总公司实行行业管理，以规范农村改水，提高农村水厂的供水经营管理水平。

一、行业管理对策

余杭县自来水总公司自 1993 年 5 月成立后，为查清全县自来水状况，尤其是农村改水的现状，并为理清各级水厂的管理关系，组织干部深入到乡镇、村进行广泛调查，在调查分析的基础上，结合余杭县经济社会发展战略和县委、县政府领导的意见，于 1993 年 12 月 4 日制定了《1994 年—2000 年余杭县自来水发展规划》。该规划就临平、塘栖、瓶窑、余杭、闲林等 5 个镇的自来水供需矛盾较为突出、扩大供水规模已迫在眉睫的现状和通过世行贷款的农村改水项目已进入还贷期，影响了农村改水的快速发展等两项重点问题，规划提出了两个阶段的自来水发展目标任务：第一阶段（1994 年—1997 年），临平等 5 个镇供水规模新增 11.2 万立方米/日，合计达到 19.4 万立方米/日；农村改水扩大覆盖面，新增自来水受益人口 15 万人。第二阶段（1998 年—2000 年），临平等 5 个镇供水规模新增 17.5 万立方米，累计达到 36.9 万立方米/日；继续扩大农村改水受益面，新增自来水受益人口 12 万人。为实现该发展规划，提出了 4 条主要对策：一是加强领导，各级政府要切实采取措施，给予自来水行业优惠政策，把造福于民的大事、好事办好办实。二是统一规划，本着着眼未来，适度超前，注重社会效益、经济效益和环境效益的统一，将自来水发展列入各镇（乡）、村总体规划，包括自来水建设的水源规划、净水厂规划、管网规划、投资规划等。三是加强项目建设和水厂运行管理，根据工程建设程序和项目建设管理要求，规范工程建设，确保工程质量。对已建成运行的水厂，加强管理，提高供水水质，增强水厂自我发展能力。四是多渠道筹措建设资金，采取“余杭市财政补助一点、镇乡政府拨一点、厂矿企业集一点、供水企业自筹一点和受益农民出一点”的措施筹集资金，逐步改善农村饮用水条件。

1995年3月31日，余杭市自来水总公司在实施《1994—2000年余杭县自来水发展规划》一年多的基础上，根据余杭市政府的要求，在进一步深入调查研究的基础上，编制了《余杭市自来水发展细化规划（1995—2000年）》。该细化规划包括：细化规划的编制依据及规划之目标、余杭市城镇供水与农村改水现状、在建工程和已批待建工程、供水企业存在的问题、1995年至1997年计划落实项目、1997年至2000年规划项目和自来水发展对策措施等七大部分。

在实施上述规划时，余杭市自来水总公司提出了“缓解、适应、超前”的工作思路，脚踏实地组织规划的实施。在实施过程中，根据需要与发展，对规划进行适度调整。至2000年年底，全市213座各级自来水厂合计供水能力为24.23立方米/日，其中，市属水厂5座，供水能力18.18万立方米/日，占75.03%；镇乡属水厂（改水站）16座，供水能力4.92万立方米/日，占20.31%；村属水厂41座，供水能力0.84万立方米/日，占3.47%，组属供水站供151个，供水能力0.29万立方米/日，占1.19%（详见附表4－47）。2000年，余杭市自来水受益人口为466940人，受益率为58.23%。按照农村改水统计口径，全市农村自来水受益人数应减去临平镇城区人口（65066人），全市农村自来水受益人数为401874人，农村受益率为54.54%。

表4－47　　2000年余杭市各级自来水厂供水能力　　单位：万立方米/日

市属水厂		镇乡属水厂		村、组属水厂（供水站、点）				
厂　名	供水能力	厂　名	供水能力	镇乡	村属水厂		组属供水站(点)	
					座	供水能力	个	供水能力
临平自来水厂	9	博陆镇自来水厂	0.15	临平镇	—	—	—	—
塘栖自来水厂	6	亭趾镇自来水厂(临平水厂)	(0.12)	乔司镇	—	—	—	—
獐山自来水厂	1	星桥镇自来水厂	0.12	亭趾镇	1	0.0300	—	—
		崇贤镇（含沾桥）自来水厂	0.28					
余杭（含永建）水厂	1.7	良渚镇自来水厂	0.50	博陆值	5	0.3050	—	—
闲林自来水厂	0.48	五常乡改水站（杭州供水）	1.00	五杭镇	3	0.2520	—	—
—	—	勾庄镇改水站（杭州供水）	0.69	星桥镇	—	—	—	—
—	—	安溪镇自来水厂	0.25	塘栖镇	1	0.0100	1	0.0030
—	—	长乐镇自来水厂	0.10	崇贤镇	—	—	—	—

续表 4－47

市属水厂		镇乡属水厂		村、组属水厂（供水站、点）				
厂　名	供水能力	厂　名	供水能力	镇乡	村属水厂		组属供水站(点)	
					座	供水能力	个	供水能力
—	—	仓前镇自来水厂	0.12	东塘镇	—	—	—	—
—	—	中泰乡（含中桥）自来水厂	0.05	獐山镇	—	—	2	0.0700
—	—	瓶窑镇自来水厂	1.20	云会乡	1	0.0015	—	—
—	—	黄湖镇自来水厂	0.06	余杭镇	1	0.0300	3	0.0052
—	—	潘板镇自来水厂	0.20	仓前镇	—	—	—	—
—	—	鸬鸟镇自来水厂	0.10	中泰乡	7	0.0660	8	0.0168
—	—	彭公乡自来水厂	0.10	闲林镇	6	0.0685	3	0.0065
—	—	—	—	长乐镇	5	0.0290	2	0.0020
—	—	—	—	良渚镇	—	—	—	—
—	—	—	—	五常乡	—	—	—	—
—	—	—	—	勾庄镇	—	—	—	—
—	—	—	—	安溪镇	3	0.0088	—	—
—	—	—	—	瓶窑镇	1	0.0080	—	—
—	—	—	—	彭公乡	1	0.0200	23	0.0359
—	—	—	—	潘板镇	2	0.0080	7	0.0306
—	—	—	—	双溪镇	4	0.0067	1	0.0010
—	—	—	—	黄湖镇	—	—	37	0.0862
—	—	—	—	鸬鸟镇	—	—	25	0.0256
—	—	—	—	百丈镇	—	—	39	0.0098
小计	18.18	—	4.92	小计	41	0.84	151	0.29
合计	24.23							

二、行业管理措施

余杭的农村改水工作，在县（市、区）委、县（市、区）政府的高度重视下，自20世纪80年代中期开始各乡镇、村陆续全面实行农村改水，尤其是在1993年余杭县自来水总公司成立之后，对全县农村改水实行统一的行业管理，加快了农村改水项目的推进，同时使改水质量迈上了一个新的台阶。至2000年，在余杭市27个镇乡中已有14个镇的自来水普及率分别达到省、杭州市和余杭市的卫生城镇标准，其中，临平、塘栖、余杭和瓶窑等4个镇达到省级卫生镇标准；五杭、星桥、闲林和勾庄镇等4个镇达到杭州市卫生城镇标准；乔司、亭趾、博陆、崇贤、仓前和潘板等6个镇达到余杭市级卫生城镇标准。

农村改水质量已从往年的为群众解决手提肩挑送“方便水”为主，逐步转为向农户供应安全卫生的“放心水”。改水形成已由改水初期的以行政村或自然村分散建小型水厂（供水站）为主，逐步转为依托城镇水厂，启动实施城乡一体化供水。由此，提高了城乡人民的生活质量，改善了乡镇的投资环境，为城乡经济的持续快速发展奠定了基础。

1993年至2001年间，余杭县（市、区）的农村改水项目，由以往投资少、规模小、分布散、受益低的状况，逐步向集中投资、形成规模、成片改水、扩大受益的方向发展。在这9年时间内，由余杭区（县、市）自来水总公司具体指导完成的重点农村改水项目共63个，完成投资9750.8万元，新增农村自来水受益人口165146人（详见附表4-48）。

表4-48　　余杭区（县、市）自来水总公司指导实施的农村改水项目

年份	完成项目（个）	完成投资（万元）	新增受益人口（人）	主要改水项目
1993	4	806.2	25084	完成临平区农村给水工程、彭公乡石濑村水厂工程等
1994	6	411.8	13089	勾庄镇、獐山镇、彭公乡农村改水工程和云会乡集镇及6个村改水工程等
1995	7	801.8	45000	博陆镇金家埭村、亭趾镇道家圩村、潘板镇陶村桥村、塘栖镇太山村、临平镇屯里村和瓶窑（一期）改水工程及余杭市永建水厂扩建工程等
1996	8	732.08	30850	勾庄镇改水工程（一期）、长命乡改水工程、亭趾镇滩里村改水工程、崇贤镇沾桥水厂干管延伸工程、临平横塘村改水工程、良渚水厂改造工程等
1997	6	815.92	9037	亭趾镇南横港村改水工程、博陆镇螺蛳桥村自来水厂工程，长乐镇绿景堂村自来水厂工程和彭公乡水厂工程等
1998	11	2088.0	10836	五常乡、勾庄镇、中泰乡、彭公乡改水工程和崇贤镇沿山片、博陆镇螺蛳桥村、獐山镇奉口村改水工程，仓前水厂管网延伸工程等
1999	5	514.0	10050	瓶窑长命、北湖改水工程（二期），仓前高桥、石华两村改水工程，黄湖水厂管网延伸工程等
2000	9	677.0	10200	良渚、安溪、潘板、长乐、鸬鸟等五座农村水厂的扩建工程，潘板、长乐、勾庄、崇贤、临平等镇农村供水管网延伸工程等
2001	7	2904.0	11000	星桥供水工程年底竣工，东塘、獐山、云会供水工程完成三个集镇通水，临平镇南片农村改水工程完成到村主管道的安装，建实村通水到户等。
合计	63	9750.8	165146	—

余杭县（市）各乡镇、村属农村水厂的产权归属投资水厂建设的当地乡镇政府或村、组的经济组织。余杭县（市）自来水总公司承担对农村水厂的行业管理，通过深化服务提高了农村水厂的管理水平

指导建立水厂管理制度和岗位责任制　至1998年，18座乡镇属自来水厂在余杭市自来水总公司指导下全部建立了供水管理组织并制定了管理制度。在41座村属自来水厂中有35座建立了管理组织，占85.4%；制定管理制度或部分制度的村级水厂有27座，占65.8%（详见附表3-20）。

指导水厂日常运行管理　由于农村水厂设备工艺简陋、管理人员文化水平低、专业技能差，为此，自来水总公司根据不同类型的水厂（供水站）选派干部和技术人员分类进行指导，手把手进行培训辅导，以提高管理水平。并对个别问题现场帮助解决，共性问题集中给予解决，使农村水厂能保持正常运行。

督促与帮助水厂建立水质化验室　为了确保供水质量，余杭县（市）自来水总公司对规模较大的乡镇、村水厂会同当地政府，督促并帮助建立水质化验室，并培训化验员，开展常规项目的水质检测。至2002年，余杭区有塘栖镇、余杭镇、闲林镇、瓶窑镇、博陆镇、良渚镇、安溪镇、长乐镇、潘板桥镇、崇贤镇、仓前镇、黄湖镇等12座镇属自来水厂和五杭镇唐公村1座村属自来水厂建立了水质化验室，配有化验人员19人，检测项目4-18项。

指导农村水厂改进消毒方式，推广液氯和二氧化氯消毒　一直以来农村规模较大的水厂用漂白粉消毒，规模小的水厂均不消毒。因用漂白粉消毒效果不稳定，为提高消毒效果，余杭县（市）自来水总公司对规模较大的塘栖镇、余杭镇、瓶窑镇和良渚镇自来水厂推广了液氯消毒。对有一定规模的镇乡、村自来水厂推广二氧化氯消毒，1999年至2001年，先后有五杭唐公村水厂、余杭水厂永建车间、仓前镇自来水厂、长乐镇自来水厂、崇贤镇自来水厂、潘板桥镇自来水厂、彭公乡自来水厂、黄湖镇自来水厂、博陆镇自来水厂和安溪镇自来水厂等10座镇、村自来水厂安装二氧化氯消毒器消毒，提高了自来水的消毒效果。

建立百分制考核制度　为了使水厂管理更规范、更具有操作性，管理出成效，余杭县（市）自来水总公司对农村水厂建立了百分制考核制度，并按水厂规模，分别制定了城镇供水企业和乡镇片供水企业二类考评标准。考评内容包括行风建设、制度建设、工程建设、操作运行管理、水质管理、供水管理、财务管理和职工思想政治工作等方面，并按照考核结果，评选先进水厂和系统先进厂长，考核制度的建立，有效地推进了水厂的管理水平。

协助水厂创资质　供水企业的资质是衡量一个水厂是否规范运行、是否安全向社会提供产品的认可证书，资质管理是企业管理的重要组成部分。在1993年余杭县自来水总公司成立以前，余杭县城乡各水厂均没有获得相关的供水资质，自来水总公司成立后通过调查摸底，对照申领相关资质的条件，帮助和指导具有一定规模的城镇水厂，通过健全企业内部管理、进行设备技术改造、建立水质化验室和培训提高职工技术水平等措施

后，自1994年至2000年余杭市先后有9座水厂获得了浙江省建设厅核发的“供水企业资质证”，分别是临平自来水厂（1994年）、塘栖镇自来水厂（1994年）、余杭镇自来水厂（1994年）、瓶窑镇自来水厂（1994年）、临平第二水厂（1998年）、闲林镇自来水厂（1998年）、良渚镇自来水厂（1998年）、博陆镇自来水厂（2000年）、潘板镇自来水厂（2001年）。

有13座水厂获得余杭市卫生防疫站核发的“卫生许可证”，分别是临平自来水厂（1998年）、临平第二水厂（1999年）、塘栖镇自来水厂（1998年）、余杭镇自来水厂（1998年）、闲林镇自来水厂（1998年）、瓶窑镇自来水厂（1998年）、良渚镇自来水厂（1998年）、仓前镇自来水厂（1998年）、博陆镇自来水厂（1999年）、潘板镇自来水厂（2001年）、黄湖镇自来水厂（2001年）、崇贤镇自来水厂（2001年）、五杭镇唐公村自来水厂（2001年）。

有17座水厂获得由浙江省爱国卫生运动委员会和浙江省卫生厅联合核发的浙江省农村水厂“水质卫生合格证”，分别是：临平第二水厂（1996年）、闲林镇自来水厂（1996年）、瓶窑镇自来水厂（1996年）、沾桥乡自来水厂（1996年）、余杭镇自来水厂（1997年）、良渚镇自来水厂（1997年）、塘栖镇自来水厂（1998年）、博陆镇自来水厂（1998年）、仓前镇自来水厂（1998年）、黄湖镇自来水厂（1998年）、博陆镇螺蛳桥村自来水厂（1999年）、星桥镇自来水厂（1999年）、彭公乡自来水厂（1999年）、亭趾镇自来水厂（2000年）、五杭镇唐公村自来水厂（2000年）、潘板镇自来水厂（2001年）、长乐镇自来水厂（2001年）。

该17座水厂合计供水能力为9.14万立方米/日，占全市各镇、乡、村、组的农村水厂（供水站）当年日供水能力10.72万立方米的85.26%，反映了余杭市农村已有85.26%的自来水由获得“水质卫生合格证”的水厂供应。

第二节　客户管理

一、客户信息管理

杭州余杭供水集团公司、杭州余杭水务有限公司为规范城乡一体化供水区域的供水管理，建立并不断完善客户信息系统，为供水经营和供水服务提供实时、正确的客户基本信息。

——建立客户用水信息数据库，在营业MIS系统中准确、详细、齐全、及时和清楚地录入客户表卡信息、水表信息、缴费信息和《供用水合同的信息》。确保在服务查询、统计分析和管理决策时能实时正确显示。对客户如更名、过户、迁移、报停、销户、改变用水性质及改变缴费方式等相关信息做到及时变更，确保客户的用水信息与现场实际保持一致。停水或降压供水信息，按照《供用水合同》的约定，及时通知到客户。

表卡信息　包括客户的户号、表主名称、装表位置、立户日期、起抄月份、抄表周期、合同号、用户类型、联系电话及居民用户的身份证号（一户一表用户）等；

水表信息　包括用水性质、用水状态、表身号、水表种类、水表口径、水表厂家、水表型号及装表日期等；

缴费信息　包括缴费户名、通信地址、缴费类型。代扣户还包括开户行、开户名、账号、公司账号等；托收户还包括托收号等。

《供用水合同》信息　包括合同签订的用水户名称、合同编号、用户编号、签订日期、企业法人或户主姓名、委托人姓名及联系电话等。

——客户信息归集做到及时、齐全、正确。新客户在办理了用水开户手续后，在七个工作日内将上述各项信息完整录入营业 MIS 系统。老客户当上述用水信息中的任何一个项目发生变化时，在营业 MIS 系统中的相关信息资料在三个工作日内变更，以保持客户信息的实时正确。

——建立客户信息分支机构自查和公司稽查制度，核对客户信息是否与实际相符。对单位客户、城乡居民总表客户和城镇中沿街的各类用水客户，各分支机构每月自查不少于该类型客户数的 10%，公司年稽查不少于 2%；对城乡居民一户一表的客户，各分支机构每月自查不少于 1%，公司年稽查不少于 0.5%。

——对违规用水户和管理中的漏户，通过自查与奖励群众举报方式进行依法查处，在追回损失的同时，补充、变更或新建客户信息。

二、客户普查

为完善客户信息，避免管理漏洞，规范做好供水管理和提升为客户的服务水平，杭州余杭供水集团公司于 2004 年 4 月至 6 月、杭州余杭水务有限公司于 2009 年 3 月至 6 月在供水区域内全面开展了二次客户普查。

普查对象是供水范围内的所有用水户，普查方法采取实地调查方式进行，由普查人员按社区、行政村分片对用水户逐户进行登记（第一次普查以 2004 年 5 月 15 日为基准日，第二次普查以 2009 年 4 月 1 日为基准日）。同时，对照原抄表卡，对用户的用水信息进行补充、完善。

普查内容为用水户的基本信息（表卡信息、水表信息、缴费信息和《供用水合同信息》）和违规用水状况：包括用户名称、表主名称、用水地址、立户日期、抄表周期、用水性质、缴费水价、用户 ID 号、供用水合同、装表位置、水表种类、水表口径、表身号、水表厂家、水表型号、进户管口径、初次装表日期、水表更换日期、普查日水表读数、缴费户、缴费方式、通信地址、供水方式、总表内用户数及用水联系人、联系方式等。第二次普查增加公共消火栓、单位内部消火栓、单位消防水表及供水管理表。

通过普查，发现了个别因历史原因造成了漏户、黑表和用户享受的水费优惠不符政策的现象；部分用户未签订《供用水合同》或《供用水合同》的用水主体已改变而未变更；部分用户的用水性质登记不符现状，部分用户拖欠水费较严重，部分水表运行不正常及相关的用户用水信息不全、不对等问题。普查后，针对普查时发现的问题，进行全面整改，使公司和用户的信息对称。通过不断完善客户的用水档案，使公司的营业收费系统和客户服务系统得到规范有序的运行。

第一次客户普查　截至2004年5月15日，全区城乡一体化供水区域共有用水客户62097户。其中，居民生活用户56375户，占90.79%；机关事业单位用户756户，占1.22%；工业企业用户1485户，占2.39%；商业企业用户3182户，占5.12%；建筑宾馆业用户299户，占0.48%。

经2004年客户普查，杭州余杭供水集团公司不同用水性质用户数见附表4-49、不同口径水表用户数见附表4-50、普查客户用水基本概况见附表4-51。

第二次客户普查　截至2009年4月1日，全区城乡一体化供水区域共有用水户238959户，比第一次普查（2004年5月15日）增加176862户，增长2.85倍。其中，居民生活用水户220917户，占92.45%；机关事业单位用户1161户，占0.48%；工业企业用户4776户，占2.00%；商业企业用户10982户，占4.60%；建筑宾馆用户1123户，占0.47%。

经2009年客户普查，杭州余杭水务有限公司不同用水性质用户数见附表4-52、不同口径水表用户数见附表4-53、普查客户用水基本概况见附表4-54。

杭州余杭供水集团公司、杭州余杭水务有限公司在每五年开展一次周期性的自来水用户普查的基础上，建立规范的用户管理制度，每年的12月份对当年新增、变更的用户进行一次全面整理，以确保用户信息正确，用户档案完整。

截至2012年年底，在余杭区城乡一体化供水区域，通过历年发展新用户、实施城镇居民“一户一表、计量出户”改造和农村居民实施“一户一表”管理等措施后，全区实现同网、同质、同价和同等服务标准的自来水用户数达到272085户，比在实施城乡一体化供水前2001年用户数11120户增加260965户，增长23.5倍。2012年的自来水用户按用水性质分类为：

生活用水户249591户，占91.73%；非经营性用户1340户，占0.49%；经营性用户20583户（包括工业企业用户5643户、商业企业用户14160户、建筑业用户780户），占7.56%；特种行业用户557户，占0.21%，其他用户14户，占0.01%。2001年—2012年各种类型用水户数量见附表4-55、4-56。

余杭区城乡一体化供水的12个管理区域中，2012年用户数量最多的供水区域为余杭分公司，有用户35757户，占公司总用户数的13.14%；用户数量最少的供水区域为径山分公司，有用户9811户，占公司总用户数的3.61%。历年各供水区域用户数量见附表4-57、4-58。

三、供用水合同

杭州余杭供水集团公司、杭州余杭水务有限公司在实施城乡一体化供水时，为明确供用水双方在自来水供应和使用过程中的权利和义务，根据《中华人民共和国合同法》、国务院颁发的《城市供水条例》、浙江省人民政府制订的《浙江省城市供水管理办法》和杭州市人民代表大会常务委员会发布的《杭州市城市供水管理条例》等法律、法规及上级的有关规定，公司与每一户用水户在通水前均签订《供用水合同》，以保护供用水双方的合法权益，减少供用水纠纷，避免供用水经营风险，使供用水管理规范化、法制化。

合同形式为格式条款合同，合同条款的内容先后修订了三次：自杭州余杭供水集团公司组建至2004年3月，启用的合同范本是参照杭州市政公用事业管理局制订的《供用水合同》，再结合余杭供用水的实际，由公司自行制订的《供用水合同》（范本）；2004年4月至2006年4月19日，启用的合同范本是杭州余杭供水集团公司将原合同条款经修改后报杭州市余杭区供水改水办公室，于2004年3月16日核准同意的合同范本；2006年4月20日开始，启用的合同范本是经杭州市工商行政管理局余杭分局于2006年4月17日备案的合同（范本）。经工商部门备案的合同将单位用水户与居民一户一表用水户的合同条款分别单列，其中，单位《供用水合同》备案号为“杭工商格式备案2006－2－1－01”，居民一户一表用户《供用水合同》备案号为“杭工商格式备案2006－2－1－02”，合同范本见第九篇第三章：供、排水合同（范本）。

经工商部门备案的供用水合同启用后，凡新接水开户的各类用水户和老用户更名、过户、迁移及改变用水性质时全部签订经工商备案的《供用水合同》；对已签订原《供用水合同》的各单位用户全部重新改签经工商部门备案的《供用水合同》；对已签订原《供用水合同》的城乡居民生活用水户建议用户更改签订经工商部门备案的《供用水合同》，由于居民生活用户数多，用户实际改签合同逐年陆续进行。

余杭区城乡一体化供水区域第一次客户普查不同用水性质客户数

表4－49　（杭州余杭供水集团公司时期）　普查基准日：2004年5月15日

用水特质	合计		分支机构							
	户	占(%)	临平	乔司	塘栖	獐山	良渚	余杭	闲林	瓶窑
居民生活用水	56375	90.79	10747	4708	5048	13498	5580	9448	4582	2764
机关事业	756	1.22	227	113	106	48	65	121	17	59
工业企业	1485	2.39	299	156	282	117	205	193	121	112
商业企业	3182	5.12	1021	27	937	9	284	646	83	175
建筑宾馆	299	0.48	115	2	28	15	9	60	60	10
合计	62097	—	12409	5006	6401	13687	6143	10468	4863	3120
消防水表	142	—	68	1	26	0	5	25	6	11

余杭区城乡一体化供水区域第一次客户普查不同口径水表客户数

表 4－50　　（杭州余杭供水集团公司时期）　普查基准日：2004 年 5 月 15 日

水表口径	合计		不同用水性质					消防专用表
	只	占（%）	居民生活	机关事业	工业企业	商业企业	建筑宾馆	
DN15	46735	75.26	44954	142	220	1407	12	0
DN20	10658	17.16	8726	225	330	1324	53	0
DN25	2581	4.16	1624	164	408	274	111	0
DN40	1523	2.45	910	106	297	132	78	1
DN50	379	0.61	146	69	104	27	33	2
DN80	55	0.09	5	13	28	6	3	4
DN100	142	0.23	8	27	87	11	9	132
DN150	20	0.03	1	9	9	1	0	3
DN200	4	0.01	1	1	2	0	0	0
合计	62097	—	56375	756	1485	3182	299	142

余杭区城乡一体化供水区域第一次客户普查客户用水概况

表 4－51　　（杭州余杭供水集团公司时期）　普查基准日：2004 年 5 月 15 日

普查项目			合计		分支机构							
			户	占总用户（%）	临平	乔司	塘栖	獐山	良渚	余杭	闲林	瓶窑
普查用户（户）			62097	—	12409	5006	6401	13687	6143	10468	4863	3120
需变更用水性质（户）			244	0.39	0	11	170	1	31	31	0	0
需重新立户（原用水黑户）			21	0.03	0	0	0	0	1	20	0	0
供用水合同	居民用户	已签订（户）	44125	71.06	10729	4654	3072	13497	3391	3382	4183	1217
		未签订（户）	11999	19.32	18	54	1967	0	2240	6061	112	1547
		主体变更需从新签订(户)	316	0.51	0	0	9	1	14	5	287	0
	单位用户	已签订（户）	2737	4.41	1466	190	266	187	287	203	109	29
		未签订（户）	2795	4.50	196	73	1017	0	203	810	169	327
		主体变更需从新签订(户)	125	0.20	0	35	70	2	8	7	3	0
计量方式	抄表到户（户）		52458	84.48	9624	4691	4136	13498	5628	7852	4466	2563
	总表计量	计量到村（组）（户）	1012	1.63	93	10	781	0	0	48	0	78
		计量到幢（单元）（户）	2970	4.78	1030	7	131	0	17	1548	114	123
		单位总表（户）	5657	9.14	1662	298	1353	189	498	1020	281	356

余杭区城乡一体化供水区域第二次客户普查不同用水性质客户数

表 4-52　　(杭州余杭水务有限公司时期)　普查基准日：2009 年 4 月 1 日

用水性质	合计		分支机构										
	户	占(%)	临平	乔司	运河	塘栖	宏畔	仁和	良渚	余杭	闲林	瓶窑	径山
居民生活用水	220917	92.45	48369	16451	11746	19472	16512	17172	19269	36211	14745	14049	6921
机关事业	1161	0.48	471	59	39	57	40	42	91	169	37	101	55
工业企业	4776	2.00	628	623	477	395	434	449	538	561	231	301	139
商业企业	10982	4.60	4069	265	380	1286	566	221	612	2174	563	633	213
建筑宾馆	1123	0.47	421	24	9	96	49	35	100	251	54	73	11
合计	238959	100.00	53958	17422	12651	21306	17601	17919	20610	39366	15630	15157	7339
消防水表	2484		392	118	290	406	159	143	297	255	241	94	89

余杭区城乡一体化供水区域第二次客户普查不同口径水表客户数

表 4-53　　(杭州余杭水务有限公司时期)　普查基准日：2009 年 4 月 1 日

水表口径	合　计		不同用水性质					消防专用表
	只	占（%）	居民生活	机关事业	工业企业	商业企业	建筑宾馆	
DN15	92725	38.80	89496	116	674	2360	79	0
DN20	137946	57.73	128427	354	1056	7694	415	5
DN25	3212	1.34	1430	234	912	458	178	0
DN40	2076	0.87	590	122	845	214	305	6
DN50	590	0.25	287	34	148	49	72	34
DN80	243	0.10	66	21	109	27	20	24
DN100	2106	0.88	602	275	998	179	52	2399
DN150	51	0.02	10	5	33	1	2	16
DN200	10	0.00	9	0	1	0	0	0
合计	238959	100.00	220917	1161	4776	10982	1123	2484

余杭区城乡一体化供水区域第二次客户普查客户用水概况

（杭州余杭水务有限公司时期）

表 4－54　　　　普查基准日：2009 年 4 月 1 日

普查项目			合计 户	合计 占总用户（%）	分支机构 临平	乔司	运河	塘栖	宏畔	仁和	良渚	余杭	闲林	瓶窑	径山
普查用户（户）			238959	—	53958	17422	12651	21306	17601	17919	20610	39366	15630	15157	7339
需变更用水性质（户）			162	0.07	86	0	21	0	0	4	1	45	0	3	2
需重新立户（原用水黑户）			257	0.11	0	0	5	0	21	0	17	25	0	164	25
供用水合同	居民用户	已签订（户）	220917	92.45	48369	16451	11746	19472	16512	17172	19269	36211	14745	14049	6921
		未签订（户）	0	0.00	0	0	0	0	0	0	0	0	0	0	0
		主体变更需从新签订（户）	0	0.00	0	0	0	0	0	0	0	0	0	0	0
	单位用户	已签订（户）	18042	7.55	5589	971	905	1834	1089	747	1341	3155	885	1108	418
		未签订（户）	0	0	0	0	0	0	0	0	0	0	0	0	0
		主体变更需从新签订（户）	0	0	0	0	0	0	0	0	0	0	0	0	0
计量方式	抄表到户（户）		221092	92.52	47164	17422	11594	16333	16884	17919	20371	35577	15630	14957	7241
	总表计量	计量到村（组）（户）	12333	5.16	4299	0	1057	3371	717	0	239	2552	0	0	98
		计量到幢（单元）（户）	4871	2.04	2144	0	0	1371	0	0	0	1206	0	150	0
		单位总表（户）	663	0.28	351	0	0	231	0	0	0	31	0	50	0

2001 年—2007 年余杭区城乡一体化供水区域自来水用户数

表 4－55　（杭州余杭供水集团公司时期）　单位：户

类别	年份	总用户	生活用水	非经营性用水	经营性用水				特种行业用水	其他
					小计	工业	商业	建筑		
不同类型用户数（户）	2001	11120	8689	209	2135	572	1475	88	66	21
	2002	19969	16658	254	2938	719	2072	147	94	25
	2003	37705	32506	376	4639	1342	3012	285	155	29
	2004	83053	74285	546	7896	2735	4674	487	283	43
	2005	112818	103805	549	8135	2649	5400	86	317	12
	2006	154893	143634	707	10128	3281	6713	134	412	12
	2007	186988	172814	935	12752	3927	8526	299	467	20
不同类型用户比例（%）	2001	—	78.14	1.88	19.19	5.14	13.26	0.79	0.60	0.19
	2002	—	83.42	1.27	14.71	3.60	10.38	0.73	0.47	0.13
	2003	—	86.21	1.00	12.30	3.56	8.00	0.74	0.41	0.08
	2004	—	89.44	0.66	9.51	3.29	5.63	0.59	0.34	0.05
	2005	—	92.01	0.49	7.21	2.35	4.79	0.07	0.28	0.01
	2006	—	92.73	0.46	6.54	2.12	4.33	0.09	0.26	0.01
	2007	—	92.42	0.50	6.82	2.10	4.56	0.16	0.25	0.01

2008 年—2012 年余杭区城乡一体化供水区域自来水用户数

表 4－56　（杭州余杭水务有限公司时期）　单位：户

类别	年份	总用户	生活用水	非经营性用水	经营性用水				特种行业用水	其他
					小计	工业	商业	建筑		
不同类型用户数（户）	2008	220503	203605	1421	14933	4425	9901	607	519	25
	2009	239467	221375	1207	16354	4827	10905	622	510	21
	2010	250770	231858	1244	17178	5030	11472	676	478	12
	2011	262446	241599	1299	19007	5386	12881	740	529	12
	2012	272085	249591	1340	20583	5643	14160	780	557	14
不同类型用户比例（%）	2008	—	92.34	0.64	6.77	2.01	4.49	0.28	0.24	0.01
	2009	—	92.44	0.50	6.83	2.02	4.55	0.26	0.21	0.01
	2010	—	92.46	0.50	6.85	2.01	4.57	0.27	0.19	0.00
	2011	—	92.06	0.49	7.24	2.05	4.91	0.28	0.20	0.00
	2012	—	91.73	0.49	7.56	2.07	5.20	0.29	0.20	0.01

2001 年—2007 年余杭区城乡一体化供水区域各区块自来水用户数

表 4－57　（杭州余杭供水集团公司时期）　单位：户

类别	年份	总用户	临平	乔司	运河	塘栖	宏畔	仁和	良渚	余杭	闲林	瓶窑	径山
各分支机构用户数（户）	2001	11120	2528	176	31	3207	0	0	0	1795	2123	1260	0
	2002	19969	4982	2927	41	3842	0	2842	0	1878	2130	1327	0
	2003	37705	7413	4770	53	5932	0	3863	5639	4630	3433	2512	0
	2004	83053	15800	9722	586	10641	0	14573	9539	11681	5427	5084	0
	2005	112818	23219	13658	1298	21162	0	14091	12731	14103	5950	6606	0
	2006	154893	30757	15192	6473	29888	0	16248	14110	20654	8698	9896	2977
	2007	186988	40972	15692	10541	18434	16095	16723	15134	26276	10835	11502	4784
各分支机构用户占公司总用户比例	2001	—	22.73%	1.58%	0.29%	28.84%	0.00%	0.00%	0.00%	16.14%	19.09%	11.33%	0.00%
	2002	—	24.95%	14.66%	0.21%	19.24%	0.00%	14.23%	0.00%	9.40%	10.67%	6.64%	0.00%
	2003	—	19.66%	12.65%	0.14%	14.30%	0.00%	10.25%	14.96%	12.28%	9.10%	6.68%	0.00%
	2004	—	19.02%	11.71%	0.71%	12.81%	0.00%	17.55%	11.49%	14.06%	6.53%	6.12%	0.00%
	2005	—	20.58%	12.11%	1.15%	18.75%	0.00%	12.49%	11.28%	12.50%	5.28%	5.86%	0.00%
	2006	—	19.86%	9.81%	4.18%	19.30%	0.00%	10.49%	9.11%	13.33%	5.61%	6.39%	1.92%
	2007	—	21.91%	8.39%	5.64%	9.86%	8.61%	8.94%	8.09%	14.05%	5.79%	6.15%	2.56%

2008 年—2012 年余杭区城乡一体化供水区域各区块自来水用户数

表 4－58　（杭州余杭水务有限公司时期）　单位：户

类别	年份	总用户	临平		乔司	运河	塘栖	崇贤	仁和	良渚	余杭	闲林	瓶窑	径山
			城北	城南										
各分支机构用户数（户）	2008	220503	49732		17195	12379	20649	17228	17123	16020	35258	14514	13591	6814
	2009	239467	54023		17461	12686	21353	17646	17951	20631	39406	15677	15291	7342
	2010	250770	54715		17895	12984	24098	18611	18264	21269	41563	16433	16780	8158
	2011	262446	33047	25043	16468	13013	31543	13669	18548	22907	34989	26511	17466	9242
	2012	272085	33526	26840	16124	13177	31111	14392	19993	24135	35757	28302	18917	9811
各分支机构用户占公司总用户比例	2008	—	22.55%		7.80%	5.61%	9.36%	7.81%	7.77%	7.27%	15.99%	6.58%	6.16%	3.09%
	2009	—	22.56%		7.29%	5.30%	8.92%	7.37%	7.50%	8.62%	16.46%	6.55%	6.39%	3.07%
	2010	—	21.82%		7.14%	5.18%	9.61%	7.42%	7.28%	8.48%	16.57%	6.55%	6.69%	3.25%
	2011	—	12.59%	9.54%	6.27%	4.96%	12.02%	5.21%	7.07%	8.73%	13.33%	10.10%	6.66%	3.52%
	2012	—	12.32%	9.86%	5.93%	4.84%	11.43%	5.29%	7.35%	8.87%	13.14%	10.40%	6.95%	3.61%

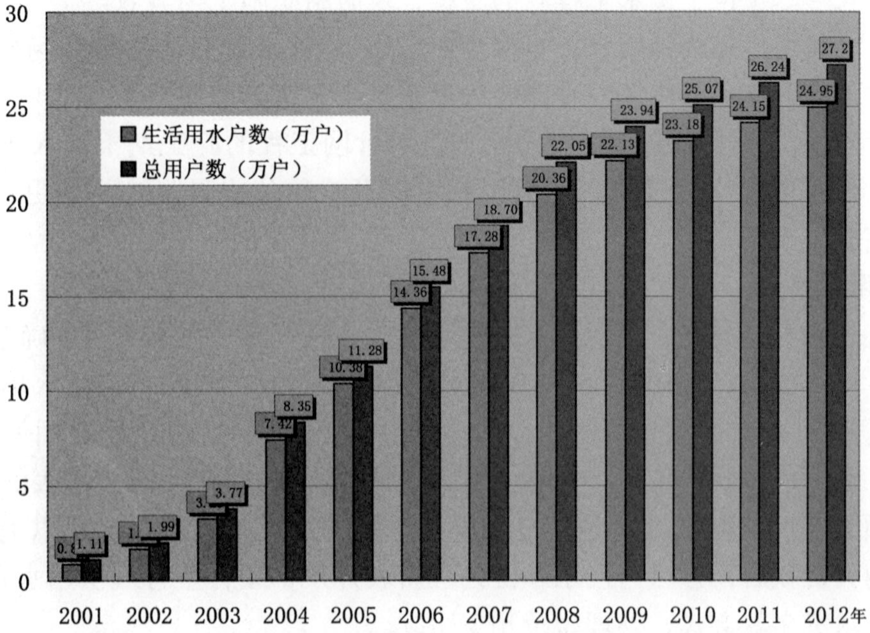

图 4－52　2001 年—2012 年余杭区城乡一体化供水区域自来水用户增长统计图

第三节　经营管理

一、接水开户

1．单位接水申请

接受申请　单位客户申请接水时要填写"用户申请接水登记表"并提供相关资料：1:500 地形图或总平面图（提供光盘）、水施图（提供光盘）、建设批复、征地红线图、规划许可证、施工许可证及附图、建设初步设计、消防批复、其他需提供的资料。

图 4－53　水务营业厅

业务受理　单位用户携带接水申请和资料、图纸，到当地水务营业厅办理接水手续。

设计报批　各营业厅在受理申请后，及时组织查勘、设计，具备接水条件的，按规定报批。

预收工程款　接水方案经批准后，通知接水申请单位，并根据设计方案及工程预算，与单位用户签订接水协议，按用户接水协议的规定，预收工程费用。

施工与验收　已预付了接水工程款的工程，及时组织施工与验收。

承诺时限　新用户和改径用户：自接到申请后，3个工作日内进行现场勘察，在具备接水和施工的条件下7个工作日内确保装表通水（不含无效查勘和客户影响因素）。接水施工指进户管工程，户外新建与改建的配套供水管网工程的施工期不计入接水施工期限范围内。过户和变更用户：过户和变更用户由原开户单位出具过户、变更证明后，在3个工作日内完成。

2．单位用水开户

单位在装表通水前与客户办理用水开户手续，并根据客户用水类别，确定用水性质。

新客户　接水申请经公司批准后，在预收接水工程款的同时，与接水单位办理开户手续，签订《供用水合同》（单位用户）和落实水费交款方式，办理缴费相关手续。

老客户　老客户指该单位用户与公司已有贸易结算表存在，新增水表的接水申请经批准后，在预缴接水工程款的同时，查明该单位是否有欠费二期及二期以上的，如有欠费的，需缴纳欠费款后，方可与接水单位办理新表开户手续，签订《供用水合同》（单位用户）和落实水费交款方式，办理缴费相关手续。

改径、过户、变更用户　改径接水申请经批准后，在预缴接水工程款的同时，查明该单位是否有欠费二期及二期以上的，如有欠费的，需缴纳欠费款后，方可与接水单位办理相关手续；过户、变更手续也需查明欠费情况，如有欠费需在缴纳后签订《供用水合同》（单位用户）和落实水费交款方式，办理缴费相关手续。

单位用水申请接水流程：

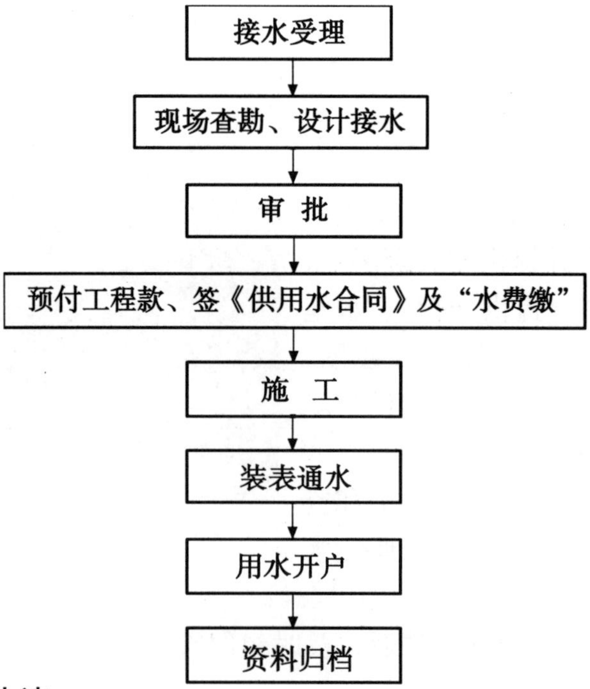

3．居民用水接水申请

接受申请　居民客户申请接水，要填写“用户申请接水登记表”。需提供的资料为：身份证原件及复印件或相关证明、房产证原件及复印件或相关证明。

业务受理 新建居民多层住宅：

新建居民多层住宅和农村成片接水的用户，在具备直供水的条件下，推广“一户一表”用水，接水申请由房地产开发单位或村委会统一登记办理。零星居民用水（包括农村成片接水后剩余的客户、零星改造的客户和“一户一表”改造用户）需单独登记办理。

设计报批 受理申请后，及时组织查勘、设计，具备接水条件的，按规定报批。

预付工程款 接水方案经批准后，通知接水申请单位，按设计方案及工程预算，预付接水工程款。同时，签订小区《供用水合同》，并落实水费缴款方法。

施工与验收 已预付了接水工程款的工程，及时组织施工与验收。

承诺时限 新用户：自接到申请后，3个工作日内进行现场勘察，在具备接水和施工的条件下7个工作日内确保装表通水（不含无效查勘和客户影响因素）。

“一户一表”改造用户：

已完成预安装改造的住宅，在客户办理接水和开户手续后，在3个工作日内装表通水；并在通水前1天与客户约定住宅室内接水的施工日期。

未进行预安装的住宅，符合改造条件并计划进行预安装的，在客户申请时向客户介绍清楚该区块的预安装计划时间，自预安装日起，在7个工作日内装表通水。

如不列入预安装计划的住宅，在客户申请时，向客户解释清楚，至少要有一个单元的住户都办理申请后才能进行改造，自改造日起，7个工作日内装表通水。

如不符合改造条件的住宅，在客户申请时，耐心细致的解释清楚，取得客户的理解，暂缓受理客户的申请。

4．居民用水开户

居民生活用水在装表通水前与客户办理用水开户手续。

新客户 住宅小区整体开户：房地产开发单位或村委会的新建（改造）住宅小区，在建设工程整体竣工验收后或小区交房之前，接水申请经批准后，在预缴接水工程款的同时，与接水单位办理住宅小区整体用水开户手续，签订住宅小区《供用水合同》（包括小区内的全部水表）。当各业主陆续与公司办理用水开户手续后，已办理开户的水费由业主交费。当小区内的业主全部与公司分别办理了住户用水开户手续，签订了《供用水合同》，并落实了水费缴款方法后，原接水单位签订的住宅小区《供用水合同》原则上中止，并与小区物业管理部门重新签订合同，如原合同不中止，则原合同仅管辖小区内的物业管理用水，对小区内和沿街的商业用水必须单独开户。

房产业主开户：建立客户信息，新建住宅小区装表通水后，各营业所与接水单位签订《供用水合同》范围内的全部水表，按不同用水性质（如物业管理用水、消防用水、绿化用水、沿街或小区内商业用水和各套商品房居民生活用水）全部分类、分户登入营业MIS系统，建立用户号，确立客户信息。

办理开户手续，房产开发单位或村委会的新建住宅小区，在商品房交付业主使用前，各分公司及时与接水单位联系，将《自来水开户通知书》交给房产开发单位或村委会，委托他们在向业主交房时，发给住户。同时，通知各用水客户，及时到公司办理自来水开户手续，签订房产业主的《供用水合同》，并落实客户水费交款方式和办理交费相关手续。

居民生活用水申请接水开户流程：

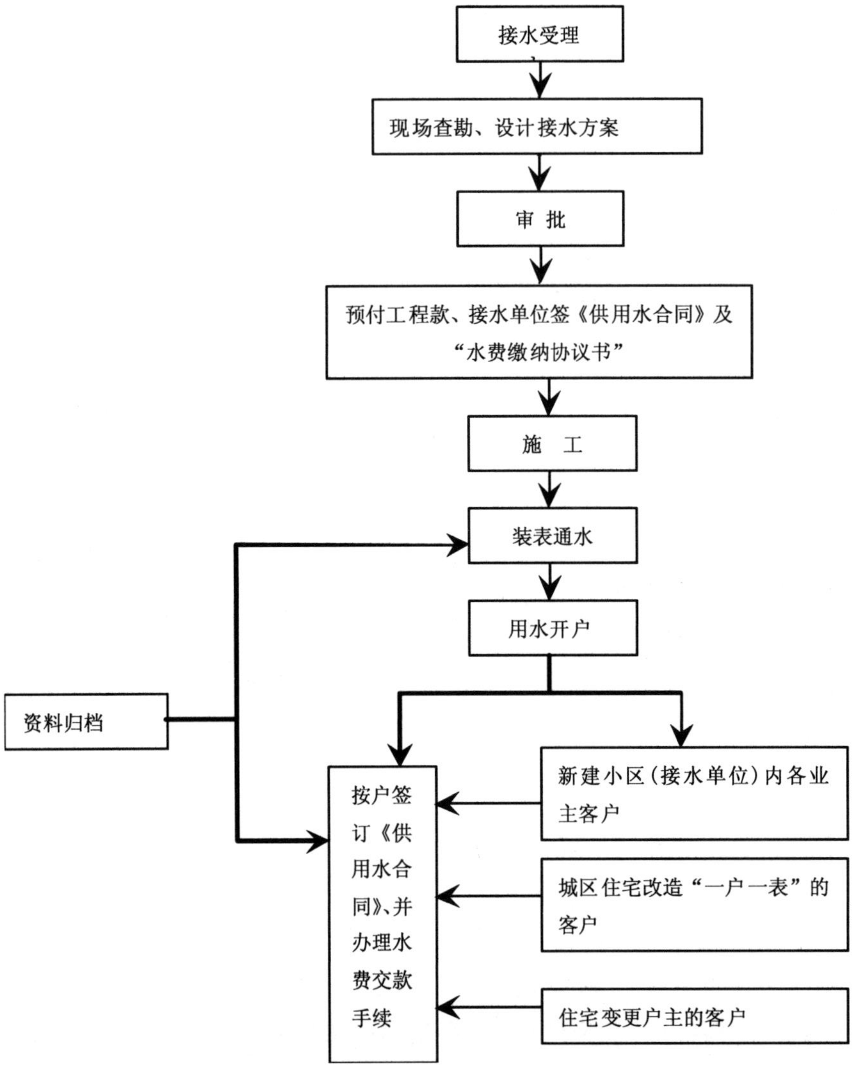

老客户　原总表用户改“一户一表”用户：符合“一户一表”改造的住宅，客户按规定交纳了“一户一表”改造经费后，在办理申请时，现场与客户办理用水开户手续，签订《供用水合同》。同时，落实交费方式和办理缴费相关手续。

住宅变更户主的客户：

住宅已出售的，原客户未注销和变更《供用水合同》时，及时注销并通知新客户办理《供用水合同》，落实交费方式和办理相关手续。

住宅已出租或出借的，原订的《供用水合同》不变，交费方式可由原客户按原协定方式交费，或由承租人（或借用人）代原客户用现金缴纳水费，但公司与原客户的供用水关系不变。

二、抄表管理

杭州余杭供水集团公司、杭州余杭水务有限公司建立严格规范的抄表管理制度，抄表实行定人员、定数量、定抄表周期、定抄表日期、定抄表路线，并实行抄表复查、抽查与监督管理措施，确保抄表及时、正确。

抄表对象和数量

——单位客户和居民总表客户（包括小区物业结算水费的）

全部由在编职工抄表（催费），每月抄表不少于800只。不到800只的，抄表员补抄“一户一表”的居民水表，折算抄表量为：抄3户（2008年8月前为2户）城镇居民一户一表用户折合1户，农村分散居住居民水表等于抄1户单位用户水表，折算到每个抄表员抄表数量不少于800只水表。

——“一户一表”的居民客户

抄表户数计算方式：以城镇“一户一表”户（指一个单元各客户的水表集中在一只表箱内）:农村“一户一表”（含城镇住宅楼的单元水表）为3:1计算抄表（催费）户数。

在编职工的抄表员每人每月实际抄表不少于1000只（其中，实行每二个月抄表一次的，每个抄表员划定的抄表区块不少于2000户；实行三个月抄表一次的，每个抄表员划定的抄表区块不少于3000户；同时有二个月和三个月抄表区块的按比例计算应抄表户数）。

农村水工可按村或抄表区块（包括城镇“一户一表”区块）大小确定抄表数量，实行计件计量考核。

2014年10月起，农村水工实际抄表只数最少不得低于1200只，最多原则上不得超过2500只。抄表只数按照城镇“一户一表”:平原农村“一户一表”:山区农村“一户一表”为3:1:0.85计算计酬抄表只数。

抄表周期　单位客户和城乡居民总表客户每月抄表一次，当月收费；城镇居民“一户一表”每二个月抄表一次，抄见月收费；农村居民“一户一表”，每三个月抄表一次，抄见月收费。其中，对DN50以上（不含DN50）的水表每周抄见一次，观测与分析用水情况和计量是否正常，以每月上旬抄见数为收费读数。

抄表路线　在划定每个抄表员的抄表区块后，编制好抄表路线，按固定的路线抄表，避免抄收作业的随意性。同时，对抄室内（围墙内）的水表，便于客户按时等候。

抄表正日率　自2007年10月15日起对每一客户在不同抄表周期的抄表日必须做到全部固定，并对抄表正日率进行严格管理和考核。

抄表时间　不论什么周期抄表，抄表时间确定为当月1日至12日之间。在抄表时期内，如遇节假日或双休日需抄表的，在抄表结束后调休。

抄表复查

——单位和居民总表客户的水表

由各营业所负责人复查，每次复查不少于当月抄见的10%，如营业所负责人复查来不及，由各分支机构分管领导或其他领导参与复查。

——居民“一户一表”客户

居民（含城镇和农村）“一户一表”客户的水表是农村水工抄表的，由在编职工的抄表员进行复查。没有农村水工的营业所，由在编职工抄表员交流抄表区块，实行交叉复查。每次复查客户数不少于当月抄见总数的1%。

——复查时间：各分支机构在抄表当月的12日至20日之间进行复查，复查中发现有少抄或多抄的水量，在当月营业MIS系统中调整。如在复查期间客户已缴费，则在次月抄表时调整，并向客户解释清楚。

抽查、监督　由机关职能部门，按考核要求，对各分支机构各类用户，每年进行不定期抽查、监督。抽查单位和居民总表不少于客户总数的2%，抽查居民一户一表不少于客户总数的0.5%（2008年8月底前为不少于0.1%），结果计入分支机构日常工作考核分。

抄表员交流　在编职工的抄表员在各分支机构内每三年交流一次抄表区块，农村水工的抄表区块适时进行调整。

三、售水管理

水表计量客户的水量核算　按抄表员抄见的水表计量数据核算水量

水表发生故障时的水量核算　当水表发生表停、跑快、跑慢、冻坏、烫坏、损坏、智能表发讯器损坏、电子单元故障、电能不足、数据传输失真等故障时，及时排除故障或更换新表，对本次抄表期的用水量根据不同对象按以下方法核定：

——按前三次抄表水量的平均值估算本次用水量；

——按上次抄表水量估算本次用水量（不适宜季节变化时期）；

——按去年同期抄表水量，估算本次用水量；

——智能表发生故障时以水表（基表）计值为准。

——在不满一个抄表周期内发现客户水表发生故障时：按以上四种方式之一估算出本抄表周期的用水量，除以抄表周期天数，再乘以发现水表故障的日期至上次抄表的天数即为水表故障前的用水量。故障水表更换或修复后，再加上本次抄表周期的读数，即为本次抄表期的客户总用水量。

无表计量客户的水量核算　对于在特殊情况下，特许临时的无表客户的用水，在准确记录用水时间时，按不同口径管道的流速值，核算水量。

违章用水客户的水量核算　发现违章用水户，及时阻止，并报区城市管理综合行政执法局（区城市管理综合执法大队或当地的执法中队），按省、市供水法规的有关规定，责令其停止违法行为，限期改正。在执法部门处以违章罚款的同时，按无表计量客户的水量核算办法依法核定违章用水量，追回水费。

追收水量的核定　追收水量水费，一是指在抄错表时发生少计少收的水量按实追收，二是当供水设施损坏造成水量流失时，按无表计量的核算水量办法依法追回水量水费。

减免水量的核定　因抄错表或水表故障未及时发现等原因，造成多抄了用户用水量和多收相应水费时，按复核要求和减免审批手续，按实给予减免。在减免时，不论是当月多抄多收，还是以前月份的都从当月的售水总量中减免水量，以免造成总体水量的不实。

无费水量的核定　无费水量指消防救火、消防演练和消防设施检查等目前不收费的用水量。以及在役管道的排污水量与不列入管道工程建设成本的管道冲洗水量。

其中，市政公用消火栓用水量需经消防部门核定，各单位内部消火栓的用水量，按消防专用水表计量确认。对市政绿化、环卫等经批准同意从消火栓处取水用水实行计量收费，如消火栓处无消防专用水表时，取水量按无表计量的水量核定方法计收。

工程用水量的核定　工程用水是指用于管道施工中的用水，主要是试压、冲洗管道、管道接口和换表等水的消耗。其用水量的多少按照管径大小、流速和用水时间计算。

阶梯式用水量的核定　阶梯式用水量按物价部门确定的居民生活用水不同阶梯水量分别进行核定。核定前要确保各抄表周期的抄表日在无特殊情况下做到固定不变。

水量的审核　售水量数据必须建立审核程序，对每具水表在开始计算水费之前，要对抄表的水量数据进行审核，判断是否符合其正常用量、有无异常，确认无误后方可进行下步的水费核算。

用水性质的核定　用水性质按物价部门确定的水价类别进行分类和统计。对个别一只水表内存在二种及以上不同用水性质的客户（混用水的客户），按下列措施之一明确该客户的用水性质：

——按供水法规的相关规定，要求客户按不同用水性质分别立表开户，分别抄表计费。

——如客户不愿按用水性质分别立表开户，可依据《城市供水价格管理办法》“第二十九条，混合用水应分表计量，未分表计量的从高适用水价”的规定，按照该客户的高档水价类别确定用水性质。

——对月用水量在3立方米以内的混用水客户，如不愿按上述两种方法之一确定用水性质的，可在签订供用水合同时，补充一条协议：核定该客户不同的用水性质按比例确定用水量，根据抄表总量，按用水性质的不同比例，分别计算水费，其中高档水价的用水量不低于总用水量的60%。

四、计量管理

——杭州余杭供水集团公司、杭州余杭水务有限公司在供水营业MIS系统建立水表信息档案，用计算机管理每一只水表的运行状态。确保查询方便、快捷、准确，并可对任意状态的水表进行分析与统计。

——正确核定客户水表规格，严防大表小流量。对DN40及以上的水表每个季度核查分析一次，发现大表小流量的现象在五个工作日内及时更换。

——实行水表需求计划管理，建立水表入库、检定、保管、维修、出库、退库和旧表回收利用等管理措施。及时规范做好水表的校验，确保新表的首检率为100%，回收后维修表的检定率100%，出库水表的正确率达100%。

——实行水表强制性检验，强检周期为（以2002年12月31日为起始日）：

居民一户一表（农村、城镇）均为六年；

DN50及以下水表，用水性质为工业用水的为两年，其余用水性质为四年；

DN50以上（不包括DN50）为两年；

消防专用水表（含各规格）为五年。

以上各规格的水表在检验周期内，如客户反映对计量有疑义或在日常检查中发现水表有表停、表快、表慢等异常现象时，应随时拆表送检。

——各分支机构对在运行的水表基本现状发生变化后（用户更名、改变用水性质、水表移位、改变水表口径、用户注销等）和对周期性换表及不定期拆表送检的换表信息，必须在换表后三个工作日内录入营业MIS系统或更改原相关水表信息。

——对水表（包括各类智能水表）运行的观察和检查，责任落实到人。做到维护好表箱的整洁，表箱内不得有杂物、蜘蛛，表箱外表要清洁，四周不能有杂物堆靠，发现水表异常情况，及时查明原因，及时报修或更换水表。

——落实专人管理流量仪，确保运行正常。做到每周抄见不少于一次，每月维护保养不少于一次，发现异常情况及时报维修中心检验维修。

——每年入冬前做好水表和流量仪的防冻保暖工作。通过宣传，落实客户与公司的各自职责，防止水表冻裂、冻破等事故的发生。

——对回收后经维修能循环使用的水表，由水表校验中心专业人员拆洗、清洗、维修和检定，报废水表由物资管理部门统一处理。

——水表配件（水表玻璃除外）实行以旧换新制度，一般情况下，不下发水表配件。

五、收费管理

（一）收费项目

杭州余杭供水集团公司、杭州余杭水务有限公司按照法规和有关部门的规定，主要收费项目为：

自来水费和污水处理费　按物价部门公布的标准执行。

违约金　按照《浙江省城市供水管理办法》规定的“按照合同约定对用户收取违约金”和《杭州市城市供水管理条例》规定的“用户接到水费通知单15日后，不缴纳水费的，按应缴纳水费额每日加收3‰的滞纳金。”

“城镇一户一表”改造费　按物价部门公布的标准执行。

供水管道建设费（供水工程建设资金）　根据国务院颁发的《城市供水条例》第十八条“城市新建、扩建、改建工程项目需要增加用水的，其工程项目总概算应当包括供水工程建设投资”。浙江省人民政府发布的《浙江省城市供水管理办法》第十六条：“城市新建、改建、扩建工程项目需要增加用水的，其工程项目总概算应当包括城市供水工

程建设投资。”杭州市人大常委会审议通过，经省人大常委会批准公布的《杭州市城市供水管理条例》第十七条：“城市新建、改建、扩建工程项目需要增加用水量的，其工程项目总投资应当包括必要承担的城市供水工程建设资金。”

收费标准：按照区委区政府专题会议的有关规定“关于供水管道建设费，区水务公司可参照杭州主城区的标准执行”。

图 4－54　水务营业窗口

赔偿费和自来水损耗费　根据《城市供水条例》第三十六条、《浙江省城市供水管理办法》第三十五条的有关规定，凡违反供水法规的规定，损坏供水设施，影响供水安全行为的，除由行政执法部门罚款外，“造成损失的，由责任方依法赔偿损失”，损失包括供水设施更新或维修费和自来水损耗费等。

工程建设费与违约金　按《工程建设合同》（或协议）协定的工程建设费和因违反合同相关约定而产生的违约金。

其他收费　按国务院和省、市供水法规规定的其他收费项目和经物价及上级政府与有关部门批准的其他收费项目与收费标准。

（二）水费管理

水价分类　详见第七篇第一章第一节“水价分类”。

客户缴费　客户在收到《水费交款通知单位》后，按照供用水合同的约定，在规定缴费日期前交清水费。

——缴费方式：单位用户，有银行托收（小额支付系统定期借记业务）、现金缴纳，也有部分银行代扣（个别个体工商户）以及直接打入公司账户。居民用户，可银行代扣或现金缴纳。自 2011 年 8 月起，单位和居民用户还可以通过支付宝缴费。

办理代扣的银行：

临平城区客户　余杭区农村商业（合作）银行、邮政储蓄银行、交通银行、建设银行、浦发银行、农业银行、工商银行。

其他地区客户办理代扣的银行　余杭区农村商业（合作）银行、邮政储蓄银行、交通银行、建设银行。

——违约金：未按规定时限交清水费的按照《浙江省城市供水管理办法》第四十条“未按合同约定缴纳水费的，责令其补缴所欠水费，并按合同约定支付违约金”和《杭州市城市供水管理条例》第四十条“用户接到水费通知单 15 日后不缴纳水费的，按应缴纳水费额每日加收 3‰的违约金”和《供用水合同》的缴费的规定执行。

——催费与拆表停水：在当月抄表送达《水费交款通知单》后十五天内客户未交费的，营业所在第十六天起向客户送达《催交水费款通知单》。同时，对欠款的客户，再进行电话通知，进行催缴。

在送达《催交水费款通知单》后十五天内，客户仍未交费的，再次送达《第二次催交水费款通知单》。同时，再电话通知到欠费客户，告知客户如逾期再不交水费，除按规定加收违约金外，将要实行停水措施。

在送达《第二次催缴水费款通知单》后十五天内，客户还是未交费的，对已书面催款二次以上的欠费客户，进一步查实原因，以确保欠费不是由公司方责任引起的。

经查实，因无正当理由或特殊原因不缴纳水费、并经催缴或协商无效的客户清单上报公司，公司在三个工作日内审批是否实施拆表停水措施。

经批准同意的拆表停水对象，上门张贴或送达《拆表停水公告》，公告上注明联系电话和投诉电话，接受客户的咨询和监督，同时还需电话通知客户再次催款。

对物业公司、房管部门管理的用水客户和居民（村）总表客户欠费的，在催交水费款的同时，及时通知社区居委会、村民委员会或街道办事处、镇乡人民政府，请他们给予支持，及时会同用水客户进行协商解决，做好缴费工作。各分支机构根据用水客户或有关部门的要求作为第三方参加协调会议，提供专业方面的参考意见，尽可能做到不拆表停水。

在张贴《拆表停水公告》七天后，客户仍未付清水费和违约金的，在电话通知客户的同时，进行拆表停水。并继续保持与客户的联系，希望客户尽快补交水费，恢复供水。

客户在缴清水费和违约金后，各分支机构在一般情况下 48 小时内给予复接水表，开通供水。

收费

——杭州余杭供水集团公司、杭州余杭水务有限公司对水费的计算和审核严格按照物价部门确定的用水类别和水价标准做到及时、正确。

——公司水费账户处理做到符合国家规定的财务政策和公司制定的财务管理制度。

——各分支机构回收的水费做到及时、足额上交，杜绝坐支、移作他用、账外循环和发生其他违法违纪违规行为。

——公司对各分支机构实行水费回收率考核：各分支机构当月客户缴费率确保在88%以上（次月查），月水费回收率确保在 92%以上，年回收率在 99.2%以上（2008 年 8 月之前为 99%以上）。按规定应加收的违约金需全部收取，要求减免的按规定进行审批，经同意后，按批准意见减免。公司与各分支机构历年水费回收率见附表 4－59、4－60。

2001 年—2007 年余杭区城乡一体化供水区域各区块水费回收率

表 4－59　　（杭州余杭供水集团公司时期）

年份	公司	各分支机构										
		临平	乔司	运河（城北）	塘栖	宏畔	仁和（獐山）	良渚	余杭	闲林	瓶窑	径山
2001	97.07	97.94	91.59	—	99.38	—	—	—	99.37	97.08	—	—
2002	99.60	99.67	99.10	—	99.70	—	100.00	—	99.90	99.95	99.63	—
2003	99.60	99.60	99.20	—	99.70	—	100.00	99.50	99.90	99.90	99.80	—
2004	99.34	99.45	99.11	—	99.27	—	99.45	99.19	98.89	99.93	99.53	—
2005	99.48	97.67	99.26	100.00	98.57	—	99.69	99.07	99.00	93.24	98.66	—
2006	99.58	99.50	99.62	99.83	99.62	—	99.99	99.72	99.56	99.94	99.73	99.85
2007	99.55	99.50	99.36	99.65	99.51	99.38	99.97	99.97	99.30	99.82	99.64	99.91

2008 年—2012 年余杭区城乡一体化供水区域各区块水费回收率

表 4－60　　（杭州余杭水务有限公司时期）

年份	公司	各分支机构											
		临平		乔司	运河	塘栖	崇贤	仁和	良渚	余杭	闲林	瓶窑	径山
		城北	城南										
2008	99.69%	99.36%		99.79%	100%	99.73%	99.73%	100%	99.94%	99.4%	99.82%	99.84%	99.99%
2009	99.89%	99.55%		99.71%	100%	99.81%	99.68%	100%	99.88%	99.50%	99.77%	99.93%	100.00%
2010	99.84%	99.85%		99.74%	100%	99.93%	99.6%	100%	99.94%	99.7%	99.94%	99.76%	99.92%
2011	99.8%	99.88%	99.64%	99.71%	100%	99.78%	99.78%	100%	99.93%	99.54%	99.66%	99.82%	100%
2012	99.79%	99.91%	99.73%	99.62%	100%	99.72%	99.69%	99.97%	99.79%	99.73%	99.85%	99.64%	99.75%

六、管网水（龙头水）管理

——水质监测中心和各水质监测室按照公司水质监测管理的相关规定对各监测点的管网水、龙头水的监测项目和频次进行认真及时的检测，做到不漏检一项、不少检一次、不检错一次。同时，水质监测中心做好管网水每月全分析工作。

——各水质监测室在供水范围（含水质监测中心承担的范围）内对监测点外的其他管网末梢水、入住率低用水量小的新建住宅小区、使用年限较久未改造的老管网区、曾经停水降压过的供水区域及较长时间不用水后恢复用水的住宅户前的管网水和龙头水，根据本地的实际，按上述项目标准，因地制宜进行不定期抽样检测。

——上述两项的检测结果如有异常或超标，立即重复取样测定，当监测连续超标时，水质监测中心会同相关分支机构、营业服务部门查明原因，迅速采取有效措施整改。

——新建管道必须经冲洗消毒、水质经检验合格后才能投入运行进行供水。

——已建管网在排污前后，都必须经水质检验。管道排污应在水质发生有疑义，经化验需要排污时进行排污，并在排污过程中不定时进行水质检验，当水质符合标准时，及时中止排污。

——管道冲洗或排污时间一般避开当天的用水高峰时段，避免大水量的流动影响周边管网水质的变化。同时，避免用水高峰时的停水或降压供水，以确保客户用水。

——在管网抢修和换表时，将沟槽或表井内的积水排放干净，防止积水进入管道而污染水质。

——监督和制止用水企业内部管网擅自与公司供水管网相连接，避免低质水（企业自备水）和杜绝有害有毒水（或气体）流入公司供水管网，导致水质事故的发生。

——凡开启、关闭阀门而使水流方向改变或改变供水区域时，由公司生产运行部门统一调度，并提前通知水质监测中心，水质监测中心应对此造成水质变化的可能进行分析。同时，及时通知相关水质监测室，增加对该区域水质进行监测，根据监测结果，提出处理意见。

——对龙头水的检测，各水质监测室按各检测范围内对每个行政村（设 2 个采样点）社区（设 1 个采样点）龙头水的浊度、余氯、色度进行每月一次的日常监测。

——龙头水采样点的设置做到有代表性，并根据水质变化或客户要求及时调整采样点和采样时间，使龙头水的样本能及时、有效反映水质实情。

——当了解客户对水质有意见或直接投诉时，相关水质监测室在第一时间赶赴现场采水样，及时进行水质监测。

——客户反映或投诉的水质问题，以热情、耐心、诚恳的态度和实事求是的作风分析和排查原因。及时与客户沟通，按公司和客户的各自责任，提出整改意见，属公司责任的，尽快落实好整改措施。

——管网水质污染应急管理，设立三级预案，实行分级管理：

一级预警　管网水受到轻度污染，即：水中出现异味，主要感观指标超过标准；区域用户集中反映水质问题人数在 3 人以下（含 3 人）。

二级预警　管网水受到中度污染，即水中出现异味较重，主要感观理化指标超过标准，区域用户集中反映水质问题人数在 3 人以上、10 人以下的。

三级预警　管网水受生物、化学、毒剂、病毒、油污、放射性物质等污染，区域用户集中反映水质问题人数在 10 人以上，并由供水造成传染性疾病的发生。

预警等级由公司管网水质领导小组确定，由水质监测小组在公司内网发布预警等级通知，并利用公司短信平台以短信息形式发送至公司中层以上干部和分支机构中层负责人。预警发布后，严格按预防水质污染和不同等级预警的工作程序进行管理，各部门按照各自的职责认真开展工作。

七、产销差率（管网漏损率）管理

图 4－55　管道查漏

产销差率和管网漏损率是衡量供水企业管理水平高低的重要标志之一，降低产销差率（管网漏损率）是提高公司经济效益的一项十分重要的措施。公司产销差率（管网漏损率）的计算公式为：产销差率＝（供水量－售水量）÷供水量×100%，管网漏损率＝〔供水量－（售水量＋新建管道冲洗水量＋运行管道排污水量＋消防水量）〕÷供水量×100%。影响产销差率（管网漏损率）高低的因素很多，是一项综合管理项目，涉及供水管网、供水附属设施、检漏、计量、抄表、收费、客户管理、管道施工和生产调度等方面。公司通过对各部门的协调，各岗位的配合，建立了产销差率三级（公司职能部门、分支机构营业所、责任人）目标管理责任制，并实施多项综合措施后，使公司的产销差率逐年下降，由 2003 年的 25.8%下降到 2012 年的 18.06%（管网漏损率为 16.83%），平均每年降低 0.86 个百分点（详见附表 4－61、4－62）。

为降低产销差率和管网漏损率，公司职能部门和各分支机构齐心协力抓重点环节，其中，在生产管理方面各部门围绕出厂计量和生产调度两个主要环节，在售水管理方面围绕抄表收费、查堵违章违规用水两个主要环节，在管网管理方面围绕巡查检漏和漏水抢修两个主要环节，在管网建设方面围绕选用优质管材和确保工程质量两个主要环节等，通过及时排查原因，因地制宜落实整改措施，使产销差率和管网漏损率得到逐年下降，主要措施有：

——各分支机构按照供水管网的管理区域，落实责任人，加强对供水管网及附属设施的巡查和维护工作，及时发现管道漏水或存在漏水的隐患现象，及时发现影响管网安全运行的违章和违规行为，做到及时妥善处理。

图 4－56　管道抢修

——及时做好管道及附属设施的抢修工作，在公司抢修内控标准内尽最大努力缩短抢修时间，减少管道爆裂的流水量。

——确保管道的施工质量符合技术要求，防止通水后因管道沉降、接口松动、基槽开挖较浅、支墩后背土质松动、阀门井沉降压坏管道、管道防腐措施不当、管道底部不平整、回填密实度达不到要求等原因造成漏水。

——对年久失修、腐蚀老化、破损严重

和管材质差的老管道逐步进行改造，避免出现“滴、漏、跑、冒”等漏水现象。

——确保新购管材及附属设施材料的质量，保证安全供水和防止水质二次污染。

——加强现场监督，防止供电、电信、通信、建筑、燃气、排污、水利等部门在供水管道附近挖土或其他施工时，影响供水管道的安全。

——规范、正确、按时抄表收费，杜绝漏抄、少抄和估表现象。对各单位水表和居民生活用水的水表的抄见正确率要达到100%，并不断提高抄见月的水费回收率和违约金收缴率。

——加强计量管理，减少计量误差。一是确保在线水表正常运行，按规定做好强检；二是确保水表和流量仪的稳定运行，精确度达到产品出厂标准；三是确保水表口径的配置和水表的安装符合技术规范的要求，避免大表小流量。尤其是用水大户和各单位的水表计量要确保正确。

——控制无费水量。市政绿化、环卫等用水发生未收费的及时与有关部门联系，定点安装计量水表，定时收费。

——加强日常巡查，发现在公共消火栓取水、在水表前私自安装水管偷水和破坏供水设施等违章用水与违规行为，做到及时阻止，在报行政执法部门查处的同时，依法及时追回损失的水量。

——加强科学用水的宣传，减少客户水表后的滴、漏现象。

——提高管网巡查、检漏、抢修、施工和抄表、收费、计量、物资等有关岗位工作人员的责任感和业务素质，切实承担起各自的责任，共同努力降低管网漏损率与产销差率。

——管道冲洗和排污前后必须进行水质化验，在保证管网水质的前提下，也不能无序冲洗、排污，造成自来水的浪费。管网冲洗排污与消防等无费水量，按规定实事求是地及时申报核定。

——科学合理调度生产，使供水的流量和压力，在合理的经营范围内既保证城乡经济社会发展和人民生活的用水需要，又保证供水管网的合理和安全运行。

——加强管网基础资料管理，健全管网台账、完善管网档案、建立漏水档案，提高管网工程资料现状图的利用率。

——落实责任，常抓不懈。凡影响管网漏损率与产销差率的各有关岗位和责任人的职责都要列入考核和监督，增强管理责任。

2003年—2007年余杭区城乡一体化供水区域产销差率和管网漏损率

表4－61　　（杭州余杭供水集团公司时期）　　单位：%

年份	项　目	合计	分支机构										
			临平	乔司	运河（城北）	塘栖	宏畔	仁和（獐山）	良渚	余杭	闲林	瓶窑	径山
2003	产销差率	25.80	24.10		—	28.70	—	25.80	63.30	27.90	16.50	30.50	—
	管网漏损率	（未计）	—		—	—	—	—	—	—	—	—	—
2004	产销差率	24.27	22.30		—	12.56	—	16.04	32.87	26.62	20.03	17.53	—
	管网漏损率	22.87	22.03		—	10.61	—	12.23	24.47	26.01	19.55	16.70	—
2005	产销差率	21.66	16.34	8.37	—	12.96	—	14.50	25.73	22.74	18.20	15.20	—
	管网漏损率	19.80	16.12	8.22	—	9.76	—	12.07	21.42	21.48	17.60	14.12	—
2006	产销差率	19.56	14.23	5.68	5.00	9.36	9.36	10.21	18.91	21.68	17.03	11.40	—
	管网漏损率	18.20	13.22	5.18	4.86	8.62	8.62	9.08	18.15	19.10	16.91	11.01	—
2007	产销差率	18.14	5.87	4.15	4.27	14.72	15.62	8.81	16.75	21.82	15.36	11.17	5.74
	管网漏损率	17.39	5.61	3.57	4.22	14.16	15.59	7.71	16.22	19.70	15.01	10.21	4.99

2008年—2012年余杭区城乡一体化供水区域产销差率和管网漏损率

表4－62　　（杭州余杭水务有限公司时期）　　单位：%

年份	项目	合计	分支机构										
			城南城北	乔司	运河	塘栖	崇贤	仁和	良渚	余杭	闲林	瓶窑	径山
2008	产销差率	17.67	11.58	5.05	3.00	12.30	5.89	9.63	17.73	23.80	16.65	10.98	11.40
	管网漏损率	16.69	10.94	4.60	2.96	11.92	5.81	8.84	16.80	21.46	14.96	10.81	9.36
2009	产销差率	18.79	11.38	5.10	2.84	12.32	11.46	9.30	15.95	20.36	15.79	10.71	11.06
	管网漏损率	16.95	11.58	4.36	2.25	10.99	10.49	8.44	15.03	19.38	13.85	10.09	9.07
2010	产销差率	18.48	14.47	5.05	1.99	11.62	9.30	9.23	15.96	21.14	16.41	10.44	9.50
	管网漏损率	16.89	12.72	3.88	1.96	10.60	9.19	7.65	15.06	19.33	15.35	10.02	9.18
2011	产销差率	19.88	16.45	6.29	3.11	10.97	9.96	10.96	15.91	19.37	14.28	10.25	8.38
	管网漏损率	17.97	15.05	4.43	1.98	10.50	9.05	8.86	15.18	17.92	12.29	9.90	8.09
2012	产销差率	18.06	19.76	7.41	12.03	21.37	28.79	16.97	14.88	21.25	16.10	22.19	19.00
	管网漏损率	16.83	19.39	5.45	11.90	20.17	28.59	15.61	14.23	17.86	14.05	21.45	16.33

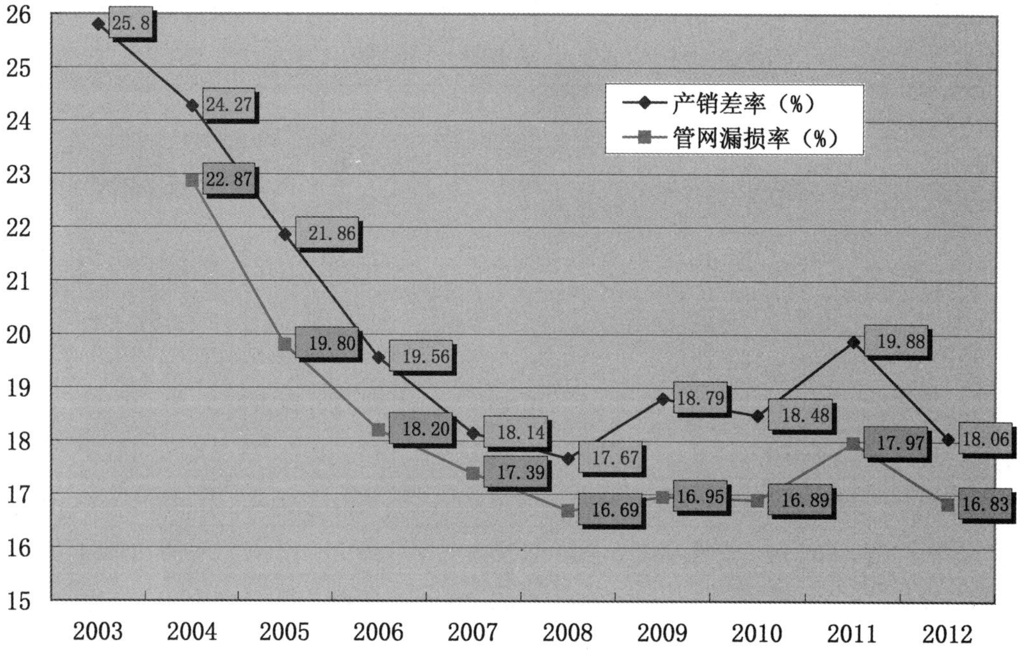

图 4-57　2003 年—2012 年余杭区城乡一体化供水区域产销差率和管网漏损率统计图

八、管网管理

管网管理包括管网养护维护管理、供水管道事故处理、大口径管道事故抢修、供水管网安装与设备维护管理等。

——各分支机构每年对上一年供水管网及附属设施的废弃、新建、改造、移位等情况和资料进行及时补充、修改和调整，正确标注在地形图电子文档和管网示意图上，以利日常管网管理。

——不断完善供水管网竣工资料，规范建档，确保完好无损。对不同口径、不同质材管道的长度、不同附属设备的名称、规格、数量及生产厂家和管道敷设与附属设施安装的时间、地点均有明细的台账。

——各分支机构落实专人对本供水范围内的管网进行认真巡查，确保管网安全运行。对 DN1000 及以上的管网每周巡查不少于 1 次，DN800 ~ DN900 的管网每月巡查不少于 3 次，DN400 ~ DN600 的管网每月巡查不少于 2 次，DN200 ~ DN300 的管网每月巡查不少于 1 次，小于 DN200 的管网由抄表员兼职巡查。

通过管网巡查，及时发现并阻止影响管网安全运行的违章建筑、管线附近有无影响管网安全的施工行为、有无新的高土堆积等违规现象和违法行为。通过及时采取有效措施，把问题处理在萌芽阶段，以减轻损失。同时，在巡查中仔细查找管网及附属设施是否有损坏或漏水，尤其是明漏现象，及时得到处理。

——加强管道检漏工作。2001 年 12 月，杭州余杭供水集团公司建立水表校验（管网检漏）中心，承担公司水表的校验、维护和供水管网的检漏工作。2003 年 2 月，管网检漏职能由水表校验中心划入供水管道安装维修中心，该中心更名为供水管道安装维修检漏中心。2006年1月，在供水管理安装维修检漏中心的基础上，成立杭州余杭供水集团公司管道安装分公司，2007年12月，更名为水务设施安装分公司筹建组。2008年3月正式成立杭州余杭水务有限公司水务设施安装分公司，检漏范围扩大到供水管网和污水管网。

检漏频率为：大于或等于DN600的管道每季度检漏不少于一次，其他管道每半年检漏不少于一次。

2004年起供水管网检漏由在编职工严鲲停薪组建检漏队，经营公司的管网检漏工作。自2004年至2012年间，在城乡一体化供水区域每年检查到不同口径管道的漏点有246－579处，每小时年漏水量在537.2～1229.9立方米之间。历年查到不同口径管网漏点和漏水量见附表4－63、4－64。

——对新敷设的管道必须进行彻底的冲洗消毒，对已运行的管网根据水质情况、季节变化和用户的反映，按对管网水管理的要求，对该排污的运行管网及时进行排污，管道冲洗和排污过程中适时进行水质检验，检验水质合格后方能正常供水。

——管网及附属设施养护做到定时、适时和有效。实行专人负责管理，对管桥和裸露地表的管道及阀门等易腐蚀的设备按规定进行清洗和油漆，确保阀门井盖、水表箱、消火栓等设备完好，在冬季对易冻设备和裸露管道及时做好防冻保暖措施，确保供水正常运行。

——发生管道事故后，按照爆管、泄漏的供水管道口径大小、地理位置和事故发生的严重程度，按公司、分公司、工程科三级供水管道抢修指挥组、职责及时开展抢修。

抢修人员到达现场时间　各规格的供水管道发生漏水或爆管等情况时，在接到报告后：城区白天在15分钟以内，晚上在30分钟以内；农村白天在30分钟以内，晚上在60分钟以内赶到现场。

爆裂、泄漏管道止水时间　抢修保障小组人员或抢修人员到达现场后，对各类管道的止水时间不能超过30分钟，特殊地段不能超过60分钟。

管道抢修通水时间　DN500及以上管道抢修通水时间不超过24小时；DN100以上至DN500以下管道抢修通水时间不超过18小时；DN100及以下管道抢修通水时间不超过12小时。

2004 年—2007 年余杭区城乡一体化供水区域供水管网检漏概况

表 4－63　（杭州余杭供水集团公司时期）

管径	2004 年		2005 年		2006 年		2007 年	
	漏点（个）	漏水量（m^3/h）	漏点（个）	漏水量（m^3/h）	漏点（个）	漏水量（m^3/h）	漏点（个）	漏水量（m^3/h）
DN1400	0	0	1	2	0	0	0	0
DN1000	0	0	0	0	2	20	1	16
DN800	3	3.5	0	0	8	48	0	0
DN600	1	1.5	6	115	2	14.6	1	15.5
DN500	1	2	1	50	2	16	0	0
DN400	11	23.1	17	61	23	50.6	10	35
DN300	14	78.1	22	63	26	66.7	20	56
DN250	2	0.9	0	0	5	12.5	0	0
DN200	55	93.8	59	108	64	121.6	37	69.6
DN150	24	35.2	40	95	31	53.3	16	32.4
DN100	100	337	80	190	111	244.2	86	238.5
DN80	1	4	1	5	3	9.6	3	14.6
DM50	39	35.3	25	15	72	66.3	46	48.3
DN40	12	3.3	4	1.7	6	2.4	7	4.2
DN25	19	5.4	1	0.5	16	10.6	4	3.2
DN20	2	0.4	4	0.7	7	1.4	8	1.8
DN15	4	1.1	6	1.4	15	3.7	7	2.1
合计	288	624.6	267	708.3	393	741.5	246	537.2

2008年—2012年余杭区城乡一体化供水区域供水管网检漏概况

表4－64　（杭州余杭水务有限公司时期）

管径	2008年		2009年		2010年		2011年		2012年	
	漏点（个）	漏水量（m^3/h）	漏点（个）	漏水量（m^3/h）	漏点（个）	漏水量（m^3/h）	漏点（个）	漏水量（m^3/h）	漏点（个）	漏水量（m^3/h）
DN1400	—	—	—	—	1	0	—	—	1	0
DN1200	—	—	—	—	3	0	1	0	1	0
DN1000	1	10	2	20	3	5	—	—	1	10
DN800	3	18	4	32	8	50	8	43	13	81
DN600	4	22	3	22	16	31	6	27	9	23
DN500	2	4.5	3	24	—	—	2	15	2	5
DN400	7	15.7	8	32	15	31	10	22	20	97.5
DN300	25	64.2	22	94.5	40	134.5	47	161.2	41	113
DN250	—	—	1	5	—	—	—	—	—	—
DN200	53	186.7	64	259	44	100	62	153.5	43	139.7
DN150	25	43.1	25	66.3	29	102.5	26	106	23	45.7
DN100	171	239.7	183	418.3	229	328.1	246	372.9	173	251.7
DN80	7	10.7	3	5	5	3.2	7	7.5	6	10
DN65	—	—	2	6	1	0.5	1	0.5	—	—
DM50	71	79.2	77	73.6	101	152.2	109	268.5	72	88.6
DN40	4	3	5	9	4	6.3	11	13.3	10	12.5
DN32	—	—	—	—	2	3.5	—	—	—	—
DN25	14	9.3	21	14.5	27	28.7	39	35.3	34	32.4
DN20	8	5.2	15	11.8	—	—	—	—	7	2.5
DN15	4	2.4	11	5.4	9	3.9	4	4.5	4	2.5
合计	399	713.7	449	1098.4	537	980.4	579	1229.9	460	915.1

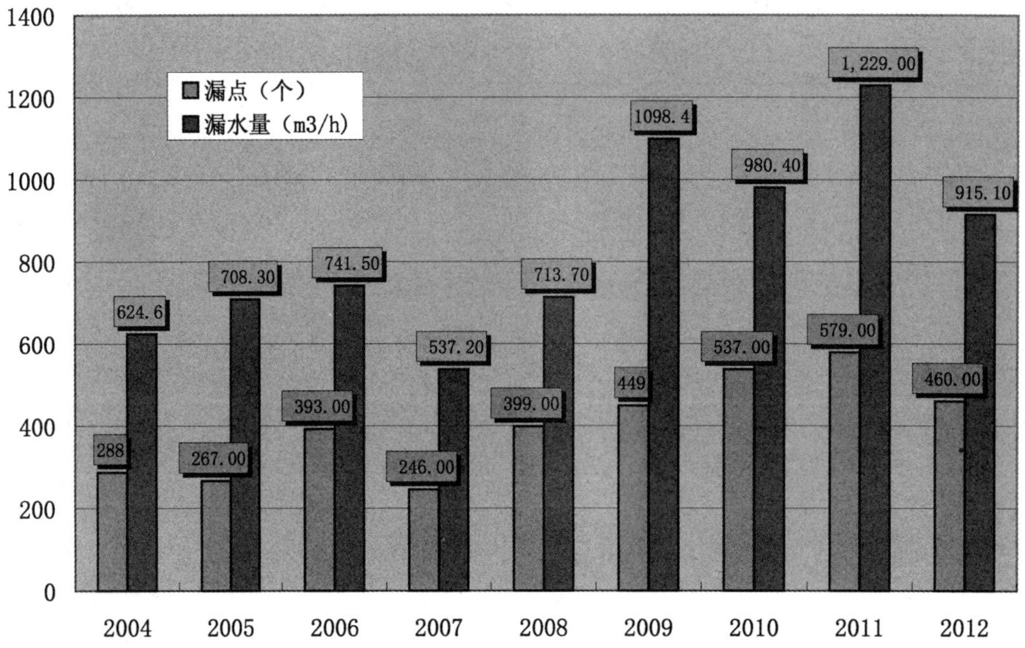

图 4－58　2004 年—2012 年余杭区城乡一体化供水区域管网检漏统计图

第四节　供水秩序

一、内部稽查

杭州余杭供水集团公司、杭州余杭水务有限公司为加强供水管理，制定并实施《供水管理实施细则（办法）》和其他有关供水管理方面的相关制度（办法、规定、细则、意见、预案），促使供水营销、供水服务和供水管网建设维护工作有序规范开展，不断提升公司供水管理水平和管理效益，并自 2006 年 10 月开始实施内部供水管理稽查。

1. 稽查目的

——促进及时、规范、全面地落实《供水管理实施细则（办法）》及其他相关供水管理的各项管理制度；

——进一步明确供水管理的各项标准与实施措施；

——及时发现不符合供水管理要求的违规现象；

——实时督促整改日常供水管理中存在的问题；

——总结供水管理工作经验，为完善供水管理实施细则（办法）提供依据；

——增强供水工作岗位员工的工作责任性和紧迫感；

——推进公司机关工作人员深入基层调查研究，弘扬实事求是的工作作风；

——全面检查与考核分支机构全年供水管理工作的实绩；

——体现公开监督、公平管理、公正评价的供水管理机制；

——为分支机构建立和完善内部管理与考核机制提供平台。

2．稽查范围

——《供水管理实施细则》的全部管理项目列入稽查范围；

——公司相关制度中涉及供水管理部分的执行落实情况也列入稽查范围：《行风建设和行风评议制度》《财务管理制度》《水质监测管理规定》《物资管理制度》及《编外制人员工资奖金、福利待遇标准》。2006年10月至2008年7月稽查范围还包括：《基建物资管理制度》《基建财务收支规定》《编外用工管理暂行办法》等。

——涉及供水管理的各有关预案和其他相关制度，其实施情况也列入稽查范围。

——公司经修改或新制订涉及供水管理的制度也列入稽查范围。

——客户投诉、举报或批评涉及供水服务的相关事项，同时列入稽查范围。

3．稽查部门

——稽查工作主要由营业服务部（供水科）负责实施。

——稽查项目中涉及其他职能部门（财务、人力资源、水质监测、物资管理、规划审计）的由相关部门进行稽查。如遇机关部门设置调整，由承担调整前部门职能的相关部门负责稽查。

——稽查中发现有违法违纪的嫌疑问题或收到有违法违纪的举报与投诉时，移交公司组织部门或公司纪委查处。

4．稽查形式

按照供水管理、供水服务和管网维修等方面各项制度的不同要求，实行定期或不定期的稽查，稽查形式为：

——在供水管理信息系统中检查；

——到现场实地抽查；

——收到报告、投诉与举报后及时核查；

——分支机构到公司报账、报工程预决算、报相关报表与资料时，对照稽查范围内各相关制度的落实情况进行检查；

——其他有利于落实供水管理制度的稽查方法。

5．稽查项目和计分标准

——公司已制定并已在实施的有关供水管理的各项制度，按稽查项目与计分标准进行稽查和计分。

——今后修订或新制订的有关供水管理各项制度，按新的要求列出稽查项目进行稽查，计分标准参照相关项目进行计分。

——稽查项目中每一项的扣分值，均是扣被稽查的分支机构。扣分项目中涉及的责任人除违法违纪行为及影响公司全局的事件由公司直接查处外，其他均由各相关分支机构按内部管理和考核机制进行处理。

6．稽查次数和要求

——凡已列入稽查的各个项目，各相关职能部门对各分支机构每年稽查不少于两次，对当年公司供水管理的重点工作、影响供水管理的重点稽查项目和供水管理薄弱环节的稽查项目每季度稽查不少于一次。

——对公司修改或新制定的有关供水管理的制度，按要求对落实情况及时进行稽查。

——在稽查中发现的问题，在限定整改期（最长不超过一个月）后进行复查，一直查到符合要求为止。如不及时复查，追查稽查部门的责任。

——稽查次数和稽查质量列入机关相关职能部门年度目标责任制的考核内容。各稽查项目有否按要求稽查过，以在内网上每次公布的稽查编号为准。

——每月的稽查实绩由相关部门于次月 8 日前上报人力资源部（2008 年 7 月以前，在次月 10 日前报组织人事科），经核准并汇总后每月在内网上公布。

7. 稽查结果的处置与应用

——公开稽查实绩，推进供水管理。在稽查中发现不符合公司供水管理要求的扣分项目，在公司内网上公示，稽查结果接受公众监督，并以此督促及时整改。同时，通过公示，各部门之间可以取长补短，相互借鉴，使供水管理各项制度能及时落实和有序推进。对个别暂不宜公示的稽查结果，以书面形式通知被稽查部门。

——被稽查部门对稽查结果如有疑义的，可以在公示或收到书面通知后的五个工作日内向稽查部门提出咨询或要求进一步核查。稽查部门接到咨询后在三个工作日内做出解释，如需进一步调查的在七个工作日内再次调查核准，需更正的在再次调查后的三个工作日内先电话通知相关分支机构，然后在次月公布稽查结果的同时公布上月的更正结果。

——被稽查部门对扣分项目必须在稽查后一个月内及时认真整改，并符合要求。如一个月后，再次稽查仍不符合规定，实行加倍扣分。

——每次公布的扣分数（包括加倍扣分数），实行全年累计，与全年目标责任制考核挂钩，挂钩办法一年一定。

8. 稽查结果

在余杭区城乡一体化供水区域内，通过 2007 年至 2012 年的供水稽查基本达到了开展供水稽查的目的要求，供水管理逐年规范，供水服务不断提升。自 2008 年开始，经稽查扣分的项目逐年减少（其中，2011 年增加），由 2007 年的 38 项减少到 2012 年的 16 项，扣分次数由 2007 年的 215 次减少到 2012 年的 68 次，年均扣分 137.4 次。年扣分值从 2009 年开始逐年减少（其中，2011 年增加），由 2008 年扣 52.99 分，减少到 2012 年有 9.25 分（其中，2010 年扣分最少为 3.88 分），年均扣分 21.32 分。在杭州余杭供水集团公司、杭州余杭水务有限公司各分支机构中，仍存在供水管理质量不平衡，部分年度间管理不稳定现状，稽查结果反映，稽查后年均扣分次数最少的分支机构只有 5.8 次（运河），年均扣分次数多的分支机构有 24.3 次（余杭）（详见附表 4－65）。

表 4-65　　2007 年—2012 年余杭区城乡一体化供水区域供水管理稽查情况

分支机构	2007 年			2008 年			2009 年			2010 年			2011 年			2012 年			合　计			年平均	
	扣分项目（个）	扣分次数（次）	累计扣分（分）	扣分项目（个）	扣分次数（次）	累计扣分（分）	扣分项目（个）	扣分次数（次）	累计扣分（分）	扣分项目（个）	扣分次数（次）	累计扣分（分）	扣分项目（个）	扣分次数（次）	累计扣分（分）	扣分项目（个）	扣分次数（次）	累计扣分（分）	扣分项目（个）	扣分次数（次）	累计扣分（分）	扣分次数	年均扣分
临平 城南	13	29	5.68	14	20	33.27	12	24	2.63	4	15	0.51	7	8	3.18	5	6	0.9	26	120	47.45	20	7.91
临平 城北													7	10	0.8	5	8	0.48					
乔司	13	19	2	20	27	5.42	7	17	1.24	3	3	0.14	2	7	0.14	2	2	0.16	19	75	9.1	12.5	1.52
运河	10	13	0.42	6	6	0.62	6	8	0.49	1	1	0.02	3	3	0.13	3	4	0.64	16	35	2.32	5.8	0.39
塘栖	11	18	1.72	12	12	2.44	9	18	1.6	4	5	0.13	3	5	0.44	2	3	2.19					
宏畔	18	27	3.45	10	14	1.32	13	20	2.62	5	8	1.67	—	—	—	—	—	—	32	153	17.82	25.5	2.97
崇贤	—	—	—	—	—	—	—	—	—	—	—	—	5	17	2.04	6	6	0.2					
仁和	13	14	0.88	12	14	1.5	9	17	1.6	5	6	0.12	4	7	0.78	7	8	4.31	25	66	9.19	11	1.53
良渚	10	14	0.52	8	10	0.85	10	21	0.98	5	9	0.33	3	12	0.19	5	12	0.57	20	78	3.44	13	0.57
余杭	21	37	5.12	25	42	5.63	12	24	2.25	5	18	0.64	7	12	12.6	7	13	1.63	34	146	27.87	24.3	4.65
闲林	14	19	1.96	9	12	0.49	5	8	0.65	3	7	0.1	7	12	2.19	1	2	0.02	22	60	5.41	10	0.9
瓶窑	10	15	1.14	9	9	0.65	6	13	1.12	4	4	0.18	3	7	0.37	2	2	0.12	19	50	3.58	8.3	0.6
径山	7	10	0.22	10	14	0.8	5	11	0.55	3	3	0.04	1	2	0.02	2	2	0.03	12	42	1.66	7	0.28
合计	38	215	23.11	27	180	52.99	24	181	15.73	13	79	3.88	16	102	22.88	16	68	9.25	56	825	127.84	137.4	21.32

注：合计栏扣分项目个数不包括各分支机构间相同的扣分项目

二、社会报告、举报

杭州余杭供水集团公司、杭州余杭水务有限公司为激励市民关心供水设施，关注供用水管理，关爱供水员工、确保供水设施的安全运行和杜绝供水职工违纪违规行为的发生，自2005年7月15日起向社会推行了《报告供水设施损坏和举报违章用水、违纪行为奖励办法》，热忱欢迎广大市民在发现供水设施有损坏时给予及时报告、发现有偷水行为和供水职工发生违纪违规行为时给予及时举报，通过供用水双方共同维护供水秩序、健全供水管理、树立供水新形象、确保城乡居民的正常用水。

1．报告和举报范围

凡在全区城乡一体化供水区域范围内，发现并查实有下列现象和行为的第一位报告或举报人（以受理时间为准）给予奖励：

发现公共供水管道漏水或在管道地面有冒水现象的；

发现公共供水管道的附属设备如阀门、阀门井盖、水表箱、消火栓等损坏的；

发现未经本公司批准，擅自在公共供水管道及附属设施上打孔和接管道用水的；

发现绕越本公司计量水表，无表用水的；

发现在供水管道上直接装泵抽水的；

发现私自拆除、伪造或开启本公司加封在用水计量装置的封印用水的；

发现私自改装、损坏、倒装用水计量装置，使其少计量或不计量用水的；

发现擅自将自建供水管网系统与公共供水管道系统连接的；

发现非火警需要，擅自启用市政公共消火栓取水，用于绿化浇水、冲洗马路或生产、生活用水的；

发现未经批准，擅自使用单位内部消火栓用于与消防无关活动的；

发现未经批准，擅自向其他单位和个人转供水的；

发现隐瞒或擅自改变用水性质，不按物价部门规定的用水类别支付水费的；

发现用其他方式盗用自来水行为的；

发现本公司职工在为客户服务中行为不文明、操作野蛮、态度恶劣、损坏客户利益的；

发现本公司职工在为客户抄表、收费、安装、抢修、查漏及志愿服务中有“吃、拿、卡、要、报”等违规违纪行为的；

发现其他不符合国家有关供水方面法律法规规定的现象和有损供水企业形象的行为。

2．报告和举报方法

报告或举报人可以采用电话、信函、传真、文件、面谈或认为合适的其他方法向本公司报告或举报。

报告或举报内容尽可能反映以下现状：管道漏水或管道设备损坏的具体地点、目前现状和严重程度；描述违章用水的具体地点、现状和违章人员的姓名、单位及地点；描述本公司职工违纪、违规行为的表现，深入调查的线索和提供有关证据；提供报告或举报人的真实姓名、住址、联系电话或其他有效通信方式，以备查询或回复意见；对不愿表明身份的，应尊重其志愿；对举报人认为不便在电话中留下姓名的，您可以选用自己认为方便或安全的方法与本公司联系；用书面形式举报的字迹要清晰、时间要及时。

该公司对举报人的举报行为严格履行保密规定，以保护举报人的合法权益。若该公司有关人员泄露举报人情况，致使举报人受到报复或其他损害的，该公司将对有关人员给予严肃处理。

3．报告和举报查处

接到供水管道漏损报告或违章用水举报后，水务（供水）热线或营业服务管理部门，按公司有关操作规范将信息转至有关部门或责任人，在限定时间（城区范围内不超过半小时，农村不超过1小时）内到达现场，及时调查处置，调查和处置情况按水务热线操作规范反馈。

接到对该公司职工违规违纪行为举报后，水务热线或直接收到举报的部门与个人，要在当天将举报材料转送到人事管理部门或公司纪委，一般问题在三个工作日内查处，特殊问题待性质而定。

水务热线或有关人员接到同一事件的重复报告或举报时，如没有新的内容或线索，明确告诉报告或举报人，说明该问题在什么时候已接到报告或举报，正在落实处置之中，并对其的报告或举报行为，表示感谢。

各分支机构直接接到的报告或举报，立即与水务热线联系，同时报营业服务管理部门或人事管理部，以便确定第一报告（举报）人。并及时按上述规范进行核实和查处。

各分支机构和有关责任人，在核实和查处报告或举报事件时，认真查清发生事件的原因，是人为破坏有意造成，还是管理不善及其他原因而发生的。

水务热线或分支机构接到的报告或举报，均由水务热线在客户服务热线系统进行受理，并按规定程序进行审核。

4．奖励标准

——对报告供水管道跑、冒、滴、漏现象或爆管等其他意外事故的，经查实后根据管径大小，按以下标准给予奖励：供水管道口径在DN300（含）以下的，每次奖励50元；供水管道口径在DN400（含）～DN800（含）之间，每次奖励100元；供水管道口径在DN1000（含）以上的，每次奖励200元。

——对报告公共供水管道附属设备（不包括水表）损坏的，每次奖励30元。

——对举报各类违章用水，经查属实的，根据举报内容的翔实情况，按该案挽回追缴水费金额的5%～10%给予奖励，最高奖励一般不超过2000元，特殊贡献的另定。

——对举报公司职工违规违纪行为的，经查实，根据性质严重程度，按对违规违纪职工处罚金额的10%～20%给予举报人奖励，举报严重违纪行为的给予重奖，奖金另定。

5．该公司职工报告和举报奖励标准

该公司以下人员报告供水设施漏损或举报违章用水行为，属本职工作，不列入奖励对象：公司助理及以上全体干部，在公司范围内任何一个地点发现以上任何一个问题都必须及时报告或举报，在职责范围内的必须及时查处；各营业所和工程科负责人在该营业所范围或本安装维修范围内报告或举报以上问题，不列入奖励对象；抄表（催费）员、查漏员、管线（水表）巡查人员和施工（抢修）人员在本人工作范围内报告或举报以上问题，不列入奖励对象。

该公司职工（不含上述人员）不在本人工作岗位与职责范围内报告供水设施漏损或举报违章用水行为的，按上述标准减半奖励。

该公司全体干部、职工举报他人违纪、违规行为的，按上述标准全额奖励。

6．奖励对象的确认

——第一位报告或举报人的确认：以水务热线（含分支机构）受理时间或来信、来函接收时间和来人的接待时间为准。

——报告供水设施漏损或举报违章用水行为，由公司营业服务管理部门会同有关分支机构核实。

——举报本公司职工违规违纪行为，由公司人事管理部门配合公司纪委核实。

——经核实后的拟奖励对象和奖励金额，报公司批准后发放。

7．领奖办法

——经公司批准的奖励对象，由水务热线（必要时由营业服务管理部门或人事管理部门）通知报告（举报）人前来领取并登记，必要时上门送达。

——报告或举报人接到通知后到公司财务部或各分支机构办公室领奖。领奖有效期自通知之日起一个月内，特殊情况例外。

——按国家规定，获奖人应缴的奖金所得税由获奖人自行到税务部门缴纳。

自 2005 年 7 月推出报告（举报）奖励措施以来，得到广大市民的积极响应，至 2012 年 12 月，共接到群众报告（举报）2215 次（包括余杭区城建 110 转报 365 次）。按奖励标准相关规定，符合奖励的报告有 419 次，奖励金额共计 19775 元，平均每次报告奖励 47.2 元，最多的一次 200 元，最少的一次 30 元。虽然奖金不多，但对维护供水正常运行，尤其减少管网漏损和节约用水发挥了积极作用。2005 年至 2012 年群众报告与奖励概况详见附表 4－66。

表4-66　余杭区城乡一体化供水区域群众报告（供水设施损坏）与奖励概况

年份	报告次数		符合奖励报告（次）	奖励金额（元）
	小计	其中，城建110转报		
2005年8月~12月	89	19	53	2505
2006年	118	28	65	3200
2007年	198	23	79	3990
2008年	193	31	93	4040
2009年	279	55	63	2690
2010年	488	64	15	680
2011年	499	60	24	1250
2012年	351	85	27	1420
合计	2215	365	419	19775

第三节　销售水量

余杭区在实施城乡一体化供水初期的2001年，全年销售水总量为26776733立方米，至2012年达到121205486立方米（详见附表4-67、4-68）。

11年时间里售水量增加了94428753立方米，增长了3.53倍，平均每年递增14.73%。增幅最大年份为2003年，在临平塘栖供水一期工程、余杭闲林供水工程和瓶窑供水一期工程竣工通水后，全区城乡一体化供水区域扩大，当年供水量比2002年增长了50.48%，之后年份售水量增幅逐年减少，2012年比2011年增长为4.56%（详见附表4-69、4-70）。

在历年售水总量中，生活用水占32.63%~47.87%，非经营性用水占4.99%~5.08%，经营性用水占47.37%~58.77%（其中，工业用水占36.23%~49.03%、商业用水占5.13%~10.07%、建筑业用水占3.66%~6.00%），特种用水占0.31%~0.54%，其他性质用水占0.01%~1.14%（详见附表4-69、4-70）。

公司在历年销售总水量中平均每年有12%~15%左右的水量由杭州水业集团有限公司（西溪水厂与祥符水厂）趸售供给余杭闲林供水区域和良渚勾庄供水区块。其中，余杭闲林趸售点于2002年11月2日通水，良渚勾庄区块趸售点于2007年7月25日通水。历年趸售水量见附表4-71。

2001年—2007年余杭区城乡一体化区域各区块销售水量

表4-67　（杭州余杭供水集团公司时期）　单位：立方米

年份	合计	其中，各分支机构售水量										
		临平	乔司	运河	塘栖	宏畔	仁和	良渚	余杭	闲林	瓶窑	径山
2001	26776733	14160440	4783748	—	3304408	—	—	—	2766861	990528	770748	—
2002	28112108	12851941	9652181	—	3477591	—	69295	—	1054158	372938	634004	—
2003	42304156	19300342	8397399	—	5723551	—	670733	665000	3565718	1741095	2240318	—
2004	57194697	24015669	8246107	—	7641542	—	1806039	2308683	4169121	6340542	2666994	—
2005	68841598	29859591	10107846	—	9394163	—	3087631	3446512	5970958	3775142	3199755	—
2006	78786791	28122454	11313487	3956408	6672299	4440148	3376031	4576298	7247893	4479467	3777574	824732
2007	88045361	30144896	12216148	5217031	7690296	5458838	4203383	5112342	7808040	4655180	3950766	1588441

2008年—2012年余杭区城乡一体化供水区域各区块销售水量

表4-68　（杭州余杭水务有限公司时期）　单位：立方米

<table>
<tr><th rowspan="3">年份</th><th rowspan="3">合计</th><th colspan="12">各分支机构售水量</th></tr>
<tr><th colspan="2">临平</th><th rowspan="2">乔司</th><th rowspan="2">运河</th><th rowspan="2">塘栖</th><th rowspan="2">崇贤</th><th rowspan="2">仁和</th><th rowspan="2">良渚</th><th rowspan="2">余杭</th><th rowspan="2">闲林</th><th rowspan="2">瓶窑</th><th rowspan="2">径山</th></tr>
<tr><th>城北</th><th>城南</th></tr>
<tr><td>2008</td><td>92637454</td><td colspan="2">30898970</td><td>12624587</td><td>5291866</td><td>8007877</td><td>4986389</td><td>4370652</td><td>6482209</td><td>9180040</td><td>3924409</td><td>4288596</td><td>2581859</td></tr>
<tr><td>2009</td><td>100020000</td><td colspan="2">31649514</td><td>13698525</td><td>5542814</td><td>8123249</td><td>5942517</td><td>4747927</td><td>7828115</td><td>10604702</td><td>4566538</td><td>5074247</td><td>2241852</td></tr>
<tr><td>2010</td><td>106626633</td><td colspan="2">31197175</td><td>15455977</td><td>6158492</td><td>8375104</td><td>6489426</td><td>5383116</td><td>9016269</td><td>11359559</td><td>5244177</td><td>5622198</td><td>2325140</td></tr>
<tr><td>2011</td><td>115919205</td><td>22299385</td><td>9968172</td><td>16996825</td><td>6364271</td><td>9846126</td><td>6347621</td><td>5886826</td><td>10861013</td><td>9555589</td><td>9354480</td><td>6059000</td><td>2379897</td></tr>
<tr><td>2012</td><td>121205486</td><td>21791029</td><td>10428330</td><td>18290541</td><td>6391461</td><td>10002797</td><td>7512629</td><td>6510957</td><td>11433450</td><td>10553160</td><td>9671052</td><td>6128820</td><td>2491260</td></tr>
</table>

2001年—2007年余杭区城乡一体化供水区域不同用水性质销售水量

（杭州余杭供水集团公司时期）

表4－69

用水类别		2001年		2002年		2003年		2004年		2005年		2006年		2007年	
		水量(立方米)	占(%)	水量(立方米)	占(%)	水量(立方米)	占(%)	水量(立方米)	占(%)	水量(立方米)	占(%)	水量(立方米)	占(%)	水量(立方米)	占(%)
生活用水		10437571	38.98	9577795	34.07	14810685	35.01	18662630	32.63	23273210	33.81	28156270	35.74	31430356	35.69
非经营性用水		2246568	8.39	3258194	11.59	4649227	10.99	5261912	9.20	4480021	6.51	4203292	5.34	4389529	4.99
经营性用水	工业	10552710	39.41	11112716	39.53	17771976	42.01	26555498	46.43	32658126	47.44	37747081	47.91	43166055	49.03
	商业	1933280	7.22	2830889	10.07	3380102	7.99	3597546	6.29	3929930	5.71	4042115	5.13	4665019	5.30
	建筑业	1606604	6.00	1028903	3.66	1692166	4.00	3117111	5.45	3713665	5.39	3517785	4.46	3907685	4.44
	小计	14092594	52.63	14972508	53.26	22844244	54.00	33270155	58.17	40301721	58.54	45306981	57.50	51738759	58.77
特种用水		—	—	—	—	—	—	—	—	—	—	246164	0.31	477586	0.54
其他用水		—	—	303611	1.08	—	—	—	—	786646	1.14	874084	1.11	9131	0.01
合计		26776733	—	28112108	—	42304156	—	57194697	—	68841598	—	78786791	—	88045361	—
比上年增长(%)		—		4.99		50.48		35.20		20.36		14.45		11.75	

2008年—2012年余杭区城乡一体化供水区域不同用水性质销售水量

（杭州余杭水务有限公司时期）

表 4－70

用水类别		2008年		2009年		2010年		2011年		2012年	
		水量(立方米)	占(%)	水量(立方米)	占(%)	水量(立方米)	占(%)	水量(立方米)	占(%)	水量(立方米)	占(%)
生活用水		36175729	39.05%	41525114	41.52%	45729414	42.89%	52227983	45.06%	58016483	47.87%
非经营性用水		4709889	5.08%	5042994	5.04%	4954825	4.65%	5396061	4.66%	5398461	4.45%
经营性用水	工业	41445486	44.74%	42453721	42.45%	43837450	41.11%	44596386	38.47%	43907220	36.23%
	商业	5575255	6.02%	6156899	6.16%	6668375	6.25%	7403020	6.39%	7541418	6.22%
	建筑业	4269754	4.61%	4447206	4.45%	4745654	4.45%	5910741	5.10%	5969246	4.92%
	小计	51290495	55.37%	53057826	53.05%	55251479	51.82%	57910147	49.96%	57417884	47.37%
特种用水		391210	0.42%	392427	0.39%	379210	0.36%	350404	0.30%	364853	0.30%
其他用水		70131	0.08%	1639	0.00%	311705	0.29%	34610	0.03%	7805	0.01%
合计		92637454	—	100020000	—	106626633	—	115919205	—	121205486	—
比上年增长(%)		5.22		7.97		6.61		8.72		4.56	

表 4-71　　2002 年~2012 年余杭区城乡一体化供水区域杭州趸售水量　单位：立方米

年份	余杭组团水量	良渚勾庄水量	小计	占当年售水总量比例（%）
2002	619900	—	619900	2.21
2003	5809987	—	5809987	13.73
2004	8299432	—	8299432	14.51
2005	8742514	—	8742514	12.7
2006	9484069	—	9484069	12.04
2007	10677159	260250	10937409	12.42
2008	11946588	733190	12679778	13.69
2009	13813405	1138360	14951765	14.95
2010	14869450	1313720	16183170	15.18
2011	16701715	1658680	18360395	15.84
2012	15812190	2832867	18645057	15.38

第六节　自来水受益率

余杭区在实施城乡一体化供水之前的 2000 年城乡居民自来水受益率为 58.2%（详见附表 4-72），自 2001 年开始实施城乡一体化供水后，全区城乡居民的自来水受益率快速递增，至 2012 年余杭区城乡居民自来水的受益率达到 97.6%，12 年间提高了 39.4 个百分率，平均每年受益率递增 3.28 个百分点。其中，在城乡一体化供水区域内城乡居民享受同网、同质、同价和同等服务标准的自来水受益率 2012 年达到 97.9%，山区分散供水区块的自来水受益率由 2002 年的 49.5%提高到 2012 年的 95.5%。同时，提高了山区农村的供水质量和供水安全。余杭区 2002 年—2012 年自来水受益率见附表 4-73。

表 4－72　　2000 年余杭市自来水受益率

镇(乡)	调查总人数	受益人数	受益率(%)	镇(乡)	调查总人数	受益人数	受益率(%)
临平镇	136132	90938	66.8	闲林镇	30749	23526	76.5
乔司镇	37180	35353	95.1	长乐镇	14292	6212	43.5
亭趾镇	15208	14975	98.5	良渚镇	37400	29671	79.3
博陆镇	18649	18633	99.9	五常乡	16822	15745	93.6
五杭镇	14706	7279	49.5	勾庄镇	31477	14809	47.0
星桥镇	13637	2725	20.0	安溪镇	14936	4741	31.7
塘栖镇	89364	36342	40.7	瓶窑镇	37762	20627	54.6
崇贤镇	38287	33601	87.8	彭公乡	13431	5343	39.8
东塘镇	23090	4443	19.2	泮板镇	13509	9294	68.8
獐山镇	16412	504	3.1	双溪镇	9679	5728	59.2
云会乡	21511	114	0.5	黄湖镇	13640	3010	22.1
余杭镇	56620	36504	64.5	鸬鸟镇	15058	13366	88.8
仓前镇	34207	13841	40.5	百丈镇	11782	8031	68.2
中泰乡	26358	11586	44.0	合计	801898	466940	58.23

注：资料来源于 2000 年 7 月余杭市创卫办、初保办、自来水总公司组织各镇乡开展的自来水现状调查统计

表 4－73　　2002 年—2012 年余杭区自来水受益率　　单位：万户、万人

年份	供水区域	总户数	总人口	受益户	受益人口	受益率（%）
2002 年	城乡一体化供水区域	19.00	66.68	13.31	45.83	68.7
	山区分散供水区块	4.19	13.04	1.92	6.46	49.5
	全区合计	23.19	79.72	15.23	52.29	65.6
2003 年	城乡一体化供水区域	19.36	66.87	14.61	50.15	75.0
	山区分散供水区块	4.29	13.25	1.97	7.01	52.9
	全区合计	23.65	80.12	16.58	57.16	71.3
2004 年	城乡一体化供水区域	19.12	66.72	15.99	55.61	83.3
	山区分散供水区块	4.61	13.92	1.99	7.38	53.0
	全区合计	23.73	80.64	17.98	62.99	78.1

续表 4－73

年份	供水区域	总户数	总人口	受益户	受益人口	受益率（%）
2005 年	城乡一体化供水区域	19.23	67.36	17.08	60.08	89.2
	山区分散供水区块	4.44	13.87	1.89	7.37	53.1
	全区合计	23.67	81.23	18.97	67.45	83.0
2006 年	城乡一体化供水区域	20.57	70.34	18.55	63.69	90.5
	山区分散供水区块	3.04	11.56	1.51	6.47	56.0
	全区合计	23.61	81.90	20.06	70.16	85.7
2007 年	城乡一体化供水区域	20.60	70.59	19.26	66.35	94.0
	山区分散供水区块	2.99	12.10	1.82	7.59	62.7
	全区合计	23.59	82.69	21.08	73.94	89.4
2008 年	城乡一体化供水区域	20.78	73.12	19.43	69.17	94.6
	山区分散供水区块	2.91	10.62	2.26	8.04	75.7
	全区合计	23.69	83.74	21.69	77.21	92.2
2009 年	城乡一体化供水区域	21.00	75.79	20.20	72.45	95.6
	山区分散供水区块	2.82	9.05	2.43	8.11	89.6
	全区合计	23.82	84.84	22.63	80.56	95.0
2010 年	城乡一体化供水区域	21.37	77.34	20.53	74.32	96.1
	山区分散供水区块	2.66	8.76	2.58	8.66	98.8
	全区合计	24.03	86.10	23.11	82.98	96.4
2011 年	城乡一体化供水区域	21.60	78.75	20.98	76.46	97.1
	山区分散供水区块	2.71	8.92	2.58	8.66	97.1
	全区合计	24.31	87.67	23.56	85.12	97.1
2012 年	城乡一体化供水区域	21.79	79.98	21.26	78.27	97.9
	山区分散供水区块	2.75	9.06	2.58	8.66	95.5
	全区合计	24.54	89.04	23.84	86.93	97.6

注：（1）总户数、总人口摘自各年度《余杭统计年鉴》。（2）城乡一体化受益人口指享受同网、同质、同价、同服务人口。（3）2010 年—2012 年山区、半山区分散供水人口指在 2009 年年底完成的山区农村二次改水（山区供水工程）受益人口

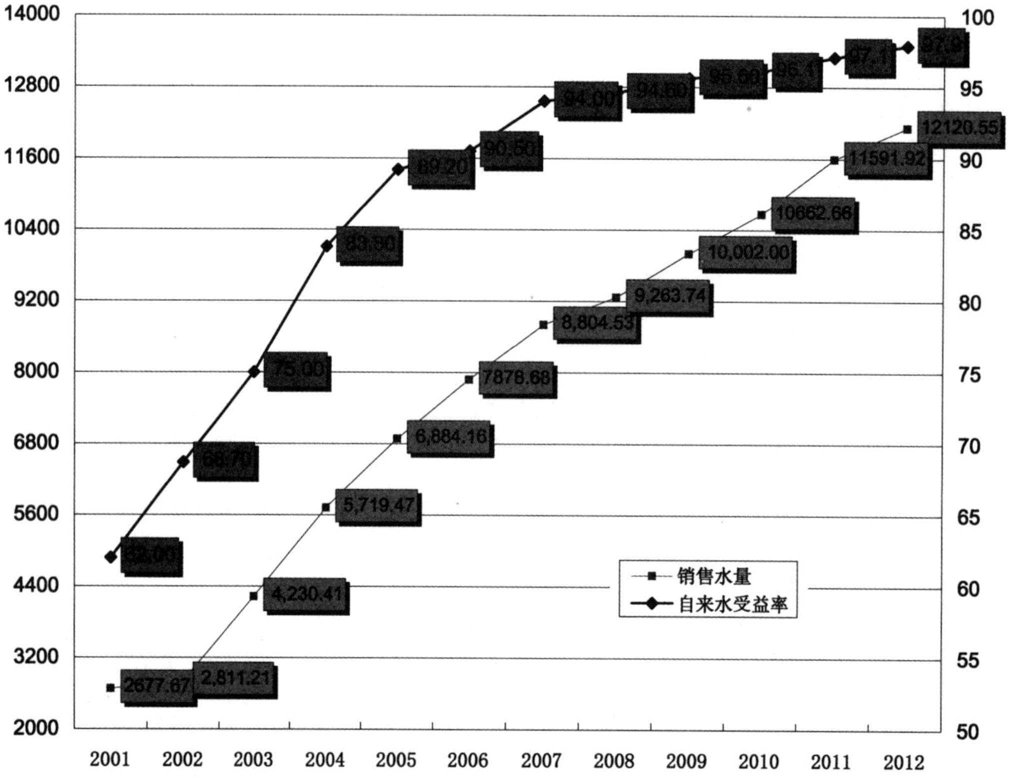

图 4－59　2001 年—2012 年余杭区城乡一体化供水区域历年销售水量和城乡居民自来水受益率统计图

第八章　供水服务

供水服务涉及每一个自来水用户，供水服务的好坏，不仅反映服务人员的自身素质，而且会直接影响到供水企业的形象，同时，在一定程度上也会影响到政府的形象。供水作为社会公益性事业，提高供水服务质量显得尤其重要，杭州余杭供水集团公司、杭州余杭水务有限公司组织全体员工，从点滴小事做起，不断提高供水服务能力、提升服务水平和服务质量。实施了有序供水服务、承诺服务、志愿服务、热线服务、大客户服务、居民生活用水一户一表服务、防冻保暖服务等全方位、多形式的服务措施，努力做到供水服务使“用户满意、政府放心”。

第一节　有序供水服务

随着余杭区经济的快速发展和城市化进程的不断加快，人民生活质量日益提高，自来水的需求量增长较快。为确保夏季高温期间的供水安全和解决个别区域临时发生的自来水供需矛盾，杭州余杭水务有限公司自 2008 年 8 月起建立有序供水管理机制，妥善做好有序供水服务。

一、服务任务

——合理分配有限的水资源；
——确定供水原则；
——建立有序供水应急措施。

二、服务目标

——在水资源有限的情况下，尽量合理的分配水资源；
——依据供水原则，做好应急措施，确保有序供水。

三、服务措施

1．供水原则

——先生活，后生产。把群众的利益放在首位，优先保证居民的生活用水，在居民的生活用水得到保障的前提下，合理安排生产用水。

——先节水，后限水。通过节约用水，提高水的有效利用率，减少管网漏损，减轻供水压力。在万不得已的情况下，考虑限制用户用水。

——先城镇，后农村。城镇集中了大量的人口和重要的部门，优先安排城镇用水，农村则应保障饮用水，其他用水尽可能以其他水源替代。

2．危机等级

当用水需求量超过供水量或出现原水水质事故及区域性大口径管道发生突发性事故时，标志余杭区出现供水危机。供水危机划分为五个预警等级（分别以临平、塘栖，余杭、闲林，瓶窑、良渚三个供水区域发布预警等级）：

A 级预警　当供需比达到 1:0.9，持续三天居高不下，且有进一步增长趋势时，确定为 A 级预警。

B 级预警　当供需比达到 1:1～1.1，持续两天居高不下，且有进一步增长趋势时，确定为 B 级预警。

C 级预警　当供需比达到 1:1.1～1.3，持续一天居高不下，且有进一步增长趋势时，确定为 C 级预警。

D 级预警　当供需比达到 1:1.3～1.8，且有进一步增长趋势时，确定为 D 级预警。

E 级预警　当供需比达到 1:1.8 以上，且有进一步增长趋势时，确定为 E 级预警。

供水危机预警一经做出，将及时向社会公布。

3．应急措施

A 级预警

A 级供水危机预警后，由公司启动 A 级应急响应，适时采取以下处置措施：

科学制定供水调度方案，注意分析每日供水的时变化曲线，利用供水低谷确保清水池保持高水位，到高峰用水紧张时进行调配，高峰时实行加压供水。

B 级预警

B 级供水危机预警后，由公司报请区政府领导，启动 B 级应急响应，适时采取以下处置措施：

科学制订供水调度方案，注意分析每日供水的时变化曲线，利用供水低谷确保清水池保持高水位，到高峰用水紧张时进行调配，高峰时实行加压供水；非高峰时实行低压运行，可能出现水压偏低现象，高层住户（包括低压区用户）应作储水准备；工业用水大户避峰用水。

C 级预警

C 级供水危机预警后，由公司报请区政府领导，决定启动 C 级应急响应，适时采取以下处置措施：

科学制订供水调度方案，注意分析每日供水的时变化曲线，利用供水低谷确保清水池保持高水位，到高峰用水紧张时进行调配，高峰时实行加压供水；非峰时实行低压运行，出现水压偏低现象，高层、多层住户（包括低压区用户）应作储水准备；工业用水大户限量定时供水。

D级预警

D级供水危机预警后，由公司报请区政府领导，决定启动D级应急响应，适时采取以下处置措施：

科学制订供水调度方案，实行低压供水，出现水压偏低现象，高层、多层住户（包括低压区用户）应作储水准备；社区、居委会设立临时供水点；工业用水大户采取停水措施；道路、绿化、洗车、洗浴、游泳池等用水停止供水。

E级预警

E级供水危机预警后，经公司报请区政府领导，决定启动E级应急响应，适时采取以下处置措施：

科学制订供水调度方案，出现水压偏低现象，高层、多层住户（包括低压区用户）应作储水准备，社区、居委会设立临时供水点；工业用水大户采取停水措施；道路、绿化、洗车等用水停止供水，全力确保生活用水，其他性质用水采取避峰用水、限量定时供水。

4．其他事项　本有序用水方案适用于余杭区城乡一体化供水范围内所有单位和个人。根据本方案，有关部门、镇乡、街道、用水大户要制定相应的应急措施。变更与结束供水危机应急响应的程序跟启动供水危机应急响应的程序相同。

第二节　承诺服务

为使用户得到优质的服务，余杭县自来水总公司组织临平自来水厂自1996年10月1日起，首次在临平城区范围内推行供水服务社会承诺制，对水量、水质、水压、供水管网检修和居民生活用水及新用户接水等人民群众最关心的问题向社会公开承诺，规定了服务标准、服务时间和违诺责任。通过承诺服务，培养和锻炼职工队伍，促使职工对供水服务做得更实、更细、更深，业务更熟练，作风更务实、服务更周到，由于承诺服务做到及时解决和处理相关的供水问题，此举得到了社会的肯定，企业声誉也倍增。

一、供水服务承诺

在临平自来水厂1996年到1997年推行社会服务承诺制取得成功的基础上，余杭市自来水总公司组织全市规模较大的城镇供水企业于1998年6月1日起推行社会服务承诺制。由于各水厂的供水规模、设施设备等条件不同，自来水总公司分别制订了临平自来水厂、临平第二水厂、塘栖自来水厂、余杭自来水厂，瓶窑自来水厂、闲林自来水厂和良渚自来水等七座水厂的社会服务承诺内容和服务要求，公布了投诉、监督电话，明确了违诺责任。各水厂通过自加压力，扩大承诺服务面，自觉接受社会监督，增强供水企业与用户的沟通，培养职工的服务意识，提升供水企业的服务形象。

附：

余杭区（市）供水企业社会服务承诺

1998年—2000年供水服务承诺

（一）服务承诺内容

1．临平自来水厂

水量　保证日供水能力9万立方米；

水质　达到国家生活饮用水卫生标准，四大指标（细菌总数、大肠菌群、余氯、浊度）综合合格率达98%；

水压　出厂水压力不低于0.35兆帕，临平城区主要供水区域干管水压不低于0.15兆帕；

供水管网抢修（接报修时间计算）　DN100以下户外管24小时修复，DN100～300户外管36小时修复，DN400～600户外管60小时修复；

居民申请生活用水　接单后7天内查勘完毕，在具备施工条件下45天内完成；

发生突发性的供水事故　接到报告后1小时内赶到现场及时进行处理；

接到用户反映供水问题的报告　当天内查明原因给予答复，并及时进行处理；

年老体弱以及离退休干部申请接水，优先安装。

2．临平第二自来水厂

水量　保证日供水能力3万立方米。

水质　达到国家生活饮用水卫生标准，管网水四大指标（细菌总数、大肠菌群、余氯、浊度）综合合格率达到98%；

水压　管网最不利点水压不低于0.07兆帕，水压合格率为97%；

DN200～DN300（含300）的户外水管发生突发性事故　从接到报修电话起36小时内修复；

DN300～DN500（含500）的户外管发生突发性事故　从接到报修电话起48小时内修复；

DN500以上户外水管漏水　从接到报修电话起24小时内止水并进场开修。

3．塘栖（镇）自来水厂

水量　保证日供水能力1.5万立方米；

水质　达到国家生活饮用水卫生标准，四大指标（细菌总数、大肠菌群、余氯、浊度）综合合格率达98%；

水压　出厂水压力不低于0.38兆帕，塘栖镇区主要供水区域，干管水压不低于0.18兆帕；

供水管网抢修（按报修时间计算）　镀锌管DN15～50户外管24小时修复，DN100以上铸铁管48小时修复；

居民申请生活用水　接单后7天内查勘完毕，在条件许可下45天内完成；

发生突发性的供水事故　接到报告后一小时内赶到现场并及时进行处理。

4．余杭（镇）自来水厂

水量　保证日供水能力1.5万立方米；

水质　达到国家生活饮用水卫生标准，出厂水四大指标（细菌总数、大肠菌群、余氯、浊度）综合合格率达到98%以上。每小时测一次余氯、浊度。制定内控指标余氯0.4毫克/升，浊度2度，并经常对源水检测、调查；

水压　在正常情况下，管网压力达到3.5～4千克，管网末梢保持2千克；

成立总管抢修班组　发生供水、设施突发性事故，做到迅速、及时恢复供水。在无特殊情况下，DN100口径以上的总供水管在24小时内恢复供水。各种镀锌管道破损、漏水，随叫随到；

居民新开户接水　自接用户申请后，单表、分表在3天内安装完毕，总表在7天内安装完毕。

5．瓶窑镇自来水厂

水量　在电厂不停电的情况下，保证日供水能力1.5万立方米；

水质　达到国家生活饮用水卫生标准，四大指标（细菌总数、大肠菌群、余氯、浊度）综合合格率达到98%以上；

水压　出厂水在镇区主干管水压不低于0.15兆帕；

发生突发性的供水事故　接到报告后1小时内赶到现场及时进行处理；

接到用户反应供水问题的报告　当天内查明原因给予答复，并及时进行处理；

居民申请生活用水　接申请单后7天内查勘完毕，在具备施工条件下30天内完成；

供水管网修复（按报修时间计算）　DN100以下户外管24小时修复，DN100～300户外管36小时修复，DN400户外管60小时修复；

五保户、年老体弱以及离退休干部申请接水　优先给予安装。

6．闲林（镇）自来水厂

水量　根据本厂水源状况，除枯水期外保证24小时正常供水，满足用户生活和生产用水；

水质　达到国家生活饮用水卫生标准，四大指标（细菌总数、大肠菌群、余氯、浊度）综合合格率达98%；

水压　出厂水压不低于0.35兆帕；

DN300、DN250、DN150、DN100铸铁管破损抢修　在24小时内恢复正常供水；

用户及单位的管网和水表调换　当天联系当天修复；

每月抄表，开票数额有误　及时核对纠正；

管道施工安装如遇质量问题　保修保换。

7．良渚镇自来水厂

水量　保证日供水能力0.15万立方米；

水质　达到国家生活饮用水卫生标准，出厂水四大指标（细菌总数、大肠菌群、余氯、浊度）综合合格率达98%；

水压　出厂水压力不低于0.35兆帕；

供水管网抢修（按报修时间计算）　DN100以下户外管24小时修复，DN100~300户外管36小时修复；

居民申请生活用水　接单后7天内查勘完毕，在具备施工条件下1个月内完成；

发生突发性的供水事故　接到报告后1小时内赶到现场及时进行处理；

接到用户供水问题的报告　当天内查明原因给予答复，并及时进行处理；

年老体弱以及离退休干部申请接水　优先安装。

（二）投诉与监督

上述服务承诺自觉接受广大市民和各部门、各单位的监督，如果对我们的工作不满意，可向市自来水总公司投诉，接到投诉电话后7天内给予答复。市自来水总公司监督电话：86221299。

（三）违诺责任

承诺的关键是要兑现，如发现违诺现象，经调查核实，确认责任在我方，对相关责任人将分别给予经济处罚或行政处理。凡发生“吃、拿、卡、要”违纪情况给予“以一罚十”处理。

2001年—2011年供水服务承诺

2001年11月20日，杭州余杭供水集团公司对1998年以来各自来水厂承诺服务项目的不同标准作了调整，根据公司的发展和用户的需要，统一了集团公司内各自来水厂和营业公司的承诺服务内容与服务标准。

2004年5月24日，杭州余杭供水集团公司根据企业的发展和社会的需求，对2001年推出的供水服务承诺标准做了修改和提高，通过自加压力，来提高供水服务质量。

2006年7月6日，杭州余杭供水集团公司为进一步提高行业作风建设和供水服务效能建设，对2004年推出的供水服务承诺标准再次做了修改和提高，修改后的承诺服务范围进一步扩大，包括运河、塘栖、獐山、余杭、瓶窑、径山等6座自来水厂和临平、乔司、闲林、良渚等4个营业分公司全部供水区域内的自来水用户，修改后的承诺内容与标准为：

水量　保证日供水能力55万立方米。

水质　出厂水水质和管网水水质确保符合《城市供水水质标准》；出厂水水质综合合格率大于99.5%，管网水水质综合合格率大于99%。

水压　供水管网主干管水的压力保持在0.25兆帕以上，管网水压力合格率大于98%。

接水开户　居民用水开户自接到申请后，3个工作日内进行现场勘察，在具备接水和施工的条件下7个工作日内确保通水。单位用水户自接到申请后，7个工作日内进行查勘，在手续齐全、具备施工的条件下，尽快组织施工及通水，根据工程大小按协议规定的工作日完成。

突发性事故处理　接到报告后，白天：建城区范围半个小时内、农村 1 小时内赶到现场进行处理；晚上：建城区范围 1 个小时内、农村一个半小时内赶到现场进行处理。

抢修时限　DN100～DN400 管 24 小时内修复；DN500～800 管 36 小时内修复；DN1000 管以上 48 小时内修复。

供水服务　用户反映的水量、水质、水压、水价等问题，及时查明原因，认真进行处理，5 个工作日内给予答复。

优先服务　对离退休老干部、五保户、特困户、残疾人、烈（军）属等用户申请接水，优先给予安装。

上述服务承诺自觉接受社会各部门、各单位和人民群众的监督。如果对承诺服务工作不满意，可向供水集团公司供水热线 96390（24 小时服务）和监督电话 86169092 进行投诉与举报，接到投诉与举报电话后 5 个工作日内给予答复。需要提供供水服务的可直接与本公司在当地的分支机构（自来水厂或营业分公司）进行联系，公司将热忱为您服务。

2012 年供水服务承诺

2012 年 12 月，杭州余杭水务有限公司为深入贯彻落实科学发展观，不断深化余杭水务的效能建设和行风建设，促进余杭区水务事业的蓬勃发展，余杭水务再次修订承诺内容，提升服务标准，自觉接受社会各界和人民群众的监督。修订后的承诺内容与标准为：其中，运河水厂 12 万立方米，塘栖水厂 9 万立方米，宏畔水厂 13 万立方米，獐山水厂 2 万立方米，余杭水厂 1.5 万立方米，瓶窑水厂 5 万立方米，径山水厂 5 万立方米，杭州趸售 11 万立方米。

（一）承诺内容

水量　保证日供水能力 58.5 万立方米。

水质　出厂水水质和管网水水质确保符合《生活饮用水卫生标准》（GB5749－2006）；出厂水水质综合合格率大于 99.5%，管网水水质综合合格率大于 99%。

水压　供水管网主干管水的压力保持在 0.25 兆帕以上，管网水压力合格率大于 98%。

接水开户　居民用水开户自接到申请后，3 个工作日内进行现场勘察，在具备接水和施工的条件下 7 个工作日内确保通水。单位用水户自接到申请后，7 个工作日内进行查勘，在手续齐全、具备施工的条件下，尽快组织施工及通水，竣工时间根据工程大小，按协议规定的工作日完成。

突发性事故处理　接到报告后，白天：城镇范围半个小时内、农村 1 小时内赶到现场进行处理；晚上：城镇范围 1 个小时内、

图 4－60　管道事故处理

农村一个半小时内赶到现场进行处理。

抢修时限　DN100～DN400管24小时内修复；DN500—800管36小时内修复；DN1000管以上48小时内修复。

供水服务　用户反映的水量、水质、水压、水价等问题，及时查明原因，认真进行处理，5个工作日内给予答复。

优先服务　对离退休老干部、五保户、特困户、残疾人、烈（军）属等用户申请接水，优先给予安装。

（二）失责追查

开展行风建设，推行社会服务承诺制，是改进行业作风，树立行业新风，提高服务质量的有力举措，是坚持“全心全意为人民服务”这一宗旨的重要保证。因此，对已公开的承诺服务项目必须要100%兑现。如某一项目因特殊情况不能在承诺标准内兑现的，事先必须经公司行风建设领导小组批准，并征得用户的认可，否则将追查责任。

——失责承诺项目时，对责任人或部门负责人进行再教育，并在内部进行通报批评，必要时，责任人应向客户道歉。

——在年终考核时，按考核内容与标准，扣有关部门和责任人的考核分。

——发现“吃、拿、卡、要”等作风时，除以一罚十处理外，再按责任制有关规定扣分。

——责任人和责任人所在部门取消当年度先进评比资格。

——各类违纪违规事件，对责任人根据责任大小按有关规定给予处理。问题严重的，上报上级查处，实行行政处分或党纪处分。

（三）投诉与监督

上述服务承诺自觉接受社会各部门、各单位和人民群众的监督。如果对我们的工作不满意，可向杭州余杭水务有限公司水务热线和监督电话进行投诉与举报，接到投诉与举报电话后我们将在5个工作日内给予答复。

杭州余杭水务有限公司客服热线电话：96390（24小时服务）

杭州余杭水务有限公司监督电话：86169092

二、对群众的报告与举报实行奖励

杭州余杭供水集团公司、杭州余杭水务有限公司履行公开承诺服务的同时，自2005年7月15日起对群众报告供水管道漏水、供水设施损坏，举报违章用水和举报供水员工违规违纪行为时，承诺给于奖励：

——对群众报告本公司供水范围内的供水管道漏水或附属设备（阀门、阀门井盖、水表箱、消火栓等）损坏，对第一报告人根据管道口径大小和附属设备情况每次给予30元～200元的奖励。

——对举报各类违章用水和盗用自来水行为，按该案追缴水费金额和罚款额的5%～10%给予奖励。

——对举报本公司干部、职工违规违纪行为的，经查实，按对违规违纪人员处罚额的 10% ~ 20% 给予奖励。

——奖励金额每次最高不超过 2000 元，特殊贡献另定。

——对举报人严格履行保密制度，保护举报人的合法权益。

第三节　志愿服务

杭州余杭供水集团公司、杭州余杭水务有限公司为深化行风建设，树立供水行业新形象，在推行承诺服务的同时，组织团员、青年和党员开展志愿者服务，以“手握手承诺，心连心服务”为宗旨，为百姓排忧解难。志愿者活动弘扬和倡导“奉献、友爱、团结、互助”的志愿者精神，深入到街道、社区和用户中，开展不计时间、不计报酬、不计荣誉的便民服务。在为群众提供方便快捷供水服务的同时，也体现了志愿者自己的人生价值。在余杭区城乡一体化供水区域志愿服务组织的发展经历了三个阶段：

图 4 – 61　团组织开展供水咨询服务

——在杭州余杭供水集团公司成立之前，志愿服务站的雏形是“余杭市中信青年志愿服务站临平自来水厂分站”，该站是临平自来水厂团支部在创建“青年文明号”活动中，以原有的青年志愿者服务队为用户提供的户内供水设施维修为基础，于 1999 年 7 月 15 日正式揭牌成立，当初有志愿者 10 名，标志着公司青年志愿者为社会服务进入了初具规范化的轨道。

——随着杭州余杭供水集团公司的成立，公司根据员工中年轻人多的特点，为把志愿服务扩大到整个供水区域，在 2001 年 7 月 31 日建立了余杭供水集团青年志愿者服务总站，下设临平营业公司、乔司营业公司、城北（运河）自来水厂、塘栖自来水厂、獐山自来水厂、余杭自来水厂、闲林自来水厂、瓶窑自来水厂等志愿者服务分站。后于 2003 年 10 月 29 日建立了良渚营业公司志愿者服务分站、2007 年 6 月 20 日建立了宏畔自来水厂、径山自来水厂和管道安装分公司志愿者服务分站。至 2007 年年底，公司志愿者服务总站下设 12 个分站，共有团员、青年志愿者 167 人，其中，总站 26 人、临平分站 11 人、乔司分站 8 人、运河分站 8 人、塘栖分站 19 人、宏畔分站 17 人、獐山分站 9 人、良渚分站 10 人、余杭分站 13 人、闲林分站 3 人、瓶窑分站 18 人、径山分站 13 人、管道安装分公司分站 12 人。志愿服务者队伍扩大后，公司制订了志愿服务章程，规范了志愿服务行为，延伸了志愿服务项目，使志愿服务质量不断得到提高。2002 年至 2007 年，各志愿者服务组织共开展集体志愿活动 16 次，参加志愿活动的团员、青年共有 1129 人次。

在2003年开展的保持共产党员先进性教育活动中，公司党委组织各基础党支部建立了党员志愿服务队。服务内容：主要是利用业余时间为群众办实事、做好事、解难事和参与救灾抢险及突发性事件的处置等事项。成立当年，共建立了10支党员志愿服务队，有党员志愿服务者83人（不含退休党员和身体欠佳的党员）。

杭州余杭供水集团公司为关心和扶持团员、青年志愿者活动，使志愿者活动更扎实、更活跃，多为社会献爱心，于2003年和2004年专项下达了青年志愿者活动补助经费。该经费主要用于青年志愿者为特困群众修理室内供水设施时的材料补助、志愿服务站结对帮困补助及其他志愿活动费用的补助。补助经费2003年为10000元，其中，总站1200元，各分站按规模大小、志愿者多少分别为800～1500元；2004年补助经费为10800元，其中，总站1300元，各分站为800～1500元。2005年至2007年公司为统筹安排党群各组织的活动经费，将志愿者活动补助经费和党支部、团支部、工会的活动经费整合在一起下拨，使用时分别列出用途。补助经费可突出重点使用，也可相互调剂，从而也增强了志愿者活动的活力。

——杭州余杭水务有限公司成立后，志愿服务组织进一步扩大，2009年除由原供水集团公司12个青年志愿者服务分站更名为杭州余杭水务有限公司青年志愿服务分站外，新设立了临平、塘栖、良渚、余杭等4个排水分公司青年志愿服务分站。2011年4月。随水务公司机构设置的调整，青年志愿者组织也随之调整，在水务公司青年志愿服务总站下设14个志愿者服务分站，分别为城南、城北、乔司、运河、塘栖、崇贤、仁和、良渚、余杭、闲林、瓶窑、径山分公司分站和水质监测中心分站与水务设施安装分公司分站。至2012年水务公司共有青年志愿者583人。2008年至2012年各志愿服务组织共开展集体志愿活动7次，参加志愿活动团员、青年共有597人次。志愿者平时的志愿服务做到随叫随到。通过实实在在的志愿服务，帮人所难，解人所忧，为民做了大量的好事、实事，志愿队伍赢得了社会的赞誉和人民群众的称赞，提升了公司的服务形象。

图4－62　青年志愿者为敬老院打扫卫生

志愿服务的内容是面对社会不同层次人群的需求，从延伸供水服务着手，开展为户内供水设施维护、管道疏通、供水知识咨询、水质、水价咨询、协助查漏（用户内部管道）及日常生活帮助等服务。志愿服务对象主要分为两类，分别规定了相应的服务方式：一是社会弱势群体，对供水区域内的特困群众、残疾人与伤残军人，列为服务的重点对象，服务方式是志愿者接到求助电话后，随时上门为他们提供无偿服务（包括更换供水设施的材料）。二是一般用户，通过热线电话联系，开展预约服务，志愿者根据不同情况上门提供低偿服务（收取更换供水设施材料的成本费、不收服务费）。在开展志愿服务的同时，志愿者还开展“进社区、献爱心”和“结对帮困”等活动，受到群众的欢迎。

公司团员、青年志愿者的活动，得到了社会的广泛认可和上级组织的好评，临平青年志愿者服务站于2000年被共青团浙江省委和省青年志愿者协会评定为浙江省先进青年志愿者服务站，杭州余杭水务有限公司志愿者服务总站被团区委、区志愿者工作指导中心评为2008年度余杭志愿服务工作先进集体。志愿者夏建民于2003年被中国社会工作者协会评为全国社区志愿者先进个人，还被杭州市文明办、市民政局、团市委、市志愿者指导中心评为杭州市2003年度、2005年度十佳社区志愿者。

第四节　热线服务

为能及时与客户沟通，妥善为客户解决用水碰到的问题，并听取客户对供水的意见、建议、报告和举报投诉，于2000年5月设立了供水热线专用电话“86243333”。2006年9月，为提升公司服务形象，为广大用户提供方便快捷的联系，经浙江省通信管理局批准，启用“96390”供水热线专用电话号码（与“86243333”捆绑通用）。

水务热线实行24小时服务，配备2名专职话务员受理群众来电，2012年开始，随着话务量的增加，增加1名专职话务员受理来电，晚上由公司中控室值班人员受理电话。水务热线的设立大大方便了用户与公司的联系，使公司能及时为用户的需求提供服务，用户也为公司改进供水服务、提升企业形象提供了及时的好参谋，同时也为公司开展供水监督管理提供了帮助。

图4-63　水务热线

2001年5月至2007年12月，杭州余杭供水集团公司供水热线共受理来电26268次，平均每天来电10.8次。其中，咨询类来电19080次，占72.6%；要求服务类来电5045次，占19.2%；报告类来电1551次，占5.9%；投诉类来电484次，占1.9%；建议类来电78次，占0.3%；举报类来电30次，占0.1%。2001年至2007年不同类型来电数量见附表4-74。

2008年1月至2012年12月，杭州余杭水务有限公司水务热线共受理来电92587次，平均每天来电50.7次，其中，咨询类来电60842次，占65.7%；要求服务类来电28832次，占31.1%；投诉类来电1007次，占1.1%；报告类来电1810次，占1.9%；建议类来电59次，占0.1%；举报类来电37次，占0.1%。2008年至2012年不同类型来电见附表4-75。

杭州余杭供水集团公司、杭州余杭水务有限公司为做好客户热线服务，建立了以公司热线为中心，各分支机构和有关机关部门紧密配合的热线服务网络。2002 年 8 月，制订并实施了《供水热线服务规范》，明确了热线服务的指导思想、工作职责、服务对象、服务内容、受理规程和失责追究制度，热线服务规范经多年运行，不断得到完善，发挥了公司与用户的桥梁、纽带作用，热线受理人员的耐心、热心和用心的服务，得到了用户的广泛认可。2012 年，公司客户服务热线被杭州余杭城市建设集团有限公司党委确认为“共产党员先锋岗”。

表 4－74　　2001 年—2007 年杭州余杭供水集团公司供水热线来电数量

来电类型	2001 年 5 月—12 月		2002 年		2003 年		2004 年		2005 年		2006 年		2007 年		合计	
	来电次数	占（%）	来电次数	占（%）	来电次数	占（%）	来电次数	占（%）	来电次数	占（%）	来电次数	占（%）	来电次数	占（%）	来电次数	占（%）
咨询	247	41.7	885	57.1	2055	74.2	2400	69.2	4459	69.5	4052	85.7	4982	73.8	19080	72.6
服务	159	26.9	313	20.2	432	15.6	685	19.8	1549	24.2	532	11.3	1375	20.4	5045	19.2
投诉	31	5.2	76	4.9	71	2.5	57	1.6	59	0.9	30	0.6	160	2.4	484	1.9
报告	150	5.2	267	17.2	204	7.4	295	8.5	305	4.8	107	2.3	223	3.3	1551	5.9
举报	5	25.3	4	0.3	3	0.1	3	0.1	11	0.2	4	0.1	0	0	30	0.1
建议	0	0.8	4	0.3	6	0.2	29	0.8	26	0.4	1	0	12	0.1	28	0.3
合计	592	—	1549	—	2777	—	3469	—	6409	—	4736	—	6752	—	26268	—

表 4－75　　2008 年—2012 年杭州余杭水务有限公司水务热线来电数量

来电类型	2008 年		2009 年		2010 年		2011 年		2012 年		合计	
	来电次数	占（%）	来电次数	占（%）	来电次数	占（%）	来电次数	占（%）	来电次数	占（%）	来电次数	占%
咨询	8799	72.46%	11059	69.58%	11604	65.95%	14023	63.34%	15357	61.89%	60842	65.7
服务	2843	23.41%	4285	26.96%	5263	29.91%	7427	33.55%	9014	36.33%	28832	31.1
投诉	293	2.41%	250	1.57%	214	1.22%	169	0.76%	81	0.33%	1007	1.1
报告	193	1.59%	279	1.76%	488	2.77%	499	2.25%	351	1.41%	1810	1.9
举报	7	0.06%	12	0.08%	2	0.01%	12	0.05%	4	0.02%	37	0.1
建议	9	0.07%	9	0.06%	25	0.14%	9	0.04%	7	0.03%	59	0.1
合计	12144	—	15894	—	17596	—	22139	—	24814	—	92587	—

第五节　大客户服务

大客户（指用水量月平均在一万立方米及以上）的数量在余杭区城乡一体化供水区域中占客户总量中的比例很低，不到千分之一，但用水量却占有很高的份额，占全部客户用水总量的三分之一左右。对大客户服务的好坏，不仅影响到大客户的用水需求，而且与供水企业经营效益的增长有着举足轻重的关系。为此，杭州余杭供水集团公司自2007年开始，制订并组织实施“大客户管理和服务规范”。对用水大客户除在做好常规的规范化、程序化、标准化服务的基础上，再提供个性化、特殊化、差异化和更高质量的服务与管理，以满足大客户的需要。

杭州余杭供水集团公司、杭州余杭水务有限公司，对大客户实行“三级”（公司客户服务中心、分支机构营业所、大客户服务人员）管理服务体系，通过细化与完善大客户用水信息、监测与分析大客户的用水状况、延伸与深化大客户的需求、落实与解决大客户提出的供水要求和加深与大客户的沟通等措施，确保对大客户服务到位，对服务质量感到满意。

2007年至2012年，公司划定大客户的对象在当年年初确定，标准是在上年度月平均用水量在1万立方米及以上的客户。其中，一个单位有多只计量水表，如合并计算水量达到大客户标准，并由开户单位集中支付水费的可列为大客户；如多只计量水表由单位下属不同部门支付水费的，则不列入大客户。对城乡居民生活用水实行总表计量的水量达到大客户标准或部分建筑用水总量达到大客户标准的暂不列入大客户服务范围。余杭区城乡一体化供水区域2006年—2012年用水客户概况见附表4－76、大客户数量见附表4－77。

对大客户的服务措施主要为：

——大客户用水实行周抄表月收费，及时观察客户用水量的变化有无异常，帮助客户分析水量不正常增减的原因，协助用户查找损失水量的原因和提出解决问题的办法或建议。同时，实时观察计量水表运行是否正确。

——计划性的停水或降压供水，由供水企业提前1～3天以书面形式通知大客户，再用电话或传真等方式补充通知，确保客户收到，作好停水的相关准备。临时停水或降压供水，及时电话或上门通知到客户，并告知用户预计通水时间，取得用户谅解。

——大客户内的水质按公司龙头水监测的相关规定做好监测，并将每次监测结果通知用户。

——大客户（不含区外用户）内部供水管道，由供水企业每年免费检漏一次。

——大客户（不含区外用户）提出要求对内部供水设施进行维修和服务时，做到及时响应，免费提供技术支持和业务指导，按供水企业志愿者服务规范开展抢修服务。

——大客户服务人员对大客户的用水问题走访调查，每季度不少于一次，了解客户要求，帮助解决相关供用水问题。

——大客户服务人员对大客户供用水相关政策、服务承诺等方面的上门宣传、咨询服务每年不少于2次。

——建立对大客户服务质量的监督、检查和考核管理机制，日常监督检查由各分公司具体负责，客户服务中心进行抽查。考核由客户服务中心负责，每季度组织一次。

表4-76　　余杭区城乡一体化供水区域用水客户概况

年份	用户总数(计量表结算户数)	年用水量(万立方米)		大客户		大客户年用水量(万立方米)				大客户占用户总数(%)		
		合计	户均	户	计量表(只)	合计	一户年用水量		户均	户数(按计量表)	年用水量(按户数)	户均用水量
							最多	最少				
2006	154893	7878.68	0.051	69	140	2760.98	214.7	12.47	40.014	0.090	35.04	784.59
2007	186988	8804.54	0.047	72	146	3058.11	199.72	12.62	42.474	0.078	34.73	903.70
2008	220503	9263.75	0.042	73	170	2790.80	250.07	12.16	38.230	0.077	30.13	910.23
2009	239467	10002.00	0.042	80	188	2915.23	237.14	11.97	36.440	0.079	29.15	867.62
2010	250770	10662.66	0.043	82	163	3039.87	223.80	12.22	37.072	0.065	28.51	862.14
2011	262446	11591.92	0.044	81	188	2850.06	197.17	12.77	35.186	0.072	24.59	799.68
2012	272085	12120.55	0.045	78	214	2837.16	242.11	12.06	36.374	0.078	23.51	808.31

表4-77　　余杭区城乡一体化供水区域各分支机构用水大客户数量

年份	临平		乔司	运河	塘栖	宏畔	崇贤	仁和(獐山)	良渚	余杭	闲林	瓶窑	径山	合计
	城北	城南												
2006	35		6	3	8	5	—	4	1	3	3	1	0	69
2007	35		6	5	9	5	—	4	0	4	2	1	1	72
2008	37		5	6	9	4	—	4	0	3	3	1	1	73
2009	36		7	6	8	5	—	6	1	4	4	2	1	80
2010	36		7	6	8	5	—	8	0	4	4	3	1	82
2011	22	5	7	5	8	—	6	9	4	2	8	4	1	81
2012	23	6	7	6	6	—	6	8	3	3	7	3	0	78

第六节　一户一表服务

做好居民生活用水一户一表服务，既是提高供水质量的重要举措，也是提高人民生活品质的重要组成部分，同时也是鉴别供水服务质量的试金石，做到烦事细做、小事大做，切实做到位，确保客户满意。

一、服务对象

居民生活用水一户一表服务的对象为：城乡居民生活用水已实施一户一表管理的用户，包括城镇多层住宅总表用户经“一户一表、计量出户”改造后的用户和农村经二次改水后实行一户一表直接管理的用户。

二、服务目标

——“一户一表”客户信息做到完整、准确，并及时更新。

——“一户一表”抄表做到细致正确，收费做到规范、及时，确保回收率。

——“一户一表”的日常维护保养和防冻保暖不留有死角，确保日常供水运行正常，避免因维护保养不到位造成的不必要的损失。

——“一户一表”供水服务要重视细节，确保客户满意。

——城镇“一户一表”改造，做到规范操作，确保工程质量。

三、服务措施

“一户一表”客户信息　一户一表客户在通水后供水信息及时进入供水营业 MIS 系统，运行中遇客户信息变更，做到及时更新，确保客户信息实时、完整、准确。

“一户一表”抄表　“一户一表”客户的抄表周期、抄表日期、水表抄见率、抄表正确率、水费通知单送达时间、抄表复查等抄表管理规定按《供水管理实施细则》严格执行，抄表服务的态度、质量列入供水管理的考核项目。

“一户一表”收费　“一户一表”客户到供水企业营业窗口交现金、开具发票或咨询缴费事项时做到热情接待，有问必答。对到联网银行交现金或代扣水费的客户及由非联网银行代扣水费的客户，供水企业及时做好客户缴费对账核实工作，避免产生误欠水费而导致客户对服务的不满意。

“一户一表”欠费催缴　“一户一表”客户发生欠费时，严格按照《供水管理实施细则》的相关规定，查清欠费原因，按时发放催款通知单位，主动上门催费，并结合电话、短信催缴服务，使客户理解、配合，通过热心、热情、耐心、诚信的服务，感动客户下次能主动按时缴清水费。

“一户一表”拆表停水　对“一户一表”客户的拆表停水，按《供用水合同》的约定和有关规定，在查明欠费是客户的责任，并经多次协商无效情况下，按《供水管理实施细则》的相关规定，按程序规范操作。在按程序操作过程中主动热情与客户联系，取得客户的谅解。拆表停水客户在缴纳水费和违约金后，供水企业在 48 小时内给予复接水表、恢复供水。

“一户一表”维修保养　“一户一表”供水设施日常巡查和养护，由抄表工在抄表和催费时同时进行。遇供水管网与设施改造、特殊气候条件影响、周边环境或社会治安发生问题时，必须认真、及时、多次进行巡查养护。通过巡查养护达到：壁挂式集中表箱的内外、水表、阀门等进行清理，确保干净整洁；落地式水表井内的垃圾、积水等进行清理，确保水表表面干净整洁；对于无表箱的水表，在表箱未安装完成前，就地取材，采取适当的方式对水表进行保护。同时，当发现有影响供水设施安全的，如在表箱上或周围放置杂物，应及时予以清理。并按规定检查并确认智能表采集系统正常。

在巡查时发现在线水表运转不正常；水表铅封、玻璃、表壳和伸缩节等不完好，阀门、水表渗漏水，一户一表改造户外套管缺损；私自改装、损坏、倒装用水计量装置，绕越供水企业水表无表用水等盗用自来水行为；及用户反映水表异常、智能表采集系统出错无法采集数据等异常情况时，巡查员（抄表员）及时报告营业所负责人，及时派员维修更换供水设施，避免或减轻客户与供水企业的损失。

城镇居民住宅“一户一表、计量出户”改造　实行城镇居民住宅“一户一表，计量出户”改造，关系到老百姓的切身利益和供水企业的形象，为确保施工质量和服务质量，杭州余杭供水集团公司、杭州余杭水务有限公司按相关要求，做到规范服务：

——严肃纪律，规范收费：城镇居民申请改装的费用，按照区物价局余价〔2002〕102号文件《关于居民住宅自来水一户一表，计量出户改造收费标准的批复》的规定：“已建住宅的改造费用按照供水企业和用户共同负担的原则，不论户型结构或层高，统一向用户收费480元/户”的标准执行。

——严格履行“一户一表，计量出户”的改造程序。

——规范进行“一户一表，计量出户”改造管道的试压。

——认真做好“一户一表，计量出户”的管道冲洗。

——及时拆除户内分表与做好水管封堵工作。

——施工期间，在户外地段立指示牌，不能严重影响交通和群众行路，施工后户外路面做到及时修复，恢复原状。

——在台风、暴雨和冰冻时期停止施工，必要时拆除脚手架以确保安全。

——加强对施工人员的教育与管理，施工人员必须佩证上岗，接受群众监督，不能严重影响施工周围的群众生活。

——做好施工期间的物资管理，管材等零星材料不能随地乱放，不能在室外过夜，杜绝浪费和失窃现象。

——居民住宅“一户一表，计量出户”改装好后，及时与用户签订好《供用水合同》，以维护双方的权利与义务。原以楼盘或单元签订的《供用水合同》及时中止或变更(不是整体改造的)。

余杭区（市）1998年—2012年城乡居民用水实行“一户一表”用户共248457户（详见附表4－8）。

“一户一表”的防冻保暖　冬季的低温冰冻，易引起供水设施损坏，影响正常的供水秩序，做好供水设施的防冻保暖是冬季供水管理的重要工作。在杭州余杭供水集团公司时期的2004年冬季和2005年冬季的冰冻最为严重：2004年12月31日至2005年1月6日，连续7天低温冰冻，最低气温-4℃，使供水设施造成了不同程度的损坏，冻坏水表和冻裂水表玻璃共5521只、冻裂供水管道和冻坏相关设施1409处（详见附表4-78）；2005年12月4日至2006年1月9日的36天中，发生4次冰冻，其中，2005年12月4日~8日期间最低气温-2℃，12月15日~20日期间最低气温-3.3℃，12月21日晚上至22日早晨最低气温-4℃，2006年1月5日至9日期间最低气温-4.1℃，该四次低温冰冻均造成供水设施不同程度的损坏。但由于2005年冬的防冻保暖工作接受了2004年冬的教训，防冻工作抓得早，措施有力，损失相对较轻，其中，冻坏水表和冻裂水表玻璃共306只，冻裂供水管道和冻坏相关设施135处（详见附表4-79）。

抓防冻保暖工作的主要服务措施为：一是通过发动群众，使供用水双方思想重视，认识到位，防冻责任落实；二是供水企业早准备、早布置，建立“防冻供水预案”；三是防冻措施有力，落实到位。自2002年开始，杭州余杭供水集团公司、杭州余杭水务有限公司在每年冬季来临之前，先后在余杭日报、城乡导报连续刊登防冻提示，告知市民注意维护自家的自来水设施，防止冻坏影响用水。

自2005年下半年，杭州余杭供水集团公司全面普查供水设施，对历史遗留的不利防冻保暖的隐患，在三年时间内整改到位，针对装表位置、管道埋深、表后立管距离、表箱埋设、表箱盖形式、表箱盖放置形式、表箱内保温材料和填埋标准等八个方面，按统一的标准，进行全面整改（详见附表4-80）。同时，对新建用户按统一标准开户接水，从而使供水设施的防冻效果显著提高。之后的每年10月底前，杭州余杭供水集团公司、杭州余杭水务有限公司对全区城乡一体化供水区域内的水表和各类仪表及表前管道的防冻保暖状况进行一次全面检查，发现防冻保暖不到位的供水设施在11月底前全面整改好。

公司自2007年开始，每年在财务预算时均安排一定的防冻保暖经费，实际使用逐年增加，2007年为37.46万元，2012年增加到70.93万元，六年间防冻保暖共用资金354.85万元，平均每年59.14万元（详见附表4-81）。2005年冬后，公司室外供水设施未发生严重受损情况，冬季安全供水得到保障。

表 4－78　　**2004 年杭州余杭供水集团公司冬季供水设施受损情况**

类别			2005 年							
			1月1日	1月2日	1月3日	1月4日	1月5日	1月6日	1月7日	合计
冻坏水表冻破玻璃（只）	冻坏水表、冻裂玻璃		308	466	963	1776	965	864	179	5521
	安装位置	朝北	129	183	292	1159	597	268	55	2683
		朝南	29	53	82	417	68	44	44	737
	水表框防冻材料	淤泥	0	0	0	239	1	0	37	277
		沙石	120	193	312	973	652	281	42	2573
		石粉	12	2	18	25	20	1	0	78
		木屑	2	6	2	5	10	16	0	41
		谷壳	3	10	15	22	15	2	0	67
		稻草	162	237	215	227	224	342	0	1407
		无防冻材料	0	0	0	2	10	0	0	12
		碎布屑	9	18	10	5	3	0	0	45
		无水表框	3	4	8	12	35	1	0	63
		其他	0	0	2	280	0	0	20	302
	水表口径	DN15	296	445	421	1185	911	807	122	4187
		DN20	9	21	78	586	50	54	55	853
		DN25	3	0	14	3	2	0	2	24
		DN40	0	0	1	2	2	3	0	8
		DN50	0	0	0	0	0	0	0	0
		其他口径	0	0	0	0	0	0	0	0
	水表厂家	杭州水表厂	206	335	409	1025	492	508	45	3020
		宁波水表厂	102	127	165	534	143	126	54	1251
		其他厂家	0	4	0	9	8	8	0	29
	冻坏水表处理	更换水表	119	158	271	1186	320	135	109	2298
		更换水表玻璃	189	308	303	520	630	633	70	2653
		其他	0	0	0	0	0	0	0	0
表前水管受冻（处）	水管口径	DN15～DN40	103	130	225	367	217	268	50	1360
		DN50～DN100	1	2	8	7	22	0	0	40
		DN100 以上	1	0	0	7	1	0	0	9
	管材	PE 管	0	0	0	3	0	1	0	4
		镀锌管	101	127	231	369	218	257	50	1353
		钢管	0	0	0	0	0	0	0	0
		水泥管	0	0	0	0	20	10	0	30
		球墨铸铁管	0	0	0	0	0	0	0	0
		钢塑管	4	4	2	2	2	0	0	14
		其他	0	1	0	7	0	0	0	8
	冻坏部位	管道开裂	40	50	79	128	183	36	0	516
		管道连接处	63	77	154	253	54	194	43	838
		其他位置	2	5	0	0	3	38	7	55
	是否有防冻措施	无	83	106	191	322	180	222	50	1154
		有	22	26	42	59	60	46	0	255
	管道是否暴露在外	是	85	107	200	323	187	227	50	1179
		否	20	25	33	58	53	41	0	230
表外上门服务次数			703	945	1617	1950	1223	1077	351	7866

表 4－79　　2005 年杭州余杭供水集团公司冬季供水设施受损情况

类别			2005 年 12 月 4—8 日	2005 年 12 月 15—21 日	2005 年 12 月 21—22 日	2006 年 1 月 5—9 日	合计
冻坏水表冻破玻璃（只）	冻坏水表、冻裂玻璃		7	83	41	175	306
	安装位置	朝北	7	65	38	132	242
		朝南	0	18	3	43	64
	水表框防冻材料	淤泥	—	—	—	—	停止使用
		沙石	5	37	37	154	233
		石粉	1	7	3	17	28
		木屑	—	—	—	—	停止使用
		谷壳	—	—	—	—	停止使用
		稻草	—	—	—	—	停止使用
		无防冻材料	1	11	0	0	12
		碎布屑	—	—	—	—	停止使用
		无水表框	0	0	0	0	0
		其他	0	28	1	4	33
	水表口径	DN15	6	60	33	144	243
		DN20	1	23	8	29	61
		DN25	0	0	0	2	2
		DN40	0	0	0	0	0
		DN50	0	0	0	0	0
		其他口径	0	0	0	0	0
	水表厂家	杭州水表厂	6	69	38	138	251
		宁波水表厂	1	13	3	37	54
		其他厂家	0	1	0	0	1
	冻坏水表处理	更换水表	6	67	35	136	244
		更换水表玻璃	1	16	6	39	62
		其他	0	0	0	0	0
表前水管受冻（处）	水管口径	DN15～DN40	0	33	22	74	129
		DN50～DN100	0	1	1	1	3
		DN100 以上	2	1	0	0	3
	管材	PE 管	0	0	0	0	0
		镀锌管	2	29	21	71	123
		钢管	0	0	0	0	0
		水泥管	0	1	0	0	1
		球墨铸铁管	0	0	0	0	0
		钢塑管	0	5	2	0	7
		其他	0	0	0	4	4
	冻坏部位	管道开裂	1	8	5	5	19
		管道连接处	0	24	18	58	100
		其他位置	1	3	0	12	16
	是否有防冻措施	无	2	25	23	75	125
		有	0	10	0	0	10
	管道是否暴露在外	是	2	22	16	63	103
		否	0	13	7	12	32
表外上门服务次数			14	143	82	285	524

表 4－80　　2005 年杭州余杭供水集团公司室外水表防冻保暖整改（新建）标准

序	整改（新建）项目	存在不利防冻保暖的隐患事项		整改（新建）要求	
		现　状	问　题	标　准	作　用
农村一户一表	装表位置	多数在农宅北面，或在二幢住宅的过道中间。	1. 农宅背面和二幢住宅中间，冬季北风大、气温低、易冻坏。 2. 农户在住宅后边随时会建简易房影响水表运行。	原则要求将表箱安装在农宅前面，朝南、地势较高、不易积水处，确实不方便的，选择后面离住宅 2 米外的高地处，不能装在二幢住宅中间和屋檐下及围墙边。（现有北面的水表，按三年计划，改造完）	住宅南面阳光足、风较小，且不受农户建简易房影响。
	管道埋深	进出水表的部分管道埋设较浅，甚至露裸在外。	既容易冻坏管道、也容易冻坏水表。	表前的管道和表后不少于 1.5 米以内的管道复土深度必须大于 0.3 米，杜绝有明露管道。	有利管道保温，防冰冻。
	表后立管距离	部分离表箱很近，乃至紧贴表箱。	立管离水表近时，低温传送，易冻坏水表。	离表箱距离不少于 1.5 米，同时立管和进户管要求住户自己包扎保护好。	既有利保护水表，又有利于冬季自来水不冻，不断水。
	表箱埋设	部分放在地表，部分埋土不深。	1. 容易冻坏水表； 2. 表箱及水表易损坏。	应埋设于地下，箱盖高于地面 0.1 米左右。	不易冻坏水表，稳定表箱不受损。
	表箱盖形式	坎在表箱框内，中间有手提的小洞。	箱盖四周和中间的小洞在下雨雪时，水直接进入表箱内，易冻坏水表。	表箱盖放在表箱框上面，中间不打洞。同时，写上用户号。	雨雪不易直接进入表箱内，有利防冻。写上用户号便于抄表和检查。
	表箱盖放置形式	平坎在表箱框内。	雨雪易向表箱盖四周流入表箱内。	平改坡，表箱倾斜 10～15 度，表箱斜盖在表箱框上面。	雨雪在表箱盖上只向一个方向流，更不易流入表箱内。
	表箱内保温材料	部分用稻草、泥土、砻糠、垃圾、淤泥、杂物等。	此类材料不能保温，并且污染表箱环境。	黄沙或石粉。	不易受冻，有利保温。

续表 4－80

序	整改（新建）项目	存在不利防冻保暖的隐患事项		整改（新建）要求	
		现　　状	问　　题	标　　准	作　　用
农村一户一表	填埋标准	部分随意乱填，乃至未盖到水表处。	形同虚设，甚至加快水表冻坏。	在表箱内管道下用泥土填埋，并夯实；泥土上面覆盖黄沙或石粉，埋没高度必须高于水表。	管道下边填埋泥土并夯实既能稳定表箱位置，又使黄沙不易渗流到表箱外，同时，又可节约黄沙，可连年使用（或次年适当增添）。
城镇一户一表		壁挂式表箱	明露立管	用保温棉对明露立管进行包裹防护。	
			水表箱	用专用玻璃棉平板铝箔贴至水表箱门内侧，对表箱起密封保温作用。	
		落地式水表井		（防冻保暖标准同农村一户一表要求）。	

杭州余杭供水集团公司、杭州余杭水务有限公司
2007 年—2012 年各分支机构防冻保暖费用

表 4－81　　　　单位：万元

年份	临平		乔司	运河	塘栖	宏畔	崇贤	仁和（獐山）	良渚	余杭	闲林	瓶窑	径山	合计
	城北	城南												
2007	5.06		5.08	2.90	1.94	3.67	—	4.47	3.37	8.41	1.55	0.29	0.72	37.46
2008	7.74		5.30	3.59	3.89	4.55	—	6.06	4.63	7.21	2.80	2.29	1.97	50.03
2009	9.94		6.21	4.92	4.65	4.56	—	6.37	5.45	10.36	3.29	3.01	2.33	61.09
2010	10.50		6.47	5.04	4.83	4.70	—	6.50	7.07	9.81	3.27	3.48	2.28	63.95
2011	4.07	3.51	6.27	5.15	8.02	—	9.45	6.71	7.48	7.17	6.67	4.07	2.82	71.39
2012	6.07	4.36	5.86	5.06	8.75	—	4.61	6.76	7.71	7.66	6.67	4.31	3.11	70.93
合计	51.25		35.19	26.66	63.62			36.87	35.71	50.62	24.25	17.45	13.23	354.85

第七节　服务竞赛

杭州余杭供水集团公司、杭州余杭水务有限公司为深化行业作风建设，进一步提高供、排水服务质量和提高职工的综合素质，提升公司供排水服务的新形象，把“让用户满意、使政府放心”的公司服务宗旨落到实处，自 2007 年 1 月开始，在公司各分支机构间开展供水排水服务“连续百日无投诉”竞赛活动（2007年至2008年竞赛活动不含排水服务）。

一、竞赛目的

遵守职业道德，规范服务行为；提高服务质量，提升生活品质；强化职工素质，提高服务效能；营造竞争气氛，弘扬争先意识；心系广大用户，和谐为民服务。

二、竞赛目标

通过竞赛活动，努力把因供排水质量、服务质量、服务效能和职工素质不满意的投诉，降低到最小限度，以此进一步提升公司的行业作风，树立公司良好形象。

通过竞赛活动，促进各分支机构不断更新服务理念、创新服务手段、提升服务质量，进一步强化服务管理，形成服务长效机制，使服务水平得到再次提升。

通过竞赛活动，大力弘扬职工的职业道德，进一步规范各岗位员工的服务行为，使职工素质得到进一步强化、服务效能得到再次提高。

通过竞赛活动，营造竞争氛围，充分调动各分支机构的积极性，激发各分支机构的争先意识，促使各分支机构及时了解服务过程中存在的问题和不足，并进行整改和纠正。

通过竞赛活动，各分支机构对投诉事件的处理逐步规范化，不断提升处理能力；竞争结果的公示，提高各分支机构对供排水服务的重视度，促使各分支机构进一步加强日常服务管理。

通过竞赛活动，提供各分支机构互相了解供排水服务实绩的平台，各部门之间取长补短、相互借鉴，实现共同提高。

三、竞赛组织

为使“连续百日无投诉”竞赛活动做到规范组织、积极参与、有序进行，公平公正、竞出干劲、竞出成效，公司建立竞赛活动协调小组。协调小组由公司分管营业服务的领导任组长，机关相关管理部门的负责人任副组长，参与竞赛活动的各分支机构负责人为成员。

协调小组主要职责：

——负责竞赛管理，制订竞赛方案，发动职工参与，营造竞赛氛围。

——督促机关相关部门与有关分支机构对投诉事件进行限时调查，提出处理意见。并按公司相关规定，经领导或部门确认后将查处情况反馈给有关部门和投诉人。

——督促相关分支机构对投诉事件查找原因，限时整改，并按公司相关权限追查相关人员责任。

——当客户服务中心难认定投诉事件的责任方时，协调相关部门查清事实，明确责任。

——统计和公示、公布竞赛进度与竞赛成绩。

——对公示后有疑义的竞赛成绩进行协调核准。

四、参赛单位

以公司各分支机构（不含安装分公司、水质监测中心）为参赛单位。竞赛活动期间受理到对安装分公司、水质监测中心和公司机关各管理部门及相关人员的投诉、举报时，按竞赛方法处理，不列入竞赛计分与评奖。

五、竞赛受理内容

——因供水质量、服务质量、管道安装质量、截污纳管工程质量、一户一表改造质量、供水数量、供水压力、职工服务态度、为民服务效能、志愿服务、承诺服务、水费、污水费与工程建设费的收缴、停水或降压供水等方面用户不满意的投诉。

——在干部职工中发生违法、违纪、违规事件的检举与揭发，发生“吃、拿、卡、要、报”等行为的举报。

——干部职工在工作作风、生活作风、行业作风等方面有不文明、不道德、不守纪等行为的批评。

五、投诉来源

——区长热线（含转市长热线）交办的涉及投诉方面的调查处理事件。

——区信访局（含转上级信访等部门）交办的涉及投诉方面的调查处理事件。

——区政民互动统一服务平台交办的涉及投诉方面的调查处理事件。

——区工商、物价、消协和新闻媒体等机关与部门交办或曝光的涉及投诉方面的调查处理事件。

——公司水务热线受理的涉及投诉方面的各项事件。

——公司机关各部门在接待群众来访和收到的来信、来电、电子邮件等时涉及群众投诉的事件。

——各分支机构在接待用户来访或来电、来信、电子邮件等时涉及群众投诉的事件。

——其他方式涉及投诉方面的事件。

六、竞赛方法

1. 投诉事件的受理与责任的确认

——上述各个方面来源的投诉，不论任何部门、任何人接到，都必须在第一时间内，向客户服务中心（客服热线）报告，统一登记后，按客服热线的操作流程，分步处理。尤其是参赛单位（各分支机构）直接接到的投诉，也须及时报告，规范受理。

——对各投诉事件在处理过程中，各分支机构的负责人亲自听取投诉人的意见。处理结束后，客户服务中心及时回访，确认投诉人的意见。

——处理结果反馈给客户服务中心后，由客户服务中心确认事件的责任方。凡被投诉的事件中公司方负有一定责任的事件，均列入投诉事件记录（事前经与被投诉部门沟通）。对公司方没有责任的事件，被投诉部门也需要查找分析原因，避免类似事件的再次发生。

——客户服务中心对难认定责任方的投诉事件提交竞赛协调小组协调确认。

其中，对水费通知单没有及时收到的投诉，大部分都较难确认责任，此类投诉按以下标准确认责任：

确认为主要责任的投诉　客户没有及时收到水费通知单，经查实为公司方原因造成的投诉；客户在投诉15天之后才缴纳欠费和违约金的投诉；客户在投诉后15天内（含15天）缴清欠费而违约金经申请审核同意减免的投诉。

确认为次要责任的投诉　客户将水费和违约金在投诉后的15天内（含15天）全额缴清的投诉。

确认为无责任的投诉　客户将水费和违约金在投诉后的5天内（含5天）全额缴清的投诉；客户在已缴清水费和违约金之后投诉，经分支机构确认和解释后，客户对欠费和违约金无异议且表示满意的投诉。注：以上天数含投诉后的双休日，不含法定假日。

2．竞赛积分计算办法

——各参赛单位的竞赛基础分为50分。

——参赛单位在连续100天内无群众投诉时得20分（2007年—2008年的标准为得30分、连续无投诉不足100天的不得分），之后每连续延长一天加0.1分。如全年有2~3次连续100天以上的无投诉时间，积分不累计，按无投诉最长时间计算积分。

——全年（或公示日止）累计投诉数量比上年（或上年同期）增加或减少一次的，分别减或加1分（2007年—2008年的标准为：减或加3分）。

——每次投诉经确认后，按照各分支机构管辖区域内用户数的多少按以下五档分别扣分（以下均不包括分支机构目标责任制考核“行风建设”部分的相关扣分）：

用户数在1万（不含）以下的，主要责任扣1.4分，次要责任扣0.5分。

用户数在1万（含）以上至2万（不含）以下，主要责任扣1.3分，次要责任扣0.45分。

用户数在2万（含）以上至3万（不含）以下，主要责任扣1.2分，次要责任扣0.4分。

用户数在3万（含）以上至4万（不含）以下，主要责任扣1.1分，次要责任扣0.35分。

用户数在4万（含）以上的，主要责任扣1分，次要责任扣0.3分。

以上用户数按各分支机构上月月末的户数为准。

（该条计分办法在2007年时的标准为：“每次投诉经确认后，被投诉部门负主要责任扣1分，负次要责任的扣0.5分，没有责任的扣0.1分”；在2008年时调整为：每次投诉经确认后，被投诉部门负主要责任的扣1分，负次要责任的扣0.3分）。

——参赛单位至当年12月31日止，最长连续无投诉天数比上年每多3天加0.1分，不足3天的不加分。（该条标准自2009年起实行，2008年标准为：最长连续无投诉天数比上年每多一天扣0.1分，2007年时没有该项计分标准）。

——同一事件，被不同群众在同一时间段投诉的，按投诉批量计算投诉次数，同时按上述相关条款扣分；同一事件，被同一对象在不同时间重复投诉的，从第二次投诉起，累计计算投诉次数（包括同一事件重复向一个部门投诉或向多个部门重复投诉），同时，按上述相关条款每次加倍扣分。

——群众直接向分支机构投诉（包括来访、来电、来信等各种形式）的事件，分支机构没有在两个工作日内向公司客户服务中心报告，经发现并查实后，除按上述相关条款扣分外，每次再加扣1分（不论有否责任）。二个工作日之后不报告的，每迟一天在已加扣1分的同时再加扣0.1分。

——一个分支机构（单位或个人）报告或检举、揭发其他分支机构有被群众直接投诉事件，而被投诉的分支机构在投诉后两天之内尚未向公司客户服务中心报告，经查实后，每次给予报告或检举揭发者所在的分支机构加3分，被投诉的分支机构按上述相关条款扣分。

3．竞赛成绩统计与公示

为形成和谐的竞赛氛围，交流竞赛经验，提高服务质量，减少用户投诉，按公开、公平、公正的竞赛规则，对竞赛过程中各参赛单位的成绩实行定期公示，接受监督。

统计和公示部门　统计由公司客户服务中心负责，经竞赛协调小组确认后在公司内网上公示。

统计和公示日期　次月1日（遇节假日提前或延迟一天）统计和公示累计至上月底的竞赛成绩。

公示和核准时间　每次公示后，在七个工作日内客户服务中心受理对公示成绩的疑义问题，凡在七个工作日内没有疑义的，公示结果自动生效。如有疑义，由客户服务中心报告竞赛协调小组，落实相关部门调查核准。如需变更公示相关内容的，在查实后，由客户服务中心电话通知疑义者和参赛单位，并在下次公示时进行调整。

七、竞赛奖惩

——全年累计竞赛积分（其中必须有连续百日无投诉的积分）获得最多的前三个参赛单位（分支机构），公司在次年初召开的年度工作会议上给予表彰奖励，授予“连续百日无投诉竞赛活动优胜单位”荣誉，按一、二、三等奖发给奖金。

——全年无投诉的参赛单位，奖金额度参照一等奖发放，如该参赛单位在当年的竞赛中取得前三等奖名次的，按奖金额度高者发放，不重复进行奖励（该项奖励自2012年起实行）。

上述奖罚标准以当年制定的目标责任制考核奖罚标准为准。

——已停用的奖罚标准有：

2007年，全年累计竞赛积分为最少的三个参赛单位（分支机构），将在次年度分支机构目标责任制考核中的供水管理部分（日常考核）内，分别再加扣考核分 3、2、1 分。

2008 年—2011 年；在年终目标责任制考核时，全年累计竞赛积分每高（低）于各参赛供水分公司平均得分 1 分的，主要负责人按 30 元的标准进行奖（罚），副职、助理按有关规定同比例奖（罚），职工按人均 8 元的标准进行将（罚），由各供水分公司按内部考核办法进行处理。

八、竞赛结果

开展对供排水客户服务“连续百日无投诉”竞赛活动是一项提高供排水服务质量的有效载体。为取得预期的效果，公司机关各部门共同配合，竞赛协调小组公平、公正组织好竞赛，各参赛单位正确对待。在竞赛过程中，没有被投诉的单位在供水服务工作上再接再厉，争取全年零投诉；对有被投诉的单位对每一起投诉及时查找原因，通过转换角色，从假如我是用户去正确认识投诉，及时处理投诉，并以此为教训，把供水服务工作做得更好，让广大用户更满意，使“连续百日无投诉”竞赛活动取得实效。

自 2007 年至 2012 年连续六年的竞赛活动，在各参赛部门（分支机构）的认真参与下，通过提高职工素质，提升服务水平，使供水服务的质量得到提升，各分支机构平均连续无投诉的天数由 2009 年的 168.2 天，提高到 2012 年的 284.6 天。其中，2012 年在 12 个竞赛单位中有城南、乔司、运河、瓶窑、径山等 5 个分支机构做到全年无责任投诉，运河分公司（运河供水分公司）自 2007 年至 2012 年做到连续 6 年无责任投诉。竞赛活动开展得很激励，各分支机构都不愿落后，千方百计提高服务质量，努力减少用户投诉，在六年的竞赛活动中，先后有临平、城南、乔司、运河、闲林、径山等 6 个分支机构获得过竞赛的第一名。各分支机构 2007 年至 2012 年参加供排水服务“百日无投诉竞赛”成绩见附表 4－82。

表 4－82　**2007年—2012年供排水服务“连续百日无投诉”竞赛成绩**

竞赛部门（分支机构）		全年连续无投诉天数（不含无责投诉）						竞赛名次					
		2007 年	2008 年	2009 年	2010 年	2011 年	2012 年	2007 年	2008 年	2009 年	2010 年	2011 年	2012 年
临平	城北	48	98	146	62	145	258	11	10	1	11	8	6
	城南					185	366					7	1
乔司		197	225	113	365	365	366	2	3	10	1	3	3
运河		365	366	365	365	365	366	5	1	3	7	3	3
塘栖		74	146	111	321	154	194	8	2	9	2	12	9
宏畔		72	144	133	133	—	—	9	6	7	10	—	—
崇贤		—	—	—	—	285	305	—	—	—	—	2	8
仁和（獐山）		365	153	129	365	365	330	3	8	4	5	3	7
良渚		178	74	78	143	115	168	6	9	11	3	10	10
余杭		90	53	80	131	197	183	10	11	8	4	9	12
闲林		365	216	189	175	102	147	1	4	6	9	11	11
瓶窑		101	160	141	323	295	366	7	7	5	6	6	2
径山		365	232	365	353	365	366	3	5	2	8	1	3
平均		201.8	169.7	168.2	248.7	244.8	284.6	—	—	—	—	—	—

注：2007 年—2008 年竞赛活动不含排水服务投诉，其中，2007 年为杭州余杭供水集团公司时期

第九章　建设管理

余杭区（市）城乡一体化供水的基础设施建设范围广、项目多、投资大、任务重、时间紧、要求高，为使工程建设按计划、保质、保量、廉洁竣工，工程建设业主单位按照国家和政府有关部门的相关规定和技术标准，规范有序地抓好每一项工程的建设管理。

第一节　工程设计

一、设计权限

余杭区城乡一体化供水区域建设的供、排水工程项目设计按三类权限实施：

委托设计　委托设计的项目包括余杭区供排水规划、供排水专项规划及区域性供排水规划，政府立项的供排水工程和公开招标的工程项目。

公司设计　杭州余杭供水集团公司设计室、杭州余杭水务有限公司水务设施安装分公司及公司内部相关职能部门负责非政府立项，并由公司工程建设资金列支的自建工程和由公司生产成本列支的改造工程的方案设计，包括各镇乡、街道的供、排水方案；DN800 及以上供水管道和 DN500 及以上排污管网的新建、改建及移位方案；市政工程配套的供、排水管道方案；水厂、污水厂局部建、构筑物改造方案。同时，配合、协助委托设计单位完成相关设计。并对各分支机构申报的由用户投资建设的安装业务工程和小型 自建工程设计方案的审核。

公司分支机构设计　公司分支机构负责内部招标、直接发包的安装工程和小型自建工程设计，包括：村、社区、新建生活小区和农居点供排水方案，各单位、居民用户接水、排水工程方案，DN800 以下供水管道和 DN500 以下排污管道的新建、改建及移位方案，分支机构的设计方案需报公司相关职能机构审核批准后才能组织实施。

二、设计原则

——工程设计坚持科学发展观，与余杭经济、社会发展水平相适应，体现经济效益、社会效益和环境效益相统一。给排水规划编制依据规划区域内的总体规划和控制性详细规划及给排水专项规划，并结合供排水现状，充分考虑周边社会经济现状和发展趋势，科学合理地布局，避免重复投资。

——工程设计符合国家、地方有关工程强制性规范和标准，符合公司相关规定。

——工程设计采用先进、成熟、经济、适用、可靠的工艺、设备和材料，采用先进的供排水管理理念，提高供排水设施建设和管理水平。保证水质，保障安全，满足设计年限内的用户需求。

——运用价值工程理论，优化工程设计方案。通过多方案比较，在满足使用功能的情况下，合理降低工程造价。对运行的供排水设施进行调查研究，改进设计方案，推进技术创新。

——重点工程推行“限额设计”。

三、设计要求

由杭州余杭供水集团公司、杭州余杭水务有限公司设计的项目按工程类别分别要求为：

自建工程　根据供水排水专项规划、水量预测及现有管网情况编制方案、工程预算及绘制施工图，并及时录入工程管理信息系统。

改造工程　根据现状情况，结合改造需求编制工程方案、工程预算及绘制施工图，并及时录入工程管理信息系统。

安装业务工程　根据用户提供的资料，经实地查勘后编制工程方案、工程预算及绘制施工图，并及时录入工程管理信息系统。

第二节　项目审批

一、项目审批范围

——除零星套表开户接水工程以外所有工程必须经审批后才能实施。

——自建工程项目建议书（方案设计）完成后由工程建设管理部门报区级有关部门立项。

——改造工程由公司各管理部门根据年度计划直接审批。供排水管网改造工程由营业服务管理部门审批；机电设备、自控设备的改造工程由生产运行部审批；除供排水管网、机电设备、自控设备外的已建设施的改造工程由公司办公室审批。

——新建生活小区、农居点、行政村管网、单位接水等（除零星套表开户工程以外）供水安装业务工程及排污用户截污纳管、污水管道移位等安装业务工程由营业服务管理部门审批。

二、审批程序、内容和时限

——工程管理系统的录入，原则上由负责现场管理的分支机构作为项目发起人，涉及多个分支机构的项目由机关相关部门落实一个分支机构作为项目发起人。

——须经区级有关部门立项的自建工程，方案编制完成，经职能部门、分支机构内审后，由工程建设管理部门会同财务部门报区发改局立项，立项后由工程建设管理部门落实项目建设管理的分支机构或成立项目办，并由项目实施部门录入工程管理信息系统。

备案立项工程由工程建设管理部门上报区级有关部门定期备案。

——各管理部门直接审批的改造和安装业务工程，按工程管理信息系统的操作程序和要求，在网上审批。

审批的主要内容为工程设计方案、工程预算、资金来源、与出资单位协议初稿等。

——审批时限：各管理部门在收到报审信息后，视工程大小、轻重缓急在二至五个工作日内对工程方案进行审批；方案同意后规划审计部门在两个工作日内对工程预算进行初审，报公司分管领导审定后，各管理部门及时落实。

改造项目，一般集中在每年10月底前一周内上报审批。

——工程审批后，自建工程进入工程招投标、施工单位确定、工程实施阶段。安装业务工程进入与用户签订安装协议阶段，然后确定施工单位。

第三节　招标投标

一、确定施工（物资采购）单位的方式

工程施工（物资采购）发包根据工程立项、类型、规模、概算等情况，采用招标投标或直接发包的方式确定施工单位。

1．招投标基本原则

招标投标活动遵守国家的有关法律、法规以及地方规定，任何单位和个人不得将依法必须进行招标的项目肢解或者以其他任何方式规避招标。同时必须遵循：“公开、公平、公正和诚实信用”的原则和“科学、择优和价格合理”的原则。

2．招投标范围

——建设工程的勘察、设计、施工、监理发包以及物资采购等达到下列标准的，必须进行招标。

政府立项建设工程发包　政府立项的建设项目（一般为新建、扩建项目），工程造价在50万元及以上，以公开招标方式确定施工单位；工程造价在50万元（不含50万元）至30万元（含30万元）之间，采用交易洽谈方式确定；厂、站（含建、构筑物，机电、自控设备）项目工程造价在30万元（不含30万元）至10万元（含10万元）之间，采用邀请招标方式确定；10万元以下直接发包；供排水管网项目工程造价在30万元以下直接发包。

备案立项工程发包　备案立项项目（包括管道建设费工程和工程总投资小于50万的新建、扩建项目），工程造价在30万元（含30万元）以上，采用交易洽谈或邀请招标方

式确定；工程造价在30万元以下直接发包。

改造工程发包 管网改造工程造价在30万元（含30万元）以上，采用内部邀请招标；工程造价在30万元以下直接发包。厂、站（含建、构筑物，机电、自控设备）改造工程造价在10万元（含10万元）以上，采用内部邀请招标；工程造价在10万元以下直接发包。

安装业务工程发包 工程造价（包括甲供主材）在35万元及以上且合同估算价（即施工费用，不包括甲供主材）在15万元及以上，采用邀请招标。

年度物资采购招标 年度采购额30万元及以上的常用同类物资，按年度组织招标，招标方式由招标小组提出，报招标领导小组审定；年度采购额在5万元（含5万元）至30万元之间的常用同类物资或单件价格5万元及以上的大宗物资采购采用邀请招标。

重点工程设备（材料）采购招标 单次同类型设备（材料）采购金额在50万元及以上或单件设备（材料）单价30万元及以上，采用公开招标；单次同类型设备（材料）采购金额在50万元（不含50万元）至5万元（含5万元）之间或单件价格30万元（不含30万元）至5万元（含5万元）之间的物资采购采用邀请招标。

勘察、设计、监理招标 省、市、区重点建设项目实行公开招标。

勘察单项合同估算价在30万元及以上；设计单项合同估算价在50万元及以上；监理单项合同估算价在30万元及以上或总投资在2000万元及以上的建设项目应实行招标。招标方式由招标小组提出，报招标领导小组审定。

——在物资采购中除公开招标和邀请招标外，还可采用竞争性谈判、询价、单一来源采购等方式。

符合下列情形之一的可以采用竞争性谈判方式采购：招标后没有供应商投标或者没有合格标的或者重新招标未能成立的；技术复杂或者性质特殊，不能确定详细规格或者具体要求的；采用招标所需时间不能满足用户紧急需要的；不能事先计算出价格总额的。

采购的货物规格、标准统一、现货货源充足且价格变化幅度小的采购项目可以采用询价的方式。

符合下列情形之一的可以采用单一来源方式采购：只能从唯一供应商处采购的；发生了不可预见的紧急情况不能从其他供应商处采购的；必须保证原有采购项目一致性或者服务配套的要求，需要继续从原供应商处添购，且添购资金总额不超过原合同采购金额百分之十的。

——经批准后下列项目可采用直接发包的方式进行：

政府立项工程 厂、站工程造价在10万元以下；管网工程在30万以下可直接发包。

备案立项工程 造价在30万元以下可直接发包；

改造工程 管网改造工程造价在30万元以下直接发包；厂、站（含建、构筑物，机电、自控设备）改造工程造价在10万元以下直接发包；抢修工程可直接发包。

安装业务工程 工程造价在35万元以下或合同估算价在15万元以下的直接发包。

物资采购 年度采购额或单件设备材料单价5万元以下的直接确定供货单位。

勘察、设计、监理　勘察单项合同估算价在30万元以下；设计单项合同估算价在50万元以下；监理单项合同估算价在30万元以下且总投资在2000万元以下的建设项目可直接发包。

在勘察设计招标中，对技术复杂或专业性强，能够满足条件的单位少于三家，不能形成有效竞争的，可直接发包。

其他　规定须招标的工程若遇工期要求，需采用特定专利、专用技术或者有其他特殊原因的，由项目管理部门申请，经项目小组审核、招标领导小组批准后可直接发包。

——经批准后，下列情况可采用续标方式进行：

扩建工程的设计、监理、施工项目且原中标人仍有承包能力、价款结算条款不变或优于原合同的项目；

已建成项目需要改、扩建或者技术改造，由其他单位进行设计影响项目功能配套性的；

列入公司当年招标范围的常用物资，当中标合同执行完毕，报公司招标领导小组负责人批准后发生物资采购的；

列入公司招标范围的零星物资采购，在近期公司已组织过招标的。

续标必须由招标小组综合评估后，报招标领导小组批准。

二、招标

招标管理机构　杭州余杭供水集团公司、杭州余杭水务有限公司设立招标领导小组，正、副组长分别由董事长和总经理担任，组员由分管领导及机关相关部门主要负责人担任。公司内设招标管理中心，负责招标日常管理工作。招投标活动接受公司纪委、监事会的监督。监督人员就评标过程是否履行规定程序以及执行评标纪律等情况在评标报告上签署意见。

招标方式　工程建设项目招标分为公开招标、交易洽谈和邀请招标。

采用公开招标方式的，进入区交易中心按余杭区建设工程招标投标有关规定执行。

重点工程设备（材料）采购采用公开招标方式：由公司作为招标人组织招标，区监察局、发改局、建设局、财政局、公共资源交易中心等部门组成监督协调小组参与监督。

采用交易洽谈方式的，进入余杭区公共资源交易中心交易，招投标管理办公室备案。信息发布报名后招标人可直接确定投标人，其他流程同公开招标。

采用邀请招标方式的，按以下招标程序招标（以下招标程序均适用公司内部招标）：

提出招标申请书；发布招标公告或发出招标邀请书；对投标人进行资格审查，并将审查结果通知各投标人；编制招标文件；向合格的投标人分发招标文件和有关资料；组织投标人踏勘现场，并对有关问题作介绍和说明；组建评标委员会；组织开标、评标、定标；发出中标通知书；签订合同；提交招标投标情况书面报告。

招标人的确定　经区发改局立项的自建工程，原则上采用公开招标方式，招标人为杭州余杭水务有限公司（杭州余杭供水集团公司）。备案项目，一般采用内部招标方式，

管道建设费项目招标人为项目现场实施管理的分支机构，其他项目招标人为杭州余杭水务有限公司（杭州余杭供水集团公司）。

改造工程，招标人为杭州余杭水务有限公司（杭州余杭供水集团公司）。

安装业务工程，招标人为项目实施现场管理的分支机构。

投标人的资格　推荐投标人应根据招标项目的类型、规模及技术要求等而定，招标人在资格预审文件中载明资格预审的条件、标准和方法，不得随意改变。对每项招标内容确定3家及以上具备承担招标项目的能力、资信良好的投标人。监督组负责对潜在投标人进行不良查询。

资格审查主要审查潜在投标人或者投标人是否符合下列条件：

——具有独立订立合同的权利；

——具有履行合同的能力，包括专业、技术资格和能力，资金、设备和其他物质设施状况，管理能力，经验、信誉和相应的从业人员；

——除零星项目以外，参与各项目施工的施工单位必须具有相应等级的房建、市政、安装、维护等资质，并在其资质等级许可范围内承揽安装及维护业务。禁止以个人名义承接公司的施工业务或直接参与施工。零星项目承接单位必须持有相应经营范围的工商营业执照。

——参与供排水管网内部邀请招标的施工单位采用年度备案制度，各分支机构推荐的施工单位在参与施工之前需经工程建设管理部门备案审查。工程建设管理部门根据备案施工单位的施工质量、服务质量等相关情况，每年进行调整。

——没有处于被责令停业、投标资格被取消、财产被接管、冻结、破产状态；

——在最近三年内没有骗取中标和严重违约及重大工程质量问题；

——法律、行政法规规定的其他资格条件。

招标最高限价的确定　公开招标项目，按省、市、区现行计价规则、计价依据和招投标相关规定执行。公司内部招标项目，均设置最高限价，超过最高限价的标书作废标处理。

房屋建筑工程、市政供排水抢修工程、市政排水新建（包括改建、移位、扩建）工程、市政供水新建（包括改建、移位、扩建）工程最高限价的确定分别为：根据工程招标施工图及现行计价规则和计价依据计算的工程造价并分别下浮 15%、13%、19%、25%，税费按取费定额规定中值计取（最高限价的制定原则根据相关政策，视时予以调整）。甲供材料费和甲供机械使用费不计入总价。不能套用定额的项目，按市场价进入招标工程量清单进行组价，由招标领导小组确定最高限价。

招标时限　公开招标项目应按省、市、区招投标相关规定执行。

公司内部招标项目，分支机构或相关职能部门在提出招标申请后一周内完成招标文件（包括工程量清单和标底）的编制，规划审计部门在一周内完成审核，发放招标文件一周后开标、评标，招标工作在一个月内完成。

工程招标完成后，规划审计部门及时将招投标资料移交各项目管理的职能部门。

标底　招标人根据项目特点决定是否编制标底。编制标底的，标底编制过程和标底必须保密。

标底由招标单位自行编制或委托依法具有编制标底资质的招标代理机构编制。编标人员必须持有相应的资格证书。任何单位和个人不得强制招标人编制或报审标底，或干预其确定标底。

编制标底应遵循下列原则：

根据设计图纸及有关资料、招标文件，按国家和省、市建设工程标准、造价等方面的规定，确定工程量和编制标底价格；标底价格作为建设单位的期望价，应力求与市场的实际变化相吻合，有利于竞争和保证工程质量；内部施工招标项目的标底必须符合公司相关规定；物资招标的价格一般应低于同期《浙江造价信息》和《杭州造价信息》内的市场供应价，如招标时确实是市场波动较大，招标小组应做市场调查后确定；一个工程只能编制一个标底。

三、投标

投标人　依法设立的勘察、设计、施工、设备、材料供应单位及建设监理机构，均可参加与其资质或经营范围相适应建设工程的投标。两个或两个以上单位联合投标的，应当签订合作承包合同，确定代表人，由其代表合作单位参加投标。

邀请招标项目由负责实施、管理的公司机关相关部门、分支机构推荐三个或三个以上潜在投标人，并提供相应资格审查文件。

供排水管网施工内部邀请招标项目，在分支机构推荐投标人的基础上，机关工程建设管理部门在符合资质要求的备案施工单位中采用抽签或直接邀请的方式，再确定三个或三个以上施工单位（与分支机构推荐不得重复，总家数六家及以上）作为潜在投标人邀请参加。备案施工单位被邀请后原则上必须参加招投标活动且不得扰乱招投标活动秩序，因特殊原因不能参加的，应书面回复。备案施工单位在当年度被邀请后出现不参加招投标活动，或出现其投标价高于招标最高限价 15%等扰乱招投标活动秩序的现象（由评标委员会确定），累计三次以上（不含）的取消其年度备案资格，且三年内不得参与我公司的工程建设活动。

投标保证金　根据项目情况，招标时若需缴纳保证金，投标人应当按照招标文件要求的方式和金额，在领取招标文件时提交。投标保证金一般不高于投标总价的百分之二，最高不超过八十万元人民币。投标保证金有效期应超出投标有效期三十天。

投标人的投标保证金于确定中标人且合同签订后七日内退还。投标人撤回投标的，应在投标截止时间之前书面通知招标人，招标人已按照招标文件规定收取投标保证金的，自接到书面通知后三十日内返还其投标保证金。若投标人在投标有效期内无正当理由撤回投标文件的，没收其保证金。投标人未按照招标文件规定的方式和金额提交投标保证金的，该投标文件应当作废标处理。

投标书　投标人在招标文件要求提交投标文件的截止时间前，将投标文件密封送达招标文件中规定的地点。招标人收到投标文件后，向投标人出具标明签收人和签收时间的凭证，在开标前任何单位和个人不得开启投标文件。

招标人不得接受以电报、电传、传真以及电子邮件方式提交的投标文件及投标文件的修改文件。

在招标文件要求提交投标文件的截止时间后送达的投标文件，为无效的投标文件，招标人应拒收，并将其原封不动地退回投标人。

四、开标　评标　定标　合同管理

开标　公司组织的招标活动，开标仪式由招标小组主持，招标管理中心做好辅助性工作，公司纪委、监事会派员参加，并邀请所有投标人参加（物资招标由物资招标小组根据实际情况确定是否邀请投标人参加）。招标管理中心应当在开标前五个工作日，特殊情况在开标前二个工作日将投标人名单、招标文件、评标细则、开标评标日程安排等通知公司纪委、监事会。

开标在招标文件确定的提交投标文件截止时间的同一时间公开进行；开标地点为招标文件中确定的地点。由监督人员与投标人推荐的代表共同检查投标文件的密封情况。经确认无误后，由工作人员当场拆封，宣读投标人名称、投标价格和投标文件的其他主要内容，工作人员对开标内容完整记录，当众开标还应经投标人签字确认，并存档备查。开标时，发现投标文件已开封的，招标管理中心应暂停开标，与投标人共同确定是否重新开标，并负责查明原因。

评标委员会　评标由招标人依法组建的评标委员会负责。评标委员会按照招标文件的规定，对投标文件中的商务、技术等内容进行公平、公正的评审和比较，产生评标结果。

评标、定标的依据

项目总承包　以勘察设计方案合理，技术和工艺水平先进，建设工期及质量有保证，承包造价合理，技术力量和管理水平符合要求以及投标单位的相应资质、资信等为依据。

设计　以方案合理，具有特色，工艺和技术水平先进，社会、经济、环境效益好，设计进度能满足工程需要，收费合理以及投标单位的相应资质、资信等为依据。

施工　以报价合理，建设工期质量有保证，主要建筑材料用量适当，施工方案可行，技术力量和管理水平符合要求以及投标单位的相应资质、资信等为依据。

物资采购　以设备先进，各种技术参数符合设计要求，价格合理，售后服务完善以及投标单位的相应资质、资信等为依据。

建设监理　以技术和经济管理力量符合工程监理要求，监理方法科学，措施可靠，收费合理以及投标单位的相应资质、资信等为依据。

评标标准和评标方法　评标标准和评标方法在招标文件中公开载明，由各项目招标小组审定。招标文件中没有规定的评标标准和评标方法，不得作为评标依据。评标标准和方法应合理，不得含有倾向或者排斥潜在投标人的内容，不得妨碍或者限制投标人之间的竞争。

施工招标项目评标　评标可以采用综合评估法、经评审的最低投标价法、经评审的合理低价法、预算公开之经评审的合理低价法。邀请招标项目一般选择经评审的最低投标价法。

物资招标项目评标方法　货物服务招标采购的评标方法分为最低评标价法、综合评估法和性价比法。技术简单或技术规格、性能、制作工艺要求统一的货物，一般采用经评审的最低投标价法进行评标。技术复杂或技术规格、性能、制作工艺要求难以统一的货物，一般采用综合评估法进行评标（具体参考《政府采购货物和服务招标投标管理办法》）。

勘察设计招标项目评标方法　一般采取综合评估法进行。评标委员会按照招标文件确定的评标标准和方法，结合经批准的项目建议书、可行性研究报告或者上阶段设计批复文件，对投标人的业绩、信誉和勘察设计人员的能力以及勘察设计方案的优劣进行综合评定。

监理招标项目评标方法　一般采用综合评估法。通过符合性和响应性鉴定的投标文件，以监理大纲、项目监理机构、人员构成、业务技术水平、监测设备、企业资质情况和业绩、监理费报价等多个因素为评价指标，按总分排列优劣顺序，确定中标候选人的方法。

定标　评标委员会提出书面评标报告后，招标人一般应在十五日内确定中标人，但最迟应在投标有效期结束日三十个工作日前确定。由项目招标小组向招标领导小组汇报后确定中标人。

中标通知　招标管理中心负责在确定中标人后七日内向中标人寄发中标通知书，将中标结果通知未中标的投标人并及时退回未中标的投标人所提交的投标保证金。

中标通知书对招标人和中标人具有法律效力。中标通知书发出后，中标人放弃中标的，一年内不得参加本公司项目投标，并没收其投标保证金。

签订合同　中标通知书发出后30日内，由招标小组与中标人订立书面合同。中标人应当按照合同约定履行义务，完成中标内容。中标人不得向他人转让中标项目，也不得将中标项目肢解后分别向他人转让。

所订立的合同不得对招标文件和中标人的投标文件作实质性修改；不得与中标人再行订立背离合同实质性内容的其他协议。在合同谈判过程中，如确需要调整或修改部分合同实质性条款或虽非实质性条款，但该条款的变更将引起价格变动，则需由招标领导小组批准。

重新招标和不再招标　投标截止时间止，提交投标文件的投标人少于三个的；或经评标委员会评审后有效标少于二个的情况招标人应当依法重新招标。重新招标后投标人仍少于三个或有效标少于二个的，属于必须招标的工程建设项目，报招标领导小组后调整招标方式，或不再进行招标，或对合格投标人进行开标和评标。

五、招标工作纪律

所有参加招标活动的工作人员在招标活动中必须严格执行国家的有关法律、法规以及上级主管部门和公司有关工作纪律规定；不得泄露秘密，不得与任何投标人或者与招标结果有利害关系的人进行私下接触，不得收取投标人、中介人、其他利害关系人的财物或者其他好处；当本人的亲属、关系密切的朋友直接或间接参与本项目的投标时，都必须严格执行回避制度。

任何单位和个人对工程招投标过程中发生的违反招标工作纪律行为，有权向公司纪委投诉或举报。

凡违反国家有关法律、法规、规章以及上级主管部门和公司有关工作纪律规定的，按照上级主管部门和公司有关规定进行处理；构成违法犯罪的，移交司法机关处理。

六、直接发包

不通过招投标确定施工单位的，由公司各分支机构按《招标投标管理办法》在一周内确定施工单位，报公司相关职能部门备案。

七、建设合同

1．合同分类

所有建设项目必须与施工单位签订合同（或协议）后方能开工建设。

公司合同分为用户合同和施工合同两类。

2．合同格式

经发改局立项的公开招标工程　按《建设工程施工合同》（GF－1999－0201）示范文本及招标文件相关内容签订。

经发改局立项的内部招标、直接发包工程　由公司与施工单位签订合同，按《建设工程施工协议》格式签订；

备案立项的自建工程　参考《建设工程施工协议》格式。

改造工程　管网、设备、厂站等基础设施改造项目参考《建设工程施工协议》格式，养护项目则按《养护协议》签订。

安装业务招标工程　按《建设工程施工协议》格式，抢修工程及零星工程也可采用《劳务合同》格式签订。

3．合同（或协议）主要内容

合同（或协议）中应明确该工程的建设内容、承包范围、承包形式、结算方式、时限和依据、合同价款与支付方式、施工期限、施工质量、施工安全以及双方应承担的权利和义务、违约责任及合同生效时间等。

招投标工程订立的合同（或协议）不得对招标文件和中标人的投标文件作实质性修改，不得与中标人再行订立背离合同实质性内容的其他协议。

与施工单位签订合同时，廉政及安全协议作为合同附件一并签订。

4．合同中工程结算方式

实行招标投标的工程，合同价按中标价确定；直接发包的工程，合同价为施工图预算价；工程造价包干的合同，应明确包干范围内的工程建设内容和相关费用，尤其是工程前期的借征地费用、道路申请开挖费用等是否包括在内。

第四节　施工管理

一、管理部门

杭州余杭供水集团公司、杭州余杭水务有限公司办公室、工程建设管理部门、物资管理部门、生产运行管理部门、项目管理办公室和各分支机构按各自的职责范围行使工程施工项目的管理职能。

二、施工进度管理

公司各项目管理部门根据年度供排水基础设施建设进度计划，在做实各项前期工作的情况下，合理安排施工工期，对施工单位的施工组织进行审核，主要是人员、材料、机械、工序、进度等计划。

公司各分支机构在每月中旬未将当月工程进度，以电子文档的形式上报公司相关职能部门，由机关相关部门整理汇总统计分析工程进度。

公司对供排水基础设施建设进度列入目标责任制考核范围，由工程建设管理部门牵头，会同机关职能部门进行考核，考核分直接进入年终考核总分。

三、施工质量管理

各项目管理部门加强工程质量的监督管理，树立“百年大计，质量第一”意识。认真执行建筑、安装、市政工程施工规范及验收标准，做到按施工图、招标文件和合同约定的要求施工，所有工程质量均须达到合格以上。

工程管理人员必须深入施工现场，从对施工单位材料选用、施工工序评定、各种试验、检测（施工质量检测由甲方委托实施）和隐蔽工程验收、中间验收、竣工验收等各环节，把好质量关。不得使用不符合设计要求和质量标准的建筑材料、建筑构配件和设备。若发生违反施工图及规范施工，影响工程质量的，将追查现场管理人员和相关领导的责任。

管道工程着重加强对管道标高（埋深）、沟槽回填、管道接口、钢管焊缝防腐、附属井室砌筑、管道试压及闭水试验等工序的管理。

管道标高（埋深）　按施工图、规范的标准要求执行。

沟槽基础及回填处理　采用天然地基时，地基不得受扰动。当管道安装过程中出现软土下卧层或淤泥层，或出现坚硬岩石层影响管道铺设时，必须进行管道基础处理。出现软土下卧层或淤泥层且层厚较小时可采用塘渣置换下卧土的方法处理；基础特别差时，根据设计确定基础处理方案。出现坚硬岩石层时凿岩后采用细土或黄沙进行垫层处理。沟槽回填的材料、高度、密实度等需严格按照施工图实施。

支墩　DN150以上压力管道，在弯头、三通、堵头和叉管等处，或在遇到特殊地质条件需要，需考虑管道安全性的，应设置支墩。

回填土　按施工图、规范的标准要求结合实际现状及时回填，回填土需夯实，满足压实度要求。

检修井、阀门井、水表井　严格按照设计要求施工，确保井室尺寸，井底板、盖板施工到位，对井室内外必须进行水泥砂浆抹面。

给水管道全部回填土前，应按规范进行管道水压试验和严密性试验，在试验压力下15分钟压力降控制在0.03兆帕内（钢管为0兆帕），试验压力要求为：

管材种类	工作压力（MPa）	试验压力（MPa）
钢管	P	P+0.5且不小于0.9
球墨管、PE管、PPR管	≤0.5	2P
PCCP钢筒管	≤0.6	1.5P且不小于0.75
	>0.6	P+0.3

无压管道应按规范进行闭水试验，化学建材管道的实测渗水量应小于或等于按下式计算的允许渗水量时，管道闭水试验为合格。

允许渗水量（m^3/24h·Rm）=0.0046管道内径（mm）

给水管道水压试验合格后，竣工验收前应冲洗消毒，使管内水符合《生活饮用水卫生标准》（GB5749-2006）。路面修复应严格按照施工开挖路面等级及时做好路面修复工作，并对余土废渣及时清理。供排水管道穿越铁路、公路按管理部门及公司相关规定执行。

四、联系单的签订

联系单的分类　工程联系单根据变更原因、内容和出具部门的不同可分为设计变更联系单和工程施工联系单。设计变更联系单由设计单位出具，变更内容主要指对原工程设计进行变更、技术修改等，一般是设计不合理或建设单位有要求提出更改。施工联系单由施工单位出具，变更内容是施工单位在实际施工中因受周围环境、地面建筑物、地质条件、施工技术等影响引起的工程量变更的联系单。

联系单签订程序　政府立项工程联系单签订分为审批、签证二个程序。各类变更联系单均需先由工程监理工程师确认（无监理直接提交），建设单位现场管理部门校核后，提交公司机关职能部门初审，报公司领导审定、批准才能进入签证程序。

联系单签证

自建工程：施工单位应在工程变更审批确定并实施完成后7天内，以施工联系单书面形式提交监理；监理应在提交之日起3天内予以确认，建设单位现场管理部门应在4天内校核完成，公司机关职能部门在7天内完成初审，再提交公司领导审定。联系单核定周期一个月，工程变更发生后一月内未核定的，将不予认可。

改造工程：施工单位应在工程变更确定后7天内，以施工联系单书面形式提交建设单位；建设单位现场管理部门和监理工程师应在7天内完成校核和初审，再由公司机关职能部门和公司领导在一个月内核定，工程变更发生后一月内未核定的，将不予认可。

安装业务工程：施工单位应在工程变更确定后7天内，以施工联系单书面形式提交建设单位；建设单位现场管理负责人3天内完成校核，分支机构分管领导4天内初审，分支机构主要领导7天内完成审核，工程变更发生后一月内未审核，将不予认可。公司机关职能部门一个月内抽查核定一次。

联系单必须在工程完工之前签证，否则视为逾期无效签证。

五、工程物资管理

甲供材料管理　工程甲供设备和材料的采购、保管和使用按公司《物资管理制度》执行；甲供设备和材料由公司按《公司招标投标管理办法》统一采购、配送，甲供主要材料为管材、管件、阀门、水表、井盖、消火栓等，具体清单由公司机关物资管理部门负责列举和解释；甲供材料须在工程竣工验收后2周内进行退库，分支机构现场管理人员进行核实，公司机关工程建设管理部门和物质管理部门对退库情况进行监督。

乙供材料管理　乙供材料由物资管理部门指定合格供货商（常用材料一般推荐三家合格供货商），由公司机关工程建设管理部门及物资管理部门共同明确材料型号、规格、技术要求及相关检测要求编入招标文件，报公司招标领导小组审批同意；乙供材料由施工单位自行采购，采购材料须符合设计、招标文件及的国家强制性规范的要求；工程材料（包括甲、乙供）到施工现场，监理和建设单位现场管理人员应按相关标准验收，并按现行质量检验评定标准要求抽样检测。公司机关工程建设管理部门和施工现场管理部门负责抽样，物资管理部门负责第三方检测。工程材料经第三方国家级检测机构检测，提供合格的检测报告后方可使用。

六、工程安全管理

工程安全生产监督管理坚持安全第一、预防为主、综合治理的方针。各类安全操作必须符合建筑施工安全规范及省、市、区工程安全相关条例等规定。

各分支机构或机关职能部门在与施工单位签订各项工程的施工合同（协议）中除明确安全责任外，同时需与各施工单位签订安全施工责任书，以增强安全责任，确保安全施工。安全施工责任书与工程建设合同（协议）同时签订。

施工和管理人员上岗必须佩戴服务标志和工作帽，在必要场地要戴安全帽。

施工现场（除远离居民生活区、商贸区、厂区和公路外）应设置安全防护栏，与车辆行人分隔。在行人与车辆易见处设置施工警示牌，晚上要设警示灯。

施工穿越路口应放置过道板，土方堆放、沟内排水要按规定处理，施工现场机具停放、材料堆放、工棚搭建除经批准中断交通外，要保证车辆、行人通行。

施工前应全面了解地下设施（电缆、光缆、管道等）情况，施工时要注意保护，杜绝野蛮施工。

加强施工用电管理，按有关规定办理用电手续，严禁私拉乱接；自备用电的设备应具备漏电保护装置，并定期进行维护保养。

施工管理员要熟悉影响施工安全的隐患环节和重点部位，做到预防在先，防患于未然。

发现施工安全隐患、不利施工气象条件或施工故障时，施工管理员要及时阻止施工，对现场设备、人员进行全面检查，同时视情况向其分支机构负责人或公司领导汇报，提出调整施工方案和落实整改。

事故发生后，要迅速采取措施，防止事故扩大，保护好现场，及时上报公司。

七、工程验收管理

工程中间验收　管道压力（闭水）试验：管径 DN100 以上，长度 100 米以上的供水管道（管径 DN300 以上、长度 100 米以上的污水管道）须进行管道压力（闭水）试验。

验收程序　公开招标项目，在质监部门验收前实行预验收制度；公司内部招标或直接发包项目由公司机关各职能部门或分支机构组织验收。

验收要求　工程验收合格后方可通水或进水，未经验收不得擅自通水；验收人员在验收前必须熟悉工程实施方案、工程进度安排、工程物资选用和施工队伍基本情况等相关信息；施工阶段，工程现场管理人员须进行跟踪控制，做好隐蔽工程验收工作；中间验收或竣工验收不合格的项目必须重新返工，限期整改直至合格为止，不留工程事故隐患。

第五节　工程资料管理

一、工程资料内容

工程资料包括：项目各类申请报告，各阶段项目批件，建设程序中各部门的审批资料（年度建设计划、资金来源审核表、规划许可证、建设用地许可、环评报告及批复、水土保持方案报告及许可、水资源论证报告及取水许可、涉河和涉路审批等），与街道、镇有关协议（包括资金协调、借地和征地协议），各类合同（包括设计、监理、施工、设备材料采购、咨询等合同），各阶段设计资料（包括项目建议书、可行性研究报告、初步设计、施工图、设计变更联系单等)，水文、测量、地质勘探资料，招标投标资料（招标文件及工程量清单、答疑纪要、投标文件、中标通知书、招标投标备案表、工程类别核定表、招标预算、评标报告等)，施工技术资料（开工报告、竣工报告、技术交底、工地例会纪要、材料检测报告、工序质量评定表、隐蔽工程验收记录、施工联系单、管道试压记录、中间验收记录、竣工验收备案表)，竣工资料（包括竣工图、甲供材料设备清单、工程结算、财务竣工决算和审计资料）等。

规模小的项目可根据建设管理流程的简化而减少资料，如设计流程中无可研设计就无相关资料、不需征地的项目就无征地资料、不招标的项目就无招标资料等。

工程竣工图应按规范结合工程实际情况绘制，管道应标明管位、管材、管长、阀门，管道沿线的主要道路和河流的名称，绘制节点详图、工程量汇总表及施工说明，并满足《公司管网地理信息系统管理制度》相关要求。

二、工程资料管理

监理单位、现场管理部门负责对工程竣工资料进行初审，机关相关部门负责对工程竣工资料进行复审，确保工程资料的真实性、完整性。

公司机关相关部门、项目实施现场管理部门协助公司审计部门对报送资料根据相关要求进行补充、修正。

第六节　工程财务管理

工程财务管理按公司财务管理制度执行。

一、安装业务工程财务管理

安装业务工程财务管理由公司集中统一管理，对分支机构实行收支两条线和报账制管理。

——工程款应及时缴入银行专户中，不得擅自挪用或搁置资金、坐支现金。工程款原则上不能有应收款，应在收到工程款或明确工程款能及时到位的情况下，开具发票。

——严格按规范签订安装合同（协议)，按合同收取工程款。

——安装业务支出按单项工程核算，并按公司要求对工程进行分类。

——对外支付施工费用严格按工程进度付款。工程竣工通水前支付的施工费不得超过合同估算价的70%，尾款支付时保留施工总费用的10%作为工程质量保证金，竣工验收合格两年后一个月内付清。

——支付安装工程施工费实行公司审批制度。

——除零星安装施工费可用现金支付外，其他施工费一律以转账方式支付。施工费的收款单位名称应与安装施工协议中的施工单位一致。对外支付安装费，一律由对方提供正规发票。

——单位接水收费

单位接水工程费包括：一是以客户建筑面积按杭州主城区标准每平方米16元收取供水管道建设费；二是客户在开户、装表、开通、过户、分户等环节需要发生的安装工程量收取工程费。

单位客户在申请开户、装表、开通、过户、分户时，不论工程大小，一律编制建筑安装工程预算书及计算管道建设费，确定工程费用。

——居民生活接水收费

新用户接水工程建设费　一是根据用户接水点与管网的布局和为发展需要确保安全、足量供水，经科学规划与设计来确定接水工程量，按工程量收取工程建设费用；二是对新建的多层、高层农居点参照杭州主城区标准，按每平方米建筑面积收取8元供水管道建设费。

城镇“一户一表”改造费　根据余杭区物价局2002年的规定，每户收取480元。其中，低保和特困户的“一户一表”改造，根据区委办公室2004年的规定每户收取240元。

——安装利润结算

年度安装业务利润必须在工程竣工验收合格，工程款已全部收回，且工程费用已经审计或备案后结转。

二、自建工程费用、利润结算

由公司和另外单位共同出资的自建工程，产生利润的，并入分支机构的安装考核利润。

在自建工程完工后，结算利润时由公司分支机构提出申请，经公司机关工程建设管理部门审批后，由财务部门结算利润。

三、对外支付施工费管理

对外支付施工费一律以转账方式支付给施工单位，不能向个人支付施工费。施工费的收款单位名称与开票单位名称、安装施工合同（协议）中的施工单位名称及营业执照上的单位名称必须一致。

四、业务管理费标准

业务管理费以单项工程的造价为基础，按一定的比例累进提取，所有业务管理费开支需公司有关部门审核。

第七节　工程审计

一、工程廉政建设

杭州余杭供水集团公司、杭州余杭水务有限公司在工程建设过程中，认真贯彻和落实廉政责任制，强化廉政建设，杜绝不正之风，有效保证各项工程按期、保质、廉洁竣工。在工程建设中认真执行以下规定：

——与各施工单位和主要材料、设备供应单位签订工程廉政建设责任书，建设阳光工程。工程廉政建设责任书与工程建设合同（协议）同时签订。

——在工程业务受理中，应端正服务态度，热心、诚信对待用户，提高办事效率，不得以任何借口推诿、拒绝、搪塞来客或拖延办理时间。

——在现场查勘时不得接受客户馈赠，违背查勘实际，编造查勘实绩。

——在工程建设中不得接受施工单位的送礼和宴请，捏造虚假情况。

——在工程施工中不得向用户乱收费或摊派做辅助工，不刁难、报复客户或让客户代劳，禁止发生“吃、拿、卡、要”行为。

——在工程结算审核中如发现工程量或工程质量有弄虚作假行为，将追查当事人和相关领导责任，并按有关规定做出相关处理。

杭州余杭水务有限公司工程建设管理主流程如下：

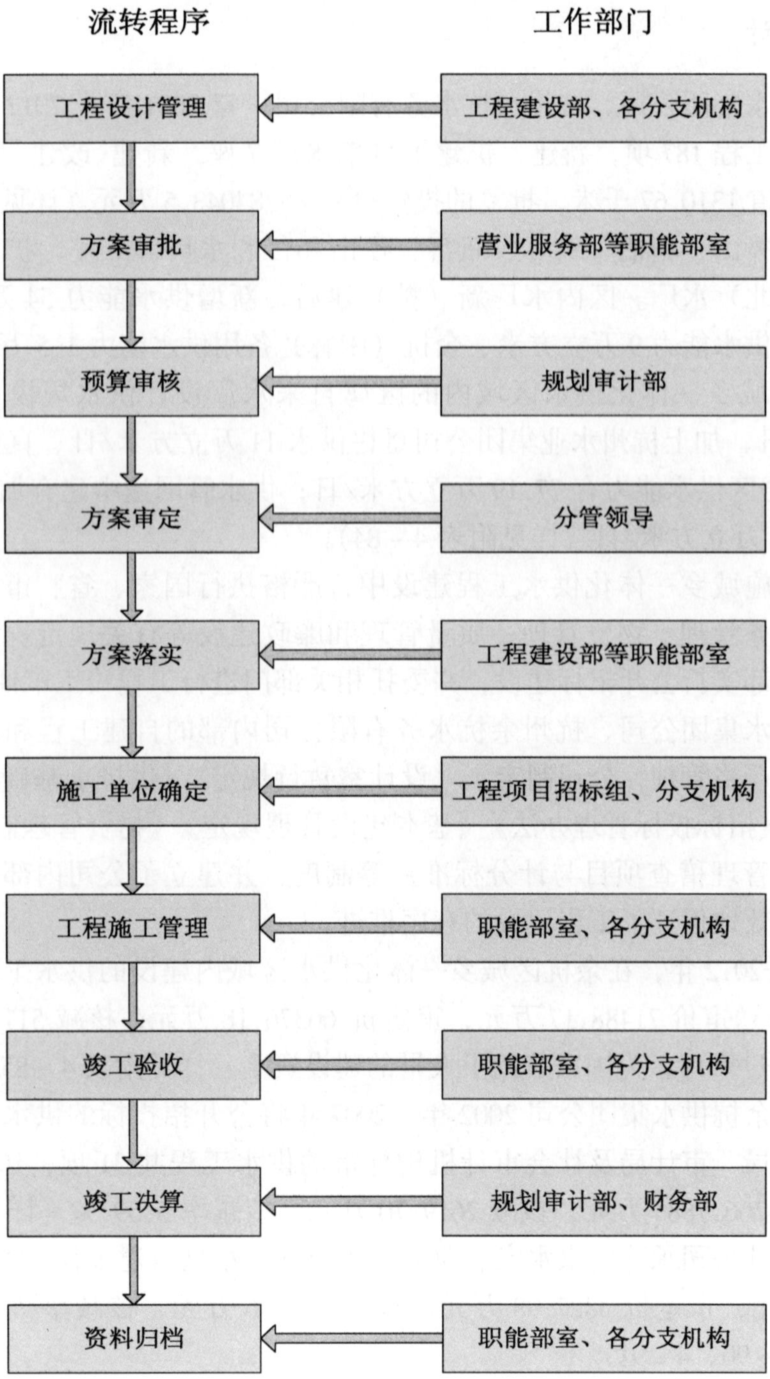

杭州余杭水务有限公司工程建设管理主流程

二、工程审计

杭州余杭供水集团公司、杭州余杭水务有限公司，自2001年至2012年共组织实施了政府立项的供水工程187项，新建、扩建了自来水厂7座，新建、改建、移位了DN2000～DN100的供水管道1310.67千米，批复的投资概算为284043.5万元（详见附表4－83）。其中，新建水厂为獐山、塘栖、宏畔、瓶窑、径山和仁和水厂等6座，扩建与提升改造的水厂为运河（城北）水厂。区内水厂新（扩）建后，新增供水能力54万立方米/日，加上运河水厂原有供水能力9万立方米、余杭（闲林）备用供水能力1.5万立方米，至2012年年底，余杭区城乡一体化供水区域内的区属自来水厂设计供水规模（含备用水）为64.5万立方米/日，加上杭州水业集团公司趸售供水11万立方米/日、直接供水1.69万立方米/日，合计全区供水能力有77.19万立方米/日；供水管网途中建有加压泵站5座，供水加压能力8.41万立方米/日（详见附表4－84）。

余杭区在实施城乡一体化供水工程建设中，严格执行国家、省、市、区有关工程建设招标投标、财务管理、物资管理、质量管理和廉政建设等有关规定。凡政府立项的供水工程项目，全部实行公开招标建设，并委托相关部门进行工程竣工审计。

杭州余杭供水集团公司、杭州余杭水务有限公司内部的自建工程和承接的安装业务工程，同样实行严格管理，公司制定了《设计室暂行规定》《供排水基础设施建设及安装业务管理办法》《招标投标管理办法》《基本建设管理规定》《物资管理制度》《财务管理制度》和《工程管理稽查项目与计分标准》等制度，并建立了公司内部审计中心。各项制度的实施，有效地保证了工程建设的有序推进。

自2002年—2012年，在余杭区城乡一体化供水区域内建设的供水工程已竣工并已审计2379项，合计送审价71488.17万元，审定价66376.18万元，核减5111.99万元，核减率为7.15%。通过审计，为国家节约了大量的建设资金（详见附表4－85）。

其中，杭州余杭供水集团公司2002年—2007年将公开招投标的供水工程和部分自建工程，送区财政局、审计局及社会审计机构外审的供水工程共31项，送审价46886.4941万元，审定价44266.7885万元，核减2619.70万元，核减率5.59 %（详见4－86）。公司内部审计中心审计公司承建的供水安装业务工程及部分小型自建工程724项，送审的施工费用4131.94万元，审定价3827.98万元，核减303.96万元，核减率7.36%（详见附表4－88、4－89、4－90、4－91）。

杭州余杭水务有限公司自2008年至2012年将经公开招标的供水工程和部分自建工程送区财政局、审计局及社会审计机构外审的供水工程共73项，送审价11946.27万元，审定价10520.56万元，核减1425.71万元，核减率11.93%（详见附表4－87），公司内部审计中心审计公司承建的供水安装业务工程及部分小型 的自建工程共1551项，送审的施工费用8523.47万元，审定价7760.85万元，核减762.62万元，核减率8.95%（详见附表4－92、4－93、4－94、4－95）。

表 4－83　　余杭区城乡一体化供水工程建设汇总（一）

项目类型	工程数量（个）	建设内容									批复概算（万元）	各项工程建设概况详见附表
		水厂建设（座）				泵站建设			管网建设			
		新建	扩建	备用	小计	新建	原有	小计	口径	长度（千米）		
区域性供水工程	9	5	2	1	8	4	1	5	DN2000 ~ DN400	180.82	124946.0	表 4－5
农村供水管网工程	27	—	—	—	—	—	—	—	DN1000 ~ DN100	633.80	52087.5	表 4－6
市政（开发区、乡镇间）管道工程	151	—	—	—	—	—	—	—	DN1400 ~ DN200	496.05	107010.0	表 4－7
合计	187	5	2	1	8	4	1	5	DN2000 ~ DN100	1310.67	284043.5	—

表 4－84　　余杭区城乡一体化供水工程建设汇总（二）

	类别	新建						扩建、提升改造		原有	备用	小计
建设规模（万立方米/日）	自来水厂	名称	獐山	塘栖	宏畔	瓶窑	仁和	运河	径山	—	余杭	（8 座）
		设计规模	2	6	13	5	20	12	5	—	1.5	64.5
		实际能力	3	9	15	5	20	12	5	—	1.5	70.5
	加压泵站	名称	南苑	舟枕	黄湖	百丈	—	—	—	乔司	—	—
		设计规模	4	2	0.25	0.16	—	—	—	2	—	8.41

表 4－85　　余杭区城乡一体化供水区域供水工程审计概况

审计机构	工程类型	审计年限	审计项目（个）	送审价（万元）	审定价（万元）	核减（万元）	核减率（%）	备注
外审项目	招标工程、自建工程（政府立项工程）	2002 年—2007 年	31	46886.49	44266.79	2619.7	5.59	（1）2002 年至 2007 年的审计项目由杭州余杭供水集团公司承担；2008 年至 2012 年的审计项目由杭州余杭水务有限公司承担。（2）不包括工程已竣工未审计结束的项目。
		2008 年—2012 年	73	11946.27	10520.56	1425.71	11.93	
		外审合计	104	58832.76	54787.35	4045.41	6.87	
内审项目（施工费审计）	小型自建工程	2003 年—2007 年	122	727.66	647.92	79.74	10.96	
		2008 年—2012 年	494	4549.16	4131.16	418.00	9.19	
		小计	616	5276.82	4779.08	497.74	9.43	
	安装业务工程	2003 年—2007 年	602	3404.28	3180.06	224.22	6.59	
		2008 年—2012 年	1057	3974.31	3629.69	344.62	8.67	
		小计	1659	7378.59	6809.75	568.84	7.71	
	内审合计	2003 年—2007 年	724	4131.94	3827.98	303.96	7.36	
		2008 年—2012 年	1551	8523.47	7760.85	762.62	8.95	
		合计	2275	12655.41	11588.83	1066.58	8.43	
总计		2002 年—2012 年	2379	71488.17	66376.18	5111.99	7.15	

表 4－86　2002 年—2007 年杭州余杭供水集团公司供水工程外审项目概况

审计年份	外审项目（个）	合同价（万元）	送审价（万元）	审定价（万元）	核减（万元）	核减率（%）
2002	2	—	20370.00	19158.71	1211.29	5.95
2003	2	—	4337.00	3938.01	398.99	9.20
2004	1	—	985.4545	846.4585	138.996	14.10
2005	4	—	2852.5969	2477.2542	375.3427	13.16
2006	11	—	1722.5986	1437.1517	285.4469	16.57
2007	11	—	16618.8441	16409.2041	209.64	1.26
合计	31	—	46886.4941	44266.7885	2619.7056	5.59

注：合同价资料不全，未汇总

表 4－87　2008 年—2012 年杭州余杭水务有限公司供水工程外审项目概况

审计年份	外审项目（个）	合同价（万元）	送审价（万元）	审定价（万元）	核减（万元）	核减率（%）
2008	10	1226.8016	1330.7677	1174.9937	155.774	11.71
2009	17	1292.3293	1509.7763	1227.984	281.7923	18.66
2010	20	3875.5466	4167.7104	3673.415	494.2954	11.86
2011	10	1612.0808	1347.8922	1177.2073	170.6849	12.66
2012	16	3108.8183	3590.1196	3266.9574	323.1622	9.00
合计	73	11115.5767	11946.2662	10520.5574	1425.7088	11.93

注：2008 年至 2010 年共有 14 个项目缺合同价以送审价代合同价汇总

表 4－88　2003 年—2007 年杭州余杭供水集团公司自建工程内审汇总表

年份	内审项目（个）	材料费（元）	施工费（元）			
			送审价（元）	审定价（元）	核减（元）	核减率
2003～2004	2	0	85579	69969	15610	18.24%
2005	10	550108	622867	560619	62248	9.99%
2006	56	2845184	2552888	2172379	380509	14.91%
2007	54	5029568	4015249	3676233	339016	9.22%
小计	122	8424860	7276583	6479200	797383	10.96%

表 4-89　2003 年—2007 年杭州余杭供水集团公司各分支机构自建工程内审汇总表

分支机构	内审项目（个）	材料费（元）	施工费（元）			
			送审价	审定价	核减	核减率
临平	8	636621	244713	235669	9044	3.70%
乔司	5	979454	183234	133403	49831	27.20%
运河（城北）	2	230012	39569	37507	2062	5.21%
塘栖	13	1790432	782497	744883	37614	4.81%
宏畔	0	0	0	0	0	0.00%
仁和（獐山）	9	515186	644524	477216	167308	25.96%
良渚	6	498330	183889	165770	18119	9.85%
余杭	17	2242391	686608	629881	56727	8.26%
闲林	7	359943	237942	208492	29450	12.38%
瓶窑	16	1172492	308648	283468	25180	8.16%
径山	0	0	0	0	0	—
管道安装	3	—	127648	107326	20322	15.92%
基建科	36	—	3837311	3455585	381726	9.95%
小计	122	8424861	7276583	6479200	797383	10.96%

表 4-90　2002 年—2007 年杭州余杭供水集团公司安装业务工程内审汇总表

年份	内审项目（个）	材料费（元）	施工费（元）			
			送审价	审定价	核减	核减率
2002～2003	76	1599557	3517797	3247510	270287	7.68%
2004	130	0	7760498	7377379	383119	4.94%
2005	123	14766291	5716620	5183011	533609	9.33%
2006	90	24465415	6547697	5867760	679937	10.40%
2007	183	35971736	10500221	10124985	375236	3.71%
合计	602	76802999	34042833	31800645	2242188	6.59%

表 4－91　2002 年—2007 年杭州余杭供水集团公司各分支机构安装业务工程内审汇总表

分支机构	内审项目（个）	材料费（元）	施工费（元）			
			送审价	审定价	核减	核减率
临平	117	10703159	3805719	3642727	162992	4.28%
乔司	45	3988514	1333309	1206792	126517	9.49%
运河（城北）	19	5765554	1404008	1369263	34745	2.47%
塘栖	98	12544699	5531130	5219584	311546	5.63%
宏畔	11	686190	211902	207502	4400	2.08%
仁和（獐山）	59	3172910	3084810	2985719	99091	3.21%
良渚	57	9460972	4779404	4473917	305487	6.39%
余杭	96	14323377	6402428	5966261	436167	6.81%
闲林	42	8121026	3681813	3539812	142001	3.86%
瓶窑	39	4951954	3007512	2442156	565356	18.80%
径山	15	2384224	588795	555587	33208	5.64%
管道安装	4	700418	212003	191325	20678	9.75%
合计	602	76802999	34042833	31800645	2242188	6.59%

表 4－92　2008 年—2012 年杭州余杭水务有限公司自建工程内审汇总表

审计年份	内审项目（个）	材料费（元）	施工费（元）			
			送审价（元）	审定价（元）	核减（元）	核减率
2008	86	17196138.31	7003343.1	6385614.23	617728.87	8.82%
2009	100	22615699.67	7054457	6475471	578986	8.21%
2010	95	34430533.1	10806248	9945630	860618	7.96%
2011	114	24098245.3	10826504	9981183	845321	7.81%
2012	99	18935983.72	9801099	8523739.1	1277359.9	13.03%
合计	494	117276600.1	45491651.1	41311637.33	4180013.77	9.19%

表 4－93　2008 年—2012 年 杭州余杭水务有限公司各分支机构自建工程内审汇总表

分支机构	内审项目（个）	材料费（元）	施工费（元）			
			送审价（元）	审定价（元）	核减（元）	核减率
城北	14	89776.07	269701	236279	33422	0.12
城南	36	5369724.8	1869517	1723789	140505	0.08
临平	54	4292934.17	1004382	953135	51247	0.05
乔司	20	12560256.24	2855891	2771668	84223	0.03
运河	8	485602.15	67217	66383	834	0.01
塘栖	39	18676116.26	4634412	4252481	384260	0.08
崇贤	7	2028576.05	792292	728968	63324	0.08
宏畔	9	7055842.41	2292034	2162378	129656	0.06
仁和	29	2284935.17	842842	746552	96290	0.11
良渚	29	17062423.43	5491503.5	5127021	364482.5	0.07
余杭	65	10314476.57	3052511	2871567	181518	0.06
闲林	42	6101570.41	1483653	1372301	111352	0.08
瓶窑	31	10558874.43	2617669	2396511	221158	0.08
径山	14	4532596.68	2075907	1915444	160463	0.08
水务设施安装	13	15862895.26	3975614	3194065	781549	0.20
基建处	44	0	5533991.1	5057731.23	476259.87	0.09
办公室	40	0	6632514.5	5735364.1	897150.4	0.14
合计	494	117276600.1	45491651.1	41311637.33	4180014	9.19%

注：汇总年限：临平、宏畔分公司为 2008 年—2010 年，城北、城南、崇贤分为 2011—2012 年其余分支机构（部门）均为 2008 年—2012 年

表 4－94　2008 年—2012 年杭州余杭水务有限公司安装业务工程内审汇总表

审计年份	内审项目（个）	材料费（元）	施工费（元）			
			送审价（元）	审定价（元）	核减（元）	核减率
2008	189	33737851.48	9124385.69	8583050	541335.69	5.93%
2009	166	26684538.62	6361702	5915014	446688	7.02%
2010	208	22566439.71	6100832	5796526	304306	4.99%
2011	279	33432588.76	9735041.87	8732972.04	1002069.83	10.29%
2012	215	27191103.25	8421118.08	7269346.08	1151772	13.68%
合计	1057	143612521.8	39743079.64	36296908.12	3446171.52	8.67%

2008年—2012年
表4-95　杭州余杭水务有限公司各分支机构安装业务工程内审汇总表

审计年份	内审项目（个）	材料费（元）	施工费（元）			
			送审价（元）	审定价（元）	核减（元）	核减率
城北	59	8247217.57	1614226	1426411	187815	11.63%
城南	70	10784852.3	2795678.83	2415460	380218.83	13.60%
临平	79	15886627.7	2858002	2633928	224074	7.84%
乔司	116	13059409.72	4051065	3758784	292281	7.21%
运河	28	4499573.01	1008681	986953	21728	2.15%
塘栖	87	7964345.65	2042322.57	1919945.88	122376.69	5.99%
崇贤	30	2035477.25	1366778	1135236	231542	16.94%
宏畔	35	5259464.62	1572224	1461798	110426	7.02%
仁和	74	4601015.16	1512257.16	1402187.16	110070	7.28%
良渚	74	11992294.71	3628290	3396396	231894	6.39%
余杭	172	26499233.27	8218783.08	7555877.08	662906	8.07%
闲林	97	10140146.99	2870229	2687348	182881	6.37%
瓶窑	64	4775825.57	1294424	1216672	77752	6.01%
径山	62	6144152.02	2851109	2594005	257104	9.02%
水务设施安装	10	11722886.28	2059010	1705907	353103	17.15%
合计	1057	143612521.8	39743079.64	36296908.12	3446171.52	8.67%

注：汇总年限：临平、宏畔分公司为2008年—2010年，城北、城南、崇贤分公司为2011—2012年，其余分支机构均为2008年—2012年

第十章　企业管理

余杭区（市）城乡一体化供水区域的供水企业是区属的国有独资公司，为降低生产（制水）与运行成本，提高经营效益和提升服务水平，供水企业从建立企业管理制度着手，规范人事薪酬、财务、物资（水表）、质量、信息等管理，努力使企业发挥最大的经济效益和社会效益。

第一节　管理制度

余杭区在推进城乡一体化供水过程中，为充分发挥供水企业的主体作用，余杭区（县、市）自来水总公司、杭州余杭供水集团公司、杭州余杭水务有限公司十分重视对供水企业的管理。从建立规章制度着手，用制度管人管事。同时，在实践中再对制度进行不断的修正、补充和完善，逐步形成较健全、规范的企业管理制度。使各项管理工作做到有章可循，通过科学、规范的管理，推进了供水企业有序、健康的发展。

1993 年 10 月，余杭县自来水总公司制定了机关工作人员工作制度和机关工作人员十不准行为规则。

1994 年，余杭市自来水总公司报请余杭市人民政府批准转发了杭州市《城镇供水管理暂行规定》，同时印发了《余杭市城乡供水企业财务制度》。

1995 年，余杭市自来水总公司对各项管理制度和各科室职责及岗位职责经修改后，实行上墙公示，便于干部、职工经常对照，自觉执行，相互监督。同时，协助各自来水厂健全制度，落实岗位责任制。

1996 年，余杭市自来水总公司在机关原有制度的基础上，修订和完善了政治、业务学习制度，内部考勤制度，文明、卫生制度及安全保卫、保密等制度，对各科室、各岗位进一步明确了职责，制订了相应的奖惩办法。

1997 年，余杭市自来水总公司建立城镇水厂百分制考核制度，对水厂的思想政治工作、制度建设、工程建设、操作运行管理、水质管理和财务管理等项目细化评分标准，年终实行考核评分，通过考核评出先进水厂和先进厂长，通过考核推进水厂的管理水平逐年提升。

1998 年，完善对城镇水厂的百分制考核，使水厂管理工作更具体化，更具有操作性。并选派机关干部深入基层水厂，帮助制定企业创文明、上等级、图发展的规划。

1999 年，进一步修订和完善供水企业管理制度，余杭市自来水总公司统一制定了各水厂的管理制度36项、财务制度14项、岗位职责55项，计11.25万字，于当年8月，第一次汇编成册，供干部职工学习与应用。

2000年，余杭市自来水总公司在兼并了余杭、闲林、塘栖等三座镇属自来水厂后，继续健全各项管理制度。同时，强化了考核力度，扩大了考核内容。并对照年初下达的任务，进行检查评分，做到奖罚分明。

2001年，杭州余杭供水集团公司成立后，为进一步确保出厂水和管网水的水质，根据各水厂的处理工艺，首次制定了《余杭供水集团内控暂行标准》，对城北、塘栖、余杭、闲林、瓶窑等5座自来水厂和乔司营业公司的沉淀水浊度、出厂水浊度、出厂水余氯等三项指标确定了高于国家《生活饮用水卫生标准》的内控标准，并通过检验、监督等管理措施，确保内控标准达标，以提高供水质量，使用户满意。

同年11月，杭州余杭供水集团公司在总结1998年以来各水厂供水承诺服务经验的基础上，将城北、塘栖、獐山、余杭、瓶窑、闲林等6座自来水厂和临平、乔司等2个营业公司原有的承诺服务内容与服务标准作了进一步修改和提高，第一次统一了各供水企业的承诺服务内容与标准，承诺服务制度的建立和实践，深化了供水行业的作风建设，提高了供水服务质量。

2002年，杭州余杭供水集团公司将公司成立以来制定的有关党群工作，供水服务，劳动人事管理、财务管理、生产管理、水质管理、供水管理、基建物资设备管理、档案管理、后勤管理等10个方面的89项制度和机关各科室与各服务中心的工作职责共14.63万字，整理后汇编成一册，印发给每一位职工学习使用，通过落实管理制度，努力建设规范化的、制度化的现代化企业。

同年7月，杭州余杭供水集团制定了党委议事规则、董事会议事规则和职工代表大会制度。第一次将集团党委和公司董事会的职责任务、议事原则、议事内容、议事程序、议事约定及职工代表大会的性质、职权、任务、代表组成、组织制度、工作机构等事项做出了规定，以规则和制度行使党委、董事会和职工代表大会的权力和职责。

2003年，公司新建和制定了杭州余杭供水集团公司《取水水源突发性污染时应急处理预案》《杭州余杭供水集团公司水质监测实施细则》《消防专用水表管理暂行规定》《职工加班管理办法》《杭州余杭供水集团公司液氯事故应急救援预案》等5项制度。当年供水集团公司有2名职工因违反公司有关规章制度给予通报批评，并作出书面检查，扣除部分活工资，免去所在分支机构中层负责人职务等处分。

2004年，供水集团公司新建和修订了《杭州余杭供水集团公司机动车辆管理若干规定》《杭州余杭供水集团公司水质管理细则》《杭州余杭供水集团公司物资管理制度》《加氯系统巡查制度》《杭州余杭供水集团供水服务承诺》《用户接水审批制度》《供水管网建设审批制度》《杭州余杭供水集团公司宣传信息工作管理暂行规定》《供水管理实施办法（试行）》《杭州余杭供水集团公司编外用工管理暂行办法》《客户不按规定时间缴纳自来水费加收滞纳金和对严重欠费客户实行拆表停水的管理规定》等10项制度。

2005年，供水集团公司新建和修订了《绿化管理暂行办法》《杭州余杭供水集团公司水质管理规定》《供水管网建设和安装业务管理办法》《临平塘栖供水区域供水调度有关规定》《杭州余杭供水集团公司职工子女医药费报销暂行办法》《报告供水设施漏损和举报违章用水、违纪行为奖励办法》《专业技术人员职务聘任管理和奖励办法（试行)》《物资管理制度》《计算机设备及网络管理制度》《机动车辆管理规定》《基本建设管理规定》供水管理和服务岗位员工《职业道德与行为规范》等12项制度。

2006年，供水集团公司新建和修订了《供水管道抢修管理办法（试行)》《净水剂试用管理规定》《编外用工管理办法》《产销差率三级目标管理办法》《杭州余杭供水集团公司供水服务承诺》《集体宿舍和公用房租住管理办法》《单位接水开户和收费管理办法》《管道冲洗、排污和消防用水确认办法》《居民生活用水一户一表管理细则》《供水管理稽查办法》《杭州余杭供水集团公司防冻供水预案》《加强企业廉政文化建设实施意见》等12项制度。

2007年，供水集团公司新建和修订了《杭州余杭供水集团公司设计室暂行规定》《计算机设备管理制度》《绿化管理考核办法》《杭州余杭供水集团公司水质管理规定》《杭州余杭供水集团公司招投标管理暂行办法》《杭州余杭供水集团公司物资管理制度》《大客户管理和服务规范》《杭州余杭供水集团公司财务管理制度》《供水管网建设和安装业务管理办法》《杭州余杭供水集团公司中层干部管理试行办法》《杭州余杭供水集团公司基本建设管理规定》《水表管理制度》《杭州余杭供水集团公司劳保用品管理办法（试行)》《杭州余杭供水集团公司工作人员收入分配制度改革实施办法》《消防用水和消防设施管理办法》《供水管理实施办法》《管网水质污染应急预案》《供水管网建设和安装业务管理办法》补充规定、《供水管网安装、维修设备管理办法》《消防用水和消防设施管理办法》补充规定、《安全工作考核实施细则》等21项制度。

当年8月，杭州余杭供水集团公司将2001年9月公司成立以来建立和修正的各项管理制度在2002年8月汇编的基础上经补充、修正后进行第二次汇编，分为职责篇、制度篇和预案篇三部分，其中制度篇分议事规则、党群工作、组织人事管理、财务管理、供水、安装和服务管理、生产管理、水质管理、建设管理、物资管理、安全保卫工作、内部服务管理等11个方面，共112项管理制度，印成三册，40.32万字，印发给每一位职工学习、执行。

2008年，杭州余杭水务有限公司成立后，按照公司的性质、职责和运行管理的需要，对原杭州余杭供水集团公司制订的各项制度逐项进行修订，并新建了排（污）水管理方面的制度，当年新建和修订的制度有：《职工医疗实施办法》《企业工资标准与奖金、福利待遇试行办法》《编外人员工资奖金、福利待遇标准》《劳保用品管理办法（试行)》《污水监督检测管理办法（试行)》《污水入网管理办法（试行)》《公司行政值班管理制度》《中班和夜班报告制度》《安全工作考核实施细则》《工程联系单签订和工程材料监督管理规定》《机动车辆管理规定》《财务管理制度》《中层干部管理试行办法》《专业技术人员管理暂行办法》《安全生产管理制度》《水质监测管理规定》《社会治安综合治理管理规定》《招标、投标管理办法》《污水入网水质检测暂行规定》《供水管理实施细则》《编外用工管理办法》《污水处理厂和泵站停电应急处理预案》《供水管理稽查细则》《物资管理制度》《大口径管道事故处理预案》《排水管网维护管理办法》《供排水基础设施建设和安装业务管理办法》《绿化管理实施办法》《防冻预案》补充规定、《机关科员（办事员）和中心后勤等工作人员考核暂行办法》等30项制度。

当年8月，水务公司将2007年供水集团公司汇编的制度经修订、增添和整理后，进行第三次汇编，分部门职责、议事规则、党群工作、组织人事管理、生产管理、水质管理、财务管理、供水管理、排水管理、建设管理、物资管理、综合管理、安全管理和应急预案等14个部分，共123项制度，印成三册，计45.2万字，印发给每位职工学习与执行。

2009年，水务公司在上年度汇编的基础上，新建和修订了《杭州余杭水务有限公司水质监测管理规定》《职工带薪年休假实施办法》《机关处室工作人员管理暂行办法》《专业技术人员管理暂行办法》《技术工人管理暂行办法》《党委议事规则》《纪委议事规则》《党务公开制度》《党风廉政责任制和保证制》《编外用工管理办法》《安全工作考核实施细则》等11项制度。

当年8月，水务公司将上年汇编的管理制度中的部分条款和文字修改后与2009年新建和修订的制度经整理后进行第四次汇编，汇编范围同于2008年，分为14个部分，共145项制度，印成三册，46.8万字，印发给每位职工学习与执行。

2010年，水务公司新建和修订了《特种设备操作规程管理制度和应急预案》《建设方对项目驻地监理实施合同约定管理的暂行规定》等2项制度。

2011年，水务公司新建和修订了《液氯事故应急救援预案》《用户内部供水设施施工图审查和工程验收规定（试行）》《培训教育管理制度》《杭州余杭水务有限公司窗口人员服务规范》《污水管道维修期间泵站调度管理规定》《污水管网抢修管理办法》《液氯事故应急救援预案》等7项制度。

2012年，水务公司新建和修订了《供排水基础设施建设和安装业务管理办法》《工程管理稽查细则》《供水管网地理信息系统管理制度》《营业服务与经营标准化手册》《考勤管理办法》《加班管理办法》《甲醇事故应急救援预案》《工会互助资金管理办法》等8项制度。

当年12月，水务公司将2009年汇编的管理制度中的部分条款和文字修改后与2010年至2012年新建和修订的制度经整理后进行第五次汇编，汇编范围同于2009年，其中将原供水管理、排水管理二部分融合为营业管理，设13个部分，共138项制度，印成三册，计46.3万字，印发给每位职工学习与执行。

余杭区（县、市）在实施城乡一体化供水过程中，从1993年实施城乡供水统一行业管理到1999年开始实施城乡一体化供水，2007年基本实现全区城乡一体化供水，2012年，实现了全区城乡供水同网、同质、同价、同服务。在20年的发展中，承担城乡一体化供水的企业在建章立制、创新管理和推进落实等方面不遗余力，各项管理制度在制订、修订、完善、执行、落实过程时，管理范围由点到面、管理标准逐年提高、管理质量不断提升。管理制度涵盖了自来水生产、污水处理、供排水服务、供排水工程建设和供水企业的自身建设等方面，通过制度管理，使承担全区城乡一体化供水的企业实现规范运作、有序运行、健康发展。

第二节　人　　事

余杭区（县、市）承担城乡一体化供水企业员工的人事先后由余杭区（县、市）自来水总公司（1993年5月—2001年10月）、杭州余杭供水集团公司（2001年10月—2008年3月）和杭州余杭水务有限公司（2008年3月至今）根据用工制度、人事劳资政策和供水企业的发展需要，按政策、制度的相关规定进行管理。

一、余杭区（县、市）自来水总公司时期（1993年5月—2001年10月）

余杭县自来水总公司于1993年5月成立，当年12月，有干部职工12人。2001年10月，在余杭区级机构改革时，区自来水总公司在撤并前有在编的干部职工共21人。其中，行政编制3人、事业编制18人。

余杭县（市、区）自来水总公司所属的直属单位，在1993年12月时有临平自来水厂和余杭县农村自来水服务站两家，均为自收自支的事业单位。其中，临平自来水厂有干部职工74人，自来水服务站有职工6人。

1994年7月，余杭市临平第二水厂（余杭市临平区水厂）划入自来水总公司领导。

1999年7月至2001年7月，余杭市自来水总公司先后兼并了余杭、闲林、塘栖、瓶窑等镇属自来水厂。2000年8月，组建了隶属于余杭市自来水总公司的余杭市供水集团有限公司。

2001年10月，余杭区自来水总公司的直属单位有余杭区供水集团有限公司（下设临平、乔司营业公司；城北、塘栖、獐山、余杭、闲林、瓶窑自来水厂及物资中心等9个分支机构）和余杭区晶源发展总公司、晶源机电设备公司、自来水工程公司与给水排水勘测设计室等四家经济实体。其中，余杭市供水集团有限公司有干部职工306人（不包括借用余杭区自来水总公司3人），四家经济实体在编制内的职工有21人（至2001年10月借出18人）。同时，余杭区人民政府节约用水办公室设在自来水总公司内，有干部职工5人（其中借出1人）。

在余杭区自来水总公司2001年10月撤并前，自来水总公司机关和各直属单位与管理单位共有干部职工353人。其中，行政编制3人，占0.8%；事业编制171人，占48.5%；企业编制179人，占50.7%。有共产党员76人，占25.5%，共青团员63人，占17.8%。大专及以上学历员工58人，占16.4%。（详见附表4-96、4-97）。

在余杭区自来水总公司撤并期间，根据余杭区机构编制委员会《关于区自来水总公司行政职能移交给区建设局有关问题的通知》的文件精神，将原设在区自来水总公司内的“余杭区节约用水办公室”的4名工作人员划转至新设在区建设局的“余杭区供水、改水办公室”工作。同时，在区自来水总公司系统内公开选调4名工作人员到区供水、改水办公室工作。

二、杭州余杭供水集团公司时期（2001年10月—2008年3月）

杭州余杭供水集团公司直属余杭区人民政府，为自收自支的事业单位。在编干部职工的身份有公务员、事业和企业三种编制。公务员编制的经营班子成员由中共余杭区委、余杭区人民政府委派。

2001年10月，杭州余杭供水集团公司成立时有在编职工324人，另有借用人员15人，编外用工27人。在编职工中有公务员3人、占0.9%，事业编制148人、占45.7%，企业编制173人，占53.4%。其中，共产党员76人，占23.5%；共青团员49人，占15.1%；大专及以上学历的员工59人，占18.2%。公司机关设10个科室，直属部门有6座自来水厂、2个营业公司及6个中心与1个物资仓库，各部门职工的基本概况见附表4-98。

2008年2月，在组建杭州余杭水务有限公司前，供水集团公司有在编职工464人，另有编外用工126人。在编职工中有公务员3人，占0.6%；事业编制172人，占37.1%；企业编制参照事业工资212人，占45.7%；企业编制77人，占16.6%。其中，共产党员124人，占26.7%，共青团员76人，占16.4%，大专及以上学历员工176人，占37.9%。公司机关设9个科室，直属部门有7座自来水厂、5个分公司及5个中心与1个物资仓库，各部门职工的基本概况见附表4-99。

2001年10月至2008年2月，杭州余杭供水集团公司历年职工基本概况见附表4-100，杭州余杭供水集团公司具有专业技术职称人员名单见附表4-101；历年专业技术人员聘任概况见附表4-102；历年技术工人聘任概况见附表4-103。

表 4－96 **2001 年余杭区(县、市)自来水总公司及直属各单位职工概况** 单位：人

时间	单位		编内职工小计	性别		编制			身份		学历							职称			技术等级			共产党员	共青团员	临时工	编内人员	
				男	女	行政	事业	企业	干部	工人	研究生	大学	大专	中专	高中	初中	小学	讲师级	助教级	员级	高级工	中级工	初级工				借出	借入
1993.12（自来水总公司成立初期）	余杭县自来水总公司		12	9	3	1	10	1	7	5	0	1	2	3	3	2	1	0	3	4	0	1	1	6	0	0	0	0
	余杭县临平自来水厂		74	54	20	0	74	0	7	67	0	0	4	10	13	30	17	1	3	8	0	4	8	9	5	9	0	0
	余杭县农村自来水服务站		6	3	3	0	6	0	0	6	0	0	2	2	1	1	0	0	2	1	0	0	0	1	0	2	0	0
	合计		92	66	26	1	90	1	14	78	0	1	8	15	17	33	18	1	8	13	0	5	9	16	5	11	0	0
2001.10（自来水总公司撤并时）	余杭区自来水总公司		21	17	4	3	18	0	16	5	0	4	6	6	3	2	0	5	8	1	2	0	0	13	4	0	3	3
	区政府节约用水办公室		5	5	0	0	5	0	1	4	0	0	0	1	4	0	0	0	0	1	0	0	1	2	2	0	1	0
	余杭供水集团有限公司	机关	53	36	17	0	35	18	22	31	1	8	14	11	11	6	2	5	7	9	3	3	5	14	17	0	0	5
		临平营业公司	19	17	2	0	19	0	3	16	0	0	1	3	6	9	0	0	1	2	3	0	16	2	3	1	0	5
		乔司营业公司	15	13	2	0	15	0	0	15	0	0	0	2	3	10	0	0	0	2	0	3	8	6	1	2	0	2
		城北自来水厂	31	19	12	0	27	4	0	31	0	0	3	2	12	8	6	0	3	0	4	3	13	4	3	5	0	2
		塘栖自来水厂	49	34	15	0	12	37	7	42	0	1	4	3	10	15	16	0	2	0	1	6	13	6	9	3	0	3
		獐山自来水厂	32	27	5	0	19	13	7	25	0	2	3	3	9	11	4	0	2	1	2	4	8	3	9	1	0	0
		余杭自来水厂	63	35	28	0	3	60	2	61	0	0	6	1	12	33	11	0	2	5	2	2	29	10	7	2	0	0
		闲林自来水厂	17	11	6	0	0	17	0	17	0	0	0	0	3	11	3	0	0	3	0	3	9	7	2	2	0	0
		瓶窑自来水厂	20	14	6	0	1	19	0	20	0	0	2	0	9	8	1	1	1	3	1	0	5	6	2	0	0	0
		物资中心	7	4	3	0	6	1	0	7	0	0	1	0	2	4	0	0	0	1	0	1	3	0	1	1	0	2
		小计	306	210	96	0	137	169	41	265	1	11	34	25	77	115	43	6	18	26	16	25	109	58	54	17	0	19
	经济实体(四个单位)		21	12	9	0	11	10	0	21	0	0	2	2	3	14	0	1	1	3	0	2	1	3	4	0	18	0
	合计		353	244	109	3	171	179	58	295	1	15	42	34	87	131	43	12	27	31	18	27	111	76	64	17	22	22

注：1.各单位借用人员按其编制在本单位统计；2.经济实体四个单位为：余杭区自来水工程公司、余杭区晶源发展总公司、余杭区晶源机电设备公司和余杭区给水排水勘测设计室

表 4－97　2001 年余杭区自来水总公司及直属各单位专业技术人员与技术工人名册

单位	专业技术人员			技术工人		
	讲师级	助教级	员级	高级工	中级工	初级工
余杭区自来水总公司	许　征、范发庆、雷云霞、赵红伟、殷兆刚	黄洪奎、李民宏、卜迎迎、俞其根、陈高良、胡华龙、刘有根、郎伟毅	郑宜苑	叶善赞 沈坚勇		
区政府节水办			陈毓麟			邱文龙
余杭供水集团有限公司	韩建荣、郑　湧、沈志坤、王江毅、朱　耘、任正义	张立明、田培虎、袁一扬、张　俊、孙欣杰、支政星、陈　潜、祝志强、丁来水、王　邕、胡　明、孙　坚、杨富华、马国胜、徐　敏、谢国刚、俞建荣、方建英	陈文武、高　燕、周笑如、张云昌、俞云芳、张晶倩、王国平、丁海鸿、骆宝根、张建明、潘　征、贺燕丽、沈玲琳、宋玉琴、魏安荣、孙金根、郑爱玲、楼永成、许晓颖、陈文华、陈　国、吴百明、冯晓峰、周李莉、李海强、沈引子	肖培军、史海民、冷宝亮、金国民、吴铁民、沈月根、姚建国、陈天芬、吴越楣、相静叶、徐东英、陈良国、宋玉琴、邱国群、许晓颖、贺恒麒	沈叶香、王高勤、胡建良、朱俞卫、范文忠、俞根富、孙幸儿、钟立平、许　瑾、叶志伟、周琦红、尉衍忠、湛　勇、杨逸宁、胡建明、陈　健、陈伟华、洪　敏、陆雪情、朱新民、骆春风、郑优娟、支政星、孙金根、宋仁龙	杨泽强、郑　忠、陈旭耕、戚卫华、梅建跃、沈国兴、金红虎、陈　辉、梅金坤、缪苏玲、王国平、姜玲珍、黄　忠、汤良忠、费建新、魏洪祥、郁伟革、俞云桥、尤祖泉、金方玉、金红华、沈永法、李益元、季天达、李水良、赵超法、李见玉、姚建斌、范艳红、陈　庚、尹玉强、卫祥龙、何六顺、褚寿根、沈文杰、姜松根、柴惠华、陈新强、夏建民、俞月平、蔡锦铭、陈国强、湛生奎、洪百年、李荷叶、郑晓莲、马建国、黄燕红、姚卫国、朱珍荣、严旭华、夏美琴、毛金仙、严明秋、姚来芝、吴美珍、倪增风、张建英、韩明明、朱建明、董素珍、章跃明、徐建福、侯永生、马才良、应一鸣、倪红伟、阮建国、方连明、孙金根、厉福金、泮洪明、泮爱萍、张小芬、翁宗富、李福寿、徐永林、钟仁堂、翁建军、吴亚萍、汪　趱、陈荣士、高富根、姜玲珍、范　炯、汤　敏、张　斌、许晓颖、何一峰、陈惠荣、陈文华、洪　敏、高大荣、葛建英、张银娣、陆香娣、高凤娣、张纪芬、张雁宏、欧　翔、高大荣、何耀明、沈松根、陈林伟、陈　珺、戚里峰、李秋益、史林娣、骆永德
经济实体（四个单位）	陈国良	范婉秋	张菊芬、吴美娟、王晓欣		戚建华、袁锡忠	王晓欣
合计	12	27	31	18	27	111

注：1. 各单位借用人员按期编制所在单位登记；2. 经济实体四个单位为：余杭区自来水工程公司、余杭区晶源发展总公司、余杭区晶源机电设备公司和余杭区给水排水勘测设计室

表 4－98　　杭州余杭供水集团公司成立初期在编职工基本概况（2001 年 10 月）　　单位：人

部门	在编人数	性别		编制			身份				党员	团员	文化程度							专业技术人员			技术工人			借用人员
		男	女	公务员	事业	企业	区管干部	干部	固定工	合同工			研究生	大学	大专	中专	高中	初中	小学	讲师级	助教级	员级	高级工	中级工	初级工	
机关科室	58	44	14	3	41	14	3	27	9	19	26	9	1	10	20	13	5	7	2	4	8	4	3	2	1	2
城北自来水厂	32	18	14	—	28	4	—	2	5	25	5	3	—	—	5	3	5	11	8	—	1	1	2	—	18	—
塘栖自来水厂	44	31	13	—	9	35	—	6	—	38	6	6	—	1	3	2	4	18	16	1	1	2	1	5	9	1
獐山自来水厂	31	27	4	—	15	16	—	4	2	25	2	5	—	1	4	2	5	11	8	—	1	1	1	1	9	1
余杭自来水厂	60	34	26	—	2	58	—	1	1	58	12	6	—	—	5	3	5	35	12	—	—	3	2	5	22	—
闲林自来水厂	20	13	7	—	1	19	—	—	1	19	8	2	—	—	—	—	4	13	3	—	—	2	—	3	7	—
瓶窑自来水厂	19	13	6	—	0	19	—	—	1	18	6	4	—	—	2	2	5	7	3	—	1	2	1	—	3	1
临平营业公司	20	18	2	—	18	2	—	5	6	9	4	5	—	—	3	5	3	8	1	1	1	2	3	1	6	2
乔司营业公司	16	14	2	—	16	0	—	1	3	12	4	2	—	1	—	2	2	10	1	—	1	1	—	3	4	2
机电维修中心	5	4	1	—	3	2	—	—	2	3	2	1	—	1	1	—	0	2	1	—	1	—	1	2	1	1
水表校验中心	5	3	2	—	4	1	—	1	3	1	—	3	—	—	—	2	1	1	1	—	—	1	—	—	2	1
水质化验中心	2	1	1	—	2	0	—	2	—	—	—	2	—	—	—	2	—	—	—	—	—	—	—	—	—	—
自控调度中心	3	1	2	—	3	0	—	2	—	1	1	1	—	—	1	1	1	—	—	—	—	1	—	—	—	—
供水热线服务中心	2	0	2	—	0	2	—	—	—	2	—	—	—	—	—	2	—	—	—	—	—	—	—	—	—	—
管道安装中心	1	0	1	—	1	0	—	—	—	1	—	—	—	—	—	—	1	—	—	—	—	—	—	—	—	2
物资仓库	6	2	4	—	5	1	—	3	2	1	—	—	—	—	—	—	2	2	2	—	—	—	—	—	1	2
合计	324	237	87	3	148	173	3	54	35	232	76	49	1	14	44	39	43	125	58	6	15	20	14	22	83	15

注：借用人员来源于原余杭区自来水总公司所属经济实体转制期的待按排人员和原瓶窑镇自来水厂厂长。另有编外用工 27 人

表 4－99　**杭州余杭供水集团公司撤并重组前在编职工基本概况(2008 年 2 月)**　单位:人

部门	在编人数	性别		编制				身份					党员	团员	文化程度						职称			技术等级		
		男	女	公务员	事业	企业		区管干部	干部	固定工	合同工	农合			大学	大专	中专	高中	初中	小学	讲师级	助教级	员级	高级工	中级工	初级工
						参照事业工资	企业																			
机关	47	32	15	3	37	7	—	3	24	7	11	—	17	8	21	16	3	2	2	1	18	15	2	2	2	—
机关驾驶员	11	11	—	—	3	5	3	—	—	4	7	1	2	1	—	1	3	3	4	—	—	—	—	2	1	1
运河自来水厂	37	22	15	—	26	6	5	—	4	6	27	3	8	1	1	11	5	4	13	3	1	2	1	2	4	15
塘栖自来水厂	36	24	12	—	9	20	7	—	4	15	17	2	11	7	—	11	4	8	6	7	1	2	2	1	9	5
宏畔自来水厂	35	27	8	—	7	19	9	—	4	9	22	2	6	8	4	9	6	3	8	5	1	1	2	2	2	8
獐山自来水厂	29	22	7	—	10	13	6	—	2	10	18	3	5	3	2	10	—	7	7	4	1	1	—	2	1	7
瓶窑自来水厂	36	22	14	—	3	23	10	—	1	6	29	4	7	7	1	12	7	10	6	—	1	1	3	2	3	7
余杭自来水厂	59	35	24	—	3	52	4	—	1	37	21	2	13	7	—	12	6	10	27	4	—	2	5	2	4	27
径山自来水厂	24	17	7	—	1	3	20	—	1	1	22	15	7	6	1	9	5	3	6	—	—	1	2	—	2	3
临平分公司	34	25	9	—	22	10	2	—	3	9	21	3	6	4	2	5	7	7	10	2	1	—	3	2	1	3
乔司分公司	19	15	4	—	15	4	—	—	2	2	16	3	8	1	2	2	2	6	8	—	—	1	—	—	5	3
良渚分公司	26	16	10	—	2	21	3	—	2	—	24	3	5	3	2	7	1	3	5	8	1	2	—	1	3	5
闲林分公司	19	12	7	—	—	16	3	—	—	13	6	3	12	2	—	1	—	4	13	1	—	—	2	—	4	7
管道安装公司	15	13	2	—	10	3	2	—	7	2	9	—	6	6	5	7	2	1	2	1	1	2	1	1	2	2
水表校验中心	5	2	3	—	4	1	—	—	—	3	2	—	1	1	—	1	1	1	2	—	—	—	1	—	—	2
机电维修中心	3	3	—	—	3	—	—	—	3	—	—	—	1	2	3	—	—	—	—	—	—	2	—	—	—	—
自控调度中心	4	—	4	—	2	1	1	—	—	2	2	—	1	3	—	3	—	1	—	—	—	1	1	—	—	—
水质化验中心	5	3	2	—	4	—	1	—	3	—	2	—	2	3	2	2	1	—	—	—	—	2	1	1	1	—
客户服务中心	5	2	3	—	—	4	1	—	—	3	2	—	—	1	—	3	1	1	—	—	—	1	1	1	—	—
物资仓库	4	1	3	—	2	2	—	—	—	2	2	—	—	—	1	—	—	2	1	—	—	—	1	—	—	2
排水机构筹建人员	11	11	—	—	9	2	—	—	5	2	2	—	6	2	3	4	—	1	1	—	3	3	1	1	—	1
合　　计	464	315	149	3	172	212	77	3	66	133	262	44	124	76	50	126	54	77	121	36	29	39	29	22	44	98
																					97			164		
占比例(%)	100.0	67.9	32.1	0.6	37.1	45.7	16.6	0.6	14.2	28.7	56.5	9.5	26.7	16.4	10.8	27.2	11.6	16.6	26.1	7.8	6.2	8.4	6.2	4.7	9.5	21.1

注:另有编外用工 126 人,其中:托管 69 人,自管 57 人

表 4－100　杭州余杭供水集团公司历年职工基本概况

单位：人

年月	在编职工	性别		编制			身份					共产党员	共青团员	文化程度							编外用工			借用人员
		男	女	公务员	事业	企业	区管干部	干部	固定工	合同工				研究生	大学	大专	中专	高中	初中	小学	小计	其中		
										小计	其中农合											自管	托管	
2001.10	324	237	87	3	148	173	3	54	35	232	—	76	49	1	14	44	39	43	125	58	27	27	—	15
2002.12	343	237	106	3	152	188	3	54	35	251	—	77	58	1	14	44	43	87	113	41	27	27	—	—
2003.3	341	237	104	3	153	185	3	54	34	250	—	80	55	1	15	44	43	86	113	39	37	37	—	—
2004.1	394	263	131	4	161	229	4	52	36	302	6	100	50	1	15	49	51	99	130	49	77	—	—	—
2005.4	398	267	131	3	160	235	3	56	51	288	16	109	49	—	22	68	56	85	124	43	90	90	—	—
2006.2	409	276	133	3	160	246	3	56	35	315	21	111	49	—	26	85	52	81	123	42	97	54	43	—
2007.8	456	308	148	3	167	286	3	60	134	259	—	125	73	—	40	126	51	78	124	37	124	52	72	—
2008.2	464	315	149	3	172	289	3	66	133	262	44	124	76	—	50	126	54	77	121	36	126	57	69	—

表 4－101　杭州余杭供水集团公司具有专业技术职称人员名单　2008 年 2 月

级别		职称	姓名	人数（人）
中级（讲师级）		工程师	黄洪奎、韩建荣、郑　涌、殷兆刚、陈国良、雷云霞、任正义、孙欣杰、陈　潜、王　邕、孙　坚、徐　敏、张　俊、马国胜、屠玲娟、支政星、杨硕果、陈晓媛、陈丽兰、杨富华	20
		政工师	许　征、沈志坤、田培虎、张益清	4
		会计师	胡华龙、朱　耘、楼榄月、侯丙奎	4
		经济师	周笑如	1
		小　计	—	29
初级	助教级	助理工程师	陈高良、陈　国、姚建国、冯晓峰、李　挺、沈引子、陈迪超、楼继锋、李飞翔、陈宝光、陈　建、戴　镇、金　程、周李莉、张云昌、郑建杰、任志华、王　芬、朱恒杰、邱君力、徐　潇、张巍巍、祝志强、徐　康、杨嘉宾、凌　勇、丁海鸿、应林荣、陈杰、俞云芳、沈晓翔	31
		防疫医师	俞其根	1
		助理政工师	李民宏、赵敏渊	2
		助理会计师	丁来水、陈萍、方建英	3
		助理经济师	胡明、谢国刚	2
		小　计	—	39
	员级	技术员	陈毓麟、张明林、李海强、黄　琦、冯伟华、华雯杰、张伟平、王　娟、楼永成、许晓颖、施召勇、倪善永、宋玉琴、康越儿、唐立英	15
		会计员	陈文武、陈姿娟、张建明、骆宝根、潘　征、贺燕丽、郑爱玲	7
		经济员	魏安荣、王国平、谭　琳、崔丽萍、王晓欣	5
		档案管理员	吴国龙、包鑫梅	2
		小　计	—	29
合计			—	97
曾在供水集团公司工作，后离岗的专业技术人员			姚志良（助理经济师、2000 年 9 月退休） 郑宜苑（会计员、2001 年 9 月调离） 赵红伟（工程师、2001 年 11 月调离） 高　燕（会计员、2001 年 11 月调离） 张菊芬（会计员、2002 年 8 月退休） 张立明（助理工程师、2002 年 9 月病故） 沈玲琳（会计员、2003 年 2 月退休） 陈哲辉（技术员、2003 年 9 月辞职） 范婉秋（助理会计师、2004 年 1 月退休） 王江毅（助理研究员、2004 年 3 月辞职） 袁一扬（助理工程师、2004 年 8 月调离） 卜迎迎（助理经济师、2004 年 9 月退休） 范发庆（工程师、2005 年 3 月退休） 俞菲菲（技术员、2005 年 4 月辞职） 沈小兵（助理工程师、2006 年 10 月调离） 刘有根（工程师、2007 年 1 月辞职）	16

注：一人取得二项及以上专业技术职称的按高级职称列入表内，一人取得同级职称二项及以上的按与本人实际工作专业相近的职称列表

表 4－102 **杭州余杭供水集团公司历年专业技术人员聘任概况**

年份	在编职工总人数（人）	专业技术人员数（人）					聘任专业技术人员数（人）																技术人员占职工总人数比例（%）	聘任技术人员占总技术人员比例（%）	聘任技术人员占总人数比例（%）	聘期
		合计	职称				合计	讲师级					助教级					员级								
								小计	其中				小计	其中				小计	其中							
			高级	讲师级	助教级	员级			工程师	会计师	政工师	助理研究员		助理工程师	助理会计师	助理政工师	助理经济师		技术员	会计员	经济员	档案管理员				
2001.9	324	41	0	6	15	20	22	5	3	0	1	1	8	5	2	0	1	9	2	6	1	0	12.65	53.66	6.79	2001年8月1日至2002年12月31日止
2002.12	343	71	0	12	29	30	22	7	4	1	1	1	6	4	1	0	1	9	2	6	1	0	20.70	31.43	6.41	新增工程师，会计师各1名，聘期自8月1日至12月31日
2003.3	341	70	0	12	29	29	49	13	9	2	2	0	17	11	3	1	2	19	13	6	0	0	20.53	70.00	14.37	2003年1月1日至12月3日
2004.1	394	76	0	18	26	32	57	17	12	2	3	0	18	12	4	1	1	22	15	5	0	2	19.29	75.00	14.47	2004年1月1日至12月3日
2005.4	398	74	0	19	22	33	57	19	14	2	3	0	16	11	4	1	0	22	14	6	1	1	18.59	77.03	14.32	2005年1月1日至12月31日
2006.2	409	74	0	25	19	30	60	19	14	2	3	0	24	18	5	1	0	17	12	3	1	1	18.09	81.08	14.69	2006年1月1日至2007年12月31日
2007.8	456	80	0	28	28	24	60	19	14	2	3	0	24	18	5	1	0	17	12	3	1	1	17.54	75.00	13.16	2006年1月1日至2007年12月31日
2008.2	464	97	0	29	39	29	67	26	18	4	4	0	27	23	4	0	0	14	11	2	1	0	21.12	68.36	14.44	2008年1月1日至2009年12月31日

表 4－103　　杭州余杭供水集团公司历年技术工人聘任概况

年份	在编职工总人数（人）	技术工人数（人）				聘任技术工人数（人）				聘任技术工人的技术岗位人数（人）														技术工人占职工总人数比例（%）	聘任技术工人占总技术人员比例（%）	聘任技术工人占总人数比例（%）	聘期
		合计	级别			合计	级别			水质检验工	净水工	电泵工	电工	电焊工	维修电工	司泵工	钳工	机修钳工	供水管道工	供水营销员	驾驶员	烹任师					
			高级工	中级工	初级工		高级工	中级工	初级工																		
2001.9	324	119	14	22	83	54	4	22	28	16	12	6	4	—	2	—	3	1	5	—	4	1	36.73	45.38	16.67	2001 年 8 月 1 日至 2002 年 12 月 31 日止
2002.12	343	129	16	26	87	54	4	22	28	16	12	6	4	—	2	—	3	1	5	—	4	1	37.61	41.86	15.74	
2003.3	341	135	16	29	90	99	14	15	70	14	16	4	6	—	—	13	4	—	21	13	7	1	39.59	73.33	29.03	2003 年 1 月 1 日至 12 月 31 日
2004.1	394	143	18	31	94	111	16	28	67	14	16	4	6	—	—	14	5	—	26	15	10	1	36.29	77.62	28.17	2004 年 1 月 1 日至 12 月 31 日
2005.4	398	154	18	40	96	121	14	36	71	16	16	4	7	—	—	10	7	—	30	15	15	1	38.69	78.57	30.40	2005 年 1 月 1 日至 12 月 31 日
2006.2	409	156	19	40	97	113	16	29	68	15	17	4	7	1	—	8	6	—	27	15	12	1	38.15	72.44	27.63	2006 年 1 月 1 日至 12 月 31 日
2007.8	456	164	21	43	100	115	17	28	70	16	16	3	7	2	—	11	5	—	28	13	13	1	35.96	70.12	25.22	2007 年 1 月 1 日至 12 月 31 日
2008.2	464	164	22	44	98	116	19	28	69	19	16	—	10	2	—	14	5	—	27	10	12	1	35.34	70.73	25.00	2008 年 1 月 1 日至 12 月 31 日

三、杭州余杭水务有限公司时期（2008 年 3 月—2012 年 12 月）

2007 年 12 月 3 日，中共余杭区委十二届常委会第 20 次会议在研究水务公司筹建工作中有关管理体制时明确：水务公司为企业化管理的国有独资公司，隶属于城市建设集团。水务公司员工按照“老人老办法，新人新办法”原则实行身份保留，分类管理。

2013 年 4 月 26 日，中共余杭区委十三届常委会第 29 次会议在研究对部分区属单位机构设置和部分国有企业管理体制调整时决定：“杭州余杭水务有限公司在资产关系不变的前提下，划归区住建局管理。党组织关系一并划转，由住建局党委管理。”杭州余杭水务有限公司划归余杭区住建局管理后，公司性质和用工制度不变。

2008 年 3 月，杭州余杭水务有限公司成立时有在编职工 644 人，其中公务员 3 人，占 0.5%；事业编制 169 人，占 26.2%，企业编制参照执行事业工资 212 人，占 32.9%；企业编制 260 人，占 40.4%人。有共产党员 119 人，占 18.5%；共青团员 74 人，占 11.5%。大专及以上学历员工 283 人，占 43.9%。有编外用工 126 人，合计 770 人。公司机关内设 10 个处室（含 6 个服务中心和 1 个物资仓库，其中 2 个中心人员由处室职工兼职），下设 16 个分公司和 1 个水质监测中心，其中供水分公司 11 个、排水分公司 4 个及水务设施安装分公司。2008 年 3 月，各部门职工基本概况见附表 4 - 104。

2012 年 12 月，杭州余杭水务有限公司有在编职工 828 人（含借出人员，不含城建集团公司副总经理兼任的公司董事长），其中，事业编制 137 人，占 16.5%；企业编制参照执行事业工资 184 人，占 22.2%；企业编制 507 人，占 61.2%。有共产党员 218 人，占 26.3%；共青团员 295 人，占 35.6%。大专及以上学历员工 517 人，占 62.4%。公司机关内设 8 个部室（含 6 个服务中心和 1 个物资仓库，其中 1 个中心人员由部室员工兼职），下设 13 个分公司和 1 个水质监测中心，2012 年 12 月，各部门职工基本概况见附表 4 - 105。

2008 年 3 月至 2012 年 12 月，杭州余杭水务有限公司历年在编职工基本概况见附表 4 - 106；杭州余杭水务有限公司具有专业技术职称人员名单见附表 4 - 107；历年专业技术人员聘任概况见附表 4 - 108；历年技术工人聘任概况见附表 4 - 109。

根据劳动部门有关劳动用工规定及人事部门有关规范单位编外用工的要求，为解决公司部分岗位缺员问题，对聘用的编外人员（在法定退休年龄内）实行劳动事务综合代理制，通过区劳动力资源服务中心（以下简称劳务中心）办理有关人员招用手续，以劳务派遣的形式使用。

编外人员与劳务中心签订劳动合同，建立劳动关系。公司与劳务中心签订劳务协议，支付相关费用。各项社会保险由劳务中心负责按标准投保、缴费。编外人员的人事关系在劳务中心，人事档案由劳务中心建立、保管，每月工资由劳务中心负责按时发放，日常管理由劳务中心和公司共同负责。超过法定退休年龄的编外人员（临时工）由公司直接管理，工资由公司按月发放。

2008 年 3 月，杭州余杭水务有限公司成立时有编外用工 126 人，占公司总人数 770 人的 16.36%，至 2012 年 12 月，公司编外用工人数为 296 人（其中，委托区劳动力资源服务中心管理 272 人，公司自己管理 24 人），占公司总人数 1124 人的 26.33%。

表 4－104

杭州余杭水务有限公司成立时(2008 年 3 月)职工基本情况表

单位:人

部门	在编人数	性别 男	性别 女	编制 行政	编制 事业	编制 企业参事	编制 企业	身份 公务员	身份 干部	身份 固定工	身份 合同工	身份 农合	党员	团员	文化程度 大学	文化程度 大专	文化程度 中专	文化程度 高中	文化程度 初中	文化程度 小学	职称 高级	职称 讲师级	职称 助教级	职称 员级	技术等级 高级工	技术等级 中级工	技术等级 初级工
机关处室	48	34	14	3	34	6	5	3	23	7	15	—	25	8	24	16	3	2	2	1	—	17	12	2	2	2	—
后勤	13	13	—	—	3	6	4	—	—	4	9	3	2	1	1	1	2	4	5	—	—	—	—	—	2	1	1
物资仓库	4	1	3	—	2	2	—	—	—	2	2	—	—	—	1	—	—	2	1	—	—	—	—	1	—	—	2
水表校验中心	6	3	3	—	5	1	—	—	—	3	3	—	1	1	—	2	1	1	2	—	—	—	—	1	—	—	2
信息中心	2	2	—	—	2	—	—	—	2	—	—	—	1	2	2	—	—	—	—	—	—	—	2	—	—	—	—
生产调度中心	4	—	4	—	2	1	1	—	2	—	2	—	1	3	—	3	—	1	—	—	—	—	1	1	—	—	—
客户服务中心	5	2	3	—	—	4	1	—	—	3	2	—	—	1	—	3	1	1	—	—	—	—	1	2	1	—	—
临平供水分公司	33	24	9	—	21	10	2	—	3	9	21	3	3	4	3	4	7	7	10	2	—	1	—	3	2	1	3
乔司供水分公司	22	17	5	—	15	4	3	—	2	2	18	3	9	1	2	4	2	7	7	—	—	—	1	—	—	6	3
运河供水分公司	39	24	15	—	26	6	7	—	4	6	29	3	7	1	3	11	5	4	13	3	—	2	1	—	2	5	16
塘栖供水分公司	40	25	15	—	8	17	15	—	4	14	22	2	7	7	3	14	4	7	5	7	—	1	3	1	2	10	4
宏畔供水分公司	38	30	8	—	7	19	12	—	4	9	25	3	7	8	6	11	5	3	8	5	—	1	4	1	2	2	8
仁和供水分公司	33	24	9	—	9	13	11	—	2	10	21	5	5	3	4	10	1	7	7	4	—	1	2	—	2	1	8
良渚供水分公司	27	16	11	—	2	21	4	—	2	—	25	3	6	3	3	8	1	2	5	8	—	1	1	—	1	3	5
余杭供水分公司	64	39	25	—	3	52	9	—	1	35	28	2	11	7	2	17	4	10	27	4	—	—	—	5	2	4	28
闲林供水分公司	21	14	7	—	—	16	5	—	—	13	8	3	9	2	1	1	—	5	13	1	—	—	—	2	—	4	7
瓶窑供水分公司	37	23	14	—	3	21	13	—	1	6	30	5	7	7	2	11	8	10	6	—	—	1	1	3	3	3	6
径山供水分公司	29	20	9	—	1	3	25	—	1	1	27	15	10	6	3	9	5	3	9	—	—	—	2	2	—	2	3
临平排水分公司	40	32	8	—	4	2	34	—	2	2	36	7	—	—	7	9	1	13	10	—	—	1	1	—	8	6	1
塘栖排水分公司	35	33	2	—	4	2	29	—	4	—	31	—	—	—	10	7	—	15	3	—	—	2	4	—	4	6	4
良渚排水分公司	46	39	7	—	1	2	43	—	—	1	45	—	—	—	5	19	1	19	2	—	—	—	—	2	1	1	2
余杭排水分公司	28	26	2	—	2	—	26	—	1	—	27	—	—	—	8	10	1	8	1	—	—	1	2	—	2	3	2
水务设施安装分公司	24	22	2	—	11	4	9	—	7	2	15	—	6	6	7	11	3	—	2	1	—	1	3	1	2	3	3
水质监测中心	6	3	3	—	4	—	2	—	3	—	3	—	2	3	2	3	1	—	—	—	—	—	3	1	1	2	—
合　计	644	466	178	3	169	212	260	3	68	129	444	57	119	74	99	184	56	131	138	36	0	30	44	28	39	65	108
合　计																					102				212		
占比例(%)	100.0	72.4	27.6	0.5	26.2	32.9	40.4	0.5	10.6	20.0	68.9	8.9	18.5	11.5	15.4	28.6	8.7	20.3	21.4	5.6	15.8				32.9		

注:另有编外用工 126 人;兼职中心 2 个:招标管理中心、内部审计中心

表 4－105

2012 年 12 月杭州余杭水务有限公司职工基本情况

单位：人

部门	在编人数	性别		编制			中层干部			党员	团员	身份			文化程度							职称				技术等级					编外用工		
		男	女	事业	企参事	企业	正职	副职	助理			干部	固定工	合同工	硕士	大学	大专	中专	高中	初中	小学	高级	讲师级	助教级	员级	高技	技师	高级工	中级工	初级工	自管	托管	小计
机关部室	115	78	37	40	17	58	3	8	3	34	34	21	12	82	1	51	39	9	9	6	0	3	16	49	0	—	2	14	5	6	2	4	6
城北分公司	52	42	10	11	6	35	1	1	1	12	10	4	3	45	—	12	21	2	11	6	0	1	2	13	2	—	—	17	7	4	1	17	18
城南分公司	49	35	14	12	8	29	2	—	1	11	12	3	2	44	—	7	19	1	12	9	1	—	3	9	1	—	1	18	6	4	2	17	19
乔司分公司	32	26	6	13	4	15	1	2	—	11	14	2	2	28	—	6	12	2	7	5	—	—	—	11	1	—	—	2	12	4	3	19	22
运河分公司	43	29	14	24	4	15	2	—	2	12	4	3	4	36	—	6	13	5	4	12	3	—	1	9	1	—	—	8	9	11	1	9	10
塘栖分公司	72	53	19	10	24	38	1	2	—	9	20	6	17	49	—	9	20	4	15	15	9	—	3	13	3	—	—	12	16	14	—	23	23
崇贤分公司	43	35	8	4	7	32	1	1	1	6	14	3	4	36	—	7	24	1	5	4	2	—	2	9	1	—	—	6	10	8	2	14	16
仁和分公司	73	59	14	3	7	63	1	—	2	15	48	2	5	66	—	22	31	3	7	7	3	—	1	11	6	—	—	5	7	9	5	32	37
良渚分公司	62	46	16	2	20	40	2	1	1	18	21	1	1	60	—	11	30	3	5	7	6	—	3	10	1	—	1	9	19	10	2	27	29
余杭分公司	87	58	29	2	43	42	1	1	1	20	32	2	28	57	—	8	37	5	9	26	2	—	1	16	3	—	1	6	11	27	—	32	32
闲林分公司	42	32	10	1	17	24	2	1	1	16	13	—	14	28	—	5	17	1	8	11	—	—	—	8	3	—	1	5	5	10	1	22	23
瓶窑分公司	55	39	16	4	17	34	1	1	1	11	24	1	7	47	—	4	31	6	9	5	—	—	1	12	4	—	1	2	14	13	2	17	19
径山分公司	51	38	13	—	4	47	1	2	—	14	26	—	2	49	—	7	27	5	5	7	—	—	—	8	5	—	—	1	6	10	3	32	35
水务设施安装分公司	37	35	2	9	5	23	1	2	—	10	13	5	—	32	—	14	13	1	5	4	—	—	3	10	0	1	2	5	6	4	—	7	7
水质监测中心	15	7	8	2	1	12	2	—	1	19	10	—	1	14	1	7	5	1		1	—	—	—	9	1	—	1	1	2	1	—	—	0
合计	828	612	216	137	184	507	22	22	15	218	295	53	102	673	2	176	339	49	111	125	26	4	36	197	32	1	10	111	135	135	24	272	296
																						269				392					296		

表 4-106　　**2008 年—2012 年杭州余杭水务有限公司职工基本概况**　　单位：人

年月	在编职工	性别		编制			身份					共产党员	共青团员	文化程度							编外用工		
										合同工												其中	
		男	女	公务员	事业	企业	区管干部	干部	固定工	小计	其中农合			研究生	大学	大专	中专	高中	初中	小学	小计	自管	托管
2008.3	644	466	178	3	169	212	3	68	129	444	57	119	74	0	99	184	56	131	128	36	126	57	69
2009.2	704	512	192	2	168	534	2	67	124	480	60	185	173	0	120	229	57	127	137	34	202	75	127
2010.12	737	538	199	（1）	152	585	（1）	57	115	565	173	196	203	0	128	262	51	127	138	31	330	31	299
2011.12	787	582	205	（1）	148	639	（1）	54	111	622	187	207	261	0	157	301	47	119	133	30	320	32	288
2012.12	828	612	216	（1）	137	619	（1）	53	102	673	213	218	295	2	176	339	49	111	125	26	296	24	272

注：2010 年—2012 年中(1)名公务员编制的区管干部系杭州余杭城市建设集团有限公司党委委员、副总经理兼杭州余杭水务有限公司党委书记、董事长

表 4－107　　杭州余杭水务有限公司具有专业技术职称人员名单　（2012 年 12 月）

级别	职称	姓名	人数（人）
高级	高级工程师	郑　涌、陈　潜、孙欣杰	3
	高级经济师	田培虎	1
	小计	—	4
中级	工程师	韩建荣、殷兆刚、任正义、杨富华、张　俊、马国胜、徐　敏、支政星、杨硕果、祝志强、陈　建、陈迪超、陈宝光、楼继锋、李　挺、汤小卫、王　芬、李　建、朱恒杰、戴　镇、邱君力、应林荣、沈引子、徐　康、张剑惠	25
	政工师	沈志坤、叶善赞、陈晓媛	3
	会计师	朱　耘、胡华龙、楼揽月、侯丙奎	4
	经济师	周笑如、董　瑛、王国平、吴清芳	4
	小计	—	36
初级 助教级	助理工程师	陈高良、陈　国、胡立强、徐　潇、周李莉、丁海鸿、俞云芳、张云昌、冯晓峰、沈祥丰、金　程、陈　杰、张巍巍、肖　佳、沈德龙、李渊斌、丁新宇、范相林、孙耀峰、金　飞、冯伟华、任志华、张昉霁、陈　炜、龙虹池、沈　健、裘祎祺、胡建良、张明林、黄　军、许丽达、黄　兴、陆笑丹、李大山、朱元亮、沈立明、沈立芳、陈华锋、颜　德、姜　乔、章　敏、王　娟、李　豪、厉林聪、林晓华、何斌杰、许俊杰、许国军、倪善永、张伟平、姚云波、王海波、徐国栋、吴小勇、沈发月、郭松杰、党勇杰、裘琳芳、张益惠、董涛涛、金明辉、施召勇、钟晓明、叶永盛、卫震奇、俞文梁、吴勇犇、汪晓峰、陈振宇、杭　刚、陈　旻、范向阳、陈传云、林祎春、吴　京、徐忠华、王宇彬、沈琦敏、沈滢莹、姚伟强、曹　鹏、周　磊、章　虎、裘志峰、方　芳、俞凌飞、高列强、俞　芳、俞　寅、王　波、吴伟峰、白小平、郑海莉、林　兰、邱利强、徐　琦、沈继聪、阮　杰、陈　宁、鲍云奇、唐伟强、沈　军、骆国斌、徐马强、周　捷、黄巍峰、黄　强、姚吴芳、李建跃、梁晓强、钱旭明、俞国彪、陈坤明、金泳华、沈　华、章旭斌、陈东平、沈佳平、俞晓兵、姚　俊、叶菁欢、来　旸、赏俊毅、张利伟、陈　翔、唐建华、邵洪明、沈　俊、白永永、沈　斌、黄　峰、赵海忠、高振海、高云锋、郎斌见、厉海东、陈佳鑫、李建兴、莫林林	140
	助理政工师	张建明、苏剑文、杨群丽、郎伟毅、周琦红、严旭华、高富根、沈国忠、俞建荣、魏芳兰、沈　健、黄　琦、丁来水	13
	助理经济师	胡　明、陈天芬、申屠君儿、陈　珺、许　瑾、俞小兰、张　静、茅海燕、胡丽静、孙　周、胡亥亮、相静叶、张　莉、董晓明、周晓燕、张杭娟、章沈贞、梅　芬、姚秀兰、沈叶香、丁　兰、杨　俊、陈莲红、吴国龙、卫鸿飞、屠华清、应华敏、汪　波、费建新、谢国刚、杨小兵、张爱萍	32
	助理会计师	方建英、陈　萍、贺燕丽、侯必成、陈文武、唐立英、韩　佳、韩铮铮、叶淑婷	9
	助理工艺美术师	姚　军	1
	助理实验师	白玉华	1
	防疫医师	俞其根	1
	小　　计	—	197

续表 4-107

级别		职称	姓名	人数（人）
初级	员级	技术员	王新华、宋玉琴、楼永成、许晓颖、李海强、康越儿、钱立卫、沈建芬、凌　芳、诸吉锋、莫　霞、俞方平、何国忠、王　源、宋一飞	15
		会计员	郑爱玲、沈海山、潘　政、骆宝根、马秀琴、郑　莲、潘爱萍、沈晓英、陈海娟、吴亚萍	10
		经济员	魏安荣、朱小霞、罗玉宝、尤秋艳	4
		管理员	包鑫梅	1
		档　案	胡建明、沈建芬	2
		小　计	—	32
合计			—	269
离岗专业技术人员			虞燕芬（助理会计师、2008 年 9 月辞职）	40
			许　征（政工师、2009 年 3 月退休）	
			李民宏（助理政工师、2009 年 3 月退休）	
			徐　斌（助理工程师、2009 年 5 月辞职）	
			郑建杰（助理工程师、2009 年 7 月辞职）	
			陈丽兰（工程师、2009 年 8 月辞职）	
			黄洪奎（工程师、2009 年 9 月调离）	
			徐叶峰（助理工程师、2009 年 9 月辞职）	
			李　杰（助理工程师、2009 年 9 月辞职）	
			鲍遥遥（助理工程师、2009 年 9 月辞职）	
			冯小健（助理工程师、2009 年 10 月辞职）	
			封晓庆（助理工程师、2009 年 10 月辞职）	
			谭　琳（经济员、2009 年 11 月退休）	
			高海波（助理工程师、2009 年 11 月辞职）	
			邹立飞（助理工程师、2010 年 12 月辞职）	
			舒贤龙（工程师、2010 年 11 月调离）	
			李飞翔（工程师、2010 年 10 月辞职）	
			陈中柱（助理工程师、2010 年 10 月辞职）	
			蒲平凡（助理工程师、2010 年 10 月辞职）	
			沈晓翔（助理工程师、2010 年 9 月辞职）	
			杨嘉宾（助理工程师、2010 年 7 月辞职）	
			方　亮（助理工程师、2010 年 6 月辞职）	
			邵忠明（助理工程师、2010 年 5 月辞职）	
			王　邕（工程师、2010 年 4 月借调）	
			吴　峥（工程师、2010 年 4 月辞职）	
			朱晓龙（助理工程师、2010 年 3 月辞职）	
			陈宁钢（助理工程师、2010 年 1 月辞职）	
			陈　超（助理工程师、2011 年 3 月辞职）	
			孔德浩（助理工程师、2011 年 7 月辞职）	
			赵　伟（助理工程师、2011 年 8 月辞职）	
			郑　伟（助理工程师、2011 年 9 月辞职）	
			冯益舟（助理工程师、2011 年 11 月辞职）	
			梁　芬（助理会计师、2011 年 12 月辞职）	
			周　杰（助理工程师、2011 年 12 月辞职）	
			陈礼祥（助理工程师、2011 年 12 月辞职）	
			邢洁净（助理政工师、2011 年 12 月辞职）	
			马　佳（经济员、2012 年 2 月辞职）	
			鲍　磊（助理会计师、2012 年 4 月辞职）	
			丁洪斌（助理工程师、2012 年 7 月辞职）	
			范锦伟（助理工程师、2012 年 8 月辞职）	

表 4－108　2008 年－2012 年杭州余杭水务有限公司年专业技术人员聘任概况

年份	在编职工总人数（人）	专业技术人员数（人）					聘任专业技术人员数（人）																		专业技术人员占职工总人数比例（%）	聘任技术人员占总技术人员比例（%）	聘任技术人员占总人数比例（%）	聘期
		合计	职称				合计	高级		讲师级					助教级					员级								
			高级	讲师级	助教级	员级		小计	高级工程师	小计	工程师	会计师	政工师	经济师	小计	其中：助理工程师	助理会计师	助理政工师	助理经济师	小计	其中：技术员	会计员	经济员	档案管理员				
2008.3	644	102	0	30	44	28	67	0	0	26	18	4	4	0	27	23	4	0	0	14	11	2	1	0	15.84	65.69	10.4	2008 年 1 月 1 日至 12 月 31 日
2009.2	704	155	2	30	74	49	126	2	2	28	20	4	4	0	64	49	8	0	7	32	22	9	1	0	22.02	81.29	17.8	2009 年 1 月 1 日至 12 月 31 日
2010.12	737	203	2	34	111	56	183	2	2	33	25	4	2	2	111	97	7	0	7	37	26	9	2	0	27.54	90.15	24.83	2010 年 1 月 1 日至 12 月 31 日
2011.12	787	225	2	33	139	51	208	2	2	31	23	4	2	2	135	110	10	0	15	40	27	9	4	0	28.59	92.44	26.43	2011 年 1 月 1 日至 12 月 31 日
2012.12	828	269	4	36	197	32	255	1	1	37	26	4	4	3	189	146	11	4	28	28	15	8	5	0	32.48	94.8	30.29	2012 年 1 月 1 日至 12 月 31 日

表 4－109　2008年－2012年杭州余杭水务有限公司技术工人聘任概况

年份	在编职工总人数（人）	技术工人数（人）						聘任技术工人数（人）					聘任技术工人的技术岗位人数（人）															技术工人占职工总人数比例（%）	聘任技术工人占总技术工人比例（%）	聘任技术工人占总人数比例（%）	聘期
		合计	级别					合计	级别				水质检验工	净水工	电泵工	电工	电焊工	维修电工	司泵工	钳工	机修钳工	供水管道工	售水营销员	驾驶员	计算机操作工	污水处理工	烹任师				
			高技	技师	高级工	中级工	初级工		技师	高级工	中级工	初级工																			
2008.3	644	212	0	0	39	65	108	116	0	19	28	69	19	16	—	10	2	—	14	5	—	27	10	12	—	—	1	32.92	54.72	18.01	2008年1月1日至12月31日
2009.2	704	261	0	4	58	90	109	154	1	33	48	72	24	15	—	—	2	37	13	9	—	30	9	13	1	—	1	37.07	59.00	21.88	2009年1月1日至12月31日
2010.12	737	294	0	5	81	91	117	178	2	44	48	84	26	15	—	—	2	56	13	7	—	26	7	22	1	1	2	38.89	60.54	24.15	2010年1月1日至12月31日
2011.12	787	356	0	9	91	107	149	243	6	55	54	128	27	27	—	31	2	66	12	4	—	38	7	26	1	—	2	45.42	68.26	34.88	2011年1月1日至12月31日
2012.12	828	392	1	10	111	135	135	237	7	61	60	109	31	21	—	—	—	101	8	4	—	34	12	24	1	1	—	47.34	60.46	28.26	2012年1月1日至12月31日

四、技术成果

余杭水务系统广大干部职工，尤其是专业技术人员和技术工人在发展水务事业中，积极开拓、勇于创新，通过技术改革和引进新技术，取得了显著的成效，主要技术成果有：

——1981 年 5 月，临平自来水厂在亭趾渚家坝打成第一口沙层深井后，采用曝气除铁，解决了深井水中含铁过高的技术性难题。

——1989 年 9 月，临平自来水厂开始建设地表水源水厂，规模 6 万立方米/日，分两期建设。1991 年 7 月一期工程（3 万立方米/日）建成运行，工艺为水力搅拌澄清池加虹吸滤池，是当时余杭县最大规模和最好的工艺。引进的水力循环技术，具有占地面积小、投资成本低的优势，并达到了当时提倡的节约土地、节省投资的目的。同时，结束了临平自来水厂取深井水源的供水历史。

——1995 年 6 月，临平自来水厂应急扩建工程（3 万立方米/日）建成通水，该项目又创造了余杭市的数个第一：第一次采用了折板反应沉淀池；第一次采用了变频调速技术，既节约了电能，又保证了管网压力恒定，减少了爆管，保证了用户用水压力；第一次采用了自动仪控制技术，实现了自动加药、加氯，PLC 全程监控生产过程。出厂水水质大大提高，浊度由原来 < 3NTU 降低到 0.5NTU 以下，出厂水余氯数值稳定，同时降低了工人的劳动强度。

——1999 年 5 月，临平、塘栖供水工程（一期）开工建设，至 2000 年 12 月建成通水。工程包括新建獐山自来水厂、塘栖自来水厂及配套管线，总规模 16 万立方米/日。其中塘栖自来水厂采用的工艺为折板反应沉淀池加 V 型滤池，所有水厂厂区内全部采用自动化监控并与集团公司中控室实行联网，20 条管线管网点采用无线监测。当时 V 型滤池在国内居比较先进的设施，优点是滤出水水质好，反冲洗自耗水量较普通快滤池小。

——2000 年 12 月，临平、塘栖供水工程（一期）建成通水后，新建的供水调度系统开始试运行，各水厂及中控室数据传输采用无线电台方式。同时，新建的单机版的营业收费系统和单机版的新中大财务管理系统也投入试运行。至 2007 年 6 月，公司先后建成了供水生产调度系统、财务管理系统、营业收费系统、银行实时联网系统、办公自动化系统、工程管理系统、短信网络系统、客户服务系统、水质管理系统、物资管理系统和外网网络系统等 11 个信息系统，大大提高了公司的管理水平和管理效率。

——2001 年，公司开始推广计算机办公。当年购买配置台式电脑 51 台，至 2007 年，公司先后购置台式电脑 216 台，笔记本电脑 6 台，服务器 9 台，工控机 8 台。计算机的应用提高了工作效率和信息处理能力。

——2001 年 10 月，杭州余杭供水集团公司在余杭自来水厂用户中试行安装智能水表，用终端采集机收集用水信息，以减轻抄表员的劳动强度。智能抄表系统由杭州山科公司和星通公司生产安装，至 2004 年 7 月，先后在余杭、临平、塘栖、瓶窑四个分支机构的用户中安装智能水表 4416 只，终端采集机 396 只。

——2002年10月，公司在临平自来水厂试用掌上机抄表。因掌上机抄表速度快、正确率高，后逐年扩大到各分支机构。至2007年9月，在杭州余杭供水集团公司11个分支机构中的74名抄表员中，除乔司营业分公司中有12名兼职抄表员因未达到公司规定的月抄表数量未配掌上机外，其余的62名抄表员全部配置掌上机抄表，从而基本结束了供水集团公司用表卡手工抄表的历史。

公司选用的掌上机由北京振中电子技术有限公司生产，先后用四种型号：2002年10月选用的是TP600型机，该机为51单片机，采用光电，能够在上传数据的同时即可完成掌上机充电。同时，改进了锂电池+RAM保护数据的方式，使数据安全稳定，该机至2007年5月先后在各分支机构配置使用26只（其中备用1只）。2005年1月部分分支机构选用TP800型机，该机代码体积小，保密性好，舒适耐用，而且能抗低温（工作温度-20℃~50℃），通讯方便快捷，功能丰富，增加了USB通信接口，缩短了数据传输时间，增加了关机现场保护功能，减少了用户的操作，该机至2007年9月，先后在各分支机构配置使用了46只（其中备用5只）。2007年，部分分支机构选用TP900D型机，该机可靠性更佳，适应环境能力更强，配备了多种功能选项，其中包括电力红外、PFID和条码数据采集功能，该机至2007年9月，在各分支机构先后配置了使用26只（其中备用5只）。杭州余杭水务有限公司成立后，于2008年8月，开始试用TP900P型手持式POS机，该款机为移动式现场打印而设计的手持POS机，使抄表数据采集和打印实现一体化，该机于2009年2月局部推广，至2010年6月，先后在各分支机构配置了43只（其中备用6只）。

——2003年6月1日起，为提高管网水水质，解决镀锌钢管的管网水易被黄锈污染问题，根据国家、省、市建设部门的有关规定，公司规定在供水范围内的各个集镇建成区、工业园区、商贸园区和新建农居点的给水管材禁止使用镀锌钢管，一律使用钢塑管、PP-R管等绿色给水管材及相应配件。自2003年10月1日起，禁用镀锌钢管范围扩大到公司供水范围的全部区域，对农村村内的配水管网，如遇特殊情况需采用镀锌钢管的，需公司另行审批。

——2006年年底，临平、塘栖供水二期工程建成，规模为14万立方米/日。新建的宏畔自来水厂采用了污泥脱水装置，这也是余杭区各水厂首次采用，它的建成标志着水厂生产更加环保。并且在厂内首次增加了多品种投加设施，包括：加高锰酸钾、加助滤剂PAM等。同时在獐山自来水厂增加了加高锰酸钾、活性炭设施。

——2008年3月，在筹建杭州余杭水务有限公司时，公司财务处技术人员历经两个多月，缜密对账与梳理，将原排水公司财务处理和物资管理与原供水集团公司的相关管理对接，建立了水务公司财务管理系统和物资管理系统，新系统建立后运行正常。

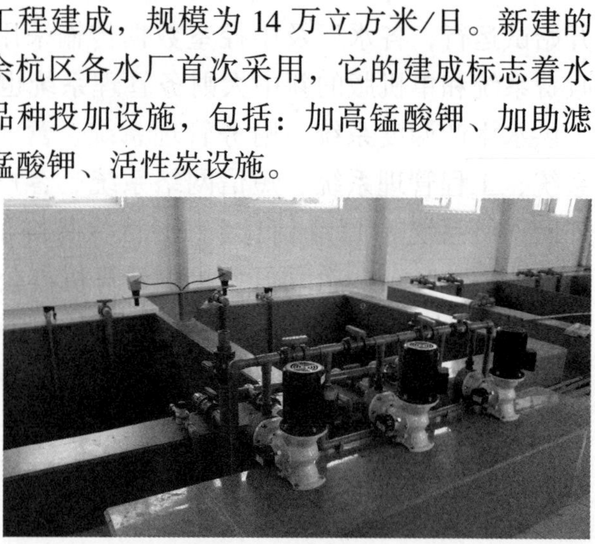
图4-64　多品种投加设备

——2008年4月，经水质检验监督人员的努力，公司通过浙江省饮用水供水单位卫生监督量化分级管理A级考核验收。

——2008年10月，公司首次通过ISO 9001：2000和ISO 14001：2000环境体系认证复核。

——2008年12月，余杭区首座污水处理后尾水排放达到《城镇污水处理厂污染物排放标准》（GB18918－2002）一级标准中A标准的日处理污水2万立方米的崇贤污水处理厂投入试运行。污水处理厂在建设期间，专业技术人员克服工期紧、难度大、单体多、要求高等困难，抓进度、钻技术、调整施工方案，按时保质、安全完成该项精品工程、民心工程。

——2009年9月，公司专业技术人员配合杭州节能协会、余杭区节能技术服务中心的工程技术人员，首次对用电规模比较大的6家分支机构进行电平衡测试取得大量真实可靠的原始数据，为制定节约用电方案提供科学依据。

——2009年12月，公司实施安全技术防范措施，在乔司、余杭、良渚等3个供水分公司安装9枚视频探头。同时，在各供水分公司的液氯加氯间安装了红外报警系统，中控人员可对相关部位进行视频观测，如有外来人员闯入加氯间，红外报警系统会自动报警。通过建立和完善自动监控系统——自动报警系统等安全生产技术防范措施，进一步提高安全生产、安全防范的技防能力。

——2010年1月，临平城区污水泵站有人巡查、无人值守第四阶段（2009年2月21日—2010年1月20日）试运行圆满结束。实施泵站无人值守的城西泵站、5号泵站、4号泵站和振兴路泵站在试运行期间调试全自动模式，PLC根据设定的液位自动启停水泵。运行一个月来设备和系统都很平衡，为今后公司污水泵站实行无人值守改造，节省运行成本，提高管理效率和泵站的信息化建设探索了经验。

——2010年8月，公司供水管网地理信息系统（GIS）正式开始试用，该系统除可以实现供水管网日常管理、事故处理、管网改扩建、管网运行调度等常规功能外，还可为管网巡查系统、大表远传系统、供水管网水力模型等提供技术支持平台。GIS系统的应用进一步提升供水管理水平，提升社会服务水平和提升经济效益。

——2010年11月，余杭排水分公司协调杭州华仕管道分公司，应用从德国引进的机器人铣刀技术，成功检测、清除了02省道共621米（旧段管）污水管道内的硬质沉积物。该技术的尝试成功为今后疏通地下污水管道提供了宝贵的经验。

——2011年8月，公司与支付宝合作，开通支付宝水费网上在线缴纳业务，为用户开辟了一种更为便捷的缴费方式。

——2012年7月，余杭污水处理厂和浙江环科环境研究院合作开展污泥减量试验取得了预期的效果。通过投加原位污泥减量菌剂，延长排泥周期，达到逐步减少排泥量。该项试验的成功，有利减少污水厂的生产运行成本。

——2012年8月，仁和水厂工程（一期20万立方米/日），并网供水，该水厂采用预处理＋常规处理＋深度处理＋污泥处置的净水工艺，与国际先进水厂接轨，水质可达到欧盟标准，是区内第一座深度处理的自来水厂。

——2012 年 10 月，公司完成三体系认证。2012 年新增职业健康安全标准（GB/T28001—2011），建立并实施更为规范、科学的安全管理体系。同时，把污水处理纳入到三体系中，实现对公司各项主营业务的全覆盖。

——2013 年 10 月 28 日，杭州余杭水务有限公司首次尝试管道不停水接点，在余杭经济技术开发区顺风路（320 国道—新洲路）给水工程 DN1000 钢管接点时采用不停水情况下完成施工。这次成功接点改变了传统施工方法需要停水操作，施工时间长，劳动强度大，浪费水资源和影响用户正常用水等缺陷，标志着水务公司供水管道施工水平向前迈进了一大步。

五、科研论文

余杭水务系统的专业技术人员，结合自来水生产、污水处理、企业管理和信息化建设等工作的实践与经验，自 1984 年至 2013 年间，先后有 37 人，分别在国家级和省级的报纸杂志上公开发表论文和调研报告 55 篇（详见附表 4－110、4－111）。

表 4－110　　杭州余杭供水集团公司专业技术人员论文发表概况

序号	作者姓名	论　文　名　称	报刊名称及期号
1	俞其根	余杭县农村饮用浅井水人口比例与痢疾发病率关系的调查	《环境与健康杂志》（卫生部主管）1984 年第 1 卷第六期
2	俞其根	余杭市村镇供水规模化发展的形式	《城镇供水》杂志（建设部主管）No.1 2000
3	李民宏	实践“三个代表”重要思想，实施区域供水	《中国供水节水报》　总第 1169 期 2002 年 10 月 9 日第二版（该论文获 2002 年《中国供水节水报》举办的“县镇供水巡礼”论文二等奖）
4	郑　涌　支政星	平流式沉淀池吸泥桁车改造	《城镇供水》杂志　2004 年第 03 期
5	陈　建	浅述供水企业远程管网数据传输	《电气时代》杂志　增刊 2006
6	陈晓媛	供水营业管理信息系统改造实践	《城镇供水》杂志　2007 年第 3 期
7	杨硕果	浅谈水厂漏氯吸收装置的应用	《中国供水节水报》　2007 年 10 月 27 日第 1696 期
8	楼继锋	水厂排泥行车控制系统	《中国供水节水报》　2008 年 1 月 9 日第 1717 期第三版
9	陈　建	浅析斩波调速在供水中的应用	《电气时代》杂志　增刊 2008
10	屠玲娟	小城镇供水工程探讨	《浙江水利水电专科学校学报》2008/2 第 20 卷　第 2 期

续表 4－110

序号	作者姓名	论　文　名　称	报刊名称及期号
11	李民宏	和谐供水，为民谋利	《浙江水报》总第 239 期　2008 年 3 月 1 日　第五版
12	陈晓媛	客户服务热线系统建设实践	《城镇供水》杂志 2008 年第 5 期
13	屠玲娟	对市政工程造价管理存在的问题探讨	《科技与企业》杂志　2008 年 7 月
14	支政星	10KV 高压斩波调速装置节能效果实例分析	中国水协设备材料委召开“水行业节能减排经验交流技术研讨会”资料汇编　2008 年 12 月
15	雷云霞　楼继锋	V 型滤池工艺参数的测定分析	《城镇供水》杂志　第 144 期（2009 年第 1 期）
16	李民宏　陈宝光	坚持品牌战略 提升服务水平	《中国供水节水报》　2009 年 8 月 8 日　第 1883 期第二版；《城镇供水》杂志 2010 年第 4 期

表 4－111　　杭州余杭水务有限公司专业技术人员论文发表概况

序号	作者姓名	论　文　名　称	报刊名称及期号
1	李渊斌　颜　德	基于网络安全的信息系统管理方法研究	《华东科技》（上海市科学技术委员会主管）2012 年 7 月总 317 期
2	颜　德　李渊斌	浅谈中小企业信息系统管理体系的构建	《现代商业》（中国商业联合会主管）2012 年 8 月总 289 期第 24 期
3	张剑惠　李　豪	试论深基坑支护施工与质量	《城市建设理论研究》2012 年 5 月总第 43 期
4	李　豪　张剑惠	浅谈工程质量与施工安全的重要性	《中国房地产业》2012 年 6 月总第 309 期/6 月刊
5	孙欣杰	有关企业信息管理系统的设计与实践	《信息与电脑》2012 年 4 月
6	孙欣杰	浅谈污水厂自动化控制在水处理方面的应用	《建筑与文化》2012 年 06 月
7	陈　潜	供水管理信息化实现科学调度与决策	《西南给排水》2011 年 9 月（第五期）

续表 4－111

序号	作者姓名	论　文　名　称	报刊名称及期号
8	陈　潜	曝气生物滤池同步硝化反硝化性能研究	《西南给排水》2012 年 3 月（第二期）
9	田培虎	杭州市余杭区给水系统建设与发展的思考	《现代经济信息》2012 年 3 月
10	田培虎	地方政府融资平台在城市化建设中的作用	《改革与开放》2012 年 6 月
11	沈发月	关于市政工程沉井施工有关问题的探讨	《城市建设理论研究》2012 年 7 月第 21 期总第 051 期
12	肖　佳	我国城市污水处理厂污泥处理工艺及现状	《学术》2012 年 5 月
13	邱君力	静压管桩压力值小于设计值时复压处理分析浅谈	《中国水运》第 12 卷第 Z1 期 2012 年 5 月
14	王　芬	给排水工程审计过程中常见问题的探讨	《城市建设》第 1 期 总第 159 期 2013 年 01 月
15	王　芬	市政给排水工程招标工程中的招标控制价合理性探讨	《中华民居》2013NO．071 总第 71 期 2013 年 02 月
16	胡建良、张云昌、沈德龙	试论内反馈高频斩波调速装置在水厂输水泵一托二使用	《中国高新技术企业》总第 252 期 2013 年 03 月
17	俞云芳	杭州市余杭区水环境现状分析与保护对策研究	《城市建设理论研究》第 11 期总第 077 期 2013 年 03 月
18	韩建荣	MBR 在污水处理与回用工艺中的应用	《城市建设理论研究》2013 年 04 月
19	卫震奇	对污水处理厂自动化应用的探究	《城市建设理论研究》第 14 期总第 080 期 2013 年 05 月
20	陈华锋	浅析市政排水工程管道施工质量控制	《城市建设理论研究》第 14 期总第 080 期 2013 年 05 月
21	许国军	探讨城市污水处理工艺	《城市建设理论研究》第 14 期总第 080 期 2013 年 05 月

续表 4－111

序号	作者姓名	论　文　名　称	报刊名称及期号
22	胡建良、张云昌、沈德龙	浅析自来水厂滤池反冲洗水回用	《投资与合作》总第 244 期 2013 年 05 月
23	俞云芳	试述自来水水质下降的原因及对策处理	《城市建设理论研究》第 8 期总第 074 期 2013 年 05 月
24	韩建荣	供水改造工程建设技术与管理	商品与质量 2013 年 05 月
25	韩建荣	信息技术在供水工程中的应用	商品与质量 2013 年 05 月
26	韩建荣	浅议杭州余杭污水回用发展前景	西南给排水 2013 年 05 月
27	郭松杰	关于排水管道工程施工质量控制探讨	《商品混凝土》2013 年 06 月
28	韩建荣	探讨市政管道工程管道安装技术	城市建设理论研究 2013 年 06 月
29	韩建荣	几种常见给排水管材问题剖析	建材发展导向 2013 年 06 月
30	韩建荣	试论无负压设备在城市供水中的应用	城市建设 2013 年 07 月
31	韩建荣	曝气生物滤池新技术与工程应用	西南给排水 2013 年 07 月
32	韩建荣	关于城乡饮用水安全保障的探讨与研究	城市建设理论研究 2013 年 08 月
33	韩建荣	城市二次供水水质保障和安全管理探讨	建设科技 2013 年 08 月
34	张利伟	浅析城市供水高度系统建设探究	《城市建设理论研究》第 22 期总第 088 期 2013 年 08 月
35	吴　京	浅析如何加强城镇供水管理，确保供水安全	《城市建设理论研究》第 22 期总第 088 期 2013 年 08 月
36	侯丙奎	略论小企业会计制度与企业会计制度的异同	《经济视野》总第 162 期 2013 年 08 月
37	侯丙奎	财务管理信息化在企业内部控制建设中的应用	《新财经》2013 年 09 月
38	韩建荣	杭州市余杭区供水方案优化研究	城镇供水 2013 年 12 月
39	陈迪超、沈引子	设备管理系统在水务行业的应用	《中国科技博览》2013 第 16 期

第三节　财　　务

一、财务管理制度

杭州余杭供水集团公司、杭州余杭水务有限公司为加强财务管理，维护财经纪律，规范财务行为，保障公司生产经营正常运行，提高经济效益，确保国有资产的安全与保值增值，根据《中华人民共和国会计法》《企业会计准则》《企业财务通则》和《内部会计控制规范》等法律、法规与有关的规定，结合公司实际，制定并严格实施公司《财务管理制度》。该制度明确了公司会计机构的设置与管理职责、规定了流动资产管理、固定资产管理、对外投资和其他资产管理、负债管理、职工薪酬管理、收入管理、成本与费用管理、经济合同（协议）管理、所有者权益管理、预算管理、财务报告管理、会计电算化管理、会计档案管理、财务监督、财务违规责任及总则与附件等18部分，共102条规定（杭州余杭供水集团公司时期财务管理制度为18部分、96条规定）。

同时，公司为加强内部经济监督，根据《中华人民共和国审计法》和上经审计部门的要求，制定并实施了公司《内部审计制度》。该制度明确了公司审计机构的设置、审计人员的职责、审计权限、审计工作程序、奖励与处罚及附则等7部分，共20条款。公司建立了内部审计中心，在上级审计部门的业务指导和监督下，对公司及各分支机构的经济运行依法实行内部审计，内部审计制度的建立与实施，健全了公司内部管理，提高企业经济效益。

二、资产

1. 杭州余杭供水集团公司

杭州余杭供水集团公司在2001年9月组建时，公司总资产为30923万元，其中，净资产9564万元，工商注册资本8680万元。至2008年2月组建水务公司前，公司总资产为104285万元，其中，净资产34015万元。其间，2007年7月，注册资本增加到21800万元。

2008年2月比2001年9月，总资产增加73362万元，增长237.24%；净资产增加24451万元，增长255.66%。2001年至2007年间，公司年负债在21554万元～70217万元之间，负债率为51.7%～68.1%。杭州余杭供水集团公司历年资产概况见附表4－112。

表 4－112　　**杭州余杭供水集团公司历年资产概况**　　单位：万元

年份	总资产	净资产	其中，固定资产	负债	负债率（%）
2001.9	30923	9564	23097	19636	63.5
2001	32814	11260	26786	21554	65.7
2002	38436	14127	35272	24309	63.2
2003	44666	15723	34435	28943	64.8
2004	51910	16113	45997	35797	69.0
2005	60969	22807	60698	38162	62.6
2006	77927	37622	88109	40305	51.7
2007	103071	32854	69510	70217	68.1
2008.2	104285	34015	88645	—	—

2．杭州余杭水务有限公司

杭州余杭水务有限公司在 2008 年 3 月组建时，资产由原杭州余杭供水集团公司和杭州余杭城市排水有限责任公司合并，总资产为 173473 万元，其中，净资产 67046 万元。至 2012 年年底，公司总资产为 422237 万元。其中，净资产 168014 万元。2012 年 12 月比 2008 年 3 月总资产增加 248764 万元，增长 143.40%，净资产增加 100968 万元，增长 150.60%。2008 年至 2012 年间，公司年负债在 95662 万元～254223 万元之间，负债率为 33.7%～61.6%。杭州余杭水务有限公司 2008 年 3 月—2012 年 12 月资产概况见附表 4－113。

表 4－113　　**杭州余杭水务公司公司 2008－2012 年资产概况**　　单位：万元

年份	总资产	净资产	其中，固定资产	负债	负债率（%）
2008	173473	67046	70626	106427	61.4
2008	194286	75902	156301	118384	60.9
2009	245440	94175	202258	151265	61.6
2010	284075	188413	244316	95662	33.7
2011	301008	178450	270428	122558	40.7
2012	422237	168014	282437	254223	60.2

三、自来水生产经营

余杭区城乡一体化供水区域自 2001 年至 2012 年间，随着全区经济社会的快速发展和公司供水区域的逐年扩大，自来水的销售量每年稳步上升。2012 年售水总量达到 12120.55 万立方米，比 2001 年 2677.67 万立方米，增加 9442.88 万立方米，增长

352.65%。自来水销售收入在2005年突破1亿元，至2012年突破2亿元，达到20044.57万元，比2001年的3600.49万元，增加16444.08万元，增长456.72%。

由于自来水价格属政府定价，而自来水生产的药耗等原材料是市场价，同时随着电价、水资源费的提高和固定资产折旧、制造费用与财务费用的增加等因素，导致自来水生产成本较高。公司2001年至2012年，平均每千立方米自来水的生产成本为1948.51元，平均每立方米自来水成本为1.95元。而2001年至2012年间，自来水平均销售单价为1.59元（不含污水处理），12年间平均每立方米水亏损0.36元，12年合计亏损33098.37万元。

杭州余杭供水集团公司、杭州余杭水务有限公司历年自来水生产经营概况见附表4－114。

四、综合经营

杭州余杭供水集团公司、杭州余杭水务有限公司主营自来水生产销售、污水处理，兼营供水管道安装维修。自2001年至2012年间，由于自来水生产成本和污水处理成本较高，而供水价格与污水处理费不到位，使自来水经营和污水处理处于亏损状态。供水管道安装业务虽有一定的效益，但将安装利润补充到自来水和污水的亏损额后，公司每年仍存在亏损，尤其是自2008年起加快、加大了污水处理工程建设，区水务公司的亏损额逐年增加。至2012年年底，区水务公司亏损额为16447万元。杭州余杭供水集团公司、杭州余杭水务有限公司历年综合经营概况见附表4－115。

五、补助资金

杭州余杭供水集团公司、杭州余杭水务有限公司在组织实施供水工程期间，得到了各级政府和各有关部门的大力支持，自1999年至2012年间，有42项供（改）水工程得到了国家、省、市有关部门、余杭区财政和相关镇乡政府及单位的资金补助。42项供（改）水工程设计概算151396.17万元，获得补助资金合计37957.76万元，占设计概算的25.07%（详见附表4－116、4－117），有力推进了供水工程的顺利实施。同时，杭州余杭水务有限公司实施的污水工程主要由区财政承担建设资金。

此外，余杭区财政针对杭州余杭供水集团公司、杭州余杭水务有限公司因供水价格及污水处理费不到位和供排水工程建设数量多、投资大等原因而导致企业亏损状况，每年给予一定的财政补贴，以弥补国有公司的亏损。自2003年至2012年的十年间，经审计，公司共亏损55905万元，至2012年区财政已累计补贴亏损资金20626万元（历年亏损补助详见附表4－118），确保了公司的生产、经营的有序运行。

表 4－114　　余杭区城乡一体化供水区域历年自来水生产经营概况

年份	销售水量(万立方米)	销售收入		成本费用			亏损		备注
		总额（万元）	平均单价(元/立方米)	总额（万元）	元/千立方米水	元/立方米	总额（万元）	元/立方米	
2001	2677.67	3600.49	1.34	3837.53	1433.16	1.43	237.04	0.09	杭州余杭供水集团公司时期
2002	3227.71	4785.81	1.48	5982.79	1853.57	1.85	1196.98	0.37	
2003	4231.29	6162.18	1.46	7601.48	1796.49	1.80	1439.30	0.34	
2004	5520.32	8152.37	1.48	9852.62	1784.79	1.78	1700.25	0.31	
2005	6885.01	10101.57	1.47	11926.97	1732.31	1.73	1825.40	0.26	
2006	7791.63	12409.25	1.59	14308.19	1836.35	1.84	1898.94	0.25	
2007	8805.07	14602.83	1.66	16401.70	1862.76	1.86	1798.87	0.20	
2008	9262.72	15223.34	1.64	18279.53	1973.45	1.97	3056.19	0.33	杭州余杭水务有限公司时期
2009	10002.00	16337.83	1.63	20448.88	2044.48	2.04	4111.05	0.41	
2010	10662.62	17398.43	1.63	21119.05	1980.66	1.98	3720.62	0.35	
2011	11591.70	18861.90	1.63	23055.27	1988.95	1.99	4193.36	0.36	
2012	12120.55	20044.57	1.65	27964.94	2307.23	2.31	7920.36	0.65	
合计或平均	92778.28	147680.58	1.59	180778.95	1948.51	1.95	33098.37	0.36	

注：自来水价格先后于 2001 年 8 月、2006 年 4 月和 2011 年 12 月调整了三次

表 4－115　　2001 年—2012 年水务企业综合经营概况

年份	销售水量（万立方米）	水费收入（万元）	污水处理费（万元）	安装产值（万元）	上缴税金（万元）	利润总额（万元）	备　注
2001	2678	3600	—	—	350	－67	杭州余杭供水集团公司时期
2002	3228	4786	547	3341	436	－258	
2003	4231	6162	656	4314	500	－1578	
2004	5520	8152	813	5596	650	－1492	
2005	6885	10102	2954	7448	932	－1382	
2006	7791	12409	3906	10103	1200	－1198	
2007	8805	14602	4537	9882	1310	－1946	
2008	9263	15223	6875	8455	1313	－4002	杭州余杭水务有限公司时期
2009	10002	16338	8318	7765	1330	－6079	
2010	10663	17398	9454	9667	1480	－8716	
2011	11592	18862	10527	7726	1501	－13065	
2012	12121	20045	11348	6968	1523	－16447	

表 4－116 杭州余杭供水集团公司得到资金补助的工程项目与补助金额

工程名称	设计概算（万元）	实施时间（年）	工程决算（元）	补助时间	补助金额(元)	出资、补助单位
老 320 国道隧道口—道古寺管道工程	245	1999	2150823.23	1999	2300000.00	区财政建设资金
老 320 国道隧道口—红丰村路口管道工程	330	1999—2000	2841127.29	1999	2700000.00	区财政建设资金
临平、塘栖供水工程(一期)	19700	1999—2001	185208865.40	1999	2000000.00	区财政(贴息)
				2000	4000000.00	
				2001	4000000.00	
塘栖镇供水工程	400	2000—2001	3687986.96	2000	2000000.00	区财政建设资金
				2001	2000000.00	区财政建设资金
世纪大道给水管道工程	135	2000—2001	1209761.90	2000	500000.00	区财政建设资金
				2001	800000.00	区财政建设资金
				2002	300000.00	区财政建设资金
人民大道给水管道工程	90	2001	778469.00	2001	900000.00	区财政建设资金
临平城区体育路、南环路管道工程	20	2001	130138.00	2002	100000.00	区财政
星桥供水工程	993	2001—2002	6519278.92	2001	2700000.00	星桥镇政府
				2002	1220267.35	星桥镇政府
				2001	2000000.00	区财政
				2002	1000000.00	区节水办
瓶窑供水工程(一期)	2919.97	2001—2002	29052417.93	2002	6000000.00	区财政
				2001	1000000.00	区节水办(增容费)

续表 4－116

工程名称	设计概算（万元）	实施时间（年）	工程决算（元）	补助时间	补助金额(元)	出资、补助单位
东獐云供水工程	2333	2001—2003	16135136.00	2001	250000.00	獐山镇政府
				2001	100000.00	东塘镇政府
				2001	100000.00	云会乡政府
				2001	5500000.00	区财政
				2002	2500000.00	区财政
				2001	2040437.10	农村改水办公室
09 省道改造给水管道工程	521	2002	6270417.16	2002	115000.00	余杭区 09 省道改建工程指挥部
				2002	1000000.00	余杭区财政
迎宾大道给水管道工程	80	2002	689036.24	2002	200000.00	区财政建设资金
临博公路供水管道工程	595	2002—2003	4896389.79	2002	500000.00	余杭区财政
藕花洲大街西延供水管网工程	702	2002—2003	5809206.56	2002	2500000.00	余杭区财政建设资金
				2002	2500000.00	余杭区财政
余杭、闲林地区区域供水工程	1417	2002—2003	10327687.44	2001	3000000.00	区节水办(增容费)
				2002	5000000.00	区财政
仓前供水工程	2358	2002—2004	9753123.23	2002	1000000.00	余杭区财政
				2004	400000.00	余杭区财政(省改水补助)
				2003	3500000.00	仓前镇政府
				2005	1000000.00	仓前镇政府

续表 4-116

工程名称	设计概算（万元）	实施时间（年）	工程决算（元）	补助时间	补助金额(元)	出资、补助单位
塘栖、崇贤供水工程	6987	2002—2006	25917809.20	2002	1500000.00	余杭区财政
				2006	500000.00	余杭区财政(千万农民饮用水补助)
				2003	2000000.00	崇贤镇政府
				2004	2090000.00	崇贤镇政府
				2003	200000.00	塘栖镇政府
				2004	322560.00	塘栖镇政府
				2006	1000000.00	塘栖镇政府
				2009	500000.00	塘栖镇政府
				2005	3298500.00	临平园区塘南办事处
				2003	150000.00	塘康公路指挥部
02 省道给水管道工程	557	2003	4835158.88	2003	150000.00	余杭区 02 省道改建工程指挥部
01 省道 DN600 管移位工程	125	2003		2003	875000.00	01 省道余杭段改建工程指挥部
				2007	375000.00	01 省道余杭段改建工程指挥部
乔司西线供水管道工程	980	2003	5658992.02	2005	100000.00	杭州财政爱卫会
瓶窑镇管网延伸工程	2366	2003—2004	4974585.17	2003	900000.00	瓶窑镇政府
				2004	600000.00	瓶窑镇政府
				2005	1125000.00	瓶窑镇政府
				2004	100000.00	节水办
				2005	450000.00	区财政(千万农民饮用水补助)

续表 4－116

工程名称	设计概算（万元）	实施时间（年）	工程决算（元）	补助时间	补助金额(元)	出资、补助单位
余杭镇管网延伸工程	1434	2003—2004	8144696.31	2004	1000000.00	余杭镇政府
				2005	250000.00	余杭区财政(千万农民饮用水补助)
良诸供水工程	4300	2003—2004	25101078.19	2004	300000.00	良渚镇政府
				2005	200000.00	良渚镇政府
				2006	490000.00	良渚镇政府
中泰乡改水工程	1435	2003—2007	—	2004	500000.00	中泰乡政府
				2005	1000000.00	中泰乡政府
				2006	500000.00	中泰乡政府
				2005	200000.00	余杭区财政(千万农民饮用水补助)
				2006	150000.00	余杭区财政(千万农民饮用水补助)
仁和大道管道工程(獐山)	100	2003	—	2003	300000.00	仁和镇政府
01 省道余杭汽车修配厂 DN600 总管移位	17.8	2004	124566.96	2004	178000.00	01 省道余杭段改建工程指挥部
东湖村供水工程	51.4	2004	710400.00	2004	200000.00	区财政改水补助款
				2004	510400.00	南苑街道东湖村
文一路延伸给水工程	1569	2004—2005	8152958.01	2004	880000.00	文一路延伸工程建设指挥部
				2004	100000.00	杭州宏基房地产开发公司
临平、塘栖供水工程(二期)	14900	2004—2006	151096376.18	2005	10000000.00	余杭区财政
				2006	2200000.00	国家发改委下拨的重点镇供水建设补助
				2012	2,000,000.00	余杭区财政

续表 4－116

工程名称	设计概算（万元）	实施时间（年）	工程决算（元）	补助时间	补助金额(元)	出资、补助单位
临平工业区供水工程	3750	2003—2010	—	2003	100000.00	亭趾水厂
DN1200 原水管移位工程	2735	2005	—	2005	26000000.00	杭州市开发投资公司
运河供水工程	4500	2005	—	2005	3000000.00	运河镇政府
				2006	1000000.00	运河镇政府
径山、黄湖供水工程(一期)	4700	2006—2007	—	2006	3058000.00	余杭区财政
				2006	800000.00	余杭区财政(千万农民饮用水补助)
				2006	100000.00	杭州爱卫会
				2006	2000000.00	径山镇政府
双径路供水工程	150	2007	—	2007	200000.00	径山镇政府
				2008	1200000.00	径山镇政府
乔司方桥 DN800 管移位工程	86	2007	—	2007	680000.00	余杭乔司镇资产经营有限公司
小计	83582.17	—	—	—	160058164.45	（占设计概算 19.15%）

表 4－117　**杭州余杭水务有限公司得到资金补助的工程项目与补助金额**

工程名称	设计概算（万元）	实施时间（年）	工程决算（元）	补助时间	补助金额（元）	出资、补助单位
良渚勾庄片五个村改水工程	2193	2008—2009	—	2008	10000000	良渚镇政府
余杭镇竹园、仙宅、义桥给水工程	735	2008—2009	—	2008	2250000	余杭镇政府
瓶窑镇农村二次改水工程	1005	2009	—	2009	2516200	瓶窑镇政府
				2010	2043300	—
乔司镇自来水二次改造工程	3756	2009	—	2009	5000000	乔司镇政府
				2010	8100000	—
				2012	2000000	—
仁和水厂供水工程	54865	2009—2012	—	2010	76310000	区财政
				2011	50000000	—
				2012	45000000	—
塘栖镇七个村改水工程	4260	2010—2011	—	2010	12430000	塘栖镇政府
				2011	3100000	—
瓶窑水厂、獐山水厂取水口水质监测系统工程	1000	2012	—	2012	770000	区财政
小计	67814	—	—	—	219519500	（占设计概算 32.37%）
2003—2012 年合计	151396.17	—	—	—	379577664.45	（占设计概算 25.07%）

注：杭州余杭水务有限公司建设污水工程由区财政承担建设资金

表 4－118　　余杭区财政历年补助水务企业经营亏损金额

公司年度决算审计		区财政补助亏损		备注
亏损年度	亏损金额（万元）	补助资金到位年度	补贴金额（万元）	
2003	1578	2004	1530	杭州余杭供水集团公司时期
2004	1492	2005	1500	
2005	1382	2006	1500	
2006	1198	2007	1200	
2007	1946	2008	1946	
2008	4002	2009	2950	杭州余杭水务有限公司时期
2009	6079	2010	3000	
2010	8716	2011	3500	
2011	13065	2012	3500	
2012	16447	—	（补助工程建设资金）	
合计	55905	—	20626	

第四节　物　　资

杭州余杭供水集团公司、杭州余杭水务有限公司为加强公司物资管理，规范物资采购、调配和使用，并为加速公司资金周转，在确保物资质量的同时，努力降低物资采购成本，确保公司生产和安装经营业务的正常运行和各项工程的顺利推进，制定并组织实施了公司《物资管理制度》。该制度规定了公司物资计划管理、物资采购管理、物资入库管理、物资领发管理、物资工程现场管理、废旧物资管理、物资安全管理、物资监督管理等 8 部分，共 59 条规定。制度的建立与实施，规范了公司的物资管理，保证了公司生产经营和工程建设的物资需求，降低了物资成本，提高了企业效益。

公司自 2003 年至 2012 年的十年间，共采购各项工程建设项目中的甲供物资、公司自建工程和承接的安装业务工程中的物资合计金额 70215.97 万元，其中，采购球墨管、钢管、钢塑管、镀锌管、PE 管、HDPE 波纹管、PP－R 管等不同类型管材 684.63 万米，采购闸阀、蝶阀、排气阀、法兰片、伸缩滤水箱、管道伸缩器等管道附属设施 46.90 万个，采购不同规格的水表 35.90 万只（详见附表 4－119）。

一、物资计划管理

公司物资管理部门是物资采购、物资管理的职能部门，负责对各分支机构物资管理的监督、检查、指导。

物资管理部门，根据全年生产计划、专项工程、更新改造、大小修理、基建工程等项目的物资需要和库存情况，编制年度物资需求计划，报公司领导审批，按计划组织采购调拨。

各类生产所需物资及设备维修的备品、备件，由各分支机构每月或定期通过物资管理信息系统编报采购计划。

经公司批准的自建工程、安装工程所需物资，由各分支机构、项目办落实专人每月或定期通过物资管理信息系统编报采购计划，并注明用途，核定数量、规格、技术参数等。物资管理部门按照大宗物资仓库有适当储备，缺少的物资积极采购的原则，尽最大努力调配好物资，不延误工程建设。

购置的大型设备（符合公司固定资产管理要求），须出具书面报告，注明规格、型号、产地、技术要求、数量，报相关职能部门审核，经领导批准同意后，由物资管理部门落实组织采购。

购置生产、安装、维修所需的工具，须经生产运行部门、工程建设部门、营业服务部门审核并登记造册后报物资管理部门。

水质化验所需的药剂、器皿、设备每季度定期编报计划。由水质监测中心（水质科、处）编制采购计划，报生产运行部门审核，经公司分管领导批准同意后，由物资管理部门落实组织采购。

二、物资采购管理

物资管理部门将各部门申报的物资计划结合仓库的库存情况确认采购数量。并落实专人对物资采购计划进行报批、登记。物资管理部门根据《公司招标投标管理办法》的规定，对年度采购额30万元及以上的常用同类物资，按年度组织公开招标；对年度采购额30万元（不含30万元）以下至5万元（含5万元）之间的常用同类物资或单件价格5万元（2012年以前为1万元）及以上的大宗物资，采用邀请招标。对年度采购额5万元以下或单件设备、材料价格在5万元（2012年以前为1万元）以下的直接确定供货单位。

在物资采购中如遇招标后没有供货商投标或没有合格标的或重新招标未能成立的；技术复杂或性质特殊，不能确定详细规格或者具体要求的；采用招标所需时间不能满足用户紧急需要的；不能事先计算出价格总额的情形采用竞争性谈判方式采购。如采购的货物规格、标准统一，现货货源充足，且价格变化幅度小的采购项目可采购询价的项目采购。如采购的货物只能从唯一供货商处采购或发生了不可预见的紧急情况不能从其他供货商处采购或必须保证与原有采购项目一致或者配套的要求，需要继续从原供应商处添购，且添购资金总额不超过原合同采购金额百分之十的，可以采用单一来源方式采购。

采购液氯等剧毒和危险化学物品，严格按照《危险化学品安全管理条例》的规定办好购买、准运等相关手续。运输剧毒物品的车辆单位必须具备相应的资质，驾驶员和押运员必须持证上岗。在装卸过程中必须按照有关安全管理制度及安全操作规程作业。

经公司核定的劳保用品，由人力资源部门核实，办公室采购、登记、发放。列入目标责任制考核范围的劳动所需用品由各分支机构采购、登记、领用。

经公司核定的计算机、打印机等用品报生产运行部审核，经公司领导审批同意后，由物资管理部门办理采购（2012 年以前由生产管理部门采购）。生产运行部门负责计算机、打印机及相关零配件登记、领用，并按公司固定资产管理规定办理相关手续。

各分支机构、机关各部门、项目办，未经审批同意不得擅自采购各类物资设备。

三、物资入库管理

仓库保管员收到物资时，须对物资的外观质量和数量进行检验，发现物资有明显的数量、质量问题，应拒绝入库，采购员要及时向供货单位联系并负责办理补发、退货等手续。

各部门物资入库后需及时开具入库单，经物资管理信息系统或公司办公 OA 系统上对常用物资的内部通报价格核对准确后办理入库单手续。有发票的按发票内容进行进仓入库，无发票的按照合同价，入库单由仓库保管员及部门分管领导签字确认。入库单有价格差异的月终由财务部门进行调整价格差异，使账物相符。零星运费由财务部门在月终按安装领料额直接分摊到工程成本。

各分支机构现场接收的物资由工程科施工现场负责人签字确认，经分管领导签字确认后到仓库办理入库手续。

调拨入库的物资，由调出单位开具调拨单，经调入单位签字验收后，统一在当月分别报相关部门。

每批次净水原料必须经化验合格后，才能办理入库手续。

四、物资领发管理

各部门根据工程进度进行物资领料。物资领料单由各部门经济核算员进行电脑开具，由所需部门仓库保管员、分管领导、领料人签字确认。领料单根据物资的名称、规格、型号、数量、用途等项目进行开具，价格统一按“移动加权平均法”记账。退料时一律按领料价格单进行红字冲账。

仓库物资领用坚持“先进先出”，有使用限期的先发，使物资及时周转翻新，坚持无料单的不发、手续不齐全不发的物资领用原则，拒绝涂改或过期的领料单，杜绝白条领料。

各使用部门领用的物资，必须坚持使用多少领多少的原则，不得将批量物资领用后堆置在其他车间、场地。

对公司配置的防洪、抗台、抢险救灾等专用物资，必须落实专人保管，不能随便移作他用，经批准移作他用的要及时配齐。

五、工程物资现场管理

各使用部门的工程现场负责人（工程科、安装队、营业所），是工程现场物资管理的第一责任人，各类大型物资和笨重物资需在施工现场进行签收的，必须由工程现场负责人亲自签收，不得由施工方安装人员代为签收。

各类自建工程、安装工程项目确定后，由各分支机构、项目办、中心根据施工单位提供的施工计划，编制物资到位时间计划报物资管理部门。物资管理部门根据工程进度要求，组织物资，及时供应。避免造成工程延误或物资在工程现场长期堆放现象的发生。

工程物资须及时按规范填报使用情况，工程完工后须在七天内将剩余物资退回仓库。由于工程施工原因不能按期完工的现场物资，必须落实专人妥善保管，必要时办理有关手续调配到其他工地使用，不得长期堆置在施工现场。

六、废旧物资管理

各类报废的固定资产设备、设施及各类管道改造拆回的废旧物资，由仓库保管员按名称、型号、数量办理废旧物资接收手续，由送收双方登记签字证明，并做好废旧物资回收台账，每月将收回情况报财务部门、物资管理部门备案并统一存放在安全固定地点。

各分支机构在改造、移位、临时铺设的管线工程中回收的钢管、球墨管、阀门等旧材料如材质完好无破损，可充分利用旧物资，经财务部门折价后利用，计入工程成本。

对各类报废的固定资产设备、设施及管网改造后收回的无法使用的废旧物资，由物资管理部门统一收取后，编制废旧物资处置方案，报公司领导批准后处置（招标或拍卖），报废材料处置后形成的变现收入，全额入公司财务账。

七、物资安全管理

积极宣传贯彻“安全第一、预防为主”的安全工作方针，严格执行安全制度，杜绝发生各类物资管理事故，确保万无一失。

对易燃、易爆、剧毒、贵重、易碎等物品采取不同的保管方法，按照消防安全条例规定，妥善存入，并做好防潮、防火、防盗等工作。危险、有毒物品实行专人保管，管理人员需具有很强的政治责任感和安全意识。

严格控制进出仓库人员，凡因工作需要进入库房的必须有两人以上在场才能进入。

仓库保管人员如发现不安全因素，要及时向部门和公司安全领导小组汇报，及时采取应急措施，保障物资的安全。发现物资被盗现象，在有效时间内向当地派出所报案，并向公司书面汇报失窃情况。

根据仓库内存放不同物品性能，备好各种规格消防灭火器材，仓库人员必须会管、会用。

仓库内不准吸烟、不准会客，非仓库管理人员不准在仓库内停留，仓库保管人员离开仓库必须切断电源，关窗锁门。

八、物资监督管理

未经公司批准，各部门、各分支机构不得擅自接受供货单位考察及产品推荐者的邀请，违反规定的通报批评。

物资采购人员、参与物资采购招标的评标人员、仓库保管人员、工程现场的施工管理人员，应廉洁自律，严禁“吃、拿、卡、要”，严禁接受考察、投标、供货单位的钱物，自觉接受组织监督，违反规定经组织查证属实的将视情节轻重，依据有关党纪及法律、法规和公司相关制度进行处理，触犯刑律的移交司法机关处置。

发现物资被盗、无故失窃或变相处理物资，未及时报案或骗报、瞒报的等一经查实，将对主要责任人和相关领导，按损失大小进行经济处罚，并通报批评，扣发相应的奖金。

物资管理部门要会同相关部门不定期对工程现场物资的管理使用、安全情况进行检查，指导、确保现场工程物资安全。

表 4－119　　**2003 年—2012 年水务企业采购物资数量**

年份	各类管材（米）	管道附属设施（个）	水表（只）	金额（元）	备注
2003	195588.42	19875	30786	10647655.84	杭州余杭供水集团公司时期
2004	585534.74	48013	47728	34062578.16	
2005	1012951.58	72306	34516	49301028.36	
2006	903185.5	58021	43972	53960326.34	
2007	906986.84	80013	31986	62588744.6	
2008	850211	46404	20785	81915439.75	杭州余杭水务有限公司时期
2009	935252	36989	27075	102581823.5	
2010	643046	41463	32042	156835281.8	
2011	431474	28052	15600	85881406.85	
2012	382053	37863	74500	64385409.96	
合计	6846283.08	468999	358990	702159695.2	

注：2008 年—2012 年管材总数量包括供排水工程和自建安装工程

第五节　水　　表

杭州余杭水务有限公司（杭州余杭供水集团公司）是由原县属的临平自来水厂、临平第二水厂和兼并前的乡镇属水厂合并重组后建立的。原各水厂对水表的管理措施不一，水表的产地、型号和规格多种多样，水表使用周期没有严格要求，不利于正确计量供水。为此，杭州余杭供水集团公司成立后，为规范水表管理，维护供、用水双方的利益，制定了《水表管理制度》（2012 年水表管理制度并入物资管理制度），同时于 2001 年 12 月组建了“水表校验中心”，承担全公司水表的校验与维修工作，各分支机构新购水表全部纳入公司物资管理部门统一采购。

一、水表计划管理

公司物资管理部门是水表管理的职能部门，负责公司新水表的采购、校验、调拨以及旧水表的回收维修。2011 年 4 月，水表校验中心由物资管理部划入营业服务部后，水表的采购仍由物资管理部门负责，水表校验、调拨及旧表的回收维修由营业服务部管理。

新开户的水表由各分支机构在进入水表安装阶段的前两个星期编报需求计划，周期性换表每月或定期编报需求计划。

水表校验中心根据公司全年水表需求量定期编报计划，并对各规格水表进行储备。各分支机构各类水表的仓储量为所管辖范围内总水表数的 3%进行储备。

二、水表采购、入库管理

物资管理部门根据各分支机构的水表需求计划，结合水表校验中心的库存情况确认采购数量，及时编制采购计划。采购员根据年度招标确定的供货厂家进行定点采购。2002 年至 2012 年，公司统一新购了不同规格、不同生产厂家的各类水表 403933 只，占 2012 年底公司总用户数 272085 户的 148.5%。其中，杭州余杭供水集团公司在 2002 年—2007 年采购了 212449 只（详见附表 4 - 120）、杭州余杭水务有限公司在 2008 年—2012 年采购了 191484 只（详见附表 4 - 121）。2002 年—2012 年累计投入使用的新表为 391484 只（详见附表 4 - 122），占新购表总数的 96.9%。

水表校验中心人员在接收水表（DN80 以下）时，必须对水表的外观质量、口径、型号、数量、产品合格证、说明书以及配件进行检验，发现水表数量不对以及水表表身号不清楚的不得入库，并及时通知采购员与供货厂家联系负责办理补发、退货等手续。

对 DN80 以上（含 DN80）水表进行接收时，必须检查水表校验原始记录以及厂家质量检测部门签发的“合格证书”，记录齐全时方能入库。

水表入库时根据送货规格、数量至公司总仓进行入库，并由物资管理部门相关负责人签字确认。

经入库的水表由水表校验中心负责将水表的相关参数及时录入到营业 MIS 系统中。

三、水表检定管理

各类水表在入库前必须全部进行首检，经检定合格并封上合格标签后才能办理入库。水表校验中心负责对 DN50 以下（含 DN50）的新水表及旧表回收经维修后的水表进行检定。对尚不能检定的水表，根据生产厂家检定依据办理入库手续，对 DN50 以上（不含 DN50）的回收水表及时分批送有关计量单位维修、检验，并由计量部门出具校验记录及检定合格证书。

公司实行水表周期检定，对超过使用年限的水表必须强制检定，强检周期以 2002 年 12 月 31 日为起始日，DN25 及以下的水表为三年（其中，城镇居民“一户一表”的水表为六年，农村居民“一户一表”的水表为八年）；大于 DN25、小于或等于 DN50 水表为两年；大于DN50的水表为一年；消防专用表（含各规格）为五年。各规格的水表在检验周期内，如客户反映对计量有异疑或在日常检查中发现水表有表停、表快、表慢等异常现象时，应随时拆表送检。

公司自2005年起，部分水表陆续进入周检期，其中，杭州余杭供水集团公司至2007年止共应周检水表11945只，实际周检了11899只，周检率为99.6%（详见附表4－123）；杭州余杭水务有限公司自2008年—2012年应周检水表147724只，实际周检了146469只，周检率为99.2%（详见附表4－124）。

2005年—2012年合计周检水表158368只，其中，自检DN15～50的水表156896只，占99.07%、外送检定DN80～400的水表1472只，占0.93%，累计已检水表占2012年自来水用户总数272085户的58.21%。

各分支机构根据水表周期检定的规定进行周期性换表，并将水表更换信息及时录入表务管理系统（营业MIS系统）中。

水表校验员持证上岗，并按国家水表计量标准（公称流量不超过±2%，分界流量不超过±3%）规定进行检定，新表的首检检定率为100%，回收维修表的检定率为100%。

四、水表出库管理

各分支机构所需水表统一由临平总仓库开具调拨单，并由物资管理部门人员负责调拨。调拨至各分支机构水表必须是已经校验合格并录入至表务管理系统（营业MIS系统）中的水表。

调拨至分支机构的水表统一由水表校验中心负责抄录水表生产厂家、水表表身号，并在表务管理系统（营业MIS系统）中将水表出库至各分支机构。

各分支机构仓库管理人员仔细检查调拨的水表，检查无误后在调拨单上签字确认。各分支机构将未安装的水表存放于仓库中，严禁将未安装的水表存放至施工现场。

各分支机构建立水表出库档案，严格水表出库管理。水表从分支机构仓库领出时，仓库管理人员必须登记完整的水表表身号、出库日期以及领用人。

各分支机构对零星安装的水表在3个工作日内将水表的相关信息录入至表务管理系统（营业MIS系统）中。对新建住宅小区，在商品房交付业主后的3个月内将水表的相关信息录入至表务管理系统（营业MIS系统）中。

五、水表回收管理

各分支机构按照水表周期检定的规定，进行周期性换表，将更换的水表按季度送至水表校验中心，提供水表清单。并将水表更换信息及时录入表务管理系统（营业MIS系统）。水表校验中心根据各分支机构提供的水表清单，现场对水表进行清点，对铜罩不全的水表须由分支机构出具说明，并将清点情况出具清单，一式两份双方各留存一份。

水表校验中心对接收的旧水表进行分类，对无法使用的水表及杂牌表进行报废处理，并做好相关记录。对能够维修的水表组织专业人员进行拆卸、清洗、维修。自2012年开始，接收的水表口径小于DN50的旧表，直接报废处理，不再维修利用。

经维修的旧水表按规定进行检定，检定率达到100%。经检定合格的水表作为循环表及时将信息录入到表务管理系统（营业MIS系统）中。

2002年—2012年，共回收旧表213858只，经维修后检定合格循环重复使用的水表（DN15～DN300）有121748只，占回收旧表数的56.93%，报废旧水表92110只，占回收旧表数的43.07%（详见附表4－121）。

水表配件（水表玻璃除外）实行以旧换新制度，一般情况下不单独下发水表配件。

报废水表统一由公司进行处理，任何分支机构及个人不得擅自处理。

表4－120　　杭州余杭供水集团公司历年新购水表数量　　单位：只

规格	厂家	2002年	2003年	2004年	2005年	2006年	2007年	合计
DN15C型	杭州水表厂	—	21641	24970	8800	9988	5510	70909
DN15C型	宁波水表股份有限公司	6820	4400	—	—	500	1000	12720
DN15E型	杭州水表厂	—	1600	—	599	—	—	2199
DN15远传	宁波水表股份有限公司	100	200	200	54	—	—	554
DN20C型	杭州水表厂水表厂	—	4570	11840	14830	22000	11000	64240
DN20C型	宁波水表股份有限公司	4900	1100	—	—	2000	6000	14000
DN20E型	宁波水表股份有限公司	500	—	—	—	300	—	800
DN20E型	杭州水表厂	—	—	1300	1900	1590	1190	5980
DN20远传	宁波水表股份有限公司	470	445	340	270	—	—	1525
DN20立式	杭州水表厂	—	1960	5300	8790	4550	4424	25024
DN20立式	宁波水表股份有限公司	550	550	—	—	—	500	1600
DN25C型	杭州水表厂	—	1500	250	—	—	—	1750
DN25C型	宁波水表股份有限公司	650	—	—	—	—	—	650
DN25E型	宁波水表股份有限公司	—	100	—	—	200	300	600
DN25E型	杭州水表厂	—	—	—	150	500	285	935
DN40C型	杭州水表厂	—	575	384	—	—	—	959
DN40C型	宁波水表股份有限公司	100	—	—	—	—	—	100
DN40E型	宁波水表股份有限公司	—	150	—	—	30	—	180
DN40E型	杭州水表厂	—	—	—	170	392	570	1132
DN50C型	杭州水表厂	—	270	100	—	—	—	370
DN50C型	宁波水表股份有限公司	50	—	—	—	—	—	50
DN50E型	宁波水表股份有限公司	—	40	—	—	20	—	60

续表 4－120

规格	厂家	2002 年	2003 年	2004 年	2005 年	2006 年	2007 年	合计
DN50E 型	杭州水表厂	—	—	—	84	180	241	505
DN50 可拆卸式	宁波水表股份有限公司	10	55	30	—	—	—	95
DN80 可拆卸式	宁波水表股份有限公司	19	45	20	—	6	—	90
DN80 水平表	杭州水表厂	—	60	53	43	48	21	225
DN80 水平表	宁波水表股份有限公司	50	—	—	—	—	—	50
DN80 复式	宁波水表股份有限公司	—	—	21	35	15	—	71
DN80 宽量程	宁波水表股份有限公司	—	—	—	—	1	—	1
DN80 宽量程	杭州水表厂	—	—	—	2	82	124	208
DN100 可拆卸式	宁波水表股份有限公司	10	66	30	35	20	—	161
DN100 水平表	杭州水表厂	—	130	210	237	203	314	1094
DN100 水平表	宁波水表股份有限公司	80	—	—	—	—	—	80
DN100 复式	宁波水表股份有限公司	—	—	20	123	23	—	166
DN100 宽量程	宁波水表股份有限公司	—	—	—	—	1	—	1
DN100 宽量程	杭州水表厂	—	—	—	—	226	362	588
DN150 可拆卸式	宁波水表股份有限公司	—	18	10	—	—	—	28
DN150 水平表	杭州水表厂	—	10	28	—	—	—	38
DN150 水平表	宁波水表股份有限公司	3	8	—	—	—	—	11
DN150 复式	宁波水表股份有限公司	—	—	8	—	9	—	17
DN150 宽量程	杭州水表厂	—	—	—	—	22	43	65
DN200 可拆卸式	宁波水表股份有限公司	5	4	—	—	3	—	12
DN200 水平表	杭州水表厂	—	5	5	—	—	—	10
DN200 宽量程	杭州水表厂	—	—	—	—	2	23	25
DN200 特	宁波水表股份有限公司	—	—	2	—	—	—	2
DN250 特	宁波水表股份有限公司	—	—	2	—	—	—	2
DN300 特	宁波水表股份有限公司	—	—	2	—	—	—	2
DN100F 液封	宁波水表股份有限公司	—	—	—	—	—	5	5
DN15F3 液封	宁波水表股份有限公司	—	—	1500	—	—	—	1500
DN20E 型智能表	宁波水表股份有限公司	—	256	802	—	—	—	1058
DN300WPD	宁波水表股份有限公司	—	—	—	2	—	—	2
合计	—	14317	39758	47427	36124	42911	31912	212449

表 4－121　　**2008—2012 年杭州余杭水务有限公司新购水表数量**　　单位：只

规格	厂家	2008 年	2009 年	2010 年	2011 年	2012 年	合计
DN15C 型	杭州水表股份有限公司	3000	—	—	—	—	3000
DN15C 型	宁波水表股份有限公司	2000	—	—	—	—	2000
DN15E 型	宁波水表股份有限公司	—	5000	8000	1000	3000	17000
DN15E 型	三川水表股份有限公司	—	—	—	—	16000	16000
DN20C 型	杭州水表股份有限公司	3500	—	—	—	—	3500
DN20E 型	宁波水表股份有限公司	10000	23000	19000	12000	3000	67000
DN20C 型	宁波水表股份有限公司	6500	—	—	—	—	6500
DN20E 型	三川水表股份有限公司	—	—	—	—	45000	45000
DN20E 型	杭州水表股份有限公司	1400	—	—	—	—	1400
DN20E 型立式	宁波水表股份有限公司	1500	5000	4000	2000	—	12500
DN20 立式	杭州水表股份有限公司	1500	—	—	—	—	1500
DN20E 型立式	三川水表股份有限公司	—	—	—	—	6000	6000
DN25E 型	宁波水表股份有限公司	500	600	200	400	500	2200
DN25E 型	杭州水表股份有限公司	237	—	—	—	—	237
DN25E 型	三川水表股份有限公司	—	—	—	—	700	700
DN40E 型	宁波水表股份有限公司	220	560	600	200	500	2080
DN40F 型	杭州水表股份有限公司	48	—	—	—	—	48
DN40E 型	三川水表股份有限公司	—	—	—	—	700	700
DN50E 型	宁波水表股份有限公司	40	100	230	—	500	870
DN50E 型	杭州水表股份有限公司	50	—	—	—	—	50
DN80 宽量程	杭州水表股份有限公司	30	60	50	—	43	183
DN80 发汛表	宁波水表股份有限公司	10	—	—	—	—	10
DN100 宽量程	杭州水表股份有限公司	511	467	534	593	679	2784
DN100 发汛表	宁波水表股份有限公司	11	—	—	—	—	11
DN150 宽量程	杭州水表股份有限公司	16	2	10	4	10	42
DN150 发汛表	宁波水表股份有限公司	4	—	—	—	—	4
DN200 宽量程	杭州水表股份有限公司	7	—	3	—	—	10
WPDDN80	杭州水表股份有限公司	—	—	4	—	—	4
WPDDN100	杭州水表股份有限公司	—	5	12	21	5	43

续表 4-121

规格	厂家	2008 年	2009 年	2010 年	2011 年	2012 年	合计
WPDDN200	杭州水表股份有限公司	—	—	2	2	—	4
DN100 进口复式	杭州水表股份有限公司	—	10	33	4	4	51
DN80 远传表	杭州三科电子有限公司	—	—	—	20	—	20
DN100 远传表	杭州三科电子有限公司	—	—	—	30	—	30
DN200 西门子电磁表	杭州水表股份有限公司	—	1	1		—	2
DN150 电磁表	杭州精信电子科技有限公司	—	—	—	—	1	1
合计	—	31084	34805	32679	16274	76642	191484

表 4-122　杭州余杭水务有限公司（杭州余杭供水集团公司）历年水表管理概况

年份	当年使用的新购水表 DN15~DN300（只）	旧表回收（只）	报废水表（只）	维修水表利用 DN15~DN300（只）	循环表检定	
					公司自检	外送检定
2002	6410	1881	844	1037	—	—
2003	40291	4033	1829	2204	2161	43
2004	49513	13764	6282	7482	7375	107
2005	34522	12290	3466	8824	8764	60
2006	41957	4921	500	4421	4389	32
2007	32282	6911	1375	5536	5450	86
2008	31165	9567	2876	6691	6397	294
2009	30288	9652	768	8884	8591	293
2010	32140	28622	8250	20372	19999	373
2011	16274	61208	5130	56078	55963	115
2012	76642	61009	60790	219（DN80-300）	—	219
合计	391484	213858	92110	121748	119089	1622

注：（1）换表数量包括周期性换表、平时爆管换表及冬季冰冻水表损坏后换表等方面。

（2）自 2012 年开始，水表口径小于 DN50 的旧表回收后直接报废，大于或等于 DN50 的旧表回收后经维修再送有关检定部门检定

表 4－123　　2005—2007 年杭州余杭供水集团公司各分支机构水表周检率

年份	项目	临平		乔司		运河(城北)		塘栖		宏畔		仁和(獐山)		良渚		余杭		闲林		瓶窑		径山		合计		
		15—50	80—400	15—50	80—400	15—50	80—400	15—50	80—400	15—50	80—400	15—50	80—400	15—50	80—400	15—50	80—400	15—50	80—400	15—50	80—400	15—50	80—400	15—50	80—400	小计
2005	应周检(只)	680	54	19	9	17	7	3	0	—	—	0	0	2361	0	186	54	3	0	0	0	—	—	3269	124	3393
	已周检(只)	673	54	19	9	17	7	0	0	—	—	0	0	2361	0	186	54	3	0	0	0	—	—	3259	124	3383
	周检率(%)	99.0	100.0	100.0	100.0	100.0	100.0	0	—	—	—	—	—	100.0	—	100.0	100.0	100.0	—	—	—	—	—	99.7	100.0	99.7
2006	应周检(只)	352	47	101	12	22	4	3	0	—	—	0	0	7	0	966	35	627	2	182	2	661	0	2921	102	3023
	已周检(只)	346	47	101	12	22	4	0	0	—	—	0	0	4	0	962	35	627	2	182	2	661	0	2905	102	3007
	周检率(%)	98.3	100.0	100.0	100.0	100.0	100.0	100.0	—	—	—	—	—	57.1	—	99.6	100.0	100.0	100.0	100.0	100.0	100.0	100.0	99.5	100.0	99.5
2007	应周检(只)	1383	90	337	17	22	9	762	28	184	10	151	5	816	12	654	24	172	10	467	16	359	1	5307	222	5529
	已周检(只)	1383	89	337	17	22	9	746	28	184	10	151	5	816	12	651	24	172	10	467	16	359	1	5288	221	5509
	周检率(%)	100.0	98.9	100.0	100.0	100.0	100.0	97.9	100.0	100.0	100.0	100.0	100.0	100.0	100.0	99.5	100.0	100.0	100.0	100.0	100.0	100.0	100.0	99.6	99.5	99.6
三年合计	应周检(只)	2415	191	457	38	61	20	768	28	184	10	151	5	3184	12	1806	113	802	12	649	18	1020	1	11497	448	11945
	已周检(只)	2402	190	457	38	61	20	746	28	184	10	151	5	3181	12	1799	113	802	12	649	18	1020	1	11452	447	11899
	周检率(%)	99.5	99.5	100.0	100.0	100.0	100.0	97.1	100.0	100.0	100.0	100.0	100.0	99.9	100.0	99.6	100.0	100.0	100.0	100.0	100.0	100.0	100.0	99.6	99.8	99.6

注:1.应周检水表包括当年扩大供水区域内更换原镇乡自来水厂用户的水表;

2.报停水表不列入当年周检计划

表 4－124　2008—2012 年杭州余杭水务有限公司各分支机构水表周检率

年份	项　目	临平 15～50 城北 15～50	临平 15～50 城北 80～400	临平 80～400 城南 15～50	临平 80～400 城南 80～400	乔司 15～50	乔司 80～400	运河 15～50	运河 80～400	塘栖 15～50	塘栖 80～400	宏畔（2008－2010 年）崇贤（2011－2012 年）15～50	宏畔（2008－2010 年）崇贤（2011－2012 年）80～400
2008	应周检（只）	3012		127		122	27	83	11	360	39	140	12
	已周检（只）	2946		127		120	26	80	11	334	38	134	12
	周检率（%）	97.8		100.0		98.4	96.3	96.4	100.0	92.8	97.4	95.7	100.0
2009	应周检（只）	2711		176		503	45	491	21	522	65	165	15
	已周检（只）	2645		170		497	43	487	21	517	61	157	14
	周检率（%）	97.6		96.6		98.8	95.6	99.2	100.0	99.0	93.8	95.2	93.3
2010	应周检（只）	7712		230		1722	36	132	25	4493	47	739	11
	已周检（只）	7612		227		1708	36	132	25	4481	46	739	11
	周检率（%）	98.7		98.7		99.2	100.0	100.0	100.0	99.7	97.9	100.0	100.0
2011	应周检（只）	7911	35	4913	15	3001	10	1781	8	6441	7	5222	2
	已周检（只）	7904	35	4867	15	2982	10	1781	8	6325	7	5171	2
	周检率（%）	99.9	100.0	99.1	100.0	99.4	100.0	100.0	100.0	98.2	100.0	99.0	100.0
2012	应周检（只）	4599	88	3971	54	647	3	8251	21	5633	13	1671	56
	已周检（只）	4582	86	3950	53	647	3	8241	21	5607	13	1655	55
	周检率（%）	99.6	97.7	99.5	98.1	100.0	100.0	99.9	100.0	99.5	100.0	99.0	98.2
合计	应周检（只）	35554				5995	121	10738	86	17449	171	7937	96
	已周检（只）	35219				5954	118	10721	86	17264	165	7856	94
	周检率（%）	99.1				99.3	97.5	99.8	100.0	98.9	96.5	99.0	97.9

注：1. 应周检水表包括当年扩大供水区域内更换原镇乡自来水厂用户的水表；
2. 报停水表不列入当年周检计划

仁和		良渚		余杭		闲林		瓶窑		径山		合计		
15～50	80～400	15～50	80～400	15～50	80～400	15～50	80～400	15～50	80～400	15～50	80～400	15～50	80～400	小计
121	8	871	11	534	33	670	3	11	21	21	10	6345	302	6647
121	8	861	11	523	32	656	3	401	19	21	10	6197	297	6494
100.0	100.0	98.9	100.0	97.9	97.0	97.9	100.0	97.6	90.5	100.0	100.0	97.7	98.3	97.7
159	6	933	14	945	88	280	8	551	32	81	13	7341	483	7824
148	6	927	14	925	85	271	8	543	30	80	13	7197	465	7662
93.1	100.0	99.4	100.0	97.9	96.6	96.8	100.0	98.5	93.8	98.8	100.0	98.0	96.3	97.9
208	7	1955	9	2911	73	1611	10	1934	33	62	4	23479	485	23964
208	7	1933	9	2874	70	1603	10	1923	33	62	4	23275	478	23753
100.0	100.0	98.9	100.0	98.7	95.9	99.5	100.0	99.4	100.0	100.0	100.0	99.1	98.6	99.1
7511	5	6956	16	4923	11	3910	7	2769	11	43	4	55381	131	55512
7469	5	6909	15	4855	11	3855	7	2769	11	43	4	54930	130	55060
99.4	100.0	99.3	93.8	98.6	100.0	98.6	100.0	100.0	100.0	100.0	100.0	99.2	99.2	99.2
4369	3	3021	27	9910	16	6187	13	3254	37	1891	42	53404	373	53777
4361	3	3013	27	9821	16	6157	12	3225	37	1873	42	53132	368	53500
99.8	100.0	99.7	100.0	99.1	100.0	99.5	92.3	99.1	100.0	99.0	100.0	99.5	98.7	99.5
12368	29	13736	77	19223	221	12658	41	8919	134	2098	73	146675	1049	147724
12307	29	13643	76	18998	214	12542	40	8861	130	2079	73	145444	1025	146469
99.5	100.0	99.3	98.7	98.8	96.8	99.1	97.6	99.3	97.0	99.1	100.0	99.2	97.7	99.2

第六节　信息与计算机

杭州余杭供水集团公司、杭州余杭水务有限公司十分重视企业信息化，经努力，公司信息化建设稳步推进，计算机应用的规模和水平得到了较大的提高，信息化工作得到飞速发展。2000年以来，公司相继建成生产调度系统、营业收费系统、工程管理系统、水质管理系统、办公OA系统、客户服务系统、外网网站系统、财务管理系统、物资管理系统、人力资源管理系统、设备管理系统、管网GIS系统、档案管理系统、大表远传系统、短信平台、原水在线监测系统等16套信息系统，已初步形成涵盖公司各项业务的信息化管理平台。公司信息化建设水平走在了同行业前列，基本实现了企业管理数字化、现代化。

一、信息系统建设

2000年12月，临平、塘栖供水工程（一期）建成供水，该项目建有供水调度系统，各水厂及中控室数据传输采用无线电台方式。同时，单机版营业收费系统及单机版新中大财务管理系统投入运行。2003年9月，通过租用电信光纤将公司总部和下属各分支机构连通，组建了集团公司局域网，实施网络化管理，应用网络版软件系统创建了高速稳定的运行平台。2004年10月，网络版营业收费系统投入试运行，次月进入正式运行，原单机版营业收费系统停用。11月，银行实时联网系统投入试运行，12月进入正式运行，成功开通余杭区农村合作银行联网缴费功能。2005年3月，工程管理系统投入试运行，营业收费系统短信催费模块正式投入运行，实现短信水费通知、水费催缴。4月，管网管理系统投入运行，6月，供水热线系统投入运行，用于记录客户来电信息。2006年8月管网管理系统新增冲洗排污审批流程。12月，水质管理系统投入试运行。2007年1月，新版新中大财务管理系统A3正式启用，原工作组版财务管理系统停用。同时，新中大物资管理系统Psoft进入试运行。5月，新增邮政储蓄银行联网缴费功能。同时，公司外网网站、客户服务系统投入运行，并于5月18日举行开通仪式。同时，办公OA也正式投入运行，原热线系统、内网信息系统停用。2008年4月，排水调度系统（过渡版本）投入试运行，5月份正式运行。9月，人力资源管理系统投入试运行，次年1月正式启用。2009年3月，结合排水业务需求，新版工程管理系统投入运行，同时老版本工程管理系统继续运行，直至未完成流程全部完成后导入新系统以供查询。7月，签订短信平台开发协议，客服系统、OA、工程系统等新增工作任务提醒以及收费系统中短信催费、停水通知、客户短信查询等功能。同时，对营业收费系统进行改造，增加排水营业收费功能。9月，开通交通银行联网缴费功能。2010年6月，开通建设银行联网缴费功能。2011年8月，支付宝水费在线缴纳功能开通，使用户可以足不出户全天候24小时网上缴纳水费。10月，网络版档案管理系统上线，同时委托专业公司对公司已存档档案进行数字化扫描，今后重要的档案扫描件都可以根据使用人员的权限在网上进行查阅，扫描出来的文件通过 OCR 识别技术，文字信息都记录到档案系统中。2012 年 1 月，设备管理系统正式上线。9 月，新版收费系统正式上线，相对原有收费系统，新版系统功能更细化，运行速度更快。10 月，新版人力资源管理系统正式上线，人事档案管理投入使用。12 月，加班管理、请假管理、考勤管理投入使用。2013 年 9 月，薪资管理投入使用。同月，原水在线监测系统正式投入使用，用于实时显示余杭、瓶窑、獐山三地原水在线监测设备运行情况和原水监测数据的统计与分析。

杭州余杭供水集团公司、杭州余杭水务有限公司自 2002 年至 2012 年共投入信息化建设资金 366.45 万元（详见附表 4－125）。为充分发挥各系统的功能和服务效益，至 2012 年公司先后配置不同品牌，不同规格的电脑 432 台（详见附表 4－126）。

表 4－125　**杭州余杭水务有限公司(杭州余杭供水集团公司)信息化建设概况**

序	信息系统名称	创建日期(试运行)	正式投入运行日期	升级更新日期(新版正式运行)	投入资金(元)	备　注
1	生产调度系统	2000－12－28	2004－05－13	—	—	建设资金纳入临平、塘栖供水工程(一期)
2	财务管理系统	2002－07－01	2007－01－01	—	193000.00	建设资金含老版本费用5万元和物资管理系统建设费
3	营业收费系统	2004－10－08	2004－11－01	—	343200.00	建设资金含工程管理系统第一版费用
4	银行实时联网系统	2004－11－30	2004－12－16	2007－05－14	49396.00	为营业收费系统同能系统,升级更新指新增邮政联网(2007－5－14),后续交通(2009－9－11)、建行(2010－6－11)由我公司自行实施。
5	办公OA系统	2005－01－31	2005－04－01	2007－05－08	51124.00	为第一版办公OA系统(类似内部网站,不具备公文流转功能),费用也包含管网管理系统(管网台帐和冲洗、排污审批流程)
6	工程管理系统	2005－04－30	2005－05－18	2009－03－10	346000.00	资金含增加流程费用8.8万元,升级三版系统费用25.8万元
7	短信网关系统	2006－03－24	2006－03－24	2009－07	20000.00	为营业收费系统功能子系统,用于水费通知、水费催缴、停水通知等短信发送
8	客户服务系统	2006－09－14	2006－10－01	2007－05－08	128800.00	建设资金含老版本费用2万元
9	水质管理系统	2006－12－21	2007－04－01	2008－06－30	150000.00	—
10	物资管理系统	2007－01－01	2007－06－01	—	—	建设资金含在财务系统费用中
11	外网网站系统	2007－05－11	2007－05－18	—	70000.00	—
12	短信平台升级、收费系统改造	—	2009－08－27	—	180000.00	升级短信平台,电信、移动短信自动判断发往相应运营商,新增业务系统流程短信提醒功能;对收费系统进行改造增加排水收费管理功能。
13	排水调度系统	2008－04	2008－05	2009－11－01	330000.00	含崇贤污水厂、塘栖污水厂、开发区污水厂以及临平城区9个污水泵站,预留其他污水系统接口

续表 4-125

序	信息系统名称	创建日期（试运行）	正式投入运行日期	升级更新日期（新版正式运行）	投入资金（元）	备　注
	管网 GIS 系统	—	2011-01-01		280000.00	C/S 服务端、3 客户端；临平城区 CAD 图纸转化导入、矢量化处理
	—	—	2011-06-01	—	210000.00	B/S 版，临平城区以外供水主干管 CAD 图纸转化导入、矢量化处理；与营业收费系统、供水调度系统、客户服务系统数据接口开发
	—	—	2011-10-08	—	257000.00	实现供水管网 GPS 巡检功能，含硬件终端 27 台
	—	—	2011-12-31	—	按管网长度结算	污水管网 CAD 图纸转化导入、矢量化处理
14	支付宝水费在线缴纳系统	—	2011-08-12	—	30000.00	为营业收费系统功能子系统，实现水费网上缴纳功能
15	档案管理系统	2011-10	2012-01-01	—	98000.00	实现档案数字化管理
16	设备管理系统	—	2012-01-01	—	280000.00	对生产设备进行数字化管理，后续由我公司自行实施了计算机类设备、化验类设备数字化管理
	大表远传系统	—	2012-03-14	—	18000.00	合同金额 1481550.00 元，含 300 套远传通讯设备、300 只不同口径水表，后续陆续增加远传表，截止 2013 年 9 月 10 日共计安装 374 套
17	人力资源系统	2008-09	2009-01	2012-10-08	180000.00	实现人事档案管理、薪资管理、考勤管理、请假审批、加班审批的数字化管理。
18	营业收费系统升级	—	2012-09-21	—	450000.00	对 2004 年建立的营业收费系统进行升级
	原水水质在线监测系统	—	2013-09-04	—	0.00	环保部门委托建设的东苕溪原水水质在线监测系统（余杭、瓶窑、獐山）
	合计	—	—	—	3664520.00	—

杭州余杭水务有限公司（杭州余杭供水集团公司）

表 4－126　　历年配置电脑概况　　单位：台

年份	台式电脑	服务器	工控机	笔记本电脑	小计	品　　牌
1995	1	—	—	—	1	586（余杭县自来水总公司）
2001	51	2	—	2	55	惠普 IBM
2002	29	—	—	—	29	惠普
2003	4	—	—	1	5	惠普、D330、联想、东芝
2004	6	1	—	—	7	惠普
2005	21	—	—	1	22	惠普、戴尔
2006	26	3	6	1	36	惠普
2007	78	3	2	1	84	惠普、IBM
2008	67	3	1	—	71	惠普
2009	46	1	—	—	47	惠普
2010	56	—	—	—	—	惠普
2011	34	4	—	—	38	惠普
2012	35	—	—	2	37	惠普
合计	454	17	9	8	432	—

二、信息系统主要功能与作用

1．供水调度系统（网页版）

实现了各自来水厂、供水加压泵站、原水泵站实时生产数据、设备运行情况、管网点实时数据的实时监控和历史曲线查询功能。并建立了生产月报表、供水管网点压力日报表、供水月报表等报表，有助于管理人员实时掌握各水厂的生产运行情况，掌握全区供水系统运行情况。纳入供水调度系统管理的自来水厂有运河自来水厂、塘栖自来水厂、宏畔自来水厂、仁和自来水厂、獐山自来水厂、瓶窑自来水厂、径山自来水厂，供水加压泵站有南苑加压泵站、乔司加压泵站、舟枕加压泵站，原水泵站有清源泵站、三白潭备用水源。

2．排水调度系统（网页版）

塘栖、良渚、余杭污水处理厂在调试阶段，各污水厂自控系统相对独立，公司管理人员无法实时掌握各污水厂的运行情况。2008 年公司建立了过渡版本的排水调度系统，实现了各污水厂实时生产数据的查看功能和历史曲线功能。随着崇贤污水厂、塘栖污水厂、开发区污水厂自控改造与建设工程的陆续完成，2009年年底，公司着手建设了排水调度系统（一期），主要实现了上述污水厂和临平城区9个污水泵站的生产数据、设备运行情况实时监控和历史曲线查阅功能，并建立了污水生产月报表、泵站运行报表等报表，有助于管理人员实时掌握各污水厂的和泵站的生产运行情况，掌握污水系统运行情况。

3．办公OA系统

在审批方面实现了发文审批、合同审批、请示报告、外送资料审批等功能，在内部信息发布上实现了通知公告、政策文件、学习培训、工作动态、考核评定、招投标信息、企业文化、党建园地、健康教育、电话簿、水务报、职工论坛等功能。在公司内部建立一个有效的信息发布和交流的场所，使全体员工能够及时了解公司的工作动态，并将传统的文件、合同审批流程电子化，实现无纸化办公，有效降低了办公费用。

4．公司门户网站

公司通过门户网站向社会公布公司的概况、公司动态、水质信息、停水信息、水价信息、企业荣誉等，是公司的形象宣传窗口；同时还建立了网上服务栏目，包括用水申请、咨询求助、网上缴费、水价查询、网上投诉、服务调查等功能，上述服务功能与客户服务系统、营业收费系统紧密结合，用户的申请、求助、投诉等信息能及时反馈到客户服务系统，便于客服人员及时处理，水费查询和缴费功能方便用户全天候，足不出户就能查询和缴纳水费。网站的访问地址为http：//www.hzyhwater.com。

5．客户服务系统

客户服务系统提供交互式语言应答和人工服务两种受理方式，包括话务平台、座席管理、中心管理和语言交互应答四部分。在业务上实现两个最基本的目标：一号通和一台清。广大自来水客户，只要通过统一的号码（96390），就能够实现停水信息的查询、水费查询、维修服务、举报投诉等需求。该系统对外面向用户服务，对内与公司各部门相联系，将管理、监控、考核、服务结为一体，实现客户来电网上流转，相关职能部门可对整个处理过程进行跟踪管理和监控，并提供相应的查询和报表统计功能。

6．水质管理系统

水质管理系统用于公司下属自来水厂、污水厂日常化验单据的录入与审批，并建立了各类统计报表、趋势图表，便于公司实时掌握原水、半成品水、出厂水水质情况。当发生原水水质突发事件时，通过增加检测指标、检测频率，并录入应急监测功能模块，让公司管理层及时掌握原水水质变化动态，为公司高层决策提供第一手资料。

7．营业收费系统

实现了用户档案管理、表务管理、抄表管理、收费管理、账务管理、票据管理等供排水营业一体化管理，并建立了完善的报表系统，完善的报表系统为考核提供了准确的数据。公司对各分公司的部分考核项目和指标如销售水量、水费回收率、用户发展情况等，对抄表工的抄见率、水费户回收率、抄表日期等指标的日常考核，均可以从营业收费系统的相关报表得出，而且由系统自动统计的数据既准确又详细，为考核提供了可靠的依据，促进考核的顺利实施。完善的报表系统和查询功能为供排水管理提供了基础资料，各级管理人员可通过报表统计结果分析和查找在供水营业管理方面的不足之处和薄弱环节，及时提出改进措施，进行完善和加强，以逐步提升管理水平。如通过抄见率统计报表和抄表员应抄未抄清单督促抄表员的抄见率达到规定要求，以加强对水表抄见的管理，通过水费回收报表和欠费清单有选择地进行水费催缴，以加强水费回收的管理。

司银联网子系统：通过司银联网子系统，营业收费系统与合作银行、邮政银行、交通银行、建设银行系统相连，实现了水费的实时代收和代扣功能，方便用户缴费，例如合作银行在余杭区内有100多个网点，该系统的应用大大拓展了用户缴费渠道。

支付宝缴费子系统：实现了水费网上缴纳功能，系统的开通相当于开通了一个24小时不停业的营业厅，方便用户全天候、足不出户就能缴纳水费，进一步拓展了用户的缴费渠道。

8. 工程管理系统

工程管理是公司对外服务工作中的一个重要环节，是建立客户关系的第一个重要步骤。公司根据实际工作需要，系统设定了安装工程、自建工程、一户一表改造、供水管道建设费工程、改造工程、污水流量计安装工程、招投标等7个工作流程。系统为客户提供营业窗口一站式服务，业务流程限期在公司内部各职能部门流转。经过各相关部门的协调工作，完成从受理申请、查勘设计、审批、收费、安装、验收、结算、归档等过程的流程化管理，形成完整的用户资料，最终提交营业收费系统立户。通过系统进行工程审批、材料申请，各分公司无需再像以前那样，开着汽车跑几十公里将审批材料上报公司，只要在工程系统里按设定的流程进行提交即可，缩短了业务处理时间、提高了工作效率、同时也节省了非生产性开支。管理部门要了解某个工程的方案、预算、资金到位、施工进展等情况，只需进入工程系统，点击相应的工程便一目了然。

9. 管网GIS系统

运用地理信息技术来实现地下供排水管线信息的输入、存储、查询、检索、处理、分析、显示、快速定位，在该系统平台上，公司拓展开发了管网GPS定位巡检、爆管分析、爆管短信通知、区域产销差率分析等功能，并推进管网检漏、管网养护、管网抢修、管网设计等工作与系统紧密结合，为水务管网管理、生产调度、经营收费、工程建设、漏损控制、用户服务等提供更为全面、精确的数据依据，通过GIS与外部系统（收费系统、客户服务系统、生产调度系统）的交互数据集成，让相关业务数据的统计、分析工作更为直观。

10. 财务管理系统

专业的财务管理系统，提高了会计数据处理的时效性和准确性，提高会计核算的水平和质量，减轻会计人员的劳动强度；实现会计的网络化、全方位的系统管理，信息完整全面，实现信息共享，减少重复工作。分公司可以随时就地将发生的经济业务输入系统，由财务部集中管理会计信息和编制报表，改变了分公司建立备查账，公司财务处还要做账的重复工作。有关业务和财务一体化，数据在各系统之间实现无缝对接，在物资系统中操作的数据可随时随地转入财务系统，如材料从仓库领用后，就会自动根据用途进行归类，生产材料、维修材料、工程材料计入相关财务成本，在工程系统中也可实时查看工程的资金到账情况。系统的建立有利于加强对各分公司的监督、有利于公司资金管理、有利于公司整体管理水平的提高。

11．物资管理系统

物资管理系统主要用于各分公司的物资材料申报、物资材料入库、物资材料调拨等，系统的应用大大提高了物资购买申报的便捷性。公司所有的物资材料名称和物资代码全部建立档案，各分公司需要报什么材料只要打入材料名称或物资材料代码就可迅速查找到要申报、入库和调拨的材料等。物资管理系统还与财务系统相连，在每一次的入库和调拨在财务系统上都可以一一体现出来。

12．管网管理系统

管网管理系统主要实现各部门对供水管网及附属设施的巡查、抢修维修、冲洗、排污和消毒的管理，所有记录实现网上登记，以此督促各部门按照管网维护、抢修等相关制度规范操作，确保在线管网正常运行。2006年新增的冲洗排污审批流程实现对冲洗排污工作的审批功能，既能做到提醒调度中心配合重新合理调度，又能对冲洗排污水量进行复核。

13．人力资源管理系统

主要实现了人事档案管理、请假管理、加班管理、考勤管理、薪资管理、人事合同管理等功能，通过人事档案管理，可以实时掌握公司人力资源信息，上级部门或领导需要的一些人事统计信息直接调用报表即可，改变了以往统计人事报表非常耗时又容易出错的局面。通过电子化管理的加班管理、请假管理、考勤管理，可以让职能部门实时掌握各分公司人员上班情况，分公司也不用每月递交纸质的考勤表到人力资源部。在薪资管理方面，系统能调用考勤管理数据自动计算人员加班、请假、夜中餐补助情况等，大大减轻了薪资管理员的工作量。

14．设备管理系统

主要实现了设备档案管理、设备维修管理、设备维修计划管理、设备保管管理、库存物资管理、设备巡检管理，完善记录了各类设备的档案信息，如规格、型号、技术参数、安装位置、安装时间、购置费用等；实现了维修计划网上审批功能，审批完成后系统自动生产维修工单，便于日后对维修计划执行情况的监督；实现维修工单记录和流转功能，实时反映设备维修工作开展情况。设备的维修情况关联到设备的档案中，当我们查询某台设备时就能清楚地看到该设备的历史维修情况；实现了设备维保工单自动生产功能，各类设备按维保要求定期自动生产维保工单，并通过短信通知责任人，通过到位的日常维保，进一步提升设备运行的稳定性；将手持设备运用到设备巡检工作中，除了能确保在指定时间巡检到相关位置外，还能记录设备的运行情况、仪表数据等，通过技术手段有效防范了重要设备、部位的巡查工作流于形式，杜绝了巡查台账造假的现象；对生产维修物资加强了管理，通过系统实时体现各分公司机修仓库的库存情况，合理节约库存物资成本，减少不必要库存，减少设备因缺少备品而引起的停机。

15．档案管理系统

该系统包含文件管理、整理编目、档案管理三部分，涵盖了档案业务基本工作。在系统管理方面提供了一套系统的定制工具，可定制符合单位实际情况的管理模式，包括组织机构、分类方案、存储管理等；在档案利用方面，提供档案利用平台，目录检索、全文检索等搜索功能，能够迅速、准确定位到目标文件；在信息发布方面，发布包含图、文、声、像等内容的平台，可设置图片滚动、标题滚动、图文展示等个性化展现方式；在数字化管理方面，可进行一系列的数字化加工，如档案扫描、自动校对、图像拼接等；系统结合档案的数字化扫描工作，实现了档案的在线数字查阅工作，所有完成数字化扫描的档案均可通过模糊查找进行查询；引入了“全司”与“本全宗”的概念，即有利于集中式管理，又减少了系统初始化工作量；提供自装盒与库房图形化的功能，使库房管理工作更加简单、有序地进行。

16．大表远传系统

大表在供水企业处于举足轻重的重要地位，大表只数少但流经水量大，涉及水费占公司比重大。大表实时监控调度系统（包含大表远传流量监控和压力监控），可对大口径表和压力计等多种供水仪表进行远程动态监测。现场设备存储近两年内任一时刻的仪表读数，通过移动 GPRS 方式实时传输反馈仪表读数和各种状态。对各类情况如大表小流量、小表大流量、停表、倒走、水表移动、压力异常、流量计停电等进行日常监控，对夜间最小流量、用水流量历史变化、用水峰谷值、同类性质用水户流量比较分析，做到流量和口径量程匹配。压力监控可适用在各类管径管材，对配水干、支管进行实时压力数据传输分析。

17．原水在线监测系统

根据政府部门统一部署，在公司的余杭、瓶窑、獐山三个取水口实施了原水水质在线监测系统工程。该工程以实现余杭、瓶窑、獐山水厂饮用水源的水质监测和预警为目的，通过监测常规五参数（溶解氧、浊度、pH、电导率、水温）、氨氮、高锰酸盐指数、总磷总氮、生物综合毒性、重金属（铁、锰、六价铬、铅、镉）、藻类、氰化物、挥发性有机物等参数，实时快速反应饮用水源环境质量和变化状况，并通过远程通信网络进行数据传输和远程监控，实现公司管辖的苕溪饮用水源地水质监测和预警自动化，从而形成以自动检测为主、常规检测为辅、快速准确的饮用水源地水质应急预警监测体系。

18．短信平台

短信平台实现了短信发送队列管理，能对短信发送情况进行监控，同时系统能对进入队列的手机号码进行区分，分别发往移动或电信信息机，确保短信发送的成功率。短信平台主要实现了普通短信群发、水费通知、水费催缴、停水通知等功能，其他系统通过调用短信平台接口实现了工作任务通知，目前实现工作任务短信通知的有办公 OA 系统、客户服务系统、工程管理系统、设备管理系统、人力资源管理系统、财务管理系统、物资管理系统、管网管理系统。通过短信平台能及时通知工作人员在各系统中的工作任务、水费通知、停水通知，也能让广大客户能及时掌握我公司的工作动态。

三、信息与计算机管理

1. 管理部门

2002年至2013年7月，公司信息与计算机管理由生产运行部（生产处、生产科）负责，具体管理工作由下辖的信息中心承担。2013年7月23日，区水务公司将信息中心单列，在机关设立信息管理部，承担公司计算机技术服务和计算机信息系统管理工作，公司其他各部门负责人为本部门计算机信息系统安全责任人。

2. 管理职责

信息管理部门职责

负责组织制定、修订、落实公司信息化建设发展规划，报公司领导审核批准后组织实施。

负责公司信息化建设的组织、协调、推进工作，联系区信息中心等相关部门。

负责制定、落实本单位信息化管理工作的规章制度。

负责牵头公司信息系统的建设、完善和维护工作及对各部门软件使用情况的监督和管理工作。

负责公司计算机网络的建设、维护和管理工作。

负责经公司核定的计算机设备的登记、领用管理，指导并监督各部门计算机设备的管理工作。

负责公司计算机软件版权管理工作，确保本单位所安装和使用的软件均已获授权使用。

负责公司管理信息系统培训管理工作。

其他各部门职责

积极推动本部门业务管理的计算机信息化工作。

配合计算机信息系统主管部门，制定本部门计算机信息管理系统的规划，提出系统需求。

指派专人负责保管本部门所使用的计算机设备，保证本部门所使用的计算机硬件及资料的安全，主动向公司计算机系统主管部门提出本部门计算机系统使用情况、建议和要求。

3. 计算机设备管理

计算机设备的规划与统筹

信息管理部根据公司信息化建设的总体规划和实际需求，于每年初负责向公司提交本年度计算机设备购置和系统运行维护经费预算草案。

对未列入当年预算又确需追加采购的计算机设备，由需求单位提出申请并填写《计算机设备新增申请表》提交信息管理部，由信息管理部在可行性和业务需求两方面提出审核意见，上报公司领导审批。

由物资管理部门集中统一采购的计算机设备，依据公司《物资管理制度》和《招标投标管理办法》负责履行采购相关手续。

计算机设备的消耗材料（硒鼓、墨盒、色带、刻录光盘、网线、升级配件等），产生费用计入各分公司办公费用。

计算机设备的调入和调出按公司规定办理固定资产调拨手续。

计算机设备的管理与日常维护

信息管理部负责制定计算机设备的操作维护管理办法，负责检查、抽查设备运行维护管理情况，听取设备使用意见，及时维修故障计算机设备。

信息管理部负责兼职设备管理员的管理、培训和技术支持工作；负责固定资产计算机设备报废、淘汰的技术鉴定工作。

对公司服务器机房内服务器、网络交换机、光电转换器、UPS不间断电源等重要设备，要指定专人负责，定期查看设备的运行状况，记录运行日志，及时发现、报告并排除设备隐患。

计算机设备的淘汰与报废

因设备配置落后、损坏、无零配件或维修、维护费用过高确需报废的设备，根据《物资管理制度》的有关规定履行报废手续。

计算机设备的报废参考标准：

计算机设备使用年限6年以上，年平均使用机时数1500小时，或者累计使用机时数达12000小时以上，故障多，多次维修仍无法达到其基本性能指标。

打印机使用年限3年以上，故障多，多次维修仍无法达到其基本性能指标；或者因主要零配件无法配到，导致打印机不能正常使用。

网络设备使用年限8年以上，故障多，多次维修后仍无法达到其基本性能指标。

以上规定年限到期后并不代表可立即报废，经信息管理部结合实际使用情况进行综合评定，如计算机设备工况良好，可适当延长1~3年的使用期限。

计算机设备的报废处理程序：

计算机使用单位填写《计算机设备报废申请表》（一式四份），上报信息管理部；

信息管理部对拟报废设备做出技术鉴定，填写“技术部门鉴定结果”，确定是否应当予以报废；

信息管理部将确认报废设备的《计算机设备报废申请表》，送分管副总经理、总经理审批。经批准的《计算机设备报废申请表》分别交财务处、信息管理部、物资管理部和提出报废申请的单位各保存一份。

——批准报废设备应统一移交给物资管理部进行处理，不得以任何形式处理给其他单位及个人。

计算机设备权责

由公司工程项目购入的计算机设备在固定资产正式转移至本公司后，管理办法依照本制度执行。

由于使用不当而造成设备损毁的，直接责任人予相应经济赔偿；造成重大事故的

（系统宕机、数据丢失、被盗等），按有关规定给予直接责任人行政处分或经济处罚。

4．软件管理

软件的使用申请

各部门根据工作实际需要，如要开发、购买各类软件，应提前向公司申请，经公司批准后由信息管理部负责落实或牵头落实。

软件的安装

公司的各类软件原则上由信息管理部统一实行安装，未经同意或授权任何人不得重新安装计算机操作系统，不得擅自在计算机上安装或删除软件。如因工作需要，应向公司信息管理部提出申请，经批准后由专职人员负责安装相关软件。不得将公司所购正版软件安装在局域网以外的计算机上，也不得擅自外借。

软件的日常维护

信息管理部和各分公司兼职网络管理员应做好各类软件的日常维护、杀毒和升级工作，确保各类软件的正常运行和软件的完好。各部门如出现软件故障，应联系信息管理部门进行及时处理，不得擅自修改。禁止私自修改计算机名称、工作组、IP 地址等计算机参数。系统文件和用户数据文件应分别存储在不同的硬盘分区上，方便日常的安全管理和数据备份。重要数据应双备份，分别存放在不同计算机上。

软件的应用规定

工作人员须有较强的病毒防范意识，严禁使用来历不明的光盘或优盘，严禁为外单位人员拷贝本单位软件。对因业务需要而使用外来磁盘的，必须经查毒后方可使用。

为规范公司网络管理，提升网络安全性，减少计算机中毒情况发生，同时避免工作人员在上班时上网查阅与工作无关的信息，公司自 2010 年 4 月 1 日起，对公司大楼和各分支机构的办公电脑切断与外网的连接。同时，为便于工作需要上网查阅资料、与外单位接收与发送资料及邮件，各分支机构配置一台（公司大楼配置 2 台）电脑开通外网，实行专机专用。

不得擅自安装与工作无关的软件或盗版软件，严禁在互联网上访问不健康或明显反动言论以及邪教内容的网站。

严禁使用办公计算机进行聊天、游戏、下载等与业务工作无关的活动，严禁在计算机上使用和传播有碍社会治安秩序的信息及软件，以及从事其他与工作无关的事宜。

工作人员离开计算机必须及时退出业务系统，防止他人误操作。必须牢记和保管操作口令，以本人身份进入各信息系统进行操作，禁止以他人身份登录和操作。

各部门要对本部门的计算机软件使用情况每季度进行一次检查，如有擅自安装的各类软件，必须删除或卸载。

公司信息管理部定期或不定期对计算机软件使用情况进行检查，如发现有违反规定的，根据目标责任制考核办法进行扣分。如因违反规定，造成计算机软件故障、数据丢失、系统瘫痪甚至引发严重网络病毒事故的，公司将追究当事人和部门负责人的责任。对于私自浏览不良网站、发布不良信息、擅自安装盗版软件而引发法律责任的，由当事人自行负责。

第七节　“三体系”管理

杭州余杭供水集团公司、杭州余杭水务有限公司为加强质量、环境、职业健康安全管理，于2002年、2006年和2012年先后导入并组织实施了质量管理体系（ISO 9001：2000）、质量环境管理体系（ISO 14001：2004）和职业健康安全体系（OHSA18001）（以下简称：“三体系”），确定了“科学管理，确保优质供水；诚信服务，力求顾客满意”的质量方针和“严守法律、法规，保护自然资源；坚持预防为主，实现持续改进”的环境职业健康安全方针。

一、“三体系”创建目的、作用

ISO 9001系列国际标准是国际标准化组织制定的质量管理和质量保证的标准。导入ISO9001质量管理体系后，通过加强质量管理，建立质量体系并形成质量保证模式，对产品质量形成的全部过程进行严密的控制，以防止从生产到服务整个过程的所有阶段出现不合格现象，从而为用户提供满意的产品服务。

ISO 14001标准是关于环境管理方面的一个体系，它融合了世界上许多发达国家在环境管理方面的经验而形成的一套完整的操作性强的体系标准。ISO 14001标准要求对生产过程进行有效控制，体现清洁生产的思想。通过设定目标、指标、管理方案以及运行控制，可以有效地促进减少污染，节约资源和能源，有效地利用原材料和回收利用废旧物资，减少各项环境费用，从而降低成本，获得增收效益和经济效益。通过导入ISO 14001质量环境管理体系，对企业融入环境保护的理念，增强企业在生产能力和服务中对环境保护的责任感，增强员工的环境意识，加大关注对重大环境影响的评估和控制，预防环境事故的发生。ISO 14001提供了系统分析的管理方法，通过“策划、实施、评估和改进”的管理模式，以实现企业持续发展的目标，并塑造优秀企业的形象。

OHSAS18001标准是关于职业健康安全管理方面的一个体系，重点关注安全管理和人员职业健康两方面，OHSAS建立在现代系统化管理的科学理论之上，它以系统安全的思想为基础，引入风险管理的概念，把管理重点放在事故预防的整体效应上，实行全员、全过程、全方位的系统安全管理，使企业达到最佳安全状态。通过实施OHSAS可以明显提高企业安全征税的管理水平和管理效益，同时也加强领导和员工的安全意识和法规意识。公司引入OHSAS18001职业健康安全管理标准体现了“以人为本”的核心思想，使质量、环境、安全管理形成“三位一体”的有机整体，对公司的内部管理体系具有全局性的指导意义。

三体系标准分别立足于质量管理、环境管理和职业健康安全管理这三个关键生产要素，利用PDCA过程循环管理模式，对企业进行规范化、系统化的管理，是对公司以往管理体系的有益补充和完善。

二、创建过程

1．创建组织

2002年4月8日，公司成立ISO 9000质量体系认证领导小组，组长：黄洪奎，副组长：张益清，成员：郑涌、许征、陈高良、陈潜、殷兆刚、陈毓麟、朱卫华、骆宝根、张建民、俞建荣、魏安荣、任正义。同时，根据质量体系认证工作的要求，张益清为集团公司管理者代表，公司生产科负责组织实施措施。

杭州余杭水务有限公司成立后，因人员变动，认证领导小组成员进行了相应变更，2010年6月10日，总经理任命陈潜为水务公司管理者代表，生产处负责组织实施。2011年1月，因公司机关处室职能调整，质量管理改由办公室负责实施。2011年4月15日，总经理任命叶善赞为水务公司管理者代表。

2．实施过程

2002年4月19日至4月29日，公司在杭州永信企业管理咨询公司的指导下，举办了有公司领导和机关科室、各分支机构、直属中心的助理以上干部及分支机构班组长以上负责人参加ISO 9000质量管理体系培训。

2002年8月8日，公司总经理黄洪奎颁布公司《质量管理》手册（第一版、含程序文件），手册依据GB/T19001：2000 idt ISO 9001：2000标准编制。

2002年8月23日起，公司全面开展ISO 9001质量管理体系试运行工作。期间，要求全体员工统一思想，提高对质量管理体系认证工作的认识；同时，组织员工认真学习《质量手册》，明确各自职责；认真贯彻质量方针，规范各项质量行为；按《质量手册》规定的方法和程序进行生产与服务；并查找现有管理中不科学或不合理的环节，提出合理的建议或更具操作性的方法，使公司的质量管理体系更趋完善。

2002年10月14日至16日，公司开展ISO 9001质量管理体系内部审核，各部门按照各自的职责，对照《质量手册》和有关制度的要求，整理好相关台账，配合公司审核组的审核。审核组由张益清任组长，赵敏渊、陈潜、周笑如、王邕、周琦红、张建明、高富根、徐敏、潘政、孙金根、沈引子等同志为组员。

2002年11月，公司质量管理通过了杭州商检局质量认证中心的审核，并取得了中国检验认证集团质量认证有限公司核发的《质量管理体系认证证书》，注册号：04005Q11114RIM，核准公司的质量管理体系符合ISO 9001：2000标准，适用于自来水生产及供水服务。

2006年4月8日，公司启动ISO 14000环境管理体系认证工作，以进一步提高企业管理水平，提升企业形象。自即日起，公司导入ISO 14001：2004版标准，与公司原有的ISO 9001：2000版标准进行整合，建立一体化的管理模式。同日，杭州万昌咨询公司的专案对公司中层以上干部及相关人员就体系有关标准进行培训。

2006年4月24日至25日，公司邀请国家高级审核员李晓芳老师进行了ISO 14001环境管理体系的17名内审员进行了培训。通过培训，内审员们了解了ISO 14001环境管理体系产生的背景、管理模式及ISO 14001系列标准的特点，基本掌握环境因素的识别和评价、法律法规的符合性、文件的编号、环境管理体系内部审核的内审程序和审核要点等。

2006年5月1日，公司总经理黄洪奎颁布了公司《质量环境手册》和印发了《质量环境程序文件汇编》，提出了"严守环保法规，预防环境污染；节约资源能源，实现持续发展"的环境方针。文件依据ISO 9001：2000、ISO 14001：2004的标准编制。同日，开始组织试运行。

2006年8月24日至25日，在公司8月上、中旬内审和外审的基础上，认证机构对公司ISO 9001：2000和ISO 14001：2004双体系进行了审核，顺利完成了双体系认证。

2006年11月22日，中国质量认证中心首次核发了公司"环境管理体系认证证书"，证书编号：00110E20103RIM/3300。明确公司建立的环境管理体系符合ISO 14001：2004和GB/T 24001－2004标准。认证范围为：自来水生产及供应服务和相关管理能力。

2008年12月17日，中国质量认证中心首次核发了"质量管理体系认证证书"，证书编号：00108Q27811ROM/3300，明确公司建立的质量管理体系符合ISO 9001：2008和GB/T 19001：2008标准。认证范围为自来水生产及供应服务。

2012年年初，公司引入职业健康安全管理体系（OHSAS18001）标准，并将污水处理纳入到三体系中进行了试运行。

2012年5月9日至11日，公司开展了质量管理体系（ISO 9001）、环境管理体系（ISO 14001）、职业健康安全管理体系（OHSAS18001）三体系培训工作。参加培训的人员有公司中层以上干部，各分公司中层负责人，机关各部室及分公司的内审员。

2012年5月18日，在不断修改完善的基础上，公司总经理韩建荣批准颁布了《质量环境安全管理手册》和《质量环境安全程序文件》，提出了"严守法律法规，保护自然资源；坚持预防为主，实现持续改进"的环境职业健康安全方针。

2012年10月24日，公司三体系外审二阶段顺利结束，标志着三体系在公司的全覆盖。

2013年1月31日，中国质量认证中心核发了"环境管理体系认证证书"，证书编号：00113E20327R2M/3300。2013年2月1日，中国质量认证中心核发了"职业健康安全管理认证证书"，证书编号：00113S20207R0M/3300。认证范围为：自来水生产、供水服务、污水处理及相关管理活动。

三、年度审核

杭州余杭供水集团公司自2002年首次通过中国质量认证中心ISO 9001质量管理体系认证和2006年首次通过ISO 14001环境管理体系认证后，杭州余杭水务有限公司于2013年获得中国质量认证中心核发的"环境管理体系认证证书"和"职业健康安全管理认证证书"。至2013年止，每年的保持认证审核都全部通过。其中在年度内部审核时，存在个别的一般项目不合格：

2002 年质量体系内部审核，共发现 15 项不合格项，均为一般不合格。

2003 年质量体系内部审核，提出《不符合报告》4 份，均为一般不合格。

2004 年质量体系内部审核，提出《不符合报告》3 份，均为一般不合格。

2005 年质量体系内部审核，提出《不符合报告》2 份，均为一般不合格。

2006 年环境和质量双体系内部审核，提出《不合格报告》2 份，均为一般不符合。

2007 年环境和质量双体系内部审核，提出《不合格报告》2 份，均为一般不符合。

2008 年、2009 年和 2010 年环境和质量双体系内部审核，均没有不合格项目。

2011 年环境和质量双体系内部审核，提出《不合格报告》2 份，均为一般不符合。

2012 年质量、环境和职业健康安全三体系内部审核，提出《不合格报告》1 份，为一般不符合。

2013 年质量、环境和职业健康安全体系内部审核，均无不符合项目。

第八节　档案管理

杭州余杭供水集团公司、杭州余杭水务有限公司的档案管理始于 2000 年 6 月，公司设立了档案室，建立档案管理小组和档案鉴定小组，落实专、兼职档案管理员，制定了公司《档案管理规定》等制度，规范了公司的档案管理，至 2004 年 8 月，公司档案管理工作，先后通过余杭区、杭州市和浙江省档案工作目标管理认定。

一、档案管理组织

（一）杭州余杭供水集团公司时期

为加强公司的档案管理，充分发挥档案的使用价值，使档案更好地为企业发展服务，杭州余杭供水集团公司于 2000 年 6 月建立了档案管理小组与档案鉴定小组，2004 年 7 月因人事变动和工作需要部分人员进行了调整。

1. 档案管理小组

组　长　李民宏　2000 年 6 月—2003 年 3 月
　　　　叶善赞　2004 年 7 月—2008 年 2 月
副组长　叶善赞　2000 年 6 月—2004 年 6 月
　　　　吴国龙　2000 年 6 月—2004 年 6 月
　　　　林　兰　2004 年 7 月—2008 年 2 月
成　员　包鑫梅　2000 年 6 月—2007 年 10 月
　　　　戚卫峰　2000 年 6 月—2003 年 12 月
　　　　高小英　2000 年 6 月—2004 年 6 月
　　　　周琦红　2000 年 6 月—2008 年 2 月
　　　　申屠君儿 2000 年 6 月—2008 年 2 月

贺燕丽　2000年6月—2004年6月
孙金根　2000年6月—2008年2月
方建英　2000年6月—2008年2月
陈天芬　2004年7月—2008年2月
潘　政　2004年7月—2008年2月
周笑如　2004年7月—2008年2月
高富根　2004年7月—2008年2月
屠玲娟　2004年7月—2008年2月

2. 档案鉴定小组

组　长　李民宏　2004年6月—2003年3月
张朝才　2004年7月—2008年2月
副组长　张益清　2000年6月—2004年6月
韩建荣　2000年6月—2004年6月
叶善赞　2004年7月—2008年2月
成　员　叶善赞　2000年6月—2004年6月
雷云霞　2000年6月—2008年2月
许　征　2000年6月—2008年2月
赵敏渊　2000年6月—2008年2月
卜迎迎　2000年6月—2004年9月
范发庆　2000年6月—2005年3月
陈　潜　2000年6月—2008年2月
陈高良　2000年6月—2008年2月
王江毅　2000年6月—2004年3月
丁来水　2000年6月—2008年2月
胡华龙　2004年7月—2008年2月
姚建国　2004年7月—2008年2月
王　邕　2004年7月—2008年2月

3. 档案管理员

档案室分管负责人

吴国龙　2000年6月—2003年12月
叶善赞　2004年1月—2008年2月

专职管理员

许　瑾　1999年6月—2000年5月（临平自来水厂）
包鑫梅　2000年6月—2007年10月

兼职管理员

吴国龙、林兰、陈丽兰、郎伟毅、袁一扬、候丙奎、孙坚、胡伟忠、陈惠荣、俞其根、姚建国、戚卫峰、高小英、尤祖泉、周琦红、申屠君儿、贺燕丽、方建英、孙金根、姜玲珍、湛勇、张俊。期间，部分同志因工作岗位调动而不兼本部门的档案管理员。

在专、兼职的档案管理员中吴国龙、包鑫梅两人于2001年选送到省档案培训中心进行专业理论学习，并取得了上岗证书。同时被余杭区档案专业初级职称评审委员会评为档案专业管理员。

对兼职档案管理人员公司于2002年5月26日和8月18日先后举办了二期档案管理业务知识培训，以掌握档案管理技能。

（二）杭州余杭水务有限公司时期

为进一步加强档案管理，健全档案管理组织，杭州余杭水务有限公司根据档案管理的需要，对原杭州余杭供水集团公司档案管理组织和人员进行了调整和补充：

1. 档案鉴定工作领导小组

组长：叶善赞　2010年5月—

成员：周笑如　2010年5月—2013年8月

　　　林　兰　2010年5月—

2. 档案管理组织

公司档案管理组织（2008年3月—2012年12月）

分管领导：叶善赞

办公室负责：周笑如（2010年5月—2013年8月）

档案专职管理员：胡建明、陈莲红、沈建芬

机关部室档案管理组织（2011年4月—2012年12月）

机关部室	负责人	兼职档案员
办公室	叶善赞	林　兰
人力资源部	陈晓媛	相静叶
规划审计部	孙　坚	王　波
财务部	胡华龙	康越儿
生产运行部	楼继锋	俞其根
工程建设部	陈高良	吴勇犇
营业服务部	陈　国	沈叶香
物资管理部	湛　勇	董晓明

分支机构档案管理组织（2011年4月~2012年12月）

分支机构	负责人	兼职档案员
城北分公司	孙欣杰	马　佳

分支机构	负责人	兼职档案员
城南分公司	徐　敏	吴佳晶
乔司分公司	费建新	沈立明
运河分公司	朱卫华	许　瑾
塘栖分公司	丁来水	卫鸿飞
崇贤分公司	张　俊	冯小平
仁和分公司	陈　鹏	张明林
良渚分公司	张建明	王爱民
余杭分公司	杨硕果	王　娟
闲林分公司	俞建荣	方　芳
瓶窑分公司	任正义	姜娇姣
径山分公司	沈国忠	韩　佳
水务设施安装分公司	许金木	朱元亮
水质监测中心	姚建国	华雯杰

二、档案室

杭州余杭供水集团公司、杭州余杭水务有限公司档案室设立在余杭区南苑街道藕花洲大街231号公司管理大楼五楼，库房面积60平方米。档案室配有较先进的档案移动柜14组、除湿机、温湿度记录仪、电脑、档案软件、档案底图柜、切纸机和打印机等设备，投入经费76787元。

2011年3月，档案室迁移至临平街道新丝路余杭经济技术开发区污水处理厂综合楼，档案库房面积475平方米。

2015年1月，杭州余杭水务有限公司档案室被杭州市档案局命名为杭州市第五批“浙江省规范化数字档案室”。

三、档案管理制度

公司档案管理制度于2001年7月1日公布实施，杭州余杭水务有限公司2008年3月成立后，对档案管理规定部分条款进行了修正、补充，2012年2月作了全面的修改，进一步完善了档案管理制度。

——《杭州余杭供水集团档案管理规定》包括档案管理总则、组织机构、管理制度（档案归档制度、图纸保管和修改补充制度、设备开箱制度、档案鉴定制度、档案统计制度、档案保密制度、档案资料借阅利用制度、复印制度、库房管理制度）、基础业务工作（收集工作、整理工作、保管工作、鉴定工作、统计工作、利用工作）和附则共5部分18项92条款。

《杭州余杭水务有限公司档案管理规定》包括总则、管理部门及职责、文件材料的形成及归档、归档制度、档案利用与借阅制度、档案鉴定与销毁制度，档案保密管理、档案图纸保管制度、档案库房管理制度和附则共10章39条。

——《杭州余杭供水集团公司档案分类编号规则》设置公司档案分为13个一级类目，即党群工作类、行政管理类、经营管理类、生产技术管理类、基本建设类、会计类、设计类、设备仪器类、产品类、科学技术研究类、人事档案类、用户档案类和特种载体档案类，并规定了各栏目的基本范围。其中，部分一级类目下设置二级及二级以下类目，同时也明确了各栏目的基本范围。

《杭州余杭水务有限公司档案分类编号规定》公司档案分为八类，即文书档案、会计档案、科技档案、合同档案、声像档案、实物档案、人事档案和业务档案。

——《杭州余杭供水集团公司档案保管期限和密级的规定》公司档案保管期限分为永久、长期和短期三种。长期为16年至50年左右，短期内15年以下。档案密级分为绝密、机密、秘密三种。规定对档案保管期限和密级作了具体划分。

《杭州余杭水务有限公司档案保管期限及密级划分》规定公司档案保管期限分为永久、30年和10年三种。

——《杭州余杭供水集团公司机关科室及各分支机构兼职档案员职责及基层档案移交公司档案室管理规定》《杭州余杭水务有限公司各部门兼职档案员对档案管理的有关规定》明确了兼职档案员职责、兼职档案员工作规定和各部门档案移交期限等作了明确规定。

——《杭州余杭水务有限公司数字档案管理制度》明确了公司电子文件归档与管理办法：建立安全保密制度、档案数据网上查询利用制度、档案数据维护管理制度、数字档案鉴定销毁制度、档案数据网络与信息设备维护使用制度，档案数字化技术标准、电子文件和数字档案安全保管和备份制度等相关规定。

四、档案工作目标管理认定

公司档案管理工作于2002年8月通过余杭区档案工作目标管理区级认定。当年室藏归档有文书档案350卷、业务（基建）档案540卷、会计档案1000卷，合计1890卷。

2003年9月，通过杭州市档案工作目标管理市级认定。当年室藏归档有文书档案473卷、业务（基建）档案762卷、会计档案3209卷、科技档案117卷、声像档案67卷，合计4628卷。

2004年8月，通过浙江省档案工作目标管理省级先进认定。当年室藏档案有文书档案1063卷、会计档案3276卷、科技档案941卷、声像档案71卷、其他档案124卷，合计5475卷。

至2012年年底，杭州余杭水务有限公司档案室有室藏档案18290卷，其中，文书档案10317卷、会计档案3847卷、基建类（科技）档案3882卷、声像档案120卷、其他档案124卷。

第五篇

城镇排（污）水

余杭区（县、市）在2001年前，城镇污水尚未实行集中收集处理。

临平城区靠窨井排水，1954年修建街巷时，始设下水道、增筑窨井，雨污合流就近排入下水道。1970年，开始按规划建筑下水道。1980年起，结合街巷修建，形成下水道网络，仍雨污合流，分别排入上塘河和下塘河。至1987年，临平共建有下水道23.4千米，窨井3172口。20世纪90年代后，随着城区人口的增加和经济的发展，生活污水和工业废水排放量逐年大幅增加，对环境造成较大影响，政府加大对水污染治理力度，1992年启动建设临平污水治理排江工程，2001年11月七格污水处理厂投入运行。

塘栖集镇在20世纪70年代前，赖阴沟和窨井排水，流向运河和市河。1980年，填河改街时，先在北小河建下水道，此后，与修建街道工程同时建下水道。1985年，下水管道总长10.4千米。1987年，下水管道增至13.04千米。1990年，新铺设下水管道1.0千米。2003年启动建设塘栖污水处理工程，2007年1月塘栖污水处理厂投入运行。

余杭集镇在旧时街巷虽建有暗沟，但雨水、污水排泄不畅。1952年，城区开始建设排水系统，直街下水道长145米，窨井47口。1953年，通济街下水道长467米，窨井30口，污水、雨水均排入南渠河。1985年，下水道总长13.57千米。1987年以后，新埋设南安路、宝林路、联兴路、凤新路等排水管道，下水道总长15.2千米。2001年，下水道主管总长19千米，雨污合流排入南渠河、宝林河与施桥河。2003年启动建设余杭污水处理工程，2007年9月余杭污水处理厂投入运行。

良渚集镇在20世纪60年代前，雨水、生活污水就近排入河道。70年代开始，老街道路改建为水泥路后，开始铺设地下排水道，雨污合流排入良渚港。2003年启动建设良渚污水处理工程，2008年1月良渚污水处理厂投入运行。

瓶窑集镇在旧时雨水、生活污水就近排入苕溪及小河。20世纪80年代中期，随着城镇道路的新建和改建，同时建设排水设施，1987年，敷设下水道22条，总长763米，窨井99口。至2005年，镇区有25条道路埋设雨水管道，总长度21.6千米，新建小区埋设下水管道4千米。2008年开始，污水集中收集纳管输送至良渚污水处理厂处理。

1992年至2012年，余杭区（市）先后实施了临平污水系统工程，塘栖、崇贤污水系统工程，良渚污水系统工程，余杭污水系统工程和截污纳管等污水处理工程。建成塘栖、崇贤、良渚、余杭和经济技术开发区印染区块污水处理厂共五座，其中：塘栖、崇贤、良渚和余杭四座污水处理厂合计污水处理规模为14.5万吨/日，开发区污水处理厂污水预处理规模2万吨/日。同时，临平副城收集输送到杭州七格污水处理厂处理的污水容量为20万吨/日，2012年全区污水收集处理能力为34.5万吨/日。

在建的临平污水处理厂（一期）规模为20万吨/日，扩建的良渚、余杭污水处理厂（三期）将分别新增污水处理规模3万吨/日和1.5万吨/日。至2018年，全区污水处理规模将达到59万吨/日，其中：区属污水处理厂规模为39万吨/日。

2012年，全区已累计敷设不同口径的污水管道718.59千米，建成污水泵站96座（其中：井式泵站41座），污水纳管入网单位3275家（不含居民生活排污户），全年污水处理量6431.2万吨，日均处理污水17.62万吨。城镇生活污水处理率82.5%，临平城区污水处理率96.6%。

第一章　排（污）水机构

余杭区（市）为加强对城镇排（污）水工程建设的领导，建立了由副区（市）长任组长、各有关部门和镇、街道领导任组员的污水治理工程领导小组（指挥部）。同时，建立了专职的污水治理管理机构和污水处理机构，各机构各司其职，分别承担排（污）水基础设施建设、污水入网管理和污水处理厂运行管理的职能。

第一节　领导机构

余杭市污水治理工程建设领导小组

1999年5月，余杭市人民政府为切实加强对污水治理工程建设的领导和管理，确保工程顺利实施，建立了由分管副市长任组长的“余杭市污水治理工程建设领导小组”。

领导小组下设办公室（设在建设局内）。

余杭区污水治理工程领导小组

2002年5月，为加强实施全区污水治理工程，余杭区人民政府成立区污水治理工程领导小组，区纪委书记、分管副区长负责协调，区发展计划局局长任组长，区建设局分管副局长任副组长。下设政策组、招商引资组，具体负责规划、协调全区污水处理工程等有关事宜。同时，成立塘栖、余杭、良渚等三个组团的污水治理工程建设协调小组，负责各组团污水治理工程建设有关事宜。

余杭区污水南排工程指挥部

2008年2月，为加快完善临平副城区域污水系统工程建设，着力改善城市水环境，余杭区人民政府成立由常务副区长任组长的区污水南排工程指挥部。负责南排工程的协调、指导和建设工作。

指挥部下设办公室，设在区建设局，具体负责污水南排工程的实施建设和相关的组织协调工作。

临平污水处理厂前期工作领导小组

2008年5月，为加快临平污水处理厂建设的前期工作，余杭区人民政府成立由常务副区长任组长的临平污水处理厂前期工作领导小组。

领导小组下设办公室，设在区建设局，负责具体日常工作。

2010年9月，因人事调动，临平污水处理厂前期工作领导小组成员作调整充实。

余杭区截污纳管工作领导小组

2009年1月，为更好落实截污纳管建设计划，加强组织领导和协调，余杭区人民政府成立由常务副区长任组长的余杭区截污纳管工作领导小组。

领导小组下设办公室，设在区建设局，负责落实相关管网建设和截污纳管工作。

2010年9月，因人事变动，为进一步加强和推进全区截污纳管工作，区政府调整充实了余杭区截污纳管领导小组成员。

余杭区“清水治污”工作领导小组

2013年9月，为进一步加强余杭区水环境治理，推进转型升级，全面改善水环境，切实保障人民群众身体健康，根据省、市“清水治污”工作 的部署和要求，余杭区成立“清水治污”工作领导小组。由区长任组长，区政府分管副区长任副组长，区政府办公室、区委宣传部、区纪委（监察局）、区效能考评办、区防违控办、区发改局、经信局、环保局、林水局、住建局（规划分局）、交通运输局、国土余杭分局、农业局、城建局、工商余杭分局、财政局、文广新闻出版局、新闻传媒中心、广播电视台和各区级重点平台、镇街主要负责人为成员。领导小组下设办公室和截污纳管专项工作小组、工业企业污染整治及关停搬迁专项工作组等“一办六组”。同时设立“清水治污”工作指挥部，负责全区“清水治污”工作的组织与协调等工作。由此，推进余杭区截污纳管和临平污水处理厂等扩建工程建设，完善雨污分流和污水管网运行维护管理，进一步改善和提升全区水环境质量。

余杭区“五水共治”工作领导小组

2014年1月，余杭区为贯彻省委、省政府及市委、市政府“治污水、排涝水、防洪水、保饮水、抓节水”的“五水共治”决策部署，有效改善余杭水环境，促进经济社会健康稳定发展。余杭区将“清水治污”工作领导小组调整充实为余杭区“五水共治”工作领导小组，由市委常委、区委书记任组长，区委副书记、区长，区人大常委会主任，区政协主席及5位副区长任副组长，区直各单位及平台、各镇（街道）主要负责人为成员。同时将区“清水治污”工作指挥部调整充实为区“五水共治”工作指挥部，负责协调推进全区“五水共治”行动，把以“治污水”为重点的“五水共治”工作摆到了更加突出的位置，精心组织、落实责任、完善措施、扎实推进。

第二节　管理机构

余杭县临平镇污水治理排江工程筹建办公室

1993年10月，为建设临平污水治理工程，建立余杭县临平镇污水治理排江工程筹建办公室。办公室隶属于余杭县城乡建设局，人员暂参照全民事业单位各项待遇，暂定编制10人。经费在城市维护经费中列支。筹建办公室的主要职责是负责临平镇污水排江工程的建设管理。

余杭市临平污水治理排江工程办公室

1996年4月，余杭市临平镇污水治理排江工程筹建办公室更名为余杭市临平污水治理排江工程办公室。1998年1月，人员编制由原定10人增编6人，合计编制为16人，增编后单位性质及经费渠道不变。该办公室除继续组织实施未完成的污水排江工程外，还担负对污水设施进行运行管理的职能。

杭州市余杭区排水管理办公室

2003年7月，余杭区临平污水治理排江工程办公室更名为杭州市余杭区排水管理办公室。更名后单位性质、隶属关系、经费形式和人员编制不变。主要职责：负责对全区污水工程规划、建设、运行实行行业管理；组织和协调全区污水治理工程及污水管网的规划设计、编制工程建设计划、接受申请审批排污；对接入管网的污水排污进行监督检测和督查污水工程施工建设。

第三节　污水处理机构

余杭市城市污水治理公司

余杭市城市污水治理公司于1998年8月建立。该公司为国有独资企业，法人代表由余杭市建设局局长兼任，注册资金500万元。1998年11月，余杭市机构编制委员会发文明确：余杭污水治理公司为企业化管理的自收自支全民事业单位，与原临平污水治理排江工程办公室实行二块牌子一套班子，定编25人（包括临平污水治理排江工程办公室16名编制）。经费渠道暂时不变，随着业务开展实行自收自支。今后增加人员，均为企业编制。

杭州余杭城市排水有限责任公司（余杭市城市排水有限责任公司）

1999年3月，为多渠道筹措城市污水治理资金，拓宽筹资渠道，调动社会各方力量参与城市建设，走专业化、市场化的污水治理路子，余杭市人民政府根据省有关部门的意见，将余杭市城市污水治理公司更名为余杭市城市排水有限责任公司，公司性质和注册资金不变。余杭撤市设区后，公司名称变更为杭州余杭城市排水有限责任公司。公司主要职责是负责余杭区内城镇污水的收集、处理，污水处理厂运行管理和污水工程建设。

2008 年 3 月，杭州余杭城市排水有限责任公司与杭州余杭供水集团有限公司合并组建杭州余杭水务有限公司。

在公司撤并时，杭州余杭城市排水有限责任公司的资产，经杭州永信会计事务所审计，截至 2007 年 12 月 31 日，账面资产总额为 670950230.04 元。其中，流动资产 68086201.47 元，固定资产 602864028.57 元。负债 356463695.80 元，净资产 314486534.24 元（包括注册资本 50000000.00 元）。

排水公司撤并时有在编职工 98 人，除一人要求自行安排工作外，其余 97 名职工全部先并入杭州余杭供水集团公司，后变更为杭州余杭水务有限公司员工。在 97 名职工中，男性 80 名、女性 17 名。有共产党员 5 人，大专及以上学历员工 41 人，高级工 13 人。

杭州余杭水务有限公司

2008 年 3 月，为有利于进一步理顺水务管理体制，实现供排水资源优化配置，推进城乡水务一体化建设；有利于水务产业进一步做大做强，促进余杭经济社会可持续发展。杭州余杭供水集团有限公司与杭州余杭城市排水有限责任公司合并重组为杭州余杭水务有限公司（详见第四篇第二章第三节：杭州余杭水务有限公司）。

第二章　排（污）水工程

余杭区（县、市）自1992年启动建设临平污水排江工程起，至2012年，已建成临平第一污水系统工程、临平第二污水系统应急工程、塘栖崇贤污水系统工程、良渚污水系统工程、余杭污水系统工程、临平污水南排工程、塘栖崇贤污水南排工程和截污纳管等污水处理工程35项，完成投资31.02亿元。

第一节　临平污水系统工程

一、临平污水治理排江工程（临平第一污水系统工程）

临平污水治理排江工程自1992年启动后，由于资金筹集、污水处理厂合建、申请日元贷款和塘栖、余杭、瓶窑三镇污水治理工程加入等情况，致使污水治理工程的建设规模和投资额几次变更，至1998年项目前后经过三次立项。

1992年7月，余杭县城乡建设局、余杭县环境保护局和余杭县重点建设项目办公室，通过对县治临平镇的环境调查和综合分析了当时经济社会发展的基础上，针对临平镇工业生产蓬勃发展、人口日益增加、工业及生活污水严重地污染了临平上塘河及运河支流禾丰港，特别是禾丰港紧连五杭、博陆的运河段，已威胁着临平自来水厂博陆喜庵港郎家埠取水口水源的状况，提出要尽快搞好综合治理，采取综合整治措施，兴建临平镇综合污水治理工程，同时将《余杭县临平镇污水综合治理工程项目建议书》上报余杭县计划委员会，经县计委审核后上报省计经委。

1993年5月，临平污水治理排江工程经浙江省计划委员会批准立项（第一次立项）。1994年3月，浙江省计划与经济委员会批复同意由浙江省城乡规划设计研究院编制的《余杭县临平污水治理排江工程可行性研究报告》。1994年12月，浙江省计划与经济委员会批复同意《临平污水治理排江一期工程初步设计》，工程建设规模和内容为：建设城区污水收集系统和郊区输送排放系统，敷设污水主、次、支管道60千米，建6座泵站，一座一级处理厂（后调整与杭州市在七格合建二级污水处理厂），核定一期工程投资概算为13300万元。工程建成后，每日能收集、处理、排放污水6万吨。同时，预留二期工程（日处理污水12万吨）的建设条件。工程一次规划，分期实施。

1995年3月，临平污水治理排江工程（一期），列入余杭市一九九五年基础设施及社会发展建设项目计划。

1995年4月，临平污水治理排江工程（一期）管道部分开工建设。开工后，由于资金一直困难，工程进展缓慢。

1996年3月，余杭市计划委员会批复同意将七格污水处理厂建设列入1996年基建计划。当年完成了七格污水处理厂建设用地5.47公顷（82亩）的征地手续。

1996年6月开始，杭州市城乡建设委员会就余杭市、杭州下沙经济技术开发区和杭州市都将在七格建造污水处理厂事项，牵头组织三方就合建七格污水处理厂进行了多次协商。至1998年2月，在协商期间，由于合建的方式、规模和合建方案几经变动，七格污水厂的建设没有实质性进展。

余杭污水治理工程在筹建和建设初期，为筹集建设资金先后与多家外商洽谈引资，均因对方只提供设备而不提供资金且设备价格昂贵最终都未能谈成功。为此，余杭市计经委向省计经委等有关部门寻求支持，随着环保项目越来越受到上级政府的重视，1997年临平污水治理工程经申报被列为杭州市重点工程和浙江省重点建设项目。同时，被排进治理太湖污染的打捆项目中，还被列入申请使用日元贷款的行列，后因日元贷款是提供购买设备和三材的钱，且贷款不经过项目业主之手而直接汇入中标供货商的账户，同时又恐汇率风险等因素，余杭市于1999年取消了日元贷款申报。

1998年3月，余杭市、下沙经济技术开发区和杭州市三方达成了“统一规划、统一设计、统一建设、统一管理”的原则合建七格污水处理厂。当时成立了杭州市经济技术开发区余杭污水处理厂筹建办公室，着手筹建工作。1999年6月，筹建办公室解散，成立了杭州市七格污水处理厂工程建设指挥部，负责七格污水处理厂的统一建设。其间，余杭境内的污水治理工程，仍由余杭市人民政府投资建设。

1998年7月，为加快城市基础设施建设，改善城市水环境质量，浙江省计划与经济委员会《关于余杭市污水处理工程项目建议书的批复》同意建设余杭市污水治理工程（扩入三镇）。一期工程规模为日处理污水12万吨，服务范围为临平、塘栖、瓶窑、余杭四镇，工程总投资约32000万元。其中，临平镇子项目规模为6万吨/日，投资概算13300万元（第二次立项）；塘栖、余杭、瓶窑三镇工程规模合计为6万吨/日，投资概算18700万元。

1998年11月，经国家发展计划委员会批准，余杭市污水治理工程又被列为浙江省太湖流域城市污水治理项目之一，项目总投资32000万元（第三次立项）。

1999年，浙江省计划与经济委员会印发《关于杭州市七格污水处理厂（厂区部分）初步设计批复》（合建中的杭州部分），杭州市七格二级污水处理厂建设规模为90万吨/日，设计时留有增扩至120万吨/日的发展余地。其中，一期工程规模为30万吨，一期工程投资概算为6.95亿元（含进厂主干管）。

2001年，浙江省计划与经济委员会印发《余杭七格污水处理厂初步设计批复》（合建中的余杭部分）工程规模一期为：构筑物部分按10万吨/日一次建成，污水处理设施为5万吨/日（因合建的杭州七格污水处理厂污水处理设施为5万吨/日一组，建成后处理余杭污水量为6万吨/日），工程核定概算7629万元。

因杭州七格污水处理厂是二级污水处理，而余杭原批复的一级污水处理厂在与杭州合建后需调整，为此浙江省发展计划委员会《关于调整余杭区临平污水治理排江一期工程建设内容的批复》同意将原建设内容调整为：取消一级处理厂和七格泵站，增建翁梅综合泵站和七格二级处理厂（另行批复）。增建禾丰港和梅堰河两座截污闸，增加藕花洲西段污水管，城西泵站扩容及乔司泵站功能增加，增建“三遥”自动控制系统，建设内容调整后，总概算仍为13300万元。

七格污水处理厂于2000年12月开工建设，余杭部分污水处理设施于2001年11月投入试运行，杭州部分于2003年7月通水试运行，2004年11月正式投产。合建后的七格污水处理厂一期规模为40万吨/日（其中，余杭构筑物部分10万吨/日，污水处理设施5万吨/日）。

临平污水治理排江工程（临平第一污水系统）自1995年5月动工，经6年6个月的建设，于2001年11月七格污水处理厂处理余杭污水的设施建成，投入试运行。整个工程分为城区污水收集系统、郊区输污管线和与杭州市合建七格污水处理厂。止2007年8月，建成污水泵站6座（振兴路、东湖路、人民路、翁梅、乔司和城西泵站），截污闸2座（梅堰河、禾丰港），敷设污水管道92.35千米，其中，郊区污水压力管道12.36千米及临平排江管一根。临平第一污水系统服务范围为临平城区、运河街道、乔司街道和余杭经济技术开发区部分区块。

临平污水治理排江工程由浙江省城乡规划设计研究院、铁道部第四勘察设计院杭州分院等部门设计。工程各建设标段分别由杭州市政公用建设监理公司、余杭新天地监理公司、上海同济建设监理有限公司、杭州新康建设监理有限公司等部门监理。

二、临平第二污水系统应急工程

随着临平副城经济建设的快速发展和城乡一体化建设的日益加快，临平第一污水系统工程处于满负荷运行状态后，为解决余杭经济技术开发区、杭州钱江经济开发区和星桥街道一大批建设项目的污水出路问题，应急启动了临平第二污水系统工程建设。

2007年1月，《临平第二污水系统应急工程项目建议书》经余杭区发展和改革局批复，项目可行性研究报告于2007年4月批复，2007年10月批复项目的初步设计。建设内容为：塘栖污水处理厂规模在原有基础上扩建到8.5万吨/日，敷设DN500－DN1200污水管道20千米，新建三座污水提升泵站，投资总概算30195万元。

2008年9月，根据调整后的全区污水工程专项规划，经区发改局批准，调整了初步设计，调整后工程建设内容为：新建临平4号泵站、5号泵站和星隆路泵站等3座污水提升泵站，将塘栖污水处理厂规模从1万吨/日扩建到4.0万吨/日，敷设DN500－DN1200污水管道22.43千米，调整部分管道的管径，增加部分管线，核定工程投资概算2.96亿元。

临平第二污水系统应急工程于2007年5月开工建设，2008年12月投入试运行，2009年5月全部建成。投入运行后，服务区域的污水经收集后通过藕花洲泵站、临平5号泵站、临平4号泵站加压输送到扩建后的塘栖污水处理厂处理。它的建成是对临平第一污水系统的补充和完善，提高了临平副城的污水处理能力。

2011年1月，塘栖污水南排工程竣工后，第二污水系统收集的污水改为南排输送到七格污水处理厂处理，塘栖污水处理厂暂停运行。

临平第二污水系统工程由浙江省城乡规划设计研究院、杭州江南建筑设计院和杭州瑞利声电技术公司分别设计。杭州明康工程咨询公司、浙江文华建设项目管理有限公司承担工程监理。

三、余杭经济技术开发区印染区块污水（预）处理厂工程

为完善余杭经济技术开发区印染区块基础设施，促进印染行业的可持续发展，保证其经济发展与环境保护实现双赢，余杭区发展和改革局于2008年3月批复同意建设余杭经济技术开发区印染区块污水处理厂。是年4月，批复了该项目的可行性研究报告。是年8月，批复了该项目的初步设计，一期工程建设2万吨/日污水处理厂一座，敷设污水处理厂至振兴路泵站DN600污水管线4.0千米，工程投资概算7100万元。

余杭经济技术开发区印染区块污水（预）处理厂位于余杭经济技术开发区五洲路以北、新丝路以东，占地面积40000平方米（60亩）。建设总规模为4万吨/日，一期建设规模为2万吨/日。污水处理工艺采用前处理+生化处理+物化处理，排放标准达到《污水排入城市下水道水质标准》。

一期工程于2008年9月开工建设，2010年3月9日投入试运行。

该工程由浙江省城乡规划设计研究院设计，杭州天恒投资建设管理有限公司监理。

建成的印染区块污水处理厂是余杭经济技术开发区印染区块企业的配套设施，收集印染区块范围内企业污水进行预处理，出水水质指标按GJ3082－1999标准执行，预处理后排放水质达到《污水排入城市下水道水质标准》后排入市政污水管网，最终输送到七格污水处理厂处理，尾水排入钱塘江。

四、藕花洲泵站工程

藕花洲泵站工程于2001年3月，经余杭市计划与经济委员会批复立项。2007年10月，余杭区发展和改革局批复调整该项目的建设内容，把该泵站作为星桥片区的中心泵站，泵站规模从原先1万吨/日调整为6.5万吨/日，并适当增加了部分管理用房，总建筑面积为5011平方米，项目用地3533平方米（5.3亩），工程投资概算1640万元。

图5－1　藕花洲泵站施工现场

该工程由浙江省城乡规划设计研究院、杭州江南建筑设计院有限公司和杭州瑞利声电技术公司分别设计，浙江文华建设项目管理有限公司监理。

工程于2008年4月开工建设，2009年6月竣工。

五、翁梅泵站扩建工程

翁梅泵站是临平污水治理排江工程（一期）泵站之一，一期规模6万吨/日。为完善临平副城污水系统建设，2008年3月，余杭区发展和改革局批复扩建工程项目建议书。2008年4月，该项目可行性研究报告批复，将翁梅泵站规模扩建到25万吨/日，后因规划建设临平污水总泵站，实际建设规模为扩建到12万吨/日。项目投资概算1733万元。

工程于2008年8月开工建设，2009年6月竣工。

该工程由浙江省城乡规划设计研究院设计，浙江文华建设项目管理有限公司监理。

六、临平污水南排工程

为深化太湖流域环境治理，满足临平副城经济高速发展的需要，余杭区发展和改革局于2008年3月批复了临平污水南排工程项目建议书，2008年5月先后批复该项目的可行性研究报告、项目的初步设计和项目建设计划。

临平污水南排工程建设规模为20万吨/日。建设内容包括：新建乔司总泵站（南排2号泵站）一座和敷设污水输送管线16千米。乔司总泵站位于乔司镇永玄路、东湖路路口东南侧，占地面积9990平方米（14.98亩），内设二个泵站，其一为南排污水中途加压泵站，规模为20万吨/日，设6台水泵（4用2备），单泵流量950升/秒，扬程20米，功率280千瓦；其二为乔司片区污水总泵房，位于泵站东侧，规模为7万吨/日，土建一次建成，设备配置规模为2万吨/日，设3台水泵（2用1备），单泵流量180升/秒，扬程15米，功率22千瓦。敷设的管道均为压力流污水管，管径为DN1600～DN1800，管材为预应力钢筒砼管和钢管。管线走向由起点翁梅泵站—东湖南路—杭海路—乔沙路—省军区农场北—中心路—七格污水处理厂。管线途径南苑街道、乔司镇、乔司监狱、省军区农场、武警农场和下沙开发区，项目投资概算21680万元。

临平污水南排工程项目由浙江省城乡规划设计研究院设计，浙江省工程建设监理公司、浙江文华建设项目管理有限公司和杭州天恒投资建设有限公司分别承担各建设标段的工程监理。

工程于2008年6月进场施工，2009年6月通水试运行。2009年8月24日试停原往七格污水厂的DN1000管，启用新建的南排管线。2010年4月24日，全面停止使用原南排DN1000管，乔司总泵站正式运行。5月初，乔司镇污水纳入乔司总泵站。2011年，随着塘栖、崇贤污水南排工程的竣工通水，经乔司总泵站的临平污水南排量为12万吨。

临平污水南排工程服务范围为：临平街道（余杭经济技术开发区）、东湖街道、南苑街道、星桥街道、钱江经济开发区、运河街道、乔司街道等地。

七、临平污水总泵站（南苑泵站）工程

为完善全区污水收集系统，2009年4月，余杭区发展和改革局批复该工程项目建议

图 5－2　临平污水总泵站

书，项目的可行性研究报告于 2009 年 11 月批复，初步设计于 2011 年 1 月批复。临平污水总泵站项目规划总规模 50 万吨/日，一期建设规模为 25 万吨/日，占地面积 23130 平方米（34.7 亩）。工程敷设污水管线 11.9 千米，其中，DN1500～DN2000 重力流管线 7.9 千米（世纪大道消能井至迎宾路污水管、迎宾路污水管和迎宾路至临平总泵站污水管）。DN1800 的压力管线 4.0 千米（临平污水总泵站至临平污水处理厂），项目投资概算 19033 万元。

工程服务范围为临平、东湖、南苑、星桥四个街道和余杭经济技术开发区、钱江经济开发区、运河街道（部分）、塘栖镇（部分）、崇贤街道（部分）。

临平污水总泵站（一期工程）由浙江省城乡规划设计研究院设计，浙江中新建筑工程有限公司和浙江天正项目管理咨询有限公司监理。

工程于 2009 年 12 月开工建设，2012 年 9 月泵站基本建成，2013 年 5 月泵站试通水，连通临平污水处理厂的管道待建。

八、临平污水处理厂工程

为完善全区污水系统建设，大幅度削减临平副城范围的污染物，有效解决临平、乔司和下沙北片的污水出路，浙江省发展和改革委员会 2009 年 4 月批复临平污水处理厂（一期）工程项目建议书，项目的可行性研究报告于 2011 年 6 月批复，初步设计于 2011 年 12 月批复。临平污水处理厂一期工程为新建规模 20 万吨/日的污水处理厂一座（含 30 吨/日污泥半干化处理设施和 4150 平方米附属业务用房），新建污水处理厂至高位井管径的 DN1800 尾水排放管 10.482 千米，新建 20 万吨/日规模的尾水排放口 1 座。污水处理厂采用"水解池＋多点进水倒置 A/A/O＋絮凝沉淀＋纤维过滤＋紫外线消毒"的三级污水处理工艺。污泥采用机械浓缩脱水、超圆盘干化的处理工艺。污水处理厂出水排放水质按《城镇污水处理厂污染物排放标准》（GB18918－2002）一级 A 标准执行，尾水排放受纳水体为钱塘江。

污水处理厂厂址位于南苑街道钱塘社区杭浦高速公路匝道南侧、老航海路北侧、规划运河二通道以东地块。尾水排放口设置于九堡大桥上游约 1 千米处、钱塘江七堡弯道内（钱塘江 QL16 断面附近），排放口离岸距离为距防洪堤外口线 200 米。临平污水处理厂一期工程占地面积 175300 厂平方米（263 亩），工程概算 124584.94 万元。

临平污水处理厂尾水排放管于 2012 年 12 月开工建设，厂区工程待建。工程服务范围为临平副城各街道（镇）和余杭经济技术开发区、钱江经济开发区及下沙北片（部分），服务面积约 80 平方千米。

第二节　塘栖、崇贤污水系统工程

一、塘栖组团污水处理工程（塘栖污水系统工程）

2002年12月，杭州临平工业区管理委员会和余杭区发展计划局联合批复了塘栖污水处理工程项目建议书。2003年1月，批复了该项目中的塘栖污水处理厂初步设计；2003年2月，批复了该项目中的提升泵站、管网收集系统初步设计。

塘栖组团污水处理工程项目上报浙江省发展计划委员会后，省发展计划委员会于2003年8月批复塘栖组团污水处理工程（一期）的可行性研究报告。2004年2月，省发展计划委员会批复塘栖组团污水处理工程（一期）的初步设计，一期工程的建设内容为：新建规模为2万吨/日的污水处理厂一座，位于塘栖城区东侧边缘、砖厂以东、运河塘栖段下游的姚家埭村。厂区批准用地40000平方米（60亩），建设实际占地37270平方米（55.9亩）。厂区部分建构筑物按远期规划配套；沿途建提升泵站2座，A泵站（一期1万吨/日）位于塘栖工业区09省道南侧，塘栖自来水厂东侧地块；B泵站（一期2万吨/日）位于乔莫路绿荫大道路口东南侧地块。敷设管径DN300－DN1200的污水收集管网23.5千米。项目服务范围包括塘栖规划城区、塘栖工业园区、仁和街道东塘工业园区等。

塘栖组团一期工程污水采用二级生物处理，工艺采用SBR法。纳入污水管网的进厂污水需达到《污水综合排放标准》（GB8978—1996）的三级排放标准，污水厂出水水质按《城镇污水处理厂污染物排放标准》（GB18918—2002）一级标准的B级执行，尾水受纳水体为大运河，工程概算核定为8909万元。

塘栖组团污水处理工程项目由浙江省城乡规划设计研究院设计，其中：工程中的污水处理厂为BOT项目，由上海市市政工程管理有限公司监理；工程中的污水泵站和管网建设为自建项目，由上海同济建设监理咨询有限公司监理。

塘栖组团污水处理工程（一期）于2003年5月8日开工建设，2007年1月10日投入试运行。其中：塘栖污水处理厂（一期）工程为BOT项目，建设业主为杭州余杭污水处理有限公司（BOT项目公司），于2003年6月8日进场施工，2004年6月18日通过余杭区质监站竣工验收。塘栖污水处理厂（一期）建设规模设计批复为2万吨/日，实际BOT项目建成为1万吨/日。

二、仁和镇大运河工业区污水工程

仁和镇大运河工业区污水工程是将仁和镇大运河工业区和塘栖张家墩路两侧企业的污水输送到塘栖污水处理厂处理。该项目的初步设计于2007年3月经余杭区发展和改革局批复，建设内容为：新建0.5万吨/日污水提升泵站一座，敷设DN400－DN1000污水管道6.2千米，项目投资概算3200万元。

该项目由浙江省城乡规划设计研究院设计，上海同济工程咨询有限公司监理。

工程于2007年5月20日开工建设，2008年8月竣工。

三、塘栖污水处理厂扩建工程

塘栖污水处理厂扩建工程（二期）是临平第二污水系统应急工程的组成部分。2007年10月，余杭区发展和改革局批复临平第二污水系统应急工程项目初步设计，塘栖污水处理厂的规模是在已建成（1万吨/日）的基础上扩建到8.5万吨/日。2008年9月，余杭区发展和改革局根据调整后的全区污水工程专项规划和临平污水南排工程的实施及余杭经济开发区印染区块污水预处理厂废水排放出路的变化，将塘栖污水处理厂的规模调整为扩建到4.0万吨/日（批复为3.98万吨/日），新增规模3万吨/日，工程概算4810万元。

塘栖污水处理厂扩建工程项目由浙江省城乡规划设计研究院设计，北京中环工程监理有限责任公司监理。

扩建后的塘栖污水处理厂除处理塘栖镇、仁和镇大运河工业区块的污水外，同时处理临平第二污水系统收集于余杭经济技术开发区、杭州钱江经济开发区和星桥区块的污水。

塘栖污水处理厂扩建工程于2008年3月28日开工建设，单体建筑物于2008年12月底建成并试通水，2009年5月竣工。

四、崇贤污水处理厂工程

崇贤污水处理厂工程是杭州半山地区环境综合整治工程的重点项目之一，主要处理崇贤镇范围内的生活和工业污水，改善太湖流域运河水系污染状况。余杭区发展和改革局于2006年4月批复该工程的项目建议书，2007年4月，批复该工程的可行性研究报告，2008年1月批复该工程的初步设计。

崇贤污水处理厂位于崇贤镇大安村，占地33000平方米（49.5亩），一期工程污水处理规模为2万吨/日。项目服务范围内的污水通过港区泵站、向阳泵站、斜桥泵站提升，经中心大道、塘康路、东西大道11.29千米污水主干管输送到崇贤污水处理厂处理。污水采用沉砂+反应沉淀+水解酸化+生物处理+絮凝过滤+消毒的处理工艺。污泥处理工艺采用机械浓缩、机械脱水方案。处理后的尾水按《城镇污水处理厂污染物排放标准》（GB18918-2002）一级标准的A级执行，尾水排入大运河，工程投资概算9552万元。

崇贤污水处理厂工程项目由浙江省城乡规划设计研究院设计，杭州中新建筑工程监理有限公司监理。

崇贤污水处理厂工程于2008年4月开工建设，2008年12月28日通水调试，2009年3月12日投入试运行，2009年5月13日通过了余杭区质检站的预验收，2009年7月31日竣工。

五、塘栖、崇贤污水南排工程

为充分发挥临平副城和塘栖、崇贤污水处理设施的经济、社会效益，有利于太湖流域污染物减排，有利于大运河改善水质的需要，余杭区发展和改革局于2010年1月批复《塘栖、崇贤污水南排项目建议书》，2010年6月批复该项目的可行性研究报告，2010年7月批复该项目的初步设计。

塘栖、崇贤污水南排工程建设地点在塘栖镇、崇贤镇、杭州钱江经济开发区、余杭经济开发区和星桥街道。建设内容是利用塘栖B泵站、崇贤污水处理厂进水泵房，临平第二污水系统沿途主线泵站，以及现状污水主干管。通过更换泵房（或泵站）的水泵机电设备，新建部分污水压力管线，来满足塘栖污水、崇贤污水向临平污水系统输送的需要和运行要求。塘栖、崇贤污水南排工程新建管网总长9.89千米，其中：（1）新建崇贤污水处理厂至09省道污水压力管8.64千米，管径DN700；（2）塘栖B泵站至栖凤路污水压力管0.42千米，管径DN800；（3）09省道（320国道至振兴路）污水管0.83千米，管径DN1800。同时对塘栖B泵站、崇贤污水处理厂进水泵房、临平5号泵站、藕花洲泵站机电设备进行更新或增设。工程规模为南排污水量5万吨/日，其中：塘栖镇污水3万吨/日，崇贤镇污水2万吨/日，工程投资概算6506万元。

塘栖、崇贤污水南排工程项目由浙江省城乡规划设计研究院设计，浙江天正项目管理咨询有限公司监理。

工程于2010年5月开工建设，2011年1月塘栖污水开始南排，同时，塘栖污水处理厂暂停运行，7月崇贤部分污水实施南排，崇贤污水处理厂减少污水处理量。

第三节　良渚污水系统工程

一、良渚组团污水处理工程（良渚污水系统工程）

良渚组团污水处理工程项目建议书于2003年2月经余杭区发展计划局批复，项目按一次规划、分期建设。工程服务范围为良渚镇、瓶窑镇、仁和镇部分地区（云会、獐山片）。

图5－3　良渚污水处理工程项目基地

良渚组团污水处理工程项目上报浙江省发展计划委员会后，省发展计划委员会于2003年8月批复良渚组团污水处理工程（一期）的可行性研究报告。2003年11月，批复该项目的初步设计。项目一期工程建设内容为：新建2万吨/日污水处理厂一座，厂址位于良渚镇东北侧、良渚港东侧。批准建设用地37335平方米（56亩，包括代征面积），建设实际用地30000平方米（45亩）。辅助用房和部分结构按4万吨/日配套，沿途建提升泵站7座（瓶仓泵站、瓶安泵站、文化村泵站、良渚泵站、勾庄泵站、仁和1号泵站、仁和2号泵站），敷设DN600～DN1500的污水收集管网30.05千米。污水采用二级生物处理，工艺采用DE氧化沟处理。出水水质按《城镇污水处理厂污染物排放标准》（GB18918－2002）一级标准的B级执行，尾水受纳水体为良渚港，工程概算核定为14283万元。

良渚组团污水处理工程项目由上海同济大学建筑设计研究院、浙江城乡规划设计研究院设计。其中：工程中的污水处理厂为BOT项目，由上海市市政工程管理咨询有限公司监理。工程中的污水泵站和管网建设为自建项目，由上海同济建设监理咨询有限公司、浙江文华建设监理咨询有限公司监理。

良渚组团污水处理工程（一期）于2003年9月10日开工建设，2008年1月1日投入试运行，2008年6月全面建成。其中：工程中的良渚污水处理厂（一期）工程为BOT项目，建设业主为杭州余杭污水处理有限公司（BOT项目公司），在建设期间的2004年5月—2005年4月因宏观调控等因素暂停施工，2007年2月8日良渚污水处理厂通过余杭区质监站的竣工验收。

二、良渚污水处理厂扩建工程

为实现污水污染物减排目标，完善余杭区良渚组团基础设施建设，提高水资源的综合利用。余杭区发展和改革局于2008年12月批复《良渚污水处理厂二期扩建项目建议书》，2009年6月批复该项目的可行性研究报告，2010年10月批复该项目的初步设计。

良渚污水处理厂扩建工程规模在一期的基础上扩建2.0万吨/日，扩建后良渚污水处理厂总规模达到4.0万吨/日，同时项目新建4.0万吨/日规模的深度处理设施。采用脱氮除磷双沟式氧化沟十曝气生物滤池＋絮凝沉淀过滤处理工艺。处理后的尾水排放标准根据国家环保总局2006年第21号公告和该项目的环境影响评价，按《城镇污水处理厂污染物排放标准》（GB18918－2002）一级标准的A级执行，使一期工艺整体提标，实现水资源的优化配置。

良渚污水处理厂扩建工程项目新增用地27558平方米（41.33亩）。合计良渚污水处理厂占地57558平方米（86.33亩）。服务范围为良渚镇、仁和镇和瓶窑镇，工程投资概算10200万元。

良渚污水处理厂扩建工程由浙江省城乡规划设计研究院设计，杭州荣庆工程监理咨询有限公司监理。

工程于2010年9月开工建设，2011年12月主体工程建设基本完工，2012年9月投入试运行。

良渚污水处理厂三期扩建工程，新增规模3.0万吨/日，扩建后良渚污水处理厂总规模达到7.0万吨/日，工程于2014年11月开工建设，计划2016年竣工，投资概算1.44亿元。

第四节 余杭污水系统工程

一、余杭组团污水处理工程（余杭污水系统工程）

余杭组团污水处理工程项目建议书于2003年3月经余杭区发展计划局批复，项目按一次规划、分期建设。工程服务范围为余杭镇、闲林镇、仓前镇（含五常开发区）和中泰乡。

余杭组团污水处理工程项目上报浙江省发展计划委员会后，省发展计划委员会于2003年8月批复余杭组团污水处理工程（一期）的可行性研究报告。2004年1月，批复该项目的初步设计。项目一期工程建设内容为：新建3万吨/日的污水处理厂一座，厂址位于余杭镇金星村，余杭塘河南侧、东西大道西侧。批准建设用地50000平方米（75亩），实际用地37022平方米（55.53亩）。沿途建提升泵站7座（工程设计8座，本期实施7座，分别为2号、3号、4号、5号、6号、7号、8号泵站），敷设DN300～DN1800的污水收集管网25.1千米。污水处理采用DE氧化沟工艺，出水水质按《城镇污水处理厂污染物排放标准》（GB18918－2002）一级标准的B级执行，尾水受纳体为余杭塘河，工程概算核定为13547万元。

余杭组团污水处理工程项目由上海同济大学建筑设计研究院设计。其中：工程中的污水处理厂为BOT项目，由上海市市政工程管理咨询有限公司监理；工程中污水泵站和管网建设为自建项目，由浙江文华建设项目监理有限公司监理。

余杭组团污水处理工程（一期）于2003年9月30日开工建设，其中：污水处理厂一期工程中的前1.5万吨/日工程为BOT项目，建设业主为杭州余杭污水处理有限公司（BOT项目公司），在建设期间的2004年5月—2005年5月因宏观调控等因素暂停施工，2007年9月14日投入试运行。2007年10月12日余杭污水处理厂一期工程中的前1.5万吨/日项目通过余杭区质监站竣工验收。

余杭污水处理厂一期工程中的后1.5万吨/日设施于2009年3月12日开工续建，2009年12月4日竣工，建成后的余杭污水处理厂（一期）污水处理规模达到3万吨/日。续建工程由杭州市城乡规划设计院设计，浙江文华建设项目管理有限公司监理。

二、余杭污水处理厂扩建工程

为实现污水污染物减排目标，完善余杭区余杭组团基础设施建设，提高水资源的综合利用。余杭区发展和改革局于2008年12月批复“余杭污水处理厂二期扩建”的项目建议书，2009年5月批复该项目的可行性研究报告，2010年1月批复该项目的初步设计。

余杭污水处理厂扩建工程为新增规模1.5万吨/日，扩建后总规模达到4.5万吨/日。

同时新增4.5万吨/日规模的深度处理设施，出水达到一级A排放标准。

余杭污水处理厂扩建工程项目新增用地面积25315平方米（37.97亩），合计余杭污水处理厂占地62337平方米（93.5亩）。扩建后服务范围为余杭镇、闲林镇、仓前镇、五常街道、中泰乡、径山镇、黄湖镇、鸬鸟镇和百丈镇，工程投资概算12000万元。

余杭污水处理厂扩建工程由浙江省城乡规划设计研究院设计，浙江文华建设项目管理有限公司监理。

余杭污水处理厂扩建工程于2009年12月开工建设，2011年10月通水试运行，2012年5月全面竣工。

余杭污水处理厂三期扩建工程，新增规模1.5万吨/日，扩建后的余杭污水处理厂总规模达到6.0万吨/日。工程于2014年11月开工建设，计划2016年竣工，投资概算0.47亿元。

三、径山污水工程

径山污水工程是太湖流域镇级污水处理设施建设项目之一，也是整个余杭区污水工程中的重点组成部分。

2007年，径山镇人民政府开始筹建径山污水处理工程，规划污水处理规模0.5万吨/日（一期）。污水处理厂位于径山镇长乐工业区块，建设用地10000平方米（15亩），工程投资估算1563万元（不含厂外污水收集管网）。污水处理工艺采用旋流沉砂+循环式SBR+接触消毒方式，处理尾水排入苕溪支流——长乐后港。

2008年1月10日，径山镇人民政府在完成污水处理厂选址、土地报批、土地征用、征用地的填方和可行性研究报告已完成专家评审，尚在等待区发改局批复的时期，向余杭区人民政府报告要求变更污水处理工程实施主体。杭州余杭水务有限公司根据区领导的批示和径山镇人民政府报告要求，于一月下旬开始对径山污水处理工程的建设规划和现状进行了调查。在调查的基础上，根据径山镇所处的地理位置，提出了污水工程在原有方案的基础上需进行优化设计，在镇内不建污水处理厂，该区块的污水经管网收集后，输送到余杭污水处理厂处理的建议。

8月22日，区长姜军主持召开2008年第13次区长办公会议明确，同意对径山镇污水处理项目进行优化，不再单独建造污水处理厂，向余杭污水处理厂输送污水。同时，确定水务公司为径山污水工程的实施主体。

图5－4　径山污水工程施工现场

9月，余杭区发展和改革局批复经优化后的径山污水工程项目建议书。2009年1月，批复该工程的可行性研究报告。2009年3月，批复该工程的初步设计。优化后的工程设计总规模为3.9万吨/日，其中，一期工程规模为0.8万吨/日。一期工程建设内容为：敷设污水管网和建设污水提升泵站。敷设污水管线总长40.8千米，其中：污水输送管线18.8千米，收集管线22千米。建设污水泵站5座（长乐泵站、义桥泵站、余杭1号泵站、俞家堰泵站、漕桥泵站）。项目服务范围为径山镇长乐片、泮板片、双溪片和余杭镇义桥片、苕溪北片等，工程投资概算9897万元。

优化的径山污水工程由浙江省城乡规划设计研究院设计，杭州中新建筑工程监理有限公司、浙江文华建设项目管理有限公司监理。

优化后的径山污水工程（1-7标段）于2008年9月开工建设，2009年12月投入试运行，2010年6月竣工。8标段（长乐桥南片）于2011年12月开工建设，2012年6月竣工。

五、西部三镇（黄湖、鸬鸟、百丈）污水工程

为完善全区污水系统，余杭区发展和改革局于2009年4月批复《关于余杭区西部三镇（黄湖、鸬鸟、百丈）污水工程的项目建议书》，2009年7月批复该项目的可行性研究报告，2009年8月批复该项目的初步设计。

西部三镇（黄湖、鸬鸟、百丈）污水工程根据余杭区污水总体规划，将三镇的污水汇集后全部输送到余杭污水处理厂处理。建设内容为：敷设污水输送管线总长19千米，其中：压力管管径为DN150~DN500，重力管管径为DN300~DN800；三镇截污纳管工程的排水管线（含部分雨水管改造）总长15千米，管径DN300~DN600；在百丈镇和鸬鸟镇各建污水调节池一只，占地面积分别为1022平方米和1090平方米。项目服务范围为黄湖镇、鸬鸟镇、百丈镇的集镇区和百丈工业区，工程投资概算7600万元。

西部三镇污水工程项目由浙江省城乡规划设计研究院设计，浙江文华建设项目管理有限公司监理。

西部三镇污水工程1至3标段于2009年9月开工建设，2011年1月竣工；四标段（百丈工业区）于2011年11月开工建设，2012年5月竣工。

第五节　截污纳管工程

余杭区自2000年（临平污水治理排江工程竣工投入运行的前一年）开始实施截污纳管工程，至2012年建设分为三个阶段：第一阶段自2000年至2007年主要在临平城区敷设纳污管网，第二阶段自2008年至2010年在全区各镇乡、街道全面开展截污纳管工程建设，第三阶段为2011年及以后时间，为完善截污纳管工程建设阶段。

一、临平城区截污纳管阶段（2000年—2007年）

2000年，余杭经济技术开发区内的25家企业完成了污水截流入网，每天截入污水约

2000 吨。

之后三年，建成临平南苑商贸城污水收集管网，每日截入污水约 1500 吨。同时，对临平老城区一些直接排入禾丰港、河里河的污水通过截污闸截入东湖路污水干管，每日截入污水量约 4000 吨。

2004 年完成梅堰小区截污纳管工程。

2005 年完成荷花塘小区截污纳管工程。

2006 年结合背街小巷整治，对临平城区新颜路、逸仙路、碧天路等处实施截污纳管工程。

2007 年通过建设上塘河北侧污水工程、望梅路顶管工程、北港河污水工程时实施截污纳管，并对临平旧城区开始进行雨污分流改造。

至 2007 年底，在临平城区和郊区共敷设污水管网 92.35 千米。其中，通过翁梅泵站收集污水输送到七格污水处理厂的远郊管道 12.36 千米。

全区至 2007 年共有污水纳管入网单位 472 家（以临平为主），其中：2000 年入网 25 家，2001 年 28 家，2002 年 40 家，2003 年 34 家，2004 年 47 家，2005 年 67 家，2006 年 92 家，2007 年 139 家。入网单位的污水以生活污水为主，有 436 家，主要是新建的房产项目和部分机关事业单位及商业区块生活污水，工业污水入网 36 家，以余杭经济开发区为主。

二、全区全面截污纳管阶段（2008 年—2010 年）

为加速推进全区各镇乡、街道（开发区）的污水管网建设和截污纳管工作，加快完善余杭区污水收集系统，充分发挥污水处理设施的经济、社会和环境效益。2008 年 7 月，余杭区人民政府第十三次常务会议讨论通过了“杭州市余杭区截污纳管工作实施方案”。方案确定了余杭区“十一五”期间截污纳管工作目标：至 2010 年，余杭区集中式污水处理设施完成系统管网建设，主要城镇生活污水处理率达到 80%，污水处理量达到 25 万吨/日。为完成该目标，全区实行了“统一规划、分类建设、统一管理”的截污纳管运行模式。明确了各镇乡、街道（开发区）、区级各有关部门的职责和相关的资金政策，从而全面推进了余杭区的截污纳管工作。

2008 年下半年，余杭区全面开展了截污纳管工程建设的前期准备工作。至年底，乔司镇、塘栖镇、崇贤镇、仁和镇、良渚镇、余杭镇、闲林镇、仓前镇、中泰乡、瓶窑镇、径山镇、星桥街道、五常街道等 13 个镇乡、街道完成当地截污纳管工程的项目建议书评审、可行性研究报告评审和初步设计评审。11 月份，塘栖镇、崇贤镇、仁和镇、良渚镇、余杭镇、仓前镇、瓶窑镇、径山镇等 8 个镇，完成了第一批项目的施工图设计；12 月份，塘栖镇、仁和镇、良渚镇、余杭镇、仓前镇、瓶窑镇等 6 个镇完成了第一批项目的工程招投标工作，并陆续进入工程施工。

2009 年 2 月，余杭区人民政府办公室根据“杭州市余杭区截污纳管工作实施方案”

文件精神，批转了《余杭区截污纳管工作实施细则》。实施细则进一步明确了各镇乡、街道与区级各有关部门在截污纳管中的职责和工作要求，进一步明确了截污纳管资金筹集和相关政策，同时对已建管网的移交和运行作了安排，使全区截污纳管工作做到精心组织、规范操作、加强合作、共同推进。当月，余杭区人民政府办公室还批转了《余杭区2009年—2010年截污纳管建设计划》，计划确定2009年—2010年截污纳管工程共需敷设污水管338.12千米，建设泵站24座，总投资估算12.96亿元。其中，杭州余杭水务有限公司在2009年—2010年截污纳管建设计划中共安排敷设临平城区和各镇乡、街道的污水管道279.17千米，占82.6%；建设泵站24座。其余的58.95千米管道由各镇乡、街道和区城建集团公司、余杭经济开发区结合本地道路新建、改建时同步建设污水管道。在二年的实施过程中，因部分项目的计划后经修改与完善，实际杭州余杭水务有限公司在二年内共敷设截污纳管污水管道360千米（包括结合污水处理工程建设敷设的纳污管道59千米）；建设泵站25座（包括结合污水处理工程建设泵站4座，其中，井式泵站6座），完成投资10.12亿元（详见附表5-1）。

通过全面实施截污纳管工程，余杭区2008年至2010年新增污水纳管单位1749家，包括已发"城市排水许可证"单位866家、排水备案单位836家、开具纳管证明单位47家。其中，2008年新增纳管单位414家，2009年新增纳管单位734家，2010年新增纳管单位601家。

三、完善截污纳管阶段（2011年—2012年及以后时期）

2011年，及以后时间，随着余杭区经济社会的发展和城市化进程的推进，截污纳管工作在部分区块和个别地段需适时更新和完善，使污水纳管做到全覆盖。

2011年，杭州余杭水务有限公司对部分镇、街道需新增的截污纳管区块实施了截污纳管工程建设，主要有崇贤街道大安村、崇贤二小区块、乔司街道大井区块、瓶窑镇彭公片、余杭街道义桥区块、良渚街道安溪北片等处的截污纳管工程项目。

2012年，杭州余杭水务有限公司在续建2011年未完成的截污纳管工程项目的同时，新增径山镇长乐桥南片区块、百丈镇工业园区等处的截污纳管工程建设。

杭州余杭水务有限公司2011年至2012年新建纳污管道93.7千米，增建无人值守的井式泵站22座，完成投1.79亿元（详见附表5-2）。2011年全区新增污水纳管单位438家，其中，已发"城市排水许可证"单位176家、排水备案单位262家。2012年全区新增污水纳管单位616家，其中，已发"城市排水许可证"单位139家、办理雨污分流工程备案单位269家、出具雨污分流（截污纳管）证明单位208家。

余杭区自1995年开工建设临平污水排江工程至2012年，先后建设了重点污水处理工程32项（包括在建项目）和各镇乡、街道的截污纳管工程，基本建成了全区较完善的污水处理系统。其中，建成了塘栖、崇贤、良渚、余杭等区属污水处理厂4座，规模14.5万吨/日；建设开发区污水预处理厂一座，规模2万吨/日；在建临平污水处理厂一座，一期规模20万吨/日；实施临平副城污水收集、输送到七格污水处理厂处理的污水南排规模20万吨/日；建成（扩建）污水泵站96座，其中，无人值守的井式泵站41座；先后共敷设污水管道718.59千米。全区污水工程和截污纳管投资总概算43.48亿元，其中，至2012年年底已完成概算31.02亿元（详见附表5－3）。

表5－1　2009年—2010年杭州余杭水务有限公司截污纳管工程建设概况

建设区域	敷设管道（千米）	建设泵站		投资概算（万元）
		座	泵站名称	
临平城区	37	2	世纪大道泵站（井式）、火车站泵站（西洋桥泵站、井式）	7250
星桥街道	9	1	天都城泵站	3560
运河镇	28	1	运河1号泵站	7780
乔司镇	19	1	乔司南泵站	15980
塘栖镇	33	1	塘栖C泵站	9870
崇贤镇	23	1	港区泵站	5640
良渚镇	28	3	良渚老集镇泵站、安溪泵站、勾庄老集镇泵站	9860
仁和镇	28	4	东塘泵站、獐山泵站、港区泵站（井式）、顿力泵站（井式）	7940
余杭镇	29	2	官山泵站（井式）、义桥南泵站	5780
闲林镇	6	—	—	1520
仓前镇	6	1	羊锅村泵站（井式）	100
中泰乡	—	—	—	—
五常街道	3	—	—	1920
瓶窑镇	38	2	长命泵站、窑山泵站	5600
径山镇	41	5	俞家堰泵站、漕桥泵站、长乐泵站、义桥泵站、余杭1号泵站（溪塔泵站）	9897
黄湖、鸬鸟、百丈镇	32	1	黄湖泵站	7600
合计	360	25	（其中：井式泵站6座）	101207

注：径山镇截污纳管工程列入“径山污水工程”项目立项建设

表 5-2　2011 年—2012 年杭州余杭水务有限公司截污纳管工程建设概况

建设区域		敷设管道（千米）	建设泵站		投资概算（万元）
			座	泵站名称	
运河街道（运河水厂水源保护区块）		10.7	6	宋家坝泵站、五杭老集镇区泵站、亭五路泵站、双桥村泵站、戚家桥村2号泵站、新宇村2号泵站	2617
乔司街道（大井区块）		33	4	金鼎泵站、朝阳泵站、大井泵站、青石泵站	6420
仁和街道（三白潭备用水源东片）		4.3	1	施家墩泵站	1100
良渚街道（安溪北片）		6.0	3	康门泵站、安溪路泵站、庙前泵站	950
余杭街道（义桥区块）		3.0	1	义桥西泵站	735
瓶窑镇	彭公片区	18.5	3	彭公泵站、彭公老集镇泵站、竹制品市场泵站	2901
	南山村区块	8.3	2	大地海洋泵站、南山泵站	1828
鸬鸟镇（四岭水库上游）		9.9	2	太平1号泵站、太平2号泵站	1324
合计		93.7	22		17875

注：以上22座泵站均为无人值守的井式泵站

表 5-3　**1995 年—2012 年余杭区污水工程建设概况**

区域	工程名称	建设内容			工程规模		处理后尾水受纳水体	投资概算（万元）	工程开工年月	投入试运行年月	工程服务范围
		污水处理厂（座）	泵站（座）	管线（千米）	万吨/日	其中：污水处理厂					
临平副城	临平第一污水系统工程（临平污水治理排江工程）	（合建七格污水厂）	6	46.36	6	（建截污闸 2 座）	钱塘江	13300	1995.5	2001.11	临平城区、运河镇、乔司镇、余杭经济开发区（部分）
	塘栖污水系统工程	1	2	23.5	1	1	运河	8909	2003.5	2007.1	塘栖规划城区、塘栖工业区、仁和镇大运河工业园区
	临平第二污水系统应急工程	（扩建塘栖污水厂）	3	22.43	3	4（扩建到）	运河	29600	2007.5	2008.12	余杭经济开发区、杭州钱江经济开发区、塘栖镇（部分）
	仁和大运河工业区污水工程	—	1	6.2	0.5	—	运河	3200	2007.5	2008.8	仁和镇大运河工业园区、塘栖张家墩路两侧区域
	崇贤污水处理厂工程	1	—	—	2	2	运河	9552	2008.1	2009.03	崇贤镇
	崇贤污水管网工程	—	3	19.3	2	—	运河	6778	2008.1	2009.7	崇贤镇
	藕花洲泵站工程	—	1	—	6.5	—	运河	1640	2008.4	2009.6	星桥街道
	翁梅泵站扩建工程	—	（扩建）1	—	6	—	钱塘江	1733	2008.8	2009.6	临平副城
	临平污水南排工程	—	（新建）1 （改建）1	16.0	20	—	钱塘江	21680	2008.6	2009.6	临平副城
	余杭经济开发区印染区块污水处理厂工程	1（预处理）	—	4.00	2	2	钱塘江	7100	2008.9	2010.3	余杭经济开发区印染区块

续表 5－3

区域	工程名称		建设内容			工程规模		处理后尾水受纳水体	投资概算（万元）	工程开工年月	投入试运行年月	工程服务范围
			污水处理厂（座）	泵站（座）	管线（千米）	万吨/日	其中：污水处理厂					
临平副城	塘栖、崇贤污水南排工程		—	（设备更新）	9.89	5	—	钱塘江	6506	2010.5	2011.1（塘栖）2011.7（崇贤）	塘栖镇、崇贤镇、仁和镇（部分）
	临平污水总泵站工程（南苑泵站）		—	1	11.9	25（一期）	—	钱塘江	19033	2009.12	泵站试通水：2013.5（连接临平污水处理厂管道在建）	临平、东湖、南苑、星桥街道，余杭经济技术开发区、钱江经济开发区、运河镇（部分）、塘栖镇（部分）、崇贤镇（部分）
	临平污水处理厂工程		1	—	10.48	20（一期）	20（一期）	钱塘江	124585	2012.12（尾水排放管）	—	临平副城各镇、街道，余杭经济技术开发区、钱江经济开发区、下沙北片（部分）
	单项工程	梅堰小区截污纳管工程	—	—	6.0	—	—	—	—	2004	2004	临平镇梅堰小区
		荷花塘小区截污纳管工程	—	—	2.0	—	—	—	—	2005	2005	临平镇荷花塘小区
		新颜路、逸仙路、碧天路污水管道工程	—	—	6.06	—	—	—	—	2006	2006	临平镇（结合背街小港整治实施）

续表 5-3

区域	工程名称		建设内容			工程规模		处理后尾水受纳水体	投资概算（万元）	工程开工年月	投入试运行年月	工程服务范围
			污水处理厂（座）	泵站（座）	管线（千米）	万吨/日	其中：污水处理厂					
临平副城	单项工程	上塘河北侧污水工程、北港河污水工程、望梅路顶管工程	—		0.7	—	—	—	—	2007	2007	临平镇
临平副城	单项工程	小白线污水工程	—	1（井式）	2.6	—	—	—	1008	2010.3	2011.2	临平副城
临平副城	单项工程	古墩路、世纪大道、污水工程	—		7.8	—	—	—	1730	2010.3	2011.3	临平副城
临平副城	单项工程	临平4#泵站至5#泵站新增DN1800污水主干管工程	—		1.35	—	—	—	3500	2012.10	2012.12	临平副城
临平副城	运河水厂备用水源保护区污水工程（截污纳管）		—	(6:井式)	(10.7)	—	—	—	(2617)	2012.2	2012.12	临平副城
临平副城	三白潭备用水源东片污水工程（截污纳管）		—	(1:井式)	(4.3)	—	—	—	(1100)	2012.3	2012.12	临平副城
良渚组团	良渚污水系统工程（不含瓶窑镇）		1	5	20.0	2.0	2.0	良渚港	11116	2003.9	2008.01	良渚镇、仁和镇（部分）
良渚组团	良渚污水处理厂扩建工程		（扩建良渚污水厂）	—	—	2.0	4.0（扩建到）	良渚港	10200	2010.9	2012.09	良渚街道、仁和街道、瓶窑镇

续表 5-3

区域	工程名称	建设内容			工程规模		处理后尾水受纳水体	投资概算（万元）	工程开工年月	投入试运行年月	工程服务范围
		污水处理厂（座）	泵站（座）	管线（千米）	万吨/日	其中：污水处理厂					
良渚组团	疏港大道污水管线工程	—	—	10.0	—	—	—	4500	2012.6	2012.12	良渚镇、仁和镇
余杭组团	余杭污水系统工程	1	7	25.1	3.0	1.5 1.5（续建）	余杭塘河	13547	2003.9 2009.3	2007.09 2009.12	余杭镇、闲林镇、仓前镇、中泰乡、五常街道
余杭组团	余杭污水处理厂扩建工程	（扩建余杭污水厂）	—	—	1.5	4.5（扩建到）	余杭塘河	12000	2009.12	2011≰10	余杭镇、闲林镇、仓前镇、中泰乡、五常街道、径山镇、黄湖镇、鸬鸟镇、百丈镇
余杭组团	临余公路至溪塔泵站 DN800 污水管工程	—	—	0.37	—	—	—	187	2012.6	2012.10	余杭街道
瓶窑组团	良渚污水系统工程（瓶窑镇部分）	—	3	10.05	（2）	—	良渚港	3167	2003.10	2008.5	瓶窑镇
瓶窑组团	黄湖镇污水处理工程	1（停用）	—	2.8	（0.1）	（0.1）	村内河道	1140	2007.1	2008.10	黄湖镇（西部三镇污水工程建成后，黄湖镇污水厂停用）
瓶窑组团	径山污水工程（含截污纳管）	—	（5） 1（井式）	（41）	0.8	—	余杭塘河	（9897）	2008.9 2011.12	2009.12 2012.6	径山镇长乐、泮板、双溪片，余杭镇义桥片、苕溪北岸 径山镇长乐桥南片
瓶窑组团	西部三镇（黄湖、鸬鸟、百丈）污水工程（含截污纳管）	—	（6） 2（井式）	（32）	—	—	余杭塘河	（7600）	2009.9 2011.11	2011.1 2012.5	黄湖、鸬鸟、百丈等三镇的集镇区块 百丈工业园区块

续表 5-3

区域	工程名称		建设内容			工程规模		处理后尾水受纳水体	投资概算（万元）	工程开工年月	投入试运行年月	工程服务范围
			污水处理厂（座）	泵站（座）	管线（千米）	万吨/日	其中：污水处理厂					
瓶窑组团	东苕溪瓶窑段及彭公片区污水处理工程（南山村区块）（截污纳管）		—	（2.井式）	（8.3）	—	—	—	（1828）	2012.6	2012.12	瓶窑镇
瓶窑组团	四岭水库上游污水处理工程（截污纳管）		—	（3.井式）	（9.9）	—	—	—	（1324）	2012.6	2012.12	径山镇
全区范围	截污纳管工程（不含区有关部门和各镇乡、街道随道路建设实施的截污纳管项目）	2009年—2010年（水务公司实施）	—	25（其中：井式6座）	360.0	—	—	—	101207	2009.1	2010.12	全区各镇乡、街道（开发区）。
全区范围		2011年—2012年（水务公司实施）	—	22（全部井式泵站）	93.7	—	—	—	17875	2011.9	2012.12	乔司街道大井区块、良渚街道安溪北片、余杭街道义桥区块、瓶窑镇彭公片等。
合计	污水工程35项（其中：数值带括号的6项工程列入2009年—2012年截污纳管项目汇总）		6（其中：在建1座、预处理厂1座）	96（其中：井式泵站41座）	718.59（其中：已建708.11，在建10.48）	—	14.5（塘栖、崇贤、良渚、余杭等四座污水厂）	钱塘江、运河、良渚港、余杭塘河	434793（其中：至2012年底完成概算310208万元）	1995.5		余杭区各镇、街道，余杭经济技术开发区、钱江经济开发区（不含农村分散的生活污水处理范围）

注：污水泵站合计数量包括：未列入表内的由钱江经济开发区建设的临平3＃泵站、临平2＃泵站（井式），良博院建设的良博泵站（井式），良渚天阳棕榈湾项目建设的天阳泵站（井式）等4座单位自建泵站和6座水务公司在建的井式泵站（2013年竣工）。各泵站概况详见附表5-6

第六节 BOT 污水处理厂工程

余杭区塘栖、良渚、余杭三组团污水治理工程项目中的塘栖污水处理厂（一期）、良渚污水处理厂（一期）和余杭污水处理厂（一期中的前1.5万吨/日规模）项目，自2003年6月开始，实行投资—建设—运营—移交的投融资模式运作（以下简称“BOT”），建设业主为上海同济大学环保联合体组建的BOT项目公司——杭州余杭污水处理有限公司。

在污水处理厂建设期间，由于受宏观调控等外部因素的影响，致使污水处理厂以BOT模式建设进度滞后。为推动污水处理厂建设，余杭区人民政府于2006年5月与项目公司解除“BOT特许权协议”，对三组团的污水处理厂进行清算接盘。在解除“BOT特许权”协议后，余杭区建设局指定杭州余杭城市排水有限公司为塘栖、良渚、余杭三座污水处理厂的建设业主。同时，杭州余杭城市排水有限公司委托杭州余杭污水处理有限公司对良渚、余杭污水处理厂未建完的工程进行代建代管，对塘栖污水处理厂进行代管调试。期间，杭州余杭城市排水有限公司负责对三座污水处理厂在代建代管与调试中的工程质量、施工进度、施工安全、工程建设资金和调试管理等方面进行监督、指导，并承办涉及工程建设中新增合同的签订、有关设计变更、相关联系单的确认及相关手续的办理工作。

2008年1月，在组建杭州余杭水务有限公司时期，塘栖、良渚、余杭三座污水处理厂的实物与工程技术资料，经清查核实，并经余杭区排水管理办公室、杭州余杭城市排水有限责任公司确认后，由杭州余杭污水处理有限公司移交给杭州余杭供水集团有限公司。杭州余杭供水集团有限公司在吸收合并杭州余杭城市排水有限责任公司后，变更为杭州余杭水务有限公司。

一、塘栖、良渚、余杭污水处理厂项目 BOT 特许权协议签约

2002年11月29日，余杭区人民政府研究同意由余杭区污水治理工程建设领导小组、余杭区发展计划局提出的关于塘栖污水治理工程开展BOT投融资模式进行招商的请示。

2003年1月9日，副区长张竟成召集发展计划局、财政局、建设局、国土局、环保局等有关部门负责人，就良渚、余杭污水处理厂因需同时建设，就如何抓紧做好塘栖、余杭、良渚三个组团污水治理工程建设的前期工作问题进行了研究。会议明确：如塘栖污水处理厂BOT项目招商成功，能按期开工建设，则余杭、良渚污水处理厂仍采用BOT方式进行建设。

2003年5月28日，按照余杭区发展计划局对塘栖污水处理工程BOT项目进行公开招投标的结果，由余杭区人民政府授权的余杭区建设局与杭州余杭污水处理有限公司（BOT项目公司）草签了BOT特许权协议。2003年7月4日双方正式签订《塘栖污水处理厂工

程项目特许权协议》。协议商定由项目公司投资、建设、运行并最终移交处理能力为 2 万吨/日的塘栖污水处理厂（实际在解除 BOT 协议时移交规模为 1 万吨/日）。

2003 年 8 月 28 日，由余杭区人民政府授权的余杭区建设局与杭州余杭污水处理有限公司（BOT 项目公司）签订了《浙江省杭州市余杭区余杭、良渚、塘栖污水处理工程项目投资—建设—运营—移交特许权协议》。协议商定由项目公司投资、建设、运行并最终移交处理能力为 7 万吨/日的塘栖、良渚、余杭污水处理厂（实际在解除 BOT 协议时移交规模为 4.5 万吨/日，其中，塘栖、良渚、余杭污水厂处理规模分别为 1.0、2.0、1.5 万吨/日）。此协议内容涵盖 2003 年 7 月 4 日签订的《塘栖污水处理厂工程项目特许权协议》。

二、塘栖、良渚、余杭污水处理厂工程建设

杭州余杭污水处理有限公司（BOT 项目公司）按照签订的《浙江省杭州市余杭区余杭、良渚、塘栖污水处理工程项目投资—建设—运营—移交特许权协议》，2003 年 6 月开始陆续进场建设三组团的污水处理厂：

塘栖污水处理厂于 2003 年 6 月 8 日进场，2003 年 8 月 15 日主体工程开工，至 2004 年 6 月 18 日通过余杭区质监站的竣工验收，2006 年 12 月通水调试。

良渚污水处理厂于 2003 年 9 月 10 日进场开始前期工作准备，至 2004 年 4 月 30 日完成桩基、道路、临时设施等工作。由于宏观调控等外部因素，自 2004 年 5 月—2005 年 4 月的一年时间暂停施工。2005 年 5 月 8 日厂区主体工程开工建设，至 2007 年 2 月 8 日通过余杭区质监站的竣工验收，2007 年 9 月通水调试。

余杭污水处理厂于 2003 年 9 月 30 日进场开始前期工作准备，至 2004 年 4 月 30 日完成桩基、道路、箱涵、消毒池、临时设施等工作。由于宏观调控等外部因素，自 2004 年 5 月—2005 年 5 月的一年时间暂停施工。2005 年 6 月 6 日厂区主体工程开工建设，至 2007 年 10 月 12 日通过余杭区质监站的竣工验收，2007 年 10 月通水调试。

三、BOT 特许权协议的解除

由于受国家宏观调控等外部因素的影响，致使污水处理厂以 BOT 形式建设进度滞后。为推动污水处理厂的建设，余杭区人民政府决定与项目公司解除《浙江省杭州市余杭区余杭、良渚、塘栖污水处理工程项目投资—建设—运营—移交特许权协议》，对三组团污水处理厂进行清算接盘。

2006 年 5 月 16 日，余杭区建设局与杭州余杭污水处理有限公司（BOT 项目公司），签订《浙江省杭州市余杭区余杭、良渚、塘栖污水处理工程项目投资—建设—运营—移交特许权协议解除协议》（简称“BOT 解除协议”），解除 2003 年 7 月 4 日签订的《塘栖污水处理厂工程项目特许权协议》和 2003 年 8 月 28 日签订的三组团污水处理工程项目特许权协议。

“BOT 解除协议”确定，以 2005 年 10 月 14 日作为特许权协议解除截止日，余杭区建

设局以收购方式对项目公司在截止日之前投入到三组团污水处理厂的资产予以收购。根据余杭区审计局出具的《关于杭州余杭污水处理有限公司塘栖—良渚—余杭三组团污水处理厂概预算执行情况以及建设资金的筹集、使用和管理情况的审计意见书》，确定三组团污水处理厂资产收购总价值为82597067.04元。

四、良渚、余杭污水处理厂工程建设代管

为保证污水处理厂工程项目建设如期完工，BOT协议解除后，余杭区建设局指定杭州余杭城市排水有限责任公司（简称“排水公司”）作为解除特许权协议后三组团污水处理厂的项目建设业主，与杭州余杭污水处理有限公司（原BOT项目公司）签订《工程建设委托管理协议》，委托原BOT项目公司代为管理良渚、余杭污水处理厂范围内的一切工程建设内容。代管期限2005年10月15日起，至两厂建成并通过竣工验收止。实际代管至2008年1月，两座污水处理厂处于调试时期。

《工程建设委托管理协议》确定，杭州余杭污水处理有限公司负责对工程建设进行全过程管理，全面负责工程质量、施工进度与施工安全。项目建设资金由“排水公司”负责筹措，并由杭州余杭污水处理有限公司按月上报建设资金使用计划，经批准后，由“排水公司”直接拨付用款单位，或将所需资金拨付至杭州余杭污水处理有限公司，再由杭州余杭污水处理有限公司代为支付。

《工程建设委托管理协议》确定，代管费用总额为1949570.00元。同时，杭州余杭污水处理有限公司支付给“排水公司”300万元作为履约保证金，保证工程质量达到国家规定的要求。

五、塘栖污水处理厂运行调试

2006年12月27日，“排水公司”与“杭州余杭污水处理有限公司”签订《塘栖污水处理厂试运行调试合同》，“排水公司”委托杭州余杭污水处理有限公司进行塘栖污水厂的整体试运行和污水、污泥处理工艺调试。调试期限为2006年12月27日—2007年9月30日。

合同约定：调试期间，按初步设计要求，纳入污水管网的污水应达到《污水综合排放标准》（GB8978－1996）的三级排放标准，塘栖污水处理厂进水水质执行《污水排入城市下水道水质标准》（CJ3082－1999），出水水质符合塘栖污水处理厂初步设计规定，符合《城镇污水处理厂污染物排放标准》中的一级B标准（GB18918－2002）。

至2007年12月24日，经过近一年的调试，出水水质仍不能达到初步设计的要求。经余杭区环保局的水质分析，以及同济大学国家重点试验室的微生物镜检结果，分析原因为进水水质与设计工艺完全不符，在纳管污水中工业废水比例达到100%（设计要求工业废水比例30%、生活污水比例70%），并且其重金属离子含量、色度和pH值等波动大，冲击负荷高，导致塘栖污水处理厂生物处理运行状态不佳。

六、BOT项目污水厂交接

按照“良渚、余杭污水处理厂工程建设委托管理协议”和“塘栖污水处理厂试运行调试合同”的约定，三座污水厂在代管、调试结束后应移交给项目建设业主——杭州余杭城市排水有限责任公司。在准备移交时，杭州余杭城市排水有限责任公司和杭州余杭供水集团有限公司正在按照余杭区委、区政府的决定，组建杭州余杭水务有限公司。由于组建方式采用吸收合并方式进行，由供水集团作为吸收方，排水公司作为被吸收方先并入供水集团，合并完成后，由供水集团公司更名为杭州余杭水务有限公司。为简化污水厂移交手续，在组建水务公司期间，原BOT项目的实物和工程技术资料，经清查核实并经余杭区排水管理办公室和“排水公司”确认后，直接移交给杭州余杭供水集团公司。

1．财务交接（结算）

由BOT项目实施的塘栖、良渚、余杭三座污水处理厂在交接时没有进行财务结算。交接后，经余杭区财政局审查，杭州余杭水务有限公司于2011年8月22日回复杭州余杭污水处理有限公司（BOT项目公司）对项目审计遗留的财务问题进行结算。

“BOT解除协议”尾款　2006年5月16日签订的“BOT解除协议”确定三组团污水处理厂资产收购总价为82597067.04元，至2007年12月31日已付款75597067.04元，结算尾款700万元。

“工程建设代管协议”尾款　2006年5月16日签订的“工程建设委托管理协议”应付工程建设代管费用1949570.0元，至2007年12月31日已支付1657630.0元，结算尾款291940.0元。

施工监理费委托代付余款　2003年8月16日，杭州余杭污水处理有限公司与上海市政工程管理咨询有限公司就塘栖、良渚、余杭污水处理厂工程签订的《施工监理合同》应付监理费832000.0元，至2007年12月31日已支付750000.0元，余款82000.0元按原方式结算。

“BOT解除协议”的税金　根据余杭区审计局出具的《审计意见书》以及“BOT解除协议”中的有关规定，在三组团污水处理资产收购中，杭州余杭污水处理有限公司已投入三组团污水处理厂的自有资金的利息补偿款4053582.69元产生的所得税为1013395.67元，由杭州余杭水务有限公司支付给杭州余杭污水处理有限公司，由杭州余杭污水处理有限公司按规定缴纳相关税金。

2．实物交接

2008年1月18日—22日，杭州余杭城市排水有限责任公司、杭州余杭供水集团公司和杭州余杭污水处理有限公司（原BOT项目建设业主）三方派代表，分别对塘栖、良渚、余杭三座污水处理厂的实物量进行清点核实，对污水处理厂的机电设备和各类仪表的运行进行现场调试。

在资产清点核实和设备调试后，塘栖、良渚、余杭三座污水处理厂的设施、设备由杭州余杭供水集团公司接收。三座污水处理厂的资产清点和设备调试情况，记载在2008年6月2日由余杭区国有资产管理委员会办公室主持召开，余杭区建设局、杭州余杭城市建设集团有限公司、杭州市余杭区排水管理办公室、杭州余杭城市排水有限责任公司和杭州余杭供水集团公司负责人参加的杭州余杭城市排水有限责任公司交接会议上签署的“交接纪要”的附件之中。

3．资料交接

塘栖、良渚、余杭三座污水处理厂的工程建设资料和设备技术资料于2008年2月1日和2月29日进行了交接，部分工程建设施工图、竣工图和污水处理厂PLC程序、编程软件等软件资料在3月6日进行交接。资料交接清单记载在“杭州余杭城市排水有限责任公司交接纪要”的附件之中。

4．运行管理交接

塘栖污水处理厂　由于设计建造时的工艺与设备是以处理生活污水为主，但在污水厂交接时，实际收集处理的是以工业污水为主，加上部分企业的污水超标排放，经处理后的污水，没有达到设计要求，在交接时仍是超标排放。

良渚、余杭污水处理厂　由于该二厂在交接时的进网污水量少，不能满足调试的要求，交接时仍处于待调试运行阶段。

污水收集和处理量　交接时三座污水处理厂收集处理污水量为0.85万吨/日。其中，塘栖污水处理厂0.4万吨/日（一期规模为1万吨/日）、良渚污水处理厂0.15万吨/日（一期规模为2万吨/日）、余杭污水处理厂0.3万吨/日（一期规模为1.5万吨/日）。

第七节　工程审计

杭州余杭水务有限公司建设的各项污水工程（含截污纳管工程），严格按照工程建设制度和财务管理制度的相关规定，各竣工项目均报送区财政局、审计局或社会审计机构审计，按审计结果与施工单位结算。自2008年至2012年已审计污水工程（含截污纳管工程）200项（招标项目），合同总价56257.8173万元，送审价70914.1255万元，审定价60980.9192万元，核减9933.2063万元，核减率14.01%，通过审计，为国家节约了建设资金。2008年—2012年污水工程审计概况见附表5－4。

表 5-4　2008 年—2012 年杭州余杭水务有限公司排（污）水工程审计概况

审计年份	审计项目（个）	合同价（万元）	送审价（万元）	审定价（万元）	核　减（万元）	核减率（1%）
2008 年	11	1885.1025	2096.3004	1777.1523	319.1481	15.22
2009 年	38	5391.8702	7311.7816	6351.2005	960.5811	13.14
2010 年	43	10982.9505	16052.8704	13410.0095	2642.8609	16.46
2011 年	41	14757.1533	15102.1445	13140.8337	1961.3108	12.89
2012 年	67	23240.7408	30351.0286	26301.7232	4049.3054	13.34
合计	200	56257.8173	70914.1255	60980.9192	9933.2063	14.01

注：1. 审计项目个数为招标项目个数。

2. 2008 年—2009 年中有 11 个项目缺合同价，以送审价代合同价汇总

第三章　排（污）水设施

排（污）水设施分为污水处理厂、污水泵站和排（污）水管网。余杭区城镇污水处理厂已建成塘栖、崇贤、良渚、余杭和余杭经济开发区印染区块污水处理厂等5座，在建的有临平污水处理厂；已建污水泵站96座（其中井式泵站41座），污水调节池3座；敷设不同管径的污水管道718.59千米。至2012年，余杭区污水收集处理能力为34.5万吨/日，其中，收集污水输送到七格污水处理厂的污水20万吨/日。

第一节　污水处理厂

一、七格污水处理厂（临平污水排江工程的合建部分）

七格污水处理厂位于杭州市经济技术开发区迎宾路南侧、下沙七格村内。该厂一期工程由杭州市七格污水处理厂项目与余杭市污水处理项目（临平污水治理排江工程）组成，两个项目按照杭州市人民政府与余杭市人民政府签订的“统一规划、统一设计、统一建设、统一管理”的原则，由杭州市七格污水处理厂工程建设指挥部统一管理建设。

在余杭与杭州合建七格污水处理厂前，浙江省计划与经济委员会批复临平污水治理排江工程七格污水处理厂工程建设规模为6万吨/日。

合建的七格污水处理厂（一期工程）项目承担杭州市北部地区、下沙经济开发区和余杭临平区块的污水处理。一期工程设计建设规模合计为40万吨/日，其中，杭州市一期工程建设规模30万吨/日，余杭市一期工程建设规模中构筑物按10万吨/日一次建成，厂部分工程（污水处理设施）为5万吨/日。

七格污水处理厂一期工程于2000年12月开工建设，其中，余杭市部分的污水处理设施于2001年11月通水试运行，杭州市部分污水处理设施于2003年7月8日通水试运行，2004年11月3日正式投产运行。污水处理采用有脱氧除磷功能的A/A/O法生物处理工艺，出水水质按《城镇污水处理厂污染物排放标准》（GB18918-2002）中一级标准的B级执行。污水经二级生物处理后，尾水通过排江管道排入钱塘江。一期工程投资总概算7.71亿元，其中：杭州市部分工程概算6.95亿元（含进厂主干管），余杭市部分工程概算0.76亿元（厂区）。七格污水处理厂二期（60万吨/日）、三期（120万吨/日）的扩建工程由均杭州市政府投资建设。

杭州七格污水处理厂（一期）工程在全面通水试运行前，余杭市先后投入建设资金4231万元，其中，（1）1996年3月，在合建七格污水处理厂之前，余杭市在七格征用了污水处理厂建设用地 54670 平方米（82 亩），经 2000 年 11 月杭州市建设委员会与余杭市人民政府签订的协议，已征的土地作价 631 万元；（2）余杭市临平污水治理排江工程办公室直接支付污水处理厂建设的工程款合计 1123 万元（截至 2002 年 3 月 31 日），后经杭州市七格污水处理厂工程指挥部确认为 1100 万元；（3）2002 年 5 月、7 月、11 月、12 月与 2003 年 6 月，余杭区临平污水治理排江工程办公室先后分五次，每次 500 万元，共 2500 万元划入杭州市七格污水处理工程指挥部账户。

2004 年 5 月，杭州市成立杭州七格污水处理项目招商小组，对厂区全部资产（含余杭合建部分）按 TOT 模式（转让—运营—移交）进行招商转让。余杭已投入到七格污水处理厂的建设资金全部退回，从而七格污水处理厂由杭州市政府全额投资建设。

2006 年 2 月 11 日，七格污水处理厂一、二期项目（60 万吨/日）以 85815 万元人民币，按 TOT 模式转让给天津创业环保股份有限公司，经营期限 25 年。杭州市城市建设资产经营有限公司与天津创业环保股份有限公司按 3：7 的合资比例成立项目公司——杭州天创水务有限公司，共同出资受让该项目并接手污水厂的运营及维护工作。特许经营 25 年后，将七格污水处理厂无偿移交给杭州市城市管理办公室或其指定的机构。

按照杭州七格污水处理厂特许权转让的“TOT”合同，杭州市排水有限公司向杭州天创水务有限公司提供的污水包括余杭区临平污水系统收集的污水。2006 年 7 月 1 日，杭州市排水有限公司与杭州余杭城市排水有限责任公司签署了《污水处理服务协议》，核定余杭输入到杭州七格污水厂处理的污水量为 10 万吨/日，其中，日均基本污水量为 4.5 万吨（2011 年调整为 6.5 万吨），如运行当年实际交接的污水量不足 4.5（6.5）万吨时，按 4.5（6.5）万吨计付污水处理费。同时，对进水水质作了严格规定，按日检水质生化需氧量（BOD_5）、化学需氧量（CODCR）、悬浮物（SS）、氨氮（以 NH3 - N 计）、总磷（以 P 计）等五项污染指标值的高低，分别确定污水处理费的价格。其中，基本水价为 0.836 元/吨（进水水质的五项指标均不超过污水处理厂设计标准的 10%时），改进水价为 0.883 元/吨（进水水质五项措施，超过设计标准的 10%，但分别不超过 30%、60%或 100%时）；当进水水质的五项指标在超过改进水价水质指标的上限时，再另行补偿因水质严重超标而增加的运行成本费及承担当污水厂出水超标排放而向政府部门支付的罚金。

2008 年 3 月 17 日，杭州市政府副秘书王光荣受市委常委、副市长杨戍标委托，主持召开关于临平污水南排工程建设有关问题的专题会议，会议同意临平副城进入杭州七格污水处理厂的污水容量增加至 20 万吨/日。

2010 年 10 月 11 日，杭州市排水有限公司根据杭州市物价局《关于杭州天创水务有限公司污水处理价格的复函》，将处理余杭污水的基础价格由 0.836 元/吨，调整为 0.847 元/吨，改进水价由 0.883 元/吨，调整为 0.894 元，调整时间从 2009 年 1 月 1 日起执行。

二、塘栖污水处理厂

塘栖污水处理厂位于塘栖镇李家桥村，占地面积 37270 平方米（55.9 亩）。

塘栖污水处理厂一期工程建成规模为1万吨/日（BOT项目，批复规模为2万吨/日），于2003年5月开工建设，2007年1月投入试运行，2007年6月竣工。二期扩建新增规模3万吨/日（批复新增规模为2.98万吨/日），于2008年3月开工建设，2008年12月试投入运行，2009年5月竣工，污水处理能力提高到4.0万吨/日。

图5－5　塘栖污水处理厂

塘栖污水处理厂主要处理塘栖规划城区、塘栖工业区和仁和街道（镇）大运河工业区范围的工业废水和生活污水。在二期扩建工程竣工后，同时处理临平第二污水系统收集于余杭经济开发区和杭州钱江经济开发区等区块的污水。

2011年1月18日，塘栖、崇贤污水南排工程塘栖片通水，塘栖污水处理厂暂停运行。

1．处理工艺

塘栖污水处理厂污水处理采用SBR氧化沟工艺，二期扩建时采用MSBR。处理后的尾水受纳水体为大运河，出水水质按《城镇污水处理厂污染物排放标准》（GB18918－2002）一级标准的B级执行（含一期工程和二期工程）。污水处理流程为：

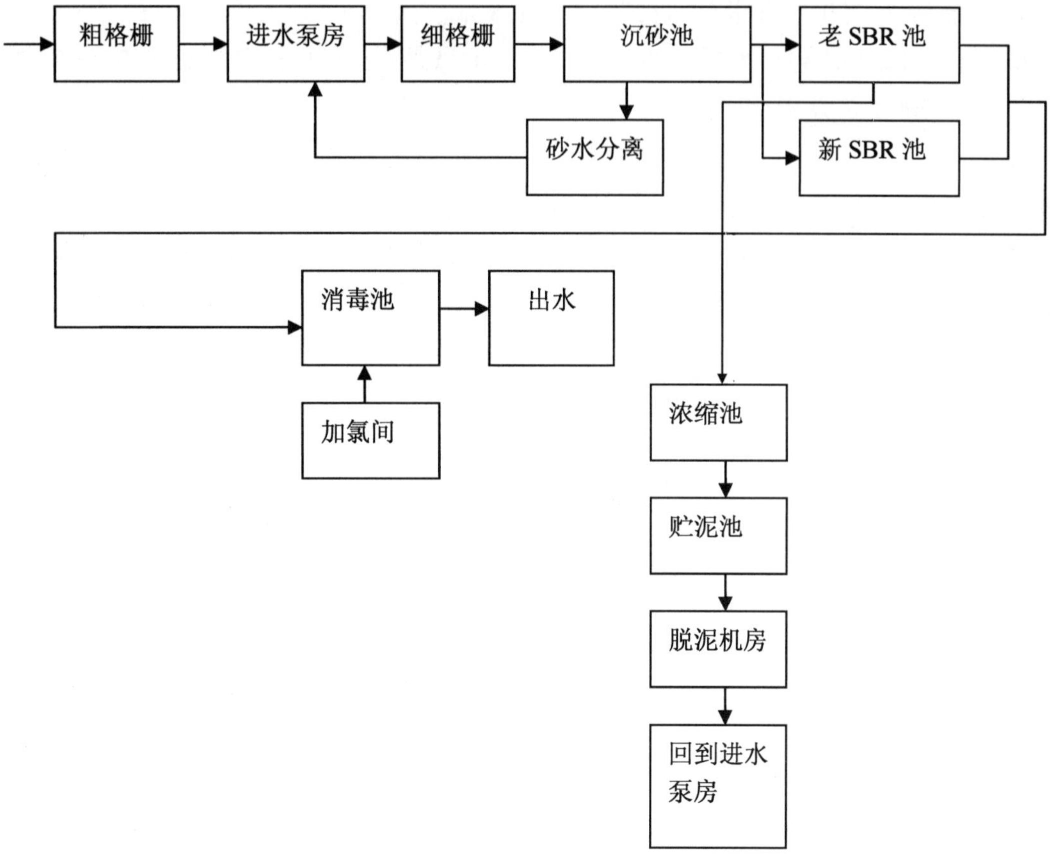

图 5-6　塘栖污水处理厂旋流沉砂池

图 5-7　塘栖污水处理厂储泥池

2. 主要设备（现保留设备）

高低配系统　具有双路高压进线，主线为新华 203，备线为龙光，变压器 2 台，容量分别为 1250 千伏安和 1250 千伏安。

格栅机　有格栅机 4 台，其中粗格栅 2 台，间隙为 15 毫米，配套电机功率 1.5 千瓦；细格栅 2 台，间隙为 1.5 毫米，配套电机功率 1.5 千瓦。

进水潜污泵　有进水潜污泵 4 台，其中 4 号潜污泵（变频）额定功率为 45 千瓦，额定流量为 720 立方米/小时，扬程 14.5 米；其余 1 号、2 号、3 号潜污泵软启动额定功率为 45 千瓦，额定流量为 720 立方米/小时，扬程 14.5 米。

鼓风机　有鼓风机 4 台，1 号、2 号、3 号、4 号鼓风机（变频）额定功率为 200 千瓦，额定流量为 7000 立方米/小时。

剩余污泥泵　有剩余污泥泵 8 台，1 号～8 号剩余污泥泵（否变频）额定功率为 2.5 千瓦，额定流量为 200 立方米/小时，扬程 9 米。

加药计量泵　有加药计量泵 8 台，其中投加矾药剂计量泵（变频）4 台，额定功率为 0.75 千瓦，额定流量为 0.75 立方米/小时，扬程 1 米；投加脱色机药剂计量泵（否变频）4 台，额定功率为 0.75 千瓦，额定流量为 0.75 立方米/小时，扬程 1 米。

污泥浓缩脱水一体机　有污泥浓缩脱水一体机 2 台，额定功率为 50 千瓦，最大进泥量为 50 立方米/小时。

污泥进料泵（螺杆泵）　有污泥进料泵 2 台，额定功率为 7.5 千瓦。

三、崇贤污水处理厂

崇贤污水处理厂位于崇贤镇大安村，占地面积 33000 平方米（49.5 亩）。

崇贤污水处理厂设计规模为 2 万吨/日，于 2008 年 4 月开工建设，2009 年 3 月 12 日投入试运行。崇贤污水管网工程于 2008 年 1 月开工建设，2009 年 7 月竣工，崇贤污水处理工程全面投入运行。

崇贤污水处理厂主要处理崇贤街道（镇）范围内的工业废水和生活污水。

2011年7月13日，塘栖、崇贤污水南排工程竣工，崇贤街道（镇）大部分污水通过南排输送至七格污水处理厂处理，崇贤污水处理厂保留处理量为0.3万吨/每立方米～0.5万吨/日左右。

图5－8　崇贤污水处理厂

1．处理工艺

崇贤污水处理厂污水处理采用沉砂＋初沉淀池＋水解酸化＋生物处理＋絮凝过滤＋消毒的工艺，处理后尾水受纳水体为大运河。出水水质按《城镇污水处理厂污染物排放标准》（GB18918－2002）一级标准的A级执行。污水处理工艺流程为：

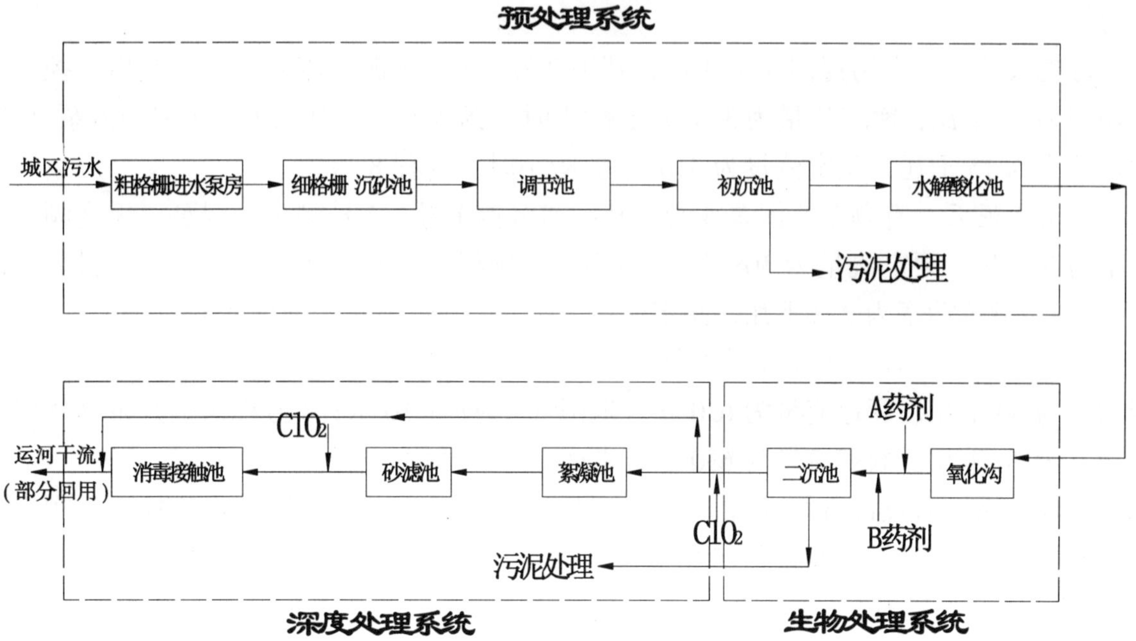

2．主要设备

高低配系统　具有2路高压进线，主线为大安831线，备线为梅湾146线，变压器2台，容量分别为1000千伏安和1000千伏安。

格栅机　有格栅机4台，其中粗格栅2台，间隙为15毫米，配套电机功率1.1千瓦；转鼓式格栅2台，间隙为5毫米，配套电机功率1.5千瓦。

进水潜污泵　有进水潜污泵4台，其中1号、2号潜污泵（厂区进水泵变频软启一控二）额定功率为45千瓦，额定流量为630立方米/小时，扬程16米；3号、4号潜污泵（南排泵一台变频一台软启）额定功率为 55 千瓦，额定流量为 630 立方米/小时，扬程 20 米。

图 5-9　崇贤污水处理厂氧化沟

图 5-10　崇贤污水处理厂二沉池

鼓风机　有鼓风机 5 台，其中 1 号、2 号、3 号多级离心鼓风机（变频）额定功率为 200 千瓦，4 号、5 号罗茨鼓风机（软启）额定功率为 75 千瓦，额定流量为 2520 立方米/小时。

污泥回流泵　有污泥回流泵 3 台，其中 2 号、3 号污泥回流泵（变频软启一控二）额定功率为 15 千瓦，额定流量为 310 立方米/小时，扬程 8 米；其余 1 号污泥回流泵（软启）额定功率为 15 千瓦，额定流量为 310 立方米/小时，扬程 8 米。

剩余污泥泵　有剩余污泥泵 4 台，其中初沉池 1 号、2 号剩余污泥泵（无变频）额定功率为 3 千瓦，额定流量为 108 立方米/小时，扬程 7 米；二沉池 1 号、2 号剩余污泥泵（无变频）额定功率为 2.2 千瓦，额定流量为 35 立方米/小时，扬程 9 米。

二次提升泵　有二次提升泵 3 台，其中 2 号、3 号二次提升泵（变频软启一控二）额定功率为 30 千瓦，额定流量为 630 立方米/小时，扬程 10 米；1 号二次提升泵（软启）额定功率为 30 千瓦，额定流量为 630 立方米/小时，扬程 10 米。

反冲洗泵　有反冲洗泵 3 台，其中 2 号、3 号反冲洗泵（变频软启一控二）额定功率为 45 千瓦，额定流量为 630 立方米/小时，扬程 13 米；1 号反冲洗泵（软启）额定功率为 45 千瓦，额定流量为 630 立方米/小时，扬程 13 米。

加药计量泵　有加药计量泵 15 台，其中投加 A 药剂、B 药剂计量泵（变频）6 台，额定功率为 0.75 千瓦，额定流量为 0.75 立方米/小时，压力 0.3 兆帕；投加硫酸亚铁药剂计量泵（变频）3 台，额定功率为 0.75 千瓦，额定流量为 1 立方米/小时，压力 0.3 兆帕；盐酸药剂计量泵（变频）3 台，额定功率为 0.75 千瓦，额定流量为 1 立方米/小时，压力 0.3 兆帕；PAM 加药泵（变频）3 台，额定功率为 0.75 千瓦，额定流量为 0.583 立方米/小时，压力 0.7 兆帕。

出水提升泵　有出水提升泵 3 台，其中 2 号、3 号出水提升泵（变频软启一控二）额定功率为 75 千瓦，额定流量为 630 立方米/小时，扬程 25 米；1 号出水提升泵（软启）额定功率为 75 千瓦，额定流量为 630 立方米/小时，扬程 25 米。

污泥浓缩脱水一体机　有污泥浓缩脱水一体机2台，额定功率为55千瓦，最大进泥量为50立方米/小时。

污泥进料泵（螺杆泵）　有污泥进料泵2台，额定功率为11千瓦。

罗茨风机　有罗茨风机2台，1号、2号罗茨风机额定功率为55千瓦，额定流量为2520立方米/小时。

四、良渚污水处理厂

良渚污水处理厂位于良渚镇东北侧、良渚港东侧，占地面积（二期合计）57558平方米（86.33亩）。

良渚污水处理厂一期规模为2万吨/日，于2003年9月开工建设，2008年1月1日投入试运行，2008年6月竣工；二期扩建新增规模2.0万吨/日，于2010年9月开工建成，2012年9月投入试运行，2013年3月竣工，污水处理能力提高到4.0万吨/日。

图5－11　良渚污水处理厂进水泵站

良渚污水处理厂主要处理良渚街道（镇）、瓶窑镇及仁和街道（镇）云会片、獐山片范围内的工业废水与生活污水。

1. 处理工艺

良渚污水处理厂污水采用二级生物处理，一期工艺采用DE氧化沟处理。二期扩建，新建4.0万吨/日规模深度处理设施，采用脱氧除磷双沟式氧化钩＋曝气生物滤池＋絮凝沉淀过滤的处理工艺。处理后尾水受纳水体为良渚港，出水水质一期按《城镇污水处理厂污染物排放标准》（GB18918－2002）一级标准的B级执行，二期扩建后出水水质排放执行一级A标准。二期污水处理工艺流程为：

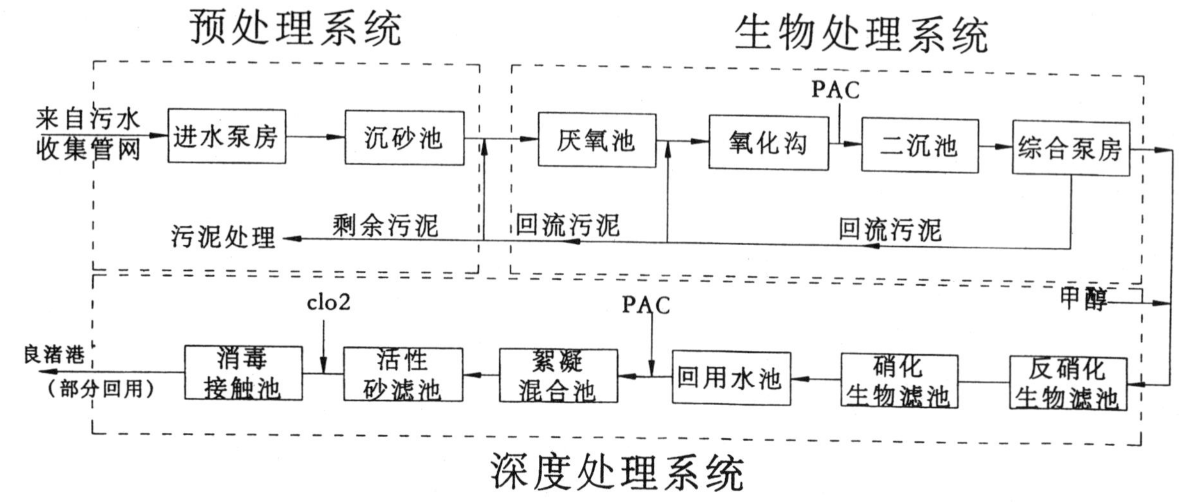

图 5－12　良渚污水处理厂二沉池

2．主要设备

高低配系统　具有双路高压进线，主线为农校线 413 线，备线为排污变分线，变压器 2 台，容量各为 500 千伏安和 500 千伏安。

格栅机　有格栅机 4 台，其中粗格栅 2 台，间隙为 15 毫米，配套电机功率 1.1 千瓦；细格栅 2 台，间隙为 5 毫米，配套电机功率 0.75 千瓦。

进水潜污泵　有进水潜污泵 3 台，额定流量为 420 立方米/小时，扬程 17 米；额定功率为 30 千瓦。

转刷曝气机　有转刷曝气机 12 台，其中，1、3、5、7、9、11 号转刷曝气机额定功率为 37 千瓦，转刷直径 1000 毫米，充氧效率 1.8 公斤/千瓦时充氧量；其余 2、4、6、8、10、12 号转刷曝气机额定功率为 32 千瓦～26 千瓦，转刷直径 1000 毫米，充氧效率 1.8 公斤/千瓦时充氧量。

潜水曝气搅拌机　有潜水曝气搅拌机 2 台，额定功率为 4 千瓦。

污泥回流泵　有污泥回流泵 3 台，回流泵（无变频）额定功率为 15 千瓦，额定流量为 420 立方米/小时，扬程 7.5 米。

剩余污泥泵　共有剩余污泥泵 2 台（无变频），额定功率为 0.75 千瓦，额定流量为 15 立方米/小时，扬程 7 米。

加药计量泵　投加聚丙烯酰胺药剂计量泵（变频）4 台，额定功率为 1.5 千瓦。

污泥浓缩脱水一体机　有污泥浓缩脱水一体机 2 台，额定功率分别为 45、5.5 千瓦，45 千瓦的最大进泥量为 41 立方米/小时。

污泥进料泵（螺杆泵）　有污泥进料泵 2 台，额定功率为 11、2.2 千瓦。

罗茨风机　有罗茨风机 2 台，额定功率为 7.5 千瓦，额定流量为 8.08 立方米/分钟。

五、余杭污水处理厂

余杭污水处理厂位于余杭街道（镇）金星村，东西大道西侧、余杭塘河南侧，占地面积（二期合计）62330 平方米（93.5 亩）。

图 5－13　余杭污水处理厂高压配电间

余杭污水处理厂一期规模为3万吨/日，其中，先建的1.5万吨/日（BOT项目）于2003年9月开工建设，2007年9月14日投入试运行；续建的1.5万吨/日，于2009年3月开工建设，2009年12月竣工。二期扩建新增规模1.5万吨/日，于2009年12月开工建设，2011年10月投入试运行，2012年5月15日通过竣工验收，污水处理能力提高到4.5万吨/日。

余杭污水处理厂一期工程主要处理余杭街道（镇）、仓前街道（镇）、闲林街道（镇）、中泰街道（乡）和五常街道范围内的工业废水和生活污水。二期扩建工程竣工后，同时还处理由径山镇、黄湖镇、百丈镇、鸬鸟镇输送来的污水。

1．处理工艺

余杭污水处理厂一期工程污水处理采用DE氧化沟工艺，二期扩建新建4.5万吨/日规模深度处理设施进行深度处理。处理尾水受纳水体为余杭塘河，出水水质一期按《城镇污水处理厂污染物排放标准》（GB18918－2002）一级标准的B级执行，二期出水水质排放执行一级A标准。二期处理工艺流程为：

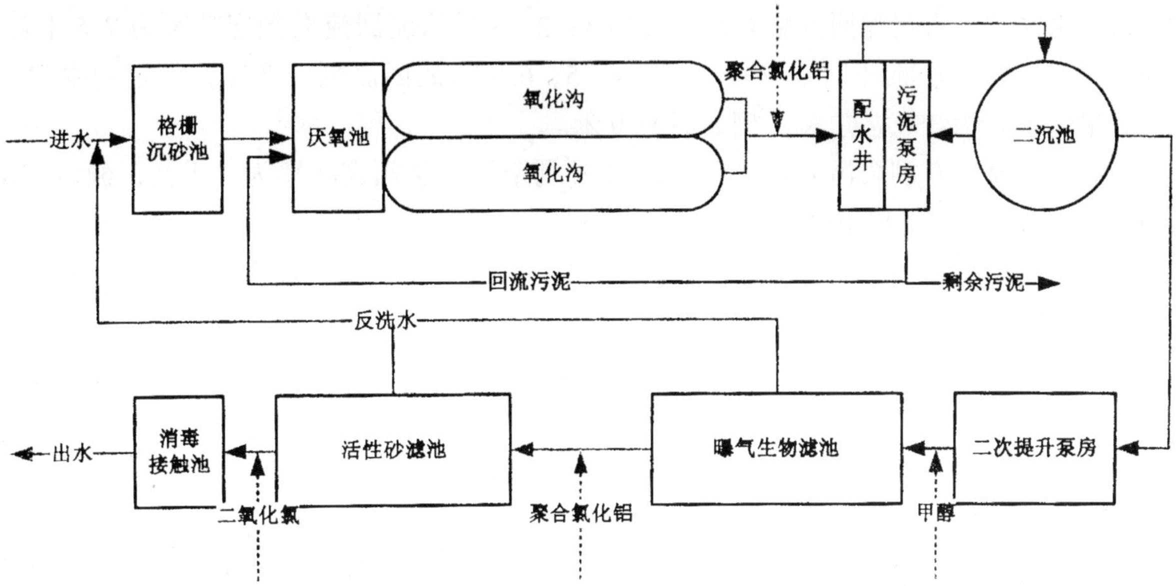

2．主要设备

高低配系统　具有1路高压进线，主线为华美496线，变压器4台，容量分别为1250千伏安（新两台）和800千伏安（旧两台）。

图 5－14　余杭污水处理厂氧化沟

图 5－15　余杭污水处理厂调节池

格栅机　有格栅机 4 台，其中粗格栅 2 台，间隙为 15 毫米，配套电机功率 1.1 千瓦；细格栅 2 台，间隙为 5 毫米，配套电机功率 0.75 千瓦。

进水潜污泵　有进水潜污泵 4 台，1、2、3、4 号潜污泵（变频）额定功率为 45 千瓦，额定流量为 650 立方米/小时，扬程 17 米。

转刷曝气机　有转刷曝气机 8 台，其中 1、3、5、7 号转刷曝气机额定功率为 37 千瓦，转刷直径 1020 毫米，充氧效率 1.8 公斤/千瓦时充氧量；2、4、6、8 号转刷曝气机额定功率为 32/26 千瓦，转刷直径 1020 毫米，充氧效率 1.8 公斤/千瓦时充氧量。

转碟曝气机　共有转碟曝气机 8 台，1、2、3、4、5、6、7、8 号转碟曝气机（变频）额定功率为 37 千瓦，转碟直径 1550 毫米，充氧效率 1.8 公斤/千瓦时充氧量。

污泥回流泵　有污泥回流泵 6 台，其中 1、2、3 号污泥回流泵额定功率为 7.5 千瓦，额定流量为 300 立方米/小时，扬程 9 米；4、5、6 号污泥回流泵（变频）额定功率为 11 千瓦，额定流量为 350 立方米/小时，扬程 9 米。

剩余污泥泵　有剩余污泥泵 2 台，1、2 号剩余污泥泵额定功率为 3 千瓦，额定流量为 30 立方米/小时，扬程 10 米。

污泥浓缩脱水一体机　有污泥浓缩脱水一体机 2 台，（变频）额定功率为 45 千瓦，最大进泥量为 50 立方米/小时。

污泥进料泵（螺杆泵）　有污泥进料泵 2 台，1、2 号进料泵（变频）额定功率为 11 千瓦，额定流量为 43 立方米/小时，扬程为 20 米。

罗茨风机　有罗茨风机 2 台，1、2 号罗茨风机额定功率为 7.5 千瓦，额定流量为 8.08 立方米/小时。

污泥加药泵（螺杆泵）　有污泥加药泵 4 台，1、2、3 号加药泵（变频）额定功率为 1.1 千瓦，额定流量为 0.85 立方米/小时，扬程为 60 米，4 号加药泵（变频）额定功率为 0.75 千瓦，额定流量为 0.5 立方米/小时，扬程为 60 米。

污泥切割机　有污泥切割泵 2 台，1、2 号切割泵（变频）额定功率为 1.5 千瓦，额定流量为 50 立方米/小时。

六、余杭经济技术开发区印染区块污水处理厂

图 5-16 余杭经济技术开发区印染区块污水处理厂

余杭经济技术开发区印染区块污水处理厂是开发区印染区块各企业废水的预处理厂，位于余杭经济技术开发区内五洲路以北、新丝路以东，占地面积40000平方米（60亩）。

余杭经济技术开发区印染区块污水处理厂，设计总规模为4万吨/日，一期工程2万吨/日，于2008年9月开工建设，2010年3月9日投入试运行。

余杭经济技术开发区印染区块污水处理厂主要处理余杭经济技术开发区印染区块范围内的工业废水及生活污水，经预处理后的污水排入临平污水南排管道，输送到七格污水处理厂再处理。

1. 处理工艺

余杭经济技术开发区印染区块污水处理厂污水处理工艺采用前处理+生化处理+物化处理，经预处理后污水排入临平污水南排管道，排放标准达到《污水排入城市下水道水质标准》（CJ343-2010）B等级。污水处理工艺为活性污泥法，处理流程为：

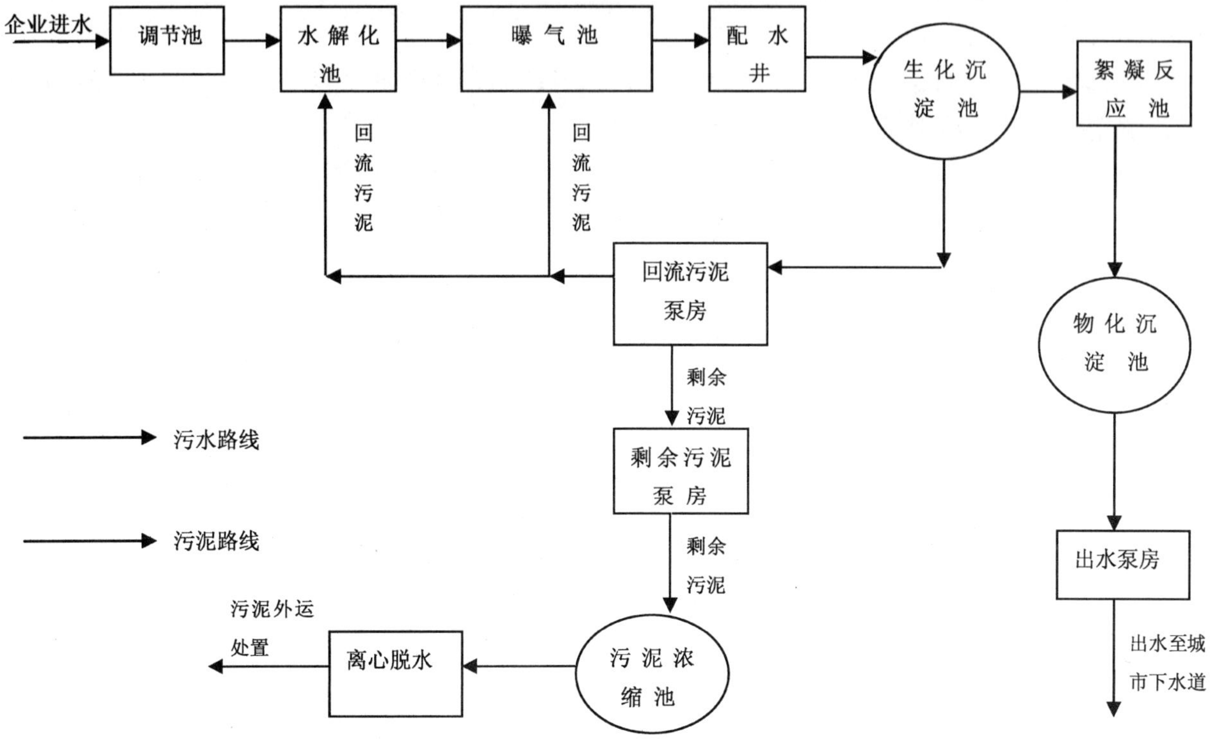

图 5－17　余杭经济技术开发区印染区块污水处理厂生化沉淀池

图 5－18　余杭经济技术开发区印染区块污水处理厂调节池

2．主要设备

高低配系统　具有 2 路高压进线，主线为临界 932，备线为洲宁 931，变压器 1 台，容量为 1000 千伏安。其余一台 1000 千伏安已报停。

格栅机　有格栅机 2 台，转鼓式格栅 2 台，间隙为 0.78 毫米，配套电机功率 1.5 千瓦。

进水潜污泵　有进水潜污泵 2 台，1 号、2 号潜污泵（是变频）额定功率为 30 千瓦，额定流量为 540 立方米/小时，扬程 12 米。

鼓风机　有鼓风机 3 台，1 号、2 号、3 号鼓风机（变频）额定功率为 124 千瓦，额定流量为 85 立方米/小时。

潜水曝气搅拌机　有潜水曝气搅拌机 4 台，1 号、2 号、3 号、4 号潜水曝气搅拌机额定功率为 30 千瓦。

污泥回流泵　有污泥回流泵 2 台，1 号、2 号污泥回流泵（变频）额定功率为 30 千瓦，额定流量为 920 立方米/小时，扬程 6 米。

剩余污泥泵　有剩余污泥泵 5 台，其中 1 号、4 号剩余污泥泵（变频）额定功率为 2.2 千瓦，额定流量为 15 立方米/小时，扬程 10 米；3 号剩余污泥泵（是变频）额定功率为 5.5 千瓦，额定流量为 80 立方米/小时，扬程 9 米等；2 号、5 号剩余污泥泵（是变频）额定功率为 7.5 千瓦，额定流量为 100 立方米/小时，扬程 12 米。

二次提升泵（污水提升井）　提升泵 2 台，1 号、2 号提升泵（变频）额定功率为 5.5 千瓦，额定流量为 60 立方米/小时，扬程 10 米。

加药计量泵（隔膜式计量泵）　有加药计量泵 9 台，其中，投加盐酸药剂计量泵（变频）3 台，额定功率为 0.75 千瓦，额定流量为 1 立方米/小时；投加脱色剂药剂计量泵（变频）3 台，额定功率为 0.75 千瓦，额定流量为 1 立方米/小时；投加聚合氯化铝药剂计量泵（是变频）3 台，额定功率为 0.75 千瓦，额定流量为 1 立方米/小时。

出水提升泵　有出水提升泵 3 台，其中 1 号出水提升泵（变频）额定功率为 30 千瓦，额定流量为 540 立方米/小时，扬程 10 米；2 号、3 号出水提升泵（不是变频）额定功率为 30 千瓦，额定流量为 540 立方米/小时，扬程 10 米。

污泥浓缩脱水一体机　有污泥浓缩脱水一体机2台，额定功率为37千瓦，最大进泥量为40立方米/小时。

污泥进料泵（螺杆泵）　有污泥进料泵3台，额定功率为7.5千瓦；切割机共有3台，额定功率为3千瓦（2用1备，备用的未安装）。进料量70立方米/小时。加药螺杆泵共有2台，额定功率为1.5千瓦。

七、临平污水处理厂（临平净水厂）

临平污水处理厂（临平净水厂）为在建项目。

2009年4月24日浙江省发展和改革委员会批复临平污水处理厂一期工程的项目建议书，2011年6月3日批复一期工程的可行性研究报告，2011年12月16日批复一期工程的初步设计。

临平污水处理厂设计总规模为40万吨/日，其中一期工程为20万吨/日。厂址位于余杭区南苑街道杭浦高速公路以南、老杭海路以北、规划运河二通道以东，项目总用地17.53公顷（263亩），核定工程概算124584.94万元。

临平污水处理厂采用“水解池十多点进水倒置A/A/O+絮凝沉淀+纤维过滤+紫外线消毒”的三级污水处理工艺。污泥采用机械浓缩脱水、超圆盘干化的处理工艺。

2015年，临平污水处理厂调整为建设地埋式污水处理厂（临平净水厂），选址于沪杭高速公路以南，东湖路以西地块，占地6.21公顷（93.2亩），新建规模20万吨/日，污水处理工艺为膜生物反应器（MBR），投资估算14亿元，计划2018年工程竣工。

2012年12月开工建设的临平污水厂（临平净水厂）排江管道工程，位于钱塘江七堡弯道内，尾水排放管道总长10.54米，管径为DN1800，投资概算2.91亿元。

临平污水处理厂处理后的尾水受纳水体为钱塘江，排放口位于钱塘江九堡大桥上游约1千米处。出水水质按《城镇污水处理厂污染物排放标准》（GB18918－2002）中一级标准的A级执行。

临平污水处理厂主要处理临平街道、东湖街道、南苑街道、星桥街道、乔司街道、运河街道、崇贤街道、塘栖镇、余杭经济技术开发区、杭州钱江经济开发区和下沙北片（部分）的工业废水和生活污水。

余杭区各污水处理厂概况见附表5－5。

第二节　污水泵站

一、泵站基本概况

余杭区自2005年至2013年共建设污水泵站96座（其中：井式泵站41座，包括相关部门自建3座），污水调节池3座。各污水泵站基本情况见附表5－6。

表 5－5

余杭区污水处理厂概况

污水系统	污水处理厂	规模(万吨/日) 2007 年	2010 年	2013 年	2016 年	处理工艺	接纳污水范围	出水标准	尾水受纳水体	厂址	占地面积（平方米）	建设工期	开工建设年月	投入试运行年月	竣工年月
临平污水系统	七格污水处理厂（南排污水）	6	20	20	20	A/A/O	杭州市北部地区、下沙经济开发区、余杭区临平副城	一级 B	钱塘江	杭州市经济开发区迎宾路南侧、下沙七格村	440000（660 亩，含杭州）	一期	2001.3	2001.11（临平部分）	2004.11
	余杭经济开发区印染区块污水处理厂（预处理）	—	（2）	（2）	（2）	活性污泥法	余杭经济技术开发区印染区块	B 等级	钱塘江	余杭经济开发区五洲路以北，新丝路以东	40000（60 亩）	一期	2008.9	2010.3	2010.5
	临平污水处理厂	—	—	—	（20）在建	A/A/O（三级污水处理工艺）	临平副城、下沙北片（部分）	一级 A	钱塘江	南苑街道钱塘社区，杭浦高速公路匝道南侧、老航海路北侧、规划运河二通道以东地块	175300（263 亩）	一期	2012.12（尾水排放管道）	（2015 年调整为建地埋式临平净水厂，厂址位于沪杭高速公路以南，东湖路以西地块）。	
	地埋式临平净水厂					净水工艺为膜生物反应器(MBR)					净水厂 62136（93.2 亩）				
塘栖污水系统	塘栖污水处理厂	1	4	4	4	SBR 氧化沟	塘栖镇、仁和大运河工业区	一级 B	运河	塘栖镇李家桥村	37270（55.9 亩）	一期	2003.5	2007.1	2007.6
												二期	2008.3	2008.12	2009.5
崇贤污水系统	崇贤污水处理厂	—	2	2	2	水解酸化＋氧化沟	崇贤镇	一级 A	运河	崇贤镇大安村	33000（49.5 亩）	一期	2008.1	2009.3	2009.7
良渚污水系统	良渚污水处理厂	0	2	4	7（三期扩建）	DE 氧化沟	瓶窑镇、良渚镇、仁和镇（部分）	一级 B	良渚港	良渚镇东北侧、良渚港东侧	37330（56 亩）	一期	2003.9	2008.1	2008.6
								一级 A				二期	2010.90	2012.9	2013.5
								一级 A				三期	2014.11	—	计划 2016
余杭污水系统（含西部四镇）	余杭污水处理厂	1.5	3	4.5	6.0（三期扩建）	DE 氧化沟	余杭镇、仓前镇、闲林镇、中泰乡、五常街道、径山镇、黄湖镇、百丈镇、鸬鸟镇	一级 B	余杭塘河	余杭镇金星村、东西大道西侧，余杭塘河南侧	62330（93.5 亩）	一期	2003.9	2007.9	
													2009.3	—	2009.12
								一级 A				二期	2009.12	2011.10	2012.5
								一级 A				三期	2014.11	—	计划 2016
合计	—	8.5	31	34.5	39	—	余区各镇乡、街道（不含农村生活污水）	—	—	—	—	—	—	—	—

注：出水标准：七格、临平、塘栖、崇贤、良渚、余杭污水处理厂执行《城镇污水处理厂污染物排放标准》（GB18918－2002）；余杭经济开发区印染区块污水（预）处理厂执行《污水排入城市下水道水质标准》（CJ343－2010）

二、主要泵站设备

1．临平污水系统泵站

临平污水总泵站　详见683页。

临平3号泵站　具有1路高压进线，为枣树线；变压器2台，容量均为250千伏安。配置潜污泵4台，其中3号潜污泵（变频）额定功率为37千瓦，额定流量为1500立方米/小时，扬程6米；1号、2号、4号潜污泵（软启）额定功率为37千瓦，额定流量为1500立方米/小时，扬程6米。

临平4号泵站（五洲路泵站）　具有2路高压进线，主线为建兴线，备线为小林线，变压器2台，容量均为800千伏安。配置潜污泵6台，其中5号、6号潜污泵（变频）额定功率为132千瓦，额定流量为850立方米/小时，扬程30米；1号、2号、3号、4号潜污泵（软启）额定功率为185千瓦，额定流量为1540立方米/小时，扬程30米。

图5－19　临平4号泵站

临平5号泵站（道古寺泵站）　具有2路高压进线，主线为小林线，备线为星光线，变压器1台，容量为315千伏安。配置潜污泵6台，其中1号潜污泵（变频）额定功率为55千瓦，额定流量为756立方米/小时，扬程17米；其余2号、3号、4号、5号、6号潜污泵（软启）额定功率为55千瓦，额定流量为756立方米/小时，扬程17米。

东湖路泵站　具有2路高压进线，主线为长恒线，备线为恒达线，变压器2台，容量均为315千伏安。配置潜污泵6台，其中1号、4号潜污泵（变频、软起两用）额定功率为37千瓦，额定流量为710立方米/小时，扬程11米；3号、6号潜污泵（软启）额定功率为37千瓦，额定流量为710立方米/小时，扬程11米。2号、5号潜污泵（软启）额定功率为75千瓦，额定流量为1407立方米/小时，扬程12米。

振兴路泵站　具有2路高压进线，主线为振西164线，备线为荷花174线；变压器2台，容量均为200千伏安和200千伏安。配置潜污泵5台，其中1号潜污泵（变频）额定功率为37千瓦，额定流量为710立方米/小时，扬程11米；2号、4号潜污泵（软启）额定功率为37千瓦，额定流量为468立方米/小时，扬程15.5米。3号、5号潜污泵（软启）额定功率为37千瓦，额定流量为710立方米/小时，扬程11米。

人民路泵站　具有2路高压进线，主线为西环线，备线为北环线，变压器2台，容量均为400千伏安。配置潜污泵2台，1号、2号潜污泵（变频）额定功率为15千瓦，额定流量为260立方米/小时，扬程9米。

天都城泵站　具有1路高压进线，为星镇082，变压器1台，容量为100千伏安。配置潜污泵3台，其中1号潜污泵（变频）额定功率为11千瓦，额定流量为224立方米/小时，扬程11米；2号、3号潜污泵（软启）额定功率为11千瓦，额定流量为224立方米/小时，扬程11米。

图5－20 天都泵站

翁梅泵站　具有2路高压进线，主线为立新线，备线为新丰线，变压器2台，容量均为315千伏安。配置潜污泵6台，其中3号潜污泵（变频）额定功率为132千瓦，额定流量为1650立方米/小时，扬程24米；4号、6号潜污泵（软启）额定功率为132千瓦，额定流量为1650立方米/小时，扬程24米；1号、2号、5号潜污泵（自耦降压）额定功率为132千瓦，额定流量为1650立方米/小时，扬程24米（2013年5月泵站关停）。

星隆路泵站　具有2路高压进线，主线为星镇082，备线为星发084；变压器1台，容量为100千伏安。配置潜污泵3台，其中1号潜污泵（变频）额定功率为11千瓦，额定流量为224立方米/小时，扬程11米2号3号潜污泵（软启）额定功率为11千瓦，额定流量为224立方米/小时，扬程11米。

图5－21 藕花洲泵站

藕花洲泵站　具有2路高压进线，主线为苏家103，备线为祥家102，变压器1台，容量为800千伏安。配置潜污泵4台，其中1号潜污泵（变频）额定功率为37千瓦，额定流量为468立方米/小时，扬程15.5米；2号潜污泵（变频）额定功率为75千瓦，额定流量为1080立方米/小时，扬程16米，3号潜污泵（软启）额定功率为75千瓦，额定流量为1080立方米/小时，扬程16米；4号潜污泵（软启）额定功率为37千瓦，额定流量为468立方米/小时，扬程15.5米。

城西泵站　具有1路高压进线，为祥村线，变压器1台，容量为160千伏安。配置潜污泵2台，其中1号潜污泵（变频）额定功率为25千瓦，额定流量为676立方米/小时，扬程8.5米；2号潜污泵（否变频）额定功率为25千瓦，额定流量为676立方米/小时，扬程8.8米。

图5－22 乔司总泵站

乔司总泵站　具有2路高压进线，主线为乔镇059，备线为翁梅060，变压器2台，容量均为1000千伏安。配置潜污泵3台，其中1号潜污泵（变频）额定功率为45千瓦，额定流量为600立方米/小时，扬程16米；2号潜污泵（变频）额定功率为45千瓦，额定流量为600立方米/小时，扬程16米；3号潜污泵（变频）额定功率为45千瓦，额定流量为600立方米/小时，扬程16米；配置立式离心泵6台，1号～6号潜污泵（变频）额定功率均为280千瓦，额定流量为3060立方米/小时，扬程22米，其中1号、6号为变频泵，其余为工频泵。

乔司南泵站　具有1路高压进线，为西园054；变压器1台，容量为160千伏安。配置潜污泵3台（工频），额定功率均为22千瓦，额定流量为340立方米/小时，扬程14米。

乔司泵站　具有2路高压进线，主线为601，备线为604，变压器2台，容量均为500千伏安。配置潜污泵2台（工频），额定功率均为22千瓦，额定流量为600立方米/小时，扬程9米；配置立式离心泵3台（变频），额定功率均为30千瓦，额定流量为600立方米/小时，扬程9米。

运河1号泵站　具有2路高压进线，主线为五杭048线，备线为新博031线，变压器1台，容量为100千伏安。配置潜污泵3台，其中1号潜污泵（变频）额定功率为11千瓦，额定流量为300立方米/小时，扬程10米；2号、3号潜污泵额定功率为11千瓦，额定流量为300立方米/小时，扬程10米。

图5－23　运河1号泵站

2．塘栖污水系统泵站

塘栖A泵站（塘栖工业区泵站）　具有双路高压进线，主线为宏畔线，备线为白河线；变压器2台，容量均为80千伏安。配置潜污泵2台，1号、2号潜污泵降压启动额定功率为30千瓦，额定流量为650立方米/小时，扬程10米。

塘栖B泵站（塘栖西河泵站）　具有双路高压进线，主线为姚家线，备线为龙光线，变压器2台，容量均为80千伏安。配置潜污泵3台，其中1号潜污泵（变频）额定功率为55千瓦，额定流量为760立方米/小时，扬程18米；2号、3号潜污泵（软启动），额定功率为55千瓦，额定流量为760立方米/小时，扬程18米。

塘栖C泵站（塘栖镇区泵站）　具有单路高压进线，为水北线；变压器1台，容量为160千伏安。配置潜污泵3台，其中2号潜污泵（变频）额定功率为18.5千瓦，额定流量为400立方米/小时，扬程9米；1号、3号潜污泵（软启动），额定功率为18.5千瓦，额定流量为400立方米/小时，扬程9米。

图5－24　塘栖C泵站

东塘泵站　具有1路高压进线，为万胜263线，变压器1台，容量为30千伏安。配置潜污泵2台，其中1号潜污泵（变频）额定功率为7.5千瓦，额定流量为216立方米/小时，扬程7米；2号潜污泵额定功率为7.5千瓦，额定流量为216立方米/小时，扬程7米。

图5－25　大运河泵站

大运河泵站　具有2路高压进线，主线为大同232线，备线为裕达225线，变压器1台，容量分别为125千伏安。配置潜污泵3台，其中1号潜污泵（变频）额定功率为15千瓦，额定流量为288立方米/小时，扬程9米；其余2号潜污泵额定功率为15千瓦，额定流量为288立方米/小时，扬程9米；3号潜污泵额定功率为15千瓦，额定流量为288立方米/小时，扬程9米。

3. 崇贤污水系统泵站

斜桥泵站　具有2路高压进线，主线为康庄834线，备线为南坝829线；变压器1台，容量为160千伏安。配置潜污泵3台，其中1号潜污泵（变频）额定功率为22千瓦，额定流量为540立方米/小时，扬程8米；2号、3号潜污泵（星三角启动）额定功率为22千瓦，额定流量为540立方米/小时，扬程8米。

向阳泵站　具有2路高压进线，主线为阳崇130线，备线为万地136线，变压器1台，容量为160千伏安。配置潜污泵3台，1号、2号、3号3台潜污泵（自耦降压启动）额定功率为22千瓦，额定流量为540立方米/小时，扬程8米。

港区泵站　具有1路高压进线，为贺塘850线，变压器1台，容量为100千伏安。配置潜污泵3台，1号、2号、3号3台潜污泵（变频）额定功率为5.5千瓦，额定流量为82.8立方米/小时，扬程10米。

4. 良渚污水系统泵站

良渚泵站　具有单路高压进线，为杜甫438泵站分线；变压器1台，容量为125千伏安。配置潜污泵3台，额定功率为15千瓦，额定流量为360立方米/小时，扬程9米。

大陆泵站　具有单路高压进线，为杜甫438泵站分线，变压器1台，容量为125千伏安。配置潜污泵3台，额定功率为7.5千瓦，额定流量为30立方米/小时，扬程9米。

勾庄老集镇泵站　具有单路高压进线，主线为二汽3550线，变压器1台，容量为100千伏安。配置潜污泵2台，额定功率为15千瓦，额定流量为58立方米/小时，扬程14米。

勾庄泵站　具有单路高压进线，为埋桥468线，变压器1台，容量为100千伏安。配置潜污泵2台，额定功率为18.5千瓦，额定流量为380立方米/小时，扬程9米。

物流园区泵站　具有单路高压进线，为贺家线；变压器1台，容量为200千伏安。配置潜污泵4台，其中3号、4号潜污泵（否变频）额定功率为7.5千瓦，额定流量为160立方米/小时，扬程9米；1号、2号潜污泵（否变频）额定功率为30千瓦，额定流量为500立方米/小时，扬程9米。

金家门泵站　具有单路高压进线，为金家门分线，变压器1台，容量为125千伏安。配置潜污泵3台，额定功率为30千瓦，额定流量为600立方米/小时，扬程10米。

良渚老集镇泵站　具有1路高压进线，为良镇4011；变压器1台，容量为100千伏安。配置潜污泵2台，1号、2号潜污泵（变频）额定功率为11千瓦，额定流量46立方米/小时，扬程15米。

安溪泵站　具有1路高压进线，为西良407线，变压器1台，容量为125千伏安。配置潜污泵2台，其中1号、2号潜污泵（变频）额定功率为18.5千瓦，额定流量为46立方米/小时，扬程20米。

图5-26　安溪泵站

东风泵站　具有2路高压进线，主线为华士270线，备线为永立270线，变压器两台，容量均为80千伏安。配置潜污泵2台，其中1号潜污泵额定功率为30千瓦，额定流量为500立方米/小时，扬程13米；2号潜污泵额定功率为30千瓦，额定流量为500立方米/小时，扬程13米。

图5-27　东风泵站

九龙泵站　具有1路高压进线，为九龙268线，变压器1台，容量为80千伏安。配置潜污泵2台，其中1号潜污泵额定功率为30千瓦，额定流量为700立方米/小时，扬程13米；2号潜污泵额定功率为30千瓦，额定流量为700立方米/小时，扬程13米。

獐山泵站　具有1路高压进线，为獐葛2602线；变压器1台，容量为125千伏安。配置潜污泵3台，其中1号潜污泵额定功率为7.5千瓦，额定流量为234立方米/小时，扬程7米等；2号潜污泵（变频）额定功率为7.5千瓦，额定流量为234立方米/小时，扬程7米；3号潜污泵额定功率为7.5千瓦，额定流量为234立方米/小时，扬程7米。

窑北泵站　具有1路高压进线，为绿源505线，变压器1台，容量为100千伏安。配置潜污泵2台，其中1号潜污泵（变频）额定功率为5.5千瓦，额定流量为83立方米/小时，扬程14米；2号潜污泵（工频）额定功率为5.5千瓦，额定流量为83立方米/小时，扬程14米。

华兴泵站　具有1路高压进线，为羊山530线，变压器1台，容量为100千伏安。配置潜污泵3台，1号、2号、3号潜污泵（工频）额定功率为15千瓦，额定流量为250立方米/小时，扬程10米。

图 5－28 瓶仓泵站

瓶仓泵站 具有 1 路高压进线，为水和 520 线，变压器 1 台，容量为 100 千伏安。配置潜污泵 3 台，1 号、2 号、3 号潜污泵（工频）额定功率为 22 千瓦，额定流量为 250 立方米/小时，扬程 17 米。

凤都泵站 具有 1 高压进线，为石西 523 线，变压器 1 台，容量为 100 千伏安。配置潜污泵 3 台，1 号、2 号、3 号潜污泵（工频）额定功率为 22 千瓦，额定流量为 250 立方米/小时，扬程 17 米。

长命泵站 具有 1 路高压进线，为胡林 538 线，变压器 1 台，容量为 80 千伏安。配置潜污泵 3 台，其中 1 号潜污泵（变频）额定功率为 11 千瓦，额定流量为 160 立方米/小时，扬程 15 米；2 号、3 号潜污泵（工频）额定功率为 11 千瓦，额定流量为 160 立方米/小时，扬程 13 米。

5．余杭污水系统泵站

石鸽泵站（8 号泵站） 具有 1 路高压进线，为余杭 703 线塌洋桥分线；变压器 1 台，容量为 125 千伏安。配置潜污泵 3 台，其中 2 号、3 号潜污泵（变频）额定功率为 15 千瓦，额定流量为 216 立方米/小时，扬程 15 米；1 号潜污泵额定功率为 15 千瓦，额定流量为 216 立方米/小时，扬程 15 米。

宝塔泵站（2 号泵站） 具有 2 路高压进线，主线为酒华 716 线，备线为同城印象开闭所Ⅱ段，变压器 1 台，容量为 80 千伏安。配置潜污泵 2 台，1 号、2 号潜污泵额定功率为 22 千瓦，额定流量为 540 立方米/小时，扬程 10 米。

图 5－29 宝塔泵站

图 5－30 溪塔泵站

溪塔泵站（1 号泵站） 具有 1 路高压进线，为仓前王家组分线；变压器 1 台，容量为 160 千伏安。配置潜污泵 3 台，其中 1 号潜污泵（变频）额定功率为 22 千瓦，额定流量为 324 立方米/小时，扬程 16 米；2 号、3 号潜污泵额定功率为 22 千瓦，额定流量为 324 立方米/小时，扬程 16 米。

义桥泵站 具有1路高压进线，为长岗706线，变压器1台，容量为100千伏安。配置潜污泵3台，其中2号潜污泵（变频）额定功率为11千瓦，额定流量为252立方米/小时，扬程10米；1号、3号潜污泵额定功率为11千瓦，额定流量为252立方米/小时，扬程10米。

义桥南泵站 具有1路高压进线，为新和776线，变压器1台，容量为125千伏安。配置潜污泵4台，其中4号潜污泵（变频）额定功率为11千瓦，额定流量为180立方米/小时，扬程11米；1号、2号、3号潜污泵额定功率为11千瓦，额定流量为180立方米/小时，扬程11米。

金星泵站（3号泵站） 具有2路高压进线，主线为仓前711线，备线为同城印象开闭所Ⅱ段，变压器1台，容量为125千伏安。配置潜污泵3台，1号、2号、3号潜污泵额定功率为18.5千瓦，额定流量为350立方米/小时，扬程10米。

高教路泵站（4号泵站） 具有1路高压进线，为陆桥788线，变压器1台，容量为100千伏安。配置潜污泵3台，其中3号潜污泵（变频）额定功率为18.5千瓦，额定流量为300立方米/小时，扬程13米；1号、2号潜污泵（否变频）额定功率为18.5千瓦，额定流量为300立方米/小时，扬程13米。

图5－31 高教路泵站

永福泵站（5号泵站） 具有2路高压进线，主线为永胜790线2号杆，备线为永福763·2号杆，变压器1台，容量为100千伏安（两路高压进线接同一变压器）。配置潜污泵3台1号、2号、3号潜污泵（否变频）额定功率为15千瓦，额定流量为288立方米/小时，扬程9米。

葛巷泵站（6号泵站） 具有2路高压进线，主线为陆桥788线，备线为邱桥783线；变压器1台，容量为100千伏安（两路高压进线接同一变压器）。配置潜污泵3台，1号、2号、3号潜污泵（否变频）额定功率为15千瓦，额定流量为288立方米/小时，扬程9米。

上文山泵站（7号泵站） 具有1路高压进线，为石鸽722线32号杆；变压器1台，容量为125千伏安。配置潜污泵3台，1号、2号、3号潜污泵（否变频）额定功率为45千瓦，额定流量为490立方米/小时，扬程13米。

五常大道泵站 配置潜污泵2台，1号、2号潜污泵（否变频），额定功率为5.5千瓦，额定流量为130立方米/小时，扬程10米。

羊锅村泵站 配置潜污泵2台，1号、2号潜污泵（否变频）额定功率为4千瓦，额定流量为97.2立方米/小时，扬程7.5米。

长乐泵站 具有2路高压进线，主线为乐东549线，备线为里鱼560线；变压器1台，容量为125千伏安。配置潜污泵3台，其中2号潜污泵（变频）额定功率为18.5千瓦，额定流量为 216 立方米/小时，扬程 16 米；1 号潜污泵，额定功率为，18.5 千瓦，额定流量为 216 立方米/小时，扬 16 米；3 号潜污泵为备用泵，额定功率为 18.5 千瓦，额定流量 216T/H，扬程 16 米。

俞家堰泵站　具有 1 路高压进线，为潘镇 543 线；变压器 1 台，容量为 100 千伏安。配置潜污泵 2 台，其中 2 号潜污泵（变频）额定功率为 11 千瓦，额定流量为 126 立方米/小时，扬程 15 米；1 号潜污泵，额定功率为，11 千瓦，额定流量为 126 立方米/小时，扬程 15 米。

图 5－32　俞家堰泵站

漕桥泵站　具有 1 路高压进线，为乐东 549 线，变压器 1 台，容量为 125 千伏安。配置潜污泵 3 台，其中 1 号潜污泵（变频）额定功率为 15 千瓦，额定流量为 216 立方米/小时，扬程 15 米；2 号潜污泵，额定功率为 15 千瓦，额定流量为 216 立方米/小时，扬程 15 米；3 号潜污泵，额定功率为 15 千瓦，额定流量为 216 立方米/小时，扬程 15 米。

图 5－33　漕桥泵站

黄湖营业所泵站　具有 1 路高压进线，为黄镇 565 线，变压器 1 台，容量为 80 千伏安。配置潜污泵 3 台，1、2、3 号潜污泵额定功率为 5.5 千瓦，额定流量为 56 立方米/小时，扬程 7 米。

三、主要泵站运行线路

1. 临平污水系统泵站运行线路（含第一、第二污水系统）

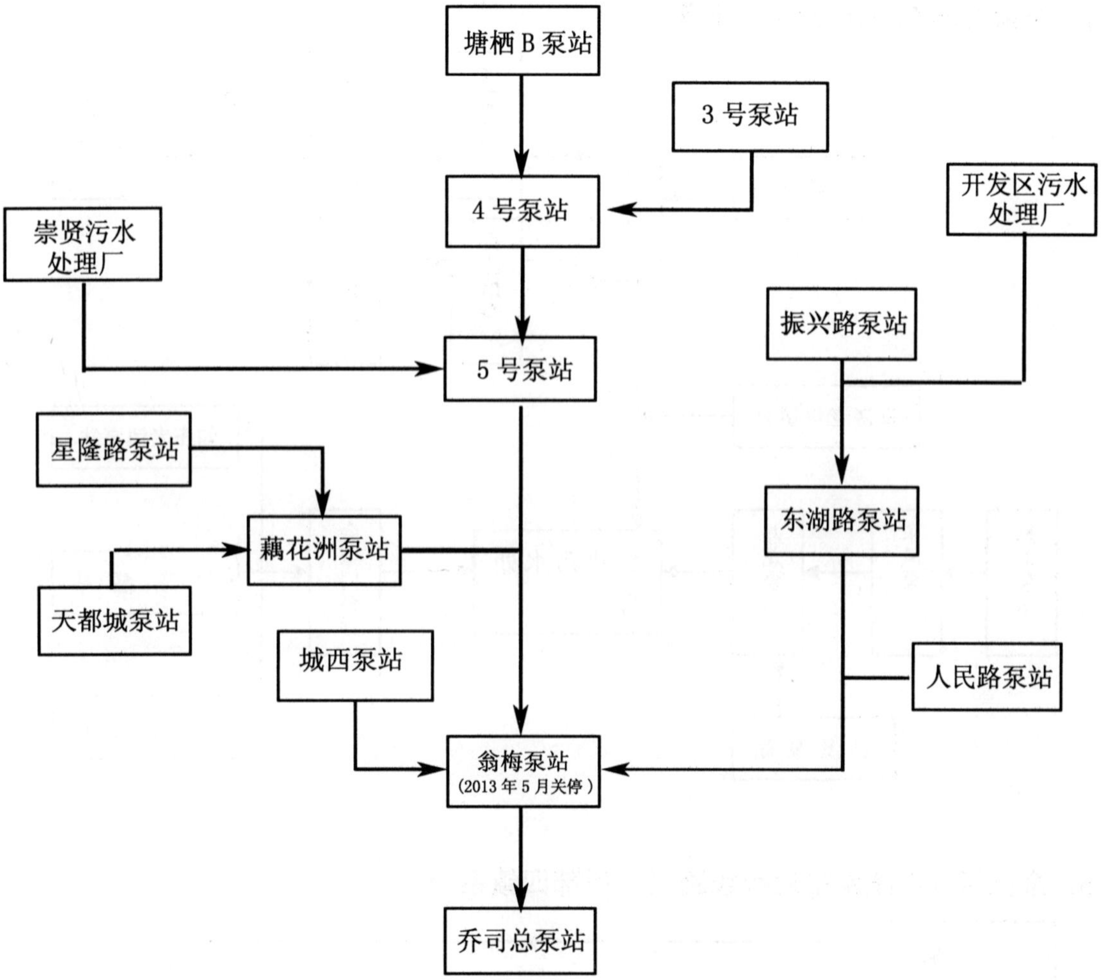

2. 塘栖污水系统泵站运行线路

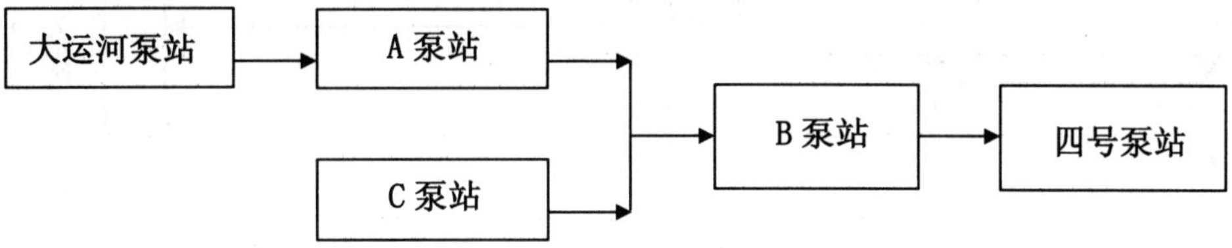

3. 崇贤污水系统泵站运行线路

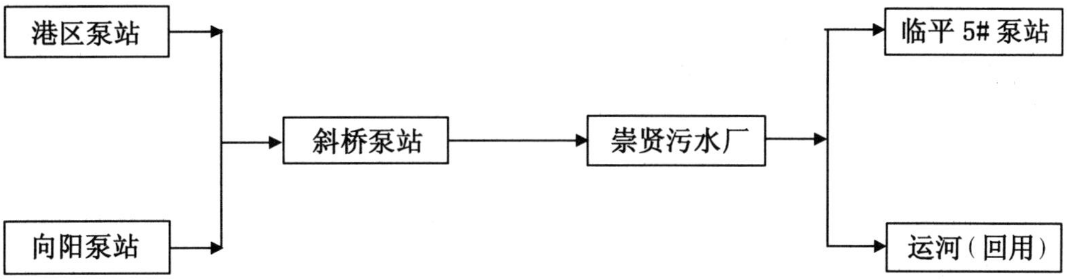

4．良渚污水系统泵站运行线路

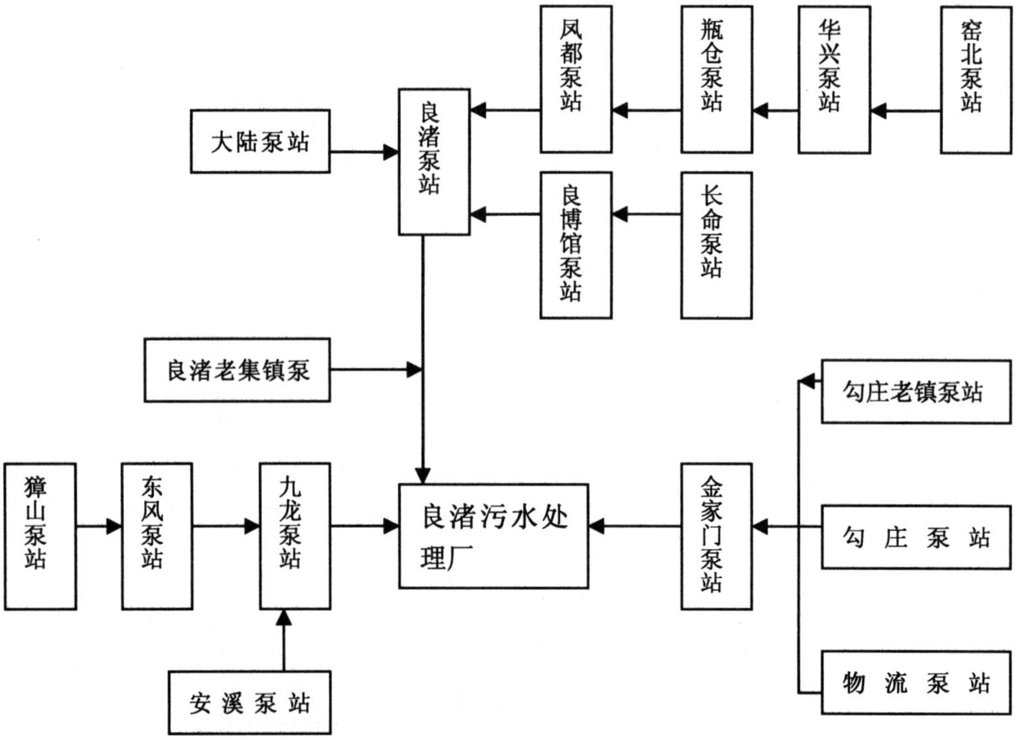

5．余杭污水系统泵站运行线路（含西部四镇系统）

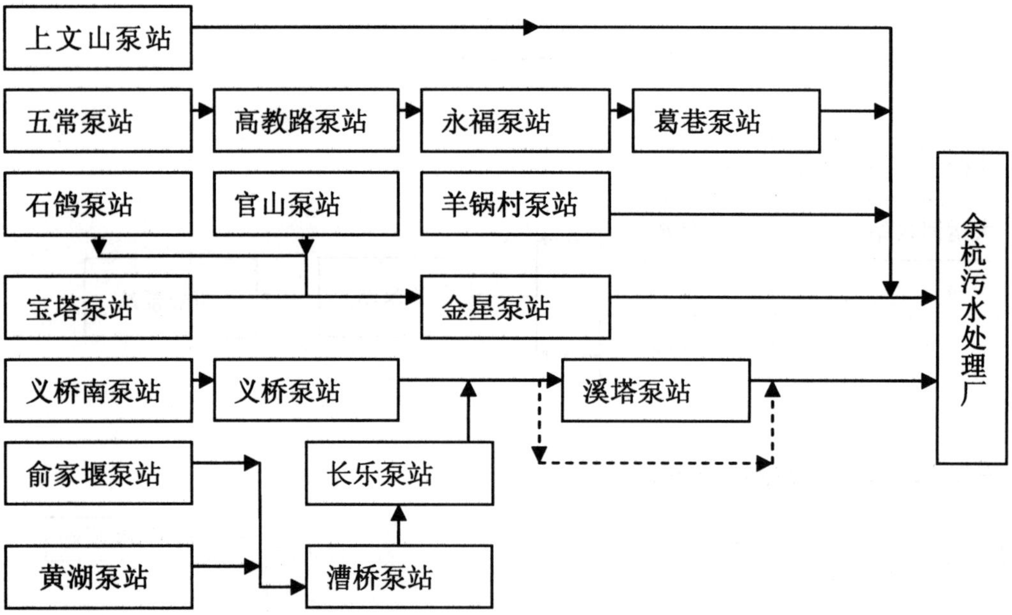

表 5－6

余杭区污水泵站概况（不含井式泵站）

（截至2012年）

污水系统	序号	泵站名称	位置	占地面积（平方米）	设计规模(万吨/日)	集水井容积（立方米）		污水提升泵				至下一泵站				收集污水范围	建成通水时间
						总容积	设计常水位容积	扬程（米）	流量（立方米/时）	功率（千瓦）	数量（只）	下一泵站	距离（千米）	管径（毫米）	管道容积（立方米）		
临平第一污水系统	1	振兴路泵站	振兴西路2号	4085.7	9	461	304	11	710	37	3	至东湖路泵站	1.7	1200	—	余杭经济技术开发区	1998年4月
								15.5	468	37	2						
	2	东湖路泵站	东湖南路32号	880	11	540	360	11	710	37	4	至翁梅泵站	3.5	800	—	振兴路泵站、经济开发区印染区块污水处理厂	2000年11月
								11	1407	75	2			800			
	3	人民路泵站	东湖南路129号	2800	2	378	280	9	260	15	2	至翁梅泵站	2.6	800	—	东湖路以东、铁路以南、临东路以西、世纪大道以北	2002年6月
	4	翁梅泵站	南苑街道联盟社区	14080	12	1020	686	24	1650	132	6	至乔司总泵站	—	1200	—	东湖路泵站、人民路泵站、城西泵站	2001年3月(2013年5月关停)
	5	城西泵站	南苑街道苏家社区	5333.6	3	410	380	8.5	676	25	2	至翁梅泵站	2.9	600	—	09省道以东、藕花洲大街以南、西安路以西、世纪大道以北	2008年
	6	乔司泵站(乔司1#中途加压泵站)	乔司农场内	5333	12 (6)	384	320	9	600	22	3	至乔司总泵站	4	400	—	乔司农场、乔司监狱	2003年11月
								18.5	1760	132	3						
临平第二污水系统	7	运河1#泵站	东湖路与运西路的交叉口	1668	1.2	976	400	10	300	11	3	至2#井式泵站	—	400*2	—	运河街道博陆片、五杭唐公片、亭趾片工业	2010年8月
	8	临平3#泵站	钱江经济开发区	2352	10	1054	496	6	1500	37	3	至4#泵站	—	1200	—	钱江经济开发区(开发区建设、代管运行)	2008年1月
	9	临平4#泵站(五洲路泵站)	五洲路西段南侧	8894	22(6)	3031	1650	30	1548	185	4	至5#泵站	3.4	800	—	3号泵站、塘栖B泵站	2009年5月
								30	850	132	2						
	10	临平5#泵站(道古寺泵站)	星桥街道枉山村09省道东侧	4887	2.7 (3.5)	3340	1715	17	765	55	6	至藕花洲泵站 至翁梅泵站	1.9	1200	—	藕花洲大街	2009年5月
	11	天都城泵站	星桥街道星都大道西侧	2800	2.5 (1)	823	600	11	224	11	3	至藕花洲泵站	3.3	1000	—	天都城	2009年4月

续表 5－6

污水系统	序号	泵站名称	位置	占地面积（平方米）	设计规模（万吨/日）	集水井容积（立方米）		污水提升泵				至下一泵站				收集污水范围	建成通水时间
						总容积	设计常水位容积	扬程（米）	流量（立方米/时）	功率（千瓦）	数量（只）	下一泵站	距离（千米）	管径（毫米）	管道容积（立方米）		
临平第二污水系统	12	星隆路泵站	星桥街道南星社区5组	2733	3	717	550	11	224	11	3	至藕花洲泵站	2.1	500＊2	—	星桥开发区	2011年
	13	藕花洲泵站	藕花洲大街西延158号	3533	6.5	1536	1000	15.5	468	37	2	至翁梅泵站	4.4	1200	—	星隆路泵站、天都城泵站、星桥街道	2009年6月
								16	1080	75	2						
	14	临平总泵站（南苑泵站）	东湖南路与高铁交叉口	23130	25（一期）	3400	1580	20	9501	280	6	至七格污水厂（二期：至临平污水厂）	7.6	1800	—	临平、东湖、南苑、星桥街道、余杭经济开发区、钱江经济开发区、运河街道（部分）、塘栖镇（部分）、崇贤街道（部分）	泵站试通水：2013年5月。至临平污水处理厂管道在建。
	15	乔司南泵站	三角村青少年活动中心旁	1663	1.8	387	170	14	340	22	3	至乔司总泵站	4	500	—	乔司街道、西班牙工业园区	2010年
	16	乔司总泵站（南排2＃泵站）	东湖南路东侧（吴家村）	9990	20	1914	700	22	3060	285	6	至七格污水厂	—	1200	—	翁梅泵站、乔司南泵站	2009年
								16	600	45	3	至乔司总泵站					
塘栖污水系统	17	东塘泵站	东西大道与良塘公路交叉口	810.3	0.5（0.2）	359	200	6	216	7.5	2	至大运河泵站	2	1500	400	东塘工业区，东塘中心一带	2009年12月
	18	大运河工业区泵站	大运河工业区	1200	1（0.7）	2000	1512	9	288	15	3	至塘栖A泵站	3.8	400	—	大运河工业区及周边	2008年
	19	塘栖A泵站（塘栖工业区泵站）	塘栖自来水厂东则	2800	3（1）	752	185	10	650	30	2	至塘栖B泵站	3.58	800	—	塘栖工业区	2005年5月
	20	塘栖C泵站（塘栖镇区泵站）	塘栖宾馆东桥旁	1100	1（0.6）	714	450	10	400	18.5	3	至B泵站	1.5	600	—	塘栖莱仔河以北地区和中天印染	2010年
	21	塘栖B泵站（塘栖西河泵站）	塘栖凯峰制衣正北面	2500	4（2）	1152	905	18	760	55	3	至塘栖污水厂至4＃泵站	1.723	600～800	1860	A泵站和C泵站	2004年7月
崇贤污水系统	22	港区泵站	塘康公路与疏港大道交叉口	1500	0.5（0.2）	150	12	7.7	15	3	2	至斜桥泵站	3.5	300	—	1.港区。2.港区工业区	2009年
	23	向阳泵站	星桥街与塘康公路交叉口	1200	1.8（1）	694	242	8	540	22	3	至斜桥泵站	2.1	500	—	1.向阳工业区。2.崇贤镇区。3.陆家桥工业区。4.崇杭大道沿线企业、小区	2008年
	24	斜桥泵站	崇贤街道四维村	900	5（1.5）	1071	340	8	540	22	3	至崇贤污水厂	2.2	600	—	1.北庄工业区。2.龙旋工业区。3.四维村及港区农居点。4.沿塘康公路企业	2008年

续表 5－6

污水系统	序号	泵站名称	位置	占地面积（平方米）	设计规模（万吨/日）	集水井容积（立方米）		污水提升泵				至下一泵站				收集污水范围	建成通水时间
						总容积	设计常水位容积	扬程（米）	流量（立方米/时）	功率（千瓦）	数量（只）	下一泵站	距离（千米）	管径（毫米）	管道容积（立方米）		
良渚污水系统	25	窑北泵站	老的 104 过道旁（去鱼老大的弯头处）	2860	0.2	420	200	14	83	7.5	2	至华兴泵站	2.312	315	500	大桥北路、华达路及祥彭线周边	2010 年 3 月
	26	华兴泵站	瓶窑水厂对面	870	1.7（0.6）	1200	300	10	250	15	3	至瓶仓泵站	2.657	355	1256	瓶窑镇桥南区块生活污水	2005 年
	27	瓶仓泵站	瓶仓大道旁	1000	2.2（0.6）	594	300	17	250	22	3	至凤都泵站	3.536	600	2826	瓶仓大道周边	2005 年
	28	瓶安泵站（凤都泵站）	凤都工业园区	2080	3.5（0.6）	899	400	17	250	22	3	至良渚泵站	3.02	600	3501	凤都工业园区及羊城路	2007 年 11 月
	29	良渚泵站	良渚镇杜甫村	6311	5.4（1.0）	700	270	9	360	15	3	至良渚污水厂	5.01	800	1766	大陆、瓶窑片污水收集	2007 年 12 月
	30	长命泵站	老 104 过道与安溪路的交叉口	2090	0.4	574	200	15	160	11	3	至良博院泵站	2	315	470	长命及马山下区块	2009 年 12 月
	31	大陆泵站	良渚镇七贤桥村	799	1.2（0.3）	300	45	9	30	7.5	2	至良渚泵站	4.1	500	1356	大陆工业区、大陆集镇	2005 年
	32	良渚老集镇区泵站	良渚镇施家湾社区	1450	0.4（0.2）	240	76	15	46	15	2	至良渚污水厂	4.15	250	1000	良渚集镇污水收集	2009 年 12 月
	33	勾庄老集镇区泵站	良渚镇勾庄蒋家塘路	960	0.5	310	90	14	58	15	2	至金家门泵站	2.6	400	960	勾庄集镇污水收集	2010 年 3 月
	34	勾庄泵站	良渚镇勾庄工业区		2.5（0.5）	700	280	9	380	18.5	2	至金家门泵站	1.5	700	1695	勾庄工业区污水收集	2007 年 12 月
	35	物流园区泵站	良渚物流园区	1700	2（0.5）	700	280	9	160 500	7.5 30	2 2	至金家门泵站	3.5	500	1256	物流园区及周边乡村	2008 年
	36	金家门泵站	良渚镇东塘河村	1302	4（1.5）	900	290	10	600	30	3	至良渚污水厂	4.8	1200	3052	物流、勾庄片和周边乡村	2008 年 4 月
	37	安溪泵站	良渚镇港南村村委	2580	0.4	413	80	20	46	18.5	2	至九龙泵站	6.65	400	1200	安溪工业区及安溪集镇	2009 年 12 月
	38	獐山泵站	仁和大桥北侧	1342	1（0.5）	800	500	7	234	7.5	3	至东风泵站	3.74	450	1005	獐山集镇、仁和中学区块	2009 年 12 月

续表 5-6

污水系统	序号	泵站名称	位置	占地面积（平方米）	设计规模(万吨/日)	集水井容积（立方米）		污水提升泵				至下一泵站				收集污水范围	建成通水时间
						总容积	设计常水位容积	扬程（米）	流量（立方米/时）	功率（千瓦）	数量（只）	下一泵站	距离（千米）	管径（毫米）	管道容积（立方米）		
良渚污水系统	39	东风泵站	仁和镇东风村云会路口旁	1050	2.1 (0.42)	800	500	13	500	30	2	至九龙泵站	3.068	1000	1005	獐山工业区、仁和镇镇府一带、良塘公路两侧	2005 年
	40	九龙泵站	仁和镇西塘河大桥旁	1640	3 (0.6)	1000	700	13	700	37	2	至良渚污水厂	3.7	800	1760	九龙村委一带、栅桩桥区块	2005 年
余杭污水系统	41	义桥南泵站	余杭街道义桥村老 105 省道西边	690	0.7	335	93	11	180	11	4	至义桥泵站	1.2	440	151	义桥工业城	2009 年 12 月
	42	义桥泵站	余杭镇义桥村新洪公路南	2735	2.8 (0.7)	600	166	10	252	11	3	至溪塔泵站	3.165	560	779	义桥工业城	2009 年 8 月
	43	溪塔泵站(1 #泵站)	余杭镇溪塔村余永公路与新 015 省道交叉口	2467	1.2 (0.8)	895	172	16	324	22	3	至余杭污水厂	4.7	560	1.92	余杭街道禹航路两侧	2009 年 8 月
	44	石鸽泵站(8 #泵站)	中泰乡石鸽社区工业城东	2526	2.3 (0.5)	961	220	15	216	15	3	至金星泵站	4.334	500～800	340	中泰街道	2009 年 12 月
	45	宝塔泵站(2 #泵站)	余杭镇宝塔村委东边	1654	3 (0.75)	910	234	10	540	22	2	至金星泵站	1391	1000～1200	1300	余杭集镇	2008 年 12 月
	46	金星泵站(2 #泵站)	余杭镇金星临时村委	7028	7.3 (1.08)	1712	390	10	350	18.5	3	至余杭污水厂	1.86	1200	1216	中泰街道、余杭街道	2008 年 12 月
	47	上坟山泵站(7 #泵站)	万景村上坟山弗莱西斯公司路口	1506	1.64 (0.7)	1121	207	13	490	45	2	至余杭污水厂	4.88	600～1000	1567	闲林街道	2010 年
	48	五常大道污水泵站	五常大道绕城公路东侧	322.3	0.15	273	160	10	130	5.5	2	至高教路泵站	4	200	180	西溪湿地公园、白庙工业区、五常大道绕城以东企事业单位	2009 年 12 月
	49	高教路泵站(4 #泵站)	何母桥村高教路路口	2489.7	3.02 (0.76)	898	208	13	300	18.5	3	至永福泵站	4.034	500 * 2	2683	五常街道	2009 年 3 月
	50	永福泵路(5 #泵站)	永福村农居点一号	1881.4	3.02 (0.76)	693	168	9	288	15	3	至葛巷泵站	3.8	1000	2738	五常街道	2008 年 5 月
	51	葛巷泵站(6 #泵站)	文一西路仓南路交叉口	2623.7	3.5 (0.86)	678	180	9	288	15	3	至余杭污水厂	2.98	1200	1567	仓前街道和五常街道文一路两侧	2008 年 1 月

续表 5-6

污水系统	序号	泵站名称	位置	占地面积（平方米）	设计规模(万吨/日)	集水井容积（立方米）		污水提升泵				至下一泵站				收集污水范围	建成通水时间
						总容积	设计常水位容积	扬程（米）	流量（立方米/时）	功率（千瓦）	数量（只）	下一泵站	距离（千米）	管径（毫米）	管道容积（立方米）		
西部四镇污水泵站	52	黄湖营业所泵站	黄湖镇通达路38-13号	1926	1.5 (0.5)	230	100	7	56	5.5	2	至黄湖泵站	3.2	500	—	潘板、双溪集镇	2011年1月
西部四镇污水泵站	53	俞家堰泵站	径山镇小古城村俞家堰工业区加油站后面	2000	0.3	119	45	15	126	11	3	至漕桥泵站	3.2	315	—	径山镇俞家堰工业区	2010年8月
西部四镇污水泵站	54	漕桥泵站	径山镇漕桥村漕桥村委后	2000	1.3 (0.5)	404	114	15	216	15	3	至长乐泵站	3.5	500	—	百丈、鸬鸟、黄湖片污水	2010年8月
西部四镇污水泵站	55	长乐泵站	径山镇长乐工业园区	8642.6	1.8 (0.5)	286	110	16	216	18.5	3	至余杭污水厂	—	630	—	径山镇长乐工业园区	2008年12月

注：井式泵站、污水调节池见下页表

续表 5－6 **余杭区污水泵站（井式）基本情况** 截至 2013 年

泵站结构	序号	坐落区域	数量（座）	泵站名称
井式泵站、污水调节池	56	临平街道	1	保健路泵站
	57－59	南苑街道	3	世纪大道泵站、火车站泵站（西洋桥泵站）、长运宿舍泵站
	60	星桥街道	1	星隆西路泵站
	61－66	运河街道	6	宋家坝泵站、五杭老集镇泵站、亭五路泵站、双桥村泵站、戚家桥村 2 号泵站、新宇村 2 号泵站
	67－71	乔司街道	5	金鼎泵站、朝阳泵站、大井泵站、青石泵站、方桥泵站
	72－74	仁和街道	3	施家墩泵站、港区泵站、顿力泵站
	75－79	良渚街道	5	康门泵站、安溪路泵站、庙前泵站、良博馆泵站（良博院建造）、天阳泵站（天阳棕榈湾项目建造）
	80－81	余杭街道	2	官山泵站、义桥西泵站
	82	仓前街道	1	羊锅村泵站
	83	闲林街道	1	云风路泵站
	84	塘栖镇	1	小白线泵站（超山）
	85	崇贤街道	1	向阳村泵站
	86－90	瓶窑镇	5	彭公泵站、彭公老集镇泵站、竹制品市场泵站、南山泵站、大地海洋泵站
	91	径山镇	1	长乐桥南泵站
	92	黄湖镇	1	黄湖泵站（供排一体）
	93－94	鸬鸟镇	2＋1	太平 1 号泵站、太平 2 号泵站、鸬鸟调节池
	95	百丈镇	1＋2	百丈坪里泵站（供排一体）、百丈营业所调节池、百丈溪口（工业园区）调节池
	96	钱江经济开发区	1	临平 2 号泵站（钱江经济开发区建造）
	小计		41＋3	—
合计				泵站 96 座（其中：井式泵站 41 座）、调节池 3 座。

第三节　排（污）水管网

余杭区（县、市）建设污水管道始于1989年，当时根据城市市政建设的需要，在余杭县政府所在地的临平镇开始配套敷设污水管道。

1995年，余杭市开工建设临平污水治理排江工程，污水管道建设开始列入市政专项规划。至1999年，临平镇共敷设污水管道近10千米。

2001年至2003年，在临平污水治理排江工程投入运行前后，建成了自翁梅泵站经乔司泵站至七格污水处理厂DN1000的污水压力管道12.36千米，敷设了临平城区和余杭开发区污水收集输送管网24千米。

2004至2005年，实施了临平梅堰小区和荷花塘小区截污纳管改造工程，敷设污水管道8千米。

2006年，结合背街小巷整治工程，在新颜路、逸仙路、碧天路等处敷设污水管道6.605千米。

至2011年，临平第一、第二污水系统共建设污水管道96.69千米；塘栖、良渚、余杭（含西部四镇）三个污水系统工程共建设污水主干管187.04千米。

自2009年开始，余杭区全面实施截污纳管工程，除部分纳污管道随道路改建、新建时同步实施外，至2012年，截污纳管工程共建设污水管道453.7千米，其中，2009年—2010年建设360千米，2011年—2012年建设93.7千米。

余杭区截至2012年，污水工程和截污纳管工程共建设污水管网718.59千米，其中：已建成708.11千米、在建10.48千米（各污水工程建设污水管网数量见附表5-3）。

杭州余杭水务有限公司在2012年对全区已移交公司在线运行的污水管道进行了普查，共普查污水管道545.014千米，其中，DN1000~DN1800的污水主干管有96.78千米，占17.78%，DN160~DN900的污水管有448.234千米，占82.24%（不同管径污水管数量见附表5-7）。污水管道管材以HDPE双壁波纹管为主，各种规格的共有165.621千米，占30.39%；其次为HDPE实壁管141.438千米，占25.95%；再次为水泥管121.357千米，占22.27%；PE管54.595米，占10.02%；PCCP管32.012千米，占5.87%；UPVC管7.309千米，占1.34%；球墨管2.479千米，占0.45%；钢管9.238千米，占1.69%；钢筋混凝土管10.307千米，占1.89%，PVC管0.554千米，占0.10%；铸铁管0.104米，占0.02%（不同管材不同规格的污水管道数量见附表5-8）。

表 5－7　杭州余杭水务有限公司各分支机构不同管径污水管道数量（截至 2012 年 10 月）

单位：米

序号	管径	城南	城北	乔司	运河	塘栖	崇贤	仁和	良渚	余杭	闲林	瓶窑	径山	合计
1	DN160	—	—	—	—	—	—	432	—	—	—	—	122	554
2	DN200	364	0	615	1695	7106	528	4467.5	2206.4	7936	3028	10337	2482.94	40766
3	DN250	156	—	—	—	—	—	—	291	600	—	200	—	1247
4	DN300	19583	9633	4059	7741.3	2026	2877	8340	8818.9	12742.3	9174	8595	21394.2	114984
5	DN350	40	—	2376	—	—	—	—	—	—	—	—	—	2416
6	DN400	10572	3680	4573	6296.4	2652	7431	8945	22105.9	7299.6	12267	6141	5393	97356
7	DN450	1702	—	—	—	—	—	—	—	—	—	0	—	1702
8	DN500	7302	4343	5116	4307.4	0	6367	5622	6104.1	3411	5741	2154	14071.5	64539
9	DN560	—	—	—	—	—	—	—	—	9490	—	—	—	9490
10	DN600	4832	1344	2850	1788.6	1300.5	10403	2770.5	696	5287	14803	3468	6248	55791
11	DN700	—	—	—	—	—	4800	—	675	2883	—	—	—	8358
12	DN800	5342	5576	3437	247	2867	3656	1506	5153	2538	5945	11089	3499	50855
13	DN900	176	—	—	—	—	—	—	—	—	—	—	—	176
14	DN1000	2169	786	1982	684	—	1115	4202	2906	2698	7404	3852	896	28694
15	DN1200	6434	5523	1181	—	15046	1860	—	6888.2	2020	1539	—	—	40491
16	DN1500	2760	686	—	—	—	—	—	2024	746	—	—	—	6216
17	DN1800	3500	2879	15000	—	—	—	—	—	—	—	—	—	21379
	合计	64932	34450	41189	22760	30998	39037	36285	57869	57651	59901	45836	54107	545014

表 5－8　**杭州余杭水务有限公司不同管材不同管径污水管道数量（截至2012年10月）**

单位：米

管径	HDPE 双壁波纹管	HDPE 实壁管	球墨管	钢管	铸铁管	UPVC	水泥管	钢筋混凝土管	PE	PVC	PCCP	合计
DN160	0	0	0	0	0	0	0	0	0	554	0	554
DN200	22504	14251	396	60	0	0	221	0	3334	0	0	40766
DN250	0	686	0	70	0	0	0	0	491	0	0	1247
DN300	55541	20437	1529	501	104	3431	24265	0	9176	0	0	114984
DN350	0	2416	0	0	0	0	0	0	0	0	0	2416
DN400	37743	27746	122	134	0	3490	12038	0	16083	0	0	97356
DN450	0	1702	0	0	0	0	0	0	0	0	0	1702
DN500	15833	29265	0	1115	0	388	7037	75	9282	0	1544	64539
DN560	0	9490	0	0	0	0	0	0	0	0	0	9490
DN600	18926	12121	0	0	0	0	10816	3568	9530	0	830	55791
DN700	0	2883	0	0	0	0	0	0	5475	0	0	8358
DN800	6312	8560	432	5397	0	0	18764	2928	1224	0	7238	50855
DN900	0	0	0	176	0	0	0	0	0	0	0	176
DN1000	4738	2028	0	36	0	0	17832	1028	0	0	3032	28694
DN1200	4024	7829	0	1749	0	0	9059	1962	0	0	15868	40491
DN1500	0	2024	0	0	0	0	3446	746	0	0	0	6216
DN1800	0	0	0	0	0	0	17879	0	0	0	3500	21379
合计	165621	141438	2479	9238	104	7309	121357	10307	54595	554	32012	545014

第四章　排（污）水管理

为有效收集污水，确保污水处理设施的安全正常运行，确保污水处理后尾水达标排放，余杭区（县、市）环保、排水等管理部门和污水处理企业，从建立排（污）水管理制度着手，规范排水许可、污水入网、合同处理、排（污）水水质和污水处理设施的管理，使排（污）水运行有序、有效，实现了节能减排和改善生态、生活环境目标。

第一节　管理制度

为加强城市排（污）水管理，保障城市排（污）水设施的安全正常运行，充分发挥污水处理工程效应，保护和改善生活环境、生态环境，自1985年以来，余杭区（县、市）人民政府、余杭区（市）人民政府办公室、余杭区（市）环境保护局、余杭区排水管理办公室和杭州余杭水务有限公司等各部门根据各自的职责，分别就排水规划、排水许可、水污染防治、污染物排放、污水入网、截污纳管、排水设施运行、排水应急事件处理和污水处理费及排污费的征收等方面，制定（批转）并组织实施了规范的管理制度（见附表5-9）。通过各镇乡、街道、有关部门和污水处理企业的认真组织实施，有效地保证了余杭区的排（污）水管理实现有序、规范地运行。

表5-9　　1985年-2012年余杭区排（污）水管理文件选目

序号	发文部门	文号	目录	发文日期
1	余杭县人民政府	余政〔1985〕123号	对县境内企事业单位限期治理污染的规定	1985.8.10
2	余杭市人民政府办公室	余政办〔1997〕184号	余杭市全面实行环境保护排污许可证制度的意见	1997.11.18
3	余杭市人民政府	余政发〔1998〕156号	余杭市城市排水许可管理办法	1998.8.1
4	余杭市人民政府	余政发〔1999〕254号	实施余杭市城市污水截流入网管理的通知	1999.11.19
5	余杭区人民政府	余政发〔2002〕198号	杭州市余杭区塘栖污水工程专项规划	2002.11.17

续表 5－9

序号	发文部门	文号	目录	发文日期
6	余杭区人民政府	余政发〔2002〕199 号	杭州市余杭区东部分区污水工程专项规划	2002.11.17
7	余杭区人民政府	余政发〔2002〕201 号	余杭区城市污水截流入网管理细则	2002.12.3
8	余杭区人民政府	余政发〔2003〕8 号	杭州市余杭组团污水排水专项规划	2003.1.15
9	余杭区人民政府	余政发〔2003〕110 号	杭州市良渚组团污水排水专项规划	2003.7.25
10	余杭区人民政府	余政发〔2004〕26 号	杭州市余杭区工业污染源环境管理（长效）工作基本要求	2004.5.6
11	余杭区人民政府	余政发〔2012〕81 号	关于进一步加强环境保护工作意见	2012.6.1
12	余杭区人民政府办公室	余政办〔2005〕145 号	余杭区污水处理费征收管理办法（试行）	2005.6.9
13	余杭区人民政府办公室	余政办〔2007〕241 号	加大余杭区污染减排工作力度的实施方案	2007.10.11
14	余杭区人民政府	余政发〔2008〕131 号	杭州市余杭区截污纳管工作实施方案	2008.7.23
15	余杭区人民政府办公室	余政办〔2008〕159 号	杭州市余杭区排水管理实施办法（试行）	2008.8.4
16	余杭区人民政府办公室	余政办〔2008〕267 号	余杭区太湖流域水污染防治应急预案	2008.12.17
17	余杭区人民政府办公室	余政办〔2009〕25 号	余杭区截污纳管工作实施细则	2009.2.9
18	余杭区人民政府办公室	余政办〔2009〕31 号	杭州市余杭区创建省级生态区工作实施方案	2009.2.11
19	余杭区人民政府办公室	余政办〔2009〕327 号	余杭区主要污染物排放总量调剂利用管理实施意见（试行）	2009.12.24
20	余杭区人民政府办公室	余政办〔2010〕34 号	余杭区主要污染物排放总量控制方案	2010.3.1

续表 5－9

序号	发文部门	文号	目录	发文日期
21	余杭区人民政府办公室	余政办〔2011〕18 号	余杭区排污单位主要污染物排放总量调查核定工作实施方案	2011.1.25
22	余杭区人民政府办公室	余政办〔2011〕268 号	杭州市余杭区污水系统运行突发事件应急预案（试行）	2011.10.17
23	余杭区人民政府办公室	余政办〔2012〕321 号	余杭区化工行业整治提升实施方案	2012.12.20
24	余杭区人民政府办公室	余政办〔2012〕322 号	余杭区印染行业淘汰落后、整治提升实施方案	2012.12.20
25	余杭区环境保护局	余环发〔2005〕28 号	开展企业规范化排污口整治工作的通知	2005.4.21
26	余杭区环境保护局	余环发〔2005〕45 号	加强污染防治工作的通知	2005.7.6
27	余杭区环境保护局	余环发〔2005〕46 号	加强印染行业环境管理的通知	2005.7.6
28	余杭区环境保护局	余环发〔2006〕15 号	开展企业规范化排污口整治工作的通知	2006.3.16
29	余杭区环境保护局	余环发〔2006〕64 号	区控以上重点水污染企业实现废水稳定达标排放具体要求	2006.7.31
30	余杭区环境保护局	余环发〔2007〕24 号	开展企业规范化排污口整治工作的通知	2007.5.14
31	余杭区环境保护局	余环发〔2008〕121 号	余杭区环境污染长效管理机制	2008.11.21
32	余杭区环境保护局	余环发〔2009〕94 号	加强企事业单位雨污分流工作的通知	2009.8.15
33	余杭区环境保护局	余环发〔2010〕28 号	杭州市余杭区排污费征收管理若干意见	2010.2.21
34	余杭区环境保护局	余环发〔2011〕115 号	加强污染物排放许可管理的若干处理意见	2011.10.18
35	余杭区环境保护局	余环发〔2011〕137 号	小型企业生产废水委托处理及后期监督操作细则（试行）	2011.11.20

续表 5－9

序号	发文部门	文号	目录	发文日期
36	余杭区排水管理办公室	余排办〔2008〕9号	房产项目排水审批入网登记事项	2008.9.11
37	杭州余杭水务有限公司	余水〔2008〕21号	污水监督检测管理办法（试行）	2008.4.8
38	杭州余杭水务有限公司	余水〔2008〕29号	污水入网管理办法（试行）	2008.4.25
39	杭州余杭水务有限公司	余水〔2008〕71号	污水入网水质检测暂行规定	2008.7.22
40	杭州余杭水务有限公司	余水〔2008〕83号	污水处理厂和泵站停电应急处理预案、排水管网事故应急处理预案、硫化氢中毒事故应急救援预案	2008.8.15
41	杭州余杭水务有限公司	余水〔2008〕100号	排水管网维护管理办法	2008.8.29
42	杭州余杭水务有限公司	余水〔2008〕111号	污水管道及附属设施养护考核办法	2008.10.14
43	杭州余杭水务有限公司	余水〔2009〕63号	排污流量计安装管理暂行办法	2009.5.21
44	杭州余杭水务有限公司	余水〔2009〕64号	对重污染企业安装截污闸阀的通知	2009.5.21
45	杭州余杭水务有限公司	余水〔2010〕71号	纳管企业污水水质异常处理规定	2010.12.1
46	杭州余杭水务有限公司	余水〔2010〕72号	污水系统应急排放管理规定（暂行）	2010.12.1
47	杭州余杭水务有限公司	余水〔2011〕78号	污水管网抢修管理办法	2011.9.1
48	杭州余杭水务有限公司	余水〔2012〕110号	开展污水厂出水水质达标竞赛活动	2011.2.28

第二节　排水许可

余杭市人民政府于1998年8月1日，印发了《余杭市城市排水许可管理办法》。2002年12月3日，余杭区人民政府又印发了《余杭区城市污水截流入网管理细则》。办法规定直接或者间接向城市排水设施排水的单位和个体经营户（简称排水户），在实施排水前必须向建设行政主管部门申办“排水许可证”或“临时排水许可证”。排水的水质必须符合《污水排入城市下水道水质标准》和《污水综合排放标准》规定的标准。余杭区虽然先后在1998年8月和2002年12月明确规定了要实行排水许可制度，但由于全区排（污）水基础设施建设滞后等原因，余杭区至2007年年底尚未有排水户申领“排水许可证”。2008年8月4日，余杭区人民政府办公室印发的《关于批转〈杭州市余杭区排水管理实施办法（试行）〉的通知》，再次明确排水户直接或间接向排水设施排放各类生产废水、生活污水（统称污水），必须凭“排水许可证”办理污水入网登记手续，未取得“排水许可证书”的排水户不得向市政污水管网及其附属设施排放污水。

自2001年至2012年，余杭区申请纳管排污的项目（单位）共有3247个。其中：排放工业废水的项目2133个，排放生活污水项目1114个。经余杭区排水管理办公室调查核准，已发放排水许可证项目1178个，占36.3%；办理雨污分流排水管理备案项目1781个，包括：970个排放生活污水的备案项目，占54.8%；另有288个项目，占8.9%，开具了雨污分流污水纳管证明。余杭区2001年—2012年污水入网管理概况见附表5－10。

表5－10　**2001年—2012年余杭区污水入网管理概况**　单位：个

年份	申请纳污项目			开具纳管证明项目			办理排水管理备案项目			发放排水许可证项目		
	小计	排污性质		小计	排污性质		小计	排污性质		小计	排污性质	
		工业	生活		工业	生活		工业	生活		工业	生活
2001	28	—	28	—	—	—	28	—	28	—	—	—
2002	40	—	40	—	—	—	40	—	40	—	—	—
2003	34	—	34	—	—	—	34	—	34	—	—	—
2004	47	—	47	—	—	—	47	—	47	—	—	—
2005	68	—	68	—	—	—	68	—	68	—	—	—
2006	91	—	91	9	—	9	82	—	82	—	—	—
2007	139	8	131	24	—	24	115	8	107	—	—	—
2008	411	254	157	47	33	14	233	95	138	131	126	5
2009	734	630	104	—	—	—	337	233	104	397	397	—

续表 5-10

年份	申请纳污项目			开具纳管证明项目			办理排水管理备案项目			发放排水许可证项目		
	小计	排污性质		小计	排污性质		小计	排污性质		小计	排污性质	
		工业	生活		工业	生活		工业	生活		工业	生活
2010	601	498	103	—	—	—	266	163	103	335	335	—
2011	438	326	112	—	—	—	262	150	112	176	176	—
2012	616	417	199	208	116	92	269	162	107	139	139	—
合计	3247	2133	1114	288	149	139	1781	811	970	1178	1173	5

注：（1）2008 年 9 月 11 日，余杭区排水管理办公室印发的《关于房产项目排水审批入网登记事项的函》规定：居民住宅类或商住类小区的污水入网，如项目地块上只有一个总排污口连接市政管网的，凭“排水管理备案意见表”办理污水入网登记手续，不再另行发放“城市排水许可证”

（2）工业污水中有部分项目包括生活污水

第三节 污水处理合同

2008 年 4 月 30 日，余杭区《污水委托处理合同》（范本），经杭州市工商局余杭分局审查符合《浙江省合同行为管理监督规定》的要求，准予备案，备案号：杭工商余格式备案 2008-2-1-01。

2008 年 8 月 4 日，余杭区人民政府办公室批转《杭州市余杭区排水管理实施办法（试行）》，规定：“排水户在办理污水入网登记的同时，必须与水务公司签订《污水委托处理合同》，明确双方职责”。

《污水委托处理合同》规定，排水户排入市政污水管网的水质应当符合国家规定的《污水排入城市下水道水质标准》（GJ3028-1999，2010 年后启用 CJ343-2010 标准）或《污水综合排放标准》中的入网标准（GB8978-1996）。《污水委托处理合同》约定，根据排（污）水户的排水性质和排水规模核定排放的污水量。同时对污水的计量方式、污水处理费的收缴、污水管网产权分界和排水户与污水处理企业各自的职责作了明确规定。签订《污水委托处理合同》有利余杭区污水系统的正常运行，有利改善余杭区的水环境质量。

余杭区在启用经工商部门备案的《污水委托处理合同》之前，只有一家企业——杭州华剑五金工具有限公司于 2007 年 12 月 21 日与杭州余杭城市排水有限责任公司签订了《工业废水委托处理协议》，双方协定，在污水管网未延伸到排水户的区域内时，由排水户将污水自行送到余杭污水处理厂处理，并核定了全年输送污水量为 30 吨，污水处理费 1000 元。

自 2008 年 5 月之后，排水户纳管排污均需与杭州余杭水务有限公司签订《污水委托处理合同》。截至 2012 年 12 月，全区有 1102 户工业企业排（污）水户（不包括机关事业单位和城镇居民生活排污户）与杭州余杭水务有限公司签订了《污水委托处理合同》。合计合同处理污水量 74782 吨/日（详见附表 5－11）。

表 5－11　　2008 年—2012 年签订《污水处理合同》情况表

年份	余杭区		临平城区	
	签订合同（个）	合同处理污水量（吨/日）	签订合同（个）	合同处理污水量（吨/日）
2008 年	52	7321	23	3152
2009 年	253	27642	2	583
2010 年	497	21671	54	3383
2011 年	161	12543	37	4589
2012 年	139	5605	54	2519
合计	1102	74782	170	14226

第四节　污水入网登记管理

一、污水入网条件

1．排（污）水户应取得政府有关行政主管部门核发的“排水许可证”或“临时排水许可证”（2008 年 9 月 11 日之后，居民住宅类或商住类小区的污水入网凭余杭区排水管理办公室核发的《排水管理备案意见》办理污水入网登记）。

2．排（污）水户的污水入网应在污水处理企业的服务区域内，且污水收集管网已建成，并启用的区间。

3．排（污）水户排放的污水水质必须符合《污水排入城市下水道水质标准》。

4．排（污）水户无拖欠接管建设工程款及污水处理费。

5．污水入网登记者必须是房产产权所有者或新建住宅小区的建设单位（或物业管理部门）。

6．不符合相关规定的排（污）水户不予登记。

二、登记污水入网需提供的资料

居民小区及个体经营户　排水许可证或临时排水许可证；项目批文（居民小区）；营业执照（尚未取得营业执照正在筹办的经营户，提供业主身份证复印件）（个体经营户）；接管方案；1∶500 地形图或总平面图（居民小区）；排污管网竣工图。

工业企业及其他单位　“排水许可证”或“临时排水许可证”；营业执照（尚未取得营业执照的企业及单位，提供项目建设的批文）；接管方案；1∶500地形图或总平面图；排污管网竣工图；环保部门的水质监测报告；污水预处理工艺流程图；环评报告书（报告表、登记表）；施工许可证及附图（工程施工临时排水户）。

三、污水入网程序

1. 排（污）水户持“排水许可证”或“临时排水许可证”到杭州余杭水务有限公司所属区域的营业窗口领取“污水入网登记表”，并按要求填写完整。

2. 营业窗口根据排（污）水户的排污性质核准相关资料，提供资料齐全的予以登记。

3. 在办理登记的同时，与排（污）水户商定污水入网接管工程的建设责任：

如由排（污）水户自行负责实施接管工程的，则通知排（污）水户按照批准的接管井位、口径、标高、方式等要求进行接管施工，施工结束后经有关部门验收合格，并与公司签订了《污水委托处理合同》后，方可开通使用。

如排（污）水户委托公司负责接管施工的，则按以下程序办理：

——在5个工作日内进行现场勘察。其中，在查勘工业及其他单位的接管现场时须有水质监测人员参与。

——在10个工作日内确定接管方案设计和接管工程建设费用，并将结果回复排（污）水户。

——与排（污）水户签订接管施工协议，同时收缴接管工程款。

排（污）水户缴清工程款后，在具备施工的条件下，按施工协议约定的工期及时组织施工。

——接管工程结束后进行调试，并经验收合格。

——与排（污）水户签订《污水委托处理合同》后，方可开通使用。

四、污水入网流程：

登记受理—核准资料—商定接管工程建设责任—

［排（污）水户负责施工—竣工验收—签订《污水委托处理合同》—污水入网。
委托公司负责施工—现场查勘—设计预算—签订接管施工协议—缴纳费用
—组织施工—竣工验收—签订《污水委托处理合同》—污水入网。

五、排（污）水户变更业务

过户（更名）　排（污）水户办理过户、更名前须结清各项费用。单位过户（更名）需到杭州余杭水务公司在当地分公司设的营业窗口填写《排水户（更名）登记表》，并加盖双方单位公章（特殊情况无法盖章的请提供相关说明或证明资料）；个体经营户过户（更名）需到当地营业窗口填写《排水户过户（更名）登记表》，并有双方签字，新客户还需提供营业执照。

销户　排（污）水户销户需书面申请，办理流程：提出申请—现场检查—清缴费用—书面解除协议—切断接管点

账号变更　通过银行托收（代扣）的单位（或个体经营户），因开户银行或者银行账号变动等原因，应携带本人身份证及单位公章、账号等及时到当地营业窗口或者银行办理相关托收、代扣手续。排（污）水户办理账号变更前须结清相关费用。

第五节　入网污水量管理

一、排水户排污量计量

——全部用自来水的排（污）水户的排污量，按自来水供应量计量。

——经核准安装污水排放流量计的排水户，按实际排污量计量。

——对全部用自备水的排（污）水户，按自备水的取水量（在取水管道上安装计量装置，并按周期检定合格）计量；或经核准安装污水排放流量计的，按实际排污量计量。

——对既用自来水又用自备水的排（污）水户，按自来水供应量和自备水取水量分别计量；或经核准在污水排放口安装流量计的，按实际排污量计量。

——用自备水的排（污）水户（包括全部或部分用自备水的）如既未安装取水计量装置，又未安装排污流量计的，则按照取水管道同口径水表的公称流量和每年365天、每天24小时的用水时间，按月计算入网污水量。

——对装置流量计按计量收取污水处理费的排（污）水户，由杭州余杭水务有限公司固定人员、固定日期抄表计量。

二、排污流量计的安装

安装条件　排（污）水户申请要求安装排污流量计或杭州余杭水务公司根据相关规定认为必须安装排污流量计的；排（污）水户只设一个排污口，且内部雨污管道分流清晰；既用自来水又用自备水（自备水未安装取水计量设施）的排（污）水户或排污量显著小于自来水用量的排（污）水户及其他特殊原因需安装流量计的排（污）水户。

对同时具备上述条件的排（污）水户，准予安装排污流量计。

申请流程　排（污）水户向杭州余杭水务有限公司所在地的分公司书面申请要求安装流量计，并递交相关资料；

经杭州余杭水务有限公司审批后。对同意安装流量计的排（污）水户，由水务公司相关的分公司按安装流程与排（污）水户签订《排污流量计安装管理与污水处理费收缴协议》；对不同意安装流量计的排（污）水户，做好解释工作。

安装责任　排污流量计及附属设备（包括GPIS远程监控装置）的购置和安装费用由

排（污）水户承担，安装由杭州余杭水务有限公司负责。

安装办法　流量计的选购：为确保流量计的安全正常运行，便于流量计的维护、保养与检定，有利于降低维护管理成本，对流量计的品牌、型号与规格由杭州余杭水务公司根据排（污）水户排污量的大小进行选择，并按照水务公司物资采购管理制度的相关规定进行采购。

安装流程　排（污）水户在接到同意安装流量计的批复后，由排（污）水户所在地的水务公司分公司在3个工作日内组织人员对排（污）水户进行现场勘察，在5个工作日内确定施工方案及安装费用；施工方案经水务公司批准后，相关的分公司与排（污）水户在3个工作日内签订《排污流量计安装管理与污水处理费收缴协议》和《安装施工协议》，同时，落实安装费用收缴事宜。排（污）水户缴清设备和安装费用后，在具备施工的条件下，尽早组织施工；施工结束后及时上报公司验收，验收合格后投入使用。

流量计安装示意图（图示中D1、D2分别为排水户接入管、流量计前后直管段管道的公称直径）：

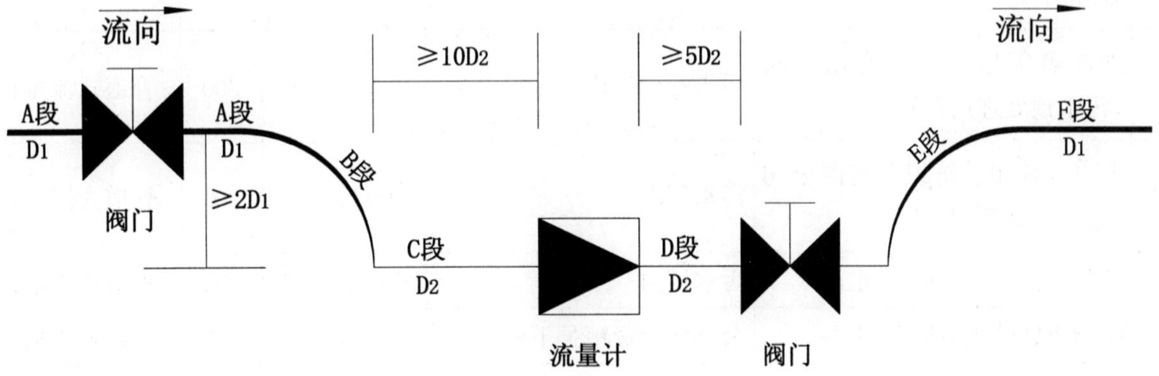

对于核准流量大于300吨/日的排（污）水户，要求同时安装GPIS远程监控装置。

截至2013年，全区先后有26家排污企业（其中6家污水预处理）安装了管道式流量计，其中，口径DN300的8家、口径DN200的5家、口径DN150的3家、口径DN100的2家、口径DN80的2家、口径DN50的4家，另有2家企业安装了口径为DN100的宽量程水表（流量计和宽量程水表安装概况见附表5－12）。

表5－12　　余杭区排（污）水户排污流量仪安装概况（截至2013年）

序	表主名称	装表位置	安装日期	流量仪	
				口径（mm）	型号
1	浙江海联热电股份有限公司	振兴西路10号海联热电厂西南化水车间	—	80	管道式流量计

续表 5－12

序	表主名称	装表位置	安装日期	流量仪	
				口径（mm）	型号
2	浙江喜得宝丝绸科技有限公司（污水预处理用户）	开发区污水处理厂综合池北侧	2010.6.18	300	管道式流量计
3	华贝纳（杭州）毛纺染整有限公司（污水预处理用户）	污水处理厂内	2010.6.18	300	管道式流量计
4	杭州富瑞司纺织有限公司（污水预处理用户）	污水厂内	2010.6.21	300	管道式流量计
5	杭州余杭印染化工厂（污水预处理用户）	污水处理厂内	2010.6.28	300	管道式流量计
6	浙江美术地毯制造有限公司（污水预处理用户）	污水处理厂内	2010.6.28	300	管道式流量计
7	兆丰（杭州）纺织品有限公司（污水预处理用户）	污水厂内	2011.2.11	300	管道式流量计
8	杭州天浩工贸有限公司 1＃	污水厂内	2011.12.23	200	管道式流量计
9	杭州崇贤热电有限公司	余杭区崇贤镇吴下庙桥	2010.1	50	管道式流量计
10	杭州崇贤印染厂	余杭区崇贤镇工业园区崇超路东侧	2009.9	200	管道式流量计
11	杭州金象印染有限公司	崇贤污水厂南侧	2009.1	200	管道式流量计
12	杭州崇贤热电有限公司 2＃	余杭区崇贤镇吴山庙桥	2010.1	50	管道式流量计
13	杭州中强印染有限公司	厂内排放口	2010.6	300	管道式流量计
14	杭州远峰纺织原料制造有限公司	崇贤西金湾	—	150	管道式流量计
15	杭州宏金印染有限公司	厂内西侧	—	100	宽量程水表
16	杭州塘栖热电有限公司	厂门口	—	100	管道式流量计
17	杭州中天染织有限公司	厂门口	—	150	管道式流量计
18	杭州云会印染整理有限公司	仁和镇栅庄桥工业区 5 号	2009.7	200	管道式流量计
19	杭州建工建材有限公司	厂门口内侧	—	50	管道式流量计

续表 5-12

序	表主名称	装表位置	安装日期	流量仪	
				口径（mm）	型号
20	华润雪花啤酒（杭州）有限公司	运河镇雪花啤酒西大门南侧	2010.1	300	管道式流量计
21	杭州三星工艺玻璃有限公司	径山镇小古城村芝山	—	100	宽量程水表
22	博陆塘瓷厂（运河）	—	2013.11.4	200	管道式流量计
23	中强轧棍（塘栖）	厂区	—	80	管道式流量计
24	中强轧棍（塘栖）	生活区	—	150	管道式流量计
25	华帆纺织厂（崇贤）	—	—	50	管道式流量计
26	运峰纺织厂（崇贤）	—	—	100	管道式流量计

第六节　排（污）水水质管理

一、排（污）水水质监测

余杭区排（污）水水质在政府环保行政管理部门和排水行业管理部门的监督管理下，杭州余杭水务有限公司为确保各污水处理厂的正常运行，使排放的尾水水质符合各污水处理厂设计的排放标准，建立并实施了规范、有效的排水水质监测方法：

1．科学定点、规范取样

——对各污水处理厂的进水井和出水井、纳管单位、污水泵站设置采样监测点，确保水质稳定达标排放。

——各分公司在样品采集时，将存放水样的容器上贴上标签或编号，并做好采样地点、时间等现场记录，并于每日上午 8 时 30 分前送至相关监测室进行检测。

——取样方式为混合取样，保证采样器、采样容器的清洁，避免受到污染。同时检测样的采集要具备样品的真实性、代表性。

——为了解各污水处理厂处理工艺的运行情况，采取机动采样，其采样点为瞬时进水、初沉池出水、曝气池出水口等监测点。

2．检验项目、周期和频次

规范实施各污水处理厂、污水泵站和纳管单位污水检验项目、周期、频次（附表 5-13、5-14）。若污水处理厂内工业废水比例大于其污水处理量的 30%，则增加该污水处理厂所处理的主要工业污水中的特征污染物监测。对于检验频次低且需要使用价格昂贵仪器设备或特定的检验项目，委托有资格的单位进行检验监测。

表 5－13　　2008 年—2011 年余杭区污水处理厂检验项目、周期、频次

采样点	检验项目	频次	职能部门
污水厂水解酸化池、氧化沟、SBR 出水	PH、溶解氧、COD、SS、NH3－N、色度	上、下午各一次（其中余杭每天一次）	余杭、塘栖、崇贤、良渚水质监测室
污水厂进、出水	PH、SS、COD、NH3－N、TP、色度、水温、TN、余氯（出水）	每天一次	余杭、塘栖、良渚水质监测室
	BOD	每周一次	
	一类特征污染物	每半年一次	水质监测中心
各分公司泵站	BOD、COD、NH3－N、TP、SS、PH	每周一次	水质监测中心、各相关分公司水质监测室
黄湖、鸬鸟污水	BOD、COD、NH3－N、TP、SS、PH	每半月一次	水质监测中心、径山分公司(负责送样)
纳管单位（A 类）	COD、NH3－N、SS	每周一次(环科污水厂每周一、三、五监测)	水质监测中心，各相关分公司水质监测室
纳管单位（B 类）	COD、NH3－N、SS	每月二次	水质监测中心，各相关分公司水质监测室

表 5－14　　2012 年余杭区污水处理厂检验项目、周期、频次

采样点	检验项目	频次	职能部门
水解池	pH、COD、NH3－N、TP、TN、BOD	每天一次（其中 BOD 每周一次）	崇贤污水厂、开发区污水厂
二次提升泵房	COD、NH3－N、TP、TN、BOD、DO	每天一次（其中 BOD 每周一次）	良渚污水厂、余杭污水厂
氧化沟	MLSS、MLVSS、SV30、DO	MLSS、MLVSS 每周一次；SV30、DO 每天一次	良渚污水厂、余杭污水厂、崇贤污水厂
曝气池	MLSS、MLVSS、SV30、DO	MLSS、MLVSS 每周一次；SV30、DO 每天一次	开发区污水厂
污水厂进、出水	pH、SS、COD、NH3－N、TP、TN、色度、水温、氯化物、硝酸盐	每天一次	开发区、崇贤、良渚及余杭污水厂
	BOD、粪大肠菌群	每周一次	
	一类特征污染物	每半年一次	水质监测中心
污泥棚污泥	含水率、有机物、pH	每周一次	开发区、崇贤、良渚及余杭污水厂

3. 检验方法

水质检验方法优先选用国家标准、行业标准，并严格按制定的规程进行操作，确保为污水处理厂提供准确、可靠的监测数值（水质基本控制项目检验方法执行标准见附表5－15、5－16）。

表5－15　　2008年—2011年余杭区进、出水检测执行标准

序号	基本控制项目	测定方法	测定下限（毫克/升）	方法来源
1	化学需氧量（COD）	重铬酸钾法	10	GB11914－89
2	生化需氧量（BOD_5）	稀释与接种法	2	GB7488－87
3	悬浮物（SS）	重量法	4	GB11901－89
4	氨氮（以N计）	纳氏试剂光度法	0.025	GB7479－87
5	总磷	钼酸铵分光光度法	0.01	GB11893－89
6	色度	稀释倍数法	—	GB11903－89
7	pH值	玻璃电极法	—	GB6920－86
8	水温	酒精温度计法	—	GB13195－91

表5－16　　2012年余杭区进、出水及污泥检测执行标准

序号	基本控制项目	测定方法	最低检出限（毫克/升）	方法来源
1	化学需氧量	重铬酸钾法	10	GB11914－1989
2	五日生化需氧量	稀释与接种法	2	HJ505－2009
3	悬浮物（SS）	重量法	4	GB11901－1989
4	氨氮（以N计）	纳氏试剂光度法	0.025	HJ535－2009
5	总磷	钼酸铵分光光度法	0.01	GB11893－1989
6	色度	稀释倍数法	—	GB11903－1989
7	pH值	玻璃电极法	—	GB6920－1986
8	水温	温度计或颠倒温度计测定法	—	GB13195－1991
9	总氮	碱性过硫酸钾紫外分光光度法	0.05	HJ636－2012
10	硝酸盐	紫外分光光度法	0.08	水和废水监测分析方法（第四版）
11	氯化物	硝酸银滴定法	10	水和废水监测分析方法（第四版）
12	粪大肠菌群	滤膜法	—	水和废水监测分析方法（第四版）

续表 5－16

序号	基本控制项目	测定方法	最低检出限（毫克/升）	方法来源
13	含水率（污泥）	重量法	—	CJ/T221－2005
14	有机物（污泥）	重量法	—	CJ/T221－2005
15	pH（污泥）	电极法	—	CJ/T221－2005
16	粪大肠菌群（污泥）	滤膜法	—	CJ/T221－2005

4．原始记录

各监测室建立完整的现场采样记录和检验监测分析原始记录，并统一记录表格，做好存档工作。

二、污水入网水质检测管理

为确保污水收集和处理系统的安全运行，凡需向区水务公司管辖的污水管网及附属设施排污的工业企业或其他单位，排放水质必须符合《污水排入城市下水道标准》（CJ343—2010），经水质检测合格后方可办理污水入网许可证。

登记受理　凡需向区水务公司办理污水进网许可证的工业企业或其他单位，应提交水质检测申请报告，并填写《水质检测申请登记表》，此表一式二份，一份由受理部门留存，一份交水质监测中心。

水质采样　纳管企业递交纳管申请后，由当地分公司在 3 个工作日内实地查勘企业生产情况，对出水进行采样并指导企业填写监测委托书。采样前不得提前通知纳管企业，取得的水样尽可能反映企业的真实排水水质情况。

检测程序　各分公司在取得水样后 2 个工作日内送至水质监测中心检测，水质监测中心在收到水样后 3 个工作日内出具检测数据，5 个工作日内出具水质监测报告。各分公司可根据水质监测中心出具的检测合格的数据办理污水入网后续手续。如检测不合格应及时告知企业并进行整改，待整完毕后再通知分公司取样后送至水质监测中心检测。

水质检测项目：水质检测常规项目是化学需氧量（COD）、pH、悬浮物（SS）、氨氮、总磷、色度共 6 项，对电镀、化工等特殊行业按国家有关要求另行确定检测项目。在办理污水入网手续中，由水质监测中心出具的监测报告是唯一认可的水质监测报告。

收费标准　根据浙江省物价局《关于调整浙江省环境监测专业服务收费标准的通知》，每个样品收取检测费为 500 元。如其他需新增检测项目的，另收取相应的检测费用。

入网水质标准　凡排入污水管网的水质应当符合国家规定的《污水排入城市下水道标准》（CJ343－2010）。排放污水水质达不到此标准的必须设置相应的污水处理设施先进行预处理，达标后方可排入污水管网，不得用稀释法降低其浓度排入城市污水管道。

主要污染物	pH	化学需氧量（毫克/升）	色度（倍）	悬浮物（SS）（毫克/升）	氨氮（以N计）（毫克/升）	总磷（毫克/升）
入网标准	6.5～9.5	≤500	≤70	≤400	≤45	8

三、进厂污水水质管理

杭州余杭水务有限公司按照《污水排入城市下水道水质标准》（GB3082－1999、CJ343－2010），对不同类型的排（污）水户选定监测对象，确定检验项目、周期和频次，实行定期检测、不定期抽检。当排（污）水户排放的污水水质超过《标准》限值时，及时报告政府环保主管部门，并与排（污）水户沟通，按权限提出处理意见，并协助落实改进措施，最大限度地使进入污水处理厂的污水不超过标准。

（一）污水处理厂进厂污水水质控制标准

1．杭州七格污水处理厂：

余杭区临平副城的污水收集输送到杭州七格污水处理厂处理，进厂的水质按照七格污水处理厂的设计要求和余杭与杭州市排水有限公司签订的《污水处理服务协议》设置的生化需氧量、化学需氧量、悬浮物、氨氮和总磷等5项主要指标进行管理。杭州七格污水处理厂按不同进水水质，分为基础水价、改进水价和超标补偿三档不同水质收取污水处理费（见附表5－17）。

表5－17　　杭州七格污水处理厂进厂污水水质标准与污水处理价格

项目名称	单位	进水污染物含量日平均浓度限值			
		设计标准	基础水价水质标准	改进水价水质标准	超标补偿水质标准
生化需氧量（BOD_5）	毫克/升	200	≤220	220－400	>400
化学需氧量（CODcr）	毫克/升	400	≤440	440－650	>650
悬浮物SS	毫克/升	250	≤275	275－500	>500
氨氮（以N计）	毫克/升	40	≤44	44－52	>52
总磷	毫克/升	4	≤4.4	4.4－8	>8
pH	—	6－9	—	—	—
污水处理费价格（元/吨）	—	—	0.836（各项指标均不超过污水厂设计标准的10%时）	0.883（任何一项或几项指标达该标准时）	任何一项或几项指标达该标准时，按年超标总水量乘以超标补偿单价计算补偿费

注：2009年1月起，基础水价调整为0.847元/立方米，改进水价调整为0.894元/立方米

2．塘栖、崇贤、良渚、余杭污水处理厂和余杭经济技术开发区印染区块污水（预）处理厂：按照污水处理厂设计的进水水质控制标准进行管理（详见附表5－18）。

表 5－18　　余杭区属污水处理厂进水水质控制标准

基本控制项目	单位	塘栖污水处理厂	崇贤污水处理厂	良渚污水处理厂	余杭污水处理厂	经济开发区印染区块污水预处理厂
生化需氧量（BOD_5）	毫克/升	≤180	≤120	≤225	≤200	≤300
化学需氨量（CODcr）	毫克/升	≤350	≤500	≤400	≤400	≤1000
悬浮物（SS）	毫克/升	≤250	≤300	≤200	≤300	≤300
氨氮（以 N 计）	毫克/升	≤40	≤8	≤30	≤40	≤25
总磷	毫克/升	≤4	≤2	≤4	≤4	≤5
pH		6－9	6－9	6－9	6－9	6－10
色度（稀释倍数）	倍		≤60	≤70	≤70	≤450

（二）污水处理厂进厂水质监测

1．七格污水处理厂（处理临平副城污水）

余杭区临平副城的污水收集输送到杭州七格污水处理厂处理的进厂污水水质，由七格污水处理厂检测，自 2007 年至 2012 年的六年中，每年的进厂污水都有水质超标的水量。其中，水质超标的水量最多年份为 2007 年，有 1713.60 万吨，占当年进厂污水量的 77.27%；水质超标的水量最少年份为 2009 年，有 549.2 万吨，占当年进厂污水量的 25.78%。历年各月输送到七格污水处理厂处理的污水数量与水质概况见附表 5－19。

2．塘栖污水处理厂

塘栖污水处理厂建厂时设计以处理城镇生活污水为主，但在 2010 年之前实际进厂的污水绝大部分为综合工业废水，其中的金属表面处理企业、印染企业等废水所占的比例最大。2008 年、2009 年和 2010 年进厂污水的化学需氧量（CODcr）浓度的最高值分别达 411 毫克/升、604 毫克/升和 507 毫克/升，均严重超过塘栖污水处理厂进厂污水设计标准的限值（350 毫克/升）。塘栖污水处理厂 2008 年—2010 年进厂污水水质主要指标监测值见附表 5－20。

3．崇贤污水处理厂

崇贤污水处理厂建厂设计污水处理后的出水水质达到《城镇污水处理厂污染物排放标准》（GB18918－2002）中的一级 A 标准，其中进厂污水中氨氮含量的控制标准要求等于或小于 8 毫克/升，实际在 2009 年—2012 年进厂污水中氨氮含量时常超标，其平均值 2009 年为 5.11 毫克/升、2010 年为 8.1 毫克/升、2011 年为 11.4 毫克/升，2012 年为 15.1 毫克/升，最高值达到 22.3 毫克/升。崇贤污水处理厂 2009 年—2012 年进厂污水水质主要指标监测值见附件 5－21。

表 5-19　**2007年—2012年余杭区临平副城收集输送至七格污水处理厂的污水量**　单位：万吨

月份	2007年			2008年			2009年			2010年			2011年			2012年		
	进水总量	其中		进水总量	其中		进水总量	其中		进水总量	其中		进水总量	其中		进水总量	其中	
		正常进水	超标进水		正常进水	超标进水		正常进水	超标进水		正常进水	超标进水		正常进水	超标进水		正常进水	超标进水
一月	155.9	155.9	0	221.2	6.2	215	213.0	85.5	127.5	220.1	122.1	98	242.5	135.2	107.3	230.7	220.2	10.5
二月	136.8	136.8	0	148.6	0	148.6	124.5	97.3	27.2	154.7	80.1	74.6	171.4	47.7	123.7	317.0	306.62	10.4
三月	176.7	176.7	0	153.6	15.4	138.2	153.0	112.2	40.8	89.7	61.5	28.2	190.4	121.1	69.3	371.3	332.0	39.3
四月	197.4	0	197.4	168.9	44.1	179.3	170.5	110.9	59.6	170.3	30.4	139.9	252.5	90.9	161.6	374.4	332.0	42.4
五月	186.8	0	186.8	199.9	20.6	179.3	184.8	168.9	15.9	170.3	30.4	139.9	253.6	62.2	191.4	367.6	298.6	69.0
六月	170.4	8.6	161.8	188.4	20.5	167.9	164.8	80.9	83.9	217.2	30.4	247.6	293.6	151.3	142.3	384.3	372.0	12.3
七月	196.2	0	196.2	213.7	124.9	88.8	179.4	138.9	40.5	224.5	7.6	216.9	370.9	328.4	42.5	373.3	322.8	50.6
八月	194.4	0	194.4	210.7	130.4	80.3	174.8	174.8	0	266.3	214.7	51.6	358.8	290.1	68.7	396.2	335.7	60.5
九月	203.0	0	203.0	213.1	172.0	41.1	197.1	191.0	6.1	229.3	117.2	112.1	384.4	349.5	34.9	399.5	311.6	87.9
十月	188.2	13.9	174.3	201.6	155.0	46.6	191.5	179.1	12.4	237.0	156.1	80.8	383.7	371.0	12.7	318.4	224.9	93.5
十一月	190.7	6.0	184.7	190.1	177.3	12.8	184.0	120.6	63.4	224.0	184.1	39.9	334.0	296.6	37.4	351.2	252.1	99.1
十二月	221.2	6.2	215.0	196.7	127.2	69.5	192.7	120.6	72.1	215.0	119.0	96.0	341.8	319.6	22.2	437.3	366.1	71.2
全年 合计	2217.7	504.1	1713.6	2306.5	993.7	1312.8	2130.0	1580.8	549.2	2492.9	1092.9	1400.0	3577.6	2563.6	1014.0	4321.2	3674.6	646.6
全年 占%		22.73	77.27		43.08	56.92		74.22	25.78		43.84	56.16		71.66	28.34		85.04	14.96

注：污水量以七格污水处理厂结算污水处理费的污水量为准

表 5－20　　2008 年—2010 年余杭区塘栖污水处理厂进水水质

年份	项目	进水总量（万吨）	进水水质（毫克/升）					
			生化需氧量（BOD_5）	化学需氧量（CODcr）	悬浮物（SS）	氨氮（以 N 计）	总磷	总氮
2008 年	平均值	（未计）	（未计）	132	121	10.6	1.32	13.2
	最高值		—	411	148	13.7	1.7	17.06
	达标率		—	97.2	100	100	100	100
2009 年	平均值	506.25	81.01	187.04	136.5	15.16	1.75	18.68
	最高值		256	604	402	41	4.7	52
	达标率		96.88	96.5	97.58	99.17	97.58	100
2010 年	平均值	762.48	58.1	225.6	181.2	13.97	2.45	21.1
	最高值		82.8	507	406	17.99	4.87	25.6
	达标率		100	93.7	99.4	100	92.5	100
2011 年	平均值	（暂停运行）	—	—	—	—	—	—
	最高值		—	—	—	—	—	—
	达标率		—	—	—	—	—	—

注：塘栖污水处理厂一期工程于 2007 年 1 月投入试运行，2007 年 6 月竣工。二期工程于 2008 年 3 月开工建设，2008 年 12 月投入试运行，2009 年 5 月竣工。自 2011 年 1 月起，塘栖区块污水实行南排，塘栖污水处理厂暂停运行

表 5－21　　2009 年—2012 年余杭区崇贤污水处理厂进水水质

年份	项目	进水总量（万吨）	进水水质（毫克/升）					
			生化需氧量（BOD_5）	化学需氧量（CODcr）	悬浮物（SS）	氨氮（以 N 计）	总磷	总氮
2008 年	平均值	（污水厂建设期）	—	—	—	—	—	—
	最高值		—	—	—	—	—	—
	达标率		—	—	—	—	—	—
2009 年	平均值	252.93	41.9	224	78	5.11	0.97	10.9
	最高值		72.8	468	386	8.9	1.3	15.6
	达标率		100	99	99	94	100	100
2010 年	平均值	509.16	49.5	269	65.8	8.1	1.45	8.45
	最高值		93.6	347	135	11.85	1.75	17.4
	达标率		100	100	100	90.9	99.1	100

续表 5-21

年份	项目	进水总量（万吨）	进水水质（毫克/升）					
			生化需氧量（BOD_5）	化学需氧量（CODcr）	悬浮物（SS）	氨氮（以N计）	总磷	总氮
2011年	平均值	395.53	51.8	242	96.3	11.4	1.3	15.6
	最高值		68.8	306	213	15.5	1.77	20.2
	达标率		100	100	100	72.8	100	100
2012年	平均值	229.52	39.5	226	94	15.1	1.3	18.7
	最高值		50.7	253	103	22.3	1.66	24.2
	达标率		100	100	100	100	100	100

注：崇贤污水处理厂于2009年3月投入试运行，2009年7月年竣工。自2011年7月起，崇贤区块部分污水南排，崇贤污水处理厂进厂污水量减少

4．良渚污水处理厂

良渚污水处理厂进厂污水水质主要指标的年平均值基本达标，但部分项目的日最高值在个别年份有时超标，如生化需氮量（BOD_5）2009年最高值达350毫克/升（标准≤225）；化学需氧量（CODcr）2011年最高值650毫克/升（标准≤400），悬浮物（SS）2010年最高值406毫克/升（标准为≤200）、氨氮（以N计）2011年最高值达45毫克/升（标准≤30），总磷（以P计）2011年最高值达5.6毫克/升、2012年最高值为5.32毫克/升（标准≤4）。良渚污水处理厂2008-2012年进厂污水水质主要指标监测值见附表5-22。

表5-22　　2008年—2012年余杭区良渚污水处理厂进水水质

年份	项目	进水总量（万吨）	进水水质（毫克/升）					
			生化需氧量（BOD_5）	化学需氧量（CODcr）	悬浮物（SS）	氨氮（以N计）	总磷	总氮
2008年	平均值	（未计）	77.1	146	148	13.7	1.7	17.1
	最高值		78	191	216	20.93	4.17	25.3
	达标率		100	100	100	100	98.4	100
2009年	平均值	478.29	74.3	212	141	12.9	1.87	17.1
	最高值		350	503	226	22.6	5.23	28.4
	达标率		77.78	85.58	98.6	100	96.67	100
2010年	平均值	724.82	91.9	300	154	16.7	2.86	21.7
	最高值		204	580	406	21.8	5.31	26.5
	达标率		100	62.45	99.45	100	90.27	100

续表 5-22

年份	项目	进水总量（万吨）	进水水质（毫克/升）					
			生化需氧量（BOD_5）	化学需氧量（CODcr）	悬浮物（SS）	氨氮（以N计）	总磷	总氮
2011年	平均值	751.32	126	308	154	22.6	3.13	27.5
	最高值		302	650	404	45	5.6	
	达标率		96.15	81.08	95.31	90.15	87.08	100
2012年	平均值	985.66	59.9	318	142	19	3.7	25.5
	最高值		117.3	361	170	23.3	5.32	29.5
	达标率		100	100	100	100	100	100

注：良渚污水处理厂一期工程于2008年1月投入试运行，2008年6月竣工；二期工程于2010年9月开工建设，2012年9月投入试运行，2013年3月竣工

5. 余杭污水处理厂

余杭污水处理厂进厂污水水质主要指标的年平均值基本达标，但部分项目的日最高值在个别年份有时超标，如化学需氧量（CODcr）2010年最高值达505毫克/升（标准≤400），悬浮物（SS）2009年最高值达402毫克/升、2012年最高值达466毫克/升（标准≤300），氨氮（以N计）2010年最高值达45.3毫克/升（标准≤40），总磷2011年为5.3毫克/升。（标准≤4）。余杭污水处理厂2008年—2012年进厂污水水质主要指标监测值见附表5-23。

表5-23　　2008年—2012年余杭区余杭污水处理厂进水水质

年份	项目	进水总量（万吨）	进水水质（毫克/升）					
			生化需氧量（BOD_5）	化学需氧量（CODcr）	悬浮物（SS）	氨氮（以N计）	总磷	总氮
2008年	平均值	（未计）	51.2	98.3	69.57	16.3	2.74	23.56
	最高值		83	262	130	25.14	3.91	28.31
	达标率		100	100	100	100	100	100
2009年	平均值	399.30	121	170	133	16.6	2.27	20.7
	最高值		157	456	402	36.7	5.12	40.3
	达标率		100	97.92	95.17	100	96.83	100
2010年	平均值	786.64	72.3	176	156	22.2	2.5	24.4
	最高值		126	505	380	45.3	5.2	28.9
	达标率		100	98.91	88.18	93.82	93.09	100

续表 5－23

年份	项目	进水总量（万吨）	进水水质（毫克/升）					
			生化需氧量（BOD_5）	化学需氧量（CODcr）	悬浮物（SS）	氨氮（以N计）	总磷	总氮
2011年	平均值	894.56	78.3	188	170	24.4	2.8	27.1
	最高值		150.4	462	385	38.4	5.3	43.2
	达标率		100	94.1	91.4	100	91	100
2012年	平均值	1169.20	63.8	163.8	220.3	19	2.2	23.2
	最高值		87.2	236	466	25.8	3.23	29.2
	达标率		100	100	100	100	100	100

注：余杭污水处理厂一期项目中的前1.5万吨/日工程于2007年9月投入试运行，一期中的后1.5万吨/日工程于2009年3月开工建设，2009年12月竣工。二期工程于2009年12月开工建设，2011年10月投入试运行，2012年5月竣工

6．余杭经济技术开发区印染区块污水（预）处理厂

余杭经济技术开发区印染区块污水（预）处理厂的进厂污水水质按照设计要求多数指标达标，主要超标项目有：氨氮（以N计）设计要求为≤25毫克/升，实际2010年平均值为36.6毫克/升、2011年为33.6毫克/升，2012年为32毫克/升；总磷（以P计）设计要求为≤5毫克/升，实际年平均值均达标，日最高值略有超标，2010年最高值为5.2毫克/升、2011年最高值为5.47毫克/升，2012年最高值为5.07毫克/升。余杭经济开发区印染区块污水（预）处理厂2010年—2012年进厂污水水质主要指标监测值见附表5－24。

表5－24　2010年—2012年余杭经济技术开发区印染区块污水（预）处理厂进水水质

年份	项目	进水总量（万吨）	进水水质（毫克/升）					
			生化需氧量（BOD_5）	化学需氧量（CODcr）	悬浮物（SS）	氨氮（以N计）	总磷	总氮
2008年	平均值	（9月开工建设）	—	—	—	—	—	—
	最高值		—	—	—	—	—	—
	达标率		—	—	—	—	—	—
2009年	平均值	（上半年建设，下半年试运行）	—	—	—	—	—	—
	最高值		—	—	—	—	—	—
	达标率		—	—	—	—	—	—
2010年	平均值	（未计）	224	626	172	36.6	3.9	47.7
	最高值		243	675	202	38.6	5.2	49.3
	达标率		100	100	100	41.7	99.7	100

续表 5－24

年份	项目	进水总量（万吨）	进水水质（毫克/升）					
			生化需氧量（BOD_5）	化学需氧量（CODcr）	悬浮物（SS）	氨氮（以 N 计）	总磷	总氮
2011 年	平均值	（未计）	351.8	655.5	235.8	33.6	4.4	41.1
	最高值		481	733	425	39.2	5.47	44.9
	达标率		92.6	100	95.8	55.6	96.4	100
2012 年	平均值	（未计）	319.1	689.2	252.2	32.0	4.1	37.2
	最高值		365	766	293.0	38.2	5.07	46.1
	达标率		100	100	100	100	100	100

注：余杭经济开发区印染区块污水处理厂于 2010 年 3 月投入试运行，2010 年 5 月竣工

四、出水水质管理

（一）污水处理厂出水水质控制标准

余杭区属的塘栖污水处理厂（一期、二期）与良渚、余杭污水处理厂（一期）和杭州七格污水处理厂设计的尾水排放标准执行《城镇污水处理厂污染物排放标准》（GB18918－2002）中的一级 B 标准；良渚、余杭污水处理厂（二期）和崇贤污水处理厂及在建的临平污水处理厂（一期）设计的尾水排放标准为一级 A 标准；余杭经济开发区印染区块污水（预）处理厂执行《污水排入城镇下水道水质标准》（GB343－2010）中的 B 等级标准。余杭区属污水处理厂出水水质基本项目控制标准见附表 5－25。

（二）污水处理厂出水水质监测

1．杭州七格污水处理厂（处理临平副城污水）

余杭区临平副城收集输送至杭州七格污水处理厂处理的污水如进厂水质超标时，按照杭州余杭水务有限公司（2007 年前为杭州余杭城市排水有限责任公司）与杭州市排水有限责任公司签署的《污水处理服务协议》的约定：杭州天创水务有限公司（七格污水处理厂转资时受让的项目公司）在正常履行并严格遵守污水处理规定的前提下，当进厂水质超标，导致增加运行成本或如项目公司需就出水水质超标向政府部门支付罚金或超标排污费，则该费用由进厂水质超标的一方或双方按水量比例承担相应费用。自 2007 年至 2012 年，余杭区临平副城收集输送到七格污水处理厂处理的污水进厂水质超标部分的水量，均按《污水处理服务协议》的约定，由余杭按协议约定的污水处理改进价格支付进厂水质超标处理费，2007 年—2008 年单价为 0.883 元/吨、2009 年 1 月 1 日起调整为 0.89 元/吨，每吨污水处理费均比污水处理基础价格增加 0.047 元。2007 年至 2012 年的六年间进厂水质超标水量合计为 6636.2 万吨，共增加支付超标水质污水处理 311.90 万元（历年各月超标水质水量见附表 5－19）。

表 5－25　　余杭区属污水处理厂出水水质控制标准

项目名称	单位	塘栖污水处理厂（一、二期）和良渚、余杭污水处理厂（一期）	崇贤污水处理厂（一期）和良渚、余杭污水处理厂（二期）	余杭经济开发区印染区块污水处理厂（预处理）
生化需氧量（BOD_5）	毫克/升	≤20	≤10	≤350
化学需氧量（CODcr）	毫克/升	≤60	≤50	≤500
悬浮物（SS）	毫克/升	≤20	≤10	≤400
氨氮（以 N 计）	毫克/升	≤8（15）	≤5（8）	≤45
总磷	毫克/升	≤1	≤0.5	≤8
总氮	毫克/升	≤20	≤15	≤70
pH		6－9	6－9	6.5－9.5
色度（稀释倍数）	倍	≤30	≤30	≤70
排放标准	标准名称	《城镇污水处理厂污染物排放标准》（GB18918－2002）		《污水排入城市下水道水质标准》（CJ343－2010）
	标准等级	一级 B	一级 A	B 等级

注：氨氮指标中括号外数值为水温＞12℃时的控制指标，括号内数值为水温≤12℃时的控制指标

2．塘栖污水处理厂

塘栖污水处理厂一期工程和二期工程出水水质均按《城镇污水处理厂污染物排放标准》（GB98918－2002）中的一级 B 标准执行。塘栖污水处理厂建厂设计时以处理城镇生活污水为主，采用 SBR 法处理工艺，而实际进厂污水绝大部分为工业废水。在 2010 年塘栖镇全面实行截污纳管之前，进厂的污水中含金属、印染废水等所占的比例量大，且有毒有害物质较多，成分复杂，色度高，COD 难降解。由于一期处理工艺无相关预处理或调节池以及末端深度处理单元，很难适应工业废水水质的复杂性和变化性，影响了处理效果。2008 年、2009 年、2010 年塘栖污水处理厂出水综合合格率分别为 0、6.03%、79.03%，随着城镇生活污水纳管量的增加，出水综合合格率才逐年提高。塘栖污水处理厂 2008 年—2010 年出厂水质主要指标监测值见附表 5－26。

3．崇贤污水处理厂

崇贤污水处理厂出水水质按《城镇污水处理厂污染物排放标准》（GB18918－2002）中的一级 A 标准执行。自 2009 年 3 月投入试运行后，出水综合合格率逐年提高，2009 年、2010 年、2011 年和 2012 年分别为 0.93%、45.38%、67.08%和 100%。水质超标主要项目为悬浮物（SS）和氨氮（以 NH3－N 计），悬浮物 2009 年平均值为 14.67 毫克/升，最高值达 25.2 毫克/升，2010 年最高值为 21.3 毫克/升，2011 年最高值 14.1 毫克/升（标准≤

10），氨氮最高值每年均超标，2009年、2010年、2011年和2012年最高值分别达到7.4毫克/升，12.4毫克/升，14.8毫克/升和6.3毫克/升（标准≤5）。崇贤污水处理厂2009年—2012年出水水质主要指标监测值见附表5－27。

表5－26　　2008年—2010年余杭区塘栖污水处理厂出水水质

年份	项目	出水总量（万吨）	出水水质（毫克/升）						出水综合合格率
			生化需氧量（BOD_5）	化学需氧量（CODcr）	悬浮物（SS）	氨氮（以N计）	总磷	总氮	
2008年	平均值	173.75	（未计）	124	98	8.34	0.65	13.2	0
	最高值			261	135	12.85	1.61	16.6	
	达标率			1.3	8.69	53.2	81.2	100	
2009年	平均值	491.49	17.41	83	50	5.09	0.37	11.7	6.03
	最高值		34.2	169	93.7	9.77	1.12	20.3	
	达标率		83.38	53.37	8.69	91.35	84.79	98	
2010年	平均值	719.04	11.81	51.1	18	5.9	0.46	12.9	79.3
	最高值		16.82	64.3	25.3	12.7	0.69	15.7	
	达标率		100	92.0	80.8	98.8	100	100	
2011年	平均值	（暂停运行）	—	—	—	—	—	—	—
	最高值		—	—	—	—	—	—	
	达标率		—	—	—	—	—	—	

注：塘栖污水处理厂一期工程于2007年1月投入试运行，2007年6月竣工。二期工程于2008年3月开工建设，2008年12月投入试运行，2009年5月竣工。自2011年1月起塘栖区块污水实行南排，塘栖污水厂暂停运行

表5－27　　2009年—2012年余杭区崇贤污水处理厂出水水质

年份	项目	出水总量（万吨）	出水水质（毫克/升）						出水综合合格率
			生化需氧量（BOD_5）	化学需氧量（CODcr）	悬浮物（SS）	氨氮（以N计）	总磷	总氮	
2008年	平均值	（污水厂建设期）	—	—	—	—	—	—	
	最高值		—	—	—	—	—	—	
	达标率		—	—	—	—	—	—	
2009年	平均值	229.59	12.5	103	15	1.12	0.30	8.16	0.93
	最高值		31.2	144	25	7.4	1.5	15.5	
	达标率		71.43	2.58	59.39	100	92.81	100	

续表 5－27

年份	项目	出水总量（万吨）	出水水质（毫克/升）						出水综合合格率
			生化需氧量（BOD_5）	化学需氧量（CODcr）	悬浮物（SS）	氨氮（以N计）	总磷	总氮	
2010年	平均值	459.89	2.7	29.2	9	2.5	0.22	2.73	45.38
	最高值		6.2	107	21	12.4	0.35	13.6	
	达标率		100	52.5	92.9	98.8	100	100	
2011年	平均值	349.80	3.6	32.9	9	4.5	0.1	10.5	67.08
	最高值		7.1	35.7	14	14.8	1.73	14.1	
	达标率		100	100	98.4	68.6	100	100	
2012年	平均值	211.10	7.0	28.3	8	2.0	0.05	12.1	100
	最高值		8.0	35.2	9	6.3	0.07	13.4	
	达标率		100	100	100	100	100	100	

注：崇贤污水处理厂于2009年3月投入试运行，2009年7月竣工。自2011年7月起，崇贤区块部分污水南排，崇贤污水处理厂污水处理量减少

4. 良渚污水处理厂

良渚污水处理厂一期工程出水水质按《城镇污水处理厂污染物排放标准》（GB18918－2002）中的一级B标准执行，二期工程按一级A标准执行。该厂自2008年1月投入调试运行以来，进水水质的年平均值基本达标。经处理后出水水质的综合合格率2008年、2009年、2010年、2011年和2012年分别达到100%、96.69%、100%、100%和100%。良渚污水处理厂2008年—2012年出水水质主要指标监测值见附件5－28。

表5－28　　2008年—2012年余杭区良渚污水处理厂出水水质

年份	项目	出水总量（万吨）	出水水质（毫克/升）						出水综合合格率
			生化需氧量（BOD_5）	化学需氧量（CODcr）	悬浮物（SS）	氨氮（以N计）	总磷	总氮	
2008年	平均值	224.25	12.6	42	14.5	1.36	0.29	10.9	100
	最高值		17	55	18	4.63	0.32	15.7	
	达标率		100	100	100	100	100	100	
2009年	平均值	476.01	14.35	46.18	14.56	2.19	0.38	8.71	96.96
	最高值		17.52	61.2	21.3	8.92	0.56	15.71	
	达标率		100	97.22	99.47	99.75	100	100	

续表 5－28

年份	项目	出水总量（万吨）	出水水质（毫克/升）						出水综合合格率
			生化需氧量（BOD_5）	化学需氧量（CODcr）	悬浮物（SS）	氨氮（以N计）	总磷	总氮	
2010年	平均值	714.80	13.5	43.5	14	3.38	0.55	11.65	100
	最高值		16.3	47	19	6.97	0.68	18.3	
	达标率		100	100	100	100	100	100	
2011年	平均值	736.40	13.8	34.7	13	3.46	0.26	7.95	100
	最高值		16.3	43.6	15	4.7	0.68	10.8	
	达标率		100	100	100	100	100	100	
2012年	平均值	965.30	6.8	28.4	12	2.9	0.4	9.0	100
	最高值		11.5	35.6	13	5.4	0.65	11.1	
	达标率		100	100	100	100	100	100	

注：良渚污水处理厂一期工程于2008年1月投入试运行，2008年6月竣工；二期工程于2010年9月开工建设，2012年9月投入试运行，2013年3月竣工

5．余杭污水处理厂

余杭污水处理厂一期工程出水水质按《城镇污水处理厂污染物排放标准》（GB18918－2002）中的一级B标准执行，二期工程按一级A标准执行。该厂自2007年9月投入运行以来，进水水质的年平均值基本达标，有部分项目的日最高值超标。经处理后出水水质的综合合格率2008年、2009年、2010年、2011年和2012年分别为89.4%、86.23%、98.91%、100%和100%。影响出水水质综合合格率的水质指标主要为总磷，标准为1≤1毫克/升，而2008年、2009年、2010年总磷日最高值分别达到1.19毫克/升、1.4毫克/升、1.1毫克/升。余杭污水处理厂2008年—2012年出水水质主要指标监测值见附表5－29。

表5－29　　2008年—2012年余杭区余杭污水处理厂出水水质

年份	项目	出水总量（万吨）	出水水质（毫克/升）						出水综合合格率
			生化需氧量（BOD_5）	化学需氧量（CODcr）	悬浮物（SS）	氨氮（以N计）	总磷	总氮	
2008年	平均值	156.07	15.72	29	12	1.23	0.42	11.3	89.4
	最高值		18	43	20	2.86	1.19	15.4	
	达标率		100	100	100	100	89.4	100	
2009年	平均值	336.21	17.19	34.1	17	0.48	0.66	10.1	86.23
	最高值		18.9	51.2	30	2.6	1.4	15.6	
	达标率		100	100	94.31	100	90.24	100	

续表 5－29

年份	项目	出水总量（万吨）	出水水质（毫克/升）						出水综合合格率
			生化需氧量（BOD_5）	化学需氧量（CODcr）	悬浮物（SS）	氨氮（以N计）	总磷	总氮	
2010年	平均值	742.75	15.4	38.4	18	1.53	0.68	10.3	98.91
	最高值		17.71	48	20	3.48	1.1	18.3	
	达标率		100	100	100	100	98.09	100	
2011年	平均值	859.40	15.5	39.1	18	0.6	0.7	10.4	100
	最高值		19.2	46.8	19	1.2	0.98	14.4	
	达标率		100	100	100	100	100	100	
2012年	平均值	935.4	7.9	22.1	8	0.2	0.4	10.5	100
	最高值		10.0	27.7	9	0.3	0.74	11.6	
	达标率		100	100	100	100	100	100	

注：余杭污水处理厂一期项目中的前1.5万吨/日工程于2007年9月投入试运行，一期中的后1.5万吨/日工程，于2009年3月开工建设，2009年12月竣工。二期工程于2009年12月开工建设，2011年10月投入试运行，2012年5月竣工

6. 余杭经济技术开发区印染区块污水（预）处理厂

余杭经济技术开发区印染区块污水（预）处理厂出水水质按《污水排入城市下水道水质标准》（GJ343－2010）中的B等级执行。该厂自2009年6月进入调试运行以来，进水水质大部分指标达标。经处理后，2010年－2012年出水水质综合合格率均为100%。余杭经济技术开发区印染区块污水（预）处理厂2010－2012年出水水质主要指标监测值见附表5－30。

表5－30　2010年—2012年余杭经济技术开发区印染区块污水处理厂出水水质

年份	项目	出水总量（万吨）	出水水质（毫克/升）						出水综合合格率
			生化需氧量（BOD_5）	化学需氧量（CODcr）	悬浮物（SS）	氨氮（以N计）	总磷	总氮	
2008年	平均值	（9月开工建设）	—	—	—	—	—	—	
	最高值		—	—	—	—	—	—	
	达标率		—	—	—	—	—	—	
2009年	平均值	（上半年建设，下半年试运行）	—	—	—	—	—	—	
	最高值		—	—	—	—	—	—	
	达标率		—	—	—	—	—	—	

续表 5－30

年份	项目	出水总量（万吨）	出水水质（毫克/升）						出水综合合格率
			生化需氧量（BOD_5）	化学需氧量（CODcr）	悬浮物（SS）	氨氮（以N计）	总磷	总氮	
2010年	平均值	（8－11月）45.85	20.1	169	60	2.1	2.9	13.0	100
	最高值		25.2	185	87	25.2	3.7	21.2	
	达标率		100	100	100	100	100	100	
2011年	平均值	152.73	25.3	173	66	9.5	2.0	18.1	100
	最高值		38	193	87	29.6	3.72	35.8	
	达标率		100	100	100	100	100	100	
2012年	平均值	181.4	30.3	164	100	2.7	1.1	10.6	100
	最高值		37.0	179	107	11.5	1.52	16.0	
	达标率		100	100	100	100	100	100	

注：余杭经济技术开发区印染区块污水处理厂于2010年3月投入试运行，2010年5月竣工

第七节　污水处理设施管理

杭州余杭水务有限公司为确保污水处理厂和污水泵站的安全运行，对各类污水处理设施都建立了严格的管理制度，并通过对操作员的培训、设施的维护和日常的检查监督，使各项管理制度落实到人、实施到位，确保了污水处理设施的正常运行。

进水泵房管理　每隔两小时检查粗格栅、螺旋输送器的运行工况，及时清理排除的杂物，防止意外情况的发生。提升泵在运行时及时巡查，认真辨听提升泵是否有异响，观察提升泵的电流是否在额定范围内，防止电流过高、过低等情况损坏提升泵，影响后续的正常生产。在巡查中注意观察集水井的液位，防止发生提升泵空转现象。每月对备用提升泵及起重机械进行试验，确保备用设备和起重机械的完好。做好提升泵房的清扫工作，保持地面清洁有序。

曝气沉沙池管理　每两小时对曝气沉沙池进行巡查并记录运行情况。通过进水启闭机合理调整污水进水量和沉沙池液位，避免因流速过快或水位过高影响排砂质量。操作人员每隔二小时检查细格栅、螺旋输送器的运行工况，及时清理排除的砂石等杂物，防止积砂埋泵等堵塞情况的发生。做好鼓风机、吸沙工作桥的运行管理工作，观察风机的工作压力，适时调整工作桥的运行，防止气压过高、过低等情况影响排砂质量，并做好气管阀门的合理调节工作，防止过大影响后续的正常生产。在巡查中注意观察污水的运

行情况，及时了解污水曝气的各种现象，发现问题及时处理。做好曝气池的清扫、打捞工作，保持池面清洁有序。做好进出水管的防冻保暖工作。

旋流沉砂池管理　每两小时巡回检查，根据栅前栅后的水位差变化或栅渣的数量，及时开启除渣机将栅渣清除。同时注意观察除渣机的运转情况，及时排除其出现的各种故障。检查并调节栅前的流量调节阀门，保证过栅流量的均匀分布。合理开启格栅的台数，控制流量。定期清理格栅前后的渠道内的积砂，并分析产生积砂的原因，及时进行修复。及时清运格栅渣中夹带的挥发性油类等有机物，确保格栅间的通风透气。每两小时检查沉砂池内的沉砂设备和搅拌设备，并合理开启。合理开启砂水分离器进行砂水分离，及时清运沉砂池沉积下来的沉砂。

初沉池管理　每两小时对初沉池进行巡查并记录泥水界面仪、pH仪数据及刮吸泥机运行情况。做好刮泥机的运行管理工作，根据泥水界面仪数据有序做好刮泥和排泥工作，防止污泥停留时间过长上浮或刮泥频繁污泥无法收集等现象。适时调整工作桥下污泥收集管道的开度，确保排泥正常。每班观察出水槽出水是否均匀，浮渣斗收集是否运行良好。发现有堵塞、倾斜等现象，应及时做出清理和调整。当班人员巡查中应仔细观察出水的感官指标，发现有异常现象，采取相应措施解决，以免影响后续生产运行。定期对出水槽、池壁进行人工清理，保持池面清洁。

图5-34　崇贤污水处理厂初沉池

鼓风机房管理　每两小时对鼓风机房的运行进行巡查，并做好巡查记录。做好鼓风机的运行管理工作，合理调整鼓风机的频率，控制生化池的DO，确保生化池污泥活性。在巡查时要注意辨听鼓风机是否有异响，如有异响要及时停止鼓风机的运作，并查明原因进行处理。风机房内要保持卫生，防止灰尘和其他细小的碎物被吸入风机内，影响风机的正常运转。

水解酸化池管理　每两小时对水解酸化池进行巡查并记录DO、pH仪数据。做好剩余污泥泵的运行管理工作，根据污泥龄有序做好排泥工作，防止泥龄过长污泥老化影响后续的正常运行。合理调整污泥回流量，确保水解酸化池的污泥浓度。每班观察进水时水解酸化池布水是否均匀。发现有堵塞导致布水不均匀等现象，应及时调整水解酸化池的污泥浓度或者适量排泥。当班人员巡查中仔细观察进水的感官指标，发现有异常现象，采取相应措施解决，以免影响后续生产运行。严格控制水解酸化池的DO，使DO控制在0.5毫克/升左右。

氧化沟管理　每班对氧化沟的活性污泥进行SV检测，每小时记录pH、MLSS、DO的数据，根据各污水处理厂的实际情况合理调整进水量、污泥回流量和曝气时间，并记录。氧化沟活性污泥的SV一般控制在15%～30%之间，同时根据水质检测室的检测结果，结合各污水厂的实际运行情况，合理制定工艺运行周期，在不同季节或特殊情况下（汛期、节假日等）应制定特殊运行周期以确保生产的正常运行。有效控制氧化沟的曝气时间，曝气时DO一般控制在2毫克/升～3毫克/升之间。当进厂污水负荷过高（过低）时，应适当增加曝气（减少曝气）以确保污泥的活性和出水水质的达标。合理调整出水启闭机的开启度，确保表曝机的有效运作液位，防止污泥大量流失，影响二沉池出水。机修人员每星期对氧化沟曝气转刷进行检查，防止转刷脱落。对氧化沟底沉积的死泥，应根据实际情况，定期不定期的机械排泥，必要时进行人工刮泥、排泥。氧化沟内水面的漂浮物应进行人工打捞，保持池面清洁。

图5－35　良渚污水处理厂氧化沟

SBR池管理　每两小时对SBR池的运行进行巡查，并做好巡查记录。做好SBR池内漂浮物的打捞工作。巡查时观察曝气是否均匀，严格控制曝气时间，发现异常情况及时处理。巡查时根据曝气充氧量观察活性污泥状况。根据MLSS和SV值，合理地对剩余污泥进行排放，并对污泥沉降比（SV值）进行测定，防止生化系统发生了污泥膨胀。严格控制回流污泥的浓度，防止污泥浓度偏高造成运行效果不良。合理开启SBR池搅拌机、滗水器等机械设备。做到充分对活性污泥进行搅拌，合理进行排水。对SBR池池壁等部位应进行定期人工清刷，确保池体整洁。

图5－36　塘栖污水处理厂SBR池

二沉池管理　每两小时对二沉池进行巡查并记录泥水界面仪数据及刮吸泥机运行情况。根据水质检测室的检测结果，结合其他因素（二沉池泥层的厚度、氧化沟MLSS等），控制污泥回流和剩余污泥的处理，适时调整工艺运行。做好刮泥机的运行管理工作，有序做好刮泥和排泥工作，防止污泥停留时间过长上浮或刮泥频繁污泥无法收集等现象。适时调整工作桥下污泥收集管道的开度，确保排泥正常。每班观察出水槽出水是否均匀，浮渣斗收集是否运行良好。发现有堵塞、倾斜等现象，应及时做出清理和调整。当班人员巡查中应仔细观察出水的感官指标，发现有异常现象，采取相应措施解决，以免影响出水水质。定期对出水槽、池壁进行人工清理，保持池面清洁。

浓缩池管理（重力浓缩池）　每两小时对浓缩池进行巡查，并记录泥水界面仪等各项数据。合理控制浓缩池液位，避免水位过高或过低，从而导致排泥浓度降低和浪费池容。适时调整浓缩池污泥停留时间，一般停留时间控制在12～30小时之间，也可根据季节（温度）变化和水质情况再做调整。定期检查清理阀门、管道等设备，避免堵塞、卡死等情况的发生。定期排空（一般每隔半年）浓缩池，彻底检查积泥等情况，并对水下设备予以防腐处理。对浓缩池池壁等部位应进行定期人工清刷，确保池体整洁。

曝气生物滤池管理　每小时记录曝气生物滤池的MLSS和DO的数据，并做好鼓风机、反冲洗泵及加药设备的运行记录。根据MLSS和曝气情况，合理控制反冲洗周期，一般情况下24小时反冲洗一次，并做好记录。每两小时对曝气生物滤池进行巡查，要注意观察曝气是否均匀，陶粒面是否平整等，并做好记录。根据二次提升泵房和出水总氮和BOD的情况，合理调整甲醇的投加量，并控制好N池的曝气量。根据设备的运行情况，做好机电设备的维护保养工作，主要为鼓风机、反冲洗泵、加药设备等。需定期对曝气生物滤池池壁等部位进行人工清刷，确保池体的整洁。

图5－37　良渚污水处理厂曝气生物滤池

活性砂滤池管理　每两小时对活性砂滤池进行巡查，要注意观察洗砂设备运行情况，是否有堵塞的现象。一旦发现堵塞情况，需及时进行疏通。根据出水SS情况，定期对活性砂滤池进行反冲洗，一般为逐个连续冲洗。根据二次提升泵房和出水总磷的情况，合理调整聚合氯化铝的投加量，确保出水总磷的稳定达标。根据设备的运行情况，做好机电设备的维护保养工作，主要为鼓风机、洗砂设备等。需定期对活性砂滤池池壁等部位进行人工清刷，确保池体的整洁。

第八节　污水处理厂运行管理

余杭区塘栖、良渚、余杭、崇贤等四座污水处理厂和余杭经济技术开发区印染区块污水（预）处理厂，分别于2007年1月、2008年1月、2007年9月、2009年3月和2010年3月投入试运行。至2012年，杭州余杭水务有限公司克服了各污水厂前期（2009年年底之前）进厂污水量少，尤其是生活污水量少，进水水质达不到污水厂设计要求的状况，通过实施科学调试、加快截污纳管工程建设、建立与健全污水处理厂生产管理和设备运行管理制度、加强水质监测监督等措施，使污水处理厂逐步走上规范、有效的运行轨道。

一、生产负荷

余杭区属污水处理厂的生产负荷，随着截污纳管工程的推进和运行管理的逐步规范，负荷率逐年提高。在个别时段，部分污水厂的日负荷率超过了设计规模。

2007 年　塘栖污水处理厂一期工程于一月投入试运行，规模 1 万吨/日，当年处理污水 100.30 万吨，日均 275 吨，污水厂日均负荷率为 2.75%。同年，余杭污水处理厂于九月投入试运行。

2008 年　塘栖、良渚和余杭三座污水处理厂一期工程均投入试运行，规模合计 4.5 万吨/日。其中：塘栖污水厂 1 万吨/日、良渚污水厂 2 万吨/日、余杭污水厂 1.5 万吨/日。当年三座污水厂污水处理量合计为 554.07 万吨/日，日均 15180 吨，三座污水厂平均日均负荷率为 33.73%。其中，塘栖污水处理厂当年处理污水 173.75 万吨，日均 4760 吨，污水厂日均负荷率为 47.60%；污水处理量最多日在 9 月 14 日，当日处理污水 7124 吨，处理量最多日污水厂负荷率为 71.24%。良渚污水处理厂当年处理污水 224.25 万吨，日均 6144 吨，污水厂日均负荷率为 30.72%；污水处理量最多日在 6 月 11 日，当日处理污水 30930 吨，处理量最多日负荷率为 154.65%。余杭污水处理厂当年处理污水 156.07 万吨，日均 4276 吨，污水厂日均负荷率为 28.51%；污水处理量最多日在 8 月 28 日，当日处理污水 7242 吨，处理量最多日负荷率为 48.28%。

2009 年　塘栖、良渚、余杭三座污水处理厂投入运行，崇贤污水处理厂于上年 12 月投入试运行。四座污水处理厂合计规模 9.5 万吨/日，其中，塘栖污水处理厂二期工程于 2008 年 12 月开始调试运行，污水处理厂规模提高到 4 万吨/日，良渚、余杭污水处理厂规模仍分别为 2 万吨/日、1.5 万吨/日，崇贤污水处理厂一期工程规模为 2 万吨/日。当年四座污水厂污水处理量合计为 1533.30 万吨，日均 42008 吨，四座污水厂平均日均负荷率为 44.22%。其中，塘栖污水处理厂当年处理污水 491.49 万吨，日均 13465 吨，污水厂日均负荷率为 33.66%；污水处理量最多日在 7 月 3 日，当日处理污水 21345 吨，处理量最多日负荷率为 53.36%。良渚污水处理厂当年处理污水 476.01 万吨，日均 13042 吨，污水厂日均负荷率为 65.21%；污水处理量最多日在 8 月 14 日，当日处理污水 19956 吨，处理量最多日负荷率为 99.78%。余杭污水处理厂当年处理污水 336.21 万吨，日均 9211 吨，污水厂日均负荷率为 61.41%；污水处理量最多日在 9 月 23 日，当日处理污水 19193 吨，处理量最多日负荷率为 127.95%。崇贤污水处理厂当年处理污水 229.59 万吨，日均 6290 吨，污水厂日均负荷率为 31.45%；污水处理量最多日在 12 月 29 日，当日处理污水 12719 吨，处理量最多日负荷率为 63.60%。

2010 年　塘栖、崇贤、良渚和余杭四座污水处理厂投入运行，合计规模为 11 万吨/日。其中，余杭污水处理厂一期工程中续建的 1.5 万吨/日项目，于 2009 年 12 月投入运行，余杭污水厂规模提高到 3 万吨/日。其余塘栖、崇贤和良渚污水处理厂规模部分别为 4 万吨/日、2 万吨/日和 2 万吨/日。当年四座污水处理厂污水处理量合计为 2636.48 万吨，日均 72232 吨，四座污水厂平均日均负荷率为 65.67%。其中，塘栖污水处理厂当年处理污水 719.04 万吨，日均 19700 吨，污水厂日均负荷率为 49.25%；污水处理量最多日在 10 月 25 日，当日处理污水 33089 吨，处理量最多日负荷率为 82.72%。崇贤污水处理厂当年处理污水 459.89 万吨，日均 12600 吨，污水厂日均负荷率为 63.0%；污水处理量最多日在 7 月 22 日，当日处理污水 19891 吨，处理量最多日负荷率为 99.46%。良渚污水处理厂当年处理污水 714.80 万吨，日均 19583 吨，污水厂日均负荷率为 97.92%；污水处理量最多日在 7 月 15 日，当日处理污水 23709 吨，处理量最多日负荷率为 118.54%。余杭污水处理厂当年处理污水 742.75 万吨，日均 20349 吨，污水厂日均负荷率为 67.83%；污水处理量最多日在 7 月 5 日，当日处理污水 26353 吨，处理量最高日负荷率为 87.84%。

2011 年　塘栖区块污水实行南排（污水收集输送到七格污水厂处理），塘栖污水处理厂于 2011 年 1 月起暂停运行；崇贤区块污水部分实行南排，崇贤污水处理厂于 2011 年 7 月起减少污水进厂量，污水处理规模保持 2 万吨/日。良渚和余杭污水处理规模仍分别为 2 万吨/日与 3 万吨/日。当年在线运行的三座污水处理厂合计规模为 7 万吨/日，全年污水处理量合计为 1945.60 万吨，日均 53304 吨，污水厂平均日均负荷率为 76.15%。其中：崇贤污水处理厂当年处理污水 349.80 万吨，日均 9584 吨，污水厂日均负荷率 47.92%，污水处理量最多日在 6 月 15 日（部分污水实行南排前），当日处理污水 39060 吨，处理量最多日负荷率为 195.30%。良渚污水处理厂当年处理污水 736.40 万吨，日均 20175 吨，污水厂日均负荷率为 100.88%；污水处理量最多日在 7 月 4 日，当日处理污水 23157 吨，处理量最多日负荷率为 115.78%。余杭污水处理厂当年处理污水 859.40 万吨，日均 23545 吨，污水厂日均负荷率 78.48%；污水处理量最多日在 6 月 6 日，当日处理污水 39782 吨，处理量最多日负荷率 132.61%。

2012 年　余杭污水处理厂和良渚污水处理厂的二期扩建工程分别于上年 10 月和 2012 年 9 月投入试运行，污水处理规模分别从 3 万吨/日、2 万吨/日提高到 4.5 万吨/日、4 万吨/日，当年增加污水处理能力 3.5 万吨/日，崇贤污水处理厂规模仍为 2 万吨/日。区内在线试运行的三座污水处理厂规模合计为 10.5 万吨/日，全年污水处理量合计为 2111.8 万吨，日均 57857 吨，污水厂平均日负荷率为 55.10%。其中，崇贤污水处理厂当年处理污水 211.10 万吨，日均 5784 吨，污水厂日均负荷率 28.92%，当年污水处理量最多日 7 月 2 日，当日处理污水 14752 吨（不包括南排污水量），处理量最多日负荷率为 73.76%。良渚污水处理厂当年处理污水 965.30 万吨。日均 26447 吨，污水厂日均负荷率 66.12%，当年污水处理量最多日在 12 月 2 日，当时处理污水 40146 吨，处理最最多日负荷率为 100.37%。余杭水污处理厂当年处理污水 935.40 万吨，日均 25627 吨，污水厂日均负荷率 56.95%，当年污水处理量最多日在 12 月 28 日，当日处理污水量 36664 吨，处理量最高日负荷率为 81.48%（余杭区各区属污水处理厂 2007 年—2012 年运行概况见附表 5－31）。

二、耗电量

2009 年　塘栖、崇贤、良渚和余杭四座污水处理厂用电总量为 5747936 千瓦时，处理污水 1533.30 万吨，平均每处理一吨污水耗电 0.375 千瓦时。其中，塘栖污水处理厂

0.346千瓦时/吨，崇贤污水处理厂0.633千瓦时/吨，良渚污水处理厂0.311千瓦时/吨，余杭污水处理厂0.332千瓦时/吨。

2010年 塘栖、崇贤、良渚和余杭等四座污水处理厂用电总量为7874656千瓦时，处理污水2636.48吨，平均每处理一吨污水耗电0.299千瓦时。其中，塘栖污水处理厂0.317千瓦时/吨，崇贤污水处理厂0.365千瓦时/吨，良渚污水处理厂0.302千瓦时/吨，余杭污水处理厂0.237千瓦时/吨。

2011年 崇贤、良渚和余杭等三座污水处理厂用电总量为5839581千瓦时，处理污水1945.60吨，平均每处理一吨污水耗电0.300千瓦时。其中，崇贤污水处理厂0.362千瓦时/吨，良渚污水处理厂0.312千瓦时/吨，余杭污水处理厂0.269千瓦时/吨。

2012年 良渚和余杭等二座污水处理厂用电总量为8169096千瓦时，处理污水1900.70万吨，平均每处理一吨污水耗电0.43千瓦时，其中，良渚污水处理厂0.386千瓦时/吨，余杭污水处理厂0.475千瓦时/吨。

余杭经济技术开发区印染区块污水处理厂2010年8月至2012年12月，用电总量为3289825千瓦时，预处理污水379.98万吨，平均予处理一吨污水耗电0.866千瓦时，其中，2010年、2011年、2012年分别耗电0.98千瓦时/吨、0.89千瓦时/吨和0.82千瓦时/吨，逐年减少。

各污水处理厂处理污水的耗电量在调试运行期间较高，正式投产运行后，耗电量较稳定。各污水处理厂2009年—2012年用电量详见附表5-31。

三、尾水排放

余杭区属五座污水处理厂出水水质按照设计要求，塘栖污水处理厂（一期、二期）和良渚、余杭等污水厂一期工程要达到《城镇污水处理厂污染物排放标准》（GB18918-2002）中的一级B标准，良渚、余杭污水处理厂二期工程达到一级A标准，崇贤污水处理厂要达到一级A标准；余杭经济技术开发区印染区块污水（预）处理厂要达到《污水排入城市下水道水质标准》（CJ343-2010）的B等级。各座污水处理厂因处理工艺和进水水质有差异，在试运行的前两年，塘栖和崇贤两座污水处理厂尾水达标排放天数少，良渚和余杭两座污水处理厂基本做到达标排放。各污水处理厂在试运行结束后，尾水能满足达标排放的要求，至2012年，良渚、余杭、崇贤污水处理厂和余杭经济技术开发区印染区块污水处理厂出水水质综合合格率均达到100%，尾水达标排放天数为365天/年。

1. 塘栖污水处理厂

塘栖污水处理厂设计是处理城镇生活污水为主，采用SBR法处理工艺，但实际进厂污水绝大部分是工业废水，且成份复杂，影响了处理效果。2008年、2009年和2010年，出水水质综合合格率分别为0、6.03%和79.30%（见附表5-26）。各年尾水达标排放天数分别为0天、22天和295天（见附表5-31）。

2. 崇贤污水处理厂

崇贤污水处理厂尾水排放执行一级A标准，经四年的运行，出水水质综合合格率逐年提高，其中，2009年、2010年、2011年和2012年出水水质综合合格率分别为0.93%、45.38%、67.08%和100%（见附表5-27），各年尾水达标排放天数分别为3天、183天、265天和365天（见附表5-31）。

3．良渚污水处理厂

良渚污水处理厂投入试运行后，进水水质基本达标，2008年、2009年、2010年、2011年和2012年，出水综合合格率分别达到100%、96.69%、100%、100%和100%（见附表5-28），各年尾水达标排放天数分别为365天、352天、365天、365天和365天。（见附表5-31）

4．余杭污水处理厂

余杭污水处理厂在投入试运行后，进水水质的主要指标多数达标，出水水质逐年提高，2008年、2009年、2010年、2011年和2012年出水综合合格率分别为89.4%、86.23%、98.91%、100%和100%（见附表5-29），各年尾水达标排放天数分别为358天、315天、360天、365天和365天（见附表5-31）。

5．余杭经济技术开发区印染区块污水（预）处理厂

余杭经济技术开发区印染区块污水（预）处理厂尾水排放标准执行《污水排入城市下水道水质标准》（CJ343-2010）的B等级。污水厂投入运行后的进水水质全部达标，2010年、2011年和2012年出水水质综合合格率均达100%（见附表5-30），各年尾水排放每天都达标（见附表5-31）。

第九节　排水管网维护管理

杭州余杭水务有限公司为确保污水收集、输送系统的安全运行，对公司管辖区域范围内所有的污水管道、窨井、检查井、阀门井、管桥、倒虹管、截污闸等设施的管理建立并实施规范的巡查、养护、抢修办法与管理考核办法，确保排水管网的安全有效运行。

一、管理职能

公司机关职能部门　负责对各分公司污水管道及附属设施的安全运行工作进行监督、指导及考核；负责对委托养护单位的日常巡查、养护工作进行监督、指导及考核；负责对各分公司监管委托养护单位的养护责任落实情况进行考核管理。

基层分公司　会同公司机关职能部门对委托养护单位的日常巡查、养护工作进行监督、指导及考核；负责对养护单位养护责任的日常落实情况进行检查、核实和督促整改。

委托养护单位　负责公司管辖区域范围内污水管道的日常巡查、养护以及抢修工作。

二、管理原则

——坚持“安全第一、预防为主”的方针。

表 5－31

2007 年—2012 年余杭区区属污水处理厂运行概况

污水处理厂	年份	规模（万吨/日）	污水处理量（吨）与污水厂负荷率（%）						污泥产生量（吨）	污泥含水率（%）	用电量（千瓦时）		污水厂正常运行天数（天）	污水达标排放天数（天）	出水综合合格率（%）
			合计（万吨）	平均每日	污水厂日平均负荷率（%）	污水处理量最多日					用电总量	用电量/吨			
						日期（月/日）	处理量	最多日负荷率（%）							
	2007	1	10.03	275	—	—	—	—	—	—	—	—	—	—	—
塘栖污水处理厂	2008	1	173.75	4760	47.6	9.14	7124	71.24	—	—	—	—	365	0	0
	2009	4	491.49	13465	33.66	7.3	21345	53.36	688	80.0	1700470	0.346	290	22	6.03
	2010	4	719.04	19700	49.25	10.25	33089	82.72	4199.8	80.0	2276770	0.317	365	295	79.03
崇贤污水处理厂	2009	2	229.59	6290	31.45	12.29	12719	63.60	412.8	80.0	1453556	0.633	245	3	0.93
	2010	2	459.89	12600	63.0	7.22	19891	99.46	12745.2	80.0	1676612	0.365	365	183	45.38
	2011	2	349.80	9584	47.92	6.15	39060	195.30	1118.8	80.0	1235733	0.362	365	265	67.08
	2012	2	211.10	5784	28.92	7.2	14752	73.76	—	—	—	—	365	365	100.0
良渚污水处理厂	2008	2	224.25	6144	30.72	6.11	30930	154.65	—	—	—	—	365	365	100.0
	2009	2	476.01	13042	65.21	8.14	19956	99.78	2182.6	80.0	1479184	0.311	365	352	96.96
	2010	2	714.80	19583	97.92	7.15	23709	118.54	6337.6	80.0	2160672	0.302	365	365	100.0
	2011	2	736.40	20175	100.88	7.4	23157	115.78	8061.2	80.0	2296132	0.312	365	365	100.0
	2012	4	965.30	26447	66.12	12.2	40146	100.37	9332.2	80.0	3725336	0.386	365	365	100.0
余杭污水处理厂	2008	1.5	156.07	4276	28.51	8.28	7242	48.28	—	—	—	—	365	358	89.4
	2009	1.5	336.21	9211	61.44	9.23	19193	127.95	940.3	80.0	1114726	0.332	365	315	86.23
	2010	3	742.75	20349	67.83	7.5	26353	87.84	4304.1	80.0	1760602	0.237	365	360	98.91
	2011	3	859.40	23545	78.48	6.6	39782	132.61	8272.8	80.0	2307986	0.269	365	365	100.0
	2012	4.5	935.40	25627	56.95	12.28	36664	81.48	10026.4	80.0	4443760	0.475	365	365	100.0
余杭经济开发区印染区块污水处理厂（预处理）	2010 年 8～11 月	2	45.85	3758	18.8	9.1	6158	30.79	120.4	80.0	449475	0.98	122	122	100.0
	2011	2	152.73	4184	20.9	11.5	8592	42.96	1257.4	80.0	1359640	0.89	365	365	100.0
	2012	2	181.40	4970	24.85	1.2	18669	93.35	3096.4	80.0	1480710	0.82	365	365	100.0

注：污水处理量以各区属污水处理厂出水计量为准。塘栖污水处理厂自 2011 年 1 月起，因塘栖区块污水实行南排，污水厂暂停运行

——委托养护单位按养护合同制订详细的巡查计划（按月上报至公司职能部门及各分公司），将巡查的范围按区域划分，包干区块，落实责任人，定期、定时进行巡查养护。

——委托养护单位做好巡查、养护记录台账（按月上报养护费用清单和工作情况至各分公司，各分公司需按月审核并上报公司职能部门），建立健全台账，并存档。

——污水管道实行定期检查、定期维护，保持良好的水力功能和结构状况。

——污水管道维护采用机械作业，管道维护中必须执行国家现行标准《排水管道维护安全技术规程》的规定。

——污水管道的正常运行水位不高于设计充满度所对应的水位。

——实行雨污分流的排水体制，严禁雨污水混接。公司所属的污水管道属非雨水管道、合流管道。

——水质检测中心定期对排水户进行水质、水量检测，并应建立管理档案；排放水质应符合国家现行《污水排入城市下水道水质标准》的规定。医院污水还应符合《医院污水排放标准》的规定。

三、巡查办法

污水管道实行定期巡查，巡查内容应包括污水冒溢、井盖缺损、管道塌陷、违章占压、违章排放、私自接管以及影响污水管道正常运行的工程施工等情况。

1. 巡查周期

委托养护单位根据管道所处位置的重要性及管道的新旧程度、管道口径的大小确定管道的巡查周期：城区内重要管道、安全可靠性较低的管道、DN800及以上的管道，每周巡查不少于4次，其余管道每周巡查不少于3次；郊区、农村污水收集系统每周巡查不少于1次；特殊情况必须采取特巡，节假日期间要适当增加巡查次数。

各分公司结合委托养护单位的巡查，对所在区域的污水管道及附属设施进行定期巡查：城区内重要管道、安全可靠性较低的管道、DN800及以上的管道，每周巡查不少于1次，其余管道每月巡查不少于2次；特殊情况必须采取特巡，节假日期间要适当增加巡查次数。

2. 巡查内容

管道巡查重点检查污水管道、窨井、检查井、排放阀及井、管桥等设施工作情况；核对各阀门、启闭机“开、闭”状态是否符合工作要求；倒虹管及排放口等设备是否正常运行等。在巡查中发现问题应及时报告和处理。污水管道巡查责任人做好巡查日记，记录每次巡查的内容及其处理情况。

巡查污水管道中是否存在溢水、漏水现象；管桥两边接口情况是否正常等，一旦发现，尽快查明原因，上报领导，同时采取必要的应急措施，防止污染环境和造成危害。

巡查是否有占压、拆卸、移动、挖掘污水管道等情况；巡查是否有擅自在污水管道接管及擅自向污水管道排水现象，一旦发现，及时与相关单位或个人联系，及时上报，并采取相应处理办法。

巡查排气阀有无渗漏、喷水、被盗现象；巡查检查井、排气阀井、伸缩节井有无渗漏、冒污水，井盖有无损坏、盖好，一经发现，立即采取临时性保护措施，并在规定期限内予以修复，将损失降到最低点。

巡查污水检查井中是否有倾倒垃圾、废土、泥浆及各类废弃物（有毒、有害及含有易燃、易爆、强腐蚀物质）现象，一经发现，及时查明原因，及时上报，并按相关法规及管理办法处理。

巡查新建、改建、扩建项目的排水设施是否按照雨水、污水分流的要求建设。在实行雨水、污水分流制的区域，禁止雨水管道和污水管道混接。一旦发现须及时上报，并要求其按规定进行改造。

巡查管线标志桩有否缺损，如有缺损，及时更换、补缺。

巡查管线保护区内是否有违章建筑、开挖、堆放重物等影响管线安全的施工，对违章建筑的建造、违章施工及时阻止，采取有效措施进行处理，难以处理时及时汇报上级领导。

四、养护办法

污水管道及附属设施养护做到定时、适时和有效。养护分为日常和定期两种，日常养护结合日常巡查工作，做到发现问题，及时处理，定期养护根据管道及附属设施的实际工作能力，制定养护计划，从而确保污水管道运行状况的正常。委托养护单位做好养护日记，包括日常养护与日常巡查记录。

1. 养护周期

日常养护　结合日常巡查做好日常养护，具体措施结合巡查内容。

定期养护　公司管辖区域内 DN600 及以下污水管道，每年疏通不少于一次；窨井每年清淤泥不少于两次，特殊管段和检查井，应增加淤泥清理次数，要求管道运行安全畅通；DN600 以上管道按有关要求进行；每周一次对所有启闭机、城区内阀门“开、闭”状态进行核对；每月一次对郊区、农村所有排放阀、蝶阀工作状态进行核对；每半年一次对所有倒虹管启闭机、事故排放口（阀）、检查井、管桥两端刺拦进行保养，做到设备无锈蚀、无丢失部件、转动灵活、井内无杂物、刺拦完好无损；对北庙河（溢流闸）禾丰港、梅堰（截污闸）内的悬浮物，应视具体情况进行清理，保证污水畅通和悬浮物不向闸外漂流。

2. 养护标准

污水管道　当采用转杆疏通或沟棍疏通时，应先检查电动机或钻头。当采用绞车疏通时，在井口和管口转角处，应使用转向滑轮，不得使钢索与井口和管口直接摩擦。当采用绞车疏通时，最后一次通过的通沟件，其直径应比该管径小一档。当水力疏通的水量不足时，宜采用闸门或管塞积蓄水量，抬高上游水位后，放水冲洗。采用水力冲洗不能完全清除管道积泥时，宜同时采用水力通沟浮球，或者采用射水疏通。

压力管道　压力管养护应采用满负荷开泵的方式进行水力冲洗，根据管径大小确定冲洗频率。定期清除透气井内的浮渣。保持排气阀、压力井、透气井等附属设施的完好有效。定期开盖检查压力井盖板，发现盖板锈蚀、密封垫老化、井体裂缝、管内积泥等情况应及时维修和保养。

倒虹管　倒虹管养护采用水力冲洗的方法，冲洗流速不宜小于1.2米/秒。在建有双排倒虹管的地方，可采用关闭其中一条，集中水量冲洗另一条的方法。过河倒虹管的河床覆土不应小于0.5米。在河床受冲刷的地方，应每年检查一次倒虹管的覆土状况。在通航河道上设置的倒虹管保护标志应定期检查和刷油漆，保持结构完好和字迹清晰。对过河倒虹管进行检修前，当需要抽空管道时，必须先进行抗浮验算。

管道设备　倒虹管启闭机，每半年一次维护保养，保养计划由委托养护单位按工作内容、工作时间详细列出，并提前10天报相关分公司，相关分公司根据工作需要将派出技术员进行协助维护保养。要求启闭机（阀）无锈蚀、无丢失部件，转动灵活，启闭机“开、闭”应符合工作状态。

排放阀、蝶阀及井、管桥及两端刺栏　每半年一次维护、保养，要求井内无杂物，设备无锈，转动灵活，无丢失部件，管桥两端，刺栏应无锈蚀、无损坏。

井盖的标识必须与管道的属性一致　污水、雨污合流管道的井盖上应分别标注“污水”、“合流”等标识；铸铁井盖加装防丢失的装置，或采用混凝土、塑料树脂等非金属材料的井盖；在车辆经过时，井盖不应出现跳动和声响。井盖与井框间的允许误差应符合下表的规定。

井盖与井框间的允许误差（毫米）

设施种类	盖框间隙	井盖与井框高差	井框与路面高差
检查井	<8	+5，-10	+15，-15

五、污水管道CCTV检测

为了解污水管道的运行情况，摸清污水管道存在的问题，在常规检测的基础上，对污水管网再进行CCTV检测。

检测管道口径　该检测适用于管径DN500及以上的重力流污水管道（不包括倒虹管、拖拉管施工的管道）。

检测时间　新建管道在质保期到期前一个月进行检测；办理移交的污水管道在移交过程中（移交合同签订前）进行检测；原有老管道根据实际需要进行检测。

检测周期　原则上新建管道质保期到期后每五年进行一次检测；个别运行不正常的管道如需临时检测，各分公司上报，经批准后再进行检测。

成果分析　各分公司根据检测成果进行分析，调查管道内是否有未知接口接入，如有，调查该接入口的雨污分流程度，并采取相应措施处理。根据检测评估报告确定管道的运行状况，如需进行维修的制定维修方案，经公司确认后进行维修。

资料整理　各分公司将检测录像刻盘、检测评估报告、维修方案等资料整理后存档。

六、抢修办法

为最大限度地减轻污水管道各类事故对国家财产和人民生命安全造成的危害，各类抢修事故严格按照抢修标准开展工作，对于突发事件根据《排水管网事故应急处理预案》进行抢修。

若发现或接报污水管道、窨井堵塞和冒溢，城区白天0.5小时、夜间1小时内，农村白天1个小时、夜间2个小时内到现场组织抢修，并在4小时内疏通。

若发现或接报井盖缺失或损坏，必须及时安放护栏和警示标志，并尽快组织人员进行抢修。要求白天4小时内抢修完毕；晚上10小时内抢修完毕。

若发现或接报污水管道破裂，城区白天0.5小时、夜间1小时内，农村白天1个小时、夜间2个小时内到现场组织抢修，DN600及以下管24小时内恢复通水，DN600以上管48小时内恢复通水。

若发现或接报污水管道破裂需停排抢修的，按应急事故处理。

七、检查、考核

1. 检查、考核方法

由各分公司对养护单位的维护工作进行检查，即在养护单位巡查、养护的基础上，对污水管道及附属设施进行再巡查，一方面可检查养护单位的巡查、养护成果，另一方面可做到查漏补缺，另外，要求每月检查养护单位台账一次，检查月工作计划完成情况一次。

由公司机关职能部门牵头，对各分公司、养护单位的日常维护工作进行检查，每月抽查不少于一个分支机构，抽查范围包括现场巡查情况及日常巡查、养护、抢修台账等。对查出的问题除要求限期改正外，视情节轻重，按相关规定进行处罚。

2. 检查、考核标准

管道清理　按要求认真做好管道清理和养护工作，如在检查中发现未按规定时间、规定要求进行管道清理、疏通或因管道清理不及时、不彻底，导致管道严重堵塞或污水泄漏等事故的，查处养护单位责任并扣除当月管线疏通及养护项目的全部金额，同时相关分公司负连带责任。

设备养护　按规定要求，认真做好公司管辖区域所有设备的检修保养工作。如在检查中发现设备严重锈蚀或变形造成无法工作的，扣除养护单位当月设备养护项目的全部金额，造成一般事故或重特大事故的还需按实际损失进行赔偿，并追究当事人的责任，同时相关分公司负连带责任。

管道巡查及阀门“开、闭”核对　经查实如未按合同规定要求进行管道巡查和阀门“开、闭”核对，不能及时发现问题，致使污水管道存在严重安全隐患或发生事故的，除扣除养护单位当月巡查费用外，对造成事故的还按实际经济损失进行赔偿，并追究当事人的责任，同时相关分公司负连带责任。

八、安全措施

按《排水管道维护安全技术规程》等相关要求严格遵守操作规程，落实相关安全措施，确保施工过程中人员、设备的安全。

第十节　污水处理量

余杭区在2001年11月，临平污水治理排江工程建成投入运行时，收集输送至七格污水处理厂处理的污水量约日均0.5万吨。至2012年全区基本建成了临平（塘栖）、崇贤、良渚和余杭（含西部四镇）等污水系统，当年污水处理总量达6431.20万吨，日均污水处理量达到17.62万吨，占全区污水处理能力的51.07%（历年污水处理量见附表5-32）。

表5-32　**2001年—2012年余杭区各污水处理厂污水处理量**　单位：万吨

年份	输送至七格污水处理厂		塘栖污水处理厂		崇贤污水处理厂		良渚污水处理厂		余杭污水处理厂		合计	
	全年	日均	全年	日均	全年	日均	全年	日均	全年	日均	全年	日均
2001年11-12月	—	0.5（约）	—	—	—	—	—	—	—	—	—	0.5（约）
2002年	572.57	1.57	—	—	—	—	—	—	—	—	572.57	1.57
2003年	1113.32	3.05	—	—	—	—	—	—	—	—	1113.32	3.05
2004年	1730.47	4.74	—	—	—	—	—	—	—	—	1730.47	4.74
2005年	2034.65	5.57	—	—	—	—	—	—	—	—	2034.65	5.57
2006年	2117.43	5.80	—	—	—	—	—	—	—	—	2117.43	5.80
2007年	2217.70	6.08	100.3	0.28	—	—	—	—	—	—	2318.0	6.35
2008年	2306.50	6.32	173.75	0.48	—	—	224.25	0.61	156.07	0.43	2860.57	7.84
2009年	2130.0	5.84	496.59	1.36	226.76	0.76	510.72	1.40	353.16	0.97	3717.23	10.18
2010年	2492.9	6.83	723.91	1.98	457.89	1.25	714.80	1.96	742.75	2.03	5132.25	14.05
2011年	3577.6	9.80	（南排）	—	341.3	0.94	739.25	2.03	845.78	2.32	5503.93	15.08

续表 5－32

年份	输送至七格污水处理厂		塘栖污水处理厂		崇贤污水处理厂		良渚污水处理厂		余杭污水处理厂		合　计	
	全年	日均	全年	日均	全年	日均	全年	日均	全年	日均	全年	日均
2012 年	4321.2	11.84	（南排）		211.1	0.58	963.5	2.64	935.4	2.56	6431.2	17.62
污水处理厂试运行年月	2001 年 11 月		2007 年 1 月		2009 年 3 月		2008 年 1 月		2007 年 9 月			

注：1．七格污水处理厂历年污水处理量为余杭委托七格污水处理厂处理污水后结算处理费的污水量。

2．塘栖、崇贤、良渚和余杭污水处理厂历年污水处理量为各污水处理厂的出水水量

3．塘栖区块污水自 2011 年 1 月起实行南排，塘栖污水处理厂暂停运行；崇贤区块污水自 2011 年 7 月起部分南排，崇贤污水处理厂污水处理量减少。

4．余杭经济技术开发区污水处理厂预处理污水量为：2010 年 8—11 月 45.85 万吨，2011 年 152.73 万吨（日均 0.42 万吨），2012 年 181.4 万吨（日均 0.50 万吨）

5．历年污水处理量中包括部分雨污未分流的地表水量

第十一节　污水处理率

一、临平城区污水处理率

余杭区临平城区的污水（包括余杭经济技术开发区），自 2001 年 11 月开始集中收集输送到七格污水处理厂处理开始，年污水处理率逐年提高。余杭区排水管理办公室根据临平城区污水收集总量（包括部分地表水量）和污水排放总量（以自来水销售总量的 80%～85%测算）等相关指标计算，至 2012 年，临平城区污水处理率已达到 96.6%。临平城区 2006 年—2012 年各年污水处理率见附表 5－33。

二、城镇生活污水处理率

余杭区城镇生活污水处理率，随着区属各污水处理厂的陆续建成和截污纳管工程的推进，逐年提高。在临平城区的生活污水通过临平污水系统收集输送到七格污水处理厂处理的同时；2007 年—2008 年塘栖、良渚和余杭污水处理厂一期工程陆续投入试运行，塘栖、良渚、瓶窑、余杭、仓前、闲林等集镇沿污水主干管附近的部分生活污水开始收集处理。2009 年—2010 年，余杭区各镇乡、街道全面开展截污纳管工程建设，至 2010 年年底，全区 20 个镇乡、街道集镇区的生活污水大部分纳管进行集中处理。2011 年后，通过完善截污纳管工程建设，城镇生活污水的处理率进一步再提高。经余杭区排水管理办公室根据各污水处理厂的生活污水处理量和当地生活污水排放总量（以生活用水性质的自来水销售量计算）等相关指标计算，至 2012 年，全区城镇生活污水处理率达到 82.2%。余杭区 2007 年—2012 年城镇生活污水处理率见附表 5－33。

表 5－33　　2006 年—2012 年余杭区污水处理率

年份	污水处理能力（万吨/日）	临平城区污水处理率（%）	城镇生活污水处理率（%）
2006	6.0	75.3	
2007	8.5	77.0	35.0
2008	10.5	83.3	48.8
2009	31.0	90.2	60.2
2010	31.0	96.2	80.2
2011	32.5	96.5	82.2
2012	34.5	96.6	82.5

注：污水处理能力含污水南排至七格污水处理厂处理量

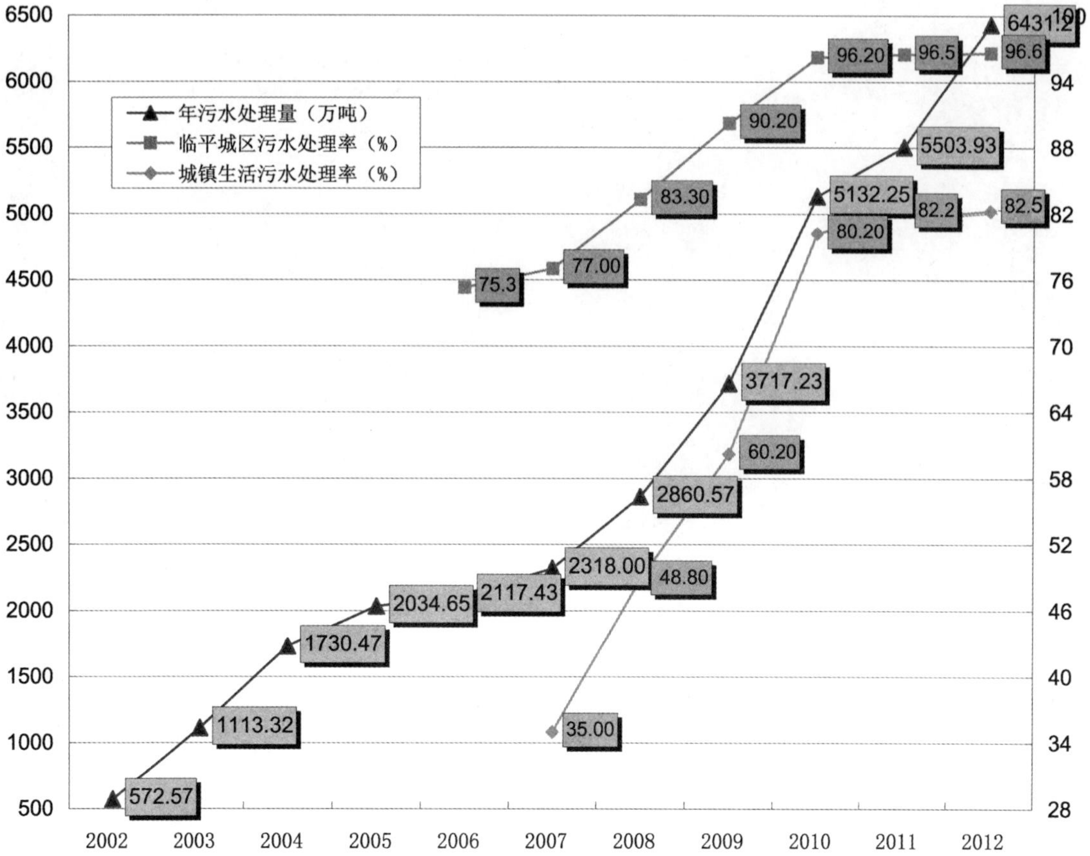

图 5－38　2002 年—2012 年余杭区污水处理量和处理率统计图

第六篇

农村生活污水治理

余杭区在2004年前农村生活污水均就近就地排放，随着农村经济社会的快速发展，农民生活方式的逐渐转变，外来人口大量集聚，使农村生活污水的排放量逐年递增，且生活污水分布面广而散。大量农村生活污水直接排放到河流、湖泊、农田，造成水环境日益恶化，对人民群众的身体健康造成一定程度的危害。为改善农村生态环境，提高农民生活品质，加快社会主义新农村建设，促进农村经济和社会的可持续发展，余杭区于2004年试点实施农村生活污水治理，取得经验后逐年推进，收到了显著成效。

至2012年先后有18个镇、街道的155个行政村，共实施了451个分散式的农村生活污水治理项目，有29953户（含截污纳管户）的农村生活污水实行了无害化处理。

为有效治理农村生活污水，余杭区委、区政府多次专题研究，提出农村生活污水治理的指导思想、规划目标和基本原则，制定了治理内容、治理措施和实施步骤，落实治理责任、保障措施和治理资金。

余杭区农村生活污水治理的责任主体是各镇、街道，具体负责辖区内的农村生活污水治理的宣传发动、规划实施和监督、管理。区级有关部门负责任务审核、质量和进度的监督，区财政每年安排一定的专项资金，补助农村生活污水治理项目建设。

自2013年开始，余杭区在继续全面推进分散式农村生活污水治理的同时，对城郊农村和部分美丽乡村创建村的生活污水实行截污纳管，收集污水统一纳入城镇污水管网，输送到城镇污水处理厂集中处理，以提高治理质量。同时，对已建的分散式农村生活污水治理设施，不断提升改造，建立长效管理措施，做好日常维护管理，确保有效运行。

第一章　治理机构与治理对象

农村生活污水治理是一项系统工程，涉及面广、情况复杂、任务艰巨，余杭区为扎实推进农村生活污水治理，建立了周密的治理组织体系，明确职责，强化举措，实行依法治水、科学治水、铁腕治水、全民治水。余杭区农村的生活污水的治理对象为农村生活污水的排放场所，包括村民居家生活污水、农家乐经营污水、非禁养区畜禽、水产养殖产生的污水、农村公益性场所的污水等。

第一节　治理机构

余杭区农村生活污水治理工作在区委、区政府的统一领导和部署下组织开展。起步阶段在区农业和农村环境整治工作领导小组办公室的协调下，由区农业局牵头，区发改、环保、城乡一体、财政、建设、卫生、林水、国土资源等部门及城建集团、农林集团参与，按各自的职责负责农村生活污水治理的相关工作。2013 年 9 月，余杭区人民政府成立由区长任组长，分管副区长任副组长，区级有关部门和镇街主要负责人为成员的余杭区“清水治污”工作领导小组，内设农村生活污水及农业面源污染治理专项工作组等实施机构，把农村生活污水治理工作 列入余杭区全面改善水环境质量的“清水治污”工作的重要组成部分实施。2014 年 1 月，余杭区“清水治污”工作领导小组调整充实为余杭区“五水共治”工作领导小组，由市委常委、区委书记任组长，区委副书记、区长，区人大常委会主任，区政协主席及四位相关的副区长任副组长，区直有关单位及各平台、镇（街道）主要负责人为成员，把以“治污水”为重点的“五水共治”工作摆到更加突出的位置。2014 年 4 月，根据省委、省政府和杭州市委、市政府关于农村生活污水治理工作的战略部署，扎实推进农村生活污水治理工作，余杭区人民政府成立“余杭区农村生活治水治理领导小组”，由区长任组长，常务副区长和分管副区长任副组长，成员由区政府办公室、区委宣传部、区效能考评办、区发改局、财政局、经信局、环保局、林水局、住建局、交通运输局、国土余杭分局、农办、农业局、卫生局、行政服务中心和国网余杭区供电公司等部门领导组成。领导小组下设办公室，设在区农办（农业局）。负责全区农村生活污水治理工作的政策调研、方案编制、计划落实、协调推进、监督检查、考核验收和宣传报道等工作。各部门职责分工为：

责任主体　各镇乡人民政府（街道办事处）为农村生活污水治理的责任主体，具体负责辖区内农村生活污水治理的宣传发动、工程设计、项目管理、招投标组织、质量监督、资金监管、审计初验、运行管理等工作。同时负责区住建局（水务公司）实行截污纳管建设项目的征（借）地、拆迁、安全和管线移位等前期工作。各镇乡（街道）实行党政一把手负总责，分管负责人具体抓的工作体系，成立专门组织，落实人员，明确任务，同时配套政策。

实施主体　农村生活污水治理项目所在村的村委会及农家乐业主为污水治理的实施主体，负责做好项目的前期调查、政策处理和组织好工程施工、质量管理、资金筹措及处理设施建成后的日常运行管护等工作，同时，做好各自区域内排水户雨污分流改造及纳管接入工作。

协调、指导主体　区新农村建设领导小组办公室和区农业农村环境整治领导小组办公室负责农村生活污水治理时的部门协调与指导工作。区农业局负责农村生活污水治理技术培训和指导工作。

管理、监督主体　区发改局负责农村污水治理项目立项审批及会同相关部门做好工程规划的控制与监督管理。

区农业局（区农办、区城乡一体化办公室）负责全区农村生活污水治理项目实施方案审核，制订年度治理项目建设计划和项目立项审报。负责对治理项目施工监督检查，负责对分散式治理工程设计与施工单位的资格、资质审核和登记备案，参与治理项目的方案论证、图纸会审及工程竣工综合验收等。

区住建局会同各镇街、平台制定城郊农村和美丽乡村创建村截污纳管规划，下达计划任务，并负责雨污分流改造和截污纳管工程验收等工作。同时，负责将分散配置污水处理池纳入建设项目实施范围，在审定农居点等住宅区配套设施方案、建筑工程施工许可证和工程竣工综合验收时将配套污水处理池项目作为主要前置内容之一，纳入工程项目规范管理程序。区水务公司负责按照住建局截污纳管年度计划，具体实施农村地区截污纳管工作和接受各镇街、平台移交污水管道及负责运行管理。

区环保局负责对农村生活污水排放实施统一监督管理和违法排污行为的查处工作。参与农村生活污水治理技术方案的制订，接受净化池施工或产权单位的委托，对已建成的农村生活污水治理设施的运行情况进行监督检查。对处理设施出水进行监测，排放水检测不达标的项目，责令其整改。

区财政局负责农村生活污水治理项目概算的审核，根据治理资金政策，做好区级财政专项资金的落实保障工作与监督管理。

配合主体　区卫生局、林水局、国土余杭分局、农林集团等部门，按各自职责做好生活污水治理相关工作。

第二节　治理对象

一、实施范围

余杭区境内农村的生活污水都列入治理范围，其中，采用截污纳管集中治理的范围为城郊农村和部分美丽乡村创建村；采用无动力厌氧净化技术处理农村生活污水的实施范围为：

——在余杭区范围内，凡不能纳入污水处理厂管网的示范村（包括新建、改建农居点）一律配建生活污水净化沼气池。

——各镇乡、街道所在地规划范围内及风景旅游区不能接入污水处理厂管网，凡有生活污水排放的新、扩和改建项目，配建净化沼气池。

——不能纳入污水处理厂管网的各类新、扩和改建的公益性福利工程项目（如老年活动中心、各类学校、公共厕所等），配建净化沼气池。已建的公益性福利工程项目，具备配置净化沼气池条件的，逐步分片改造。

——不能纳入污水处理厂管网的整治村及老农村集居点具备配置净化沼气池条件的，逐步分片改造。

——不在上述范围之内，但生活污水和可生化有机废水排放量大，对水环境造成污染的厂矿企事业单位，提倡配建净化沼气池；老厂区和老生活区的三格式化粪池逐步改建成净化沼气池。

二、治理对象

余杭区农村生活污水能实行截污纳管将污水收集，输送到城镇污水处理厂，处理的对象为城郊农村和部分美丽乡村创建村；农村生活污水实行分散式治理的主要对象为：

——全区统一截污纳管范围外的村庄，包括新改建农居点、自然村落、小集镇、农场宿舍，重点为新农村建设示范村、“十百”工程重点示范村、整治村、市级生态村、新建农居点和创建“清洁绿化余杭”重点提升村、创建“美丽洲特色精品村”与“美丽乡村创建村”的污水治理。

——“农家乐”经营场所、农业观光园区及“农家乐”特色示范村，重点为农家乐星级村和区级以上农业观光园区的污水治理。

——非禁养区内的规模化畜禽及水产养殖场，重点为生猪存栏300头、家禽存栏5000羽、水产养殖水面6.67公顷（100亩）等以上的，距水源及人居较近的养殖场污水治理。

——其他农村公益性场所，重点为敬老院、中小学校的污水治理。

第二章　治理模式

余杭区农村生活污水治理方式分为污水集中收集纳管输送到污水处理厂处理和分散式建污水治理设施治理。其中，分散式污水治理根据各地不同条件分别选用无动力厌氧治理模式、无动力厌氧 + 人工湿地治理模式、微动力好氧治理模式和户用商品化玻璃钢处理器治理模式等四种模式。

第一节　基本模式

余杭区实施农村生活污水治理，坚持合理布局，纳管优先，因地制宜，分步推进的原则，实行分类建设。符合污水集中收集条件的，通过截污纳管统一纳入市政污水管网，其余地区推行四种基本模式，分别是：无动力厌氧治理模式、无动力厌氧 + 人工湿地治理模式、微动力好氧治理模式和户用商品化玻璃钢处理器治理模式。

集中收集纳管治理模式　是指污水经过集中收集后直接接入市政的污水管网，输送至污水处理厂进行处理，出水可达城镇污水处理厂的出水标准，是较彻底地解决方式。农村生活污水水质水量变化较为明显，如中晚餐时间、晚上洗浴时间污水浓度高、水量较多，其他时间较少，截污纳管对进水水质水量变化适应性很强。截污纳管对污水收集地区的限制条件较为苛刻，需靠近市政污水主管网或污水处理厂才能实施纳管。

无动力厌氧治理模式　无动力厌氧主要是利用固着生长在污水池中填料上的厌氧菌生物膜来实现对污水中有机物的分解净化，并通过过滤池的截留吸附作用，进一步去除污水中的污染物。工艺主要分为沉淀、厌氧处理、兼氧处理和过滤，可大大降解污水中的 SS、COD 和 BOD 指标，治理时对氨氮和磷的处理效果不是很理想，出水可以达到国家污水综合排放二级标准。该模式运行费用低、工艺运行稳定，主要适用于农居相对集中、地势条件有利且对出水要求相对

图 6－1　无动力厌氧治理模式

较低的地区。

无动力厌氧＋人工湿地治理模式　人工湿地作为生活污水的后处理模式之一，可以添加在无动力厌氧、微动力好氧等工艺模式之后。污水经过人工湿地时，污水中的污染物可以通过植物根系吸附、生物截留、异化作用、微生物的硝化、反硝化等作用去除，人工湿地对氨氮和磷有着很好的去除效果。该模式运行费用低、工艺运行稳定，出水标准高，可达到国家污水综合一级标准。但是占地面积较大，湿地作物需要定期收割维护。

图 6-2　无动力厌氧＋人工湿地治理模式

微动力好氧治理模式　微动力好氧治理模式强化了污水处理的脱氮除磷效果，工艺在无动力厌氧处理的基础上，加上缺氧和好氧交替处理的工艺段。该模式工艺对进水水质水量适应性强，耐冲击性能好，出水水质能达到污水综合排放一级标准，但后续维护和运行的费用较高。好氧工艺需要放置曝气机，需由太阳能或市电供能曝气。

图 6-3　微动力好氧治理模式

户用商品化玻璃钢治理和户用人工湿地治理　主要指小型的污水处理器和小型的人工湿地．污水治理的原理同无动力厌氧、微动力好氧和人工湿地一样。小型的商品化设备可以由工厂直接生产，地形适应性强，埋设简单，可供单户或联户使用。适用于一些农居分散，无法集中纳管的地区。

五种农村生活污水治理模式比较见附表 6-1。

表 6-1　　五种农村生活污水治理模式比较

治理模式	适用范围	处理效果		户均资金投入（单位：万元）
		优点	缺点	
污水集中收集纳管	需靠近市政污水主管网或污水处理厂	对进水水质水量变化适应性很强	对收集地区限制条件较多	1 万元以上

续表 6-1

治理模式		适用范围	处理效果		户均资金投入（单位：万元）
			优点	缺点	
分散式污水治理	无动力厌氧	适用于农居相对集中、地势条件有利且对出水要求不是很高的地区	运行费用低、工艺运行稳定	对氨氮和磷的处理效果不理想，出水达二级国标	0.6~0.8
	无动力厌氧+人工湿地	适用于出水要求较高，有空余土地可利用的地区	运行费用低、工艺运行稳定，出水标准高	占地面积大	0.8~1.2
	微动力好氧	适用于出水要求较高、农居相对集中、管网易于铺设、有一定地势落差的地区	对进水水质适应性强，出水标准高	运行维护费用较高	0.8 以上
	户用商品化玻璃钢和户用人工湿地	农居分散地区	地形适应性强，埋设简单	点多面广，较难统一维护	0.5~0.8

图 6-4　玻璃钢处理器

图 6-5　户用人工湿地

第二节　模式选用与工艺

余杭区治理农村生活污水的模式按不同区块选用不同的模式：在城郊和平原地区及美丽乡村创建村实行截污纳管污水集中收集处理的方式；在山区及平原地区在实行截污纳管时，遇现场复杂、道路狭小、收集难度大的区域实行分散收集、分散处理的方式。

2005 年至 2012 年实施的农村生活污水治理以采用无动力厌氧生化池模式为主的分散式治理为主。在 451 个污水处理项目中，采用无动力厌氧生化池模式处理的项目有 359 个，占 79.60%；其次有 59 个自然村采用生活污水厌氧净化器处理模式（玻璃钢预制厌氧净化器）、18 个项目采用人工湿地模式、15 个项目采用无动力厌氧生化池 + 人工湿地（或净化器处理）模式，该三种模式分别占 13.08%，3.99% 和 3.33%。全区镇、乡、街道各项目采用的生活污水处理概况见附表 6 – 3、6 – 4。

无动力厌氧净化处理工艺为：

1．工艺流程

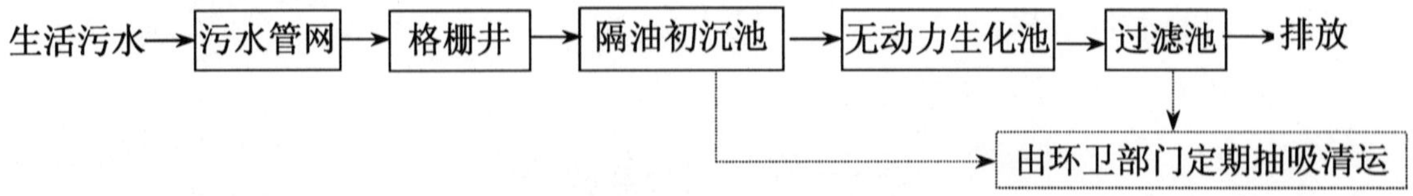

2．工艺流程描述

区块内农户污水经过截污管网集中收集后自流进入格栅井，通过人工格栅将污水中的杂物及大颗粒的固形物分离出来，以免对后续生化系统产生影响。

经过格栅处理的污水进入隔油初沉池，进行隔油处理，以防止动植物油进入后续生化处理单元对微生物产生抑止作用，从而影响处理效率。同时沉淀泥沙等大颗粒悬浮物质，并调节水质水量，以保证污水在进入无动力生化处理池时水质的稳定。

经匀质后的污水自流至无动力生化池，在此单元中，污水在流过经特种厌氧微生物接种的生化池，所含有机物被附着在填料上的生物膜（厌氧微生物，也包含少量兼氧微生物）作用，截留并分解转化成甲烷和二氧化碳等物质。该法运行费用省、操作方便。

无动力生化池出水自流入过滤池，经过滤池装有脱色、除臭的滤料处理后，以降低污水的色度和悬浮物浓度，处理出水水质达到国家《污水综合排放标准》（GB8978 – 1996）二级排放标准。

排放　经处理后的达标污水直接排入附近河道。

污泥处理　生化剩余污泥和过滤池污泥由环卫部门半年一次抽运处置。

废气处理　生活污水厌氧处理会产生一定的有异味的气体，由于水量少，故产生废气量少，采用管道抽拔后自然排放。

第三章　治理措施

余杭区为确保农村生活污水治理按计划进行、有序推进，落实了组织、制度、技术和资金等保障措施，建立具体的实施步骤、实施措施和工程监督管理、项目考核管理等措施，取得预期的治理效果。

第一节　治理决策

2004 年，余杭区在运河镇滩里村新农居点采用国家“八五”重要科技成果之一的厌氧净化处理技术，进行了农村生活污水治理试点，取得很好效果。利用该技术可分散处理生活污水，并达到国家二级排放标准，其中 COD、BOD 达到一级排放标准。该技术且具有投资少、工期短、适应范围广、运行不耗能、管理费用低、安全性能佳、占地面积少等优点，试点显示该项技术很适合治理农村面源污染，有利改善农村生态环境。

2005 年 7 月，余杭区开始推广无动力厌氧净化技术处理农村生活污水，经区政府常务会议研究同意，区政府办公室印发由区农业局、区城乡一体化办公室拟定的《关于采用无动力厌氧技术处理农村生活污水的实施意见》。

2007 年 1 月，为推进全区农村生产、生活污水治理，实现农村生产、生活污水减量化排放、无害化处理和资源化利用，开展实施经区政府第 25 次常务会议讨论通过的《余杭区百村千点农村生活污水治理工作实施办法》。

2008 年 3 月，为全面开展农村生活污水治理，经区政府第 8 次常务会议研究同意的《余杭区农村生活污水治理方案》在全区农村组织实施。

2009 年以来，余杭区农村生活污水治理工作被列入区政府对镇、街道年度重点工作目标、生态建设目标、环境保护责任制和瓶窑组团生态补偿机制等多项考核。

2011 年 4 月，为深化全区农村生活污水治理，改善农业农村环境，推动国家级生态区创建，全区深入实施经 2010 年第 19 次区长办公会议讨论通过的《余杭区农业废弃物利用处理和面源污染治理工作实施方案（2011—2012）》中有关的“余杭区农村生活污水治理工作实施方案（2011—2012）”。

2011 年 8 月，中共余杭区委农业和农村工作办公室、余杭区农业局、余杭区农村环境整治领导小组办公室，根据区人大对全区农村污水治理工作通过现场踏勘、听取汇报和基层调整后的评议意见，做出“切实抓好农村生活污水治理工作”的通知。要求各地进一步提高思想认识，加强组织领导；进一步明确责任分工，落实责任到人；进一步规范操作程序，加强工作管理；进一步加强检查督查，狠抓项目落实；进一步完善管理制度、强化工作考核，切实把农村生活污水治理这项“为民办实事”工作落到实处。

2011 年 12 月，余杭区农村环境整治领导小组办公室，中共余杭区委农业和农村工作办公室联合印发《余杭区农村生活污水治理及长效管理考核办法》，将考核结果作为“清洁绿化余杭”长效管理考核和镇、街道年末评优等的重要依据。

2013 年，余杭区美丽乡村创建工作开展后，农村生活污水治理考核结果列为美丽乡村建设考核的主要评分依据。同时，把农村生活污水治理列入全面改善余杭区水环境质量的“清水治污”工作的重要组成部分。

2014 年，在继续开展分散式农村生活污水治理的同时，对城郊农村和美丽乡村创建村全面组织实施截污纳管治理污水项目。把以“治污水”为重点的“五水共治”工作摆到更突出的位置，精心组织、落实责任、完善措施、扎实推进。

余杭区历年在组织开展农村生活污水治理中，区委、区政府十分重视，多次专题研究，就治理农村生活污水的指导思想、规划目标、基本原则、主要内容、建设规模、基本模式、资金投入、实施步骤、保障措施等方面逐一做出明确规定。余杭区的农村生活污水治理在政策与资金的扶持和各部门的紧密配合下，呈现良好的治理氛围，实现全面稳步推进。

第二节　保障措施

农村生活污水治理工作是一项涉及面广、难度较大的系统工程，为确保污水治理工作顺利进行、有序推进，余杭区在实施中从制度、技术、资金等各方面加以保障。

一、制度保障

为加强对农村生活污水治理工程设计、施工管理、资金使用管理、工程运行后续管理等环节的控制，从制度上确保农村生活污水处理设施规范建设，污水达标排放。余杭区人民政府办公室、余杭区社会主义新农村建设工作领导小组办公室和余杭区“五水共治”指挥部等部门，自 2005 年至 2014 年先后印发《关于采用无动力厌氧净化技术处理农村生活污水实施意见》《余杭区百村千点农村污水治理工作实施办法》《余杭区农村生活污水治理方案》《余杭区农村生活污水实施方案（2011—2012）》《余杭区农村生活污水治理及长效管理考核办法》《余杭区农村生活污水治理工作实施办法》《农村生活污水治理项目施工及验收规范》和《余杭区农村生活污水治理三年行动计划（2014—2016 年）》等有关农村生活污水治理工程建设、管理的文件。同时，建立农村生活污水治理目标责任考核制度，将农村生活污水治理工作作为镇乡、街道年度目标考核责任的重要内容，每年进行考核，对先进进行表彰。并把农村生活污水治理设施建设作为各类新农村建设奖项、星级村创建、“十百”工程创建和“农家乐”等考核评比的重要依据。

二、技术保障

技术的创新与完善是做好农村生活污水治理工作的重要环节。对此，余杭区各级各部门加强技术服务力量，借用或引进专业技术人员，通过携手大专院校等措施，加强技术突破，多模式、多途径、多方法治理农村生活污水。

三、资金保障

为推进全区农村生活污水治理，改善农村生态环境，促进城乡统筹发展，余杭区先后制定了一系列扶持政策文件，为农村生活污水提供了资金保障，财政每年安排一定的专项资金，补助农村生活污水治理项目建设。资金扶持政策还根据项目推进的实际需要，逐年进行完善，财政扶持力度不断增加。

2005 年—2006 年资金扶持政策

区财政安排一定经费专门用于无动力厌氧净化技术的推广使用。资金主要采取以奖代补的方式进行补助。示范性净化池项目专项资金补助由建设单位向区城乡一体办提交申请，区城乡一体办会同区能源办、环保局（生态办），根据补助范围和标准进行审核，并对申请单位配建净化池的容积、单位造价、总造价和应补助比例进行核算，确定应补金额，然后报区财政局结算核拨。补助资金实行严格的专款专用制度，由区财政专户管理。申请、审核、拨付均按区财政有关使用管理的有关规定执行。

2007 年资金扶持政策

2007 年从新农村建设专项资金中安排 300 万元，通过以奖代补的形式用于资助农村生活污水治理工程建设。各镇乡人民政府按照区级资金的 50%安排配套资金，黄湖、鸬鸟、百丈、径山等财政支出包干镇的配套资金由区财政承担。

区级补助标准：

——各类农村人口集居点、敬老院、学校等建设项目按池容补助 600 元/立方米，以上项目管网建设投资大的适当给予一定补助。

——“农家乐”经营场所、农业观光园区等建设项目按池容补助 400 元/立方米。

——规模化畜禽、水产养殖场和农产品加工企业建设项目按池容补助 300 元/立方米。

项目奖励资金分三次下拨，立项后先预拨 30%，完成主体池建设后下拨 40%，项目通过验收后再下拨剩余的 30%；镇（乡）配套资金实行同步落实。

2008 年—2010 年资金扶持政策

——统一建无动力厌氧生化池的农村老集居点增加管网建设补助，按接入农户数补助管网建设费，径山镇、黄湖镇、鸬鸟镇、百丈镇每户配套补助 800 元，其他镇乡、街道每户配套补助 600 元。

——联户采用玻璃钢预制厌氧净化器模式（包括管网建设费在内）的，每户补助 1300 元。

——采用厌氧池+人工湿地模式的，厌氧池和人工湿地（按每户3.5平方米要求建设）每户补助1100元。

2011年—2013年资金扶持政策

项目建设扶持资金　对农村生活污水治理工程建设所需资金主要由财政进行补助，即在对建设工程进行审计的基础上，对建设投入总额按6：4的比例由区、镇（乡）村分别承担。瓶窑组团生态保护机制内项目按原有补助政策不变，即审计后工程投入由区财政全额补助。

维修扶持资金　对农村污水处理设施需进行维修和生物菌填料更换的，由镇乡提出申请，区级主管部门批准实施，维修资金扶持参照新建项目资金政策执行。

2014年资金扶持政策

建立“政府主导、社会参与、群众自筹”的资金筹措机制，加大对农村生活污水治理的投入力度。对美丽乡村创建村的扶持资金优先安排用于农村生活污水治理，主要扶持村内生活污水收集系统和终端处理设施建设。对采取截污纳管进厂处理的工程，以提升泵站（或污水收集井）为界限，之前的污水收集管网、化粪池等建设工程在美丽乡村创建项目内安排，提升泵站及之后的DN600以下污水输送管工程建设由属地镇街负责另行安排配套项目并组织实施，适用污水支管工程相应资金补助政策。创建村范围内企事业单位和餐饮点（农家乐）等经营主体的污水治理相应费用由其自行承担。建立全区农村生活污水治理设施运行管护费用保障机制，每年安排一定资金用于农村生活污水处理设施日常维护、电费及专业管护等。广泛动员，引导社会力量通过投资、捐助、认建、村企结对等形式，积极参与和支持农村生活污水治理工作。各村多方筹措美丽乡村建设资金，引导广大群众自觉配合支持治污工程建设，通过出资出劳等方式参与农村生活污水治理。

——对于美丽乡村创建范围内的138个村（社区），农村生活污水治理与美丽乡村创建、无违建村创建整体推进。对通过美丽乡村创建考核验收，农村生活污水农户治理率达到80%以上且达到“无违建村”创建标准的村，按本村常住户籍人口给予每人2300元的一次性奖励，区财政对精品村、重点村、一般村的每村最高奖励金额分别不超过700万元、650万元、500万元，镇街（包括村、社区，下同）按不少于区级奖励资金的50%落实配套资金（其中瓶窑组团生态补偿机制涉及镇应按不少于20%配套），创建村负责筹集其余所需建设资金（投资投劳不少于总投入的10%）。建立农村生活污水治理设施运行管护费用保障机制，每年安排一定资金用于农村生活污水处理设施日常维护、电费及专业管护等。

——未纳入美丽乡村建设计划的其他村生活污水治理工程，采用分散式处理方式的，按完成治理农户数，由区财政给予6000元/户的定额补助（含处理池及装置）；采用截污纳管（纳入大管网）方式的，按完成治理农户数，由区财政给予7000元/户的定额补助。上述建设费用不足部分由各镇街、村自筹解决。

污水工程建设费用由区财政全额承担的，其资金拨付根据合同约定进行；由区财政给予定额补助的，补助资金拨付按照工作实施进度，工程启动（签订工程施工合同）后先按预计补助额预拨40%资金，工程基本完工后再拨付预计补助额的30%，待工程验收合格后拨付其余补助资金。

第三节　实施措施

一、实施步骤

余杭区农村生活污水治理工作启动于2004年，2007年开始在全区较大范围内推广，2008年至2010年连续三年被列为区政府“十件实事工程”之一，2011年至2012年农村生活污水治理工作主要结合第二轮“清洁绿化余杭”提升村创建活动及瓶窑组团生态补偿机制的任务要求进行开展。2013年，结合“美丽乡村”建设，启动新一轮的农村生活污水治理工程，2014年起根据余杭区“五水共治”污水处理实施意见，按“余杭区农村生活污水治理工作三年行动计划（2014年—2016年）”组织实施。各项目的实施步骤为：

——镇乡、街道根据农村生活污水治理的总体目标和原则，在辖区内全面展开调查摸底，详细了解农村生活污水排放现状，依据治理实施的主要对象和要求，制定辖区内农村生活污水治理规划，列出方案，确定分年度实施村（单位）名单。

——区新农村办（区农业局）、区住建局分别根据各地上报的治理规划，会同各镇乡、街道结合拟实施村（单位）的实际情况，合理布点，确定具体的农村生活污水无害化处理点和截污纳管集中处理方案。

——镇乡、街道按照分步推进原则，每年年初将本年度农村生活污水无害化处理点名单及时上报，区新农村办（区农业局）根据全区情况，统筹安排，下达治理计划。区“五水共治”指挥部下达城郊农村和各平台农村生活污水截污纳管治理项目。

——镇乡、街道和各平台根据区下达的年度治理计划，及时组织实施。

二、实施措施

2007年—2013年实施措施

广泛宣传，普及认识　在实施农村生活污水治理期间，充分利用广播、电视、报刊等新闻媒体、宣传工具和活动载体，大力宣传农村生活污水治理工作的重要性和必要性，增强全社会的生态文明观念，形成全民治水的共识。同时宣传推广适合各地的农村生活污水治理技术，形成各级各有关部门紧密配合，多方协作，齐抓共管，全面实施农村生活污水治理工作的良好氛围，使农村生活污水治理工作走上规范化的轨道，加快农村生活污水治理步伐。

分解任务，下达计划　每年年初，区农业局将年度工作计划下发给各镇乡、街道，各镇乡、街道根据全区年度计划结合本地实际对各村项目申报材料进行初审。要求申报

村有较强的代表性，要因地制宜根据村落地形、经济条件、村庄规模等合理申报。区农业局根据申报进行现场踏看评估，与财政局联合下文确定实施项目，并作为对镇乡、街道新农村建设和生态区建设年度目标责任制考核的内容之一。

合理规划，科学设计　在工作推进中，充分考虑现状，因地制宜，把握重点，根据城镇建设规划、各村经济发展现状结合农村人口规模，采取合理模式在全区开展农村生活污水治理。项目设计由具备环保设计甲级资质的单位，负责全区所有农村生活污水治理项目的方案编制和施工图统一设计。经统一勘察，设计单位根据村落地形、经济条件、村庄规模等评估后提出科学的设计方案，区、镇、村共同审核，确定方案，组织建设。

严格管理，狠抓质量　一是实行镇乡人民政府、街道办事处主导招投标制。各村项目由镇乡人民政府、街道办事处采取公平、公正、科学择优的原则，进行统一招投标。从事施工建设的单位必须具备市政工程专业资质，从业人员必须持有国家颁发的“沼气生产工”职业资格证书。二是实行工程施工和监理合同制，区农业局招标委托专业工程监理公司对全区农村生活污水处理项目进行工程质量监理。三是严把材料关和技术关，在项目建设过程中，区、镇（街道）、村形成检查督查制度，加强工程材料检验，确保工程质量。四是严把运行安全管理点，做到（1）净化池验收合格交付使用之日起3年内为保修期，由施工单位承担维修；保修期满后，正式移交产权单位负责维护管理，产权单位是净化池管理的责任单位，维修管理费用由产权单位负责。（2）净化池产权单位加强净化池的安全管理，确保净化池正常运行。未经净化池管理单位允许，其他单位和个人不得随意揭开净化池活动盖。对投入使用的净化池，经区环境监测部门对处理出水监测后，达不到设计要求的责令施工单位整改。

加强督促，确保进度　实行项目建设进度月报制，并按要求对项目实施环节进行认真检查。对建成项目严格组织验收，在区级报刊上公示合格的项目，并督促实施村和镇乡、街道加快未合格和正在建设中项目的进度，加快工作进程，对部分存在问题的项目实行通报。

对于一些拟全部实施或部分实施截污纳管的创建村，在项目设计方案初步确定后，与当地水务分公司进行沟通衔接，特别要对纳管水量、管网标高、管网口径等技术参数仔细校对核实，避免由于衔接不到位、污水无法接入而造成较大的经济损失。同时，有关创建村及时做好污水提升泵站的选址和输送管网建设的征、借地相关工作，以加快截污纳管工程项目的推进。

健全制度，落实长效　通过完善农村生活污水处理设施建设管理体系，建立设施管理运行办法及长效管理考核评价制度，制定长效管理和设施维修资金扶持政策，实现了农村生活污水处理设施正常有效运行，确保了污水处理效果。

同时，对无污水处理设施的规划建设项目，建立了限制发展措施，避免在实施污水治理的同时，产生新的污染点，主要措施有：

“农家乐”经营场所、农业观光园区、规模化养殖场等相关项目无污水治理设施建设规划的，农业部门不得予以立项，未配建污水治理设施的，取消参与区级以上政府组织的各项评比活动资格。

今后村庄规划编制和新农居点建设必须包含农村生活污水处理项目，村庄规划无生活污水处理项目的，区城建部门不予批复，同时镇乡人民政府、街道办事处及时监督新农居点等农村改造项目的生活污水处理项目建设，对已建成的新、改建农居点和各类整治示范村制定治理计划，分期分批治理。

截污纳管范围外的商业房产等其他建设项目必须做好“三同时”，做好生活污水治理设施，区环保部门加强检查与监测。

2014年—2016年三年行动计划实施措施

统一部署、分步推进　根据总体目标任务，采取整村推进与项目推动相结合，自下而上申报推荐与自上而下下达任务相结合的办法，统筹安排年度治理计划，确定各批次的具体建设时序，明确调查摸底、规划设计、招标采购、建设施工、竣工验收、运行维护等各阶段的主要任务，倒排时间，加快推进。按全区城乡污水治理总体部署，结合各地水环境现状和污染源情况等因素，区分轻重缓急，按照规划设计先行、化粪池改造先行、试点示范先行的思路，有计划、有步骤地推进污水治理工作，分步实施治污工程项目建设，确保目标任务按时优质全面完成。

统一规划、分类指导　统一编制全区农村生活污水治理总体规划，分类明确各村各区域治理模式和排放标准，确定各年度农村生活污水治理的目标值、技术目标值、项目书和时间表，提出农村生活污水治理各个环节的规范要求。各镇街同步组织开展农村生活污水治理分村工程设计，深化入户调查，对各村治污项目具体化。治污工程设计方案应符合全区规划，符合工艺技术标准和规范，初设方案经区级评审后方可开展施工图设计。按照“投资省、周期短、运行快、效果好”的要求，充分考虑各村的生态敏感度、环境容量、自净化能力和人口分布等因素，因地制宜确定排放标准，科学选择效率优先、经济实用、维护便利的农村生活污水治理模式。平原地区和人口密集村庄、饮用水源保护地、风景名胜区周边村庄以及距离市政污水管网较近区位条件允许的村庄，主要采取截污纳管进厂处理，由区农业局（区农办）牵头做好污水收集工作，区住建局牵头做好纳管工作；其他地区采取就地建设集中型、联户型、单户型生态化污水治理设施，鼓励采取治理效果好的模式。平原地区不能纳管区域建设分散式农村生活污水治理设施。

统一招标、分项实施　美丽乡村创建村农村生活污水治理项目建设采取以计划代立项，区政府下达的农村生活污水治理计划任务代替立项，作为招投标依据。对农村污水处理工程主要建设材料和设备，由区级统一招投标确定供应商备选库。对各村治污工程项目由镇街负责按照规定程序统一组织招投标，200万以下农村生活污水治理工程由属地镇街自行招标，确保工程招投标环节的公平公正，坚决防止层层转包。治污工程项目个数根据设计确定的处理单元个数确定，按治理模式、实施区块、设计进度等情况，结合工作进度分项目分区域及时组织招标，分期分批开工建设。对具备相应条件的项目，鼓励将工程建设与完工后一定年限的运行管理一并招标。

统一监理、分级管理　加强农村污水治理项目施工管理和质量监管，明确工作标准，规范建管程序，建立分级监管体系，分层级落实监管措施，切实抓好户用设施改造、污水接入、管网建设和终端处理设施建设等关键环节。镇街组织委托具有丰富污水处理工程建设监理经验的专业监理单位，对各村项目实行统一监理。村级组建监督员队伍，由责任心强、熟悉一定业务的同志开展建设过程日常监督。区级聘请专业中介机构对农村生活污水治理项目建设关键环节进行第三方监管。施工单位严格按照技术规范开展工程建设，严格按图施工。重视做好户用化粪池更换或改造，做到卫生间、洗涤、洗浴等废水应集尽集、应纳尽纳。把好材料质量关，建设材料进场后要进行抽检，确保材料到位。对隐蔽工程实施过程监管，边实施边检查，在填土前应进行防漏检验合格后方可覆土。对污水收集、工程质量、出水水质等进行专业检测，确保治理效果。把好工程竣工验收关，全面开展施工单位预验、业主初验和最终验收等工作。

统一协调、分类治理　按照建管结合、疏堵结合的原则，统筹谋划治污工程建设与长效管理，协调推进农村各类污染源整治，针对不同排污主体及污水性状，分门别类采取相应治理措施，努力实现全区污水治理基本全覆盖。切实加强农村生活污水治理设施建后管理，确保日常化、常态化运行。建立健全治污设施长效管理机制，构建村级日常管护、镇街统一专业维护、区级监督考评的运行管理模式，保持污水收集、管网及治污设施设备完好，做到防渗漏、防堵塞、防故障，保持进出水正常，确保治污设施稳定有效运行。在全区范围内全面开展各类污染源大排查活动，查清工业性、生活性污水排放及治理情况，按照即知即改的要求全面落实整改，积极推进雨污分流改造、截污纳管、分散式治理等工作。对无证无照餐饮点、小作坊等严重影响环境的问题，由属地镇街牵头组织开展综合执法活动，采取停电断水等措施予以整治取缔。加强污染防控长效管理，强化新建项目的治污监管，防止产生新的污染，巩固整治建设成果。

三、建设管理

1. 采用无动力厌氧净化技术处理农村生活污水的工程建设管理

设计　净化池设计委托具有相应设计资质证书的单位进行设计，农村能源办公室对设计单位的资质进行审核，并参加项目设计和图纸会审。从严把握项目设计出水标准，采取相应的治理工艺和模式，以确保污水治理效果。对于饮用水源保护区、备用水源地等水资源保护敏感地区，设计出水水质必须达到国家污水综合排放标准（GB－8978－1996）一级标准；其他地区设计出水水质必须达到二级标准以上。一级出水标准地区，采用户用玻璃钢处理器模式的，必须添加户用人工湿地进行后处理，确保出水水质达标。

招标　严格按照《余杭区政府投资项目管理办法》和《余杭区小额工程建设项目招投标操作规则》等进行项目招投标，规范操作程序。把管网入户率、污水收集率作为工程施工招投标、质量验收和专业监理委托的重要指标。

施工　净化池施工由区能源办（区城乡一体化办公室）组织具有相应施工资质的单

位建设施工，施工单位必须严格按照审定的标准图纸施工，确保施工安全和工程质量。

验收　新建的主体工程按照“三同时”要求，净化池建设与竣工的主体工程同时验收，区农业局（区能源办、城乡一体办）、住建局（建设局）、环保局等部门共同参加，如果净化池验收不合格，主体工程不得交付使用。扩、改建项目配置的净化池工程，竣工验收由区能源办组织，验收合格的出具工程合格报告单。净化池投入使用六个月后，区环境监测部门负责净化池出水的委托监测，并向区能源办提供监测报告单，实行跟踪检查和整改。

2．镇街组织实施的农村生活污水治理项目建设规范

分散式农村生活污水治理项目由镇（街道）负责具体组织和实施，区级部门负责任务审核、质量和进度监督，具体程序为：

任务确定　农村生活污水治理方案是美丽乡村创建实施方案的主要内容之一。由镇（街道）根据美丽乡村创建要求，制定创建村农村生活污水治理方案，方案包括治理数量、治理模式、建设规模和受益农户等内容。各创建村必须在美丽乡村创建实施方案上报前，将生活污水治理方案单独上报区农环治办审核，经审核同意后纳入美丽乡村创建实施方案报区新农村办，由区新农村办报区政府审核后下达计划任务。

项目设计　创建村美丽乡村项目计划下达后，由镇（街道）委托符合条件的专业设计单位统一进行设计，项目设计包括污水处理设施设计和污水管网设计，其中污水处理设施设计单位须具备环境工程综合乙级及以上或环境工程（水污染防治工程）专项乙级及以上资质，污水管网设计须具备市政综合乙级及以上或市政行业（排水）专业乙级及以上资质。

项目施工　由镇（街道）负责项目组织实施，项目建设须严格按《余杭区政府投资项目管理办法》和《余杭区小额工程建设项目招投标操作规则》等项目建设规范操作，通过招投标选择施工单位，施工单位须具备环保工程专业承包三级及以上或市政公用工程施工总承包三级及以上资质。

项目变更　项目变更须按照《余杭区政府投资项目工程变更和概预算调整管理规定》要求执行，并报区农环治办备案。

项目监理　由镇（街道）委托专业监理公司对项目进行工程监理，监理公司须具备市政工程乙级及以上监理资质，须严格按照《中华人民共和国国家标准建设工程监理规范》（GB503192000）等行业规范执行，重点做好四控制两管理和一协调即：安全控制、质量控制、进度控制、投资控制、信息管理、合同管理、组织协调。

3．截污纳管治理污水项目审批程序

自2014年开始余杭区简化农村生活污水收集管网、提升泵站及输送主干管等建设项目的审批程序。各镇街（平台）委托设计单位对明确需实施的项目进行方案设计（深度至初步设计），由区住建局牵头会同发改、财政、行政服务中心等相关部门进行方案评审，评审完成后形成方案审查会议纪要，凭该会议纪要即落实项目建议书、资金审核和初步设计批复（期间省略可研环节），并同步落实施工图纸的设计（含图审）；改工程规划许可证办理为直接签署规划意见，并进入招投标程序（200 万以下农村生活污水收集管网工程由属地镇街、平台自行招标），完成后办理质监安监手续；其余涉及环评、水保、路政、交警、城管、镇街、平台等部门手续的，在工程实施前凭审查会议纪要报备，相关部门予以配合；文保、铁路手续因程序复杂，根据施工实际最终确认。余杭区农村生活污水截污纳管治理项目审批程序流程如下：

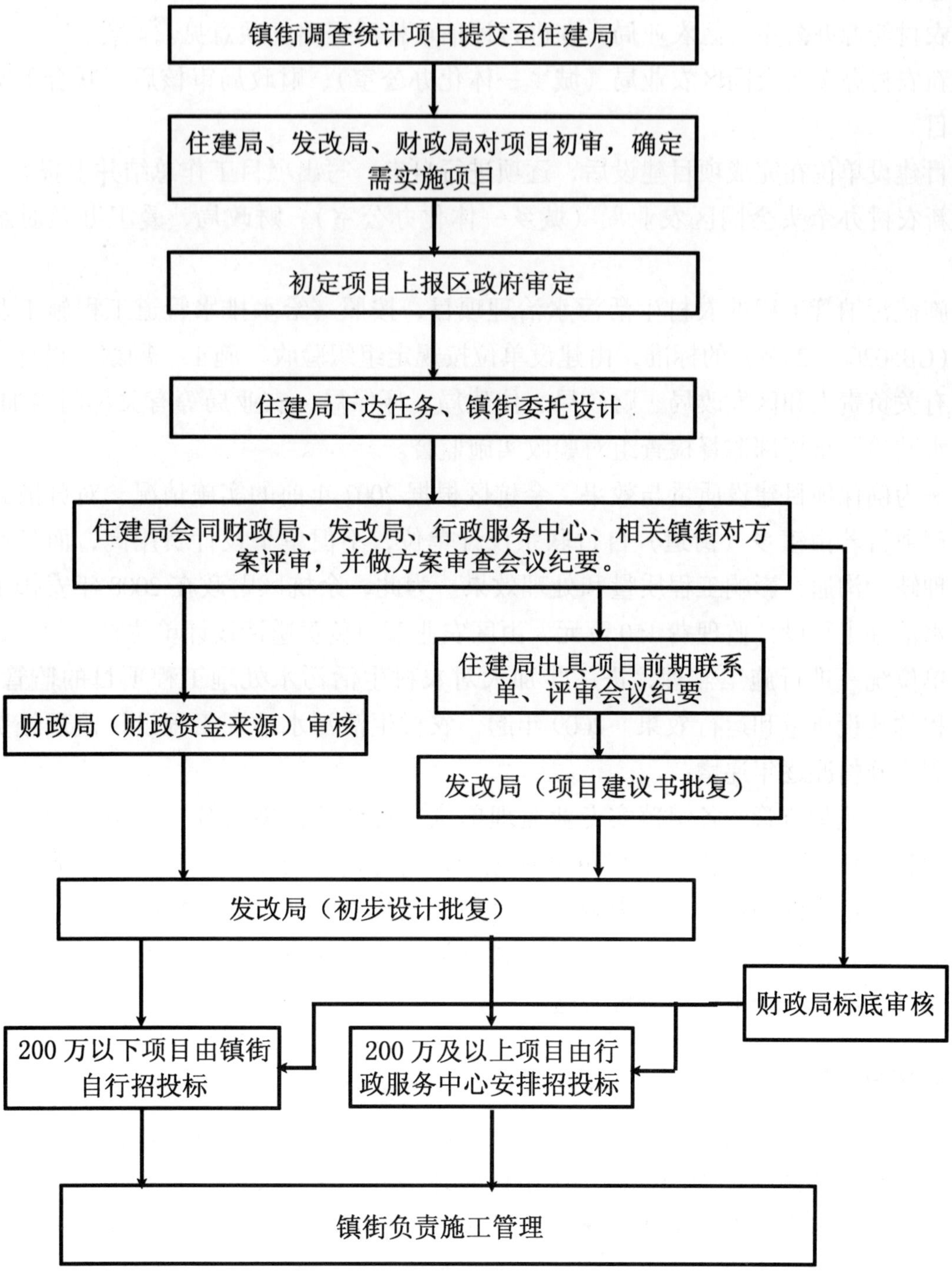

四、监督管理

——为规范农村生活污水治理项目管理，提高财政农业专项资金使用效益和投资决策管理水平，余杭区建立、健全农村生活污水治理项目从立项、实施到完成全过程的监督和控制体系，对农村生活污水无害化处理点建设实行程序化项目管理：

以项目所在地的村或单位为建设单位，由建设单位提出书面申报材料，由镇乡、街道签署意见并提供资金配套承诺后，送区农村能源办公室（区农业局）。

区农村能源办公室（区农业局）在进行评估审核后提出立项意见。

区新农村办牵头会同区农业局（城乡一体化办公室）、财政局审核后，联合下文确定实施项目。

项目建设单位在完成项目建设后，逐项进行自查，写出项目工作总结并上报。

区新农村办牵头会同区农业局（城乡一体化办公室）、财政局、爱卫办及时组织验收。

实施截污纳管工程的农村生活污水治理项目，按照《给水排水管道工程施工及验收规范》（GB50268－2008）的标准，由建设单位按规定组织验收。施工、勘察、设计、监理等单位有关负责人和区发改局、财政局、住建局、环保局、农业局等有关部门参加验收，区“五水共治”指挥部监督检查组对验收实施监督。

——为确保项目建设质量与效果，余杭区根据2007年前的实施情况，对分散式农村污水治理项目若由镇乡（街道）自行联系设计单位，不但单个设计费用高，而且设计与施工监理缺少沟通，影响工程质量和处理效果。为此，余杭区财政在2008年安排了农村生活污水治理工程设计监理费150万元，由区农业部门负责邀请设计单位打包设计，并聘请监理单位统一进行施工监理，进一步加大对农村生活污水处理工程项目的监管力度，确保工程的建设质量和运行效果。2009年起，农村生活污水治理工程设计监理经费根据建设计划实施情况逐年递增。

——强化质量监管。各镇落实专业监理单位，对创建村项目统一实施监理。各创建村实行项目责任人制度，由班子成员分片包干，进行进度公示。同时建立由老干部、村民代表和党员组成的项目质量监督队伍，开展质量检查。区里对农村生活污水项目实施第三方监管，各地认真配合第三方监管单位开展工作，在重环节实施前，向第三方监管单位报备，经实地检查抽样后方可实施。

五、项目考核

分散式农村生活污水治理项目建设完成后，在镇（街道）验收通过，并达到美丽乡村农村生活污水治理率要求的基础上，由区农环治办组织相关部门进行项目考核，考核评分结果上报区新农村办作为美丽乡村创建评分内容和镇（街道）年度评优等的重要依据。如没有达到美丽乡村农村生活污水治理率要求的，一律不予项目考核。

农村生活污水治理项目考核采取100分制，考核内容包括项目组织、工程质量、档案管理、长效管理、群众满意度等5大类，其中，项目组织包括组织措施、项目设计、项目监理等3项，工程质量包括池体质量、管网质量、水力负荷、出水水质、环境绿化等5项，档案管理包括设计资料、监理资料、变更资料和维护资料等4项，后续管理考核内容包括安全管理和工程维护等2项，群众满意度1项；同时，设立了加分项目，对采用微动力好氧治理等出水标准较高的模式实施加分。农村生活污水治理专项考核分值按一定比例计入美丽乡村创建村考核分值，按以下公式进行折算：农村生活污水治理专项考核得分＝项目考核得分÷100×A×系数。A是指美丽乡村创建村考核评分中农村生活污水治理工作的分值；系数根据项目村生活污水实际治理率确定，其中治理率达到80%（含）以上的系数为1.0，治理率在50%（含）—80%的系数＝治理率÷80%×1.0。

第四节　长效管理

一、管理责任

区住建局实施的截污纳管治理项目　建成后由住建局（水务公司）自行管理。

镇街、平台实施的项目　随道路建设同步实施的污水管网，DN600以下不随新建（扩建）道路实施的污水管网，建成后按照区市政设施移交管理相关规定经验收合格统一移交区住建局（水务公司）管理；农村生活污水收集管网、分散式处理设施、提升泵站及输送管道，属地镇街、平台作为管理责任主体，按照美丽乡村相关规定进行组织管理；杭州钱江经济开发区和余杭经济技术开发区自行负责污水设施的管理。

二、管理内容

分散式处理设施长效管理内容

日常维护　主要包括对管道淤积、设施（备）运行、植被生长等情况进行检查，对管网进行清理、疏通，及绿化养护等。

设施维修　主要包括污水处理池淤积清理，污水处理设施、管网（包括窨井）的破损维修和污水处理池填料和滤料的置换更新等。

管理措施

镇（街道）建立和完善农村生活污水治理长效管理制度，制定切实可行的长效管理办法。

日常维护　镇（街道）落实专人负责或委托服务公司开展日常维护工作。要求每月定期对管道淤积、设施（备）运行、植被生长等情况进行现场检查；每月至少一次对管网进行清理、疏通；及时做好绿化除草、修剪等养护工作。同时，做好日常维护记录。

设施维修　由镇（街道）委托专业服务公司负责辖区内农村生活污水治理工程的设施专业维修。一是镇（街道）对已建农村生活污水治理工程进行一次全面的清查，如发现污水治理工程运行不正常或设施（备）破损，立即进行维修或更换，如发现农户已建新房，应重新接通污水收集管网；二是巡查人员在日常巡查中发现污水处理设施内部淤积、破损，管道、窨井破损等情况时，应及时通知专业服务公司进行维修；三是镇（街道）每3年一次对污水处理设施内部填料和滤料进行置换更新；四是施工人员严格按照《沼气工程运行管理技术规范》（NY/T1220.4－2006）等地下设施操作规程来进行清理或维修，切实做到人员安全、工程安全、稳定运行。同时做好设施维修记录。

督查检查　由区农环治办牵头，成立项目督查小组，对全区各镇（街道）农村生活治理设施的运行情况进行定期督查；每年对各镇（街道）、村农村生活污水治理设施管护工作进行绩效考评。

第五节　治理状况

至2012年，余杭区已有18个镇、街道（除南苑街道、星桥街道外）开展农村生活污水治理，在18个镇街的188个行政村中开展农村生活污水治理的村有155个，行政村覆盖率为82%；共有农户117163户，生活污水已治理农户29953户（包括截污纳管农户），治理率26%（见附表6－2）。共实施了451个分散式农村生活污水治理项目（不包括截污纳管项目），其中：2005年实施项目为3个、2006年16个、2007年43个、2008年56个、2009年104个、2010年57个、2011年143个、2012年29个。分散式污水治理方式以无动力厌氧生化处理模式为主，有359个项目，占79.6%；其次为玻璃钢预制厌氧净化处理模式，有59个项目，占13.1%；人工湿地模式有18个项目，占4.0%；无动力厌氧生化池＋人工湿地（或玻璃钢处理器）处理模式的有15个项目占3.3%。

通过新建无动力厌氧生化池等分散式治理设施后，有27078户农户（不包括截污纳管农户）的生活污水实行无害化处理，累计建设无动力厌氧生化处理池的容积为49813立方米，政府投入建设农村生活污水处理工程的补助资金达5698.64万元。余杭区2005年—2012年各镇、街分散式农村生活污水处理设施建设概况和区财政直接补助资金见附表6－3，各分散式治理项目建设概况与补助资金见附表6－4。

余杭区通过八年农村生活污水的治理，已取得了一定的成效。经治理后，促进了农村节能减排，污水中污染物得到有效去除，治理后出水水质达到国家污水综合排放标准二级以上。改善了农村居住环境，农村生活污水治理项目结合周边地形进行设计，项目建成后，既治理了污水，又美化了环境。同时，也提高了村民的环保意识，农户对农村生活污水治理工程的认识不断加深，环保意识显著提高，全区的农村生活污水治理正在进一步整体推进。

表 6－2　2012 年年底余杭区各镇街农村生活污水治理覆盖涉及率和治理率

序号	镇乡	行政村总数（个）	已开展行政村（个）	覆盖率（%）	农户总数（户）	治理户数（户）	治理率（%）
1	运河街道	14	14	100	5556	1515	27
2	塘栖镇	18	14	78	11132	2002	18
3	崇贤街道	11	10	91	9541	3540	37
4	仁和街道	18	14	78	11650	2162	19
5	乔司街道	11	8	73	7107	844	12
6	余杭街道	14	10	71	8061	2106	26
7	良渚街道	23	16	70	18368	2409	13
8	闲林街道	8	7	88	3178	1432	45
9	仓前街道	9	10	111	7089	1695	24
10	中泰街道	10	10	100	6053	1563	26
11	瓶窑镇	13	11	85	9304	2505	27
12	百丈镇	6	6	100	9465	1091	12
13	黄湖镇	5	5	100	3679	847	23
14	鸬鸟镇	6	6	100	3153	1698	54
15	径山镇	13	L2	92	3827	3443	90
16	五常街道	0	4（社区）	0	0	433	0
17	临平街道	0	3（社区）	0	0	329	0
18	塘南办事处	9	2	22	0	258	0
19	东湖街道	0	1（社区）	0	0	81	0
	合计	188	155	82	117163	29953	26

表 6－3　　2005 年—2012 年余杭区各镇、街道分散式治理农村生活污水概况（不含截污纳管项目）

镇、街道	实施生活污水处理项目（个）	各年度实施项目（个）								处理方式				处理池容积（立方米）	污水接入农户（户）	补助资金（万元）
		2005 年	2006 年	2007 年	2008 年	2009 年	2010 年	2011 年	2012 年	无动力厌氧生化处理池	玻璃钢预制厌氧净化处理器	人工湿地	处理池＋人工湿地（处理器）			
运河街道	23	0	0	1	3	13	2	4	0	20	2	0	1	2820	1515	282.69
塘栖镇	50	0	0	3	4	15	7	7	14	33	13	3	1	3820	2673	577.22
崇贤街道	19	0	0	1	3	3	3	9	0	15	2	0	2	2125	943	203.5
仁和街道	37	0	1	4	4	6	1	21	0	25	12	0	0	2860	2187	372.83
乔司街道	6	0	0	1	1	4	0	0	0	6	0	0	0	1230	544	73.92
余杭街道	33	0	1	2	4	3	4	19	0	15	1	11	6	2860	2174	383.2
良渚街道	23	0	2	3	5	8	1	4	0	23	0	0	0	3350	1331	242.28
闲林街道	25	0	0	3	2	2	4	9	5	16	8	0	1	2440	1557	247.98
仓前街道	37	0	0	2	1	11	5	15	3	27	7	2	1	5020	1787	351.03
中泰街道	24	0	0	4	3	6	2	9	0	18	5	0	1	2480	1626	268.68
瓶窑镇	35	0	1	2	2	8	9	13	0	33	2	0	0	4000	2084	751.16
百丈镇	27	0	0	1	6	4	6	5	5	25	1	0	1	2908	1431	479.72
黄湖镇	19	0	0	0	3	2	2	10	2	15	2	2	0	1280	884	347.32
鸬鸟镇	26	0	2	2	7	7	4	4	0	25	0	0	1	3260	1798	365.39
径山镇	40	3	5	3	3	5	7	14	0	36	4	0	0	4900	3443	534.78
五常街道	4	0	0	1	1	2	0	0	0	4	0	0	0	920	79	48.94
临平街道	3	0	1	2	0	0	0	0	0	3	0	0	0	720	—	32.8
东湖街道	1	0	0	1	0	0	0	0	0	1	0	0	0	150	—	9
塘南办事处	2	0	0	1	1	0	0	0	0	2	0	0	0	600	—	36
农家乐等	17	0	3	6	3	5	0	0	0	17	0	0	0	2070	—	90.2
合计	451	3	16	43	56	104	57	143	29	359	59	18	15	49813	26056	5698.64

2005年—2012年余杭区农村生活污水分散式治理设施各项目建设概况

表 6－4　（不包括截污纳管治理项目）

镇乡、街道	项目地址	处理方式	接入户数（户）	池容（立方米）	项目年份	补助资金（万元）
运河街道	兴旺村杨家墩小区（新农居店）	处理池	125	250	2008	15.0
	亭趾村（7组外塘河；1组、2组）	处理池＋处理器	50＋26	120	2009	10.2＋3.38
	费庄村5组、7组	处理器	29	—	2009	3.77
	明智村（2组湖律荡，7组道家圩）	处理池	60＋81	100＋120	2009	9.6＋12.06
	南栅口村（1－4组、胡家道地）	处理池	60＋78	120＋180	2008、2009	10.8＋8.48
	东新村邵家角	处理池	55	80	2010	7.98
	螺蛳桥村二家村	处理池	54	80	2010	8.04
	博陆村（博新苑＋白渡港农居点）	处理池	42＋66	160＋100	2007、2010	4.8＋6.0
	双桥村村委旁	处理池	80	120	2008	10.32
	戚家桥村2、3组	处理池	41	120	2009	9.66
	戚家桥村10组仁安桥王家浜	处理池	54	120	2009	10.44
	新宇村保安桥	处理池	35	80	2009	6.9
	新宇村梁安桥	处理池	50	100	2009	9.0
	唐公村五杭加油站小区	处理池	60	120	2009	10.8
	唐公村1组尤家埭	处理池	58	100	2009	9.48
	杭南村7组	处理池	41	100	2009	9.18
	杭南村8组	处理器	40	—	2009	5.2
	五杭村北水谓	处理池	70	120	2009	10.2
	五杭村东村头	处理池	50	120	2009	11.4
	博陆村朱家湾	处理池	43	80	2011	50.0＋30.0（“清洁绿化余杭”重点提升村）
	博陆村南园里	处理池	67	150	2011	
	博陆村西独圩南	处理池	47	80	2011	
	博陆村西独圩北	处理池	53	100	2011	
	小计（23个项目）		1515	2820	—	282.69

续表 6－4

镇乡、街道	项目地址	处理方式	接入户数（户）	池容（立方米）	项目年份	补助资金（万元）
塘栖镇	柴家坞村钱家角	处理池	50	100	2009	9.0
	柴家坞村坞儿兜	处理池	68	80	2009	8.88
	宏畔村破船兜	处理池	70	200	2007	12.0
	河西埭村南埭	处理池	70	120	2009	6.0＋5.4
	河西埭村河西埭	处理池	65	100	2008	9.9
	莫家桥村顾家角	处理池	30	150	2007	9.0
	西河村张家路	处理池	56	100	2009	9.36
	西河村西庄自然村	处理池	61	100	2009	9.66
	三星村六宝桥	处理池	58	100	2009	9.48
	三星村姚家墩	处理池	58	100	2009	9.48
	丁山河村下堂河	处理池	60	100	2009	9.6
	丁山河村九庄坝	处理池	68	120	2009	8.0＋3.28
	邵家坝村邵家坝	处理池	76	120	2008	11.76
	塘北村 22 组 23 组景林自然村	处理池	58	100	2009	9.48
	塘北村姚家坝	处理器	19	（5 处）	2009	2.47
	西界河村西界河	处理池	88	150	2008	14.16
	塘栖村东横塘	处理池	90	150	2009	14.4
	超山村龟山东	处理池	108	150	2008	13.98
	超丁村洪家庄	处理池	78	150	2009	13.68
	超丁村杨家墩	处理池	50	80	2009	7.8
	泰山村西厂	处理池	30	150	2007	9.0
	塘北村二十四度	人工湿地	38	—	2009	（环保局项目）
	超山村龟山东	人工湿地	55	—	2010	6.05
	超山村蓬坞	处理池	50	120	2010	7.2
	超山村跌马桥	处理池	42	100	2010	8.52
	莫家桥村农贸市场周围	处理池	79	200	2010	16.74
	塘北村大塘湾	处理池	69	100	2010	10.14

续表 6－4

镇乡、街道	项目地址	处理方式	接入户数（户）	池容（立方米）	项目年份	补助资金（万元）
塘栖镇	塘北村郑家埭	处理池	88	150	2010	14.28
	塘北村花家抖	人工湿地	32	—	2010	3.52
	邵家坝罗家坝里	处理器	56	—	2011	45.0＋30.3（“清洁绿化余杭”重点提升村）
	邵家坝罗家坝外东	处理池	51	100	2011	
	邵家坝罗家坝外西	处理池	42	40	2011	
	邵家坝泥坝二头	处理池	56	100	2011	
	邵家坝高家坝	处理器	47	—	2011	
	邵家坝江家头	处理器	18	—	2011	
	邵家坝福利桥	处理器	33	—	2011	
	宏畔村 9－11 组横港	处理池（微动力太阳能曝气）＋人工湿地	43	80＋（20）	2012	预拨 220.0（美丽洲特色精品村）
	宏畔村 7－8 组亭头角	处理池	35	80	2012	
	宏畔村 3－4 组下柏圩	处理池	61	100	2012	
	宏畔村 12－15 组曹家墩北	处理池	50	80	2012	
	宏畔村 17 组＋农居点新农户	处理池	60	100	2012	
	宏畔村 16 组＋曹家墩南（健身点）	处理池	15	50	2012	
	宏畔村曹家墩南	处理器	41	（82）	2012	
	宏畔村曹家墩北	处理器	36	（72）	2012	
	宏畔村袁家里	处理器	40	（80）	2012	
	宏畔村水路斗	处理器	34	（68）	2012	
	宏畔村丁家墩、竹园壳	处理器	56	（112）	2012	
	宏畔村卫家角	处理器	34	（68）	2012	
	宏畔村卖鱼斗	处理器	55	（110）	2012	
	宏畔村下柏圩、南朝	处理器	46	（92）	2012	
	小计（50 个项目）		2673	3820	—	577.22

续表 6－4

镇乡、街道	项目地址	处理方式	接入户数（户）	池容（立方米）	项目年份	补助资金（万元）
崇贤街道	陆家桥新农居点	处理池	—	150	2008	9.0
	沾桥村	处理池	44	150	2008	11.64
	鸭兰村	处理池	10	150	2008	11.4
	三家村村委旁	处理池	50	100	2009	9.0
	向阳村中学旁	处理池	160	330	2009	19.8
	北庄村	处理池	50	100	2009	9.0
	龙旋村	处理池	60	120	2007	7.2
	崇贤村北坝桥	处理池	50	100	2010	9.0
	崇贤村南坝桥	处理池	48	100	2010	8.88
	四维村俞家塘	处理池	43	100	2010	8.58
	鸭兰村赵家门	处理池	52	135	2011	80.0＋20.0（“清洁绿化余杭”重点提升村）
	鸭兰村木桥头	处理器	32	（80）	2011	
	鸭兰村赵家塘	处理池	18	40	2011	
	鸭兰村北鸭兰	处理池＋处理器	26	40＋（30）	2011	
	鸭兰村洪家圩	处理池	58	（80）	2011	
	鸭兰村村委南	处理池＋处理器	55	160＋（30）	2011	
	鸭兰村东鸭兰	处理器	66	（40）	2011	
	鸭兰村到舍路	处理池	57	135	2011	
	鸭兰村姜家斗	处理池	64	135	2011	
	小计（19 个项目）		943	2125	—	203.5
仁和街道	永泰村	处理池	100	160	2007	9.6
	永胜村	处理池	140	220	2007	13.2
	花园村	处理池	96	150	2006	5.0
	奉口村	处理池	100	150	2007	9.0
	双陈村	处理池	80	100	2008	7.8
	九龙村	处理池	100	150	2008	13.8

续表 6－4

镇乡、街道	项目地址	处理方式	接入户数（户）	池容（立方米）	项目年份	补助资金（万元）
仁和街道	东塘村	处理池	85	150	2008	14.16
	三白潭村	处理池	100	150	2008	12.0
	洛阳村西宅斗组	处理器	31	（14处）	2009	4.03
	普宁村国亩坝组	处理器	26	（9处）	2009	3.9
	平宅村石道地组	处理器	25	（9处）	2009	3.64
	渔公桥村西杨家斗组	处理器	37	（21处）	2009	4.68
	云会村	处理池	220	450	2007	（杭州市项目）
	九龙村北水组	处理池	83	150	2010	13.98
	平宅村大家斗组	处理池	55	120	2009	10.5
	东山村范家洋组	处理器	58	—	2009	7.54
	九龙村俞家门	处理池	80	150	2011	90.0＋30.0（“清洁绿化余杭”重点提升村）
	九龙村莫家塘	处理池	25	40	2011	
	九龙村上港北1	处理池	50	80	2011	
	九龙村上港北2	处理池	30	50	2011	
	九龙村吴家斗	处理池	25	40	2011	
	九龙村莫家塘1	处理器	21	—	2011	
	九龙村莫家塘2	处理器	56	—	2011	
	九龙村莫家塘3	处理器	51	—	2011	
	九龙村冯家墩1	处理器	51	—	2011	
	九龙村冯家墩2	处理器	54	—	2011	
	九龙村吴家斗1	处理器	50	—	2011	
	九龙村吴家斗2	处理器	41	—	2011	
	东山村毛墩坝1	处理池	50	80	2011	30.0＋90.0（“清洁绿化余杭”重点提升村）
	东山村毛墩坝2	处理池	30	50	2011	
	东山村毛墩坝3	处理池	25	40	2011	
	东山村毛墩坝4	处理池	40	80	2011	
	东山村金家里	处理池	45	80	2011	
	东山村桔树湾	处理池	45	80	2011	

续表 6－4

镇乡、街道	项目地址	处理方式	接入户数（户）	池容（立方米）	项目年份	补助资金（万元）
仁和街道	东山村和尚墩 1	处理池	30	50	2011	30.0＋90.0（“清洁绿化余杭”重点提升村）
	东山村和尚墩 2	处理池	25	40	2011	
	东山村和尚墩 3	处理池	27	50	2011	
	小计（37 个项目）		2187	2860	—	372.83
乔司街道	永西村	处理池	35	120	2007	7.2
	方桥乔司港边农居点	处理池	85	330	2009	19.8
	和睦桥 14 组	处理池	70	150	2009	13.2
	五星村 11 组	处理池	54	110	2009	8.7
	朝阳村	处理池	250	400	2008	10.02
	良熟村	处理池	50	120	2009	15.0
	小计（6 个项目）		544	1230	—	73.92
余杭街道	仙宅村 2、3、4 组、里村、民主、菜场边、潘家	处理池＋处理器	268	120	2008、2009	9.72＋12.84
	华坞村华坞新苑	处理池	130	330	2008	19.8
	溪塔村向阳组农居点	处理池	85	120	2008	7.2
	竹园村红伟组	处理池	85	120	2008	12.3
	上湖村城北农居点	处理池	50	160	2006	10.0
	洪洞村 3 组	处理池	51	120	2007	7.2
	义桥村 11 组	处理池	180	340	2007	9.6
	永安村曹家组	处理池	89	160	2009	8.0＋6.94
	下陡门村农居点	处理池	50	120	2009	4.0＋3.2
	溪塔村立新组	处理器	20		2009	2.6
	上湖村农居点	处理池	60	300	2010	13.0＋5.0
	义桥村桥头组、胜利组	处理池	80	160	2010	10.0＋4.4
	义桥村磨子山、红旗	处理池	110	220	2010	13.0＋6.8
	义桥村汪家组	处理池	50	160	2010	9.0＋3.6

续表 6-4

镇乡、街道	项目地址	处理方式	接入户数（户）	池容（立方米）	项目年份	补助资金（万元）
余杭街道	仙宅村祝家	处理池+分散式人工湿地	17+6	60	2011	30.0+60.0（“清洁绿化余杭”重点提升村）
	仙宅村陈家	处理池	30	40	2011	
	仙宅村西头村	处理池	33	50	2011	
	仙宅村大路村	处理池+分散式人工湿地	16+12	40	2011	
	仙宅村新岭 2	处理池	25	80	2011	
	仙宅村新岭	处理池+分散式人工湿地	28+17	50	2011	
	仙宅村林坞口	处理池+分散式人工湿地	17+15	60	2011	
	仙宅村弄里	处理池+分散式人工湿地	16+9	50	2011	
	仙宅村狄家头	人工湿地	6	—	2011	
	仙宅村小山组	人工湿地	16	—	2011	
	仙宅村护龙组	人工湿地	11	—	2011	
	仙宅村岭丰组	人工湿地	14	—	2011	
	仙宅村庙后组	人工湿地	9	—	2011	
	仙宅村洪家组	人工湿地	15	—	2011	
	仙宅村民主组	人工湿地	13	—	2011	
	仙宅村庙边组	人工湿地	16	—	2011	
	仙宅村泮家组	人工湿地	15	—	2011	
	仙宅村中村组	人工湿地	15	—	2011	
	洪桐村	分散式人工湿地	485	（970）	2011	50.0+65.0（重点提升村）
	小计（33个项目）	2174	2860	—	383.2	

续表 6－4

镇乡、街道	项目地址	处理方式	接入户数（户）	池容（立方米）	项目年份	补助资金（万元）
良渚街道	东塘河农居点	处理池	（只建设污水池，收集管网属农居点配套设施）	300	2006	12.0
	东塘河北漕家桥农居点	处理池		100	2009	6.0
	勾庄村新农居点	处理池	102	150	2008	9.0
	长桥村	处理池	45	70	2008	6.3
	杜甫村	处理池	44	150	2008	11.64
	纤石村	处理池	68	120	2008	11.28
	杜城村	处理池	44	70	2008	6.84
	荀山村	处理池	230	420	2007、2008	9.0＋14.04
	行宫塘村农居点	处理池	45	120	2006	5.2
	行宫塘村	处理池	177	240、150	2007、2008	7.2＋11.88
	新港村五码头自然村	处理池	42	120	2009	5.0＋4.72
	谢村（良渚管委会）	处理池	48	120	2007	7.2
	大陆村九房桥	处理池	55	120	2009	10.5
	高桥村葛孟弄	处理池	30	100	2009	
	行宫塘村 15 组	处理池	69	150	2010	13.14
	荀山村 14 组	处理池	57	150	2009	12.42
	杜甫村 17 组施家斗	处理池	76	200	2009	11.0＋5.6
	石桥村 10 组	处理池	70	150	2009	13.2
	石桥村 4 组大房桥	处理池	52	150	2009	12.12
	东塘河 17 组	处理池	33	100	2011	25.0＋8.0（“清洁绿化余杭”重点提升村）
	东塘河 18 组	处理池	44	100	2011	
	东塘河 3 组 1	处理池	45	50	2011	
	东塘河 3 组 2	处理池		50	2011	
	小计（23 个项目）		1331	3350	—	242.28
闲林街道	云栖村胡家店	处理池	60	100	2009	9.6
	万景村	处理池	33	100	2007	3.0
	何母桥村	处理池	40	100	2008	7.74

续表 6－4

镇乡、街道	项目地址	处理方式	接入户数（户）	池容（立方米）	项目年份	补助资金（万元）
闲林街道	民丰村新农居点	处理池	50	80	2008	4.8
	联荣村	处理池	180	250	2007	15.0
	华丰村	处理池	215	250	2007	（杭州市项目）
	里项村里项农居点	处理池	193	330	2009	10.0＋9.8
	万景村吴家角	处理池	50	80	2010	4.0＋3.8
	民丰村蒋家桥农居点	处理池	55	120	2010	10.5
	联荣村 6 组	处理池	50	150	2010	12.0
	何母桥村茹家桥 31 组	处理池	59	120	2010	10.74
	万景村南村潭	处理池	102	180	2011	60.0＋35.0（“清洁绿化余杭”重点提升村）
	万景村陆家角	处理池	80	150	2011	
	万景村北斗门	处理器	28	（70）	2011	
	万景村李军里	处理器	25	（62.5）	2011	
	万景村喻家陡门	处理器	50	（125）	2011	
	万景村杨家埭	处理器	30	（75）	2011	
	万景村陈家滨	处理器	33	（82.5）	2011	
	万景村麻地上	处理器	20	（50）	2011	
	万景村泮地上	处理器	23	（57.5）	2011	
	联荣村 9 组 1	处理池（太阳能曝气）	48＋外来人口	250	2012	11
	联荣村 9 组 2	处理池	8＋外来人口	80	2012	3
	民丰村云风湾	处理池	52	100	2012	预拨 35.0（美丽洲特色精品村）
	民丰村大许埭河西		42		2012	
	民丰村	处理器	31	（62）	2012	
	小计（25 个项目）		1557	2440	—	247.98
仓前街道	连具塘村（张家桥、虞家埭）	处理池	43	100	2010	7.15

续表 6－4

镇乡、街道	项目地址	处理方式	接入户数（户）	池容（立方米）	项目年份	补助资金（万元）
仓前街道	高桥村（李家塘、沈家村）	处理池	75＋62	150＋150	2009	12.0＋11.22
	葛巷村林场	处理池	45	300	2009	11.0
	高桥村葛孟弄	处理池	30	100	2009	7.8
	葛巷村杨家河	处理池	26	300	2009	8.56
	永乐村	处理池	48	120	2009	8.7
	苕溪村	处理池	170	270、400	2007	9.0
	苕溪村石墙里	处理池	60	120	2009	5.0＋5.8
	灵源村	处理池	33	70	2008	6.18
	吴山前村	处理池	111	120＋280	2009	5.0
	吴山前村王家斗	处理池	70	120	2009	11.4
	吴山前村杜家桥	处理池	70	120	2009	6.4
	永福村	处理池	（只建设污水池，收集管网属农居点配套设施）	300	2007	18.0
	连具塘村张家桥、虞家埭（49 组）	处理器	55	（14 处）	2010	5.46
	高桥村高桥头	处理池	120	300	2010	18.0＋7.2
	高桥村田家角	处理池	50	120	2010	10.2
	吴山前村瓦窑里	处理池	61	180	2010	14.46
	永乐村 28、29 组	处理池	45	100	2009	8.7
	苕溪村	处理器	60		2009	7.8
	吴山前村寡山斗	处理池	54	100	2011	70.0＋50.0（“清洁绿化余杭”重点提升村）
	吴山前村汪家头	处理池	20	60	2011	
	吴山前村寡山前	处理池	30	80	2011	
	吴山前村吕家堂	处理池	56	120	2011	
	吴山前村沈家浜	处理池	54	40	2011	

续表 6－4

镇乡、街道	项目地址	处理方式	接入户数（户）	池容（立方米）	项目年份	补助资金（万元）
仓前街道	吴山前村林家头	处理池	25	40	2011	70.0＋50.0（“清洁绿化余杭”重点提升村）
	吴山前村和尚斗	处理池	25	60	2011	
	吴山前村泮家斗	处理池	29	50	2011	
	吴山前村姚家营	人工湿地	25	（50）	2011	
	吴山前村淡家营	处理器	28	（20）	2011	
	吴山前村毛家桥	人工湿地	49	（54）	2011	
	吴山前村孙家径	处理器	24	（70）	2011	
	吴山前村陆家门	处理器	19	（47.5）	2011	
	吴山前村李家头	处理器	15	（37.5）	2011	
	吴山前村泮家桥	处理器	11	（45）	2011	
	高桥村徐家里	处理池（太阳能曝气）＋人工湿地	20＋农贸市场	300＋（80）	2012	12
	高桥村施家塘	处理池	35＋外来人口	150	2012	6
	连具村闻家斗	处理池	34＋外来人口	300	2012	8
	小计（37 个项目）		1787	5020	—	351.03
中泰街道	南峰村大竹园	处理池	45	120	2007	（环保局项目）
	枫岭村李家坞	处理池	50	70	2007	8.4
	枫岭村大石块	处理池	51	70	2007	
	南湖村大洋里	处理池	52	100	2007	6.0
	泰峰村袁家头	处理池	57	120	2008	（环保局项目）
	中桥村茶亭	处理池	65	80	2008	8.7
	岑岭村吴村	处理池	138	200	2008	20.28
	南峰村九曲岭	处理池	65	100	2009	5.0＋4.9
	白云村新坑桥	处理池	86	120	2009	12.0
	新泰村沙塘自然村	处理池	118	150	2009	17.58

续表 6－4

镇乡、街道	项目地址	处理方式	接入户数（户）	池容（立方米）	项目年份	补助资金（万元）
中泰街道	新泰村新武岭	处理池	83	120	2009	12.24
	白云村大真湾	处理池	41	80	2009	7.26
	双联村岑脚底自然村	处理池	48	120	2010	10.08
	南峰村汪家埠自然村	处理池	50	100	2010	9.0
	新泰村新坞岭自然村	处理池	84	120	2009	12.24
	中桥村杨桥头	处理池	78	180	2011	50.0＋30.0（“清洁绿化余杭”重点提升村）
	中桥村朱桥庙	处理池	89	300	2011	
	中桥村杭徽调整沿线区块	处理器	20	—	2011	
	中桥村后田区块	处理器	42	—	2011	
	中桥村跳头集镇	处理池	24	150	2011	
	南峰村上洪	处理器	66	—	2011	35.0＋20.0（“清洁绿化余杭”重点提升村）
	南峰村杨家板	处理池＋处理器	99	60＋（120）	2011	
	南峰村施家头	处理器		（60）	2011	
	南峰村南头 1－2	处理器	92	（252.5）	2011	
	小计（24 个项目）		1626	2480		268.68
瓶窑镇	崇化村	处理池	120	120	2006	4.0
	奇鹤村奇坑组	处理池	161	370	2007、2008	9.0＋10.8
	石安寺村（康村、积田畈）	处理池	130	240	2009	33.96
	石濑村	处理池	90	120	2008	9.72
	石濑村集镇边	处理池	15	50	2009	4.85
	窑北村河中组	处理池	70	120	2008	9.3
	瓶窑村 3 组	处理池	60	120	2009	10.92
	塘埠村西坞片	处理池	60	150	2007	7.0＋2.0
	张堰村 13 组	处理池	30	60	2009	3.72
	南山村	处理池	120	160	2009	

续表 6－4

镇乡、街道	项目地址	处理方式	接入户数（户）	池容（立方米）	项目年份	补助资金（万元）
瓶窑镇	奇鹤村长岭脚组	处理池	65	120	2010	145.9＋104.8＋130.3＝381.0
	奇鹤村金家角组	处理池	40	80	2010	
	奇鹤村界岭组 1	处理池	19	40	2010	
	奇鹤村界岭组 2	处理池	19	40	2010	
	奇鹤村奇坑组	处理池	70	150	2009	
	塘埠村一堡组	处理池	45	120	2010	
	石濑村埂头组	处理池	55	100	2010	
	石濑村翁家村组	处理池	50	100	2010	
	彭公村两水坞	处理池	80	150	2010	
	西安寺村圣塘头	处理池	48	120	2010	
	南山村枉山组	处理池	55	60	2009	14.39
	瓶窑村乌山头组	处理池	55	120	2009	10.5
	石濑村胡家组	处理池	50	120	2011	120.0＋120.0
	石濑村西头组	处理池	80	150	2011	
	南山村总管组	处理池	39	120	2011	
	南山村东山组	处理器	35	（50）	2011	
	南山村李王堂组	处理器	34	（50）	2011	
	南山村观音堂组	处理池	55	120	2011	
	南山村观音党组角	处理池	15	30	2011	
	西安寺村圣塘 7 组	处理池	55	120	2011	
	西安寺圣院家组	处理池	33	120	2011	
	塘埠村西坞 3 组	处理池	53	120	2011	
	塘埠村西坞 4 组	处理池	51	120	2011	
	塘埠村西桥下组	处理池	80	150	2011	
	瓶窑村三湾里组	处理池	47	120	2011	
	小计（35 个项目）		2084	4000	—	751.16

续表 6－4

镇乡、街道	项目地址	处理方式	接入户数（户）	池容（立方米）	项目年份	补助资金（万元）
百丈镇	半山村外半山自然村	处理池	29	55	2009	（环保局项目）
	半山村余坞自然村	处理池	75	120	2008	17.6
	半山村独松自然村	处理池	70	120	2009	29.24
	泗溪村姚沙坝自然村	处理池	35	60	2008	（环保局项目）
	百丈村吴家埭自然村	处理池	35	100	2008	11.32
	仙岩村九东山自然村	处理池	45＋48	110＋140	2008	19.96
	仙岩村三家堂自然村	人工湿地＋处理池	135	330	2008	（环保局项目）
	石竹园村南庄坞自然村	处理池	30	80	2008	11.6
	溪口村溪口集镇	处理池	62	120	2007	10.8
	溪口村古城自然村	处理池	160	250	2009	53.46
	溪口村学校边	处理池	60	80	2009	10＋31.24
	半山村牙山 1	处理池	20	60	2010	12.0＋8.6
	半山村牙山 2	处理池	4	5	2010	
	半山村牙山 3	处理池	15	8	2010	
	半山村里半山釜托寺	处理池	0	50	2010	7.0＋5.2
	百丈村木桥头三组	处理池	70	—	2010	10.0＋13.8
	仙岩村姚子坪自然村	处理池	78	150	2010	28.0＋10.9
	仙岩村朱家堂上	处理池	40	100	2011	25.0＋20.0（重点提升村）
	仙岩村朱家堂下	处理池	70	80	2011	
	石竹园村何家边农居点	处理池	40	100	2011	12.0＋5.0（非重点提升村）
	溪口村铺前农居点 1	处理池	45	80	2011	40.0＋10.0（非重点提升村）
	溪口村铺前农居点 2	处理池	50	120	2011	
	溪口村坪里	处理池	50＋外来人口	300	2012	17
	溪口村新安里 1	处理池	35	60	2012	8
	溪口村新安里 2	处理池	85	200	2012	17

续表 6－4

镇乡、街道	项目地址	处理方式	接入户数（户）	池容（立方米）	项目年份	补助资金（万元）
百丈镇	百丈村山上	处理池	30	30	2012	预拨 35.0（美丽洲特色精品村）
	百丈村山下	处理器	15	（12）	2012	
	小计（27 个项目）		1431	2908		479.72
黄湖镇	赐壁村赐壁自然村	处理池	45	100	2008	（环保局项目）
	清波村东山自然村	处理池	79	120	2008	15.04
	虎山村上街片	处理池	82	120	2008	15.2
	青山村里三村片	处理池	70	120	2009	21.27
	青山村交界村	处理池	50	100	2010	15.0＋6.9
	王位山村牛城	处理池	60＋40	100＋100	2009、2010	20.31＋15.0＋2.8
	王位山村走马塘	处理池	25	60	2010	10.0＋10.8
	赐壁村炼铜坞	处理池	16	40	2011	120.0＋80.0（“清洁绿化余杭”重点提升村）
	赐壁村花坟头	处理池	45	80	2011	
	赐壁村山岭廊	处理池	30	60	2011	
	赐壁村青铜里	处理池	43		2011	
	赐壁村大堰廊	处理池	44	60	2011	
	赐壁村牌楼山 1	处理池	74	60	2011	
	赐壁村牌楼山 2	处理器		（40）	2011	
	赐壁村铜山头	处理池	50	100	2011	
	赐壁村溪家坞	人工湿地	33	（70）	2011	
	赐壁村大树头	人工湿地	33	（66）	2011	
	青山村东坞口	处理池	30	60	2012	7
	青山村王母山	处理器	35＋外来人口	（112.5）	2012	8
	小计（19 个项目）		884	1280	—	347.32
鸬鸟镇	前庄赵家自然村	处理池	36	50	2009	（环保局项目）
	前庄游家自然村	处理池	52	80	2008	11.36
	前庄叶家滩自然村	处理池	42	50	2009	（环保局项目）

续表 6－4

镇乡、街道	项目地址	处理方式	接入户数（户）	池容（立方米）	项目年份	补助资金（万元）
鸬鸟镇	太公堂村（自然村）	处理池	100	150	2009	32.62
	山沟沟村茅塘	处理池	66	100	2009	（环保局项目）
	山沟沟村宋村	处理池＋人工湿地	100	150	2008	18.3
	山沟沟村下余	—	60	150	2008	（环保局项目）
	山沟沟村汤吭	处理池	87	180	2006	（环保局项目）
	太公堂凌村坞	处理池	92	200	2006	16.0
	太公堂黄泥岭	处理池	82	100	2007	5.17
	太公堂桥头	处理池	100	150	2008	13.8
	太平山村塘坞	处理池	25	50	2008	6.1
	太平山村塘坞	处理池	75	120	2009	23.37
	仙百坑村吉毛坞	处理池	45	100	2009	（环保局项目）
	仙百坑村施家边	处理池	50	100	2009	（环保局项目）
	仙百坑村洪家	处理池	50	150	2010	28.79
	雅城村白沙茶厂自然村	处理池	50	100	2008	（环保局项目）
	雅城村孙家孙家堂自然村	处理池	33	100	2008	11.56
	雅城村童家门口自然村	处理池	28	80	2008	9.44
	雅城街道集镇	处理池	250	300	2007	9.0
	太公堂村尖山脚	处理池	84	150	2010	39.09
	太平山村金鸡山	处理池	60	120	2010	24.57
	仙伯坑村沈家塘	处理池	80	150	2010	46.22
	山沟沟村斗坞	处理池	56	150	2011	40.0＋30.0（“清洁绿化余杭”重点提升村）
	山沟沟村灌口	处理池	30	80	2011	
	山沟沟村下溪口	处理池	65	150	2011	
	小计（26个项目）		1798	3260	2011	365.39
径山镇	径山村径山农居点	处理池	100	280	2006	16.0
	径山村高塘坞	处理池	102	180	2006	
	径山村径山顶	处理池	86	280	2006	

续表 6－4

镇乡、街道	项目地址	处理方式	接入户数（户）	池容（立方米）	项目年份	补助资金（万元）
径山镇	径山村新村委旁	处理池	60	90	2008	12.26
	漕桥村小五山	处理池	43	80	2008	10.64
	西山村新农居点	处理池	106	220	2008	19.8
	西山村新农居点	处理池	120	200	2005	18.0
	双溪村红旗组	处理池	80	120	2009	9.0＋8.05
	双溪村中心村	处理池	210	260	2005	23.0
	双溪村台山村	处理池	189	360	2005	28.0
	小古城村村委旁	处理池	70	200	2006	6.0
	小古城村前三组	处理池	115	150	2007	7.0
	小古城村	处理池	120	150	2006、2007	6.0＋10.0＋3.5
	四岭村 5.6 组	处理池	80	160	2007、2008	11.0
	绿景村冷上组	处理池	75	160	2007	11.0＋3.4
	麻车头村委边	处理池	60	100	2009	7.0＋5.35
	泮板桥村汪家村	处理池	70	100	2009	（环保局项目）
	平山村梅岭组	处理池	50	80	2009	10.38
	长乐村集镇	处理池	552	—	2009	（区截污纳管项目）
	求是村农居点	处理池	110	只建管网未建污水池，接入市政污水管网	2010	10.0＋13.7
	双溪村新凉亭 1	处理池	35	60	2010	12.0＋5.8
	双溪村新凉亭 2	处理池	23	50	2010	9.0＋3.5
	双溪村胜利组	处理池	120	250	2010	25.0＋31.6
	径山村村新农居点	处理池	只建处理池，管网村自建。	100	2010	7.0
	西山村茶山组 1	处理池	55	120	2010	30.0＋21.8
	西山村茶山组 2	处理池	33	60	2010	

续表 6－4

镇乡、街道	项目地址	处理方式	接入户数（户）	池容（立方米）	项目年份	补助资金（万元）
径山镇	绿景村堰山组	处理池	36	60	2011	100.0＋112.0（“清洁绿化余杭”重点提升村）
	绿景村后阳 1、2、3 组	处理池	67	120	2011	
	绿景村后诸 1	处理池	25	40	2011	
	绿景村后诸 2	处理池	30	50	2011	
	绿景村后诸 3	处理池	25	40	2011	
	绿景村千口组新凉组	处理池	110	180	2011	
	绿景村狄家山东西组	处理池	100	180	2011	
	绿景村汗岭 1、2 组	处理池	90	150	2011	
	绿景村杨树畈 1 组	处理池	20	40	2011	
	绿景村圣塘头自然村	处理器	50	（100）	2011	
	绿景村绿景塘	处理器	46	（90）	2011	
	绿景村冷水桥	处理器			2011	
	小古城钱家滩横坑上房	处理器	96	（120）	2011	20.0＋8.0（重点提升村）
	径山村下堡	处理池	84	150	2011	
	小计（40 个项目）		3443	4900	—	534.78
五常街道	荆山村	处理池	—	160	2009	6.0＋6.3
	友谊村	处理池	—	330	2009	10.0
	顾家桥村（五常管委会）	处理池	—	350	2007	10＋9.8
	荆丰村	处理池	—	80	2008	6.84
	小计（4 个项目）		433	920	—	48.94
临平街道	梅林社区	处理池	—	340	2006	10.0
	乾元村	处理池	—	180	2007	10.8
	上环桥村	处理池	—	200	2007	12.0
	小计（3 个项目）		329	720	—	32.8
东湖街道	红旗村	处理池	—	150	2007	9.0
	小计（1 个项目）		81	150	—	9.0

续表 6－4

镇乡、街道	项目地址	处理方式	接入户数（户）	池容（立方米）	项目年份	补助资金（万元）
塘南办事处	港北、漳河村（新农居点）	处理池	—	300	2008	18.0
	泉漳村	处理池	—	300	2007	18.0
	小计（2 个项目）		258	600	—	36.0
杭州顺丰祥食品有限公司蛋制品加工废水处理工程（崇贤）		处理池	—	200	2006	6.0
杭州余杭秀山美地“农家乐”饭店污水处理工程（仁和高新农业示范中心）		处理池	—	180	2006	10.0
长岗社区污水处理工程（区农业资产经营有限公司长岗分公司）		处理池	—	250	2006	7.0
黄湖镇杨家坞休闲农庄污水处理工程		处理池	—	80	2007	3.2
中泰华立南湖花城休闲农庄污水处理工程		处理池	—	120	2007	4.8
闲林镇龚老汉休闲农庄污水处理工程		处理池	—	60	2007	2.4
余杭翠兰湾休闲农庄污水处理工程		处理池	—	60	2007	2.4
余杭第二职业中学（余杭镇）污水处理工程		处理池	—	180	2007	10.8
余杭区生态植保站观测圃（余杭镇）污水处理工程		处理池	—	50	2007	3.0
余杭区农业生态与植物保护管理总站农村能源办工作经费		（非项目）	—	—	2007	5.0
塘栖琵琶湾生态农庄污水处理工程		处理池	—	120	2008	4.8
仓前白龙潭农庄污水处理工程		处理池	—	100	2008	4.0

续表 6－4

镇乡、街道	项目地址	处理方式	接入户数（户）	池容（立方米）	项目年份	补助资金（万元）
杭州竹农生态开发旅游公司（瓶窑镇）农家乐污水处理工程		处理池	—	100	2008	4.0
运河百亩园农家乐污水处理工程		处理池	—	120	2009	4.8
良渚向阳园艺公司农家乐（石桥村）污水处理工程		处理池	—	150	2009	6.0
仓前苕溪农庄农家乐污水处理工程		处理池	—	100	2009	4.0
余杭上升农家乐污水处理工程		处理池	—	100	2009	4.0
余杭菌冠生态休闲园（竹园村）农家乐污水处理工程		处理池	—	100	2009	4.0
农家乐等小计（17 个项目）		—	—	2070	—	90.2
合计（451 个项目）		—	27078	49813	—	5698.64

注：1. 池容为无动力厌氧生化处理池的容积（立方米），加括号“（）”的为玻璃钢予制厌氧净化处理器容积（立方米）或人工湿地面积（平方米）。

2. 玻璃钢净化处理器容积和人工湿地面积等两项因各项目的数据不全，均未作合计。

3. 补助资金按文件下达的补助次数记录。

4. 2012 年度创建美丽洲特色精品村中涉及农村生活污水处理的追加项目于 2013 年 9 月 23 日下达，补助资金未单列

第七篇
水　　费

水费指水务企业按照国家法律法规、政府文件及供、用水双方相关合同约定的收费依据和物价部门批准的相关价格或有关部门确定的收费标准，向自来水用户收取的自来水费、污水处理费及其他代收代缴等有关费用。

余杭水务企业向用户收费，依照法律规章、政府批文和相关合同的约定，实行依法依据收费、合理规范收费。收费时做到收费依据公开、收费项目公开、收费标准公开和收缴方法公开，并接受用户监督。

用户缴费可通过水务企业委托的银行托收（单位）、代扣或现金缴纳，也可以到水务企业设在各地的营业窗口开通予存水费功能或直接用现金缴费等多种方式，供用户自主选择。

用户咨询或查询水费可拨打24小时客户服务热线：96390，关注余杭水务腾讯微博：2370930960，微信平台：yhsw-96390。

第一章　自来水费

自来水费按照国务院颁布的《城市供水条例》、浙江省人民政府颁发的《浙江省城市供水管理办法》和杭州市人大常委会发布的《杭州市城市供水条例》等法规的相关规定及《供用水合同》的约定进行收费。

自来水费按不同的用水类型和物价部门规定的供水价格，按实际用水量向用户收取。用户缴费时的总水费包括自来水费和代收的污水处理费、水资源费，建设基金曾在一段时间内列入向用户一并收取。

图 7－1　自来水调价听证会现场

余杭区（县、市）自 20 世纪 60 年代初首座城镇自来厂（塘栖镇自来水厂）建成供水后，开始向用户收水费。初期水费分生活用水和工业用水两类，其中生活用水在六七十年代的塘栖、临平、余杭等集镇以公用水龙头供水为主，实行按担收费，工业用水装表计量收费；80 年代开始，用水全部装表计量收费，水费陆续分为居民生活用水、机关事业单位用水、工业企业用水、商业及宾馆、建筑业用水等类别；2011 年 12 月开始，水费分为居民生活用水、非居民生活用水和特种行业用水等 3 类。调整居民生活用水的自来水价格，要召开有各界人士参加的调价听证会。

在全区城乡一体化供水前（2001 年之前），临平自来水厂的供水价格由余杭县（市、区）物价局核定后报杭州市物价局定价；临平第二水厂、三墩经济区水厂和塘栖镇、余杭镇、瓶窑镇自来水厂的供水价格由余杭区（县、市）物价局定价。其他镇（乡）属自来水厂的供水价格由当地镇（乡）人民政府定价，各村、组属的自来水厂（供水站）大部分免费供水。在实行城乡一体化供水后（2001 年开始），除山区地势较高区域外，全区城乡自来水实行统一价格，由区物价局公布供水价格，供水企业抄表到户，收费服务到户。

第一节　水价分类

一、国家和浙江省规定的水价分类

《城市供水价格管理办法》第六条规定“城市供水实行分类水价，根据使用性质分为居民生活用水、工业用水、行政事业用水、经营服务用水、特种用水等五类”。

浙江省物价局《关于改革城镇供水价格中的收费规范、供水价格构成有关问题的通知》规定浙江省水价分类为：居民生活、工业企业、行政事业单位、商业服务企业、建筑业和其他行业等六类。

浙江省物价局《关于改进城市供水价格和污水处理费分类的通知》将原规定的水价分类（六类）改为居民生活、非经营性、经营性和特种行业用水等四类。

水价类别改变后的执行范围规定为：

——居民生活水价的执行范围是：居民、儿童福利院、敬老院、幼儿园（包括托儿所）、小学、中等教育（指小学毕业到大学专科教育以前阶段的教育）学校，以及高校学生公寓、宿舍、食堂、浴室等用水。

——非经营水价的执行范围是：国家机关、事业单位、社会团体、部队（包括武警部队），狱政（包括劳改、劳教）等用水。

——经营性水价的执行范围是：工业、商业服务业（指从事商品交换，提供有偿服务等非公益性经营活动）等用水。但特种行业用水除外。

——特种行业水价的执行范围是：纯净水及饮料制造业、汽车业、桑拿浴室、美容美发厅、洗衣店等用水。

特种行业水价的具体执行范围在余杭区明确为：

纯净水及饮料制造业　指用自来水做主要原料的相关企业。

洗车业　指经营性的用自来水洗车的用水对象。

桑拿浴室　指内部设有桑拿的浴室和足浴及高档次浴室。

美容美发厅　指营业执照主营的项目为美容、美发或事实以美容美发为主的用水对象。

洗衣店。

涉及大众理发、公共浴室（场）等事关人民群众日常生活基本需求的用水，维持经营性水价（商业用水）。

二、余杭区（县、市）规定的水价分类

1960 年—1994 年的水价分为：居民生活用水与生产经营用水（或工业用水）等二类。

1995 年—1997 年水价分为：居民生活用水、机关事业单位用水、工业生产用水和其

他用水等四类。

1998 年—2005 年水价分为：居民生活用水、机关事业单位用水、工业企业用水、商业企业用水和宾馆、饭店、建筑业用水等五类。

2006 年—2011 年水价分类改进为：居民生活用水、非经营性用水、经营性用水和特种行业用水等五类。其中，余杭区对经营性用水中的工业企业、商业企业、建筑行业的水价，根据 2005 年第 13 次区长办公会议决定分步实施到位。

2006 年 4 月 3 日，杭州市物价局《关于余杭区临平副城供水价格的批复》中的经营性用水不分企业类型批复为一个供水价格。

2006 年 4 月 5 日，余杭区物价局《关于调整自来水价格的通知》根据 2005 年第 13 项区长办公会议的决定，在经营性用水类内保留了工业企业、商业企业和建筑行业等三类供水价格（包括杭州市物价局批复的临平副城范围）。

2011 年 12 月 15 日，第 19 次区长办公会议决定将非经营性用水、经营性工业用水、经营性商业用水、经营性建筑用水等 4 项合并统称为“非居民用水”。之后余杭区城乡供水类别分为居民用水、非居民用水、特种用水等三类。

2011 年 12 月 23 日，余杭区物价局《关于调整非居民生活用水和特种行业用水价格的通知》将非居民用水，包括原非经营性用水和经营性（工业用水）、经营性（商业用水）、经营性（建筑用水）调整为统一价格。其中，为减轻工业企业负担，工业用水暂不执行调整后的价格，按原价格不变。

2013 年 12 月，经第 25 次区长办公会议讨论决定：工业用水价格自 2014 年 1 月 1 日起执行非居民用水价格，即每立方米 2.30 元。

三、余杭区不同时期相关文件明确的部分用水单位执行居民生活用水价格

2004 年 10 月，余杭区物价局《关于高等学校学生宿舍等生活用水价格问题的通知》规定：“自 2004 年 11 月 1 日（用水时间）起，高等学校学生宿舍、食堂、浴室等生活用水一律按学校所在地的居民生活用水到户价格执行”（在 2006 年调整水价之前为机关事业单位用水）。

2005 年 5 月，余杭区物价局《关于中小学学校等单位用水价格的通知》规定：“自 2005 年 5 月 1 日用水日起，中小学校、幼儿园、中等职业学校用水按居民生活用水价格执行”（在 2006 年调整水价之前为机关事业单位用水）。

2005 年 6 月，中共余杭区委办公室和余杭区物价局规定：

——社区办公、公益服务的水价按照居民用水标准执行。

——儿童福利院、敬老院的水价按居民用水标准执行（在 2006 年调整水价之前为机关事业单位用水）。

以上调整不包括这些单位的经营性用水，如对外出租房等。

2006 年 10 月，余杭区人民政府办公室规定：

——各镇乡的市政公用（园林、绿化、环卫）用水，统一按居民用水价格（包括污水

处理费）标准计量收费。

——村委办公、公益服务用水，参照社区与公益服务用水的标准，按居民生活用水价格（包括污水处理费）标准计量收费。但村委的各项经营性用水和与村委办公无关的其他非经营性用水仍需按物价局（部门）规定，另行单独装表，按标准计量收费。

2007年5月，余杭区宗教场所水、电价格的协调会议，关于供水价格商定：

——对有门票等经济来源的合法宗教场所，仍按非经营性用水类（含污水处理费，下同）的价格标准执行，但对其中的生活用水，执行居民用水类价格标准。

——对无门票等经济收入来源的合法宗教场所，参照执行居民生活用水价格标准。

2008年12月，余杭区物价局《关于居民住宅小区有关价格的通知》规定：

——凡各级政府或价格主管部门明确制定有“居民生活类”公用事业价格政策的，居民家庭生活使用或用于居民公共配套服务的各项公用事业价格，按“居民生活类”价格政策执行。

——住宅小区物业公司办公用和小区营业房、出租房等从事生产经营性活动的，按非居民生活类的相应类别价格政策执行。

2010年7月，余杭区人民政府办公室《关于调整水价、电价的请示》同意武警浙江省总队汽车司机训练队70%的用水收费标准调整为居民用水收费标准。

四、混合用不同用水性质水价的计价依据与计价方法

《城市供水价格管理办法》第二十九条规定“混合用水应分表计量，未分表计量的从高适用水价”。

《浙江省城市供水管理办法》第三十二条规定“城市供水按照用水性质和用途实行分类、分级计价”。

自2005年以来，杭州余杭供水集团公司对历史遗留的混合用不同用水性质水价的总表用户实行三项措施计价：

——要求混合用水客户进行内部管网改造，按不同用水性质分别设置水表，同时，按不同用水性质重新开户，分别抄表计费。

——对不能按用水性质单独设置计量水表的，允许客户在总表下按不同用水性质设置二级管理表（包括内部已设置的和可以改造而新设置的）。二级管理表由公司负责抄表管理，按不同的用水性质分别计费（计费的总用水量不变，各二级表抄表水量之和与总表的误差水量纳入高价类水价的水量计费）。

——对个别用水量小的混合用水的客户，经实地调查，确实难以实行分表计量或实行二级表计量的，则与客户现场分析，大致商定不同用水性质的用水量比例，同时与客户签订《供用水合同》补充协议，双方确定不同用水性质的用水量比例。公司根据总表抄见水量，按用水性质的不同比例，分别计算水费，实行一只贸易结算水表，按不同用水性质比例分类计价收费。当不同用水性质的用水量发生变化时，适时调整用水量比例。

五、乡、镇属水厂的水价分类

余杭区在实施城乡一体化供水之前的乡镇属自来水厂的水价，除塘栖、余杭、瓶窑等三镇的自来水厂价格由余杭区物价局定价外，其他乡、镇属水厂的供水价格，均由当地乡、镇人民政府批准定价。在2000年之前，水价基本分为居民生活用水和工业企业用水两类。

余杭区实行乡镇政府定价供水的自来水厂有16座，分别是：博陆镇自来水厂、亭趾镇自来水厂、星桥镇自来水厂、崇贤镇自来水厂、沾桥乡自来水厂、东塘镇自来水厂、良渚镇自来水厂、安溪镇自来水厂、闲林镇自来水厂、长乐镇自来水厂、仓前镇自来水厂、中泰乡自来水厂、黄湖镇自来水厂、潘板桥镇自来水厂、鸬鸟镇自来水厂、彭公乡自来水厂。

第二节　水价标准

一、水价组成

余杭区（县、市）物价局公布的到户水价包括供水企业的自来水价格和由供水部门代征收的水厂建设基金、水资源费和污水处理费等项目。其中：

水厂建设基金　临平自来水厂开始征收于1992年5月1日，塘栖、余杭、瓶窑镇自来水厂开始征收于1994年3月，全区至2010年8月1日调整水价后停收建设基金。征收的建设基金由银行按月划解到财政专户储存管理，用于水厂还贷和配套设施建设。

水资源费　水厂向用户征收于1994年3月—2005年6月30日，2005年7月1日之后不向用户征收，由供水企业按取水量计价上缴区林水局水政水资源管理站，2011年下半年开始直接上缴区财政专户。水资源费纳入财政专户管理，用于水利部门对生态环境、水资源的保护和管理。

污水处理费　自2001年8月开征至今，收取的污水处理费全额上缴财政专户储存管理，用于污水处理企业运行管理和污水工程建设。

二、水价

1. 城乡一体化供水之前（2001年8月前）的供水价格

临平自来水厂供水价格

临平自来水厂，于1965年2月开始供水，居民用水前期由公用水龙头供水，水费按担计收，后改装总表计费，机关、企事业单位用水均装表计量收费。自1981年起供水价格按物价部门批准的标准执行，之后于1990年10月、1992年11月、1994年3月、1995年5月、1996年11月、1998年10月经批准先后调整水价6次。到户水价的执行范围为临平镇城区，撤市设区后为临平街道、东湖街道、南苑街道，临平自来水厂历年供水价格见附表7－1。

临平第二水厂供水价格

临平第二水厂（临平区水厂）于1992年5月开始供水，供水价格自1992年5月起按物价部门批准的标准执行，之后于1994年5月、1995年5月、1996年11月、1998年11月先后经批准调整水价4次。因临平第二水厂的自来水由临平自来水厂提供，其中有部分供水区块需经二次加压和补消毒后再供水到户。同时，由于临平第二水厂的供水范围涉及余杭县在1992年撤区扩镇并乡前的临平区各乡镇。因此物价部门公布的供水价格包括：临平自来水厂供临平第二水厂的结算价格、临平第二水厂供各乡镇水管站的结算价格、临平第二水厂直管（供）点到户水价和各乡镇（水管站）向用户收取的最终水价（到户价）等四部分。临平第二水厂历年供水价格见附表7－2。

三墩经济区水厂供水价格

余杭市三墩经济区自来水厂于1995年5月开始供水。1996年5月，因行政区划调整，三墩经济区（含水厂）随三墩镇整体划归杭州市西湖区。余杭市物价局于三墩经济开发区水厂竣工供水前的1995年2月批复了三墩经济区水厂的供水价格（见附表7－3），收费标准仅限于三墩经济区内。余杭市三墩镇的集镇区块自1965年9月起由杭州市祥符桥自来水厂直接供水。

塘栖镇自来水厂供水价格

塘栖镇自来水厂于1960年1月开始供水，居民用水前期主要由公用水龙头供给，水费按担计收，后改装总表计量收费，单位用水户均装表计量收费，供水价格由镇政府核定。自1981年起，供水价格按物价部门批准的标准执行，之后于1990年10月、1992年11月、1994年3月、1995年5月、1996年11月、1998年10月经批准先后调整水价6次，到户水价的执行范围为塘栖镇集镇区块，塘栖镇自来水厂历年供水价格见附表7－4。

余杭镇自来水厂供水价格

余杭镇自来水厂于1973年5月开始供水，居民用水前期主要由公用给水站（公用水龙头）供给，水费实行包月制或按担计收，后改装总表计量收费；单位用水均装表计量收费，供水价格由镇政府核定。自1981年起，供水价格按物价部门批准的标准执行，之后于1988年6月、1990年10月，1992年6月、1992年11月、1994年3月、1995年5月、1996年11月、1998年10月经批准先后调整水价8次。到户水价的执行范围为余杭镇集镇区块，余杭镇自来水厂历年供水价格见附表7－5。

瓶窑镇自来水厂供水价格

瓶窑镇自来水厂于1978年6月免费试通水，1979年1月开始收费供水，居民用水前期装总表计量收费，少数由公用水龙头供给，单位用水均各装表计量收费，供水价格由镇政府工业办公室核定。自1981年起，供水价格按物价部门批准的标准执行，之后于1990年10月、1992年11月、1994年3月、1995年5月、1996年11月、1998年10月经批准先后调整水价6次。到户水价的执行范围为瓶窑镇集镇区块，瓶窑镇自来水厂历年供水价格见附表7－6。

其他镇乡属自来水厂供水价格

余杭市（县）除临平自来水厂、临平第二水厂和塘栖镇、余杭镇、瓶窑镇、三墩经济开发区水厂的供水价格由市（县）物价部门定价外，其他镇乡属自来水厂的供水价格由当地镇乡人民政府定价。余杭市（县）建有水厂的各镇乡 1998 年供水价格见附表 7－8。

2．城乡一体化供水之后（2001 年 8 月后）的供水价格

余杭区自 1999 年 12 月 28 日第一个跨乡镇供水的区域性供水工程——临平、塘栖供水工程（一期）竣工通水后，余杭闲林、瓶窑（良渚）、径山黄湖等区域性供水工程陆续建设，逐步实现了全区城乡一体化供水。至 2007 年 8 月，全区除百丈、鸬鸟、黄湖、径山、瓶窑、余杭、闲林、中泰等 8 个镇乡中的 42 个山区村外的各镇乡、村基本实现了城乡供水同网、同质、同价和同服务（不含杭州市自来水总公司直接供水的良渚镇勾庄片和五常街道）。

在城乡一体化供水区域内的原乡镇、村属的自来水厂逐步停产，由区属新建和扩建的运河、塘栖、獐山、宏畔、瓶窑、径山、余杭（备用）和仁和等八座自来水厂按统一标准制水，联网供水，物价部门核定统一供水价格和实行统一的供水服务标准。自 2001 年 8 月起，在城乡一体化供水区域内的各镇乡（街道）、村实行统一水价。至 2012 年 12 月，统一水价（到户价）先后于 2006 年 4 月、2007 年 11 月（调整污水处理费）和 2011 年 12 月调整了 3 次，余杭区城乡一体化供水区域内历年供水价格见附表 7－7。

自 2015 年 1 月 1 日起，余杭区根据《发展改革委员会、住房和城乡建设部关于加快建立完善城镇居民用水阶梯价格制度的指导意见》精神和省、市、区“五水共治”工作要求，为促进节约用水和企业健康可持续发展，改善水环境，决定余杭区居民生活用水实行阶梯价格制度，调整居民生活供排水价格。

阶梯水价实施范围为余杭区“一户一表、抄表到户”的居民用户。居民用户原则上以住宅为单位，一个房产证明对应的住宅为一户；没有房产证明的，以供水企业为居民用户安装的水表为单位。

对超过 4 人的家庭用水户，每增加 1 人，各级月用水量相应增加 4 立方米。

未实行“一户一表、抄表到户”的合表居民用户和执行居民生活用水价格的非居民用户，临平城区到户价格为每立方米 2.65 元（含污水处理费每吨 0.70 元），其他地区到户价格为每立方米 2.35 元（含污水处理费每吨 0.40 元）。

居民自建房屋用于出租的，业主可选择执行合表居民用户价格。

为保障低收入家庭基本生活水平不受水价调整的影响，按现行区级救助圈对象范围，对持有效期内相关证件的城镇和农村低保家庭、城镇困难家庭、城镇和农村残疾人基本生活保障对象家庭，每户每月减免用水量 5 立方米。

居民生活供水价格与居民生活污水处理费的执行范围是：城乡居民住宅及其附属设施（指物业服务、门卫、消防、车库）等生活用水；普通高等学校（包括大学、独立设置的学院和高等专科学校）、高中（普通高中、成人高中）、中等职业学校（包括普通中专、成人中专、职业高中、技工学校）、初中（普通初中、职业初中、成人初中）、小学（普通小学、成人小学）、幼儿园（托儿所）、特殊教育学校（对残疾儿童、少年实施义务教育的机构）的学校教学用水和学生生活用水；敬老院、孤儿院、救助管理站等提供住宿的收养、收容服务场所用水；城市社区居民委员会公益性服务设施、农村非营利性公共活动场所用水；宗教场所（经县级及以上人民政府宗教事务部门登记的寺院、宫观、清真寺、教堂等宗教活动场所）的生活用水；生产经营企业内可以单独计量的职工集体宿舍、食堂用水；市政公用的绿化用水和道路洒水、公共厕所用水。

余杭区居民生活用水阶梯水价见附表7－9。

3．趸售供水价格

余杭区紧邻杭州市，杭州市水业集团有限公司（杭州市自来水总公司）向余杭区部分区块供水实行二种结算方式：一是余杭区的五常街道（不含永福村）和良渚街道勾庄部分区块由杭州水司直接抄表供水，按杭州市供水价格收费（其中勾庄区块在2010年前由杭州供水，勾庄改水站负责抄表收费）；二是余杭区的余杭、闲林、仓前、中泰和良渚（部分）等街道，由杭州按趸售价格供自来水，余杭供水部门按余杭区物价局批准的城乡一体化供水的水价，抄表收费到户，负责供水经营与服务管理。

杭州市水业集团有限公司自2002年12月开始向余杭闲林区块趸售供水，趸售价格由杭州市物价局批准，后于2006年5月、2011年7月调整了2次，历次趸售水价见附表7－10。

余杭区（县、市）历次调整居民生活用水价格充分考虑到居民生活水平。历年人均年水费支出占城镇居民人均年可支配收入的1%以下，最高年占0.97%，最低年占0.32%。余杭区（县、市）历次调整居民生活用水价格后，人均年水费支出占城镇居民人均可支配收入比例见附表7－11。

表7－1　　临平自来水厂历年供水价格　　单位：元/立方米

执行时间	用水类别	供水价格	建设基金	水资源费	到户价	批准文号	备　注
1965年建厂初期	居民生活用水	0.5（折算）	—	—	0.50	城建部门核定	公用水龙头售水价格0.02元/担（计40公斤）
1981年开始	居民生活用水	0.25	—	—	0.25	—	水表计量售水价格（公用水龙头于1993年全部取消）
	生产经营用水	0.25	—	—	0.25		
1990年10月抄表日起	居民生活用水	0.25	0.05	—	0.30	杭价工〔1992〕172号 余价〔1990〕114号	建设基金征收时间从1992年5月1日起执行，由银行按月划解财政专户。
	生产经营用水	0.35	0.05	—	0.40		

续表 7－1

执行时间	用水类别	供水价格	建设基金	水资源费	到户价	批准文号	备　注
1992 年 11 月 1 日起	居民生活用水	0.35	0.05	—	0.40	余价〔1992〕136 号	提价部分的水每立方米留给水厂 0.05 元，其余由银行按月划财政专户。
	生产经营用水	0.50	0.05	—	0.55		
1994 年 3 月 1 日起	居民生活用水	0.45	(0.17)	(免征)	0.45	余价〔1994〕18 号	水价中包含建设基金和水资源费
	生产经营用水	0.70	(0.17)	(0.02)	0.70		
1995 年 5 月抄表之日起	居民生活用水	0.50	(0.20)	(免征)	0.50	杭价工农〔1995〕71 号 余价〔1995〕81 号	水价中包含建设基金和水资源费
	机关事业单位用水	0.70	(0.20)	(0.02)	0.70		
	工业用水	0.90	(0.20)	(0.02)	0.90		
	商业及其他用水	1.10	(0.20)	(0.02)	1.10		
1996 年 11 月 1 日起	居民生活用水	0.60	(0.20)	(0.015)	0.60	杭价工农〔1996〕200 号 余价〔1996〕135 号	水价中包含建设基金和水资源费
	机关事业单位用水	0.90	(0.20)	(0.02)	0.90		
	工业用水	1.20	(0.20)	(0.02)	1.20		
	商业及其他用水	1.60	(0.20)	(0.02)	1.60		
1998 年 10 月抄表之日起至 2001 年 7 月抄表日止	居民生活用水	0.60	0.20	(0.015)	0.80	杭价工农〔1998〕206 号 余价〔1998〕139 号	水价中包含水资源费，建设基金单列征收
	机关事业单位用水	1.00	0.20	(0.02)	1.20		
	工业企业用水	1.10	0.20	(0.02)	1.30		
	商业企业用水	1.50	0.20	(0.02)	1.70		
	宾馆、饭店、建筑业用水	1.80	0.20	(0.02)	2.00		

表 7－2　　临平第二水厂历年供水价格　　单位:元/立方米

结算对象	用水类别	1992 年 5 月试供水之日起	1994 年 5 月 1 日起	1995 年 5 月抄表之日起	1996 年 11 月 1 日起	1998 年 11 月抄表之日起至 2001 年 7 月抄表日止
临平自来水厂供临平第二水厂结算价	居民生活用水	—	—	—	0.60	—
	其他用水	—	—	—	1.00	—
临平第二水厂对临平地区各乡镇水管站结算价	居民生活用水	0.60	0.70	0.90	1.25	1.30
	其他用水				1.50	1.70

续表 7-2

结算对象	用水类别	1992 年 5 月试供水之日起	1994 年 5 月 1 日起	1995 年 5 月抄表之日起	1996 年 11 月 1 日起	1998 年 11 月抄表之日起至 2001 年 7 月抄表日止
临平第二水厂直管点水价	居民生活用水	—	—	—	—	1.40
	其他用水	—	—	—	—	1.80
各乡镇向用户收取的最终水价	居民生活用水	—	0.95	1.10	1.25	1.60
	其他用水	—	1.25	1.40	1.80	1.90
批准文号		余价〔1992〕153 号	余价〔1994〕35 号	余价〔1995〕79 号	余价〔1996〕146 号	余价〔1998〕156 号
备注		1. 各乡镇向用户收取的居民生活水价包括党政机关、学校、卫生院。 2. 自 1996 年 11 月起临平自来水厂向临平第二水厂结算的居民生活用水量按年供水总量的 92%，其他用水按 8%的比例结算				

表 7-3　　三墩经济区水厂供水价格　　单位：元/立方米

执行时间	居民生活用水	工业用水	商业用水	宾馆、施工用水	批准文号	备　注
1995 年 2 月 25 日起	0.60	0.80	1.00	1.20	余价〔1995〕28 号	收费标准仅限于三墩经济区内

表 7-4　　塘栖镇自来水厂历年供水价格　　单位：元/立方米

执行时间	用水类别	供水价格	建设基金	水资源费	到户价	批准文号	备　注
1960 年建厂初期	居民生活用水	0.25（折算）	—	—	0.25	镇政府核定	公用水龙头售水价格 0.01 元/担（计 40 公斤）
1981 年开始	居民生活用水	0.20	—	—	0.20	—	水表计量售水价格
	生产经营用水	0.30	—	—	0.30		
1990 年 10 月抄表日起	居民生活用水	0.20	—	—	0.20	余价〔1990〕114 号	—
	生产经营用水	0.40	—	—	0.40		
1992 年 11 月 1 日起	居民生活用水	0.35	—	—	0.35	余价〔1992〕136 号	提价部分的水每立方米留给水厂 0.05 元，其余由银行按月划财政专户。
	生产经营用水	0.50	—	—	0.50		

续表 7－4

执行时间	用水类别	供水价格	建设基金	水资源费	到户价	批准文号	备　注
1994 年 3 月 1 日起	居民生活用水	0.45	（0.17）	（免征）	0.45	余价〔1994〕18 号	到户水价中包含建设基金和水资源费
	生产经营用水	0.70	（0.17）	（0.02）	0.70		
1995 年 5 月抄表之日起	居民生活用水	0.50	（0.20）	（免征）	0.50	余价〔1995〕81 号	到户水价中包含建设基金和水资源费
	机关事业单位用水	0.70	（0.20）	（0.02）	0.70		
	工业用水	0.90	（0.20）	（0.02）	0.90		
	商业及其他用水	1.10	（0.20）	（0.02）	1.10		
1996 年 11 月 1 日起	居民生活用水	0.60	（0.40）	（0.015）	0.60	余价〔1996〕135 号	到户水价中包含建设基金和水资源费
	机关事业单位用水	0.90	（0.40）	（0.02）	0.90		
	工业用水	1.20	（0.40）	（0.02）	1.20		
	其他用水	1.60	（0.40）	（0.02）	1.60		
1998 年 10 月抄表之日起至 2001 年 7 月抄表日止	居民生活用水	0.60	0.20	（0.015）	0.80	余价〔1998〕140 号	到户水价包含水资源费，建设基金单列征收
	机关事业单位用水	1.00	0.20	（0.02）	1.20		
	工业企业用水	1.10	0.20	（0.02）	1.30		
	商业及其他用水	1.50	0.20	（0.02）	1.70		
	宾馆、饭店、建筑业用水	1.80	0.20	（0.02）	2.00		

表 7－5　　余杭镇自来水厂历年供水价格　　单位：元/立方米

执行时间	用水类别	供水价格	建设基金	水资源费	到户价	批准文号	备　注
1978 年建厂初期	居民生活用水	0.25（折算）	—	—	0.25	镇政府核定	公用水龙头售水价格 0.01 元/担（计 40 公斤）或按小、中、大户包月，每月 0.3 元、0.6 元、0.9 元。
	单位生产用水	0.18	—	—	0.18		
1981 年开始	居民生活用水	0.18	—	—	0.18	—	水表计量售水价格
	工业用水	0.25	—	—	0.25		

续表 7－5

执行时间	用水类别	供水价格	建设基金	水资源费	到户价	批准文号	备　注
1988 年 6 月 20 日起	居民生活用水	0.25	—	—	0.25	余价〔1988〕58 号	由于自来水成本增加，水厂面临亏损而调价
	工业用水	0.25	—	—	0.25		
1990 年 10 月抄表日起	居民生活用水	0.25	—	—	0.25	余价〔1990〕114 号	
	生产经营用水	0.35	—	—	0.35		
1992 年 6 月 1 日起	居民生活用水	0.30	—	—	0.30	余价〔1992〕60 号	因苕溪污染，扩建南湖净水调节工程，在原水价上价外加价 0.05 元/立方米
	生产经营用水	0.40	—	—	0.40		
1992 年 11 月 1 日起	居民生活用水	0.35	0.04	—	0.39	余价〔1992〕136 号	建设基金栏的 0.04 元/立方米为南湖供水工程费；提价部分的水每立方米留给水厂 0.05 元，其余由银行按月划解财政专户。
	生产经营用水	0.50	0.04	—	0.54		
1994 年 3 月 1 日起	居民生活用水	0.45	(0.17)	(免征)	0.45	余杭〔1994〕18 号	到户水价中包含建设基金和水资源费
	生产经营用水	0.70	(0.17)	(0.02)	0.70		
1995 年 5 月抄 + 表之日起	居民生活用水	0.50	(0.20)	(免征)	0.50	余价〔1995〕81 号	到户水价中包含建设基金和水资源费
	机关事业单位用水	0.70	(0.20)	(0.02)	0.70		
	工业用水	0.90	(0.20)	(0.02)	0.90		
	商业及其他用水	1.10	(0.20)	(0.02)	1.10		
1996 年 11 月 1 日起	居民生活用水	0.60	(0.20)	(0.015)	0.60	余价〔1996〕135 号	到户水价中包含建设基金和水资源费
	机关事业单位用水	0.90	(0.20)	(0.02)	0.90		
	工业用水	1.20	(0.20)	(0.02)	1.20		
	商业及其他用水	1.60	(0.20)	(0.02)	1.60		
1998 年 10 月抄表之日起至 2001 年 7 月抄表日止	居民生活用水	0.60	0.20	(0.015)	0.80	余价〔1998〕140 号	到户水价包含水资源费，建设基金单列征收
	机关事业单位用水	1.00	0.20	(0.02)	1.20		
	工业企业用水	1.10	0.20	(0.02)	1.30		
	商业及其他用水	1.50	0.20	(0.02)	1.70		
	宾馆、饭店、建筑业用水	1.80	0.20	(0.02)	2.00		

表7-6　　瓶窑镇自来水厂历年供水价格　　单位:元/立方米

执行时间	用水类别	供水价格	建设基金	水资源费	到户价	批准文号	备　注
1978年建厂初期	居民生活用水	0.15			0.15	镇政府核定	镇内装有少量公用水龙头,售水价0.17元/立方米
	单位生产用水	0.15	—	—	0.15	—	—
1981年开始	居民生活用水	0.25	—	—	0.25	—	—
	生产经营用水	0.25	—	—	0.25		
1990年10月抄表日起	居民生活用水	0.25	—	—	0.25	余价〔1990〕114号	—
	生产经营用水	0.35	—	—	0.35		
1992年11月1日起	居民生活用水	0.35	—	—	0.35	余价〔1992〕136号	提价部分的水每立方米留给水厂0.05元,其余由银行按月划财政专户。
	生产经营用水	0.50	—	—	0.50		
1994年3月1日起	居民生活用水	0.45	(0.17)	(免征)	0.45	余价〔1994〕18号	到户水价中包含建设基金和水资源费
	生产经营用水	0.70	(0.17)	(0.02)	0.70		
1995年5月抄表之日起	居民生活用水	0.50	(0.20)	(免征)	0.50	余价〔1995〕81号	到户水价中包含建设基金和水资源费
	机关事业单位用水	0.70	(0.20)	(0.02)	0.70		
	工业用水	0.90	(0.20)	(0.02)	0.90		
	商业及其他用水	1.10	(0.20)	(0.02)	1.10		
1996年11月1日起	居民生活用水	0.60	(0.20)	(0.015)	0.60	余价〔1996〕135号	到户水价中包含建设基金和水资源费
	机关事业单位用水	0.90	(0.20)	(0.02)	0.90		
	工业用水	1.20	(0.20)	(0.02)	1.20		
	商业级其他用水	1.60	(0.20)	(0.02)	1.60		
1998年10月抄表之日起至2001年7月抄表日止	居民生活用水	0.60	0.20	(0.015)	0.80	余价〔1998〕140号	到户水价包含水资源费,建设基金单列征收
	机关事业单位用水	1.00	0.20	(0.02)	1.20		
	工业企业用水	1.10	0.20	(0.02)	1.30		
	商业企业用水	1.50	0.20	(0.02)	1.70		
	宾馆、饭店、建筑业用水	1.80	0.20	(0.02)	2.00		

表 7－7　　**余杭区城乡一体化供水区域历年自来水价格**　　单位:元/立方米

执行时间	用水类别		供水价格	水资源费	污水处理费		到户价		批准文号	备注
					临平、东湖、南苑街道	其他镇乡街道	临平、东湖、南苑街道	其他镇乡街道		
2001 年 8 月抄表之日起	居民生活用水		1.235	0.015	0.25	0.10	1.50	1.35	临平、东湖、南苑街道:杭价商〔2001〕168 号、余价〔2001〕66 号;其他镇乡街道:余价〔2001〕69 号	水价执行范围为:临平、东湖、南苑、星桥街道,塘栖、余杭、瓶窑、闲林、仁和、运河、乔司镇及供水管网延伸的镇乡。良渚镇于 2003 年 7 月 1 日起按照此标准执行(余价〔2003〕61 号)。
	机关事业单位用水		1.58	0.02	0.30	0.10	1.90	1.70		
	工业企业用水		1.43	0.02	0.25	0.10	1.70	1.55		
	商业企业用水		1.98	0.02	0.30	0.10	2.30	2.10		
	建筑企业用水		2.28	0.02	0.30	0.10	2.60	2.40		
2006 年 4 月 15 日(用水时间)起	居民生活用水	临平副城	1.35	(0.08)	0.40		1.75		临平副城:杭价商〔2006〕69 号,各镇乡街道:余价〔2006〕20 号。污水调价:余价〔2005〕30 号	1.临平副城价格执行范围为临平、东湖、南苑街道。2.其他镇乡执行范围为除径山、黄湖、百丈、鸬鸟镇外的各镇乡、街道。3.杭价商〔2006〕69 号批复临平副城水价分为四类:居民生活用水,非经营性用水,经营性用水和特种行业用水。4.水资源费自 2005 年 7 月 1 日起由供水企业按取水量计价上缴财政专户,不单列征收(浙价费〔2004〕209 号)
		其他镇乡	1.35	(0.08)	0.10		1.45			
	非经营性用水		1.90	(0.08)	1.00		2.90			
	经营性用水	工业企业	1.75	(0.08)	1.00		2.75			
		商业企业	2.00	(0.08)	1.00		3.00			
		建筑行业	2.30	(0.08)	1.00		3.30			
	特种行业用水		4.00	(0.08)	1.00		5.00			
2007 年 11 月 1 日(用水时间)起	居民生活用水	临平副城	1.35	(0.08)	0.40		1.75		浙价商〔2007〕203 号,余价〔2007〕88 号	1.本次调整非居民用水的污水处理费价格;2.径山镇、黄湖镇供水价格和污水处理费自 2010 年 1 月 1 日起按此标准执行(余价〔2009〕59 号)。3.水资源费不单列征收。
		其他镇乡	1.35	(0.08)	0.10		1.45			
	非经营性用水		1.90	(0.08)	1.50		3.40			
	经营性用水	工业企业	1.75	(0.08)	1.80(一般工业)		3.55			
					2.20(高污染工业)		3.95(暂按一般工业价)			
		商业企业	2.00	(0.08)	1.50		3.50			
		建筑行业	2.30	(0.08)	1.80		4.10			
	特种行业用水		4.00	(0.08)	1.50		5.50			
2011 年 12 月 1 日(用水时间)起	居民生活用水	临平城区	1.35	(0.08)	0.40		1.75		余价〔2011〕35 号、余杭区人民政府办公室 2011 年第 380 号抄告单	1.本次调整用水类别和非居民生活用水与特种用水价格。
		其他镇、街道	1.35	(0.08)	0.10		1.45			

续表 7－7

<table>
<tr><th rowspan="2">执行时间</th><th rowspan="2" colspan="3">用水类别</th><th rowspan="2">供水价格</th><th rowspan="2">水资源费</th><th colspan="2">污水处理费</th><th colspan="2">到户价</th><th rowspan="2">批准文号</th><th rowspan="2">备注</th></tr>
<tr><th>临平、东湖、南苑街道</th><th>其他镇乡街道</th><th>临平、东湖、南苑街道</th><th>其他镇乡街道</th></tr>
<tr><td rowspan="6">2011 年 12 月 1 日(用水时间)起</td><td rowspan="5">非居民生活用水</td><td colspan="2">非经营性</td><td>2.30</td><td>(0.08)</td><td colspan="2">1.50</td><td colspan="2">3.80</td><td rowspan="6">非居民生活用水中暂缓执行的“一般工业”水价,自 2014 年 1 月 1 日起执行余价〔2011〕35 号文批复的供水价格,即每立方米 2.30 元(余杭区人民政府办公室〔2014〕第 3 号抄告单)。</td><td rowspan="6">2. 临平城区污水处理费执行范围为临平、东湖、南苑街道。
3. 工业用水自 2011 年 12 月 1 日至 2013 年 12 月 31 日暂不执行调整后的价格。2014 年 1 月 1 日起恢复执行调整后的价格。
4. 工业（高污染）用水类别暂未实施。
5. 水资源费不单列征收。</td></tr>
<tr><td rowspan="2">工业</td><td>一般</td><td rowspan="2">2.30(暂缓执行,仍按 1.75)</td><td>(0.08)</td><td colspan="2">1.80</td><td colspan="2">4.10(暂缓执行,仍按 3.55)</td></tr>
<tr><td>高污染</td><td>(0.08)</td><td colspan="2">2.20</td><td colspan="2">4.50(暂按一般工业价)</td></tr>
<tr><td colspan="2">商业</td><td>2.30</td><td>(0.08)</td><td colspan="2">1.50</td><td colspan="2">3.80</td></tr>
<tr><td colspan="2">建筑</td><td>2.30</td><td>(0.08)</td><td colspan="2">1.80</td><td colspan="2">4.10</td></tr>
<tr><td colspan="3">特种行业用水</td><td>5.00</td><td>(0.08)</td><td colspan="2">1.50</td><td colspan="2">6.50</td></tr>
</table>

表 7－8　　余杭市 1998 年镇乡属自来水厂供水价格　　单位：元/立方米

水厂名称	居民生活用水	工业企业用水	其他用水	水厂名称	居民生活用水	工业企业用水	其他用水
博陆镇水厂	1.0	1.5	—	闲林镇水厂	0.99	1.43	—
亭趾镇水厂	1.1	1.5	—	长乐镇水厂	0.80	1.00	—
星桥镇水厂	1.3	1.6	—	仓前镇水厂	0.90	1.30	—
崇贤镇水厂	1.0	1.2	—	中泰乡水厂	1.00	1.00	—
沾桥乡水厂	1.0	1.2	—	黄湖镇水厂	1.00	1.20	—
东塘镇水厂	0.8	1.0	—	潘板镇水厂	1.00	1.20	—
良渚镇水厂	0.8	1.3	机关事业：1.2 商业：1.7 宾馆用水：2.0	鸬鸟镇水厂	0.60	1.00	—
安溪镇水厂	1.0	1.0	—	彭公乡水厂	1.00	1.20	—

注：上述镇乡属自来水厂供水价格由各镇乡人民政府批准定价。塘栖镇、余杭镇和瓶窑镇自来水厂的供水价格由余杭县（市）物价局定价，不列入上表

表 7－9　**余杭区居民生活用水阶梯水价格**　单位：元/立方米

阶梯	户年用水量（立方米）	供水价格	污水处理费	到户价格
一	0～216（含）	1.90	0.70（临平城区） 0.40（其他地区）	2.60（临平城区） 2.30（其他地区）
二	216～300（含）	2.85		3.55（临平城区） 3.25（其他地区）
三	300 以上	5.70		6.40（临平城区） 6.10（其他地区）
合表居民用户和执行居民生活用水价格的非居民用户		1.95		2.65（临平城区） 2.35（其他地区）

注：水价批准文号为：余价〔2014〕26 号，自 2015 的 1 月 1 日起执行

表 7－10　**杭州市自来水总公司向余杭趸售供水价格**　单位：元/立方米

执行时间	趸售供水结算价格	批准文号	备　　注
2002 年 12 月 1 日起	0.83	杭价商〔2002〕247 号	1. 趸售价格不含污水处理费。 2. 自来水销售价按余杭区物价局核定的当地到户价执行。 3. 杭州自来水总公司在余杭区范围内直接供水收取水费中含有的污水处理费划归余杭区
2006 年 5 月 1 日（供水时间）起	0.92	杭价商〔2006〕76 号	
2011 年 7 月 1 日（供水时间）起	1.10	杭价商〔2011〕130 号	

余杭区（县、市）城镇居民人均年水费支出占当年可支配收入比例

表 7－11　（历次调整水价年份）

水价调整年月	居民用水价格（元/立方米）	户均年用水量（立方米）	户均年水费（元）	户均人口（人）	人均年水费（元）	城镇居民年人均可支配收入（元）	人均年水费占人均年可支配收入（%）
1990 年 10 月	0.30	216	64.8	3.76	17.23	2122	0.81
1992 年 11 月	0.40	216	86.4	3.71	23.29	2402	0.97
1994 年 3 月	0.45	216	97.2	3.72	26.13	5136	0.51

续表 7-11

水价调整年月	居民用水价格（元/立方米）	户均年用水量（立方米）	户均年水费（元）	户均人口（人）	人均年水费（元）	城镇居民年人均可支配收入（元）	人均年水费占人均年可支配收入（%）
1995 年 5 月	0.50	216	108.0	3.62	29.83	5396	0.55
1996 年 11 月	0.60	216	129.6	3.63	35.70	5880	0.61
1998 年 10 月	0.80	216	172.8	3.63	47.60	7017	0.68
2001 年 8 月	1.50	216	324.0	3.43	94.46	9955	0.95
2006 年 4 月	1.75	216	378.0	3.47	108.93	18870	0.58
2007 年 11 月	1.75	216	378.0	3.51	107.69	21098	0.51
2011 年 12 月	1.75	216	378.0	3.61	104.71	32473	0.32
2015 年 1 月	2.60（第一阶梯）	216	561.6	3.65（2014 年）	153.86	45329（2014 年）	0.34

注：1．居民用水价格包括污水处理费、建设基金和水资源费。本表按临平城区供水价格计算。

2．1998 年 10 月增收建设基金，居民生活用水价格不调整，水价调整范围为机关事业单位、工业、商业、宾馆、建设用水。

3．2007 年 11 月各类用水性质的自来水价格均未作调整，调整范围为非居民用水污水处理费价格。

4．2011 年 12 月居民生活用水价格未调整，调整非居民用水和特种用水价格。

5．2015 年 1 月 1 日起，居民生活用水实行阶梯价格制度，本表按第一阶梯价格计算。

6．户均年用水量按每户每月平均 18 立方米计算，年用水量低于 216 立方米时，水费支出相应减少。

7．户均人口按《余杭统计年鉴》各年全区（县、市）的户籍人口和户数计算。

8．城镇居民人均可支配收入，摘自《余杭统计年鉴》，其中，1996 年以前为人均生活费收入

第二章　污水处理费

污水处理费按照全国人大常委会颁布的《中华人民共和国水污染防治法》等法律法规的相关规定和国家建设、环保等部门与浙江省人民政府的有关规定及《污水委托处理合同》的约定进行收费

污水处理费指单位和个人排放的污水实行集中收集，输送到城市污水处理厂处理的费用。按照国家有关部门的规定，污水处理费在“城市自来水价格中收取”，由水务企业按入网污水量和物价部门规定的不同类型污水处理价格，在收取自来水费时代收代缴。污水处理费实行专款专用，收支两条线管理，财政专户储存。

污水处理费的收费标准，按城市供水价格管理权限审批。自2007年11月起，余杭等12个太湖流域杭嘉湖地区县（市、区）的非经营性、经营性和特种行业用户的污水处理费调整为由省物价局定价。

余杭区自2001年8月开始征收污水处理费，征收范围为临平城区（临平、东湖、南苑街道）和塘栖、余杭、瓶窑、乔司镇及星桥街道。随着全区城乡一体化供水范围的逐年扩大，陆续在各镇乡、街道开征污水处理费。

第一节　价格分类

2007年10月之前，余杭区征收污水处理费的价格按自来水不同的用水性质定价收费。

2007年11月1日起，根据浙江省物价局规定，太湖流域杭嘉湖地区相关市、县（市、区）城镇非居民生活用户的污水处理费标准按三类用户征收：一是非经营性用户；二是经营性用户，其中又分为商业服务企业、一般工业企业（含建筑业）和高污染工业企业等三小类；三是特种行业用户。与自来水价分类不同的是将高污染工业企业单列为一档污水处理费标准，并规定：“执行高污染工业企业污水处理费标准的范围由设区市人民政府根据情况确定。”余杭区自2007年11月以来，尚未将高污染工业企业单列为一个污水处理费的收费标准，现按一般工业企业的污水处理费标准征收。

第二节　收费标准

余杭区自2001年8月开始征收污水处理费，至2012年12月共调整了二次污水处理费价格，其中：2006年4月与自来水价格同步调整一次；2007年11月，开始执行省物价局的非居民生活污水处理统一定价，单独调整污水处理费一次。余杭区2001年8月—2015

年 1 月污水处理费价格见附表 7－7。

根据省、市、区“五水共治”工作要求、浙江省物价局《关于简化水价分类规范执行范围实行差别水价政策加快“腾笼换鸟”工作的通知》和浙江省物价局《关于杭州市余杭区非居民生活污水处理收费标准的批复》精神，余杭区自 2015 年 2 月 1 日起调整污水处理分类和非居民生活污水处理收费标准。

污水处理费分类由现行的居民生活、非经营性、经营性和特种行业 4 类改为居民生活污水、工业污水和非工业污水 3 类。

工业污水处理费的执行范围是：从事生产、加工以及维修企业的污水。

非工业污水处理费的执行范围是：居民生活污水和工业污水以外的污水。

调整后的非居民生活污水处理收费标准见附表 7－12。

表 7－12　　余杭区非居民生活污水处理收费标准　　单位：元/立方米

用户分类		收费标准
非工业污水		1.75
工业污水	一般工业企业	2.05
	高污染工业企业	2.45

注：1．污水处理收费标准批准文号为：浙价资〔2014〕287 号，自 2015 年 2 月 1 日起执行。

2．污水处理费按自来水用量计费

第三章　其他规费

余杭水务企业曾收取和部分继续在收缴的其他规费项目包括政府部门规定的实行代收代缴、收支两条线管理的水资源费（含水库水费）、建设基金、自来水增容费、超计划加价水费、供水管道建设费和与用户合同约定的城镇“一户一表、计量出户”改造费、农村二次改水工程建设费、赔偿金及相关的违约金（滞纳金）。

第一节　水资源费

水资源费按照全国人大常委会颁布的《中华人民共和国水法》、国务院颁发的《取水许可和水资源费征收管理办法》和浙江省人大常委会颁发的《浙江省水资源管理条例》、浙江省人民政府印发的《浙江省水资源费征收管理办法》等法律法规与余杭区林业水利局印发的《关于加强水资源费征收管理的通知》等的相关规定收费。

自来水生产企业的水资源费指取之于河、湖泊和地下水制水的原水水费。

余杭区（县、市）自1994年3月1日起，水资源管理部门对供水企业取水征收水资源费。

一、征收方式

余杭区（县、市）自1994年3月1日起，对供水企业取水征收水资源费，其中：1994年3月1日至1996年10月31日只对机关事业单位、工业企业、商业及其他经营单位用水征收水资源费，对居民生活用水免征水资源费，水资源费标准由物价部门定价。余杭区（县、市）历年征收水资源费有三种方式：

1994年3月至2001年7月，在物价部门批准的供水价格中包含水资源费，由供水部门按物价部门规定的水资源费标准和供水量计费，划入财政专户。

2001年8月至2006年3月，水资源费实行单列，不含在自来水价格中，由供水部门在收缴自来水费的同时，向用水户征收，然后由供水部门按物价部门规定的水资源费标准，按供水量计费后，划入财政专户。

2006年4月之后，水资源费不含在供水价格中，也不单列向用水户征收，作为生产自来水的原水成本，由供水部门按取水总量和物价部门规定的水资源费标准，计费后将水资源费上缴财政专户。

二、征收标准

1994年3月至2005年6月：在供水到户价中，居民生活用水的水资源费标准为每立方米0.015元（其中：1994年3月至1996年10月免征），其他非居民用水的水资源费标准均为每立方米0.02元。

2005年7月1日起，根据省物价局《关于调整水资源费标准的通知》的规定：自来水制水企业取用地表水标准为每立方米0.08元（不分自来水用水类型）。

三、结算方式

自2012年第一季度开始，为进一步加强我区水资源管理和保护，促进水资源的节约与合理开发利用，根据《取水许可和水资源费征收管理条例》《浙江省水资源管理条例》《浙江省水利厅关于进一步规范全省水资源费征收工作的通知》《关于加强余杭区水资源费征收管理的通知》等政策法规和文件，余杭区林业水利局与杭州余杭水务有限公司商定：余杭水务有限公司作为公共制水企业水资源费应以取水口取水总量计算；同时，根据2004年《浙江省人民政府办公厅关于加快实施“千万农民饮用水工程”通知》的精神，农村自来水管网入户之日起10年内，农村生活用水不收取水资源费（计算农村人口及其用水量，以区统计局提供的数据为基础。2011年，余杭区城市化率为62%，常住人口117.56万人）。

余杭水务有限公司每季度初向区林水局缴纳上季度的水资源费，取水总量以林水局取水实时监控系统平台数据为基准，扣除农村人口生活用水后全额缴纳。具体计算方式为：

——水务公司供水农村人口的计算

全区农村人口＝常住人口117.56万人×（1－城市化率62%）＝44.67万人

水务公司供应的自来水农村人口为：全区农村人口44.67－山区农民饮用水工程供应人口10.5万人＝34.17万人；考虑到部分农转非人口一直生活在农村和部分外来人口约8万人，合计42.17万人。

——水务公司供水农村人口用水量计算

以每人每天180升生活用水量标准，每人每年用水量：180升×365天＝65700升＝65.7立方米

水务公司供农村人口全年生活用水量：65.7立方米×421700人＝2770.57万立方米

——水务公司供水农村人口年度、季度取原水数量

以管网漏损率16%计算，农村人口年度取原水数量为：

2770.57万立方米÷（1－管网漏损率16%）＝3298.30万立方米

季度取原水数量：3298.30万立方米÷4＝824.58万立方米

——2012年余杭水务公司第二季度自来水全部原水量为3379.80万立方米，测算农村人口生活用水原水量占水务公司总取水量的24%左右，确定应缴水资源费计量为总取水量的76%。

从2012年第一季度起，水务公司实行按照取水总量的76%缴纳每季度水资源费；对上一季度水资源费，在下季度初经区林水局取水实时监控系统平台统计后发出水资源费

缴纳通知书，水务公司按通知书缴入余杭区财政局非税收入（水资源费）结算专户。同时加强情况沟通，不定期校核实时监控系统平台数据。并暂定以后每隔三年对农村居民生活用水量进行重新复核，根据实际情况加以调整和完善，共同努力做好水资源费收取工作。

第二节　水库取水水费（含水资源费）

从水库取水水费按照国家发改委与水利部印发的《水利工程供水价格管理办法》等文件的有关规定，由水利工程管理部门向水库取水的供水企业征收水库水资源费。

水库取水水费（含水资源费）在余杭区指取四岭水库水利工程的水供径山自来水厂制水的原水水费。

余杭区自 2004 年开始，向径山自来水厂征收水库取水费。

一、征收方式

水库取水水费（包括水资源费）不直接向自来水用户征收，水厂列为生产自来水的原水成本，由供水企业按从水库的取水量和物价部门核定的水库供水价格计费后，付款给余杭区四岭水库管理所。

二、四岭水库供水价格

2004 年，径山镇人民政府在新建径山自来水厂（后于 2006 年由杭州余杭供水集团公司兼并）时，由余杭区林业水利局牵头，召集径山镇政府、径山自来水厂和四岭水库管理所对水库供水水价进行协商，考虑到径山镇新建水厂的困难，商定水库供水水价为 0.065 元/立方米、水资源费为 0.015 元/立方米，合计 0.08 元/立方米，暂定二年，实际延续到 2011 年 4 月。

2011 年 4 月 2 日，余杭区物价局《关于调整四岭水库水利工程供水价格的批复》，同意余杭区林业水利局《关于要求核定四岭水库供水水价的报告》，将四岭水库水利工程供水价格从 0.08 元/立方米调整到 0.14 元/立方米，调整后的价格自 2011 年 5 月 1 日（用水时间）起执行。

第三节　建设基金

自来水厂建设基金是为加强供水基础设施建设经余杭县（市）人民政府批准，物价部门核定的收费标准进行征收，主要用于各自来水厂改、扩建工程建设还贷。

余杭区（县、市）水厂建设基金于 1992 年 5 月开始征收，2001 年 7 月结束。

一、征收方式

水厂建设基金属预算外资金，由各水厂在向用户收取自来水费时同时征收，然后通过银行按月划解财政专户储存，实行“收支”两条线管理。具体使用由水厂根据经批准的建设项目提出意见，经县（市）财政部门审核批准，并报物价部门备案。

二、征收标准

余杭县（市）于1992年5月1日开始征收水厂建设基金，至2001年7月停止征收期间，先后于1994年3月、1995年5月、1996年11月（塘栖水厂）、1998年10月（塘栖水厂），在供水价格调整时，调整了四次建设基金征收标准，历年水厂建设基金征收标准见附表7－13。

表7－13　**余杭县（市）水厂建设基金历年征收标准**

起征年月	征收水厂	征收标准（元/立方米）	批准文号	备　注
1992年5月1日	临平自来水厂	0.05	1992年余杭县政府常务会议纪要第23号	首次决定：征收建设基金，单列征收
1992年11月1日			余价〔1992〕136号	在调整水价中明确建设基金照常征收（单列）
1994年3月1日	临平自来水厂和塘栖、余杭、瓶窑镇自来水厂	0.17	余价〔1994〕18号	建设基金包含在供水价格中，不单列征收。
1995年5月抄表之日	临平自来水厂和塘栖、余杭、瓶窑镇自来水厂	0.20	余价〔1995〕第81号	建设基金包含在供水价格中，不单列征收。
1996年11月1日	临平自来水厂和余杭镇、瓶窑镇自来水厂	0.20	余价〔1996〕135号	建设基金包含在供水价格中，不单列征收。
	塘栖镇自来水厂	0.40		
1998年10月抄表之日至2001年7月抄表日止	临平自来水厂和塘栖、余杭、瓶窑镇自来水厂	0.20	余价〔1998〕139号 余价〔1998〕140号	建设基金实行单列，不含在供水价格中，与水费同时收缴。

第四节　自来水增容费

自来水增容费按照浙江省人民政府发布的《浙江省城市节约用水管理办法》和余杭市人民政府印发的《余杭市城镇计划用水、节约用水管理办法》等文件的相关规定进行征收。

自来水增容费指为实行计划用水、节约用水，为缓解自来水供需矛盾而征收，用于补充城镇供水工程建设和管网延伸的资金不足。

余杭市（县）自来水增容费于1984年开始征收，1999年3月取消。

一、征收方式

1984年—1994年　自来水厂增容费由临平自来水厂和塘栖、余杭、瓶窑镇自来水厂根据县政府、县物价局规定的收费标准，直接向自来水新开户征收。其中对城镇居民、无营业性收入的国家机关和行政事业单位不征收。

1995—1999年　自来水增容费由余杭市节约用水办公室征收，按净增日均供水量一次性收取，实行财政专户存储，带项目返回。

自来水增容费主要用于城镇供水设施建设、水厂改建扩建工程补助。资金使用按有关审批程序规定核准后，由节水办根据项目批文按计划划拨，其中20%资金统筹使用。对党政机关及全额拨款的事业单位免征自来水增容费。

二、征收标准

余杭县（市）自1984年开始征收自来水增容费，至1999年3月停止征收，期间先后于1990年10月、1994年3月，1995年5月统一调整了3次自来水增容费征收标准。临平自来水厂于1993年4月在物价部门调整增容费之前，暂定过一次增容费标准。历年征收自来水增容费标准见附表7－14。

表7－14　余杭县（市）自来水增容费历年征收标准

起征年月	征收水厂	生产、经营用水（元/立方米）		批准文号	备　　注
		余杭属企业	非余杭属企业		
1984年	临平自来水厂	120		余政批〔1984〕105号	初称为自来水开发资金，向凡增量日供水10立方米以上的企事业单位征收
	塘栖、余杭、瓶窑镇水厂	70			
1990年10月1日	临平自来水厂	250		1990年余杭县政府办公室抄告单(编号175)	凡有营业收入的工矿企业、商业、个体户申请用水都应缴增容费。
	塘栖、余杭、瓶窑镇水厂	200			
1993年4月	临平自来水厂	600	800	临水字〔1993〕5号	临平自来水厂暂定，同时征收水卫设施齐全的成套住宅每套增容费500元。
1994年3月1日	临平自来水厂、塘栖、余杭、瓶窑镇水厂	600		余价〔1994〕18号	对生产经营性用水户征收
1995年5月31日	临平自来水厂	800	1000	余价〔1995〕第81号、余价〔1996〕135号	对生产经营性用水户征收。
	塘栖、余杭、瓶窑镇水厂	600	800		

第五节 超计划加价水费

超计划加价水费按照建设部颁发的《城市节约用水管理规定》、浙江省人民政府颁发的《浙江省城市节约用水管理办法》和余杭市人民政府印发的《余杭市城镇计划用水、节约用水管理办法》等文件的相关规定进行征收。

超计划加价水费指为落实计划用水、节约用水，余杭市人民政府节约用水办公室对用水单位核定用水量计划，按用水量多少，分别实行年度、半年度、季度、月度考核，对超计划用水按相关规定实行加价收费。

余杭市（县）超计划加价水费于1984年开始征收，1999年11月取消。

一、征收方式

超计划用水加价水费由余杭市节约用水办公室根据政府规定的标准核定，委托供水企业征收，于次月由用水户通过银行托收或在月底前缴纳。

超计划加价水费实行财政专户存储、带项目返回。主要用于城镇供水设施建设、水厂改建扩建工程补助。资金使用按有关审批程序规定核准后，由节水办根据项目批文按计划划拨，其中，20%作为统筹。

超计划用水加价水费按规定期限缴纳，逾期缴纳的按日收超计划用水加价水费0.5%的滞纳金，仍坚持不交的停止供水。

二、征收标准

超计划水量在10%以下（含10%），其超量部分按现行水价200%计费。

超计划水量在20%以下（含20%），其超量部分按现行水价300%计费。

超计划水量在30%以下（含30%），其超量部分按现行水价400%计费。

超计划水量在40%以下（含40%），其超量部分按现行水价500%计费。

超计划水量在40%以上，其超量部分按现行水价600%计费，必要时则对用水单位采取限量供水或停供措施。

第六节 城镇“一户一表”改造费

城镇“一户一表”改造费按照余杭区物价局《关于居民住宅自来水一户一表、计量出户改造收费标准的批复》，自2002年开始，在临平城区、塘栖、余杭、闲林、瓶窑、乔司、良渚等集镇，对已建多层住宅（六层及以下成套居民住宅）居民自来水总表用户，实行“一户一表、计量出户”改造时的直接工程费用。

一、收缴方式

城镇“一户一表、计量出户”改造，坚持用户自愿申请的原则，以单元整体为单位集体报装。凡符合改造条件（直供水区块、房屋结构允许）的用户，到供水集团公司各分支机构办理改装申请，按标准规定缴纳“一户一表”改造费用后，由供水集团公司各分支机构对总表用户进行“一户一表，计量出户”改造。

改造后的用户需按一户一表办理开户手续，重新签订《供用水合同》，由杭州余杭供水集团公司抄表到户，按物价部门公布的水费价格标准收费到户，并承担今后的维护、维修和保养等管理服务工作。

二、收费标准

余杭区物价局2002年《关于居民住宅自来水一户一表，计量出户改造收费标准的批复》规定：“已建住宅的改造费用按照供水企业和用户共同承担的原则，不论户型结构或层高，统一向用户收取480元/户”。价格评审报告评审为：“自来水一户一表实际改造费用为每户1102元”。

中共余杭区委办公室2004年《关于印发余杭区城镇、农村困难群众实施援助的若干意见的通知》规定：“对持有效期内《余杭困难家庭援助证》的城镇低保家庭、特困家庭的“一户一表”改造经费按半价收取”（每户240元）。

第七节　农村二次改水工程费

农村二次改水（平原地区）工程费指余杭区（市）自1999年开始在实施城乡一体化供水期间，对余杭县在20世纪80年代至90年代初的农村改水项目实行第二次改水，并在改造老管网的同时延伸新管线，供水到农村家家户户的工程建设费。

农村二次改水工程以提高供水质量、确保供水水量、普及自来水为目标。二次改水工程实施了三项改革：一是将原农村居民用水以村、组总表计量，改为直接供水到户，实行一户一表计量，抄表管理服务到户；二是淘汰第一次农村改水时村内入户管材使用的镀锌管，选用了钢塑管、PE、PPR等绿色、环保管材，提高供水质量，保障供水管网安全运行；三是实施了城乡供水同网、同质、同价和同等的服务标准。

余杭区物价局2006年4月29日《关于我区农村改水工程收费问题的函》明确：“农村改水工程收费属经营服务性收费，按照目前的价格管理规定，实行市场调节管理，即改水工程收费由当事人按实际情况自行协商确定”，“农村改水工程和城镇‘一户一表’改装是两个不同性质的工程”。

至2010年12月，余杭区在平原地区的17个镇乡、街道实施了26项农村二次改水工程（不包括山区农村二次改水工程），共改造和新建DN100－DN1000的供水管道633.8千米，管网工程投资总概算5.21亿元（详见附表4－6）。

一、收缴方式

杭州余杭供水集团公司按照余杭区发展和改革局对各镇乡、街道农村二次改水工程的立项批复，与相关镇乡、街道签订改水协议（合同），明确工程建设内容、实施方案、资金筹措及支付方法。并落实双方的工程建设责任和工程竣工后的管理服务责任。

农村二次改水工程建设费由当地镇乡、街道负责筹集，并按照改水协议（合同）确认的工程款，分别在工程开工前、建设中期和工程竣工后分三次支付给杭州余杭供水集团公司。

二、工程费来源和农户承担金额

以镇乡、街道为单位的农村二次改水工程涉及面广、工程量大、投资额多。各镇乡、街道因改水区域范围大小有异，改水农户有多少，改水工程概算也不一，一般在1000万元～3000万元。按改水的农户计算，平均每户为1500元～3000元。建设资金来源主要有五方面：一是当地镇乡财政出资，二是属地企事业单位赞助，三是区财政补助，四是供水集团公司承担一部分，五是受益农户出一点。受益农户承担的经费因各镇乡财政补助资金不一，筹资渠道有差异，实际农户承担的二次改水工程费一般每户在500元～1300元。

第八节 供水管道建设费

供水管道建设费按照国务院、浙江省和杭州市人民政府有关城市新建、扩建、改建工程项目需要增加用水的，其工程项目建设投资应当包括必要承担的城市供水工程建设资金等相关规定进行征收。

供水管道建设费（供水工程建设投资、供水工程建设资金）指在杭州余杭水务有限公司供水范围内各新建、改建、扩建的工程项目需要增加用水的单位需承担供水管道建设费。

余杭区自2008年7月8日开始，参照杭州市主城区的标准向工程建设业主单位征收供水管道建设费。

一、收缴方式

自来水用户在办理申请接水时，杭州余杭水务有限公司根据接水项目的《建筑工程规划许可证》确定的工程建筑面积，核算该项目的供水管道建设费金额。对实际接水工程造价高于按建设面积计算的供水管道建设费时，按实际发生的工程造价收缴供水管道建设费。

杭州余杭水务有限公司在核定供水管道建设费后与用户签订《用户接水协议》，双方约定项目实施范围、供水管道建设费金额、缴费时间、接水工程施工期限和工程质量标准。

供水管道建设费一般分二期付款：一是用户在办理工程施工用水接水时，在临时接水工程施工前按照核定的供水管道建设费金额收取不少于50%；二是用户在办理永久用水接水时，在永久接水工程施工前收取供水管道建设费的余额部分。对工程规模小的接水项目，供水管道建设费在施工前一次性收取。施工结束后与用户签订《供用水合同》，按合同约定做好供用水服务。自2012年8月开始，供水管道建设费付款时间调整为用水项目在施工用水接水时按应收管道建设费资金总额的100%一次性收付。

收取供水管道建设费后，余杭区城乡一体化供水范围内计量水表水源侧（含计量水表、水表箱）的供水管道一般由杭州余杭水务有限公司负责投资建设。对配套供水管道建设距离特别远（一般指建制镇、乡集镇规划区范围以外），或前期工作特别复杂等特殊情况，由供用水双方协商解决管道建设投资问题。对项目计量水表用户侧的供水管道由用户负责建设并承担费用。

供水管道建设费实行专款专用，收支两条线管理，财政专户储存。区财政根据供水企业实施供水基础设施建设需要，通过申请、经审批同意后拨款。区水务公司将区财政下拨的供水管道建设费单独建账，专项用于供水范围内供水管道的新建、改建和扩建等各工程项目的建设。

二、收费标准

1．2008年7月—2012年9月

余杭区供水管道建设费的收费标准按照区委〔2008〕68号会议纪要“参照杭州主城区标准执行”，即每平方米建筑面积16元，建筑面积数量以项目《建设工程规划许可证》明确的建设规模为准。

2．2012年10月开始

为进一步规范供水管道建设费的收取工作，根据区政府办公室2012年9月29日的有关规定，对不同建设主体、不同建设项目的供水管道建设费分别按以下标准执行。

——杭州钱江经济开发区的供水管道建设暂按双方协议执行。

——余杭经济技术开发区内的供水管道建设和工业项目接水暂按双方共识执行，房产、酒店等商业项目各按标准核算供水管道建设费，收取时需扣除管委会已投入资金部分，具体额度报杭州余杭水务有限公司批准。

——杭州农副产品物流中心项目依据2008年《关于杭州农副产品物流中心开园前电力、污水基础配套工作的专题会议纪要》精神执行。

——天都城、良渚文化村、西溪山庄等大型房产项目，市政供水管道由开发商投资建设，供水管道建设费各按标准核算，收取时需扣除开发商已投入资金部分，具体额度报杭州余杭水务有限公司批准。

——其他新建、改建、扩建工程项目，其外部市政供水管道建设有相关单位投入的，

各按标准核算供水管道建设费，收取时需扣除相关单位已投入资金部分，具体额度报杭州余杭水务有限公司批准。

——所有工业项目接水暂按实际发生的接水工程造价收取费用，工程项目列入安装工程管理。

——高新农业示范中心和各镇乡、街道工业园区内的非工业项目，园区内的供水管道由园区投资建设的，区内所有新建、改建、扩建工程项目各按标准核算供水管道建设费，收取时需扣除园区已投入资金部分，具体额度报杭州余杭水务有限公司批准。

——杭州钱江经济开发区、余杭经济技术开发区、浙江杭州未来科技城（海创园）、杭州农副产品物流中心的供水管道建设按双方协议或相关会议纪要执行。其他新建工业园区配套供水管网的建设，原则上暂分两种模式投资建设。模式一：配套供水管网由园区投资建设，园区内工业项目申请接水时，杭州余杭水务有限按实际发生的接水工程造价向用户收取费用；模式二：配套供水管网由杭州余杭水务有限投资建设，水务公司按每平方米建筑面积16元的标准向申请接水用户收取供水管道建设费。

——农村自建房（包括新建、迁建、二次改水）、联体式（一户、两户、多户等）新建农居点接水按照实际发生的接水工程造价收取。

——农民多高层公寓、保障性住房、政府投资的公共设施项目接水，按建筑面积8元/平方米收取供水管道建设费。

——个体商业用户、农村自建房（新建、迁建、二次改水）、联体式（一户、二户、多户等）新建农居点接水工程按照实际发生的接水工程造价收取。

——绿地浇灌、道路清洁等接水工程按照实际发生的接水工程造价收取。

——已建多层住宅“一户一表、计量出户”改造接水工程按原收费标准执行。

——单位接水工程（从施工接水到拟发生的永久接水工程），如实际发生的接水工程造价高于供水管道建设费总额时，按照接水工程造价收取。

——用户施工用水接水时如未完成《建设工程规划许可证》的申领，建筑面积以客户提供的离办理接水时间最近的、经相关政府行政主管部门批复或发放的文件为依据。

——符合收取供水管道建设费条件的用户施工用水接水时，永久性接水工程费用原则上按供水管道建设费政策进行收取，如永久性接水工程经估算高于供水管道建设费金额的，须报杭州余杭水务有限公司核实同意后，再按照实际接水工程费用结算。

——涉及改建、扩建增加用水量的单位客户接水，按照新增面积计算管道建设费金额。

——单位申请施工接水工程应考虑永久性接水工程，尽量一步到位，避免重复投资。

——房产项目接水装表位置按杭州余杭水务有限公司相关要求执行，非房产项目接水装表位置原则上到征地红线止。

——收取“供水管道建设费”执行过程中，遇到特殊情况时，由杭州余杭水务有限公司各相关分公司报公司审批。

第九节　赔偿费

赔偿费按照国务院颁布的《城市供水条例》和浙江省人民政府发布的《浙江省城市供水管理办法》等法规规章的相关规定，对损坏供水设施或危害供水安全的，除由行政执法部门罚款外，还需向供水企业赔偿损失。

赔偿费包括（一）损坏供水设施，经更新或维修产生的费用；（二）在供水设施损坏期间及维修时，损耗的自来水水费；（三）违章用水造成的水费损失等。赔偿费按供水法规的相关规定，由损坏供水设施者赔偿。

一、追回损失程序

当发现违反供水法规规定的违章用水、损坏供水设施或危害供水设施安全的行为时，供水企业及时报告行政执法部门进行查处。在行政执法部门处罚违章用水或损坏供水设施行为（责令其改正和罚款）的同时，对违章用水造成的水费损失和供水设施损坏的损失及供水设施损坏间的漏水损失，由供水部门向责任人或单位依法要求赔偿，追回损失。

在与违章用水、损坏供水设施行为者协商赔偿事宜，追回损失时，对方当事人如拒不接受，或采取非正常方式的，报行政执法部门或公安部门进行查处。

二、赔偿费计算标准与方法

——损坏供水设施损失的赔偿

损失计算范围　在其供水设施损坏期间造成的水量损失计算水费；为恢复正常供水，对供水设施进行抢修、维修、改造时所发生的材料费、维修改造费、管网冲洗排污费用等工程建设费用和水质化验检测费等。

损失费计算方法　损失的水量按不低于非经营性用水性质的水价标准计算水费（含污水处理费）；材料费、维修改造费、管网冲洗排污费用等工程建设费用按工程量计算；水质化验检测费参照相关监测单位的水质化验费标准收取。

——违章用水量的损失赔偿

有水表的按表计量，无表的按违章用水时间和不同口径的管道流速值核算水量，水费按其违章用水的类别计价（含污水处理费）。

三、赔偿费使用

——供水设施损坏的赔偿费于更新维修供水设施，恢复正常供水。

——违章用水和供水设施损坏漏水赔偿的自来水水费，冲抵供水管理中的无费水量，减少产销差率。

第十节　违约金

违约金（滞纳金）指未按《供用水合同》和《污水委托处理合同》的约定，未按时足额缴纳水费的用水户，根据国务院颁发的《城市供水条例》、浙江省人民政府发布的《浙江省城市供水管理办法》和杭州市人大常委会颁发的《杭州市城市供水管理条例》等供水法规的相关规定，需向供水部门支付违约金。

一、收缴管理

确认违约责任　因供水方原因或因银行方面计算机扣款原因（客户账户有款未扣成）而拖延客户交费日期的，不计算收违约金天数。在确认因客户方原因（即客户无正当理由或特殊原因不缴纳水费）产生欠费的情况下，计收违约金。

收缴违约金实行告知原则　收取违约金执行事先提醒告知，即在水费通知单、催缴通知单和拆表停水公告上注明或告诉用户，以避免因用户事先不知道的情况下，突然扣款加收违约金，产生不必要的矛盾。

各供水营业部门收入的违约金与水费同时足额上交公司

二、收缴标准

自来水费和污水处理费的违约金统一按各应交费额每日加收0.3%计收（缴）。

第八篇

人物　荣誉

余杭水务企业和广大员工，数十年来在推进余杭水务事业的发展，促进水务企业的成长和为广大用户的服务中，涌现出一批又一批各类先进集体和先进个人。

本篇人物简述在余杭水务机构工作的劳动模范、先进人物和党代表、人大代表、政协委员与水务机构负责人及任职年限。其中，水务机构负责人的任职年限按任职时间先后排列，职务以相关部门的任免文件为准。

本篇荣誉按获得全国、浙江省和杭州市各层次的荣誉列表记载，分集体荣誉和个人荣誉，获奖单位和个人按获奖时间先后顺序排列。

由于资料收集难齐全，对曾获得过荣誉而水务志内尚未载入的单位和个人编者深致歉意。

第一章　人物简介

至2014年，在余杭水务机构员工中，先后有戚卫峰、范发庆、魏安荣、候永生、夏建民等5人分别被评为杭州市、余杭区（市）劳动模范，谢国刚被评为杭州市先进生产（工作）者。

朱张荣、俞其根、夏建民、郎旭滨、洪澜等5人分别被国家有关部门授予相关的先进个人荣誉。朱张荣、任正义、沈引子、陈毓麟、李民宏、姚建国、郎伟毅、厉林聪、姜乔等9人分别被省级有关部门授予相关的先进（优秀）个人荣誉。

魏安荣、黄洪奎、夏建民、候永生等4人先后当选余杭区（县）党代表，姚志良、魏安荣等2人先后当选余杭区（县）人大代表，李民宏、徐敏、雷云霞、徐忠华等4人先后当选为余杭区（县、市）政协委员。

第一节　劳动模范

一、杭州市劳动模范

戚卫峰

戚卫峰，男，1970年9月出生，浙江余杭人，大专文化。1989年进入临平自来水厂，先后从事抄表、修表、管道安装、维修等工作。2000年5月至2001年11月，任余杭市（区）供水集团有限公司临平营业公司服务中心主任；2001年12月至2003年11月，任杭州余杭供水集团公司临平营业分公司营业所所长，2003年12月病逝。

戚卫峰自进自来水厂工作以来，立足本职、爱岗敬业，工作踏实苦干，他换过多个工作岗位，无论在哪个岗位上，他都能认真对待，干一行爱一行，工作中吃苦耐劳，业务上出类拔萃。同时，戚卫峰热心投入志愿服务活动，他乐于奉献，始终以群众满意作为志愿服务的宗旨，以为民排忧解难为己任，任劳任怨为民服务。

戚卫峰先后被评为余杭市首届优秀岗位能手、余杭市“百佳竞赛活动”十佳青年志愿者、余杭区第二届十大杰出青年、被团省委评为省级杰出志愿者、2002年被杭州市人民政府授予“杭州市劳动模范”光荣称号。

由戚卫峰任站长的余杭市（区）供水集团有限公司临平营业公司青年志愿者服务分站（中信青年志愿者服务站临平自来水厂分站）于1999年—2000年先后被团区委、团市委、团省委和省青年志愿者协会分别授予余杭区青年志愿者先进集体、杭州市青年志愿者标兵集体和浙江省先进青年志愿者服务站。

范发庆

范发庆，男，1945年3月出生，浙江余杭人，高中文化，工程师，中共党员。1962年7月至1985年8月，在余杭县塘栖镇自来水厂工作；1985年8月至1987年2月，任余杭县塘栖羊毛衫厂副厂长；1987年2月至1993年12月，任余杭县塘栖镇自来水厂副厂长；1994年1月借入余杭市自来水总公司工作；1995年11月至1999年8月，任余杭市给水排水勘测设计室副主任；1996年4月至2001年11月，任余杭市（区）自来水总公司工程技术科科长；2001年12月至2003年12月，任杭州余杭供水集团公司基建科科长，2005年3月退休。

范发庆1998年被评为余杭市优秀科技工作者，2000年被余杭市人民政府授予“余杭市劳动模范”，2004年被杭州市人民政府授予“杭州市劳动模范”光荣称号。

二、杭州市先进生产（工作）者

谢国刚

谢国刚，男，1957年8月出生，浙江余杭人，大专文化、中共党员。1975年进入余杭镇自来水厂工作，1981年6月至1983年5月，任余杭镇自来水厂副厂长；1983年6月至1997年5月，任余杭镇自来水厂厂长；其间于1993年6月至1997年5月，任余杭镇自来水厂党支部书记；1997年5月至今先后在余杭镇自来水厂、余杭市余杭自来水厂、杭州余杭供水集团公司余杭自来水厂、杭州余杭水务有限公司余杭分公司工作。

谢国刚1982年被杭州市人民政府授予“杭州市先进生产（工作）者”光荣称号。

三、余杭区（市）劳动模范

范发庆

范发庆，2000年被余杭市人民政府授予“余杭市劳动模范”、2004年被杭州市人民政府授予“杭州市劳动模范”（简介见：杭州市劳动模范）。

魏安荣

魏安荣，男，1954 年 12 月出生，浙江余杭人，初中文化，中共党员。1972 年至 1977 年在部队服役；1977 年 4 月至 1978 年 12 月，在闲林镇做经济清查工作；1979 年 1 月至 1980 年 1 月，任闲林镇桦树村四组组长；1980 年 2 月至 1982 年 12 月，在余杭工商局闲林检查站工作；1983 年 1 月至 1995 年 7 月，先后任闲林镇桦树村村委会副主任、党支部委员、主任、党支部书记；1995 年 7 月至 1997 年 4 月，任闲林镇自来水厂党支部书记；1997 年 5 月至 1999 年 7 月，任闲林镇自来水厂厂长、党支部书记；1999 年 8 月至 2008 年 3 月，先后任余杭市闲林自来水厂、杭州余杭供水集团公司闲林自来水厂（闲林分公司）厂长、经理、党支部书记；2008 年 3 月至 2011 年 4 月，任杭州余杭水务有限公司闲林供水分公司（闲林分公司）经理、党支部书记；2011 年 4 月至 2012 年 1 月，任杭州余杭水务有限公司余杭分公司党支部书记；2012 年 1 月至 2014 年 12 月，在杭州余杭水务有限公司闲林分公司协助领导班子工作，2014 年 12 月退休。

魏安荣，1979 年 10 月、1987 年 3 月、1990 年 2 月先后当选中国共产党余杭县第五次、第七次、第八次代表大会代表。2002 年 1 月当选杭州市余杭区第十二届人民代表大会代表，2007 年 1 月当选杭州市余杭区第十三届人民代表大会代表。1987、1988、1989 年被中共余杭县委评为优秀共产党员。2003 年被中共杭州市余杭区委评为优秀共产党员。2007 年被杭州市余杭区人民政府授予“余杭区劳动模范”光荣称号。

侯永生

侯永生，男，1968 年 6 月出生，浙江余杭人，大专学历，中共党员。1990 年 11 月至 1999 年 7 月，在余杭镇永建自来水厂工作；1999 年 8 月至 2000 年 4 月，在余杭市余杭自来水厂永建制水车间分管生产；2000 年 5 月至今，先后任杭州余杭供水集团公司余杭自来水厂永建营业所所长、杭州余杭水务有限公司余杭分公司永建营业所所长、杭州余杭水务有限公司余杭分公司余杭营业所所长，其间 2009 年 6 月至今，任杭州余杭水务有限公司余杭分公司党支部委员。

侯永生，2010 年被杭州市余杭区人民政府授予“余杭区劳动模范”光荣称号。2011 年被中共杭州市余杭区委评为优秀共产党员。2011 年 12 月当选为中国共产党杭州市余杭区第十三次代表大会代表。

夏建民

夏建民，2013 年被余杭区人民政府授予“余杭区劳动模范”（简介见：全国社区志愿者先进个人）。

第二节　先进人物

一、全国先进人物

“八五”时期全国农村改水先进工作者

朱张荣，男，1945 年 1 月出生，浙江萧山人，初中文化，中共党员。1958 年 10 月至 1963 年 5 月，在杭州盐场化工厂工作；1963 年 6 月至 1963 年 12 月，在余杭县下沙元成大队务农；1964 年 1 月至 1978 年 8 月，在空军高炮师服役，其间于 1976 年 5 月至 1978 年 8 月，任空军高射炮一师一团一连副连长；1978 年 8 月至 1980 年 12 月，任余杭县临平镇委宣传干事；1980 年 12 月至 1984 年 5 月，任余杭县临平镇副镇长；1984 年 5 月至 1984 年 9 月，任余杭县塘栖镇党委委员、副镇长；1984 年 9 月至 1985 年 12 月，任余杭县塘栖镇党委委员、镇长；1985 年 12 月至 1989 年 8 月，任余杭县民政局党总支委员（党委委员）、副局长；1989 年 8 月至 1993 年 5 月，任余杭县城建局党总支委员、副局长；1993 年 5 月至 1998 年 4 月，任余杭县（市）自来水总公司总经理；1998 年 4 月至 2001 年 9 月，任余杭区（市）自来水总公司党组书记、总经理；2001 年 9 月至 2002 年 3 月，任杭州余杭供水集团公司助理调研员；2002 年 3 月离岗退养，2005 年 1 月退休。

朱张荣，1996 年 9 月被浙江省爱卫会评为省“八五”农村改水先进工作者。1997 年 3 月被全国爱卫会、卫生部评为“八五”期间全国农村改水先进工作者。

一九九一年全国农村改水先进工作者

俞其根，男，1960 年 4 月出生，浙江余杭人，中专学历，中共党员。1981 年 8 月至 1985 年 5 月，在余杭县卫生防疫站工作，任卫生防疫医士；1985 年 5 月至 1993 年 8 月，在余杭县农村改水项目办公室工作，任卫生防疫医士、卫生防疫医师；1991 年至 1993 年，任余杭县农村改水项目办公室党支部副书记；1993 年至今，先后在余杭县（市、区）自来水总公司、杭州余杭供水集团公司、杭州余杭水务有限公司机关科（处、部）室工作。

俞其根，1991 年被全国爱卫会评为全国农村改水先进工作者。

全国社区志愿者先进个人

夏建民，男，1970 年 2 月出生，浙江余杭人，高中文化，中共党员。1990 年 1 月进入临平自来水厂，1990 年 12 月至 2002 年，任制水车间值班长；2002 年至今任杭州余杭供水集团公司临平营业分公司营业所副所长、杭州余杭水务有限公司城南分公司（临平分公司、临平供水分公司）营业所副所长。

夏建民，2003 年获得余杭区共青团工作奉献奖，2003 年、2005 年被杭州市文明办、市民政局、团市委、市志愿者指导中心评为杭州市十佳社区志愿者，2003 年被中国社会工作者协会评为全国社区志愿者先进个人。2005 年和 2013 年被中共余杭区委评为余杭区优秀共产党员。2006 年 12 月当选中国共产党杭州市余杭区第十二次代表大会代表。2012 年被中共余杭区委评为余杭区创先争优“十佳党员志愿者”，被余杭区志愿服务工作委员会评为 2011—2012 年度余杭区优秀志愿者，2013 年被余杭区人民政府授予“余杭区劳动模范”光荣称号。

全国无偿献血奉献奖金奖获得者

郎旭滨，男，1979 年 12 月出生，浙江余杭人，高中文化。2001 年 6 月进入杭州余杭供水集团公司，现任杭州余杭水务有限公司水务设施安装分公司驾驶员。

郎旭滨，自 2001 年第一次参加献血至 2013 年，已不间断无偿献血 31 次，共计 19800 毫升。2003 年登记成为中国造血干细胞捐献者资料库浙江省分库造血干细胞捐献者。2011 年登记成为浙江省人体器官捐献办公室、杭州市余杭区红十字会人体器官（遗体、组织）捐献志愿者。

郎旭滨，2010 年获得卫生部、中国红十字总会、中国人民解放军总后勤部卫生部颁发的 2008—2009 年度全国无偿献血奉献奖金奖。

全国职工射击射弩锦标赛团体总分冠军主力队员

洪　澜，男，1973 年 5 月出生，浙江余杭人，大专文化。1995 年 5 月进入临平自来水厂工作，现任杭州余杭水务有限公司水务设施安装分公司管线科科长。

2007 年 11 月，参加了 2007 年全国职工射击射弩锦标赛，获男子 25 米小口径手枪 30 发慢射第二名，男子 10 米气手枪 40 发第四名。2008 年 10 月，参加了 2008 年全国职工射击射弩锦标赛，为男子 25 米小口径手枪慢射 20 发单项团体亚军，男子 10 米气手枪 20 发单项团体亚军，男子

10米立姿手弩（5+20）单项团体第五名。2007年、2008年，他两次作为主力队员为余杭区射击代表队夺得了全国职工射击射弩锦标赛的团体总分冠军。

二、浙江省先进人物

浙江省“八五”农村改水先进工作者

朱张荣，1996年9月被浙江省爱卫会评为省“八五”农村改水先进工作者，1997年3月被全国爱卫会、卫生部评为“八五”时期全国农村改水先进工作者（简介见：全国先进人物）。

任正义，男，1963年11月出生，浙江东阳人，大学文化，高级工程师，中共党员。1980年12月至1983年6月，在余杭公路段工作；1983年6月至1984年6月，在余杭县瓶窑镇政府工作；1984年6月至1992年4月，任余杭县瓶窑镇政府城建办公室主任；1992年4月至1994年12月，任余杭县（市）瓶窑镇房地产开发公司总经理；1994年12月至2001年7月，任余杭市（区）瓶窑镇自来水厂厂长、党支部书记；2001年7月至2008年3月，先后任余杭区瓶窑自来水厂、杭州余杭供水集团公司瓶窑自来水厂厂长、党支部书记；2008年3月至今，任杭州余杭水务有限公司瓶窑分公司（瓶窑供水分公司）经理、党支部书记。

任正义，1996年被浙江省爱国卫生运动委员会评为浙江省“八五”农村改水先进工作者。1997年、2006年被中共余杭区（市）委评为优秀共产党员。

浙江省优秀共青团员

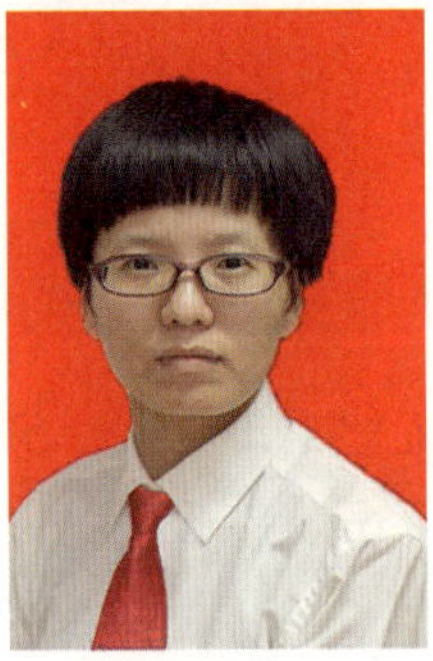

沈引子，女，1980年10月出生，浙江余杭人，大专文化，中共党员。1999年9月至2000年6月，在杭州联碳化学有限公司工作；2000年7月进入杭州余杭供水集团公司工作，2000年7月至2005年12月，先后任中控室中控员、自控调度中心调度员、生产科技术员；2006年1月至2008年12月，先后任杭州余杭供水集团公司生产科、临平营业分公司、杭州余杭水务有限公司塘栖供水分公司经理（科长）助理；2009年1月至2013年7月，先后任杭州余杭水务有限公司塘栖供水分公司、塘栖分公司副经理；2013年7月至今，任杭州余杭水务有限公司营业服务部副经理，其间于2002年4月至2009年12月，任杭州余杭供水集团团委副书记、杭州余杭水务有限公司团委副书记；2009年12月至2013年11月，任杭州余杭水务有限公司团委委员；2003年4月至2010年3月，兼任杭州余杭供水集团公司、杭州余杭水务有限公司青年志愿者服务

总站站长；其间于 2004 年 3 至 2005 年 6 月，区委组织部派任余杭区塘栖镇超山村驻村指导员。

沈引子，2002 年被共青团杭州市委评为杭州市优秀团员，2006 年被共青团浙江省委评为浙江省优秀共青团员。

浙江省城市节水先进个人

陈毓麟，男，1949 年 7 月出生，浙江杭州人，中专文化，中共党员。1965 年至 1972 年 10 月，在宁夏永宁县胜利乡插队；1972 年 10 月至 1979 年 6 月，在煤炭工业部宁夏碳井矿务局三矿工作；1979 年 6 月至 1995 年 4 月，在临平自来水厂工作；其间 1983 年 8 月至 1995 年 4 月，任临平自来水厂副厂长；1995 年 4 月至 1999 年 8 月，任余杭市人民政府节约用水办公室副主任；1999 年 9 月至 2001 年 8 月，任余杭区（市）人民政府节约用水办公室主任；2001 年 9 月至 11 月，在杭州余杭供水集团公司办公室工作；2001 年 12 至 2004 年 12 月，任杭州余杭供水集团公司运河自来水厂厂长、党支部书记；2005 年 1 月至 2007 年 1 月，任杭州余杭供水集团公司联合党支部书记；2007 年 1 月至 2008 年 3 月，在杭州余杭供水集团公司管道安装分公司协助工作，任管道安装分公司党支部委员；2008 年 3 月至 2009 年 7 月，在杭州余杭水务有限公司水务设施安装分公司协助领导工作；2009 年 7 月退休。

陈毓麟，1997 年被浙江省建设厅评为浙江省 1996 年度城市节水先进个人。

浙江省供水行业水质检测技术比武二等奖

姚建国，男，1971 年 4 月出生，浙江余杭人，大专文化，中共党员。1990 年 8 月至 1998 年 12 月，任临平自来水厂化验员；1999 年 1 月至 2001 年 12 月，任临平自来水厂化验室主任；2001 年 12 月至 2003 年 12 月，任杭州余杭供水集团公司水质科科长助理；2004 年 1 月至 2008 年 3 月，任杭州余杭供水集团公司水质科副科长（兼分管水质化验中心）；2008 年 3 月至 2009 年 1 月，任杭州余杭水务有限公司水质监测中心副主任；2009 年 1 月至 2011 年 4 月，任杭州余杭水务有限公司水质监测中心副主任（全面负责）；2011 年 4 月至今，任杭州余杭水务有限公司水质监测中心主任，其间，2012 年 1 月至今，任杭州余杭水务有限公司水质监测中心党支部书记。

姚建国，2002 年 11 月获得浙江省供水行业首届水质检验技术比武 B 队第二名。2003 年、2005 年、2007 年、2008 年、2011 年被杭州市人民政府城市管理办公室评为杭州市供水企业水质管理先进个人。

浙江省农村科普工作先进工作者

李民宏，1991—1992年，1993—1994年被浙江省科学技术协会评为“浙江省农村科普工作先进工作者”（简介见：余杭县政协委员）

浙江水报优秀通讯员

郎伟毅，男，1973年5月出生，浙江余杭人，大学文化，中共党员。1995年8月至1998年8月，在中共余杭区委办公室工作；1998年8月至2001年12月，任余杭市（区）自来水总公司办公室副主任；2001年12月至2007年1月，任杭州余杭供水集团公司组织宣传科副科长；2007年1月至2008年3月，任杭州余杭供水集团公司乔司分公司副经理；2008年4月至2011年4月，任杭州余杭水务有限公司乔司供水分公司副经理；2011年4月至今，任杭州余杭水务有限公司乔司分公司副经理。

郎伟毅，2003年被评为浙江水报2002—2003年度优秀通讯员。

浙江省污水处理工竞赛先进个人

厉林聪，男，1986年4月出生，籍贯浙江台州，本科学历，工程师。2008年7月至2010年1月，在杭州余杭水务有限公司临平排水分公司排水管理所工作；2010年1月至2011年4月，任杭州余杭水务有限公司临平排水分公司泵站管理所副所长；2011年4月至2012年1月，任杭州余杭水务有限公司城北分公司污水处理车间副主任；2012年1月至2013年7月，任杭州余杭水务有限公司余杭分公司污水处理车间主任；2013年7月至今，任杭州余杭水务有限公司余杭分公司副经理。

厉林聪，2014年8月，参加2014年中国技能大赛——浙江省建设行业职业技能竞赛，获污水处理工第一名，同时，被浙江省人力资源和社会保障厅授予浙江省技术能手称号；2014年10月，参加由中国城镇供水排水协会、中国海员建设工会全国委员会组织的2014年中国技能大赛——首届“排水杯”全国城镇排水行业职业技能大赛，获污水处理工竞赛第26名。

姜　乔，男，1985年4月出生，籍贯陕西渭南，本科学历，工程师，中共党员。2008年7月至2008年10月，在杭州余杭水务有限公司塘栖供水分公司任设备维护员；2008年10月至2009年7月，任杭州余杭水务有限公司塘栖排水分公司崇贤污水处理厂项目组工程技术员；2009年7月至2010年3月，任杭州余杭水务有限公司塘栖排水分公司崇贤污水处理车间临时负责人；2010年3月至2011年4月，任杭州余杭水务有限公司塘栖排水分公司崇贤污水处理车间副主任；2011年4月至2011年11月，任杭州余杭水务有限公司崇贤分公司污水处理车间副主任；2011年11月至2013年7月，任杭州余杭水务有限公司良渚分公司经理助理；2013年7月至今，任杭州余杭水务有限公司良渚分公司副经理。

姜　乔，2014年8月，参加2014年中国技能大赛——浙江省建设行业职业技能竞赛，获污水处理工第六名，同时，被浙江省住房和城乡建设厅授予浙江省建设行业技术能手称号。

第三节　党代表、人大代表、政协委员

一、余杭区（县）党代表

余杭县第五次、第七次、第八次党代会代表

魏安荣，1979年10月、1987年3月、1990年2月先后当选中国共产党余杭县第五次、第七次、第八次代表大会代表（简介见：余杭区劳动模范）。

杭州市余杭区第十二次、第十三次党代会代表

黄洪奎，男，1963年11月出生，浙江余杭人，大专文化，工程师，中共党员。1980年11月至1982年8月，海军工程兵建筑第三团战士；1982年9月至1984年7月，在海军工程学院工程系水暖设备专业学习；1984年7月至1987年11月，任海军潜艇学院训练团后勤处营房股见习技术员、技术员；1987年11月至1990年6月，任余杭县临平自来水厂技术员；1990年7月至1994年6月，任余杭县临平自来水厂副厂长；1994年7月至1998年4月，任余杭市自来水总公司副总经理；1998年4月至2001年9月，任余杭市（区）自来水总公司副总经理、党组成员，其间，1996年12月至1998至5月兼任余杭市临平自来水厂厂长；2001年9月至2008年3月，任杭州余杭

供水集团党委书记、供水集团公司董事长、总经理；2007 年 11 月至 2009 年 8 月，任杭州余杭城市建设集团有限公司党委委员、副董事长，其间，2008 年 3 月至 2009 年 8 月，兼任杭州余杭供水集团党委书记（更名为杭州余杭水务有限公司党委之前）、杭州余杭水务有限公司董事长、总经理；2009 年 8 月至 2014 年 3 月，任杭州余杭交通集团有限公司党委书记、董事长；2014 年 3 月至 9 月，任杭州市余杭区交通资产管理办公室党组书记、主任；2014 年 9 月至今，任杭州市余杭区交通资产管理办公室党工委书记、主任。

黄洪奎，2006 年 12 月当选中国共产党杭州市余杭区第十二次代表大会代表，2011 年 12 月当选中国共产党杭州市余杭区第十三次代表大会代表。

杭州市余杭区第十二次党代会代表

夏建民，2006 年 12 月当选中国共产党杭州市余杭区第十二次代表大会代表（简介见：全国社区志愿者先进个人）。

杭州市余杭区第十三次党代会代表

侯永生，2011 年 12 月当选中国共产党杭州市余杭区第十三次代表大会代表（简介见：余杭区劳动模范）。

二、余杭区（县）人大代表

余杭县第十届人代会代表

姚志良，男，1940 年 9 月出生，浙江余杭人，初中文化，中共党员。1979 年 1 月至 1985 年 6 月和 1989 年 7 月至 1999 年 7 月，任余杭县（市）塘栖镇自来水厂厂长；1999 年 8 月至 2000 年 5 月，任余杭市塘栖自来水厂厂长；2000 年 5 月至 8 月，任余杭市供水集团有限公司塘栖自来水厂负责人；2000 年 9 月退休，2011 年 1 月病逝。

姚志良，1960 年出席钱塘联社群英会，1993 年当选余杭县第十届人民代表大会代表，1994 年被余杭县县长洪吉根聘任为监察员，1998 年被杭州市爱国卫生运动委员会评为杭州市改水先进个人。

余杭区第十二届、第十三届人代会代表

魏安荣，2002 年 1 月当选杭州市余杭区第十二届人民代表大会代表、2007 年 1 月当选杭州市余杭区第十三届人民代表大会代表（简介见：余杭区劳动模范）。

三、余杭区（市、县）政协委员

政协余杭县（市）第五届委员会委员
第六届委员会常委、委员

李民宏，男，1949年2月出生，安徽黟县人，中专文化，中共党员。1968年12月至1972年6月，在余杭县石鸽良种繁育场工作；1972年6月至1986年6月，任余杭县农作物病虫害预测预报站干部、副站长、站长；1986年6月至1991年2月，任余杭县三墩区农业技术推广站站长、党支部书记；1991年2月至1998年4月，任余杭市（县）科学技术协会副主席、秘书长（兼），余杭市（县）科委、科协党组成员；1998年4月至2001年9月，任余杭区（市）自来水总公司副总经理、党组成员；2001年9月至2003年4月，任杭州余杭供水集团党委副书记、纪委书记，杭州余杭供水集团公司副董事长、副总经理、工会主席；2003年4月至2009年3月，任杭州余杭供水集团公司（杭州余杭水务有限公司）副调研员，2009年3月退休。

李民宏，1991年9月至1993年3月被增补为中国人民政治协商会议余杭县第五届委员会委员。1993年4月至1998年3月当选中国人民政治协商会议余杭市（县）第六届委员会常委、委员。

政协余杭区第八届委员会委员

徐　敏，男，1978年9月出生，浙江余杭人，大学文化，中共党员。1998年9月至2000年9月，在临平、塘栖供水工程（一期）项目办公室工作；2000年9月至2001年12月，任余杭市供水集团有限公司獐山自来水厂厂长助理；2001年12月至2003年12月，任杭州余杭供水集团公司獐山自来水厂副厂长；2003年12月至2005年1月，任杭州余杭供水集团公司运河自来水厂副厂长；2005年1月至2007年1月，任杭州余杭供水集团公司物资科副科长；2007年1月至2007年12月，任杭州余杭供水集团公司物资科科长；2007年12月至2008年3月，任杭州余杭供水集团公司临平排水筹建组组长；2008年4至2011年4月，任杭州余杭水务有限公司临平排水分公司经理；2011年4月至2015年2月，任杭州余杭水务有限公司城南分公司党支部书记、经理；2015年2月任工程建设部经理。

徐　敏，2003年3月至2007年2月，当选中国人民政治协商会议杭州市余杭区第八届委员会委员。

政协余杭区第八届、第九届委员会委员

雷云霞，女，1970年1月出生，浙江余杭人，大学文化，高级工程师。1989年8月至1993年11月，任余杭县林业水利局农田水利施工队技术员；1993年12月至1997年1月，任余杭市自来水总公司技术员；1997年2月至2001年8月，任余杭市自来水总公司工程技术科副科长；2001年9月至2008年3月，任杭州余杭供水集团公司总工程师办公室主任；2008年4月至2011年3月，任杭州余杭水务有限公司规划设计处处长（兼任设计室主任）；2011年3月至2012年12月，任杭州余杭大东安社区综合改造项目有限公司副总经理；2013年1月至2014年6月，任临平新城开发建设管委会规划建设局局长；2014年6月至今，任临平新城农民多高层公寓建设监管中心主任。

雷云霞，2003年3月至2007年2月当选中国人民政治协商会议杭州市余杭区第八届委员会委员，2007年3月至2012年2月当选中国人民政治协商会议杭州市余杭区第九届委员会委员。

政协余杭区第十届委员会委员

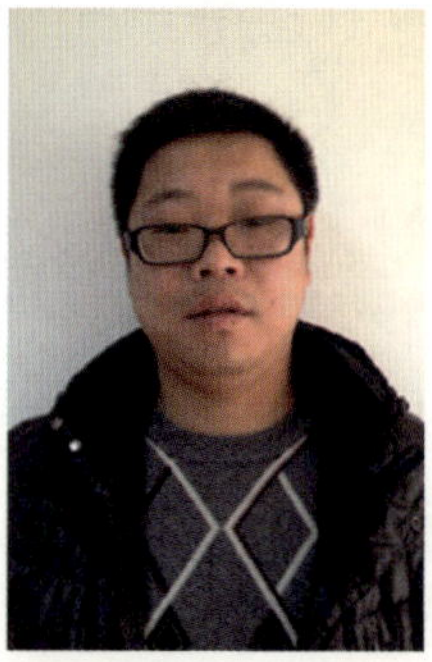

徐忠华，男，1982年8月出生，浙江余杭人，大学文化。2006年6月至2007年8月，在杭州天翼科技网络有限公司工作；2007年9月至2007年12月，任杭州余杭城市排水有限责任公司余杭污水处理厂临时负责人；2008年1月至2009年2月，任杭州余杭水务有限公司余杭排水分公司车间负责人；2009年3月至2013年7月，任杭州余杭水务有限公司生产运行部生产管理员；2013年7月至今任杭州余杭水务有限公司生产运行部副经理，其间2011年2月至2014年2月，任杭州余杭水务有限公司董事会职工代表董事。

徐忠华，2012年2月当选中国人民政治协商会议杭州市余杭区第十届委员会委员。

第四节 杭州余杭水务有限公司领导（总工程师）

（2012年）

杭州余杭水务有限公司2012年在任的党委、纪委、董事会、监事会和经营班子成员有李冰石、韩建荣、陈潜、叶善赞、田培虎、胡华龙、陈高良、陈国、戴青等9人，总工程师郑涌1人。

李冰石，男，1973年2月出生，籍贯浙江萧山，硕士研究生，经济师，中共党员。1993年8月至2002年9月，杭州市余杭区国土资源局干部，其间，任地产交易所所长、地产估价所所长、土地利用科副科长（主持工作）；2002年9月至2006年9月，任杭州良渚遗址管理委员会国土规划建设处副处长，其间，赴美国伊利诺理工学院学习，获公共管理硕士学位；2006年9月至2007年11月，任余杭区城乡一体化办公室副主任；2007年11月至2013年5月，任杭州余杭城市建设集团有限公司党委委员、董事会董事、副总经理，其间，2007年12月至2009年7月，兼任杭州余杭区经济房项目建设有限公司董事会董事；2009年9月至2013年5月，兼任杭州余杭水务有限公司党委书记、董事长；2013年5月至2014年10月，任杭州市余杭区住房和城乡建设局党委委员、副局长，兼杭州余杭水务有限公司党委书记、董事长；2014年10月至12月，任杭州市余杭区住房和城乡建设局党委委员、副局长；2014年12月至今，任杭州市余杭区人民政府办公室副主任、党组成员。

韩建荣，男，1970年9月出生，籍贯浙江杭州，大学学历，高级工程师，中共党员。1991年8月至1995年3月，任临平自来水厂技术员；1995年4月至1997年2月，任临平自来水厂厂长助理；1997年2月至2000年5月，任临平自来水厂副厂长；1999年8月至2001年11月，任余杭市（区）自来水总公司企业管理科负责人；其间，2000年8月至2001年10月，任余杭市（区）供水集团有限公司董事会董事、副总经理；2001年11月至2008年3月，任杭州余杭供水集团党委委员、供水集团公司董事会董事、副总经理；2008年4月至2009年6月，任杭州余杭供水集团党委委员、杭州余杭水务有限公司董事会董事、副总经理；2009年6月至2010年9月，任杭州余杭水务有限公司党委委员、副董事长、副总经理；2009年9月至2014年10月，任杭州余杭水务有限公司党委委员、副董事长、总经理；2014年10月至今，任杭州余杭水务有限公司党委书记、董事长。

陈　潜，男，1973年11月出生，籍贯浙江杭州，大学学历，高级工程师，中共党员。1994年8月至1999年7月，任临平自来水厂技术员、助理工程师、管理科科长；1999年8月至2000年8月，由区委组织部派至獐山镇政府工作；2000年9月至2001年11月，任余杭区（市）供水集团有限公司獐山自来水厂副厂长；2001年11月至2005年9月，任杭州余杭供水集团公司生产科科长；2005年9月至2008年3月，任杭州余杭供水集团公司生产科科长、安全管理科科长。2008年4月至2009年6月，任杭州余杭水务有限公司董事会董事、生产处处长；2009年6月至2009年7月，任杭州余杭水务有限公司党委委员、董事会董事、生产处处长；2009年7月至2010年7月，任杭州余杭水务有限公司党委委员、董事会董事、副总经理、生产处处长；2011年4月至2011年5月，任杭州余杭水务有限公司党委委员、董事会董事、副总经理；2011年5月至2014年10月，任杭州余杭水务有限公司党委委员、董事会董事、副总经理、安全总监。2014年10月至今，任杭州余杭水务有限公司党委副书记、副董事长、总经理。

叶善赞，男，1964年10月出生，籍贯浙江玉环，大学学历，政工师，中共党员。1980年11月至1993年12月，在海军37501部队服役、任班长；1994年1月至1995年11月，余杭市（县）自来水总公司驾驶员；1995年11月至1998年5月，任余杭市自来水总公司办公室副主任；1998年6月至1999年8月，任余杭市自来水总公司企业管理科副科长；1999年8月至2001年11月，任余杭市自来水总公司办公室主任；2001年11月至2008年3月，任杭州余杭供水集团党委委员、纪委委员、集团公司监事会主席、办公室主任；2008年4月至2009年6月，任杭州余杭供水集团党委委员、纪委委员、杭州余杭水务有限公司监事会主席、办公室主任；2009年6月至2009年10月，任杭州余杭水务有限公司党委委员、纪委书记、监事会主席、办公室主任；2009年10月至2011年7月，任杭州余杭水务有限公司党委委员、纪委书记、监事会主席、工会主席、办公室主任；2011年7月至2013年5月，任杭州余杭城市建设集团有限公司纪检组成员、杭州余杭水务有限公司党委委员、纪委书记、监事会主席、工会主席、办公室主任；2013年5月至2015年7月，任杭州余杭水务有限公司党委委员、纪委书记、监事会主席、工会主席、办公室主任。2015年7月至今，任杭州余杭水务有限公司党委委员、纪委书记、监事会主席、工会主席。

田培虎，男，1956年7月出生，籍贯山东邹平，大专学历，高级经济师，中共党员。1975年7月至1976年12月，余杭县临平自来水厂工作；1977年1月至1980年12月，在海军厦门37626部队服役；1981年1月至1994年6月，任余杭县临平自来水厂工会主席、经济员、助理经济师；1994年7月至2000年3月，任临平第二水厂厂长；2000年4月至2000年8月，任余杭市供水集团有限公司筹建领导小组成员，2000年8月至2001年10月，任余杭市（区）供水集团有限公司董事会董事、副总经理；2001年11月至2008年3月，任杭州余杭供水集团党委委员、供水集团公司董事会董事、副总经理；2008年4月至2009年6月，任杭州余杭供水集团党委委员、杭州余杭水务有限公司董事会董事、副总经理；2009年6月至2012年11月，任杭州余杭水务有限公司党委委员、董事会董事、副总经理；2012年12月至2013年1月，协助总经理做好物资管理工作；2013年1月，退岗。

胡华龙，男，1971年10月出生，籍贯浙江杭州，大学学历，会计师，中共党员。1995年8月至1999年8月，余杭市自来水总公司会计；1999年8月至2001年11月，任余杭市（县）自来水总公司计划财务科副科长；2001年12月至2003年12月，任杭州余杭供水集团公司财务科副科长（享受正职待遇）；2003年12月至2008年3月，任杭州余杭供水集团公司财务科科长；2008年4月至2009年6月，任杭州余杭水务有限公司财务处处长；2009年6月至2009年8月，任杭州余杭水务有限公司党委委员、财务处处长；2009年8月至2011年4月，任杭州余杭水务有限公司党委委员、董事会董事、财务处处长、机关党支部书记；2011年4月至2014年10月，任杭州余杭水务有限公司党委委员、董事会董事、财务部经理、机关党支部书记，2014年10月至2015年7月，任杭州余杭水务有限公司党委委员、董事会董事、副总经理、财务部经理、机关党支部书记。2015年7月至今，任杭州余杭水务有限公司党委委员、董事会董事、副总经理。

陈高良，男，1972 年 12 月出生，籍贯浙江杭州，中专学历，助理工程师，中共党员。1991 年 8 月至 1996 年 5 月，在临平自来水厂工作；1996 年 6 月至 1999 年 8 月，在余杭市自来水总公司工作；1999 年 8 月至 2001 年 11 月，任余杭市自来水总公司工程技术科副科长；2001 年 12 月至 2006 年 12 月，任杭州余杭供水集团公司供水科科长；2007 年 1 月至 2007 年 12 月，任杭州余杭供水集团公司临平分公司经理；2007 年 12 月至 2008 年 3 月，任杭州余杭供水集团公司排水处筹建组组长；2008 年 4 月至 2009 年 8 月，任杭州余杭水务有限公司排水处处长；2009 年 8 月至 2011 年 3 月，任杭州余杭水务有限公司纪律检查委员会委员、排水处处长；2011 年 3 月至 2011 年 4 月，任杭州余杭水务有限公司党委委员、纪律检查委员会委员、董事会董事、副总经理、排水处处长；2011 年 4 月至 2013 年 7 月，任杭州余杭水务有限公司党委委员、纪律检查委员会委员、董事会董事、副总经理、工程建设部经理；2013 年 7 月至 2015 年 6 月，任杭州余杭水务有限公司党委委员、纪律检查委员会委员、董事会董事、副总经理。2015 年 6 月至今，任杭州余杭水务有限公司党委委员、董事会董事、副总经理。

陈　国，男，1977 年 11 月出生，籍贯浙江杭州，大学学历，助理工程师，中共党员。2000 年 8 月至 2001 年 7 月，任杭州余杭供水集团公司工程技术科技术员；2001 年 7 月至 2002 年 12 月，任杭州余杭供水集团公司獐山自来水厂营业所副所长；2002 年 12 月至 2003 年 2 月，在杭州余杭供水集团公司良渚供水工程办公室协助组长工作；2003 年 2 月至 2003 年 7 月，任杭州余杭供水集团公司良渚营业分公司筹建组组长助理；2003 年 7 月至 2003 年 12 月，任杭州余杭供水集团公司良渚营业分公司经理助理；2003 年 12 月至 2006 年 1 月，任杭州余杭供水集团公司良渚营业分公司副经理；2006 年 1 月至 2006 年 3 月，任杭州余杭供水集团公司径山自来水厂筹建组组长；2006 年 3 月至 2008 年 3 月，任杭州余杭供水集团公司径山自来水厂厂长、党支部书记；2008 年 3 月至 2011 年 4 月，任杭州余杭水务有限公司径山分公司经理、党支部书记；2011 年 4 月至 2012 年 11 月，任杭州余杭水务有限公司营业服务部经理；2012 年 12 月至 2013 年 7 月，任杭州余杭水务有限公司党委委员、营业服务部经理；2013 年 7 月至今，任杭州余杭水务有限公司党委委员。

戴　青，女，1971 年 5 月出生，籍贯浙江金华，大专学历，会计师。1989 年 10 月至 1994 年 9 月，在余杭电信局工作；1994 年 10 月至 2004 年 9 月，在杭州余杭现代电信发展有限公司工作；2004 年 10 月至 2006 年 9 月，任杭州余杭区经济房项目建设有限公司员工；2006 年 9 月至 2006 年 11 月，任经济房公司销售部副经理；2006 年 11 月至 2008 年 6 月，任经济房公司下属杭州华惠物业公司副总经理（兼）；2006 年 12 月至 2009 年 2 月，任经济房公司物业管理部经理；2009 年 2 月至 2009 年 6 月，任经济房公司总经办主任、人力资源部经理；2009 年 7 月至 2011 年 3 月，任杭州余杭城市建设集团有限公司办公室副主任（主持工作）；2011 年 3 月至 2012 年 12 月，任杭州余杭城市建设集团有限公司办公室主任；2012 年 12 月至 2014 年 10 月，任杭州余杭水务有限公司董事会董事、副总经理；2014 年 10 月至今，任杭州余杭水务有限公司副

总经理。

郑 涌，男，1957年6月出生，籍贯浙江温州，大专学历，高级工程师，中共党员。1975年10月至1980年8月，省粮食局化工厂工人；1980年9月至1988年10月，省粮食局化工厂技术员；1988年11月至1990年5月，省粮食局化工厂助理工程师；1990年6月至1993年11月，临平自来水厂助理工程师；1993年12月至1995年5月，临平自来水厂工程师；1995年5月至2000年4月，任临平自来水厂副厂长、工程师；2000年5月至8月，为余杭市供水集团有限公司享受部门负责人待遇的工程技术人员；2000年9月至2001年11月，任余杭市（区）供水集团有限公司总工程师；2001年12月至2002年12月，任杭州余杭供水集团公司总工程师兼机电设备维修中心主任；2002年12月至2007年1月，任杭州余杭供水集团公司总工程师；2007年1月至2008年3月，任杭州余杭供水集团公司总工程师兼獐山自来水厂党支部书记、厂长；2008年4月至2011年4月，任杭州余杭水务有限公司总工程师兼仁和供水分公司党支部书记、经理；2011年4月至2014年7月，任杭州余杭水务有限公司总工程师；2014年7月至今，协助分管生产和工程的副总经理做好相关工作。

第五节 水务机构负责人及任职年限

余杭水务机构负责人及任职年限，按供水（改水、节水）与排（污）水管理机构和水务企业及其分子机构分别记载，各部门负责人按任免文件任职时间的先后顺序排列。

一、供水、改水、节水管理机构

机构名称	职务	姓名	任职年限	备注
余杭县农村改水项目办公室	主任	李象贤	1983年11月—1984年3月	1993年5月，余杭县自来水总公司成立后，县改水办与自来水总公司实行二块牌子、一套班子运行（1993年5月之后见自来水总公司负责人）
		何忠福	1984年4月—1993年4月	
	副主任	沈洪法	1983年11月—1993年4月	
		郑锦其	1984年6月—1987年6月	
		张国根	1987年7月—1989年10月	
		沈国健	1989年6月—1992年3月	
余杭区供水、改水办公室（计划用水、节约用水办公室）	主任	王其兴	2001年10月—2003年4月	2001年8月，余杭区自来水总公司撤消后，公司原承担的供水、改水和节约用水方面的行政管理职能移交至余杭区建设局，在区建设局内设立该机构
		许金德	2004年3月—2007年3月	
		金 宁	2007年4月—2010年4月	
		马利达	2010年4月—2012年5月	
		陶 均	2012年5月—2013年7月	

续表

机构名称	职务	姓名	任职年限	备　注
余杭区供水、改水办公室（计划用水、节约用水办公室）	主　任	吴朝军	2013年7月—	2001年8月，余杭区自来水总公司撤销后，公司原承担的供水、改水和节约用水方面的行政管理职能移交至余杭区建设局，在区建设局内设立该机构
	副主任	张忠德	2001年12月—2004年2月（其中：2003年5月—2004年2月负责全面工作）	
		赵红伟	2002年11月—2004年2月	
		徐小美	2004年3月—2010年4月	
		林娟娟	2010年4月—2013年7月	
		潘　舟	2013年7月—	
余杭区（市）人民政府节约用水办公室	主　任	朱张荣	1995年5月—1999年8月	2001年9月之后，区节水办不单独设立，在区建设局新建立的“供水、改水办公室”挂“计划用水、节约用水”牌子，实行二块牌子、一套班子
		陈毓麟	1999年9月—2001年8月	
	副主任	陈毓麟	1995年5月—1999年8月	
		朱卫华	1999年9月—2000年9月	

二、排（污）水管理机构

机构名称	职务	姓名	任职年限	备　注
余杭县临平镇污水治理排江工程筹建办公室	主　任	方建华	1993年12月—1996年3月	1993年12月建立
	副主任	张新传	1993年12月—1996年4月（其中：1996年3月—1996年4月负责全面工作）	
余杭区（市）临平污水治理排江工程办公室	主　任	张新传	1996年4月—2000年8月	1996年4月，由余杭县临平镇污水治理排江工程筹建办公室更名后建立
		江伟峰	2000年8月—2003年7月	
	副主任	徐　钦	1996年4月—2000年8月	
		沈　川	1998年12月—2000年4月	
		金丽萍	2000年4月—2003年7月	
	顾　问	张新传	2000年8月—2001年12月	
杭州市余杭区排水管理办公室	主　任	江伟峰	2003年7月—2005年3月	2003年7月，由余杭区临平污水治理排江工程办公室更名后建立
		舒贤龙	2005年3月—2008年1月	
		傅英豪	2008年1月—2013年7月	
		诸侃飚	2013年7月—	

续表

机构名称	职务	姓名	任职年限	备　　注
杭州市余杭区排水管理办公室	副主任	金丽莉	2003 年 7 月—2005 年 3 月	
		舒贤龙	2004 年 3 月—2005 年 3 月	
		夏阳明	2004 年 3 月—2007 年 4 月	
		王勇跃	2004 年 3 月—2008 年 4 月	
		雷颜鑫	2005 年 3 月—2010 年 4 月	
		孙珠凤	2007 年 4 月—	
		余国芳	2008 年 1 月—2013 年 7 月	
		许　超	2013 年 7 月—	

三、城乡一体化供水前供水机构（供水规模大于或等于 4800 立方米/日的水厂）

机构名称	职务	姓名	任职年限	备　　注
临平自来水厂	厂　长	吴章金	1963 年—1965 年 8 月	
		俞友木	1965 年 9 月—1966 年 8 月	
		洪三妹	1966 年 9 月—1968 年	革命生产小组负责人
		田　杰	1969 年—1976 年 7 月	
		姜学信	1976 年 8 月—1981 年 4 月	
		汤永桂	1981 年 5 月—1984 年 6 月	
		张其渭	1984 年 7 月—1996 年 11 月	
		黄洪奎	1996 年 12 月—1998 年 5 月	自来水总公司副总经理兼任
		张益清	1998 年 6 月—1999 年 7 月	自来水总公司企业管理科科长兼任
			1999 年 8 月—2000 年 5 月	
	副厂长	洪三妹	1973 年—1983 年 8 月	
		张其渭	1982 年—1984 年 6 月	
		陈毓麟	1983 年 8 月—1995 年 4 月	
		黄洪奎	1990 年 7 月—1994 年 6 月	
		张立明	1995 年 4 月—2000 年 5 月	
		郑　涌	1995 年 4 月—2000 年 5 月	
		韩建荣	1997 年 2 月—2000 年 5 月	其间 1999 年 8 月—2000 年 5 月同时任自来水总公司企业管理科负责人
		沈志坤	1999 年 8 月—2000 年 4 月	

续表

<table>
<tr><th colspan="2">机构名称</th><th colspan="2">职务</th><th>姓名</th><th>任职年限</th><th>备　注</th></tr>
<tr><td colspan="2" rowspan="2">临平自来水厂</td><td colspan="2" rowspan="2">厂长助理</td><td>张益清</td><td>1994 年 9 月—1998 年 5 月</td><td>自来水总公司下派挂职</td></tr>
<tr><td>韩建荣</td><td>1995 年 4 月—1997 年 1 月</td><td>副职待遇</td></tr>
<tr><td rowspan="5">临平第二水厂</td><td rowspan="2">临平区水厂筹建办公室</td><td colspan="2" rowspan="2">副主任</td><td>徐浩明</td><td>1990 年 9 月—1991 年 11 月</td><td></td></tr>
<tr><td>沈国健</td><td>1990 年 9 月—1991 年 11 月</td><td></td></tr>
<tr><td>临平区水厂</td><td colspan="2">厂长</td><td>徐浩明</td><td>1991 年 12 月—1994 年 7 月</td><td></td></tr>
<tr><td rowspan="2">余杭市临平第二水厂</td><td colspan="2">厂　长</td><td>田培虎</td><td>1994 年 8 月—2000 年 5 月</td><td></td></tr>
<tr><td colspan="2">副厂长</td><td>丁来水</td><td>1997 年 2 月—2000 年 5 月</td><td></td></tr>
<tr><td rowspan="16">塘栖自来水厂</td><td rowspan="2">筹建领导小组</td><td colspan="2" rowspan="2">负责人</td><td>沈玉林</td><td>1958 年 10 月—1959 年 12 月</td><td></td></tr>
<tr><td>罗琴康</td><td>1958 年 10 月—1959 年 12 月</td><td></td></tr>
<tr><td rowspan="11">塘栖镇自来水厂</td><td colspan="2" rowspan="3">负责人</td><td>沈玉林</td><td>1960 年 1 月—1961 年 12 月</td><td></td></tr>
<tr><td>毛金财</td><td>1962 年 1 月—1963 年 4 月</td><td></td></tr>
<tr><td>吴深海</td><td>1963 年 5 月—1966 年 5 月</td><td></td></tr>
<tr><td colspan="2">革命领导小组组长</td><td>吴庭相</td><td>1966 年 6 月—1978 年 12 月</td><td>水厂由镇环卫站代管</td></tr>
<tr><td colspan="2" rowspan="4">厂　长</td><td rowspan="2">姚子良</td><td>1979 年 1 月—1985 年 6 月</td><td></td></tr>
<tr><td>1989 年 7 月—1999 年 7 月</td><td></td></tr>
<tr><td>李黎雄</td><td>1985 年 7 月—1986 年 6 月</td><td></td></tr>
<tr><td>朱有根</td><td>1986 年 7 月—1989 年 6 月</td><td></td></tr>
<tr><td colspan="2" rowspan="2">副厂长</td><td>范发庆</td><td>1987 年 2 月—1993 年 12 月</td><td></td></tr>
<tr><td>杨敏强</td><td>1996 年 12 月—1999 年 7 月</td><td></td></tr>
<tr><td colspan="2">厂长</td><td>姚子良</td><td>1999 年 8 月—2000 年 5 月</td><td></td></tr>
<tr><td rowspan="3">塘栖自来水厂</td><td colspan="2" rowspan="2">副厂长</td><td>殷兆刚</td><td>1999 年 8 月—2000 年 5 月</td><td></td></tr>
<tr><td>杨敏强</td><td>1999 年 8 月—2000 年 5 月</td><td></td></tr>
<tr><td colspan="2">厂长</td><td>姚子良</td><td>1999 年 8 月—2000 年 5 月</td><td></td></tr>
<tr><td rowspan="6">余杭自来水厂</td><td>筹建领导小组</td><td colspan="2">负责人</td><td>徐小牛</td><td>1971 年 2 月—1971 年 3 月</td><td></td></tr>
<tr><td rowspan="5">余杭镇自来水厂</td><td rowspan="3">负责人</td><td rowspan="2">正职</td><td>董鼎先</td><td>1971 年 4 月—1976 年 12 月</td><td></td></tr>
<tr><td>陈彩凤</td><td>1977 年 1 月—1979 年 3 月</td><td></td></tr>
<tr><td>副职</td><td>叶信友</td><td>1971 年 4 月—1976 年 12 月</td><td></td></tr>
<tr><td colspan="2" rowspan="2">厂长</td><td>龚惠忠</td><td>1979 年 3 月—1983 年 3 月</td><td></td></tr>
<tr><td>谢国刚</td><td>1983 年 6 月—1997 年 5 月</td><td></td></tr>
</table>

续表

机构名称		职务	姓名	任职年限	备　注
余杭自来水厂	余杭镇自来水厂	厂　长	陈妙法	1997年5月—1997年9月	
			方雪明	1997年9月—1998年7月	
			俞建荣	1998年7月—1999年7月	
		副厂长	叶卫忠	1980年1月—1982年10月	
			谢国刚	1981年6月—1983年5月	其中，1983年4—5月全面负责
			马可根	1992年—1999年7月	
	余杭自来水厂	厂　长	俞建荣	1999年8月—2000年5月	
		副厂长	马可根	1999年8月—2000年5月	
瓶窑自来水厂	筹建领导小组	组　长	王洪掌	1976年9月—1977年10月	
		副组长	朱掌云	1976年9月—1977年10月	
		联系人	陈风鸣	1974年—1978年12月	
	瓶窑镇自来水厂	厂　长	吴余生	1978年12月—1979年11月	
			楼福群	1979年12月—1984年7月	
			庄培玉	1984年8月—1994年12月	
			任正义	1995年1月—2001年7月	
		副厂长	庄培玉	1980年5月—1984年7月	
			周小妹	1987年7月—1998年7月	
			周良法	1987年7月—1996年12月	
		厂长助理	张桂根	1998年5月—2001年7月	
闲林自来水厂	筹建领导小组	组　长	夏掌财	1986年5月—1987年11月	
		副组长	白希奎	1986年5月—1987年11月	
		组　员	孙金根	1986年5月—1987年11月	
			陈炳根	1986年5月—1987年11月	
	闲林镇自来水厂	负责人	阮洪明	1967年12月—1989年2月	
		厂　长	洋阿生	1989年3月—1997年4月	
			魏安荣	1997年5月—1999年7月	
		副厂长	郑径泉	1989年3月—1997年4月	
			徐文松	1992年1月—1999年7月	
	闲林自来水厂	厂　长	魏安荣	1999年8月—2000年5月	

续表

机构名称	职务	姓名	任职年限	备　注
闲林自来水厂	副厂长	徐文松	1999 年 8 月—2000 年 5 月	
良渚镇自来水厂	厂　长	郭金祥	1986 年—1995 年	
		许国良	1995 年—2000 年	
	负责人	陈明山	2000 年—2003 年 7 月	镇城建办主任兼任
三墩经济区自来水厂	厂　长	庄培玉	1995 年 1 月—1996 年 5 月	1996 年 5 月，三墩镇划归杭州市西湖区管辖，水厂同时划出
	副厂长	沈五四	1995 年 1 月—1996 年 5 月	

四、城乡一体化供水机构

机构名称		职务	姓名	任职年限	备　注
余杭区（县、市）自来水总公司		总经理	朱张荣	1993 年 5 月—2001 年 9 月	区（县、市）政府工作部门之一，为副局级行政性公司、财政全额拨款的事业单位
		副总经理	黄洪奎	1994 年 7 月—2001 年 9 月	
			李民宏	1998 年 4 月—2001 年 9 月	
杭州余杭供水集团公司	董事会	董事长	黄洪奎	2001 年 9 月—2008 年 3 月	区政府直属的事业单位，实行企业化管理
		副董事长	李民宏	2001 年 10 月—2003 年 4 月	
		董　事	张益清	2001 年 12 月—2008 年 3 月	
			田培虎	2001 年 12 月—2008 年 3 月	
			张立明	2001 年 12 月—2002 年 9 月	
			韩建荣	2001 年 12 月—2008 年 3 月	
			陈国良	2001 年 12 月—2008 年 3 月	
			殷兆刚	2001 年 12 月—2008 年 3 月	
			湛　勇	2002 年 4 月—2003 年 2 月	职工代表董事
			陈晓媛	2003 年 2 月—2006 年 2 月	职工代表董事
			董晓明	2006 年 2 月—2008 年 3 月	职工代表董事
	监事会	主　席	叶善赞	2001 年 12 月—2008 年 3 月	
		监　事	泮立军	2001 年 12 月—2008 年 3 月	区国资办委派
			戚卫峰	2001 年 12 月—2003 年 12 月	职工代表监事
			袁一扬	2004 年 2 月—2004 年 8 月	职工代表监事
			张云昌	2005 年 3 月—2008 年 3 月	职工代表监事

续表

机构名称		职务	姓名	任职年限	备注
杭州余杭供水集团公司	经营班子	总经理	黄洪奎	2001 年 9 月—2008 年 3 月	
		副总经理	李民宏	2001 年 9 月—2003 年 4 月	
			张益清	2001 年 12 月—2008 年 3 月	
			田培虎	2001 年 12 月—2008 年 3 月	
			张立明	2001 年 12 月—2002 年 9 月	
			韩建荣	2001 年 12 月—2008 年 3 月	
		副调研员	朱张荣	2001 年 9 月—2002 年 3 月	
			李民宏	2003 年 4 月—2008 年 3 月	
杭州余杭水务有限公司	董事会	董事长	黄洪奎	2008 年 4 月—2009 年 8 月	区城建集团公司副董事长兼任
			李冰石	2009 年 9 月—2013 年 5 月	区城建集团公司副总经理兼任
				2013 年 5 月—2014 年 10 月	区住房和城建设局副局长兼任
			韩建荣	2014 年 10 月—	
		副董事长	韩建荣	2009 年 6 月—2014 年 10 月	杭州余杭水务有限公司为国有独资公司。2008 年 3 月至 2013 年 5 月隶属于杭州余杭城市建设集团有限公司，2013 年 5 月起划归余杭区住房和城乡建设局管理
			陈 潜	2014 年 10 月—	
		董 事	张益清	2008 年 4 月—2009 年 6 月	
			田培虎	2008 年 4 月—2012 年 11 月	
			韩建荣	2008 年 4 月—	
			舒贤龙	2008 年 4 月—2010 年 11 月	
			陈 潜	2008 年 4 月—	
			胡华龙	2009 年 8 月—	
			陈高良	2011 年 3 月—	
			戴 青	2012 年 12 月—2014 年 10 月	
			陈中柱	2009 年 11 月—2011 年 2 月	职工代表董事
			徐忠华	2011 年 2 月—2014 年 3 月	职工代表董事
			杨 俊	2014 年 3 月—2015 年 2 月	职工代表董事
			阮建飞	2015 年 2 月—	职工代表董事
	监事会	主 席	叶善赞	2008 年 4 月—	
		监 事	程宁芳	2008 年 4 月—2013 年 7 月	区城建集团公司委派
			楼揽月	2009 年 11 月—2012 年 2 月	职工代表监事
			胡亥亮	2012 年 2 月—	职工代表监事
	经营班子	总经理	黄洪奎	2008 年 4 月—2009 年 8 月	区城建集团公司副董事长兼任
			韩建荣	2009 年 9 月—2014 年 10 月	
			陈 潜	2014 年 10 月—	
		副总经理	张益清	2008 年 4 月—2009 年 6 月	

续表

机构名称		职务	姓名	任职年限	备　注
杭州余杭水务有限公司	经营班子	副总经理	田培虎	2008年4月—2012年11月	
			韩建荣	2008年4月—2009年9月	
			舒贤龙	2008年4月—2010年11月	
			陈　潜	2008年7月—2014年10月	
			陈高良	2011年3月—	
			戴　青	2012年12月—	
			胡华龙	2014年10月—	
		副调研员	李民宏	2008年4月—2009年3月	

五、余杭区（县、市）自来水总公司机关科室与直属单位（分支机构）

机构名称	职务	姓名	任职年限	备　注
办公室	主　任	许　征	1994年10月—1999年7月	
		叶善赞	1999年8月—2001年11月	
	副主任	叶善赞	1995年11月—1998年5月	
		殷兆刚	1998年6月—1999年7月	
		郎伟毅	1999年8月—2001年11月	
组织人事科	科　长	许　征	1999年8月—2001年11月	
	副科长	赵敏渊	1999年8月—2001年11月	
计划财务科	科　长	黄洪奎	1994年10月—1997年1月	自来水总公司副总经理兼任
		卜迎迎	1997年2月—2001年11月	
	副科长	卜迎迎	1996年4月—1997年1月	
		胡华龙	1999年8月—2001年11月	
工程技术科	科　长	张立明	1994年10月—1996年3月	
		范发庆	1996年4月—2001年11月	
	副科长	雷云霞	1997年2月—2001年11月	
		陈高良	1999年8月—2001年11月	
企业管理科	科　长	张益清	1994年10月—1999年7月	
	负责人	韩建荣	1999年8月—2001年11月	
	副科长	叶善赞	1998年6月—1999年7月	

续表

机构名称		职务	姓名	任职年限	备　　注
余杭市供水集团有限公司	筹建领导小组	组　长	朱张荣	2000 年 2 月—2000 年 7 月	自来水总公司总经理兼任
		副组长	黄洪奎	2000 年 2 月—2000 年 7 月	自来水总公司副总经理兼任
			李民宏	2000 年 2 月—2000 年 7 月	自来水总公司副总经理兼任
			张益清	2000 年 2 月—2000 年 7 月	
	董事会	董事长	朱张荣	2000 年 8 月—2001 年 10 月	自来水总公司总经理兼任
		副董事长	黄洪奎	2000 年 8 月—2001 年 10 月	自来水总公司副总经理兼任
			张益清	2000 年 8 月—2001 年 10 月	
		董　事	田培虎	2000 年 8 月—2001 年 10 月	
			张立明	2000 年 8 月—2001 年 10 月	
			韩建荣	2000 年 8 月—2001 年 10 月	
			陈国良	2000 年 8 月—2001 年 10 月	
			殷兆刚	2000 年 9 月—2001 年 10 月	
			俞建荣	2000 年 9 月—2001 年 10 月	
	监事会	主　席	李民宏	2000 年 8 月—2001 年 10 月	自来水总公司副总经理兼任
		监　事	卜迎迎	2000 年 8 月—2001 年 10 月	
			戚卫峰	2000 年 8 月—2001 年 10 月	
	经营班子	总经理	黄洪奎	2000 年 8 月—2001 年 10 月	自来水总公司副总经理兼任
		副总经理	田培虎	2000 年 8 月—2001 年 10 月	
			张立明	2000 年 8 月—2001 年 10 月	
			张益清	2000 年 8 月—2001 年 10 月	
			韩建荣	2000 年 8 月—2001 年 10 月	
余杭市供水集团有限公司筹建期间分支机构	城北自来水厂	负责人	沈志坤	2000 年 5 月—8 月	
		协助工作	张建明	2000 年 5 月—8 月	
	塘栖自来水厂	负责人	姚志良	2000 年 5 月—8 月	
		协助工作	殷兆刚	2000 年 5 月—8 月	
	余杭自来水厂	负责人	俞建荣	2000 年 5 月—8 月	
		协助工作	马可根	2000 年 5 月—8 月	
	闲林自来水厂	负责人	魏安荣	2000 年 5 月—8 月	
		协助工作	徐文松	2000 年 5 月—8 月	

续表

<table>
<tr><th colspan="2">机构名称</th><th>职务</th><th>姓名</th><th>任职年限</th><th>备　　注</th></tr>
<tr><td rowspan="7">余杭市供水集团有限公司筹建期间分支机构</td><td>临平分公司</td><td>负责人</td><td>韩建荣</td><td>2000 年 5 月—8 月</td><td></td></tr>
<tr><td rowspan="2">乔司分公司</td><td>负责人</td><td>丁来水</td><td>2000 年 5 月—8 月</td><td></td></tr>
<tr><td>协助工作</td><td>杨敏强</td><td>2000 年 5 月—8 月</td><td></td></tr>
<tr><td colspan="2">享受部门负责人待遇</td><td>郑　涌</td><td>2000 年 5 月—8 月</td><td></td></tr>
<tr><td rowspan="2">承装公司筹建小组</td><td>组　长</td><td>陈国良</td><td>2000 年 8 月—2001 年 10 月</td><td rowspan="2">该公司未正式建立</td></tr>
<tr><td>副组长</td><td>蔡国华</td><td>2000 年 8 月—2001 年 10 月</td></tr>
<tr><td>物资公司筹建小组</td><td>组　长</td><td>田培虎</td><td>2000 年 8 月—2001 年 10 月</td><td>该公司未正式建立</td></tr>
<tr><td rowspan="18">余杭区（市）供水集团有限公司分支机构</td><td rowspan="3">城北自来水厂</td><td>厂　长</td><td>丁来水</td><td>2000 年 9 月—2001 年 11 月</td><td></td></tr>
<tr><td>副厂长</td><td>王　邕</td><td>2000 年 9 月—2001 年 11 月</td><td></td></tr>
<tr><td>厂长助理</td><td>张　俊</td><td>2000 年 9 月—2001 年 11 月</td><td></td></tr>
<tr><td rowspan="4">塘栖自来水厂</td><td>厂　长</td><td>殷兆刚</td><td>2000 年 9 月—2001 年 11 月</td><td></td></tr>
<tr><td rowspan="2">副厂长</td><td>刘有根</td><td>2000 年 9 月—2001 年 11 月</td><td></td></tr>
<tr><td>杨敏强</td><td>2000 年 9 月—2001 年 11 月</td><td></td></tr>
<tr><td>厂长助理</td><td>孙　坚</td><td>2000 年 9 月—2001 年 11 月</td><td></td></tr>
<tr><td rowspan="3">獐山自来水厂</td><td>厂　长</td><td>马国胜</td><td>2000 年 9 月—2001 年 11 月</td><td></td></tr>
<tr><td>副厂长</td><td>陈　潜</td><td>2000 年 9 月—2001 年 11 月</td><td></td></tr>
<tr><td>厂长助理</td><td>徐　敏</td><td>2000 年 9 月—2001 年 11 月</td><td></td></tr>
<tr><td rowspan="2">余杭自来水厂</td><td>厂　长</td><td>俞建荣</td><td>2000 年 9 月—2001 年 11 月</td><td></td></tr>
<tr><td>副厂长</td><td>马可根</td><td>2000 年 9 月—2001 年 11 月</td><td></td></tr>
<tr><td rowspan="2">闲林自来水厂</td><td>厂　长</td><td>魏安荣</td><td>2000 年 9 月—2001 年 11 月</td><td></td></tr>
<tr><td>副厂长</td><td>徐文松</td><td>2000 年 9 月—2001 年 11 月</td><td></td></tr>
<tr><td rowspan="2">临平营业公司</td><td>经　理</td><td>朱卫华</td><td>2000 年 9 月—2001 年 11 月</td><td></td></tr>
<tr><td>副经理</td><td>金国民</td><td>2000 年 9 月—2001 年 11 月</td><td></td></tr>
<tr><td rowspan="2">乔司营业公司</td><td>经　理</td><td>骆宝根</td><td>2000 年 9 月—2001 年 11 月</td><td></td></tr>
<tr><td>副经理</td><td>张建明</td><td>2000 年 9 月—2001 年 11 月</td><td></td></tr>
<tr><td colspan="2" rowspan="3">余杭区（市）供水集团有限公司机关部室</td><td>办公室主任</td><td>沈志坤</td><td>2000 年 9 月—2001 年 11 月</td><td></td></tr>
<tr><td>财务部部长</td><td>胡华龙</td><td>2000 年 9 月—2001 年 11 月</td><td>自来水总公司财务科副科长兼任</td></tr>
<tr><td>总工程师</td><td>郑　涌</td><td>2000 年 9 月—2001 年 11 月</td><td></td></tr>
</table>

续表

机构名称	职务	姓名	任职年限	备　注
余杭区（市）给水排水勘测设计室	主　任	黄洪奎	1995年11月—1999年8月	自来水总公司副总经理兼任
		陈国良	1999年9月—2003年4月	
	副主任	范发庆	1995年11月—1999年8月	同时任自来水总公司工程技术科科长
		陈国良	1996年5月—1999年8月	
		刘有根	1999年9月—2003年4月	同时任塘栖自来水厂副厂长
余杭区（县、市）自来水工程公司	总经理	朱张荣	2001年2月—2003年3月	自来水总公司总经理兼任
	经　理	张益清	1995年2月—2001年1月	同时任自来水总公司企业管理科科长
	副总经理	蔡国华	1998年7月—2003年3月	
	业务经理	俞美忠	1993年11月—1995年3月	外聘
余杭区（县、市）晶源发展总公司	总经理	朱张荣	1995年2月—2003年4月	自来水总公司总经理兼任
	副总经理	吴小林	1995年2月—2003年4月	
余杭区（县、市）晶源机电设备公司	经　理	陈荣良	1994年10月—2003年4月	

六、杭州余杭供水集团公司机关科室与分支机构

机构名称	职务	姓名	任职年限	备　注
办公室	主　任	叶善赞	2001年12月—2008年3月	供水集团党委委员兼任
	副主任	吴国龙	2001年12月—2003年12月	
	主任助理	吴国龙	2004年1月—2004年12月	
		周笑如	2007年1月—2008年3月	
	协助工作	许　征	2007年1月—2008年3月	正职待遇
总工程师办公室	总工程师	郑　涌	2001年12月—2008年3月	副总待遇
	主　任	雷云霞	2001年12月—2008年3月	内设招标管理中心、审计中心工程审计组，挂设计室牌子
	副主任	孙欣杰	2001年12月—2003年12月	
	主任助理	李　挺	2007年1月—2007年12月	
组织宣传科	科　长	许　征	2001年12月—2006年12月	2007年1月组织宣传科撤销
	副主任	郎伟毅	2001年12月—2006年12月	
人力资源科	科　长	赵敏渊	2001年12月—2006年12月	内设人才培训中心，2007年1月人力资源科撤销

续表

机构名称	职务	姓名	任职年限	备　　注
组织人事科	科　长	赵敏渊	2007 年 1 月—2008 年 1 月	由组织宣传科和人力资源科合并建立，内设人才培训中心、职工学校
	副科长	杨硕果	2007 年 1 月—2008 年 1 月	
		陈晓媛	2008 年 1 月—3 月（全面负责）	
财务科	科　长	卜迎迎	2001 年 12 月—2003 年 12 月	内设审计中心财务审计组
		胡华龙	2004 年 1 月—2008 年 3 月	
	副科长	胡华龙	2001 年 12 月—2003 年 12 月（正职待遇）	
		陈文武	2005 年 7 月—2008 年 3 月	
	科长助理	陈文武	2004 年 1 月—2005 年 6 月	
生产科	科　长	陈　潜	2001 年 12 月—2008 年 3 月	内设中控调度中心、机电设备维修中心、信息中心、供水热线。2005 年 9 月，公司设立安全管理科，由生产科科长同时任安全管理科科长
	副科长	支政星	2003 年 1 月—2004 年 12 月	
		孙欣杰	2004 年 1 月—12 月	
		湛　勇	2006 年 1 月—2007 年 12 月	
	科长助理	湛　勇	2004 年 1 月—2005 年 12 月	
		陈晓媛	2005 年 7 月—12 月	
		沈引子	2006 年 1 月—12 月	
		陈　建	2007 年 1 月—12 月	
水质科	科　长	张益清	2001 年 12 月—2008 年 3 月	公司副总经理兼任
	副科长	王江毅	2001 年 12 月—2004 年 3 月	内设水质监测中心
		姚建国	2004 年 1 月—2008 年 3 月	
	科长助理	姚建国	2001 年 12 月—2003 年 12 月	
供水科	科　长	陈高良	2001 年 12 月—2007 年 1 月	
		韩建荣	2007 年 2 月—2008 年 3 月	公司副总经理兼任
	副科长	孙　坚	2001 年 12 月—2005 年 12 月	内设客户服务中心、供水管道安装维修检漏中心
		陈晓媛	2006 年 1 月—2007 年 12 月	
	科长助理	李　挺	2005 年 1 月—2006 年 12 月	
		陈宝光	2007 年 1 月—2008 年 3 月	

续表

机构名称	职务	姓名	任职年限	备　注
基建科	科　长	范发庆	2001 年 12 月—2003 年 12 月	
		王　邕	2004 年 1 月—2007 年 12 月	
		田培虎	2008 年 1 月—3 月	公司副总经理兼任
	副科长	马国胜	2001 年 12 月—2008 年 3 月	享受正职待遇自 2001 年 12 月—2003 年 7 月
物资科	科　长	张立明	2001 年 12 月—2002 年 9 月	公司副总经理兼任
		田培虎	2003 年 2 月—2003 年 12 月	公司副总经理兼任
		丁来水	2004 年 1 月—2006 年 12 月	
		徐　敏	2007 年 1 月—12 月	
	副科长	丁来水	2001 年 12 月—2003 年 12 月	正职待遇
		费建新	2004 年 1 月—12 月	
		徐　敏	2005 年 1 月—2007 年 1 月	
		湛　勇	2008 年 1 月—3 月	全面负责
	科长助理	冯晓峰	2003 年 1 月—2004 年 12 月	内设水表校验中心、物资仓库
		费建新	2003 年 1 月—12 月	
		吴国龙	2005 年 1 月—2008 年 3 月	
运河（城北）自来水厂	厂　长	陈毓麟	2001 年 12 月—2004 年 12 月	2001 年 12 月—2013 年 7 月为城北自来水厂； 2003 年 7 月 28 日更名为运河自来水厂
		孙欣杰	2005 年 7 月—2006 年 12 月	
		朱卫华	2007 年 1 月—2008 年 3 月	
	副厂长	王　邕	2001 年 12 月—2003 年 12 月	
		徐　敏	2003 年 12 月—2005 年 1 月	
		孙欣杰	2005 年 1 月—6 月	全面负责
		沈志坤	2006 年 1 月—2008 年 3 月	
		支政星	2007 年 1 月—2008 年 3 月	
	厂长助理	杨硕果	2005 年 1 月—12 月	
塘栖自来水厂	厂　长	殷兆刚	2001 年 12 月—2006 年 12 月	
		孙欣杰	2007 年 1 月—12 月	
	副厂长	刘有根	2001 年 12 月—2007 年 1 月	
		支政星	2001 年 12 月—2002 年 12 月	同时任机电设备维修中心副主任

续表

机构名称	职务	姓名	任职年限	备　注
塘栖自来水厂	副厂长	张　俊	2005年1月—2007年12月	
		杨硕果	2006年1月—9月	
		丁来水	2007年1月—12月	
			2008年1月—3月	全面负责
	厂长助理	杨敏强	2001年12月—2003年2月	
		杨硕果	2004年1月—12月	
		沈引子	2008年1月—3月	
宏畔自来水厂	负责人	郑　涌	2006年10月—12月	公司总工程师兼任
	协助工作	杨硕果	2006年10月—12月	
	厂　长	殷兆刚	2007年1月—2008年3月	
	副厂长	金国民	2007年1月—12月	
	厂长助理	楼继锋	2007年1月—2008年3月	
獐山自来水厂	厂　长	张建明	2003年1月—2006年12月	
		郑　涌	2007年1月—2008年3月	公司总工程师兼任
	副厂长	张建明	2001年12月—2002年12月	全面负责、正职待遇
		徐　敏	2001年12月—2003年12月	
		支政星	2004年1月—2006年12月	
		许金木	2007年1月—12月	
		沈国忠	2008年1月—3月	
余杭自来水厂	厂　长	俞建荣	2001年12月—2008年3月	
	副厂长	马可根	2001年12月—2008年3月	
	厂长助理	李　挺	2004年1月—12月	
		何耀明	2006年1月—2008年3月	
		李飞翔	2007年1月—12月	
瓶窑自来水厂	厂　长	任正义	2001年12月—2008年3月	
	副厂长	张桂根	2001年12月—2008年3月	
		楼安民	2007年1月—12月	
	厂长助理	楼安民	2001年12月—2006年12月	

续表

机构名称	职务	姓名	任职年限	备　　注
径山自来水厂	筹建组组长	陈　国	2006 年 1 月—2 月	
	筹建组组员	朱品尚	2006 年 1 月—2 月	
	厂　长	陈　国	2006 年 3 月—2008 年 3 月	
	副厂长	楼安民	2008 年 1 月—3 月	
	厂长助理	朱品尚	2006 年 3 月—2007 年 12 月	
临平分公司（临平营业分公司）	经　理	朱卫华	2001 年 12 月—2006 年 12 月	2001 年 12 月—2006 年 10 月为临平营业分公司； 2006 年 10 月 31 日更名为临平分公司
		陈高良	2007 年 1 月—12 月	
		孙欣杰	2008 年 1 月—3 月	
	副经理	金国民	2001 年 12 月—2006 年 12 月	
		骆宝根	2005 年 1 月—2008 年 3 月	
	经理助理	许金木	2003 年 1 月—2005 年 12 月	
		周笑如	2006 年 1 月—12 月	
		沈引子	2007 年 1 月—12 月	
	协助经理工作	沈志坤	2001 年 12 月—2005 年 12 月	正职待遇
乔司分公司（乔司营业分公司）	经　理	骆宝根	2001 年 12 月—2004 年 12 月	2001 年 12 月—2006 年 10 月为乔司营业分公司； 2006 年 10 月 31 日更名为乔司分公司
		费建新	2005 年 7 月—2008 年 3 月	
	副经理	张　俊	2001 年 12 月—2004 年 12 月	
		费建新	2005 年 1 月—6 月(全面负责)	
		郎伟毅	2007 年 1 月—2008 年 3 月	
	经理助理	费建新	2001 年 12 月—2002 年 12 月	
		冯晓峰	2005 年 1 月—2006 年 12 月	
良渚分公司（良渚营业分公司）	筹建组组长	陈国良	2003 年 2 月—7 月	2003 年 2 月—2006 年 10 月为良渚营业分公司； 2006 年 10 月 31 日更名为良渚分公司
	筹建组助理	陈　国	2003 年 2 月—7 月	
	经　理	陈国良	2003 年 8 月—2006 年 12 月	
		张建明	2007 年 1 月—12 月	
	副经理	陈　国	2004 年 1 月—2005 年 12 月	
		屠玲娟	2007 年 1 月—2008 年 3 月	
		许金木	2008 年 1 月—3 月(全面负责)	

续表

机构名称	职务	姓名	任职年限	备　　注
良渚分公司（良渚营业分公司）	经理助理	陈　国	2003 年 8 月—12 月	
		屠玲娟	2006 年 1 月—12 月	
闲林分公司（闲林营业分公司、闲林自来水厂）	经　理（厂长）	魏安荣	2001 年 12 月—2008 年 3 月	2001 年 12 月—2003 年 2 月为闲林自来水厂；2003 年 2 月 18 日更名为闲林营业分公司；2006 年 10 月 31 日再次更名为闲林分公司
	副经理（副厂长）	徐文松	2001 年 12 月—2006 年 12 月	
		沈国忠	2007 年 1 月—12 月	
	经理助理（厂长助理）	何耀明	2001 年 12 月—2005 年 12 月	
		沈国忠	2006 年 1 月—12 月	
	协助工作	徐文松	2007 年 1 月—2008 年 3 月	副职待遇
供水管道安装分公司	经　理	孙　坚	2006 年 1 月—2007 年 12 月	
	副经理	许金木	2006 年 1 月—12 月	
	经理助理	冯晓峰	2007 年 1 月—12 月	
	协助工作	陈毓麟	2007 年 1 月—12 月	正职待遇
排水处筹建组	组　长	陈国良	2007 年 12 月—2008 年 3 月	
绩效管理处筹建组	副组长	陈晓媛	2007 年 12 月—2008 年 3 月	全面负责
临平排水分公司筹建组	组　长	徐　敏	2007 年 12 月—2008 年 3 月	
	副组长	金国民	2007 年 12 月—2008 年 3 月	
	协助工作	冯晓峰	2007 年 12 月—2008 年 3 月	
塘栖排水分公司筹建组	副组长	张　俊	2007 年 12 月—2008 年 3 月	全面负责
		杨硕果	2008 年 2 月—3 月	
	协助工作	李　挺	2007 年 12 月—2008 年 3 月	
良渚排水分公司筹建组	组　长	张建明	2007 年 12 月—2008 年 3 月	
	协助工作	朱品尚	2007 年 12 月—2008 年 3 月	
余杭排水分公司筹建组	组　长	王　邕	2007 年 12 月—2008 年 3 月	
	协助工作	李飞翔	2007 年 12 月—2008 年 3 月	
水务设施安装分公司筹建组	组　长	孙　坚	2007 年 12 月—2008 年 3 月	
	协助工作	陈　建	2007 年 12 月—2008 年 3 月	
		陈毓麟	2007 年 12 月—2008 年 3 月	

七、杭州余杭水务有限公司机关部（处）室与分支机构

机构名称	职务	姓名	任职年限	备　注
公　司	总工程师	郑　涌	2008 年 3 月—2014 年 7 月	2014 年 7 月开始，协助分管生产和工程建设的副总经理做好相关工作，保留原职务的薪酬待遇
	安全总监	陈　潜	2011 年 5 月—	公司副总经理兼任
办公室	主　任	叶善赞	2008 年 3 月—2015 年 7 月	公司党委委员兼任
	副主任	周笑如	2008 年 5 月—2013 年 7 月	
		邱君力	2013 年 7 月—	2015 年 7 月起主持办公室工作
		杨群丽	2013 年 7 月—	
		孙　周	2013 年 7 月—	借调人力资源部
	主任助理	周笑如	2008 年 3 月—5 月	
	协助工作	许　征	2008 年 3 月—2009 年 5 月	正职待遇
人力资源部（组织人事处、绩效管理处）	经　理（处长）	陈晓媛	2009 年 1 月—	2008 年 3 月—2011 年 4 月为组织人事处和绩效管理处二个处室一套班子。 2011 年 4 月 13 日合并为人力资源部
	副处长	陈晓媛	2008 年 3 月—12 月（全面负责）	
规划审计部（规划设计处）	处　长	雷云霞	2008 年 3 月—2011 年 4 月	2008 年 3 月—2011 年 4 月为规划设计处（设计室）； 2011 年 4 月 13 日更名为规划审计部
	经　理	孙　坚	2011 年 4 月—2013 年 1 月	
	副经理	王　芬	2011 年 4 月—2013 年 7 月	
			2013 年 7 月—（主持工作）	
	处长助理	陈丽兰	2008 年 5 月—2009 年 8 月	
生产运行部（生产处）	经　理（处长）	陈　潜	2008 年 3 月—2011 年 4 月（副总经理兼任）	2008 年 3 月—2011 年 4 月为生产处，2010 年 7 月内设安全监督处。 2011 年 4 月 13 日更名为生产运行部
		楼继锋	2013 年 7 月—	
	副经理	楼继锋	2011 年 4 月—2013 年 7 月（全面负责）	
		陈迪超	2012 年 1 月—2013 年 7 月	
		徐忠华	2013 年 7 月—	
		陈　建	2015 年 2 月—	
	经理（处长）助理	陈迪超	2008 年 5 月—2012 年 1 月	

续表

机构名称	职务	姓名	任职年限	备　　注
营业服务部（供水处）	经　理（处长）	韩建荣	2008 年 3 月—2009 年 11 月（副总经理兼任）	2008 年 3 月—2011 年 4 月为供水处； 2011 年 4 月 13 日更名为营业服务部
		孙　坚	2009 年 11 月—2011 年 4 月	
		陈　国	2011 年 4 月—2013 年 7 月	
		孙　坚	2013 年 7 月—	
	副经理（副处长）	李　挺	2009 年 11 月—2011 年 4 月（处理日常事务）	
		陈宝光	2011 年 4 月—2013 年 7 月	
		沈引子	2013 年 7 月—	
		朱恒杰	2013 年 7 月—	
	经理助理（处长助理）	陈宝光	2008 年 3 月—2011 年 4 月	
		朱恒杰	2008 年 5 月—2011 年 4 月	
		吴国龙	2011 年 4 月—2014 年 7 月	2014 年 7 月起协助工作，保留原职务的薪酬待遇
排水处	处　长	陈高良	2008 年 3 月—2011 年 4 月	
	处长助理	王　芬	2008 年 10 月—2011 年 4 月（其中：2010 年—2011 年 4 月借调规划设计处）	2011 年 4 月排水处撤销，职能分别划到生产运行部、营业服务部、工程建设部
财务部（财务处）	经　理（处长）	胡华龙	2008 年 3 月—2015 年 7 月（公司党委委员兼任）	2008 年 3 月—2011 年 4 月为财务处； 2011 年 4 月 13 日更名为财务部
	副经理（副处长）	陈文武	2008 年 3 月—（2015 年 7 月起主持工作）	
	经理助理	搂榄月	2011 年 11 月—2013 年 7 月	
工程建设部（建设处）	经　理（处长）	田培虎	2008 年 3 月—2009 年 1 月（副总经理兼任）	2008 年 3 月—2011 年 4 月为建设处； 2011 年 4 月 13 日更名为工程建设部
		陈高良	2011 年 4 月—2013 年 7 月（副总经理兼任）	
		朱品尚	2013 年 7 月—2015 年 2 月	
		徐　敏	2015 年 2 月—	
	副经理（副处长）	马国胜	2008 年 3 月—12 月	
			2009 年 1 月—2011 年 4 月（全面负责）	

续表

机构名称	职务	姓名	任职年限	备　注
工程建设部（建设处）	副经理（副处长）	陈　鹏	2010 年 4 月—2011 年 4 月（借调仁和水厂项目办）	
		李　挺	2012 年 1 月—	
		邱君力	2012 年 1 月—2013 年 7 月	
		郭松杰	2013 年 7 月—（借调规划审计部）	
	经理助理（处长助理）	邱君力	2008 年 10 月—2012 年 1 月	
		汪红春	2012 年 12 月—	
物资管理部（物资处）	经　理（处长）	湛　勇	2009 年 1 月—2013 年 7 月	2008 年 3 月—2011 年 4 月为物资处；2011 年 4 月 13 日更名为物资管理部
		孙欣杰	2013 年 7 月—	
	副经理（副处长）	湛　勇	2008 年 3 月—12 月（全面负责）	
		楼榄月	2013 年 7 月—（借调财务部）	
	处长助理	吴国龙	2008 年 3 月—2011 年 4 月	
信息管理部	副经理	陈迪超	2013 年 7 月—	主持工作。2013 年 7 月设立
临平供水分公司	经　理	孙欣杰	2008 年 3 月—2011 年 4 月	2011 年 4 月后分设为城南、城北分公司
	副经理	骆宝根	2008 年 3 月—2011 年 4 月	
	经理助理	张巍巍	2008 年 10 月—2011 年 4 月	
城北分公司	经　理	孙欣杰	2011 年 4 月—2013 年 7 月	
		张建明	2015 年 2 月—	
	主持工作	丁来水	2013 年 7 月—2015 年 2 月	
	副经理	金国民	2011 年 4 月—2013 年 7 月	
		陈宝光	2013 年 7 月—	
		徐国栋	2013 年 7 月—	
	经理助理	肖　佳	2011 年 4 月—2013 年 7 月	
	协助工作	金国民	2013 年 7 月—	副职待遇

续表

机构名称	职务	姓名	任职年限	备　　注
城南分公司	经　理	徐　敏	2011 年 4 月—2015 年 2 月	
		许金木	2015 年 2 月—	
	副经理	马国胜	2011 年 4 月—2013 年 7 月	
		周笑如	2013 年 7 月—8 月	
		冯晓峰	2013 年 7 月—	
		蔡潮东	2013 年 11 月—2015 年 1 月	
	经理助理	朱恒杰	2011 年 4 月—2013 年 7 月	
乔司分公司（乔司供水分公司）	经　理	费建新	2008 年 3 月—2013 年 2 月	2008 年 3 月至 2011 年 4 月为乔司供水分公司；2011 年 4 月 13 日更名为乔司分公司
		朱卫华	2013 年 2 月—	
	副经理	郎伟毅	2008 年 3 月—	
		冯晓峰	2011 年 4 月—2013 年 7 月	
		沈立芳	2013 年 7 月—	
	协助工作	丁来水	2015 年 2 月—	
运河分公司（运河供水分公司）	经　理	朱卫华	2008 年 3 月—2013 年 2 月	2008 年 3 月—2010 年 1 月为运河供水分公司；2010 年 1 月 18 日更名为运河分公司。
		湛　勇	2013 年 2 月—	
	副经理	沈志坤	2008 年 3 月—2010 年 12 月	
		支政星	2008 年 3 月—2011 年 4 月	
		张云昌	2013 年 7 月—	
		沈德龙	2013 年 7 月—	
	经理助理	张云昌	2011 年 4 月—2013 年 7 月	
		沈德龙	2011 年 11 月—2013 年 7 月	
	协助工作	沈志坤	2011 年 1 月—2013 年 6 月	正职待遇
塘栖分公司（塘栖供水分公司）	经　理	丁来水	2011 年 4 月—2013 年 2 月	2008 年 3 月—2011 年 4 月为塘栖供水分公司；2011 年 4 月 13 日更名为塘栖分公司
		张　俊	2013 年 2 月—	
	副经理	丁来水	2008 年 3 月—2011 年 4 月（全面负责）	
		沈引子	2009 年 1 月—2013 年 7 月	
		支政星	2011 年 4 月—2015 年 2 月	
		吴勇犇	2013 年 7 月—	
		杨华明	2015 年 2 月—	
	经理助理	沈引子	2008 年 3 月—12 月	
		周琦红	2009 年 6 月—2011 年 4 月	

续表

机构名称	职务	姓名	任职年限	备　注
宏畔供水分公司	经　理	殷兆刚	2008年3月—2011年4月	2010年4月之后并入塘栖供水分公司
	副经理	楼继锋	2005年5月—2011年4月	
	经理助理	楼继锋	2008年3月—5月	
		张云昌	2009年9月—2011年4月	
崇贤分公司	经　理	张　俊	2011年4月—2013年2月	2011年4月从塘栖供水分公司和塘栖排水分公司划出崇贤区块的职能后设立
		张建明	2013年2月—2015年2月	
	副经理	应林荣	2011年4月—	
		支政星	2015年2月—（主持工作）	
	经理助理	周琦红	2011年4月—	
仁和分公司（仁和供水分公司）	经　理	郑　涌	2008年3月—2010年1月（公司总工程师兼任）	2008年3月—2011年4月为仁和供水分公司； 2011年4月13日更名为仁和分公司
		陈　鹏	2011年4月—	
	副经理	沈国忠	2008年3月—2009年12月	
			2010年1月—2011年4月（全面负责）	
		冯伟华	2013年7月—	
		张巍巍	2013年7月—	
		杨华明	2013年7月—2015年2月	
	经理助理	冯伟华	2009年6月—2013年7月	
		张巍巍	2011年4月—2013年7月	
良渚分公司（良渚供水分公司）	经　理	许金木	2009年1月—2011年4月	2008年3月—2011年4月为良渚供水分公司； 2011年4月13日更名为良渚分公司
			2013年2月—2015年2月	
		张建明	2011年4月—2013年2月	
		朱品尚	2015年2月—	
	副经理	许金木	2008年3月—12月（全面负责）	
		屠玲娟	2008年3月—2009年7月	
		朱品尚	2011年4月—2013年7月	
		马建国	2013年7月—	
		姜　乔	2013年7月—	
	经理助理	姜　乔	2011年1月—2013年7月	

续表

机构名称	职务	姓名	任职年限	备　　注
余杭分公司（余杭供水分公司）	经　理	俞建荣	2008 年 3 月—2011 年 4 月	2008 年 3 月—2011 年 4 月为余杭供水分公司； 2011 年 4 月 13 日更名为余杭分公司
		杨硕果	2011 年 4 月—	
	副经理	马可根	2008 年 3 月—2012 年 10 月	
		倪善永	2013 年 7 月—2014 年 7 月	
		厉林聪	2013 年 7 月—	
	经理助理	何耀明	2008 年 3 月—2011 年 4 月（其中：2009 年 2 月—2011 年 4 月借调良渚供水分公司）	
		倪善永	2011 年 4 月—2013 年 7 月	
	协助工作	马可根	2012 年 10 月—（副职待遇）	
闲林分公司（闲林供水分公司）	经　理	魏安荣	2008 年 3 月—2011 年 4 月	2008 年 3 月—2011 年 4 月为闲林供水分公司； 2011 年 4 月 13 日更名为闲林分公司
		俞建荣	2011 年 4 月—	
	副经理	严旭华	2011 年 4 月—	
		肖　佳	2013 年 7 月—	
	经理助理	严旭华	2008 年 10 月—2011 年 4 月	
		蒋　凯	2011 年 11 月—2013 年 7 月	
	协助工作	徐文松	2008 年 3 月—12 月（副职待遇）	
		魏安荣	2012 年 1 月—（正职待遇）	
		何耀明	2013 年 7 月—（助理待遇）	
瓶窑分公司（瓶窑供水分公司）	经　理	任正义	2008 年 3 月—	2008 年 3 月—2011 年 4 月为瓶窑供水分公司； 2011 年 4 月 13 日更名为瓶窑公分公司
	副经理	张桂根	2008 年 3 月—5 月	
		金泳华	2011 年 4 月—	
		蒋　凯	2003 年 7 月—	
	经理助理	金泳华	2008 年 5 月—2011 年 4 月	
		何耀明	2011 年 4 月—2013 年 7 月	
	协助工作	张桂根	2008 年 5 月—2012 年 12 月（副职待遇）	

续表

机构名称	职务	姓名	任职年限	备注
径山分公司（径山供水分公司）	经理	陈国	2008年3月—2011年4月	2008年3月—12月为径山供水分公司；2008年12月8日更名为径山分公司
		沈国忠	2011年4月—	
	副经理	楼安民	2008年3月—	
		马建国	2011年4月—2013年7月	
		黄军	2013年7月—	
	经理助理	马建国	2008年10月—2011年4月	
临平排水分公司	经理	徐敏	2008年3月—2011年4月	2011年4月临平排水分公司撤销，职能分解到城南、城北、运河、乔司等分公司
	副经理	金国民	2008年3月—2011年4月	
	经理助理	冯晓峰	2009年1月—2011年4月	
		戴镇	2009年6月—2011年4月	
塘栖排水分公司	经理	张俊	2009年1月—2011年4月	2011年4月塘栖排水分公司撤销，职能分解到塘栖、崇贤分公司
	副经理	张俊	2008年3月—12月（全面负责）	
		杨硕果	2008年3月—2010年4月	
		李挺	2008年5月—2009年10月	
	经理助理	李挺	2008年3月—5月	
		杨嘉宾	2008年10月—2010年7月（其中：2010年借调余杭排水分公司）	
		应林荣	2009年6月—2011年4月	
良渚排水分公司	经理	张建明	2008年3月—2011年4月	2011年4月良渚排水分公司撤销，职能分解到良渚、仁和、瓶窑分公司
	副经理	朱品尚	2009年1月—2011年4月	
	经理助理	朱品尚	2008年3月—12月	
		肖佳	2009年9月—2011年4月（其中：2010年—2011年借调排水处）	

续表

<table>
<tr><th>机构名称</th><th>职务</th><th>姓名</th><th>任职年限</th><th colspan="2">备　　注</th></tr>
<tr><td rowspan="6">余杭排水分公司</td><td>经　理</td><td>王　邕</td><td>2008 年 3 月—2010 年 4 月</td><td colspan="2" rowspan="6">2011 年 4 月余杭排水分公司撤销，职能分解到余杭、闲林分公司</td></tr>
<tr><td rowspan="2">副经理</td><td>李飞翔</td><td>2009 年 1 月—2010 年 10 月（其中，2010 年借调排水处）</td></tr>
<tr><td>杨硕果</td><td>2010 年 4 月—2011 年 4 月（全面负责）</td></tr>
<tr><td rowspan="2">经理助理</td><td>李飞翔</td><td>2008 年 3 月—12 月</td></tr>
<tr><td>倪善勇</td><td>2009 年 6 月—2011 年 4 月</td></tr>
<tr style="display:none"></tr>
<tr><td rowspan="6">水务设施安装分公司（杭州余水市政工程有限公司）</td><td rowspan="3">经　理</td><td>孙　坚</td><td>2008 年 3 月—2011 年 4 月</td><td colspan="2" rowspan="6">2013 年 10 月成立“杭州余水市政工程有限公司”</td></tr>
<tr><td>许金木</td><td>2011 年 4 月—2013 年 2 月</td></tr>
<tr><td>费建新</td><td>2013 年 2 月—</td></tr>
<tr><td rowspan="2">副经理</td><td>陈　建</td><td>2008 年 5 月—2015 年 2 月（2014 年 2 月借调生产运行部）</td></tr>
<tr><td>戴　镇</td><td>2011 年 4 月—</td></tr>
<tr><td>协助工作</td><td>陈毓麟</td><td>2008 年 3 月—2009 年 7 月（正职待遇）</td></tr>
<tr><td rowspan="7">水质监测中心（杭州余杭水务水质监测有限公司）</td><td rowspan="2">主　任</td><td>张益清</td><td>2008 年 3 月—12 月</td><td>公司副总经理兼任</td><td rowspan="7">2009 年 11 月成立“杭州余杭水务水质监测有限公司”</td></tr>
<tr><td>姚建国</td><td>2011 年 4 月—</td><td></td></tr>
<tr><td rowspan="3">副主任</td><td rowspan="2">姚建国</td><td>2008 年 3 月—12 月</td><td></td></tr>
<tr><td>2009 年 1 月—2011 年 4 月</td><td>全面负责</td></tr>
<tr><td>白玉华</td><td>2013 年 7 月—</td><td></td></tr>
<tr><td>主任助理</td><td>华雯杰</td><td>2008 年 10 月—2013 年 1 月</td><td></td></tr>
<tr><td>协助工作</td><td>骆宝根</td><td>2012 年 1 月—</td><td>正职待遇</td></tr>
</table>

八、区（市）属水务机构党组织

<table>
<tr><th>机构名称</th><th>职务</th><th>姓名</th><th>任职年限</th><th>备　　注</th></tr>
<tr><td rowspan="3">中共余杭区（市）自来水总公司党组</td><td>书　记</td><td>朱张荣</td><td>1998 年 4 月—2001 年 10 月</td><td rowspan="3"></td></tr>
<tr><td rowspan="2">成　员</td><td>黄洪奎</td><td>1998 年 4 月—2001 年 10 月</td></tr>
<tr><td>李民宏</td><td>1998 年 4 月—2001 年 10 月</td></tr>
</table>

续表

机构名称	职务	姓名	任职年限	备　注
中共杭州余杭供水集团委员会	书　记	黄洪奎	2001 年 11 月—2009 年 6 月	2008 年 3 月，杭州余杭水务有限公司成立后，供水集团党委成员和组织名称顺延到 2009 年 6 月，经中共余杭区委批准后，更名为杭州余杭水务有限公司党委
	副书记	李民宏	2001 年 11 月—2003 年 4 月	
		张朝才	2003 年 10 月—2008 年 10 月	
	委　员	张益清	2001 年 11 月—2009 年 6 月	
		田培虎	2001 年 11 月—2009 年 6 月	
		张立明	2001 年 11 月—2002 年 9 月	
		韩建荣	2001 年 11 月—2009 年 6 月	
		叶善赞	2001 年 11 月—2009 年 6 月	
中共杭州余杭供水集团纪律检查委员会	书　记	李民宏	2001 年 11 月—2003 年 4 月	供水集团纪委的组织名称于 2009 年 6 月更名为水务有限公司纪委
		张朝才	2003 年 10 月—2008 年 10 月	
	委　员	叶善赞	2001 年 12 月—2009 年 6 月	
		胡华龙	2001 年 12 月—2009 年 6 月	
中共杭州余杭水务有限公司委员会	书　记	黄洪奎	2009 年 6 月—8 月	由杭州余杭供水集团党委更名后设立
		李冰石	2009 年 9 月—2014 年 10 月	
		韩建荣	2014 年 10 月—	
	副书记	陈　潜	2014 年 10 月—	
	委　员	韩建荣	2009 年 6 月—	
		田培虎	2009 年 6 月—2012 年 11 月	
		叶善赞	2009 年 6 月—	
		舒贤龙	2009 年 6 月—2010 年 11 月	
		陈　潜	2009 年 6 月—	
		胡华龙	2009 年 6 月—	
		陈高良	2011 年 3 月—	
		陈　国	2012 年 12 月—	
中共杭州余杭水务有限公司纪律检查委员会	书　记	叶善赞	2009 年 6 月—	由杭州余杭供水集团纪委更名后设立
	委　员	陈晓媛	2009 年 8 月—	
		陈高良	2009 年 8 月—2015 年 6 月	
		王　芬	2015 年 6 月—	

九、区（市）属水务机构群团组织

群团	组织名称	职务	姓名	任职年限	备注
工会	余杭区（县、市）自来水总公司机关工会委员会	主席	卜迎迎	1994 年 3 月—2001 年 10 月	隶属余杭区（县、市）区级机关工会

续表

群团	组织名称		职务	姓名	任职年限	备注
工会	余杭区（县、市）自来水总公司机关工会委员会		委　员	张立明	1994年3月—2001年10月	隶属余杭区（县、市）直属机关工会
				张菊芬	1994年3月—2001年10月	
				王晓欣	1994年3月—2001年10月	
				叶　青	1994年3月—2001年3月	
	杭州余杭供水集团工会	杭州余杭供水集团工会委员会	主　席	李民宏	2002年4月—2008年3月	隶属于杭州市余杭区总工会
			副主席	许　征	2002年4月—2008年3月	
			委　员	卜迎迎	2002年4月—2004年9月	
				王　邕	2002年4月—2008年3月	
				赵敏渊	2002年4月—2008年3月	
		杭州余杭供水集团工会经费审查委员会	主　任	叶善赟	2002年4月—2008年3月	
			委　员	张　俊	2002年4月—2008年3月	
				胡华龙	2002年4月—2008年3月	
		杭州余杭供水集团工会女职工委员会	主　任	卜迎迎	2002年4月—2004年9月	
				陈文武	2005年3月—2008年3月	
			委　员	方建英	2002年4月—2008年3月	
				宋玉琴	2002年4月—2008年3月	
	杭州余杭水务有限公司工会	杭州余杭水务有限公司工会委员会	主　席	李民宏	2008年3月—2009年3月	隶属杭州余杭城市建设集团有限公司工会（2013年5月调整隶属于余杭区住房和城乡建设局工会）。 2008年3月—2009年10月水务有限公司工会未正式建立之前仍由原供水集团工会组织活动
				叶善赟	2009年11月—	
			副主席	许　征	2008年3月—2009年2月	
				陈晓媛	2009年11月—	
			委　员	王　邕	2008年3月—2010年5月	
				陈　国	2009年11月—2014年3月	
				陈文武	2009年11月—	
				支政星	2011年3月—	
				陈　鹏	2014年3月—	
		杭州余杭水务有限公司工会经费审查委员会	主　任	叶善赟	2008年3月—2009年10月	
				张建明	2009年11月—	
			委　员	张　俊	2008年3月—2009年10月	
				胡华龙	2008年3月—2009年10月	
				张巍巍	2009年11月—2014年3月	
				周笑如	2009年11月—2013年7月	
				何国忠	2014年3月—	
				董晓明	2014年3月—	

续表

群团	组织名称		职务	姓名	任职年限	备注
工会	杭州余杭水务有限公司工会	杭州余杭水务有限公司工会女职工委员会	主　任	陈文武	2008年3月—	
			委　员	方建英	2008年3月— 2009年10月	
				宋玉琴	2008年3月—2009年10月	
				周琦红	2009年11月—	
				韩铮铮	2009年11月—2014年3月	
				魏芳兰	2014年3月—	
共青团	共青团余杭区（县、市）自来水总公司机关支部委员会		书　记	胡华龙	1996年5月—1998年7月	隶属于余杭区（县、市）直属机关团工委
				陈高良	1998年6月—2001年10月	
			委　员	赵敏渊	1996年5月—2001年10月	
				陈高良	1996年5月—1998年5月	
				郑方正	1998年6月—1998年7月	
	共青团杭州余杭供水集团委员会		书　记	韩建荣	2002年4月—2008年3月	隶属于共青团杭州市余杭区委员会
			副书记	沈引子	2002年4月—2008年3月	
			委　员	徐　敏	2002年4月—2007年5月	
				冯晓峰	2002年4月—2007年5月	
				黄　琦	2002年4月—2007年5月	
				陈宝光	2007年5月—2008年3月	
				王　娟	2007年5月—2008年3月	
				楼继锋	2007年5月—2008年3月	
	共青团杭州余杭水务有限公司委员会		书　记	韩建荣	2008年3月—2009年11月	隶属于杭州余杭城市建设集团有限公司团委（2013年5月调整隶属于余杭区住房和城乡建设局团委）。 2008年3月—2010年2月水务有限公司团委未正式建立之前仍由原供水集团团委组织活动
				陈　潜	2009年12月—2013年11月	
				陈　建	2013年11月—	
			副书记	沈引子	2008年3月—2009年12月	
				楼继锋	2009年12月—2013年11月	
				陈宝光	2013年11月—	
				章沈贞	2013年11月—	
			委　员	王　娟	2008年3月—2013年11月	
				沈引子	2009年12月—2013年11月	
				陈宝光	2008年3月—2013年11月	
				楼继锋	2008年3月—2009年12月	

续表

群团	组织名称	职务	姓名	任职年限	备注
共青团	共青团杭州余杭水务有限公司委员会	委　员	李　豪	2013 年 11 月—	
			来　旸	2013 年 11 月—	
			吴　京	2013 年 11 月—2015 年 3 月	
			黄　强	2013 年 11 月—	
			杨　明	2015 年 3 月—	
妇委会	杭州余杭水务有限公司妇女委员会	主　任	陈晓媛	2013 年 11 月—	隶属于杭州市余杭区住房和城乡建设局妇女委员会
		副主任	杨群丽	2013 年 11 月—	
		委　员	方　芳	2013 年 11 月—	
			胡亥亮	2013 年 11 月—	
			韩铮铮	2013 年 11 月—	
青年志愿者服务站	中信青年志愿者服务站临平自来水厂分站	站　长	戚卫峰	1999 年 7 月—2001 年 7 月	各隶属于公司共青团组织
	余杭区供水集团有限公司青年志愿者服务总站	站　长	朱卫华	2001 年 7 月—2002 年 4 月	
	杭州余杭供水集团公司青年志愿者服务总站	站　长	朱卫华	2002 年 4 月—2003 年 4 月	
			沈引子	2003 年 4 月—2008 年 3 月	
	杭州余杭水务有限公司青年志愿者服务总站	站　长	沈引子	2008 年 3 月—2010 年 2 月	
			陈宝光	2010 年 3 月—	

第二章　荣　　誉

在余杭水务事业发展的历程上，水务企业的广大员工艰苦创业、改革创新，积极努力争创水务行业标杆企业，在打造实力水务、智慧水务、勤廉水务中，取得了辉煌的佳绩。得到各级政府和有关部门的充分肯定与嘉奖，涌现了一批又一批的各类先进集体和个人。本章将收集到的获得全国、省和杭州市的各项集体荣誉和个人荣誉按获奖年份的先后顺序列表记载，获得余杭区（县、市）的各类荣誉从略。

第一节　集体荣誉

一、全国荣誉

<table>
<tr><th>年　份</th><th colspan="2">荣誉称号</th><th>获奖单位（部门）</th><th>颁奖单位</th></tr>
<tr><td>2002 年
2004 年</td><td colspan="2">全国优秀县镇供水企业</td><td>杭州余杭供水集团公司</td><td>中国城镇供水协会县镇供水委员会</td></tr>
<tr><td>2003 年</td><td colspan="2">全国农村优秀水厂</td><td>杭州余杭供水集团公司塘栖自来水厂</td><td>全国爱国卫生运动委员会</td></tr>
<tr><td rowspan="2">2013 年</td><td rowspan="2">全国城镇污水处理厂节能减排绩效考核达标竞赛活动</td><td>优秀达标单位</td><td>杭州余杭水务有限公司良渚污水处理厂</td><td rowspan="2">中国城镇供水排水协会、中国海员建设工会全国委员会</td></tr>
<tr><td>先进达标单位</td><td>杭州余杭水务有限公司余杭污水处理厂</td></tr>
<tr><td>2014 年</td><td colspan="2">2014 年中国技能大赛优秀组织奖</td><td>杭州余杭水务有限公司</td><td>中国城镇供水排水协会、中国海员建设工会全国委员会、全国城镇排水行业工会联合委员会</td></tr>
</table>

二、省级荣誉

年份	荣誉称号	获奖单位（部门）	颁奖单位
1989 年	农村改水项目会计决算和物资管理全省联查评比第一名	余杭县农村改水项目办公室	浙江省爱卫会改水办
1991 年	浙江省“七五”农村自来水建设管理先进县	余杭县人民政府	浙江省爱卫会
1991 年	浙江省“七五”农村改水先进水厂	闲林镇自来水厂、和睦乡和睦村自来水厂	浙江省爱卫会
1992 年	全省水厂考核经济效益排名第 16 位	塘栖镇自来水厂	浙江省计划委员会
1996 年	浙江省“八五”农村改水先进县（市、区）	余杭市人民政府	浙江省爱卫会

续表

年份	荣誉称号	获奖单位（部门）	颁奖单位
1996 年	浙江省“八五”农村改水先进水厂	瓶窑镇自来水厂 闲林镇自来水厂	浙江省爱卫会
1997 年	浙江省 1996 年度城市节水先进集体	余杭市节约用水办公室	浙江省建设厅
1997 年	浙江省自来水企业最佳经济效益工业企业	塘栖镇自来水厂	浙江省计委、省统计局、省经济体制改革委员会、省企业评估中心
2000 年	浙江省先进青年志愿者服务站	余杭市供水集团有限公司临平营业公司青年志愿者服务分站	共青团浙江省委、省青年志愿者协会
2001 年	浙江省青年文明号	余杭市供水集团有限公司临平营业公司	省建设厅、省青年文明号活动指导委员会
2001 年	浙江省建设系统文明行业示范单位	杭州余杭供水集团公司	浙江省建设厅
2002 年	浙江省供水行业水质监测技术比武团体（B 队）第二名	杭州余杭供水集团公司	浙江省城镇供水协会
2002 年	浙江省优秀水厂	杭州余杭供水集团公司塘栖自来水厂	浙江省建设厅、浙江省城镇供水协会
2004 年	浙江省卫生先进单位	杭州余杭供水集团公司	浙江省爱卫会
2004 年	档案工作目标管理通过省级认定	杭州余杭供水集团公司	浙江省档案局
2005 年	浙江省文明单位	杭州余杭供水集团公司	中共浙江省委、省人民政府
2005 年	浙江省卫生先进单位	杭州余杭供水集团公司	浙江省爱卫会
2005 年	浙江省建设系统文明行业示范单位（复评保留）	杭州余杭供水集团公司	浙江省建设厅
2006 年	浙江省治安安全示范单位	杭州余杭供水集团公司	浙江省社会治安综合治理委员会办公室、浙江省公安厅
2008 年	浙江省绿化模范单位	杭州余杭供水集团公司塘栖自来水厂	浙江省绿化委员会
2009 年	浙江省治安安全示范单位	杭州余杭水务有限公司	浙江省社会治安综合治理委员会办公室、浙江省公安厅

续表

年份	荣誉称号	获奖单位（部门）	颁奖单位
2009 年	浙江省卫生先进单位	杭州余杭水务有限公司余杭供水分公司	浙江省爱卫会
2010 年	2009—2010 年度纳税信用等级为 AAA 级	杭州余杭水务有限公司	浙江省国家税务局、省地方税务局
2012 年	2011—2012 年度纳税信用等级为 AAA 级	杭州余杭水务有限公司	浙江省国家税务局、省地方税务局

三、杭州市级荣誉

年份	荣誉称号	获奖单位（部门）	颁奖单位
1987 年	一九八七年度农村改水达标先进县	余杭县人民政府	杭州市爱国卫生运动委员会
1989 年	一九八九年度农村改水先进乡镇	闲林镇人民政府	杭州市爱国卫生运动委员会
1989 年	一九八九年度农村改水先进水厂	闲林镇自来水厂	杭州市爱国卫生运动委员会
1991 年	杭州市“七五”期间农村改水达标先进县	余杭县人民政府	杭州市爱国卫生运动委员会
1991 年	杭州市“七五”期间农村改水先进水厂	闲林镇自来水厂 舟枕乡中南村自来水厂	杭州市爱国卫生运动委员会
1996 年	杭州市卫生先进单位	余杭镇自来水厂	杭州市爱卫会、杭州市改水技术指导站
1996 年	杭州市“八五”农村改水先进县（市、区）	余杭市人民政府	杭州市爱卫会
1996 年	杭州市先进水厂	瓶窑镇自来水厂	杭州市爱卫会
1996 年	杭州市一九九六年度农村改水先进水厂	闲林镇自来水厂 沾桥乡自来水厂	杭州市改水技术指导站
1996 年	杭州市供水企业一九九六年度水质管理先进单位	临平自来水厂 余杭镇自来水厂	杭州市市政公用事业管理局
1997 年	杭州市供水企业一九九七年度水质管理先进单位	临平自来水厂	杭州市市政公用事业管理局

续表

年份	荣誉称号	获奖单位（部门）	颁奖单位
1998年	杭州市先进职工之家	临平自来水厂工会	杭州市总工会
1998年	杭州市供水企业一九九八年度水质管理先进单位	临平自来水厂、瓶窑镇自来水厂、塘栖镇自来水厂	杭州市市政公用事业管理局
1999年	一九九八年度杭州市先进水厂	临平自来水厂、临平第二水厂、良渚镇自来水厂、塘栖镇自来水厂、黄湖镇自来水厂	杭州市爱卫会
1999年	一九九八年杭州市级卫生先进单位	余杭市自来水总公司	杭州市爱卫会
1999年	杭州市供水企业一九九九年度水质管理先进单位	临平自来水厂、余杭自来水厂	杭州市市政公用事业管理局
2000年	一九九九年杭州市先进水厂	临平自来水厂、余杭自来水厂	杭州市爱卫会
2000年	杭州市模范集体	临平自来水厂营业所	杭州市人民政府
2000年	杭州市青年文明号	余杭市供水集团有限公司临平营业公司（原临平自来水厂营业所）	共青团杭州市委
2000年	杭州市农村示范水厂	余杭市供水集团有限公司塘栖自来水厂	杭州市爱国卫生运动委员会
2000年	杭州市供水企业职工比武（化验项目）团体第二名	余杭市供水集团有限公司	杭州公用事业监管中心，杭州市供水协会
2000年	杭州市供水企业2000年水质管理先进单位	余杭市供水集团有限公司	杭州市市政市容管理局
2001年	杭州市文明单位	杭州余杭供水集团公司	中共杭州市委、杭州市人民政府
2001年	杭州市级文明行业	杭州余杭供水集团公司	中共杭州市委、杭州市人民政府
2001年	杭州市精神文明建设先进集体	杭州余杭供水集团公司	中共杭州市委
2001年	2000年杭州市社会治安综合治理先进单位	杭州余杭供水集团公司	中共杭州市委、杭州市人民政府

续表

年份	荣誉称号	获奖单位（部门）	颁奖单位
2001 年	杭州市治安安全示范单位	杭州余杭供水集团公司	杭州市综治委、杭州市公安局
2001 年	杭州市供水企业 2001 水质管理先进单位	杭州余杭供水集团公司	杭州市市政市容管理局
2001 年	杭州市爱国卫生先进单位	杭州余杭供水集团公司	杭州市爱卫会
2002 年	2001 年杭州市社会治安综合治理先进单位	杭州余杭供水集团公司	中共杭州市委、杭州市人民政府
2002 年	杭州市治安安全示范单位	杭州余杭供水集团公司	杭州市综治委、杭州市公安局
2002 年	2002 年杭州市城市供水水质管理先进单位	杭州余杭供水集团公司	杭州市城市管理办公室
2002 年	杭州市爱国卫生先进集体	杭州余杭供水集团公司	杭州市爱卫会
2002 年	杭州地区供水企业水质比武团体第一名	杭州余杭供水集团公司	杭州市公用事业监管中心、杭州市供水协会
2003 年	2002 年杭州市社会治安综合治理先进单位	杭州余杭供水集团公司	中共杭州市委、杭州市人民政府
2003 年	杭州市治安安全示范单位	杭州余杭供水集团公司	杭州市综治委、杭州市公安局
2003 年	2003 年杭州市城市供水水质管理先进单位	杭州余杭供水集团公司、良渚镇自来水厂	杭州市城市管理办公室
2003 年	杭州市精神文明建设先进集体	杭州余杭供水集团公司	中共杭州市委
2003 年	档案工作目标管理通过杭州市级认定	杭州余杭供水集团公司	杭州市档案局
2004 年	2003 年杭州市社会治安综合治理先进单位	杭州余杭供水集团公司	中共杭州市委、杭州市人民政府
2004 年	2004 年杭州市城市供水水质管理先进单位	杭州余杭供水集团公司	杭州市城市管理办公室
2004 年	杭州市爱国卫生先进单位	杭州余杭供水集团公司	杭州市爱卫会
2004 年	杭州市社区共建先进单位	杭州余杭供水集团公司	杭州市社区共建领导小组

续表

年份	荣誉称号	获奖单位（部门）	颁奖单位
2005年	2004年杭州市社会治安综合治理先进单位	杭州余杭供水集团公司	中共杭州市委、杭州市人民政府
2005年	2005年杭州市城市供水水质管理先进单位	杭州余杭供水集团公司	杭州市城市管理办公室
2005年	杭州市2003—2004年安全生产工作先进单位	杭州余杭供水集团公司	杭州市人民政府
2005年	杭州市青年文明号	杭州余杭供水集团公司獐山自来水厂营业所	共青团杭州市委
2005年	工会经审工作先进集体	杭州余杭供水集团工会	杭州市总工会
2006年	2005年杭州市社会治安综合治理先进单位	杭州余杭供水集团公司	中共杭州市委杭州市人民政府
2006年	2006年杭州市城市供水水质管理先进单位	杭州余杭供水集团公司	杭州市城市管理办公室
2007年	2006年重点工程项目建设先进集体	杭州余杭供水集团公司	杭州市人民政府
2007年	2007年杭州市城市供水水质管理先进单位	杭州余杭供水集团公司	杭州市城市管理办公室
2007年	杭州市拥军优属模范单位	杭州余杭供水集团公司	中共杭州市委、杭州市人民政府、杭州警备区
2007年	浙江省工商企业信用AA级“守合同、重信用”单位	杭州余杭供水集团公司	杭州市工商行政管理局
2007年	杭州市青年文明号	杭州余杭供水集团公司瓶窑自来水厂营业所	共青团杭州市委
2008年	2008年杭州市城市供水水质管理先进单位	杭州余杭水务有限公司	杭州市城市管理办公室
2008年	杭州市青年文明号	杭州余杭水务有限公司余杭供水分公司营业所	共青团杭州市委

续表

年份	荣誉称号	获奖单位（部门）	颁奖单位
2009年	2009年杭州市城市供水水质管理先进单位	杭州余杭水务有限公司	杭州市城市管理办公室
2009年	杭州市文明单位	杭州余杭水务有限公司	中共杭州市委、杭州市人民政府
2010年	2010年杭州市城市供水水质管理先进单位	杭州余杭水务有限公司	杭州市城市管理办公室
2010年	杭州市2007—2009年安全生产工作先进单位	杭州余杭水务有限公司	杭州市人民政府办公厅
2010年	扶残助残爱心单位	杭州余杭水务有限公司	杭州市人民政府残疾人工作委员会
2010年	杭州市青年文明号	杭州余杭水务有限公司宏畔供水分公司营业所	共青团杭州市委
2010年	杭州市杰出青年文明号	杭州余杭水务有限公司瓶窑供水分公司营业所	杭州市青年文明号(青年岗位能手)活动指导委员会
2010年	杭州市青年文明号（继续认定）	杭州余杭水务有限公司余杭供水分公司营业所	共青团杭州市委
2011年	杭州市青年文明号（继续认定）	杭州余杭水务有限公司瓶窑供水分公司营业所	共青团杭州市委
2011年	杭州市红十字抗灾救灾先进单位	杭州余杭水务有限公司	中共杭州市委办公厅、杭州市人民政府办公厅
2012年	2011年度杭州市城市供水水质管理先进单位	杭州余杭水务有限公司	杭州市城市管理委员会
2012年	杭州市平安示范单位	杭州余杭水务有限公司	杭州市综治委、杭州市公安局
2012年	2012年度投资及重点项目建设先进集体	杭州余杭水务有限公司	杭州市人民政府

第二节　个人荣誉

一、全国荣誉

年份	荣誉称号	获奖者		颁奖单位
		姓名	工作部门	
1991 年	全国农村改水先进工作者	俞其根	余杭县农村改水项目办公室	全国爱卫会
1997 年	“八五”时期全国农村改水先进工作者	朱张荣	余杭市农村改水项目办公室、余杭市自来水总公司	全国爱卫会、卫生部
2003 年	全国社区志愿者先进个人	夏建民	杭州余杭供水集团公司临平营业分公司	中国社会工作者协会
2007 年	全国职工射击射弩锦标赛团体总分冠军（主力队员）	洪　澜	杭州余杭供水集团公司供水管道安装分公司	中国射击协会全国职工射击竞赛活动联谊会
2008 年			杭州余杭水务有限公司水务设施安装分公司	
2010 年	2008—2009 年度全国无偿献血奉献奖金奖	郎旭滨	杭州余杭水务有限公司水务设施安装分公司	卫生部、中国红十字会总会、中国人民解放军总后勤部卫生部
2014 年	2014 年中国技能大赛——首届“排水杯”全国城镇排水行业职业技能竞赛，污水处理工赛区第 26 名。	厉林聪	杭州余杭水务有限公司余杭分公司	中国城镇供水排水协会、中国海员建设工会全国委员会

二、省级荣誉

年份	荣誉称号	获奖者		颁奖单位
		姓名	工作部门	
1991 年	浙江省“七五”农村自来水建设先进工作者	劳伟民	余杭县人民政府	浙江省爱卫会
1991 年	浙江省农村科普工作先进工作者	李民宏	余杭县（市）科学技术协会	浙江省科学技术协会
1992 年				
1993 年				
1994 年				

续表

年份	荣誉称号	获奖者		颁奖单位
		姓名	工作部门	
1996年	浙江省“八五”农村改水先进工作者	朱张荣	余杭市农村改水项目办公室、余杭市自来水总公司	浙江省爱卫会
1996年	浙江省“八五”农村改水先进工作者	任正义	瓶窑镇自来水厂	浙江省爱卫会
1997年	浙江省1996年度城市节水先进个人	陈毓麟	余杭市节约用水办公室	浙江省建设厅
2001年	第三届浙江省象棋棋手积分排名榜竞赛体育道德风尚奖	谢国刚	杭州余杭供水集团公司余杭自来水厂	浙江省棋类协会象棋分会
2002年	浙江省供水行业水质检测技术比武二等奖	姚建国	杭州余杭供水集团公司水质科	浙江省城镇供水协会
2003年	浙江省水报2002—2003年度优秀通讯员	郎伟毅	杭州余杭供水集团公司组织宣传科	浙江水报
2007年	2006年度浙江省优秀共青团员	沈引子	杭州余杭供水集团公司生产科、供水集团团委	共青团浙江省委
2014年	2014年中国技能大赛——浙江省建设行业职业技能竞赛污水处理工赛区 第一名	厉林聪	杭州余杭水务有限公司余杭分公司	2014年浙江省建设行业职业技能竞赛污水处理工赛区
	第六名	姜　乔	杭州余杭水务有限公司良渚分公司	
2014年	浙江省技术能手	厉林聪	杭州余杭水务有限公司余杭分公司	浙江省人力资源和社会保障厅
	浙江省建设行业技术能手	姜　乔	杭州余杭水务有限公司良渚分公司	浙江省住房和城乡建设厅

三、杭州市级荣誉

年份	荣誉称号	获奖者		颁奖单位
		姓名	工作部门	
1982年	杭州市先进生产（工作）者	谢国刚	余杭镇自来水厂	中共杭州市委、杭州市人民政府
1989年	杭州市一九八九年农村改水先进个人	劳伟民	余杭县人民政府	杭州市爱卫会
		何忠福	余杭县农村改水项目办公室	
1991年	杭州市（县）科协科技管理先进工作者	李民宏	余杭县（市）科学技术协会	杭州市科学技术协会
1992年				
1993年				
1994年				

续表

年份	荣誉称号	获奖者		颁奖单位
		姓名	工作部门	
1992年	杭州市一九九二年农村改水先进个人	劳伟民	余杭县人民政府	杭州市爱卫会
		胡玲珍	五杭镇人民政府	
		俞其根	余杭县农村改水项目办公室	
1993年	杭州市一九九三年农村改水先进工作者	张立明	余杭县农村自来水服务站	杭州市改水技术指导站
1994年	杭州市供水企业一九九四年度水质管理先进工作者	姚建国	临平自来水厂	杭州市市政公用事业管理局
1995年	杭州市1995年度爱国卫生先进工作者	范发庆	余杭市自来水总公司	杭州市爱卫会
1995年	杭州市供水企业一九九五年度水质管理先进工作者	郑　涌	临平自来水厂	杭州市市政公用事业管理局
		周琦红	塘栖镇自来水厂	
1996年	杭州市城镇供水协会首届运动会象棋个人赛第一名	范文忠	临平第二水厂	杭州市城镇供水协会
1996年	杭州市一九九六年农村改水先进个人	泮阿生	闲林镇自来水厂	杭州市爱卫会
1996年	杭州市供水企业一九九六年度水质管理先进工作者	郑　涌	临平自来水厂	杭州市市政公用事业管理局
		宋玉琴	余杭镇自来水厂	
1997年	杭州市一九九七年度农村改水先进个人	朱张荣	余杭市自来水总公司	杭州市爱卫会
		张益清		
1998年	杭州市城镇供水协会第二届运动会象棋比赛第一名	范文忠	临平第二水厂	杭州市城镇供水协会
	杭州市城镇供水协会第二届运动会象棋比赛第三名	谢国刚	余杭镇自来水厂	
1998年	一九九八年杭州市农村改水先进个人	朱张荣（余杭市自来水总公司）、田培虎（临平第二水厂）、姚子良（塘栖镇自来水厂）、许国良（良渚镇自来水厂）、许金木（星桥镇自来水厂）、董学顺（彭公乡自来水厂）、黄锡荣（黄湖镇自来水厂）		杭州市爱卫会
1998年	杭州市供水企业1998年度水质管理先进工作者	尤祖泉	临平自来水厂	杭州市市政公用事业管理局

续表

年份	荣誉称号	获奖者		颁奖单位
		姓名	工作部门	
1999年	杭州市供水企业1999年度水质管理先进工作者	陈天芬	余杭市供水集团有限公司临平自来水厂	杭州市市政公用事业管理局
		宋玉琴	余杭市供水集团有限公司余杭自来水厂	
1999年	杭州城镇供水协会第三届运动会象棋比赛第一名	范文忠	临平第二水厂	杭州市城镇供水协会
	杭州城镇供水协会第三届运动会象棋比赛第二名	谢国刚	余杭镇自来水厂	
1999年	杭州硬笔书法比赛三等奖	魏安荣	闲林镇自来水厂	杭州群众艺术馆、江干区文化馆
1999年	杭州市1999年度爱国卫生先进工作者	朱张荣	余杭市自来水总公司	杭州市爱卫会
2000年	杭州市供水行业技术比武化验项目第一名	姚建国	余杭市供水集团有限公司	杭州市公用事业监管中心、杭州市城镇供水协会
2000年	杭州市供水行业技术比武验表项目第三名	严旭华	余杭市供水集团有限公司余杭自来水厂	
2000年	杭州市供水企业2000年度水质管理先进工作者	许晓颖	瓶窑镇自来水厂	杭州市市政市容管理局
2001年	2001年杭州地区供水企业职工技术比武化验、需氧量、耗氧量检测项目第三名	陈天芬	余杭市供水集团有限公司城北自来水厂	杭州公用事业监管中心、杭州市城镇供水协会
2001年	杭州市全民健身体育舞蹈比赛第二名	沈晓英	余杭市供水集团有限公司城北自来水厂	杭州市第三届人民运动会组委会
2002年	杭州市劳动模范	戚卫峰	余杭市供水集团有限公司临平营业公司	杭州市人民政府
2002年	杭州市水协2001年度优秀政研工作者	许　征	余杭区自来水总公司	杭州市城镇供水协会
		俞其根		
2002年	杭州市水协第三次政研论文三等奖	朱张荣	余杭区自来水总公司	杭州市城镇供水协会

续表

年份	荣誉称号	获奖者		颁奖单位
		姓名	工作部门	
2002年	杭州市2002年度城市供水水质管理先进工作者	张益清	余杭区自来水总公司	杭州市人民政府城市管理办公室
		姚建国		
2002年	杭州市2001年度爱国卫生先进工作者	朱张荣	余杭区自来水总公司	杭州市爱卫会
		陈毓麟	余杭区人民政府节约用水办公室	
2002年	2002年杭州地区供水企业水质比武第一名	姚建国	杭州余杭供水集团公司水质科	杭州市城镇供水协会
	2002年杭州地区供水企业水质比武第三名	相静叶	杭州余杭供水集团公司塘栖自来水厂	杭州市城镇供水协会
2002年	杭州市水协优秀通讯员	叶善赞	杭州余杭供水集团公司	杭州市城镇供水协会
2002年	杭州市2002年度农村改水先进个人	黄洪奎	杭州余杭供水集团公司	杭州市爱卫会
2003年	2002年杭州市优秀团员	沈引子	杭州余杭供水集团团委	共青团杭州市委
2003年	杭州市2003年度城市供水水质管理先进工作者	姚建国	杭州余杭供水集团公司水质检测中心	杭州市人民政府城市管理办公室
		相静叶	杭州余杭供水集团公司獐山自来水厂	
2003年	杭州市2003年度农村改水先进个人	黄洪奎	杭州余杭供水集团公司	杭州市爱卫会
2004年	杭州市劳动模范	范发庆	杭州余杭供水集团公司基建科	杭州市人民政府
2004年	2003年度杭州市十佳社区志愿者	夏建民	杭州余杭供水集团公司临平营业分公司	杭州市文明办、市民政局、团市委、市志愿者指导中心
2004年	杭州市2004年度城市供水水质管理先进工作者	许晓颖	杭州余杭供水集团公司瓶窑自来水厂	杭州市人民政府城市管理办公室
		张益清	杭州余杭供水集团公司	

续表

年份	荣誉称号	获奖者		颁奖单位
		姓名	工作部门	
2005年	杭州市2005年度城市供水水质管理先进工作者	姚建国	杭州余杭供水集团公司水质科	杭州市人民政府城市管理办公室
2006年	2005年度杭州市十佳社区志愿者	夏建民	杭州余杭供水集团公司临平营业分公司	杭州市文明办、市民政局、团市委、市志愿者指导中心
2006年	杭州市2006年度城市供水水质管理先进工作者	张益清	杭州余杭供水集团公司	杭州市人民政府城市管理办公室
		俞建荣	杭州余杭供水集团公司余杭自来水厂	
2007年	杭州市2007年度城市供水水质管理先进工作者	姚建国	杭州余杭供水集团公司	杭州市人民政府城市管理办公室
2008年	杭州市2008年度城市供水水质管理先进工作者	徐　潇	杭州余杭水务有限公司塘栖供水分公司	杭州市人民政府城市管理办公室
		姚建国	杭州余杭水务有限公司水质监测中心	
2009年	杭州市2009年度城市供水水质管理先进工作者	任正义	杭州余杭水务有限公司瓶窑供水分公司	杭州市人民政府城市管理办公室
		黄　强	杭州余杭水务有限公司獐山供水分公司	
2009年	“权利属于人民”杭州市人大庆祝新中国成立60周年书画摄影展书法作品入展	魏安荣	杭州余杭水务有限公司闲林分公司	杭州市人大常委会书画摄影展组委会
2010年	2009年杭州市生态建设与环境保护目标责任制工作先进个人	傅英豪	余杭区排水管理办公室	杭州市建设委员会
		陈高良	杭州余杭水务有限公司	
2010年	三等治安荣誉奖章	叶善赞	杭州余杭水务有限公司	杭州市公安局

续表

年份	荣誉称号		获奖者		颁奖单位
			姓名	工作部门	
2010年	杭州市2010年度城市供水水质管理先进工作者		沈燕瑜	杭州余杭水务有限公司水质监测中心	杭州市人民政府城市管理办公室
2010年	杭州市2010年度城市供水水质管理先进工作者		冯伟华	杭州余杭水务有限公司獐山供水分公司	杭州市人民政府城市管理办公室
2011年	杭州市2011年化学检验工技能大赛总分第二名（获杭州市技术能手称号）		白玉华	杭州余杭水务有限公司水质监测中心	杭州市总工会、杭州市人力资源和社会保障局主办
2012年	2011年度杭州市城市供水水质管理先进工作者		姚建国	杭州余杭水务有限公司水质监测中心	杭州市城市管理委员会
2012年	2011年度杭州市城市供水水质管理先进工作者		楼继锋	杭州余杭水务有限公司生产运行部	杭州市城市管理委员会
2014年	杭州市污水处理工职业技能竞赛	一等奖	厉林聪	杭州余杭水务有限公司余杭分公司	杭州市城市水业协会
2014年	杭州市污水处理工职业技能竞赛	二等奖	姜 乔	杭州余杭水务有限公司良渚分公司	杭州市城市水业协会
2014年	杭州市污水处理工职业技能竞赛	优胜奖	应林荣	杭州余杭水务有限公司崇贤分公司	杭州市城市水业协会
2014年	杭州市污水化验监测工职业技能竞赛二等奖		白玉华	杭州余杭水务有限公司水质监测中心	杭州市城市水业协会、杭州市滨江区总工会
2014年	杭州市污水化验监测工职业技能竞赛二等奖		许姝芳	杭州余杭水务有限公司水质监测中心	杭州市城市水业协会、杭州市滨江区总工会

丛　录

余杭水务事业的发展，离不开各级党委、政府的重视，有关部门的支持和水务企业的努力。本志将水务企业在发展历程上，曾应用和仍在应用的重要文件选辑、历届政府工作报告中有关供水与排（污）水工作的要求、各相关部门有关水务工作的文件及水务机构工作资料选目和供、排（污）水合同（样本）等列入丛录篇，供读者参阅。

重要文件选辑

余杭市城镇计划用水、节约用水管理办法

（余政发〔1996〕235号）

一、为加强城镇计划用水、节约用水管理，根据《浙江省城市节约用水管理实施办法》《浙江省取水许可制度实施细则》，结合我市实际，特制订本办法。

二、本办法适用范围为本市临平、塘栖、余杭、瓶窑、闲林镇内使用公共供水的单位和个人及城镇规划区内自建设施供水的单位和个人。

三、余杭市人民政府节约用水办公室（以下简称节水办）为城镇计划用水、节约用水主管部门。其主要职责是：贯彻执行国家关于计划用水、节约用水的方针、政策和法令；考核用水单位用水定额，下达用水计划；会同有关部门审批节水措施，督促检查落实情况；依法查处违法违章行为；制订节水办法，交流节水经验，推动节水工作。

四、临平水厂、临平二水厂供水范围内的计划用水、节约用水管理工作由市节水办负责具体实施，塘栖、余杭、瓶窑、闲林镇设立计划用水、节约用水组，由厂长任组长，剪指定专人负责节水工作，其他水厂指派专人负责此项工作。负责节水工作的人员一律由市节水办发给委托证书，持证上岗。

五、凡使用自来水的单位，一律实行计划用水和节约用水，并向市节水办申报年度、月度用水计划。新实行计划用水单位的用水计划，由市节水办根据各地自来水供水能力和1996年实际用水基数以及可回收利用水量进行平衡核定。根据生产发展确需增加用水量的，均应缴纳自来水增容费。凡由城镇供水企业供水的新建、扩建、改建和生产自然增长而需要增加供水量的单位，必须向供水单位申请用水计划，经节水办核定，并向节水办（组）缴纳自来水增容费后，由节水办下达用水计划。

党政机关及全额拨款事业单位暂予免缴自来水增容费。

自来水增容费按净增平均日供水量一次性收取，费用标准按照国家有关规定执行。

六、核定计划用水的单位，实行月度考核。

超计划用水加价收费，按下列标准累进计费：

1．超计划水量在10%以下（含10%），其超量部分按现行水价200%计费。

2．趣计划水量在20%以下（含20%），其超量部分按现行水价300%计费。

3．超计划水量在30%以下（含30%），其超量部分按现行水价400%计费。

4．超计划水量在40%以下（含40%），其超量部分按现行水价500%计费。

5．超计划水量在40%以上，其超量部分按现行水价600%计费，必要时对用水单位采取限量供水或停供措施。

超计划用水加价水费必须按规定期限缴纳，逾期缴纳的，按日加收超计划用水加价

水费5%的滞纳金，仍坚持不交的，停止供水。

七、城镇地下水是国家的重要资源，为合理开发利用和保护地下水资源，决定对凡在本市临平、塘栖、余杭，瓶窑、闲林镇开采取用地下水的单位实行统一管理。

现已开采取用地下水的单位，应在本办法下达后1个月内向市节水办交取水设施的有关技术资料，并由市节水办核定用水量。需要新凿深井的单位，须凭主管部门的书面文件和井位、深度、口径、取水层、日开采量等有关技术资料向市林水局提出申请，并由市节水办审核签署意见，经审核批准后方可施工。需要取用城市规划区内地下水的，应先经城市建设行政主管部门审核同意，并签署意见后，再向市林水局提出取水许可申请。经批准在城市规划区内取用地下水的单位，如遇到国家建设需要拆迁时，取水单位应服从大局，积极配合国家建设。

凡开采取用地下水的单位均应按月向市林水局缴纳地下水资源费，实行回灌的则按取灌之差计收，用于生活饮用的可予免缴。用水应装表量，不装表者按水泵额定流量日运行24小时计量。

八、自来水增容费、超计划用水加价费由负责节水工作人员收取，并实行财政专户存储，带项目返回。主要用于城镇供水设施、改建扩建技术措施补助。资金使用根据“谁收取谁得益”的原则，在按有关审批程序规定核准后，由市节水办根据项目批文按计划划拨。其中，20%作为统筹部分。

九、基建施工用水一律单独安装临时施工用水水表，按每平方米建筑面积核定用水指标，超指标用水按加价水费收取标准计费，由建设单位支付。

十、需由城镇供水单位供水的新建、扩建和改建的工程项目应当配套建设节约用水设施，并由节水办参加审查和验收。工程项目都应选用节水型工艺、设备，其节水设施与主体工程同时设计、同时施工、同时投入使用。

十一、工业用水是节水办计划用水、节约用水管理的重点。对冷却、洗涤和工艺用水要循环使用，一水多用，综合利用，提高工业用水重复利用率，降低单位产品耗水量，工业用水重复利用率应逐步提高到40%以上。

十二、所有使用自来水的单位，必须安装相应规格的水表，实行用水计量，并制订节水措施，住宅楼内必须安装分户表和使用节水型卫生洁具；对暴露在外的给水管及配件，要落实好防腐和冬季防冻保暖措施，否则不予供水。同时要经常对管网闸阀进行检修保养，杜绝“跑、冒、滴、漏”。

十三、各用水单位不准私自转供水，严禁直接从管网设泵抽水。如发现私自转供，均按超计划用水处理；发现直接从管网设泵抽水的除按超计划用水处理外，责令其写出书面检查并拆除抽水设备，如不听劝阻，则停止供水。

十四、供水设施是城镇基础设施的重要组成部分。供水专用的水源地、取水口、引水河、输水渠、输配水管网、水厂、储水池、泵站以及闸门、闸门井、消火栓、扩管涵洞、测压点、吸排气阀、泄水阀、水表等设施，任何单位和个人不得侵占、毁坏和擅自拆除、迁移或移作他用。

十五、任何单位和个人不得在埋设的供水管道、闸门、水表及其他设施上和规定的范围内，埋设其他管线以及植树、采石取土、堆积物料、修建与供水设施无关的临时性或永久性建设物、构筑物。

十六、消火栓由公安消防部门和当地供水单位共同管理，未经公安消防部门和当地供水单位批准，任何单位和个人不得擅自开启消火栓。市政、园林、卫生等部门需使用消火栓用水，必须经公安消防部门和当地供水单位批准。

十七、违反本办法的行为按有关法规、规定进行处罚。

十八、其他镇乡可参照执行本办法。

十九、本办法由市节水办负责解释，并自发文之日起施行，余政〔1994〕4号文同时废止。

余杭市人民政府

一九九六年十一月二十八日

《余杭市城镇计划用水、节约用水管理暂行办法》(余政〔1994〕4号)从略。

余杭市博陆喜庵港饮用水源环境保护管理规定

（余政发〔1997〕152号）

第一条 博陆喜庵港是余杭市城区一带居民生活饮用水源。为保证喜庵港饮用水源不受污染和保障人民身体健康，有效地利用喜庵港水资源，根据《中华人民共和国水污染防治法》及其实施细则、《浙江省实施〈中华人民共和国水污染防治法〉办法》等法律法规，结合本市实际，制定本规定。

第二条 博陆喜庵港饮用水源保护区（以下称保护区）的范围：南起博陆镇季家滩拦污闸、北至与德清县和桐乡市交界的仁安桥、保安桥的水域（包括喜庵港、八字桥港、孟家横港、戚家桥港及新开河等水域）及相关500米的陆域。保护区设置标志牌。

第三条 凡在保护区内的一切单位和个人都应遵守国家有关水污染防治的法律、法规，保证保护区内水域不受污染，并有权对污染、危害喜庵港水源保护区的行为进行监督和检举。

第四条 博陆镇人民政府应把保护喜庵港水资源的工作纳入本镇国民经济和社会发展计划，并采取有效措施防治保护区水体污染。

第五条 保护区内水质保护目标，应达到水域功能区规定的地面水环境质量标准。

第六条 保护区内新建、扩建、改建直接或间接向水体排放污染物的建设项目和其他水上设施，都必须严格执行国家有关建设项目环境保护管理的规定。

以运河为最终排放去向的临平、五杭、亭趾、博陆等镇的工业企业，必须治理污染。在运河水倒灌期间或保护区内水体流向不定等有可能对喜庵港水质造质成污染的情况下，有关单位要停止或减少排污。

第七条 禁止在水源保护区内新建、扩建或改建化工、小型化学制纸浆、印染、电镀、染料、制革、农药、炼油等有严重水污染的项目和水运玛头，以及其他国家明令禁止建设的项目。

第八条 在保护区内，禁止下列行为：

（一）向水体排放油类、酸液、碱液、有毒废液，倾倒工业废渣、城市垃圾及其他废弃物；

（二）在水体清洗装贮过油类或有毒有害污染物的船只、车辆和容器；

（三）在河流两岸堆置、存放废渣、垃圾、粪便和其他废弃物；

（四）使用剧毒和高残留农药；

（五）使用不符合农田灌溉水质标准的工业污水灌溉农田；

（六）排放未经消毒处理或经消毒处理不符合国家有关标准的含病原体的污水；

（七）其他对水体造成污染和危害的行为。

第九条　在水源一级保护区内（临平自来水厂取水口上游1000米、下游500米水域），严禁游泳；禁止设立排污口。

第十条　在水源二级保护区内（临平自来水厂取水口上游1000米外至2000米内水域）以及附近水域内要严格限制网箱养鱼，并要改变鱼饲料结构，不得投放人畜粪便。

第十一条　运输油类、有毒有害物质、粪便及其他货物的船舶，未经许可不准进入保护区，确需进入的要减速行驶，并采取防止溢流和渗漏的措施。

保护区内禁止外来船舶停靠。

第十二条　在饮用水源受到严重污染、威胁供水安全等紧急情况下，市环保部门应当按法律规定报经同级人民政府批准后，采取强制性的应急措施，包括责令有关企业事业单位减少或停止排放污染物。

第十三条　违反规定，造成水污染事故的，将按《中华人民共和国水污染防治法》及其实施细则、建设部、卫生部颁发的《生活饮用水卫生监督管理办法》《浙江省实施〈中华人民共和国水污染防治法〉办法》的规定处罚，并由有关部门按管理权限对有关责任人员及单位负责人给予行政处分；对造成水污染事故，导致公私财产重大损失或者人身伤亡等严重后果，构成犯罪的依法追究刑事责任。

第十四条　造成水污染危害的单位或个人有责任排除危害，并对直接受到损害的单位或者个人赔偿损失。

第十五条　本规定由余杭市环境保护局实施统一监督管理并负责解释。市建设、林水、农业、计划、土地、卫生、交通、工商行政等管理部门以及市自来水总公司、博陆镇人民政府，应按各自职责，协同市环保部门做好水污染防治的监督管理工作。

第十六条　本规定自发文之日起施行。1989年颁布的《余杭县博陆镇喜庵港水域保护规定》同时废止。

余杭市人民政府

一九九七年七月九日

余杭市临平、塘栖供水工程饮用水源环境保护管理规定

（余政发〔2000〕1999号）

第一条 东苕溪是余杭市和杭州城北地区的生活饮用水地表水源。为保证东苕溪水域水体不受污染和保障人民身体健康，有效地利用和保护水资源，根据《中华人民共和国水污染防治法》及其实施细则、《浙江省实施〈中华人民共和国水污染防治法〉办法》《杭州市苕溪水域污染防治管理条例》等法律法规，结合本区实际，制定本规定。

第二条 余杭市临平、塘栖供水工程饮用水地表水源保护范围：獐山奉口取水口上游至瓶窑大桥、下游至劳家陡门的水域和相关陆域。一级保护区：水域为奉口取水口上游500米（北窑坞）、下游5 00米（杨梅山石矿）的水域；陆域为沿河两岸纵深200米的陆域。二级保护区：水域为上游至瓶窑大桥（约11.5公里）、下游至劳家陡门（约6公里）的水域；陆域为北西岸至丘陵、东南岸5 00米的陆域。保护区设置标志牌（地理界牌和告示牌）。

第三条 凡在保护区内的一切单位和个人都应遵守国家和地方有关水污染防治的法律、法规，保证保护区内水域不受污染，并由权对污染、危害东苕溪（余杭段）水环境的行为进行监督和检举。

第四条 东苕溪（余杭段）水域保护区内的各镇乡人民政府，应把东苕溪水资源保护工作纳入本镇乡国民经济和社会发展计划，并采取有效措施防治水体污染。

第五条 保护区内水质保护目标，应达到水域功能区规定的地表水环境质量标准。

第六条 保护区内新建、扩建、改建直接或间接向水体排放污染物的建设项目和其他水上设施，都必须严格执行国务院颁布的《建设项目环境保护管理条例》的规定。

排放污染物的建设项目，其水污染防治设施必须经过环保部门竣工验收合格后方可正式投入生产或使用。

第七条 禁止在水源保护区内新建、扩建或改建化工、制药、造纸、印染、电镀、表面处理、制革、冶炼、染料、炼油、酿造等有严重水污染的项目和水运码头，以及其他国家明令禁止建设的项目。

第八条 保护区内原有排污口必须削减污染物排放量保证保护区内水质满足规定的水质标准。

第九条 在保护区内，禁止下列行为：

（一）向水体排放油类、酸液、碱液、有毒废液、倾倒工业固体废弃物、城市生活垃圾及其他固体废弃物；

（二）在水体清洗装储过油类或有毒有害污染物的船舶、车辆和容器；

（三）在河流两岸堆置、存放工业固体废弃物、城市生活垃圾、粪便和其他固体废弃物；

（四）使用剧毒和高残留农药，不得滥用化肥；

（五）使用不符合农田灌溉水质标准的工业污水灌溉农田；

（六）排放未经消毒处理或经消毒处理不符合国家有关标准的病原体的污水；

（七）其他对水体造成污染和危害的行为。

第十条　在饮用水源一级保护区内，禁止设立排污口和与供水无关的码头，已设置的排污口必须立即停止使用并拆除。

第十一条　在饮用水源一级保护区内，严禁挖沙、采沙；禁止从事种植、放养禽畜、水产网箱养殖；禁止用炸药、雷管、毒品、电具捕鱼；严禁游泳、可能造成水源污染的旅游活动和其他活动。

第十二条　在保护区内航行的船舶，排放含油污水、生活污水必须符合船舶污染物排放标准。禁止向水体排放残油、废油和倾倒船舶垃圾、粪便。船舶装载运输油类、化学品类或有毒有害货物，必须采取防治溢漏的措施。

第十三条　在保护区内，排污单位或船舶发生水污染事故时，必须立即采取应急措施，通报可能受到水污染危害的单位和居民，并在二十四小时内及时向环保部门报告，接受环保部门调查处理。

第十四条　在饮用水源受到严重污染、威胁供水安全等紧急情况下，环保部门有权采取紧急强制性应急措施，包括责令有关排污单位或个人停止生产和使用及采取其他紧急补救措施，同时报区人民政府批准。

第十五条　违反规定，造成水污染事故的，将按照《中华人民共和国水污染防治法》及其实施细则和国家环保局、卫生部、建设部、水利部、地矿部发布的《饮用水源保护区污染防治管理规定》，建设部、卫生部颁发的《生活饮用水卫生监督管理办法》《浙江省实施〈中华人民共和国水污染防治法〉办法》《杭州市苕溪水域水污染防治管理条例》的规定处罚，并由有关部门按管理权限对有关责任人员及单位负责人给予行政处分；对造成水污染事故，导致公私财产重大损失或者人身伤亡等严重后果，构成犯罪的，移交司法机关，依法追究刑事责任。

第十六条　造成水污染危害的单位或个人有责任排除危害，并对直接受到损害的单位或个人赔偿损失。

第十七条　本规定由余杭区环保局实施统一监督管理并负责解释。区建设、林水、农业、土管、卫生、交通、公安、工商等管理部门以及供水集团、当地镇乡人民政府，应按各自职责，协同区环保部门做好水污染防治的监督管理工作。

第十八条　本规定自发文之日起执行。

余杭市人民政府

二〇〇〇年十二月二十五日

余杭区三白潭饮用水源环境保护管理规定

（余饮水保护办〔2008〕1号）

第一条 为保障人民身体健康，有效地利用和保护水资源，根据《中华人民共和国水污染防治法》及其实施细则、《浙江省实施〈中华人民共和国水污染防治法〉办法》《杭州市生活饮用水源管理条例》等法律法规，结合本市实际，制定本规定。

第二条 余杭区三白潭饮用水地表水源保护区范围：

一级保护区：水域为头白潭到三白潭全水域（余杭段）；陆域为一级保护区水域沿岸纵深50米（余杭境内）。

二级保护区：水域为头白潭到头白潭排涝闸全水域，陆域为沿一级保护区陆域纵深200米（余杭境内）。

第三条 饮用水地表水一级保护区的水质必须符合国家GB3838－2002《地面水环境质量标准》Ⅲ类标准，并符合《生活饮用水质卫生规范〔2001〕标准》。

饮用水地表水源二级保护区的水质必须符合国家GB3838－2002《地面水环境质量标准》Ⅲ类标准。

第四条 饮用水源各级保护区内均必须遵守下列规定：

1．在饮用水源二级保护区（经省政府批准的区划方案所明确的水域、陆域）范围内做到：

（一）禁止新建、扩建向水体排放污染物的建设项目，改建项目应当削减污染物排放量；

（二）禁止设置污水排放口，已有的污水排放口应当限期拆除；

（三）禁止设立装卸生活垃圾、粪便、油类和有毒物品的码头；

（四）禁止堆放、填埋、倾倒剧毒、高残留农药等危险废物，及工业废物、生活垃圾、粪便、建设工程渣土和其他废弃物；

（五）禁止设立剧毒物品仓库、废物回收场、加工场和堆栈；

（六）禁止新建、扩建、改建船舶制造、修理厂；

（七）禁止破坏饮用水源涵养林、护岸林以及与饮用水源保护相关的植被；

（八）禁止开山采石、采砂和围水造田；

（九）禁止新建、扩建、改建规模化畜禽等动物养殖场、屠宰场，已有的规模化养殖场、屠宰场应当限期治理；

（十）禁止使用炸药、有毒物品捕杀动物；

（十一）码头应当设置残油、废油、含油污水、船舶垃圾等废弃物的接收处理设施；

（十二）风景区（点）应当设置生活污水和垃圾收集处理设施，防止污染饮用水源；

（十三）运输剧毒物品的，应当经公安机关批准，并采取有效的防溢、防漏、防扩散等措施；

（十四）存放、运输和使用酸液、碱液、油类、农药、化肥以及其他可能污染饮用水源的物品，应当采取防溢、防渗、防漏等措施和事故应急措施，防止污染饮用水源；

（十五）法律、法规有关饮用水源保护的其他规定。

2．在一级保护区（经省政府批准的区划方案所明确的水域、陆域）范围内做到：

（一）禁止新建、扩建与供水设施和保护饮用水源无关的建设项目；

（二）禁止向饮用水源水域排放污水；

（三）禁止设置码头；

（四）禁止设置油库和建立墓地；

（五）禁止从事畜禽等动物养殖和网箱养殖；

（六）禁止从事旅游、洗涤、游泳和其他可能污染饮用水源的活动；

（七）禁止与饮用水源保护无关的船舶停泊；

（八）禁止运输剧毒物品的车辆通行。

杭州市余杭区饮用水源保护区领导小组办公室

二〇〇八年九月二十六日

以下饮用水源环境保护管理规定从略：

《余杭市余杭镇饮用水源环境保护管理规定》（余政发〔1997〕151号）

《余杭区瓶窑供水区域饮用水源环境保护管理规定》（余政发〔2003〕82号）

《余杭区余杭自来水厂生活饮用水源环境保护管理规定》（余饮水保护办〔2006〕3号）

《余杭区径山自来水厂饮用水源环境保护管理规定》（余饮水保护办〔2006〕5号）

杭州市余杭区排水管理实施办法（试行）

（余政办〔2008〕159号）

第一条 为加强城市排水管理，保障城市排水设施安全正常运行，充分发挥污水处理工程效应，根据建设部《城市排水许可管理办法》（建设部令第152号）、《杭州市城市排水许可管理办法》（杭州市人民政府令第163号）和《杭州市市政设施管理条例》，制定本办法。

第二条 本办法适用于余杭区范围内凡直接或间接向市政污水管网及其附属设施排放污水的单位和个体经营者（以下简称排水户）的排水管理。新建、改建、扩建项目暂未能纳入市政污水管网时，排水管理参照本办法执行。

第三条 本办法所称排水专指区域内直接或间接向市政排水设施排放的各类生产废水、生活污水（以下统称污水）。

第四条 排水户向市政污水管网及其附属设施排放污水，应当按照本办法的规定，办理相关手续。

未取得城市排水许可证书，排水户不得向市政污水管网及其附属设施排放污水。

第五条 区建设局负责本区城镇的排水管理和排水许可证的发放工作。

第六条 排水户必须执行雨水、污水分流排放制度，并实行“谁污染，谁治理”的原则。

第七条 区环保局对直接或间接排入市政污水设施或经城市污水设施处理净化后排入水体的水质，依法进行监测和水污染防治的监督与管理。

第八条 排水户凭排水许可证到区城建集团下属杭州余杭水务有限公司（以下简称水务公司）办理污水入网登记手续。

第九条 在市政污水管网及其附属设施覆盖范围内，排水户应当按照排水管理部门的有关要求将污水排入市政污水管理网及其附属设施，不得任意排放。

第十条 排水户在排水管道接入市政污水管网前，到排水管理部门办理污水入网申请手续，待批准后，按要求实施污水管道接管工程（排水户从其排放口到市政污水管网及其附属设施段管道辅设施工工程）。

第十一条 接管工程由排水户自行实施。

第十二条 排水户内部排水管网设置必须符合相关规定，做到雨污分流，污水管道材质符合相关标准要求，井盖标志明显，污水管线埋设深度、坡度符合设计要求，并与市政污水管网接井标高相吻合；不准在污水井内穿插其他管线。

第十三条　排水户内部排水工程和接管工程的实施，必须接受排水管理部门的监督，工程竣工时，必须到排水管理部门办理竣工备案。未经排水管理部门和水务公司验收，不得启用排水设施。

第十四条　在市政污水管网未建或已建未启用区域，污水排放按环保部门要求处理。在市政污水管网建成未启用区域，排水户应按规定做好接管工程，接管后与市政污水管网接口处予以封堵，严禁向未启用管网排放污水。在未建市政污水管网区域，排水户须按照《余杭区污水专项规划》，布置好接管位置和接管设施，待市政污水管网建成后，实施接管工程。

第十五条　排水户在完成接管工程、取得排水许可证并办理入网登记手续后，启封开通市政污水管道工作由水务公司实施。在具备运行条件下，水务公司应在10个工作日内予以开通，并及时通报当地镇乡（街道）、环保和排水管理部门备案。

第十六条　城市排水许可证发放条件

申领城市排水许可证须同时符合下述条件：

1．污水排放口的设置符合余杭区排水规划的要求；

2．排放的污水符合《污水排入城市下水道水质标准》（CJ3082－1999）和相关行业标准和规定。污水未能纳管进行污水处理排放的，应当符合《污水综合排放标准》（GB8978－1996）和相关行业标准和规定；

3．排水户内部污水排放设施符合建筑规范和其他要求，并通过验收；

4．工业企业排水户必须在排放口设置专用检测井；

5．重点排水户应设置污水预处理设施；在排放口设置对水量、PH、COD（或TOC）或其他重要指标进行检测的在线检测装置；须具备COD、SS和氨氮等相关指标的检测能力和检测制度；

6．对各类施工作业临时排水，应设置预沉设施，且排放污水符合本条第三项规定标准。

第十七条　城市排水许可证的办理程序

城市排水许可证的申请和领证，按照杭州市余杭区“城市排水许可证”发放要求办理。

第十八条　城市排水许可证有效期为5年。因建设施工需要向市政污水管网及其附属设施临时排水的，排水许可的有效期为1年。需要延长有效期的，经批准可延续1年。同一项目建设的临时排水延长有效期，不得超过两次。

第十九条　城市排水许可证有效期满需要继续排水的，排水户应在有效期届满30日前，向区排水管理部门提出申请。排水管理部门应当根据申请，在有效期届满前作出是否准予延续的决定。

排水户在城市排水许可证书有效期内，严格按照许可内容排放污水。有效期届满时，经区排水管理部门核实同意，可不再审查，城市排水许可证书有效期延期5年。

第二十条 排水户应当按照许可的排水种类、总量、时限、排放口位置和数量、排放的污染种类和浓度等排放污水。

水质检测单位应将重点排水户的水量、水质检测数据，定期报区环保和排水管理部门。区排水管理部门定期向水务公司通报排水户排水许可证的变更情况。

第二十一条 需要变更排水许可内容的，排水户应当向排水管理部门重新申请办理城市排水许可证书。

第二十二条 排水管理部门在办理城市排水许可证过程中不得收费，所需经费应列入排水管理部门的预算。

第二十三条 有以下情况之一的，作出排水许可决定的排水管理部门或上级行政机关，可以撤销排水许可证书：

1．排水管理部门工作人员滥用职权、玩忽职守作出准予城市排水许可决定的；

2．超越法定职权作出准予城市排水许可决定的；

3．违反法定程序作出准予城市排水许可决定的；

4．对不符合许可条件的申请人作出准予许可决定的；

5．依法可以撤销城市排水许可的其他情形。

排水户以欺骗、贿赂等不正当手段取得城市排水许可的，应当予以撤销。

第二十四条 城市排水设施的控制管理范围：

1．管道外壁两侧各2.5米至5米；

2．沟（渠）护坡两侧各1米至3米；

3．泵站、污水（泥）处理厂以规划、国土部门确定的用地红线为准。

第二十五条 在城市排水设施及其控制管理范围内，禁止下列行为：

1．擅自在排水管、沟上凿洞接管排水；

2．搭建建筑物、构筑物和堆放物品；

3．损坏或移动井盖、井座等设施；

4．将泥沙、水泥浆和含有易燃、易爆及强腐蚀等物质的液体排入城市排水设施；

5．阻塞排水管、沟及出水口；

6．其他损害、侵占城市排水设施的行为。

第二十六条 因建设工程需要临时封堵、迁移城市排水设施的，必须征得水务公司同意，并经排水管理部门批准后方可实施。施工期间应当采取临时排水措施。施工结束后，应按要求立即恢复原排水设施功能。

第二十七条 对有可能影响城市排水设施安全的一切行为，有关单位或个人应事先提出保护方案，在征得水务公司同意后进行；水务公司应及时通报排水管理部门备案。

第二十八条 处于绿地内的检查井、闸门等城市排水设施不得覆盖。在城市排水设施控制管理范围内埋设其他管线的，应当征得排水管理部门和水务公司的同意。

第二十九条 城市排水设施养护维修责任按照下列规定划分：

1．公共排水设施，由水务公司负责；

2．自建排水设施，由产权单位负责。

第三十条　区水务公司应严格执行城市排水设施养护、维修技术规范，定期进行维护与保养，并确保工程质量；区排水管理部门应对养护维修工程质量进行监督检查。

第三十一条　区水务公司在发现或接到报告城市排水设施堵塞或损坏后，应当及时进行维修、疏通或采取其他措施，尽快使排水设施恢复正常运行。

第三十二条　城市排水设施发生事故，区水务公司应立即组织抢修，采取安全有效的防务措施，并及时向区排水管理部门报告。实施抢修时，有关单位和个人应当支持配合，不得阻挠。

第三十三条　区建设局负责全区排水规划、排水审批与备案等行政管理工作。

第三十四条　区水务公司负责排水设施的日常运行管理，定期向排水管理部门报送污水工程建设和污水设施运行情况。

第三十五条　区环保局负责对排水户的水质检测、在线检测装置的定期校检等工作进行监督管理。水质检测结果应定期通报给排水管理部门和水务公司，若发现水质超标的排水户，应在2个工作日内通知水务公司。

第三十六条　区排水管理部门依法对排水户实施监督检查，有关单位和个人不得拒绝或者阻挠。被检查单位应当接受监督检查，并提供工作方便。

第三十七条　在汛期或者发生其他特殊情况时，排水户应当服从排水管理部门和水务公司的统一调度，按照要求排放污水。

第三十八条　排水户在办理污水入网登记的同时，必须与区水务公司签订《污水委托处理协议》，明确双方职责。

第三十九条　部分或全部使用自备水的排水户，应自行安装取水或排水计量装置，排水许可管理视同全部使用自来水排水户处理。

第四十条　排水户超标排放的，在污水处理厂通过改进工艺后仍能达标排放的，按照排水户与水务公司签订《污水委托处理协议》的有关规定解决。若排水户超标排水，超过了污水处理厂承受范围的（即污水处理厂通过改变工艺，未能达到达标排放的），区水务公司应通报环保部门和排水管理部门；同时，排水户应立即查明原因，加强污水预处理能力，做到达标排放，若仍未能达到城市排水许可要求的，排水管理部门将撤销排水户的城市排水许可证书，禁止其向市政污水管网及其附属设施排放污水，并同时通报环保部门和水务公司。

对超标、超量排放的排水户，由水务公司经相关部门审批后，按《污水委托处理协议》对其收取超标、超排污水补偿费。

第四十一条　排水户未纳管排放的污水水质不符排水许可要求的，区环保部门责令其限期改正。若未整改或整改后仍未能达到排水许可要求的，则由排水管理部门撤销其城市排水许可证书。

第四十二条 违反本办法有关规定的，按照有关法律、法规、规章规定处理。

第四十三条 本办法规定外的其他排水管理事项，参照《杭州市城市排水管理办法》执行。

第四十四条 本办法自发布之日起施行。原《余杭区城市污水截流入网管理细则》（余政发〔2002〕201号）同时废止。

杭州市余杭区人民政府办公室

二〇〇八年八月四日

历届人代会《政府工作报告》有关供排（污）水工作摘录

（1982 年—2012 年）

余杭区（县、市）历届人代会《政府工作报告》提出的供水、改水、排污目标任务与完成情况

年份	人代会届次	上一年工作			当年目标和任务		
		基础设施建设		实事工程	基础设施建设		实事工程
		供水、改水	排　污		供水、改水	排　污	
1982	六届二次	城镇居民的饮水条件逐步有了改善。	—	—	农村要继续搞好水改，努力改善饮水条件。	—	—
1983	六届三次	余杭、塘栖完成了自来水净化和部分水管延伸工程，临平镇的分质供水工程正在抓紧实施；各镇新建和修理水井五十二口。	—	—	在农村要加快水改步伐。临平镇要抓紧完成分质供水工程建设。	—	—
1984	七届一次	（前三年）扩大了城镇供水设施，初步解决了城镇居民的生活用水。农村水改工作也取得了很大成绩，有百分之三十九点四的农村人口饮上了清洁水。	—	—	—	—	今后三年办好与人民生活密切相关的十件事（其中供水、水改方面为）： 1. 加快农村水改步伐，使百分之八十农村人口饮上清洁水。 2. 县城临平镇要搞好新建居民住宅区的水、电、路配套设施。 4. 扩大各镇水厂生产设施，增加生活用水的供应量，使城镇居民都能饮上自来水。

续表

年份	人代会届次	上一年工作			当年目标和任务		
		基础设施建设		实事工程	基础设施建设		实事工程
		供水、改水	排　污		供水、改水	排　污	
1985	七届二次	—	—	—	抓紧农村水改工作。	—	—
1986	七届三次	亭趾一万立方米自来水处理厂（深井水源）已在去年十月建成通水,使临平镇的供水量从原来的六千立方米提高到一万立方米。 农村改水工程进展很快，至今年已建成自来水厂一百九十一座，打井一万六千七百口，使三十余万人改善了饮水条件，饮上了自来水和井水。	—	—	要用好世界银行贷款，并采取国家、集体、个人共同投资的办法，进一步搞好农村改水工作。今年已落实的二十四个自来水厂要抓紧施工，确保年内完工，解决八万农村人口的饮水问题。	—	—
1987	八届一次	（前三年）农村新建水厂 97 座，打井 3791 口。累计农村有水厂 224 座，水井 16791 口，已有 52% 的农村人口喝上清洁水。	—	—	—	—	今后三年，要努力办好 10 件事（其中供、改水方面为）： 1．要继续改善城镇居民的饮水条件，今年要做好塘栖水厂扩建工程的前期准备工作。逐步扩大供水

续表

年份	人代会届次	上一年工作			当年目标和任务		
		基础设施建设		实事工程	基础设施建设		实事工程
		供水、改水	排　污		供水、改水	排　污	
1987	八届一次	—	—	—	—	—	范围和改善水质。三墩镇仍由杭州祥符水厂供水，近期内要增设管道、增加供水量。各镇正在建设的居民小区要逐步做到水、电、道路、下水道同时配套建设。 3．农村改水工作要继续抓紧抓好，要管好用好世界银行贷款。要积极组织自筹资金，兴建小型水厂，逐步解决污染严重地区的群众饮水问题，并基本完成临平区供水项目的主体工程。到1989年，使全县80%的农村人口饮用清洁水，农村自来水普及率达40%。

续表

年份	人代会届次	上一年工作			当年目标和任务		
		基础设施建设		实事工程	基础设施建设		实事工程
		供水、改水	排　污		供水、改水	排　污	
1988	八届二次	临平一万立方米自来水厂已建成供水（深井水源二期工程），闲林镇自来水厂第一期工程已经完成，日供水量达800立方米；塘栖水厂扩建改造工程已经做好确定水源、提出方案等前期准备工作；各镇水厂延伸管线3500米。 农村改水，全年新建农村自来水厂（站）32座，打井220口，受益人数达到69000余人，占农村人口的10%。全县累计已建农村自来水厂（站）256座，受益群众达193000多人，自来水普及率为28%；打井17011口，受益群众达234000余人。这样，全县农村饮用清洁水的人口已达427500余人，占农村人口的61.9%。同时，对临平区供水工程进行了可行性论证。	—	—	临平自来水厂新增管线3千米；开始建设塘栖水厂取水源改造工程及瓶窑、余杭水厂的技改扩建工程；争取铺设祥符水厂至三墩的自来水管2.5千米，使全县城镇自来水供水量增加7000立方米。	—	—

续表

年份	人代会届次	上一年工作			当年目标和任务		
		基础设施建设		实事工程	基础设施建设		实事工程
		供水、改水	排　污		供水、改水	排　污	
1989	八届三次	全年新增自来水管道8.48千米，增加日供水量8000立方米；塘栖自来水厂引水工程和三墩至祥符水厂输水管线铺设工程，经过多次争取，年内已基本落实了资金，今年可动工建设。 农村改水步伐加快，累计已建农村自来水厂283座，受益人口25.7万人，占农村总人口的36.87%	—	—	新增日供水量5500立方米，延伸自来水管线8千米。	—	—
1990	九届一次	（前三年）建成了临平万吨水厂和闲林自来水厂；完成三墩至祥符水厂管道铺设工程和余杭自来水厂管网铺设工程；塘栖水厂引水工程、瓶窑水厂扩建工程和临平水厂扩建一期工程等正在抓紧组织实施。	—	—	（今后三年）1991年年内，完成临平自来水合建项目第一期日供水3万立方米工程（地表水源），1990年完成塘栖镇自来水厂东塘引水工程和瓶窑镇自来水厂扩建工程。	—	—

续表

年份	人代会届次	上一年工作			当年目标和任务		
		基础设施建设		实事工程	基础设施建设		实事工程
		供水、改水	排　污		供水、改水	排　污	
1991	九届二次	塘栖、瓶窑自来水厂的扩建、改建任务已经完成，临平自来水厂合建的第一期工程已完成工程量的85%，余杭自来水厂南湖备用水源工程也已开始动工。目前，全县5个区公所所在地城镇的自来水日供水能力已达5万立方米。	—	—	完成临平自来水厂扩建项目，力争旺季供水投入生产；完成余杭自来水厂备用水源工程。有计划地抓好农村改水，临平区改水工程要在年内争取建成供水。	—	—
1992	九届三次	临平自来水厂扩建一期工程已于7月份试供水，余杭自来水厂南湖备用水源工程也于年内建成投产。	—	—	着手进行临平水厂扩建为日供水量6万立方米规模的配套准备工作。 制订余杭、瓶窑水厂水源保护规定。	今年要完成临平污水综合治理工程的可行性研究及环境影响评价。	—
1993	十届一次	（前三年）新建和扩建了临平、余杭自来水厂。临平自来水厂二期工程已开工建设。	临平镇污水治理工程已着手前期准备工作。	—	临平自来水厂日供水6万立方米扩建工程……余杭自来水厂日供水1.5万立方米配套设施建设……要力争完成建设任务。	—	—

续表

年份	人代会届次	上一年工作			当年目标和任务		
		基础设施建设		实事工程	基础设施建设		实事工程
		供水、改水	排　污		供水、改水	排　污	
1994	十届二次	临平自来水厂日供水6万立方米扩建工程已竣工投入使用。三墩改水工程已有2个村在春节前通水，即将全面竣工，农村改水步伐加快，受益人口累计达到41万。	积极开展临平镇污水治理排江工程的前期准备工作。	—	抓紧实施临平水厂、三墩经济区水厂等项目。	抓紧实施临平污水治理排江工程。	—
1995	十届三次	三墩经济区水厂一期3万立方米工程已竣工，临平水厂应急扩建工程和闲林、余杭、塘栖等镇自来水厂扩建项目正在抓紧实施。	临平污水处理排江工程前期准备工作基本完成。	—	临平、塘栖、闲林自来水应急工程要抓紧建设，确保用水高峰到来之前投入使用。	市区污水治理工程要尽快付诸实施。	—
1996	十届四次	临平、塘栖、闲林自来水厂应急扩建工程已建成通水。	污水治理排江工程正在抓紧施工，已埋设管道8300千米。	—	加强对苕溪、运河水域的污染治理，改善城乡居民饮用水水源的质量。	污水治理排江工程等项目要按计划加紧施工。	—
1997	十届五次	瓶窑、余杭自来水扩建工程已竣工通水，青山引水工程余杭段输水管道埋设已完成。	污水治理排江工程正在抓紧建设。	—	抓紧做好临平自来水厂亭趾净水厂二期扩建工程等项目的前期准备工作，争取早日开工；完成一批农村改水项目，新增受益人口2万人。	抓紧污水治理排江工程的续建工作。	—

续表

年份	人代会届次	上一年工作			当年目标和任务		
		基础设施建设		实事工程	基础设施建设		实事工程
		供水、改水	排　污		供水、改水	排　污	
1998	十一届一次	（前五年）完成了一批城镇供水应急扩建工程，新增日供水能力4.9万立方米，保证了城镇生产、生活用水的需要。	临平污水治理排江工程建设进展顺利，污水干管已基本贯通。	—	积极开辟新水源，抓紧进行新建市区引水工程的前期准备工作。加快东塘、獐山、云会、勾庄、良渚、五常等一批农村改水项目建设。	抓紧污水治理排江一期工程的建设。	—
1999	十一届二次	完成城镇供水项目4个，总供水量2247万立方米；实施农村供水项目11个，新增受益人口1万余人。 临平、塘栖联合供水工程前期准备工作进展顺利。	—	—	—	加快临平污水治理排江工程建设，力争年内基本竣工。	1. 着手建设临平、塘栖联合供水工程。该工程从苕溪引水，总投资3.63亿元，供水规模30万立方米。首期工程投资1.97亿元，日供水规模16万立方米，受益人口47.1万人。完成余杭、闲林供水工程和瓶窑水厂扩建工程等城镇供水项目，进一步解决城镇居民的饮用水问题。继续实施勾庄、安溪等12个农村改水新建、续建项目，新增受益人口1万人。

续表

年份	人代会届次	上一年工作			当年目标和任务		
		基础设施建设		实事工程	基础设施建设		实事工程
		供水、改水	排　污		供水、改水	排　污	
2000	十一届三次	—	—	临平、塘栖联合供水工程和瓶窑水厂扩建工程正在抓紧建设，余杭、闲林供水工程及仓前高桥等5只农村改水项目顺利竣工。	完成临平、塘栖联合供水工程，加快余杭、闲林供水二期工程和瓶窑水厂扩建工程的建设 。	完成临平污水治理排江工程。	3．进一步抓好农村改水工程，完成安溪、良渚等农村改水新建、续建项目，新增受益人口1万人
2001	十一届四次	投资1.9亿元的临平、塘栖联合供水工程已建成投入使用。	临平污水治理排江工程基本完成。	完成良渚、安溪等9个农村改水新建、续建项目，新增受益人口1万余人。	加快余杭地区供水、瓶窑供水等工程建设。	进一步落实老污染源治理与新污染源控制并举的方针，强化环境监督，管理和执法力度。	9．加快农村改水步伐，实施临平、塘栖供水工程主管网延伸，使东塘、獐山、云会三集镇通水。临平、星桥等沿线镇乡管网逐步到户，新增受益人口1万余人。着手对临平镇、塘栖镇二次供水进行改造，新增直供水用户2000户。

续表

年份	人代会届次	上一年工作			当年目标和任务		
		基础设施建设		实事工程	基础设施建设		实事工程
		供水、改水	排　污		供水、改水	排　污	
2002	十一届五次	临平、塘栖供水工程完成扫尾工作，瓶窑水厂扩建工程已开工建设，5个城区供水管网改建、扩建工程顺利竣工。	临平污水处理工程全线贯通。	仁和供水工程已完成主干管敷设，东塘、獐山、云会三集镇已通水，集镇至各行政村的配水干管敷设正在抓紧实施。星桥街道供水工程、南苑街道9个行政村改水工程、临平街道建富、庄里村改水工程已基本结束，新增受益人口11000余人。东湖街道、临平街道二次供水改直供水工程正在实施之中，已改造直供水用户2968户。	加快余杭地区供水、瓶窑供水等工程建设。	搞好生活污水和工业污水环保基础设施工程建设。	2. 加快城乡供水设施建设，实施余杭地区供水工程和瓶窑供水工程，加快临平、塘栖供水工程管网延伸，新增受益人口1.2万人；实施城区、塘栖镇直供水改造，新增直供水用户1000户。
2003	十二届一次	（前五年）实施了临平塘栖供水工程、余杭闲林供水工程和瓶窑供水工程，2002年全区日供水能力达到23万立方米，比1997年增长68.5%。	（前五年）加强了工业企业污染、农业面源污染和生活污染治理。	（前五年）加快自来水工程建设步伐，新增受益人口8.7万人，改造直供水用户6455户。	全面实施良渚供水工程、城北水厂扩建工程。做好塘栖、崇贤、余杭、仓前、中泰、瓶窑、仁和等镇乡（街道）的供水管网延伸工程建设。	完成余杭、瓶窑、塘栖污水处理厂建设，推进临平综合污水收集系统工程建设，强化截污纳管。	2. 进一步加快农村改水建设步伐，新增28个村通自来水，新增受益人口3万人，继续对集镇二次供水进行改造。

续表

年份	人代会届次	上一年工作			当年目标和任务		
		基础设施建设		实事工程	基础设施建设		实事工程
		供水、改水	排　污		供水、改水	排　污	
2004	十二届二次	实施了运河水厂扩建和塘栖、崇贤、良渚、仓前等供水工程。	污水处理等环保基础设施建设步伐加快，良渚、塘栖、余杭三个组团污水处理工程正在抓紧建设；城区污水纳管工作得到加强，管网复盖范围内生活污水和工业污水纳管率分别达到60%和80%以上。	农村改水步伐进一步加快，新增42个行政村（原村规模）通自来水，新增受益人口4.7万人；改造城区、塘栖、闲林等直供水用户10662户。	实施临平塘栖供水二期工程、瓶窑供水二期工程、黄湖镇水厂改建等工程建设；完成塘栖、崇贤、仓前、良渚、余杭、瓶窑、运河、中泰等镇乡的供水管网延伸工程建设。	继续实施塘栖、余杭、良渚三个组团污水处理系统建设，完成三个污水处理厂主体工程和30%的污水管干管建设。	7. 进一步加快农村改水建设步伐，新增20个村通自来水，新增供水受益人口3.5万人。
2005	十二届三次	瓶窑供水二期等工程相继完工，临平塘栖供水二期工程正在扎实推进。	塘栖、余杭、良渚三个组团污水处理系统工程正在扎实推进。	进一步加快农村改水步伐，完成20个行政村通自来水，新增受益人口4.9万人。	继续实施临平、塘栖供水二期工程，完成瓶窑、余杭、中泰等镇乡自来水管网延伸工程建设，新增日供水能力5万立方米。 实施饮用水源保护工程，编制饮用水源保护规划和应急预案。	加快推进临平污水处理二期工程、三大组团污水处理系统建设。	7. 进一步加快农村改水建设步伐，新增10个村通自来水，新增供水受益人口2万人；完成城区“一户一表”改造3800户。

续表

年份	人代会届次	上一年工作			当年目标和任务		
		基础设施建设		实事工程	基础设施建设		实事工程
		供水、改水	排　污		供水、改水	排　污	
2006	十二届四次	临平塘栖供水二期工程完成工程总量的80%，瓶窑、运河、余杭、中泰等镇乡自来水管网延伸工程基本完成，新增日供水能力5万立方米。	—	进一步加快农村改水建设步伐，新增18个村通自来水，新增受益人口4.5万人；完成城区“一户一表”改造7347户。	完成临平、塘栖供水二期工程，实施径山、黄湖供水工程，新增日供水能力13万立方米。 加强饮用水源保护，实施水质在线监测系统建设。	加快推进三大组团污水处理工程建设。	8．继续加快农村改水步伐，新增10个村通自来水，新增受益人口1.8万人；继续加快城区自来水“一户一表，计量出户”改造，新增受益户5000户。
2007	十三届一次	（前四年）完成临平塘栖、余杭闲林、瓶窑良渚等区域性供水工程，加快城乡供水管网延伸，2006年全区日供水能力达到55万立方米，比2002年增加33万立方米。	（前四年）塘栖组团污水处理工程基本完成，余杭组团、良渚组团污水处理工程正在抓紧建设，完成污水管网敷设49千米。	（前四年）新增73个村通自来水，受益人口16.1万人；完成一户一表改造24196户。	继续实施径山、黄湖供水工程，完成仁和水厂建设前期工作。 加快四岭水库、博陆喜庵港等备用水源保护。强化运河流域治理，建成临平地区应急配水工程。	基本完成良渚组团、余杭组团污水处理和临平老城区截污纳管工作。实施临平第二污水系统应急工程，启动仁和镇大运河工业区和崇贤、黄湖、径山污水处理工程。	2．实施山区农民饮用水工程建设，完成4个山村饮用水工程，新增农村饮用水受益人口2.1万人。

续表

年份	人代会届次	上一年工作			当年目标和任务		
		基础设施建设		实事工程	基础设施建设		实事工程
		供水、改水	排　污		供水、改水	排　污	
2008	十三届二次	径山、黄湖供水一期工程全面竣工。	塘栖污水处理厂通水试运行，良渚组团、余杭组团污水处理工程进水调试，临平第二污水系统应急工程和黄湖、崇贤污水处理工程进展顺利，农村生活污水处理项目逐步推广。	实施山区农民饮用水工程，完成4个镇乡10个村（社区）的饮用水工程，新增农村受益人口2.4万人。	完成仁和水厂建设前期工作。 加强苕溪流域饮用水源保护，巩固禁养成果，实施闲林水库、三白潭应急备用水源等工程。	加快“一副三组团”污水管网工程建设，强化生活污水截污纳管工作，新增日污水处理量4.5万吨。完成仁和大运河工业区污水处理工程，加快推进污水南排工程、临平第二污水系统应急工程、临平副城截污纳管工程和崇贤、黄湖、径山污水处理工程，规划建设乔司污水处理工程。	4．继续实施山区农民饮用水工程，完成7个镇乡17个建制村的饮用水工程，解决10073户36755人的饮水安全问题。 8．实施100个以无动力厌氧生化处理模式为主的农村生活污水处理点建设，其中区级示范点50个。农村生活污水处理池总体建设规模达到1万立方米以上，受益农户6000户以上，出水达到国家二级排放标准。

续表

年份	人代会届次	上一年工作			当年目标和任务		
		基础设施建设		实事工程	基础设施建设		实事工程
		供水、改水	排 污		供水、改水	排 污	
2009	十三届三次	完成三白潭备用水源工程建设，径山、黄湖供水二期工程扎实推进。	编制完成15个镇乡（街道）截污纳管方案；临平污水南排主体工程、临平第二污水应急工程基本建成；崇贤、塘栖、良渚、余杭污水处理工程全面投入运行，径山污水工程有序推进，全区新增污水处理能力5万立方米。	全面完成10件政府实事。	加快建设径山黄湖供水二期工程，启动建设仁和水厂，完成城乡供水“一户一表”10000户。 加强三白潭备用水源保护。	加快推进镇乡（街道、开发区）污水支管建设和截污纳管工作，临平污水南排工程通水运行，全区新增日污水纳管量5.6万吨。开工建设临平污水处理厂，实施良渚、余杭污水扩建工程，全区日污水处理能力达到30万立方米。	7．建设农村污水治理点100个，受益农户6000户。
2010	十三届四次	解决山区农民10.5万人的饮水安全问题。	完善污水处理实施配套，临平污水南排工程建成使用，临平污水处理厂前期工程有序推进，全区完成污水管线敷设258千米，日增污水纳管量4.73万吨。	完成农村污水治理项目103个。	完成径山—黄湖供水二期工程，加快推进仁和水厂建设，新增日供水能力20万立方米。 加强饮用水源建设，苕溪集中式饮用水源地水质达标率达到100%，切实加大三白潭备用水源保护力度。	推进临平污水处理厂、良渚污水处理厂二期工程，全区敷设污水管线110千米，日增污水处理量2.8万吨，城镇生活污水处理率达到80%以上。	7．推进农村生活污水治理，建设农村生活污水治理点80个，受益农户4000户。

续表

年份	人代会届次	上一年工作			当年目标和任务		
		基础设施建设		实事工程	基础设施建设		实事工程
		供水、改水	排　污		供水、改水	排　污	
2011	十三届五次		敷设污水管线116千米，新增污水处理量2.85万吨/日。 开展农业面源污染治理，关停转迁印染、化工等重污染企业11家。	建成农村生活污水治理点80个，受益农户超过5000户。	启动径山水库建设和全区水环境综合治理三年行动计划，加强三白潭、闲林水库等备用水源保护，确保苕溪集中式饮用水源地水质达标率100%。	完成塘栖—崇贤污水南排、余杭污水处理厂二期、良渚污水处理厂二期等工程建设，推进截污纳管工作，新增纳管水量0.5万吨/日。 抓好农业面源污染综合治理，实施“肥药双控”工程1.67万公顷(25万亩)。	—
2012	十四届一次	（前五年工作回顾）： 敷设供水管网2885千米，供水能力达到58.5万立方米/日。全面开展农业面源污染治理，完成运河流域畜禽禁养工作。加强水质和水源	（前五年工作回顾）： 良渚、余杭等污水处理厂和塘栖、崇贤污水南排工程相建成。敷设污水管网580千米，污水处理能力达到	—	强化苕溪饮用水源和三白潭备用水源地保护。深化交接断面水质考核，切实改善主要河道水质环境。	加快临平污水处理厂建设，基本实现集镇截污纳管全覆盖，深化雨污分流改造。 加大重污染企业关停力度，切实抓好农业面	五是在饮用水保障方面：建成饮用水源地安全预警，应用管理平台，实施饮用水源（备用水源）区域9大截污纳管工程，限期治理饮用水源保护区范围内畜禽养殖场（点）20个，

续表

年份	人代会届次	上一年工作			当年目标和任务		
		基础设施建设		实事工程	基础设施建设		实事工程
		供水、改水	排　污		供水、改水	排　污	
2012	十四届一次	地保护，深入实施水专项示范，苕溪流域环境综合整治，西部五镇环境综合整治和三白潭备用水源等工程建设。	31 万吨/日。	—	—	源污染治理。 建设农村生活污水治理项目 80 个。	对瓶窑镇辖区饮用水源保护范围实施蓄禽禁养，对三白潭备用水源地实施生态清淤，节制闸建设和生活污水治理，仁和水厂投入使用，实施山区农村饮用水安全提升工程，惠及 6200 户，2.1 万人。

供水、排水合同（范本）

供用水合同（范本）

（本合同适用于单位用户）

〔杭工商余格式备案 2006－2－1－01〕

合同编号：　　　　　　　　　　　　　　　　　用户编号：

供水人：____________________住所：________________________________

用水人：____________________住所：________________________________

为明确供、用水双方在自来水供应和使用过程中的权利和义务，根据《中华人民共和国合同法》、国务院《城市供水条例》、《浙江省城市供水管理办法》和《杭州市城市供水管理条例》等法律、法规和国家有关规定，经供、用水双方友好协商，订立本合同，以便共同遵守。

第一条　用水地址、用水类别和用水量

（一）用水地址为______________________________（需明确用水区域边界的可另附详图）。

（二）用水性质为________________，执行____________类别供水价格。

（三）核定用水量________________ m^3/月。

（四）计费水表（或流量计）口径为________ mm，公称流量为________ m^3/小时。

（五）计费水表（或流量计）安装地点为____________________。

第二条　供水方式和质量

（一）正常情况下供水人通过城市公共供水管网及附属设施向用水人提供不间断供水。

（二）用水人不能间断用水或者对水压、水质有特殊要求的，应当自行设置贮水、间接加压设施及水处理设备，并自行负责管理维护。

（三）供水人保证城市公共供水管网水质符合国家《生活饮用水卫生标准》。

（四）供水人应保证水压符合国家有关规定。

第三条　用水计量、水价及水费结算方式

（一）用水计量

1．供、用水双方按照计费水表计量的水量作为水费结算的依据。

2．计费水表须经杭州市质量技术监督局余杭分局或经其授权认可的检验机构检定合格。其安装、移位、更换、定期检验与拆除等均由供水人办理，用水人应予以配合。

3．因用水人原因造成不能抄见水表的，供水人可根据用水人前六个月最高月用水量估算当月用水量；无特殊原因用水人在接到供水人书面通知后三个月内不能解决妨碍抄表问题的，供水人不退还多估水费；用水人实际用水量超过估算用水量的，水费按实际

用水量计量。

遇计费水表故障的，供水人可根据用水人前三次抄表的月平均用水量或上年同期用水量估算当月用水量。

4．用水人对计费水表准确性有异议时，可向供水人提出检定申请。经法定检验机构检定，计费水表计量误差超过规定标准的，发现当月按验表结果核收水费，以前各月份水量不作调整，水表检定、复装等费用由供水人承担；计量误差在规定标准以内的，水表检定、复装等费用由用水人承担。

5．因用水人用水量变化，连续半年平均小时用水量超过计费水表公称流量或全月平均小时用水量低于计费水表最小流量时，供水人有权要求用水人办理换表手续，由此引起的工料费用由用水承担。

6．用水人因拆迁等原因需要停止用水时，应及时通知供水人，结清费用，中止合同，办理销户手续。因办理不及时，未及时销户而造成供水设施损坏和水量损失的由用水人负责赔偿。

（二）水价

1．水价执行政府定价，即指按杭州市余杭区人民政府物价管理部门颁布的供水分类价格政策及代收费规定执行。

在供水期间内，若遇水价调整的，按政府物价部门颁布的调价文件规定执行。

2．不同用水类别的用水应实行分类计量，不同用水类别共用一具计费水表时，供水人可按最高类别水价计收水费。

（三）水费结算方式

1．供水人按规定周期抄验表并结算水费，用水人应按《水费缴款通知单》规定的时间缴清水费。

2．水费结算方式：经双方商定，用水人以________方式向供水人支付水费。

A．银行托收　　　　　　　B．银行代扣

C．现金缴费（在联网银行或供水营业窗口缴费）

第四条　供、用水设施产权与维护管理责任

（一）供、用水设施产权以计费水表为分界点，水源侧的管道及附属设施（含计费水表）产权属供水人，用户侧的管道及设施产权属用水人。

（二）供、用水双方负责各自产权范围内管道及附属设施的维护管理。

（三）对有计划的管道检修及施工等原因造成停止供水或降低水压供水的，供水人应当提前24小时以张贴停水通告、电话或媒体等任一形式通知用水人（用水人联系电话：________________）。

因突发事件或紧急事故造成突然临时停止供水或降低水压供水不能事先通知用水人时，供水人在及时组织抢修的同时，告知用水人恢复供水的时间。

（四）供水人设立24小时昼夜服务的客服热线电话：96390和本供水区域工作时间的服务电话：________________，两路电话均受理用水人的咨询、报修和投诉、举报。遇

有城市公共供水管网及附属及设施损坏时，供水人应及时组织抢修。

（五）用水人应保证计费水表、表井（箱）及附属设施完好，配合供水人按周期抄验水表，并协助做好计费水表等设施的更换、维修工作，未经供水人同意不得擅自变动供水设施。

第五条　违约责任

（一）供水人的违约责任

1. 供水人违反本合同约定未向用水人供水的，应支付用水人停水期间正常用水量水费百分之五的违约金。

2. 经区供水行政主管部门认定，由于供水人责任事故造成的停水、水压降低或水质事故，给用水人造成损失的，供水人应承担赔偿责任。

3. 因爆管等不可抗力或第三者行为造成的停水、水压降低、水质事故，供水人应及时进入现场抢修并通知相关用水人，由此给用水造成损失的，供水人不承担赔偿责任。

（二）用水人的违约责任

1. 用水人未按合同约定缴纳水费或用水人因银行托收账等收费信息变动未及时通知供水人导致水费无法按时缴纳的，按应缴纳水费额每日加收3‰的违约金。

2. 用水人无正当理由欠费超过《水费缴款通知单》规定期限二个月的，供水人可中止对其供水，但应提前五天通知用水人，由此造成的损失由用水人自行承担。当用水人在半年之内缴清水费、违约金和供水设施复装工料费的，供水人应于48小时内对其恢复供水。

3. 中止用水超过半年，本供用水合同自动终止，用水人要求复装的，应缴清欠费、违约金，并重新办理报装手续。

4. 因用水人原因造成供水人水量损失的，应按相应类别供水价格向供水人计赔损失。

5. 用水人私自改变用水类别或向其他用水人转供水且未到供水人处办理变更手续的，用水人除补缴用水类别的水价差价外，还应支付总水费3‰的违约金，并补办变更手续。

6. 用水人终止用水，未到供水人处办理相关手续，给供水人造成损失的，用水人应承担赔偿责任。

第六条　合同的变更与终止

（一）经供、用水双方协商一致，可以对本合同进行变更与补充。变更、补充协议是本合同的组成部分，与本合同具有同等法律效力。

（二）遇下列情形之一者，本合同即告终止：

1. 用水人用水地址因拆迁等原因而变更的。

2. 因用水人拖欠水费、中止供水超过半年的。

3. 用水人因用水性质发生变化等情况应变更合同但用水人拒不变更的。

4. 法律、法规规定的其他情形。

5．用水人申请销户。

第七条 争议的解决

本合同在履行过程中发生争议时，供、用水双方可以通过和解或者调解方式解决争议。如不愿和解、调解或者和解、调解不成的，双方选择下列________方式解决争议。

A．向供水人所在地人民法院起诉；　　B．向杭州市仲裁委员会申请仲裁。

第八条 其他约定

（一）当用水人出现欠费、经营状况严重恶化等供水人认为用水人履行合同约定能力下降时，供水人可以要求用水人提供担保，用水人不能提供担保的，供水人有权停止供水。

（二）____

____。

第九条 合同生效

1．用水人在合同签订前，对有关条款不清楚或有异议时，由供水人提供说明或解释，如有修改意见或不能接受的有关条款可在本合同附件中约定明确，约定的附件与本合同具有同等法律效力。

2．本合同于______年____月____日在______________签订。

3．本合同自双方法定代表人或授权代理人签字并加盖公章后生效。自签订之日起，在供、用水关系存在期内或在双方签订变更、解除合同的书面协议之前，本合同均为有效。供水人原与用水人订有《供用水合同》的，在本合同签订后，原合同自动失效。

4．本合同一式二份，供、用水双方各执一份。

供水人（盖章）：	用水人（盖章）：
法定代表人	法定代表人
或授权代理人（签字）：	或授权代理人（签字）：
联 系 人：	联 系 人：
开户银行：	开户银行：
帐　　号：	帐　　号：
电　　话：	电　　话：
传　　真：	传　　真：
税务登记号：	税务登记号：
企业注册登记号：	企业注册登记号：

供用水合同（范本）

（适用于一户一表用户）

〔杭工商余格式备案 2006－2－1－02〕

合同编号：＿＿＿＿＿＿＿＿＿＿　　用户姓名及编号：＿＿＿＿＿＿＿＿＿＿

为明确供、用水双方在自来水供应和使用过程中的权利和义务，根据《中华人民共和国合同法》、《城市供水条例》、《浙江省城市供水管理办法》、《杭州市城市供水管理条例》等有关规定，经供、用水双方友好协商，订立本合同，以便共同遵守。

第一条　用水地址、用水类别

1．根据用水人要求，供水人同意在＿＿＿＿＿＿＿＿＿＿（地址）向用水人供应自来水。

2．用水人用水类别为居民生活用水，计费水表口径为＿＿＿。

第二条　供水方式和质量

在正常情况下，供水人应保持不间断供水，提供的自来水水压应符合国家标准，水质符合国家《生活饮用水卫生标准》。

第三条　用水计量、水价及水费结算

（一）用水计量

1．供、用水双方按照计费水表计量的水量作为水费结算的依据，计费水表须经杭州市质量技术监督局余杭分局或经其授权认可的检验机构检定合格。其安装、移位、更换、定期检验与拆除等均由供水人办理，用水人应予以配合。

2．用水人对计费水表准确性有异议时，可依法申请检定，经法定检验机构检定，计费水表计量误差超过规定标准的，当月按验表结果核收水费，此前的水量不作调整，水表检定、复装等费用供水人承担；计量误差在规定标准以内的，用水人除缴纳正常水费外，还应承担水表检定、复装等费用。

3．因用水人原因造成不能抄见水表或遇计费水表故障的，供水人可根据用水人前三次抄表的月平均用水量或上年同期用水量估算当月用水量。用水人无正当理由连续 6 个月以上停止用水的，供水人可拆除结算水表并对其销户，用水人要求复装时，应当重新办理用水手续。

（二）水价

水价执行政府定价，即指按杭州市余杭区人民政府价格行政主管部门颁布供水价格及代收费的规定执行。在供水期间若遇水价调整的，按政府价格行政主管部门颁布的调

价文件规定执行。

（三）水费结算方式

1．供水人按规定周期抄验表并结算水费，用水人应按《水费缴款通知单》规定的时间缴清水费。

2．水费结算方式：经双方商定，用水人以________方式向供水人支付水费。

A．银行代扣　　B．现金缴费（在联网银行或供水营业窗口缴费）

第四条　供、用水设施维护管理责任

1．供、用水设施的维护、管理责任以计费水表为分界点，水源侧的管道及附属设施（含计费水表）由供水人负责，用户侧的管道及设施由用水人负责。用水人发现计费水表封印损坏或脱落，水表箱、阀门等设施损坏的应及时通知供水人。

2．对有计划的管道检修及施工等原因造成停水或降压的，供水人应提前24小时通过张贴停水通知或媒体公告等形式通知用水人。

3．供水人设立24小时昼夜服务的客服热线电话：96390和本供水区域工作时间的服务电话：________________，两路电话均受理用水人的咨询、报修和投诉、举报。

第五条　违约责任

（一）供水人的违约责任

1．经供水行政主管部门及其他有关法定部门认定，由于供水人责任造成的停水、水压降低、水质事故给用水人造成损失的，供水人应承担赔偿责任。

2．经供水行政主管部门及其他有关法定部门认定，供水人未按照规定检修供水设施、在供水设施发生故障后未及时抢修，给用水人造成损失的，供水人应承担赔偿责任。

3．由于不可抗力的原因造成停水、水压降低或水质事故，使用水人受到损失的，供水人不承担赔偿责任，但供水人应积极采取措施，并及时恢复通水。

（二）用水人违约责任

1．用水人逾期不缴纳水费的，供水人按应缴纳水费额每日加收3‰的违约金。用水人欠费超过《水费缴款通知单》规定期限二个月的，供水人可中止对其供水，但应提前五天通知用水人，由此造成的损失由用水人自行承担。

2．用水人未经供水人同意擅自改变用水类别的，除补缴相应用水类别水价差价外，另应向供水人付违约期间水费总额3‰的违约金，并补办有关手续。

3．用水人未经供水人同意擅自转供自来水的，用水人应立即停止转供水行为，并且向供水人支付违约期间应缴纳水费总额3‰的违约金。

4．用水人私自开启计费水表封印、更换计费水表、拆装计费水表等致使计量失准的行为均属窃水行为，供水人有权中止供水，并移送有关部门按规定处理。

5．因用水人原因造成计费水表及附属设施损坏的，用水人应承担赔偿责任。

第六条　争议的解决

本合同在履行过程中发生争议时，供、用水双方可以通过和解或者调解方式解决争

议。如不愿和解、调解或者和解、调解不成的，双方选择下列________方式解决争议。

A．向供水人所在地人民法院起诉；　　B．向杭州市仲裁委员会申请仲裁。

第七条　本合同自双方当事人签字（盖章）后生效，至用水人销户、过户后或双方认为需变更合同时本合同自动终止。本合同一式二份，供水人、用水人各执一份。

供水人（盖章）：　　　　　　　　用水人（签字）：

　　　　　　　　　　　　　　　　身份证号码：

授权代理人（签字）：　　　　　　授权代理人（签字）

　　　　　　　　　　　　　　　　身份证号码：

联系电话：　　　　　　　　　　　联系电话：

　　　　　　　　　　　　　　　　　　签订时间：　　　年　　月　　日

污水委托处理合同（范本）

〔杭工商余格式备案 2008－2－1－01〕

合同编号： 用户编号：

甲方（受托方）：杭州余杭水务有限公司

乙方（委托方）：

为确保余杭区污水处理系统的正常运行，有效改善全区水环境质量，根据《中华人民共和国水污染防治法》、《城市排水许可管理办法》、《污水综合排放标准》（GB8978－1996）、《污水排入城市下水道标准》（CJ343－2010）和《杭州市城市排水管理办法》以及其他相关法律、法规和标准的规定，现就乙方委托甲方处理污水事宜，双方签订以下条款，共同遵守：

第一条 乙方的基本情况：

1．乙方污水性质（执行项在“□”内打“√”）

项目		主要类型		项目	主要类型	
经营性用水	重污染工业企业	□	化学工业	特种行业	□	纯净水及饮料（酒）制造业
		□	造纸工业		□	桑拿浴室（足浴）
		□	纺织印染工业		□	美容美发
		□	电镀行业		□	洗车业
		□	制药行业		□	洗衣店
	商业服务业	□	医疗行业		□	
		□	餐饮		□	
		□	商店	备注	□	
		□	娱乐		□	
	一般工业企业	□	食品工业		□	
		□	肉类加工工业		□	
		□	机械组装		□	
	其它	□	建筑		□	
		□			□	

2．污染因子：________________________________

3．排污地点：________________________________

第二条　乙方入网标准：

乙方排入甲方污水管网的水质应当符合国家规定的《污水排入城市下水道水质标准》（CJ343－2010）或《污水综合排放标准》中的入网标准（GB8978－1996）（主要指标见下表）。乙方排放污水水质达不到此标准的必须设置相应的污水处理设施先进行预处理，达标后方可排入甲方污水管网。不得用稀释法降低其浓度，排入城市污水管道。

项目名称	监测指标	项目名称	监测指标
COD_{cr}	≤500 mg/L	PH	6.5－9.5
BOD_5	≤300 mg/L	SS	≤400 mg/L
NH_3-N	≤45 mg/L	TP	≤8 mg/L
色 度	≤70 倍	温度	≤38 ℃
特殊指标			

注：其他污染物指标按《污水排入城市下水道水质标准》（CJ343－2010）标准及相关行业标准予以接纳

第三条　安装排污流量计的排（污）水户，经核定排放的污水量为________吨/日，且要做到均匀排放。同时，在排放口要设置专用检测井。

第四条　乙方污水排放量的计量方法：

1．用自来水的排（污）水户的排污量，按自来水的供水量计量。其中，个别特殊企业，经排（污）水户申请，本公司审定，安装污水排放流量计的，按实际排污量计量。

2．全部用自备水的排（污）水户按自备水取水量（在取水管道上安装计量装置，并按周期检定合格）计量；或经排（污）水户申请，本公司审定，安装污水排放流量计的，按实际排污量计量。

3．既用自来水又用自备水的排（污）水户，按自来水供水量和自备水取水量分别计量；或经排（污）水户申请，本公司审定，在统一的污水排放口设置流量计的，按实际排污量计量。

4．采用自备水的排（污）水户（包括全部用自备水或部分用自备水的），如既未安装取水计量装置，又未安装排污流量计的，则按照取水管道同口径水表的公称流量和每年365天，每天24小时的用水时间，按月计算污水排放量。

5．乙方安装排污流量计或自备水取水计量装置的，甲方发现流量计或计量装置有误时，甲方有权要求乙方限期整改。流量计或计量装置整改合格后，方可再次使用（具体内容见关于流量计安装与管理的协议书）。整改当月的排污量按前三个月的平均排污量或前三个月自备水的平均取水量计算。

第五条 产权分界：

双方的产权分界点为甲方污水处理主干管网与乙方排污支管的连接口，由分界点至乙方污水排放口的连接支管、乙方内部的污水管网和预处理设施及附属设施产权属于乙方，建设费用由乙方承担，并负责日常的管理与维护。其他的污水收集和处理设施的产权属于甲方（或由建设单位移交给甲方运行使用的设施），由甲方负责日常的管理与维护。

第六条 双方的权利与义务：

1. 乙方内部的一切排污设施由乙方自行负责建设，但建设前需征得甲方的意见，如：排污设施施工图的设计与竣工验收。

2. 乙方入网前须持有区有关行政主管部门颁发的《排水许可证》或《临时排水许可证》。

3. 乙方在接入甲方管辖的管网时，其内部排水体制必须为雨污分流制。

4. 乙方经批准安装污水排放流量计或自备水取水计量装置，需报甲方核准计量仪的规格，并按甲方的技术要求，由乙方负责安装，并承担全部费用。安装后要通过质量技术监督部门和甲方的验收。同时，乙方需与甲方签订关于流量计安装与管理的协议书(详见协议书)。

5. 乙方为工业企业性质、医疗卫生单位或有易堵塞下水道物质的排（污）水户，在接入甲方管网时，分界点前面需设立格栅井和采样口；乙方为油脂生产、加工行业或餐饮服务业的，在接入甲方管网时，分界点前面需设立隔油池和采样口。格栅井、隔油池和采样口均由乙方负责日常的清理维护。

6. 乙方为非工业企业性质的，如：居民生活、行政事业单位、商业服务业、建筑企业和其他行业的污水排放，应根据排放污水的地点、性质不同，采取建立化粪池、沉淀池等方式。化粪池和沉淀池日常的清理维护由乙方负责。

7. 乙方为医疗卫生、生物制品、肉类加工、科学研究等含有病原体的排（污）水户，其排放的污水必须要进行预处理并消毒，达到污水综合排放标准，并经甲方和环保部门验收批准后，方可接入甲方污水管网。

8. 乙方污水入网后应自觉接受甲方对其水质、水量进行不定期的抽样、检查。同时，乙方在排污时发现有任何异常现象应立即通知甲方，双方及时妥善处理。

甲方在抽样、检查时，乙方应积极主动配合。同时，双方均应到场，乙方不得阻挠甲方工作人员的正常工作。取样时若乙方需要，可同时等量备取一份，取后当场封口，由乙方放在4℃的低温处保存。乙方若对甲方检测的水质发生疑问时，则可在接到化验结果通知之日起的2天内书面提出异议，同时与甲方一起将当时取得污水备用水样再委托环保部门或国家认可有资质的水质监测部门进行复检。若检测的水质符合乙方申报的入网标准，检测费由甲方承担，如不符合则由乙方承担检测费。

9. 在排放口有安装在线监测设备的排（污）水户，乙方要做好监测设备的养护工作，以保证信息管理的正常运行。在线监测相关数据乙方不得擅自更改，乙方若擅自修改，甲方发现后有权以干扰信息管理的相关规定报告有关行政主管部门进行查处。

10. 甲乙双方对各自所管辖的污水管道及附属设施负责进行日常疏通、维护，确保排污通畅。

11. 为确保全区污水处理系统正常运行，甲方因工程施工、设备维修等原因确需暂停进水时，乙方的排污行为必须服从甲方的调度，但甲方应提前 7 天告知乙方，使乙方做好相关准备工作；因突发性停电、设备故障、管道抢修、灾害等紧急情况确需立即检修的，甲方应当在检修的同时通知乙方。

12. 在合同的有效期内，乙方需要变更排污主体或排水许可内容时，必须提前十五日向政府有关行政主管部门申请办理变更手续。经批准后，再与甲方签订污水处理变更合同及相关补充协议，方可再次入网排放污水。

第七条　污水处理费收费标准与收缴方式：

1. 污水集中处理设施的建设管理遵循“谁污染、谁治理、谁付费”的原则。污水处理费由排（污）水户承担，按区物价部门最新批准的污水处理收费标准规范收费。

2. 对实行按实测污水 COD 浓度分档计价征收污水处理费的工业企业，污水处理费收缴标准按物价部门公布后的标准执行。

3. 乙方缴纳污水处理费的方式：

☐ 与自来水费同缴　☐ 安装流量计的单独自缴

☐ 安装自备水取水计量装置的单独自缴

4. 乙方污水处理费的付款方式：

☐银行托收　☐银行代扣　☐银行代收　☐自缴　☐__________

第八条　违约责任：

1. 乙方接入甲方管网的位置由甲方指定，乙方不得擅自改变或增加。违者甲方有权封堵排放口或不给予接入管网的权利，所造成的一切后果由乙方承担。

2. 乙方擅自改变排水性质的，甲方有权要求乙方限期整改，乙方整改结束，经相关部门及甲方验收合格后，方可再次入网。在整改期内，甲方有权视情况封堵乙方排放口。

3. 乙方排放的污水经甲方日常检测，常规监测项目超过入网标准 10%及以内的，乙方必须在甲方限定的整改期（3 天）内整改到位。若乙方在限定整改期内未实施整改或整改后仍未能达标的，甲方有权对乙方采取暂停纳管（封堵）措施；若常规监测项目超标 10%及以内，但对于污水处理工艺可能造成重大影响的纳管企业（印染、化工、医药、冶金、皮革或日污水量大于 100 吨的纳管企业），一旦发现超标，甲方有权对乙方采取暂停纳管（封堵）措施。

4. 乙方排放的污水经甲方日常检测严重超标，对污水处理设施正常运行构成严重影响的，甲方在报告区有关行政主管部门的同时，有权封堵乙方的排放口，由此造成的经济损失及其他一切后果由乙方承担。具体赔偿按照以下标准执行：

（1）乙方日平均排水量在100吨及以内的。乙方排污水常规指标超过入网标准10%（不含10%），在30%（含30%）以内，或者乙方排污水对甲方污水处理厂造成轻度冲击，使处理厂工艺波动，影响出厂水质的，该情况发生3次以上（不含3次）的，乙方赔偿甲方1万~5万；乙方排污水常规指标超过入网标准30%（不含30%），在50%（含50%）以内，或者乙方排污水对甲方污水处理厂造成中度冲击，使处理厂工艺波动较大，影响出厂水质的，该情况发生2次以上（不含2次）的，乙方赔偿甲方5万~10万；乙方排污水常规指标超过入网标准50%（不含50%）以上，或者乙方排污水对甲方污水处理厂造成严重冲击，使处理厂工艺波动很大，严重影响出厂水质的，该情况发生1次以上（不含1次）的，乙方赔偿甲方10万~15万。

（2）乙方日平均排水量在100吨以上，300吨及以内的，按照上述第（1）款赔偿标准的2倍执行。

（3）乙方日平均排水量在300吨以上的，按照上述第（1）款赔偿标准的3倍执行。

（4）因乙方超标排放，引起甲方污水处理设施损坏，菌种死亡，污水系统瘫痪等严重后果的，除按照上述标准赔偿外。甲方有权根据实际情况，另行追加赔偿。

5．乙方整改后，申请重新开通排污口，必须提出书面申请，经甲方人员现场验收和水质检测合格后，方可办理重新开通手续。相关水质检测费用由乙方负责承担。

6．乙方排放的污水经常性超标、超标严重或者是乙方被查明经常性偷排（全年累计5次以上），甲方有权单方面终止协议。

7．为了加强对乙方排放污水的水质监控，甲方有权在污水排放口安装自动采样仪、水质在线仪表等监控设备，乙方必须无条件配合甲方提供安装条件，如场地、电源等。

8．乙方因产品变更，污水预处理设施改造或其他原因，引起污水的水质和水量有较大幅度波动的，应在第一时间报告甲方，以便甲方提前作好相关准备工作。

9．安装在线监测设备的排（污）水户，包括安装流量计的排（污）水户和不安装流量计按自来水用量计排污量的排（污）水户，如在线检测时发现乙方排污水质超标时，按上述第4条规定，乙方需向甲方缴纳排污水质超标处理赔偿费。

10．安装排污流量计的排（污）水户，当月平均日污水排放量超过本合同第三条核定的排污量时，超排部分污水的处理费按不同的超排量加收污水处理补偿费，超量排放污水的处理补偿费收缴标准按政府有关部门的规定执行。

11．对不安装流量计，按自来水用量计排污量的排（污）水户，如存在雨水污水合流排放、外单位排污管网接入、自备水管道接入等现象致使当月排污量超过自来水用量时，乙方需向甲方缴纳超量排放污水处理补偿费。标准以当月自来水用量为核定排（污）水量，超过部分的排污量按上述第10条规定由乙方支付超量排放污水处理补偿费。

12．乙方未经甲方同意擅自转让或将其他单位污水接入者，甲方有权解除本合同，并停止乙方污水进入甲方管网。

13．乙方必须于每月25日之前缴清上月的污水处理费，逾期未缴纳污水处理费者，甲方按每超出一天增加应收污水处理费的0.3%收取违约金。乙方拒不缴纳的，甲方有权封堵排放口，后果均由乙方自负。

14. 乙方如发生下列行为，甲方将停止乙方污水进入甲方管网，一切后果由乙方负责。同时，甲方报告并会同政府有关行政主管部门进行查处；

(1) 未取得排水许可证书，擅自向甲方污水管网及其附属设施排放污水；

(2) 超过排水许可证书有效期限向甲方污水管网及其附属设施排放污水；

(3) 违反排水许可证书规定的内容，向甲方污水管网及其附属设施排放污水；

(4) 向甲方污水管网及其附属设施排放剧毒物质、易燃易爆物质和有害气体等；

(5) 堵塞甲方排污管网或者向甲方污水管网及其附属设施内倾倒垃圾、渣土、施工泥浆等易堵塞物；

(6) 擅自占压、拆卸、移动和穿凿甲方污水管网及其附属设施；

(7) 擅自向甲方污水管网及其附属设施加压排放污水；

(8) 其他损害甲方污水管网及其附属设施正常运行的行为。

15. 甲方原则上只允许乙方设一个污水排放口，若存在不可抗拒的因素，或特殊原因需要有两个污水排放口的，必须经甲方同意。如未经同意，乙方擅自开通二个及以上排放口的，甲方将实行堵管或截管，所发生的一切后果及费用由乙方承担。

第九条　免责条款：

因不可抗力因素引起双方排水设施发生意外故障，双方应协商做好善后工作。

第十条　争议的解决方式：

甲乙双方如因履行合同发生争议时，应依本合同之原则协商解决，协商不成时，提请行政主管部门解决，调解不成时，可向合同甲方所在地的人民法院提请诉讼。

第十一条　合同的变更和解除：

1. 本合同的变更或解除按《中华人民共和国合同法》和相关的法律、法规、政策及有关的规定处理。

2. 本合同的有效期为________年。

3. 本合同有效期内，经过双方协商签字同意的有关修改合同的文书、传真和图表等，也是合同的组成部分，具有同等效力。

第十二条　本合同效力及未尽事宜：

1. 本合同未尽事宜，按《中华人民共和国合同法》《中华人民共和国水污染防治法》《城市排水许可管理办法》和有关的法律、规章、政策与标准的规定办理。如遇有关法律、规章、政策和标准调整修改时，则按新的规定执行。

2. 本合同有效期自签订之日起，在甲乙双方签字加盖公章后生效。

3. 本合同一式二份，甲乙双方各持一份，效力均等。

4. 本合同附件包括：____

上述附件为本合同不可分割的组成部分。

甲方：（盖章）
法定代表人：
或委托代理人：
联系人：
电　话：
地　址：
传　真：
开户行：
账　号：
税务登记号：
营业执照：
签约地点：
签约时间：______年____月____日

乙方：（盖章）
法定代表人：
或委托代理人：
联系人：
电　话：
地　址：
传　真：
开户行：
账　号：
税务登记号：
营业执照：

文件资料选目

政府（部门）文件

余杭区（县、市）人民政府和有关部门历年来有关水务工作的相关文件、材料的目录选载如下，供查阅。

发文单位	文　号	目　录	发文日期
余杭县人民委员会	〔1963〕余办字第368号	关于成立临平自来水厂筹建领导小组的通知	1963.11.16
余杭县人民政府	余政〔1983〕136号	关于建立余杭县农村水改领导小组及组成人员的通知	1983.11.4
余杭县人民政府	余政〔1984〕60号	关于临平自来水厂改为公用事业的通知	1984.4.19
余杭县人民政府	余政批〔1984〕105号	关于征收自来水开发基余（增容费）的批复	1984.8.3
余杭县人民政府	余政〔1985〕123号	关于对县境内企事业单位限期治理污染的规定	1985.8.10
余杭县人民政府	余政〔1985〕129号	关于要求继续解决我县运河水系污染地区群众生活用水问题的报告	1985.8.23
余杭县物价委员会	余价〔1988〕58号	关于调整余杭自来水厂水价的批复	1988.6.13
余杭县人民政府	余政〔1989〕38号	关于颁发《余杭县博陆喜庵港水域保护规定》的通知	1989.10.28
余杭县人民政府办公室	余政办〔1989〕108号	临平自来水厂扩建工程输水管线施工协调会议纪要	1989.11.3

续表

发文单位	文　　号	目　　　录	发文日期
余杭县人民政府办公室	余政办〔1990〕27号	关于临平水厂合建工程协调会议纪要	1990.4.26
余杭县人民政府办公室	抄告单（编号175）	（调整自来水增容费及水价事项）	1990.9.17
余杭县物价委员会	余价〔1990〕114号	关于调整生产经营性用水价格的通知	1990.9.20
余杭县人民政府办公室	余政办〔1991〕98号	关于加快余杭镇自来水厂南湖调节工程建设进度协调会议纪要	1991.12.10
余杭县人民政府	余政〔1992〕7号	关于颁发《余杭镇自来水厂南湖调节水源保护规定》的通知	1992.4.30
余杭县人民政府办公室	县政府常务会议纪要第23号	（第23次县政府常务会议决定）：在临平自来水厂还贷期内征收临平自来水厂建设基金	1992.5.13
余杭县物价委员会	余价〔1992〕60号	关于余杭镇自来水厂加收补偿费的批复	1992.5.13
中共余杭县委	县委干〔1993〕67号	关于建立余杭县自来水总公司及朱张荣同志任职的通知	1993.5.15
余杭县人民政府	余政〔1992〕25号	关于开征排污水费的通知	1992.7.14
余杭县物价委员会	余价〔1992〕136号	关于调整水价的通知	1992.10.22
余杭县物价委员会	余价〔1992〕153号	关于临平地区水厂水价的批复	1992.11.30
余杭县人民政府	余政发〔1992〕370号	转报《关于世界银行贷款农村供水项目完工情况的报告》的函	1992.12.11
杭州市人民政府	杭府纪要〔1993〕32号	关于余杭县三墩镇改水和奉口船闸管理问题的协调会议纪要	1993.6.4
余杭县人民政府	余政发〔1993〕145号	关于余杭县自来水总公司职责等有关事项的通知	1993.7.19
余杭县人民政府办公室	余政办〔1993〕85号	关于三墩镇农村改水项目协调会议纪要	1993.9.24
余杭县人民政府	余政发〔1993〕196号	关于建立临平自来水厂扩建工程项目领导小组的通知	1993.10.18

续表

发文单位	文　号	目　录	发文日期
余杭县编制委员会	余编〔1993〕56号	关于同意“县改水办自来水服务站”更名并核定编制的批复	1993.10.21
余杭县人民政府	余政〔1994〕1号	关于印发《余杭县苕溪水域污染防治管理实施办法》的通知	1994.1.4
余杭县物价委员会	余价〔1994〕18号	关于调整自来水价格的通知	1994.2.17
余杭市物价委员会	余价〔1994〕35号	关于调整临平区水厂水价的批复	1994.4.14
余杭市人民政府	余政发〔1994〕51号	关于转发《杭州市城市供水管理规定》的通知	1994.8.2
余杭市人民政府办公室	余政办〔1994〕37号	关于临平及余杭、塘栖、闲林自来水应急扩建项目有关问题协调会议纪要	1994.8.30
余杭市人民政府	余政〔1994〕4号	关于印发《余杭市城镇计划用水、节约用水管理暂行办法》的通知	1994.11.10
余杭市编制委员会	余编〔1994〕44号	关于明确余杭市人民政府节约用水办公室机构性质及定编的批复	1994.12.31
余杭市物价委员会	余价〔1995〕28号	关于核定三墩经济区水厂有关收费标准的批复	1995.2.25
余杭市人民政府办公室	余政办〔1995〕68号	关于自来水工程建设工作协调会议纪要（应急临平、瓶窑、余杭、塘栖、闲林水厂应急扩建工程）	1995.5.23
余杭市物价委员会	余价〔1995〕79号	关于调整临平第二水厂水价的批复	1995.5.26
余杭市物价委员会	余价〔1995〕81号	关于调整自来水价格的通知	1995.5.31
余杭市人民政府办公室	余政办〔1995〕94号	转发《关于污水治理排江工程建设拆迁征地等有关政策意见》的通知	1995.7.15
余杭市人民政府	余政发〔1995〕149号	关于建立余杭镇自来水引水、供水工程领导小组的通知	1995.8.17
（杭州市人民政府	杭政阅〔1995〕80号	关于实施余杭镇引水工程的会议纪要	1995.8.18）
余杭市人民政府办公室	余政办〔1996〕2号	余杭镇自来水引水、供水工程领导小组扩大会议纪要	1996.1.3

续表

发文单位	文　号	目　　录	发文日期
余杭市余杭镇人民政府	余政〔1996〕1号	关于建立余杭镇青山引水工程指挥部的通知	1996.1.10
余杭市卫生防疫站	余卫防〔1996〕13号	关于进一步做好二次供水设施卫生管理的通知	1996.6.1
余杭市人民政府办公室	抄告单（编号21）	（有关青山引水工程项目向水利部贷款的担保、使用、还贷事项）	1996.6.10
余杭市物价委员会	余价〔1996〕135号	关于调整自来水价格的通知	1996.11.18
余杭市物价委员会	余价〔1996〕146号	关于调整临平第二水厂水价的通知	1996.11.26
余杭市人民政府	余政发〔1996〕235号	关于印发《余杭市城镇计划用水、节约用水管理办法》的通知	1996.11.28
余杭市人民政府	余政发〔1997〕29号	关于成立余杭市饮用水源保护区领导小组的通知	1997.2.28
余杭市人民政府办公室	余政办〔1997〕93号	关于转发市环保局《余杭市创建合格饮用水地表水源保护区工作方案》的通知	1997.5.27
余杭市人民政府办公室	余政办〔1997〕122号	关于印发《余杭市自来水总公司职能配置、内设机构和人员编制方案》的通知	1997.7.4
余杭市人民政府	余政发〔1997〕151号	关于印发《余杭市余杭镇饮用水源环境保护管理规定》的通知	1997.7.9
余杭市人民政府	余政发〔1997〕152号	关于印发《余杭市博陆喜庵港饮用水源环境保护管理规定》的通知	1997.7.9
余杭市人民政府办公室	余政办〔1997〕165号	关于余杭镇自来水厂拆迁问题协调会议纪要	1997.10.6
余杭市人民政府办公室	余政办〔1997〕184号	转发市环保局关于余杭市全面实行环境保护排污许可证制度的通知	1997.11.16
余杭市人民政府	余政发〔1997〕231号	关于同意余杭市市区给水专业规划的批复	1997.11.18

续表

发文单位	文　号	目　录	发文日期
余杭市人民政府办公室	余政办〔1997〕185号	关于加快余杭镇自来水厂拆迁进程有关问题协调会议纪要	1997.11.18
余杭市人民政府办公室	余政办〔1997〕187号	关于青山水库大修断流期间确保苕溪水质和生活饮用水安全有关问题协调会议纪要	1997.11.21
余杭市人民政府办公室	抄告单（编号5）	（有关东塘、獐山、云会三个镇乡改水问题等事项）	1998.2.12
余杭市人民政府办公室	抄告单（编号61）	（有关临平、塘栖联合供水工程项目建议书相关事项）	1998.6.26
余杭市人民政府	余政发〔1998〕141号	关于建立余杭市临平、塘栖供水工程领导小组等非常设机构的通知	1998.7.3
余杭市人民政府	余政发〔1998〕156号	关于印发《余杭市城市排水许可管理办法》的通知	1998.8.1
余杭市建设局	余建〔1998〕170号	关于转发《城市供水行业2000年技术进步发展规划》的通知	1998.8.15
余杭市人民政府办公室	抄告单（编号81）	（有关调整自来水价格相关事项）	1998.8.31
余杭市人民政府办公室	余政办〔1998〕141号	关于临平自来水厂博陆取水口水源保护有关问题协调会议纪要	1998.9.13
余杭市物价局	余价〔1998〕139号	关于同意调整临平自来水厂价格的批复	1998.9.29
余杭市物价局	余价〔98〕140号	关于同意调整塘栖、余杭、瓶窑三镇自来水价格的批复	1998.9.29
余杭市物价局	余价〔1998〕156号	关于核定临平第二水厂自来水供应价格的通知	1998.11.13
余杭市人民政府办公室	余政办〔1999〕14号	关于余杭、闲林两镇供水工程方案协调会议纪要	1999.1.26

续表

发文单位	文　　号	目　　　录	发文日期
余杭市人民政府	余政发〔1999〕60号	关于公布取消第六批涉企收费项目的通知（取消城市供水设施增客费等项目）	1999.3.24
余杭市人民政府办公室	余政办〔1999〕51号	关于供水工程建设专题会议纪要（临平塘栖、余杭闲林供水工程建设事项）	1999.3.30
余杭市人民政府	余政发〔1999〕89号	关于在我市全面实施总量排污收费的通知	1999.4.12
余杭市人民政府办公室	余政办〔1999〕125号	转发市自来水总公司“关于加强供水消毒检测工作意见”的通知	1999.6.21
余杭市机构编制委员会办公室	余编〔1999〕36号	关于同意余杭市自来水总公司增设组织人事科的批复	1999.8.19
余杭市卫生防疫站	余卫防〔1999〕23号	关于转发《杭州市二次供水系统清洗消毒操作卫生规范》的通知	1999.8.28
余杭市机构编制委员会办公室	余编办〔1999〕11号	关于塘栖、余杭闲林自来水厂确定单位性质等有关问题的批复	1999.9.7
余杭市人民政府	余政发〔1999〕254号	关于实施余杭市城市污水截流入网管理的通知	1999.11.19
余杭市机构编制委员会	余编〔1999〕46号	关于同意组建余杭市供水集团公司的批复	1999.12.6
余杭市人民政府办公室	余政办〔2000〕9号	关于余杭青山引水工程有关问题协调会议纪要	2000.1.18
余杭市人民政府办公室	余政办〔2000〕24号	关于邱山农贸市场二期建设有关问题协调会议纪要（有关市自来水总公司办公大楼及宿舍拆迁问题）	2000.2.23

续表

发文单位	文　号	目　录	发文日期
余杭市人民政府办公室	余政办〔2000〕25号	关于瓶窑水厂扩建工程有关问题协调会议纪要（瓶窑水厂移交市自来水总公司经营管理）	2000.2.23
余杭市人民政府办公室	余政办〔2000〕79号	关于星桥供水有关问题的协调会议纪要（建立协调小组等事项）	2000.5.18
余杭市人民政府办公室	余政办〔2000〕190号	关于瓶窑水厂扩建工程有关问题协调会议纪要（瓶窑水厂体制不变）	2000.9.25
中共余杭市委办公室	市委办〔2000〕96号	关于转发《余杭市党政机关与所办经济实体脱钩工作的实施意见》的通知（市自来水总公司等5家单位需脱钩）	2000.10.11
余杭市人民政府办公室	余政办〔2000〕204号	关于星桥镇供水有关问题协调会议纪要（明确资金等问题）	2000.10.20
余杭市人民政府	余政发〔2000〕199号	关于印发《余杭市临平、塘栖供水工程饮用水源环境保护管理规定》的通知	2000.10.25
余杭市人民政府	余政发〔2001〕34号	关于同意《余杭市城乡供水规划》的批复	2001.3.12
余杭区人民政府办公室	抄告单（编号107）	（有关瓶窑水厂成建制划转给区自来水总公司等事项）	2001.4.20
余杭区人民政府办公室	抄告单（编号108）	（有关余杭地区供水工程建设资金问题等事项）	2001.4.20
余杭区人民政府办公室	抄告单（编号262）	（有关调整自来水价格及开征污水处理费等事项）	2001.8.6
余杭区物价局	余价〔2001〕66号	关于调整自来水价格和开征污水处理费的通知（临平、东湖、南苑街道）	2001.8.22
余杭区物价局	余价〔2001〕69号	关于塘栖等镇调整自来水价格和开征污水处理费的通知	2001.8.29

续表

发文单位	文　　号	目　　　录	发文日期
余杭区人民政府办公室	余政办〔2001〕324 号	关于成立杭州市余杭区饮用水源保护区领导小组的通知	2001.12.2
余杭区人民政府办公室	抄告单（编号 67）	（有关污水处理费由供水集团公司在收取自来水费时统一征收事项）	2002.2.8
余杭区人民政府办公室	抄告单（编号 82）	（有关塘栖、崇贤供水管网建设事项）	2002.2.20
余杭区人民政府办公室	抄告单（编号 138）	有关青山引水工程及办公大楼拆迁补偿等事项	2002.3.11
余杭区经济体制改革委员会办公室	余体改办〔2002〕5 号	关于杭州余杭供水集团公司所属经济实体改革有关问题的协调会议纪要	2002.5.8
余杭区人民政府办公室	余政办〔2002〕191 号	关于建立苕溪流域水环境保护工作领导小组的通知	2002.8.9
余杭区人民政府办公室	抄告单（编号 451）	（有关东苕溪河道保洁事项）	2002.8.29
余杭区物价局	余价〔2002〕102 号	关于居民住宅自来水“一户一表，计量出户”改造收费标准的批复	2002.9.29
余杭区人民政府	余改发〔2002〕179 号	关于进一步加强苕溪流域水环境保护工作的意见	2002.10.15
余杭区物价局	余价〔2002〕118 号	关于乔司水管站有关水价问题的复函	2002.11.14
余杭区人民政府	余政发〔2002〕198 号	关于同意实施“杭州市余杭区塘栖污水工程专项规划”的批复	2002.11.17
余杭区人民政府	余政发〔2002〕199 号	关于同意实施“杭州市余杭区东部分区污水工程专项规划”的批复	2002.11.17
余杭区建设局	余建〔2002〕357 号	关于新建住宅实行“一户一表，计量出户”的通知	2002.11.18
余杭区人民政府	余政发〔2002〕201 号	关于印发《余杭区城市污水截污入网管理细则》的通知	2002.12.3

续表

发文单位	文　　号	目　　　录	发文日期
余杭区人民政府	余政发〔2003〕8 号	关于同意实施《杭州市余杭组团污水排水专项规划》的批复	2003.1.15
余杭区企业改革指导委员会	余企指〔2003〕7 号	关于杭州余杭自来水工程公司转制方案的批复	2003.4.11
余杭区机构编制委员会	余编〔2003〕9 号	关于同意注销杭州余杭给水排水勘测设计室的批复	2003.4.16
余杭区国有资产管理委员会办公室	余国资办〔2003〕12 号	关于同意回购原杭州余杭自来水工程公司转制房产的批复	2003.4.18
余杭区人民政府	余政发〔2003〕82 号	关于印发《杭州余杭区瓶窑供水区域饮用水源环境保护管理规定》的通知	2003.5.14
余杭区物价局	余价〔2003〕43 号	关于旅游宾馆饭店（非典时期）用水、电、气、热（汽）价格的通知	2003.5.21
余杭区物价局	余价〔2003〕61 号	关于核定良渚镇自来水价格的批复	2003.7.10
余杭区人民政府	余政发〔2003〕110 号	关于同意实施《杭州市良渚组团污水排水专业规划》的批复	2003.7.25
余杭区人民政府办公室	余政办〔2003〕208 号	关于益利素勒项目推进工作的会议纪要（供水等事项）	2003.10.8
余杭区人民政府办公室	抄告单（编号：639）	（有关临平、塘栖二期工程准备工作有关事项）	2003.12.21
余杭区人民政府办公室	余政办〔2003〕286 号	关于益利素勒项目推进工作的第三次会议纪要（供水等事项）	2003.12.25
余杭区人民政府办公室	余政办〔2002〕305 号	关于成立杭州市余杭区临平、塘栖供水二期工程领导小组的通知	2003.12.26
余杭区人民政府办公室	抄告单（编号：43）	（有关三组团污水项目收集系统建设及投资事项）	2004.2.9

续表

发文单位	文　　号	目　　录	发文日期
余杭区国有资产管理委员会办公室	余国资办〔2004〕33号	关于对杭州余杭供水集团公司实行经营考核奖励办法的通知	2004.4.29
余杭区人民政府	余政发〔2004〕26号	关于印发《杭州市余杭区工业污染源环境管理（长效）基本要求》的通知	2004.5.6
余杭区物价局	余价〔2004〕100号	转发省物价局、省财政厅关于调整水资源费标准的通知	2004.9.6
余杭区林业水利局	余林水水字〔2004〕150号	关于成立余杭区农民饮用水工程领导小组及制订工程项目建设资金管理办法的通知	2004.10.14
余杭区人民政府办公室	余政办〔2004〕230号	转发《余杭区饮用水源保护区划分工作方案》的通知	2004.10.26
余杭区人民政府办公室	余政办〔2004〕267号	关于调整余杭区生活饮用水源保护工作领导小组成员的通知	2004.12.29
余杭区人民政府办公室	余政办〔2005〕37号	关于认真做好全区农村饮用水调查和饮用水安全工程规划编制工作的通知	2005.3.11
余杭区物价局	余价〔2005〕30号	关于调整我区污水处理费标准的通知	2005.3.16
余杭区人民政府办公室	抄告单（编号：125）	(有关污水处理费调整事项)	2005.3.22
余杭区环境保护局	余环发〔2005〕28号	关于开展企业规范化排污口整治工作的通知	2005.4.21
余杭区物价局	余价〔2005〕45号	关于中心学校等单位用水价格的通知	2005.5.17
余杭区人民政府办公室	余政办〔2005〕145号	关于批转《余杭区污水处理费征收管理办法（试行)》的通知	2005.6.9
余杭区物价局	余价〔2005〕57号	转发省物价局《关于改进城市供水价格和污水处理费分类的通知》的通知	2005.6.27
余杭区环境保护局	余环发〔2006〕64号	区控以上重点水污染企业实现废水稳定达标排放具体要求	2006.7.3

续表

发文单位	文　号	目　录	发文日期
余杭区人民政府	余政发〔2005〕97号	关于对苕溪饮用水源保护区范围内重点排污企业实行紧接停产的通知	2005.7.4
余杭区环境保护局	余环发〔2005〕46号	关于加强污染整治工作的通知	2005.7.6
余杭区环境保护局	余环发〔2005〕47号	关于加强印染行业环境管理的通知	2005.7.6
余杭区国有资产管理委员会办公室	余国资办〔2005〕40号	关于对杭州余杭供水集团公司继续实行经营考核奖励办法的通知	2005.7.8
余杭区人民政府办公室	余政办〔2005〕176号	关于建立余杭区千万农民饮用水工程领导小组的通知	2005.7.15
余杭区人民政府办公室	抄告单（编号：353）	（有关批准《余杭区供水专业规划》事项）	2005.8.9
余杭区人民政府办公室	抄告单（编号405）	（有关污水处理费收缴事项）	2005.9.16
余杭区人民政府办公室	抄告单（编号501）	（有关五常区块污水处理费调价及收缴事项）	2005.10.25
余杭区人民政府	余政发〔2005〕171号	关于同意实施《余杭区农村饮用水现状调查 评估报告》、《余杭区农村饮水安全工程规划》的批复	2005.11.24
余杭区人民政府办公室	抄告单（编号596）	（有关调整自来水价格事项）	2005.12.12
余杭区人民政府办公室	余政办〔2005〕267号	径山、黄湖水厂纳入区供水集团统一经营管理有关问题协调会议纪要	2005.12.15
余杭区人民政府办公室	抄告单（编号620）	（减免污水处理费有关事项）	2005.12.21
余杭区人民政府办公室	抄告单（编号68）	（有关调整三组团污水收集系统工程投资形式等事项）	2006.2.16
余杭区人民政府办公室	抄告单（编号81）	（有关塘栖镇四小区西苑村地块与塘栖水厂营业所用地进行同面积置换事项）	2006.2.24
余杭区物价局	余价〔2006〕20号	关于调整自来水价格的通知（改进水价分类、调整水价）	2006.4.5
余杭区人民政府办公室	余政办〔2006〕67号	关于印发《余杭区突发性饮用水源污染事故应急预案》的通知	2006.4.5

续表

发文单位	文　号	目　录	发文日期
余杭区人民政府办公室	余政办〔2006〕81号	关于加强苕溪饮用水源保护的实施意见	2006.4.14
余杭区物价局	（批复）	（有关在非典影响后旅游宾馆饭店用水价格恢复执行经营性用水中的商业企业用水价格等事项）	2006.4.25
余杭区饮用水源保护区领导小组办公室	余饮水保护办〔2006〕2号	关于加强苕溪流域生活饮用水源保护的若干意见	2006.8.14
余杭区人民政府办公室	余政办〔2006〕205号	关于印发《余杭区生活饮用水源保护规划》的通知	2006.9.19
余杭区人民政府办公室	抄告单（编号528）	同意建设仁和水厂、共同做好水厂建设的前期工作等事项	2006.9.29
余杭区人民政府办公室	抄告单（编号562）	（有关市政公用用水、村委办公、公益服务用水执行居民用水价格事项）	2006.10.13
余杭区饮用水源保护区领导小组办公室	余饮水保护办〔2006〕3号	关于印发《余杭区余杭自来水厂生活饮用水源环境保护管理规定》的通知	2006.10.13
余杭区饮用水源保护区领导小组办公室	余饮水保护办〔2006〕4号	关于开展运河自来水厂（喜庵港）达标区创建工作的通知	2006.10.20
余杭区饮用水源保护区领导小组办公室	余饮水保护办〔2006〕5号	关于印发《余杭区径山自来水厂饮用水源环境保护管理规定》的通知	2006.11.10
余杭区人民政府办公室	余政办〔2007〕89号	余杭区山区农村饮用水工程建设管理实施意见	2007.5.16
余杭区物价局	（会议纪要）	关于家教场所水、电价格问题的协调会议纪要	2007.5.23
余杭区人民政府办公室	抄告单（编号352）	（有关供水集团公司增加注册资本13120万元，增加到21800万元事项）	2007.6.26
余杭区国有资产管理委员会办公室	余国资办〔2007〕52号	关于同意增加注册资本的批复	2007.7.5

续表

发文单位	文　号	目　录	发文日期
余杭区人民政府办公室	余政办〔2007〕150号	三白潭国有水面环境综合整治协调会议纪要	2007.8.9
中共余杭区委办公室	区委常委会议纪要〔2007〕13号	（国有公司改革重组有关事项）	2007.8.22
余杭区人民政府办公室	抄告单（编号586）	（调整太湖流域杭嘉湖地区污水处理费政策有关事项）	2007.9.27
余杭区人民政府办公室	抄告单（编号588）	（建设三白谭备用水源工程有关事项）	2007.9.27
中共余杭区委办公室	区委办（2007）173号	临平副城、地铁一号线地块污水处理工作专题会议纪要	2007.9.28
余杭区物价局	余价〔2007〕88号	关于贯彻落实浙江省物价局调整太湖流域杭嘉湖地区污水处理费政策的实施意见	2007.10.10
余杭区人民政府办公室	余政办〔2007〕241号	关于印发《加大余杭区污染减排工作力度的实施方案》的通知	2007.10.11
余杭区物价局	余价〔2007〕90号	转发浙江省物价局、浙江省教育厅关于学校水电气价格有关问题的通知	2007.10.16
余杭区人民政府办公室	抄告单（编号686）	（有关崇贤污染处理厂项目变更建设主体等事项）	2007.11.23
余杭区人民政府办公室	抄告单（编号705）	（有关筹建水务公司相关事项）	2007.11.29
余杭区人民政府办公室	余政办简复〔2007〕第251号	（有关余杭经济开发区印染区块污水处理厂建设主体事项）	2007.12.7
中共余杭区委办公室	区委常委会议纪要〔2007〕18号	（明确组建水务公司的主要职能、管理体制、人员安排、资产移交等事项）	2007.12.11
中共余杭区委办公室	区委常委会议纪要〔2007〕20号	（有关国有公司年薪制考核试行办法等事项）	2007.12.25
中共余杭区委办公室	区委办〔2008〕6号	批转《杭州市余杭区国有资产经营公司年薪制考核办法（试行）》的通知	2008.1.10

续表

发文单位	文　号	目　录	发文日期
余杭区人民政府办公室	余政办〔2008〕14号	关于成立区污水南排工程指挥部的通知	2008.2.3
中共余杭区委办公室	区委纪要〔2008〕13号	全区污水工程规划专题会议纪要	2008.2.5
余杭区国有资产管理委员会办公室	余国农办〔2008〕31号	关于明确供水和排水公司合并相关事项的批复	2008.2.22
余杭区人民政府办公室	余政办简复〔2008〕第72号	（有关农副产品物流中心纳污配套设施移交事项）	2008.2.26
余杭区人民政府	余政发〔2008〕32号	关于同意实施《余杭区城乡饮用水安全保障规划》的批复	2008.3.13
余杭经济开发区管委会	余经纪委〔2008〕6号	关于印染区块应急污水纳管的会议纪要	2008.3.28
余杭区人民政府办公室	抄告单（编号153）	（有关海澜半岛【海宁地块】嘉苑房产项目给排水配套事项）	2008.4.10
余杭区人民政府	余政发〔2008〕63号	关于批转《2008年余杭区主要污染物减排计划的通知》	2008.4.14
余杭区人民政府办公室	余府纪要〔2008〕59号	崇贤镇污水管网建设有关问题的专题会议纪要	2008.5.15
余杭区人民政府办公室	余政办〔2008〕85号	关于成立临平污水处理厂前期工作领导小组的通知	2008.5.16
余杭区环境保护局	余环发〔2008〕63号	关于进一步加强建设项目环境保护“三同时”管理、竣工验收的意见	2008.5.23
中共余杭区委办公室	区委纪要〔2008〕68号	关于污水治理和截污纳管工作的专题会议纪要	2008.6.13
余杭区建设局	余建〔2008〕156号	关于加强城市地下管线工程建设项目审批和竣工验收的通知	2008.6.16
余杭区人民政府办公室	余府纪要〔2008〕89号	关于全区截污纳管工程推进工作的专题会议纪要	2008.7.3

续表

发文单位	文　　号	目　　　录	发文日期
余杭区人民政府办公室	抄告单（编号278号）	（有关全区截污纳管实行“统一规划、分类建设、统一管理”模式事项）	2008.7.3
余杭区财政局	余财基〔2008〕121号	关于印发《余杭区政府基建项目资金财政直接拨付管理暂行办法》的通知	2008.7.8
中共余杭区委办公室	区委办〔2008〕121号	印发《2008年度主要污染物减排考核办法》的通知	2008.7.21
余杭区人民政府	余政发〔2008〕131号	关于转发《杭州市余杭区截污纳管工作实施方案》的通知	2008.7.23
中共余杭区委办公室	区委纪委〔2008〕87号	关于余杭经济开发区印染区块污水处理厂工程推进工作的专题会议纪要	2008.7.29
中共余杭区委	区委〔2008〕68号	关于实施“环境立区”战略，进一步优化发展环境的决定	2008.8.1
余杭区人民政府办公室	余政办〔2008〕159号	关于批转《杭州市余杭区排水管理实施办法（试行）》的通知	2008.8.4
余杭区生态建设领导小组办公室	余生态办〔2008〕20号	关于印发《杭州市余杭区生态建设、污染整治2008—2010年行动计划》的通知	2008.8.21
余杭区人民政府办公室	抄告单（编号387）	（有关优化径山污水工程方案、径山不单独建污水厂等事项）	2008.8.27
余杭区人民政府办公室	余府纪要〔2009〕128号	关于径山污水工程推进工作的专题会议纪委	2008.8.29
余杭区排水管理办公室	余排办〔2008〕9号	关于房产项目排水审批入网登记事项的函	2008.9.11
余杭区人民政府办公室	余府纪要〔2008〕136号	关于污水管网建设工作的专题会议纪要	2008.9.16
余杭区人民政府办公室	余府纪要〔2008〕143号	关于崇贤污水收集系统及截污纳管工作任务调整有关事宜的专题会议纪要	2008.9.23
余杭区饮用水源保护领导小组办公室	余饮水保护办〔2008〕1号	关于印发《余杭区三白潭饮用水源保护管理规定》的通知	2008.9.26

续表

发文单位	文　　号	目　　　录	发文日期
余杭经济开发区管委会	余经纪委〔2008〕35号	关于开发区印染区块污水收集压力管铺设有关事项的会议纪要	2008.10.31
余杭区环境保护局	余环发〔2008〕121号	关于印发《余杭区环境污染长效管理机制》的通知	2008.11.21
余杭区人民政府办公室	余政办简复〔2008〕第598号	（有关由水务公司承担运河、黄湖、百丈、鸬鸟四镇的截污纳管和运行管理工作事项）	2008.12.1
余杭区物价局	余价〔2008〕59号	关于明确居民住宅小区有关价格问题的通知	2008.12.5
余杭区人民政府办公室	余府纪要〔2008〕198号	关于瓶窑镇有关工作的专题会议纪要（瓶窑镇二次改水等事项）	2008.12.9
余杭区人民政府办公室	区政办〔2008〕267号	关于批转《余杭区太湖流域水污染防治应急预案》的通知	2008.12.17
中共余杭区委办公室	区委纪要〔2008〕150号	关于研究生态环境建设工作的专题会议纪要（仁和水厂项目等事项）	2008.12.31
中共余杭区委	区委批〔2009〕1号	关于同意对“中共杭州余杭供水集团委员会”更名的批复	2009.1.12
余杭区人民政府办公室	抄告单（编号12）	（有关仓前“羊锅村”经营户按居民生活用水价格收取水费事项）	2009.1.12
余杭区人民政府办公室	余政办〔2009〕18号	关于成立区截污纳管工作领导小组的通知	2009.1.23
余杭区人民政府办公室	余府纪委〔2009〕18号	关于区城建集团项目建设有关事宜的专题会议纪要（临平污水处理厂事项）	2009.2.5
余杭区人民政府办公室	余政办〔2009〕25号	关于批转《余杭区截污纳管工作实施细则》的通知	2009.2.9

续表

发文单位	文　号	目　录	发文日期
余杭区人民政府办公室	余政办〔2009〕28号	关于批转《余杭区2009—2010年截污纳管建设计划》的通知	2009.2.9
余杭区人民政府办公室	余政办〔2009〕31号	关于印发《杭州市余杭区创建省级生态区工作实施方案》的通知	2009.2.11
余杭区人民政府办公室	余政办〔2009〕41号	关于批转《2009年余杭区主要污染物减排计划》的通知	2009.2.24
余杭区人民政府办公室	余府纪要〔2009〕33号	崇贤地区环境污染综合整治工作专题会议纪要	2009.3.6
余杭区人民政府办公室	余府纪要〔2009〕38号	关于仁和水厂供水工程建设有关事宜的专题会议纪要	2009.3.13
余杭区人民政府办公室	余府纪要〔2009〕41号	关于运河镇截污纳管工程有关事宜的专题会议纪要	2009.3.19
余杭区建设局	余建会记〔2009〕7号	关于临平副城截污纳管工程推进工作的专题会议纪要	2009.3.23
余杭区截污纳管工作领导小组办公室	余截污会纪〔2009〕1号	关于余杭组团、良渚组团及西部四镇截污纳管工作推进情况专题会议纪要	2009.3.26
余杭区人民政府办公室	区长办公会议纪要〔6〕	(有关黄湖、百丈、鸬鸟污水处理工程建设等事项)	2009.4.9
崇贤环境污染整治领导小组办公室	余崇污整办〔2009〕1号	2009年度崇贤地区环境污染综合整治企业关停搬迁和截污纳管工作会议纪要	2009.4.29
余杭区环境保护局	余环发〔2009〕60号	关于杭州余杭临平印染厂污染纠纷协调会议纪要	2009.4.30
余杭区截污纳管工作领导小组办公室	余截污会纪〔2009〕2号	关于余杭区截污纳管工作推进情况的专题会议纪要	2009.4.21
余杭区人民政府办公室	余政办〔2009〕121号	关于转发进一步加强余杭区国有投资项目施工招投标管理实施意见的通知	2009.5.9
余杭区截污纳管工作领导小组办公室	余截污会纪〔2009〕3号	关于余杭区截污纳管工作推进情况的专题会议纪要	2009.5.20

续表

发文单位	文　　号	目　　录	发文日期
余杭区人民政府办公室	余府纪要〔2009〕74号	全区节能减排工作会议纪要	2009.5.22
余杭区人民政府办公室	余政办〔2009〕147号	关于批转《东苕溪奉口饮用水源地水环境综合整治工作方案》的通知	2009.6.5
余杭区人民政府办公室	区长办公会议纪要〔10〕	(有关山区农村饮用水工程运行管理事项)	2009.6.19
余杭区人民政府办公室	余府纪要〔2009〕92号	关于南苑街道项目建设有关事宜的专题会议纪要（污水南排，临平污水处理厂事项）	2009.6.19
余杭区人民政府办公室	抄告单（编号232）	（山区农村饮用水工程运行管理事项）	2009.6.22
余杭区人民政府办公室	余政办〔2009〕166号	关于印发《余杭区山区农村饮用水工程运行管理实施意见（试行）》的通知	2009.6.24
余杭区截污纳管工作领导小组办公室	余截污会纪〔2009〕4号	关于余杭区截污纳管工作推进情况的专题会议纪要	2009.6.28
余杭区截污纳管工作领导小组办公室	余截污会纪〔2009〕5号	关于五常街道截污纳管工作推进情况的专题会议纪要	2009.7.9
余杭区物价局	余价〔2009〕54号	关于余杭经济开发区印染区块污水处理厂预处理价格协调会议纪要	2009.7.20
余杭区人民政府办公室	余政办〔2009〕181号	关于印发《余杭区太湖流域水环境综合治理实施方案》的通知	2009.7.20
余杭区人民政府办公室	余府纪要〔2009〕120号	关于塘栖C泵站建设问题的专题会议纪要	2009.7.23
余杭区人民政府办公室	余政办〔2009〕197号	关于印发《2009年度主要污染物减排考核办法》的通知	2009.8.6
余杭区人民政府办公室	余政办简复〔2009〕第468号	(关于余杭经济开发区污染区块污水处理厂预处理价格事项)	2009.8.7
余杭区环境保护局	余环发〔2009〕94号	关于进一步加强企事业单位雨污分流工作的通知	2009.8.15

续表

发文单位	文　号	目　录	发文日期
余杭区人民政府办公室	余政办简复〔2009〕第506号	（关于径山、黄湖供水价格和污水处理费实行“同网同价”事项）	2009.8.20
余杭区截污纳管工作领导小组办公室	余截污会纪〔2009〕6号	关于临平副城截污纳管工作推进情况的专题会议纪要	2009.8.20
余杭区人民政府办公室	余府纪要〔2009〕141号	关于区城建集团重点建设项目推进工作的专题会议纪要（余杭、良渚污水厂二期工程）	2009.8.24
余杭区国有资产管理委员会办公室	余国资办〔2009〕143号	关于同意成立杭州余杭水务水质监测有限公司的批复（注册资本10万元）	2009.8.28
余杭区截污纳管工作领导小组办公室	余截污会纪〔2009〕7号	关于杭州钱江经济开发区污水排放协调的会议纪要	2009.8.31
余杭经济开发区管委会	余经纪要〔2009〕34号	关于开发区印染区块污水处理厂投入运行相关工作的会议纪要	2009.9.14
余杭区截污纳管工作领导小组办公室	余截污会纪〔2009〕9号	关于9月份临平副城截污纳管工作推进情况专题会议纪要	2009.9.21
余杭区截污纳管工作领导小组办公室	余截污会纪〔2009〕10号	关于9月份良渚、余杭组团及西部四镇截污纳管工作推进情况的专题会议纪要	2009.9.30
余杭区人民政府办公室	余府纪要〔2009〕180号	关于全区截污纳管推进工作的专题会议纪要	2009.10.20
余杭区截污纳管工作领导小组办公室	余截污会纪〔2009〕11号	关于10月份区截污纳管工作推进情况的专题会议纪要	2009.11.3
余杭区人民政府办公室	余府纪要〔2009〕195号	关于协调浙江喜得宝丝绸科技有限公司排污收费问题的会议纪要	2009.11.20
余杭组团管委会	余组（创）管办〔2009〕43号	关于杭州西溪深国投商业中心市政雨污水管线改造协调会议纪要	2009.11.13

续表

发文单位	文　　号	目　　录	发文日期
余杭区截污纳管工作领导小组办公室	余截污会纪〔2009〕13号	关于11月份区截污纳管工作推进情况的专题会议纪要	2009.11.23
余杭区国有资产管理委员会办公室	余国资办〔2009〕193号	关于同意增加杭州余杭水务水质监测有限公司注册资本的批复（增加到50万元）	2009.12.11
余杭区人民政府办公室	区委办〔2009〕166号	印发《余杭区城镇困难群众实施援助若干意见》和《余杭区农村困难群众实施援助若干意见》的通知（其中：半价收费一户一表改装费）	2009.12.10
余杭区人民政府办公室	余政办〔2009〕327号	关于印发《余杭区主要污染物排放总量调剂利用管理实施意见（试行）》的通知	2009.12.24
中共余杭区委办公室	区委办〔2009〕175号	批转《杭州市余杭区国有资产经营公司年薪制考核办法》的通知	2009.12.31
余杭区截污纳管工作领导小组办公室	余截污会纪〔2009〕14号	关于12月份区截污纳管工作推进情况的专题会议纪要	2009.12.31
余杭区环境保护局	余环发〔2010〕11号	关于要求加强污水处理厂运行管理的通知	2010.1.24
余杭区环境保护局	余环发〔2010〕12号	关于杭州余杭环科污水处理有限公司废水在线监测监控系统的验收意见	2010.1.26
余杭区人民政府办公室	抄告单（编号71）	(有关临平环岛公寓一户一表改造事项)	2010.2.29
余杭区人民政府办公室	余政办〔2010〕36号	关于印发《杭州市余杭区2010年度生态建设与环境保护目标责任书及考核评分细则》的通知	2010.3.1
余杭区人民政府	余政发〔2010〕31号	关于印发《2010年余杭区主要污染物减排计划》的通知	2010.3.1
余杭区人民政府办公室	余政办〔2010〕34号	关于印发《杭州市余杭区主要污染物排放总量控制方案》的通知	2010.3.1

续表

发文单位	文　　号	目　　　录	发文日期
余杭区人民政府办公室	抄告单〔2010〕107 号	（调整 2010 年截污纳管建设计划有关事项）	2010.3.26
余杭区人民政府办公室	余府纪委〔2010〕35 号	关于专题研究运河大麻断面水质治理工作的会议纪要	2010.3.29
余杭区人民政府办公室	余政办〔2010〕80 号	关于印发《余杭区行政区域主要河流和跨行政区域河流交接断面水质保护管理考核办法（试行）》的通知	2010.4.7
余杭区人民政府办公室	余政办〔2010〕82 号	关于印发《余杭区突发环境污染事故应急物资储备和管理方案》的通知	2010.4.7
余杭区人民政府办公室	余政办简复〔2010〕287 号	（有关良渚文化村污水管道纳入良渚镇截污纳管工程改造事项）	2010.5.17
余杭区环境保护局	余环发〔2010〕62 号	关于下达 2010 年计划纳管单位雨污分流改造工作任务的通知	2010.5.28
余杭区截污纳管工作领导小组办公室	余截污会纪〔2010〕1 号	关于 2010 年余杭区截污纳管工作第一次例会专题会议纪要	2010.6.3
余杭区人民政府办公室	余政办〔2010〕162 号	关于印发《2010 年余杭区主要污染物减排考核办法》的通知	2010.6.22
余杭区环保局、林水局	余环发〔2010〕71 号	关于印发《余杭区行政区域主要河流和跨行政区域河流直接断面水质监测管理操作规范（试行）》的通知	2010.6.24
余杭区国有资产管理委员会办公室	余国资办〔2010〕71 号	关于印发《余杭区国有资产经营公司经营者薪酬年度考核实施意见》的通知	2010.6.25
余杭区国有资产管理委员会办公室	余国资办〔2010〕73 号	关于印发《杭州市余杭区国有公司法人治理结构指导意见》通知	2010.6.30
余杭区截污纳管工作领导小组办公室	余截污会纪〔2000〕2 号	关于 2010 年余杭区截污纳管工作第二次例会专题会议纪要	2010.7.6

续表

发文单位	文　　号	目　　录	发文日期
余杭区环境保护局	余环发〔2010〕74号	关于杭州余杭水务有限公司余杭污水处理厂废水在线监测监控系统的验收意见	2010.7.13
余杭区环境保护局	余环发〔2010〕75号	关于杭州余杭水务有限公司良渚污水处理厂废水在线监测监控系统的验收意见	2010.7.13
余杭区环境保护局	余环发〔2010〕76号	关于杭州余杭水务有限公司塘栖污水处理厂废水在线监测监控系统的验收意见	2010.7.13
余杭区人民政府办公室	余政办〔2010〕187号	关于印发《2010年度余杭区主要污染物减排应急预案》的通知	2010.7.15
余杭区人民政府办公室	余府纪要〔2010〕106号	关于专项研究节能减排工作的会议纪要（截污纳管等项目）	2010.8.2
余杭区截污纳管工作领导小组办公室	余截污会纪〔2000〕3号	关于2010年余杭区截污纳管工作第三次例会暨上半年度工作总结会议纪要	2010.8.12
余杭区人民政府办公室	余府纪要〔2010〕119号	全区饮用水源保护工作领导小组会议纪要	2010.8.24
余杭区人民政府办公室	抄告单（编号255）	（有关西部山区黄湖、鸬鸟、百丈镇由水务公司实施区域供水建设事项）	2010.8.25
余杭区人民政府办公室	余政办简复〔2010〕619号	（有关核定主要污染物排污权交易费指导价事项）	2010.9.13
余杭区人民政府办公室	余政办简复〔2010〕660号	（有关同意百丈工业园区污水工程列入西部三镇截污纳管建设计划事项）	2010.9.28
余杭区人民政府办公室	余府纪要〔2010〕153号	关于崇贤污水南排工程建设涉及部分绿化迁移事宜的专题会议纪要	2010.10.18
余杭区环境保护局	余环函〔2010〕9号	关于良渚污水处理厂所涉有关问题处理意见的函（超负荷运转等事项）	2010.11.6

续表

发文单位	文　号	目　录	发文日期
余杭区建设局	余建会纪〔2010〕27号	临平城区企事业单位雨污分流改造工作会议纪要	2010.11.18
余杭区人民政府办公室	余政办简复〔2010〕843号	(有关原崇贤自来水厂资产归还崇贤镇政府建农贸市场事项)	2010.12.1
余杭区人民政府办公室	抄告单（编号378）	(有关临平污水总泵站项目建设期限、手续办理、工程资金及拆迁事项)	2010.12.29
余杭区主要污染物排放总量控制工作领导小组办公室	余总量办〔2011〕3号	关于印发《余杭区2010年及“十一五”主要污染物总量减排核查迎接工作方案》的通知	2011.1.5
余杭区人民政府办公室	余政办〔2011〕9号	批转《关于贯彻落实杭州市城市地下管线建设管理条例的实施意见》的通知	2011.1.12
余杭区临平新城开发建设领导小组办公室	余临新城纪要〔2011〕1号	关于临平污水总泵站工程污水管线建设专题协调会议纪要	2011.1.12
余杭区超山风景区综合整治与保护利用工作领导小组办公室	余超整办纪要〔2011〕2号	关于超山综保龙超路两侧管线改造协调会议纪要	2011.1.12
余杭区国有资产管理办公室	余国资办〔2011〕5号	关于印发《余杭区属国有企业全面预算管理办法（试行）》的通知	2011.1.18
余杭区财政局	余财建〔2011〕24号	关于余杭区本级政府投资项目建设工程价款结算办法调整的指导性意见	2011.1.21
余杭区环境保护局	余环〔2011〕5号	关于要求正式启用塘栖污水南排工程的报告	2011.1.24
余杭区人民政府办公室	余政办〔2011〕18号	关于批转《余杭区排污单位主要污染物排放总量调查核实工作实施方案》的通知	2011.1.25
余杭区人民政府办公室	余政办〔2011〕20号	关于批转《2011年余杭区企事业单位雨污分流改造调查工作方案》的通知	2011.1.25

续表

发文单位	文　　号	目　　　录	发文日期
余杭区人民政府	余政发〔2011〕14号	关于印发《杭州市余杭区国民经济和社会发展第十二个五年规划纲要》的通知	2011.1.31
余杭区临平新城开发建设领导小组办公室	余临新城纪要〔2011〕2号	关于临平新城地下管线专项规划编制工作专题协调会议纪要	2011.2.1
中共余杭区委创先争优活动领导小组办公室	余创先办〔2011〕2号	关于做好2011年度基层党组织和党员公开承诺有关工作的通知	2011.2.18
余杭区人民政府办公室	余政办〔2011〕40号	关于印发《余杭区行政区域主要河流和跨行政区域河流交接断面水质保护管理考核奖罚办法》的通知	2011.2.21
余杭区人民政府办公室	余政办〔2011〕41号	关于印发《余杭区行政区域主要河流和跨行政区域河流交接断面水质保护管理考核办法》的通知	2011.2.21
余杭区人民政府	余政发〔2011〕21号	关于印发《杭州市余杭区2011年度生态建设和环境保护目标责任书及考核评分细则》的通知	2011.2.21
余杭区人民政府办公室	余府纪要〔2011〕4号	关于2011年城建项目推进工作第一次专题会议纪要	2011.2.21
余杭区发展和改革局	余发改〔2011〕23号	关于下达2011年全区国民经济和社会发展计划的通知	2011.2.21
中共余杭区委	区委〔2011〕13号	关于印发《杭州市余杭区“十二五”人才发展规划》的通知	2011.3.10
余杭区人民政府办公室	余府纪要〔2011〕31号	关于专题研究全区饮用水源保护工作的会议纪要	2011.3.17
余杭区环境保护局	余环发〔2011〕43号	关于公布2011年余杭区区控重点污染源名单的通知	2011.3.24
余杭区环境保护局	余环发〔2011〕44号	关于印发2011年余杭区环境重点监管企业名单的通知	2011.3.24

续表

发文单位	文　　号	目　　　录	发文日期
余杭区安全生产委员会办公室	余安委办〔2011〕9号	关于印发《2011年杭州市余杭区安全生产工作履职报告书》的通知	2011.3.25
余杭区建设局	余建〔2011〕66号	关于印发《余杭区2011年建设工程安全生产管理工作要点》的通知	2011.3.29
余杭经济开发区管委会	余经管纪要〔2011〕8号	关于《杭州余杭经济开发区污水工程专项规划》中间审查的会议纪要	2011.4.1
余杭区人民政府办公室	余政办〔2011〕79号	关于印发《余杭区进一步加强饮用水源保护的实施意见》的通知	2011.4.2
余杭区人民政府办公室	余政办〔2011〕88号	关于印发《余杭区农业废弃物利用处理和面源污染治理工作实施方案(2011—2012)》的通知	2011.4.6
中共余杭区委办公室	区委纪要〔2011〕30号	关于研究临平新城建设有关工作的专题会议纪要	2011.4.11
余杭区农业局、财政局	余政发〔2011〕64号	关于下达余杭区2011年度规模畜禽养殖场污染治理计划的通知	2011.4.13
余杭区人民政府办公室	余政办〔2011〕99号	关于印发《杭州市余杭区突发性饮用水源污染事故应急预案》的通知	2011.4.21
余杭区发展和改革局	余发改〔2011〕54号	关于转发余杭组团供水应急工程、南大街延伸项目前期工作咨询评估报告及相关建议的函	2011.4.27
余杭区人民政府办公室	余政办〔2011〕108号	关于成立余杭区水环境整治及饮用水源保护工作领导小组的通知	2011.4.26
余杭区人民政府办公室	余政办〔2011〕109号	关于批转《杭州市余杭区国有企业重大事项监管办法》的通知	2011.4.29
余杭区建设局	余建会纪〔2011〕12号	《余杭组团及西部四镇污水工程专项规划》审查会会议纪要	2011.4.29

续表

发文单位	文　　号	目　　　录	发文日期
余杭区人民政府办公室	余政办〔2011〕110号	关于转发《杭州市政府投资工程项目建设单位内控管理办法》的通知	2011.4.29
余杭区人民政府办公室	抄告单（编号：127）	（有关核销临平污水南排老系统DN1000污水管道固定资产等事项）	2011.5.4
中共余杭区委办公室	区委办〔2011〕69号	印发《关于开展"打造勤廉余杭、建设品质之区"为主题的2011年余杭区深化作风建设活动的实施意见》的通知	2011.5.10
余杭区农业农村环境整治领导小组办公室	余农环治办〔2011〕3号	关于西塘河综合整治截污纳管方案的会议纪要	2011.5.11
余杭区人民政府办公室	余政办〔2011〕128号	关于印发余杭区2011年截污纳管建设计划的通知	2011.5.13
余杭区建设局	余建会纪〔2011〕15号	《余杭区临平副城污水工程专业规划》审查会议纪要	2011.5.20
余杭区国有资产管理办公室	余国资办〔2011〕42号	关于同意核销临平污水南排老系统DN1000污水管道的批复	2011.5.20
余杭区人民政府	余政发〔2011〕68号	关于全面开展涉沿等重金属行业污染整治工作的通知	2011.5.25
余杭区人民政府办公室	余政办〔2011〕151号	关于印发《杭州市余杭区河道水质改善三年行动实施方案（2011—2013）的通知》	2011.5.30
余杭区建设局	余建会纪〔2011〕23号	关于《杭州余杭经济开发区污水工程专项规划》评审会会议纪要	2011.6.16
余杭区人民政府办公室	余政办〔2011〕168号	关于批转《运河大麻断面周边地区生态环境综合整治工作方案》的通知	2011.6.22
余杭区人民政府办公室	余府纪要〔2011〕94号	关于专题研究涉沿行业整治工作的会议纪要	2011.6.22

续表

发文单位	文　号	目　录	发文日期
余杭区人民政府办公室	余政办简复〔2011〕339号	（有关五洋房产开发与神旺污水处理等事项）	2011.6.27
余杭区人民政府办公室	余政办简复〔2011〕410号	（有关临平污水处理厂一期工程前期工作开展情况等事项）	2011.7.21
中共余杭区委办公室	区委纪要〔2011〕61号	饮用水源保护暨余杭生态区建设领导小组专题会议纪要	2011.7.22
余杭区国有资产管理办公室	余国资办〔2011〕72号	关于国有公司经营者薪酬按月预发事项的通知	2011.7.27
余杭区临平新城开发建设领导小组办公室	余临新城开发办〔2011〕22号	关于要求加快临平总泵站进水主干管（西安南路至迎宾路段）工程建设进度的函	2011.7.28
余杭区人民政府办公室	余政办〔2011〕210号	关于印发《2011年杭州市余杭区主要污染物减排考核办法》的通知	2011.8.1
余杭区人民政府办公室	余政办〔2011〕211号	关于批转《杭州市余杭区“十二五”消防事业发展规划》的通知	2011.8.1
余杭区农村环境整治领导小组办公室	余农环治办〔2011〕4号	关于下达2011年余杭区畜禽禁养工作计划的通知	2011.8.9
余杭区林业水利局	余林水水字〔2011〕120号	关于加强余杭区水资源费征收管理的通知	2011.8.16
余杭区规划编制领导小组办公室	余规办〔2011〕4号	关于将《余杭区供水专业规划（2010—2020）修编》列为区级专项规划的通知	2011.8.16
中共余杭区委办公室	区委纪要〔2011〕69号	关于研究临平污水处理厂建设有关工作的专题会议纪要	2011.8.17
余杭区人民政府	余政发〔2011〕114号	关于调整部分行政区划的通知	2011.8.17
余杭区人民政府	余政发〔2011〕115号	关于建立运河等街道办事处的通知	2011.8.18

续表

发文单位	文　　号	目　　录	发文日期
余杭区委农业办公室	余区委农办〔2011〕61号	关于切实抓好农村生活污水治理工作的通知	2011.8.18
中共余杭区委办公室	区委纪要〔2011〕70号	关于研究苕溪饮用水源保护工作的专题会议纪要	2011.8.18
余杭区项目建设领导小组办公室	余项建办〔2011〕9号	关于协调鸬鸟镇太平片截污纳管工程有关工作的会议纪要	2011.8.25
中共余杭区委办公室	区委办〔2011〕127号	关于印发《余杭区饮用水源地安全预警体系三年建设方案》的通知	2011.8.29
余杭区国有资产管理办公室	余国资办〔2011〕86号	关于印发《关于加强区属国有企业资金管理的意见》的通知	2011.9.19
余杭区截污纳管领导小组办公室	余截污会纪〔2011〕2号	余杭区截污纳管工作协调会议纪要	2011.9.23
余杭区国有资产管理办公室	余国资办〔2011〕95号	关于印发《余杭区属国有企业劳动用工管理办法（试行）》的通知	2011.9.30
余杭区农村环境整治领导小组办公室	余农环治办〔2011〕7号	关于2011年度家禽禁养及长效管理工作检查情况的通报	2011.10.9
余杭区审计局	余审文〔2011〕40号	关于进一步明确政策投资项目竣工结算审计相关事项的通知	2011.10.17
余杭区人民政府办公室	余政办〔2011〕266号	关于建立饮用水源保护综合整治工作小组的通知	2011.10.15
余杭区人民政府办公室	余政办〔2011〕268号	关于印发《余杭区城市污水系统运行突发事件应急预案（试行）》的通知	2011.10.17
余杭区人民政府办公室	抄告单〔2011〕342号	（有关姜军区长、沈昱副区长在“9·26”临平污水南排主干管突发爆管事故及处理情况的报告上的批示）	2011.10.21
余杭区人民政府办公室	余政办〔2011〕295号	关于批转《余杭区建设工程质量安全事故应急预案》的通知	2011.11.14

续表

发文单位	文　号	目　录	发文日期
杭州良渚遗址管理区管委会	杭良管会〔2011〕66号	关于瓶窑镇彭公截污纳管工程窑北片涉及文保区块建设的批复	2011.11.23
余杭区人民政府办公室	抄告单〔2011〕378号	（屠冬冬副区长在“关于余杭区饮用水源地保护建设”上的批复）	2011.12.2
余杭区人民政府办公室	抄告单〔2011〕380号	（2011年第19次区长办公会议关于调整非居民用水和特种用水价格有关事项的抄告）	2011.12.6
余杭区农村环境整治领导小组办公室	余农环治办〔2011〕8号	关于印发《余杭区农村生活污水治理及长效管理考核办法》的通知	2011.12.7
余杭区物价局	余价〔2011〕35号	关于调整非居民用水和特种行业用水价格的通知	2011.12.15
余杭区人民政府办公室	余政办简复〔2011〕807号	（关于五常雨污分流改造事项的简复）	2011.12.19
余杭规划分局	杭余规会纪〔2012〕11号	《余杭崇贤新城给排水工程规划》专家评审会议纪要	2012.2.24
余杭区环境保护局	余环发〔2012〕23号	关于印发2012年余杭区环境重点监管企业名单的通知	2012.3.20
余杭区环境保护局	余环发〔2012〕24号	关于公布2012年余杭区控重点污染源名单的通知	2012.3.20
余杭区人民政府办公室	余政办〔2012〕47号	关于印发《2012年余杭区主要污染物减排计划》的通知	2012.3.20
余杭区人民政府办公室	余政办〔2012〕51号	关于印发《2012年余杭区主要污染物减排考核办法》的通知	2012.3.26
余杭区林业水利局	余林水水字〔2012〕73号	转发浙江省水利厅关于印发《取水户年度取水计划管理规定》的通知	2012.4.20
余杭区住房和城乡建设局	余建会纪〔2012〕6号	《良渚组团和瓶窑镇污水工程专项规划》评审会议纪要	2012.5.2

续表

发文单位	文　号	目　录	发文日期
余杭区农业局、财政局	余农发〔2012〕67号	关于下达2012年余杭区畜禽养殖污染治理及废弃物利用处理计划的通知	2012.5.8
余杭区人民政府办公室	余政办〔2012〕119号	关于下达2012年企事业单位雨污分流改造任务的通知	2012.5.27
余杭区人民政府办公室	余政办〔2012〕155号	关于印发《余杭区行政区域主要河流和跨行政区域河流交接断面水质保护管理考核办法》的通知	2012.6.25
余杭区人民政府办公室	余府纪要〔2012〕67号	关于研究截污纳管工作的专题会议纪要	2012.6.26
余杭区人民政府办公室	余政办〔2012〕157号	关于印发《余杭区行政区域主要河流和跨行政区域河流交接断面水质保护管理考核奖励处罚办法》的通知	2012.6.28
余杭区林业水利局、财政局	余林水字〔2012〕97号	关于下达全区农民饮用水安全提升及备用水源建设项目计划的通知	2012.7.3
余杭区人大常委会	余人大〔2012〕27号	关于我区饮用水安全保障及饮用水源保护工作的审议意见	2012.7.26
余杭区住房和城乡建设局	余建会纪〔2012〕7号	关于《余杭区塘栖镇排水工程专项规划》审查会会议纪要	2012.8.3
余杭区人民政府	余政发〔2012〕103号	关于同意《杭州市余杭区塘栖镇排水工程专项规划》的批复	2012.8.9
余杭区林业水利局	余林水字〔2012〕113号	关于余杭水务有限公司水资源费结算方案的会议纪要	2012.8.13
余杭区人民政府办公室	余政办简复〔2012〕370号	(有关崇贤街道增加截污纳管资金概算事项)	2012.8.15
余杭区人民政府办公室	余政办〔2012〕200号	关于开展余杭区截污纳管调查工作的通知	2012.8.17
余杭区民政局、物价局	余民〔2012〕170号	关于做好社区居民委员会公益性服务设施实行居民用水、用电、用气价格手续申办工作的通知	2012.9.18

续表

发文单位	文　号	目　录	发文日期
余杭区人民政府办公室	抄告单〔2012〕204 号	（有关规范供水管道建设费收取事项的抄告）	2012.9.29
中共余杭区委办公室	区委办〔2012〕88 号	关于印发《余杭区 110 社会应急救助联动工作实施意见（试行）》的通知	2012.8.28
余杭区农业局、财政局	余农发〔2012〕178 号	关于下达 2012 年度农村生活污水处理工程项目计划任务的通知	2012.10.8
余杭区人民政府办公室	余政办〔2012〕288 号	关于成立余杭区国有资产管理领导小组的通知	2012.11.26
余杭区人民政府办公室	余政办〔2012〕321 号	关于印发《余杭区化工行业整治提升实施方案》的通知	2012.12.20
余杭区人民政府办公室	余政办〔2012〕322 号	关于印发《余杭区印染行业淘汰落后整治提升实施方案》的通知	2012.12.20

水务机构文件

余杭区（县、市）自来水总公司、杭州余杭供水集团公司和杭州余杭水务有限公司历年来有关水务工作的文件目录选载如下，供查阅。

发文单位	文　号	目　录	发文日期
余杭县自来水总公司	余水司〔1993〕2 号	转发县政府《关于县自来水总公司职责等有关事项的通知》的通知	1993.7.28
余杭县自来水总公司	余水司〔1993〕23 号	关于严格执行财务规定，加强资金管理的通知	1993.12.2
余杭县自来水总公司	余水司〔1993〕25 号	关于上报《1994—2000 年余杭县自来水发展规划》的报告	1993.12.4
余杭市自来水总公司	余水司〔1994〕25 号	关于转发杭州市改水技术指导站《关于自来水消毒的通知》的通知	1994.8.1

续表

发文单位	文　　号	目　　　录	发文日期
余杭市自来水总公司	余水司〔1994〕35号	关于转发余政发〔94〕51号文件《关于转发杭州市城市供水管理规定的通知》和余政〔94〕4号文件《关于印发“余杭市城镇计划用水、节约用水管理暂行办法”的通知》的通知	1994.11.16
余杭市自来水总公司	余水司〔1995〕16号	关于转发《浙江省农村营运水厂实施“水质合格证”制度管理办法》的通知	1995.4.26
余杭市自来水总公司	余水司〔1995〕30号	关于解决临平镇城西屯里村村民生活饮用水有关问题协调会议纪要	1995.6.26
余杭市自来水总公司	余水司〔1995〕35号	关于转发市计委《关于瓶窑镇自来水厂扩建工程的批复》的通知	1995.9.1
余杭市自来水总公司	余水司〔1996〕28号	关于执行社会供水服务承诺制的通知	1996.9.11
余杭市自来水总公司	余水司〔1996〕36号	关于加强自来水建设资金管理的通知	1996.11.21
余杭市自来水总公司	余水司〔1997〕21号	关于转发《余杭市城镇供水企业水质检查标准》的通知	1997.4.3
余杭市自来水总公司	余水司〔1997〕58号	关于进一步加强苕溪源水和出厂水水质监测工作的通知	1997.11.24
余杭市自来水总公司	余水司〔1998〕35号	关于在全市供水系统深入开展行风建设及行风评议活动的通知	1998.5.20
余杭市自来水总公司	余水司〔1998〕36号	关于在全市城镇供水企业推行社会服务承诺制的通知	1998.5.20
余杭市自来水总公司	余水司〔1998〕40号	关于转发《浙江省城市供水用氯安全管理规定》的通知	1998.6.16
余杭市自来水总公司	余水司〔1998〕52号	关于移交奉口村取源水供水的函	1998.8.5
余杭市自来水总公司	余水司〔1998〕55号	转发杭州市人民政府《批转市财政局关于加强国有企业财务监督实施意见的通知》的通知	1998.8.21
余杭市自来水总公司	余水司〔1998〕65号	关于加强水质管理的通知	1998.11.3

续表

发文单位	文　　号	目　　录	发文日期
余杭市自来水总公司	余水司〔1998〕67号	关于要求严格执行自来水价格的通知	1998.11.9
余杭市自来水总公司	余水司〔1998〕76号	关于转发《浙江省城市供水职工职业道德规范（试行）》的通知	1998.12.8
余杭市自来水总公司	余水司〔1998〕83号	转发《关于加强杭州市城镇供水管理的意见》的通知	1998.12.21
余杭市自来水总公司	余水司〔1998〕84号	转发《关于加强城镇供水企业水质监测的通知》的通知	1998.12.25
余杭市自来水总公司	余水司〔1999〕44号	关于加强供水消毒检测工作意见	1999.6.2
余杭市自来水公司	余水司〔1999〕51号	关于印发市委办《关于转发推行厂务公开制度实施意见的通知》的通知	1999.6.24
余杭市自来水总公司	余水司〔1999〕59号	关于印发《余杭市供水企业管理制度、财务会计制度和各岗位职责（试行）》的通知	1999.8.23
余杭市自来水公司	余水司〔1999〕69号	关于加强农村改水项目管理的通知	1999.10.10
余杭市自来水总公司	余水司〔1999〕90号	关于召开临平、塘栖供水工程廉政建设责任书签字仪式的通知	1999.12.20
余杭市自来水总公司	余水司〔1999〕25号	余杭市供水企业水费管理办法	2000.3.28
余杭市自来水总公司	余水司〔2001〕3号	关于开展“提合理化建议，促供水事业发展”献计活动的通知	2001.1.21
共青团余杭区委员会、余杭区供水集团有限公司	余水集〔2001〕17号	关于成立余杭供水集团青年志愿者服务总站的决定	2001.7.31
余杭区自来水总公司	余水司〔2001〕37号	转发《关于加强城镇供水企业资质审查管理的通知》	2001.8.2
余杭区供水集团有限公司	余水集〔2001〕19号	关于印发水质监测实施办法的通知	2001.8.20
杭州余杭供水集团公司	余水集司〔2001〕4号	关于执行《余杭供水集团内控暂行标准》的通知	2001.10.8

续表

发文单位	文　　号	目　　　录	发文日期
杭州余杭供水集团公司	余水集司〔2001〕16号	关于向社会承诺供水服务内容和标准的通知	2001.11.20
杭州余杭供水集团公司	余水集司〔2002〕40号	关于加强集团公司网络管理的通知	2002.5.9
杭州余杭供水集团公司	余水集司〔2002〕52号	杭州余杭供水集团公司水表管理若干暂行规定	2002.5.16
杭州余杭供水集团公司	余水集司〔2002〕53号	杭州余杭供水集团公司新用户发展管理暂行办法	2002.5.16
杭州余杭供水集团公司	余水集司〔2002〕57号	关于学习贯彻《浙江省公民道德规范》的通知	2002.5.26
杭州余杭供水集团公司	余水集司〔2002〕65号	杭州余杭供水集团公司水费管理暂行办法	2002.6.18
杭州余杭供水集团公司	余水集司〔2002〕71号	用户接水工程管理若干暂行规定	2002.6.25
杭州余杭供水集团公司	余水集司〔2002〕72号	供水管网建设管理暂行办法	2002.6.25
杭州余杭供水集团公司	余水集司〔2002〕69号	关于下发《安装业务管理办法》和《安装业务考核办法》的通知	2002.7.2
杭州余杭供水集团公司	余水集司〔2002〕83号	关于事业编制人员实行全员聘用合同制的实施意见	2002.7.15
杭州余杭供水集团公司	余水集司〔2002〕82号	关于职工参加各类培训，继续教育有关问题的暂行规定	2002.7.30
杭州余杭供水集团公司	余水集司〔2002〕91号	关于开展“ISO 9001质量管理体系”试运行的通知	2002.8.23
杭州余杭供水集团公司	余水集司〔2002〕100号	关于水费托收、代收的暂行规定	2002.9.2

续表

发文单位	文　　号	目　　　录	发文日期
杭州余杭供水集团公司	余水集司〔2002〕102号	关于一户一表安装水表类型的规定	2002.9.5
杭州余杭供水集团公司	余水集司〔2002〕110号	关于开展ISO 9001质量管理体系内部审核的通知	2002.9.30
杭州余杭供水集团公司	余水集司〔2002〕112号	关于下发“网站管理与使用制度”的通知	2002.10.14
杭州余杭供水集团公司	余水集司〔2002〕116号	关于下发“已建住宅，‘一户一表、计量出户’改造的实施意见”的通知	2002.10.15
杭州余杭供水集团公司	余水集司〔2002〕122号	关于做好供水设施防冻保暖工作的通知	2002.10.25
杭州余杭供水集团公司	余水集司〔2002〕130号	关于下发“质量指标计算方法”的通知	2002.10.18
杭州余杭供水集团公司	余水集司〔2003〕26号	关于印发《杭州余杭供水集团公司取水水源发生突发性污染时应急处理预案》的通知	2003.3.25
杭州余杭供水集团公司	余水集司〔2003〕27号	关于印发《杭州余杭供水集团公司水质监测实施细则》的通知	2003.3.25
中共杭州余杭供水集团公司	余水集司〔2003〕44号	关于《安装业务管理暂行办法》的补充规定	2003.4.16
杭州余杭供水集团公司	余水集司〔2003〕46号	消防专用水表管理暂行规定	2003.4.17
杭州余杭供水集团公司	余水集司〔2003〕47号	关于进一步加强水质管理和卫生工作的通知	2003.4.21
杭州余杭供水集团公司	余水集司〔2003〕53号	关于进一步加强“非典”防治工作的通知	2003.5.13
杭州余杭供水集团公司	余水集司〔2003〕62号	关于给水管材选型的通知	2003.5.20

续表

发文单位	文　　号	目　　　录	发文日期
杭州余杭供水集团公司	余水集司〔2003〕76号	杭州余杭供水集团公司地质灾害防治预案	2003.6.27
杭州余杭供水集团公司	余水集司〔2003〕78号	关于规范小型工程维修和改造项目操作程序的通知	2003.7.2
杭州余杭供水集团公司	余水集司〔2003〕100号	关于停止使用镀锌管的通知	2003.9.28
杭州余杭供水集团公司	余水集司〔2003〕104号	关于基本建设财务管理规章制度的通知	2003.10.10
杭州余杭供水集团公司	余水集司〔2003〕105号	关于加强消火栓管理的通知	2003.10.13
杭州余杭供水集团公司	余水集司〔2003〕115号	关于下发《杭州余杭供水集团公司液氯事故应急救援预案》的通知	2003.11.13
杭州余杭供水集团公司	余水集司〔2003〕126号	关于禁止使用镀锌管的通知	2003.12.25
杭州余杭供水集团公司	余水集司〔2004〕6号	农村水工管理暂行规定	2004.1.11
杭州余杭供水集团公司	余水集司〔2004〕24号	杭州余杭供水集团公司供水管材选材意见	2004.3.1
杭州余杭供水集团公司	余水集司〔2004〕25号	关于印发《杭州余杭供水集团公司水质管理实施细则》的通知	2004.3.2
杭州余杭供水集团公司	余水集司〔2004〕26号	关于印发在线仪表日常维护规定的通知	2004.3.4
杭州余杭供水集团公司	余水集司〔2004〕27号	关于《供水管网建设管理暂行办法》和《安装业务管理暂行办法》的补充规定	2004.3.5
杭州余杭供水集团公司	余水集司〔2004〕35号	农村供水管理办法（试行）	2004.3.18
杭州余杭供水集团公司	余水集司〔2004〕36号	供水管网抢修内控指标	2004.3.25

续表

发文单位	文　号	目　录	发文日期
杭州余杭供水集团公司	余水集司〔2004〕37号	关于落实“城市供水工程建设投资”资金及时到位的实施意见	2004.3.25
杭州余杭供水集团公司	余水集司〔2004〕41号	关于下发物资管理制度的通知	2004.3.29
杭州余杭供水集团公司	余水集司〔2004〕42号	关于加强城镇居民住宅“一户一表、计量出户”改造的通知	2004.4.12
杭州余杭供水集团公司	余水集司〔2004〕50号	关于印发《杭州余杭供水集团公司供水服务承诺》的通知	2004.5.24
杭州余杭供水集团公司	余水集司〔2004〕64号	关于上报《余杭区饮用水工程实施方案》的报告	2004.7.28
杭州余杭供水集团公司	余水集司〔2004〕68号	关于规范收费的通知	2004.9.1
杭州余杭供水集团公司	余水集司〔2004〕73号	关于印发《供水管理实施办法》（试行）的通知	2004.10.10
杭州余杭供水集团公司	余水集司〔2004〕79号	关于印发《杭州余杭供水集团公司编外用工管理暂行办法》的通知	2004.11.22
杭州余杭供水集团公司	余水集司〔2004〕86号	关于印发《客户不按规定时间缴纳自来水费加收滞纳金和对严重欠费客户实行拆表停水的管理规定》的通知	2004.12.10
杭州余杭供水集团公司	余水集司〔2005〕17号	关于下发《绿化管理暂行办法》的通知	2005.3.1
杭州余杭供水集团公司	余水集司〔2005〕23号	关于公布营业MIS系统等六项操作规定的通知	2005.3.22
杭州余杭供水集团公司	余水集司〔2005〕27号	关于印发《杭州余杭供水集团公司水质管理规定》的通知	2005.4.5
杭州余杭供水集团公司	余水集司〔2005〕34号	关于下发《瓶窑水厂（新）生产操作规程》的通知	2005.5.10
杭州余杭供水集团公司	余水集司〔2005〕35号	关于下发《塘栖水厂生产操作规程》的通知	2005.5.10

续表

发文单位	文　　号	目　　　录	发文日期
杭州余杭供水集团公司	余水集司〔2005〕40号	关于下发《獐山水厂生产操作规程》的通知	2005.5.19
杭州余杭供水集团公司	余水集司〔2005〕44号	关于印发《供水管网建设和安装业务管理办法》的通知	2005.6.6
杭州余杭供水集团公司	余水集司〔2005〕48号	关于下发《临平塘栖供水区域供水调度有关规定》的通知	2005.6.16
杭州余杭供水集团公司	余水集司〔2005〕55号	关于印发《报告供水设施漏损和举报违章用水、违纪行为奖励办法》的通知	2005.7.15
杭州余杭供水集团公司	余水集司〔2005〕58号	关于印发《杭州余杭供水集团公司水质管理规定》的通知	2005.7.13
杭州余杭供水集团公司	余水集司〔2005〕63号	关于要求批准《余杭区供水专业规划》的报告	2005.8.2
杭州余杭供水集团公司	余水集司〔2005〕69号	关于印发《物资管理制度》的通知	2005.8.22
杭州余杭供水集团公司	余水集司〔2005〕70号	关于印发《计算机设备及网络管理制度》的通知	2005.9.9
杭州余杭供水集团公司	余水集司〔2005〕79号	关于印发《基本建设管理规定》的通知	2005.10.25
杭州余杭供水集团公司	余水集司〔2005〕80号	关于印发供水管理和服务岗位员工《职业道德与行为规范》的通知	2005.10.26
杭州余杭供水集团公司	余水集司〔2005〕85号	杭州余杭供水集团公司防冻预案	2005.11.25
杭州余杭供水集团公司	余水集司〔2006〕9号	居民生活用水接水开户和收费管理办法	2006.1.18
杭州余杭供水集团公司	余水集司〔2006〕23号	关于印发《杭州余杭供水集团公司编外用工管理办法》的通知	2006.3.10
杭州余杭供水集团公司	余水集司〔2006〕24号	关于开展创建现代化营业所（分公司）活动的通知	2006.3.16

续表

发文单位	文　　号	目　　　录	发文日期
杭州余杭供水集团公司	余水集司〔2006〕25号	关于印发《产销差率三级目标管理办法》的通知	2006.3.16
杭州余杭供水集团公司	余水集司〔2006〕43号	关于启用经工商行政管理部门备案的《供用水合同》的通知	2006.4.20
杭州余杭供水集团公司	余水集司〔2006〕56号	关于印发公司“十一五”发展规划的通知	2006.4.30
杭州余杭供水集团公司	余水集司〔2006〕58号	杭州余杭供水集团公司供水服务承诺	2006.7.6
杭州余杭供水集团公司	余水集司〔2006〕66号	关于印发《单位接水开户和收费管理办法》的通知	2006.7.31
杭州余杭供水集团公司	余水集司〔2006〕67号	关于印发《管道冲洗、排污和消防用水量确认办法》的通知	2006.8.2
杭州余杭供水集团公司	余水集司〔2006〕71号	关于印发《居民生活用水一户一表管理细则》的通知	2006.8.11
杭州余杭供水集团公司	余水集司〔2006〕73号	关于依法向违章用水或损坏供水设施行为者及时追回损失的通知	2006.8.21
杭州余杭供水集团公司	余水集司〔2006〕77号	关于印发《供水管理稽查办法》的通知	2006.9.13
杭州余杭供水集团公司	余水集司〔2006〕88号	关于进一步加强计算机软件管理的通知	2006.10.23
杭州余杭供水集团公司	余水集司〔2006〕99号	关于下发《杭州余杭供水集团公司防冻供水预案》的通知	2006.11.20
杭州余杭供水集团公司	余水集司〔2006〕100号	关于加强城镇多层住宅自来水总表用户实行“一户一表，计量出户”改造的通知	2006.11.30
杭州余杭供水集团公司	余水集司〔2006〕101号	关于印发《供水管道暂行管理规定（试行）》的通知	2006.12.5
杭州余杭供水集团公司	余水集司〔2006〕105号	关于印发《净水剂使用管理规定》的通知	2006.12.8

续表

发文单位	文　　号	目　　录	发文日期
杭州余杭供水集团公司	余水集司〔2006〕110号	管网流量计与在线仪表运行和维护管理协调会议纪要	2006.12.14
杭州余杭供水集团公司	余水集司〔2007〕23号	关于印发《杭州余杭供水集团公司设计室暂行规定》的通知	2007.3.19
杭州余杭供水集团公司	余水集司〔2007〕26号	关于开展供水服务“连续百日无投诉”竞赛活动的通知	2007.3.28
杭州余杭供水集团公司	余水集司〔2007〕31号	关于印发《杭州余杭供水集团公司招标投标管理暂行办法》的通知	2007.4.1
杭州余杭供水集团公司	余水集司〔2007〕34号	关于印发《杭州余杭供水集团公司水质管理规定》的通知	2007.4.4
杭州余杭供水集团公司	余水集司〔2007〕44号	关于印发《杭州余杭供水集团公司供水管网建设和安装业务管理办法》的通知	2007.4.30
杭州余杭供水集团公司	余水集司〔2007〕45号	关于印发《杭州余杭供水集团公司财务管理制度》的通知	2007.5.9
杭州余杭供水集团公司	余水集司〔2007〕46号	关于印发《大客户管理和服务规范》的通知	2007.5.10
杭州余杭供水集团公司	余水集司〔2007〕47号	关于印发《杭州余杭供水集团公司物资管理制度》的通知	2007.5.11
杭州余杭供水集团公司	余水集司〔2007〕50号	杭州余杭供水集团公司网站管理暂行规定	2007.5.18
杭州余杭供水集团公司	余水集司〔2007〕56号	关于印发《杭州余杭供水集团公司基本建设管理规定》的通知	2007.6.6
杭州余杭供水集团公司	余水集司〔2007〕57号	关于印发《杭州余杭供水集团公司水表管理制度》的通知	2007.6.11
杭州余杭供水集团公司	余水集司〔2007〕62号	关于印发《杭州余杭供水集团公司专业技术人员管理暂行办法》的通知	2007.7.3
杭州余杭供水集团公司	余水集司〔2007〕66号	关于印发《杭州余杭供水集团公司工作人员收入分配制度改革实施办法》的通知	2007.7.30

续表

发文单位	文　号	目　录	发文日期
杭州余杭供水集团公司	余水集司〔2007〕67号	关于印发《杭州余杭供水集团公司编外人员工资标准调整办法》的通知	2007.7.31
杭州余杭供水集团公司	余水集司〔2007〕74号	关于印发《供水管理实施办法》的通知	2007.8.27
杭州余杭供水集团公司	余水集司〔2007〕75号	关于印发《消防用水与消防设施管理办法》的通知	2007.8.27
杭州余杭供水集团公司	余水集司〔2007〕76号	关于印发《管网水质污染应急预案》的通知	2007.8.27
杭州余杭供水集团公司	余水集司〔2007〕78号	关于印发《供水管网建设和安装业务管理办法》补充规定的通知	2007.9.4
杭州余杭供水集团公司	余水集司〔2007〕79号	关于印发《供水管网安装、维护，设备管理办法》的通知	2007.9.5
杭州余杭供水集团公司	余水集司〔2007〕80号	关于强化抄表和用户管理的通知	2007.9.6
杭州余杭供水集团公司	余水集司〔2007〕86号	关于印发《消防用水与消防设施管理办法》补充规定的通知	2007.10.24
杭州余杭供水集团公司	余水集司〔2007〕91号	关于印发《安全工作考核实施细则》的通知	2007.11.13
杭州余杭供水集团公司	余水集司〔2009〕9号	关于《余杭区污水工程建设与管理模式》的建议	2008.2.21
杭州余杭水务有限公司	余水〔2008〕21号	关于印发《污水监督检测管理办法（试行）》的通知	2008.4.8
杭州余杭水务有限公司	余水〔2008〕29号	关于印发《污水入网管理办法（试行）》的通知	2008.4.25
杭州余杭水务有限公司	余水〔2008〕43号	关于下发《工程联系单签订和乙供材料监督管理规定》的通知	2008.5.8
杭州余杭水务有限公司	余水〔2008〕45号	关于印发《安全工作考核实施细则》的通知	2008.5.9

续表

发文单位	文　　号	目　　　录	发文日期
杭州余杭水务有限公司	余水〔2008〕47 号	关于印发《杭州余杭水务有限公司财务管理制度》的通知	2008.5.12
杭州余杭水务有限公司	余水〔2008〕51 号	关于印发《专业技术人员管理暂行办法》的通知	2008.5.19
杭州余杭水务有限公司	余水〔2008〕60 号	关于印发《安全生产管理制度》等五项制度的通知	2008.5.28
杭州余杭水务有限公司	余水〔2008〕62 号	关于印发《杭州余杭水务有限公司水质监测管理规定》的通知	2008.6.9
杭州余杭水务有限公司	余水〔2008〕63 号	关于印发《社会治安综合治理管理制度》等七项制度的通知	2008.6.17
杭州余杭水务有限公司	余水〔2008〕65 号	供水管道建设费收支管理办法	2008.7.8
杭州余杭水务有限公司	余水〔2008〕66 号	关于印发《杭州余杭水务有限公司招标投标管理办法》等三项制度的通知	2008.7.18
杭州余杭水务有限公司	余水〔2008〕71 号	关于印发《污水入网水质检测暂行规定》的通知	2008.7.22
杭州余杭水务有限公司	余水〔2008〕76 号	关于印发《供水管理实施细则》的通知	2008.8.5
杭州余杭水务有限公司	余水〔2008〕79 号	关于印发《编外用工管理办法》等十五项制度的通知	2008.8.13
杭州余杭水务有限公司	余水〔2008〕83 号	关于印发《污水处理厂和泵站停电应急处理预案》等三项预案的通知	2008.8.15
杭州余杭水务有限公司	余水〔2008〕89 号	关于印发《供水管理稽查细则》的通知	2008.8.19
杭州余杭水务有限公司	余水〔2008〕90 号	关于印发《物资管理制度》的通知	2008.8.21
杭州余杭水务有限公司	余水〔2008〕91 号	关于印发《大口径管道事故处理预案》等五个预案的通知	2008.8.25

续表

发文单位	文　号	目　　录	发文日期
杭州余杭水务有限公司	余水〔2008〕100号	关于印发《排水管网维护管理办法》的通知	2008.8.29
杭州余杭水务有限公司	余水〔2008〕104号	关于印发《供排水基础设施建设和安装业务管理办法》的通知	2008.9.2
杭州余杭水务有限公司	余水〔2008〕111号	污水管道及附属设施养护考核办法	2008.10.10
杭州余杭水务有限公司	余水〔2009〕15号	关于东苕溪水源水质情况的汇报	2008.2.6
杭州余杭水务有限公司	余水〔2009〕30号	关于印发《杭州余杭水务有限公司水质监测管理规定》的通知	2009.2.27
杭州余杭水务有限公司	余水〔2009〕36号	纳管企业污水水质异常处理暂行规定	2009.3.20
杭州余杭水务有限公司	余水〔2009〕63号	排污流量计和自备水取水计量设施安装管理暂行办法	2009.5.21
杭州余杭水务有限公司	余水〔2009〕78号	关于进一步做好截污纳管工作的通知	2009.6.18
杭州余杭水务有限公司	余水〔2009〕93号	关于印发《机关处定工作人员管理暂行办法》的通知	2009.8.4
杭州余杭水务有限公司	余水〔2009〕94号	关于印发《专业技术人员管理暂行办法》的通知	2009.8.4
杭州余杭水务有限公司	余水〔2009〕95号	关于印发《技术工人管理暂行办法》的通知	2009.8.4
杭州余杭水务有限公司	余水〔2009〕102号	关于印发《编外用工管理办法》的通知	2009.8.20
杭州余杭水务有限公司	余水〔2009〕122号	关于加强污水厂在线仪表运行管理的规定	2009.11.26

续表

发文单位	文　　号	目　　　录	发文日期
杭州余杭水务有限公司	余水〔2010〕41 号	关于印发特种设备操作规程、制度、应急预案的通知	2010.5.23
杭州余杭水务有限公司	余水〔2010〕45 号	关于印发开发区污水厂操作规程的通知	2010.7.16
杭州余杭水务有限公司	余水〔2010〕54 号	关于发布《建设方对项目驻地监理实施合同约定管理的暂行规定》的通知	2010.9.29
杭州余杭水务有限公司	余水〔2010〕62 号	关于同意新纳管企业入网水质检测办法的通知	2010.10.14
杭州余杭水务有限公司	余水〔2010〕71 号	纳管企业污水水质异常处理规定	2010.12.1
杭州余杭水务有限公司	余水〔2010〕72 号	污水系统应急排放管理规定（暂行）	2010.12.1
杭州余杭水务有限公司	余水〔2011〕1 号	关于开展污水厂出水水质达标率竞赛活动的通知	2011.1.5
杭州余杭水务有限公司	余水〔2011〕4 号	关于开展水质检测质量控制竞赛的通知	2011.1.13
杭州余杭水务有限公司	余水〔2011〕13 号	关于发布《杭州余杭水务有限公司液氯事故应急救援预案》的通知	2011.1.15
杭州余杭水务有限公司	余水〔2011〕15 号	关于加强供水管网建设管理的通知	2011.2.16
杭州余杭水务有限公司	余水〔2011〕20 号	关于发布《杭州余杭水务有限公司用户内部供水设施施工图审查和工程验收规定（试行）》的通知	2011.3.2
杭州余杭水务有限公司	余水〔2011〕27 号	关于调整供水工程资金支付比例的通知	2011.3.4
杭州余杭水务有限公司	余水〔2011〕53 号	关于开展“安全生产、优质服务月”活动的通知	2011.5.27

续表

发文单位	文　号	目　　录	发文日期
杭州余杭水务有限公司	余水〔2011〕78号	关于印发《污水管网抢修管理办法》的通知	2011.9.1
杭州余杭水务有限公司	余水〔2011〕80号	关于发布《杭州余杭水务有限公司液氯事故应急救援预案》的通知（修订版）	2011.9.16
杭州余杭水务有限公司	余水〔2011〕90号	关于印发《住宅二次供水用户参考技术导则》的通知	2011.10.21
杭州余杭水务有限公司	余水〔2011〕109号	关于印发2012年度《安全工作考核实施细则》的通知	2011.12.28
杭州余杭水务有限公司	余水〔2011〕110号	关于开展2012年污水厂出水水质达标率竞赛活动的通知	2011.12.28
杭州余杭水务有限公司	余水〔2012〕22号	关于继续开展分公司班组“三耗”竞赛活动的通知	2012.3.20
杭州余杭水务有限公司	余水〔2012〕27号	关于印发《供排水基础设施建设和安装业务管理办法》、《招标投标管理办法》的通知	2012.4.11
杭州余杭水务有限公司	余水〔2012〕32号	关于印发《工程管理稽查细则》的通知	2012.4.23
杭州余杭水务有限公司	余水〔2012〕34号	关于印发《杭州余杭水务有限公司供水管网地理信息系统管理制度》的通知	2012.4.28
杭州余杭水务有限公司	余水〔2012〕71号	关于印发《营业厅服务与经营标准化手册》的通知	2012.8.24
杭州余杭水务有限公司	余水〔2012〕91号	关于进一步加强供排水工程建设管理的通知	2012.10.28
杭州余杭水务有限公司	余水〔2012〕92号	关于进一步加强工程甲供物资管理的（暂行）通知	2012.11.7
杭州余杭水务有限公司	余水〔2012〕98号	关于设立径山分公司百丈营业所的通知	2012.11.28
杭州余杭水务有限公司	余水〔2012〕104号	关于发布《杭州余杭水务有限公司甲醇事故应急救援预案》的通知	2012.12.17

索　　引

索　　引

说明：

1. 本索引包括目与子目（部分）索引、图片索引和表格索引，标引词后括弧内的数字表示内容所在的页码。

2. 目与子目索引按条目第一字汉语拼音顺序排列，第一字相同，按条目出现先后排列，个别条目按同类型排列，部分目与子目名因语言环境需要，酌加修饰词，以便查找。

3. 图片、表格索引以篇、章、节先后为序，序号中的首个数字为该图片、表格所在的编。

4. 本志《概述》《大事记》《人物、荣誉》中的事件和志首与人物简介中的照片均未作索引，《水费》中的水价列入表格索引。

一、目与子目索引

N

O

P

Q

W

X

Y

二、图片索引

三、表格索引

后　　记

《余杭水务志》自2009年9月启动编纂，至今定稿出版，历经6年。这是余杭水务事业有史以来的第一次修志。本志记载1958年至2012年（个别事件下延到2015年）余杭水务事业55年的发展历程和余杭水务企业的成长经历，目的是为后人留下资料，助力今后余杭水务事业更好更快地发展。

编纂《余杭水务志》大体经历了六个阶段：一是准备阶段，包括落实人员、向有关部门取经学习志书编纂经验和拟订编纂计划、纲目。二是资料收集阶段，为客观地反映余杭水务发展事实，编者到区档案馆、水务公司档案室查阅、摘录资料，向区有关单位（部门）征集资料，请水务公司老职工和各部门负责人提供资料。三是整理撰稿阶段，在整理大事记的基础上，按纲目编写初稿。四是征求意见、修改完善阶段，先后多次征求水务公司老员工和部门负责人意见、听取区志书编纂专家意见、征求相关部门意见，数易其稿。五是评审阶段，请省、杭州市和余杭区水务行业的相关领导、有关行家和志书编纂专家共同评审，由编纂委员会终审定稿。六是付印成书阶段，经反复考证、校对后，交出版社，编审付梓。

本志在编纂过程中，承蒙相关部门和诸多专家、学者、行家的关心与支持，得到区地方志办公室领导的热情指导与方志科李景苏科长的具体帮助，区住建局、卫生局、农业局、林水局、环保局、物价局、区供水改水办公室、区排水管理办公室、区疾病预防控制中心、区卫生监督所、区水资源水土保持监督管理站、区生态与植保总站（农村能源办）、区环境监测站、区档案馆和区水务公司机关各部门与各分支机构相关人员提供史料，在此一并表示感谢！

编纂《余杭水务志》对编者来说是一项生疏的工作。接受任务后，感到难度和压力很大，这种压力主要来之三个方面：一是编者才疏学浅，从未接触过志书的编纂，不知从何处着手；二是经多方了解，在浙江省内还没有一部全面记述一个县（市、区）水务历史和现状的志书，只有个别供水企业的厂志，缺乏可借鉴的水务专志；三是编者在水务岗位工作时间不长，历史了解不够，能不能编好心中没底。好在有水务公司领导的重视和支持，有相关专家的热心指教，有各部门的配合及公司员工的鼎力相助，在河里摸着石头，边学边干。经虚心请教，反复修改，终于完成此项任务。

尽管编者在编纂中孜孜矻矻、一丝不苟，但因水平有限、校勘有疏，加之历史跨度较长，一些档案散失，尤其是各乡镇、村自来水厂的历史资料残缺，史料难全。志中若有差错、疏漏和不确切之处，诚请专家和读者批评指正。

编者

2015 年 7 月